房屋建筑和市政工程勘察设计质量通病防治措施技术手册

（2021年版）

重庆市勘察设计协会　组织编写

中国建筑工业出版社

图书在版编目（CIP）数据

房屋建筑和市政工程勘察设计质量通病防治措施技术手册：2021年版／重庆市勘察设计协会组织编写. —北京：中国建筑工业出版社，2021.2（2022.10重印）
ISBN 978-7-112-27033-0

Ⅰ. ①房…　Ⅱ. ①重…　Ⅲ. ①房屋建筑学-技术手册②市政工程-技术手册　Ⅳ. ①TU22-62②TU99-62

中国版本图书馆CIP数据核字（2021）第270222号

责任编辑：李　明
文字编辑：葛又畅
责任校对：张惠雯

房屋建筑和市政工程勘察设计
质量通病防治措施技术手册
（2021年版）

重庆市勘察设计协会　组织编写

＊

中国建筑工业出版社出版、发行（北京海淀三里河路9号）
各地新华书店、建筑书店经销
北京鸿文瀚海文化传媒有限公司制版
河北鹏润印刷有限公司印刷

＊

开本：880毫米×1230毫米　1/16　印张：44¾　字数：1255千字
2022年3月第一版　　2022年10月第二次印刷
定价：**175.00**元
ISBN 978-7-112-27033-0
（38834）

版权所有　翻印必究
如有印装质量问题，可寄本社图书出版中心退换
（邮政编码 100037）

《房屋建筑和市政工程勘察设计质量通病防治措施技术手册（2021年版）》

编审指导委员会

主　任：董　勇

副主任：谢自强　龚　毅

委　员：杨　光　毕跃洪　郑　文　管育才　何　平　陈德玖

黄华华　薛尚铃　杨　越　周爱农　刘安双　汤启明

薛　巍　张国庆　伍　静　李兴平　陈晓佳　黄　心

龙　翔　许　璐　李晓瑜　方　鹏　毛凌涛　许　涛

范　腾　刘承耀　游　利　李　佳　李隆全　赵　鹏

张　英　汪　崭　王庭琳　蒋华强　聂铬钢　王冬春

谷　雨　罗淳中　罗尚玉　祁美成　杨　辉　蔡　瑶

李天华　杨　荣　火造才　李金波　向　伟　胡　琴

聂　伟　张文语　何建华　吴明华

编写委员会

主　编：董　勇

副主编：谢自强　龚　毅　何　平　陈德玖　黄华华　薛尚铃

邓瑛鹏

编写人员

绪　论：邓瑛鹏　岳　涛

第1部分　工程勘察

编写负责人：何　平　杨德全　冯永能　李杨秋

参与编写人：尧红庆　李长雄　张顺斌　黄永泽　林义华　陈志平

赵洪波　王　新　陈建光　范泽英　唐秋元　张照秀

施　毅　柯　学　邹喜国　谢应坤　杨福荣　刘海军

易朋莹　叶兴军　余　凤　江立群　任光剑　李　强

包安国　李石科　冉云明　陈立军　李　涛

第2部分　房屋建筑工程

编写负责人： 谢自强　杨　越　周爱农　盛国荣　唐小燕　吴蔚兰

参与编写人： 来武清　王　捷　彭　超　龚　舒　康　骏　张　宇
肖国泓　古雯丽　郭　帆　杨云铠　杨芳乙　马胤淇
邱　玲　汤启明　薛尚铃　徐　革　徐向茜　陈晓波（渝州）
徐诗童　何永春　黄欣宇　吴　萍　丁文龙　唐兰云
申豫斌　吴胜达　周礼婷　罗　婷　邹险峰　糜　斌
左启明　孔德坤　包洪余　余　周　黎　明　张胜强
龙广海　徐定成　孙　瑛　闫成群　廖　可　丁　勇
郑晓宇　傅剑锋　龙学卫　何　佳　张　然　胡　萍
周　科　何　伟　马元玲　李晓季　廖　飞　包安治
吴　欣　王仁华　钟文泉　刘智刚　谭宏礼　颜　强
邹　建　黄显奎　周玲玲　何　丹　周　麟　唐晓智
李爱旗　游　红　陶继仲　张在喜　张　宁　潘　登
李清疆　王　聪　程可辉　李　婷　张　柱　管霞莹
郭凯生　俞　洲　秦砚瑶　李怀玉　曾　勇　赖河静
朱哲慧　周阳明　谢斯诚　简鹏程　杨　刚　彭先见
杨　鑫　曾小花　王博通　段超凡

第3部分　市政工程

编写负责人： 陈德玖　黄华华　刘安双　敖良根

参与编写人： 檀立朝　汪　勇　吴后伟　张　林　赖亚平　何　强
王长文　王庆滨　谢　勇　黄丽萍　何海英　刘信航
龚能飞　周文辉　肖　博　刘子岩　方小桃　郑建红
周彤及　李敏娜　杜春林　宋少贤　何知思　涂志忠
陈　军　蔡　鹏　胡安林　邓　宇　吴胜忠　肖　栋
杨　晓　何小冬　黄　凌　董　佳　负旭彤　李　量
漆　勇　安金星　乔云强　胡雪莲　赵　芳　古　励
柴宏祥　马　念　杜　江　白　锐　郭春侠　曾洪程
郭启航　丁华磊　黄　杰　吕文捷　胡楠系　方蔼琳
蔡冬军　张耀成　谢　庆　师小云　潘伟亮　代金礼
熊均龙　王新月　周婷婷　鲁　静　米　翔　韩　乔

第4部分　岩土工程

编写负责人： 薛尚铃　徐　革　邓继辉　李成芳

参与编写人： 张文正　张顺斌　李杨秋　何　平　陈小平　代　彤

周海鹰　梁义聪　孔凡林　尧红庆　朱自力　张倩倩
曾虹静　李　昕　来武清　吴小宁　赵洪波　陈晓波（中冶赛迪）
徐　艳　杨　越　杨文琦　龚国琴　高景荣　陈　涛
钟玉斌　唐秋元　徐诗童　黄承忠　刘海源　陈晓波（渝州）
朱　红　余　超　陈希昌　李安兴

组织单位

重庆市勘察设计协会

支持单位

重庆市设计院有限公司
重庆市市政设计研究院有限公司
中煤科工重庆设计研究院（集团）有限公司
中机中联工程有限公司
中冶赛迪工程技术股份有限公司
重庆大学建筑规划设计研究总院有限公司
重庆市都安工程勘察技术咨询有限公司
重庆市勘测院
中设工程咨询（重庆）股份有限公司
林同棪国际工程咨询（中国）有限公司
重庆市建筑科学研究院有限公司
招商局重庆交通科研设计院有限公司
重庆市规划设计研究院
中国建筑西南设计研究院有限公司
中衡卓创国际工程设计有限公司
重庆鼎石建筑规划设计有限公司
重庆恒昇大业建筑设计有限公司
重庆长厦安基建筑设计有限公司
重庆纵横工程设计有限公司
重庆市信息通信咨询设计院有限公司
重庆南江工程勘察设计集团有限公司
重庆市高新工程勘察设计院有限公司
重庆川东南工程勘察设计院有限公司
中国建筑西南勘察设计研究院有限公司
重庆江北地质工程勘察院

重庆市渝州工程勘察设计技术服务中心
重庆中煤科工工程技术咨询有限公司
重庆机三院施工图审查有限公司
重庆市重设怡信工程技术顾问有限公司
重庆市建城施工图审查有限公司
重庆市兴正建设工程咨询有限公司
重庆海渝建设工程施工设计审图有限公司
上海天华建筑设计有限公司
上海水石建筑规划设计股份有限公司
上海经纬建筑规划设计研究院股份有限公司
重庆大学
重庆建筑工程职业学院

preface 前　言

　　勘察设计是工程建设的重要环节，勘察设计的好坏不仅影响建设工程的投资效益和质量安全，其技术水平和指导思想对城市建设的发展也会产生重大影响。为切实贯彻落实《中共中央 国务院关于开展质量提升行动的指导意见》，加快推进工程质量管理标准化，确保重大工程建设质量和运行管理质量，建设百年工程，重庆市住房和城乡建设委员会委托重庆市勘察设计协会组织行业相关专业技术人员在2019年出版的《房屋建筑和市政工程勘察设计质量通病防治措施技术手册》基础上，结合近几年勘察设计出现的新情况、新问题，对质量问题进行重新梳理总结，编写了《房屋建筑和市政工程勘察设计质量通病防治措施技术手册（2021年版）》，增加了智慧小区、建筑消防、既有建筑改造、装配式建筑、海绵城市和智能建造等方面内容。

　　本书分为绪论、工程勘察、房屋建筑工程、市政工程、岩土工程五大部分。按照现行勘察、设计标准及相关技术规定的要求，以大量工程实际案例为分析对象，列举房屋建筑和市政基础设施工程常见质量通病的现象，分析产生的原因，并汇集重庆市内外主要勘察、设计单位、施工图审查机构及有关专家近年来治理质量通病的经验和措施，截至2021年6月共提出了2081项勘察设计质量通病，在2019年版本的基础上删除了379项与现行标准和行业情况存在差异的问题，新增了547项近两年新出现的问题，使质量通病防治更加标准化、形象化、具体化，具有适用面广、针对性强的特点，旨在为住房和城乡建设主管部门以及广大建设、设计、施工图审查等单位的主要管理和技术人员提供一套集权威性、系统性、实用性为一体的工具书。

　　由于编者水平有限，书中的错误和疏漏在所难免，敬请读者不吝赐教。

编者

2021年11月

contents 目 录

第1部分 工程勘察

第2部分 房屋建筑工程

第3部分　市政工程

第4部分　岩土工程

0 绪论

勘察设计是对房屋建筑和市政基础设施工程（以下简称"建设工程"）在技术和经济上进行全面的安排，是建设计划的具体化，是开展工程施工的依据，在工程建设中起到先导和灵魂作用。勘察设计质量不仅决定着建设工程的质量、安全、造价和效益，而且直接影响着建设工程建成后全寿命周期内的使用价值、功能和运行效益，是建设工程的决定性环节。国际劳工组织（ILO）有关统计资料表明，建筑业职业灾害事故约60％发生的基本原因与工程设计有关。根据住房和城乡建设部对20世纪全国发生的100例重大工程质量事故的调查分析发现，其中35％左右与勘察设计质量有关。因此，通过对建设工程项目勘察设计常见质量问题的采集、分析、归纳和整理，有针对性地提出防治措施，深入开展建设工程质量常见问题的治理，是实现建设工程质量管理目标、提升建设工程总体质量水平的基础工作和重要措施。

自2019年出版了《房屋建筑和市政工程勘察设计质量通病防治措施技术手册》（以下简称《2019年版技术手册》）以来，各勘察设计企业、建设单位、行业主管部门利用该书对大量技术人员开展培训，取得显著效果，对提高行业技术水平起到重要作用。为此，编写组根据近年来新兴建设技术的发展，特别是在装配式建筑、海绵城市和智能建造等方面对近几年出现的技术问题进行分析，对原书的问题进行了整理。

0.1 勘察设计质量通病的研究方法

勘察设计质量通病研究采用定量与定性分析相结合的方式开展，通过文献检索、意见收集、问题归纳、原因分析，有针对性地提出防治措施（图0-1）。

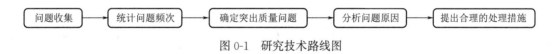

图0-1 研究技术路线图

① 文献检索：一是收集各省市关于质量通病、防治措施等方面的管理规定，研究国内相关案例和成果；二是收集建设工程各专业标准、规范，梳理强制性条文。

② 意见收集：收集重庆市内外相关设计单位近几年来完成的主要工程建设项目初步设计审批意见、施工图设计审查意见、管理部门设计质量抽查意见、建设单位反馈意见和部分勘察设计单位审核意见。

③ 问题归纳：按勘察工程、岩土工程、房屋建筑工程和市政工程4个部分，归纳违反强制性条文、公共安全和公众利益条文的审查意见，提炼典型常见勘察设计质量问题。

④ 原因分析：对照工程建设标准和相关管理规定，对发生典型常见设计质量问题的原因进行分析，并提出相应的防治措施。

0.2 建设工程勘察典型常见质量问题分析

0.2.1 典型常见问题来源

编写组在《2019年版技术手册》的基础上收集了2019～2021年期间重庆市5971个工程勘察项目（其中建筑工程4770个、市政工程1201个）的审查意见，梳理勘察审查意见36492条。根据问题出现对建设工程安全影响的重要性，归纳典型常见质量问题，同时对《2019年版技术手册》中工程勘察中出现的问题进行了梳理，其具体方法为：一是删除了已经得到较好解决的部分问题，有5个问题近三年来出现的频次已大幅下降，成为不突出问题；二是增加了35个新的质量通病问题；三是对21个问题在问题叙述、原因分析和处理措施建议上进行了修编。据此，总结勘察质量通病120个，涵盖了勘察前期工作、勘探与取样测试现场工作、勘察报告编制工作等3个控制工程勘察质量的重要工作阶段。

0.2.2 典型常见问题分布

从统计结果看，工程勘察项目出现的常见质量问题主要分布在"勘察纲要""现场勘探与取样测试""建筑工程""市政工程""边坡工程""地下水""地震效应评价""不良地质场地""特殊地基""图表""原始记录及附件"等11个方面。据此进行分析研究，新增勘察质量问题分布图见图0-2。

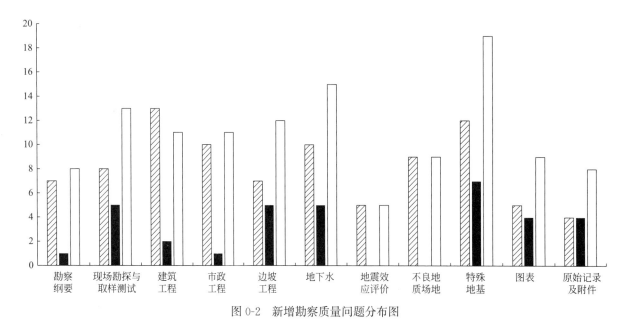

图 0-2 新增勘察质量问题分布图

① 勘察纲要类典型常见质量问题8个，在原有7个问题的基础上增加1个问题，占勘察质量通病总数的6.7%。主要问题是勘察纲要编写粗糙、编写不合理；执行的技术标准不当；未针对性地对拟建场地主要岩土工程问题布置勘探工作等。新增问题是详细勘察未取得建筑物性质、荷载、结构特征等资料。

② 现场勘探与取样测试类典型常见质量问题13个，在原有8个问题的基础上删除1个问题，增加6个问题，占勘察质量通病总数的10.8%。主要问题是场地的勘察范围不足；钻孔深度偏浅；勘探线布置不合理；主要土层取样及试验工作不足等。新增问题是工程地质测绘与调查工作不足；

岩土测试成果统计单元划分不合理，每一统计单元岩土试验值的数量不足；岩芯采取率不满足要求；土样采取的工具和方法不符合规定；采集的岩样缺乏代表性，导致相关岩土参数取值不合理；未对勘探孔（井）进行封填或封填质量不满足要求。

③ 建筑工程类典型常见质量问题 11 个，在原有 13 个问题的基础上增加 2 个问题，删除 4 个问题，占勘察质量通病总数的 9.2%。主要问题是地形地貌、岩体结构面描述不全面；拟建工程对相邻建（构）筑物影响评价深度不够；持力层与基础形式建议不合理；勘察报告建议的岩土参数缺项等。新增问题是地质因素可能造成的工程风险的分析评价缺失或分析评价不合理；场地稳定性和地基稳定性评价内容不完善。删除的问题是岩土描述内容缺失或不合理；土的状态描述与试验结果不匹配；岩质地基承载力取值依据不明确；地基均匀性评价不合理。

④ 市政工程类典型常见质量问题 11 个，在原有 10 个问题的基础上删除 1 个问题，增加 2 个问题，占勘察质量通病总数的 9.2%。主要问题是高挖深填路段的勘察范围及勘探深度不足；边坡稳定性分析评价依据不足；未对桥台地基基础方案提出合理化建议；隧道围岩分级不合理；隧道水文地质勘察工作不足等。新增问题是岩溶场地道路勘察方法及勘探点深度欠合理；对采空区的勘探测试与岩土工程评价不足。

⑤ 边坡工程类典型常见质量问题 12 个，在原有 7 个问题的基础上增加 5 个问题，占勘察质量通病总数的 10%。主要问题是受边坡影响的相邻建（构）筑物、管网、地下设施等资料搜集及调查工作不足；边坡破坏模式判定有误；潜在滑面抗剪强度参数取值不当；未进行必要的稳定性定量计算；以及边坡处理措施建议不当等。新增问题是边坡勘察评价未区分临时边坡与永久边坡；边坡勘探线的方向、位置及勘探点间距布置欠合理；填方边坡勘察时，钻探未采取到基岩面上的原生土，误判为填土与基岩面直接接触，导致土与基岩面抗剪强度参数取值不当，边坡稳定性评价结论有误；填土底面的天然坡度大于 20% 时，未验算填方边坡的稳定性；边坡坡率建议不合理，存在安全隐患。

⑥ 地下水类典型常见质量问题 15 个，在原有 10 个问题的基础上增加 5 个问题，占勘察质量通病总数的 12.5%。主要问题是对水文地质条件复杂的场地，勘察工作范围不能控制完整的水文地质单元；钻孔抽水试验位置不当或数量不足；抗浮设防水位建议的依据不足；以及地下水对岩土体的不利作用及环境影响评价不足等。新增问题是含水层、透水层、隔水层划分不合理；涌水量预测有误或不可信；地下水环境类型划分错误或未划分，影响水土腐蚀性评价；提供的水文地质基本参数不全或不合理；地下水动态变化分析不够。

⑦ 地震效应评价类典型常见质量问题 5 个，在原有问题的基础上修编，占勘察质量通病总数的 4.2%。主要问题是场地类别划分中，各类建筑场地的覆盖层厚度确定有误；建筑抗震地段划分有误等。

⑧ 不良地质场地类典型常见质量问题 9 个，在原有问题的基础上修编，占勘察质量通病总数的 7.5%。主要问题是勘察前未收集、分析不良地质作用的相关资料；不良地质场地工程勘察范围不足；以及对不良地质作用与拟建工程间的相互影响评价不足等。

⑨ 特殊地基类典型常见质量问题 19 个，在原有 12 个问题的基础上增加 7 个问题，占勘察质量通病总数的 15.8%。主要问题是块碎岩地基未分区评价不均与沉降的可能性及对工程的不利影响；对岩溶地基稳定性、均匀性缺乏分析评价和有针对性的措施建议；对红黏土场地缺少持力层和基础形式的比选；以及提供的填土负摩阻力系数依据不充分等。新增问题是块碎岩地基现场试验工作不足；岩溶发育场地未采用物探手段或物探手段不当；岩溶洞室地基与土洞地基处理措施建议不合理；对填土地基原位测试工作量不足；对斜坡及江畔的填土场地地基分析评价不足等。

⑩ 图表类典型常见质量问题9个，在原有5个问题的基础上增加4个问题，占勘察质量通病总数的7.5%。主要问题是平面图、剖面图中内容标注不完整；剖面图、柱状图和图例中岩性花纹画法不规范等。新增问题是探井、探槽未采用展示图表达；平面图中有重要影响的地质体没有进行扩大比例尺测绘；勘探点数据一览表内容缺项；线状工程纵剖面图缺设计信息及工程地质评价。

⑪ 原始记录及附件类典型常见质量问题8个，在原有4个问题的基础上增加4个问题，占勘察质量通病总数的6.7%。主要问题是原始记录不规范；钻进回次进尺不符合钻探规程要求；分层深度和钻孔深度的量测精度不符合规范要求等。新增问题是钻孔原始记录不规范，内容不全；钻探地质编录岩土描述内容不全；缺乏钻探、取样、原位测试、室内试验等主要过程的影像资料归档。

0.2.3 典型常见问题分析

经统计分析，各类勘察常见质量问题出现占比的分布情况见表0-1和图0-3。勘察质量问题出现频率最高的依次为"特殊地基""地下水""现场勘探与取样测试""边坡工程"，其次为"建筑工程""市政工程"，这6方面出现问题的频率之和高达67.5%。这些均是以重庆为代表的山区场地，在勘察工作中发生的最为常见的问题，也是涉及质量与安全的常见问题。

各类勘察质量问题统计分析表 表 0-1

序号	分布范围	问题占比（%）
1	勘察纲要	6.7
2	现场勘探与取样测试	10.8
3	建筑工程	9.2
4	市政工程	9.2
5	边坡工程	10.0
6	地下水	12.5
7	地震效应评价	4.1
8	不良地质场地	7.5
9	特殊地基	15.8
10	图表	7.5
11	原始记录与附件	6.7

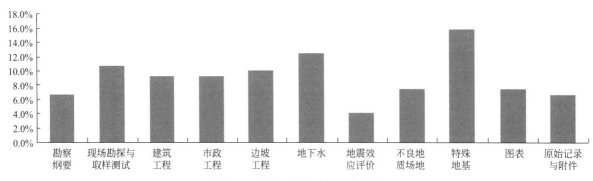

图 0-3 各类勘察质量问题分布图

0.3 房屋建筑工程设计典型常见质量问题分析

0.3.1 典型常见问题来源

编写组分专业收集房屋建筑工程项目相关意见 22.98 万条，按照去除涉及程序性、资料一致性、笔误、图面表达及深度、建议性等方面意见的筛选原则，梳理形成有效审查意见 8.58 万条。

以此为依据，根据问题的严重程度（是否违反强制性条文、是否存在安全隐患）和出现的频次，归纳典型常见质量问题，其具体方法为：一是根据违反强制性条文和存在安全隐患的有效审查意见提出设计质量问题，纳入常见问题；二是删除《2019 年版技术手册》中 352 个标准规范过期、不具有代表性的问题；三是增加 337 个近三年新发现的常见设计质量问题。据此，总结房屋建筑工程设计质量通病 908 个（其中，违反强制性条文的问题 196 个，存在安全隐患的问题 275 个，一般性条文问题 437 个）。

① 建筑专业收集样本项目 2753 个、意见 5.51 万条，梳理出有效意见 3.03 万条，调整、合并原书部分章节内容，新增建筑装配式及建筑物理声环境高质量发展两个篇章，删除问题 69 个，新增问题 105 个，调整部分内容 67 个，总结设计质量通病 242 个。

② 结构专业收集样本项目 3520 个、意见 6.77 万条，梳理出有效意见 3.97 万条，新增问题 30 个，总结设计质量通病 170 个。

③ 电气专业收集样本项目 1233 个（其中，建筑电气设计项目 935 个、智能化设计项目 298 个）、意见 1.31 万条，梳理出有效意见 0.23 万条，删除问题 41 个，新增问题 54 个，总结设计质量通病 198 个。

④ 给水排水专业收集样本项目 781 个、意见 1.13 万条，梳理出有效意见 0.18 万条，删除问题 79 个，新增问题 38 个，总结设计质量通病 173 个。

⑤ 暖通专业收集样本项目 3.22 万个、意见 8.26 万条，梳理出有效意见 1.17 万条，删除问题 163 个，新增问题 110 个，总结设计质量通病 125 个。

0.3.2 典型常见问题分布

① 建筑专业

将建筑专业的 242 个典型常见质量问题分为场地设计和建筑设计两部分，按其设计内容分类分析后可知："总平面图通用设计及总平面安全""专项建筑场地""总平面消防""建筑通用设计及建筑安全""建筑消防""专项建筑""建筑节能与绿色建筑""建筑无障碍"方面的问题出现较多，占该专业质量通病总数的 62.9%；"场地无障碍""绿色建筑场地""装配式建筑设计"方面的问题出现较少。建筑专业典型常见问题统计分析见表 0-2 和图 0-4。

建筑专业典型常见问题统计表　　　　　　　　　　　　　　　表 0-2

分类	内容	问题数量（个）	问题占比（%）
场地设计	总平面通用设计	17	7.02
	总平面安全	18	7.44
	专项建筑场地	28	11.57
	总平面消防	14	5.79
	场地无障碍	10	4.13
	绿色建筑场地	5	2.07

续表

分类	内容	问题数量（个）	问题占比（%）
建筑设计	建筑通用设计及建筑安全	32	13.22
	专项建筑	30	12.40
	建筑消防	43	17.77
	建筑无障碍	14	5.79
	建筑节能与绿色建筑	17	7.02
	装配式建筑设计	6	2.48
	建筑物理声环境高质量发展	8	3.30
总计		242	100.00

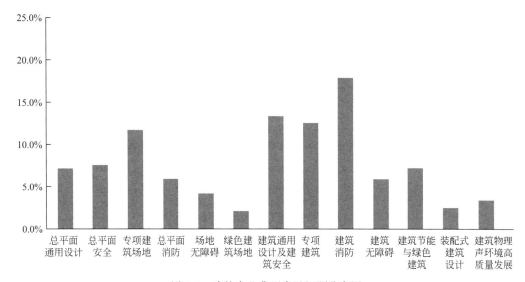

图 0-4　建筑专业典型常见问题分布图

② 结构专业

结构专业的170个典型常见质量问题在《2019年版技术手册》基础上新增30个问题，主要新增抗浮设计、既有建筑改造与加固等方面内容，按其设计类型和内容分类分析后可知："基本规定""设计荷载""多层和高层钢筋混凝土房屋""多层砌体房屋和底部框架砌体房屋""多层和高层钢结构房屋""单层工业厂房"方面的问题出现较多，占该专业质量通病总数的81.8%；"非结构构件""地下建筑"方面的问题出现较少。结构专业典型常见问题统计分析见表0-3和图0-5。

结构专业典型常见问题统计表　　　　　　　　　　　　　表 0-3

内容	问题数量（个）	问题占比（%）
基本规定	24	14.1
设计荷载	19	11.2
场地、地基和基础	11	6.5
多层和高层钢筋混凝土房屋	44	25.9
多层砌体房屋和底部框架砌体房屋	14	8.2
多层和高层钢结构房屋	17	10.0
单层工业厂房	21	12.4
空旷房屋和大跨度屋盖建筑	6	3.5
非结构构件	5	2.9

内容	问题数量（个）	问题占比（%）
地下建筑	2	1.2
既有建筑改造与加固	7	4.1

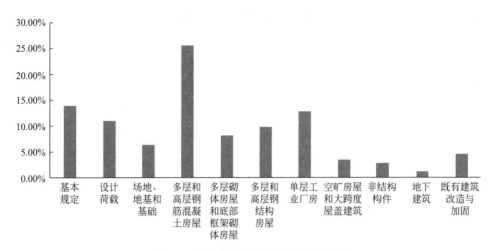

图 0-5 结构专业典型常见问题分布图

③ 电气专业

将电气专业的 198 个典型常见质量问题按其设计内容分类分析后可知："供配电""低压配电""电气消防""建筑智能化"方面的问题出现较多，占该专业质量通病总数的 80.3%；"电气节能及绿色建筑""照明系统"方面的问题出现较少。电气专业典型常见问题统计分析见表 0-4 和图 0-6。

电气专业典型常见问题统计表   表 0-4

内容	问题数量（个）	问题占比（%）
供配电	20	10.1
低压配电	52	26.3
照明系统	15	7.6
防雷及接地系统	12	6.0
电气消防	52	26.3
电气节能及绿色建筑	5	2.5
建筑智能化	35	17.7
其他	7	3.5

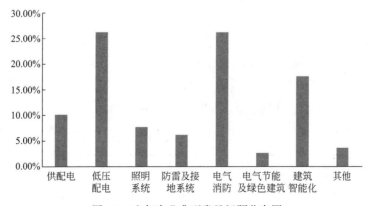

图 0-6 电气专业典型常见问题分布图

④ 给水排水专业

将给水排水专业的 173 个典型常见质量问题按其设计内容分类分析后可知："给水系统""排水系统""消防给水及消火栓系统"和"自动喷水灭火系统"方面的问题出现较多，占该专业质量通病总数的 72.8%；"气体灭火系统""热水及直饮水供应系统""绿色建筑"等方面的问题出现较少。给水排水专业典型常见问题统计分析见表 0-5 和图 0-7。

给水排水专业典型常见问题统计表　表 0-5

内容	问题数量（个）	问题占比（%）
给水排水总平面图	10	5.8
给水系统	32	18.5
热水及直饮水供应系统	17	9.8
排水系统	29	16.8
消防给水及消火栓系统	39	22.5
自动喷水灭火系统	26	15.0
气体灭火系统	4	2.3
绿色建筑	5	2.9
海绵城市	11	6.4

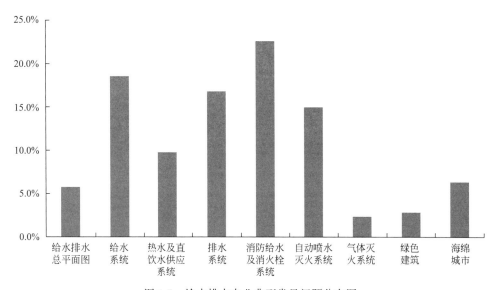

图 0-7　给水排水专业典型常见问题分布图

⑤ 暖通专业

将暖通专业的 125 个典型常见质量问题按其设计内容分类分析后可知："空调""防烟排烟""通风"方面的问题出现较多，占该专业质量通病总数的 66.4%；"抗震""检测与监控"方面的问题出现较少。暖通专业典型常见问题统计分析见表 0-6 和图 0-8。

暖通专业典型常见问题统计表　表 0-6

内容	问题数量（个）	问题占比（%）
说明	4	3.2
供暖	7	5.6

内容	问题数量（个）	问题占比（%）
通风	30	24.0
空调	23	18.4
防烟排烟	30	24.0
防火防爆	10	8.0
绝热防腐	8	6.4
人防	4	3.2
检测与监控	3	2.4
消声与隔振	4	3.2
抗震	2	1.6

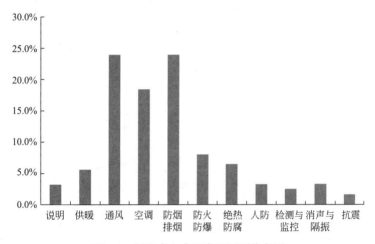

图 0-8 暖通专业典型常见问题分布图

0.3.3 典型常见问题分析

编写组分 A（违反强制性条文）、B（存在安全隐患）、C（违反一般性条文）3 个等级，对房屋建筑工程质量通病的严重程度进行分析。

① 建筑专业

建筑专业典型常见质量问题按严重程度统计分析见表 0-7 和图 0-9。其中，违反强制性条文的问题 71 个，占比 29.34%；涉及公共安全的问题 55 个，占比 22.73%；违反一般性条文的问题 116 个，占比 47.93%。

建筑专业典型常见质量问题严重程度统计表 表 0-7

内容 \ 严重程度	A		B		C	
	问题数量（个）	问题占比（%）	问题数量（个）	问题占比（%）	问题数量（个）	问题占比（%）
总平面通用设计	2	0.83	5	2.06	10	4.13
总平面安全	4	1.65	14	5.79	0	0
专项建筑场地	1	0.41	6	2.48	21	8.68
总平面消防	8	3.31	5	2.06	1	0.41
场地无障碍	0	0	2	0.83	8	3.31

续表

内容 \ 严重程度	A		B		C	
	问题数量（个）	问题占比（%）	问题数量（个）	问题占比（%）	问题数量（个）	问题占比（%）
绿色建筑场地	0	0	0	0	5	2.06
建筑通用设计及建筑安全	11	4.55	5	2.06	16	6.61
专项建筑	5	2.06	2	0.83	23	9.50
建筑消防	31	12.81	12	4.96	0	0
建筑无障碍	3	1.24	0	0	11	4.55
建筑节能及绿色建筑	6	2.48	2	0.83	9	3.72
装配式建筑设计	0	0	2	0.83	4	1.65
建筑物理声环境高质量发展	0	0	0	0	8	3.31
合计	71	29.34	55	22.73	116	47.93

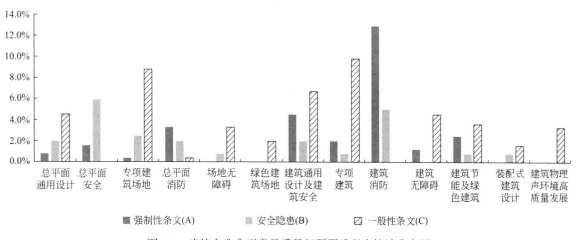

图 0-9　建筑专业典型常见质量问题严重程度统计分布图

② 结构专业

结构专业典型常见质量问题按严重程度统计分析见表 0-8 和图 0-10。其中，违反强制性条文的问题 35 个，占比 20.6%；涉及公共安全的问题 58 个，占比 34.1%；违反一般性条文的 77 个，占比 45.3%。

结构专业典型常见质量问题严重程度统计表　　　　表 0-8

内容 \ 严重程度	A		B		C	
	问题数量（个）	问题占比（%）	问题数量（个）	问题占比（%）	问题数量（个）	问题占比（%）
基本规定	7	4.0	10	5.9	7	4.0
设计荷载	10	5.9	8	4.7	1	0.6
场地、地基和基础	3	1.8	6	3.5	2	1.2
多层和高层钢筋混凝土房屋	9	5.3	12	7.1	23	13.6
多层砌体房屋和底部框架砌体房屋	2	1.2	4	2.3	8	4.7
多层和高层钢结构房屋	1	0.6	6	3.5	10	5.9

内容 \ 严重程度	A		B		C	
	问题数量（个）	问题占比（%）	问题数量（个）	问题占比（%）	问题数量（个）	问题占比（%）
单层工业厂房	0	0	4	2.4	17	10.0
空旷房屋和大跨度屋盖建筑	0	0	0	0	6	3.5
非结构构件	1	0.6	3	1.8	1	0.6
地下建筑	1	0.6	0	0	1	0.6
既有建筑改造与加固	1	0.6	5	2.9	1	0.6
合计	35	20.6	58	34.1	77	45.3

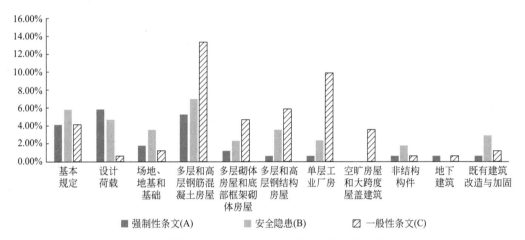

图 0-10　结构专业典型常见质量问题严重程度统计分布图

③ 电气专业

电气专业典型常见质量问题按严重程度统计分析见表 0-9 和图 0-11。其中，违反强制性条文的问题 44 个，占比 22.2%；涉及公共安全的问题 50 个，占比 25.3%；违反一般性条文的 104 个，占比 52.5%。

电气专业典型常见质量问题严重程度统计表　　　　表 0-9

内容 \ 严重程度	A		B		C	
	问题数量（个）	问题占比（%）	问题数量（个）	问题占比（%）	问题数量（个）	问题占比（%）
供配电	3	1.5	5	2.5	12	6.1
低压配电	11	5.6	5	2.5	36	18.2
照明系统	0	0.0	0	0.0	15	7.6
防雷及接地系统	3	1.5	4	2.0	5	2.5
电气消防	19	9.6	10	5.1	23	11.6
电气节能及绿色建筑	0	0.0	0	0.0	5	2.5
建筑智能化	8	4.0	25	12.7	2	1.0
其他	0	0.0	1	0.5	6	3.0
合计	44	22.2	50	25.3	104	52.5

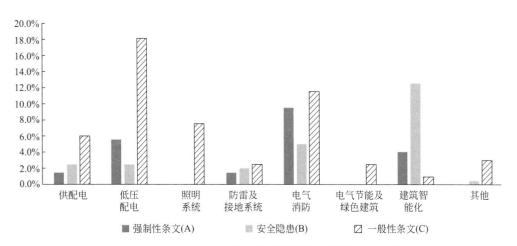

图 0-11 电气专业典型常见质量问题严重程度统计分布图

④ 给水排水专业

给水排水专业典型常见质量问题按严重程度统计分析见表 0-10 和图 0-12。其中，违反强制性条文的问题 25 个，占比 14.5%；涉及公共安全的问题 69 个，占比 39.9%；违反一般性条文的 79 个，占比 45.6%。

给水排水专业典型常见质量问题严重程度统计表　　　　　　　表 0-10

严重程度 内容	A		B		C	
	问题数量 （个）	问题占比 （%）	问题数量 （个）	问题占比 （%）	问题数量 （个）	问题占比 （%）
给水排水总平面图	0	0.0	10	5.8	0	0.0
给水系统	7	4.0	6	3.5	19	11.0
热水及直饮水供应系统	0	0.0	4	2.3	13	7.5
排水系统	7	4.0	6	3.5	16	9.2
消防给水及消火栓系统	6	3.5	21	12.1	12	6.9
自动喷水灭火系统	2	1.2	18	10.4	6	3.5
气体灭火系统	2	1.2	1	0.6	1	0.6
绿色建筑	1	0.6	0	0.0	4	2.3
海绵城市	0	0.0	3	1.7	8	4.6
合计	25	14.5	69	39.9	79	45.6

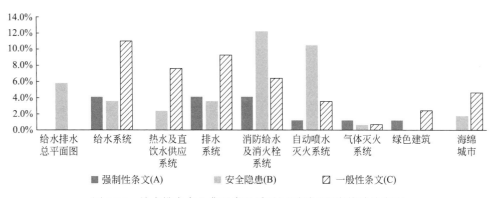

图 0-12 给水排水专业典型常见质量问题严重程度统计分布图

⑤ 暖通专业

暖通专业典型常见质量问题按严重程度统计分析见表0-11和图0-13。其中，违反强制性条文的问题20个，占比16.0%；涉及公共安全的问题43个，占比34.4%；违反一般性条文的62个，占比49.6%。

暖通专业典型常见质量问题严重程度统计表 　表 0-11

严重程度 内容	A		B		C	
	问题数量 （个）	问题占比 （%）	问题数量 （个）	问题占比 （%）	问题数量 （个）	问题占比 （%）
说明	0	0	0	0	4	100.0
供暖	1	14.0	1	14.0	5	72.0
通风	2	7.0	12	40.0	6	53.0
空调	3	13.0	3	13.0	20	74.0
防烟排烟	5	17.0	19	63.0	6	20.0
防火防爆	5	50.0	4	40.0	1	10.0
绝热防腐	0	0	3	37.0	5	63.0
人防	1	25.0	0	0	3	75.0
检测与监控	2	67.0	0	0	1	33.0
消声与隔振	0	0	0	0	4	100.0
抗震	1	50.0	1	50.0	0	0
合计	20	16.0	43	34.4	62	49.6

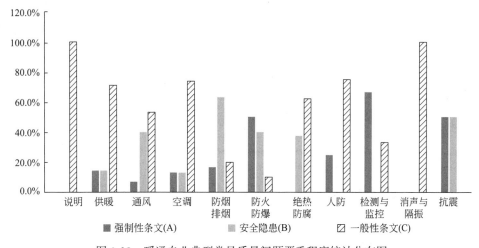

图 0-13　暖通专业典型常见质量问题严重程度统计分布图

0.4　市政工程设计典型常见质量问题分析

0.4.1　典型常见问题来源

编写组分专业收集市政工程项目2621个，相关审查意见1.1万条，并根据问题的严重程度（是否违反强制性条文、是否存在安全隐患）和出现的频次，归纳典型常见质量问题，其具体方法为：一是将违反强制性条文和存在安全隐患的有效审查意见所提出的设计质量问题，纳入常见问题；二是删除《2019年版技术手册》中重复、近年来不再出现的问题共17个；三是增加近两年新发现的常见问题共 153 个。据此，总结市政工程设计质量通病 791 个。

① 城市道路专业收集样本项目 807 个、意见 0.6 万条，梳理出有效意见 0.5 万条，删除《2019年版技术手册》中问题 5 个，增加问题 24 个，总结设计质量通病 187 个。

② 城市桥梁专业收集样本项目 243 个、意见 0.07 万条，梳理出有效意见 0.03 万条，删除《2019 年版技术手册》中问题 0 个，增加问题 23 个，总结设计质量通病 93 个。

③ 城市隧道专业收集样本项目 28 个、意见 0.05 万条，梳理出有效意见 0.02 万条，删除《2019 年版技术手册》中问题 0 个，增加问题 26 个，总结设计质量通病 181 个。

④ 城市管网专业收集样本项目 1479 个、意见 0.1 万条，梳理出有效意见 0.08 万条，删除《2019 年版技术手册》中问题 5 个，增加问题 34 个，总结设计质量通病 185 个。

⑤ 城市道路海绵城市设施专业收集样本项目 64 个、意见 0.04 万条，梳理出有效意见 0.03 万条，删除《2019 年版技术手册》中问题 5 个，增加问题 27 个，总结设计质量通病 53 个。

⑥ 综合管廊专业收集样本项目 22 个、意见 0.06 万条，梳理出有效意见 0.06 万条，删除《2019 年版技术手册》中问题 17 个，增加问题 19 个，总结设计质量通病 92 个。

0.4.2 典型常见问题分布

① 城市道路

将城市道路设计的 187 个典型常见质量问题按"道路工程""立交工程""交通及附属工程""道路绿化"4 个方面分类分析后可知："道路工程"与"交通及附属工程"出现的问题较多，约占该类质量通病总数的 72.2%；"道路绿化"出现的问题较少。其典型常见问题分布见表 0-12 和图 0-14。

城市道路设计典型常见问题分布表 表 0-12

分类	问题数量（个）	问题占比（%）
道路工程	83	44.4
立交工程	37	19.8
交通及附属工程	52	27.8
道路绿化	15	8.0

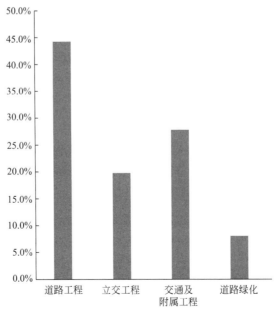

图 0-14 城市道路设计典型常见问题分布图

② 城市桥梁

将城市桥梁设计的 93 个典型常见质量问题按"跨江桥""立交桥""人行桥"3 个方面分类分析后可知:"立交桥"和"跨江桥"出现的问题较多,占该类质量通病总数的 86.0%;"人行桥"出现的问题较少。其典型常见问题分布见表 0-13 和图 0-15。

城市桥梁设计典型常见问题分布表　　　　　　　　表 0-13

分类	问题数量(个)	问题占比(%)
跨江桥	39	41.9
立交桥	41	44.1
人行桥	13	14.0

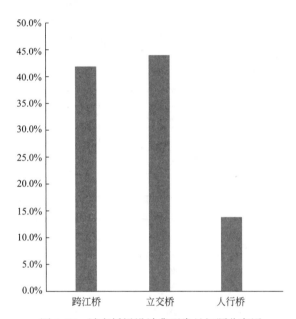

图 0-15　城市桥梁设计典型常见问题分布图

③ 城市隧道

将城市隧道设计的 181 个典型常见质量问题按"总体及平纵""主体结构工程""附属工程""不良地质处理"和"隧道运营设施"5 个方面分类分析后可知:"主体结构工程"与"隧道运营设施"出现的问题较多,占该类质量通病总数的 78.5%;"总体及平纵""附属工程"与"不良地质处理"出现的问题较少。其典型常见问题分布见表 0-14 和图 0-16。

城市隧道设计典型常见问题分布表　　　　　　　　表 0-14

分类	问题数量(个)	问题占比(%)
总体及平纵	14	7.7
主体结构工程	83	45.9
附属工程	6	3.3
不良地质处理	19	10.5
隧道运营设施	59	32.6

④ 城市管网

将城市管网设计的 185 个典型常见质量问题按"给水工程""排水工程""照明工程"和"综合管网(专项方案)"4 个方面分类分析后可知:"排水工程"与"综合管网(专项方案)"出现的问

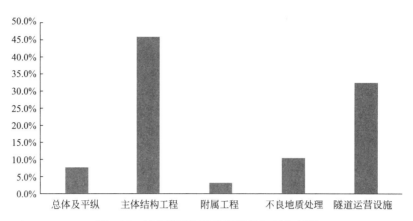

图 0-16　城市隧道设计典型常见问题分布图

题最多，占该类质量通病总数的 45.4%；"照明工程"出现的问题较少。其典型常见问题分布见表 0-15 和图 0-17。

城市管网设计典型常见问题分布表

表 0-15

分类	问题数量(个)	问题占比(%)
给水工程	39	21.1
排水工程	79	42.7
照明工程	22	11.9
综合管网(专项方案)	45	24.3

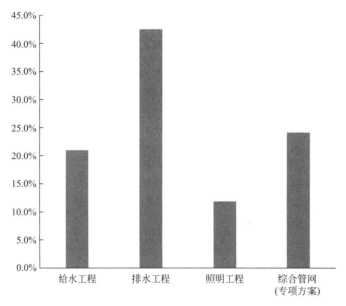

图 0-17　城市管网设计典型常见问题分布图

⑤ 城市道路海绵城市设施

将城市道路海绵城市设施设计的 53 个典型常见质量问题按"海绵指标及计算""海绵设施布局""海绵设施措施""海绵设施绿化种植"4 个方面分类分析后可知："海绵指标及计算"出现的问题较多，占该类质量通病总数的 34.0%；"海绵设施绿化种植"出现的问题较少。其典型常见问题分布见表 0-16 和图 0-18。

城市道路海绵城市设施设计典型常见问题分布表　　　　　表 0-16

分类	问题数量(个)	问题占比(%)
海绵指标及计算	18	34.0
海绵设施布局	15	28.3
海绵设施措施	14	26.4
海绵设施绿化种植	6	11.3

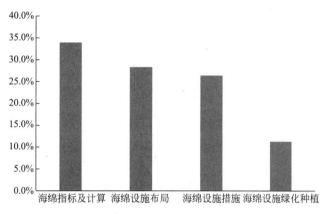

图 0-18　城市道路海绵城市设施设计典型常见问题分布图

⑥ 综合管廊

将综合管廊设计的 92 个典型常见质量问题按"总体工程""消防""通风""供电""照明""监控及报警""排水"和"结构"8 个方面分类分析后可知:"总体工程"与"结构"出现的问题最多,占该类质量通病总数的 45.6%;"照明""监控及报警"出现的问题较少。其典型常见问题分布见表 0-17 和图 0-19。

综合管廊设计典型常见问题分布表　　　　　表 0-17

分类	问题数量(个)	问题占比(%)
总体工程	19	20.6
消防	10	10.9
通风	9	9.8
供电	10	10.9
照明	5	5.4
监控及报警	7	7.6
排水	9	9.8
结构	23	25.0

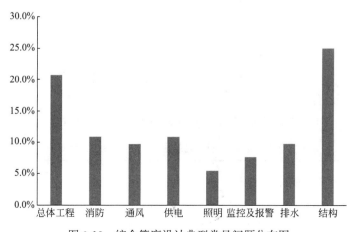

图 0-19　综合管廊设计典型常见问题分布图

0.4.3　典型常见问题分析

　　编写组分别从市政工程设计质量通病的问题属性和严重程度分析各类典型常见问题。其中，问题属性主要从完整性（设计文件内容的完整齐备）、针对性（关于设计某一细节或某一特定的方面）、可行性（设计文件内容是否可行，即能否保证成功实施、正常使用）、经济性（设计文件内容是否经济，即实施和使用过程中成本节约、资源使用合理）、安全性（设计文件内容是否安全，即实施、正常使用及偶然事件中可承受各种作用，保持整体稳定性）、耐久性（设计文件内容是否耐久，抵抗自身和外界因素长期破坏作用，保证整体经久耐用）和其他（不在上述分类中的其他问题）7个方面分析；严重程度分一级（设计问题发生后后果严重）、二级（设计问题发生后后果较严重）、三级（设计问题发生后后果轻微或影响程度一般）3个等级进行分析。

　　① 城市道路

　　a. 问题属性分析

　　城市道路设计典型常见质量问题属性统计分析见表0-18和图0-20。

城市道路设计典型常见质量问题属性统计表　　　　　　表 0-18

问题属性	完整性	针对性	可行性	经济性	安全性	耐久性	其他
问题数量(个)	56	43	10	4	66	7	1
问题占比(%)	29.9	23.0	5.4	2.1	35.3	3.8	0.5

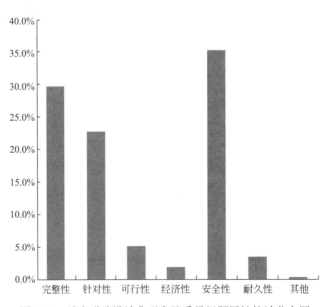

图 0-20　城市道路设计典型常见质量问题属性统计分布图

　　从统计分析可知，城市道路设计典型常见质量问题主要为安全性、完整性、针对性方面的问题。

　　b. 问题严重程度分析

　　城市道路设计典型常见质量问题按严重程度统计分析见表0-19和图0-21。

城市道路设计典型常见质量问题严重程度统计表　　　　　　表 0-19

严重程度	一级	二级	三级
问题数量(个)	87	89	11
问题占比(%)	46.5	47.6	5.9

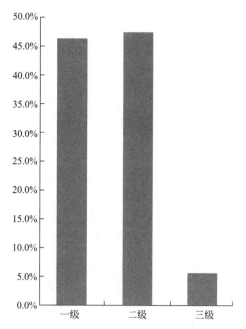

图 0-21　城市道路设计典型常见质量问题严重程度统计分布图

从统计分析可知，城市道路设计典型常见质量问题主要为较严重及严重问题。

② 城市桥梁

a. 问题属性分析

城市桥梁设计典型常见质量问题属性统计分析见表 0-20 和图 0-22。

城市桥梁设计典型常见质量问题属性统计表　　　　　　　　　　　　　　　　　表 0-20

问题属性	完整性	针对性	可行性	经济性	安全性	耐久性	其他
问题数量(个)	12	22	7	1	31	11	9
问题占比(%)	12.9	23.7	7.5	1.1	33.3	11.8	9.7

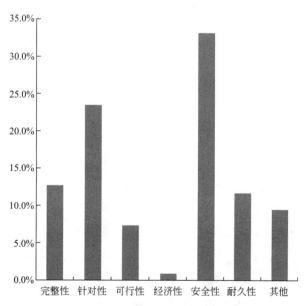

图 0-22　城市桥梁设计典型常见质量问题属性统计分布图

从统计分析可知，城市桥梁设计典型常见质量问题主要为安全性和针对性方面的问题。

b. 问题严重程度分析

城市桥梁设计典型常见质量问题按严重程度统计分析见表 0-21 和图 0-23。

城市桥梁设计典型常见质量问题严重程度统计表 表 **0-21**

严重程度	一级	二级	三级
问题数量（个）	13	50	30
问题占比（%）	14.0	53.8	32.2

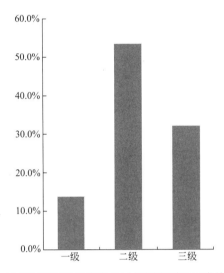

图 0-23 城市桥梁设计典型常见质量问题严重程度统计分布图

从统计分析可知，城市桥梁设计典型常见质量问题主要为较严重问题。

③ 城市隧道

a. 问题属性分析

城市隧道设计典型常见质量问题属性统计分析见表 0-22 和图 0-24。

城市隧道设计典型常见质量问题属性统计表 表 **0-22**

问题属性	完整性	针对性	可行性	经济性	安全性	耐久性	其他
问题数量（个）	34	33	22	12	71	6	3
问题占比（%）	18.8	18.2	12.2	6.6	39.2	3.3	1.7

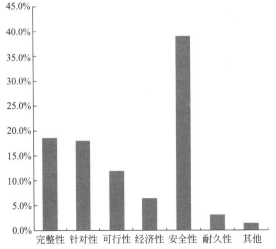

图 0-24 城市隧道设计典型常见质量问题属性统计分布图

从统计分析可知，城市道路设计典型常见质量问题主要为安全性、完整性和针对性方面的问题。

b. 问题严重程度分析

城市隧道设计典型常见质量问题按严重程度统计分析见表0-23和图0-25。

城市隧道设计典型常见质量问题严重程度统计表　　　　　表 0-23

严重程度	一级	二级	三级
问题数量(个)	58	85	38
问题占比(%)	32.0	47.0	21.0

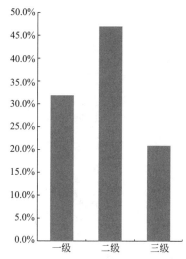

图 0-25　城市隧道设计典型常见质量问题严重程度统计分布图

从统计分析可知，城市隧道设计典型常见质量问题主要为较严重及严重问题。

④ 城市管网

a. 问题属性分析

城市管网设计典型常见质量问题属性统计分析见表0-24和图0-26。

城市管网设计典型常见质量问题属性统计表　　　　　表 0-24

问题属性	完整性	针对性	可行性	经济性	安全性	耐久性	其他
问题数量(个)	36	30	33	2	53	23	8
问题占比(%)	19.5	16.2	17.8	1.1	28.7	12.4	4.3

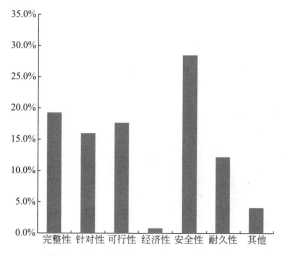

图 0-26　城市管网设计典型常见质量问题属性统计分布图

从统计分析可知，城市管网设计典型常见质量问题主要为安全性、完整性和可行性方面的问题。

b. 问题严重程度分析

城市管网设计典型常见质量问题按严重程度统计分析见表 0-25 和图 0-27。

城市管网设计典型常见质量问题严重程度统计表　　　　表 0-25

严重程度	一级	二级	三级
问题数量(个)	46	83	56
问题占比(%)	24.8	44.9	30.3

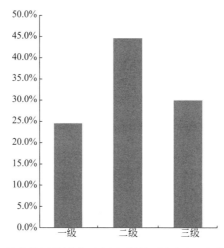

图 0-27　城市管网设计典型常见质量问题严重程度统计分布图

从统计分析可知，城市管网设计典型常见质量问题主要为较严重及一般问题。

⑤ 城市道路海绵城市设施

a. 问题属性分析

城市道路海绵城市设施设计典型常见质量问题属性统计分析见表 0-26 和图 0-28。

城市道路海绵城市设施设计典型常见质量问题属性统计表　　　　表 0-26

问题属性	完整性	针对性	可行性	经济性	安全性	耐久性	其他
问题数量(个)	12	38	0	0	3	0	0
问题占比(%)	22.6	71.7	0	0	5.7	0	0

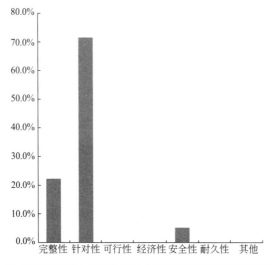

图 0-28　城市道路海绵城市设施设计典型常见质量问题属性统计分布图

从统计分析可知，城市道路海绵城市设施设计典型常见质量问题主要为针对性方面的问题。

b. 问题严重程度分析

城市道路海绵城市设施设计典型常见质量问题按严重程度统计分析见表 0-27 和图 0-29。

城市道路海绵城市设施设计典型常见质量问题严重程度统计表　　　表 0-27

严重程度	一级	二级	三级
问题数量(个)	0	3	50
问题占比(%)	0	5.7	94.3

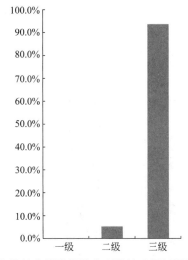

图 0-29　城市道路海绵城市设施设计典型常见质量问题严重程度统计分布图

从统计分析可知，城市道路海绵城市设施设计典型常见质量问题主要为一般问题。

⑥ 综合管廊

a. 问题属性分析

综合管廊设计典型常见质量问题属性统计分析见表 0-28 和图 0-30。

综合管廊设计典型常见质量问题属性统计表　　　表 0-28

问题属性	完整性	针对性	可行性	经济性	安全性	耐久性	其他
问题数量(个)	13	22	11	3	38	3	2
问题占比(%)	14.1	23.9	11.9	3.3	41.3	3.3	2.2

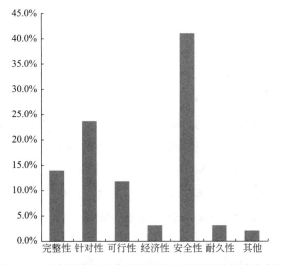

图 0-30　综合管廊设计典型常见质量问题属性统计分布图

从统计分析可知，综合管廊设计典型常见质量问题主要为安全性方面的问题。

b. 问题严重程度分析

综合管廊设计典型常见质量问题按严重程度统计分析见表0-29和图0-31。

综合管廊设计典型常见质量问题严重程度统计表　　　　　　　表 0-29

严重程度	一级	二级	三级
问题数量（个）	36	44	12
问题占比（%）	39.1	47.8	13.1

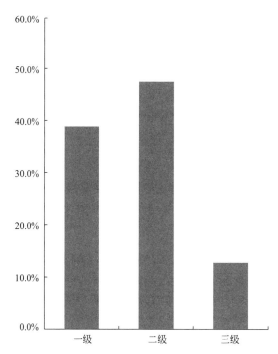

图 0-31　综合管廊设计典型常见质量问题严重程度统计分布图

从统计分析可知，综合管廊设计典型常见质量问题主要为较严重及严重问题。

0.5　岩土工程设计典型常见质量问题分析

0.5.1　典型常见问题来源

编写组分边坡工程、基坑工程与地基处理工程三个板块，收集岩土工程项目 1650 个、相关审查意见 1.8 万条。同时对《2019 年版技术手册》中工程勘察中出现的问题进行了梳理，其具体方法为：一是删除了重复、表达欠妥的问题 5 个；二是增加了近两年新发现的常见问题 22 个。根据问题出现的频次以及对建设工程安全影响的重要性，归纳典型常见质量问题，其具体方法为：一是对常见的支护结构形式，将出现的频次占同类项目数量 5% 以上的问题归为常见问题；二是对不常见的支护结构形式，将对工程设计与安全性起到关键性作用的问题归为常见问题；三是合并同类常见问题，并去除出现频次高但并非岩土工程设计中涉及的常见问题；四是梳理三个板块间的内部联系与区别，将边坡工程与基坑工程存在共性的问题并入边坡工程，避免冗余。据此，采纳审查意见 0.8 万条，总结岩土工程设计质量通病 262 个，各板块典型常见质量问题来源如下。

① 收集边坡工程项目 1300 个，梳理审查意见 1.4 万条，采纳的审查意见共 0.6 万条，总结设计质量通病 131 个，在《2019 年版技术手册》的基础上，增加了 10 个。

② 收集基坑工程项目 350 个，梳理审查意见 0.4 万条，采纳的审查意见共 0.2 万条，总结设计质量通病 74 个，在《2019 年版技术手册》的基础上，增加了 6 个。

③ 收集地基处理工程项目 20 个，梳理审查意见 0.01 万条，采纳的审查意见共 0.01 万条，总结设计质量通病 57 个，在《2019 年版技术手册》的基础上，增加了 6 个。

0.5.2　典型常见问题分布

① 边坡工程

将边坡工程的 131 个典型常见质量问题按"工程地质及环境条件""基本规定""边坡稳定性分析""边坡工程各支护形式设计""其他问题及防治措施"5 方面分类分析后可知："边坡工程各支护形式设计"与"其他问题及防治措施"方面的问题出现较多，约占该类质量通病总数的 71%；"工程地质及环境条件""基本规定"方面的问题出现较少。边坡工程典型常见问题分布见图 0-32。

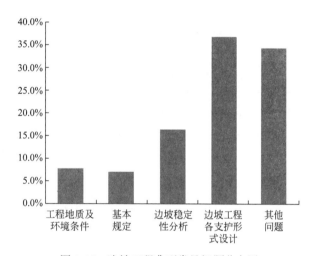

图 0-32　边坡工程典型常见问题分布图

② 基坑工程

将基坑工程的 74 个典型常见质量问题按"工程地质及环境条件""基本规定""基坑稳定性分析""基坑工程各支护形式设计""其他问题及防治措施"5 方面分类分析后可知："基坑工程各支护形式设计"与"基坑稳定性分析"方面的问题出现较多，约占该类质量通病总数的 63%；"工程地质及环境条件""基本规定""其他问题及防治措施"方面的问题出现较少。基坑工程典型常见问题分布见图 0-33。

③ 地基处理工程

将地基处理工程的 57 个典型常见质量问题按"工程地质及环境条件""设计计算""地基处理设计""其他问题及防治措施"4 方面分类分析后可知："地基处理设计"与"其他问题及防治措施"方面的问题出现较多，约占该类质量通病总数的 84%；"工程地质及环境条件"、"设计计算"方面的问题出现较少。地基处理工程典型常见问题分布见图 0-34。

由统计分析可知，岩土工程设计在支护形式设计、地基处理设计以及施工图设计深度等其他问题等方面的错漏较为突出。

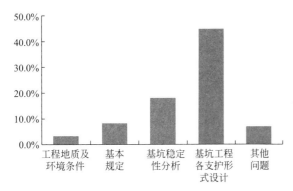

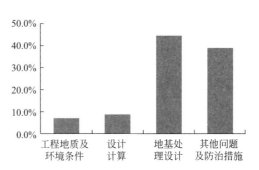

图 0-33　基坑工程典型常见问题分布图　　　　　图 0-34　地基处理工程典型常见问题分布图

0.5.3　典型常见问题分析

岩土工程设计最终落脚点都在具体的支护方式或加固处理方式上。因此，通过对涉及各支护形式或地基处理方法的典型常见问题进行分析，可以了解岩土工程设计典型常见问题的分布特点。

① 边坡工程

边坡工程各支护形式在设计计算、构造措施、施工要求方面发生典型常见问题的分布情况见表 0-30 和图 0-35。

边坡支护形式典型常见问题分布表

表 0-30

问题占比(%)　　　支护形式类型	设计计算	构造措施	施工要求
锚杆(索)挡墙	24.2	50.4	25.4
岩石锚喷支护	43.1	56.9	0
重力式挡墙	61.2	29.8	9.0
悬臂式扶壁式挡墙	100.0	0	0
桩板挡墙	75.6	22.3	2.1
加筋土挡墙	29.1	70.9	0
坡率法	86.9	13.1	0

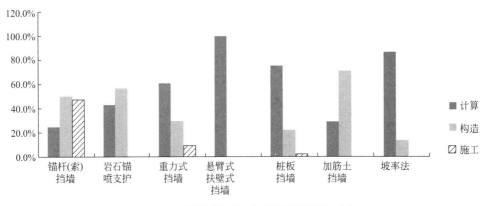

图 0-35　边坡支护形式典型常见问题分布图

② 基坑工程

基坑工程各支护形式在设计计算、构造措施、施工要求方面发生典型常见问题的分布情况见

表 0-31 和图 0-36。

基坑支护形式典型常见问题分布表　　　　　　　　表 0-31

支护形式类型＼问题占比（%）	设计计算	构造措施	施工要求
排桩	46.8	25.0	28.2
锚杆（索）挡墙	32.0	37.0	31.0
内支撑	52.8	41.7	5.5
土钉墙	34.0	15.0	51.0
组合支护结构	100.0	0	0

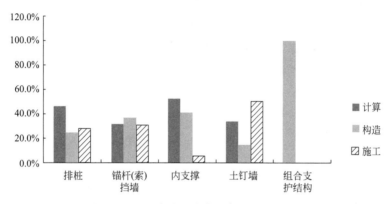

图 0-36　基坑支护形式典型常见问题分布图

③ 地基处理工程

地基处理工程各地基处理方式在设计计算、构造措施、施工要求方面发生典型常见问题的分布情况见表 0-32 和图 0-37。

地基处理形式典型常见问题分布表　　　　　　　　表 0-32

地基处理类型＼问题占比（%）	设计计算	构造措施	施工要求
换填垫层法	48.0	23.0	29.0
强夯及强夯置换	35.0	45.0	20.0
静压注浆	57.0	34.0	9.0
高压旋喷法	59.0	33.0	8.0
CFG 桩	51.0	22.0	27.0

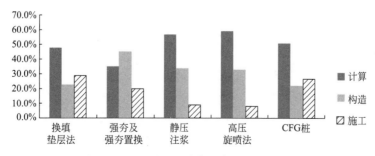

图 0-37　地基处理形式典型常见问题分布图

由统计分析可知，每种支护形式和地基处理形式的典型常见问题的分布不尽相同，但大体规律是一致的。即在设计方案、计算模型、计算参数等设计计算和构造措施方面的常见问题较为普遍，应引起从业人员的重视。

0.6 小结

通过对近几年建设工程质量问题的重新梳理，共总结勘察设计质量通病2081个。并对这些设计质量通病按照相应问题属性、问题出现后的严重程度等进行分析，查找常见设计质量问题的分布规律和特点，其所揭示的常见勘察设计质量问题全面、准确，具有代表性，有利于定位问题产生的原因，以便有针对性地提出相应的防治措施。在后面的章节中，将按照工程勘察、房屋建筑工程、市政工程和岩土工程4个板块深度阐述这2081个勘察设计质量通病发生的原因及其防治措施，用于指导行业管理及设计人员理解应用，进一步促进勘察设计行业从业人员提高勘察设计管理与技术水平。

第1部分

工程勘察

1 勘察纲要

问题1：甲级勘察项目或复杂场地勘察项目的勘察纲要采用简表形式，编制深度不够。

【原因分析】违反住房和城乡建设部《房屋建筑和市政基础设施工程勘察文件编制深度规定》（2020年版）第3.0.2条，重庆市《工程地质勘察规范》DBJ 50/T—043—2016附录A.0.3、《重庆市岩土工程勘察文件编制技术规定》（2017年版）第3.0.4条、第3.0.5条、第3.0.6条、第3.0.9条关于勘察纲要编制深度的规定。

【处理措施】勘察纲要是勘察工作的核心指导文件，勘察企业应充分认识勘察纲要在勘察工作中的重要作用。对勘察等级为乙、丙级，且场地地质条件简单或中等复杂的项目，可以按重庆市《工程地质勘察规范》DBJ 50/T—043—2016附录A.0.3的要求以简表的形式编制。但是，对勘察等级为甲级或复杂场地的项目则不应采用简表形式，应编制一个详细、合理可行、便于指导现场勘察工作的勘察文本纲要。勘察纲要编制时应充分了解工程设计意图，收集附有工程设计的现状地形图，进行现场踏勘，收集已有成果资料，深入分析存在和可能出现的岩土工程问题，依据执行的勘察规范，有针对性地布置勘察工作。勘察纲要的审批人员应把好勘察方案设计质量关。

勘察纲要的编制内容应包括：任务来源及工程概况；拟建场地环境、工程地质条件；勘察阶段、勘察等级、勘察目的任务及主要岩土工程问题、勘察工作的重点和难点；执行的技术标准；选用的勘察方法与勘探手段；勘察技术要求；勘察工作布置原则及工作量；勘探孔（槽、井、洞）回填要求；勘察质量控制、安全保证和环境保护措施；勘探设备、仪器和人员安排、勘察进度计划；勘察安全、技术交底及验槽等后期服务；勘察主要成果；附图［勘探点平面位置图、建（构）筑物设计地下室平面图、道路设计纵断面图及典型横剖面图等］。

问题2：执行的技术标准不当。一是未结合工程类型（建筑工程、市政工程）选择应执行的技术标准；二是执行了废止的技术标准；三是未将地方技术标准作为首选技术标准。

【原因分析】违反住房和城乡建设部《房屋建筑和市政基础设施工程勘察文件编制深度规定》（2020年版）第2.0.1条，《重庆市岩土工程勘察文件编制技术规定》（2017年版）第3.0.2条关于执行技术标准的规定。

【处理措施】勘察纲要应明确执行现行的、适宜的技术标准。技术标准选用时，应综合考虑拟建工程类型、勘察技术委托书要求、规范的适用条件等因素，并注意勘察规范与设计规范的配套性，选择和执行适宜拟建工程的技术标准。选择标准时，应注意标准的时效性，应使用现行技术标准。当有适用于拟建工程的地方标准时，应首选地方标准。当勘察任务委托书对执行的技术标准有明确要求时，应采用约定的技术标准。

问题3：详细勘察未取得建筑物性质、荷载、结构特征等资料。

【原因分析】违反《岩土工程勘察规范》GB 50021—2001（2009年版）第4.1.11条第1款（强制性条文）和重庆市《工程地质勘察规范》DBJ 50/T—043—2016第4.4.1条第1款及附录A.0.1的相关规定。

【处理措施】为使勘察工作的布置和岩土工程分析评价依据充分，提出合理可行的工程措施建议，满足设计和施工需要，在详勘纲要编制前，应取得建筑物性质、荷载、结构特征等基础资料。

问题4：勘察纲要中拟建场地的主要岩土工程问题不明确，未针对其布置勘探工作。

【原因分析】违反住房和城乡建设部《房屋建筑和市政基础设施工程勘察文件编制深度规定》（2020年版）第3.0.1条、第3.0.3条第5款和第6款，重庆市《工程地质勘察规范》DBJ 50/T—043—2016附录A.0.2关于勘察任务要求及勘探方法选择的规定。

【处理措施】找准并分析拟建场地的主要岩土工程问题，是合理选择勘察方法和有针对性布置勘探工作的前提条件。在编制勘察纲要前，应充分了解工程意图，并对拟建场地进行详细踏勘，搜集场地地质、相邻建（构）筑物、环境条件及当地工程经验等资料。编制勘察纲要时，应分析场地水文地质、工程地质条件和拟建工程的相互影响，找准拟建场地可能产生的主要岩土工程问题，选择有针对性的勘察方法，制定合理的勘探工程布置方案及工作量，并明确勘探工艺、质量要求，以满足主要岩土工程问题评价需要。

问题5：岩土取样数量及测试工作量要求不具体。

【原因分析】违反住房和城乡建设部《房屋建筑和市政基础设施工程勘察文件编制深度规定》（2020年版）第3.0.3条，重庆市《工程地质勘察规范》DBJ 50/T—043—2016第4.3.6条、第4.4.8条，重庆市《市政工程地质勘察规范》DBJ 50—174—2014第6.2.10条关于勘探、取样及试验工作的规定。

【处理措施】对厚度较大可能作为持力层的主要土层、边坡（含基坑）主要土层或可能作为边坡（含基坑）潜在滑动面的土层，其采集原状土样数量或原位测试数据不应少于6组。土质地基主要受力层内采集土试样和原位测试点的竖向间距为1～2m。采集原状土样方法应得当，确保其质量等级不低于试验项目的要求。

岩石取样位置，应根据岩样试验项目及用途确定，对用于确定岩石地基承载力或桩端岩石抗压强度的岩样，应明确在基底持力层或桩端持力层的深度范围内取样。

桥梁墩台持力层桩侧岩石抗压强度的岩样应按不同岩性、不同深度分层取样。

隧道洞口及洞身段均应选择代表性钻孔进行波速测试。隧道围岩主要采样及测试点应位于洞身及其洞顶以上1～2倍洞跨深度范围内。

问题6：对拟建场地的勘察范围不够。

【原因分析】违反《建筑边坡工程技术规范》GB 50330—2013第4.2.5条，重庆市《工程地质勘察规范》DBJ 50/T—043—2016第4.1.4条、第6.3.5条、第9.2.4条第1款，重庆市《市政工程地质勘察规范》DBJ 50—174—2014第3.3.2条关于勘察范围的规定。

【处理措施】拟建场地勘察范围应符合下列要求：

① 拟建场地工程地质勘察范围应包括拟建工程场地用地红线范围和拟建工程对周边建（构）筑物和环境有影响的区域。当周边存在不良地质体时，还应包括不良地质体对拟建场地安全有潜在影响的区域。

② 市政工程地质勘察范围应根据工程性质和地质环境特点确定，勘察范围应大于工程用地红线范围，包括影响拟建工程和受拟建工程影响的区域。

③ 建筑工程和市政工程可能出现边坡工程时，勘探平面范围应包括坡面区域和坡面外围一定的

区域，要求如下：

　　a. 岩质边坡的勘探范围不应小于边坡高度，受外倾结构面控制的岩质边坡的勘探范围尚应不小于外倾结构面影响范围。

　　b. 对于可能按土体内部圆弧形破坏的土质边坡勘探范围不应小于1.5倍坡高。对可能沿岩土界面滑动的土质边坡，后部应大于可能的后缘边界，前缘应大于可能的剪出口位置。

　　c. 土质基坑的勘探范围不应小于基坑深度的2倍。

　　d. 岩土混合边坡的勘探范围应根据岩、土质边坡破坏模式和影响范围按不利原则确定。

　　e. 勘察范围尚应包括可能对建（构）筑物有潜在安全影响的区域。

　　f. 建设单位不得因超越红线范围或降低勘察成本等不当理由任意缩小勘察范围。

问题7：钻探机具、工艺要求不明确。

【原因分析】违反《岩土工程勘察规范》GB 50021—2001（2009年版）第9.2.1条，《建筑工程地质勘探与取样技术规程》JGJ/T 87—2012第5.3.1条关于钻探方法的规定。

【处理措施】钻探方法应根据勘探技术要求、地层类别、场地及环境条件，选择合适的钻机、钻具和钻进方法，以确保岩芯采取率达到技术标准的要求。勘察纲要中应明确投入拟建场地勘察所需钻探机具及工艺要求。

问题8：水文地质试验孔位置要求不明确。

【原因分析】违反重庆市《工程地质勘察规范》DBJ 50/T—043—2016第9.3.6条、第9.3.7条、第9.3.8条关于水文地质试验孔布置的规定。

【处理措施】水文地质试验孔应按试验项目要求，明确试验孔的布置位置。抽水试验孔应布置在能反映场地水文地质特征的部位，观测孔宜平行或垂直地下水流向布置。隧道勘察的压水试验孔应布置在能反映隧道围岩及其影响范围岩体渗透性较大的部位。注水试验孔（坑）应布置在能反映地表土体渗透性的部位。

2 现场勘探与取样测试

问题 1：高层建筑核心筒体部位、中心点或电梯井钻孔、取样和测试工作不足。

【原因分析】违反《高层建筑岩土工程勘察标准》JGJ/T 72—2017 第 4.1.3 条第 3 款，重庆市《工程地质勘察规范》DBJ 50/T—043—2016 第 4.4.6 条第 1 款、第 4.4.8 条第 5 款关于高层建筑钻孔及取样测试工作的规定。

【处理措施】高层建筑核心筒体部位、中心点或电梯井是荷载集中的部位，对地基强度和变形的要求较高，除应布置钻孔外，尚应采集岩土试样，并进行岩土波速试验等原位测试。

问题 2：勘探点、线布置欠合理。

【原因分析】违反《岩土工程勘察规范》GB 50021—2001（2009 年版）第 4.1.16 条第 1 款，《建筑边坡工程技术规范》GB 50330—2013 第 4.2.6 条，重庆市《工程地质勘察规范》DBJ 50/T—043—2016 第 4.3.3 条、第 4.3.5 条、第 4.4.3 条、第 4.4.4 条、第 4.4.5 条，重庆市《市政工程地质勘察规范》DBJ 50—174—2014 第 4.2.4 条第 1 款关于勘探点、线布置的规定。

【处理措施】建筑物详勘阶段安全等级为一级的建筑，勘探点、线沿建筑物轮廓线及柱列线布置；安全等级为二级的建筑，勘探点、线按建筑物轮廓线并兼顾柱列线布置；安全等级为三级的建筑，勘探点、线沿建筑物轮廓线或建筑群布置。

道路详勘阶段勘探点、线布置，应保证每条道路至少有一条纵向勘探线和适量的横向勘探线，纵向勘探线应沿道路中线或平行中线布置。

边坡勘探点、线应以垂直边坡走向或平行主滑方向布置为主，在拟建支挡结构的位置应布置平行和垂直的勘探线。

勘探点宜沿勘探线布置，每个地貌单元及其交界部位均应有勘探点，在微地貌和岩性变化大（特别是陡倾岩层）的地段，勘探点应适当加密。当场地基岩面起伏较大或岩层产状较陡地带，需查清岩层层序、基岩面起伏状况等时，孔距、孔深可适当加密、加深。

直接详勘应兼顾初、详勘阶段关于勘探点、线布置的要求。

问题 3：建筑地基、边坡工程的钻孔深度不足。

【原因分析】违反《岩土工程勘察规范》GB 50021—2001（2009 年版）第 4.1.18 条第 1 款（强制性条文），《建筑边坡工程技术规范》GB 50330—2013 第 4.2.9 条，重庆市《工程地质勘察规范》DBJ 50/T—043—2016 第 4.4.4 条、第 6.3.8 条关于钻孔深度的规定。

【处理措施】建筑地基、边坡工程的钻孔深度应符合下列要求：

① 对于土质地基钻孔深度应能控制地基主要受力层，当基础底面宽度不大于 5m 时，钻孔深度对条形基础不应小于基础底面宽度的 3 倍，对独立柱基不应小于 1.5 倍，且不应小于 5m。

② 对于岩质地基，房屋建筑钻孔应以预计基础底面为起算点，对于安全等级为一级的进入预计持力层下 8～15m，安全等级为二级的进入预计持力层下 6～10m，安全等级为三级的进入预计持力层下 5～8m。

③ 桩基础的钻孔深度，以预计桩底面起算，不应小于 3 倍桩径，且不得小于 5m。当桩端持力层较薄或存在软弱下卧层时，应加大钻孔深度。

④ 当预计钻孔深度内存在溶洞及地下洞室、软弱岩（土）层或破碎带时，钻孔应穿过其所在位置并到达稳定地层一定深度。

⑤ 边坡工程勘探点深度应进入最下层潜在滑面不小于 5m，支挡位置的控制性勘探孔深度应根据可能选择的支护结构形式确定。对于重力式挡墙、扶壁式挡墙应进入持力层不小于 5m；对于锚杆挡墙应进入持力层不小于 2m；对于悬臂桩进入嵌固段的深度，土质时不宜小于悬臂长度的 1.5 倍，岩质时不小于 1 倍。

问题 4：主要土层取样数量及原位测试工作量不够。

【原因分析】违反《岩土工程勘察规范》GB 50021—2001（2009 年版）第 4.1.20 条第 2 款和第 3 款（强制性条文）关于土样采取和原位测试的规定。

【处理措施】详细勘察采取土试样和进行原位测试应满足岩土工程评价的需要，并符合下列要求：

① 采取土试样和进行原位测试的勘探孔数量，应根据地层结构、地基土的均匀性和工程特点确定，且不应少于勘探孔总数的 1/2，钻探取土试样的数量不应少于勘探孔总数的 1/3。

② 每个场地每一主要土层的原状土试样或原位测试数据不应少于 6 件（组），当采用连续记录的静力触探或动力触探为主要勘察手段时，每个场地不应少于 3 个孔。

③ 在地基主要受力层内，对厚度大于 0.5m 的夹层或透镜体，应采集土试样或进行原位测试。

问题 5：桥位勘察对各桥墩台持力层采集的岩样数量及代表性不够，不能满足桩基承载力计算的要求。

【原因分析】违反《公路工程地质勘察规范》JTG C 20—2011 第 5.11.4 条第 4 款关于岩石取样和《公路桥涵地基与基础设计规范》JTG 3363—2019 第 6.3.7 条关于桩基承载力计算的规定。

【处理措施】大桥、特大桥墩台所处位置的地质条件、微地貌通常变化较大，在基岩地层中，应根据岩石的风化程度和地层结构，分层采取代表性岩样。对可能采用桩基的墩台，取样位置应包括墩台桩基的桩侧及桩底岩层。岩石抗压强度的岩样应按不同岩性、不同深度分层取样，其数量宜满足数理统计要求。

问题 6：对勘察等级为甲级、由外倾结构面控制的岩质边坡，未进行外倾结构面现场原位直剪试验和边坡岩体声波测试工作。

【原因分析】违反重庆市《工程地质勘察规范》DBJ 50/T—043—2016 第 6.3.9 条、第 6.3.10 条关于岩质边坡测试工作的规定。

【处理措施】对于边坡稳定性受外倾结构面控制、边坡工程勘察等级为甲级的岩质边坡工程，宜进行现场原位直剪试验，试验数量不少于 3 组，并应符合重庆市《工程地质勘察规范》DBJ 50/T—043—2016 附录 D 的规定。

勘察等级为甲级的边坡工程，边坡岩体应进行声波测试，测试孔数量不应少于 3 个；勘察等级为乙级及以下的边坡工程，边坡岩体宜进行声波测试，测试孔数量不宜少于 3 个。

现场剪切试验是确定结构面抗剪强度的一种有效手段。但是，由于受剪切试验条件限制、试验费用较高、试验时间较长等因素影响，勘察时采用现场剪切试验的项目很少。为了提高勘察精度，保障边坡安全性和经济性，对于大型、复杂的岩质高边坡工程，建设单位应给予高度重视并积极支持现场剪切试验工作。

问题 7：岩体声波测试、场地覆盖层剪切波速测试的钻孔数量不足。

【原因分析】违反《建筑抗震设计规范》GB 50011—2010（2016 年版）第 4.1.3 条，重庆市《工程地质勘察规范》DBJ 50/T—043—2016 第 4.3.6 条第 1 款、第 8.2.2 条第 3 款，重庆市《市政工程地质勘察规范》DBJ 50—174—2014 第 5.2.7 条、第 5.2.8 条、第 7.2.5 第 3 款关于岩体声波测试以及场地覆盖层剪切波速测试的规定。

【处理措施】土层剪切波速是判定场地土类型和场地类别的依据，勘察时应按下列要求进行土层剪切波速测试：

① 初步勘察阶段，对大面积的同一地质单元，测试土层剪切波速的钻孔数量不宜少于 3 个。场地覆盖层大于 3m 的地段应做剪切波测试。

② 详细勘察阶段，对单幢建筑，测试土层剪切波速的钻孔数量不宜少于 2 个，测试数据变化较大时，可适量增加；对处于同一地质单元的密集建筑群，测试土层剪切波速的钻孔数量可适量减少，但每幢高层建筑和大跨空间结构的测试钻孔数量均不得少于 1 个。

③ 对丁类建筑及丙类建筑中层数不超过 10 层、高度不超过 24m 的多层建筑，当无实测剪切波速时，可根据岩土名称和性状，按《建筑抗震设计规范》GB 50011—2010（2016 年版）表 4.1.3 划分土的类型，再利用当地经验在表 4.1.3 的剪切波速范围内估计各土层的剪切波速。

④ 块碎岩地基勘察应符合下列规定：建筑物安全等级为一级的场地应进行波速测试，建筑物安全等级为二级的场地应进行波速测试；建筑物安全等级为三级的场地宜进行波速测试。

⑤ 工程重要性等级为一级的桥位区，应实测剪切波速值。工程重要性等级为一级、二级的桥位区应进行岩体声波测试。详细勘察阶段桥位区同一地质单元内岩体声波波速测试孔数量不宜少于 3 个。

问题 8：工程地质测绘与调查工作不足。

【原因分析】违反重庆市《工程地质勘察规范》DBJ 50/T—043—2016 第 5.2.1 条、第 5.2.3 条、第 5.2.4 条关于工程地质测绘与调查的规定。

【处理措施】工程地质测绘和调查应包括下列主要内容：

① 地形地貌。

② 地层岩性及岩石风化程度。

③ 地质构造、岩体结构、结构面的性状和发育特征。

④ 水文地质。

⑤ 不良地质现象。

⑥ 人类工程活动对工程地质条件的影响。

⑦ 场地或附近地下管网和既有建（构）筑物情况。

在地质构造线、地层接触线、岩性分界线、不良地质现象、地下水露头、软弱夹层和岩体裂隙发育变化带等应有地质观测点控制。

工程地质测绘地质观测点应具有代表性，观测点数量应根据场地工程地质条件结合工程要求确定，在图面上每 10cm×10cm 内的地质观测点数量按地质条件简单、中等复杂、复杂，分别不少于 2 个、3 个、5 个，不良地质现象观测点数量应适当增加。

问题 9：岩土测试成果统计单元划分不合理，每一统计单元岩土试验值的数量不足。

【原因分析】违反重庆市《工程地质勘察规范》DBJ 50/T—043—2016 第 10.1.2 条、第 10.2.2 条、第 10.2.8 条关于岩土工程指标统计单元划分、每一统计单元岩土试验值数量的规定。

【处理措施】对岩土测试成果进行分析和统计时，应根据场地工程地质条件、岩土层位、岩土参数的差异划分不同的统计单元。

参加统计分析的每一统计单元，室内试验值（抗剪强度指标一组试样为一个试验值）的单值数量，土样应不少于 6 个，岩样最小试验数据量应符合重庆市《工程地质勘察规范》DBJ 50/T—043—2016 表 10.2.2 的规定。对数据量不满足规定的，应补充样品以达到统计要求；对不具备补充样品的场地，可在地层岩性及试验成果分析的基础上，结合地区经验提供相关参数值。

当变异系数 $\delta > 0.3$ 时，应分析误差过大的原因，必要时应增加试样数量或重新划分统计单元体。当确系岩土自身性质不均匀且统计单元不能进一步细分时，统计修正系数可按地区经验取值。

问题 10：岩芯采取率不满足要求。

【原因分析】违反重庆市《工程地质勘察规范》DBJ 50/T—043—2016 第 5.3.5 条关于岩芯采取率的规定。

【处理措施】岩芯采取率对较完整和完整的岩石不应低于 80%，对较破碎和破碎岩石不应低于 65%；对需重点查明的部位，可采用双层岩芯管连续取芯等措施提高岩芯采取率。填土的岩芯采取率应大于或等于 65%，黏性土的岩芯采取率应大于或等于 90%。

问题 11：土样采取的工具和方法不符合规定。

【原因分析】违反《岩土工程勘察规范》GB 50021—2001（2009 年版）第 9.4.1 条、第 9.4.2 条、第 9.4.3 条、第 9.4.5 条关于采集土样的规定。

【处理措施】土样采取应根据土试验质量等级选用适当的取样工具和方法，应符合《岩土工程勘察规范》GB 50021—2001（2009 年版）第 9.4.1 条、第 9.4.2 条、第 9.4.3 条的相关规定。在钻孔中采取Ⅰ、Ⅱ级土试样时，应满足下列要求：

① 在软土、砂土中宜采用泥浆护壁；如使用套管，应保持管内水位等于或稍高于地下水位，取样位置应低于套管底 3 倍孔径的距离。

② 采用冲洗、冲击、振动等方式钻进时，应在预计取样位置 1m 以上改用回转钻进。

③ 下放取土器前应仔细清孔，清除扰动土，孔底残留浮土厚度不应大于取土器废土段长度（活塞取土器除外）。

④ 采取土试样宜用快速静力连续压入法。

问题 12：采集的岩样缺乏代表性，导致相关岩土参数取值不合理。

【原因分析】违反重庆市《工程地质勘察规范》DBJ 50/T—043—2016 第 4.3.6 条、第 4.4.8 条、第 10.2.1 条关于岩样采集代表性的相关规定。

【处理措施】采集岩土试样和进行原位测试的孔（井）应在平面上均衡分布，其数量、平面位置和竖向间距应按地层特点、岩土的均匀程度和设计要求确定；同一种岩性层中岩石试样采集数量应满足统计要求。

同一统计工程地质单元体应处于同一构造部位及地貌单元，并属相同的地质年代及成因类型，具有基本相同的矿物及颗粒组成、结构构造、物理性质和工程特性。

在同一统计工程地质单元体、预计持力层的范围内，根据肉眼判断的岩芯情况，按不利原则宜留存样品照片和样品状态记录备查。

问题 13：未对勘探孔（井）进行封填或封填质量不满足要求。

【原因分析】违反《建筑工程地质勘探与取样技术规程》JGJ/T 87—2012 第 13.0.1 条关于对勘探孔（井）进行封填的规定。

【处理措施】钻孔、探井、探槽、探洞等勘探工作完成后，应根据工程要求选用适宜的材料分层回填。回填材料及方法可按表 2-1 的要求选择。

回填材料及方法   表 2-1

回填材料	回填方法
原土	每 0.5m 分层夯实
直径 20mm 左右黏土球	均匀回填，每 0.5～1m 分层捣实
水泥、膨润土(4∶1)制成浆液或水泥浆	泥浆泵送入孔底，逐步向上灌注
素混凝土	分层捣实
灰土	每 0.3m 分层夯实

注：本表摘自《建筑工程地质勘探与取样技术规程》JGJ/T 87—2012。

3 建筑工程

问题1：地形地貌描述不全面。

【原因分析】违反重庆市《工程地质勘察规范》DBJ 50/T—043—2016第4.4.1条第3款，《重庆市岩土工程勘察文件编制技术规定》（2017年版）第4.3.3条关于地形地貌特征的规定。

【处理措施】地形地貌特征属于工程地质条件的基本要素，正确认识地形地貌，有助于分析场地工程地质条件和发现不良地质作用。场地地形地貌的调查和阐述应包括以下内容：场地地貌单元、微地貌地形起伏情况、地面高程、相对高差、地形坡度、坡长及坡向、山脊线、山麓线、谷底线、特殊地形如陡（悬）崖、沟壑、陡坡与山地、沟谷发育状况、地形地貌变迁情况，河流流向、流速、洪水位线、河流流向与岸坡坡向的关系等。其中，对场地存在的如陡（悬）崖、沟壑等特殊地形形态应说明其特征和空间分布，崩塌堆积体场地与后缘陡崖（崩塌源）、前缘河流、沟谷关系等，对岩溶地貌增加岩溶洼地、落水洞、暗河进出口、峰林、残丘的分布位置、规模等描述。需要注意的是，不同成因的地形地貌所要求的描述内容不一致，应有针对性；同时，地形地貌的调查和说明范围不应仅仅局限于拟建工程场地范围，尚应包含其影响范围内的周边地形地貌。

问题2：岩体结构面的描述内容不全或错误。

【原因分析】违反重庆市《工程地质勘察规范》DBJ 50/T—043—2016第3.3.1条，《重庆市岩土工程勘察文件编制技术规定》（2017年版）第4.3.4条关于岩体结构面调查和描述的规定。

【处理措施】重庆主要是以河湖相、浅海相沉积岩形成的山地、丘陵地貌，岩体结构面影响岩体的完整性、岩体的力学性和边坡的稳定性等。因此，岩体结构面调查是岩土工程中一项重要的基础性工作，应按照相关规范的要求，做好岩体结构面的调查、测绘，并如实描述。

结构面的调查和描述内容应包括不同级别的断层、层面、裂隙面的产状及变化情况、裂隙组数、密度、充填物、延伸状况、起伏情况、闭合程度、粗糙程度、含水状况等内容，并判定层面、裂隙结合程度、结构面类型。在进行地质调查与测绘的工作中，应收集工作区的区域地质资料和相邻工程建设、勘察成果。对于实地量测的结构面产状，应结合区域地质资料与调查、测绘资料，根据场地所处的地质构造部位进行可靠性分析，去伪存真，防止误判；应重视次级地质构造、崩塌堆积体、滑坡、断层等现象，避免裂隙面、岩层面误判。

当场地覆盖层厚度较大，邻近无基岩露头，采用距离场地较远的基岩露头进行结构面的描述时可能出现较大偏差，可采用山地工程揭露场地基岩，施工期应加强结构面的查验工作。

问题3：对岩土试验数据异常值处置不当。

【原因分析】违反《岩土工程勘察规范》GB 50021—2001（2009年版）第14.2.1条第1款，重庆市《工程地质勘察规范》DBJ 50/T—043—2016第10.1.1条、第10.1.2条、第10.2.8条，《重庆市岩土工程勘察文件编制技术规定》（2017年版）第4.4.1条第5款关于试验数据处理的规定。

【处理措施】岩土的不均匀性及其在样品采集、储存、运输可能受到的扰动以及试验偏差，都可能导致数据失真或偏差。因此，应根据影响岩土试验成果的因素，分析评价数据的可靠性、适用性，按规定剔除异常值。在进行数据取舍时，应说明原因。

实际工作中，出现最多的情况就是随意剔除岩石单轴抗压强度偏大或偏小的数据，人为控制变异系数，失去了对场地岩层不均匀特性的客观判断。重庆地区河、湖相沉积的砂岩、泥岩，由于不同的沉积物质和沉积韵律，决定了岩层在纵向和横向上岩性变化的不均匀性，如泥岩夹砂岩条带或者含砂量局部增加、砂岩局部含泥质等，这都是造成统计指标离散性大的客观原因，也能从侧面反应场地岩性空间分布不均匀的特点。当变异系数大于 0.30 时，应分析误差过大的原因，必要时应增加试件数量或重新划分统计单元。当确系岩土自身性质不均匀且统计单元无法进一步细分时，统计修正系数可按经验取值。

问题 4：勘察报告建议的岩土参数缺项，不满足设计需要。

【原因分析】违反《岩土工程勘察规范》GB 50021—2001（2009 年版）第 4.1.11 条（强制性条文），重庆市《工程地质勘察规范》DBJ 50/T—043—2016 第 4.1.1 条的规定。

【处理措施】提供满足工程建设需要的岩土参数是岩土工程勘察的重要任务，由于岩土参数众多，不同的工程类型、工程项目和施工手段需要提供不同的岩土参数。因此，勘察报告在提供岩土参数时，应根据勘察技术委托书要求、设计意图、施工工法等因素，并结合场地工程地质环境条件，提供满足工程项目设计和施工需要的岩土参数。

问题 5：相邻建（构）筑物资料不完整，拟建工程与其相互影响评价深度不够。

【原因分析】违反重庆市《工程地质勘察规范》DBJ 50/T—043—2016 第 11.5.1 条、第 11.5.2 条、第 11.5.3 条，《重庆市岩土工程勘察文件编制技术规定》（2017 年版）第 4.5.10 条的规定。

【处理措施】在城市建筑密集区，拟建工程与邻近建筑、市政设施、地下管网等的相互影响日趋严重与复杂，地质环境保护与环境工程地质问题日益突出，因相邻建（构）筑物情况不明，导致工程安全事故时有发生。因此，取得完整、准确的相邻建（构）筑物资料，正确进行相邻建（构）筑物与拟建工程相互影响评价，已成为合理进行工程设计与施工、保证工程安全、杜绝工程安全隐患的前提条件。为此，建设单位应向勘察单位提供完整、准确的相邻建（构）筑物资料，主要有：相邻建（构）筑物的平面距离及高差、结构形式、基础形式及埋深、持力层性质、基坑支护、运营情况等资料；相邻地下建（构）筑物（如地下铁道、人防洞室、地下商场、地下车库等）的平面分布、结构形式、顶板和底板标高、运营情况等资料；相邻地下管网（如水管、气管、电缆、通信线路等）的平面分布、管线类型、埋深等。勘察报告应采用定性与定量评价相结合的方法，有针对性地进行相邻建（构）筑物影响评价，提出合理可行的处理措施建议。

当相邻建（构）筑物资料不满足评价需要时，建设单位应委托勘察单位对拟建工程影响范围内的相邻建（构）筑物予以查明，并要求勘察单位完善勘察评价，不应将相关问题遗留在施工图设计与施工阶段。

问题 6：持力层与基础形式建议不合理。

【原因分析】违反《建筑地基基础设计规范》GB 50007—2011 第 3.0.4 第 1 款，重庆市《工程地质勘察规范》DBJ 50/T—043—2016 第 11.4.5 条、第 11.4.6 条，《重庆市岩土工程勘察文件编制技术规定》（2017 年版）第 4.5.6 条关于地基基础的规定。

【处理措施】应在充分了解拟建工程的设计条件前提下，根据场地工程地质条件，结合工程经验，考虑施工条件对周边环境的影响、材料供应以及地区工程抗震设防烈度等因素，对天然地基、桩基础和地基处理进行评价，提出安全可靠、技术可行、经济合理的一种或几种地基基础方案建议，对于基础形式应以紧密结合地基条件并适宜上部结构的原则进行评价和建议。

对于天然地基，应当通过对地基岩土条件的分析，评价拟建物采用天然地基的可行性。地基评价应包括持力层及下卧层分析评价、地基均匀性和地基稳定性评价、提出持力层的选择与基础形式建议；对在斜坡地带的建（构）筑物，还应评价地基加荷后的稳定性，在邻近陡坎处尚应提出持力层及基础埋置深度建议。重庆绝大多数建设用地属于丘陵、低山地貌区，在地基基础评价时，需要充分考虑技术、经济方面的合理性，对荷载小的一般建筑应分析采用土质地基或土、岩混合地基的可行性并提出相关的工程措施建议。

对于人工地基，应当依据各类地基处理方法的适用条件，论证地基处理的必要性、处理方法的适宜性，提出地基处理方法、处理范围的建议，并根据建议的地基处理方案，提供地基处理设计和施工所需的岩土参数，分析评价地基处理对环境的影响，提出地基处理设计和施工注意事项、地基处理试验和检测等建议，针对具体的地基处理方法进行环境及相邻建（构）筑物的影响评价。

对于桩基础，应论证采用桩基的适宜性，评价桩端持力层工程性能与桩端下有无洞穴、临空面、破碎岩体（破碎带）或软弱夹层等影响，根据场地工程地质条件和工程特点，分析成桩可行性、施工条件、挤土效应、桩基施工对环境的影响以及设计、施工应注意的问题等内容，对欠固结土及有大面积堆载、回填土等工程，分析桩侧产生负摩阻力的可能性及其影响。

问题 7：岩土体物理力学性质指标代表值不合理。

【原因分析】违反《建筑地基基础设计规范》GB 50007—2011 第 4.2.2 条，重庆市《工程地质勘察规范》DBJ 50/T—043—2016 第 10.2.3 条、第 10.3.1 条关于岩土参数取值的规定。

【处理措施】工程特性指标的代表值，对于地基基础设计计算至关重要，对此，国家和地方标准中对于岩土体物理力学性质指标代表值均有明确规定，应切实执行。对于不同的岩土体物理力学性质指标，应按规范确定其代表值。液限、塑限、比重、天然含水量、天然密度等物性指标及压缩性指标采用平均值；抗压、抗剪、抗拉等强度指标和岩质地基极限承载力采用标准值，地基承载力应采用特征值。

问题 8：土的腐蚀性评价缺失或评价不确切。

【原因分析】违反《岩土工程勘察规范》GB 50021—2001（2009 年版）第 12 章，重庆市《工程地质勘察规范》DBJ 50/T—043—2016 第 4.1.10 条，《重庆市岩土工程勘察文件编制技术规定》（2017 年版）第 4.5.1 条关于土对建筑材料腐蚀性评价的规定。

【处理措施】建筑工程的防腐蚀性设计以预防为主，保持混凝土结构的耐久性需要对其所处环境介质有正确判别，防护措施的选择才能得当，因此需要对土的腐蚀性进行评价。但在部分勘察报告中，只有水的腐蚀性评价，而土的腐蚀性评价缺失。还有部分勘察报告对土的腐蚀性评价不确切，主要表现为对于地下水位以上的土层，既不取土样分析，也不做相应的说明，就直接判定土的腐蚀性为微腐蚀。根据规范，除有足够经验和充分资料来认定场地的土对建筑材料不具腐蚀性时，可不取样进行腐蚀性试验外，其余情况下均应取土试样进行试验，并根据试验成果结合场地的环境类型、地层渗透性以及试验资料，按规范要求进行土对建筑材料的腐蚀性评价。

问题 9：深厚填土桩基评价及成孔问题分析不够。

【原因分析】违反《岩土工程勘察规范》GB 50021—2001（2009 年版）第 4.9.1 条第 5 款（强

制性条文）、第 4.9.8 条第 3 款，重庆市《工程地质勘察规范》DBJ 50/T—043—2016 第 11.4.6 条第 6 款关于桩基成孔和桩侧负摩阻力的规定。

【处理措施】人工填土是重庆地区常见的特殊土，成分多为砂岩、泥岩碎块石和粉质黏土，粒径差异大，厚度变化大，密实度和均匀性差。深厚填土场地（下伏基岩）采用桩基时，应分析成桩的可能性，论证桩的施工条件及其对环境的影响。根据填土中碎块石含量及粒径、块石强度，为成孔设备选型提供依据。根据填土堆积年限、密实度，以及地下水的分布情况，对塌孔可能性进行预判并提出处理建议。对尚未完成自重固结的人工填土，应分析其对桩侧壁产生负摩阻力的可能性，并提供负摩阻力系数。当可能采用人工挖孔桩时，还应分析场地有无有毒有害气体源，对施工措施提出建议。

问题 10：地质因素可能造成的工程风险的说明缺失或说明不合理。

【原因分析】违反《危险性较大的分部分项工程安全管理规定》（住房和城乡建设部令第 37 号）第六条的规定。

【处理措施】勘察单位应当根据工程实际及工程周边环境资料，在勘察文件中说明地质条件可能造成的工程风险。勘察单位技术人员应当以场地实际地质条件结合工程实际、周边工程环境，从岩、土、水等地质本体出发，梳理在工程地质、水文地质、环境地质等分析评价中所发现的问题，所说明的工程风险主要包括不良地质、地基失稳、边坡失稳、沉降变形等与地质体相关的问题，而诸如高空坠物、触电、防暑等施工安全风险不应作为地质条件可能造成的工程风险进行论述。

问题 11：场地稳定性和地基稳定性评价内容不完善。

【原因分析】违反《岩土工程勘察规范》GB 50021—2001（2009 年版）第 4.1.1 条第 1 款，重庆市《工程地质勘察规范》DBJ 50/T—043—2016 第 11.2.1 条、第 11.2.2 条、第 11.2.3 条关于场地稳定性和地基稳定性评价的相关规定。

【处理措施】场地的稳定性和地基稳定性问题是岩土工程勘察工作必须进行评价并给予明确结论的问题。评价工作应遵循定性与定量相结合的原则展开，分析影响场地稳定性和地基稳定性的自然因素和人类工程活动。

自然因素包括地形与地貌、地质构造与不良地质作用。地形与地貌方面，应重点分析场地范围内及周边可能对场地产生影响的斜（边）坡、陡坎等，应阐明其形态特征、岩土特征、构造特征、变形特征等，采用定性、定量评价相结合的方法对其现状稳定性进行评价。地质构造方面，应分析结构面发育程度及断层活动性，综合评价对建筑场地及建（构）筑物的影响。不良地质作用评价应按照重庆市《工程地质勘察规范》DBJ 50/T—043—2016 第七章不良地质场地勘察要求进行。

场地稳定性主要是基于场地及其周边的地质体本身，取决于拟建场地是否存在发生或遭受不良地质作用而导致建筑场地安全受到严重影响或威胁的地质条件。稳定性评价应当定性、定量分析场地及其邻近可能影响场地稳定性的断层活动性、不良地质作用、斜（边）坡稳定性、地下洞穴（溶洞、土洞及人工洞室）稳定性等因素，做出场地稳定性结论。当场地存在不稳定因素时，应明确该不稳定因素的具体情况及处理措施建议。场地的建设适宜性与场地稳定性密切相关，对于存在不稳定因素的场地，应在综合考虑技术可行性、经济合理性的前提下确定。

地基稳定性主要考虑场地内地质体、拟建物荷载及拟建物对变形的控制要求，一般主要考虑的是竖向的应力、应变和地基均匀性，但在山地地区，尤其是在斜、边坡地段，还应考虑侧向变形和抗力。对于建在坡上或坡顶的建筑物以及邻近存在挖方的建筑物，应评价其地基稳定性。

当定量评价与定性评价结论不吻合时，应复核岩土参数取值的合理性，并重新评价，最终得到定性评价与定量评价结果相匹配的结论。

4 市政工程

问题1：深挖高填路段的勘察范围及勘探深度不够，边坡稳定性分析评价依据不足。

【原因分析】违反《市政工程勘察规范》CJJ 56—2012 第 5.4.3 条第 2 款、第 3 款，重庆市《市政工程地质勘察规范》DBJ 50—174—2014 第 4.2.5 条关于勘察范围和钻孔深度的规定。

【处理措施】重庆地区的市政道路工程建设常常遇到高挖深填路基问题。高挖深填路基勘察中，勘察范围应满足道路边坡稳定性评价的要求。对路堑边坡坡顶土层厚度较大且基岩面坡度较陡路段，边坡的勘察范围应扩大至受外倾结构面控制的影响范围；对路堤可能沿原始地形或基岩面滑动的路段，勘察范围应包括路堤剪出口及坡顶后缘地段。深挖高填路基边坡钻孔深度应满足拟定支挡结构的地基承载力、地基处理、潜在破裂角、稳定性分析评价、拟支挡结构嵌固深度等要求。

问题2：特殊性岩土路基段勘察工作针对性不强，评价及处理建议欠合理。

【原因分析】违反《市政工程勘察规范》CJJ 56—2012 第 4.4.2 条第 3 款关于特殊性岩土路基段的规定。

【处理措施】特殊性岩土路基段应加强道路沿线工程地质调查测绘工作，调查填土、淤泥、红黏土等特殊性岩土的分布情况，有针对性地布置勘探点、线，并选择适宜的取样及测试工作，查明其分布范围、厚度及物理力学特征，分析评价对道路工程的影响，为道路设计提供处理措施建议。

问题3：未分工点、未分段进行地形地貌、地层岩性、地质构造和水文地质等描述。

【原因分析】违反重庆市《市政工程地质勘察规范》DBJ 50—174—2014 第 3.4.4 条、第 15.1.5 条的规定。

【处理措施】一条市政道路常常包括路基、桥梁及隧道等工点，其沿线地形地貌、地层岩性、地质构造、水文地质等工程地质条件往往也是变化的。工程勘察除了查明道路沿线工程地质条件外，在工程地质条件表述时，也应有针对性地分工点、分段进行地形地貌、地层岩性、地质构造、水文地质等内容的描述，以便为道路各工点、各线路段的工程地质评价和建议提供详细、准确、可靠的地质依据。

问题4：相邻建（构）筑物资料搜集不够，拟建市政工程与相邻建（构）筑物相互影响评价依据不足。

【原因分析】违反重庆市《市政工程地质勘察规范》DBJ 50—174—2014 第 3.5.7 条的规定。

【处理措施】市政工程多位于城区，周边有建（构）筑物、地下管网分布。既有建（构）筑物及地下管网资料的搜集，对市政工程设计方案、边坡支护方案、地基基础形式及地基处理方法的选择有重大影响。建设单位应提供与拟建市政工程相关的地下埋藏物及相邻建（构）筑物资料，如隧道周边有无对沉降敏感建（构）筑物；道路及桥梁路线区域有无地下管网、地下工程、高压铁塔、轨道交通等。当相邻建（构）筑物资料不满足评价需要时，建设单位应委托勘察单位采取勘探手段，弄清各相邻建（构）筑物的位置、埋深和基础形式等内容，评价拟建市政工程与既有建（构）

筑物的相互影响，并提出合理可行的处理措施建议，为设计工作提供准确可靠的地质依据。

问题5：未对桥台地基基础方案提出合理化建议。

【原因分析】违反重庆市《市政工程地质勘察规范》DBJ 50—174—2014第5.3.3条关于地基基础形式的规定。

【处理措施】市政桥梁工程，桥台位置常常受场地环境限制，或位于深厚土体上，或位于斜坡地段，设计方案提出的桥台基础形式，与桥台实际所处的地质条件和环境条件往往不匹配，如在深厚填土段设计重力式桥台，在地质条件较好的位置设置桩承台式桥台等。勘察中应根据桥台位置的实际环境条件及地质条件，评判设计所用的桥台形式是否合理，对不合理设置的桥台形式，应提出合理化建议，如对深厚填土段设计重力式桥台建议修改为桩承台式，对基岩出露或基岩面埋深较浅位置桥台建议采用重力式桥台等。

问题6：隧道围岩分级综合分析不足，围岩分级不合理。

【原因分析】违反《公路隧道设计规范 第一册 土建工程》JTG 3307.1—2018附录A，重庆市《市政工程地质勘察规范》DBJ 50—174—2014第6.3.6条第1款及附录B，《重庆市岩土工程勘察文件编制技术规定》（2017年版）第5.5.4条第1款关于围岩分级的规定。

【处理措施】隧道勘察应对隧道沿线的地层岩性、地层界线、岩层产状、岩体节理和裂隙组数、间距、产状和结合特征、地下水以及地应力等内容进行详细调查。隧道围岩分级首先应根据围岩主要工程地质条件进行隧道围岩基本分级，根据岩石单轴饱和抗压强度和岩石完整性系数，计算围岩基本质量指标 BQ，然后根据地下水状态、主要软弱结构面产状、初始应力状态等因素，对基本质量指标 BQ 进行修正后确定围岩分级。当定量计算划分的围岩分级与实际工程经验不符时，应复核定量计算参数的可靠性，并结合地区工程经验综合确定围岩分级。

问题7：隧道水文地质勘察工作不足，水文地质单元划分不确切。

【原因分析】违反重庆市《工程地质勘察规范》DBJ 50/T—043—2016第9.2.4条，重庆市《市政工程地质勘察规范》DBJ 50—174—2014第6.2.10条第3款，《重庆市岩土工程勘察文件编制技术规定》（2017年版）第5.5.4条第5款关于隧道水文地质工作的规定。

【处理措施】隧道勘察应在水文地质调查工作的前提下，分析含水层和隔水层的赋存关系，有针对性地布置水文地质试验工作，以查明含水层的分布情况、地下水类型、地下水的补给来源、地下水的排泄路径、地层的渗透系数、地下水水头高度、地下水分水岭等内容，为合理划分水文地质单元提供可靠依据。

水文地质勘察的范围和工作量，应根据工程规模、水文地质条件的复杂程度和已有工作的深度，综合考虑确定，并应符合下列要求：

① 勘察范围应包括影响工程的地下水流动系统或施工降排水疏干影响范围。

② 勘探线应在充分利用场地已有工程地质勘探孔的基础上顺地下水流向布置，数量不少于1条，每条勘探线上勘探孔不少于3个，勘探线、点间距宜为30～50m，勘探孔深度应进入预计基底以下并穿过隔水层进入含水层。

③ 当附近有影响工程的地表水体时，宜在场地与地表水体之间布置一定数量的勘探孔或观测孔，以了解地下水与地表水之间的水力联系。

④ 一个工程场地每一含水层宜布置不少于1个地下水勘探孔进行抽水试验和含水层参数计算，

当场地有多层对工程有影响的含水层时，应做分层抽水试验。

⑤ 对缺乏常年地下水位监测资料的地区，当水文地质条件对工程有重大影响时，宜设置长期观测孔，对有关层位的地下水进行长期观测。

问题 8：地下水渗透对工程的影响评价不够。

【原因分析】违反重庆市《市政工程地质勘察规范》DBJ 50—174—2014 第 6.3.6 条第 4 款、第 11.3.1 条第 2 款、第 12.3.3 条第 5 款关于地下水渗透影响评价的规定。

【处理措施】地下水渗透对基坑工程、隧道、垃圾填埋场、堤坝等工程影响较大，工程勘察应根据地层岩性条件、地下水分布情况等因素，采用适宜的试验方法，如抽水试验、渗水试验、注水实验或室内渗透试验等确定地层的渗透系数、导水系数等水文地质参数。通过单孔抽水试验、非稳定流抽水试验、地下水位长期观测等查明地层的给水度、释水系数等参数。通过多孔抽水实验确定越流系数或越流因素。通过注水实验、压水实验等查明岩土体单位吸水率、毛细水上升高度或透水性。根据水文地质试验成果，分析地下水渗透对隧道施工的影响，提供支护结构的压力水头高度；对基坑工程、沉井工程应提供基坑施工所需地下水控制的设计参数；对垃圾填埋场应评价坝基的稳定性和垃圾渗沥液向邻谷渗漏、坝下渗漏和绕坝渗漏的可能性，对邻近水体和穿越河流地段应分析岩土层的渗透性及基坑开挖降水的可能性。

问题 9：涉水地段对河水冲刷、渗透变形的评价不全面。

【原因分析】违反重庆市《市政工程地质勘察规范》DBJ 50—174—2014 第 5.3.3 条第 5 款、第 10.3.1 条第 1 款、第 10.3.2 条第 1 款和第 12.3.3 条第 5 款关于河流冲刷和基坑降水影响的规定。

【处理措施】对在河床中设墩的桥梁，应提供满足冲刷计算所需的岩土层参数；对堤岸工程，根据河势情况，河道冲淤变化、水流侧向侵蚀和岸坡的形态、防护和失稳情况，参照表 4-1 对岸坡稳定性进行定性评价。应针对地下水对岸坡稳定性的影响，以及地基渗透变形（流砂、流土、管涌）、冲刷等工程地质问题进行评价，提出设计所需的岩土参数值和工程措施建议；当管道工程邻近水体和穿越河流地段时，应分析评价河流冲刷对管道工程的影响，以及基坑降水引发的流砂、流土、管涌对工程的不利影响，并提出防治措施建议。

岸坡稳定性分级   表 4-1

稳定状态	岸坡特征
稳定	岸坡岩土抗冲刷能力强，无堤岸失稳现象
基本稳定	岸坡岩土抗冲刷能力较强，历史上基本未发生堤岸失稳事件或曾发生小规模堤岸失稳
欠稳定	岸坡岩土抗冲刷能力较差，历史上曾发生较大规模堤岸失稳事件
不稳定	岸坡岩土抗冲刷能力很差，历史上曾发生堤岸严重失稳事件或正在发生堤岸失稳

注：本表摘自《市政工程地质勘察规范》DBJ 50—174—2014。

问题 10：岩溶场地道路勘察方法及勘探点深度欠合理。

【原因分析】违反《公路工程地质勘察规范》JTG C 20—2011 第 7.1.7 条的相关规定。

【处理措施】岩溶场地的道路的工程地质勘探应符合下列规定：

① 岩溶工程地质勘探应在工程地质调绘的基础上进行，采用钻探、物探等进行综合勘探。勘探测试点的数量和位置应根据现场地形地质条件、岩溶发育程度、构筑物的类型及规模等综合确定。

② 岩溶勘探深度应符合下列规定：

a. 填方和挖方路基：勘探深度应至基底以下完整地层内不小于10m。在该深度内遇岩溶洞穴时，应在洞穴底板稳定基岩内再钻进3～5m。

b. 构筑物的浅基础：勘探深度应至基底以下完整基岩中不小于10m。

c. 桩基础：勘探深度应至桩端以下完整基岩中5～10m。在该深度内遇岩溶洞穴时，应在洞穴底板稳定基岩内再钻进3～5m。

d. 隧道：勘探深度应至基底以下完整基岩中5～8m。在该深度内遇岩溶洞穴时，应在洞穴底板稳定基岩内再钻进3～5m。

③ 应分层采集岩土试样，记录钻具自然下落或自然减压，以及漏水、水色突变、冲洗液发生异常变化的位置及起止深度，并测定岩芯的岩溶率。

④ 岩溶发育地段，宜在方法试验的基础上选择地质雷达、高密度电法、孔间CT等物探方法与钻探结合进行综合勘探。

⑤ 岩溶复杂路段，应在施工阶段进行必要的补充勘察或开展施工阶段地质工作。

问题11：对采空区的勘探测试与岩土工程评价不足。

【原因分析】违反《城市轨道交通岩土工程勘察规范》GB 50307—2012第11.2.6条，《公路工程地质勘察规范》JTG C 20—2011第7.8.7条关于采空区地段岩土工程勘察与评价的要求。

【处理措施】采空区地段的勘探测试应符合下列要求：

① 勘探测试点的数量和位置应根据地形地质条件、采空区的类型和规模、地表变形状况以及构筑物的类型、规模等确定。

② 当采空区的开采资料齐全，能说明采空区的位置、埋深、变形特征及其发展趋势和稳定条件时，宜布置物探、钻探进行验证。

③ 对开采巷道或坑洞分布复杂，无法进入坑洞内进行调查的采空区，应根据地面塌陷变形情况，开展综合物探，结合挖探、钻探进行综合勘探。

④ 勘探深度应至采空巷道底板以下稳定地层内不小于5m。有多层采空巷道（或矿层）时，应至最下一层采空巷道底板的稳定地层内不小于3m。

⑤ 应分层采集岩土试样，并记录钻具自然下落情况及起止深度、孔内掉块、钻具跳动、进尺加快等情况。

⑥ 宜采用地震勘探、地质雷达、高密度电法、孔间CT等与钻探结合进行综合勘探，物探测线宜垂直采空巷道的轴线方向布置。对开采资料匮乏或无规划开采的小型采空区，勘探线宜按网格状布置。

⑦ 钻探遇地下水时，应量测地下水的初见水位和稳定水位，采取地下水做水质分析。地下水发育时，宜做抽水试验。

⑧ 应结合采空区处治工程设计，对瓦斯等有害气体进行测试。

⑨ 采空区的变形特征难以判明时，应进行地面变形观测和建筑物变形观测。

采空区地段岩土工程分析与评价应包括下列内容：

① 采空区的稳定性。

② 采空区的变形情况和发展趋势。

③ 采空区对工程建设可能造成的影响。

④ 采空区中残存的有害气体、充水情况及其造成危害的可能性。

⑤ 线路通过采空区应采取的工程措施。

⑥ 施工和运营期间防治措施的建议。

⑦ 必要时应编制采空区地段的工程地质图（比例尺 1：2000～1：5000）、工程地质横断面图（比例尺 1：100～1：200）、工程地质纵断面图（比例尺横向 1：500～1：5000、竖向 1：200～1：500）、坑洞平面图（比例尺 1：200～1：500）等。

5 边坡工程

问题 1：邻近建（构）筑物、道路、地下设施等周边环境条件不清楚，边坡工程对周边环境的影响评价深度不足。

【原因分析】违反《建筑边坡工程技术规范》GB 50330—2013 第 4.2.1 条第 5 款，重庆市《工程地质勘察规范》DBJ 50/T—043—2016 第 6.3.1 条第 5 款，第 6.3.2 条第 9 款关于边坡影响范围内建（构）筑物资料的规定。

【处理措施】回填或开挖形成的边坡常常对周边建（构）筑物、道路、地下设施等的安全及正常运营造成不利影响。因此，建设单位应向勘察单位提供边坡影响范围内完整、准确的周边环境资料，如建（构）筑物结构形式、地基基础、地下管网类型、埋深及分布等。当周边环境资料不满足评价需要时，建设单位应委托勘察单位采取勘探手段，查明边坡工程影响范围内的周边环境条件。勘察单位应根据周边环境资料，结合边坡工程特征，正确评价边坡工程对周边环境的影响，并提出合理可行的保护周边环境的处理措施建议。

问题 2：潜在滑面抗剪强度参数取值不当。

【原因分析】违反《建筑边坡工程技术规范》GB 50330—2013 第 4.3.1 条，重庆市《工程地质勘察规范》DBJ 50/T—043—2016 第 6.4.1 条、第 6.4.2 条、第 6.4.3 条关于潜在滑面抗剪强度参数取值的规定。

【处理措施】潜在滑面抗剪强度参数应根据试验成果和地区工程经验综合取值。对于受外倾结构面控制的边坡，还应结合稳定性计算结果，复核抗剪强度参数取值的合理性。潜在滑面为土岩界面时，其抗剪强度参数应根据与基岩面接触的土层性状、边坡使用期地质环境条件等因素综合取值。重庆地区填土与基岩面，粉质黏土与基岩面，应分别取值。参数取值时可按下列原则进行：

① 当无试验条件时，岩体结构面抗剪强度参数在初步设计阶段时可根据岩体结构面的结合程度按《工程地质勘察规范》DBJ 50/T—043—2016 附录 G 表 G.0.1、表 G.0.2 确定。

② 对于未出现变形的边坡工程，滑动面抗剪强度参数可取现场原位测试的峰值强度值；处于滑动阶段或已滑动的边坡工程，滑动面抗剪强度参数可取残余强度值；处于变形阶段的边坡工程，滑动面抗剪强度参数可取介于峰值强度值与残余强度值之间的值。

③ 当边坡工程已产生变形或滑动时，可采用反演分析法取得滑动面抗剪强度参数。对出现明显变形的边坡工程，其稳定性系数 F_s 宜取 1.00～1.05；对产生滑动的边坡工程，其稳定系数 F_s 宜取 0.95～1.00。

问题 3：岩体等效内摩擦角取值不当。

【原因分析】违反《建筑边坡工程技术规范》GB 50330—2013 第 4.3.4 条，重庆市《工程地质勘察规范》DBJ 50/T—043—2016 第 6.2.3 条、第 6.2.4 条、第 6.4.6 条关于边坡岩体等效内摩擦角取值的规定。

【处理措施】岩质边坡工程勘察应根据岩体完整程度、结构面结合程度、结构面产状和直立边坡自稳能力等因素对边坡岩体类型进行划分，应符合《工程地质勘察规范》DBJ 50/T—043—2016表6.2.3、第6.2.4条的规定。

边坡岩体等效内摩擦角标准值应按表5-1取值。

边坡岩体等效内摩擦角标准值　　　　　　　　　　　　　　　　　表5-1

边坡岩体类型	Ⅰ	Ⅱ	Ⅲ	Ⅳ
等效内摩擦角 $\varphi_e(°)$	$\varphi_e>72$	$72\geq\varphi_e>62$	$62\geq\varphi_e>52$	$52\geq\varphi_e>42$

注：① 本表摘自《工程地质勘察规范》DBJ 50/T—043—2016。
　　② 适用于高度为小于或等于30m时的岩质边坡。当高度大于30m时，应做专门研究。
　　③ 边坡高度较大时宜取较小值；高度较小时宜取较大值；当边坡岩体变化较大时，应按同等高度段分别取值。
　　④ 已考虑时间效应，对于Ⅱ、Ⅲ、Ⅳ类岩质临时性边坡可取表中上限值，Ⅰ类岩质临时性边坡可在72°的基础上根据岩体完整程度适当提高。

问题4：边坡破坏模式判定有误。

【原因分析】违反《建筑边坡工程技术规范》GB 50330—2013第5.2.1条，重庆市《工程地质勘察规范》DBJ 50/T—043—2016第6.4.8条、第6.4.9条关于边坡破坏模式判定的规定。

【处理措施】在进行边坡稳定性计算之前，应根据其地质特征以及已经出现的变形破坏迹象，对边坡的可能破坏方式、破坏范围、影响范围和稳定状态做出定性判断。边坡稳定性计算首先应根据边坡岩土体结构及结构面分布特征确定边坡破坏模式。

对于岩质边坡，应根据岩体结构、结构面赤平投影图，正确分析结构面倾向与边坡临空方向相互关系，确定边坡破坏模式。对于土质边坡，应根据土岩界面产状、边坡坡度、土的抗剪强度等因素进行综合分析，确定其破坏模式。常见的边坡破坏模式有：圆弧形滑动、折线形滑动、平面滑动形式。

计算土质边坡、破碎或极破碎岩质边坡的稳定性时，可采用圆弧滑动面计算；计算岩土体沿结构面（基岩面、原地面、层面、裂隙面和断层面等）滑动的稳定性时，可采用平面或折线形滑动面；对结构复杂的岩质边坡，可配合采用极射赤平投影法和实体比例投影法；当边坡破坏机制复杂时，可采用数值分析法。

问题5：边坡稳定性未进行必要的定量计算。

【原因分析】违反重庆市《工程地质勘察规范》DBJ 50/T—043—2016第6.4.7条、第8.6.4条关于边坡稳定性定量评价的规定。

【处理措施】边坡稳定性评价应在查明工程地质条件的基础上，根据边坡岩土类型和结构，综合采用定性和定量评价方法。对于受外倾结构面控制以及岩体完整程度为较破碎、破碎或极破碎的岩质边坡应进行稳定性定量评价。

对有外倾结构面、可能产生滑动的岩质边坡应进行稳定性计算；对土岩界面坡度大于20%，且侧向临空的土质边坡应进行稳定性计算。

问题6：边坡稳定性定性评价和定量计算结果矛盾。

【原因分析】违反重庆市《工程地质勘察规范》DBJ 50/T—043—2016第6.4.12条关于边坡稳定性评价的规定。

【处理措施】首先，应对边坡稳定性定性评价结论和定量计算结果进行校核，当出现矛盾时，应分析原因。其次，边坡稳定性评价应遵循"定性判断为主，定量计算为辅"的原则。最后，应检查结构面及岩土体强度参数取值以及荷载的合理性，核实选择的边坡破坏模式是否合理、地质剖面是否具有代表性以及计算公式是否恰当等。

问题 7：边坡处理措施建议不当。

【原因分析】违反《建筑边坡工程技术规范》GB 50330—2013 第 3.1.4 条、第 14.1.1 条的规定。

【处理措施】边坡支护结构形式可根据场地地质和环境条件、边坡侧压力的大小和特点、边坡高度、相邻建筑影响、对边坡变形的控制要求以及边坡工程安全等级等因素，按表 5-2 选择。

边坡支护结构常用形式　　　　　　　　　　　　　　　　表 5-2

支护结构 ＼ 条件	边坡环境条件	边坡高度 H(m)	边坡工程安全等级	备注
重力式挡墙	场地允许，坡顶无重要建(构)筑物	土质边坡，$H \leq 10$；岩质边坡，$H \leq 12$	一、二、三级	不利于控制边坡变形。土方开挖后边坡稳定较差时不应采用
悬臂式挡墙、扶壁式挡墙	填方区	悬臂式挡墙，$H \leq 6$；扶壁式挡墙，$H \leq 10$	一、二、三级	适用于土质边坡
桩板式挡墙		悬臂式，$H \leq 15$；锚拉式，$H \leq 25$	一、二、三级	桩嵌固段土质较差时不宜采用，当对挡墙变形要求较高时宜采用锚拉式桩板挡墙
板肋式或格构式锚杆挡墙		土质边坡，$H \leq 15$；岩质边坡，$H \leq 30$	一、二、三级	坡高较大或稳定性较差时宜采用逆作法施工。对挡墙变形有较高要求的边坡，宜采用预应力锚杆
排桩式锚杆挡墙	坡顶建(构)筑物需要保护，场地狭窄	土质边坡，$H \leq 15$；岩质边坡，$H \leq 30$	一、二级	有利于对边坡变形控制。适用于稳定性较差的土质边坡、有外倾软弱结构面的岩质边坡、垂直开挖施工尚不能保证稳定的边坡
岩石锚喷支护		Ⅰ类岩质边坡，$H \leq 30$	一、二、三级	适用于岩质边坡
		Ⅱ类岩质边坡，$H \leq 30$	二、三级	
		Ⅲ类岩质边坡，$H \leq 15$	二、三级	
坡率法	坡顶无重要建(构)筑物，场地有放坡条件	土质边坡，$H \leq 10$；岩质边坡，$H \leq 25$	一、二、三级	不良地质段、地下水发育区、软塑及流塑状土时不应采用

注：本表摘自《建筑边坡工程技术规范》GB 50330—2013。

应在综合考虑边坡工程地质条件和环境条件、边坡高度、侧压力大小、相邻建筑影响以及对边坡变形的控制要求等因素后提出适宜的处理措施建议。

当工程场地有放坡条件，且无不良地质作用，在建设用地红线满足放坡要求时，宜优先选择坡率法。

问题 8：边坡勘察评价未区分临时边坡与永久边坡。

【原因分析】违反《建筑边坡工程技术规范》GB 50330—2013 第 4.3.1 条、第 4.3.4 条、第 5.3.2 条，重庆市《工程地质勘察规范》DBJ 50/T—043—2016 第 6.4.6 条、第 6.4.13 条、第

6.4.14 条的规定。

【处理措施】勘察工作开展前，应弄清设计意图，区分场地内的临时边坡与永久边坡，并针对不同的边坡类型根据规范相关规定分别进行评价。临时边坡与永久边坡因时间效应不同，除边坡稳定安全系数取值不同外，在结构面抗剪强度指标、边坡岩体等效内摩擦角、边坡坡率允许值等有所区别。

问题 9：边坡勘探线的方向、位置及勘探点间距布置欠合理。

【原因分析】违反重庆市《工程地质勘察规范》DBJ 50/T—043—2016 第 6.3.5 条、第 6.3.6 条、第 6.3.7 条的规定。

【处理措施】勘探线应以垂直边坡走向或平行边坡主滑方向布置为主，在拟设置支挡结构的位置应布置平行和垂直支挡结构轴线的勘探线。详勘勘探线、点间距应符合表 5-3 的规定。每一单独边坡段勘探线不应少于 2 条，每条勘探线不应少于 2 个勘探点。

详细勘察的勘探线、点间距 表 5-3

边坡勘察等级	勘探线间距（m）	勘探点间距（m）
甲级	≤20	≤15
乙级	20～30	15～20
丙级	30～40	20～25

注：① 本表摘自《工程地质勘察规范》DBJ 50/T—043—2016。
② 初步勘察或地质环境复杂程度简单时，勘探线、点间距可取大值。

问题 10：填方边坡勘察时，钻探未采取到基岩面上的原生土，误判为填土与基岩面直接接触，导致土与基岩面抗剪强度参数取值不当，边坡稳定性评价结论有误。

【原因分析】违反《建筑工程地质勘探与取样技术规程》JGJ/T 87—2012 第 5.1.1 条、第 5.3.2 条、第 5.3.3 条，《建筑边坡工程技术规范》GB 50330—2013 第 4.2.10 条的相关规定。

【处理措施】填方边坡勘察应选择合适的钻机、钻具和钻进方法。如采用回转钻进、锤击钻进等钻进方法时，应保证基岩面上覆原生土岩心采取率不低于 90%，且应采集基岩面上覆原生土原状土样，进行天然、饱和状态抗剪强度试验，提供合理的土与基岩界面抗剪强度参数。当基岩表面黏性土层较薄，不能采取原状土样时，土与基岩界面抗剪强度参数宜取地区饱和黏性土抗剪强度参数经验值。

问题 11：填土底面的天然坡度大于 20%时，未验算填方边坡的稳定性。

【原因分析】违反《岩土工程勘察规范》GB 50021—2001（2009 年版）第 6.5.5 条，重庆市《工程地质勘察规范》DBJ 50/T—043—2016 第 8.6.4 条的规定。

【处理措施】当填土侧面临空、底面的天然坡度大于 20%时，应进行填方边坡稳定性验算，评价其稳定性。

问题 12：边坡坡率建议不合理，存在安全隐患。

【原因分析】违反《建筑边坡工程技术规范》GB 50330—2013 第 14.2.1 条、第 14.2.2 条的相关规定。

【处理措施】边坡坡率建议应符合下列规定：

① 土质边坡的坡率允许值应根据工程经验，按工程类比的原则并结合已有稳定边坡的坡率值分析确定。当无经验、土质均匀良好、地下水贫乏、无不良地质作用和地质环境条件简单时，边坡坡率允许值可按表5-4确定。

土质边坡坡率允许值   表 5-4

边坡土体类别	状态	坡率允许值（高宽比）	
		坡高小于 5m	坡高 5～10m
碎石土	密实	1∶0.35～1∶0.50	1∶0.50～1∶0.75
	中密	1∶0.50～1∶0.75	1∶0.75～1∶1.00
	稍密	1∶0.75～1∶1.00	1∶1.00～1∶1.25
黏性土	坚硬	1∶0.75～1∶1.00	1∶1.00～1∶1.25
	硬塑	1∶1.00～1∶1.25	1∶1.25～1∶1.50

注：① 本表摘自《建筑边坡工程技术规范》GB 50330—2013。
② 表中碎石土的充填物为坚硬或硬塑状态的黏性土。
③ 对于砂土或充填物为砂土的碎石土，其边坡坡率允许值应按砂土或碎石土的自然休止角确定。

填方边坡坡率值不应简单地按规范推荐的土质边坡坡率允许值（表5-4）中碎石土类查得，而应根据边坡填料物质组成、填筑方式和密实度以及地下水作用，结合地区工程经验等因素，综合考虑后取值。对由岩石碎、块石与黏性土组成的填土边坡，取值时应充分考虑黏性土的稠度状态。

② 岩质边坡在边坡保持整体稳定的条件下，开挖的坡率允许值应根据工程经验，按工程类比的原则结合已有稳定边坡的坡率值分析确定。对无外倾软弱结构面的边坡，其放坡坡率可按表5-5确定。

岩质边坡坡率允许值   表 5-5

边坡岩体类型	风化程度	坡率允许值（高宽比）		
		$H<8m$	$8m{\leqslant}H<15m$	$15m{\leqslant}H<25m$
Ⅰ类	未（微）风化	1∶0.00～1∶0.10	1∶0.10～1∶0.15	1∶0.15～1∶0.25
	中等风化	1∶0.10～1∶0.15	1∶0.15～1∶0.25	1∶0.25～1∶0.35
Ⅱ类	未（微）风化	1∶0.10～1∶0.15	1∶0.15～1∶0.25	1∶0.25～1∶0.35
	中等风化	1∶0.15～1∶0.25	1∶0.25～1∶0.35	1∶0.35～1∶0.50
Ⅲ类	未（微）风化	1∶0.25～1∶0.35	1∶0.35～1∶0.50	—
	中等风化	1∶0.35～1∶0.50	1∶0.50～1∶0.75	—
Ⅳ类	中等风化	1∶0.50～1∶0.75	1∶0.75～1∶1.00	—
	强风化	1∶0.75～1∶1.00	—	—

注：① 本表摘自《建筑边坡工程技术规范》GB 50330—2013。
② 表中 H 为边坡高度。
③ Ⅳ类强风化包括各类风化程度的极软岩。
④ 全风化岩体可按土质边坡坡率取值。

填方边坡坡率值应根据边坡填料物质组成、填筑方式和密实度以及地下水作用等因素，综合考虑后取值。对由岩石碎、块石与黏性土组成的填土边坡，不应简单地按规范推荐的土质边坡坡率允许值表确定，应充分考虑黏性土的稠度状态。

6 地下水

问题 1：对水文地质条件复杂的场地，勘察工作范围不能控制完整的水文地质单元。

【原因分析】违反《岩土工程勘察规范》GB 50021—2001（2009 年版）第 7.1.1 条第 4 款，重庆市《工程地质勘察规范》DBJ 50/T—043—2016 第 9.2.4 条第 1 款关于地下水补给排泄条件和地下水勘察范围的规定。

【处理措施】场地水文地质条件相对较复杂时，如果勘察范围控制不足，不能有效反映水文地质单元中地下水补径排特征，水文地质单元划分缺乏依据，工程建设与地下水的相互影响评价也就会出现偏差。而一个工程场地一般位于某水文地质单元的局部地段，如果仅靠勘察期间布置实物工作来查明整个水文地质单元的地下水特征，需要的工作量将非常大，加强已有资料的收集分析利用，往往能起到事半功倍的效果。因此，应在充分收集利用已有资料的情况下，加强对工程场地在水文地质单元中所处位置的分析，合理安排调查、勘探、测试工作。调查测绘范围应包括整个水文地质单元，勘探范围应包括影响工程的地下水流动系统或施工降排水疏干影响范围，以便完整地反映地下水系统与工程场地的关系，评价其相互影响。

问题 2：专门水文地质勘察的水文地质测试工作不足。

【原因分析】违反重庆市《工程地质勘察规范》DBJ 50/T—043—2016 第 9.2.4 条关于水文地质测试工作布置的规定。

【处理措施】抽水试验孔未布置在原始地形较低的沟槽部位，而布置在原始地形较高的山坡部位，不能真实反映地下水情况，导致地下水丰富的场地被误判为地下水贫乏场地。或在场地附近有地表水体的情况下，未布置抽水试验孔，仅依靠钻孔水位观测来了解场地的地下水情况，无法准确获取地下水的水量、地层的渗透性参数。

因此，在勘察前应收集原始地形图等资料，进行现场踏勘，每一个水文地质单元应有水文地质试验孔，并布置在能反映场地水文地质特征的部位。对水文地质条件较复杂的场地，每一含水层宜布置不少于 1 个抽水试验孔；当场地有多层对工程有影响的含水层时，应进行分层抽水试验。

当附近有影响工程的地表水体时，宜在场地与地表水体之间布置一定数量的抽水试验孔及观测孔，以了解地下水与地表水之间的水力联系，观测孔宜平行或垂直于地下水流向布置。

问题 3：钻孔孔径不能满足抽水试验需要。

【原因分析】违反重庆市《工程地质勘察规范》DBJ 50/T—043—2016 第 9.3.6 条第 2 款关于抽水试验钻孔孔径的规定。

【处理措施】对于地层渗透性好，且地下水丰富、单孔涌水量大的场地，如果抽水试验的钻孔孔径偏小，则不能满足安装大流量抽水设备的需求，会导致抽水不能形成足够的有效降深，获取的参数失真，不能真实反映场地的水文地质特征。因此，抽水试验应根据地层的渗透性特征及地下水的补给条件，进行钻孔单孔设计，合理确定钻孔孔径，对钻探工艺提出针对性的要求。一般要求抽水试验钻孔孔径应能满足抽水设备的安装，并大于抽水设备外径 1～2 倍，且不宜小于 110mm。

问题 4：钻孔地下水位量测不规范。

【原因分析】违反重庆市《工程地质勘察规范》DBJ 50/T—043—2016 第 9.3.2 条、第 9.3.3 条关于地下水位量测的规定。

【处理措施】钻孔地下水位量测前，未抽干钻孔循环水或者水位未稳定即量测。

因此，钻探过程中，钻遇地下水时应及时量测地下水水位（包括上层滞水）。对工程有影响的多层含水层的水位或承压水头量测，应采取止水措施，将被测含水层与其他含水层隔开，才能获取每个含水层的独立参数。

量测稳定水位的时间间隔应根据地层的渗透性确定。在钻探结束时，应抽干孔内循环水，并间隔足够时间后进行量测。一般情况下，对渗透性好的地层，间隔时间可短；对渗透性差的地层，间隔时间要长。从停钻到量测的间隔时间，对砂土和碎石土等渗透性大的不宜少于 2h，对粉土和黏性土等渗透性差的不宜少于 8h。量测读数至厘米，精度不低于±2cm。

对有地下水的场地，应配合抽水试验、周边观测等，综合分析确定真实地下水位。对钻孔较多的有水场地，宜及时绘制地下水等水位线图进行检查判断，对异常的应及时进行复测。

问题 5：水、土对建筑材料的腐蚀性评价依据不充分。

【原因分析】违反《岩土工程勘察规范》GB 50021—2001（2009 年版）第 12.2.1 条，重庆市《工程地质勘察规范》DBJ 50/T—043—2016 第 4.1.10 条关于水、土对建筑材料腐蚀性的规定。

【处理措施】在场地周边无相关试验资料可以类比的情况下，或有污染水流经场地或有污染源存在时，对有地下水的场地，应采集水样进行腐蚀性测试评价；对无地下水的场地，应采取土样进行腐蚀性测试评价；周边地表水发育时，应采取地表水样进行腐蚀性测试评价。

问题 6：水文地质试验计算模型错误。

【原因分析】违反重庆市《工程地质勘察规范》DBJ 50/T—043—2016 附录 P 关于抽水试验的规定。

【处理措施】要获取更加切合实际的水文地质参数，必须进行规范的水文地质试验，概化计算模型。水文地质试验过程中及结束后，应及时整理试验资料，绘制相关曲线图件，分析其特征，并结合场地的地下水性质和补径排特征，合理选择计算模型，如采用完整井还是非完整井，采用稳定流还是非稳定流，采用定水头补给还是无限补给边界，或者钻孔附近有隔水边界等模型。

一般来说，及时绘制 Q-s 曲线，可以初步判断抽水试验是否成功，也可以用来区分地下水是承压水还是潜水。只有采用正确的抽水试验数据，计算才有意义。对抽水试验影响半径均小于地下水分布范围时，采用无限补给边界模型；对位于河边的钻孔，一般要采用定水头补给公式；而对位于场地部分地段无水、部分地段有水的边界附近的钻孔抽水试验，应采用有隔水边界的模型。

至于是采用完整井还是非完整井，应根据试验钻孔是否揭穿含水层以及试验时井底是否出水进行判断选用。揭穿，井底不出水，采用完整井；未揭穿，井底出水，采用非完整井。

应根据现场观察是否有溢流等特征，或者根据 Q-s 曲线的形态进行辅助判断是否属于承压水。有溢流的，或者稳定流抽水的 Q-s 曲线不通过原点的，按承压水进行计算，其他按潜水进行计算。对微承压的地下水，当抽水时的动水位已经低于含水层的顶板时，可转换为潜水进行计算。

承压水或潜水、补给边界、完整井或非完整井等条件应进行组合后选用合理的计算公式进行。

问题7：地下水的补给、径流、排泄条件调查不够。

【原因分析】违反重庆市《工程地质勘察规范》DBJ 50/T—043—2016 第4.3.7条第1款、第9.1.3条、第9.2.1条第4款关于地下水调查的规定。

【处理措施】工程勘察应根据工程需要，通过地表调查、地下水位观测、水文地质试验，查明地下水的赋存状态和变化规律，掌握地下水的补给、径流、排泄条件，为地下水作用评价提供依据。

要查明场地地下水的补径排特征，与对场地所处水文地质单元的位置判断是否准确有很大关系，应充分分析场地是位于地下水系统的补给区、径流区，还是排泄区。因此，应加强对原始地形地貌、地下水、地表水分布、相互补给可能性、水文地质系统（或单元）的边界条件如分水岭等的调查工作。

要搞清楚地下水的径流路径，开展适当的水文地质试验是必要的，但水文地质试验位置应合理，要有代表性，一般来说，不同系统（或单元）均应有相应的试验工作。

问题8：抗浮设防水位建议的依据不足。

【原因分析】违反《高层建筑岩土工程勘察标准》JGJ/T 72—2017 第8.6.2条、第8.6.3条，重庆市《工程地质勘察规范》DBJ 50/T—043—2016 第9.4.1条、第9.4.3条关于抗浮设防水位的规定。

【处理措施】勘察时未充分考虑地下水位的动态变化，建议的抗浮设防水位不合理，或忽视地下水对结构物的上浮作用，导致工程施工及运营中出现结构物底板及侧壁上浮、开裂、隆起等问题。因此，勘察单位应根据拟建工程类型、安全等级和环境条件，分析地下水位变化趋势及对工程的影响，提出抗浮设防水位建议。

抗浮设防水位建议值的确定，应通过水位观测、抽水试验、连通试验等掌握地下水的补径排条件、动态变化、地表水与地下水的水力联系，并对地表水的洪水位（及行洪时间）或水库调度水位（及运行时间）等情况进行调查，必要时可设置长期观测孔对地下水动态进行监测等综合确定。当地下水情况复杂、地下水对工程有重大影响、抗浮设防水位确定困难时，宜进行专门论证。

问题9：地下水对成桩条件影响评价不足。

【原因分析】违反《岩土工程勘察规范》GB 50021—2001（2009年版）第4.9.1条第3款（强制性条文）、第4.9.1条第5款（强制性条文），重庆市《工程地质勘察规范》DBJ 50/T—043—2016 第11.4.6条第2款、第11.4.6条第6款关于地下水对桩基成孔影响评价的规定。

【处理措施】勘察时，地下水对成桩的影响若预估不足，建议设计采取了不适宜的施工方法，则会给桩基施工带来不利影响（如地下水渗流作用下的垮孔、水下浇筑措施不当、人工挖孔困难等），造成经济损失和质量安全事故，甚至人员伤亡。

因此，勘察期间应加强对各类基础施工方法受地下水的制约影响，以及地下水与各种地层岩性的相互作用的认识，分析成桩可能性，合理选择桩基类型、成桩方法、成孔工艺，并对地下水对桩基设计和施工的影响做出正确的评价。对地下水丰富的场地，宜建议采用机械桩工艺，并结合地层条件，对桩孔护壁、水下浇筑措施等提出合理的建议。

问题10：地下水对岩土体的不利作用及环境影响评价不足。

【原因分析】违反《岩土工程勘察规范》GB 50021—2001（2009年版）第7.3.3条第2款，重庆市《工程地质勘察规范》DBJ 50/T—043—2016 第 9.4.1 条第 6 款、第 9.4.2 条第 3 款、第 10.4.2 条关于地下水对岩土不利影响评价的规定。

【处理措施】应加强场地水文地质条件的勘察和分析评价工作，正确评价地下水对岩土体的不利作用以及对环境的不利影响。

对岩质地基承载力，应评价地下水对承载力的降低作用。当持力层处于地下水位以下时，透水性好的岩质地基（如砂岩），其极限承载力标准值计算时应采用饱和强度值。

对岩体结构面，应充分考虑地下水对岩体结构面的软化作用。

对软质岩石、强风化岩石、残积土、填土、膨胀岩土和盐渍岩土等，应评价地下水的聚集和散失所产生的软化、崩解、湿陷、胀缩和潜蚀等有害作用。

随着城市建设的发展，在开挖深大基坑，尤其是在富水地层挖掘隧道时，发生地下水漏失导致生态环境破坏的现象越来越多，造成了严重的不良社会影响。在勘察过程中，应充分分析工程场地在水文地质单元中的位置，预估工程建设对地下水的临时或永久疏干作用，划分其可能的影响范围及影响程度，并提出合理有效的处理措施建议。

问题 11：含水层、透水层、隔水层划分不合理。

【原因分析】违反《岩土工程勘察规范》GB 50021—2001（2009 年版）第 7.1.1 条第 2 款，重庆市《工程地质勘察规范》DBJ 50/T—043—2016 第 9.2.1 条第 1 款、第 9.2.3 条第 1 款要求查明含水层、隔水层特性的规定。

【处理措施】应通过地层岩性、地质构造、岩体完整性分析，结合地下水位观测、水文地质试验等手段获取的参数综合分析，来判明各岩土层是否是真正的含水层或透水层。根据规范要求，主要含水层包括上层滞水的含水层，不应简单地仅按岩性进行判断，如仅按岩性判断砂岩、填土层就是含水层，泥岩层就是隔水层或弱透水层，是不合理的。含水层是指地下水饱和的岩土层，其不但具有对水的容纳能力，而且具有允许相当数量的水透过的性能。因此，除了地下水位是一个重要的判断指标外，还应结合地层的渗透性指标综合判断。一般情况下，渗透系数大于 $1m/d$ 的岩土层可认为透水，如果其又位于地下水位以下，就可划分为含水层。而渗透系数小于 $0.001m/d$ 的岩土层则可认为不透水，即使其位于地下水位以下，也同样划分为隔水层。若渗透系数大，但位于地下水位以上的岩土层，则可划分为透水层，其本身无水，仅在降雨时提供渗透通道。可见，受构造影响，泥岩分布区，存在贯通裂隙或岩体破碎时，也可能划分为含水层或透水层。而受地下水位分布影响，地下水位以上的砂岩分布区也可能只是透水层而非含水层。

问题 12：涌水量预测有误或不可信。

【原因分析】违反《岩土工程勘察规范》GB 50021—2001（2009 年版）第 14.1.4 条第 2 款，重庆市《工程地质勘察规范》DBJ 50/T—043—2016 第 9.4.2 条第 1 款对岩土工程勘察计算的相关要求规定。

【处理措施】涌水量的预测难度较大，其受地质环境条件及工程条件的影响大，采用简单的、单一的预测评价方法，所预测的涌水量结果往往与实际出入较大。涌水量预测的影响因素主要有地下水位、地层渗透性指标、含水层厚度等，因此，应加强水位观测、水文地质试验、地层岩性的控制和准确识别等工作，以获取合理的预测参数。一般来说，可通过设置长期观测孔获取相对可靠的地下水位。有抽水试验条件的应采用抽水试验方法确定渗透系数。

对于隧道涌水量，在勘察中应根据隧道影响深度范围内的地下水分布情况、水文地质单元、工程地质分区分段、支护结构的压力水头高度等各因素，结合含水层分布情况、渗透系数以及地下水位高度等参数分段计算，宜采用水文地质类比法、地下水径流模数法、地下水动力学法和地下水均衡法等多类型计算，并结合邻近隧道、类似工程涌水量资料和施工经验进行类比，综合预测隧道涌水量，以提高预测准确性。

问题 13：地下水环境类型划分错误或未划分，影响水土腐蚀性评价。

【原因分析】违反《岩土工程勘察规范》GB 50021—2001（2009 年版）第 7.3.3 条第 1 款、第 12.2.1 条、附录 G 的规定。

【处理措施】场地环境类型划分有误，影响地下水腐蚀性评价的等级，将导致腐蚀性评价结论不可靠。大部分划分有误或不合适，是没有考虑地下水的赋存状态，如在江河边和在斜坡上的场地环境类型划分为一样，是因为仅考虑了地层渗透性，而没有考虑基础是否位于地下水位以上、场地是否有水等因素。环境类型的划分，牵涉到地层渗透性、地下水位以及水质本身情况，因此，应加强地下水位观测、现场水文地质试验和室内水样测试工作，合理划分场地环境类型。

问题 14：提供的水文地质基本参数不全或不合理。

【原因分析】违反《岩土工程勘察规范》GB 50021—2001（2009 年版）第 4.11.5 条第 2 款、第 11.2.3 条，重庆市《工程地质勘察规范》DBJ 50/T—043—2016 第 9.1.3 条、第 9.2.3 条以及附录 N 有关水文地质参数的规定。

【处理措施】应根据项目设计可能的处置方案，提供足够的水文地质参数，部分参数属于基本参数，如地下水位及变幅、地层的渗透性指标。因此，外业工作应该有一定的预见性，试验工作量应足够且应具有针对性。否则，到室内评价时就会发现有的参数无法提供，而出现参数不全或不合理的情况。

问题 15：地下水动态变化分析不够。

【原因分析】违反《岩土工程勘察规范》GB 50021—2001（2009 年版）第 4.2.5 条第 7 款、第 4.6.12 条第 1 款、第 13.3.3 条第 2 款，重庆市《工程地质勘察规范》DBJ 50/T—043—2016 第 9.2.1 条第 5 款、第 9.4.1 条第 3 款对地下水动态变化的规定。

【处理措施】对地下水水位动态特征分析不够，可能影响地下水抗浮设防，或基坑降水、隧道排水等设计工作。主要是对地下水的水位和水量动态特征分析不够，或分析依据缺乏。这是由于地下水的赋存状态是随时间变化的，不仅有年变化规律，也有长期的动态规律，一般情况下详细勘察阶段时间紧迫，只能了解勘察时刻的地下水状态，有时甚至没有足够的时间进行现场试验；有的由于勘察过程的时间太长，各钻孔所量测的水位为不同时间的水位。因此，除要求加强对长期动态规律的资料搜集和分析工作，尚可在初勘阶段预设长期观测孔或进行专门的水文地质勘察。勘察时，应对各种可能影响地下水水位水量变化的因素加以分析，充分重视地下水的赋存空间特征、地下水的补给条件等的影响，合理确定地下水水位变化情况。

7 地震效应评价

问题 1：建筑场地的覆盖层厚度确定和建筑场地类别划分有误。

【原因分析】违反《建筑抗震设计规范》GB 50011—2010（2016 年版）第 4.1.4 条、第 4.1.5 条、第 4.1.6 条（强制性条文）关于覆盖层厚度和场地类别划分的规定。

【处理措施】建筑场地的覆盖层厚度确定和建筑场地类别划分应符合下列要求：

① 确定覆盖层厚度的起算点：根据重庆地区特点，场地各拟建物所处的微地貌单元、地层结构、岩土性质有所不同，一般以每栋建筑或建筑单元作为评价单元。当无地下室时，覆盖层厚度从室外地坪标高起算；当有地下室时，若地下室结构与主体结构刚性相连，覆盖层厚度从室外地坪标高起算；若地下室结构与主体结构脱开，主体结构的覆盖层厚度从地下室室底标高起算。

② 建筑场地覆盖层厚度的确定，应符合下列要求：

a. 一般情况下，应按地面至剪切波速大于 500m/s 且其下卧各层岩土的剪切波速均不小于 500m/s 的土层顶面的距离确定。

b. 当地面 5m 以下存在剪切波速大于其上部各土层剪切波速 2.5 倍的土层，且该层及其下卧各层岩土的剪切波速均不小于 400m/s 时，可按地面至该土层顶面的距离确定。

c. 切波速大于 500m/s 的孤石、透镜体，应视同周围土层。

d. 土层中的火山岩硬夹层，应视为刚体，其厚度应从覆盖土层中扣除。

③ 土层的等效剪切波速，应按下列式（7-1）和式（7-2）计算：

$$v_{se} = d_0/t \tag{7-1}$$

$$t = \sum_{i=1}^{n} (d_i/v_{si}) \tag{7-2}$$

式中　v_{se}——土层等效剪切波速（m/s）；

　　　d_0——计算深度（m），取覆盖层厚度和 20m 两者的较小值；

　　　t——剪切波在地面至计算深度之间的传播时间（s）；

　　　d_i——计算深度范围内第 i 土层的厚度（m）；

　　　v_{si}——计算深度范围内第 i 土层的剪切波速（m/s）；

　　　n——计算深度范围内土层的分层数。

④ 建筑的场地类别，应根据土层等效剪切波速和场地覆盖层厚度按表 7-1 划分为四类，其中 I 类分为 I_0、I_1 两个亚类。当有可靠的剪切波速和覆盖层厚度且其值处于表 7-1 所列场地类别的分界线附近时，应允许按插值方法确定地震作用计算所用的特征周期。

各类建筑场地的覆盖层厚度（m）　　　　　　　　　　　　　　　表 7-1

岩石的剪切波速或土的等效剪切波速（m/s）	场地类别				
	I_0	I_1	II	III	IV
$v_s > 800$	0				
$800 \geqslant v_s > 500$		0			
$500 \geqslant v_{se} > 250$			<5	≥5	

续表

岩石的剪切波速或土的等效剪切波速（m/s）	场地类别				
	I_0	I_1	II	III	IV
$250 \geqslant v_{se} > 150$		<3	3~50	>50	
$v_{se} \leqslant 150$		<3	3~15	15~80	>80

注：① 本表摘自《建筑抗震设计规范》GB 50011—2010（2016年版）。
　　② v_s 系岩石的剪切波速。

市政工程中的道路、桥梁、隧道应根据工程地质条件的差异及各工点分段进行地震效应评价，公路及隧道工程按《公路工程抗震规范》JTG B02—2013、《公路隧道抗震设计规范》JTG 2232—2019 进行评价，桥梁工程按《城市桥梁抗震设计规范》CJJ 166—2011 进行评价。

问题 2：抗震地段划分有误。

【原因分析】违反《建筑抗震设计规范》GB 50011—2010（2016年版）第4.1.1条，《公路隧道抗震设计规范》JTG 2232—2019 第4.2.1条、第4.2.2条的规定。

【处理措施】① 建筑场地抗震地段应按表7-2执行。

有利、一般、不利和危险地段的划分　　　　　　　　　　　　　　　　表7-2

地段类别	地质、地形 地貌
有利地段	稳定基岩，坚硬土，开阔、平坦、密实、均匀的中硬土等
一般地段	不属于有利、不利和危险的地段
不利地段	软弱土，液化土，条状突出的山嘴，高耸孤立的山丘，陡坡、陡坎、河岸和边坡的边缘，地表存在结构性裂缝，强风化岩层，软弱土，液化土，平面分布上成因、岩性、状态明显不均匀的土层（如故河道、疏松的断层破碎带、暗埋的塘浜沟谷和半填半挖地基），陡峭的倾向于山体外侧的地层，高含水率的可塑黄土，地表存在结构性裂缝等
危险地段	地震时可能发生滑坡、崩塌、地陷、地裂、泥石流等及发震断裂带上可能发生地表位错的部位

注：本表摘自《建筑抗震设计规范》GB 50011—2010（2016年版）。

② 填土（软弱土）厚度大于15m的场地应划分为不利地段。

③ 对可能产生"鞭鞘效应"的坡顶建（构）筑物场地应划分为抗震不利地段。

④ 隧道围岩抗震地段类别受埋深、围岩条件影响，可按表7-3进行判别。

隧道围岩抗震地段类别　　　　　　　　　　　　　　　　表7-3

埋深	围岩级别					
	I	II	III	IV	V	VI
深埋	有利	有利	有利	有利	一般	不利
浅埋	有利	有利	有利	一般	不利	危险
洞口	有利	有利	一般	不利	不利	危险
边仰坡	有利	有利	一般	不利	危险	危险

注：本表摘自《公路隧道抗震设计规范》JTG 2232—2019。

问题 3：岩土地震稳定性（含滑坡、崩塌）评价不恰当。

【原因分析】违反《建筑抗震设计规范》GB 50011—2010（2016年版）第4.1.9条（强制性条文）关于岩土地震稳定性的规定。

【处理措施】场地岩土工程勘察，应按规范要求提供岩土地震稳定性（含滑坡、崩塌、液化和震陷特性）评价，评价内容要齐全。

问题 4：勘察报告未对抗震不利地段提出抗震措施建议。

【原因分析】违反《建筑抗震设计规范》GB 50011—2010（2016 年版）第 3.3.1 条（强制性条文）、第 4.1.8 条关于抗震不利地段的处理规定。

【处理措施】当场地为抗震不利地段时，勘察报告应提出避开要求，当无法避开时应提出下列处理措施建议：

① 地基为软弱黏性土、液化土、新近填土或严重不均匀土时，应根据地震时地基不均匀沉降和其他不利影响，对软弱土进行加固处理（提高剪切波速），或以基岩为持力层采用桩基础等措施。

② 边坡附近的建筑基础应进行抗震稳定性设计。建筑基础与土质、强风化岩质边坡的边缘应留有足够的距离，并采取措施避免地震时地基基础破坏。

③ 当需要在条状突出的山嘴、高耸孤立的山丘、非岩石和强风化岩石的陡坡、河岸和边坡边缘等不利地段建造丙类及丙类以上建筑时，除保证其在地震作用下的稳定性外，尚应估计不利地段对设计地震动参数可能产生的放大作用，其水平地震影响系数最大值应乘以增大系数。

问题 5：地震参数取值不合理。

【原因分析】违反《建筑抗震设计规范》GB 50011—2010（2016 年版）第 3.2.1 条关于设计基本地震加速度和特征周期的规定。

【处理措施】重庆市大部分地区抗震设防烈度为 6 度，黔江区的城东街道、城南街道、城西街道、正阳街道、舟白街道、小南海镇、石会镇、中塘乡、沙坝乡、白土乡，荣昌区的昌元街道、广顺街道、昌州街道、安富街道、双河街道、清江镇、清升镇、荣隆镇抗震设防烈度为 7 度，相应的地震参数应匹配。

建筑所在地区遭受的地震影响，应采取相应于抗震设防烈度的设计基本地震加速度和特征周期表征。

8 不良地质场地

问题 1：不良地质（滑坡、危岩、塌岸）场地勘察前未充分搜集和分析前人的研究成果资料。

【原因分析】违反重庆市《工程地质勘察规范》DBJ 50/T—043—2016 第 7.1.2 条、第 7.1.4 条关于不良地质勘察前期工作的规定。

【处理措施】勘察前应充分收集前期的安全影响论证、选址意见书和地质灾害危险性评估，及已治理不良地质作用的勘查、设计、施工、验收、监测等相关资料，结合本工程及地方经验进行分析，并引用其中的关键内容。

滑坡、陡崖（危岩）工程应搜集：地形图、区域地质、遥感图像、气象、地震、水文资料，既有滑坡、陡崖（危岩）的调查和观测资料，以及地方志、地震史料中有关灾情的记载。

塌岸工程应搜集：地形地貌、区域地质、水文地质资料及遥感图像，风向、风速等气象资料和地震资料，江（河流）或水库水位、波浪要素等水文数据，塌岸、浸没、湿陷、淤积等变化的预测资料，既有岸坡形态及稳定性调查与观测资料等。

问题 2：不良地质场地地质测绘与调查工作不足，不良地质作用基本特征描述不全。

【原因分析】违反重庆市《地质灾害防治工程勘查规范》DB 50/T 143—2018 第 5.2 节、第 6.2 节、第 8.2 节，重庆市《工程地质勘察规范》DBJ 50/T—043—2016 第 7.3.1 条、第 7.4.2 条关于不良地质作用地质测绘与调查的规定。

【处理措施】不良地质场地应加强地质测绘与调查工作。滑坡场地应查明滑坡区的自然地理条件、地质环境、滑坡各种要素特征（滑坡体、滑坡周界、滑坡壁、滑坡台阶和滑坡梗、滑动面和滑坡床、滑动带、滑坡舌、滑动鼓丘、滑坡轴、破裂缘、封闭洼地、滑坡裂缝）和滑坡的变形破坏历史及现状。陡崖（危岩）场地应查明陡崖结构特征、岩体的完整性、卸荷带特征（裂隙密度、产状、延伸长度、深度、宽度、充填物、充水情况）、危岩特征（位置、形态、规模、分布高程）及破坏模式、基座特征（软弱地层岩性、岩腔状况、变形情况）、落石掉块特征、崩塌堆积体物质组成及规模特征。塌岸场地应查明塌岸的可能危害对象、岸坡地质环境、人类活动对地质环境的影响、天然建筑材料、不同岩土体的稳定坡角（含水下、水位变动带和水上）等。

问题 3：不良地质场地工程勘察范围不足，勘察工作布置不合理、针对性不强。

【原因分析】违反重庆市《地质灾害防治工程勘查规范》DB 50/T 143—2018 第 5.1 节、第 5.3 节、第 6.1.1 条、第 6.3 节、第 8.1.1 条、第 8.3 节，重庆市《工程地质勘察规范》DBJ 50/T—043—2016 第 7.2 节、第 7.3 节、第 7.4 节关于不良地质勘察范围和勘察工作布置的规定。

【处理措施】滑坡勘察范围应包括滑坡后壁以上一定范围的稳定斜坡或汇水洼地、前缘剪出口以外一定范围的稳定地段、两侧滑体以外一定距离或邻近沟谷。陡崖（危岩）勘察范围应包括陡崖和相邻的地段，坡顶应达到陡崖岩体卸荷带之外的稳定区域，坡底应达到崩塌堆积区外及崩塌堆积体可能转化为滑坡或泥石流的影响范围外。塌岸勘察范围应根据地形地质条件确定，下边界宜至河流枯水位或水库死水位高程，上边界宜高于 100 年一遇洪水位（当未收集到准确资料时，宜通过调查访问确定）及可能塌岸线高程。受外围地质灾害影响时，勘察范围尚应包含该地质灾害影响范围。不良地质作用还应分析形成灾害链的可能性。对于可能形成灾害链的场地，其勘察范围尚应包含灾害链的威胁范围。

应结合拟采用的治理方式布置勘察工作量。滑坡勘察应以地质测绘与调查、钻探、井探、槽探为主，必要时，尚应采用洞探、物探和孔内摄像。陡崖（危岩）勘察应以地质测绘与调查为主，以槽探、钻探和井探为辅，必要时可采用无人机航空摄影测量、物探和洞探等方法。塌岸勘察应以地质测绘与调查、物探、钻探、井探和槽探为主，必要时采用动力触探和洞探，涉水岸坡还应布设水文地质现场或室内试验。

问题 4：不良地质场地提供的岩土参数不合理。

【原因分析】违反重庆市《地质灾害防治工程勘查规范》DB 50/T 143—2018 第 8.3.5 条、第 11.1 节、第 11.3 节、第 11.4.2 条、第 11.6 节关于岩土参数的规定。

【处理措施】不良地质场地应根据拟采取的治理方式提供岩土参数。

滑坡场地：当存在多层滑面（带）或滑面（带）性质差异大时，各类型滑面（带）应分段分区提供合理、具体的参数值。滑带土的抗剪强度指标应以测试结果为基础，结合宏观地质判断、工程类比和地区经验综合确定，当有反分析条件时尚应通过反分析进行校核。进行反分析时应根据滑坡所处演变阶段确定滑坡稳定性系数。岩土体抗剪强度指标标准值取值时应根据滑坡所处演变阶段及含水状态，分别选用峰值强度指标、残余强度指标（或两者之间的强度指标）以及天然强度指标、饱和强度指标（或两者之间的强度指标）。如对处于弱变形阶段的滑坡，或未曾有过位移的潜在滑面，可取峰值强度指标；对处于滑动阶段的滑坡，可取滑面残余强度指标；对处于强变形阶段和停滑阶段的滑面，可在峰值强度指标与残余强度指标之间取值。对滑床岩土体，应做常规土工试验或岩石物性、强度及变形试验。

陡崖（危岩）场地：对危岩体及其母岩、基座应采样做物性、抗压强度及变形试验。对受抗拉强度控制的危岩应采样做抗拉强度试验；对受抗剪强度控制的危岩应采样做室内抗剪强度试验，有条件时应进行现场抗剪强度试验。

塌岸场地：岩土样品宜在可能塌岸部位、河（库）水位变动带及可能治理部位采集。岩土样数量应满足治理工程设计要求。

问题 5：滑坡稳定性计算不满足规范要求。

【原因分析】违反《岩土工程勘察规范》GB 50021—2001（2009 年版）第 5.2 节，重庆市《地质灾害防治工程勘查规范》DB 50/T 143—2018 第 13.2 节，重庆市《工程地质勘察规范》DBJ 50/T—043—2016 第 7.1.5 条、第 7.2.3 条关于滑坡稳定性计算的规定。

【处理措施】应分段分区选择具有代表性的计算剖面，且其方向应与滑坡主滑方向一致。可由计算或判断找出所有可能的滑面及剪出口，如推移式滑坡前缘崩塌后是否会出现新剪出口，牵引式滑坡前方滑动后导致后方滑体失稳的可能性，涉水滑坡塌岸后的稳定性是否会发生变化。滑坡定量计算最终结果所对应的滑动面应是已查明的滑面或通过地质分析及计算搜索确定的潜在滑面，不应随意假设。

滑坡定量计算是稳定性评价的重要组成部分，其结果应与定性判断、现状变形相符。每条纵勘探线、每个可能的滑面、每种工况及荷载组合均需进行稳定性计算、评价，并以可能的最不利工况计算结果作为评价结论。

可根据滑坡防治工程等级选择相应的稳定安全系数，且其值不应低于拟建工程的稳定安全系数。

问题6：陡崖（危岩）的稳定性评价内容不全、依据不充分。

【原因分析】违反重庆市《地质灾害防治工程勘查规范》DB 50/T 143—2018 第 4.3 节、第 13.3 节，重庆市《工程地质勘察规范》DBJ 50/T—043—2016 第 7.3.2 条、第 7.3.5 条关于陡崖（危岩）稳定性评价的规定。

【处理措施】陡崖（危岩）场地应评价陡崖、危岩及其下方崩塌堆积体的稳定性。

应判断崩塌的方向和影响范围，分析危岩产生原因，评价危岩在可能的最不利条件下的稳定性、失稳的特征、规模及危害程度；阐明危岩防治的必要性，为防治工程设计提供地质依据。

陡崖稳定性的定性评价可根据陡崖形态、卸荷裂隙特征、结构面组合关系及岩体完整性，采用地质类比或结构面赤平投影等方法进行。危岩的稳定性评价应包括危岩崩塌影响因素、形成机制及演变史，应采用工程地质类比法、图解法、刚体极限平衡计算法等逐一评价危岩个体的破坏模式、影响范围、危害程度及对工程的影响。崩塌堆积体整体稳定性定性评价，可根据崩塌堆积体特征和堆积床特征采用地质类比方法，还应考虑上方崩塌冲击荷载的作用，并分析在暴雨等条件下向泥石流转化的条件和可能性。但当崩塌堆积体或陡崖部分地段参照不稳定斜坡勘察的要求进行勘察时，应按不稳定斜坡评价与预测的要求对崩塌堆积体或陡崖相应地段进行评价与预测。

在峡谷区，崩塌体运动方向及影响距离预测应重视气垫浮托效应和折射回弹效应的可能性及由此造成的特殊运动特征与危害。崩塌体运动方向及影响距离预测应分析崩塌后可能引起的次生灾害类型（如滑坡、泥石流、涌浪、堰塞湖等）和规模，确定其成灾范围，进行灾情的分析与预测。

问题7：陡崖（危岩）稳定性计算不符合规范要求。

【原因分析】违反重庆市《地质灾害防治工程勘查规范》DB 50/T 143—2018 第 13.3 节，重庆市《工程地质勘察规范》DBJ 50/T—043—2016 第 7.1.5 条关于陡崖（危岩）稳定性计算的规定。

【处理措施】危岩定量计算是稳定性评价的基础，其结果应与定性判断、现状变形相符。考虑降雨对危岩稳定性的影响时，除应计算暴雨时裂隙水压力外，还应分析降雨引起的土体物质迁移所导致的上覆土体自重变化。当危岩破坏模式难以确定时，对危岩的各种可能破坏模式均应进行稳定性计算。当多种破坏模式下的稳定性均不满足要求时，应判断危岩有对应的几种破坏模式。对可能快速落入河流、水库而引发涌浪灾害的危岩，应进行涌浪计算。

可根据危岩崩塌防治工程等级和破坏模式选择相应的稳定安全系数，且其值不应低于拟建工程的稳定安全系数。

问题8：塌岸评价及预测与实际不符，或评价内容不全。

【原因分析】违反重庆市《地质灾害防治工程勘查规范》DB 50/T 143—2018 第 4.3 节、第 8.1.3 条、第 13.5 节，重庆市《工程地质勘察规范》DBJ 50/T—043—2016 第 7.4.6 条关于塌岸稳定性评价的规定。

【处理措施】当岸坡岩土体类型或破坏模式不同时，应分段分类逐段评价，预测塌岸，分析工程治理的必要性。若需要治理，则应进一步明确岸坡长度、位置、范围及规模，为治理工程设计提供依据。塌岸首先按岩土体类型分段，必要时再按岸坡地形地貌、岩体结构、岩土类型等特征划分亚段，若有规模较大的地质灾害则需单独分段。滑移型塌岸评价应符合滑坡场地的要求。

对每条垂直河（库）岸的纵向勘探剖面均应进行塌岸宽度和高度预测。当设计低水位以下的波浪影响最低高程之下的原始岸坡坡角大于水下稳定坡角时，侵蚀剥蚀型土质岸坡塌岸宽度预测时应考虑水下塌岸对塌岸宽度的影响。岩质岸坡应根据岸坡地质结构、天然坡高、坡角、裂隙组合与坡向的关系预测塌岸。

需考虑水位变动带的水力地质作用（冲刷、掏蚀）对岸坡地层岩组的结构性劣化破坏及对整体稳定性的影响。应评价塌岸破坏类型转换的可能性及程度，如滑移型塌岸滑移后转变为侵蚀剥蚀破坏，侵蚀剥蚀型塌岸被侵蚀剥蚀后转变为滑移型破坏。对可能快速进入河流、水库产生涌浪的塌岸，应进行涌浪计算。

问题9：不良地质作用与拟建工程相互影响评价不足、防治措施建议不完善或不合理。

【原因分析】违反《岩土工程勘察规范》GB 50021—2001（2009年版）第5.2节、第5.3节，重庆市《地质灾害防治工程勘查规范》DB 50/T 143—2018第4.3节，重庆市《工程地质勘察规范》DBJ 50/T—043—2016第7.2.3条、第7.3.5条、第7.4.6条关于不良地质作用与拟建工程相互影响评价、防治措施建议的规定。

【处理措施】稳定性评价时，应首先阐述不良地质作用与拟建工程、相邻建（构）筑物的空间关系，充分考虑拟建工程与不良地质作用间的相互影响因素，从不良地质作用失稳对拟建工程安全影响和拟建工程加载、平场开挖等工程活动对不良地质作用稳定性影响两个方面分别进行评价。对未治理的不良地质作用，根据其稳定性及危害性，应结合拟建工程方案提出治理措施建议；当已有的不良地质作用治理工程不满足拟建工程安全要求时，应提出加固建议。对治理难度较大的不良地质作用应提出另选场址的建议。

滑坡场地：应提供滑坡整治及监测工作建议，整治工程所需的岩土参数、整治方法及位置；当仅考虑滑坡对滑动前方拟建工程的危害或只考虑滑坡的继续发展对拟建工程的影响时，可按滑坡整体稳定极限状态进行设计。当滑坡体上部影响范围内存在建（构）筑物时，除考虑整个滑体的稳定性外，尚应考虑坡体变形或局部位移对建（构）筑物的影响。对滑坡除采取必要的抗滑支挡措施外，对主滑地段可采取挖方卸荷、拆除已有建筑物等减重辅助措施；对抗滑地段可采取堆方等反压辅助措施；对滑坡体尚应采取截排水、裂缝封闭等措施。

陡崖（危岩）场地：应结合拟建工程建设方案提出陡崖、卸荷带、危岩、岩腔及软弱基座等的治理措施及监测建议。有条件时应首先采用岩腔填塞、嵌补或支撑（若岩腔较小，可填塞；坠落式危岩岩体较完整时，宜建议支撑），以达到力学平衡，防止危岩进一步发展；其次为放坡清除（当岩腔较大不利于填塞和支撑时可采用）；再次为锚固；辅助措施有挂网防护、灌浆、排水、坡顶卸荷裂隙充填封闭等。

塌岸场地：应根据岸坡岩土体类型、破坏模式以及对拟建工程的影响等，分段提出防治措施建议。稳定性受水位影响的拟建工程，应提出提高整体稳定性的防治措施建议；对受水位变动带水力地质作用（冲刷、掏蚀）影响的拟建工程，应提出阻隔水力地质作用的防治措施建议；对塌岸提出进行监测的建议。

对受不良地质作用影响的场地，工程建设时应坚持先支挡后开挖的原则，应合理安排不良地质作用治理与拟建工程建设的施工顺序。对规模较大、危害严重的不良地质作用，应建议进行专门的勘察与评价工作，建议不良地质作用治理方案设计应进行安全专项论证，不良地质作用治理施工应编制安全专项施工方案。

9 特殊地基

问题1：块碎岩地基现场试验工作不足。

【原因分析】违反重庆市《工程地质勘察规范》DBJ 50/T—043—2016 第 8.2.2 条第 3 款关于块碎岩地基现场试验的相关规定。

【处理措施】块碎岩岩体破碎、风化程度差异较大，导致块碎岩地基的物理力学参数差异性也较大，其力学性质与一般的岩质地基不同，具有土质地基相似特征，且不均匀，采用取岩样进行室内试验来确定地基承载力和变形参数的方法不合理。建筑物安全等级为一级的块碎岩场地应进行现场平板载荷试验和波速测试；建筑物安全等级为二级的块碎岩场地应进行波速测试，宜进行现场平板载荷试验；建筑物安全等级为三级的块碎岩场地宜进行波速测试，可进行现场平板载荷试验。

问题2：岩溶发育场地未采用物探手段或选用的物探手段不当、时间安排不合理。

【原因分析】违反《岩土工程勘察规范》GB 50021—2001（2009 年版）第 5.1.5 条第 7 款，重庆市《工程地质勘察规范》DBJ 50/T—043—2016 第 8.4.5 条的规定。

【处理措施】岩溶发育场地物探工作应符合下列规定：

① 工程物探应根据场地物性条件采用有效方法，对异常点应采用钻探验证，当发现或可能存在危害工程的洞体时，应加密勘探点。

② 对岩溶中等发育和强发育场地宜采用综合地面物探手段查明场地岩溶发育的宏观分布规律，地面物探剖面应与勘探剖面重合；当采用电法勘探时，电测剖面布置宜垂直岩溶发育方向，点距宜为 5～20m，探测深度宜进入岩面以下 15～20m；对物探异常段应加密测点，并经适量钻探验证。

③ 探测场地岩溶管道或暗河的空间分布及走向，可采用物探或连通试验。

④ 探测溶洞空间位置及形态，可采用地质雷达、钻孔间电磁波和超声波透视、井下电视、波速试验等综合物探方法。

⑤ 对岩溶地基岩体完整程度的定量划分，可采用声波测井，必要时也可采用电磁波测井。

问题3：对岩溶强发育地段的单柱基础未按一柱一孔布置勘探孔，岩溶场地的钻孔深度不足。

【原因分析】违反《岩土工程勘察规范》GB 50021—2001（2009 年版）第 5.1.5 条第 4 款、第 4.9.4 条第 4 款，重庆市《工程地质勘察规范》DBJ 50/T—043—2016 第 8.4.6 条第 1 款的规定。

【处理措施】岩溶场地对一柱一桩的基础，宜逐桩布置勘探孔；对岩溶强发育地段的单柱基础，应一柱一孔。对嵌岩桩，勘探孔深度应钻入预计桩底面以下 3～5 倍桩径；对大直径桩，不得小于 5m，并穿过溶洞、破碎带，到达稳定地层。

问题4：岩溶洞室地基与土洞地基处理措施建议不合理。

【原因分析】违反重庆市《建筑地基基础设计规范》DBJ 50—047—2016 第 5.6.4 条、第 5.6.5 条关于岩溶与土洞处理的相关规定。

【处理措施】岩溶洞室地基，可采取下列处理措施：

① 洞口较小的竖向洞室或落水洞，宜采用镶补、嵌塞、跨盖等方法处理。

② 顶板不稳定的浅埋洞室，可清除覆盖土、爆开顶板、挖除松软填充物，采用充填法进行处理。充填材料可采用素土、灰土、砂砾、块石、碎石、混凝土、泡沫轻质土等。

③ 洞室围岩裂隙比较发育时，宜先清除欠稳定岩体，然后进行灌浆或混凝土镶补，对可能产生滑塌的岩块进行锚固。

④ 洞跨较大或顶板较破碎的洞室，如果围岩侧壁比较完整且强度较高时，宜采用梁、板、拱跨越。

⑤ 规模较大的岩溶洞室，可采用洞底支撑柱（墙），或贯穿式灌注桩。

土洞地基，可采取下列处理措施：

① 埋藏较浅的土洞及所形成的地表塌陷，应清除土洞内的松软堆积物，然后抛填块石，在块石上面铺垫一定厚度的砂作反滤层，面层采用当地的黏性土进行夯实。

② 埋藏较深的土洞，宜采用砂、砾石或细石混凝土灌填，或用水泥砂浆、黏土拌水泥等材料灌注，还可采用梁、板、拱等结构跨越。

③ 重要的建筑物，宜采用桩基础穿越。

④ 浅埋而密集的土洞群体，可采用强夯或重锤夯实处理。

⑤ 由地表水形成的土洞，应根据场地的水文地质资料，对地表水采取相应的分流、疏导、防渗、堵漏等措施，杜绝地表水对土洞的继续冲蚀，制止其继续发展。

问题 5：红黏土地基未进行膨胀性测试和复浸水试验。

【原因分析】违反重庆市《工程地质勘察规范》DBJ 50/T—043—2016 第 8.5.2 条第 3 款的相关规定。

【处理措施】红黏土地基应进行膨胀性测试和复浸水试验；对裂隙发育的红黏土地基应进行三轴剪切或无侧限抗压强度试验。

问题 6：块碎岩地基未分区评价不均匀沉降的可能性及对工程的不利影响。

【原因分析】违反重庆市《工程地质勘察规范》DBJ 50/T—043—2016 第 8.2.3 条关于块碎岩地基不均匀沉降评价的规定。

【处理措施】重庆市奉节、巫山等地，块碎岩广泛分布。岩性、岩体完整性以及风化程度的不同，通常导致块碎岩地基力学性的明显差异。勘察评价时，应结合拟建工程，分区评价块碎岩地基不均匀沉降的可能性及对工程的不利影响。

问题 7：对块碎岩地基的基础形式、持力层及其处理措施缺乏针对性建议。

【原因分析】违反重庆市《工程地质勘察规范》DBJ 50/T—043—2016 第 8.2.3 条关于块碎岩地基与基础的规定。

【处理措施】针对块碎岩地基具有不均匀性、持力层埋深起伏差异大的特征，勘察评价时应充分结合拟建工程的特点提出合理的基础形式、持力层可能的埋深，充分分析地基产生不均匀沉降的可能性及对工程的不利影响，提出有针对性的处理措施建议和注意事项。

问题 8：洞室地基调查工作深度不够。

【原因分析】违反重庆市《工程地质勘察规范》DBJ 50/T—043—2016 附录 H 关于洞室地基调

查的规定。

【处理措施】洞室地基的调查内容主要包含洞室的空间分布特征、几何尺寸、截面形状、顶板（底板）高程、围岩特征、支护情况、洞周岩体裂隙发育情况、松动圈范围、基础与洞室的相互空间关系、成洞方式，以及目前使用状况等。应充分收集洞室勘察、设计、竣工资料。按规范规定填写附录 H 洞室调查表，洞室调查内容是判定洞室围岩级别、评价洞室地基稳定性最基本的基础资料。没有完整的调查内容，稳定性评价将缺乏依据。

对安全等级为一级和变形敏感的二级建筑物洞室地基宜采用现场测试方法确定围岩松动圈的范围和完整性。

问题 9：洞室地基稳定性评价方法单一，没有将定性分析与定量计算相结合。

【原因分析】违反重庆市《工程地质勘察规范》DBJ 50/T—043—2016 第 8.3.5 条、第 8.3.6 条，重庆市《建筑地基基础设计规范》DBJ 50—047—2016 第 5.5.6 条、第 5.5.7 条、第 5.5.9 条关于洞室地基稳定性评价的规定。

【处理措施】洞室地基稳定性是一个受多种因素影响、随时空变异的复杂的动态系统，对其稳定性的分析和评价，单纯强调定性分析或定量评价都难以真正解决问题，应当将定性分析与定量计算相结合进行综合评价。常采用的评价方法包含工程类比法、理论方法和经验计算法、数值分析法。在使用数值分析法定量分析评价时，要注意建立相对准确的地质模型。计算参数和边界条件也应准确使用。定量评价应在准确的定性评价的基础上进行，多方法的综合评价较单一方法可靠。洞室地基的稳定性评价内容应在验算洞室自身稳定性的基础上，验算加载后的洞室稳定性。

问题 10：对洞室地基未做出明确的地基处理措施建议或建议不合理。

【原因分析】违反重庆市《建筑地基基础设计规范》DBJ 50—047—2016 第 5.5.12 条，《重庆市岩土工程勘察文件编制技术规定》（2017 年版）第 7.3.2 条第 10 款关于洞室地基处理的规定。

【处理措施】应根据建筑荷载、基础形式、建筑场地环境及工程地质条件，并结合洞室地基稳定性结论、洞室实际使用情况，对洞室地基提出明确的基础形式、埋深及洞室加固的措施建议（如梁式跨越、桩基穿越、基础加深、洞顶加固承重、承重墙体避开、填充洞室等处理措施）。

问题 11：缺乏对岩溶洞隙、土洞发育条件和规律、岩溶分带、岩溶形态的调查和资料收集或论述不充分。

【原因分析】违反《岩土工程勘察规范》GB 50021—2001（2009 年版）第 5.1.3 条，重庆市《工程地质勘察规范》DBJ 50/T—043—2016 第 8.4.1 条关于岩溶场地勘察工作的规定。

【处理措施】岩溶地基勘察不同于一般地基勘察，应遵循工程地质测绘和调查分析由面到点、勘探工作由疏到密的原则，宜采用工程地质测绘和调查、物探、勘探取样等多种手段相结合的方式进行。勘察工作应查明对建筑场地和地基有不利影响的岩溶分布、形态、规模、岩溶地层完整性、基岩面起伏和上覆土层伴生的土洞、地表塌陷以及岩溶地下水状况，并评价场地和地基的稳定性和建筑适宜性。应注重对岩溶和土洞的发育规律的工程地质分析。

问题 12：对岩溶地基稳定性、均匀性缺乏分析评价和针对性措施建议。

【原因分析】违反重庆市《工程地质勘察规范》DBJ 50/T—043—2016 第 8.4.8 条、第 8.4.9 条关于地基稳定性、均匀性评价的规定。

【处理措施】规范对岩溶地基和岩溶洞隙地基稳定性评价做了详细规定。在勘察报告中对未经处理不宜作为建筑地基的地段应予明确；对主要受力层范围内基岩面起伏较大或有软土分布时，应考虑建筑物的不均匀沉降；当基础靠近溶洞、落水洞、宽大溶隙等临空面时，应考虑岩质地基向临空面倾覆或沿裂隙面滑移的可能性；岩溶洞隙对基础稳定可能有影响时，应对岩溶洞隙的地基进行稳定性评价；有土洞分布的场地，应根据土洞成因，预测其发展趋势，评价土洞对场地稳定性的影响。地基基础设计等级为甲级、乙级的建筑物主体宜避开岩溶强发育地段。

问题13：在勘察外业中，对原生红黏土、次生红黏土及红黏土质填土判断错误。

【原因分析】违反《岩土工程勘察规范》GB 50021—2001（2009年版）第6.2.1条，重庆市《工程地质勘察规范》DBJ 50/T—043—2016第3.2.11条、第8.5.2条关于红黏土定名的规定。

【处理措施】原生红黏土是指覆盖于碳酸盐岩系之上的棕红、褐黄等色的高塑性黏土，其液限大于或等于50%。红黏土状态从上往下逐渐变软以及基岩起伏悬殊是其现场判定的主要特征。次生红黏土是原生红黏土经搬运、沉积后仍保留其基本特征，且其液限大于45%的黏土。它保留红黏土的基本特征，唯液塑限较低，颜色变浅，含粗颗粒砂砾，土质结构较松散，强度较低，压缩性略高。红黏土填土仍属于填土，不能将其定名为红黏土。在外业勘察中，有些工程把红黏土质回填土错误地鉴定成原生红黏土，地基基础按红黏土设计，待到施工开挖到基底标高时发现仍是回填土，不得不重新勘察或改变地基基础设计方案，产生误判的原因有：未掌握红黏土质填土的特征；对每回次取出的土样未及时进行认真的鉴别描述；使用的勘察手段不当，如用小螺纹钻钻探取样，严重扰动土层结构，不易判别鉴定，或采用触探、钎探等不能取样做直观鉴别等；钻探操作违反规程，如回次进尺太大或土层结构严重扰动破坏或软化。

问题14：红黏土场地缺少持力层和基础形式的比选。

【原因分析】违反《岩土工程勘察规范》GB 50021—2001（2009年版）第6.2.8条第3款，重庆市《工程地质勘察规范》DBJ 50/T—043—2016第8.5.4条第3款关于红黏土场地地基和基础的规定。

【处理措施】当建（构）筑物荷载不大，对承载力要求不高时，宜建议基础浅埋，尽量利用上部性能较好的红黏土硬壳层，并进行下卧层承载力的验算；但应避免地面不利因素的影响，又必须深于大气影响急剧层的深度。因此，评价时应充分权衡利弊，提出适当的持力层和基础形式建议，当不能满足承载力和变形要求时，应建议进行地基处理或采用桩基础穿越处理。此外，应避开对建（构）筑物的安全和稳定影响较大的裂隙密集和深长裂隙地段。

问题15：对深厚填土场地缺乏原始地形地貌调查和资料搜集。

【原因分析】违反《岩土工程勘察规范》GB 50021—2001（2009年版）第6.5.2条，重庆市《工程地质勘察规范》DBJ 50/T—043—2016第8.6.1条第1款关于填土场地原始地形地貌调查的规定。

【处理措施】通过调查访问和搜集资料，调查场地及相邻地区原始地形地貌和地物等的变迁、填土来源、堆积年限、堆积方法和当地的建筑经验。搜集的方法通常包括到各级相关单位调查、搜集原始地形图、访问当地老人等。通过对原始地形地貌的调查和资料搜集，方能较准确判定土岩界面，为持力层深度及填土性质提供正确的勘察资料。

问题 16：对填土地基原位测试工作量不足。

【原因分析】违反重庆市《工程地质勘察规范》DBJ 50/T—043—2016 第 8.6.3 条，重庆市《市政工程地质勘察规范》DBJ 50—174—2014 第 3.4.17 条的相关规定。

【处理措施】对于厚度较大的已有填土，应根据填土来源、填土年限、填土方式、填土分布、成分及利用的可能性等布置合适的测试工作。填土地基测试应以原位测试为主，辅以室内试验，并应符合下列规定：

① 建筑群的每栋建筑平面上不少于 1 个原位测试点，单体建筑不少于 3 个原位测试点。

② 填土的深度、均匀性及密实度宜用触探、探地雷达和面波测定；砾石、碎石级粗粒填土宜用重型（或超重型）动力触探；冲填土和黏性、粉性素填土宜用标准贯入试验和静力触探。

③ 填土地基承载力宜采用载荷试验确定；填土的压缩性、湿陷性可采用室内压缩试验、浸水压缩试验或载荷试验、浸水载荷试验确定。

④ 以细颗粒为主的填土应进行击实试验，确定填料最优含水量和最大干密度；压实后应测定其干密度，计算压实系数；含块石、碎石等较多的粗颗粒填土应进行大重度试验。

⑤ 有条件时，深厚填土的负摩阻力系数和水平抗力系数的比例系数可通过原位实体试验测定。

问题 17：对填土地基分析评价不足，对未来填土未提出具体的要求。

【原因分析】违反《岩土工程勘察规范》GB 50021—2001（2009 年版）第 6.5.5 条第 2 款、第 4 款，重庆市《工程地质勘察规范》DBJ 50/T—043—2016 第 8.6.4 条关于填土地基评价的规定。

【处理措施】对填土地基的评价主要包括阐明填土的成分、分布和堆积年代，判断地基的均匀性、压缩性和密实度；必要时应按厚度、强度和变形特性分层或分区评价。对堆积年限较长的素填土、冲填土或由建筑垃圾和性能稳定无害的工业废料组成的杂填土，当其较为均匀和较密实时，可考虑作一般建（构）筑物的天然地基。由有机质含量较多的生活垃圾和对基础有腐蚀性的工业废料组成的杂填土不应作为天然地基。当填土底面的天然坡度大于 20% 时，应验算其沿坡面的稳定性，并应判定原有斜坡受填土影响引起的滑动的可能性。填土地基处理方式的选择应从加固效果、经济费用、工程周期、环境影响以及地区经验等方面综合比较。应提出提高和改善建筑物对填土地基不均匀沉降的适应能力的措施和建议。

对未来填土，应结合工程对填料成分、粒径、土石比、压实度等提出具体的要求，勘察评价时可根据类似工程经验提供岩土参数。对未来填土的下卧层性质、地下水影响等应进行分析评价；当存在软弱下卧层和不良地质时应提出处理建议。

问题 18：对斜坡及江畔的填土场地地基分析评价不足。

【原因分析】违反重庆市《工程地质勘察规范》DBJ 50/T—043—2016 第 8.6.4 条第 4 款关于斜坡及江畔的填土场地地基评价的规定。

【处理措施】位于斜坡及江畔的填土场地，应充分考虑因填土厚度变化较大所产生的地基不均匀沉降变形，以及填土侧向临空、土岩面倾斜导致的地基稳定性问题。应分析环境条件在施工或运营期间的改变是否会导致填土工程性质的恶化或场地平衡状态的破坏，对场地及地基稳定性产生不利影响。当施工或运营期间的环境条件改变对场地及地基稳定性有不利影响时，应提出处理措施和建议。

问题 19：提供的负摩阻力系数依据不充分。

【原因分析】违反重庆市《工程地质勘察规范》DBJ 50/T—043—2016 第 8.6.5 条的规定。

【处理措施】填土的桩侧负摩阻力系数应考虑土体类型、密实度、土层厚度、外部荷载、施工方法等因素综合取值，勘察人员要重视填土对桩负摩阻力发挥效应的时效性，这对负摩阻力系数取值很关键。有条件时，深厚填土的负摩阻力系数可通过原位实体试验测定。

10 图表

问题 1：平面图、剖面图中内容标注不完整。

【原因分析】违反住房和城乡建设部《房屋建筑和市政基础设施工程勘察文件编制深度规定》（2020 年版）第 5.2.6 条，《重庆市岩土工程勘察文件编制技术规定》（2017 年版）第 8.2 条，重庆市《地质灾害防治工程勘查规范》DB 50/T 143—2018 第 14.3.2 条关于平面图、剖面图表达内容的规定。

【处理措施】勘探点平面图和剖面图中不仅应反映场地地形地貌、地层岩性、地层结构、地质构造、地下水、不良地质等地质信息和拟建物名称、轮廓线、设计地坪标高、环境地坪标高等建筑信息，还应标明建筑用地红线、勘察范围线、环境设计高程和邻近冲沟、河流特征水位及相邻已建（构）筑物等内容。

对于存在不良地质作用的场地，勘探点平面图、剖面图应标示不良地质作用的分布范围和威胁影响范围，以及既有治理工程等。

问题 2：剖面图、柱状图和图例中岩性画法不规范。

【原因分析】违反《重庆市岩土工程勘察图例图示规定》（2005 年版）关于岩性符号标示的规定。

【处理措施】按照《重庆市岩土工程勘察图例图示规定》（2005 年版）规定做图，如黏性土（黏土、粉质黏土和粉土）和填土花纹线的倾角大于或小于 45°，线间距离大于或小于 2.5mm。

问题 3：地层夹层或透境体的连线不合理。

【原因分析】违反《重庆市岩土工程勘察图例图示规定》（2005 年版）附录 B 关于夹层或透境体标示的规定。

【处理措施】剖面图中对夹层或透境体连线多呈陡变线相连，与地层的沉积规律不符，应连成尖灭线或渐变线。

问题 4：钻孔柱状图中表达内容不全面。

【原因分析】违反《重庆市岩土工程勘察图例图示规定》（2005 年版）附录 C，《重庆市岩土工程勘察文件编制技术规定》（2017 年版）第 8.2.3 条关于钻孔表达内容的规定。

【处理措施】钻孔柱状图中应注明岩芯采取率、风化带、取样深度及编号和水位测量日期；有地下水的钻孔，需标注地下水位符号；基岩段应标注揭露的破碎带、软弱夹层、空洞、裂隙等，及其性状描述。

问题 5：图示图例不完整或与图件不对应。

【原因分析】违反《重庆市岩土工程勘察图例图示规定》（2005 年版）第 3.1 条～第 3.10 条关于图示图例的规定。

【处理措施】重庆市的工程勘察报告图件编制，应执行《重庆市岩土工程勘察图例图示规定》（2005 年版）的相关要求，总图例内容应与相关图件内容表达一致。

问题 6：探井、探槽未采用展示图表达。

【原因分析】违反《重庆市岩土工程勘察文件编制技术规定》（2017 年版）第 8.1.5 条，《建筑工程地质勘探与取样技术规程》JGJ/T 87—2012 第 7.0.6 条及附录 F 关于探井、探槽制图的规定。

【处理措施】探井、探槽是工程勘察中常用勘探方法，主要用于第四系覆盖层场地直观揭露地层、构造等地质条件。在工程勘察报告图件编制中，应按《重庆市岩土工程勘察文件编制技术规定》（2017 年版）、《建筑工程地质勘探与取样技术规程》JGJ/T 87—2012 的规定绘制展示图。

问题 7：平面图中，有重要影响的地质体没有进行扩大比例尺测绘。

【原因分析】违反重庆市《工程地质勘察规范》DBJ 50/T—043—2016 第 5.2.2 条的规定。

【处理措施】有重要影响的地质体涉及场地、地基的稳定性，是勘察报告的重点内容。测绘是勘察评价的基础地质资料来源，其精度要求较高，比例尺过小不能详细反映地质体特征，可能造成严重的误判，应进行扩大比例尺测绘。《工程地质勘察规范》DBJ 50/T—043—2016 第 5.2.2 条有明确的规定，并应满足相关精度要求。

问题 8：勘探点数据一览表内容缺项。

【原因分析】违反《重庆市岩土工程勘察图例图示规定》（2005 年版）第 3.9.1 条及第 3.9.2 条，住房和城乡建设部《房屋建筑和市政基础设施工程勘察文件编制深度规定》（2020 年版）第 5.5.1 条，《重庆市岩土工程勘察文件编制技术规定》（2017 年版）第 8.5.1 条的规定。

【处理措施】勘探点数据表内容应包括下列要求：

① 应标注工程名称、表名、表编号及续表号。

② 宜包括勘探点编号、勘探点坐标及孔口高程、勘探点各岩土层深度、厚度、层底标高，取土样编号、数量、试验类型，取岩样编号、数量、试验类型，取水样数量、试验类型，风化带深度、厚度、层底标高，原位测试等内容。

问题 9：线状工程纵剖面图缺少设计信息及工程地质评价。

【原因分析】违反《重庆市岩土工程勘察文件编制技术规定》（2017 年版）第 8.2.2 条的规定。

【处理措施】线状工程地质剖面图应包括下列主要内容：

① 分段工程地质评价、线路里程桩号、线路设计路面标高、管道顶底设计标高、隧道顶底设计标高。

② 隧道纵剖面还包括隧道围岩分级、隧道预测涌水量。

③ 不良地质类型及其分布范围。

11 原始记录及附件

问题 1：钻孔原始记录不规范，责任人签署不全。

【原因分析】违反《建筑工程地质勘探与取样技术规程》JGJ/T 87—2012 第 14.1.7 条、第 14.2.4 条关于原始记录责任人签署的规定。

【处理措施】钻探记录应包括以下内容：

① 工程名称、钻机型号、钻孔坐标、孔口高程、工程地点。

② 使用的钻进方法、钻具名称、规格、护壁方式。

③ 钻进的难易程度、进尺速度、操作手感、钻进参数的变化情况。

④ 孔内情况，应注意缩径、回淤、地下水位和冲洗液位及其变化情况。

⑤ 取样及原位测试的编号、深度位置、取样工具名称及规格、原位测试类型及其结果。

⑥ 异常情况，如卡钻、掉钻等。

钻孔终孔时，钻探机（班）长、记录员、项目负责人应在钻探成果资料上签名。

问题 2：钻孔原始记录不规范，内容不全。

【原因分析】违反住房和城乡建设部令第 53 号《建设工程勘察质量管理办法》第十四条，《建筑工程地质勘探与取样技术规程》JGJ/T 87—2012 第 14.1.1 条关于钻孔原始记录的相关规定。

【处理措施】① 工程勘察工作的原始记录应当在勘察过程中及时整理、核对，确保取样、记录的真实和准确，禁止原始记录弄虚作假。

② 钻探过程的记录应符合《建筑工程地质勘探与取样技术规程》JGJ/T 87—2012 第 14.1.1 条～第 14.1.7 条及附录 G、附录 H 的有关规定。

③ 对钻探从业人员进行职业技能培训。

问题 3：钻进回次进尺偏大，钻孔深度及分层界线量测精度不规范。

【原因分析】违反《岩土工程勘察规范》GB 50021—2001（2009 年版）第 9.2.4 条，《建筑工程地质勘探与取样技术规程》JGJ/T 87—2012 第 5.2.3 条，重庆市《工程地质勘察规范》DBJ 50/T—043—2016 第 5.3.4 条关于钻进回次进尺、分层深度和钻孔深度的量测精度的规定。

【处理措施】在黏性土中，回次进尺不宜超过 2m；在粉土和饱和砂土中，回次进尺不宜超过 1m，且不得超过螺纹长度或取土筒（器）器长度；在预计的地层界线或重点探查部位，回次进尺不宜超过 0.5m；采取原状土样前用螺旋钻头清土时，回次进尺不宜超过 0.3m。

在岩层中钻进时，回次进尺不得超过岩心管长度；在软弱岩层中，回次进尺不得超过 2m；在破碎岩石或软弱夹层中，回次进尺应为 0.5～0.8m。

对于钻进深度和岩土层分层界线的量测精度陆域最大允许偏差为 ±0.05m，水域最大允许偏差为 ±0.2m；每钻进 25m 和终孔后，应校正孔深，并宜在变层处校核孔深；当孔深偏差超过规定时，应找出原因，并应更正记录报表。

问题 4：钻探原始记录缺少钻孔垂直度或预计的倾斜度与倾斜方向记录。

【原因分析】违反《建筑工程地质勘探与取样技术规程》JGJ/T 87—2012 第 5.2.4 条关于钻孔的垂直度或预计的倾斜度与倾斜方向的有关规定。

【处理措施】钻孔垂直度或预计的倾斜度与倾斜方向应符合下列规定：

① 对于垂直钻孔，每 50m 应测量一次垂直度，每 100m 的允许偏差为±2°。

② 对于定向钻孔，每 25m 应测量一次倾斜角与方位角，钻孔倾角与方位角的测量精度分别为±0.1°和±3°。

③ 当钻孔斜度及方位偏差超过规定时，应立即采取纠斜措施。

④ 当勘探任务有要求时，应根据勘探任务要求测斜和防斜。

问题 5：对变动勘探点设计位置与实际位置未进行复测。

【原因分析】违反《建筑工程地质勘探与取样技术规程》JGJ/T 87—2012 第 4.0.1 条、第 4.0.3 条，《工程地质勘察规范》DBJ 50/T—043—2016 第 5.3.2 条关于钻孔位置的规定。

【处理措施】当受场地地形地貌、相邻建（构）筑物、地下管线等影响，原定的勘探点无法施钻需要移位时，应对移位后的勘探点重新测量其坐标和高程，并将实际勘探钻孔位置标明在平面图上。在陆域，初步勘察阶段平面位置允许偏差为 0.5m，高程允许偏差 0.1m；详细勘察阶段平面位置允许偏差为 0.25m，高程允许偏差 0.05m；在水域，初步勘察阶段平面位置允许偏差宜为 2m，高程允许偏差 0.2m；详细勘察阶段平面位置允许偏差宜为 1m，高程允许偏差 0.1m。

问题 6：勘察技术委托书中工程特征信息不完整。

【原因分析】违反《岩土工程勘察规范》GB 50021—2001（2009 年版）第 4.1.11 条第 1 款（强制性条文），《高层建筑岩土工程勘察标准》JGJ/T 72—2017 第 3.0.4 条，重庆市《工程地质勘察规范》DBJ 50/T—043—2016 第 4.4.1 条第 1 款关于拟建工程特征信息的规定。

【处理措施】勘察技术委托书是勘察工作的重要依据之一，勘察技术委托书应详细反映拟建工程特征。房屋建筑应包括拟建物及场区的地面整平高程，建筑物的性质、规模、重要性、荷载、结构特点，可能的基础类型、尺寸和埋置深度，地基允许变形等内容。道路工程应包括道路标准长度、标准路幅宽度、道路重要性等级等内容。桥梁工程应包括桥梁长度、宽度、桥梁类型、跨度等内容。隧道工程应包括隧道长度、断面尺寸等内容。当建设单位提供的勘察技术委托书内容不符合要求时，勘察单位应及时与建设单位取得联系，落实拟建工程特征信息。

问题 7：钻探地质编录岩土描述内容不全。

【原因分析】违反《岩土工程勘察规范》GB 50021—2001（2009 年版）第 3.2.5 条、第 3.2.6 条、第 3.3.7 条有关岩土描述的规定。

【处理措施】① 碎石土和卵石土应描述下列内容：

a. 颗粒级配、颗粒含量、颗粒粒径、磨圆度、颗粒排列及层理特征。

b. 粗颗粒形状、母岩成分、风化程度和起骨架作用状况。

c. 充填物性质、湿度、充填程度及密实度。

② 砂土应描述下列内容：

a. 颜色、湿度、密实度。

b. 颗粒级配、颗粒形状和矿物组成及层理特征。

c. 黏性土含量。

③ 粉土应描述下列内容：

a. 颜色、湿度、密实度。

b. 包含物、颗粒级配及层理特征。

c. 干强度、韧性、摇振反应、光泽反应。

④ 黏性土应描述下列内容：

a. 颜色、湿度、状态。

b. 包含物、结构及层理特征。

c. 干强度、韧性、光泽反应等。

⑤ 填土描述下列内容：

a. 填土的类别，可分为素填土、杂填土、冲填土、压实填土。

b. 颜色、状态或密实度。

c. 物质、结构特征、均匀性。

d. 堆填时间、堆积方式等。

⑥ 对于特殊性岩土，除应描述相应土类的内容外，尚应描述其特殊成分和特殊性质。

⑦ 对具有互层、夹层、夹薄层特征的土，尚应描述其特殊成分和特殊性质。

⑧ 岩石描述应包括地质年代、地质名称、颜色、主要矿物、结构、构造和风化程度、岩芯采取率、岩石质量指标。对沉积岩尚应描述沉积物颗粒大小、形状、胶结物成分和胶结程度。

⑨ 岩体的描述应包括结构面、结构体、岩层厚度和结构类型，并宜符合下列规定：

a. 结构面的描述宜包括类型、性质、产状、组合方式、发育程度、延展情况、闭合程度、粗糙程度、充填情况和充填物性质以及充水性质等。

b. 结构体的描述宜包括类型、形状和大小、完整程度等情况。

问题 8：缺乏钻探、取样、原位测试、室内试验等主要过程的影像资料归档。

【原因分析】违反住房和城乡建设部令第 53 号《建设工程勘察质量管理办法》第十四条关于勘察过程影像资料归档的规定。

【处理措施】应严格按照《建设工程勘察质量管理办法》第十四条的规定执行。勘察单位应及时采集钻探、取样、原位测试、室内试验等主要过程的影像资料，并留存备查。工程勘察工作的原始记录应当在勘察过程中及时整理、核对，确保取样、记录的真实和准确，禁止原始记录弄虚作假。

参考文献

[1] 重庆市都安工程勘察技术咨询有限公司，重庆市设计院．工程地质勘察规范：DBJ 50/T—043—2016 [S]．重庆：重庆市城乡建设委员会，2016．

[2] 重庆市涪陵区建筑勘察设计质量审查中心．市政工程地质勘察规范：DBJ 50—174—2014 [S]．重庆：重庆市城乡建设委员会，2014．

[3] 重庆市设计院，中国建筑技术集团有限公司．建筑边坡工程技术规范：GB 50330—2013 [S]．北京：中国建筑工业出版社，2013．

[4] 建设综合勘察设计研究院．岩土工程勘察规范：GB 50021—2001（2009 年版）[S]．北京：中国建筑工业出版社，2009．

[5] 中冶赛迪工程技术股份有限公司，重庆市设计院，重庆市土木建筑学会．建筑地基基础设计规范：DBJ 50—047—2016 [S]．重庆：重庆市城乡建设委员会，2016．

[6] 中国建筑科学研究院．建筑抗震设计规范：GB 50011—2010（2016 年版）[S]．北京：中国建筑工业出版社，2016．

[7] 机械工业勘察设计研究院有限公司．高层建筑岩土工程勘察标准：JGJ/T 72—2017 [S]．北京：中国建筑工业出版社，2017．

[8] 招商局重庆交通科研设计院有限公司．公路隧道设计规范：JTC 3307.1—2018 [S]．北京：人民交通出版社，2018．

[9] 招商局重庆交通科研设计院有限公司．公路隧道抗震设计规范：JTG 2232—2019 [S]．北京：人民交通出版社，2019．

[10] 中交公路规划设计院有限公司．公路桥涵地基与基础设计规范：JTG 3363—2019 [S]．北京：人民交通出版社，2019．

[11] 同济大学．城市桥梁抗震设计规范：CJJ 166—2011 [S]．北京：中国建筑工业出版社，2011．

[12] 中交路桥技术有限公司．公路工程抗震规范：JTG B02—2013 [S]．北京：人民交通出版社，2014．

[13] 重庆市地质环境监测总站．地质灾害防治工程勘查规范：DB 50/T 143—2018 [S]．重庆：重庆市质量技术监督局，2018．

[14] 北京市勘察设计研究院有限公司．市政工程勘察规范：CJJ 56—2012 [S]．北京：中国建筑工业出版社，2013．

[15] 中南勘察设计院有限公司．建筑工程地质勘探与取样技术规程：JGJ/T 87—2012 [S]．北京：中国建筑工业出版社，2011．

[16] 中国建筑科学研究院．建筑地基基础设计规范：GB 50007—2011 [S]．北京：中国建筑工业出版社，2011．

[17] 北京城建勘测设计研究院有限责任公司．城市轨道交通岩土工程勘察规范：GB 50307—2012 [S]．北京：中国计划出版社，2012．

[18] 建设综合勘研究设计院有限公司．房屋建筑和市政基础设施工程勘察文件编制深度规定（2020 年版）[S]．北京：中国建筑工业社，2020．

[19] 重庆市都安工程勘察技术咨询有限公司，重庆市勘察设计协会工程勘察与岩土分会．重庆市岩土工程勘察文件编制技术规定（2017 年版）[S]．重庆：重庆市住房和城乡建设委员会，2017．

[20] 重庆市建设工程勘察质量监督站．重庆市岩土工程勘察图例图示规定（2005 年版）[S]．重庆：重庆市城乡建设委员会，2005．

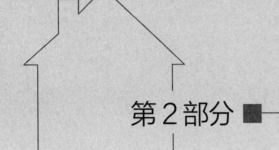

第2部分 ■

房屋建筑工程 ■

12 建筑

12.1 总平面通用设计

问题 1：建筑物及附属设施突出道路红线或用地红线建造。

【原因分析】违反《民用建筑设计统一标准》GB 50352—2019 第 4.3.1 条关于建筑物及其附属设施不应突出道路红线或用地红线建造的规定，属于违反强制性条文要求。

【处理措施】支护桩、挡土墙（图 12-1）、地下室底板及其基础、化粪池、各类水池、处理池、沉淀池等地下设施，门廊、连廊、阳台、室外楼梯、凸窗、空调机位、装饰构架、室外台阶、坡道、花池、围墙、平台、散水明沟、地下室进排风及排风口、地下室出入口、集水井、采光井、烟囱等地上设施必须控制在道路红线或用地红线范围内建造，并满足当地城市规划管理相关规定。因为道路红线以外的地下地上空间均为城市公共空间，一旦允许突出，影响城市地下管网敷设，影响人流、车流交通安全、城市空间景观。用地红线是各类建筑工程项目用地的使用权属范围的边界线，建筑的任何突出物均不得突出用地红线，侵犯邻地的权益。

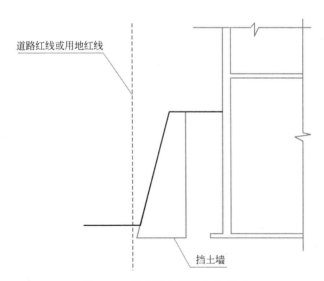

图 12-1 挡土墙与用地红线关系

问题 2：既有建筑改造工程，突出道路红线的窗扇（含开启后窗扇）、窗罩、空调机位、活动遮阳、雨篷等挑出路面上空的高度和深度不满足规范要求。

【原因分析】违反《民用建筑设计统一标准》GB 50352—2019 第 4.3.2 条第 1 款、第 2 款关于建筑突出物的规定。

【处理措施】经当地规划行政主管部门批准，既有建筑改造工程必须突出道路红线的建筑突出物应满足下列规定（下述突出道路红线情况仅限于既有建筑改造工程中的特殊情况，且需经得当地规划行政主管部门批准），在人行道路面上空：

① 2.5m 以下，不应突出凸窗、窗扇（含开启后窗扇）、窗罩等建筑构件；2.5m 及以上突出凸窗、窗扇、窗罩时，其深度不应大于 0.6m。

② 2.5m 以下，不应突出活动遮阳；2.5m 及以上突出活动遮阳时，其宽度不应大于人行道宽度减 1.0m，并不应大于 3.0m。

③ 3.0m 以下，不应突出雨篷、挑檐；3.0m 及以上突出雨篷、挑檐时，其突出深度不应大于 2.0m。

④ 3.0m 以下，不应突出空调机位；3.0m 及以上突出空调机位时，其突出深度不应大于 0.6m。

在无人行道的路面上空：4.0m 以下不应突出凸窗、窗扇、窗罩、空调机位等建筑构件；4.0m 及以上突出凸窗、窗扇、窗罩、空调机位时，其突出深度不应大于 0.6m。

问题 3：基地设计标高低于相邻市政道路最低标高或场地邻接山体、挡墙布置时未采取有效的截水措施，造成大面积雨水倒灌进入建设基地内。

【原因分析】违反《民用建筑设计统一标准》GB 50352—2019 第 5.3.1 条第 5 款关于基地地面高程与相邻基地和市政道路高程关系不合理未采取排水措施的规定。

【处理措施】基地地面高程应尽可能高于相邻城市道路高程，基地地面高程最低处高程低于相邻接城市道路最低高程，或场地邻接山体、挡墙时，应有排除地面水及截水等措施，设置边沟或排（截）洪沟，坡向排水沟的地面坡度不应小于 1%，其他场地地面排水坡度不宜小于 0.2%，当坡度小于 0.2% 时，宜采用多坡向或特殊措施排水。

问题 4：居住区在邻近交通干线或其他产生噪声的公共活动场所时，未采取相应的降低噪声措施。

【原因分析】违反《城市居住区规划设计标准》GB 50180—2018 第 3.0.2 条第 3 款关于降低居住区噪声污染的规定，属于违反强制性条文要求。

【处理措施】居住区应选择在安全、适宜居住的地段进行建设，在存在噪声污染的地段，应采取相应的降低噪声措施，可设置土坡绿化、种植大型乔木等隔离措施，降低噪声对住宅建筑的不利影响。

问题 5：建筑基地与城市道路红线不相邻接时，基地内建筑面积大于 3000m²，仅设一条单车道连接城市道路，不满足建筑基地与城市道路间连接道路的要求。

【原因分析】违反《民用建筑设计统一标准》GB 50352—2019 第 4.2.1 条第 2 款关于建筑面积大于 3000m² 时基地与城市道路间连接道路的规定。

【处理措施】当建筑基地内建筑面积大于 3000m²，且只有一条连接道路与城市道路连接时，其宽度不应小于 7m；当两条或两条以上连接道路时，单条连接道路宽度不应小于 4m。

问题 6：居住区道路边缘与建（构）筑物贴临布置，或后退距离不满足规范要求。

【原因分析】违反《城市居住区规划设计标准》GB 50180—2018 第 6.0.5 条关于居住区道路边缘与建（构）筑物距离的规定。

【处理措施】基地内居住区道路边缘至建（构）筑物距离应根据建（构）筑物面向道路、建（构）筑物山墙面向道路或围墙面向道路等关系，按照《城市居住区规划设计标准》GB 50180—

2018 第 6.0.5 条要求保证道路边缘与建（构）筑物间的最小安全距离，符合表 12-1 的规定。

居住区道路边缘至建（构）筑物最小距离（m）　　　　表 12-1

与建(构)筑物的关系		城市道路	附属道路
建(构)筑物面向道路	无出入口	3	2
	有出入口	5	2.5
建(构)筑物山墙面向道路		2	1.5
围墙面向道路		1.5	1.5

注：本表摘自《城市居住区规划设计标准》GB 50180—2018。

问题 7：小区内尽端式道路过长且未在端头设置回车场地。

【原因分析】违反《民用建筑设计统一标准》GB 50352—2019 第 5.2.2 条第 5 款关于尽端式道路的规定。

【处理措施】小区内尽端式道路长度大于 120m 时，应在尽端设置不小于 12m×12m 的回车场地。并在设计文件中明确后期景观实施中回车场严禁被占用。

问题 8：建筑基地内车行道、人行道宽度较窄，不满足规范要求。

【原因分析】违反《民用建筑设计统一标准》GB 50352—2019 第 5.2.2 条第 1 款、第 3 款关于建筑基地道路宽度的规定。

【处理措施】建筑基地内单向单车道设计路面宽不应小于 4m，双向或双车道路面宽住宅区内不应小于 6m，其他基地道路宽不应小于 7m，并满足基地内交通流量要求，避免基地内部车辆通行不畅；建筑基地道路设计中人行道路宽度不应小于 1.5m。

问题 9：车库基地出入口宽度、基地内部道路以及停车库出入口宽度不匹配。

【原因分析】违反《车库建筑设计规范》JGJ 100—2015 第 3.1.6 条第 3 款、第 3.2.5 条关于车库基地出入口宽度、通行顺畅的规定。

【处理措施】一般车库总平面基地出入口宽度应和与之连接的基地内通道宽度取得一致，单向行驶的机动车道宽度不应小于 4m，双向行驶的小型车道不应小于 6m，双向行驶的中型车以上车道不应小于 7m，妥善处理基地口部宽度与内部通道宽度衔接关系，避免车库基地主要出入口口部宽度突然收窄，小于车库出口通道宽度及小区内部车道，造成出口处交通不畅。

问题 10：建筑基地机动车出入口位置距城市主干道交叉口距离不满足要求；建筑基地机动车出入口位置距人行横道线、人行过街天桥、人行地道的最近边缘距离不满足要求；建筑基地机动车出入口位置距地铁出入口、公共交通站台边缘距离不满足要求；建筑基地机动车出入口位置距公园、学校及有儿童、老年人、残疾人使用建筑的出入口距离不满足要求。

【原因分析】违反《民用建筑设计统一标准》GB 50352—2019 第 4.2.4 条第 1 款、第 2 款、第 3 款、第 4 款关于建筑基地机动车出入口位置与部分设施或部分建筑出入口距离的规定。

【处理措施】建筑基地机动车出入口位置，除符合所在地控制性详细规划，还应满足下列规定：
① 距城市主干路交叉口（自道路红线交叉点起沿线）距离应不小于 70m。
② 距人行横道、人行天桥、人行地道（包括引道、引桥）的最近边缘线应不小于 5m。
③ 距地铁出入口、公共交通站台边缘应不小于 15m。

④ 距公园、学校及有儿童、老年人、残疾人使用建筑的出入口应不小于20m。

问题11：将办理车辆出入手续的地方设置在车库基地出入口处，但未设等候车道或等候车道长度不够，等候车辆占用城市道路候车。

【原因分析】违反《车库建筑设计规范》JGJ 100—2015第3.1.6条第4款关于车库基地出入口办理出入手续候车道的规定。

【处理措施】当车库车辆出入手续设在基地出入口处时，出入口处应设置机动车候车道，机动车按两辆车位考虑，候车道宽度不应小于4m，长度不应小于10m，且不应占用城市道路，避免造成城市道路交通堵塞。

问题12：相邻机动车库基地出入口之间的距离过近，不满足规范要求。

【原因分析】违反《车库建筑设计规范》JGJ 100—2015第3.1.6条第7款关于相邻机动车库基地出入口之间的最小距离的规定。

【处理措施】相邻机动车库基地出入口之间的最小距离不应小于15m。

问题13：汽车疏散出口总数不少于两个的汽车库，汽车疏散出口未分散布置，开向同一个防火分区。

【原因分析】违反《汽车库、修车库、停车场设计防火规范》GB 50067—2014第6.0.9条关于汽车疏散出口应分散布置的规定，属于违反强制性条文要求。

【处理措施】当汽车库有两个或两个以上的防火分区并设有两个汽车疏散出口时，两个出入口应分散设置在不同防火分区。

问题14：室外机动车停车场停车数量超过50辆，只设1个出入口，不满足规范要求。

【原因分析】违反《民用建筑设计统一标准》GB 50352—2019第5.2.6条第2款关于停车场数量要求的规定。

【处理措施】当室外机动车停车场停车数为51～300辆时，应设置两个出入口，宜为双向行驶的出入口。

问题15：新建居住区配建机动车停车位未预留充电基础设施安装条件。

【原因分析】违反《城市居住区规划设计标准》GB 50180—2018第5.0.6条第6款与《电动汽车分散充电设施工程技术标准》GB/T 51313—2018第3.0.2条第1款关于新建居住区配建机动车停车位应具备充电基础设施安装条件的规定。

【处理措施】新建居住区配建停车位应根据国家及地方配置数量要求100%建设充电设施或预留建设安装条件。

问题16：各专业间未充分协调，架空种植屋面种植高大乔木区域未考虑乔木深覆土荷载要求，实际实施覆土厚度超过结构设计承受荷载或未考虑乔木长大后荷载的增加。

【原因分析】违反《民用建筑设计统一标准》GB 50352—2019第5.4.2条第2款与《城市绿地设计规范》GB 50420—2007（2016年版）第5.0.15条关于建筑顶板设计与覆土种植绿化的规定。

【处理措施】建筑、结构、景观等各专业间应充分协调，根据种植覆土、综合管线及景观和植物生长的荷载要求进行地下建筑顶板设计，景观布置时，考虑经济合理及安全等综合因素，应将荷载较大的高大乔木布置在结构梁、柱位置。

问题 17：建筑垫层下填土压实度不够，不满足规范要求。

【原因分析】违反《建筑地基基础设计规范》GB 50007—2011 第 6.3.7 条注 2 的相关规定。

【处理措施】建筑地坪垫层以下从基础底面标高以上的压实填土，压实系数不应小于 0.94。

12.2 总平面安全

问题 18：中小学校的停车场地及地下车库的出入口直接通向师生人流集中的道路。

【原因分析】违反《中小学校设计规范》GB 50099—2011 第 8.5.6 条关于建筑物出入口的规定，停车场地及地下车库的出入口不应直接通向师生人流集中的道路。

【处理措施】中小学校的停车场地及地下车库的出入口与校园人行交通设计应满足人车分流要求，将其开向车行为主的道路，不应直接通向师生人流集中的道路。

问题 19：中小学校运动场地中，同一项运动项目的场地处于不同的高程，或相邻布置的各体育场地间紧邻或距离过近，未预留安全分隔设施的安装条件。

【原因分析】违反《中小学校设计规范》GB 50099—2011 第 4.3.6 条第 1 款、第 3 款关于体育场地安全的规定。

【处理措施】中小学校布置的各体育场地，应包括安全区及周边的甬道，当用地起伏存在高差时，不同类型的运动场地可依地形而设，同一个运动项目的运动场地须在同一高程上，相邻场地间应预留安全分隔设施的安装条件。

问题 20：学校建筑主要出入口紧邻外部道路，未设置人员缓冲场地。

【原因分析】违反《中小学校设计规范》GB 50099—2011 第 8.3.2 条关于校园主要出入口应设置缓冲场地的规定。

【处理措施】为使师生人流出入通畅，校门向校内退让，构成校门前小广场，起缓冲作用。退后场地的面积应根据学校所在地段的交通环境、学校规模及学校生源情况确定。

问题 21：幼儿园主要出入口直接面向城市干道开口。

【原因分析】违反《托儿所、幼儿园建筑设计规范》JGJ 39—2016（2019 年版）第 3.2.7 条关于托儿所、幼儿园出入口开口的规定。

【处理措施】幼儿园出入口开口不应直接设置在城市干道一侧，应尽可能向城市支路开口，其出入口应设置供车辆和人员短暂停留的场地，且不影响城市道路交通。

问题 22：幼儿园主要出入口前未设置人员安全集散空间。

【原因分析】违反《托儿所、幼儿园建筑设计规范》JGJ 39—2016（2019 年版）第 3.2.2 条第 3 款关于出入口处人员安全集散空间的规定。

【处理措施】幼儿园出入口应退道路红线，根据幼儿园规模留足人员停留、安全集散场地。

问题 23：幼儿园基地周围未设围墙及出入口处未设门卫和警卫室。

【原因分析】违反《托儿所、幼儿园建筑设计规范》JGJ 39—2016（2019 年版）第 3.2.6 条关于幼儿园基地安全防护的规定。

【处理措施】为保障幼儿园的安全防护，幼儿园基地周围应增加围墙设施，确保幼儿园室外活动场地独立安全，并在出入口处设置门卫和警卫室，警卫室对外应有良好的视野。

问题 24：托儿所、幼儿园场地内设汽车库，汽车库车道和出入口与儿童活动区域或人行出入口交叉。

【原因分析】违反《托儿所、幼儿园建筑设计规范》JGJ 39—2016（2019 年版）第 4.5.8 条关于人车分流的规定，当托儿所、幼儿园场地内设汽车库时，汽车库应与儿童活动区域分开，应设置单独的车道和出入口。

【处理措施】当托儿所、幼儿园场地内设停车位、汽车库时，应在人行出入口以外设置独立的车道和车行出入口。

问题 25：坡地建筑、边坡、紧邻高层建筑的临空面周围与幼儿园等室外公共活动场地间相邻，未采取防止物体坠落措施。

【原因分析】违反《托儿所、幼儿园建筑设计规范》JGJ 39—2016（2019 年版）第 3.2.2 条第 4 款、第 5 款关于室外活动场地安全的规定。

【处理措施】幼儿园室外公共活动场地及其他公共活动场地与左右或上部邻近的建筑、阳台、开敞平台间，应有防坠落及防护隔离措施，防止上部坠物及扰民相互影响。

问题 26：住宅小区、学校以及托儿所、幼儿园场地内种植有毒、带刺、有飞絮等植物。

【原因分析】违反《城市绿地设计规范》GB 50420—2007（2016 年版）第 5.0.12 条与《托儿所、幼儿园建筑设计规范》JGJ 39—2016（2019 年版）第 3.2.4 条关于儿童游乐区等活动区域配置绿化植物的规定，属于违反强制性条文要求。

【处理措施】托儿所、幼儿园、住宅小区、学校、儿童游乐区等场区绿化严禁配置有毒、带刺等易对儿童造成伤害的植物。

问题 27：儿童游戏设施场地下部及周围采用地砖等硬质铺装；儿童活动场地及周围地面不平整、光滑或存在尖锐突出物等设施。

【原因分析】违反《托儿所、幼儿园建筑设计规范》JGJ 39—2016（2019 年版）第 3.2.3 条第 3 款、第 4 款关于托儿所、幼儿园室外活动场地要求的规定。

【处理措施】活动场地周围应明确平整、防滑、无尖锐突出物等要求，并尽量采用软质铺装。

问题 28：宿舍主要出入口前未考虑人员集散场地。

【原因分析】违反《宿舍建筑设计规范》JGJ 36—2016 第 3.2.4 条宿舍主要出入口前应设置集散场地的规定。

【处理措施】宿舍主要出入口前应设置人员集散场地，集散场地人均面积指标不应小于 0.20m²。

问题29：车库基地出入口直接开向城市快速路。

【原因分析】违反《车库建筑设计规范》JGJ 100—2015 第3.1.6条第2款关于车库基地出入口开口的规定。

【处理措施】为了保证行车安全和减少对城市交通的影响，车库基地出入口不应直接与城市快速路相连接，应尽量开向城市支路或基地内部道路。

问题30：车流、人流量较大的基地主入口，未考虑人车分流。

【原因分析】违反《民用建筑设计统一标准》GB 50352—2019 第5.1.1条、第5.2.1条第5款关于人车分流及车流量较大的场所应设人行道路的规定。

【处理措施】居住人数大于5000人的居住区等车流量较大的场所应设人行道路；建筑布局应使建筑基地内的人流、车流与物流合理分流，在车流量、人流量较大的基地主入口，应设人行道路，解决车辆、行人混行的安全隐患，实现人车分流，保障基地内的交通安全。

问题31：机动车库基地出入口未设置减速安全设施，场区内部车道未考虑限速措施。

【原因分析】违反《车库建筑设计规范》JGJ 100—2015 第3.1.7条关于机动车库基地出入口减速安全设施的规定，属于违反强制性条文要求。

【处理措施】机动车库基地出入口车流集中，容易发生交通事故，在出入口位置设置减速安全设施，可以保障基地出入口的通行安全。一般采用设置减速带等装置，也可设置道闸。场区内部人车混流处考虑安全需要应有限速要求。场地内道路限速措施主要有：场地各机动车出入口和地下车库出入口处设立减速挡，场地入口右侧设立限速标志牌，标志、标线按照《道路交通标志和标线 第5部分：限制速度》GB 5768.5—2017 的要求设置及制作等。

问题32：公共水体岸边2m范围内的水深超过0.7m，未采取安全防护措施。

【原因分析】违反《城市绿地设计规范》GB 50420—2007（2016年版）第4.0.11条关于城市开放绿地内水体岸边安全防护的规定，属于违反强制性条文要求。

【处理措施】沿岸边2m范围内的水深大于0.7m时，应在临水一侧设置栏杆等安全防护设施。

问题33：场区临空面（挡墙、坡顶）、车库顶板临空部位未设置安全防护栏杆。

【原因分析】违反《城乡建设用地竖向规划规范》CJJ 83—2016 第8.0.4条，《民用建筑设计统一标准》GB 50352—2019 第6.7.1条第4款关于临空面防护设施的规定。

【处理措施】完善场地竖向安全防护设计，相邻台地间高差大于0.7m时，应在挡土墙顶或台阶临空面处加设安全防护措施，设置满足相应高度和能承受荷载规范规定的水平荷载的防护栏杆，临空高度在24m以下时，栏杆高度不应低于1.05m；当临空高度在24m及以上时，栏杆高度不应低于1.1m。上人屋面和交通、商业、旅馆、医院、学校等建筑临开敞中庭栏杆高度不应小于1.2m。托幼建筑临空场所栏杆净高不应低于1.3m。车道处防护栏杆还应特别设置具有防撞功能的栏杆。

问题34：高度大于2m的挡土墙或护坡，其上下缘与建筑物的水平净距不满足规范要求。

【原因分析】违反《城乡建设用地竖向规划规范》CJJ 83—2016 第4.0.7条关于挡土墙和护坡与建筑物间距离的规定，属于违反强制性条文要求。

【处理措施】高度大于2m的挡土墙和护坡，其上缘与建筑物的水平净距不应小于3m，下缘与建筑物的水平净距不应小于2m，见图12-2。

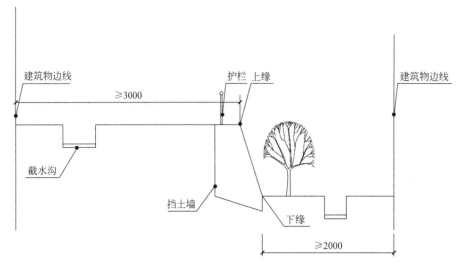

图 12-2　挡土墙和护坡与建筑物间距离

问题 35：有防洪要求的建设用地未按设防标准考虑防洪设计。

【原因分析】违反《城乡建设用地竖向规划规范》CJJ 83—2016 第 7.0.2 条第 2 款关于建设用地高程与排洪控制标高关系的规定。

【处理措施】临湖临河等有防洪要求的建设用地，其用地高程应按排涝控制高程加安全超高确定；建设用地外围不设防洪堤时，其用地地面高程应按设防标准的规定所推算的洪水位加安全超高确定。

12.3　专项建筑场地（医院、学校、幼儿园、商业、酒店、老年人建筑等）

问题 36：医院的门诊、急诊和住院用房等入口附近未设置救护车辆停放场地。

【原因分析】违反《综合医院建筑设计规范》GB 51039—2014 第 4.2.3 条关于总平面设计的规定。

【处理措施】合理利用门诊、急诊和住院用房等入口附近的室外场地，满足救护车车辆通达需要并设适量的停车场地。

问题 37：医院建筑院区内未设置供患者康复活动的专用绿地。

【原因分析】违反《综合医院建筑设计规范》GB 51039—2014 第 4.2.5 条第 1 款关于环境设计要求的规定。

【处理措施】在院区内便于管理和方便到达的适当区域，设置供患者康复活动的专用绿地，并注意满足无障碍设计要求。

问题 38：医院建筑环境景观设计中的标识设计不清晰或完全漏项。

【原因分析】违反《综合医院建筑设计规范》GB 51039—2014 第 4.2.5 条第 2 款关于环境设计要求的规定。

【处理措施】环境景观设计应对绿化、景观、建筑内外空间、环境和室内外各功能区标识导向系统进行综合性设计，标识位置应显著，导向指引应清晰。

问题 39：医院建筑的人行出入口兼作污物出口。

【原因分析】忽视洁污分流的使用要求，违反《综合医院建筑设计规范》GB 51039—2014 第4.2.2 条关于总平面设计的规定。

【处理措施】医院出入口不应少于两处，人员出入口不应兼作尸体或废弃物出口。在保证正常人行出入口的基础上，应设计独立的污物出口作为尸体或废弃物出口。

问题 40：医院建筑的消化道、呼吸道等感染疾病门诊未单独设置出入口。

【原因分析】违反《综合医院建筑设计规范》GB 51039—2014 第5.4.1 条关于感染疾病门诊用房的规定。

【处理措施】将消化道、呼吸道等感染疾病门诊集中设置，与其他门诊用房相对独立，使其自成一区，并设置单独的出入口，不与其他门诊用房共用出入口，避免院内交叉感染。

问题 41：学校主要教学用房设置窗户的外墙与高速路、地上轨道交通线或城市主干道的距离不满足要求。

【原因分析】违反《中小学校设计规范》GB 50099—2011 第4.1.6 条关于学校主要教学用房设置窗户的外墙与高速路、地上轨道交通线或城市主干道距离要求的规定。

【处理措施】学校主要教学用房设置窗户的外墙与高速路、地上轨道交通线或城市主干道应不小于 80m，当距离不足时，应采取有效的隔声措施。

问题 42：中小学校普通教室设在北向，未设置能获得冬季直射阳光的科学教室或生物实验室。

【原因分析】违反《中小学校设计规范》GB 50099—2011 第4.3.3 条关于普通教室冬至日日照及第4.3.4 条关于科学教室或生物实验室要求的规定。

【处理措施】对中小学校普通教室应做日照计算，并满足冬至日满窗日照不小于 2h；至少应有1 间科学教室或生物实验室的室内能在冬季获得直射阳光。

问题 43：中小学校缺少集中绿地或集中绿地宽度不满足要求。

【原因分析】违反《中小学校设计规范》GB 50099—2011 第4.2.6 条关于中小学校应设置集中绿地的规定。

【处理措施】中小学校应设置集中绿地，集中绿地宽度不应小于 8m。

问题 44：中小学校在设计中未考虑国旗升旗场地。

【原因分析】违反《中小学校设计规范》GB 50099—2011 第4.3.9 条关于中小学校校园应设置国旗升旗场地的规定。

【处理措施】中小学校应在校园的显要位置设置国旗升旗场地。

问题 45：小学的主要教学用房设在四层以上，中学的主要教学用房设在五层以上。

【原因分析】违反《中小学校设计规范》GB 50099—2011 第4.3.2 条关于中小学校建筑层数要

求的规定。

【处理措施】各类小学的主要教学用房应控制在四层及四层以下，各类中学的主要教学用房应控制在五层及五层以下。

问题 46：室外田径场、足球场等各种球类场地长轴布置成东西向。

【原因分析】违反《中小学校设计规范》GB 50099—2011 第 4.3.6 条第 2 款关于中小学校室外田径场及各种球类场地的长轴布置方向的规定。

【处理措施】中小学校室外田径场及足球、篮球、排球等各种球类场地的长轴宜南北向布置，长轴南偏东宜小于 20°，南偏西宜小于 10°。

问题 47：室外体育场地忽略排水设计，未考虑场地排水坡度要求或排水沟设计不合理，引起排水不畅。

【原因分析】违反《中小学校设计规范》GB 50099—2011 第 4.3.6 条第 4 款关于运动场地排水要求的规定。

【处理措施】中小学校设置的室外田径场、足球场应进行排水设计，应根据当地最大排水量及排水方向设置排水沟，排水沟截面尺寸及坡度应满足排水要求。

问题 48：幼儿园室外活动场地位于幼儿园建筑北向，不满足日照要求。

【原因分析】违反《托儿所、幼儿园建筑设计规范》JGJ 39—2016（2019 年版）第 3.2.3 条第 5 款关于托儿所、幼儿园室外活动场地日照要求的规定。

【处理措施】应提供幼儿园室外活动场地日照计算书，幼儿园室外活动场地应有 1/2 以上的面积在标准建筑日照阴影之外。

问题 49：托儿所、幼儿园场地内绿地率不满足要求。

【原因分析】违反《托儿所、幼儿园建筑设计规范》JGJ 39—2016（2019 年版）第 3.2.4 条关于绿地率要求的规定。

【处理措施】托儿所、幼儿园场地内绿地率不应小于 30%，室外布置一定的绿地，不仅可提高周围空气质量，也有利于儿童身心健康。

问题 50：幼儿园的活动室、寝室布置位置不合理，朝向不在当地最好朝向，不能接受阳光或日照时间不满足规范。

【原因分析】违反《托儿所、幼儿园建筑设计规范》JGJ 39—2016（2019 年版）第 3.2.8 条关于托儿所、幼儿园的活动室、寝室及具有相同功能的区域朝向与日照要求的规定，属于违反强制性条文要求。

【处理措施】设计应提供托儿所、幼儿园的活动室、寝室及具有相同功能的区域的日照计算书，将该类用房布置在当地最好朝向，冬至日底层满窗日照不应小于 3h，夏热冬冷、夏热冬暖地区生活用房不宜朝西，不可避免时，应采取遮阳措施。

问题 51：需获得冬季日照的婴幼儿生活用房窗洞开口面积小，不满足面积比例要求。

【原因分析】违反《托儿所、幼儿园建筑设计规范》JGJ 39—2016（2019 年版）第 3.2.8A 条关于需获得冬季日照的婴幼儿生活用房窗洞开口面积与房间面积比例要求的规定。

【处理措施】提供需获得冬季日照的婴幼儿生活用房窗洞开口面积及与该房间面积间的比例，其比例不得小于 20%。

问题 52：幼儿园设置全园集中活动场地面积不够或各班未划分专用室外活动场地。

【原因分析】违反《托儿所、幼儿园建筑设计规范》JGJ 39—2016（2019 年版）第 3.2.3 条第 1 款、第 2 款关于活动场地面积的规定。

【处理措施】① 幼儿园应按人均面积不低于 $2m^2$ 设全园集中活动场地。

② 幼儿园各班应划分专用室外活动场地。人均面积不应小于 $2m^2$，各班活动场地之间宜采取分隔措施。

问题 53：幼儿园共用活动场地内活动设施设置未达到规范最基本要求。

【原因分析】违反《托儿所、幼儿园建筑设计规范》JGJ 39—2016（2019 年版）第 3.2.3 条第 4 款关于共用活动场地内基本设施的规定。

【处理措施】全园共用活动场地内应设置沙坑、30m 跑道活动场地，在总平面布置中应明确活动场地具体内容。

问题 54：托儿所、幼儿园后勤出入口与主要出入口未分隔，流线交叉。

【原因分析】违反《托儿所、幼儿园建筑设计规范》JGJ 39—2016（2019 年版）第 3.2.5 条关于杂物院等后勤出入口要求单独设置的规定。

【处理措施】托儿所、幼儿园的杂物院等应设置单独的对外出入口，不应与托儿所、幼儿园主要出入口混杂。

问题 55：老年人照料设施建筑的主要出入口处未考虑救护车辆停靠的位置。

【原因分析】违反《老年人照料设施建筑设计标准》JGJ 450—2018 第 4.2.4 条关于道路交通的规定，属于违反强制性条文要求。

【处理措施】老年人照料设施建筑的主要出入口处应设置救护车辆能停靠的场地，且该场地应与建筑的紧急送医通道相连。

问题 56：老年人照料设施建筑场地内未设置机动车停车场。

【原因分析】违反《老年人照料设施建筑设计标准》JGJ 450—2018 第 4.2.5 条关于场地内设置机动车停车需求的规定。

【处理措施】老年人照料设施建筑场地内应设置机动车停车场地，考虑老人轮椅车需求，在距离建筑物最近的位置设置无障碍停车位或无障碍停车下客点，与无障碍人行道相连。无障碍停车下客点应有明显的标志。

问题 57：全日制老年人照料设施建筑场地内未设置老年人室外活动场地。

【原因分析】违反《老年人照料设施建筑设计标准》JGJ 450—2018 第 4.3.1 条关于老年人照料设施建筑场地内设置老年人室外活动场地的规定。

【处理措施】全日制老年人照料设施建筑场地内应设置供老年人室外休闲、健身、娱乐等活动的设施和场地，场地应避免与车辆交通交叉，并能获得日照，位于避风处，场地地面应平整、防滑、排水通畅，坡度不应大于 2.5%，与老年人使用的公用卫生间邻近。

问题 58：大、中型商店建筑未设置垃圾收集处、装卸载区和运输车辆临时停放处等服务性场地。

【原因分析】违反《商店建筑设计规范》JGJ 48—2014 第 3.2.3 条关于商业建筑附属服务场地设置的规定。

【处理措施】大型和中型商店建筑的基地内，应在适当位置按规范要求设置垃圾收集处、装卸载区和运输车辆临时停放处等服务性场地。当设在地面上时，其位置不应影响主要顾客人流和消防扑救，不应占用城市公共区域，并应采取适当的视线遮蔽措施。

问题 59：建筑规模 5000m² 以上的商店，场地设计时未考虑专用运输通道。

【原因分析】违反《商店建筑设计规范》JGJ 48—2014 第 3.2.2 条关于中型以上规模的商店需设置专用运输通道的规定。

【处理措施】大型和中型商店建筑的基地内应设置专用运输通道，不应影响主要顾客人流，宽度不应小于 4m，可设在地下，也可设在地面与消防车道结合。

问题 60：旅馆建筑的交通组织不合理，人流、货流、车流相互干扰。

【原因分析】违反《旅馆建筑设计规范》JGJ 62—2014 第 3.3.5 条关于旅馆建筑交通流线组织的规定。

【处理措施】旅馆建筑的交通应合理组织，保证流线清晰，避免人流、货流、车流相互干扰，并应满足消防疏散要求。辅助部分出入口应与旅客出入口分开设置，四级和五级旅馆建筑应设独立的辅助部分出入口，且职工与货物出入口宜分设，三级及以下旅馆建筑宜设辅助部分出入口，出入口附近宜设有装卸货停车位、装卸货平台、干湿垃圾储存间、后勤通道及货用电梯，并宜留有临时停车位，出入口内外流线应合理，并应避免"客""服"交叉、"洁""污"混杂及噪声干扰。

问题 61：四级和五级旅馆建筑的主要人流出入口，未设置专用的出租车排队候客车道或候客车位。

【原因分析】违反《旅馆建筑设计规范》JGJ 62—2014 第 3.3.7 条关于设置出租车候客区的规定。

【处理措施】四级和五级旅馆建筑的主要人流出入口附近且非城市道路或公路区域，宜设置专用的出租车排队候客车道或候客车位，且不宜占用城市道路或公路，避免影响公共交通。

问题 62：体育建筑场地的观众出入口有效宽度不足，集散场地面积不满足要求。

【原因分析】违反《体育建筑设计规范》JGJ 31—2003 第 3.0.5 条第 1 款和第 4 款关于体育建筑出入口和集散场地的规定。

【处理措施】总出入口布置应明显，不宜少于两处，并以不同方向通向城市道路。观众出入口的有效宽度不宜小于 0.15m/百人的室外安全疏散指标，观众出入口处应留有疏散通道和集散场地，场地不得小于 0.2m²/人，可充分利用道路、空地、屋顶、平台等。

问题 63：承担正规或国际比赛的体育设施，未在设施附近设置电视转播车的停放位置。

【原因分析】违反《体育建筑设计规范》JGJ 31—2003 第 3.0.6 条第 3 款关于体育建筑停车场设置的规定。

【处理措施】应在承担正规或国际比赛的体育设施附近，设置电视转播车的停放位置。

12.4 总平面消防

问题 64：占地面积超过 3000m² 的商业建筑，总图设计既未设置环形消防车道也未沿建筑的两个长边设置消防车道。

【原因分析】违反《建筑设计防火规范》GB 50016—2014（2018 年版）第 7.1.2 条关于建筑设置环形消防车道或沿长边设置消防车道的规定，属于违反强制性条文要求。

【处理措施】占地面积超过 3000m² 的商店建筑、展览建筑、高层民用建筑（除高层住宅、山坡地或河道边临空建造的高层民用建筑），应考虑环形消防车道，确实条件受限，可沿建筑的两个长边设置消防车道。

问题 65：建筑高度计算未从建筑室外设计地面计算，坡屋面建筑高度计算方法错误，或在场地有错台时（坡地）建筑计算高度不符合规范规定的分隔情况。

【原因分析】违反《建筑设计防火规范》GB 50016—2014（2018 年版）附录 A 关于建筑高度计算的规定。

【处理措施】首先，应合理确定室外设计地面标高，建筑高度计算的最低点，特别在场地高差较为复杂的情形下，安全疏散和应急救援是决定室外设计地面标高的关键要素：

① 考虑安全疏散，室外设计地面标高应为建筑首层主要安全出口的室外设计地面标高。

② 考虑消防救援，室外设计地面标高应为满足消防扑救操作要求的室外设计地面标高。

室外设计地面应同时满足以上两个条件，并选取室外设计地面标高的最低值作为建筑高度的标高值（图 12-3、图 12-4）。

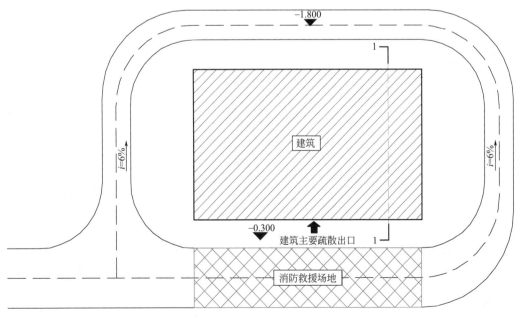

图 12-3 确定室外设计地面标高（1）

第 2 部分 房屋建筑工程

其次，建筑高度计算应符合下列规定：

① 平屋顶建筑高度控制应为建筑室外设计地面到屋面面层的高度（图12-5）。

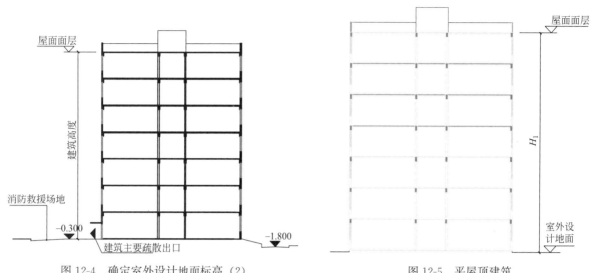

图12-4　确定室外设计地面标高（2）　　　　　图12-5　平屋顶建筑

② 坡屋面应为建筑室外设计地面至其檐口与屋脊的平均高度（图12-6）。

③ 多种形式的屋面应分别计算高度后取最大值。

④ 对于坡地建筑，如果坡底坡顶均有符合规定的安全出口且分别有消防车道（贯通或设置消防回车场），并在不同高程地坪上的同一建筑有防火墙分隔，可按照不同的建筑高度计算（图12-7）。

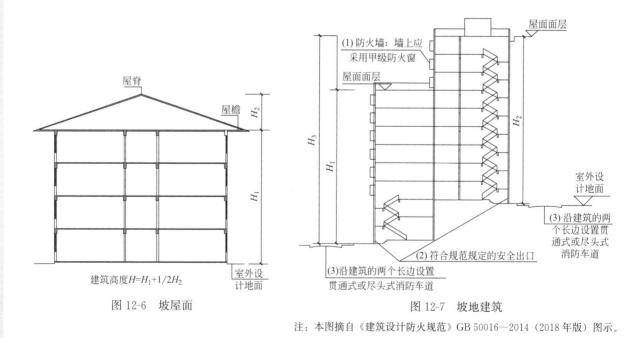

图12-6　坡屋面　　　　　　　　　　　　　图12-7　坡地建筑

注：本图摘自《建筑设计防火规范》GB 50016—2014（2018年版）图示。

问题66：地面公共停车场与一、二级耐火等级建筑贴临布置，不满足防火间距要求。

【原因分析】参照《汽车库、修车库、停车场设计防火规范》GB 50067—2014 第 4.2.1 条关于停车场与建筑物距离的规定，属于违反强制性条文要求。

【处理措施】地面公共停车场与一、二级厂房、民用建筑间应退让6m防火间距（表12-2），考虑住宅小区内地面临时停车位距离建筑过近产生的噪声等影响，住宅小区内临时停车位划线参照该距离要求划定。

汽车库、修车库、停车场之间及汽车库、修车库、停车场
与除甲类物品仓库外的其他建筑物的防火间距（m）　　　　表 12-2

名称和耐火等级	汽车库、修车库		厂房、仓库、民用建筑		
	一、二级	三级	一、二级	三级	四级
一、二级汽车库、修车库	10	12	10	12	14
三级汽车库、修车库	12	14	12	14	16
停车场	6	8	6	8	10

注：本表摘自《汽车库、修车库、停车场设计防火规范》GB 50067—2014。

问题 67：尽头式消防车道未设置回车场；尽头式消防车道回车场尺寸不满足规范要求。

【原因分析】违反《建筑设计防火规范》GB 50016—2014（2018 年版）第 7.1.9 条关于尽头式消防车道设置回车场的规定。

【处理措施】尽头式消防车道应设置回车道或回车场，考虑目前我国普通消防车的转弯半径为 9m，登高车的转弯半径为 12m，一些特种车辆的转弯半径为 16～20m，所以根据不同类型消防车最小转弯半径要求，一般消防车回车场场地不应小于 12m×12m；高层建筑不小于 15m×15m，重型消防车使用时不小于 18m×18m。

问题 68：消防车道净宽度不足 4m；消防车道净空高度不足 4m；消防车道转弯半径不足 9m。

【原因分析】违反《建筑设计防火规范》GB 50016—2014（2018 年版）第 7.1.8 条关于消防车道尺寸的规定，属于违反强制性条文要求。

【处理措施】为保证消防车道满足消防车通行和扑救建筑火灾需要，根据目前国内在役消防车辆的外形尺寸，按照单车道并考虑消防车快速通行的需要，消防车道除去墙柱等凸出物及梁高后净宽度和净空高度均不应小于 4m；消防车道转弯半径通常为 9～12m，不应小于 9m。

问题 69：消防车荷载，消防车登高操作场地及对应的下部建筑结构、管道、暗沟承受荷载未做要求与明确。

【原因分析】违反《建筑设计防火规范》GB 50016—2014（2018 年版）第 7.2.2 条第 3 款关于消防车登高操作场地的规定，属于违反强制性条文要求。

【处理措施】明确当地重型消防车荷载参数，补充消防救援场地及其对应的下部建筑结构、管道和暗沟能承受的荷载要求，并要能承受重型消防车压力。应明确车库顶板消防车道及扑救场地的范围及荷载限值。

问题 70：消防救援操作场地靠外墙一侧的边缘距离建筑外墙过近（不足 5m），或过远（超过 10m）。

【原因分析】违反《建筑设计防火规范》GB 50016—2014（2018 年版）第 7.2.2 条第 4 款关于救援操作场地靠外墙距离的规定。

【处理措施】消防车登高操作场地应与消防车道连通，消防救援场地靠建筑外墙一侧的边缘距

离建筑外墙不宜小于 5m，且不应大于 10m。

问题 71：消防救援场地与厂房、仓库、民用建筑之间存在妨碍消防车救援操作的树木、架空管线和车库出入口等，或救援场地与建筑间绿化未做限制。

【原因分析】违反《建筑设计防火规范》GB 50016—2014（2018 年版）第 7.2.2 条第 1 款关于消防救援场地内设置妨碍消防车操作的障碍物的规定，属于违反强制性条文要求。

【处理措施】消防救援场地与厂房、仓库、民用建筑之间不应设置妨碍消防车操作的设施，如树木、架空管线等障碍物和车库出入口，消防救援场地内不应设置花池、停车位、风井等设施。消防总图中应对扑救场地与建筑间绿化补充相关要求。

问题 72：建筑高度大于 50m，消防车登高操作场地未连续布置。

【原因分析】违反《建筑设计防火规范》GB 50016—2014（2018 年版）第 7.2.1 条关于连续布置消防车登高操作场地的规定，属于违反强制性条文要求。

【处理措施】高层建筑应至少沿一个长边或周长的 1/4 且不小于一个长边长度的底边布置消防车登高操作场地；建筑高度不大于 50m 的建筑，连续布置消防车登高操作场地确有困难时，可间隔布置；但建筑高度大于 50m 的建筑，消防救援场地应连续布置，且消防车登高操作场地的长度和宽度不应小于 20m 和 10m。

问题 73：非连续布置的消防车登高操作场地尺寸不满足要求。

【原因分析】违反《建筑设计防火规范》GB 50016—2014（2018 年版）第 7.2.2 条关于非连续布置消防车登高操作场地的规定，属于违反强制性条文要求。

【处理措施】建筑高度不大于 50m 的建筑，连续布置消防车登高操作场地确有困难时，可间隔布置；非连续布置的消防车登高操作场地间的间隔距离不宜大于 30m。分散布置的每一个消防车登高操作场地的长度和宽度不应小于 15m 和 10m，且高层建筑应满足至少沿一个长边或周长的 1/4 且不小于一个长边长度的底边布置消防车登高操作场地。

问题 74：建筑物与消防救援场地相对应范围内，未设置直通室外的楼梯或直通楼梯间的入口或安全通道出口。

【原因分析】违反《建筑设计防火规范》GB 50016—2014（2018 年版）第 7.2.3 条关于消防车登高操作场地对应范围设置直通室外的楼梯出口的规定，属于违反强制性条文要求。

【处理措施】在建筑物与消防车登高操作场地相对应的范围内，应设置直通室外的楼梯或直通楼梯间的入口。灭火救援时，消防员一般要通过建筑物直通室外的楼梯间或出入口，从楼梯间进入着火层，对该层及其上、下部楼层进行内攻灭火和搜索救人。对于埋深较深或地下面积大的地下建筑，还有必要结合消防电梯设置，设置供专业消防人员出入火场的专用出入口。

问题 75：消防电梯前室未在首层直通室外，或通至室外的连接通道长度超过 30m。

【原因分析】违反《建筑设计防火规范》GB 50016—2014（2018 年版）第 7.3.5 条关于消防电梯前室在首层出口的规定。

【处理措施】消防电梯前室应在首层直通室外或经过长度不大于 30m 的通道通向室外，并应在室外显著位置设置清晰的标识，消防总图中应明确具体标识位置及指引。

问题 76：场地内布置的消防救援窗、救援场地等重要消防设施缺少标识，或标识位置不清晰。

【原因分析】违反《建筑设计防火规范》GB 50016—2014（2018 年版）第 7.2.5 条关于消防救援窗口标识等相关规定。

【处理措施】结合《重庆市住房和城乡建设委员会关于新建建设工程消防车道、消防救援场地标识设置相关工作的通知》（渝建消防〔2021〕6 号），消防车道、消防救援场地、供消防救援人员进入的窗口位置应设置可在室外易于识别的明显标识。

问题 77：人员密集的建筑及场馆等公共场所室外疏散通道宽度不满足要求。

【原因分析】违反《建筑设计防火规范》GB 50016—2014（2018 年版）第 5.5.19 条关于人员密集的公共场所的室外疏散通道的净宽要求的规定。

【处理措施】人员密集的公共场所，如学校、教学楼、大型商场、剧场、礼堂、体育馆等建筑，室外疏散通道的净宽度不应小于 3m，并应直接通向开敞地带。

12.5 场地无障碍

问题 78：基地内人流活动的主要地段，未设置无障碍通道，或无障碍通道不满足要求。

【原因分析】违反《民用建筑设计统一标准》GB 50352—2019 第 5.3.2 第 4 款，《无障碍设计规范》GB 50763—2012 第 3.5.2 条第 2 款、第 3 款关于人流活动的主要地段对无障碍通道要求的规定。

【处理措施】在人流活动的主要地段，如公共活动场地等位置应满足无障碍通道的要求，提供连续的无障碍运行流线设计；无障碍通道上有高差时，应设置轮椅坡道；室外通道上的雨水箅子的孔洞宽度不应大于 15mm。

问题 79：小区人行主要出入口处场地内外间存在较大高差，仅采用台阶解决场地内外高差，或直接通过车库车道解决场区无障碍。

【原因分析】违反《无障碍设计规范》GB 50763—2012 第 3.3.1 条与第 4.2.3 条第 1 款关于无障碍出入口、人行道的轮椅坡道的规定。

【处理措施】小区或公共建筑场地人行主要出入口、人行道设置台阶处应进行无障碍设计，须设置平坡出入口，或同时设置台阶和轮椅坡道的出入口，或进行无障碍改造时因场地条件有限而无法修建坡道，同时设置台阶和升降平台的出入口等无障碍通道与外部道路相接，尤其严禁通过车库通道解决场地人行无障碍通行。

问题 80：基地主入口处人行道与市政道路间存在高差，衔接处未考虑无障碍通行。

【原因分析】违反《无障碍设计规范》GB 50763—2012 第 4.2.1 条第 1 款、第 2 款关于道路路缘石的规定。

【处理措施】人行道在各种路口、各种出入口位置必须设置缘石坡道；人行横道两端必须设置缘石坡道。

问题 81：居住小区路的人行道未按无障碍设计要求设计。

【原因分析】违反《无障碍设计规范》GB 50763—2012 第 7.1.1 条关于居住区内各级道路的人行道进行无障碍设计的规定。

【处理措施】居住区道路进行无障碍设计的范围包括居住区路、小区路、组团路、宅间小路的人行道。人行道在各种路口、各种出入口位置必须设置缘石坡道，人行横道两端必须设置缘石坡道。

问题82：场地高差较大，新建建筑场地出入口或场区内部无障碍设计采用升降平台解决。

【原因分析】违反《无障碍设计规范》GB 50763—2012第3.3.2条、第3.7.3条关于设置升降平台的规定。

【处理措施】升降平台作为无障碍出入口和无障碍通道，只适用于场地有限的改造工程；如果高差不大，可采用轮椅坡道；高差较大，用地受限时可采用无障碍电梯解决无障碍通行。

问题83：缺少无障碍设施标识，或设置位置不合理，标识内容不完整。

【原因分析】违反《无障碍设计规范》GB 50763—2012第6.2.7条关于无障碍标识与信息的规定。

【处理措施】主要出入口、无障碍通道、停车位、建筑出入口、公共厕所等无障碍设施的位置应设置无障碍标识，并应形成完整的无障碍标识系统，指明无障碍设施的走向及位置，出入口应设置无障碍设施位置图、无障碍导视图；路径系统中应设置系统的指路牌、定位导览图。

问题84：居住区配套公共设施停车场（或车库）未按要求设置无障碍机动车停车位。

【原因分析】违反《无障碍设计规范》GB 50763—2012第7.3.3条第1款关于居住区停车场和车库停车位中无障碍车位的规定。

【处理措施】居住区停车场和车库的总停车位应设置不少于0.5%的无障碍机动车停车位。建筑地面停车场的无障碍机动车停车位宜靠近停车场的出入口设置，有条件的居住区宜靠近住宅出入口设置无障碍机动车停车位。

应将通行方便、行走距离路线最短的停车位设为无障碍机动车停车位。无障碍机动车停车位一侧，应设宽度不小于1.2m的通道，供轮椅者从轮椅通道直接进入人行道和到达无障碍出入口。

问题85：公共停车场（库）、公园绿地停车场未按停车数量比例要求配置无障碍机动车位。

【原因分析】违反《无障碍设计规范》GB 50763—2012第8.10.1条、第6.2.1条关于公共停车场（库）、公园绿地停车场中无障碍机动车停车位数量配比的规定。

【处理措施】Ⅰ类、Ⅱ类及Ⅲ类公共停车场（库）应设置无障碍机动车停车位，数量不少于停车数量的2%，且Ⅱ类及Ⅲ类公共停车场（库）无障碍机动车停车位数量不应少于2个。

Ⅳ类公共停车场（库）应设置不少于1个无障碍机动车停车位。

公园绿地停车场总停车位50辆以下时应设置不少于1个无障碍机动车停车位，100辆以下时应设置不少于2个无障碍机动车停车位，100辆以上时应设置不少于总停车数2%的无障碍机动车停车位。

问题86：至居住绿地的主要出入口未设置无障碍出入口。

【原因分析】违反《无障碍设计规范》GB 50763—2012第7.2.1条第1款、第2款与第7.2.2条第1款关于通往居住绿地无障碍出入口的规定。

【处理措施】居住区绿地内进行无障碍设计的范围包括出入口，基地地坪坡度不大于5%的居住区的居住绿地均应满足无障碍要求，地坪坡度大于5%的居住区应至少设置1个满足无障碍要求的居住绿地，居住绿地的主要出入口应设置为无障碍出入口。

问题 87：医疗康复建筑、福利及特殊服务建筑室外通行的步行道不满足无障碍通道要求，室外院区的休息座椅旁未预留轮椅停留空间。

【原因分析】违反《无障碍设计规范》GB 50763—2012 第 8.4.2 条、第 8.5.2 条第 1 款、第 2 款关于医疗康复建筑、福利及特殊服务建筑室外院区的无障碍设施的规定。

【处理措施】医疗康复建筑中病人、康复人员使用的建筑、福利院、敬（养）老院、老年护理院、老年住宅等特殊服务建筑室外通行的步行道应满足无障碍通道要求，无障碍通道上有高差时，应设轮椅坡道；室外院区的休息座椅旁应留有轮椅停留空间，满足轮椅回转半径。

12.6 绿色建筑场地

问题 88：设计文件中，乔木遮阴设计深度不足，指标要求不明确。

【原因分析】违反《绿色建筑评价标准》GB/T 50378—2019 第 8.1.2 条、第 8.2.9 条第 1 款关于场地遮阴的规定。

【处理措施】居住区户外活动场地应有遮阴，室外活动场地包括步道、庭院、广场、游憩场和非机动车停车场，不包括机动车道和机动车停车场。本处遮阴面积不含建筑阴影区内的户外活动场地，建筑阴影区为夏至日 8：00～16：00 时段在 4h 日照等时线内的区域。乔木遮阴面积按照成年乔木的树冠正投影面积计算；构筑物遮阴面积按照构筑物正投影面积计算，对于首层架空构筑物，架空空间如果是活动空间，可计算在内。在乔木配置中应综合考虑夏季遮阳和冬季采光需求，配置一定比例（约 1：1）的常绿乔木和落叶乔木。当无景观设计时，重庆地区乔木的遮阴面积可按大乔木 30m²/株、小乔木 10m²/株进行简化计算，但应在景观深化设计时按照成年乔木的树冠正投影面积进行复核。

问题 89：透水铺装地面设计深度不足。

【原因分析】违反《绿色建筑评价标准》GB/T 50378—2019 第 8.2.5 条第 4 款关于透水铺装类型、范围及比例，《透水水泥混凝土路面技术规程》CJJ/T 135—2009，《透水砖路面技术规程》CJJ/T 188—2012 及相关标准中透水铺装构造的规定。

【处理措施】透水铺装包括采用透水铺装方式或使用植草砖、透水沥青制品、透水混凝土、透水地砖等透水铺装材料，既能满足路用及铺地强度和耐久性要求，又能使雨水通过本身与铺装下基层相通的渗水路径直接渗入下部土壤的地面铺装系统。

以重庆市为例：重庆市《公共建筑节能（绿色建筑）设计标准》DBJ 50—052—2020 和《居住建筑节能 65%（绿色建筑）设计标准》DBJ 50—071—2020 规定硬质铺装地面中透水铺装的面积比例不应小于 50%。其中透水铺装地面是指场地中停车场、道路和室外活动场地等，不包括建筑屋面（地下建筑屋面除外）、绿地、水面、重型消防车道等。当透水铺装下为地下室顶板时，若地下室顶板设有疏水板及导水管等，可将渗透雨水导入与地下室顶板接壤的实土，或地下室顶板上覆土深度能满足当地园林绿化部门要求时，仍可认定其为透水铺装地面，但覆土深度不得小于 600mm。

总图绿化布置图应明确表达透水铺装设计范围、控制指标、地面构造材质和典型构造大样。

问题 90：未明确自行车、摩托车、电瓶车等停车设施位置、范围和面积比例。

【原因分析】违反《绿色建筑评价标准》GB/T 50378—2019 第 5.2.2 条第 1 款关于自行车停车设施位置合理、方便出入且有遮阳防雨措施的规定。

【处理措施】摩托车、电瓶车和自行车等停车库设计应满足《车库建筑设计规范》JGJ 100—2015的规定。当设置于地面时，总平面图中应明确表达自行车、摩托车、电瓶车等非机动车车位的具体位置及面积指标。

以重庆市为例：非机动车停车位数量应按不低于建筑配建机动车停车位数量的5%计算，且应优先设置于地面。非机动车停车场面积按地面0.8～1.2m²/辆配置，停车库按1.5～1.8m²/辆配置，且最小不应小于20m²。

问题91：绿化布置图深度不足，表达不完善。

【原因分析】违反《绿色建筑评价标准》GB/T 50378—2019第7.1.2条、第7.2.1条、第7.2.3条、第7.2.4条、第7.2.5条、第7.2.10条关于场地绿化的相关规定。

【处理措施】绿化布置图中应明确：

① 植物配置（植物配置表、乡土植物配置和比例、乔灌草植物配置比例）。

② 明确场地遮阴率、绿地率。

③ 明确场地透水地面范围、比例和大样，及硬质铺装材料的太阳辐射反射系数。

④ 明确架空覆土绿化的比例、覆土深度，衔接和引导屋面、道路雨水进入地面生态设施的低影响海绵设施，以及节水灌溉系统的相关内容。

问题92：屋面绿化设计深度不足，表达不完善。

【原因分析】违反《绿色建筑评价标准》GB/T 50378—2019第8.1.3条关于复层绿化的规定。构造设计违反《种植屋面工程技术规程》JGJ 155—2013第5章关于种植屋面工程设计的相关规定。

【处理措施】复层绿化是指鼓励各类公共建筑进行屋顶绿化和墙面垂直绿化。种植屋面防水层应满足一级防水等级设防要求，且必须至少设置一道具有耐根穿刺性能的防水材料。

以重庆市为例：重庆市《公共建筑节能（绿色建筑）设计标准》DBJ 50—052—2020第9.2.1条第4款规定凡具备屋面绿化、墙面绿化和中庭绿化条件的建筑，应合理采用垂直绿化、屋顶绿化等立体绿化方式，优先采用屋顶绿化，具体实施应满足：

① 除坡度超过15°的坡屋面、大跨度轻质屋面、局部突出屋面的楼梯间和设备用房屋面外的屋面视为具备屋面绿化条件，应进行屋面绿化设计。屋面绿化面积不应小于屋面可绿化面积的50%，屋顶设备和其检修通道（按1.5m宽计）所占面积可不计入屋面可绿化面积。棚架绿化面积可计入屋面绿化面积，但其面积比例不得高于总屋面绿化面积的30%。面积均按正投影方式计算。

② 屋面绿化在设计文件中应明确绿化类型、荷载取值、防穿刺构造层和大样图、绿化范围和相关指标。

12.7　建筑通用设计及建筑安全

问题93：低窗台未采取保护措施，宽窗台低窗、凸窗未从窗台面起计算防护高度。

【原因分析】违反《民用建筑设计统一标准》GB 50352—2019第6.11.6条第3款、第4款，《住宅设计规范》GB 50096—2011第5.8.1条、第5.8.2条、第6.1.1条，《托儿所、幼儿园建筑设计规范》JGJ 39—2016（2019年版）第4.1.5条第2款，《中小学校设计规范》GB 50099—2011第8.1.5条和《宿舍建筑设计规范》JGJ 36—2016第4.6.2条关于低窗台设置保护措施的规定。其中《住宅设计规范》GB 50096—2011第5.8.1条，属于强制性条文要求。

【处理措施】住宅建筑套内空间及共用部分窗外没有阳台或平台的外窗，防护高度从楼面、地面起算，若为飘窗，且窗台高度低于0.45m时，防护高度从窗台面起算，防护高度不低于0.9m。

托儿所、幼儿园建筑当窗台面距楼地面高度低于0.9m时，应采取防护措施，防护高度应从可踏部位顶面起算，不应低于0.9m。

中小学校临空窗台的高度不应低于0.9m，该条属于强制性条文要求。

宿舍窗外没有阳台或平台，且窗台距楼面、地面的净高小于0.9m时，应设置防护措施。

其余公共建筑临空外窗的窗台低于0.8m或居住建筑临空外窗的窗台低于0.9m时，应采取防护措施，防护高度由楼地面起计算，公共建筑不应低于0.8m，居住建筑不应低于0.9m。

公共建筑临空的窗台高度低于0.8m（托儿所及幼儿园、中小学校、宿舍的窗台低于0.9m时）或居住建筑临空的窗台高度低于0.9m时，采取防护措施（如采用护栏或在窗下部设置相当于栏杆高度的防护固定窗，且在防护高度设置横档窗框，其防护高度公共建筑不应低于0.8m，居住建筑、托儿所及幼儿园、中小学校、宿舍不应低于0.9m）。

当窗台高度低于或等于0.45m时，护栏或固定窗扇的高度从窗台算起。当窗台高度高于0.45m时，护栏或固定窗扇的高度自地面算起。但护栏下部0.45m高度范围内不得设置水平栏杆或任何其他可踏部位（窗台可踏面指高度低于或等于0.45m且宽度大于或等于0.22m的凸出部位）。如有可踏部位则其高度应从可踏面算起。参见图12-8。

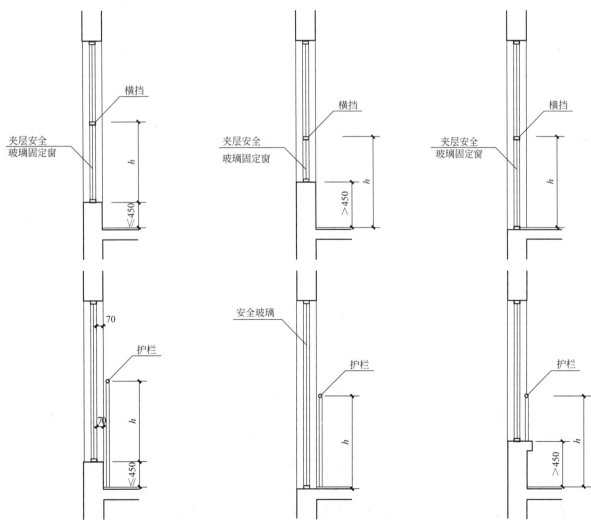

图12-8 低窗台护栏高度示意图

凸窗（飘窗）范围内设有宽度大于0.22m的窗台，且低于规定高度的窗台，护栏或固定窗扇的防护高度一律从窗台算起；护栏应贴窗设置。参见图12-9。

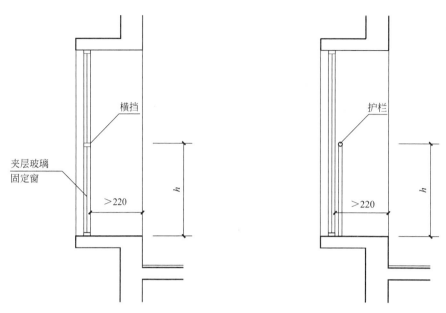

图12-9 凸窗台护栏高度示意图

问题94：门窗的性能、设置方式、开启扇大小及开启方式不满足相应的规范要求。

【原因分析】违反《民用建筑设计统一标准》GB 50352—2019第6.11.3条～第6.11.4条、第6.11.6条第2款、第6.11.9条第3款～第8款关于门窗性能及设置方式要求的规定，违反《全国民用建筑工程设计技术措施 规划·建筑·景观》（2009年版）第10.4.2条、第10.4.7条关于门窗开启扇尺寸及建筑外平开窗防脱落措施的规定。

【处理措施】门窗与墙体应连接牢固，且满足抗风压、水密性、气密性、隔声性、传热系数等要求，对不同材料的门窗选择相应的密封材料；开向公共走道的窗扇，其底面高度不应低于2m，双面弹簧门应在可视高度部分装透明安全玻璃；推拉门、旋转门、电动门、卷帘门、吊门、折叠门不应作为疏散门；全玻璃门应选用安全玻璃或采取防护措施，并设防撞提示标志；门的开启不应跨越变形缝；当设有门斗时，门扇同时开启时两道门的间距不应小于0.8m。

高层建筑不应采用外平开窗，当采用推拉窗或外开窗时，应有加强牢固窗扇、防脱落的措施，如设开闭连杆及限位器。

问题95：以玻璃作为建筑材料时未在规定部位使用安全玻璃；安全玻璃的最大许用面积与厚度不满足相关要求；安全玻璃的选择不符合相关要求；安装在易受人体或物体碰撞部位的建筑玻璃缺乏保护措施。

【原因分析】违反《建筑安全玻璃管理规定》（发改运行〔2003〕2116号）第六条和《建筑玻璃应用技术规程》JGJ 113—2015第7.1.1条、第7.2条、第7.3条、第8.2.2条、第9.1.2条、第10.1.1条关于建筑玻璃的选择及建筑玻璃防人体冲击的规定，其中《建筑玻璃应用技术规程》JGJ 113—2015第8.2.2条和第9.1.2条，属于强制性条文要求。

【处理措施】7层及7层以上建筑物外开窗、面积大于1.5m²的窗玻璃或玻璃底边离最终装修面小于500mm的落地窗、幕墙（全玻幕除外）、倾斜装配窗、各类顶棚（含天窗、采光顶）、吊顶、观光电梯及其外围护、室内隔断、浴室围护和屏风、楼梯、阳台、平台走廊的栏板和中庭内栏板、用于承受行人行走的地面板、水族馆和游泳池的观察窗、观察孔、易遭受撞击、冲击而造成人体伤害的其他部位及公共建筑物的出入口、门厅等部位，需要以玻璃作为建筑材料时必须使用安全玻璃。安全玻璃的最大许用面积应符合表12-13的规定。

安全玻璃的最大许用面积　　　　　　　　　　　　　　表 12-3

玻璃种类	公称厚度（mm）	最大许用面积（m²）
钢化玻璃	4	2.0
	5	2.0
	6	3.0
	8	4.0
	10	5.0
	12	6.0
夹层玻璃	6.38、6.76、7.52	3.0
	8.38、8.76、9.52	5.0
	10.38、10.76、11.52	7.0
	12.38、12.76、13.52	8.0

安全玻璃的选择见表12-4。

安全玻璃的选择　　　　　　　　　　　　　　表 12-4

应用部位	应用条件	玻璃种类、规格要求
活动门玻璃、固定门玻璃和落地窗玻璃	有框	应符合安全玻璃的最大许用面积
	无框	应使用公称厚度不小于 12mm 的钢化玻璃
室内隔断用安全玻璃	有框	应符合安全玻璃的最大许用面积
	无框	
人群集中的公共场所和运动场所中装配的室内隔断玻璃	有框	应符合安全玻璃的最大许用面积，且公称厚度不小于 5mm 的钢化玻璃或公称厚度不小于 6.38mm 的夹层玻璃
	无框	应符合安全玻璃的最大许用面积，且公称厚度不小于 10mm 的钢化玻璃
浴室用玻璃	有框	应符合安全玻璃的最大许用面积，且公称厚度不小于 8mm 的钢化玻璃
	无框	应符合安全玻璃的最大许用面积，且公称厚度不小于 12mm 的钢化玻璃
室内栏板用玻璃	不承受水平荷载	应符合安全玻璃的最大许用面积的夹层玻璃
	承受水平荷载	应符合安全玻璃的最大许用面积，当栏板玻璃最低点离一侧楼地面高度不大于 5m 时，应使用公称厚度不小于 16.76mm 的钢化夹层玻璃
		应符合安全玻璃的最大许用面积，当栏板玻璃最低点离一侧楼地面高度大于 5m 时，不得采用此类护栏系统
室外栏板用玻璃	—	应进行玻璃抗风压设计，对有抗震设计要求的地区，应考虑地震作用的组合效应
	不承受水平荷载	应符合安全玻璃的最大许用面积的夹层玻璃
	承受水平荷载	应符合安全玻璃的最大许用面积，当栏板玻璃最低点离一侧楼地面高度不大于 5m 时，应使用公称厚度不小于 16.76mm 的钢化夹层玻璃
		应符合安全玻璃的最大许用面积，当栏板玻璃最低点离一侧楼地面高度大于 5m 时，不得采用此类护栏系统
室内饰面用玻璃	—	当室内饰面玻璃最高点离楼地面高度在 3m 或 3m 以上时，应使用夹层玻璃

续表

应用部位	应用条件	玻璃种类、规格要求	
屋面玻璃或雨篷玻璃	—	必须使用夹层玻璃或夹层中空玻璃，其胶片厚度不应小于 0.76mm	
地板玻璃	框支承	采用夹层玻璃，单片厚度不宜小于 8mm	单片厚度相差不宜大于 3mm，且夹层胶片厚度不应小于 0.76mm
	点支承	必须采用钢化夹层玻璃。钢化玻璃必须进行均质处理，单片厚度不宜小于 10mm	
水下用玻璃	—	应选用夹层玻璃	

根据易发生碰撞的建筑玻璃所处的具体部位，可采取在视线高度设醒目标志或设置护栏等防碰撞措施。碰撞后可能发生高处人体或玻璃坠落的，应采用可靠护栏。

问题 96：玻璃幕墙的性能设计未满足相关要求，玻璃幕墙跨楼层处的防火构造不满足相关要求，玻璃幕墙设计存在安全隐患。

【原因分析】违反《玻璃幕墙工程技术规范》JGJ 102—2003 第 4.2.2 条、第 4.4.10 条、第 4.4.11 条关于玻璃幕墙的性能设计及玻璃幕墙跨楼层处防火构造的规定，违反《关于进一步加强玻璃幕墙安全防护工作的通知》（建标〔2015〕38 号）第二条关于进一步强化新建玻璃幕墙安全防护措施的规定。

【处理措施】玻璃幕墙的抗风压、气密、水密、保温、隔声等性能分级，应符合现行国家标准《建筑幕墙》GB/T 21086—2007 的规定。

无窗槛墙的玻璃幕墙，应在每层楼板外沿设置耐火极限不低于 1.0h、高度不低于 0.8m 的不燃烧实体裙墙或防火玻璃裙墙。玻璃幕墙与各层楼板、隔墙外沿间的缝隙，当采用岩棉或矿棉封堵时，其厚度不应小于 100mm，并应填充密实；楼层间水平防烟带的岩棉或矿棉宜采用厚度不小于 1.5mm 的镀锌钢板承托；承托板与主体结构、幕墙结构及承托板之间的缝隙宜填充防火密封材料。

新建住宅、党政机关办公楼、医院门诊急诊楼和病房楼、中小学校、托儿所、幼儿园、老年人建筑，不得在二层及以上采用玻璃幕墙。人员密集、流动性大的商业中心、交通枢纽、公共文化体育设施等场所，邻近道路、广场及下部为出入口、人员通道的建筑，严禁采用全隐框玻璃幕墙。以上建筑在二层及以上安装玻璃幕墙的，应在幕墙下方周边区域合理设置绿化带或裙房等缓冲区域，也可采用挑檐、防冲击雨篷等防护设施。玻璃幕墙宜采用夹层玻璃、均质钢化玻璃或超白玻璃。

问题 97：卫生间、厨房及有配水点的部位等漏设相应的防水、防潮及排水措施或设置的防水、防潮措施未达到相关技术要求。

【原因分析】违反《民用建筑设计统一标准》GB 50352—2019 第 6.13.3 条，《住宅室内防水工程技术规范》JGJ 298—2013 第 5.1.1 条、第 5.2.1 条、第 5.2.2 条和《宿舍建筑设计规范》JGJ 36—2016 第 4.2.4 条关于卫生间、厨房等房间设置防水防潮措施的规定。其中《宿舍建筑设计规范》JGJ 36—2016 第 5.2.1 条，属于强制性条文要求。违反《住宅室内防水工程技术规范》JGJ 298—2013 第 5.3 条、第 5.4 条和《民用建筑设计统一标准》GB 50352—2019 第 6.13.3 条条文解释中关于防水技术措施及细部构造的规定。

【处理措施】卫生间、厨房、浴室、盥洗室的楼地面应设置防水层，并设排水坡坡向地漏，楼地面应低于相邻楼地面 15mm，门口应有阻止积水外溢的措施。防水层沿墙面处翻起高度不宜小于 250mm；遇门洞口处可采取防水层向外水平延展措施，延展宽度不宜小于 500mm，向外两侧延展宽度不宜小于 200mm。

宿舍贴邻公用盥洗室、公用厕所、卫生间等潮湿房间的居室、储藏室的墙面应在相邻墙体的迎水面做防潮处理。

住宅卫生间、浴室的墙面、顶棚应设置防潮层，洗手盆设在卫生间外时，地面应采取防水措施；住宅厨房的墙面宜设置防潮层，厨房布置在无用水点房间的下层时，顶棚应设置防潮层；设有配水点的部位，墙面应设防水层，顶棚宜防潮，楼地面应有排水措施，并应设置防水层；独立水容器应有整体的防水构造，现场浇筑的独立水容器应采用刚柔结合的防水设计；采用地面辐射采暖的无地下室住宅，底层无配水点的房间地面应在绝热层下部设置防潮层。

对于有排水要求的房间，应绘制放大布置平面图，并应以门口及沿墙周边为标志标高，标注主要排水坡度和地漏表面标高。

对于无地下室的住宅，地面宜采用强度等级为 C15 的混凝土作为刚性垫层，且厚度不宜小于60mm。楼面基层宜为现浇钢筋混凝土楼板，当为预制钢筋混凝土条板时，板缝间应采用防水砂浆堵严抹平，并应沿通缝涂刷宽度不小于 300mm 的防水涂料形成防水涂膜带。

混凝土找坡层最薄处的厚度不应小于 30mm；砂浆找坡层最薄处的厚度不应小于 20mm。找平层兼找坡层时，应采用强度等级为 C20 的细石混凝土；需设填充层铺设管道时，宜与找坡层合并，填充材料宜选用轻骨料混凝土。

装饰层宜采用不透水材料和构造，主要排水坡度应为 0.5%～1.0%，粗糙面层排水坡度不应小于 1.0%。

设置防水层时，对于有排水的楼、地面，应低于相邻房间楼、地面 20mm 或做挡水门槛；当需进行无障碍设计时，应低于相邻房间面层 15mm，并应以斜坡过渡。当防水层需要采取保护措施时，可采用 20mm 厚 1∶3 水泥砂浆做保护层。

卫生间、浴室和设有配水点的封闭阳台等墙面应设置防水层；防水层高度宜距楼、地面面层1.2m。当卫生间有非封闭式洗浴设施时，花洒所在及其邻近墙面防水层高度不应小于 1.8m。

有防水设防的功能房间，除应设置防水层的墙面外，其余部分墙面和顶棚均应设置防潮层。

厕浴间、厨房等楼层结构必须采用现浇混凝土或整块预制混凝土板，混凝土强度等级不应小于C20；楼板四周除门洞外，应做混凝土翻边，其高度不应小于 120mm（底层楼地面不应小于 200mm）。

穿越楼板的管道应设置防水套管，高度应高出装饰层完成面 20mm 以上；套管与管道间应采用防水密封材料嵌填压实。

地漏、大便器、排水立管等穿越楼板的管道根部应用密封材料嵌填压实。

水平管道在下降楼板上采用同层排水措施时，楼板、楼面应做双层防水设防。对降板后可能出现的管道渗水，应有密闭措施，且宜在贴临下降楼板上表面处设泄水管，并宜增设独立的泄水立管。

对于同层排水的地漏，其旁通水平支管宜与下降楼板上表面处的泄水管连通，并接至增设的独立泄水立管上。

当墙面设置防潮层时，楼、地面防水层应沿墙面上翻，且至少应高出饰面层 200mm。当卫生间、厨房采用轻质隔墙时，应做全防水墙面，其四周根部除门洞外，应做 C20 细石混凝土坎台，并应至少高出相连房间的楼、地面饰面层 200mm。

问题 98：强调场地地下水位低，不进行防水设计；地下建筑卷材防水层未在地下室外围形成封闭防水层。

【原因分析】违反《地下工程防水技术规范》GB 50108—2008 第 3.1.1 条关于地下室防水的

规定。

【处理措施】地下工程应进行防水设计，并应做到定级准确、方案可靠、施工简便、耐久适用、经济合理。地下工程不同防水等级的适用范围，应根据工程的重要性和使用中对防水的要求选定。不同防水等级的适用范围见表12-5。

不同防水等级的适用范围
表12-5

防水等级	适用范围
一级	人员长期停留的场所；因有少量湿渍会使物品变质、失效的贮物场所及严重影响设备正常运转和危及工程安全运营的部位；极重要的战备工程、地铁车站
二级	人员经常活动的场所；在有少量湿渍的情况下不会使物品变质、失效的贮物场所及基本不影响设备正常运转和工程安全运营的部位；重要的战备工程
三级	人员临时活动的场所；一般战备工程
四级	对渗漏水无严格要求的工程

注：本表摘自《地下工程防水技术规范》GB 50108—2008。

卷材防水层用于建筑物地下室时，应铺设在结构底板垫层至墙体防水设防高度的结构基面上；用于单建式的地下工程时，应从结构底板垫层铺设至顶板基面，并应在外围形成封闭的防水层。

地下建筑顶板为种植面层时，顶板耐根穿刺防水层上应采用厚度不小于70mm的细石混凝土做保护层。

问题99：公共建筑的门厅、走道、室外坡道、幼儿园的通道、厕所、盥洗室、浴室的楼地面未采用防滑面层。

【原因分析】违反《建筑地面设计规范》GB 50037—2013第3.2.1条、第3.2.2条，《民用建筑统一设计标准》GB 50352—2019第6.13.3条，《城市公共厕所设计标准》CJJ 14—2016第4.3.2条第二款，《托儿所、幼儿园建筑设计规范》JGJ 39—2016（2019年版）第4.3.7条、第4.3.14条、第4.5.4条关于地面需采用防滑面层的规定。其中《建筑地面设计规范》GB 50037—2013第3.2.1条、第3.2.2条属于强制性条文要求。

【处理措施】公共建筑中，经常有大量人员走动或残疾人、老年人、儿童活动及轮椅、小型推车行驶的地面，其地面面层应采用防滑、耐磨、不易起尘的块材面层或水泥类整体面层。

公共场所的门厅、走道、室外坡道及经常用水冲洗或潮湿、结露等容易受影响的地面，应采用防滑面层。

其他民用建筑厕所、浴室、盥洗室、淋浴室等的楼地面应采取防滑构造措施。

幼儿园厨房的地面也应采用防滑面层。

问题100：挑板、空调板、露台、窗台等有溅水可能的部位未做防水、排水处理。

【原因分析】属于常见渗漏问题，并且违反《重庆市房屋建筑和市政基础设施工程质量常见问题防治要点（2019年版）》第2.2.5条、第2.2.9条关于外墙渗漏问题防治的规定。

【处理措施】绘制有外墙渗漏问题的部位的构造详图，并对材料性能、施工工艺、工序等提出明确要求。

挑板（挑线）、空调板、露台、外墙突出构件等有溅水可能的砌体外墙根部均设置不小于200mm的混凝土翻边，上表面按不小于5%找坡；无法设置混凝土翻边部位设置高度不小于300mm的外防水层。

窗台外侧应保证足够的排水坡度，坡度不宜小于20％，内外高差不宜小于20mm。窗内侧台面宜高于外侧10mm左右，防止雨水倒流。

问题101：屋面防水等级和设防要求与建筑类别不符，屋面防水材料的类型、厚度不满足要求，如误把刚性层当作一道防水设防等。

【原因分析】违反《屋面工程技术规范》GB 50345—2012第3.0.5条，《倒置式屋面工程技术规程》JGJ 230—2010第3.0.1条和《种植屋面工程技术规程》JGJ 155—2013第5.1.7条关于屋面防水的规定。以上各条均属于强制性条文要求。

【处理措施】屋面防水工程应根据建筑物的类别、重要程度、使用功能要求确定防水等级，并应按相应等级进行防水设防；对防水有特殊要求的建筑屋面，应进行专项防水设计。并应明确屋面防水材料的类型与厚度。屋面防水等级和设防要求见表12-6。倒置式屋面工程的防水等级应为Ⅰ级；种植屋面防水层应满足Ⅰ级防水等级设防要求，且必须至少设置一道有耐根穿刺性能的防水材料。

屋面防水等级和设防要求　　　　　　　　　　　　　　　　　表12-6

防水等级	建筑类别与屋面类别	设防要求
Ⅰ级	重要建筑和高层建筑	两道防水设防
	倒置式屋面	两道防水设防
	种植屋面	两道防水设防且必须至少设置一道具有耐根穿刺性能的防水材料
Ⅱ级	一般建筑	一道防水设防

问题102：屋面的构造层次设计不满足相关要求。如屋面设计中，错把防水层设在找坡层下部、保护层设在防水层下部等。

【原因分析】违反《屋面工程技术规范》GB 50345—2012第3.0.2条关于屋面防水的规定。

【处理措施】屋面工程是一个完整的系统，主要应包括屋面基层、保温与隔热层、防水层和保护层。屋面的基本构造层次宜符合表12-7。

屋面的基本构造层次　　　　　　　　　　　　　　　　　　表12-7

屋面类型	基本构造层次（自上而下）
卷材、涂膜屋面	保护层、隔离层、防水层、找平层、保温层、找平层、找坡层、结构层
	保护层、保温层、防水层、找平层、找坡层、结构层
	种植隔热层、保护层、耐根穿刺防水层、防水层、找平层、找坡层、结构层
	架空隔热层、防水层、找平层、保温层、找平层、找坡层、结构层
	蓄水隔热层、隔离层、防水层、找平层、保温层、找平层、找坡层、结构层
瓦屋面	块瓦、挂瓦条、顺水条、持钉层、防水层或防水垫层、保温层、结构层
	沥青瓦、持钉层、防水层或防水垫层、保温层、结构层
金属板屋面	压型金属板、防水垫层、保温层、承托网、支承结构
	上层压型金属板、防水垫层、保温层、底层压型金属板、支承结构
	金属面绝热夹芯板、支承结构
玻璃采光顶	玻璃面板、金属框架、支承结构
	玻璃面板、点支承装置、支承结构

注：本表摘自《屋面工程技术规范》GB 50345—2012。

问题 103：倒置式屋面采用的保温材料吸水率未明确，保温层的设计厚度未按计算厚度增加。

【原因分析】违反《倒置式屋面工程技术规程》JGJ 230—2010 第 4.3.1 条～第 4.3.4 条关于屋面保温材料及第 5.2.5 条关于保温层设计厚度的规定。

【处理措施】保温材料的体积吸水率不应大于 3%。倒置式屋面保温层的设计厚度应按计算厚度增加 25% 取值，且最小厚度不得小于 25mm。

问题 104：坡屋面使用烧结瓦、混凝土瓦时采用水泥砂浆卧瓦构造，坡屋面挂瓦构造层次不合理，未采取防止持钉层整体滑落的措施。

【原因分析】违反《屋面工程技术规范》GB 50345—2012 第 4.8.11 条，《坡屋面工程技术规范》GB 50693—2011 第 3.2.10 条、第 3.2.11 条、第 3.2.12 条关于坡屋面构造的规定。其中《坡屋面工程技术规范》GB 50693—2011 第 3.2.10 条，属于强制性条文要求。

【处理措施】坡屋面使用烧结瓦、混凝土瓦时应采用干法挂瓦，瓦与屋面基层应固定牢靠。屋面坡度大于 100% 以及大风和抗震设防烈度为 7 度以上的地区，应采取加强瓦材固定等防止瓦材下滑的措施。

持钉层的厚度应符合下列规定：

① 持钉层为木板时，厚度不应小于 20mm。

② 持钉层为胶合板或定向刨花板时，厚度不应小于 11mm。

③ 持钉层为结构用胶合板时，厚度不应小于 9.5mm。

④ 持钉层为细石混凝土时，厚度不应小于 35mm。

细石混凝土找平层、持钉层或保护层中的钢筋网应与屋脊、檐口预埋的钢筋连接。

问题 105：种植屋面未设耐根穿刺防水层或未明确厚度，耐根穿刺防水层未按相应要求设置保护层。

【原因分析】违反《种植屋面工程技术规程》JGJ 155—2013 第 5.1.7 条、第 5.1.12 条关于种植屋面耐根穿刺防水层的规定，即种植屋面防水层应满足一级防水等级设防要求，且必须至少设置一道具有耐根穿刺性能的防水材料，该条属于强制性条文要求。

【处理措施】种植屋面按要求设置一道具有耐根穿刺性能的防水材料，其材料性能及厚度应符合 JGJ 155—2013 第 4.3 章要求。耐根穿刺防水层上设置保护层，保护层应符合 JGJ 155—2013 第 5.1.12 条要求（如地下建筑顶板种植应采用厚度不小于 70mm 的细石混凝土做保护层）。

问题 106：屋面坡度不满足相关要求。

【原因分析】违反《民用建筑设计统一标准》GB 50352—2019 第 6.14.2 条和《倒置式屋面工程技术规程》JGJ 230—2010 第 5.1.3 条关于屋面坡度的规定。

【处理措施】屋面排水坡度应根据屋顶结构形式、屋面基层类别、防水构造形式、材料性能及当地气候等条件确定，并应符合表 12-8。

屋面排水坡度选择 表 12-8

屋面类别		屋面排水坡度（%）
平屋面	防水卷材屋面	≥2、<5
瓦屋面	块瓦	≥30
	波形瓦	≥20
	沥青瓦	≥20

续表

屋面类别		屋面排水坡度(%)
金属屋面	压型金属板、金属夹芯板	≥5
金属屋面	单层防水卷材金属屋面	≥2
种植屋面	种植屋面	≥2、<50
采光屋面	玻璃采光顶	≥5
倒置式屋面		≥3

问题 107：非上人屋面未设置上屋面的检修设施，闷顶未设通风口和通向闷顶的检修人孔。

【原因分析】违反《民用建筑设计统一标准》GB 50352—2019 第 6.14.6 条第 5 款、第 6 款关于非上人屋面及闷顶检修设施的要求。

【处理措施】屋面应设上人检修口；当屋面无楼梯通达，并低于 10m 时，可设外墙爬梯，并应有安全防护和防止儿童攀爬的措施；大型屋面及异型屋面的上屋面检修口宜多余 2 个。闷顶应设通风口和通向闷顶的检修人孔，闷顶内应有防火分隔。

问题 108：屋面（含建筑露台等）雨水排水立管设置数量不足。

【原因分析】违反《屋面工程技术规范》GB 50345—2012 第 4.2.6 条关于屋面雨水排水立管的要求。

【处理措施】采用重力式排水时，屋面每个汇水面积内，雨水排水立管不宜少于 2 根；水落口和水落管的位置，应根据建筑物的造型要求和屋面汇水情况等因素确定。两个落水口的距离，有外檐天沟不宜超过 24m，无外檐天沟、内排水不宜超过 15m。屋面排水系统设计采用的雨水流量、暴雨强度、降雨历时、屋面汇水面积等参数，应符合现行国家标准《建筑给水排水设计规范》GB 50015—2019 的有关规定。

问题 109：女儿墙构造不符合相关要求。

【原因分析】违反《民用建筑设计统一标准》GB 50352—2019 第 6.7.3 条第 2 款关于临空防护高度的规定，违反《重庆市房屋建筑和市政基础设施工程质量常见问题防治要点（2019 年版）》第 2.1.10 条关于屋面渗漏预防中女儿墙构造的规定。

【处理措施】上人屋面的女儿墙防护高度不应小于 1.2m，特别注意屋面变形缝处的防护高度也不应小于 1.2m。

女儿墙身及压顶应采用现浇钢筋混凝土，并在屋面完成面最高点 250mm 以上预留防水收口，压顶的外侧应高于内侧，坡度不小于 5％，压顶内侧下端应做滴水处理。

问题 110：烟道和通风道伸出屋面高度不满足要求。

【原因分析】违反《民用建筑设计统一标准》GB 50352—2019 第 6.16.4 条与《住宅设计规范》GB 50096—2011 第 6.8.5 条关于烟道和通风道伸出屋面的规定。

【处理措施】自然排放的烟道和排风道宜伸出屋面，同时应避开门窗和进风口。伸出高度应有利于烟气扩散，并应根据屋面形式、排出口周围遮挡物的高度、距离和积雪深度确定，伸出平屋面的高度不得小于 0.6m。伸出坡屋面的高度应符合下列规定：

① 当烟道或排风道中心线距屋脊的水平面投影距离小于 1.5m 时，应高出屋脊 0.6m。

② 当烟道或排风道中心线距屋脊的水平面投影距离为 1.5～3m 时，应高于屋脊，且伸出屋面

高度不得小于 0.6m。

③ 当烟道或排风道中心线距屋脊的水平面投影距离大于 3m 时，可适当低于屋脊，但其顶部与屋脊的连线同水平线之间的夹角不应大于 10°，且伸出屋面高度不得小于 0.6m。

排气道的出口设置在上人屋面、住户平台上时，应高出屋面或平台地面 2m；当周围 4m 之内有门窗时，应高出门窗上皮 0.6m。

问题 111：排油烟井道贴临主要功能房间，未采取隔热措施。

【原因分析】排油烟井道贴临主要功能房间，未采取隔热措施时，该房间的热负荷传递将会增大。

【处理措施】排油烟井道应采用耐火极限不低于 1h 的不燃烧体材料，内壁应平整，断面形状、尺寸应利于烟（气）通畅，防止产生阻滞、涡流、窜烟漏气和倒灌现象。贴临的住宅外墙面需采用保温板进行保温隔热处理。

问题 112：建筑主要出入口上方，未设置防止物体坠落伤人的安全措施。

【原因分析】违反《住宅建筑规范》GB 50368—2005 第 5.2.4 条和《住宅设计规范》GB 50096—2011 第 6.5.2 条关于公共出入口防坠措施的规定，住宅的公共出入口位于阳台、外廊及开敞楼梯平台的下部时，应采取防止物体坠落伤人的安全措施，属于强制性条文要求。

违反《建筑设计防火规范》GB 50016—2014（2018 年版）第 5.5.7 条关于防火挑檐的规定，高层建筑直通室外的安全出口上方，应设置挑出宽度不小于 1m 的防护挑檐。

违反《中小学校设计规范》GB 50099—2011 第 8.5.5 条关于出入口安全的规定。

违反《车库建筑设计规范》JGJ 100—2015 第 4.4.8 条关于车辆出入口防坠措施的规定，通往车库的出入口和坡道的上方应有防坠落物设施。

【处理措施】在住宅阳台、外廊及开敞楼梯平台下部的公共出入口处采取防止物体坠落伤人的安全措施，如设置遮雨罩等。

在高层建筑首层出入口门的上方设置防护挑檐。防护挑檐可利用防火挑檐，与防火挑檐不同的是，防护挑檐只需满足人员在疏散和灭火救援过程中的人身防护要求，一般设置在建筑首层出入口门的上方，不需具备与防火挑檐一样的耐火性能。

中小学校教学用建筑物的出入口应采取防止上部物体坠落的措施。

在车库出入口和坡道上方设置防护措施。

问题 113：建筑外墙设置的室外空调机位不合理或存在安全隐患。

【原因分析】属常见投诉问题，空调室外机位不利于换热，不便于空调外机安装、清洗和维护，存在安全隐患，并且违反地方相关规定，如重庆市《建筑外立面空调室外机位技术规程》DBJ 50/T—167—2013、上海市《住宅设计标准》DGJ 08—20—2019、江苏省《住宅设计标准》DGJ 32/J 26—2017 等关于空调室外机的设置要求。

【处理措施】建筑平面和立面设计应考虑空调器（机组）室外机的位置，应稳定牢固，不应存在安全隐患，且不应影响立面效果，并便于安装、清洗和维护；空调器（机组）室外机的支承结构应与建筑主体同寿命。

空调器（机组）室外机的安装应有利于通风换热，室外机间的排风口不宜相对；在建筑外立面的竖向凹槽内布置室外机时，应考虑深度不宜过深，并且有足够的宽度；室外机采用的遮挡或装饰，不应导致排风不畅或进排风短路，避免散热条件恶化；室外机的安装应采取减振措施；室外机的噪声对住户的影响应符合现行国家与地方标准对声环境噪声的规定。

　　住宅不同住户空调机室外机座板相邻设置时，应采取安全隔离措施；但对同一户在竖向立面同时设置两个空调机位时，允许同一户的上下空调机位间采用钢结构支承构件分隔，避免住户二次装修安装多联机、集中空调机组时由于尺寸不够对混凝土支承构件的拆除，节约资源。

　　满足"便于安装、清洗和维护"要求的三种典型空调机位布置方式示意图参见图12-10～图12-12，可供设计参考选用。

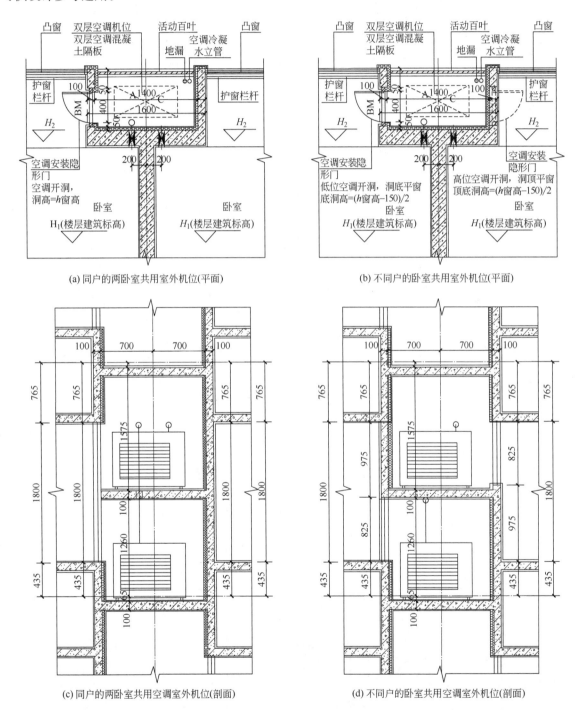

图 12-10　凸窗两侧设置空调室外机位示意图

　　注：① 图中空调安装维护门窗为最小尺寸建议。

　　　　② 图中空调冷凝水立管和地漏位置仅为示意，但不得妨碍空调室外机安装和维修。

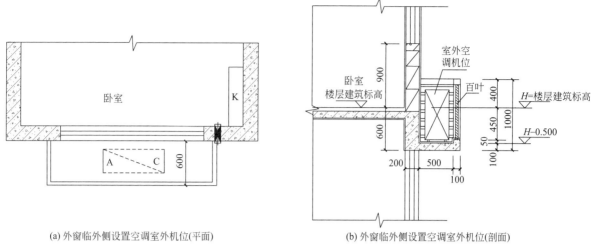

(a) 外窗临外侧设置空调室外机位(平面)

(b) 外窗临外侧设置空调室外机位(剖面)

图 12-11　外窗临外侧设置空调室外机位示意图

注：图中尺寸仅为示意，以满足空调空调机位安装尺寸为准。

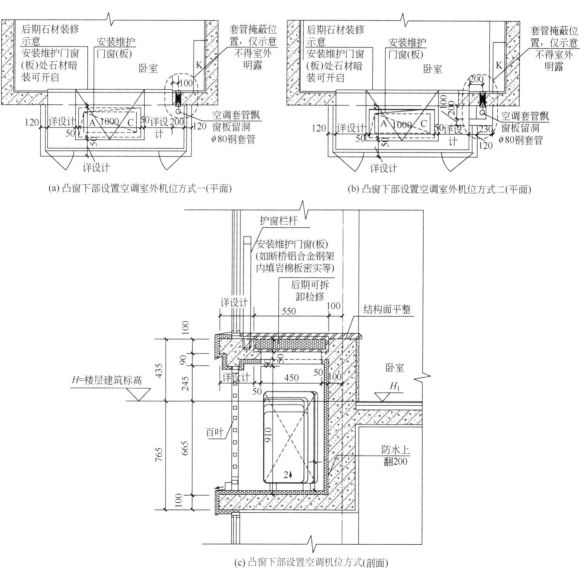

(a) 凸窗下部设置空调室外机位方式一(平面)

(b) 凸窗下部设置空调室外机位方式二(平面)

(c) 凸窗下部设置空调机位方式(剖面)

图 12-12　凸窗下部设置空调室外机位示意图（设置空调安装维护门窗）

注：图中尺寸仅为示意，以满足空调室外机位安装尺寸为准。

问题 114：卫生间设置的位置不满足相关规范要求，建筑内附建的公共厕所未按相关标准分类，厕卫数量、厕卫比例及卫生洁具数量的配置不满足相关要求，厕位漏设挂物钩。卫生间不满足通风换气要求。

【原因分析】违反《民用建筑设计统一标准》GB 50352—2019 第 6.6.1 条第 2 款、第 3 款和第 8.3.1 条第 4 款关于卫生间设置位置的规定。

违反《民用建筑设计统一标准》GB 50352—2019 第 6.6.2 条、第 6.6.3 条，《城市公共厕所设计标准》CJJ 14—2016 第 3.0.6 条、第 4.1 条、第 4.2 条、第 4.3.6 条第 3 款，《商店建筑设计规范》JGJ 48—2014 第 4.4.3 条关于公共厕所分类、厕卫数量、厕卫比例及卫生洁具数量、厕位设置挂物钩的规定。

违反《民用建筑设计统一标准》GB 50352—2019 第 7.2.3 条～第 7.2.7 条关于卫生间通风换气的规定。

【处理措施】在食品加工与贮存、医药及其原材料生产与贮存、生活供水、电气、档案、文物等有严格卫生、安全要求房间的直接上层，不应布置厕所、卫生间、盥洗室、浴室等有水房间；在餐厅、医疗用房等有较高卫生要求用房的直接上层，应避免布置厕所、卫生间、盥洗室、浴室等有水房间，否则应采取同层排水和严格的防水措施；不宜与变配电所贴邻。

附属式公共厕所应按场所和建筑设计要求分为一类和二类。附属式公共厕所类别的设置应符合表 12-9。

附属式公共厕所类别 表 12-9

设置场所	类别
大型商场、宾馆、饭店、展览馆、机场、车站、影剧院、大型体育场馆、综合性商业大楼和二、三级医院等公共建筑	一类
一般商场(含超市)、专业性服务机关单位、体育场馆和一级医院等公共建筑	二类

注：本表摘自《城市公共厕所设计标准》CJJ 14—2016。

公共厕所应按《城市公共厕所设计标准》CJJ 14—2016 中第 4.1 条、第 4.2 条相关要求计算厕卫数量、比例及卫生洁具数量，并按相应要求配置。公共厕所应在下列各类厕所中设置协助老、幼及行动不便者使用的第三卫生间：

① 一类固定式公共厕所。

② 二级及以上医院的公共厕所。

③ 商业区、重要公共设施及重要交通客运设施区域的活动式公共厕所。

厕所、卫生间、盥洗室和浴室的平面布置应符合下列规定：

① 厕所、卫生间、盥洗室和浴室的平面设计应合理布置卫生洁具及其使用空间，管道布置应相对集中、隐蔽。有无障碍要求的卫生间应满足国家现行有关无障碍设计标准的规定。

② 公共厕所、公共浴室应防止视线干扰，宜分设前室。

③ 公共厕所宜设置独立的清洁间。

④ 公共活动场所宜设置独立的无性别厕所，且同时设置成人和儿童使用的卫生洁具。无性别厕所可兼作无障碍厕所。

大型和中型商店应设置职工专用厕所，小型商店宜设置职工专用厕所。

公共厕所应至少设置一个清洁池，固定式公共厕所应设置洗手盆，男女厕所间应至少各设一个无障碍厕位，每个厕位间应设置坚固、耐腐蚀的挂物钩。

严寒地区居住建筑中的厨房、厕所、卫生间应设自然通风道或通风换气设施。

卫生间的门的下方应设进风固定百叶或留进风缝隙，自然通风道或通风换气装置的位置不应设于门附近，无外窗的浴室、厕所、卫生间应设机械通风换气设施，建筑内的公共卫生间宜设置机械排风系统。

问题115：台阶高差过大，临空一侧未设置防护设施。

【原因分析】违反《民用建筑设计统一标准》GB 50352—2019 第6.7.1条第4款和《住宅设计规范》GB 50096—2011 第6.1.2条关于侧面临空处设置防护设施的规定。其中《住宅设计规范》GB 50096—2011 第6.1.2条，属于强制性条文要求。

【处理措施】台阶总高度超过0.7m时，应在临空面采取防护设施。防护设施净高不应低于1.05m。

问题116：室内外台阶、踏步及坡道过陡，且未采取防滑措施。室内出现一级踏步台阶。

【原因分析】违反《民用建筑设计统一标准》GB 50352—2019 第6.7.1条、第6.7.2条关于室内外台阶、踏步及坡道的规定。

【处理措施】公共建筑室内外台阶踏步宽度不宜小于0.3m，踏步高度不宜大于0.15m，且不宜小于0.1m，踏步应防滑。室内台阶踏步数不应少于2级，当高差不足2级时，宜按坡道设置。

室内坡道坡度不宜大于1：8，室外坡道坡度不宜大于1：10；当室内坡道水平投影长度超过15m时，宜设休息平台；坡道应防滑。

问题117：临空处防护栏杆净高不足，护栏底部有可踏部位，未从可踏面起计算防护高度，上人屋面未考虑临空部位屋面做法和找坡厚度，导致防护高度不足。栏杆设计承载能力不满足规范规定的水平荷载要求。栏杆构造不符合幼儿和少儿活动场所的设置要求，如栏杆立柱间距过大，幼儿和少儿活动场所采用可攀登的花饰构造。

【原因分析】违反《住宅设计规范》GB 50096—2011 第5.6.2条和第5.6.3条关于栏杆构造与栏杆净高的规定，属于违反强制性条文要求。

违反《民用建筑设计统一标准》GB 50352—2019 第6.7.3条第1款～第4款、第6.7.4条，《托儿所、幼儿园建筑设计规范》JGJ 39—2016（2019年版）第4.1.9条，《中小学校设计规范》GB 50099—2011 第8.1.6条，《宿舍建筑设计规范》JGJ 36—2016 第4.6.10条和《老年人照料设施建筑设计标准》JGJ 450—2018 第5.7.4条第4款关于栏杆构造与栏杆净高的规定。其中《民用建筑设计统一标准》GB 50352—2019 第6.6.4条，《托儿所、幼儿园建筑设计规范》JGJ 39—2016（2019年版）第4.1.9条，《中小学校设计规范》GB 50099—2011 第8.1.6条，属于强制性条文要求。

【处理措施】建筑的阳台、外廊、室内回廊、内天井、上人屋面及室外楼梯等临空处应设置防护栏杆。

住宅建筑阳台栏板或栏杆净高，六层及六层以下不应低于1.05m；七层及七层以上不应低于1.1m。

托儿所、幼儿园栏杆高度不应低于1.3m；中小学校栏杆高度不应低于1.1m；学校宿舍栏板栏杆高度不应低于1.2m。

人员密集场所的中庭临空处应设置栏板或栏杆，防护高度不宜低于1.5m。

其余民用建筑，临空高度在24m以下时，栏杆高度不应低于1.05m；临空高度在24m及24m

以上（包括中高层住宅）时，栏杆高度不应低于1.1m；上人屋面和交通、商业、旅馆、医院、学校等建筑临开敞中庭的栏杆高度不应低于1.2m。

栏杆高度应从楼地面或屋面至栏杆扶手顶面垂直高度计算，当底部有宽度大于0.22m，且高度低于或等于0.45m的可踏部位，应从可踏部位顶面起计算。上人屋面女儿墙或护栏净高度指在扣除找坡高度、构造层厚度后，形成的最小净高度。参见图12-13。

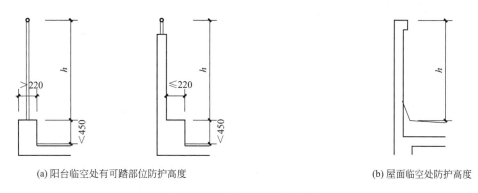

(a) 阳台临空处有可踏部位防护高度　　　　　　　　　(b) 屋面临空处防护高度

图12-13　防护高度的计算要求

栏杆应以坚固、耐久的材料制作，并应能承受现行国家标准《建筑结构荷载规范》GB 50009—2012及其他现行相关标准规定的水平荷载。

住宅、托儿所、幼儿园、中小学校以及少年儿童专用活动场所的栏杆必须采用防止少年儿童攀爬的构造，当采用垂直杆件做栏杆构件时，其杆件净距，幼儿园不应大于0.09m，住宅、中小学校以及儿童专用活动场所不应大于0.11m。公共场所栏杆离地面0.1m高度内不宜留空（老年人照料设施建筑距地面0.35m高度范围内不宜留空）。参见图12-14。

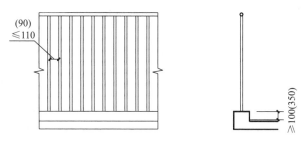

图12-14　垂直栏杆的构造要求

问题118：金属护栏的型材厚度、全玻璃及玻璃组合护栏的玻璃厚度不满足要求。在人流集中场所玻璃护栏的形式不满足要求。

【原因分析】违反《重庆市建筑护栏技术规程》DBJ 50—123—2010第4.4.3条第2款、第4.4.4条关于金属及玻璃护栏的技术规定。

【处理措施】在满足受力要求的前提下，金属护栏的型材最小壁厚：不锈钢，主要受力杆件壁厚不应小于2mm，一般杆件及连接饰件不应小于1.5mm；型钢，主要受力杆件壁厚不应小于3mm，一般杆件不应小于2mm；扁钢，主要受力杆件厚度不应小于6mm，一般杆件不应小于4mm；铝合金，主要受力杆件壁厚不应小于3mm，一般杆件不应小于2mm。

全玻璃护栏的玻璃最小厚度不应小于16.76mm；不承受水平荷载的护栏玻璃应采用公称厚度不小于5mm的钢化玻璃或6.38mm的钢化夹层玻璃，当护栏玻璃最低点离一侧楼地面高度大于5m时，应采用公称厚度不小于12.38mm钢化夹层玻璃；组合护栏中承受水平荷载的玻璃应采用厚度不小于12mm的安全玻璃或公称厚度不小于16.76mm的钢化夹层玻璃。当栏板玻璃最低点离一侧楼地面高度在 3m 或 3m 以上、5m 或 5m 以下时，应使用公称厚度不小于 16.76mm 的钢化夹层玻璃。当栏板玻璃最低点离一侧楼地面高度大于 5m 时，不得使用承受水平荷载的栏板玻璃。

居住建筑和人流集中场所的临空护栏在设计玻璃组合栏板时，玻璃不应采用点支式或短嵌槽式固定。

问题 119：楼梯的数量、位置、梯板宽度和楼梯间形式等不满足相关规范要求。

【原因分析】违反《民用建筑设计统一标准》GB 50352—2019 第 6.8.1 条～第 6.8.14 条，《住宅设计规范》GB 50096—2011 第 6.3.1 条～第 6.3.5 条，《托儿所、幼儿园建筑设计规范》JGJ 39—2016（2019 年版）第 4.1.11 条、第 4.1.12 条，《中小学校设计规范》GB 50099—2011 第 8.7.1 条～第 8.7.9 条，《综合医院建筑设计规范》GB 51039—2014 第 5.1.5 条和《老年人照料设施建筑设计标准》JGJ 450—2018 第 5.6.6 条、第 5.6.7 条关于楼梯设计的规定。

其中，《民用建筑设计统一标准》GB 50352—2019 第 6.8.6 条、第 6.8.9 条，《住宅设计规范》GB 50096—2011 第 6.3.1 条、第 6.3.2 条、第 6.3.5 条，《托儿所、幼儿园建筑设计规范》JGJ 39—2016（2019 年版）第 4.1.12 条，《老年人照料设施建筑设计标准》JGJ 450—2018 第 5.6.6 条，属于强制性条文要求。

【处理措施】墙面至扶手中心线或扶手中心线之间的水平距离即楼梯梯段净宽除应符合防火规范的规定外，供日常主要交通用的楼梯梯段净宽应根据建筑物使用特征，按每股人流为 0.55＋（0～0.15）m 的人流股数确定，并不应少于两股人流。0～0.15m 为人流在行进中人体的摆幅，公共建筑人流众多的场所应取上限值。

住宅建筑楼梯梯段净宽不应小于 1.1m，不超过六层的住宅，一边设有栏杆的梯段净宽不应小于 1m。中小学校教学用房的楼梯梯段净宽应为人流股数的整数倍。梯段净宽不应小于 1.2m，并应按 0.6m 的整数倍增加梯段净宽。每个梯段可增加不超过 0.15m 的摆幅宽度。医院建筑主楼梯净宽不得小于 1.65m。老年人照料设施建筑的梯段通行净宽不应小于 1.2m。

当梯段改变方向时，扶手转向端处的平台最小宽度不应小于梯段净宽，并不得小于 1.2m。当有搬运大型物件需要时，应适量加宽。直跑楼梯的中间平台宽度不应小于 0.9m。住宅楼梯平台净宽不应小于楼梯梯段净宽，且不得小于 1.2m，其楼梯为剪刀梯时，楼梯平台的净宽不得小于 1.3m。老年人照料设施建筑的楼梯缓步平台内不应设置踏步。

楼梯平台上部及下部过道处的净高不应小于 2m，梯段净高不应小于 2.2m。梯段净高为自踏步前缘（包括最低和最高一级踏步前缘线以外 0.3m 范围内）量至上方突出物下缘间的垂直高度。

每个梯段的踏步不应超过 18 级，亦不应少于 3 级。

楼梯踏步应采取防滑措施，其高宽比应符合表 12-10。

楼梯踏步最小宽度和最大高度　　　　　　　　表 12-10

楼梯类别		最小宽度（m）	最大高度（m）
住宅楼梯	住宅公共楼梯	0.26	0.175
	住宅套内楼梯	0.22	0.20
宿舍楼梯	小学宿舍楼梯	0.26	0.15
	其他宿舍楼梯	0.27	0.165
老年人建筑楼梯	住宅建筑楼梯	0.30	0.15
	公共建筑楼梯	0.32	0.13

续表

楼梯类别	最小宽度（m）	最大高度（m）
托儿所、幼儿园楼梯	0.26	0.13
小学校楼梯	0.26	0.15
人员密集且竖向交通繁忙的建筑和大、中学校楼梯	0.28	0.165
其他建筑楼梯	0.26	0.175
超高层建筑核心筒内楼梯	0.25	0.18
检修及内部服务楼梯	0.22	0.20

注：① 本表摘自《民用建筑设计统一标准》GB 50352—2019。
　　② 螺旋楼梯和扇形踏步离内侧扶手中心 0.25m 处的踏步宽度不应小于 0.22m。

梯段内每个踏步高度、宽度应一致，相邻梯段的踏步高度、宽度宜一致；当同一建筑地上、地下为不同使用功能时，楼梯踏步高度和宽度可分别按表 12-10 的规定执行。

供幼儿使用的楼梯踏步高度宜为 0.13m，宽度宜为 0.26m。老年人照料设施建筑的楼梯踏步前缘不应突出，踏面下方不应透空，所有踏步上的防滑条、警示条等附着物均不应突出踏面。

楼梯应至少于一侧设扶手，梯段净宽达三股人流时应两侧设扶手，达四股人流时宜加设中间扶手（中小学校达四股人流时应加设中间扶手）。

室内楼梯扶手高度自踏步前缘线量起不宜小于 0.9m（室外楼梯扶手高度不应低于 1.1m）。靠楼梯井一侧水平扶手长度超过 0.5m 时，其高度不应小于 1.05m（中小学校楼梯水平扶手高度不应低于 1.1m）。托儿所、幼儿园的楼梯除设成人扶手外，应在梯段两侧设幼儿扶手，其高度宜为 0.6m。

住宅、托儿所、幼儿园及中小学校的楼梯两梯段间楼梯井净宽不得大于 0.11m，大于 0.11m 时，应采取有效的安全防护措施。当采用垂直杆件做栏杆时，其杆件净距，托儿所、幼儿园不应大于 0.09m，住宅、中小学校不应大于 0.11m。

托儿所、幼儿园及六层以下的中小学校的楼梯宜采用敞开楼梯间。中小学校的楼梯两相邻梯段间不得设置遮挡视线的隔墙。老年人使用的楼梯严禁采用弧形楼梯和螺旋楼梯，幼儿使用的楼梯和中小学校的疏散楼梯不得采用螺旋楼梯和扇形踏步。

问题 120：电梯（自动扶梯、自动步道）的技术及性能指标不全，电梯数量设置不满足相关规范要求，候梯厅尺寸未满足相关要求。

【原因分析】违反《建筑工程设计文件编制深度规定》（2016 年版）第 4.3.3 条第 8 款关于电梯（自动扶梯、自动步道）选择及性能说明的规定。

违反《民用建筑设计统一标准》GB 50352—2019 第 6.9.1 条第 3 款关于电梯设置的规定。

违反《民用建筑设计统一标准》GB 50352—2019 第 6.9.1 条第 7 款和《无障碍设计规范》GB 50763—2012 第 3.7.7 条第 1 款关于候梯厅深度的规定。

【处理措施】在设计说明中编写电梯（自动扶梯、自动步道）选择及性能说明，包含功能、额定载重量、额定速度、停站数、提升高度等内容。

按相应规范、标准，设置足够数量的各类电梯。高层公共建筑和高层宿舍建筑的电梯不宜少于 2 台，12 层及 12 层以上的住宅建筑的电梯台数不应少于 2 台。乘客电梯台数的确定可参照《全国民用建筑工程设计技术措施 规划·建筑·景观》（2009 年版）第 9.2.2 条相关要求。

电梯候梯厅的深度应符合表 12-11 的规定。

候梯厅深度

表 12-11

电梯类别	布置方式	候梯厅深度
住宅电梯	单台	$\geqslant B$，且 $\geqslant 1.5m$
	多台单侧排列	$\geqslant B_{max}$，且 $\geqslant 1.8m$
	多台双侧排列	$\geqslant$ 相对电梯 B_{max} 之和，且 $<3.5m$
公共建筑电梯	单台	$\geqslant 1.5B$，且 $\geqslant 1.8m$
	多台单侧排列	$\geqslant 1.5B_{max}$，且 $\geqslant 2m$ 当电梯群为 4 台时应 $\geqslant 2.4m$
	多台双侧排列	$\geqslant$ 相对电梯 B_{max} 之和，且 $<4.5m$
病床电梯	单台	$\geqslant 1.5B$
	多台单侧排列	$\geqslant 1.5B_{max}$
	多台双侧排列	$\geqslant$ 相对电梯 $B \times$ 之和

注：① 本表摘自《民用建筑设计统一标准》GB 50352—2019。
② B 为轿厢深度，B_{max} 为电梯群中最大轿厢深度。

问题 121：自动扶梯出入口畅通区的宽度不足。自动扶梯距离墙面或楼板开口过近，未采取安全措施。

【原因分析】违反《民用建筑设计统一标准》GB 50352—2019 第 6.9.2 条第 2 款～第 5 款关于自动扶梯安全措施的规定。

【处理措施】自动扶梯出入口畅通区的宽度从扶手带端部算起不应小于 2.5m，人员密集的公共场所其畅通区宽度不宜小于 3.5m；扶梯与楼层地板开口部位之间应设防护栏杆或栏板。扶手带中心线与平行墙面或楼板开口边缘间的距离：当相邻平行交叉设置时，两梯（道）之间扶手带中心线的水平距离不应小于 0.5m，否则应采取措施防止障碍物引起人员伤害。

问题 122：生活、工作的房间及厨房等自然通风开口面积不足，严寒地区及寒冷地区的建筑未考虑冬季采暖期的通风换气措施。

【原因分析】违反《民用建筑设计统一标准》GB 50352—2019 第 7.2.2 条～第 7.2.6 条关于建筑通风换气的规定。

【处理措施】扩大生活、工作用房及厨房等自然通风的空间的通风口面积，满足采用直接自然通风的空间，通风开口有效面积应符合下列规定：

① 生活、工作房间的通风开口有效面积不应小于该房间地板面积的 1/20。

② 厨房的通风开口有效面积不应小于该房间地板面积的 1/10，并不得小于 $0.6m^2$。

③ 进出风开口的位置应避免设在通风不良区域，且应避免进出风开口气流短路。

严寒地区居住建筑中的厨房、厕所、卫生间应设自然通风道或通风换气设施；厨房、卫生间的门的下方应设进风固定百叶或留进风缝隙；自然通风道或通风换气装置的位置不应设于门附近；无外窗的浴室、厕所、卫生间应设机械通风换气设施。

当各地绿色建筑与建筑节能标准对自然通风有特别规定和要求时，还应满足其相关规定，如《居住建筑节能 65%（绿色建筑）设计标准》DBJ 50—071—2020 等。

问题 123：独立设置的变压器室、配电室未设防止小动物进入的措施。

【原因分析】违反《民用建筑设计统一标准》GB 50352—2019 第 8.3.1 条第 8 款关于变压器室、

配电室设置防雨雪和小动物进入措施的规定。

【处理措施】变压器室、配电室、电容器室等的采光窗、通风窗、门、电缆沟等位置应设置防雨雪和小动物进入室内的设施。相关做法可参见图集《特种门窗（一）》17J 610—1。

问题 124：改造与装修设计未满足项目原主体工程消防设计标准及现行相关规范要求。

【原因分析】违反《民用建筑设计统一标准》GB 50352—2019 第 6.17.1 第 2 款、第 6.17.2 条第 2 款关于室内外装修的规定，存在安全隐患，并且违反《重庆市建筑内部装修工程施工图消防设计文件编制技术规定》第 2.1.2 条关于装修消防设计的要求。

【处理措施】建筑室内外装修工程应根据使用功能等要求，采用节能、环保型装修材料，且应符合现行国家标准的规定；既有建筑重新装修时，应充分利用原有设施、设备管线系统，且应满足国家现行相关标准的规定。

条件确不具备的，在建工程（指在建设尚未竣工验收备案的工程）的装修消防设计，不应低于主体工程施工图消防设计标准的要求；既有建筑（指取得合法房屋产权证明或已竣工验收备案的建筑）的装修消防设计，不应低于主体建筑在竣工验收合格时的消防设计标准的要求。

12.8　专项建筑

问题 125：车库未每层设置排水系统或者排水点间距过大。

【原因分析】违反《车库建筑设计规范》JGJ 100—2015 第 7.2.5 条关于车库排水设计的规定。

【处理措施】机动车库应按停车层设置楼地面排水系统，排水点的服务半径不宜大于 20m。当采用地漏排水时，地漏管径不宜小于 DN100。机动车库设置楼地面排水系统是考虑到车库内会有地面冲洗排水、车辆冲洗排水、消防排水以及水暖管道检修排水等。考虑到不应让各种排水通过坡道进入下层，排水应及时排除，规定按停车层设置排水系统。车库的排水方式可根据车库建筑布局、地面做法、排水条件、使用要求和管理模式等选择采用地漏、排水沟及集水坑等排水方式或混合采用上述排水方式。当采用排水沟排水时，不得跨越防火分区。排水沟宜设计在车位后侧或两排车位之间，以减少排水沟算子的碾压。若排水沟跨越车道，设计要求采用耐轮压沟盖板。

问题 126：机动车库内停车位未设置车轮挡。

【原因分析】违反《车库建筑设计规范》JGJ 100—2015 第 4.4.6 条关于机动车库停车位构造措施的规定。

【处理措施】机动车库内停车位应设车轮挡，车轮挡宜设于距停车位端线为机动车前悬或后悬的尺寸减 0.2m 处，其高度宜为 0.15m，且车轮挡不得阻碍楼地面排水。如果车轮挡在每一个车位内通长时会阻碍地面排水，故应断开或下部漏空。

问题 127：通往地下的机动车坡道上下均未设置防雨防水构造措施。

【原因分析】违反《车库建筑设计规范》JGJ 100—2015 第 4.4.1 条、第 4.4.2 条、第 4.4.7 条关于机动车坡道防水构造的规定。

【处理措施】车库出入口和坡道处应充分考虑多种构造措施，防止雨水倒灌。通往地下的机动车坡道应设置防雨和防止雨水倒灌至地下车库的设施。在汽车库出入口和坡道处设置不小于出入口和

第2部分　房屋建筑工程

坡道宽度的截水沟和耐轮压沟盖板以及闭合的挡水槛；在汽车坡道高处设置防水反坡；在室外通往地下的汽车坡道低端处设置截水沟；当地下坡道的敞开段无遮雨设施时，在坡道敞开段的较低处应增设截水沟。

问题128：变、配电用房设置在多层地下层的最底层，没有设计合理的防水措施。

【原因分析】违反《20kV及以下变电所设计规范》GB 50053—2013第2.0.4条第1款关于变配电房设置的规定。

【处理措施】当有多层地下层时，变配电用房不应设置在最底层；当只有地下一层时，适当抬高室内地面标高150～300mm；或设置能防止雨水、消防水等积水倒灌的挡水门槛或其他排水措施。

问题129：地下室迎水面主体结构未采用防水混凝土。

【原因分析】违反《地下工程防水技术规范》GB 50108—2008第3.1.4条关于主体结构防水措施的规定，属于违反强制性条文要求。

【处理措施】地下工程迎水面主体结构应采用防水混凝土，设计文件中应标明所采用的抗渗等级，并应根据防水等级的要求采取其他防水措施。当工程的防水等级为一级时，应再增设两道其他防水层；当工程的防水等级为二级时，可视工程所处的水文地质条件、环境条件、工程设计使用年限等不同情况，再增设一道其他防水层。

采用防水混凝土需要注意：防水混凝土可通过调整配合比，或掺加外加剂、掺合料等措施配制而成，其抗渗等级不得小于P6。防水混凝土的设计抗渗等级与工程埋置深度有关，参见表12-12。

防水混凝土的设计抗渗等级　　　　　　　　　　　　　　　　表12-12

工程埋置深度 H(m)	设计抗渗等级
$H<10$	P6
$10 \leqslant H<20$	P8
$20 \leqslant H<30$	P10
$H \geqslant 30$	P12

注：① 本表摘自《地下工程防水技术规范》GB 50108—2008。
　　② 本表适用于Ⅰ、Ⅱ、Ⅲ类围岩（土层及软弱围岩）。

问题130：地下工程的特殊部位，如变形缝、施工缝、后浇带、穿墙管、预埋桩、桩头等细部构造，未做加强防水措施设计。

【原因分析】违反《地下工程防水技术规范》GB 50108—2008第3.1.5条关于地下工程细部构造的规定。

【处理措施】参照《地下工程防水技术规范》GB 50108—2008第3.3.1条。防水层材料的选用（柔性、刚性）：明挖法地下室防水设防做法要求依据《地下工程防水技术规范》GB 50108—2008。主体结构防水原则：当只选用一种防水材料时，宜选用柔性防水材料；当选用二种防水材料时，宜选用一柔一刚组合形式防水材料；当防水等级为一级时，一般应选用二种防水材料，参见表12-13。设计文件中应对以上材料的选用及构造做法予以明确。

明挖法地下工程防水设防要求　　　　表 12-13

工程部位	主体结构		施工缝		后浇带		变形缝(诱导缝)	
防水措施	防水混凝土	防水卷材／防水涂料／塑料防水板／膨润土防水材料／防水砂浆／金属防水板	遇水膨胀止水条(胶)／外贴式止水带／中埋式止水带／外抹防水砂浆／外涂防水涂料／水泥基渗透结晶型防水涂料	预埋注浆管	补偿收缩混凝土	外贴式止水带／预埋注浆管／遇水膨胀止水条(胶)／防水密封材料	中埋式止水带	外贴式止水带／可卸式止水带／防水密封材料／外贴防水卷材／外涂防水涂料
防水等级 一级	应选	应选一至二种	应选二种	应选	应选	应选二种	应选	应选一至二种
二级	应选	应选一种	应选一至二种	应选	应选	应选一至二种	应选	应选一至二种
三级	应选	宜选一种	宜选一至二种	应选	应选	宜选一至二种	应选	宜选一至二种
四级	宜选	—	宜选一种	应选	应选	宜选一种	应选	宜选一种

注：本表摘自《地下工程防水技术规范》GB 50108—2008。

问题 131：种植屋面防水未按一级防水等级设防，且未设置具有耐根穿刺性能的防水材料。

【原因分析】违反《种植屋面工程技术规程》JGJ 155—2013 第 5.1.7 条关于种植屋面防水设防的规定，属于违反强制性条文要求。

【处理措施】种植屋面防水层按照一级防水等级设防要求设计，且至少设置一道具有耐根穿刺性能的防水材料。耐根穿刺防水层的设计应符合《种植屋面工程技术规程》JGJ 155—2013 第 5.1.10 条的规定，耐根穿刺防水材料应符合《种植屋面工程技术规程》JGJ 155—2013 第 4.3 节的规定；排（蓄）水材料不得作为耐根穿刺防水材料使用；聚乙烯丙纶防水卷材和聚合物水泥胶结料复合耐根穿刺防水材料应采用双层卷材复合作为一道耐根穿刺防水层。耐根穿刺防水层上应设置保护层。

问题 132：自备应急柴油发电机房长、高、宽等净尺寸不够，未满足安装及正常使用的尺寸要求。

【原因分析】违反《民用建筑电气设计标准》GB 51348—2019 第 6.1.4 条第 2 款关于柴油发电机房净空的规定。

【处理措施】柴油发电机房的长、高、宽等应根据不同容量的设备及布置需求进行复核，其净高尺寸应满足设计需求，即要求机组之间、机组外廊至墙的净距应满足设备运输、就地操作、维护检修或布置辅助设备的需要，并不应小于表 12-14 的规定。

机组之间及机组外廓与墙壁的净距（m）　　　　表 12-14

项目	容量(kW)	64 以下	75～150	200～400	500～1500	1600～2000
机组操作面	a	1.5	1.5	1.5	1.5～2.0	2.0～2.5
机组背面	b	1.5	1.5	1.5	1.8	2.0
柴油机端	c	0.7	0.7	1.0	1.0～1.5	1.5
机组间距	d	1.5	1.5	1.5	1.5～2.0	2.5
发电机端	e	1.5	1.5	1.5	1.8	2.0～2.5
机房净高	h	2.5	3.0	3.0	4.0～5.0	5.0～7.0

注：① 本表摘自《民用建筑电气设计标准》GB 51348—2019。
　　② 当机组按水冷却方式设计时，柴油机端距离可适当缩小；当机组需要做消声工程时，尺寸应另外考虑。

问题 133：电气设备房间门洞大小和设置位置未考虑设备安装尺寸和搬运条件。

【原因分析】违反《民用建筑电气设计标准》GB 51348—2019 第 6.1.11 条第 2 款关于发电机房出入口设置的规定。违反《全国民用建筑工程设计技术措施 规划·建筑·景观》（2009 年版）第 15.3.5 条第 7 款关于变、配电房设备安装的规定。

【处理措施】发电机房面积在 50m² 及以下时宜设置不少于一个出入口，在 50m² 以上时宜设置不少于两个出入口，其中一个应满足搬运机组需要，即门净宽宜不小于设备的宽度加 0.3m；门应为外向开启的甲级防火门。配电装置室及变压器室门的宽度宜按最大不可拆卸部件宽度加 0.3m，高度宜按不可拆卸部件最大高度加 0.5m。并复核门洞宽度，补充说明安装顺序。

问题 134：未设计电动汽车停车位或停车库内的电动汽车位分散设计在普通停车位区域。

【原因分析】未满足规划条件要求，违反重庆市《民用建筑电动汽车充电设备配套设施设计规范》DBJ 50—218—2015 第 4.1 条关于电动汽车停车位设置的规定。

【处理措施】按照规划条件设置相应数量的电动汽车停车位，并按照《民用建筑电动汽车充电设备配套设施设计规范》DBJ 50—218—2015 第 4.1.2 条的规定将电动汽车停车位集中布置成电动汽车停车区，集中充电区充电停车位数量不得大于 50 辆。大型停车库（场）应按 DBJ 50—218—2015 第 4.1.3 条的规定设置多个分散的电动汽车停车区，并宜靠近停车库（场）出口处。

问题 135：住宅建筑的卧室与起居室、宿舍建筑的居室、旅馆建筑的客房等与电梯井道或有噪声的房间紧邻布置时未采取隔声减噪措施。

【原因分析】违反《住宅设计规范》GB 50096—2011 第 7.3.4 条、第 7.3.5 条，《住宅建筑规范》GB 50368—2005 第 7.1.5 条，《宿舍建筑设计规范》JGJ 36—2016 第 6.2.2 条和《旅馆建筑设计规范》JGJ 62—2014 第 5.2.3 条关于室内隔声减噪的规定。

【处理措施】在住宅平面设计时，当卧室、起居室（厅）布置在噪声源一侧时，外窗应采取隔声降噪措施，当居住空间与可能产生噪声的房间相邻时，分隔墙和分隔楼板应采取隔声降噪措施，当内天井、凹天井中设置相邻户间窗口时，宜采取隔声降噪措施；住宅建筑的电梯不应与卧室、起居室紧邻布置，受条件限制需要紧邻布置时，必须采取有效的隔声和减振措施；宿舍建筑居室不应与电梯、设备机房紧邻布置；旅馆建筑电梯井道贴邻客房布置时，应采取隔声、减振的构造措施。

其中宿舍建筑居室与公共楼梯间、公用盥洗室、公用厕所、公共浴室等有噪声的房间紧邻布置时，应采取隔声减噪措施，其隔声性能评价量应符合下列规定：

① 分隔居室的分室墙和分室楼板，空气声隔声性能评价量（R_w+C）应大于 45dB。

② 分隔居室和非居住用途空间的楼板，空气声隔声性能评价量（R_w+C_{tr}）应大于 51dB。

③ 楼内居室门空气声隔声性能评价量（R_w+C_{tr}）应大于或等于 25dB。

④ 居室楼板的计权规范化撞击声压级宜小于 75dB，当条件受限时，应小于或等于 85dB。

问题 136：住宅建筑中厨房的设置位置、采光通风、面积及功能、内部设施及流程、门洞尺寸及开启方式等不满足规范要求。

【原因分析】违反《住宅设计规范》GB 50096—2011 第 5.3 条关于住宅建筑厨房的规定。

【处理措施】厨房宜布置在套内近入口处。由卧室、起居室（厅）、厨房和卫生间等组成的住宅套型的厨房使用面积，应大于或等于 4.0m²；由兼起居的卧室、厨房和卫生间等组成的住宅最小套型的厨房使用面积，应大于或等于 3.5m²。厨房应设置洗涤池、案台、炉灶及排油烟机、热水器等设施或为其预留位置。厨房应按炊事操作流程布置，排油烟机的位置应与炉灶位置对应，并应与排气道直接连通。单排布置设备的厨房净宽不应小于1.50m；双排布置设备的厨房其两排设备之间的净距不应小于0.90m。住宅厨房通风开口（含可开启外窗、门）有效面积不应小于该房间地板面积的1/10，并不得小于0.60m²，厨房门的下方应设进风固定百叶，或留有进风缝隙。

问题137：新建住宅未设置信报箱，或者设置的位置在门禁内，未标注数量。

【原因分析】违反《住宅设计规范》GB 50096—2011第6.7.1条、第6.7.3条关于住宅信报箱设置的规定，属于违反强制性条文要求。

【处理措施】新建住宅均设置信报箱，数量按每户一个设计，信报箱设置在门禁之外。

问题138：住宅的卧室或厨房通过位于凹槽的阳台间接采光，未按规定复核房间的采光系数和天然采光照度，采光窗洞口的窗地面积小于1/7。

【原因分析】违反《建筑采光设计标准》GB 50033—2013第4.0.1条，《住宅设计规范》GB 50096—2011第7.1.3条和《建筑节能与可再生能源利用通用规范》GB 55015—2021第3.1.18条关于住宅房间采光要求的规定，属于违反强制性条文要求。

【处理措施】住宅建筑的卧室、起居室（厅）、厨房应有直接天然采光，主要使用房间（卧室、书房、起居室等）的房间窗地面积比不应小于1/7。设计时应避免出现过深的凹槽，卧室、起居室（厅）的侧面采光的采光系数标准值不低于2.0%，室内天然光照度标准值不低于300lx。其他房间应满足《住宅设计规范》GB 50096—2011的相关规定，参见表12-15。

住宅建筑的采光标准值 表12-15

采光等级	场所名称	侧面采光	
		采光系数标准值（%）	室内天然光照度标准值（lx）
Ⅳ	厨房	2.0	300
Ⅴ	卫生间、过道、餐厅、楼梯间	1.0	150

注：本表摘自《住宅设计规范》GB 50096—2011。

问题139：住宅立面采用挑宽过大的装饰线条且未采取相应防攀爬措施。

【原因分析】立面上采用的挑宽过大的装饰线条贯通户间或公共区域，有防盗安全隐患，易引起邻里或物业纠纷，属于投诉焦点问题。

【处理措施】住宅立面装饰线条外挑尺寸不宜过大，当不可避免时，应在户与户的分户区域及住户与公共区域分隔区域采取平面镂空断开，或设防止攀爬的玻璃隔挡等。

问题140：住宅建筑在竖向凹槽内设置的室外空调机位对向排风口小于4m。

【原因分析】违反重庆地方标准《建筑外立面空调室外机位技术规程》DBJ 50/T—167—2013第5.2.1条第4项的规定。

【处理措施】按照《建筑外立面空调室外机位技术规程》DBJ 50/T—167—2013第5.2.1条第4项的规定，在建筑竖向凹槽内层层设置空调机位时，凹槽宽度不宜大于2.5m，机位设置的进深不宜大于4.2m。机位的排风口不宜相对，相对时其水平间距应大于4m。

问题141：二层及以上楼层、地下室、半地下室设置老年人用房时，建筑未设置电梯。

【原因分析】违反《老年人照料设施建筑设计标准》JGJ 450—2018第5.6.4条关于老年人建筑电梯设置的规定，属于违反强制性条文要求。

【处理措施】按照《老年人照料设施建筑设计标准》JGJ 450—2018第5.6.4条的规定，两层及以上楼层、地下室、半地下室设置老年人用房时，均须设置无障碍电梯，且至少一台能容纳担架。

问题142：老年人使用的楼梯仅一侧设扶手，梯段净宽为1.1m，踏步大样或防滑条等设置不符合老年人照料设施的要求。

【原因分析】违反《老年人照料设施建筑设计标准》JGJ 450—2018第5.6.7条、第6.1.4条关于老年建筑楼梯的规定。

【处理措施】按照《老年人照料设施建筑设计标准》JGJ 450—2018第5.6.7条、第6.1.4条的规定，楼梯梯段通行净宽不应小于1.2m，各级踏步应均匀一致，楼梯缓步平台内不应设置踏步，踏步前缘不应突出，踏面下方不应透空；应采用防滑材料饰面，所有踏步上的防滑条、警示条等附着物均不应突出踏面；楼梯两侧均应设置连续扶手。

问题143：老年人建筑的居室与卫生间的高差过大，未设置斜坡。

【原因分析】按照常规住宅的标准设计老年人建筑的居室与卫生间的高差（30~50mm），违反《老年人照料设施建筑设计标准》JGJ 450—2018第5.2.7条关于老年人建筑居室与卫生间的规定。

【处理措施】减小老年人建筑的居室与卫生间结构板间的高差或调整卫生间垫层厚度，使其地坪完成面高差不大于15mm，且以斜坡过渡。

问题144：老年人建筑的出入口门前平台与室外地面高差大于0.1m，未采用无障碍台阶和坡道过渡。

【原因分析】违反《老年人照料设施建筑设计标准》JGJ 450—2018第6.1.3条关于老年人建筑出入口无障碍的规定。

【处理措施】老年人建筑室内外的高差大于0.1m时，应按规范设计无障碍台阶和坡道。

问题145：老年人建筑的卫生间、厕位间的门小于0.8m。

【原因分析】违反《老年人照料设施建筑设计标准》JGJ 450—2018第5.7.3条的规定。

【处理措施】老年人建筑的门参照《老年人照料设施建筑设计标准》JGJ 450—2018第5.7.3条关于老年人建筑门净宽的规定：老年人用房的门不应小于0.8m，有条件时，不宜小于0.9m；护理型床位居室的门不应小于1.1m；建筑主要出入口的门不应小于1.1m；含有2个或多个门扇的门，至少应有1个门扇的开启净宽不小于0.8m。卫生间、厕位间按规范设计不小于0.8m的开启净宽。

问题146：幼儿生活用房的门为普通平开门，净宽小于1.2m；向外开启妨碍走道通行。

【原因分析】违反《托儿所、幼儿园建筑设计规范》JGJ 39—2016（2019年版）第4.1.6条关于幼儿生活用房门的规定。

【处理措施】房间门设为双扇平开门，净宽不小于1.2m；同时设置开门的墙局部向内凹，保证向外开门时门不伸出墙面。满足托儿所、幼儿园建筑走廊最小净宽不应小于《托儿所、幼儿园建筑设计规范》JGJ 39—2016（2019年版）的相关规定，参见表12-16。

托儿所、幼儿园走廊最小净宽度（m）　　　　　　　　　表 12-16

房间名称	走廊布置	
	中间走廊	单面走廊或外廊
生活用房	2.4	1.8
服务、供应用房	1.5	1.3

注：本表摘自《托儿所、幼儿园建筑设计规范》JGJ 39—2016（2019 年版）。

问题 147：托儿所、幼儿园建筑窗为离地高度小于 0.9m 的阳光窗，其防护栏杆靠窗内侧从地坪高度起为 0.9m。

【原因分析】违反《托儿所、幼儿园建筑设计规范》JGJ 39—2016（2019 年版）第 4.1.5 条关于托儿所、幼儿园建筑窗的规定。

【处理措施】按照《托儿所、幼儿园建筑设计规范》JGJ 39—2016 第 4.1.5 条的规定，托儿所、幼儿园建筑当窗台面距楼地面高度低于 0.9m 时，防护高度应从可踏部位顶面起算，不应低于 0.9m。

建议活动室、多功能活动室的窗台面距地面高度不宜大于 0.6m；窗距离楼地面的高度小于或等于 1.8m 的部分，不应设内悬窗和内平开窗扇；外窗开启扇均应设纱窗。

问题 148：托儿所、幼儿园的外廊、室内回廊、室外楼梯等临空处的防护栏杆高度为 1m，垂直杆件净距离为 0.11m。

【原因分析】违反《托儿所、幼儿园建筑设计规范》JGJ 39—2016（2019 年版）第 4.1.9 条关于安全防护的规定。

【处理措施】托儿所、幼儿园的外廊、室内回廊、内天井、阳台、上人屋面、平台、看台及室外楼梯等临空处应设置防护栏杆，栏杆应以坚固、耐久的材料制作。防护栏杆的高度应从可踏部位顶面起算，且净高不应小于 1.3m。防护栏杆必须采用防止幼儿攀登和穿过的构造，当采用垂直杆件做栏杆时，其杆件净距离不应大于 0.09m。

问题 149：幼儿园生活单元房间使用面积不满足规范要求。

【原因分析】方案设计按建筑面积控制幼儿园生活单元各房间面积，导致其最小使用面积不满足《托儿所、幼儿园建筑设计规范》JGJ 39—2016（2019 年版）第 4.3.3 条的规定。

【处理措施】幼儿园生活单元房间的最小使用面积，不应小于《托儿所、幼儿园建筑设计规范》JGJ 39—2016（2019 年版）的相关规定（表 12-17），当活动室与寝室合用时，其房间最小使用面积不应小于 105m²。

幼儿园生活单元房间的最小使用面积（m²）　　　　　　　　　表 12-17

房间名称		房间最小使用面积
活动室		70
寝室		60
卫生间	厕所	12
	盥洗室	8

注：本表摘自《托儿所、幼儿园建筑设计规范》JGJ 39—2016（2019 年版）。

特别提醒，该规范修编前，原规范规定：大、中、小型幼儿园的活动室面积均为 50m²，修订后面积有所增加，原因是过去的幼儿园建筑只是看管孩子的场所，幼儿活动内容简单。近年来我国幼儿教育事业的发展、教育模式的改革，大大促进了托儿所、幼儿园建筑模式在环境、功能、造型、设施及空间塑造等各方面进一步发展。现在幼儿的静态游戏方式较多，静态游戏活动场地如角色游戏、智力游戏、桌上作业、医生看病和手工制作等这些均需要一定的场地空间，如不增加面积，势必挤占幼儿的游戏空间，而幼儿的身体机能特点，需要幼儿有大量肢体活动，有利于身体各部分组织、器官和心脏的发育，应该给他们提供足够多的活动空间。因此在幼儿园设计中要保证足够面积的室内游戏活动空间，应该扩大活动室的面积。

衣帽储藏间宜各班分开设置在幼儿园生活单元内，亦可单独设房间。单独设置房间所占用的空间面积大，所以现在很多幼儿园多半采用过厅、走廊等空间设置衣柜来解决，这种设置多半占用疏散通道，带来了安全隐患。因此规定不应在走廊处设衣帽间。

问题 150：幼儿园寝室布置中，局部床位靠墙设置，部分幼儿床位为上下床。

【原因分析】违反《托儿所、幼儿园建筑设计规范》JGJ 39—2016（2019 年版）第 4.3.9 条关于床位设置的规定。

【处理措施】按照《托儿所、幼儿园建筑设计规范》JGJ 39—2016（2019 年版）第 4.3.9 条的规定，寝室应保证每一幼儿设置一张床铺的空间，不应布置双层床。床位侧面或端部距外墙距离不应小于 0.6m。

问题 151：教室门或者临走道的外窗开启后，占用了疏散走道。

【原因分析】违反《中小学校设计规范》GB 50099—2011 第 8.1.8 条第 2 款、第 3 款关于教学用房疏散通道的规定。

【处理措施】教室门开启处，向内凹，保证开启后不影响走道宽度；或者加大走道宽度。教室靠外廊或者靠单内廊一侧的窗可采用推拉窗、固定窗或者加宽疏散走道。

问题 152：利用消防电梯兼作污物电梯，电梯尺寸未满足病床梯的要求。

【原因分析】违反《综合医院建筑设计规范》GB 51039—2014 第 5.1.4 条第 2 款的规定。

【处理措施】供患者使用的电梯和污物梯，应采用病床梯。同时应注意电梯井道不应与有安静要求的用房贴邻。

问题 153：供患者使用的卫生间隔间门开启方向有误，隔间内未设输液吊钩。

【原因分析】违反《综合医院建筑设计规范》GB 51039—2014 第 5.1.13 条关于卫生间设置的规定。

【处理措施】患者使用的卫生间隔间的平面尺寸，不应小于 1.1m×1.4m，门应朝外开，门闩应能里外开启。卫生间隔间内应设输液吊钩。还应注意患者使用的坐式大便器坐圈宜采用不易被污染、易消毒的类型，进入蹲式大便器隔间不应有高差。大便器旁应装置安全抓杆。卫生间应设前室，并应设非手动开关的洗手设施。

问题 154：设计文件未描述磁共振诊断室所在位置的自然场强。

【原因分析】违反《综合医院建筑设计规范》GB 51039—2014 第 5.9.5 条关于磁共振检查用房的规定。

【处理措施】磁共振诊断室的机房选址后，确定屏蔽措施前，应测定自然场强。根据自然场强的参数及设备要求和屏蔽专门规定采取相应的屏蔽措施，并以此确定墙身、楼地面、门窗、洞口、嵌入体等所采用的材料、构造。

12.9　建筑消防

问题 155：建筑划定的耐火等级错误。

【原因分析】违反《建筑设计防火规范》GB 50016—2014（2018 年版）第 5.1.3 条、第 5.1.3A 条关于民用建筑耐火等级的规定，属于违反强制性条文要求。

【处理措施】民用建筑的耐火等级应根据其建筑高度、使用功能、重要性和火灾扑救难度等确定，并应符合下列规定：

① 地下或半地下建筑（室）和一类高层建筑的耐火等级不应低于一级。

② 单、多层重要公共建筑和二类高层建筑的耐火等级不应低于二级。

③ 除木结构建筑外，老年人照料设施的耐火等级不应低于三级。

问题 156：相邻建筑通过连廊、天桥或底部的建筑等连接时，相邻建筑的间距未满足防火距离的要求。

【原因分析】违反《建筑设计防火规范》GB 50016—2014（2018 年版）第 5.2.2 条第 6 款关于建筑之间的防火间距的规定，属于违反强制性条文要求。

【处理措施】相邻建筑通过连廊、天桥或底部的建筑物等连接时，相应的建筑间距同样按两栋建筑之间的防火间距来退让。其建筑间距应满足表 12-18 的要求。

民用建筑之间的防火间距（m）　　　　　　　　　　　　表 12-18

建筑类别		高层民用建筑		裙房和其他民用建筑		
		一、二级	一、二级	三级	四级	
高层民用建筑	一、二级	13	9	11	14	
裙房和其他民用建筑	一、二级	9	6	7	9	
	三级	11	7	8	10	
	四级	14	9	10	12	

注：本表摘自《建筑设计防火规范》GB 50016—2014（2018 年版）。

问题 157：厂房、仓库、公共建筑未在每层设置可供消防救援人员进入的窗口。

【原因分析】违反《建筑设计防火规范》GB 50016—2014（2018 年版）第 7.2.4 条关于设置救援窗口的规定，属于违反强制性条文要求。

【处理措施】厂房、仓库、公共建筑的外墙应在每层的适当位置设置可供消防救援人员进入的窗口。平面位置选择在公共走道、楼梯及前室等公共区域，避免设置在建筑凹槽处或者功能房间内等消防人员无法进入的区域。供消防救援人员进入的窗口的净高度和净宽度均不应小于 1.0m，下沿距室内地面不宜大于 1.2m，间距不宜大于 20m 且每个防火分区不应少于 2 个，设置位置应与消防车登高操作场地相对应。窗口的玻璃应易于破碎，并应设置可在室外易于识别的明显标志。

问题 158：建筑层数超过 4 层时，楼梯间未直通室外，也未设置直通室外的扩大封闭楼梯间或防烟楼梯间前室。

【原因分析】违反《建筑设计防火规范》GB 50016—2014（2018 年版）第 5.5.17 条第 2 款、第 5.5.29 条第 2 款关于建筑楼梯疏散直通室外的规定，以及第 6.4.2 条第 4 款、第 6.4.3 条第 6 款关于首层扩大封闭楼梯间和扩大前室的规定，属于违反强制性条文要求。

【处理措施】楼梯间应在首层直通室外，或在首层采用扩大的封闭楼梯间或防烟楼梯间前室。楼梯间的首层可将走道和门厅等包括在楼梯间前室内形成扩大的封闭楼梯间或前室，但应采用乙级防火门等与其他走道和房间分隔。需注意垃圾道、管道井等的检查门等，不能直接开向楼梯间内。

建筑层数不大于4层的建筑内部垂直疏散距离相对较短，当楼层数不大于4层时，楼梯间到达首层后可通过15m的疏散走道到达直通室外的安全出口。

问题159：单元式住宅建筑，建筑高度大于27m、不大于54m，每个单元仅设置一座疏散楼梯时，单元间屋面未连通。

【原因分析】违反《建筑设计防火规范》GB 50016—2014（2018年版）第5.5.26条关于住宅建筑两个单元安全出口数量的规定，属于违反强制性条文要求。

【处理措施】每个单元的疏散楼梯应通至屋面，且单元之间的疏散楼梯应能通过屋面连通，使人员通过相邻单元的楼梯进行疏散，来满足两个不同疏散方向的要求；户门应采用乙级防火门。当不能通至屋面或不能通过屋面连通时，应设置两个安全出口。

问题160：商业疏散宽度设计错误，其每100人最小疏散净宽度的楼层选择错误，仅选用了所在楼层人数进行计算。

【原因分析】违反《建筑设计防火规范》GB 50016—2014（2018年版）第5.5.21条第1款及第7款关于商业疏散宽度计算的规定。其中违反《建筑设计防火规范》GB 50016—2014（2018年版）第5.5.21条第1款，属于违反强制性条文要求。

【处理措施】应按防火分区建筑面积计算人员密度，不得再按照原规范折减营业厅面积。每百人最小疏散宽度系数选择，按商业建筑总楼层数进行选择，并非按所计算本层楼层系数进行计算。

每100人的最小疏散净宽度和商店营业厅人员密度的计算应满足表12-19和表12-20的规定。

每层的房间疏散门、安全出口、疏散走道和疏散楼梯的每100人最小疏散宽度（m/百人）　　表12-19

建筑层数		建筑的耐火等级		
		一、二级	三级	四级
地上楼层	1～2层	0.65	0.75	1.00
	3层	0.75	1.00	—
	≥4层	1.00	1.25	—
地下楼层	与地面出入口地面的高层 $\Delta H \leqslant 10m$	0.75	—	—
	与地面出入口地面的高层 $\Delta H > 10m$	1.00	—	—

注：本表摘自《建筑设计防火规范》GB 50016—2014（2018年版）。

商店营业厅内的人员密度（人/m²）　　表12-20

楼层位置	地下第二层	地下第一层	地上第一、二层	地上第三层	地上第四层及以上各层
人员密度	0.56	0.60	0.43～0.60	0.39～0.54	0.30～0.42

注：本表摘自《建筑设计防火规范》GB 50016—2014（2018年版）。

问题161：公共建筑内的部分安全出口不能直通室外的防火分区，利用通向相邻防火分区的甲级防火门作为安全出口时，其通向相邻防火分区的疏散宽度不满足相关要求。

【原因分析】违反《建筑设计防火规范》GB 50016—2014（2018年版）第5.5.9条第3款关于

利用相邻防火分区进行疏散的相关规定。

【处理措施】安全出口全部直通室外确有困难的防火分区，通向相邻防火分区的疏散净宽度不应大于其按规定计算所需疏散总净宽度的30%，建筑各层直通室外的安全出口总净宽度不应小于按规定计算所需疏散总净宽度。

疏散总净宽度的计算不应小于《建筑设计防火规范》GB 50016—2014（2018年版）第5.5.21条的规定。

问题162：住宅建筑户内的疏散距离过长，不满足相关要求。

【原因分析】违反《建筑设计防火规范》GB 50016—2014（2018年版）第5.5.29条第3款关于住宅建筑户内安全疏散距离的规定，属于违反强制性条文要求。

【处理措施】住宅建筑户内任一点至直通疏散走道的户门的直线距离不应大于表12-21规定的袋形走道两侧或尽端的疏散门至最近安全出口的最大直线距离。跃层式住宅，户内楼梯的距离可按其梯段水平投影长度的1.5倍计算。

住宅建筑直通疏散走道的户门至最近安全出口的直线距离（m）　　　表 12-21

住宅建筑类别	位于两个安全出口之间的户门			位于袋形走道两侧或尽端的户门		
	一、二级	三级	四级	一、二级	三级	四级
单、多层	40	35	25	22	20	15
高层	40	—	—	20	—	—

注：本表摘自《建筑设计防火规范》GB 50016—2014（2018年版）。

问题163：防烟楼梯间前室、消防电梯前室或合用前室的使用面积未达到规范规定的最小面积。

【原因分析】违反《建筑设计防火规范》GB 50016—2014（2018年版）第5.5.28条第3款和第4款、第6.4.3条第3款及第7.3.5条第2款关于前室使用面积的规定，其中违反《建筑设计防火规范》GB 50016—2014（2018年版）第6.4.3条第3款及第7.3.5条第2款，属于违反强制性条文要求。

【处理措施】规范要求前室面积为使用面积，应按规范要求的面积执行，适当预留装修尺寸，标明装修后前室的使用面积。

剪刀楼梯间的前室共用时，前室的使用面积不应小于6.0m²；共用前室与消防电梯的前室合用时，合用前室的使用面积不应小于12.0m²，且短边不应小于2.4m。

防烟楼梯间前室的使用面积：公共建筑、高层厂房（仓库），不应小于6.0m²；住宅建筑，不应小于4.5m²。与消防电梯间前室合用时，合用前室的使用面积：公共建筑、高层厂房（仓库），不应小于10.0m²；住宅建筑，不应小于6.0m²。

消防电梯前室的使用面积不应小于6.0m²，前室的短边不应小于2.4m；与防烟楼梯间合用的前室，其使用面积尚应符合《建筑设计防火规范》GB 50016—2014（2018年版）第5.5.28条和第6.4.3条的规定。

问题164：建筑的疏散门、安全出口的净宽不满足规范要求。

【原因分析】违反《建筑设计防火规范》GB 50016—2014（2018年版）第5.5.18条关于公共建筑内疏散门和安全出口净宽的规定，以及第5.5.30条关于住宅建筑的户门安全出口净宽的规定，属于违反强制性条文要求。

【处理措施】疏散门和安全出口需要考虑门框、门扇厚度对净宽尺寸的影响，其净宽应满足规范规定的最小净宽度要求。根据疏散门的不同选型，门洞预留 150～200mm 的装修空间。

公共建筑内疏散门和安全出口的净宽度不应小于 0.90m，疏散走道和疏散楼梯的净宽度不应小于 1.10m。高层公共建筑内楼梯间的首层疏散门、首层疏散外门、疏散走道和疏散楼梯的最小净宽度应符合表 12-22 的规定。

高层公共建筑内楼梯间的首层疏散门、首层疏散外门、疏散走道和疏散楼梯的最小净宽度（m）

表 12-22

建筑类别	楼梯间的首层疏散门、首层疏散外门	走道		疏散楼梯
		单面布房	双面布房	
高层医疗建筑	1.30	1.40	1.50	1.30
其他高层公共建筑	1.20	1.30	1.40	1.20

注：本表摘自《建筑设计防火规范》GB 50016—2014（2018 年版）。

住宅建筑的户门和安全出口的净宽度不应小于 0.90m，疏散走道、疏散楼梯和首层疏散外门的净宽度不应小于 1.10m。

问题 165：开向疏散楼梯或疏散楼梯间的门，当其完全开启后，楼梯平台的有效宽度不满足规范要求。

【原因分析】违反《建筑设计防火规范》GB 50016—2014（2018 年版）第 6.4.11 条第 3 款关于楼梯间平台有效疏散宽度的规定，属于违反强制性条文要求。

【处理措施】开向疏散楼梯或疏散楼梯间的门，当其完全开启时，不应减少楼梯平台的有效宽度。适当扩大楼梯间长度，调整楼梯间疏散门位置，或适当加宽楼梯平台宽度，以满足当疏散门完全开启时，不减少楼梯平台的有效宽度。

问题 166：建筑采用推拉门、卷帘门、吊门、转门和折叠门作为疏散门，不满足规范要求。

【原因分析】违反《建筑设计防火规范》GB 50016—2014（2018 年版）第 6.4.11 条第 1 款关于疏散门类型的规定，属于违反强制性条文要求。

【处理措施】民用建筑和厂房的疏散门，应采用向疏散方向开启的平开门，不应采用推拉门、卷帘门、吊门、转门和折叠门。此类型的门，在人群紧急疏散情况下无法保证安全、快速疏散，不允许作为疏散门。

问题 167：疏散楼梯间靠外墙设置时，楼梯间、前室及合用前室外墙上的窗口与两侧门、窗、洞口距离不满足规范要求。

【原因分析】违反《建筑设计防火规范》GB 50016—2014（2018 年版）第 6.4.1 条第 1 款关于疏散楼梯间窗洞两侧的防火距离规定。

【处理措施】靠外墙设置的疏散楼梯间、前室及合用前室外墙上的窗口与两侧门、窗、洞口最近边缘的水平距离不应小于 1.0m，确保火灾时疏散楼梯间内不被烟火侵袭。

问题 168：住宅建筑外墙上相邻户之间的墙体宽度不满足相关规定。

【原因分析】违反《建筑设计防火规范》GB 50016—2014（2018 年版）第 6.2.5 条关于住宅建筑外墙相邻户开口之间防火措施的规定，属于违反强制性条文要求。

【处理措施】住宅建筑外墙上相邻户开口之间的墙体宽度不应小于 1.0m；小于 1.0m 时，应在开口之间设置突出外墙不小于 0.6m 的隔板。实体墙、防火挑檐和隔板的耐火极限和燃烧性能，均不应低于相应耐火等级建筑外墙的要求。

问题 169：防火墙设置在转角处时，内转角两侧的门、窗、洞口之间的水平距离过近，未满足相关要求。

【原因分析】违反《建筑设计防火规范》GB 50016—2014（2018 年版）第 6.1.4 条关于防火墙两侧门、窗、洞口的防火措施的规定。

【处理措施】建筑内的防火墙设置在转角处时，内转角两侧墙上的门、窗、洞口之间最近边缘的水平距离不应小于 4.0m；采取设置乙级防火窗等防止火灾水平蔓延的措施时，该距离不限。不可开启窗扇的乙级防火窗、火灾时可自动关闭的乙级防火窗、防火卷帘或防火分隔水幕等均可视为有效防火措施。

问题 170：室外疏散楼梯的设置不满足相关规定。

【原因分析】违反《建筑设计防火规范》GB 50016—2014（2018 年版）第 6.4.5 条关于室外疏散楼梯的规定，属于违反强制性条文要求。

【处理措施】室外疏散楼梯应符合下列规定：

① 栏杆扶手的高度不应小于 1.10m，楼梯的净宽度不应小于 0.90m。

② 倾斜角度不应大于 45°。

③ 梯段和平台均应采用不燃材料制作。平台的耐火极限不应低于 1.00h，梯段的耐火极限不应低于 0.25h。

④ 通向室外楼梯的门应采用乙级防火门，并应向外开启。

⑤ 除疏散门外，楼梯周围 2m 内的墙面上不应设置门、窗、洞口。疏散门不应正对梯段。

满足上述规定的室外楼梯才能用作疏散，否则不能作为疏散楼梯。

问题 171：建筑外墙上下层开口之间的墙体高度不满足规范要求。

【原因分析】违反《建筑设计防火规范》GB 50016—2014（2018 年版）第 6.2.5 条关于建筑外墙上下层开口之间墙体高度的规定，属于违反强制性条文要求。

【处理措施】建筑外墙上下层开口之间应设置高度不小于 1.2m 的实体墙或挑出宽度不小于 1.0m、长度不小于开口宽度的防火挑檐；当室内设置自动喷水灭火系统时，上下层开口之间的实体墙高度不应小于 0.8m。当上下层开口之间设置实体墙确有困难时，可设置防火玻璃墙，但高层建筑的防火玻璃墙的耐火完整性不应低于 1.00h，多层建筑的防火玻璃墙的耐火完整性不应低于 0.50h。外窗的耐火完整性不应低于防火玻璃墙的耐火完整性要求。

问题 172：建筑幕墙在每层楼板外沿处未采取防火措施。

【原因分析】违反《建筑设计防火规范》GB 50016—2014（2018 年版）第 6.2.6 条关于建筑幕墙防火措施的规定，属于违反强制性条文要求。

【处理措施】幕墙与每层楼板、隔墙处的缝隙应采用防火封堵材料封堵。幕墙与周边防火分隔构件之间的缝隙、与楼板或者隔墙外沿之间的缝隙、与相邻的实体墙洞口之间的缝隙等的填充材料常用玻璃棉、硅酸铝棉等不燃材料，填塞高度不应小于 200mm。

问题173：疏散走道两侧采用玻璃隔断，且未明确其耐火极限。

【原因分析】违反《建筑设计防火规范》GB 50016—2014（2018年版）第5.1.2条关于不同耐火等级建筑相应构件的燃烧性能和耐火极限的规定。

【处理措施】明确玻璃隔断的耐火极限，并符合表12-23的规定。耐火等级为一、二级的建筑，其疏散走道两侧的隔墙耐火极限应为1.00h。

不同耐火等级建筑相应构件的燃烧性能和耐火极限（h）   表12-23

构件名称		耐火等级			
		一级	二级	三级	四级
墙	防火墙	不燃性 3.00	不燃性 3.00	不燃性 3.00	不燃性 3.00
	承重墙	不燃性 3.00	不燃性 2.50	不燃性 2.00	难燃性 0.50
	非承重外墙	不燃性 1.00	不燃性 1.00	不燃性 0.50	可燃性
	楼梯间和前室的墙、电梯井的墙、住宅建筑单元之间的墙和分户墙	不燃性 2.00	不燃性 2.00	不燃性 1.50	难燃性 0.50
	疏散走道两侧的隔墙	不燃性 1.00	不燃性 1.00	不燃性 0.50	难燃性 0.25
	房间隔墙	不燃性 0.75	不燃性 0.50	难燃性 0.50	难燃性 0.25
柱		不燃性 3.00	不燃性 2.50	不燃性 2.00	难燃性 0.50
梁		不燃性 2.00	不燃性 1.50	不燃性 1.00	难燃性 0.50
楼板		不燃性 1.50	不燃性 1.00	不燃性 0.50	可燃性
屋顶承重构件		不燃性 1.50	不燃性 1.00	可燃性 0.50	可燃性
疏散楼梯		不燃性 1.50	不燃性 1.00	不燃性 0.50	可燃性
吊顶（包括吊顶搁栅）		不燃性 0.25	难燃性 0.25	难燃性 0.15	可燃性

注：本表摘自《建筑设计防火规范》GB 50016—2014（2018年版）。

问题174：商业内的厨房与其他功能空间分隔的隔墙上未采用乙级防火门窗。

【原因分析】违反《建筑设计防火规范》GB 50016—2014（2018年版）第6.2.3条第5款，以及《饮食建筑设计标准》JGJ 64—2017第4.3.10条关于厨房与其他部位分隔的规定。

【处理措施】除居住建筑中套内的厨房外，宿舍、公寓建筑中的公共厨房和其他建筑内的厨房与其他部位分隔，防火隔墙上的门、窗应采用乙级防火门、窗。防火隔墙的耐火极限不应低于2.00h。

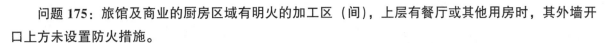

问题175：旅馆及商业的厨房区域有明火的加工区（间），上层有餐厅或其他用房时，其外墙开口上方未设置防火措施。

【原因分析】违反《饮食建筑设计标准》JGJ 64—2017第4.3.11条关于厨房外墙开口设置防火措施的规定。

【处理措施】厨房有明火的加工区（间）上层有餐厅或其他用房时，其外墙开口上方应设置宽度不小于1.0m、长度不小于开口宽度的防火挑檐；或在建筑外墙上下层开口之间设置高度不小于1.2m的实体墙。

问题176：建筑的地下部分与地上部分共用楼梯间时，未在地上地下相交接的部位做相应的防火处理措施。

【原因分析】违反《建筑设计防火规范》GB 50016—2014（2018年版）第6.4.4条第3款关于地下地上共用疏散楼梯的规定，属于违反强制性条文要求。

【处理措施】建筑的地下或半地下部分与地上部分不应共用楼梯间，确需共用楼梯间时，应在首层采用耐火极限不低于2.00h的防火隔墙和乙级防火门将地下或半地下部分与地上部分的连通部位完全分隔，并应设置明显的标志。

问题177：Ⅰ类汽车库内某防火分区人员安全出口的数量不满足规范要求。

【原因分析】违反《汽车库、修车库、停车场设计防火规范》GB 50067—2014第6.0.2条关于车库安全出口的设置规定。

【处理措施】汽车库内每个防火分区的人员安全出口不应少于两个，Ⅳ类汽车库和Ⅲ、Ⅳ类修车库可设置1个。因此每个防火分区至少设两个独立的疏散楼梯或直通室外的疏散门，相邻防火分区不可相互借用安全出口数量及疏散距离。在满足防火分区的安全出口和疏散距离后，相邻两个防火分区可以共用疏散楼梯，其楼梯间的门应设甲级防火门。

问题178：车库内疏散通道、疏散口及设备用房疏散门被停车位遮挡，影响疏散。

【原因分析】违反《建筑设计防火规范》GB 50016—2014（2018年版）第5.5.18条关于疏散通道的规定，属于违反强制性条文要求。

【处理措施】车位布置时应设置不小于1.1m净宽的人行疏散通道通向疏散门，疏散门均开向疏散方向。停车位也不应遮挡楼梯疏散门或设备用房疏散门，阻碍疏散门开启。

问题179：地下车库内的电梯未设电梯厅直接开向车库，或电梯厅采用普通玻璃隔断与车库分隔。

【原因分析】违反《建筑设计防火规范》GB 50016—2014（2018年版）第5.5.6条关于地下车库电梯厅设置的规定。

【处理措施】直通建筑内附设汽车库的电梯，应在汽车库部分设置电梯候梯厅，并应采用耐火极限不低于2.00h的防火隔墙和乙级防火门与汽车库分隔。

问题180：地下车库内消防设备用房开向建筑内的门的防火等级设置错误。

【原因分析】违反《建筑设计防火规范》GB 50016—2014（2018年版）第6.2.7条关于建筑内设置消防设备房等重要设备房的防火分隔规定，属于违反强制性条文要求。

【处理措施】通风、空气调节机房和变配电室开向建筑内的门应采用甲级防火门，消防控制室和其他设备房开向建筑内的门应采用乙级防火门。附设在建筑内的消防控制室、灭火设备室、消防水泵房和通风空气调节机房、变配电室等，应采用耐火极限不低于 2.00h 的防火隔墙和 1.50h 的楼板与其他部位分隔。

问题 181：消防水泵房设置在地下三层或其室内地面与室外出入口地坪高差大于 10m。

【原因分析】违反《消防给水及消火栓系统技术规范》GB 50974—2014 第 5.5.12 条，以及《建筑设计防火规范》GB 50016—2014（2018 年版）第 8.1.6 条关于消防水泵房设置的规定，属于违反强制性条文要求。

【处理措施】附设在建筑内的消防水泵房，不应设置在地下三层及以下或室内地面与室外出入口地坪高差大于 10m 的地下楼层；应采用耐火极限不低于 2.00h 的防火隔墙和 1.50h 的楼板与其他部位隔开，其疏散门应直通室外或安全出口，开向疏散走道的门应采用甲级防火门。

问题 182：消防水泵房和消防控制室未设置排水设施和防水淹措施。

【原因分析】违反《消防给水及消火栓系统技术规范》GB 50974—2014 第 5.5.9 条第 3 款关于消防水泵房防排水的规定，及第 5.5.14 条关于消防水泵房防水淹的规定，违反《建筑设计防火规范》GB 50016—2014（2018 年版）第 8.1.8 条关于设置防水淹措施的规定，属于违反强制条文要求。

【处理措施】消防水泵房和消防控制室应采取防水淹的技术措施。在房间内设置排水沟、集水井等排水设施，设置门槛等防水淹措施，防止消防水泵房和消防控制室因被淹或进水而无法使用。当消防水泵房和消防控制室位于地下时，门槛高度大于 200mm；位于地上时，房间地面宜高出室外场地 300mm 以上。

问题 183：消防电梯未设集水坑。

【原因分析】违反《建筑设计防火规范》GB 50016—2014（2018 年版）第 7.3.7 条关于消防电梯排水设施和前室挡水设施的规定。

【处理措施】为确保消防电梯在灭火过程中能保持正常运行，消防电梯的井底应设置排水设施，排水井的容量不应小于 2m³，排水泵的排水量不应小于 10L/s。消防电梯间前室的门口宜设置挡水设施。

问题 184：锅炉房布置在人员密集场所的上下层或贴邻，其泄压方向朝向人员密集场所、房间和人行通道。

【原因分析】违反《建筑设计防火规范》GB 50016—2014（2018 年版）第 5.4.12 条，以及《锅炉房设计标准》GB 50041—2020 第 4.1.3 条、第 15.1.2 条关于锅炉房位置及防爆泄压的规定，属于违反强制性条文要求。

【处理措施】当锅炉房和其他建筑物相连或设置在其内部时，不应设置在人员密集场所和重要部门的上一层、下一层、贴邻位置以及主要通道、疏散口的两旁，应设置在首层或地下室一层靠建筑物外墙部位。

锅炉房的外墙、楼地面或屋面应有相应的防爆措施，并应有相当于锅炉间占地面积 10% 的泄压面积，泄压方向不得朝向人员聚集的场所、房间和人行通道，泄压处也不得与这些地方相邻。

问题 185：柴油发电机房布置在人员密集场所的上一层、下一层或贴邻。

【原因分析】违反《建筑设计防火规范》GB 50016—2014（2018 年版）第 5.4.13 条第 2 款关于柴油发电机房位置的规定，属于违反强制性条文要求。

【处理措施】民用建筑内的柴油发电机房不应布置在人员密集场所的上一层、下一层或贴邻。

问题 186：柴油发电机房内设置储油间时未注明储油量，且与发电机间之间的隔墙未明确耐火极限。

【原因分析】违反《建筑设计防火规范》GB 50016—2014（2018 年版）第 5.4.13 条第 4 款关于柴油发电机房设置的规定，属于违反强制性条文要求。

【处理措施】柴油发电机房内设置储油间时，其总储存量不应大于 $1m^3$，储油间应采用耐火极限不低于 3.00h 的防火隔墙与发电机间分隔；确需在防火隔墙上开门时，应设置甲级防火门。

问题 187：幼儿园疏散走道的净宽未满足规范要求。

【原因分析】违反《托儿所、幼儿园建筑设计规范》JGJ 39—2016（2019 年版）第 4.1.14 条关于走廊净宽的规定。

【处理措施】走道上的墙柱、开启的门窗、明装消火栓等均不应占用疏散走道净宽，影响通行。托儿所、幼儿园建筑走廊最小净宽不应小于表 12-24 的规定。

走廊最小净宽度（m）　　　　　　　　　　　　　　　　　　表 12-24

房间名称	走廊布置	
	中间走廊	单面走廊或外廊
生活用房	2.4	1.8
服务、供应用房	1.5	1.3

注：本表摘自《托儿所、幼儿园建筑设计规范》JGJ 39—2016（2019 年版）。

问题 188：儿童游乐厅等儿童活动场所设置在商场的三层以上，高层建筑内的儿童游乐厅未单独设疏散楼梯。

【原因分析】违反《建筑设计防火规范》GB 50016—2014（2018 年版）第 5.4.4 条关于儿童活动场所设置在其他民用建筑内的规定，属于违反强制性条文要求。

【处理措施】儿童游乐厅等儿童活动场所设置在其他民用建筑内时，应布置在三层及以下，且不应设置在地下或半地下；设置在高层建筑内时，应设置独立的安全出口和疏散楼梯，且不与其他楼层和场所内的疏散人员共用，应仅供儿童活动场所内人员疏散用。

问题 189：卡拉 OK 厅布置在四层，但一个厅、室的建筑面积大于 $200m^2$。

【原因分析】违反《建筑设计防火规范》GB 50016—2014（2018 年版）第 5.4.9 条关于娱乐场所设置在民用建筑内的规定，属于违反强制性条文要求。

【处理措施】卡拉 OK 厅（含具有卡拉 OK 功能的餐厅）布置在地下或四层及以上楼层时，一个厅、室的建筑面积不应大于 $200m^2$。厅、室之间及与建筑的其他部位之间，应采用耐火极限不低于 2.00h 的防火隔墙和 1.00h 的不燃性楼板分隔，设置在厅、室墙上的门和该场所与建筑内其他部位相通的门均应采用乙级防火门。

问题 190：电影院设置在其他民用建筑内时，未设独立的疏散楼梯。

【原因分析】违反《建筑设计防火规范》GB 50016—2014（2018年版）第5.4.7条关于电影院在其他民用建筑内疏散的规定。

【处理措施】电影院设置在其他民用建筑内时，至少应设置1个独立的安全出口和疏散楼梯，仅供该场所使用，不与其他用途的场所或楼层共用。

问题 191：医院和疗养院的病房楼内相邻护理单元之间未设防火墙分隔，房间门未设防火门。

【原因分析】违反《建筑设计防火规范》GB 50016—2014（2018年版）第5.4.5条关于病房楼内护理单元间防火分隔的规定，属于违反强制性条文要求；违反《综合医院建筑设计规范》GB 51039—2014第5.24.2条第2款关于公共走道处护理单元门的规定。

【处理措施】医院和疗养院的病房楼内相邻护理单元之间应采用耐火极限不低于2.00h的防火隔墙分隔，隔墙上的门应采用乙级防火门，设置在走道上的防火门应采用常开防火门。

问题 192：高层病房楼在二层及以上的病房楼层和洁净手术部未设置避难间。

【原因分析】违反《建筑设计防火规范》GB 50016—2014（2018年版）第5.5.24条关于高层病房楼设置避难间的规定，属于违反强制性条文要求。

【处理措施】高层病房楼应在二层及以上的病房楼层和洁净手术部设置避难间。避难间应符合下列规定：

① 避难间服务的护理单元不应超过2个，其净面积应按每个护理单元不小于25m² 确定。

② 避难间兼作其他用途时，应保证人员的避难安全，且不得减少可供避难的净面积。

③ 应靠近楼梯间，并应采用耐火极限不低于2.00h的防火隔墙和甲级防火门与其他部位分隔。

④ 应设置消防专线电话和消防应急广播。

⑤ 避难间的入口处应设置明显的指示标志。

⑥ 应设置直接对外的可开启窗口或独立的机械防烟设施，外窗应采用乙级防火窗。

问题 193：建筑高度大于50m的建筑，外墙上采用燃烧性能为 B₁ 级的装饰层或装饰线条。

【原因分析】违反《建筑设计防火规范》GB 50016—2014（2018年版）第6.7.12条关于外墙装饰材料燃烧性能的规定。

【处理措施】建筑高度大于50m的建筑，建筑外墙的装饰层应采用燃烧性能为 A 级的材料，但建筑高度不大于50m时，可采用 B₁ 级材料。

问题 194：会议厅装修材料燃烧性能等级未满足规范要求。

【原因分析】违反《建筑内部装修设计防火规范》GB 50222—2017第5.2.1条关于高层建筑内会议厅装修材料的燃烧性能等级的规定，属于违反强制性条文要求。

【处理措施】高层民用建筑内部各部位装修材料的燃烧性能等级，不应低于表12-25的规定。

高层民用建筑内部各部位装修材料的燃烧性能等级　　　　表 12-25

序号	建筑物及场所	建筑规模、性质	顶棚	墙面	地面	隔断	固定家具	窗帘	帷幕	床罩	家具包布	其他装修装饰材料
1	候机楼的候机大厅、贵宾候机室、售票厅、商店、餐饮场所等	—	A	A	B_1	B_1	B_1	B_1	—	—	—	B_1
2	汽车站、火车站、轮船客运站的候车(船)室、商店、餐饮场所等	建筑面积>10000m²	A	A	B_1	B_1	B_1	B_1	—	—	—	B_2
		建筑面积≤10000m²	A	B_1	B_1	B_1	B_1	B_1	—	—	—	B_2
3	观众厅、会议厅、多功能厅、等候厅等	每个厅建筑面积>400m²	A	A	B_1	B_1	B_1	B_1	B_1	—	B_1	B_1
		每个厅建筑面积≤400m²	A	B_1	B_1	B_1	B_2	B_1	B_1	—	B_1	B_1
4	商店的营业厅	每层建筑面积>1500m²或总建筑面积>3000m²	A	B_1	B_1	B_1	B_1	B_1	—	—	B_2	B_2
		每层建筑面积≤1500m²或总建筑面积≤3000m²	A	B_1	B_1	B_1	B_2	B_1	—	—	B_2	B_2
5	宾馆、饭店的客房及公共活动用房等	一类建筑	A	B_1	B_1	B_1	B_2	B_1	—	B_1	B_2	B_1
		二类建筑	A	B_1	B_1	B_2	B_2	B_2	—	B_2	B_2	B_2
6	养老院、托儿所、幼儿园的居住及活动场所	—	A	A	B_1	B_1	B_2	B_1	—	B_2	B_2	B_1
7	医院的病房区、诊疗区、手术区	—	A	A	B_1	B_1	B_2	B_1	—	B_2	B_2	B_2
8	教学场所、教学实验场所	—	A	B_1	B_2	B_2	B_2	B_1	—	—	B_1	B_2
9	纪念馆、展览馆、博物馆、图书馆、档案馆、资料馆等公共活动场所	一类建筑	A	B_1	B_1	B_1	B_2	B_1	—	B_1	B_2	B_1
		二类建筑	A	B_1	B_1	B_2	B_2	B_2	—	B_2	B_2	B_2
10	存放文物、纪念展览物品、重要图书、档案、资料的场所	—	A	A	B_1	B_1	B_2	B_1	—	—	B_1	B_2
11	歌舞娱乐游艺场所	—	A	B_1	B_1	B_1	B_2	B_1	B_1	B_1	B_1	B_1
12	A、B级电子信息系统机房及装有重要机器、仪器的房间	—	A	A	B_1	B_1	B_1	B_1	—	—	B_1	B_2
13	餐饮场所	—	A	B_1	B_1	B_1	B_2	B_1	—	—	B_1	B_2
14	办公场所	一类建筑	A	B_1	B_1	B_1	B_2	B_1	—	—	B_1	B_1
		二类建筑	A	B_1	B_2	B_2	B_2	B_2	—	—	B_2	B_2
15	电信楼、财贸金融楼、邮政楼、广播电视楼、电力调度楼、防灾指挥调度楼	一类建筑	A	A	B_1	B_1	B_1	B_1	—	—	B_2	B_1
		二类建筑	A	B_1	B_2	B_2	B_2	B_2	—	—	B_2	B_2
16	其他公共场所	—	A	B_1	B_1	B_1	B_2	B_1	—	B_2	B_2	B_2
17	住宅	—	A	B_1	B_1	B_1	B_2	B_1	—	B_1	B_2	B_1

注：本表摘自《建筑内部装修设计防火规范》GB 50222—2017。

问题 195：无窗房间内部装修材料的燃烧性能等级不满足规范要求。

【原因分析】违反《建筑内部装修设计防火规范》GB 50222—2017 第 4.0.8 条关于无窗房间内部装修材料的燃烧性能等级的规定，属于违反强制性条文要求。

【处理措施】无窗房间室内装修的要求应有所提高，其内部装修材料的燃烧性能等级除 A 级外，应在《建筑内部装修设计防火规范》GB 50222—2017 中表 5.1.1、表 5.2.1、表 5.3.1、表 6.0.1、表 6.0.5 规定的基础上提高一级。

问题 196：老年人用房墙面装饰材料燃烧性能等级未满足规范要求。

【原因分析】违反《建筑内部装修设计防火规范》GB 50222—2017 第 5.1.1 条关于养老院、托儿所、幼儿园的居住及活动场所墙面装饰材料燃烧性能等级的规定，属于违反强制性条文要求。

【处理措施】单层、多层民用建筑内部各部位装修材料的燃烧性能等级，不应低于表 12-26 的规定。

单层、多层民用建筑内部各部位装修材料的燃烧性能等级 表 12-26

序号	建筑物及场所	建筑规模、性质	装修材料燃烧性能等级							
			顶棚	墙面	地面	隔断	固定家具	装饰织物		其他装修装饰材料
								窗帘	帷幕	
1	候机楼的候机大厅、贵宾候机室、售票厅、商店、餐饮场所等	—	A	A	B_1	B_1	B_1	B_1	—	B_1
2	汽车站、火车站、轮船客运站的候车（船）室、商店、餐饮场所等	建筑面积>10000m²	A	A	B_1	B_1	B_1	B_1	—	B_2
		建筑面积≤10000m²	A	B_1	B_1	B_1	B_1	B_1	—	B_2
3	观众厅、会议厅、多功能厅、等候厅等	每个厅建筑面积>400m²	A	A	B_1	B_1	B_1	B_1	B_1	B_1
		每个厅建筑面积≤400m²	A	B_1	B_1	B_1	B_1	B_1	B_2	B_2
4	体育馆	>3000 座位	A	A	B_1	B_1	B_1	B_1	B_1	B_2
		≤3000 座位	A	B_1	B_1	B_1	B_2	B_1	B_1	B_2
5	商店的营业厅	每层建筑面积>1500m² 或总建筑面积>3000m²	A	B_1	B_1	B_1	B_1	B_1	—	B_2
		每层建筑面积≤1500m² 或总建筑面积≤3000m²	A	B_1	B_1	B_1	B_2	B_1	—	B_2
6	宾馆、饭店的客房及公共活动用房等	设置送回风道（管）的集中空气调节系统	A	B_1	B_1	B_1	B_2	B_2	—	B_2
		其他	B_1	B_1	B_2	B_2	B_2	B_2	—	—
7	养老院、托儿所、幼儿园的居住及活动场所	—	A	A	B_1	B_1	B_2	B_1	—	B_2
8	医院的病房区、诊疗区、手术区	—	A	A	B_1	B_1	B_2	B_1	—	B_2
9	教学场所、教学实验场所	—	A	B_1	B_1	B_1	B_2	B_1	B_2	B_2
10	纪念馆、展览馆、博物馆、图书馆、档案馆、资料馆等公共活动场所	—	A	B_1	B_1	B_1	B_2	B_1	—	B_2

续表

序号	建筑物及场所	建筑规模、性质	装修材料燃烧性能等级							
			顶棚	墙面	地面	隔断	固定家具	装饰织物		其他装修装饰材料
								窗帘	帷幕	
11	存放文物、纪念展览物品、重要图书、档案、资料的场所	—	A	A	B₁	B₁	B₂	B₁	—	B₂
12	歌舞娱乐游艺场所	—	A	B₁	B₁	B₁	B₁	B₁	B₁	B₁
13	A、B级电子信息系统机房及装有重要机器、仪器的房间	—	A	A	B₁	B₁	B₁	B₁		B₁
14	餐饮场所	营业面积>100m²	A	B₁	B₁	B₁	B₂	B₁	—	B₂
		营业面积≤100m²	B₁	B₁	B₁	B₂	B₂	B₂	—	B₂
15	办公场所	设置送回风道(管)的集中空气调节系统	A	B₁	B₁	B₁	B₂	B₂	—	B₂
		其他	B₁	B₁	B₂	B₂	B₂	—	—	—
16	其他公共场所	—	B₁	B₁	B₂	B₂	B₂	—	—	B₂
17	住宅	—	B₁	B₁	B₁	B₁	B₂	B₂	—	B₂

注：本表摘自《建筑内部装修设计防火规范》GB 50222—2017。

问题 197： 高层住宅建筑、地下车库内顶棚采用乳胶漆，不满足相关规范要求。

【原因分析】违反《建筑内部装修设计防火规范》GB 50222—2017 第 5.2.1 条和第 5.3.1 条关于建筑内部各部位装修材料的燃烧性能等级的相关规定，属于违反强制性条文要求。

【处理措施】高层住宅建筑、地下车库内顶棚的燃烧性能等级均应为 A 级，乳胶漆不能达到 A 级要求。可采用无机涂料。

12.10 建筑无障碍

问题 198： 居住建筑出入口设计不满足无障碍出入口要求。

【原因分析】违反《无障碍设计规范》GB 50763—2012 第 7.4.2 条第 1 款关于居住建筑无障碍出入口的规定。

【处理措施】设置电梯的居住建筑（含住宅、宿舍建筑）均应至少设置 1 处无障碍出入口，通过无障碍通道直达电梯厅；未设置电梯的低层和多层居住建筑，但设置有无障碍住房及宿舍时，均应设置无障碍出入口；设置电梯的居住建筑，每居住单元至少应设置 1 部能直达户门的无障碍电梯。

问题 199： 无障碍住房及宿舍设在二层及二层以上且未设置电梯时，楼梯未按无障碍楼梯设计。

【原因分析】违反《无障碍设计规范》GB 50763—2012 第 7.4.4 条关于居住建筑无障碍住房公共楼梯的规定。

【处理措施】无障碍住房及宿舍设在二层及二层以上且未设置电梯时，其公共楼梯应按无障碍楼梯要求设计，公共建筑楼梯的踏步宽度不应小于 280mm，踏步高度不应大于 160mm。

问题 200：住宅首层门厅大门开启后，建筑入口的平台净宽度不满足要求。

【原因分析】违反《无障碍设计规范》GB 50763—2012 第 3.3.2 条第 4 款以及《住宅设计规范》GB 50096—2011 第 6.6.3 条关于住宅建筑入口平台净宽要求的规定，属于违反强制性条文要求。

【处理措施】考虑轮椅使用者与正常人流能同时进行，避免交叉干扰，七层及七层以上住宅建筑入口平台宽度不应小于 2.00m，七层以下平台宽度不应小于 1.50m，该净宽为门完全开启状态下建筑物无障碍出入口的平台的净深度。

问题 201：住宅无障碍公共入口处门槛凸起较高，影响无障碍通行。

【原因分析】违反《住宅设计规范》GB 50096—2011 第 6.6.2 条第 6 款关于住宅无障碍入口门槛高度要求的规定，属于违反强制性条文要求。

【处理措施】住宅建筑物无障碍入口处门槛高度及门内外地面高差不应大于 0.015m，并以斜坡过渡，无障碍住房入户门门槛高度均应满足该要求。

问题 202：公共建筑设置电梯，但电梯均未按无障碍电梯标准进行设计。

【原因分析】违反《无障碍设计规范》GB 50763—2012 第 8.1.4 条关于公共建筑设电梯时对无障碍电梯要求的规定，属于违反强制性条文要求。

【处理措施】公共建筑内设置电梯时，至少应设置 1 部无障碍电梯，其候梯厅深度不宜小于 1.8m；呼叫按钮高度为 0.9～1.1m。轿厢三面壁上应设高 850～900mm 扶手；轿厢门开启的净宽不应小于 800mm；轿厢的侧壁上应设高 0.9～1.1m 带盲文的选层按钮。

问题 203：各类型公共建筑出入口、室内通道、楼梯未按无障碍设计要求设计。

【原因分析】违反《无障碍设计规范》GB 50763—2012 第 8.2.2 条第 1 款、第 8.2.3 条第 1 款关于办公建筑无障碍出入口的规定。

违反《无障碍设计规范》GB 50763—2012 第 8.3.2 条第 1 款、第 2 款关于教育建筑无障碍出入口、无障碍楼梯的规定。

违反《无障碍设计规范》GB 50763—2012 第 8.4.2 条第 3 款、第 6 款、第 7 款关于医疗康复建筑中病人、康复人员使用的建筑的无障碍出入口、无障碍电梯及无障碍楼梯的规定。

违反《无障碍设计规范》GB 50763—2012 第 8.5.2 条第 3 款、第 6 款、第 7 款关于福利及特殊服务建筑的主要出入口、楼梯、电梯需满足无障碍要求的规定。

违反《无障碍设计规范》GB 50763—2012 第 8.8.2 条关于商业服务建筑的无障碍出入口、无障碍通道及无障碍楼梯的规定。

【处理措施】为公众办理业务与信访接待的办公建筑的主要出入口应设置为无障碍入口；其他办公建筑至少应设置 1 处无障碍出入口，宜设置在主入口。无障碍出入口应满足轮椅通行要求。

教育建筑中教师、学生、婴幼儿使用的无障碍出入口应设置在主要出入口处，满足轮椅通行要求，宜设置为平坡出入口；主要教学用房应至少设置 1 部无障碍楼梯。

医疗康复建筑中病人、康复人员使用的建筑的主要出入口应为无障碍出入口；同一建筑内应至少设置 1 部无障碍楼梯；建筑内设置电梯时，每组电梯应至少设置 1 部无障碍电梯。

福利院、敬（养）老院、老年护理院、老年住宅等特殊服务建筑的主要出入口应为无障碍出入口，楼梯应按无障碍楼梯设计，楼梯踏步宽度不应小于 280mm，踏步高度不应大于 160mm；电梯应按无障碍电梯要求，满足《无障碍设计规范》GB 50763—2012 第 3.7 条的要求。

商业服务建筑至少应设置 1 处无障碍出入口，宜位于主要出入口处；公众通行的室内走道应为无障碍通道；供公众使用的主要楼梯应为无障碍楼梯。

问题 204：无障碍停车位的设置不满足相关要求。

【原因分析】违反《无障碍设计规范》GB 50763—2012 第 3.14.1 条～第 3.14.4 条、第 7.3.3 条第 1 款、第 3 款和第 8.10.1 条第 1 款、第 2 款、第 3 款关于无障碍停车位设置的规定。

【处理措施】居住区停车库的总停车位应设置不少于 0.5% 的无障碍机动车停车位；若设有多个停车场和车库，宜每处设置不少于 1 个无障碍机动车停车位；车库的人行出入口应为无障碍出入口，设置在非首层的车库应设无障碍通道与无障碍电梯或无障碍楼梯连通，直达首层。

Ⅰ类Ⅱ类及Ⅲ类公共停车库应设置无障碍机动车停车位，数量不少于停车数量的 2%，且Ⅱ类及Ⅲ类公共停车库无障碍机动车停车位数量不应少于 2 个。

Ⅳ类公共停车库应设置不少于 1 个无障碍机动车停车位。

应将通行方便、行走距离路线最短的停车位设为无障碍机动车停车位。无障碍机动车停车位的地面应平整、防滑、不积水，地面坡度不应大于 1：50。无障碍机动车停车位一侧，应设宽度不小于 1.20m 的通道，供乘轮椅者从轮椅通道直接进入人行道和到达无障碍出入口。

问题 205：无障碍住房、无障碍宿舍和无障碍客房的设置不满足相关要求。

【原因分析】违反《无障碍设计规范》GB 50763—2012 第 7.4.3 条、第 7.4.5 条、第 8.8.3 条关于无障碍住房、无障碍宿舍和无障碍客房的设置规定。

【处理措施】居住建筑应按每 100 套住房设置不少于 2 套无障碍住房。

宿舍建筑中，男女宿舍应分别设置无障碍宿舍，每 100 套宿舍各应设置不少于 1 套无障碍宿舍。

旅馆等商业服务建筑应设置无障碍客房，其数量应符合下列规定：

① 100 间以下，应设 1～2 间无障碍客房。

② 100～400 间，应设 2～4 间无障碍客房。

③ 400 间以上，应至少设 4 间无障碍客房。

问题 206：无障碍出入口的平坡出入口的地面坡度大于 1：20。

【原因分析】违反《无障碍设计规范》GB 50763—2012 第 3.3.3 条第 1 款关于平坡最大坡度的规定。

【处理措施】因平坡未设置残疾人扶手，坡度较大，轮椅使用不方便，故平坡出入口的地面坡度应控制在 1：20 以下。

问题 207：无障碍出入口的轮椅坡道除去扶手净宽度不够，最大高度和水平长度不满足要求，坡道中间休息平台净宽度不够。

【原因分析】违反《无障碍设计规范》GB 50763—2012 第 3.4.2 条、第 3.4.4 条、第 3.4.6 条关于轮椅坡道最小宽度、最大高度和水平长度、轮椅坡道休息平台最小水平长度的规定。

【处理措施】无障碍出入口的轮椅坡道需要扣除抹灰、栏杆及内装材料等厚度后不小于 1.20m，故图纸中表达的走道宽度应至少扩大 100～200mm 以上的装修空间。

轮椅坡道的最大高度和水平长度应符合表 12-27 的规定。

轮椅坡道的最大高度和水平长度   表 12-27

坡度	1：20	1：16	1：12	1：10	1：8
最大高度（m）	1.20	0.90	0.75	0.60	0.30
水平长度（m）	24.00	14.40	9.00	6.00	2.40

注：本表摘自《无障碍设计规范》GB 50763—2012。

根据场地高差设计坡度，超过对应坡度的水平长度后应设置休息平台。在无障碍坡道中，所有休息平台的水平长度均要满足最小 1.50m 的要求，便于乘轮椅者调整方向转动轮椅。

问题 208：室内走道和人流较多或较集中的大型公共建筑的室内走道宽度不满足要求，无障碍通行的门宽度不满足要求。

【原因分析】违反《无障碍设计规范》GB 50763—2012 第 3.5.1 条第 1 款关于无障碍通道最小宽度的规定，以及第 3.5.3 条第 2 款、第 3 款关于无障碍通行的门最小宽度的规定。

【处理措施】无障碍通道中室内走道需要扣除抹灰、内装材料等厚度后不小于 1.20m，人流较多或较集中的大型公共建筑的室内走道不宜小于 1.80m，故图纸中表达的走道宽度至少应扩大 100～200mm 以上的装修空间。

考虑无障碍门使用方便与安全，乘轮椅者坐在轮椅上的净宽度为 750mm，目前有些型号的电动轮椅的宽度有所增大，平开门、推拉门开启后通行宽度不应小于 800mm，当有条件时宜将门的净宽度不小于 900mm，自动门开启后不应小于 1m。

问题 209：无障碍楼梯、台阶的设置位置及设置要求不满足相关要求。

【原因分析】违反《无障碍设计规范》GB 50763—2012 第 3.6.1 条、第 3.6.2 条、第 7.3.1 条、第 7.4.4 条、第 8.2.2 条第 4 款、第 8.3.2 条第 2 款、第 8.4.2 条第 6 款、第 8.5.2 条第 6 款、第 8.6.2 条第 5 款、第 8.7.2 条第 4 款、第 8.8.2 条第 4 款和第 8.9.2 条第 5 款关于无障碍楼梯、台阶设置的规定。

【处理措施】居住建筑当无障碍住房及宿舍设在二层及以上且未设置电梯时，其公共楼梯应为无障碍楼梯，公共建筑内应至少设置 1 部无障碍楼梯，且为使用的主要楼梯。

无障碍楼梯应符合下列规定：

① 宜采用直线形楼梯。

② 公共建筑楼梯的踏步宽度不应小于 280mm，踏步高度不应大于 160mm。

③ 不应采用无踢面和直角形突缘的踏步。

④ 宜在两侧均做扶手。

⑤ 如采用栏杆式楼梯，在栏杆下方宜设置安全阻挡措施。

⑥ 踏面应平整防滑或在踏面前缘设防滑条。

⑦ 距踏步起点和终点 250～300mm 宜设提示盲道。

⑧ 踏面和踢面的颜色宜有区分和对比。

⑨ 楼梯上行及下行的第一阶宜在颜色或材质上与平台有明显区别。

台阶的无障碍设计应符合下列规定：

① 公共建筑的室内外台阶踏步宽度不宜小于 300mm，踏步高度不宜大于 150mm，并不应小于 100mm。

② 踏步应防滑。

③ 三级及三级以上的台阶应在两侧设置扶手。

④ 台阶上行及下行的第一阶宜在颜色或材质上与其他阶有明显区别。

问题 210：无障碍电梯、升降平台的设置不满足相关要求。

【原因分析】违反《无障碍设计规范》GB 50763—2012 第 3.7.1 条～第 3.7.3 条、第 7.3.1 条、第 7.4.2 条、第 8.1.4 条关于无障碍电梯、升降平台的设置规定。其中，违反第 3.7.3 条第 3 款、第 5 款、第 8.1.4 条，属于违反强制性条文要求。

【处理措施】设置电梯的居住建筑应至少设置 1 处无障碍出入口，通过无障碍通道直达电梯厅，每居住单元至少应设置 1 部能直达户门层的无障碍电梯。公共建筑内设有电梯时，至少应设置 1 部无障碍电梯。

无障碍电梯的候梯厅深度不宜小于 1.50m，公共建筑及设置病床梯的候梯厅深度不宜小于 1.80m。无障碍电梯的轿厢的规格应依据建筑性质和使用要求的不同而选用。最小规格为深度不应小于 1.40m，宽度不应小于 1.10m；中型规格为深度不应小于 1.60m，宽度不应小于 1.40m；医疗建筑与老人建筑宜选用病床专用电梯。

升降平台应符合下列规定：

① 升降平台只适用于场地有限的改造工程。

② 垂直升降平台的深度不应小于 1.20m，宽度不应小于 900mm，应设扶手、挡板及呼叫控制按钮。

③ 垂直升降平台的基坑应采用防止误入的安全防护措施。

④ 斜向升降平台宽度不应小于 900mm，深度不应小于 1.00m，应设扶手和挡板。

⑤ 垂直升降平台的传送装置应有可靠的安全防护装置。

问题 211：无障碍厕位的尺寸不满足相关要求。

【原因分析】违反《无障碍设计规范》GB 50763—2012 第 3.9.2 条第 1 款关于无障碍厕位最小尺寸要求的规定。

【处理措施】无障碍厕位应方便乘轮椅者到达和进出，净空尺寸不应小于 1.80m×1.00m，宜为 2.00m×1.50m。

12.11　建筑节能与绿色建筑

问题 212：超高层建筑设计项目中，外墙保温系统设计耐久性和构造安全不足，且未进行专项论证。

【原因分析】违反《公共建筑节能设计标准》GB 50189—2015 第 1.0.4 条的相关规定。

【处理措施】当建筑高度超过 150m 或单栋建筑地上建筑面积大于 200000m² 时，应对其节能（绿色建筑）设计进行专项论证。施工图审查前应按照当地主管部门要求组织专门论证，并提交相应超高超大建筑节能与绿色建筑设计专项论证报告、各专业设计图纸、节能（绿色建筑）设计说明、节能计算报告书、环境影响评价报告书、岩土工程勘察报告、相关专项分析报告（采光、噪声、自然通风等），以及相关合法性文件。

问题 213：外墙外保温工程的饰面层采用面砖等重质饰面材料，其相关设计依据不足，存在安全隐患情况。

【原因分析】违反《外墙饰面砖工程施工及验收规程》JGJ 126—2015 第 4.0.1 条关于外墙饰面砖工程应进行专项设计的规定。

【处理措施】外墙外保温工程的饰面层宜采用涂料、饰面砂浆等轻质材料。如采用面砖、重质饰面材料，应满足国家及相关地方标准要求。

以重庆市为例，应采用符合要求的陶瓷砖反打、干挂石材、外墙涂料、PVC 外墙板施工等工艺。

① 外墙面砖（陶瓷砖）现场粘贴工艺：a. 不得用于膨胀聚苯板等薄抹灰外墙外保温系统。b. 不得用于 20 层及以上或 60m 及以上的建筑外墙（底层或裙楼外墙除外）。c. 不得用于公共建筑裙楼外墙。

② 外墙面砖（陶瓷砖）有以下情况之一，严禁用于全市建筑工程：a. 单块面积大于 50cm^2。b. 厚度大于 5mm。c. 吸水率，干压砖大于 0.5%，挤压砖大于 3%。d. 单位面积质量大于 12kg/m^2。e. 冻融循环小于或等于 10 次。

问题 214：外墙保温系统设计深度不足，表达不完善。

【原因分析】外墙保温系统未明确材料燃烧性能等级、保温构造、粘贴方式、粘贴面积、锚固深度和个数、支撑托架、加强网设置等要求。

【处理措施】外墙保温系统设计应符合相关标准图集的规定。

以重庆市为例，针对不同材料的外墙外保温系统应明确以下相关设计要求：

① 增强型改性发泡水泥保温板燃烧性能等级为 A 级。涂料、饰面砂浆、柔性饰面块材饰面、非透明幕墙构造薄抹灰外墙外保温系统和涂料饰面外墙保温系统抹面层内铺设单层耐碱玻纤网；新型面砖饰面外墙外保温系统抹面层内铺设单层（丝径 0.90mm、网孔大小 12.7mm×12.7mm）热镀锌钢丝网，保温板应采用满粘法。外墙外保温系统应从建筑首层勒脚部位开始设置支撑托架，且按楼层每两层设置一道，支撑托架规格尺寸由保温层厚度确定。

② 垂直纤维岩棉板燃烧性能等级为 A 级。涂料（饰面砂浆）饰面、非透明幕墙构造岩棉板外保温系统抹面层内应设置双层耐碱玻纤网，建筑物首层墙面和易受碰撞部位的第二层网应采选用单位面积质量不小于 240g/m^2 的耐碱玻纤网。岩棉板与基层墙体的连接应采用粘锚结合工艺，并应采用满粘法。岩棉板外保温系统横向下端部应连续布置支撑托架，且支撑托架应经防腐处理，支撑托架之间的竖向间距不宜超过 10m 或三层建筑高度，横向间距不应大于 500mm。

③ 玻化微珠无机保温板燃烧性能等级为 A 级。涂料、饰面砂浆、柔性饰面块材饰面外墙外保温系统建筑物首层、易受冲击或碰撞部位墙面抹面层内应铺设双层耐碱玻纤网，其他抹面层内铺设单层耐碱玻纤网，保温板应采用满粘法。涂料（饰面砂浆、柔性饰面块材）饰面外墙玻化微珠无机保温板的锚固件宜设置在抹面层增强网内侧，面砖饰面外墙玻化微珠无机保温板的锚固件应设置在抹面层增强网外侧。对于首层和加强部位，锚固件应设置在两层玻纤网之间。玻化微珠无机保温板薄抹灰外墙外保温系统横向下端部应连续布置支撑托架，且支撑托架应经防腐处理，支撑托架之间的竖向间距不宜超过 6m 或二层建筑高度，横向间距不应大于 500mm，且面砖饰面薄抹灰外墙外保温系统应连续布置支撑托架。

④ 难燃型挤塑聚苯板燃烧性能等级为 B$_1$ 级。涂料、饰面砂浆、柔性饰面块材饰面外墙外保温系统建筑物首层、易受到冲击或碰撞、阳角等部位的墙体保温抹面层内铺设双层 160g/m^2 的耐碱玻

纤网加强，其余部位墙面抹面层内铺设单层耐碱玻纤网，保温板与基层墙体粘结面积不少于保温板材面积的 60%。外墙保温系统应从建筑首层勒脚部位开始设置支撑托架，且每隔三层宜在分隔缝处设置一道。

⑤ 难燃型膨胀聚苯板燃烧性能等级为 B_1 级。涂料、饰面砂浆、柔性饰面块材饰面外墙外保温系统建筑物首层、易受到冲击或碰撞、阳角等部位的墙体保温抹面层内铺设双层 $160g/m^2$ 的耐碱玻纤网加强，其余部位墙面抹面层内铺设单层耐碱玻纤网，保温板与基层墙体粘结面积不少于保温板材面积的 60%。外墙保温系统应从建筑首层勒脚部位开始设置支撑托架，且每隔三层宜在分隔缝处设置一道。

⑥ 外墙保温系统锚固件应满足：锚固件锚入墙体基层（A、B、C、D 类）的有效锚固深度大于或等于 25mm，锚入蒸压加气混凝土砌块基层墙体的有效锚固深度大于或等于 50mm。在薄抹灰外墙外保温系统中，应根据外墙外保温系统抗风荷载计算得出每平方米设置锚固件个数，且外墙每平方米设置不少于 6 个锚固件，每块板上的锚固点应不少于 2 个。

问题 215：设计采用墙体自保温系统时，所用自保温砌体砌块厚度不满足要求，热桥保温材料与主体不相容，不满足建筑使用耐久性和构造安全要求。

【原因分析】违反重庆市《填充墙砌体自保温系统应用技术要点》（修订）中关于自保温砌体砌块厚度及热桥保温材料的规定。

【处理措施】墙体自保温系统应满足《填充墙砌体自保温系统应用技术要点》（修订）的要求：

① 自保温砌体砌块厚度应不小于 250mm，热桥部位外置保温的保温材料厚度不小于 40mm 且不大于 50mm。

② 建筑高度大于 100m 的建筑，填充墙砌体自保温系统热桥部位应采用内置保温构造；建筑高度不大于 100m 的建筑，填充墙砌体自保温系统热桥部位可采用外置保温构造、内置保温构造、外置与内置组合保温构造。

③ 热桥保温材料应选用同质材料或无机类保温材料，如蒸压加气混凝土类薄块、增强型改性发泡水泥保温板等，且保温材料抗压强度应大于或等于 0.3MPa，燃烧性能应为 A 级，确保保温材料与墙体材料同寿命，预防工程质量通病。

④ 自保温系统热桥保温材料采用蒸压加气混凝土薄片时，其外表面应满挂一道热镀锌钢丝网。

问题 216：设置人员密集场所的建筑，其外墙外保温材料的燃烧性能不达标。

【原因分析】违反《建筑设计防火规范》GB 50016—2014（2018 年版）第 6.7.4 条关于外墙外保温材料的燃烧性能等级的规定，属于违反强制性条文要求。

【处理措施】设置人员密集场所的建筑，其外墙外保温材料的燃烧性能应为 A 级。依据《人员密集场所消防安全管理》GB/T 40248—2021，人员密集场所主要包括公众聚集场所（面向公众开放，具有商业经营性质的室内场所，包括宾馆、饭店、商场、集贸市场、客运车站候车室、客运码头候船厅、民用机场航站楼、体育场馆、会堂以及公共娱乐场所），医院的门诊楼、病房楼，学校的教学楼、图书馆、食堂和集体宿舍，养老院，托儿所，幼儿园，公共图书馆的阅览室，公共展览馆、博物馆的展示厅，劳动密集型企业的生产加工车间和员工集体宿舍，旅游、宗教活动场所等。有机类保温材料可燃性高，外墙外保温系统屡屡发生火灾，并造成了严重的后果。对于人员密集场所，火灾容易导致人员群死群伤，故要求设置人员密集场所的建筑，其外墙外保温材料的燃烧性能应为 A 级。

问题217：外墙防火隔离带和建筑屋面防火隔离带设置不当。

【原因分析】违反《建筑设计防火规范》GB 50016—2014（2018年版）第6.7.7条第2款和第6.7.10条，《建筑外墙外保温防火隔离带技术规程》JGJ 289—2012关于防火隔离带设置的规定，属于违反强制性条文要求。

【处理措施】当建筑外墙外保温系统采用燃烧性能为B_1、B_2级的保温材料时，应在保温系统中每层设置水平防火隔离带，防火隔离带应采用燃烧性能为A级的材料，防火材料的高度不应小于300mm；当建筑的屋面和外墙外保温系统均采用燃烧性能为B_1、B_2级的保温材料时，屋面与外墙之间应设置宽度不小于500mm的防火隔离带进行分隔。

以重庆市为例：外墙防火隔离带材料采用燃烧性能为A级的垂直纤维岩棉板时，最小设计厚度为30mm；采用燃烧性能为A级的改性发泡水泥保温板时，最小设计厚度为20mm。防火隔离带厚度不小于保温层厚度，粘贴面积应满粘，每平方米设置不少于3个锚固件，抹面层应附加双层耐碱玻纤网格布加强，耐碱玻纤网格布垂直方向超出防火隔离带边缘不应小于100mm。屋面防火隔离带宽度方向设计尺寸不应小于500mm，防火隔离带厚度不小于保温层。

问题218：内保温设计时，厨房和卫生间外墙未设置保温。

【原因分析】违反《外墙内保温工程技术规程》JGJ/T 261—2011第3.0.5条、第4.1.1条、第5.1.2条和第5.1.5条关于厨房、卫生间外墙保温、防水渗透、热桥部位的防冷凝和防结露的要求。

【处理措施】厨卫外墙保温设计应满足如下要求：

① 外墙热桥部位内表面温度不应低于室内空气在设计温度、湿度条件下的露点温度，必要时应进行保温处理。

② 内保温复合墙体内部有可能出现冷凝时，应进行冷凝受潮验算，必要时应设置隔汽层。

③ 保温板及复合板与基层墙体的粘结，用于厨房、卫生间等潮湿环境或饰面层为面砖时，应采用胶粘剂。

④ 内保温工程用于厨房、卫生间等潮湿环境采用腻子时，应选用耐水型腻子。

⑤ 卫生间、淋浴间等宜采用轻质保温砂浆，防止复合保温板通过锚栓锚固时破坏防水层。

厨房和卫生间外墙内保温具体构造做法可参见《外墙内保温建筑构造》11J122及各省市地方标准图集。

问题219：老年人照料设施的屋面保温材料燃烧性能不达标。

【原因分析】违反《建筑设计防火规范》GB 50016—2014（2018年版）第6.7.4A条关于屋面保温材料燃烧性能等级的规定，属于违反强制性条文要求。

【处理措施】独立建造的老年人照料设施，与其他建筑组合建造且老年人照料设施部分的总建筑面积大于$500m^2$的老年人照料设施，其内外墙体和屋面保温材料应采用燃烧性能为A级的保温材料。

问题220：倒置式屋面保温系统的保温层施工厚度设计错误。

【原因分析】违反《倒置式屋面工程技术规程》JGJ 230—2010第5.2.5条关于倒置式屋面保温层施工厚度的规定，属于违反强制性条文要求。

【处理措施】按《倒置式屋面工程技术规程》JGJ 203—2010第5.2.5条的规定，倒置式屋面保温层的设计厚度应在计算厚度基础上增加25%取值，且最小厚度不得小于25mm。

以重庆市为例：在行业标准基础上，进一步要求屋面保温层的设计厚度应在计算厚度基础上增加 25%取值，且最小厚度不得小于 50mm。

问题 221：二星级绿色建筑设计中，公共建筑单一立面窗墙面积比超过 0.8，不满足围护结构性能提升要求。

【原因分析】违反《绿色建筑评价标准》GB/T 50378—2019 第 3.2.8 条、第 7.2.4 条关于围护结构热工性能提升的规定，属于违反强制性条文要求。

【处理措施】根据《绿色建筑评价标准》GB/T 50378—2019 第 3.2.8 条、第 7.2.4 条，二星级绿色建筑围护结构热工性能应在《公共建筑节能设计标准》GB 50189—2015 基础上，提高 10%。依据《绿色建筑评价标准技术细则》（2019）附录 A 表 A-3 备注中说明，对于单一立面窗墙面积比大于 0.8 的情况，直接视为无法满足性能提高要求。设计中，应根据节能计算模型及相应的计算报告书，调整建筑立面窗台大小或幕墙非可视面大小，降低单一立面窗墙面积比不高于 0.8。在单一立面窗墙面积比不超过 0.8 的条件下，围护结构热工性能指标按照《绿色建筑评价标准技术细则》（2019）附录 A 表 A-3 进行设计提升。

问题 222：居住建筑主要功能房间的通风开口面积比不达标。

【原因分析】违反《民用建筑供暖通风与空气调节设计规范》GB 50736—2012 第 6.2.4 条，《民用建筑设计统一标准》GB 50352—2019 第 7.2.2 条，《绿色建筑评价标准》GB/T 50378—2019 第 5.2.10 条第 1 款的规定。

【处理措施】《民用建筑供暖通风与空气调节设计规范》GB 50736—2012 第 6.2.4 条和《民用建筑设计统一标准》GB 50352—2019 第 7.2.2 条规定采用自然通风的生活、工作的房间的通风开口有效面积不应小于该房间地板面积的 5%；厨房的通风开口有效面积不应小于该房间地板面积的 10%，并不得小于 0.60m^2。

《绿色建筑评价标准》GB/T 50378—2019 第 5.2.10 条第 1 款规定住宅建筑通风开口面积与房间地板面积的比例在夏热冬暖地区达到 12%，在夏热冬冷地区达到 8%，在其他地区达到 5%。

以重庆市为例：为强化过渡季自然通风，重庆市《居住建筑节能 65%（绿色建筑）设计标准》DBJ 50—071—2020 第 4.2.19 条进一步规定外窗可开启面积（含阳台门面积）不应小于外窗所在房间地板轴线面积的 8%。外窗可开启面积的计算方法如下：

① 平开窗、推拉窗自然通风的有效开启面积按实际可开启面积计算，且有效开启面积＝开启扇窗洞面积×（1—窗框窗洞面积比）。

② 设置在外墙上的悬窗通风开口有效面积按照《民用建筑设计统一标准》GB 50352—2019 第 7.2.2 条规定计算。

③ 外门可开启面积可纳入外窗可开启面积计算。

问题 223：公共建筑单一立面外窗（包括透光幕墙）有效通风换气面积不达标。

【原因分析】违反《公共建筑节能设计标准》GB 50189—2015 第 3.2.8 条、第 3.2.9 条关于单一立面外窗（包括透光幕墙）有效通风换气面积的规定。

【处理措施】《公共建筑节能设计标准》GB 50189—2015 第 3.2.8 条规定甲类公共建筑外窗（包括透光幕墙）应设可开启窗扇，其有效通风换气面积不宜小于所在房间外墙面积的 10%；当透光幕墙受条件限制无法设置可开启窗扇时，应设置通风换气装置。乙类公共建筑外窗有效通风换气面积不宜小于窗面积的 30%。第 3.2.9 条规定外窗（包括透光幕墙）的有效通风换气面积应为开启扇面积和窗开启后的空气流通界面面积的较小值。

以重庆市为例：为强化过渡季自然通风，《公共建筑节能（绿色建筑）设计标准》DBJ 50—052—2020规定各主要功能房间应设外窗，其外窗（含透光门）及透光幕墙的有效通风换气面积不应小于该房间外墙面积的10%。当不能满足时，应设置机械通风系统，且机械通风换气次数达到2次/h。外窗可开启面积的计算方法可参考居住建筑自然通风要求。

问题224：公共建筑西向立面外窗（包括透光幕墙）窗墙面积比超标，未设置有效的遮阳系统。

【原因分析】违反《公共建筑节能设计标准》GB 50189—2015第3.2.5条关于外窗遮阳的规定。

【处理措施】《公共建筑节能设计标准》GB 50189—2015第3.2.5条规定夏热冬暖、夏热冬冷、温和地区的建筑各朝向外窗（包括透光幕墙）均应采取遮阳措施；寒冷地区的建筑宜采取遮阳措施。具体遮阳设计应根据地区的气候特点、房间的使用要求以及窗口所在朝向确定，具体应满足国家及地方相关标准要求。

以重庆市为例：《公共建筑节能（绿色建筑）设计标准》DBJ 50—052—2020第4.2.16条规定未设建筑自遮阳、绿化遮阳措施的建筑西向外窗（含透光幕墙）窗墙面积比大于30%时，应设置活动外遮阳系统，具体可采取如下措施之一满足要求：

① 西向外窗采用建筑构件自遮阳或者绿化遮阳满足遮阳系数不大于0.9，具体可按照标准附录C中关于外遮阳系数简化算法进行计算。

② 针对高度不低于50m的建筑，西向外窗选型可以按照标准第4.2.1条和第4.2.2条中西向外窗（含透光幕墙）太阳得热系数的限值要求提升10%，也可等效于满足建筑自遮阳要求。

③ 在建筑平立剖大样图中明确遮阳具体范围、遮阳类型、遮阳位置和控制方式。

问题225：公共建筑屋顶透光部分面积大于屋顶总面积的20%，且未明确活动遮阳措施。

【原因分析】违反《公共建筑节能设计标准》GB 50189—2015第3.1.4条和第3.2.5条关于建筑遮阳的规定，以及第3.2.7条关于屋顶透光面积比例限值的规定。

【处理措施】《公共建筑节能设计标准》GB 50189—2015第3.1.4条规定建筑设计应遵循被动节能措施优先的原则，结合围护结构遮阳措施，降低建筑用能需求。第3.2.5条规定夏热冬暖、夏热冬冷、温和地区的建筑各朝向外窗（包括透光幕墙）均应采取遮阳措施；寒冷地区的建筑宜采取遮阳措施。第3.2.7条规定甲类公共建筑的屋顶透光部分面积不应大于屋顶总面积的20%，否则应进行权衡计算。

以重庆市为例：重庆市《公共建筑节能（绿色建筑）设计标准》DBJ 50—052—2020第4.2.18条规定屋顶透光部分面积不应大于屋顶总面积的20%，并应采取适宜的活动遮阳措施。当甲类公共建筑的屋顶透光部分面积大于屋顶总面积的20%时，按标准中规定的方法进行权衡判断。针对透光屋顶的遮阳措施，可以在平面图中明确具体活动遮阳措施，也可明确由后期室内精装二次深化，采用合理的遮阳措施。

问题226：建筑室外空调器（机组）室外机安装位置设计不合理。

【原因分析】违反《绿色建筑评价标准》GB/T 50378—2019第4.1.8条关于室外空调器（机组）室外机安装位置的规定。

【处理措施】根据项目实际情况，对外墙外立面承重情况进行评估，选择坚固的墙面预留空调外机的安装位置，明确空调器（机组）室外机布置情况，保证预留位置与主体结构连接牢固，且空调器（机组）室外机的安装应满足空调器（机组）的通风散热，空调器（机组）室外机置于凹槽内时，凹槽的宽度、深度及相对安装时水平间距应满足标准要求。

以重庆市为例：空调器（机组）室外机置于凹槽的深度自风机出风口起算不应大于4.2m，空调器（机组）室外机相对时其水平间距应大于4m，空调器（机组）水平安装2台，出风口垂直向外时，公共建筑凹槽宽度不应小于3.0m，居住建筑凹槽宽度不应小于2.5m。

问题 227：住宅凹槽部位设有主要功能房间，未复核相应功能房间是否满足采光标准要求。幼儿园生活用房未进行日照模拟分析，未明确表达每个房间具体日照时间。

【原因分析】凹槽内主要功能房间采光违反《建筑采光设计标准》GB 50033—2013 第 4.0.2 条关于卧室、起居室采光系数要求的规定。幼儿园生活用房日照违反《托儿所、幼儿园建筑设计规范》JGJ 39—2016（2019 版）第 3.2.8 条关于幼儿园活动室、寝室日照时数的规定，属于违反强制性条文要求。

【处理措施】凹槽内住宅建筑的卧室、起居室（厅）的采光不应低于采光等级Ⅳ级的采光标准值，侧面采光的采光系数不应低于2.0%（适用于Ⅲ类光气候区，其他光气候区的采光系数应乘以相应光气候区的光气候系数）。

以重庆为例：当卧室、起居室、书房外窗设置在凹槽中，可以通过判断凹槽内房间外窗外表面中心点与外窗两侧外墙远端点形成的最小夹角是否小于45°来判断采光遮挡是否严重（图12-15）。当最小夹角小于45°时，视为采光遮挡严重。

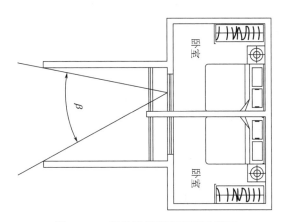

图 12-15　采光遮挡程度判断示意图

当采光遮挡严重时，应进行天然采光计算，审查采光系数是否满足标准要求。重庆位于Ⅴ类光气候区，对应的光气候系数值为1.2，因此，凹槽内的卧室、起居室（厅）的侧面采光的采光系数不应低于2.4%。

当采光遮挡不严重时可进行如下简化判断：

① 当卧室、起居室（厅）、书房等居住空间外窗玻璃可见光透射比大于或等于0.6时，且窗地比大于或等于1/6，可判定房间天然采光系数满足标准要求。

② 当外窗玻璃可见光透射比小于0.6且大于或等于0.4时，窗地比大于或等于1/5，可判定房间天然采光系数满足标准要求。

③ 当窗地比不能满足要求时，经过计算其采光系数平均值不低于2.4%时，也可以判定达标。

窗地比计算时，外窗面积为窗洞口面积。侧面采光时，窗洞口面积应为参考平面（0.75m）以上的面积。房间地面面积可按照对应功能的使用面积（不包括过道面积）计算。

另外，幼儿园的活动室、寝室及具有相同功能的区域，冬至日底层满窗日照不应小于3h。

问题228：主要功能房间的外墙、隔墙、楼板和门窗的隔声性能要求未明确。

【原因分析】违反《民用建筑隔声设计规范》GB 50118—2010第4.2.1条～第4.2.8条、第5.2.1条～第5.2.4条、第6.2.1条～第6.2.4条、第7.2.1条～第7.2.4条、第8.2.1条～第8.2.4条、第9.3.1条～第9.3.3条的相关规定。

【处理措施】主要功能房间的外墙、隔墙、楼板和门窗的隔声性能应按现行国家标准《民用建筑隔声设计规范》GB 50118—2010的相关指标规定进行设计，设计文件中应明确各主要功能房间的外墙、隔墙、楼板以及门窗隔声性能要求，且应满足低限标准、高要求标准或低限和高要求标准的平均数值。

以重庆市为例：《公共建筑节能（绿色建筑）设计标准》DBJ 50—052—2020第4.3.13条及《居住建筑节能65％（绿色建筑）设计标准》DBJ 50—071—2020第4.3.16条均重点针对楼板撞击声性能进行了明确，要求无论清水还是全装修项目，建筑材料构造表及节能设计材料表中均应明确满足《民用建筑隔声设计规范》GB 50118—2010要求的楼板撞击声的具体措施，确保竣工验收时楼板撞击声满足《民用建筑隔声设计规范》GB 50118—2010中不高于75dB的要求。

12.12 装配式建筑设计

问题229：装配式建筑项目未进行前期装配式专项技术策划或策划方案不合理。

【原因分析】违反《装配式混凝土建筑技术标准》GB/T 51231—2016第3.0.8条关于装配式建筑应进行技术策划的规定。对项目的装配率目标、工艺水平、施工能力、产业配套、场地及周边情况了解不足。

【处理措施】装配式建筑项目应在设计前期进行技术策划，对技术选型、技术经济可行性和可建造性进行评估，并应科学合理地确定建造目标与技术实施方案。对项目周边的产能和生产线可生产的预制构件类型进行调研分析，合理确定设计中的预制构件类型。充分考察项目及周边场地情况，实地调研预制构件厂到项目现场的运输路线情况。结合项目总图和周边情况，合理分析塔式起重机设置，确定预制构件的设计方案，确保预制构件可吊装。

问题230：建筑设计模数化、标准化程度较低或预制构件设计标准化程度较低。

【原因分析】违反《装配式混凝土建筑技术标准》GB/T 51231—2016第4.2.1条、第4.3.1条关于装配式建筑设计应满足模数协调并遵循少规格、多组合设计原则的规定。未考虑装配式建筑标准化、集成化设计的特点，平面设计或立面设计过于复杂，对标准化设计和成本控制考虑不足。

【处理措施】装配式建筑设计应采用模块及模块组合的设计方法，遵循少规格、多组合的原则。装配式建筑技术方案应关注预制构件的标准化，选择合适的装配式建筑技术体系及部品部件的标准化类型，提高材料及部品部件的通用性和可置换性，增加同一规格预制构件的数量，摊薄预制构件生产成本。其设计标准化程度应满足当地的相关技术规定要求。

问题231：预制构件设计选型不合理，未综合考虑生产、运输方式和安装工艺。

【原因分析】缺乏装配式建筑系统性设计理念，因预制构件选型、构造节点设计不合理，构件生产、运输、安装困难，增加工程质量隐患，降低施工效率并增加工程造价。

【处理措施】装配式建筑技术体系的选择应按照"重体系、轻构件""先水平、后竖向""先维护、后结构"的原则，优先选择技术难度不大、可实施度高、易于标准化或者现场施工难度大、适宜在工厂预制的构件进行预制。预制构件的节点设计应满足技术标准及规范要求，便于生产、运输和施工安装。

问题 232：预制外墙接缝未采取防水构造措施或防水构造措施不当。

【原因分析】违反《装配式混凝土建筑技术标准》GB/T 51231—2016 第 6.2.5 条关于预制外墙接缝宜设置防水措施的要求。

【处理措施】预制外墙板的接缝及门窗洞口等防水薄弱部位宜采用材料防水和构造防水相结合的做法。墙板水平接缝宜采用高低缝或企口缝构造，墙板竖缝可采用平口或槽口构造，当板缝空腔需设置导水管排水时，板缝内侧应增设气密条密封构造。

问题 233：内隔墙墙体技术选择不匹配，未实现薄抹灰或免抹灰。

【原因分析】装配式内隔墙与成型精度较差的木模剪力墙、砌体墙等混用在同一面墙体，无法实现薄抹灰或免抹灰的要求。

【处理措施】同一面墙体采用成型精度一致的技术做法。装配式内隔墙采用工厂预制，内隔墙非预制部分采用高精度模板施工工艺或者精确砌块砌筑工艺。

问题 234：装配式内隔墙排板设计不合理或设计深度不足。

【原因分析】违反《建筑轻质条板隔墙技术规程》JGJ/T 157—2014 第 4.1.1 条、第 4.3.3 条、第 4.3.5 条关于建筑轻质条板隔墙排板设计及构造设计的规定。

【处理措施】装配式内隔墙应采用 BIM 技术进行排板深化设计，并加强与机电、模板等专业的协调。条板应竖向排列，排板应采用标准板。当隔墙端部尺寸不足一块标准板宽时，可采用补板，且补板宽度不应小于 200mm。在条板隔墙上横向开槽、开洞敷设电气暗线、暗管、开关盒时，隔墙的厚度不宜小于 90mm，开槽长度不应大于条板宽度的 1/2。不得在隔墙两侧同一部位开槽、开洞，其间距应至少错开 150mm。

12.13 建筑物理声环境高质量发展

问题 235：不同功能建筑室内背景噪声值不达标，降低建筑室内声环境品质。

【原因分析】违反《民用建筑隔声设计规范》GB 50118—2010 对住宅、学校、医院、旅馆、办公、商业等功能建筑室内允许噪声级的要求。

【处理措施】首先，噪声敏感建筑的项目选址，应尽量避免与城市主要交通干线相邻。当无法避免，必须相邻时，宜采取以下措施：

① 建筑退距：保证足够的建筑退距，建议至少 40m 以上。具体的退距距离应根据具体项目周边噪声源源强情况来确定。

② 总体布局：主要功能房间（卧室、起居室）尽量避免正对主要交通干线；为保证临街 1～2 层建筑室内声环境品质，场地可考虑采用隔声围墙、景观化隔声屏障等方式。

③ 围护结构隔声：紧邻双向六车道或八车道城市主干道的噪声敏感建筑，紧邻主干道一侧的建筑外窗，其计权隔声隔声量＋交通噪声频谱修正量（$R_w + C_{tr}$）应不低于 30dB。如三玻两腔外窗、

中空夹胶外窗等（不同外窗的隔声性能见表12-28）。同时，设计时应强调门窗气密性的指标要求。

不同外窗的隔声性能 表12-28

窗户隔声性能需求(dB)	对应玻璃构造	图集和实验室数据					
R_w+C_{tr}	可选玻璃及窗户	玻璃构造	隔声量 R_w(dB)	C(dB)	C_{tr}(dB)	R_w+C	R_w+C_{tr}
25～30	6+12A+6 中空窗（平开）	6+6A−12A+6	31	−1	−4	30	27
	8+12A+6 中空窗（平开）	8+6A−12A+6	35	−2	−6	33	29
30～35	6+12A+6 中空系统窗（平开）	6+12A+6 系统窗					
	中空夹胶窗（平开）	6+6A−12A+10+	37	−1	−5	36	32
	中空夹胶窗（平开）	塑钢平开 6+12A+5/0.76PVB/5	38	−2	−6	36	32
	中空夹胶窗（平开）	6+12A+6/0.76PVB/3	40(STC)				30(OITC)
	中空夹胶窗（平开）	6+12A+5/0.76PVB/5	40(STC)				33(OITC)
	双中空窗（平开）	6+12A+6+12A+6	39(STC)				31(OITC)
	双中空夹胶窗（平开）	6+12A+6+12A+5/0.76PVB/5	41(STC)				33(OITC)
35～40	双中空夹胶窗（平开）	10+20A+8+20A+6/1.52PVB/6	45(STC)				35(OITC)
	双樘窗（平开）	外窗 4+6A+4 中空玻璃 内窗 16.76 夹层玻璃	41	−2	−6	39	35
	通风隔声窗（平开）	外窗 16.76 夹层玻璃+130A+ 内窗 23.38 夹层玻璃 通风隔声窗通风状态	42	−2	−6	40	36
	通风隔声窗（平开）	外窗 16.76 夹层玻璃+130A+ 内窗 23.38 夹层玻璃 通风隔声窗关闭状态	52	−2	−5	50	47
40 以上	中空窗（平开）	5+100A+6	45		−2		43
	中空窗（平开）	5+80A+6(内侧玻璃倾斜6°)	49		−2		47
	双樘窗（平开）	外窗 6+0.76PVB+6 夹胶玻璃+100A +内窗 4+0.38PVB+4 夹胶玻璃	48	−2	−5	46	43
	双樘窗（平开）	外窗 6+0.76PVB+6 夹胶玻璃+100A +内窗 4+0.76PVB+4 夹胶玻璃	47	−1	−4	46	43
	双樘窗（平开）	外窗 6+0.76PVB+6 夹胶玻璃 +100A+内窗 单层 5mm 玻璃	49	−2	−6	47	43
	三樘窗（平开）	6+80A+8(中间玻璃倾斜6°)+100A+6	55		−2		53
	三樘窗（平开）	6+80A+8(中间玻璃倾斜6°)+100A+6	50-60		−2		48-58

问题236：建筑电梯井道与起居室相邻，引起室内背景噪声超标，降低室内声环境品质。

【原因分析】违反《民用建筑隔声设计规范》GB 50118—2010 第4.3.4条"电梯不得紧邻卧室

布置，也不宜紧邻起居室（厅）布置。受条件限制需要紧邻起居室（厅）布置时，应采取有效的隔声和减振措施"的要求。

【处理措施】① 住宅建筑设计时，尽可能使电梯井远离居住空间，即使受平面布局限制，也不得将电梯井紧邻卧室布置，否则会影响睡眠休息。

② 当电梯井道不得不紧邻起居室布置时，必须采取相应的技术措施。例如，选用低噪声电梯、提高电梯井壁的隔声性能、在电梯轨道和井壁之间设置减振装置、将电梯井与起居室在结构上脱开等。而目前项目中常用的措施即在紧邻电梯井道侧起居室内墙设置隔声层，效果不佳，不建议采用。

问题237：电梯曳引机运行过程中振动和噪声不满足要求。

【原因分析】违反《电梯曳引机》GB/T 24478—2009 第4.2.3条关于曳引机空载噪声、制动器噪声、无齿轮曳引机振动最大限值、有齿轮曳引机曳引轮处扭转振动最大限值的相关规定。

【处理措施】设计中，参照《电梯曳引机》GB/T 24478—2009 中规定的数据（表12-29），对电梯曳引机振动和噪声明确限值规定要求。

曳引机噪声和振动限值要求 表12-29

空载噪声				
项目		曳引机额定速度（m/s）		
		≤2.5	>2.5 ≤4	>4 ≤8
空载噪声 $\overline{L}_{PA}$ [dB(A)]	无齿轮曳引机	62	65	68
	有齿轮曳引机	70	80	—
制动器噪声				
项目		曳引机额定转矩（N·m）		
		≤700	>700 ≤1500	>1500
制动器噪声 $\overline{L}_{PA}$ [dB(A)]		70	75	80
无齿轮曳引机运行振动有效值的最大值				
≤0.5mm/s				
有齿轮曳引轮处的扭转振动速度有效值的最大值				
≤4.5mm/s				

注：本表摘自《电梯曳引机》GB/T 24478—2009。

问题238：水泵房水泵、变压器室变压器、锅炉房锅炉、制冷机房机组设备未做减振降噪设计。

【原因分析】违反《民用建筑隔声设计规范》GB 50118—2010 第3.0.3条的相关规定。

【处理措施】锅炉房、水泵房、变压器室、制冷机房宜单独设置在噪声敏感建筑之外。住宅、学校、医院、旅馆、办公等建筑所在的区域内有噪声源的建筑附属设施，其设置位置应避免对噪声敏感建筑物产生噪声干扰，必要时应做防噪措施。

① 设计阶段，应对锅炉房、水泵房、变压器室、制冷机房进行噪声与振动影响声学计算评估，并根据需要进行隔声减振设计（图12-16）。

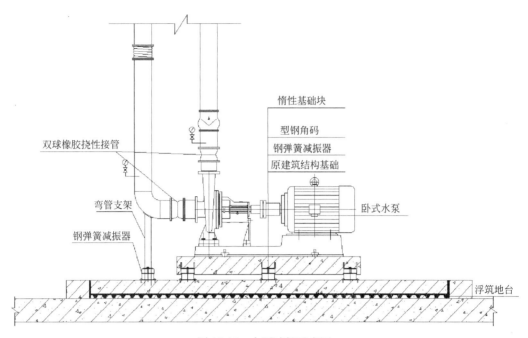

图 12-16　水泵减振示意图

② 机电设备用房单独设置在敏感建筑物外，确需设置在敏感建筑物内，噪声源设置在地下，但不宜毗邻主体建筑或主体建筑物下，并且采取有效的隔振、隔声措施。

③ 根据《建筑给水排水设计标准》GB 50015—2019，民用建筑物内设置的生活给水泵房不应毗邻居住用房或在其上层或下层。通过在墙面和吊顶安装铝穿孔吸声板控制水泵房噪声（图 12-17）。

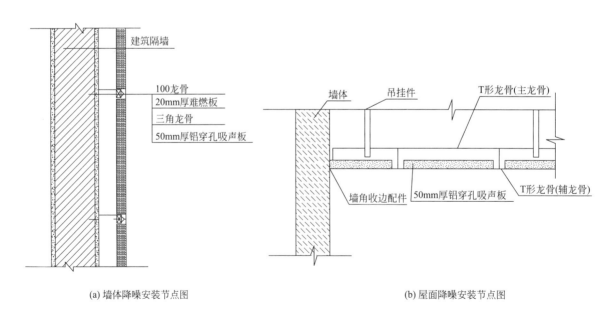

(a) 墙体降噪安装节点图　　　　　　　　　　(b) 屋面降噪安装节点图

图 12-17　水泵房内降噪节点

问题 239：冷却塔、热泵机组振动和噪声对敏感建筑物产生较大干扰。

【原因分析】违反《民用建筑隔声设计规范》GB 50118—2010 第 3.0.3 条的相关规定。

【处理措施】当冷却塔、热泵机组的噪声在周围环境超过现行国家标准《声环境质量标准》GB

3096—2008 的规定时，应对冷却塔、热泵机组采取有效的降低或隔离噪声措施。

设计阶段，应对冷却塔、热泵机组对周围环境影响进行声学计算，对于需要进行降噪处理的，进行减振降噪设计。若冷却塔、热泵机组设置在楼顶或裙房顶上时，还应采取有效的隔振措施。常用措施包括隔声屏、消声器、隔声罩等。

问题 240：多功能厅、报告厅、礼堂等观演空间未做建筑声学专项声学设计，竣工后厅内混响时间及其频率特性测试不达标，影响功能的正常使用。

【原因分析】违反《剧场、电影院和多用途厅堂建筑声学设计规范》GB/T 50356—2005 第 1.0.4 条的规定，设计文件未包括声学设计计算书和说明。

【处理措施】设计师在进行此类空间设计时，应遵守以下要求：

① 依据场馆规模、使用功能确定建筑声学及相关工艺指标。

依据厅堂的主要使用功能设计混响时间，同时兼顾各频带的平衡度。混响时间指标考虑取 6 个频带（1 倍频程），各频带的中心频率为：125Hz、250Hz、500Hz、1000 Hz、2000Hz、4000Hz。

项目的混响时间取值可参考《剧场、电影院和多用途厅堂建筑声学设计规范》GB/T 50356—2005 中的有关规定（图 12-18、表 12-30）。

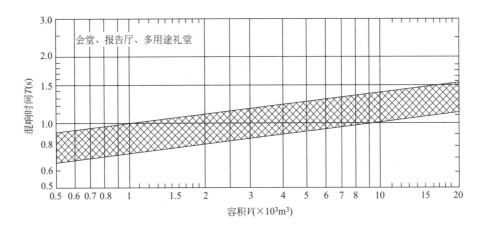

图 12-18　会堂、报告厅和多用途礼堂对不同容积 V 的观众厅，在 500~1000Hz 时满场的合适混响时间 T 的范围

注：本图摘自《剧场、电影院和多用途厅堂建筑声学设计规范》GB/T 50356—2005。

会堂、报告厅和多用途礼堂观众厅各频率混响时间相对于 500~1000Hz 的比值　　　　表 12-30

频率（Hz）	125	250	2000	4000
混响时间比值	1.0~1.3	1.0~1.15	0.9~1.0	0.8~1.0

注：本表摘自《剧场、电影院和多用途厅堂建筑声学设计规范》GB/T 50356—2005。

② 结合建筑及装饰设计进行声学模拟计算，通过赋予合适的房间体型及材料构造，达到设计指标。

③ 将声学计算推导出的材料构造与建筑、装饰图相结合，确保声学成果落地。选择室内装修材料和构造时，应注重低频、中频、高频各种吸声材料和构造的合理搭配，保证音色的平衡。一般而言，观众厅后墙布置吸声材料和构造，消除回声干扰，如所需吸声量较多时可在大堂顶部布置吸声材料。

问题 241：体育场馆比赛大厅未做专项声学设计，竣工后混响时间过长，甚至出现回声，不仅影响听闻效果，而且影响使用效果。

【原因分析】违反《体育场馆声学设计及测量规程》JGJ/T 131—2012 第 2.1.2 条的规定。

【处理措施】体育馆比赛大厅内观众席和比赛场地以及体育场的观众席不宜出现回声、颤动回声和声聚焦等声学缺陷。设计师在进行此类空间设计时，应遵守以下要求：

① 依据场馆规模、使用功能确定建筑声学及相关工艺指标，混响时间取值标准参照《体育场馆声学设计及测量规程》JGJ/T 131—2012 中的有关规定（表 12-31～表 12-33）。

综合体育馆不同容积比赛大厅 500～1000Hz 满场混响时间　　　　　　　　　表 12-31

容积（m³）	＜40000	40000～80000	80000～160000	＞160000
混响时间（s）	1.3～1.4	1.4～1.6	1.6～1.8	1.9～2.1

综合体育馆各频率混响时间相对于 500～1000Hz 混响时间的比值　　　　　　　表 12-32

频率（Hz）	125	250	2000	4000
比值	1.0～1.3	1.0～1.2	0.9～1.0	0.8～1.0

游泳馆比赛厅 500～1000Hz 满场混响时间　　　　　　　　　表 12-33

每座容积（m³/座）	≤25	＞25
混响时间（s）	≤2.0	≤2.5

注：上述表格摘自《体育场馆声学设计及测量规程》JGJ/T 131—2012。

② 结合建筑及装饰设计进行声学模拟计算，通过赋予合适的房间体型及材料构造，达到设计指标。

③ 将声学计算推导出的材料构造与建筑、装饰图相结合，确保声学成果落地。首先，体育馆空间及体型需根据使用功能及艺术造型确定，体育馆是否设置吊顶对空间高度影响较大。尤其是体育馆建筑屋顶设计，不宜采用穹顶形，以避免屋顶与赛场之间产生多重回声。其次，采用网架结构的体育馆常采用暴露网架的做法，考虑声学指标要求，需在顶部悬挂空间吸声体，墙面采用穿孔类吸声构造，空间吸声体和墙面吸声构造的具体参数需根据项目具体情况而定。

问题 242：中小学普通教室声环境实测不达标，在多媒体扩声设备使用的条件下，教室内语言清晰度不足，不同程度地影响英语听力考试等对语言清晰度有较高要求的教学活动的效果。

【原因分析】违反《民用建筑隔声设计规范》GB 50118—2010 第 5.3.4 条的规定。

【处理措施】各类教室内宜控制混响时间，避免不利反射声，提高语言清晰度。设计时应根据使用功能来控制教室空间体型与容积，容积小于 200m³ 的普通教室，其混响时间应不大于 0.8s；容积大于 200m³ 的普通教室，其混响时间应不大于 1s。

根据建筑声学模拟计算结果，在适宜的部位布置装饰材料及构造，确保室内声学指标满足现行《民用建筑隔声设计规范》GB 50118—2010 中的有关要求（表 12-34）。设计时，可在教室的天花和后部墙面局部布置吸声材料，具体面积和材料声学指标应结合具体项目而定，应有利于教室整体的声环境改善。

各类不同容积空间的空场混响时间指标要求　　　　　　　　　表 12-34

房间名称	房间容积（m³）	空场 500～1000Hz 混响时间（s）
普通教室	≤200	≤0.8
	＞200	≤1.0
语言及多媒体教室	≤300	≤0.6
	＞300	≤0.8

续表

房间名称	房间容积(m³)	空场 500～1000Hz 混响时间(s)
音乐教室	≤250	≤0.6
	>250	≤0.8
琴房	≤50	≤0.4
	>50	≤0.6
健身房	≤2000	≤1.2
	>2000	≤1.5
舞蹈教室	≤1000	≤1.2
	>1000	≤1.5

注：本表摘自《民用建筑隔声设计规范》GB 50118—2010。

第
2
部
分

房
屋
建
筑
工
程

13 结构

13.1 基本规定

13.1.1 建筑抗震设防分类和设防标准

问题 1：人流密集的大型多层商场抗震设防类别未确定为重点设防类。

【原因分析】违反《建筑工程抗震设防分类标准》GB 50223—2008 第 6.0.5 条关于大型商场抗震设防类别的规定。

【处理措施】大型商场指一个区段人流 5000 人，换算的建筑面积约 17000m² 或营业面积 7000m² 以上的商业建筑，这类商业建筑一般需同时满足人员密集、建筑面积或营业面积符合大型规定、多层建筑等条件，抗震设防类别应提高为重点设防类。

当商业建筑与其他建筑合建时，包括商住楼或综合楼，其划分以区段按比照原则确定。例如，高层建筑中多层的商业裙房区段或者下部的商业区段为重点设防类，而上部的住宅可以不提高设防类别。还需注意，当按区段划分时，若上部区段为重点设防类，则其下部区段也应为重点设防类。

问题 2：高层建筑中，结构单元内进场使用人数超过 8000 人，抗震设防类别未确定为重点设防类。

【原因分析】违反《建筑工程抗震设防分类标准》GB 50223—2008 第 6.0.11 条关于高层建筑抗震设防类别的规定。

【处理措施】建筑面积大致超过 8000m²，结构单元内集中的人数特别多。考虑到这类房屋总建筑面积很大，多层时需分缝处理，在一个结构单元内集中人数多的高层建筑，设计时需要将抗震设防类别提高为重点设防类。

问题 3：养老设施建筑、幼儿园、小学、中学的教学用房以及学生宿舍和食堂，抗震设防类别未确定为重点设防类。

【原因分析】违反《建设工程抗震管理条例》（国令第 744 号）第十六条和《建筑工程抗震设防分类标准》GB 50223—2008 第 6.0.8 条关于养老建筑、学校抗震设防类别的规定。

【处理措施】对于中、小学生和幼儿等未成年人在突发地震时的保护措施，所有幼儿园、小学和中学（包括普通中小学和有未成年人的各类初级、中级学校）的教学用房（包括教室、实验室、图书室、微机室、语音室、体育馆、礼堂）的设防类别均应予以提高。鉴于学生的宿舍和学生食堂的人员比较密集，也考虑提高其抗震设防类别。养老、残疾人类建筑也应参考幼儿园、小学和中学的教学用房，提高其抗震设防类别。重点设防类建筑的安全等级宜为一级。

问题 4：既有写字楼建筑下部局部楼层改造为养老机构、儿童福利机构等，仍按标准设防类进行设计。

【原因分析】违反《建筑工程抗震设防分类标准》GB 50223—2008 第 6.0.5 条和第 6.0.8 条的相关规定。

【处理措施】可按《建筑工程抗震设防分类标准》GB 50223—2008 分区段确定抗震设防类别，并进行抗震验算。

13.1.2 建筑形体及其构件布置的规则性

问题 5：多层建筑楼面开洞较大，部分楼层较多楼板不连续等，如图 13-1 所示，属特别不规则结构，未进行专门研究和论证。

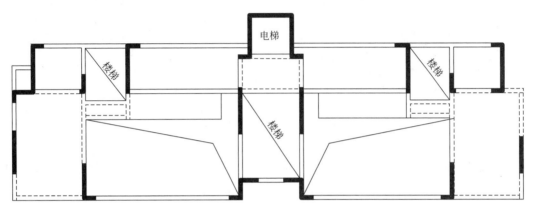

图 13-1 较多楼板不连续示意图

【原因分析】违反《建筑抗震设计规范》GB 50011—2010（2016 年版）第 3.4.3 条关于楼板局部不连续的规定，在规定的水平力作用下，楼层的最大弹性水平位移大于该楼层两端弹性水平位移平均值的 1.2 倍；中间连接区域楼板开洞面积大于该层楼面面积的 30%，中间连接宽度小于 50%；平面凹进的尺寸大于投影方向总尺寸的 30%，属特别不规则。

【处理措施】大量震害表明，特别不规则建筑在强震作用下，因平面和竖向刚度变化大，损害非常严重，甚至坍塌。根据《建筑抗震设计规范》GB 50011—2010（2016 年版）第 3.4.1 条，特别不规则的建筑应进行专门研究和论证，采取特别的抗震加强措施。

问题 6：结构竖向体型收进大于或等于 25%，楼板和周边竖向构件未加强。

【原因分析】违反《高层建筑混凝土结构技术规程》JGJ 3—2010 第 10.6.2 条、第 10.6.5 条关于竖向体型收进的规定，对于竖向体型收进结构，结构侧向刚度沿竖向发生剧烈变化，往往在变化的部位易形成结构的薄弱部位。楼板承担着很大的面内应力，为保证上部结构的地震作用可靠地传递到下部结构，体型突变部位的楼板及上、下楼层结构的楼板应加厚并加强。

【处理措施】竖向体型突变部位的楼板宜加强，楼板厚度不宜小于 150mm，宜双层双向配筋，每层每方向钢筋网的配筋率不宜小于 0.25%。同时体型突变部位上、下楼层结构的楼板也应加强构造措施。另外，收进部位位于塔楼与裙房相连部位时，塔楼中与裙房相连的外围柱、剪力墙，从固定端至裙房屋面上一层的高度范围内，柱纵向钢筋的最小配筋率宜适当提高，剪力墙宜按照《高层建筑混凝土结构技术规程》JGJ 3—2010 第 7.2.15 条的规定设置约束边缘构件，柱箍筋宜在收进部位上、下层的范围沿全高加密。

问题7：某项目两端塔楼间中部连廊按两端刚接连接，如图13-2所示，结构计算分析时仅考虑同向运动影响。

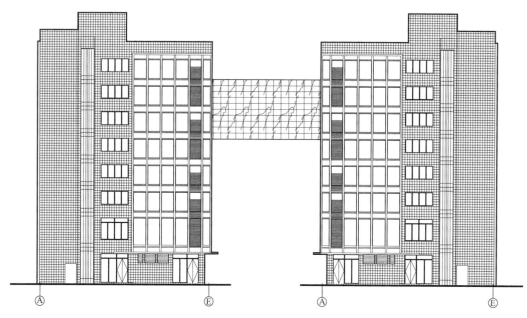

图13-2　连体结构示意图

【原因分析】违反《建筑抗震设计规范》GB 50011—2010（2016年版）第3.4.5条相关规定。两端塔楼在风荷载或地震作用下，除产生平动变形外，还将会产生扭转变形，且扭转效应随两塔楼不对称性的增加而加剧。

【处理措施】连体结构应进行多遇、罕遇地震作用下整体分析；对连接节点和楼板进行应力分析，并采取对应的加强措施。

问题8：侧向刚度较弱的框架结构，单侧采用地下室侧墙进行支挡，如图13-3所示，未考虑岩土压力对结构的不利影响。

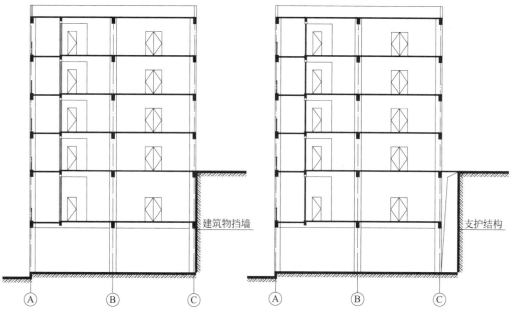

图13-3　支护示意图

【原因分析】违反《山地建筑结构设计标准》JGJ/T 472—2020 第 3.1.10 条的相关规定。主体结构兼作支挡结构，结构自身抗侧力刚度较小，不仅承受风荷载和地震共同作用，尚承受临土侧背后岩土压力作用。

【处理措施】应充分考虑岩土压力、风荷载及地震作用效应的共同作用影响。当主体结构抗侧刚度较小，临土侧支挡高度较大，主体结构和支挡结构宜脱开设置。

13.1.3　结构体系

问题 9：结构平面布置不合理，造成平面传力不直接，如图 13-4 所示。

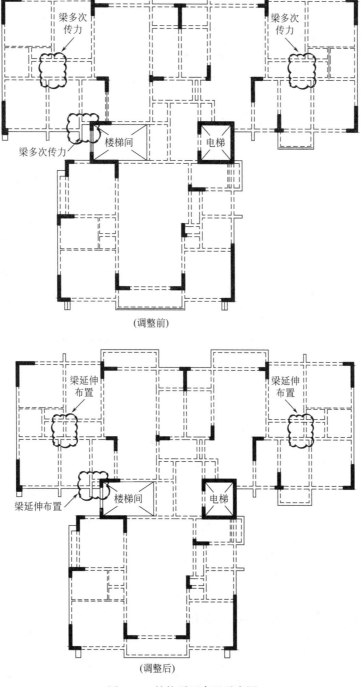

图 13-4　结构平面布置示意图

【原因分析】图 13-4（调整前）圈出区域，结构平面布置多次传力，受力不直接，违反《建筑抗震设计规范》GB 50011—2010（2016 年版）第 3.5.2 条关于结构体系应具有明确的计算简图和合理的传力途径的规定。属于违反强制性条文要求。

【处理措施】图 13-4（调整后）梁平面布置进行调整，结构平面布置传力明确。

问题 10：框架—剪力墙结构仅一个方向有剪力墙，另一方向无剪力墙或剪力墙极少，如图 13-5 所示，未形成有效的双向抗侧力体系。

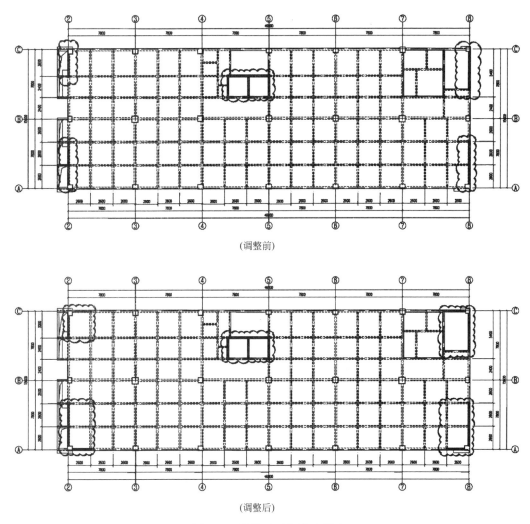

（调整前）

（调整后）

图 13-5　结构平面布置示意图

【原因分析】违反《高层建筑混凝土结构技术规程》JGJ 3—2010 第 8.1.5 条关于框架-剪力墙在结构梁主轴方向均应布置剪力墙的规定，图 13-5（调整前）X 向布置剪力墙少，导致结构在两个主轴方向的刚度和承载力相差悬殊，未能有效形成剪力墙作为第一道防线，与框架一起构成抗侧力体系，保证结构符合框架—剪力墙的受力特征，同时，当剪力墙少后，结构体系发生变化，构件的抗震等级不满足要求。属于违反强制性条文要求。

【处理措施】结合建筑功能，在结构平面角部应适当增设 X 向剪力墙，如图 13-5（调整后）所示。

问题 11：下部为混凝土结构，屋顶大空间采用钢结构，将混凝土结构和钢结构分别进行计算分析时，未考虑不同材料的协同作用。

【原因分析】违反《建筑抗震设计规范》GB 50011—2010（2016 年版）第 10.2.7 条关于屋盖结构抗震分析的规定。

【处理措施】工程中结构下部采用混凝土结构、上部采用钢结构，不应分开建模进行分析，应上、下结构整体建模进行分析，充分考虑相互间的不利影响，并分别计算分析进行包络设计。

问题 12：大跨度屋盖以下部混凝土结构作为支撑，未进行整体计算。

【原因分析】违反《建筑抗震设计规范》GB 50011—2010（2016 年版）第 10.2.7 条关于屋盖结构整体计算的规定。

【处理措施】大跨度空间结构与其支承结构之间相互作用的影响因素多，因此应考虑两者的相互作用而进行协同分析。可把下部支承结构折算等效刚度和等效质量作为上部空间网格结构分析时的条件；或把上部结构折算等效刚度和等效质量作为下部支承结构分析时的条件进行整体分析。

问题 13：层间位移较大的扭转不规则高层建筑结构，在具有偶然偏心规定水平力作用下，楼层两端抗侧力构件弹性水平位移、层间位移的最大值与平均值的比值大于 1.6。

【原因分析】违反《高层建筑混凝土结构技术规程》JGJ 3—2010 第 3.4.5 条关于位移比限值的规定。国内一些振动台模型试验结果也表明，过大的扭转效应会导致结构的严重破坏，应限制结构平面布置的不规则性，避免产生过大的偏心而导致结构产生的扭转效应。

【处理措施】通过调整抗侧构件布置，弱化内部抗侧构件刚度，强化外围抗侧构件刚度，或调整外围水平构件整体性及刚度等措施，减小偏性影响，达到在具有偶然偏心规定水平力作用下，楼层竖向构件最大的水平位移与层间位移，A 级高度高层建筑不宜大于该楼层平均值的 1.2 倍，不应大于该楼层平均值的 1.5 倍；B 级高度高层建筑、超过 A 级高度的混合结构及复杂高层建筑不宜大于该楼层平均值的 1.2 倍，不应大于该楼层平均值的 1.4 倍。当楼层的最大层间位移角不大于《高层建筑混凝土结构技术规程》JGJ 3—2010 第 3.7.3 条规定的限值的 40% 时，该楼层竖向构件的最大水平位移和层间位移与该楼层平均值的比值可适当放松，但不应大于 1.6。

13.1.4　结构分析

问题 14：阁顶层无结构楼板的坡屋顶建筑，按平屋面进行分析，不符合结构的实际受力状态。

【原因分析】违反《建筑抗震设计规范》GB 50011—2010（2016 年版）第 3.6.6 条关于结构计算模型应符合结构的实际工作状况的规定。阁顶层无结构楼板的坡屋顶建筑在竖向、水平荷载作用下，在屋面框架梁、板内产生轴力，对框架柱内将产生较大的水平推力，结构模型按平屋面进行分析，无法确定轴力对结构的不利影响。

【处理措施】应按坡屋面空间建模进行分析，考虑屋面水平推力对结构不利影响。

问题 15：结构计算中存在结构单边、双边或三边结构挡墙，在结构分析时，未考虑墙背土体推力作用对结构不利影响。

【原因分析】违反《建筑抗震设计规范》GB 50011—2010（2016 年版）第 14.2.2 条地下建筑的抗震计算模型应根据结构实际情况确定的规定。土压力作为永久荷载不能忽略，结构单边，尤其双边和三边结构挡土，挡墙可能造成结构质心和刚心偏差较大，造成结构整体扭转严重。挡墙水平力对所有相邻的扶壁柱（框架柱）、框架梁影响明显。

【处理措施】结构分析应计入土压力对结构的作用，一般按静止土压力计算。

问题16：地下车库设缝或为非全埋地下室，嵌固部位位于基顶，计算分析时，地下室未按裙房充分考虑地震作用影响。

【原因分析】违反《建筑抗震设计规范》GB 50011—2010（2016年版）第3.6.6条关于结构计算模型应符合结构的实际工作状况的规定。

【处理措施】地下车库设缝，为非全埋地下室，未形成有效嵌固，此时地下车库应视为裙房部分条件进行输入，考虑地震作用对结构的不利影响。

问题17：框架结构未考虑与结构整体连接楼梯的斜撑刚度影响。

【原因分析】违反《建筑抗震设计规范》GB 50011—2010（2016年版）第3.6.6条关于结构计算时应考虑楼梯构件的影响的规定。大量震害表明，楼梯相关构件在地震中容易遭受破坏，影响逃生通道。框架结构受楼梯斜撑的影响，结构的自振特性、位移变形及相邻框架柱受力都产生较大影响。

【处理措施】框架结构实际建模应充分考虑楼梯斜撑刚度影响。根据计算结果进行楼梯及框架结构的设计，楼板应上下通长配筋。

问题18：大底盘多塔结构未采用不少于两个合适的不同力学模型的结构分析软件对多遇地震作用下的内力和变形进行分析，未进行包络设计。

【原因分析】违反《建筑抗震设计规范》GB 50011—2010（2016年版）第3.6.6条关于复杂结构应采用不小于两个合适的不同力学模型软件进行分析的规定。大底盘多塔结构由于底部大空间上部塔楼结构的特点，地震作用下，结构受力复杂，底盘与塔楼连接部位刚度突变，产生应力集中，塔楼独立，其结构整体性较差，存在楼面高差等因素，都影响结构整体性，进而影响结构抗震性能。此外，受地震作用的影响，结构振型复杂且多样化，甚至出现严重的平扭耦联。

【处理措施】大底盘多塔结构应采取不少于两个不同力学模型的结构分析软件进行整体计算分析，并进行比较和分析，以保证结构力学分析的可靠性和正确性。

问题19：塔楼嵌固层刚度比验算时，嵌固层计入的侧刚超出相关范围。

【原因分析】违反《建筑抗震设计规范》GB 50011—2010（2016年版）第6.1.14条关于嵌固层上、下刚度比的规定。

【处理措施】"相关范围"一般可从地上结构（主楼、有裙房时含裙房）周边外延不大于20m，且不超过三跨。

问题20：跨度为25m的楼盖结构仅进行承载力、变形计算，未做舒适度分析。

【原因分析】违反《高层建筑混凝土结构技术规程》JGJ 3—2010第3.7.7条的相关规定。大跨度楼盖振动过大将影响人们的生活工作，楼盖振动限制取决于人对振动的感觉。一般情况下，楼盖结构竖向频率不宜小于3Hz，以保证结构具有适宜的舒适度，楼盖结构竖向振动加速度不仅与楼盖结构的竖向频率有关，还与建筑使用功能及人员起立、行走、跳跃的振动激励有关。

【处理措施】一般住宅、办公、商业建筑楼盖结构的竖向频率小于 3Hz 时，应验算竖向振动加速度。其大跨度舒适度可按《建筑楼盖振动舒适度技术标准》JGJ/T 441—2019 进行分析。

13.1.5 结构材料与施工

问题 21：抗震等级一、二、三级的框架和斜撑构件（含梯段）纵向受力钢筋未明确钢筋的抗拉强度实测值与屈服强度实测值的比值、屈服强度实测值与屈服强度标准值的比值、最大拉力下的总伸长率实测值。

【原因分析】违反《建筑抗震设计规范》GB 50011—2010（2016 年版）第 3.9.2 条关于结构材料性能指标的规定。属于违反强制性条文要求。

【处理措施】在设计文件中应明确抗震等级一、二、三级的框架和斜撑构件（含梯段）纵向受力钢筋的抗拉强度实测值与屈服强度实测值的比值不应小于 1.25，钢筋的屈服强度实测值与屈服强度标准值的比值不应大于 1.3，且钢筋在最大拉力下的总伸长率实测值不应小于 9%，避免施工错误。

问题 22：构造柱、过梁等构件采用 HRB400 钢筋时，其混凝土等级小于 C25。

【原因分析】违反《混凝土结构设计规范》GB 50010—2010（2015 年版）第 4.1.2 条关于混凝土强度等级的规定。

【处理措施】在设计文件中应明确构造柱、过梁等构件采用 HRB400 钢筋时，其混凝土强度等级不应低于 C25。

问题 23：砌体工程中，先浇筑构造柱后砌筑砌体。

【原因分析】违反《建筑抗震设计规范》GB 50011—2010（2016 年版）第 3.9.6 条关于构造柱在砌体结构施工次序的规定。属于违反强制性条文要求。

【处理措施】为确保砌体抗震墙与构造柱、底层框架柱的连接，以提高抗侧力砌体墙的变形能力，设计应要求施工时先砌墙后浇筑构造柱。

问题 24：同一幢建筑中混用墙体材料，下部用砌块或混凝土墙材，上部用黏土实心砖等，多层砌体结构体系中采用砌体墙和部分混凝土墙混合承重的结构体系。

【原因分析】违反《建筑抗震设计规范》GB 50011—2010（2016 年版）第 7.1.7 条关于多层砌体房屋不应采用砌体墙和混凝土墙混合承重的结构体系的规定。

【处理措施】避免采用混凝土墙与砌体墙混合承重的体系，防止不同材料性能的墙体各个被击破，最终导致整体结构坍塌。

13.2 设计荷载

13.2.1 荷载分类和组合

问题 25：挡土墙计算时，土压力的恒荷载分项系数取值 1.2。

【原因分析】违反《建筑结构荷载规范》GB 50009—2012 第 3.2.4 条关于荷载分项系数的规定。属于违反强制性条文要求。

【处理措施】挡土墙计算中，起控制作用的基本组合往往是永久荷载效应控制的组合，按照

《建筑结构荷载规范》GB 50009—2012 第 3.2.4 条规定，其土压力的恒载分项系数应取 1.35。

问题 26：通风机房、电梯机房组合值系数取 0.7。

【原因分析】违反《建筑结构荷载规范》GB 50009—2012 表 5.1.1 中第 7 项关于通风机房、电梯机房组合值系数取值的规定，属于违反强制性条文要求。

【处理措施】结构模型单独指定特殊荷载工况，组合值系数应取 0.9。

13.2.2 楼面和屋面活荷载

问题 27：阳台、卫生间活荷载取值 2.0kN/m²，人员密集场所的走廊活荷载取值 2.0kN/m²。

【原因分析】违反《建筑结构荷载规范》GB 50009—2012 第 5.1.1 条关于阳台、卫生间活荷载取值的规定。属于违反强制性条文要求。

【处理措施】阳台、卫生间活荷载取值 2.5kN/m²，对于可能出现人员密集情况的阳台及人员密集场所的走廊，其活荷载取值 3.5kN/m²。

问题 28：书库、档案库中的书架高度大于 2m 时，其活载取值为 5.0kN/m²。

【原因分析】违反《建筑结构荷载规范》GB 50009—2012 第 5.1.1 条关于书库、档案库活荷载取值的规定。在施工图设计中，需明确书库、档案库中的书架高度，当书架高度超过 2m 时，其活载仍取值为 5.0kN/m²，荷载取值偏小。属于违反强制性条文要求。

【处理措施】当书架高度大于 2m 时，书库活荷载应按每米书架高度不小于 2.5kN/m² 确定。

问题 29：停小型汽车的地下车库，板跨小于 6m×6m 时，活荷载取值 2.5kN/m²。

【原因分析】违反《建筑结构荷载规范》GB 50009—2012 第 5.1.1 条关于车库活荷载取值的规定。属于违反强制性条文要求。

【处理措施】停客车的地下车库，单向板楼盖（板跨不小于 2m）和双向板楼盖（板跨不小于 3m×3m）时，活荷载取值 4.0kN/m²；双向板楼盖（板跨不小于 6m×6m），无梁楼盖（柱网不小于 6m×6m）时，活荷载取值 2.5kN/m²。

问题 30：车库顶板存在 600kN 消防车直接采用规范等效均布活荷载取值。

【原因分析】违反《建筑结构荷载规范》GB 50009—2012 第 5.1.1 条关于消防车荷载取值的规定，消防车对结构影响的关键是轮压（一般是后轴轮压），《建筑结构荷载规范》GB 50009—2012 第 5.1.1 条规定的消防车等效荷载适用于 300kN 级消防车，各级消防车对结构的等效均布活荷载应按轮压的大小进行换算。除此之外，消防车的等效均布活荷载应根据楼板覆土层厚度等因素综合取值。属于违反强制性条文要求。

【处理措施】车库顶板消防车等效均布活荷载按照《建筑结构荷载规范》GB 50009—2012 取值，根据设计的消防车等级，对结构的等效均布活荷载按照轮压大小进行换算，并根据楼板实际的覆土厚度，按照《建筑结构荷载规范》GB 50009—2012 附录 B 进行折减。

问题 31：在梁、墙、柱及基础设计时，楼面活荷载折减系数取用不符合规范规定（特别是对于上下使用功能不同的建筑）。

【原因分析】违反《建筑结构荷载规范》GB 50009—2012 第 5.1.2 条关于活荷载折减系数的规

定。对于不同使用功能的楼层，在计算时楼面梁、墙、柱及基础的楼面活荷载系数应不一样。属于违反强制性条文要求。

【处理措施】在计算模型中应按不同的建筑功能，根据《建筑结构荷载规范》GB 50009—2012第5.1.2条规定采用相应的活荷载折减系数。

问题32：楼面灵活布置隔墙的建筑未考虑隔墙荷载。

【原因分析】违反《建筑结构荷载规范》GB 50009—2012第5.1.1条关于楼面灵活布置隔墙活荷载取值的规定。属于违反强制性条文要求。

【处理措施】楼面灵活布置的隔墙荷载应按非固定隔墙的自重，取不小于1/3的每延米长墙重（kN/m）作为楼面活荷载的附加值（kN/m²）计入，且附加值不应小于1.0kN/m²。

问题33：消防扑救场地未考虑消防车荷载。

【原因分析】违反《建筑结构荷载规范》GB 50009—2012第5.1.1条关于消防车活荷载取值的规定。建筑改变消防扑救场地布置，造成结构消防荷载输入范围与建筑设计不一致；结构设计忽略扑救场地等因素，遗漏消防车荷载。属于违反强制性条文。

【处理措施】应按照建筑总图功能要求，在施工图中准确表达消防车道及消防扑救场地位置，并按照《建筑结构荷载规范》GB 50009—2012第5.1.1条规定考虑消防车荷载影响。

问题34：中小学校教学楼、食堂、宿舍的栏杆水平荷载取1.0kN/m。

【原因分析】违反《中小学校设计规范》GB 50099—2011第8.1.6条关于栏杆水平荷载取值的规定。属于违反强制性条文要求。

【处理措施】在中小学校设计项目中，栏杆的设计荷载应按照《中小学校设计规范》GB 50099—2011第8.1.6条规定和《建筑结构荷载规范》GB 50009—2012第5.5.2条规定的较大值选取，栏杆的水平荷载取1.5kN/m。

问题35：设计未考虑施工工艺中特殊的施工荷载对结构的影响。

【原因分析】施工工艺中特殊的施工荷载，如车库屋面土的超高堆载、附着主体结构或楼盖上的施工荷载等超过设计允许的荷载规定，可能会导致结构构件开裂甚至破坏。

【处理措施】在设计文件中明确设计荷载取值，对超过设计的特殊施工荷载应进行结构或构件验算。

问题36：高层建筑结构内力计算中，楼面活荷载大于4kN/m²时，未考虑活荷载最不利布置影响。

【原因分析】违反《高层建筑混凝土结构技术规程》JGJ 3—2010第5.1.8条的相关规定。当楼面活荷载大于4kN/m²时，楼面活荷载最不利布置引起的结构内力增大。当楼面活荷载较大时，梁内弯矩与未考虑活荷载最不利布置计算的框架梁相比增加了1.1～1.3倍，其不利布置对框架梁弯矩的影响会比较明显。

【处理措施】当楼面活荷载较大时，整体计算中考虑活荷载的最不利布置影响。

13.2.3　风荷载

问题37：高宽比大于4的高层十字形平面风荷载体型系数取1.3。

【原因分析】违反《高层建筑混凝土结构技术规程》JGJ 3—2010第4.2.3条关于风荷载体型系

数的规定。风荷载体型系数主要与建筑物的体型和尺度有关，不同体型和尺度的建筑可参照规范选用合适的风荷载体型系数。

【处理措施】根据建筑的外形选取满足《高层建筑混凝土结构技术规程》JGJ 3—2010 第 4.2.3 条规定的风荷载体型系数。对一些体型复杂而且重要的结构，风荷载体型的取值应根据风洞试验的结果。对高宽比 H/B 不大于 4 的矩形、方形、十字形平面建筑取 1.3；V 形、Y 形、弧形、双十字形、井字形平面建筑、L 形、槽形和高宽比 H/B 大于 4 的十字形平面建筑及高宽比 H/B 大于 4、长宽比 L/B 不大于 1.5 的矩形、鼓形平面建筑取 1.4。

问题 38：超高的女儿墙未考虑风荷载对主体结构的影响。

【原因分析】结构模型与实际受力不一致，违反《建筑抗震设计规范》GB 50011—2010（2016 年版）第 3.4.5 条的相关规定。当女儿墙的高度较高时，结构计算时只考虑了竖向荷载，而忽略构架所承受的风荷载（水平荷载）作用对结构不利影响。

【处理措施】对女儿墙与主体结构进行整体建模分析。

问题 39：建筑高度大于 150m 或高宽比大于 5 的高层建筑未考虑横风向风振效应。

【原因分析】违反《建筑结构荷载规范》GB 50009—2012 第 8.5.1 条对于横风向风振作用效应明显的高层建筑以及细长圆形截面构筑物，宜考虑横风向风振效应的影响的规定。根据《建筑结构荷载规范》GB 50009—2012 第 8.5.1 条条文说明，一般而言，建筑高度超过 150m 或高宽比大于 5 的高层建筑会出现较为明显的横风向风振效应，并且效应随着建筑高度或高宽比增加而增大。

【处理措施】对于建筑高度大于 150m 或高宽比大于 5 的高层建筑，按规范考虑横风向风振效应。

13.2.4 雪荷载

问题 40：位于冰雪影响地区的工程，屋面未考虑雪荷载的影响。

【原因分析】违反《建筑结构荷载规范》GB 50009—2012 第 7.1.3 条关于考虑雪荷载影响的规定。奉节及金佛山等地区位于冰雪影响地区，屋面的雪荷载往往容易忽略。

【处理措施】奉节、金佛山地区可按照规范取值，其他受冰雪影响地区应按当地气象条件考虑雪荷载。

13.2.5 地震作用

问题 41：高层剪力墙结构计算自振周期折减系数取值 0.7。

【原因分析】违反《高层建筑混凝土结构技术规程》JGJ 3—2010 第 4.3.17 条关于周期折减系数的规定。如底商结构的房屋，应按统一计算模型取不同的填充墙对结构周期的影响系数分别计算。

【处理措施】根据《高层建筑混凝土结构技术规程》JGJ 3—2010 第 4.3.17 条规定选取相应的折减系数，同时应注意结构的竖向隔墙的分布不均匀对所选取的折减系数的影响。

问题 42：设计中场地类别的取值与地勘报告描述不一致。

【原因分析】地震影响系数和特征周期取值违反《建筑抗震设计规范》GB 50011—2010（2016

年版）第 5.1.4 条规定，即地勘报告根据车库与周边岩土体脱开和不脱开，分别提供塔楼和地下车库场地类别。设计时会根据结构长度、平面形状等对主体结构进行分缝处理，分缝后的结构单元与地勘资料依据的结构单元不一致，造成设计采用的场地类别与地勘资料不一致。属于违反强制性条文要求。

【处理措施】根据设计中单体与车库的关系进行判定，核对地勘报告，当设计中场地类别的取值与地勘报告描述不一致的情况下，应请地勘针对结构的实际情况对场地类别重新判定。

13.2.6 温度作用

问题 43：超长结构未考虑温度应力对结构的不利影响。

【原因分析】违反《建筑结构荷载规范》GB 50009—2012 第 9.1.1 条关于超长结构考虑温度应力影响的规定。结构超长大、平面形状不规则时，温度作用对结构影响大，由此引起的结构开裂案例较多。

【处理措施】在结构超长的情况下，应根据房屋的环境温度、使用温度和结构的初始温度，考虑混凝土后期收缩的当量温差、混凝土的收缩徐变及混凝土弹性刚度的退化等因素，进行温度应力的计算。

13.3 场地、地基和基础

问题 44：工程位于抗震不利地段，未采取有效的加强措施。

【原因分析】违反《建筑抗震设计规范》GB 50011—2010（2016 年版）第 4.1.8 条关于抗震不利地段抗震加强的规定。属于违反强制性条文要求。不利地段有：

① 地震时可能发生滑坡、崩塌、地陷、地裂、泥石流和边（斜坡）坡等失稳，但通过采取合理的工程措施可消除危害则划分为建筑抗震不利地段。

② 液化土、条状突出的山嘴、高耸孤立的山丘、河岸和边坡边缘地带应划为建筑抗震不利地段。

③ 当不属于上述①、②情况时，覆盖层厚度大于或等于 15m 的软弱土（等效剪切波速小于或等于 150m/s，一般指松散人工填土、软土或松散粉土等）应划分为不利地段；15m 以内的软弱土可划分为一般地段，但须采取相应措施处理；当场地得到妥善处理后，可不考虑放大作用。

④ 除存在下列情况可划为建筑抗震一般地段（具体参见《建筑抗震设计规范》GB 50011—2010（2016 年版）第 4.1.8 条条文说明）之外，其余陡坡、陡坎地带应划为建筑抗震不利地段。

⑤ 明显不均匀土层划分为不利地段：平面分布上成因、岩性、状态明显不均匀土层（重庆地区多指半挖半填地带、斜坡地带等区域岩土层界面倾角大于 20°、岩土层厚度差异大于 15m、岩土层压缩模量超过 2 倍等）。

【处理措施】位于不利地段的项目，房屋应采取多道抗震设防，尽量增加结构赘余度；房屋地基应选用可靠的持力层，并加强基础的整体刚度。

① 对于存在滑坡、崩塌、地陷、地裂、泥石流和边（斜坡）坡等不利地段应进行综合治理。

② 软弱土、液化土等不利地段，应对软弱土进行处理（提高剪切波速）、采用桩基础或上部结构处理、液化土消除液化处理或上部结构处理、采用桩基础等。

③ 陡坎、陡坡等不利地段，对陡坡、陡坎进行综合治理；并按《建筑抗震设计规范》GB 50011—2010（2016 年版）第 4.1.8 条考虑地震放大作用。

④ 对于明显不均匀土层等形成的不利地段，应对土层进行处理，结构上做协调处理，或采用刚

度较大的基础，增加整体性。

问题 45：同一结构单元的基础置于截然不同的持力层上。

【原因分析】违反《建筑抗震设计规范》GB 50011—2010（2016 年版）第 3.3.4 条关于基础不同持力层的规定。不同持力层因岩土参数差异明显，导致在地震作用下变形和上部结构各部位地震反应的差异明显。

【处理措施】同一结构单元的基础宜置于相同的持力层上，否则应充分考虑其相互间差异影响。

问题 46：边坡存在外倾结构面，坡顶建筑物基础未嵌入临空外倾结构面以下，基础穿过临空外倾结构面以上岩体部分未做有效隔离处理。

【原因分析】违反《建筑地基基础设计规范》DBJ 50—047—2016 第 4.1.8 条关于基础嵌入深度及隔离的规定。

【处理措施】临空外倾结构面在倾角大于 11°（坡率 20%）的岩土界面和岩层面，应将坡顶建筑物基础嵌入临空外倾结构面以下，并做隔离处理。对于倾角远小于外倾结构面或倾角为 11°~20°，在考虑建筑加载不利因素且经计算后大于稳定安全系数时，原则上可以不考虑将基础嵌入坡脚临空外倾结构面之下。边坡支护结构应考虑水平荷载传递的影响。

问题 47：穿越边坡滑塌体及软弱结构面的桩基础经隔离处理后，未按国家现行相关标准加强基础结构配筋，配筋率仅 0.20%。

【原因分析】违反《建筑边坡工程技术规范》GB 50330—2013 第 7.3.3 条关于桩配筋加强的规定。通过隔离后，可以解决竖向传力的问题，但对水平力的传递问题并没有解决。

【处理措施】穿越边坡滑塌体及软弱结构面的桩基础嵌入临空外倾结构面以下并经隔离处理后，其桩身最小配筋率不宜小于 0.60%，且箍筋应相应加强。

问题 48：剪力墙下桩间抬梁未按框支梁进行计算和构造。

【原因分析】违反《建筑桩基础设计与施工验收规范》DBJ 50—200—2014 第 5.7.7 条关于抬梁计算和构造的规定。经有限元分析，剪力墙下桩间连系梁在竖向、水平荷载作用下受力复杂，受力机理类似于框支梁，宜按转换梁要求加强处理。

【处理措施】用桩间抬梁抬剪力墙的桩，应考虑上部弯矩对桩的影响，对桩适当加强。抬梁应按框支梁进行计算，梁宽度不宜小于墙厚的两倍，箍筋宜全长加密，且腰筋直径不应小于 16mm，纵筋配筋率不应小于 0.40%。

问题 49：独立基础未考虑弯矩和剪力的作用验算嵌岩深度。

【原因分析】违反《建筑地基基础设计规范》DBJ 50—047—2016 第 8.1.6 条关于浅基础嵌岩深度验算的规定。

【处理措施】若是承载力不足，可加大截面，或当基础顶面弯矩和剪力起控制作用时，按照《建筑地基基础设计规范》DBJ 50—047—2016 第 8.1.6 条验算，通过加大基础嵌岩深度处理。

问题 50：建筑地基基础设计等级为甲级时，使用期抗浮稳定安全系数取 1.05。

【原因分析】违反《建筑工程抗浮技术标准》JGJ 476—2019 第 3.0.3 条和第 3.0.4 条关于抗浮

稳定性的规定。

【处理措施】地基基础设计等级为甲级，其抗浮设计等级应为甲级，使用期抗浮稳定安全系数应按 1.1 取值。

问题 51：建筑抗浮设计中未进行施工阶段的抗浮稳定性验算。

【原因分析】违反《建筑工程抗浮技术标准》JGJ 476—2019 第 3.0.2 条的规定。由抗浮稳定性不足引发的工程事故中，大部分发生在施工期间，主要原因在于设计过程中忽视结构主体施工期间和使用期间是两种截然不同的工况，施工期间结构自重、荷载等尚未形成，可能无法抵抗地下水产生的浮力而引发事故。

【处理措施】在设计过程中，应进行施工阶段的抗浮稳定性验算。

问题 52：柱混凝土强度等级高于柱下独立基础，未进行局部受压承载力计算。

【原因分析】违反《建筑地基基础设计规范》GB 50007—2011 第 8.2.7（4）条的规定，属于违反强制性条文。在基础顶面及型钢底部，混凝土强度等级或材料强度相差较大，易产生局部承压破坏。

【处理措施】应按照《混凝土结构设计规范》GB 50010—2010（2015 年版）第 6.6 节验算。

问题 53：建筑物基础置于经处理后的地基上，未明确在施工及使用期间进行沉降变形观测要求。

【原因分析】违反《建筑地基基础设计规范》GB 50007—2011 第 10.3.8 条的规定。建筑物基础置于经处理后的地基上，由于地基处理效果的不确定性、土体持续固结引起的变形累积、上部建筑物加载后地基的不均匀变形等都对建筑物的安全影响极大，按照规范要求在施工和使用期间应进行沉降变形观测。

【处理措施】应按照《建筑变形测量规范》JGJ 8—2016 第 7.1 节的要求，进行沉降变形观测设计，布设沉降观测点并提出相应要求。

问题 54：处于低洼地段易汇水场地的地下室结构，未采取有效排水措施，如图 13-6 所示，设计未考虑抗浮设计影响。

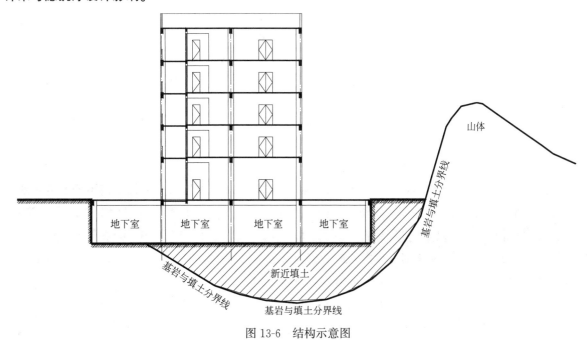

图 13-6 结构示意图

【原因分析】违反《建筑工程抗浮技术标准》JGJ 476—2019 第 3.0.6 条的规定。对于山区地基，通常地形高差大，下覆基岩（不透水基岩）埋深浅，且起伏较大，在雨季很容易因地表水下渗，形成上层滞水，对地下室底板造成破坏。

【处理措施】应根据建筑使用功能、汇水面积、水位预测咨询成果和工程经验等因素综合分析后，采用合理的抗浮设计水位进行抗浮设计。

13.4 多层和高层钢筋混凝土房屋

13.4.1 计算分析

问题 55：地震、风荷载作用下，剪力墙结构刚重比小于 2.7，未考虑 P—△效应。

【原因分析】违反《高层建筑混凝土结构技术规程》JGJ 3—2010 第 5.4.2 条关于考虑 P—△效应计算的规定。刚重比小的结构，重力二阶效应对结构的影响较大。

【处理措施】剪力墙结构刚重比小于 2.7，框架结构刚重比小于 20 时，应考虑重力二阶效应对水平力作用下结构内力和位移的不利影响。

问题 56：根据在规定水平力作用下结构底层框架承受的地震倾覆力矩占结构总地震倾覆力矩的百分比进行框架—剪力墙结构体系的判定，判定出框架部分承受的地震倾覆力矩大于结构总地震倾覆力矩的 80% 时，框架部分的抗震等级和轴压比限值未按框架结构规定采用。

【原因分析】违反《高层建筑混凝土结构技术规程》JGJ 3—2010 第 8.1.3 条关于框架—剪力墙结构体系判定的规定。抗震设计的框架—剪力墙结构，应根据在规定的水平力作用下结构底层框架部分承受的地震倾覆力矩与结构总地震倾覆力矩的比值，确定相应的设计方法。

【处理措施】抗震设计的框架—剪力墙结构，当框架部分承受的地震倾覆力矩不大于结构总地震倾覆力矩的 10% 时，按剪力墙结构进行设计，其中的框架部分应按框架—剪力墙结构的框架进行设计。当框架部分承受的地震倾覆力矩大于结构总地震倾覆力矩的 10% 但不大于 50% 时，按框架—剪力墙结构进行设计。当框架部分承受的地震倾覆力矩大于结构总地震倾覆力矩的 50% 但不大于 80% 时，按框架—剪力墙结构进行设计，其最大适用高度可比框架结构适当增加，框架部分的抗震等级和轴压比限值宜按框架结构的规定采用。当框架部分承受的地震倾覆力矩大于结构总地震倾覆力矩的 80% 时，按框架—剪力墙结构进行设计，但其最大适用高度宜按框架结构采用，框架部分的抗震等级和轴压比限值应按框架结构的规定采用。当结构的层间位移角不满足框架—剪力墙结构的规定时，可按《高层建筑混凝土结构技术规程》JGJ 3—2010 第 3.11 节的规定进行结构抗震性能分析和论证。

问题 57：框架—剪力墙、框架—核心筒结构的框架部分承担的地震剪力标准值小于结构底部总地震剪力标准值的 20%，最大值大于结构底部总地震剪力标准值的 10%，未对地震剪力进行调整。

【原因分析】违反《高层建筑混凝土结构技术规程》JGJ 3—2010 第 9.1.11 条关于框架—剪力墙、框架—核心筒结构的框架部分承担的地震剪力标准值计算的规定。抗震设计时，筒体结构的框架部分按侧向刚度分配的楼层地震剪力标准值应符合规定。通过调整，保证框架部分的地震剪力标准值的最小值，以便形成双重抗侧力体系。

【处理措施】当框架部分分配的地震剪力标准值小于结构底部总地震剪力标准值的 20%，但其最大值不小于结构底部总地震剪力标准值的 10％时，应按结构底部总地震剪力标准值的 20％和框架部分地震剪力标准值中最大值的 1.5 倍二者的较小值进行调整。

问题 58：对风荷载敏感的结构，如高度大于 60m 的结构，承载力设计时基本风压未放大 1.1 倍。

【原因分析】违反《高层建筑混凝土结构技术规程》JGJ 3—2010 第 4.2.2 条关于风荷载计算的规定。属于违反强制性条文要求。按照现行国家标准《建筑结构荷载规范》GB 50009—2012 的规定，对风荷载比较敏感的高层建筑，其基本风压应当提高。

【处理措施】对风荷载是否敏感，主要与高层建筑的体型、结构体系自振特性有关。对风荷载比较敏感的高层建筑，应考虑风荷载的增大效应。一般情况下，对于房屋高度大于 60m 的高层建筑，承载力设计时，风荷载计算可按基本风压的 1.1 倍采用。

问题 59：存在斜交抗侧力构件的结构，斜交角度 25°，未计算斜交抗侧力构件方向的水平地震作用。

【原因分析】违反《建筑抗震设计规范》GB 50011—2010（2016 年版）第 5.1.1 条关于斜交抗侧力构件的地震作用计算的规定。属于违反强制性条文要求。

【处理措施】考虑到地震可能来自任意方向，要求有斜交抗侧力构件的结构，应考虑对各构件的最不利方向的水平地震作用。当相交角大于 15°时，应分别计算各抗侧力构件方向的水平地震作用。

问题 60：框架柱截面较大，且梁相对柱偏心超过 1/4 柱宽时，计算中未考虑偏心不利影响。

【原因分析】违反《建筑抗震设计规范》GB 50011—2010（2016 年版）第 6.1.5 条关于梁相对柱偏心不利影响的规定。

【处理措施】梁中线与柱中线之间、柱中线与抗震墙中线之间有较大偏心距时，在地震作用下可能导致核芯区受剪面积不足，对柱带来不利的扭转效应，需进行具体分析并采取有效措施。当梁相对柱偏心大于柱截面在该方向宽度的 1/4 时，计算中应考虑梁柱偏心的不利影响，并采取水平加腋梁及加强柱箍筋等。

问题 61：角柱未按双偏压进行验算。

【原因分析】违反《高层建筑混凝土结构技术规程》JGJ 3—2010 第 6.2.4 条关于角柱计算的规定。

【处理措施】抗震设计的框架，考虑到角柱承受双向地震作用，扭转效应对内力影响较大，且受力复杂，在设计中应予以适当加强。抗震设计时，框架角柱应按双向偏心受力构件进行正截面承载力设计。一、二、三、四级框架角柱经按《高层建筑混凝土结构技术规程》JGJ 3—2010 第 6.2.1 条～第 6.2.3 条调整后的弯矩、剪力设计值乘以不小于 1.1 的增大系数。

问题 62：高层结构的穿层墙未进行墙肢稳定性验算。

【原因分析】违反《高层建筑混凝土结构技术规程》JGJ 3—2010 第 7.2.1 条关于墙肢稳定性验算的规定。

【处理措施】首先根据《高层建筑混凝土结构技术规程》JGJ 3—2010 第 7.2.1 条估算剪力墙的

厚度，然后再根据本规程附录 D 的墙体稳定验算确定剪力墙的厚度。

13.4.2 框架结构

问题 63：多塔楼高层建筑结构的塔楼中与裙房相连的外围柱纵向钢筋的最小配筋率未提高。

【原因分析】违反《高层建筑混凝土结构技术规程》JGJ 3—2010 第 10.6.3 条第 3 款关于多塔外围柱、剪力墙抗震加强的规定。为保证多塔楼建筑中塔楼与底盘整体工作，塔楼之间裙房连接体的屋面梁以及塔楼中与裙房连接体相连的外围柱、墙，从固定端至裙房屋面上一层的高度范围内，在构造上应予以特别加强。

【处理措施】抗震设计时，多塔楼高层建筑结构，塔楼中与裙房相连的外围柱、剪力墙，从固定端至裙房屋面上一层的高度范围内，柱纵向钢筋的最小配筋率宜适当提高，剪力墙宜按《高层建筑混凝土结构技术规程》JGJ 3—2010 第 7.2.15 条规定设置约束边缘构件，柱箍筋宜在裙楼屋面上、下层的范围内全高加密；当塔楼结构相对于底盘结构偏心收进时，应加强底盘周围竖向构件的配筋构造措施。

问题 64：地下室顶板作为上部结构的嵌固部位，地下一层柱和嵌固层梁的配筋未放大。

【原因分析】违反《建筑抗震设计规范》GB 50011—2010（2016 年版）第 6.1.14 条第 3 款关于嵌固层柱、梁配筋抗震加强的规定。当框架柱嵌固在地下室顶板时，位于地下室顶板的梁柱节点应按首层柱的下端为"弱柱"设计，即地震时首层柱底屈服、出现塑性铰。因此，当地下室顶板作为上部结构的嵌固部位时，地下室顶板及其下层竖向结构构件的设计应当适当加强，以符合作为嵌固部位的要求。

【处理措施】地下室顶板作为上部结构的嵌固部位，地下室顶板对应于地上框架的梁柱节点除应满足抗震计算要求外，还应满足以下规定：

① 地下一层柱截面每侧纵向钢筋不应小于地上一层柱对应纵向钢筋的 1.1 倍，且地下一层柱上端和节点左右梁端适配的抗震承载力之和应大于地上一层柱下端实配的抗弯承载力的 1.3 倍。

② 地下一层梁刚度较大时，柱截面每侧的纵向钢筋应大于地上一层对应柱每侧纵向钢筋面积的 1.1 倍；同时梁端顶面和底面的纵向钢筋面积应比计算增大 10% 以上。

问题 65：框架柱净高与柱截面高度之比小于 4，未进行剪跨比判定及采取相应构造措施。

【原因分析】违反《建筑抗震设计规范》GB 50011—2010（2016 年版）第 6.3.9 条关于短柱抗震加强的规定。当框架柱净高与柱截面高度之比小于 4 时，容易出现框架柱的剪跨比小于 2，此时框架柱为短柱，地震作用下容易遭到脆性破坏，因此需要加强柱的抗剪能力。

【处理措施】对于框架柱截面较大，柱净高与柱截面边长之比小于 4，其构造措施要满足《建筑抗震设计规范》GB 50011—2010（2016 年版）第 6.3.9 条的规定。对于剪跨比不大于 2 的框架柱，箍筋应全高加密。

问题 66：框架结构中框架柱截面宽度 250mm。

【原因分析】违反《建筑抗震设计规范》GB 50011—2010（2016 年版）第 6.3.5 条关于框架柱截面尺寸的规定。

【处理措施】对框架柱截面的最小宽度进行控制。矩形柱的截面尺寸，四级或不超过 2 层时不宜小于 300mm，一、二、三级且超过 2 层时不宜小于 400mm；圆柱的直径，四级或不超过 2 层时不宜小于 350mm，一、二、三级且超过 2 层时不宜小于 450mm。

问题 67：异形柱端纵向受力钢筋的配筋率为 0.15%。

【原因分析】违反《混凝土异形柱结构技术规程》JGJ 149—2017 第 6.2.5 条关于异形柱配筋构造的规定。属于违反强制性条文要求。控制异形柱的最小配筋率，可以为避免异形柱的脆性破坏提供一定的保障，结合异形柱的特点，柱肢肢端的配筋百分率按全截面面积计算。

【处理措施】异形柱中全部纵向受力钢筋的配筋率百分率不应小于《混凝土异形柱结构技术规程》JGJ 149—2017 表 6.2.5 的规定，且按柱全截面面积计算的柱肢个肢端纵向受力钢筋的配筋百分率不应小于 0.20%。

问题 68：抗震等级为三级的角柱的纵筋配筋率为 0.7%。

【原因分析】违反《建筑抗震设计规范》GB 50011—2010（2016 年版）第 6.3.7 条表 6.3.7-1 关于角柱配筋构造的规定。属于违反强制性条文要求。控制柱的最小配筋率，可以为避免框架柱的脆性破坏提供一定的保障。

【处理措施】不同抗震等级的中柱、边柱、角柱、框支柱的纵向钢筋最小总配筋率应满足《建筑抗震设计规范》GB 50011—2010（2016 年版）第 6.3.7 条表 6.3.7-1 的规定。其中抗震等级为三级的角柱纵向钢筋的最小总配筋率为 0.8%（注意：应同时考虑纵筋强度等级和混凝土强度等级的影响）。

问题 69：框架柱纵筋的间距为 250mm。

【原因分析】违反《建筑抗震设计规范》GB 50011—2010（2016 年版）第 6.3.8 条关于框架柱纵筋间距的规定。框架柱纵筋间距过大，会导致柱中箍筋无肢长度偏大，钢筋混凝土截面侧向约束弱。

【处理措施】柱的纵向钢筋配置时，截面边长大于 400mm 的柱纵向钢筋间距不宜大于 200mm，当为保证柱纵向受力钢筋贯通节点造成钢筋间距大于 200mm 时，可增设构造钢筋处理。

问题 70：抗震等级为四级的框架柱底层柱根加密区箍筋间距为 150mm。

【原因分析】违反《建筑抗震设计规范》GB 50011—2010（2016 年版）第 6.3.7 条关于框架柱柱根加密的规定。属于违反强制性条文要求。框架柱的柱底应进行构造加强，提高柱根出现塑性铰后的延性，因此，即使是抗震等级为四级的框架柱，底层柱根加密区的箍筋间距也应严格控制。

【处理措施】柱箍筋加密区的箍筋最大间距应满足《建筑抗震设计规范》GB 50011—2010（2016 年版）第 6.3.7 条表 6.3.7-2 的规定，抗震等级为四级的框架柱底层柱根加密区箍筋的最大间距应取 $8d$ 与 100mm 中的较小值。

问题 71：偏心受拉转换梁的支座上部纵向钢筋沿梁全长贯通的数量仅为 40%。

【原因分析】违反《高层建筑混凝土结构技术规程》JGJ 3—2010 第 10.2.7 条关于偏心受拉转换梁配筋构造的规定。属于违反强制性条文要求。偏心受拉的转换梁，截面受拉区域较大，甚至全截面受拉，因此除了按结构分析配置钢筋外，加强梁跨中区段顶面纵向钢筋以及两侧面腰筋的最低构造配筋要求是非常必要的。

【处理措施】转换梁设计时，偏心受拉的转换梁的支座上部纵向钢筋至少应有 50%沿梁全长贯通，下部纵向钢筋应全部直通到柱内；沿梁腹板高度应配置间距不大于200mm、直径不小于16mm的腰筋。

问题72：框架梁端纵筋配筋率大于2%，箍筋最小直径未按构造规定增大2mm。

【原因分析】违反《建筑抗震设计规范》GB 50011—2010（2016年版）第6.3.3条第3款关于框架梁纵筋、箍筋构造的规定。属于违反强制性条文要求。框架梁纵筋配筋率大于2%时，容易发生脆性破坏，因此，需要对箍筋进行构造加强。

【处理措施】框架梁抗震设计时，梁端箍筋的加密区长度、箍筋最大间距和最小直径应符合《建筑抗震设计规范》GB 50011—2010（2016年版）第6.3.3条第3款表6.3.3的规定；当梁端纵向钢筋配筋率大于2%时，表6.3.3中的箍筋最小直径应增大2mm。

问题73：抗震等级为三级的框架梁，梁端截面的底面和顶面纵向钢筋截面面积的比值为0.25。

【原因分析】违反《建筑抗震设计规范》GB 50011—2010（2016年版）第6.3.3条第1款关于框架梁底面与顶面配筋构造的规定。属于违反强制性条文要求。因为梁端有箍筋加密区，箍筋间距较密，抗震设计中，要求框架梁端的纵向受压与受拉钢筋的比例既能提高梁的塑性转动能力，也可防止地震时梁底出现正弯矩时过早屈服或破坏严重。

【处理措施】框架梁抗震设计时，梁端截面的底面和顶面纵向钢筋截面面积的比值，除按计算确定外，一级不应小于0.5，二、三级不应小于0.3。适当调整梁端截面的底面和顶面纵向钢筋截面面积的比值，使其满足规范的要求。

问题74：三级框架梁内贯通中柱的每根纵向钢筋直径，大于纵向钢筋所在位置圆形截面柱弦长的1/20。

【原因分析】违反《建筑抗震设计规范》GB 50011—2010（2016年版）第6.3.4条第2款关于框架梁纵筋直径贯通圆柱构造的规定。框架结构梁的受力钢筋伸入节点有握裹力要求，周边混凝土太少，钢筋直径偏大，会造成梁在水平力作用时握裹力不足，出现钢筋滑移。

【处理措施】一、二、三级框架梁内贯通中柱的每根纵向钢筋直径，对框架结构不应大于矩形截面柱在该方向截面尺寸的1/20，或纵向钢筋所在位置圆形截面柱弦长的1/20；对其他结构类型的框架不宜大于矩形截面柱在该方向截面尺寸的1/20，或纵向钢筋所在位置圆形截面柱弦长的1/20。

13.4.3 剪力墙结构

问题75：多塔楼高层建筑结构的塔楼中与裙房相连剪力墙未设置约束边缘构件。

【原因分析】违反《高层建筑混凝土结构技术规程》JGJ 3—2010第10.6.3条第3款关于多塔楼剪力墙边缘构件设置的规定。塔楼中与裙房连接体相连的外围剪力墙，在构造上应予以特别加强。

【处理措施】对于高层建筑，为保证多塔楼建筑中塔楼与底盘整体工作，从固定端至裙房屋面上一层的高度范围内，剪力墙宜按《高层建筑混凝土结构技术规程》JGJ 3—2010第7.2.15条的规定设置约束边缘构件；对于底盘高度超过房屋高度20%的多塔楼结构，上部塔楼结构的底部楼层层间位移角不宜大于相邻下部裙房区段最大层间位移角的1.15倍，且在裙房屋面部位上、下各2层塔楼周边竖向结构构件的抗震等级宜提高一级采用。

问题 76：剪力墙与其平面外相交的楼面梁刚接，未沿楼面梁轴线方向设置与梁相连的剪力墙、扶壁柱或在墙内设置暗柱梁。

【原因分析】违反《高层建筑混凝土结构技术规程》JGJ 3—2010 第 7.1.6 条关于剪力墙与其平面外相交的楼面梁构造的规定。当剪力墙与平面外方向的大梁连接时，会使墙肢平面外承受弯矩，当梁高大于约 2 倍墙厚时，刚性连接梁的梁端弯矩将使剪力墙平面外产生较大的弯矩，此时应当采取措施，以保证剪力墙平面外的安全。

【处理措施】沿楼面梁轴线方向设置与梁相连的剪力墙、扶壁柱或在墙内设置暗柱；对于截面较少的楼面梁，也可通过支座弯矩调幅或变截面梁实现梁端铰接或半刚接设计，以减小墙肢平面外弯矩，此时应按简支梁加大梁的跨中弯矩。

问题 77：抗震等级为二、三级的剪力墙翼墙长度小于翼墙厚度的 3 倍或端柱截面长边小于 2 倍墙厚时，在轴压比大于 0.4 时，约束边缘构件沿墙肢的长度小于 $0.2h_w$。

【原因分析】违反《建筑抗震设计规范》GB 50011—2010（2016 年版）第 6.4.5 条剪力墙约束边缘构件设置长度的规定。

【处理措施】剪力墙的翼墙长度小于翼墙厚度的 3 倍或端柱截面长边小于 2 倍墙厚时，按无翼墙、无端柱设置约束边缘构件。

问题 78：结构抗争等级为三级，剪力墙混凝土强度等级为 C55，轴压比大于 0.4 时，剪力墙约束边缘构件体积配箍率取 0.7%。

【原因分析】违反《高层建筑混凝土结构技术规程》JGJ 3—2010 第 7.2.15 条关于剪力墙约束边缘构件体积配箍率的规定。通过设置剪力墙约束边缘构件，使其具有比较大的塑性变形能力。构件的弹塑性变形能力主要与轴压比和箍筋对混凝土的约束程度有关，因此，对不同轴压比下的边缘构件设定了最小体积配箍率要求。

【处理措施】根据《高层建筑混凝土结构技术规程》JGJ 3—2010 第 7.2.15 条的规定计算边缘构件的体箍率。剪力墙的约束边缘构件可为暗柱、端柱和翼墙，并应符合下列规定：

约束边缘构件沿墙肢的长度 l_c 和箍筋配箍率特征值 λ_v 应符合表 13-1 的要求，其体积配箍率 ρ_v 应按下式计算：

$$\rho_v = \lambda_v \times \frac{f_c}{f_{yv}}$$

式中 ρ_v——箍筋体积配箍率，可计入箍筋、拉筋以及符合构造要求的水平分布钢筋，计入的水平分布钢筋的体积配箍率不应大于总体积配箍率的 30%；

λ_v——约束边缘构件配箍特征值；

f_c——混凝土轴心抗压强度设计值，混凝土强度等级低于 C35 时，应取 C35 的混凝土轴心抗压强度设计值；

f_{yv}——箍筋、拉筋或水平分布钢筋的抗拉强度设计值。

约束边缘构件沿墙肢的长度 l_c 及其配箍特征值 λ_v　　　　　　　表 13-1

项目	一级（9 度）		一级（6、7、8 度）		二、三级	
	$\mu_N \leqslant 0.2$	$\mu_N > 0.2$	$\mu_N \leqslant 0.3$	$\mu_N > 0.3$	$\mu_N \leqslant 0.4$	$\mu_N > 0.4$
l_c（暗柱）	$0.20 h_w$	$0.25 h_w$	$0.15 h_w$	$0.20 h_w$	$0.15 h_w$	$0.20 h_w$

续表

项目	一级(9度)		一级(6、7、8度)		二、三级	
	$\mu_N \leqslant 0.2$	$\mu_N > 0.2$	$\mu_N \leqslant 0.3$	$\mu_N > 0.3$	$\mu_N \leqslant 0.4$	$\mu_N > 0.4$
l_c(翼墙或端柱)	$0.15h_w$	$0.20h_w$	$0.10h_w$	$0.15h_w$	$0.10h_w$	$0.15h_w$
λ_v	0.12	0.20	0.12	0.20	0.12	0.20

注：① 本表摘自《高层建筑混凝土结构技术规程》JGJ 3—2010。
　　② μ_N 为墙肢在重力荷载代表值作用下的轴压比，h_w 为墙肢的长度。
　　③ 剪力墙的翼墙长度小于翼墙厚度的 3 倍或端柱截面边长小于 2 倍墙厚时，按无翼墙、无端柱查表。
　　④ l_c 为约束边缘构件沿墙肢的长度。对暗柱不应小于墙厚和 400mm 的较大值；有翼墙或端柱时，不应小于翼墙厚度或端柱沿墙肢方向截面高度加 300mm。

问题 79：计算约束边缘构件体积配箍率时，与计算的水平钢筋体积配箍率大于总体积配箍率的 30%。

【原因分析】违反《高层建筑混凝土结构技术规程》JGJ 3—2010 第 7.2.15 条关于约束边缘构件的体积配箍率计入的水平分布钢筋体积配箍率的规定。边缘构件体箍率计算可计入箍筋、拉筋以及符合构造要求的水平分布钢筋，但计入的水平分布钢筋的体箍率不应大于总体积配箍率的 30%。

【处理措施】设计时应注明剪力墙水平筋按图集 16G 101—1 中第 76 页构造做法，计算约束边缘构件体箍率时，计入的箍筋和拉筋的体箍率不应小于总体体箍率的 70%，计入箍筋、拉筋以及符合构造要求的水平分布钢筋的总体体箍率不小于约束边缘构件对应的体箍率。

问题 80：高层屋顶剪力墙分布筋间距大于 200mm。

【原因分析】违反《高层建筑混凝土结构技术规程》JGJ 3—2010 第 7.2.19 条关于高层屋顶剪力墙分布筋设置的规定。房屋顶层墙、长矩形平面房屋的楼、电梯间墙、山墙和纵墙的端开间等是温度应力可能较大的部位，适当控制剪力墙分布钢筋间距和增大配筋量，以抵抗温度应力的不利影响。

【处理措施】房屋顶层剪力墙、长矩形平面房屋的楼、电梯间剪力墙、端开间纵向剪力墙以及端山墙的水平和竖向分布钢筋的配筋率均不应小于 0.25%，间距均不应大于 200mm。

问题 81：高层结构中，墙厚 500mm 的剪力墙按双排配筋。

【原因分析】违反《高层建筑混凝土结构技术规程》JGJ 3—2010 第 7.2.3 条关于根据剪力墙分布筋设置的规定。高层建筑的剪力墙厚度大，当剪力墙厚度超过 400mm 时，如果仅采用双排配筋，形成中部大面积的素混凝土，会使剪力墙截面应力分布不均匀。

【处理措施】高层剪力墙结构的竖向和水平分布钢筋不应单排配置。剪力墙截面厚度不大于 400mm 时，可采用双排配筋；大于 400mm 但不大于 700mm 时，宜采用三排配筋；大于 700mm 时，宜采用四排配筋。各排分布钢筋之间拉筋的间距不应大于 600mm，直径不应小于 6mm。

问题 82：抗震等级为三级的剪力墙，轴压比大于 0.4 时，未在底部加强区及上一层设置约束边缘构件。

【原因分析】违反《建筑抗震设计规范》GB 50011—2010（2016 年版）第 6.4.5 条关于剪力墙约束边缘构件设置的规定。设置边缘构件是为了提高剪力墙的塑性变形能力和抗地震倒塌能力。当截面相对受压区高度或轴压比大到一定值时，就需设置约束边缘构件，使墙肢端部成为箍筋约束混凝土，具有较大的受压变形能力。考虑到底部加强部位以上相邻层的抗震墙，其轴压比可能仍较大，将约束边缘构件向上延伸一层。

【处理措施】根据《建筑抗震设计规范》GB 50011—2010（2016 年版）第 6.4.5 条表 6.4.5-1，在结构底部加强区及相邻的上一层，剪力墙两端和洞口两侧设置约束边缘构件。

问题 83：抗震等级为三级的剪力墙的竖向及水平配筋为 0.20%。

【原因分析】违反《建筑抗震设计规范》GB 50011—2010（2016 年版）第 6.4.3 条关于剪力墙分布筋配筋率的规定。属于违反强制性条文要求。为了防止混凝土墙体在受弯裂缝出现后立即达到极限受弯承载力，配置的竖向分布钢筋必须满足最小配筋百分率要求。同时，为了防止斜裂缝出现后发生脆性的剪拉破坏，规定了水平分布钢筋的最小配筋百分率。

【处理措施】一、二、三级抗震墙的竖向和横向分布钢筋最小配筋率均不应小于 0.25%，四级抗震墙分布钢筋最小配筋率不应小于 0.20%（高度小于 24m 且剪压比很小的四级抗震墙，其竖向分布筋的最小配筋率应允许按 0.15% 采用），部分框支抗震墙结构的落地抗震墙底部加强部位，竖向和横向分布钢筋配筋率均不应小于 0.3%。抗震墙的竖向和横向分布钢筋的间距不宜大于 300mm。

问题 84：墙肢厚度不大于 300mm、各肢截面高度与厚度之比为 4~8 的剪力墙，轴压比、纵筋配筋率、全截面配筋方式未按短肢剪力墙设计。

【原因分析】违反《高层建筑混凝土结构技术规程》JGJ 3—2010 第 7.2.2 条关于短肢剪力墙设置的规定。根据《高层建筑混凝土结构技术规程》JGJ 3—2010 第 7.1.8 条的规定，截面厚度不大于 300mm、各肢截面高度与厚度之比的最大值大于 4 但不大于 8 的剪力墙属于短肢剪力墙。该规程对短肢剪力墙的墙肢形状、厚度、轴压比、纵向钢筋配筋率、边缘构件等做了相应规定，是为了防止短肢剪力墙承受的楼面面积范围过大或房屋高度太大，过早压坏引起楼板坍塌的危险。

【处理措施】抗震设计时，短肢剪力墙的设计应符合《高层建筑混凝土结构技术规程》JGJ 3—2010 第 7.2.2 条的规定。

问题 85：抗震等级为一级的剪力墙轴压比为 0.6。

【原因分析】违反《高层建筑混凝土结构技术规程》JGJ 3—2010 第 7.2.13 条关于剪力墙轴压比限值的规定。轴压比是影响剪力墙在地震作用下塑性变形能力的重要因素。当轴压比过大时，将影响构件的延性和抗震性能。在重力荷载代表值作用下，一、二、三级剪力墙墙肢的轴压比不宜超过《高层建筑混凝土结构技术规程》JGJ 3—2010 规定的相关限值。

【处理措施】适当提高剪力墙的混凝土强度，或者调整剪力墙截面尺寸，以降低轴压比，满足《高层建筑混凝土结构技术规程》JGJ 3—2010 规定的相关限值，参见表 13-2。

剪力墙墙肢轴压比限值 表 13-2

抗震等级	一级（9 度）	一级（6、7、8 度）	二、三级
轴压比限值	0.4	0.5	0.6

注：本表摘自《高层建筑混凝土结构技术规程》JGJ 3—2010。

问题 86：抗震等级为三级的剪力墙，底部加强区构造边缘构件纵向钢筋最小配筋量为 4ϕ12。

【原因分析】违反《建筑抗震设计规范》GB 50011—2010（2016 年版）第 6.4.5 条关于边缘构

件纵筋设置的规定。

【处理措施】构造要求应满足《建筑抗震设计规范》GB 50011—2010（2016 年版）第 6.4.5 条中表 6.4.5-2 抗震墙构造边缘构件的配筋要求、《高层建筑混凝土结构技术规程》JGJ 3—2010 第 7.2.16 条中表 7.2.16 剪力墙构造边缘构件的最小配筋要求。

问题 87：200 厚剪力墙翼墙仅配筋 6@200。

【原因分析】违反《建筑抗震设计规范》GB 50011—2010（2016 年版）第 6.4.3 条关于剪力墙水平筋设置的规定。

【处理措施】剪力墙的翼墙构造配筋应满足边缘构件及剪力墙分布筋最小配筋率较大值。

问题 88：高层结构中，跨高比小于 5 的梁未按连梁设计。

【原因分析】违反《高层建筑混凝土结构技术规程》JGJ 3—2010 第 7.2.27 条关于连梁设置的规定。

【处理措施】应满足《高层建筑混凝土结构技术规程》JGJ 3—2010 第 7.2.27 条的规定，跨高比小于 5 的梁属于深受弯构件，应满足连梁的构造要求。

13.4.4　框架—剪力墙结构

问题 89：高度大于 60m 的框筒结构按框架剪力墙确定构件抗震等级。

【原因分析】违反《建筑抗震设计规范》GB 50011—2010（2016 年版）第 6.1.2 条关于框筒结构抗震等级设置的规定。属于违反强制性条文要求。高度较高的框筒结构，筒体空间作用突出，结构底部剪力大部分由核心筒承担，这种情况，在强烈地震作用下，核心筒墙体可能损伤严重，因此，6 度区，框筒的核心筒抗震等级要比框剪的剪力墙抗震等级要高；但高度小于 60m 时，作为核心筒的空间作用不显著，总体上更接近框剪结构，因此抗震等级允许按框剪结构采用。

【处理措施】房屋高度超过 60m 的框架—核心筒结构按框架—核心筒的要求进行设计。小于 60m 的框架—核心筒结构可按框架—剪力墙结构进行设计。

问题 90：带边框的剪力墙未设置与剪力墙重合的框架梁或暗梁。

【原因分析】违反《高层建筑混凝土结构技术规程》JGJ 3—2010 第 8.2.2 条关于带边框的剪力墙设置框架梁或暗梁的规定。设置与剪力墙重合的框架梁或暗梁，是为了增强边框与嵌入的剪力墙共同作用。

【处理措施】与剪力墙重合的框架梁可保留，亦可做成宽度与墙厚相同的暗梁，暗梁截面高度可取墙厚的 2 倍或与该榀框架梁截面等高，暗梁的配筋可按构造配置且应符合一般框架梁相应抗震等级的最小配筋要求。

问题 91：错层交界处剪力墙墙厚及配筋率按常规构件进行设计。

【原因分析】违反《高层建筑混凝土结构技术规程》JGJ 3—2010 第 10.4.6 条关于错层交界处剪力墙设置构造的规定。抗震设计时，错层部位的剪力墙平面外受力，提高剪力墙的墙厚、配筋及提高抗震等级，是为了避免剪力墙先于其他构件被破坏。

【处理措施】错层处平面外受力的剪力墙的截面厚度，非抗震设计时不应小于 200mm，抗震设计时不应小于250mm，并均应设置与之垂直的墙肢或扶壁柱；抗震设计时，其抗震等级应提高一级采用。错层处剪力墙的混凝土强度等级不应低于C30，水平和竖向分布钢筋的配筋率，非抗震设计时不应小于0.3%，抗震设计时不应小于0.5%。如果错层处混凝土构件不能满足设计要求，则需采取有效措施，如剪力墙内设置型钢，可改善构件的抗震性能。

问题92：板柱—剪力墙结构两个主轴方向通过柱截面的板底连续钢筋面积小于 N_G/f_y。

【原因分析】违反《建筑抗震设计规范》GB 50011—2010（2016年版）第6.6.4条关于板柱—剪力墙钢筋设置的规定。本措施主要是为了防止强震作用下，无柱托板板柱结构的楼板在柱边开裂后发生坠落。

【处理措施】穿过柱截面板底两个方向钢筋的受拉承载力应满足该柱承担的该层楼面重力荷载代表值所产生的轴压力设计值。

13.4.5 筒体结构

问题93：体型收进的高层建筑，楼板板厚和配筋及塔楼周边竖向构件未加强。

【原因分析】违反《高层建筑混凝土结构技术规程》JGJ 3—2010第10.6.2条、第10.6.5条的相关规定。竖向体型收进在体型突变的部位，楼板承担着很大的面内应力，为保证上部结构的地震作用可靠地传递到下部结构，体型突变部位的楼板应加厚并加强配筋，板面负弯矩配筋宜贯通。体型突变部位上、下层结构的楼板也应加强。大量地震震害以及相关的试验研究和分析表明，结构体型收进较多或收进位置较高时，因上部结构刚度突然降低，其收进部位形成薄弱部位，同时当结构偏心收进时，受结构整体扭转效应的影响，下部结构的周边竖向构件内力增加较多，应予以加强。

【处理措施】竖向体型突变部位的楼板宜加强，楼板厚度不宜小于150mm，宜双层双向配筋，每层每方向钢筋网的配筋率不宜小于0.25%。体型突变部位上、下层结构的楼板也应加强构造措施。体型收进部位上、下各2层塔楼周边竖向结构构件的抗震等级宜提高一级采用，一级提高至特一级，抗震等级已经为特一级时，允许不再提高。当结构偏心竖向收进时，应加强收进部位以下2层结构周边竖向构件的配筋构造措施。

问题94：框架—核心筒结构的核心筒墙体水平和竖向分布钢筋的配筋率均为0.25%。

【原因分析】违反《高层建筑混凝土结构技术规程》JGJ 3—2010第9.2.2条关于框架—核心筒结构剪力墙分布筋设置构造的规定。抗震设计时，核心筒为框架—核心筒结构的主要抗侧力构件，因此，对其底部加强部位水平和竖向分布钢筋的配筋率、边缘构件设置提出了比一般剪力墙结构更高的要求。

【处理措施】抗震设计时，核心筒墙体设计在底部加强部位主要墙体的水平和竖向分布钢筋的配筋率均不宜小于0.30%。

问题95：跨高比不大于2的核心筒连梁未设置交叉暗撑或采用其他加强措施。

【原因分析】违反《高层建筑混凝土结构技术规程》JGJ 3—2010第9.3.8条关于核心筒连梁设置的规定。在跨高比较小的框筒梁和内筒连梁增设交叉暗撑对提高其抗震性能有较好的作用。

【处理措施】对跨高比不大于2的框筒梁和内筒连梁，宜增配对角斜向钢筋，或其他加强方式进行加强，比如设置型钢等。可按《混凝土结构设计规范》GB 50010—2010（2015年版）的有关规定；对跨高比不大于1的框筒梁和内筒连梁，宜设置交叉暗撑。为方便施工，交叉暗撑的箍筋不再设加密区。

问题96：核心筒连梁箍筋直径为8mm。

【原因分析】违反《高层建筑混凝土结构技术规程》JGJ 3—2010第9.2.4条、第9.3.7条关于核心筒连梁箍筋设置的规定。属于违反强制性条文要求。在水平地震作用下，框筒梁和内筒连梁的端部反复承受正、负弯矩和剪力，而一般的弯起钢筋无法承担正、负剪力，必须要加强箍筋配筋构造要求。

【处理措施】抗震设计时，箍筋直径不应小于10mm，箍筋间距沿梁长不变，且不应大于100mm，当梁内设置交叉暗撑时，箍筋间距不应大于200mm。

问题97：筒体结构楼盖外角配筋，单层单向配筋率为0.20%。

【原因分析】违反《高层建筑混凝土结构技术规程》JGJ 3—2010第9.1.4条关于筒体结构楼盖设置构造的规定。筒体结构的双向楼板在竖向荷载作用下，四周外角要上翘；但受到剪力墙的约束，加上楼板混凝土的自身收缩和温度变化影响，使楼板外角可能产生斜裂缝。为防止这类裂缝出现，楼板外角顶面和底面配置双向钢筋网，适当加强。

【处理措施】筒体结构的楼盖外角宜设置双层双向钢筋，单层单向配筋率不宜小于0.3%，钢筋的直径不应小于8mm，间距不应大于150mm，配筋范围不宜小于外框架（或外筒）至内筒外墙中距的1/3和3m。

问题98：框筒结构中，框架梁一端以核心筒的连梁为支承。

【原因分析】违反《高层建筑混凝土结构技术规程》JGJ 3—2010第7.1.5条的相关规定。筒体结构中，连梁是主要耗能构件，且以水平荷载作用下产生的弯矩和剪力为主，竖向荷载下的弯矩对连梁受力影响不大。但若楼面梁直接搁置在连梁上，不仅影响连梁受力模式，同时影响连梁塑性变形能力和耗能性能。

【处理措施】可采用水平折梁、Y形梁等措施支承在竖向构件上。

13.5　多层砌体房屋和底部框架砌体房屋

13.5.1　计算分析

问题99：无筋砌体在梁端设有刚性垫块时，未验算砌体的局部受压或局部受压违反规范要求，特别是长悬臂梁、大跨度梁等集中力较大处的支座垫块未验算砌体的局部受压。

【原因分析】违反《砌体结构设计规范》GB 50003—2011第5.2.5条关于砌体的局部承压的规定。梁端支座处荷载较大、应力集中，砌体为脆性材料，易受压破坏。

【处理措施】应先按规范进行局部受压验算，若局部受压不足，在支座处设置足够大小的垫块，垫块面积应不小于《砌体结构设计规范》GB 50003—2011第5.2.5条第1款公式5.2.5-1的计算结果要求，并满足第5.2.5条第2款的构造要求。

问题100：当结构平面局部存在跃层时，验算墙柱高厚比时跃层墙柱的计算高度H_0取值按照建筑层高取值。

【原因分析】违反《砌体结构设计规范》GB 50003—2011第6.1.1条关于跃层墙柱的计算高度

H_0 取值的规定。跃层墙柱的构件高度 H 往往高于建筑层高，按层高算出的墙柱高厚比可能满足规范要求，但结构偏于不安全。

【处理措施】受压杆件的计算高度 H_0 取值应满足《砌体结构设计规范》GB 50003—2011 表 5.1.3 的规定。

问题 101：对 7 度设防地区的建筑，其总层数超过三层且为底部框架—抗震墙砌体结构未进行多遇地震下的截面抗震验算。

【原因分析】违反《砌体结构设计规范》GB 50003—2011 第 10.1.7 条关于底部框架—抗震墙砌体结构抗震验算的规定。由于总层数超过三层且为底部框架—抗震墙砌体结构，其地震作用相对较大，底层的抗侧刚度较弱。

【处理措施】按规范相关规定进行结构截面抗震验算。

13.5.2 多层砌体结构

问题 102：未采取相应措施的砌体结构房屋平面总长过长，且未设置伸缩缝。

【原因分析】违反《砌体结构设计规范》GB 50003—2011 第 6.5.1 条关于伸缩缝设置的规定。砌体房屋平面长度过长，温差和砌体干缩易引起墙体产生竖向裂缝。

【处理措施】砌体房屋平面长度过长时，既可按《砌体结构设计规范》GB 50003—2011 第 6.5.1 条的规定在墙体中设置伸缩缝，也可采用其他有利或缓解温度影响的措施。

问题 103：砌体结构房屋有错层或相邻楼板的高差大于 500mm 时，未采取有效加强措施。

【原因分析】违反《建筑抗震设计规范》GB 50011—2010（2016 年版）第 7.1.7 条第 4 款关于错层部位加强措施的规定。砌体结构房屋有错层或相邻楼板的高差较大时，由于受高低处楼板水平应力作用，砌体墙体局部受弯受扭，易导致墙体开裂破坏。

【处理措施】当砌体结构房屋错层高度大于 500mm 时，应按两层计算，且在砌体错层部位设置混凝土梁或加设斜板等有效加强措施以传递水平力。

问题 104：楼梯梯梁处墙体未设置构造柱。

【原因分析】违反《建筑抗震设计规范》GB 50011—2010（2016 年版）第 7.3.1 条关于楼梯周边设置构造柱的规定。属于违反强制性条文要求。楼梯斜梯段砌体墙连接构造薄弱，震害较重，设置构造柱可加强墙体的约束和抗倒塌的能力。

【处理措施】按《建筑抗震设计规范》GB 50011—2010（2016 年版）第 7.3.1 条的规定在楼梯斜梯段上下端设置构造柱，构造柱的构造要求应满足第 7.3.2 条的要求。

问题 105：砌体结构中现浇楼盖楼板处未采取抗震加强措施。

【原因分析】违反《建筑抗震设计规范》GB 50011—2010（2016 年版）第 7.3.3 条关于现浇楼盖楼板处加强措施的规定。属于违反强制性条文要求。砌体房屋合理设置圈梁或配筋加强带能有效地提高砌体房屋的整体性和抗震性能。

【处理措施】砌体结构应按《建筑抗震设计规范》GB 50011—2010（2016 年版）第 7.3.3 条的要求设置钢筋混凝土圈梁或配筋加强带，且圈梁或配筋加强带应与相应构造柱可靠连接。

问题 106：砌体结构中悬臂梁未进行抗倾覆验算；挑梁埋入砌体的长度与挑出长度之比不足。

【原因分析】违反《砌体结构设计规范》GB 50003—2011 第 7.4.1 条、第 7.4.6 条关于悬挑梁构造设置的规定。挑梁埋入砌体足够的长度，才能保证挑梁抗倾覆满足要求。

【处理措施】砌体结构中悬臂梁应进行抗倾覆验算，且计算挑梁的抗倾覆荷载时所选用的楼面荷载等级不能大于施工图中所选楼面荷载等级（尤其是屋面悬臂梁）；楼面挑梁嵌入长度应大于或等于净挑长的 1.2 倍，屋面挑梁嵌入长度宜大于或等于净挑长的 2 倍，当因建筑功能原因挑梁埋入砌体长度受限时，可采取端部增设构造柱等措施来提高挑梁的抗倾覆能力。

问题 107：较小的门窗洞口采用砖砌过梁。

【原因分析】违反《建筑抗震设计规范》GB 50011—2010（2016 年版）第 7.3.10 条关于砖砌过梁设置的规定。过梁砖砌体材料的延性较差，抗剪能力弱，在地震作用下洞口易破坏。

【处理措施】门窗洞口按规范采用钢筋混凝土过梁。

13.5.3　底部框架—抗震墙砌体结构

问题 108：6 度设防的底层框架—抗震墙砌体房屋的纵横两个方向，计入构造柱影响的侧向刚度，第二层与底层的比值大于 2.5，第三层与第二层的比值大于 2。

【原因分析】违反《建筑抗震设计规范》GB 50011—2010（2016 年版）第 7.1.8 条第 3 款关于框架—抗震墙砌体房屋上、下刚度比限制的规定。属于违反强制性条文要求。上、下侧向刚度比偏大说明底层设置的抗震墙数量偏少，抗侧刚度较弱，易形成抗震薄弱层，在地震力作用下结构易破坏甚至发生建筑倒塌。

【处理措施】通过调整底部框架—抗震墙砌体房屋中的抗震墙或构造柱，使上、下楼层的刚度比达到规范的要求。

问题 109：底层框架—抗震墙砌体结构，底层的纵向和横向地震剪力设计值未乘以增大系数。

【原因分析】违反《建筑抗震设计规范》GB 50011—2010（2016 年版）第 7.2.4 条关于地震剪力设计值增大的规定。属于违反强制性条文要求。底层框架—抗震墙砌体结构属于转换结构，多数竖向构件不连续，易出现较大的侧移而破坏，甚至造成结构倒塌。

【处理措施】底层的纵向和横向地震剪力设计值乘以增大系数 1.2～1.5。

问题 110：底层框架—抗震墙砌体结构的过渡层构造柱的纵向钢筋采用 4φ12。

【原因分析】违反《建筑抗震设计规范》GB 50011—2010（2016 年版）第 7.5.2 条关于过渡层构造柱纵筋设置的规定。底层框架—抗震墙砌体结构比多层砌体房屋抗震性能削弱，底层在地震时破坏严重，故对过渡层的构造柱的设置及配筋要求应更为严格。

【处理措施】过渡层构造柱的纵向钢筋配置不少于 4φ16。

问题 111：过渡层墙体在底部框架柱所对应位置漏设构造柱或芯柱。

【原因分析】违反《建筑抗震设计规范》GB 50011—2010（2016 年版）第 7.5.2 条第 2 款关于构造柱设置位置的规定。过渡层在地震时破坏严重，对过渡层的构造柱的设置及配筋要求应更严格。

【处理措施】过渡层墙体应在底部框架柱、混凝土墙或约束砌体墙的构造柱所对应位置设置构造柱或芯柱。

问题112：底部框架—抗震墙结构的钢筋混凝土托墙梁宽度为250mm。

【原因分析】违反《建筑抗震设计规范》GB 50011—2010（2016年版）第7.5.8条关于托墙梁宽设置的规定。底部框架—抗震墙结构中底部框架的托墙梁是极其重要的受力构件，托墙梁最小宽度限值有利于保证托墙梁纵向钢筋布置和施工质量。

【处理措施】保证钢筋混凝土托墙梁宽度不应小于300mm。

13.6　多层和高层钢结构房屋

13.6.1　结构分析

问题113：下部采用钢筋混凝土、上部采用钢结构体系，抗震计算时阻尼比均按0.05取值。

【原因分析】该结构体系为超规范的结构。钢和混凝土两种材料竖向串联组成的钢—混凝土竖向混合结构，因不同材料在结构的不同部位提供的能量耗散机制差别较大，阻尼力的分布由于惯性力和弹性恢复力的分布亦不同，若不考虑竖向混合结构的这种特性，就无法准确分析整体结构在地震作用下的动力响应。

【处理措施】阻尼比在多遇地震下的计算时，混凝土部分按0.05，钢结构部分可按0.02～0.05取值进行分析。

问题114：未对金属屋面及墙面板约束失稳进行檩条和墙梁的计算。

【原因分析】违反《钢结构设计标准》GB 50017—2017第6.2.1条关于檩条和墙梁计算的规定。屋面、墙面板无法阻止钢梁受压翼缘的侧向位移，钢梁会因受压翼缘的微小位移失去原有平衡状态，产生整体失稳。

【处理措施】应复核檩条、墙梁的整体稳定性。或者加强屋面、墙面板本身刚度，并与檩条、墙梁受压翼缘稳固连接，使其能阻止檩条、墙梁受压翼缘的侧向位移，并应注意在风荷载作用下，轻质屋面的檩条弯矩可能产生变号。

问题115：无侧移钢框架结构，钢柱计算长度系数按有侧移取值。

【原因分析】违反《钢结构设计标准》GB 50017—2017第8.3.1条关于钢柱计算长度系数取值的规定。长度系数取值错误会导致钢柱平面内和平面外的承载力偏小，无法反映实际的受力状态。

【处理措施】准确判断框架属于无支撑纯框架、强支撑框架或是弱支撑框架，并按《钢结构设计标准》GB 50017—2017第8.3.1条计算钢柱的计算长度。

问题116：非标准的吊车梁未进行疲劳计算。

【原因分析】违反《钢结构设计标准》GB 50017—2017第16.1.1条关于吊车梁疲劳计算的规定。钢材在循环荷载作用下，应力虽然低于屈服强度，但材料内部会经历裂缝形成—裂缝的扩展—最后迅速断裂的过程，故规范要求当应力变化的循环次数等于或大于5×10^4次时，应进行疲劳计算。

【处理措施】应按《钢结构设计标准》GB 50017—2017第16.2节进行疲劳计算。

13.6.2 钢框架结构

问题 117：四级抗震的钢柱、柱间支撑长细比超过 $120\sqrt{(235/f_{ay})}$。

【原因分析】违反《建筑抗震设计规范》GB 50011—2010（2016 年版）第 8.3.1 条关于柱、柱间支承长细比构造的规定。柱间支撑截面尺寸过小，在地震作用下，易发生受压失稳破坏，降低结构的抗震性能，应对长细比进行严格控制。

【处理措施】调整柱、柱间支撑截面尺寸，减小长细比以满足规范要求。

问题 118：梁、柱腹板宽厚比超过规范限值。

【原因分析】违反《建筑抗震设计规范》GB 50011—2010（2016 年版）第 8.3.2 条关于梁、柱腹板宽厚比构造的规定。属于违反强制性条文要求。

【处理措施】调整腹板尺寸，使腹板宽厚比满足《建筑抗震设计规范》GB 50011—2010（2016 年版）第 8.3.2 条的规定。

问题 119：组合楼盖上翼缘栓钉钉头下表面高出压型钢板底部钢筋顶面高度 20mm。

【原因分析】违反《组合楼板设计与施工规范》CECS 273：2010 第 8.3.3 条关于翼缘栓钉钉头设置构造的规定。

【处理措施】增大栓钉长度，使栓钉钉头下表面高出压型钢板底部钢筋顶面大于 30mm。

问题 120：钢结构焊缝质量未根据结构的重要、荷载特性、焊接方式、工作环境及应力状态进行分级。

【原因分析】违反《钢结构设计标准》GB 50017—2017 第 11.1.6 条关于钢结构焊缝质量等级的规定。焊缝的质量分为一级、二级和三级，钢结构焊接的相关标准明确规定了各级焊缝允许存在的缺陷种类、数量；不合理的焊缝等级会造成缺陷或浪费。

【处理措施】应按照《钢结构设计标准》GB 50017—2017 第 11.1.6 条的规定及焊缝的重要性分别确定焊缝等级。

问题 121：螺栓中心至钢板边缘的距离大于 4 倍螺孔直径。

【原因分析】违反《钢结构设计标准》GB 50017—2017 第 11.5.2 条关于螺栓中心距设置的规定。

【处理措施】减小螺栓中心至构件边缘距离，使中心至构件边缘距离不大于 4 倍螺孔直径或 8 倍较薄板件厚度的较小值。

问题 122：钢结构楼屋盖采用大跨度桁架、梁时，挠度不满足规范限值要求。

【原因分析】违反《钢结构设计标准》GB 50017—2017 附录 B.1 关于大跨度桁架、梁挠度限值的规定。承重结构应进行正常使用极限状态设计，过大挠度会影响结构、构件的正常使用。

【处理措施】调整屋盖桁架、梁刚度，或结合预起拱措施，使主梁或桁架在永久和可变荷载标准值作用下产生的挠度小于1/400，在可变荷载标准值作用下产生的挠度小于1/500。

问题 123：在高层钢结构中，钢柱采用埋入式柱脚时，均按 2 倍钢柱截面高度插入混凝土中。

【原因分析】违反《高层民用建筑钢结构技术规程》JGJ 99—2015 第 8.6.1 条关于埋入式柱脚插入深度的规定。埋入式柱脚将钢柱底部埋入基础混凝土中，周围用钢筋混凝土予以加强，钢柱底部容易满足形成塑性铰的要求，柱脚恢复力特性随柱脚埋入深度的变化而变化，H 形截面柱的柱脚埋入深度达到柱截面高度的 2 倍（箱形柱的柱脚埋入深度达到柱截面长边的 2.5 倍，圆管柱的柱脚埋入深度达到柱外径的 3 倍）的程度，可以认为基本为纺锤状。

【处理措施】H 形截面柱的埋置深度不应小于钢柱截面高度的 2 倍，箱形柱的埋置深度不应小于柱截面长边的 2.5 倍，圆管柱的埋置深度不应小于柱外径的 3 倍；钢柱脚底板应设置锚栓与下部混凝土连接。

问题 124：钢结构未对除锈、防腐做明确规定。

【原因分析】违反《建筑钢结构防腐蚀技术规程》JGJ/T 251—2011 第 3.2.4 条关于钢结构防锈、防腐的规定。若不进行处理，钢材的锈蚀会削弱构件的截面尺寸，加速钢材的进一步锈蚀，影响表面涂层与基体的结合，钢结构的耐久性无法得到有效保证，影响结构的安全与正常使用。

【处理措施】按《建筑钢结构防腐蚀技术规程》JGJ/T 251—2011 表 3.2.4，依据不同涂料选用不同的除锈等级。按《建筑钢结构防腐蚀技术规程》JGJ/T 251—2011 第 3.3 节进行涂层设计，并根据腐蚀环境、选择的涂层厚度明确保护层的使用年限与后期维护保养措施。

问题 125：钢结构天桥、连廊自振频率小于 3Hz。

【原因分析】违反《城市人行天桥与人行地道技术规范》CJJ 69—95 第 2.5.4 条关于钢结构天桥、连廊自振频率的规定。人行天桥的主要活荷载为行人，行人在行走时步行频率一般约为 2Hz，若天桥自振频率接近步行频率时，会引起天桥振动及挠度过大，影响正常使用甚至危害天桥安全。

【处理措施】增加钢结构天桥、连廊刚度，使天桥、连廊的竖向自振频率不小于 3Hz，无法增加截面刚度时，可采用 TMD 技术。

13.6.3 框架支撑结构、钢板剪力墙结构

问题 126：抗震设计时，框架梁支座处出现塑性铰截面的上下翼缘未设置侧向支承。

【原因分析】违反《建筑抗震设计规范》GB 50011—2010（2016 年版）第 8.3.3 条的相关规定。楼板开洞导致框架梁支座处侧向未受到约束、梁下翼缘侧向约束较小，设计未采取措施确保翼缘的稳定性。

【处理措施】当梁上翼缘无楼板时，框架梁支座处上翼缘需设置支撑；固端梁下翼缘在梁段 0.15 倍梁跨附近宜设置隔撑。梁端采用梁端扩大、加盖板或骨形连接时，应在塑性铰区外设置竖向加劲肋，隔撑与偏置的竖向加劲肋相连。

问题 127：消能梁段的长度设计不合理。

【原因分析】违反《高层民用建筑钢结构技术规程》JGJ 99—2015 第 8.8.3 条消能梁段的长度计算要求。

【处理措施】为使消能梁段在反复荷载下具有良好的滞回性能，消能梁段应有合理的长度，应根据其受弯承载力、受剪承载力、轴向设计值、剪力设计值综合计算确定，并满足相应构造要求。

问题 128：钢框架—支撑结构房屋设置防震缝时，缝宽按 100mm 设计。

【原因分析】违反《高层民用建筑钢结构技术规程》JGJ 99—2015 第 3.3.5 条的要求。防震缝应根据抗震设防烈度、结构类型、结构单元的高度和高差情况，留有足够的宽度。

【处理措施】钢框架—支撑结构防震缝宽度不应小于相应钢筋混凝土框架结构缝宽度的 1.5 倍，且不小于 150mm。

问题 129：高层钢框架地下室顶板为嵌固部位，钢柱未向下延伸至嵌固端以下一层。

【原因分析】违反《高层民用建筑钢结构技术规程》JGJ 99—2015 第 3.4.2 条的要求。钢柱未向下延伸形成柱脚薄弱部位，造成刚度突变。

【处理措施】钢框架柱延伸至嵌固端以下一层，并且宜采用钢骨混凝土柱，形成过渡层。

13.7 门式刚架单层工业厂房

13.7.1 结构分析

问题 130：高强螺栓抗滑移系数均按 0.45 取值。

【原因分析】违反《门式刚架轻型房屋钢结构技术规范》GB 51022—2015 第 3.2.6 条关于高强螺栓抗滑移系数取值的规定。《门式刚架轻型房屋钢结构技术规范》GB 51022—2015 第 10.2.5 条规定：当端板连接只承受轴向力和弯矩作用或剪力小于其抗滑移承载力时，端板表面可不作摩擦面处理。

【处理措施】根据《门式刚架轻型房屋钢结构技术规范》GB 51022—2015 第 10.2.2 条规定，主刚架构件间的连接应采用高强度螺栓，钢材摩擦面的抗滑移系数 μ 应按《门式刚架轻型房屋钢结构技术规范》GB 51022—2015 表 3.2.6-1 的规定采用。

问题 131：门式刚架按基本风压计算分析。

【原因分析】违反《门式刚架轻型房屋钢结构技术规范》GB 51022—2015 第 4.2.1 条关于门式刚架基本风压计算的规定。门式刚架轻型房屋钢结构属于对风荷载比较敏感的结构，按照现行国家标准《建筑结构荷载规范》GB 50009—2012 的相关规定，对风荷载比较敏感的结构，基本风压应适当提高。

【处理措施】门式刚架轻型房屋钢结构计算时，主体结构基本风压应按 $\beta=1.1$ 倍提高。

问题 132：门式刚架计算时，屋面竖向均布活荷载均按 0.3kN/m² 取值。

【原因分析】违反《门式刚架轻型房屋钢结构技术规范》GB 51022—2015 第 4.1.3 条关于屋面均布活荷载取值的规定。

【处理措施】当采用压型钢板轻型屋面时，按水平投影面积计算的竖向活荷载的标准值应取 0.5kN/m²，对承受荷载水平投影面积大于 60m² 的刚架构件，屋面竖向均布活荷载的标准值可取不小于 0.3kN/m²。对于雪荷载大于 0.3kN/m² 的地区，竖向活荷载的标准值应取 0.5kN/m²。

问题 133：有夹层的门式刚架轻型房屋，内侧柱列的纵向地震作用未乘以增大系数。

【原因分析】违反《门式刚架轻型房屋钢结构技术规范》GB 51022—2015 第 6.2.8 条关于内侧柱列的纵向地震作用计算的规定。夹层对门式刚架局部影响较大，应考虑地震放大效应。

【处理措施】门式刚架轻型房屋带夹层时，夹层的纵向抗震设计可单独进行计算，对内侧柱列的纵向地震作用应乘以增大系数 1.2。

问题 134：主刚架构件的壁厚小于 4mm，工字形截面梁、柱构件腹板高厚比大于 250。

【原因分析】违反《门式刚架轻型房屋钢结构技术规范》GB 51022—2015 第 3.4.1 条关于梁、柱构件腹板高厚比构造的规定。主刚架构件截面太小及高厚比太大，会造成梁挠度过大，影响屋面排水不畅。

【处理措施】主刚架构件受压板件中，工字形截面构件受压翼缘板自由外伸宽度 b 与其厚度 t 之比，不应大于 $15\sqrt{235/f_y}$；工字形截面梁、柱构件腹板的计算高度 h_w 与其厚度 t_w 之比，不应大于 250。当地震作用组合的效应控制结构设计时，钢结构构件的壁厚和板件宽厚比按《门式刚架轻型房屋钢结构技术规范》GB 51022—2015 第 3.4.3 条的规定执行。

问题 135：节点域抗剪未做验算，无有效的加强措施。

【原因分析】违反《门式刚架轻型房屋钢结构技术规范》GB 51022—2015 第 10.2.7 条关于节点域验算的规定。刚架梁柱拼接点一般按刚性假定，大量分析结果表明，多数节点域的抗剪能力不满足节点域钢材的抗剪强度设计值。

【处理措施】对门式刚架斜梁与柱相交的节点域应进行验算，当不满足要求时，可加厚腹板或设置斜加劲肋等。

问题 136：刚架梁柱平面外计算长度取值未考虑檩条和隅撑作用。

【原因分析】违反《门式刚架轻型房屋钢结构技术规范》GB 51022—2015 第 7.1.5 条、第 7.1.6 条关于刚架梁柱平面外计算长度的规定。当檩条、隅撑与水平支撑、柱间支撑或其他刚性杆件可靠连接时，也不能作为梁的固定的侧向支撑，不能充分地给梁提供侧向支撑，而仅仅是弹性支座。根据理论分析，隅撑支撑的梁的计算长度不小于 2 倍隅撑间距，梁下翼缘面积越大，则隅撑的支撑作用相对越弱，计算长度就越大。

【处理措施】屋面斜梁和檩条之间设置的隅撑满足下列条件时，下翼缘受压的屋面斜梁的平面外计算长度可考虑隅撑的作用：
① 在屋面斜梁的两侧均设置隅撑。
② 隅撑的上支承点的位置不低于檩条形心线。
③ 符合对隅撑的设计要求。

问题 137：计算屋面檩条风荷载作用时，基本风压未提高，导致截面偏小。

【原因分析】违反《门式刚架轻型房屋钢结构技术规范》GB 51022—2015 第 4.2.1 条关于屋面檩条风荷载计算的规定。门式刚架轻型房屋钢结构属于对风荷载比较敏感的结构，考虑阵风作用的要求，计算檩条、墙梁和屋面板及其连接时，基本风压应适当提高。

【处理措施】计算檩条时，风荷载应按《门式刚架轻型房屋钢结构技术规范》GB 51022—2015 的相关规定，取基本风压放大系数 $\beta=1.5$。

问题 138：刚性系杆截面偏小，长细比为 250。

【原因分析】违反《门式刚架轻型房屋钢结构技术规范》GB 51022—2015 第 3.4.2 条关于刚性

系杆长细比构造的规定。刚性系杆作为受压构件，除了承受压力和传递纵向水平力外，在安装过程中可增加刚架的侧向刚度，以保证整体安全。如选取的系杆截面偏小，使用中系杆失稳，影响厂房整体稳定。

【处理措施】刚性系杆为主要受力构件时，长细比不宜大于180；为其他构件及支撑时，长细比不宜大于220。

问题139：刚架柱顶位移未按有吊车或无吊车工况进行控制。

【原因分析】违反《门式刚架轻型房屋钢结构技术规范》GB 51022—2015 第3.3.1条关于刚架柱顶位移控制的规定。

【处理措施】在风荷载或多遇地震标准值作用下的单层门式刚架的柱顶位移值，不应大于《门式刚架轻型房屋钢结构技术规范》GB 51022—2015 表3.3.1规定的限值。

问题140：结构阻尼比按0.03取值。

【原因分析】违反《门式刚架轻型房屋钢结构技术规范》GB 51022—2015 第6.2.1条关于结构阻尼比取值的规定。根据《建筑抗震设计规范》GB 50011—2010（2016年版）第9.2.5条的规定，单层钢结构厂房的阻尼比与混凝土柱厂房相同，考虑到轻型围护的单层钢结构厂房在弹性状态工作的阻尼比较小，根据单层、多层到高层钢结构房屋的阻尼比由大到小的变化规律，建议阻尼比按屋盖和围护墙的类型区别对待。

【处理措施】计算门式刚架地震作用时，其阻尼比取值应符合下列规定：

① 封闭式房屋可取0.05。

② 敞开式房屋可取0.035。

③ 其余房屋应按外墙面积开孔率插值计算。

问题141：柱的长细比直接取200。

【原因分析】违反《门式刚架轻型房屋钢结构技术规范》GB 51022—2015 第3.4.3条关于柱长细比的规定。

【处理措施】受压构件长细比不应大于180；当地震作用组合的效应控制结构设计时，门式刚架轻型房屋钢结构柱的长细比不应大于150。

13.7.2 门式刚架厂房构造

问题142：有大于20t桥式吊车或3t悬挂式吊车的厂房按门式刚架设计。

【原因分析】违反《门式刚架轻型房屋钢结构技术规范》GB 51022—2015 第1.0.2条关于门式刚架设计的规定。《门式刚架轻型房屋钢结构技术规范》GB 51022—2015 适用于房屋高度不大于18m，房屋高宽比小于1，承重结构为单跨或多跨实腹门式刚架、具有轻型屋盖、无桥式吊车或有起重量不大于20t的A1～A5工作级别桥式吊车或3t悬挂式起重机的单层钢结构房屋。

【处理措施】超过门式刚架规范设计范围的结构，按《钢结构设计标准》GB 50017—2017 进行设计。

问题143：结构的耐火设计与规范规定不相符。

【原因分析】违反《建筑设计防火规范》GB 50016—2014（2018年版）第3.2节关于钢结构耐

火设计的规定。构件耐火极限要求过于简单、笼统，未根据厂房具体耐火极限确定防火涂料以及涂层厚度。

【处理措施】钢结构构件的设计耐火极限应根据建筑的耐火等级，按现行《建筑设计防火规范》GB 50016—2014（2018 年版）的规定执行。柱间支撑的设计耐火极限应与柱相同，楼盖支撑的设计耐火极限应与梁相同，屋盖支撑和系杆的设计耐火极限应与屋顶承重结构构件相同。分别明确构件在不同耐火极限下的防火涂料及涂层厚度要求。

问题 144：未明确门式刚架安装的工艺规定。

【原因分析】违反《门式刚架轻型房屋钢结构技术规范》GB 51022—2015 第 14.2.5 条、第 14.2.6 条关于门式刚架安装工艺的规定。门式刚架轻型房屋由于跨度大，平面外稳定性差，在安装过程中变形大，平面外易失稳和倒塌，应采取措施保证安装过程中刚架的整体稳定性并控制变形。

【处理措施】门式刚架轻型房屋钢结构在安装过程中，一般施工时采用临时稳定缆风绳固定主钢结构，并及时安装屋面水平支撑和柱间支撑。

问题 145：门式刚架的屋面水平支撑和柱间支撑错跨布置。

【原因分析】违反《门式刚架轻型房屋钢结构技术规范》GB 51022—2015 第 8.3.1 条关于支持构造设置的规定。柱间支撑、屋面水平支撑、系杆组成的支撑系统可增加整体刚度，有效传递风力、地震作用、吊车刹车力等水平荷载。

【处理措施】屋面水平支撑和柱间支撑应在同跨部位设置；当屋面水平支撑布置在第二开间时，应在房屋端部第一开间抗风柱顶部对应部位设置刚性系杆。

问题 146：采用单螺母、直径 20mm 的柱脚锚栓。

【原因分析】违反《门式刚架轻型房屋钢结构技术规范》GB 51022—2015 第 10.2.15 条关于柱脚设置的规定。柱脚锚栓除按计算确定外，应考虑实际工程中可能会承受部分水平剪力等不利因素，直径不宜过小。

【处理措施】门式刚架柱脚锚栓应采用 Q235 钢或 Q355 钢制作。锚栓端部应设置弯钩或锚件，且应符合现行国家标准《混凝土结构设计规范》GB 50010—2010（2015 年版）有关规定。锚栓直径不宜小于 24mm，且应采用双螺母。

问题 147：当檩条跨度大于 6m，跨中仅设置一道拉条或撑杆。

【原因分析】违反《门式刚架轻型房屋钢结构技术规范》GB 51022—2015 第 9.3.1 条关于拉条设置的规定。檩条截面的抗扭刚度较小，为减少檩条在使用和施工期间的侧向变形和扭转，应在檩条跨间设置拉条和撑杆组成桁架结构体系，防止平面外扭转和失稳。

【处理措施】实腹式檩条跨度不宜大于 12m，檩条跨度大于 4m 时，在跨中位置设置拉条或撑杆；檩条跨度大于 6m 时，在跨度三分点处各设一道拉条或撑杆；檩条跨度大于 9m 时，在跨度四分点处各设一道拉条或撑杆。

问题 148：屋脊节点的双檩之间未设劲性连接。

【原因分析】违反《门式刚架轻型房屋钢结构技术规范》GB 51022—2015 第 9.1.10 条关于屋脊节点设置的规定。坡屋面的斜向分力不容忽视，在屋脊处双檩间应有可靠的连接措施。

【处理措施】屋脊两侧檩条之间可用槽钢、角钢连接。

问题149：设柱间支撑的柱脚底板剪力验算不满足，未设抗剪键。

【原因分析】违反《门式刚架轻型房屋钢结构技术规范》GB 51022—2015 第10.2.15条关于柱脚支撑抗剪键设置的规定。柱脚锚栓不宜用以承受柱脚底部的水平剪力，柱底水平剪力由底板与基础表面之间的摩擦力承受，当剪力超过摩擦力应设置抗剪键。

【处理措施】抗剪键可采用钢板、角钢或工字钢等垂直焊于柱底板的底面，并应对其截面和连接焊缝的受剪承载力进行计算。

问题150：梁柱连接节点刚度不满足规范规定。

【原因分析】违反《门式刚架轻型房屋钢结构技术规范》GB 51022—2015 第10.2.7条关于梁柱连接节点刚度设置的规定。门式刚架梁柱连接节点的转动刚度若与刚接条件相差太大时，按刚接计算内力与确定计算长度，将导致结构可靠度不足。

【处理措施】采用增加截面高度、设置加劲肋等措施，满足 $R \geqslant 25EI_b/L_b$ 要求。

13.8 空旷房屋和大跨度屋盖建筑

13.8.1 单层空旷房屋

问题151：砌体结构的单层空旷房屋，大门处壁柱和前厅内独立柱采用砖柱。

【原因分析】违反《建筑抗震设计规范》GB 50011—2010（2016年版）第10.1.5条关于大门处壁柱和前厅内独立柱设置的规定。大厅高、跨度大，人员密集，采用砖柱承重在地震作用下抗震性能较差。

【处理措施】前厅结构布置应加强横向的侧向刚度，大门处壁柱和前厅内独立柱应采用钢筋混凝土柱。

问题152：单层空旷结构前厅与大厅、大厅与舞台间轴线上嵌砌在框架柱间的横墙抗震等级设为四级。

【原因分析】违反《建筑抗震设计规范》GB 50011—2010（2016年版）第10.1.15条关于横墙抗震等级设置的规定。属于违反强制性条文要求。前厅与大厅、大厅与舞台之间的墙体是单层空旷房屋的主要抗侧力构件，承担横向地震作用，此处横墙的抗震措施过低会影响结构的整体安全。

【处理措施】单层空旷结构前厅与大厅、大厅与舞台间轴线上嵌砌在框架柱间的横墙抗震等级不低于二级。

13.8.2 大跨屋盖建筑

问题153：单层网壳仅做了强度计算分析，未进行稳定性计算。

【原因分析】违反《空间网格结构技术规程》JGJ 7—2010 第4.3.1条关于单层网壳稳定性计算的规定。单层网壳存在整体失稳的可能，整体稳定性计算不容忽视。

【处理措施】单层网壳应进行稳定性计算。

问题154：大跨度立体桁架屋盖在各主桁架之间未设置横向支撑。

【原因分析】违反《空间网格结构技术规程》JGJ 7—2010 第3.4.5条关于横向支撑设置的规

定。立体桁架应用于大、中跨度屋盖结构时，上弦若未形成水平支撑体系，其平面外的稳定性无法得到保障，可能发生平面外的整体失稳。

【处理措施】对立体桁架应设置平面外的稳定支撑体系，例如增设立体桁架平面外的水平支撑、檩条等支撑体系。

问题 155：杆件计算时未考虑因螺栓开孔产生的不利影响。

【原因分析】违反《钢结构设计标准》GB 50017—2017 第 6.1.1 条、第 7.1.1 条、第 8.1.1 条的相关规定。截面面积较小的构件，螺栓安装孔对截面的削弱一般为 5%~8%；当板件厚度较小且构件应力比较大时，应考虑因杆件开孔造成的安全隐患。

【处理措施】强度计算时截面面积、截面模量分别取净截面面积、净截面模量。

问题 156：大跨屋盖支座构造形式与结构计算模型中的假定不一致。

【原因分析】违反《建筑抗震设计规范》GB 50011—2010（2016 年版）第 10.2.7 条、第 10.2.16 条的相关规定。设计大跨屋盖时通常会释放或部分释放支座位移、内力，若采用的支座形式无法实现相应功能，结构实际受力情况将与计算不符，对结构造成不利影响。

【处理措施】选择与计算假定相符的支座形式，如平板支座、球铰支座、橡胶支座、减隔震支座等。

13.9 非结构构件

问题 157：楼梯间和人流通道的填充墙未采用钢丝网砂浆面层挂网加强。

【原因分析】违反《建筑抗震设计规范》GB 50011—2010（2016 年版）第 13.3.4 条关于采用钢丝网砂浆面层挂网加强的规定。楼梯间和人流通道等疏散通道为地震时的主要交通疏散要道，采用钢丝网砂浆面层挂网等加强措施，可提高填充墙体的稳定性，并能有效防止墙体闪落砸伤疏散过程中的人员。

【处理措施】在楼梯间和人流通道的填充墙采用钢丝网砂浆面层挂网，且不小于 $\phi 4@200$。

问题 158：高层建筑的女儿墙采用砖砌体。

【原因分析】违反《非结构构件抗震设计规范》JGJ 339—2015 第 4.4.2 条关于女儿墙设置的规定。建筑越高鞭梢效应越强，地震作用传到顶部的砖砌体女儿墙容易破坏，产生次生灾害。

【处理措施】采用钢筋混凝土女儿墙取代砖砌女儿墙。

问题 159：设备管道洞口对结构构件削弱较大，洞口边缘未采用有效的补强措施。

【原因分析】违反《建筑抗震设计规范》GB 50011—2010（2016 年版）第 13.4.4 条关于设备管道洞口抗震加强的规定。主体结构构件留设备洞口，洞口位置及尺寸不恰当时，会削弱结构构件承载力和刚度，需要进行必要的加强。

【处理措施】可在洞边设置附加钢筋或钢套筒或暗柱等有效的补强措施。

问题 160：附于主体结构上的幕墙、围护墙、雨篷、广告牌、顶篷支架等采用膨胀螺栓做连接件。

【原因分析】违反《混凝土结构后锚固技术规程》JGJ 145—2013 第 8.1.2 条的相关规定。膨胀型锚栓在地震往复荷载作用下，容易出现承载力显著下降，甚至发生拔出破坏，易形成工程隐患。

【处理措施】在承重结构中采用后锚固技术时宜采用植筋；亦可采用后扩底锚栓和特殊倒锥形化学锚栓。

问题 161：对高度较大的女儿墙未进行地震、风荷载作用下的承载力验算。

【原因分析】违反《建筑抗震设计规范》GB 50011—2010（2016 年版）第 13.2.2（2）条、第 13.2.3 条、第 13.2.5 条非结构构件地震作用效应和《建筑结构荷载规范》GB 50009—2012 第 8 节风荷载效应基本组合等计算的规定。由于高层建筑屋顶女儿墙受到的风荷载比地面大很多，地震作用在建筑屋顶也会产生鞭梢效应，对高度较大或有悬挑造型的女儿墙在地震、风荷载作用下易造成破坏。

【处理措施】应对女儿墙承载力进行复核验算。

13.10　地下建筑

问题 162：地下建筑的中柱纵向钢筋总配筋率为 0.7%。

【原因分析】违反《建筑抗震设计规范》GB 50011—2010（2016 年版）第 14.3.1 条关于地下建筑的中柱纵向钢筋构造配置的规定。地下建筑结构构件尺寸常大于同类地面结构构件，根据"墙柱弱梁"的设计概念适当采取加强框架柱的措施。

【处理措施】应按照《建筑抗震设计规范》GB 50011—2010（2016 年版）第 6.3.7-1 条的规定，中柱在最小总配筋率基础上增加 0.2%，提高柱的承载力。

问题 163：采用板柱—抗震墙结构时，无柱帽的平板未在柱上板带中设置构造暗梁。

【原因分析】违反《建筑抗震设计规范》GB 50011—2010（2016 年版）第 14.3.2 条的规定。为了加快施工进度，减少基坑暴露时间，地下建筑结构的底板、顶板和楼板常采用无梁肋结构，使得底板、顶板和楼板等受力体系不再是板梁体系，宜通过在柱上板带中设置暗梁对其加强。

【处理措施】宜采用梁板结构。采用板柱—抗震墙结构时，无柱帽平板的柱上板带应按照《建筑抗震设计规范》GB 50011—2010（2016 年版）第 6.6.4 条第 1 款设置构造暗梁。

13.11　既有建筑改造与加固

问题 164：改造加固工程的原结构未进行检测鉴定。

【原因分析】违反《砌体结构加固设计规范》GB 50702—2011 第 1.0.3 条，《混凝土结构加固设计规范》GB 50367—2013 第 1.0.3 条和《钢结构加固设计标准》GB 51367—2019 第 1.0.3 条的相关规定。对已使用多年的建筑，原有构件损伤、材料性能降低等部分构件应进行鉴定。

【处理措施】既有建筑改造加固设计前，应根据建筑物的类型，分别按现行国家标准《工业建筑可靠性鉴定标准》GB 50144—2019 和《民用建筑可靠性鉴定标准》GB 50292—2015 进行结构检测和安全鉴定。有抗震加固设计时，应按现行国家标准《建筑抗震鉴定标准》GB 50023—2009 或《构筑物抗震鉴定标准》GB 50117—2014 进行抗震能力鉴定。

问题 165：未明确改造加固设计后续使用年限、用途及使用环境。

【原因分析】违反《建筑抗震鉴定标准》GB 50023—2009 第 1.0.4 条关于选择改造加固后的后续使用年限的规定。结构在规定的设计年限内具有足够的可靠性，满足安全性、适用性和耐久性的功能要求。超过结构设计年限后，结构的失效概率增大，存在安全风险。

违反《砌体结构加固设计规范》GB 50702—2011 第 3.1.9 条，《混凝土结构加固设计规范》GB 50367—2013 第 3.1.8 条和《钢结构加固设计标准》GB 51367—2019 第 3.1.8 条关于用途和使用环境的要求。倘若加固后任意改变用途、使用条件或使用环境，将显著影响结构加固部分的安全性及耐久性。

【处理措施】改造加固后的后续使用年限可按照《建筑抗震鉴定标准》GB 50023—2009 第 1.0.4 条，根据实际需要和可能，按照建造年代分别不少于 30 年、40 年、50 年确定，且后续使用年限不得低于原结构设计使用年限；特殊情况且有可靠依据时，可由业主与设计单位共同商定或进行专项研究和专家论证。

在加固设计文件中明确加固后的用途和使用环境。在改造加固后的设计工作年限内，未经技术鉴定或设计许可，不得改变加固后结构的用途和使用环境。

问题 166：增层或荷载增加较大的既有建筑，未对地基基础进行验算。

【原因分析】违反《既有建筑地基基础加固技术规范》JGJ 123—2012 第 3.0.4 条的相关要求。荷载增加导致原来地基基础承载力可能不满足规范要求，存在安全风险。

【处理措施】加固设计中，应验算地基承载力、地基变形及基础抗弯、抗剪、抗冲切承载力。

问题 167：钢筋混凝土结构构件，正截面受弯承载力低于加固后 60%，仍采用粘贴钢板加固和粘贴纤维复合材加固；加固前截面不满足受剪控制条件，采用胶粘钢箍板或纤维复合材条带进行抗剪加固。

【原因分析】违反《混凝土结构加固设计规范》GB 50367—2013 第 9.2.11 条和第 10.2.10 条关于粘贴钢板加固法和粘贴纤维复合材加固法中受弯构件正截面加固设计原则。上述规定主要是为控制加固后构件的裂缝宽度和变形，也是为强调"强剪弱弯"设计原则的重要性。

违反《混凝土结构加固设计规范》GB 50367—2013 第 9.3.2 条关于构件加固后截面限制条件的规定。受剪截面限制条件首先是防止构件发生斜压破坏，其次是限制在使用阶段可能发生的斜裂缝宽度，同时也是构件斜截面受剪破坏的最大配箍率条件。

【处理措施】可采用增大截面法、体外预应力法、改变传力途径等措施。

问题 168：植筋锚固长度不满足规范要求。

【原因分析】违反《混凝土结构加固设计规范》GB 50367—2013 第 15.2.2 条～第 15.2.5 条和第 15.3.1 条的相关要求。

【处理措施】在设计文件中应明确钢筋植筋深度，根据植筋胶和钢筋间距的计算结果与构造较大值确定植筋深度。

问题 169：抗震加固设计中，使用膨胀型锚栓作为承重构件的连接件。

【原因分析】违反《工程结构加固材料安全性鉴定技术规范》GB 50728—2011 第 12.1.3 条关于膨胀锚栓使用的限制要求的规定。膨胀型锚栓在承重结构中应用容易引发工程事故，在地震灾害中破坏尤为严重。

【处理措施】抗震加固设计中，严禁使用膨胀型锚栓作为承重构件的连接件，可采用化学锚栓等。

问题 170：改造时楼面开大洞或取消部分楼盖，造成结构竖向刚度突变，出现薄弱层、软弱层，未采取有效措施。

【原因分析】违反《建筑抗震加固技术规程》JGJ 116—2009 第 3.0.1 条关于加固或新增构件的布置的规定。应消除或减少不利因素，防止局部加强导致结构刚度或强度突变的规定。与新建建筑工程抗震设计相同，既有建筑的改造也应考虑抗震概念设计。

【处理措施】改造设计时复核结构的薄弱部位、软弱部位，采取适当的措施，避免局部加强导致刚度和承载力发生突变。

14 建筑电气及智能化

14.1 供配电

14.1.1 供配电系统

问题1：当变压器与6～10kV配电装置不在同一配变电所内时，变压器的高压进线处未设置高压断开点。

【原因分析】违反《民用建筑电气设计标准》GB 51348—2019第4.4.7条、《20kV及以下变电所设计规范》GB 50053—2013第3.2.2条关于6～10kV进线处设置开关的规定。配电所电源线的进线开关宜采用断路器或负荷开关—熔断器组合电器，当进线无继电保护和自动装置要求且无须带负荷操作时，可采用隔离开关或隔离触头。

【处理措施】当变压器与高压柜配电装置不在同一房间或变压器间与高压配电室不能直接相通时（通过门、值班室、相邻走道等连通），应在变压器室设置变压器高压断开点。

问题2：变电所10kV电缆未按建筑物的电线电缆使用场所级别选择。

【原因分析】违反《民用建筑电气设计标准》GB 51348—2019第13.8.4条第7款关于10kV电缆选择的规定。低压侧带有消防负荷的10kV电缆属于建筑物消防设备供配电系统的一部分，火灾时要保证消防设备电源线路在火灾中的连续供电时间。

【处理措施】为消防负荷供电的10kV电缆应具有耐火特性，且满足消防设备电源线路在火灾中的连续供电时间要求。10kV外线由供电主管部门自行确定，设计应提出相应要求。

问题3：车库普通照明、食堂用电负荷分级不准确。

【原因分析】违反《车库建筑设计规范》JGJ 100—2015第7.4.1条关于车库普通负荷及《饮食建筑设计标准》JGJ 64—2017第5.3.1条关于饮食建筑负荷分级的规定。车库普通照明负荷等级应根据车库建筑规模确定，饮食建筑负荷按建筑规模及用电负荷种类确定。

【处理措施】特大型和大型车库（对应《汽车库、修车库、停车场设计防火规范》GB 50067—2014中的Ⅰ类车库）的照明按一级负荷供电；中型车库（对应GB 50067—2014中的Ⅱ、Ⅲ类车库）的照明应按不低于二级负荷供电；小型车库可按三级负荷供电；电动汽车充电设施的负荷分级执行重庆市《电动汽车充电设施建设技术标准》DBJ 50—218—2020第4.2.3条规定。特大型饮食建筑的用餐区域、公共区域的备用照明用电应为一级负荷，自动扶梯、空调用电应为二级负荷；大型、中型饮食建筑用餐区域、公共区域的备用照明用电应为二级负荷；小型饮食建筑的用电应为三级负荷。

问题4：中小学的教学楼和学生宿舍主要通道照明未按二级负荷进行供电设计。

【原因分析】违反《教育建筑电气设计规范》JGJ 310—2013第4.2.2条表4.2.2关于教育建筑

负荷分级和《供配电系统设计规范》GB 50052—2009 第 3.0.7 条关于用电设备供电要求的规定。教学楼和学生宿舍的主要通道照明为二级负荷。

【处理措施】教育建筑的教学楼、学生宿舍等场所属于人员密集场所，为保证安全用电负荷分级，应严格执行《教育建筑电气设计规范》JGJ 310—2013 第 4.2.2 条表 4.2.2 的规定，供电电源应满足《供配电系统设计规范》GB 50052—2009 第 3.0.2 条、第 3.0.3 条、第 3.0.7 条规定。幼儿园不是教学楼也不是宿舍，走道普通照明为三级负荷。《教育建筑电气设计规范》JGJ 310—2013 第 4.2.2 条表 4.2.2 第 7 款：食堂厨房的主要设备用电，冷库，主要操作间、备餐间照明属于二级负荷；此条是指有专用就餐空间的学生食堂，其用电负荷分级还应满足《饮食建筑设计标准》JGJ 64—2017 第 5.3.1 条规定；当中小学、幼儿园设有厨房设备自行做饭但未设专用就餐空间时，厨房的主要设备用电，冷库，主要操作间、备餐间照明为三级负荷，但考虑到厨房停电可能会造成学校生活秩序一定程度上的混乱，大中型幼儿园、中小学的此部分负荷按二级负荷进行供电设计。

问题 5：自备柴油发电机组做消防设备应急电源时，消防状态时机组容量计算错误。

【原因分析】违反《民用建筑电气设计标准》GB 51348—2019 第 3.5.4 条关于建筑物消防用电设备负荷计算的规定。作为火灾时应急电源的自备柴油发电机组容量，在消防负荷状态稳定负荷计算时，考虑一处火灾点及火灾的适当蔓延，应计算发生火灾的防火分区，并考虑水平及竖向的关联分区。

① 计算范围：a. 拟定一个防火分区；b. 与拟定的防火分区相邻的两个防火分区；c. 拟定防火分区内的所有塔楼。

② 计算原则：要保证第①条中三个区域内的所有消防设备计算负荷在相同条件（即建筑内任意三个相邻防火分区及一个防火分区内所有塔楼）下最大；消防负荷计算尚应计入发生火灾时需要灭火扑救的必须的消防设备，如消防水泵、消防控制室用电量；并计入柴油发电机组服务范围内的所有消防应急照明用电量。

【处理措施】柴油发电机组消防状态的稳定负荷计算应考虑服务于火灾区域的消防设备如消防风机、消防电梯、应急照明等用电，同时还应考虑火灾时必须投入作用的消防设备如消防水泵等用电；柴油发电机组容量还应按最大单台电动机或成组电动机启动、柴油发电机组母线容许电压降进行计算，并取三者中最大容量；柴油发电机组容量可按《民用建筑电气设计标准》GB 51348—2019 第 6.1.3 条条文说明计算。

问题 6：配变电所 10/0.4kV 供配电系统，消防负荷与非消防负荷共配电柜设置。

【原因分析】违反《建筑设计防火规范》GB 50016—2014（2018 年版）第 10.1.6 条条文说明关于消防负荷低压配电系统主接线方案的规定。低压配电系统主接线方案应合理可靠，切断生产、生活电源时，消防电源不受影响。

【处理措施】当工程项目规模比较大、消防负荷较多时，宜采用分组或设置消防专用母线段的供电方案，避免大量的消防负荷与非消防负荷混接在同一个母线段上，当非消防负荷出现故障或合用母线发生短路等故障时，影响消防负荷供电的可靠性；对于工程项目规模较小、消防负荷很少的项目，可以采用母线不分段，但应分配电柜，并采取与普通负荷配电柜一致的防火隔离措施。

问题7：一级负荷主、备用回路电源的配电装置未分列设置，且在母线分段处未采取防火隔离措施。

【原因分析】违反《民用建筑电气设计标准》GB 51348—2019 第 4.5.4 条、《低压配电设计规范》GB 50054—2011 第 4.2.2 条关于一级负荷两个电源供电回路应采取防火隔离措施的规定。由同一配变电所供给一级负荷用电的两回路电源的配电装置宜分列设置，当不能分列设置时，其母线分段处应设置防火隔板或隔墙。

【处理措施】当一级负荷的容量较大，供电回路数较多时，宜在配变电所分列设置相应的配电装置；由于大部分工程中不具备分列设置的条件，故要求在母线分段处应设防火隔断或隔墙，以确保一级负荷的供电回路安全；对于供一级非消防负荷的两回路电源电缆，主备电缆不宜同沟敷设，当采用阻燃线缆时可共沟但应分别设置在电缆沟两侧的支架上；消防负荷的电缆敷设及选型应满足防火规范要求。

问题8：10/0.4kV 变压器 0.4kV 侧采用固定开关柜时，主保护断路器电源侧未装设隔离电器，母线联络断路器两侧未装设隔离电器。

【原因分析】违反《民用建筑电气设计标准》GB 51348—2019 第 4.4.12 条第 3 款、《20kV 及以下变电所设计规范》GB 50053—2013 第 3.2.16 条关于固定式配电装置设置隔离电器的规定。低压配电系统采用固定式配电装置时，断路器等开关设备电源侧应装设隔离电器。

【处理措施】10/0.4kV 变压器低压系统采用固定式配电装置时，单电源系统的主保护断路器的电源侧应装设隔离电器；当为双电源时，主保护断路器和母线联络断路器两侧均应装设隔离电器。

问题9：在高压固定式配电柜中采用负荷开关—熔断器组合电器时，未在电源侧装设隔离开关。

【原因分析】违反《20kV 及以下变电所设计规范》GB 50053—2013 第 3.2.10 条关于电源侧装设隔离开关的规定。装设此隔离开关的目的是当检修熔断器或负荷开关时，电源侧能有明显的断开点，以确保安全。

【处理措施】在高压固定式配电柜中采用负荷开关—熔断器组合电器时，应在每出线回路电源侧装设隔离开关。

问题10：有单项负荷的变压器低压侧未采用混合无功自动补偿。

【原因分析】违反《公共建筑节能（绿色建筑）设计标准》DBJ 50—052—2020 第 7.2.4 条、《居住建筑节能 65%（绿色建筑）设计标准》DBJ 50—071—2020 第 7.2.3 关于变压器低压侧集中无功补偿的规定。民用建筑中大量使用的是单相负荷，设计三相平衡的变压器，因照明、插座、空调等单相负荷变化的随机性大，变压器运行中低压侧三相负荷不会保持平衡，但是主体（或基础）负荷是三相平衡的，该部分负荷的无功功率应采用三相补偿，不平衡部分采用分相补偿。对于民用建筑中的一些特殊负荷（全三相平衡负荷），如大型冷冻机组，其供电变压器低压侧的无功补偿应采用三相补偿方式。

【处理措施】设在变电所内，有单相负荷的变压器，集中补偿应采用混合无功自动补偿装置，分相无功补偿容量不得小于总补偿容量的 40%。

问题11：消防备用柴油发电机配电屏的引出线未采用耐火型导体。

【原因分析】违反《建筑设计防火规范》GB 50016—2014（2018 年版）第 10.1.6 条、第

10.1.10 条及《民用建筑电气设计标准》GB 51348—2019 第 13.8.4 条关于消防配电线路选择的规定。属于违反强制性条文要求。消防配电线路应保证消防用电设备火灾时持续运行时间的要求。

【处理措施】根据消防用电设备持续供电时间要求，消防备用柴油发电机配电屏的引出线选用不同耐火等级的电缆、耐火母线槽或矿物绝缘电缆；消防用电设备火灾时最少持续供电时间按《民用建筑电气设计标准》GB 51348—2019 第 13.7.16 条执行。

问题 12：非消防一级负荷的双电源回路未在末端切换。

【原因分析】违反《民用建筑电气设计标准》GB 51348—2019 第 3.2.10 条关于一级负荷供电要求的规定。一级负荷应由双重电源的两个低压回路在末端配电箱处切换供电。

【处理措施】一级负荷的双电源回路应在末端切换，非消防一级负荷可采用按区域或功能（如相同用途、位置相近）设置总双电源切换配电箱，再放射式至区域内各分配电箱的供电方式，供电区域有条件情况下建议结合防火分区划分；对一用一备设备可采用双电源的两个回路分别供工作设备和备用设备的方式，此时可不设双电源切换箱。

问题 13：单根 10kV 电缆供电不满足二级负荷供电要求。

【原因分析】违反《民用建筑电气设计标准》GB 51348—2019 第 3.2.11 条、《供配电系统设计规范》GB 50052—2009 第 3.0.7 条关于二级负荷供电要求的规定。二级负荷的外部电源进线宜由 35kV、20kV 或 10kV 双回线路供电，当负荷较小或地区供电条件困难时可由一回 35kV、20kV 或 10kV 专用的架空线路供电。

【处理措施】二级负荷供电方案可采用以下几种方式：

① 两路 35kV、20kV 或 10kV 电缆（每路电缆应能承受所有二级负荷，且互为热备用）＋两台配电变压器（可设于不同变电所），两台变压器低压侧设有母联时，二级负荷可由任一段低压母线单回路供电；无母联时二级负荷由两台变压器低压母线段各引出一路低压回路在负荷端配电箱处切换。

② 一路 35kV、20kV 或 10kV 专用架空线路＋两台配电变压器（可设于不同变电所），两台变压器各引出一路低压回路在负荷端配电箱处切换。

③ 单路 35kV、20kV 或 10kV 电源＋单变压器＋自备柴油发电机组，变压器低压侧与自备柴油发电机组备用母线段有联络时，二级负荷可由任一段低压母线单回路供电；无联络时，由变压器正常工作母线段和柴油发电机备用母线段各引一路低压回路在负荷端配电箱处切换。

④ 单路 35kV、20kV 或 10kV 电源＋单变压器＋园区内单独引入第二低压电源，变压器低压侧与第二低压电源备用母线段有联络时，二级负荷可由任一段低压母线单回路供电；无联络时，由变压器正常工作母线段和第二低压电源备用母线段各引一路低压回路在负荷端配电箱处切换。

14.1.2　配变电所

问题 14：配变电所及柴油机房的位置不合理：①设于厕所、浴室、厨房或其他经常积水场所的正下方或与之贴邻；②设于住户、客房、办公室等需要避免噪声及电磁干扰场所的上、下层或与之贴邻。

【原因分析】违反《民用建筑设计统一标准》GB 50352—2019 第 8.3.1 条第 1 款、《住宅建筑电气设计规范》JGJ 242—2011 第 4.2.2 条、《民用建筑电气设计标准》GB 51348—2019 第 4.2.1 条第 6 款及第 4.10.7 条、《20kV 及以下变电所设计规范》GB 50053—2013 第 2.0.1 条第 7 款关于配变电所设置位置的规定。配变电所不应设在厕所、浴室、厨房或其他经常积水场所的正下方，且不宜与上述场所贴邻，如果贴邻，相邻隔墙应做无渗漏、无结露等防水处理；变电所不应设于住户的正上方、正下方、贴邻；变电所不宜设于客房、办公室正上方、正下方、贴邻，当不可避免时应采取屏蔽、降噪等措施。

【处理措施】配变电所不应设于住户的正上方、正下方、贴邻；应避免设于厕所、浴室、厨房或其他经常积水场所的正下方或与之贴邻，避免设于客房、办公室正上方、正下方、贴邻，当条件受限设于上述位置时，应采取切实可靠、有效的措施。设计时应优先要求土建专业人员不能把配变电所设于上述区域，当确实受条件限制不可避免时，经采取措施减少负面影响、降低事故可能性后方可采取此类设计；采取措施是补救方式，并不应作为首选方案，所以设计人员不应该首先想到采取一定的预防措施后就把配变电所设于上述场所的正下方或贴邻，以此来规避规范要求，违背了编定条文的初衷。柴油发电机房性质与配变所相同，其位置要求按配变电所执行。

问题 15：设在建筑最底层的配变电所未采取防止被水淹的措施。

【原因分析】违反《民用建筑电气设计标准》GB 51348—2019 第 4.2.2 条、《20kV 及以下变电所设计规范》GB 50053—2013 第 2.0.4 条第 1 款关于配变电所设于最底层时应采取安全措施的规定。当配变电所设置在最底层时，尚应采取预防洪水、消防水或积水从其他渠道淹渍配变电所的措施。

【处理措施】首先要求相关专业人员设置完善的、多层次的防水措施，在此基础上配变电所地坪应比地下室地坪抬高 0.1～0.15m（应注意本层未抬高地面的积水容积是否满足消防排水的容积要求），并设置 0.15m 高的挡水门槛及在配电室内沿外墙设置排水明沟、设置集水井和机械排水设施；设于最底层的配变电所各类设备配出线尽量采用上进上出，避免采用电缆沟进出线，以减小配电线路被淹渍的概率。

问题 16：设置在地下室的配变电所，未考虑设备第一次安装的运输通道，所内配电装置的布置未考虑装置检修更换时的通道。

【原因分析】违反《民用建筑电气设计标准》GB 51348—2019 第 4.10.6 条、《20kV 及以下变电所设计规范》GB 50053—2013 第 2.0.4 条第 2 款关于配变电所设备运输通道设置和《低压配电系统设计规范》GB 50054—2011 第 4.1.2 条关于配电设备布置应便于搬运、检修的规定。

【处理措施】根据所选用的变压器、柴油发电机组尺寸，与建筑、结构专业人员配合，设计好其运输通道；所内的配电装置布置及开门尺寸、位置，尚应考虑设备检修更换时的搬运，开门的宽度及高度宜按最大不可拆卸部件尺寸，高度加 0.5m，宽度加 0.3m。

问题 17：配电装置室长度超过 7m 未设两个出口。

【原因分析】违反《民用建筑电气设计标准》GB 51348—2019 第 4.10.11 条、《20kV 及以下变电所设计规范》GB 50053—2013 第 6.2.6 条、《低压配电系统设计规范》GB 50054—2011 第 4.3.2 条、《民用建筑设计统一标准》GB 50352—2019 第 8.3.1 条第 6 款关于配电装置室设置安全出口的规定，长度大于 7m 的配电室应设两个出口。

【处理措施】当配电装置室长度超过 7m 时，电气专业人员向建筑专业人员提资料时，要求在配电间设置两个出口并宜布置在两端；长度超过 60m 时宜增加一个出口，相邻安全出口之间的距离不应大于 40m。当配电装置室长度超过 7m，但建筑面积不大于 200m² 时，其中一个门可为内部门；

当配电装置室建筑面积大于 200m² 时，疏散门之间的距离不应小于 5m 且不应大于 40m。

问题 18：成排布置的低压配电屏屏后通道出口数量不够：长度大于 6m 时屏后通道只设计了一个出口，长度大于 15m 时屏后通道只设计了两个出口。

【原因分析】违反《民用建筑电气设计标准》GB 51348—2019 第 4.7.3 条关于低压配电屏屏后通道数量的规定。属于违反强制性条文要求。当成排布置的配电屏长度大于 6m 时，屏后面的通道应设有两个出口；当两出口之间的距离大于 15m 时，应增加出口。

【处理措施】成排布置的低压配电屏长度大于 6m 时，屏后通道应设两个出口；长度大于 15m 时，可将屏拆分成两组，中间留出通道作为为第三个出口，也可以在屏后的墙上开门通向其他区域作为第三个出口；当高压配电装置、变压器柜与低压配电装置靠近布置时，计算配电装置的长度应包括高压配电装置、变压器柜的长度；通道最小宽度按《低压配电系统设计规范》GB 50054—2011 第 4.2.5 条要求不应小于 1.0m。

问题 19：柴油发电机房设于人员密集场所的上一层、下一层或贴邻。

【原因分析】违反《建筑设计防火规范》GB 50016—2014（2018 年版）第 5.4.13 条第 2 款关于柴油发电机房设置位置的规定。属于违反强制性条文要求。柴油发电机房不应设于人员密集场所的上一层、下一层或贴邻。

【处理措施】在设计柴油发电机组位置时应避开人员密集场所；人员密集场所执行《中华人民共和国消防法》第七十三条规定。

问题 20：室内 10kV 配电装置柜前操作间距不满足要求。

【原因分析】违反《20kV 及以下变电所设计规范》GB 50053—2013 第 4.2.7 条、《民用建筑电气设计标准》GB 51348—2019 第 4.6.2 条关于高压配电装置各种通道最小宽度的规定。

【处理措施】室内 10kV 配电装置的柜前操作通道最小净宽，应根据开关柜的布置方式、开关柜的结构形式（固定式或手车式）确定，最小净宽按《20kV 及以下变电所设计规范》GB 50053—2013 第 4.2.7 条或《民用建筑电气设计标准》GB 51348—2019 第 4.6.2 条执行。

14.2 低压配电

14.2.1 低压配电系统

问题 21：10/0.4kV 变压器的 0.4kV 侧馈线断路器选择未考虑短路分断能力。

【原因分析】违反《民用建筑电气设计标准》GB 51348—2019 第 7.5.1 条第 1 款、《低压配电系统设计规范》GB 50054—2011 第 3.1.1 条第 6 款关于低压电器选择的规定。用于断开短路电流的电器，应满足短路条件下的接通能力和分断能力。

【处理措施】在配电断路器的选择时，应计算断路器安装位置的三相短路电流，并应按运行分断能力不小于该电流来选择断路器。校验断路器的分断能力时，理论上应根据系统容量、变压器容量、线路电器元件参数进行短路电流计算。在设计中，可参照《工业与民用供配电设计手册》（第四版）表 4.3-2～表 4.3-13 查得常用变压器低压侧短路电流值，参照《建筑电气常用数据》19DX101—1 表 15.7 查得相关短路电流参数。

问题 22：10/0.4kV 变压器的 0.4kV 侧馈电电缆选型不满足电缆热稳定要求。

【原因分析】违反《低压配电设计规范》GB 50054—2011 第 3.2.2 条第 3 款关于低压配电导体截面选择、第 6.2.3 条关于绝缘导体热稳定校验的规定。导体截面应满足动稳定与热稳定要求，导体热稳定应按其截面积校验。

【处理措施】对大容量变压器配出的近距离、小截面配电回路进行热稳定校验，对不满足热稳定要求的回路采用放大电缆截面或采用限流型断路器等措施。设计中可参照《民用建筑电气设计计算及示例》12SDX101—2 中 4—5 对馈电电缆进行短路热稳定校验。

问题 23：低压配电柜、配电箱内未预留备用回路。

【原因分析】违反《民用建筑电气设计标准》GB 51348—2019 第 4.5.6 条、《20kV 及以下变电所设计规范》GB 50053—2013 第 4.1.6 条关于配电装置设置备用回路的规定。配电装置室内宜留有适当数量的相应配电装置的备用位置，0.4kV 的配电装置尚应留有适当数量的备用回路。

【处理措施】配电装置室内应根据该建筑物的具体情况分析预留空间，低压配电柜（配电箱）内备用回路一般不宜小于总回路的 25%，尚应考虑具体工程实际情况，如规模不大，变动不大的建筑可适当少留一些，如住宅建筑。

问题 24：在选择导线、电缆导体规格时，未按敷设方式、环境条件校验导体载流量，导致导体载流量小于线路计算电流。

【原因分析】违反《民用建筑电气设计标准》GB 51348—2019 第 7.4.2 条第 1 款关于低压配电导体截面选择的规定。导体截面应按敷设方式及环境条件确定导体载流量，不应小于计算电流，导体应满足线路保护要求。

【处理措施】在选择导线、电缆导体截面时，应按敷设方式、环境条件校验导体载流量，导体载流量不应小于线路计算电流，且不应小于回路中保护断路器或熔断器的反时限动作电流值。查阅电缆载流量等参数时，可参照《工业与民用供配电设计手册》（第四版）第 9.3 节和《建筑电气常用数据》19DX101—1 中 6—1～6—26 选择。

问题 25：供电回路线缆采用断路器作为短路保护开关且线路较长时，未根据线路预期短路电流，校验断路器的低压断路器瞬时或短延时过电流脱扣器的整定电流值，错误选择断路器型号规格。

【原因分析】违反《低压配电设计规范》GB 50054—2011 第 6.2.4 条、《民用建筑电气设计标准》GB 51348—2019 第 7.6.2 条第 3 款关于低压断路器整定电流的规定。配电线路保护电器为断路器时，被保护线路末端的短路电流不应小于低压断路器瞬时或短延时过电流脱扣器整定电流的 1.3 倍。

【处理措施】对于较长的线路选用断路器作为短路保护开关时，应进行断路器校验，满足以下要求：$I_{dmin}/I_{zd} \geqslant 1.3$；$I_{dmin}$ 为被保护线路预期短路电流中的最小电流（A），在 TN、TT 系统中为单相短路电流；I_{zd} 为低压断路器瞬时或短延时过电流脱扣器整定电流（A）。低压铜芯交联聚乙烯电缆短路电流选择可以查阅《建筑电气常用数据》19DX101—1 表 15.8。TN 接地系统中，采用 220/380V 铜芯线缆供电时，可参照《建筑电气常用数据》19DX101—1 表 4.31、《工业与民用供配电设计手册》（第四版）表 11.2-4 进行快速校验。

问题 26：供电回路线缆较长时，线路末端用电负荷处的电压偏差不满足规范要求。

【原因分析】违反《供配电系统设计规范》GB 50052—2009 第 5.0.4 条、《民用建筑电气设计标准》GB 51348—2019 第 3.4.3 条关于用电设备端子处电压偏差应在允许值范围内的规定。

【处理措施】对于较长的供电线路，应验算用电设备处的电压偏差，并保证满足设备正常运行；为减少电压偏差，供配电系统设计时应正确选择变压器的变压比和电压分接头，采取无功补偿措施，使三相负荷尽量平衡，降低系统阻抗。电压偏差的计算方法可以参照《工业与民用供配电设计手册》（第四版）第 6.2.3 节、《建筑电气常用数据》19DX101—1 表 3.20～表 3.24 查阅相关数据。

问题 27：从室外引入的低压电源线路未在进入室内的配电间处设置总隔离电器。

【原因分析】违反《供配电系统设计规范》GB 50052—2009 第 7.0.10 条关于装设室内线路检修隔离电器的规定。由建筑物外引入的配电线路，应在室内分界点便于操作维护的地方装设隔离电器。

【处理措施】从室外引入的低压电源线路，应在建筑内第一级配电箱处设置隔离电器或带保护功能的隔离电器。规范中的"室内分界点"可理解为进入本建筑物的第一台配电箱处，如屋顶电梯机房的配电箱从室外引入电源线，则在电梯机房配电箱内设置隔离电器即可，首层无须另设。

问题 28：采用树干式供电的配电箱，进线端未设置带隔离和保护功能的开关电器。

【原因分析】违反《民用建筑电气设计标准》GB 51348—2019 第 7.1.4 条第 4 款关于低压配电系统中开关电器设置要求的规定。对于树干式供电系统的配电回路，各受电端均应装设带隔离和保护功能的电器。

【处理措施】树干式配电的配电箱进线处应设置带隔离和保护功能的电器。结合《低压配电设计规范》GB 50054—2011 第 6.2.5 条规定，当树干式分支配电的配电箱距离分支节点 3m 以内时，可以将此处的带隔离和保护功能的电器装设在此配电箱内；当距离大于 3m 时，且在分支处按规定已装设带隔离和保护功能的电器，则在配电箱内可只装设隔离电器。

问题 29：多层、高层民用建筑照明、动力、消防及其他防灾用电负荷未分干线供电。

【原因分析】违反《民用建筑电气设计标准》GB 51348—2019 第 7.2.1 条、第 7.2.2 条关于设计低压配电系统的规定。即多层民用建筑的低压配电系统，照明、电力、消防及其他防灾用电负荷，宜分别自成配电系统；高层民用建筑的低压配电系统，照明、电力、消防及其他防灾用电负荷应分别自成系统。

【处理措施】多层、高层民用建筑的低压配电系统，照明、电力、消防及其他防灾用电负荷，分别自成配电系统，分别采用独立干线供电。

问题 30：超高层民用建筑内避难层（间）配电未采用专用线路配电。

【原因分析】违反《民用建筑电气设计标准》GB 51348—2019 第 7.2.4 条的规定。属于违反强制性条文要求。供避难场所使用的用电设备，应从变电所采用放射式专用线路配电。

【处理措施】超高层建筑消防救援的难度大，建筑内部人员的安全保障非常重要。避难层（间）作为人员暂时躲避火灾及其烟气危害的楼层，是人员疏散避难的场所。用电设备是否正常工作直接关系到人员的生命安全，因此，应从变电所采用放射式专用线路配电。在设计中，避难层的照明及其他供避难层使用的用电设备，由变电所的低压配电专用线路直接送至避难层（间）。

问题 31：消防水泵、防排烟风机等的配电线路保护开关设置过负荷保护。

【原因分析】违反《民用建筑电气设计标准》GB 51348—2019 第 7.6.3 条对于线路过负荷保护的要求。属于违反强制性条文要求。对于突然断电比过负荷造成损失更大的线路，不应设置过负荷保护。突然断电比过负荷造成的损失更大的线路，对于民用建筑来讲，主要指消防动力设备如消防水泵、防排烟风机等的配电线路，这些设备安装在水泵房、地下室防排烟机房等潮湿场所，又经常不运行，如果发生电动机轴封锈蚀，启动时间过长，启动电流过大，断路器的过负荷保护可能跳闸，火灾时不能灭火，会造成更大损失，故该线路不应设置过负荷保护，当设置时只能动作于报警。

【处理措施】在设计中，非消防负荷的配电线路应设置过负荷保护，以保证配电线路的安全。对于重要消防负荷的供配电系统的过负荷保护问题，例如消防水泵、排烟风机、消防电梯之类的配电线路不应设置过负荷保护，过负荷报警应采用电动机控制回路的热继电器报警信号。

问题 32：地下室排水泵负荷定性不清，供电方式混乱。

【原因分析】违反《消防给水及消火栓系统技术规范》GB 50974—2014 第 9.2.1 条关于消防排水设施设置的规定。消防水泵房、设有消防给水系统的地下室、消防电梯的井底、仓库应采取消防排水措施，上述建筑物和场所内的排水泵在灭火过程中有可能需要使用，应属于消防用电设备，其他排水泵不属于消防用电设备。

【处理措施】地下室排水泵的负荷性质应由给水排水专业人员确定；当为消防时使用的排水泵应按消防负荷进行分级及配电设计；消防排水泵可按防火分区设置消防排水泵专用自动切换箱供电，也可与该防火分区内的消防风机、防火卷帘等消防设施一并由安装在配电小间内的消防电源切换箱供电。地下室非消防排水泵按车库规模、地上建筑性质及规模综合考虑划分负荷等级和供电方式。

问题 33：二级负荷的客梯未在末端配电箱处切换供电，或未采用专线供电。

【原因分析】违反《民用建筑电气设计标准》GB 51348—2019 第 9.3.1 条关于电梯设置专用供电回路的规定。

【处理措施】客梯的供电应符合下列要求：

① 一级负荷的客梯，应由双重电源的两个低压回路在末端配电箱处切换供电。

② 二级负荷的客梯，宜由低压双回线路在末端配电箱处切换供电，至少其中一回路应为专用回路。

③ 三级负荷的客梯，应由建筑物低压配电柜中一路专用回路供电。

二级负荷的电梯以及新建、扩建项目的三级负荷电梯应采用专用回路供电，改建项目的三级负荷电梯宜采用专用回路供电。建筑物内的消防电梯通常都兼作客梯使用，其配电应满足客梯供电要求。电梯的专用回路是指从建筑物的第一级配电装置引出的线路；当建筑物内设有变电所时，电梯的专用回路应从变电所低压母线直接引至电梯机房；当变电所设在建筑物外时，电梯专用回路应从建筑物的低压总配电室或分配室引至电梯机房配电箱；该专用配电线路与一般设备的配电线路应严格分开。

问题 34：客梯及客货兼用的电梯未设计断电就近自动平层开门功能。

【原因分析】违反《民用建筑电气设计标准》GB 51348—2019 第 9.3.2 条的规定。客梯及客货兼用的电梯均应具有断电就近自动平层开门功能。

【处理措施】设计中应要求电梯控制箱具备断电就近自动平层开门功能，以便生产厂家按设计要求生产。

问题35：电梯机房附属设施如机房照明、插座、井道照明插座的供电未与电梯牵引装置供电分开。

【原因分析】违反《民用建筑电气设计标准》GB 51348—2019第9.3.4条第1款、《电梯安装验收规范》GB/T 10060—2011第5.1.3.1条关于电梯牵引装置供电电路主开关设置位置的规定。

【处理措施】每台电梯电源总开关不应切断下列供电回路：

① 轿厢、机房和滑轮间的照明和通风。

② 轿顶、机房、底坑的电源插座。

③ 井道照明。

④ 报警装置。

电梯机房附属设施可由机房总配电箱供电，但不应与电梯自带的控制箱共用同一个保护电开关。

问题36：交流电梯配电回路保护开关和供电线缆截面选择有误。

【原因分析】违反《民用建筑电气设计标准》GB 51348—2019第9.3.4条第4款关于电梯的主电源开关和线缆选择的规定。选择电梯、自动扶梯和自动人行步道供电电缆时，应按其铭牌电流及其相应工作制确定，线缆的连续载流量不应小于计算电流，并应对供电线缆电压损失进行校验。

违反《通用用电设备配电设计规范》GB 50055—2011第3.3.4条关于电梯或自动扶梯供电导线的要求。即单台交流电梯供电导线的连续工作载流量应大于其铭牌连续工作制额定电流的140％或铭牌0.5h或1h工作制额定电流的90％，向多台电梯供电，应计入同时系数。

【处理措施】电梯电机属于S5工作制，短时或周期工作制电动机的功率和计算电流，需折算到统一持续率下的功率和电流，当采用需要系数法计算负荷时统一持续率取25％。单台交流电梯供电导线的连续工作载流量可按大于其铭牌连续工作制额定电流的140％或铭牌0.5h或1h工作制额定电流的90％来选择，多台时则应计入同时系数，多台电梯的同时系数可参照《工业与民用供配电设计手册》（第四版）表12.3-2选择。当采用需要系数法计算变压器容量时，电梯负荷的需要系数应按《工业与民用供配电设计手册》（第四版）表1.4-3选择。

问题37：无机房电梯未在井道外便于工作人员操作处设置总开关。

【原因分析】违反《民用建筑电气设计标准》GB 51348—2019第9.3.4条第6款关于无机房电梯电源开关设置位置的规定。无机房电梯主电源开关应设置在井道外工作人员方便接近的地方，并应具有必要的安全防护。

【处理措施】无机房电梯的总电源开关，应根据电梯控制柜的安装位置设置，根据《电梯安装验收规范》GB/T 10060—2011第5.1.3.1.2条，当无机房电梯的控制柜不是安装在井道内时，主开关可装设于控制柜内；当无机房电梯的控制柜安装在井道内时，总开关应安装于紧急和试验操作屏上。

问题38：远方控制的风机、水泵未设置就地控制和采取解除远方控制的措施。

【原因分析】违反《通用用电设备配电设计规范》GB 50055—2011第2.5.4条、《民用建筑电气设计标准》GB 51348—2019 第 9.2.23 条第 4 款关于设计低压交流电动机控制回路的规定。远方控制的电动机应有就地控制和解除远方控制的措施。

【处理措施】远方控制的电动机应有就地控制和解除远方控制的措施，维修、调试时，无论是自控还是远离现场的控制箱（柜）都无法启动电动机，以对维修人员起到安全保护的作用。"远方"包括两层意思：①在控制处位置的视线不能观察到被控制设备，即在电动机处不能看到其控制设备；②控制操作不方便，包括正常的起、停车试验操作，更包括在紧急情况下能否及时停车、切断电源，确保人身和设备免受伤害。

问题 39：气体灭火房间，未在室内外设置事故风机的控制按钮。

【原因分析】违反《民用建筑供暖通风与空气调节设计规范》GB 50736—2012 第 6.3.9 条关于事故通风的要求。属于违反强制性条文要求。事故通风应根据放散物的种类，设置相应的检测报警及控制系统。事故通风的手动控制装置应在室内外便于操作的地点分别设置。

【处理措施】开闭所（高压开关站）、变电所、储油间等设置了气体灭火的重要设备用房，应设置事故通风设施，事故通风的手动控制装置应在室内外便于操作的地点分别设置。

问题 40：带金属构件的电动伸缩门、自动旋转门未设置剩余电流动作保护电器。

【原因分析】违反《民用建筑电气设计标准》GB 51348—2019 第 9.4.5 条的规定。属于违反强制性条文要求。室外带金属构件的电动伸缩门的配电线路，应设置过负荷保护、短路保护及剩余电流动作保护电器，并应做等电位联结。电动伸缩门在室外安装，有淋雨的可能，为了防止这些门的接线盒因淋雨等原因漏电伤及行人，从保证人身和配电系统的安全出发，要求配电系统的保护电器应具有过负荷保护、短路保护及剩余电流保护功能，应严格执行。

【处理措施】带金属构件的电动伸缩门、自动旋转门的末端配电回路，应设置带有剩余电流动作保护功能的断路器保护，剩余电流动作值选为 30mA。

问题 41：双速风机低速时的线缆按高速时功率选择不合理。

【原因分析】双速风机高、低速时的相电流、线电流应根据双速风机的定子绕组接法进行计算所得；通常双速风机定子绕组的常用接法有△/YY、Y/YY、Y/Y 及 3Y＋Y/3Y 等。在进行双速风机配电设计时应根据暖通专业人员所选风机的类型，按风机高速、低速运行原理来分析各自工作时的电流，从而正确地选择相应的导线及电气元件。低速时电缆选择可参照以下原则选择：①△/YY、Y/Y 及 3Y＋Y/3Y 接线，不小于低速时额定电流选择；②Y/YY 接线，不小于高速时额定电流的一半选择。

【处理措施】在对双速风机配电设计时，应让通风机专业人员提供所选用的双速风机的接线方式，有条件时应根据产品资料中提供的电气参数进行设计，从而正确地选择相应的导线及电器元件。

问题 42：采用 Y—△（星三角）运行的水泵（风机）回路，配出的两根电缆均按断路器长延时整定电流选择。

【原因分析】采用 Y—△（星三角）运行的水泵（风机）回路，配出的两根电缆均按断路器长延时整定电流选择过大。根据 Y—△（星三角）运行的电动机接线原理，星形启动时，线路电流为正常运行（即三角形运行）时额定电流（即线电流）的 1/3；三角形运行时，配出的两根电缆把电动机绕组接成三角形，此时流过每根电缆的电流为相电流，大小为额定电流（即线电流）的$\sqrt{3}/3$倍。

【处理措施】Y—△（星三角）运行的水泵（风机）回路，配出的每根电缆按不小于电动机额定电流的$\sqrt{3}/3$倍，且两根电缆载流量之和大于断路器长延时整定电流选择。设计中电源回路与启动转换回路的开关电器和导线选择，可按《建筑电气常用数据》19DX101—1表7.3电机Y—△（星三角）启动进行保护电器及导线选择。

问题43：住宅户内壁挂式空调的电源插座回路未装设剩余电流动作保护器。

【原因分析】违反《住宅建筑电气设计规范》JGJ 242—2011第8.4.4条关于设置线路保护器的规定。柜式空调的电源插座回路应装设剩余电流动作保护器，分体式空调的电源插座回路宜装设剩余电流动作保护器。

【处理措施】无特殊原因时，住宅户内壁挂式空调的电源插座回路应装设剩余电流动作保护器。

问题44：住宅卫生间照明未设置剩余电流动作保护器。

【原因分析】违反《住宅建筑电气设计规范》JGJ 242—2011第9.4.4条关于设置线路保护器的规定。装有淋浴或浴盆的卫生间照明回路，宜装设剩余电流动作保护器。

【处理措施】装有淋浴或浴盆卫生间的浴霸可与卫生间的照明同回路，宜装设剩余电流动作保护器，条件受限时可与卫生间插座同回路。

问题45：住宅电梯机房未预留检修电源。

【原因分析】违反《住宅建筑电气设计规范》JGJ 242—2011第8.2.3条关于设置检修电源的规定。电梯机房内应至少设置一组单相两孔、三孔电源插座，并宜设置检修电源。

【处理措施】电梯机房内应布置一组单相的二孔、三孔插座，并在机房配电箱内预留一个三相保护开关电器做检修电源用；消防电梯和客梯机房可共用检修电源，即当同层有消防电梯也有客梯机房且距离较近时，可只在一个机房内设置检修电源，优先设于客梯机房内。

问题46：三相供电的住宅户内同一房间的电源插座未采用同一相序供电。

【原因分析】违反《住宅建筑电气设计规范》JGJ 242—2011第6.2.3条关于同一房间供电源相系配置的规定。采用三相电源供电的住宅，套内每层或每间房的单相用电设备、电源插座宜采用同相电源供电。

【处理措施】采用三相电源供电的住宅，套内每层（当只有一层时要分房间）的单相用电设备、电源插座宜采用同相电源供电，一个房间内2.4m及以上的照明电源不受相序限制；当套内电气设施未设计到位时，应提出相应要求，要求下阶段设计时执行。

问题47：幼儿园未设紫外线杀菌灯或其控制开关未采取防误开措施。

【原因分析】违反《托儿所、幼儿园建筑设计规范》JGJ 39—2016（2019年版）第6.3.2条关于设置杀菌灯、第6.3.3条关于设置杀菌灯控制装置的规定。控制装置的设置不正确，属于违反强制性条文要求。活动室、寝室、幼儿园卫生间等幼儿用房宜设置紫外线杀菌灯，其控制装置应单独设置并应采取防误开措施。

【处理措施】幼儿园活动室、寝室、幼儿园卫生间等幼儿用房宜设置紫外线杀菌灯，小型幼儿园可采用安全型移动式紫外线杀菌消毒设备，推荐采用固定式，大中型幼儿园应采用固定式杀菌灯。紫外线杀菌灯应设置单独的控制装置，并应采取防误开措施，可采用以下参考方法：

① 采用灯开关控制，并把灯开关设置在门外走廊专用的小箱内并上锁，由专人负责，其他人不能操作。

② 采用专用回路并集中控制，把控制按钮设在有人值班的房间，确定房间无人时由专人操作开启紫外线灯。

③ 有条件时采用智能控制，探测房间是否有人，由房间无人和固定的消毒时间两个条件操作开启紫外线灯。一次设计时应在平面图中表达灯具及控制开关，当该部分内容为后期设计时也应在说明或平面中提出相应的要求。

问题 48：幼儿园幼儿活动场所安装的配电箱过低。

【原因分析】违反《托儿所、幼儿园建筑设计规范》JGJ 39—2016（2019 年版）第 6.3.6 条关于配电箱设置位置的规定。幼儿活动场所不宜安装配电箱、控制箱等电气装置，当不能避免时应采取安全措施。

【处理措施】在活动室、公共活动场所、衣帽储存间、卫生间、洗漱间及幼儿寝室等幼儿活动场所避免安装配电箱、控制箱等电气装置，当不能避免时宜把装置安装在配电小间或设置带安全门的安装空间，当不具备条件时装置底部距地面高度不得低于 1.8m。

问题 49：中小学、幼儿园的电源插座未明确采用安全型；幼儿活动场所电源插座底边距地低于 1.8m。

【原因分析】违反《教育建筑电气设计规范》JGJ 310—2013 第 5.2.4 条关于插座选用和设置的规定。属于违反强制性条文要求。中小学、幼儿园的电源插座必须采用安全型，幼儿活动场所电源插座底边距地不应低于 1.8m。

【处理措施】在中小学、幼儿园电气设计文件中，需明确所有场所的各类电源插座必须采用安全型；在幼儿园电气设计文件中，还需明确幼儿活动场所，如幼儿的活动室、公共活动场所、衣帽储存间、卫生间、洗漱间及幼儿寝室等场所的电源插座底边距地不应低于 1.8m。

问题 50：医用 IT 系统变压器的一次侧、二次侧断路器设有过负荷保护。

【原因分析】违反《医疗建筑电气设计规范》JGJ 312—2013 第 5.4.1 条关于设置过负荷保护的规定。医疗场所局部 IT 系统隔离变压器的一次侧与二次侧应设置短路保护，不应设置动作于切断电源的过负荷保护。

【处理措施】医用 IT 系统的一次侧、二次侧不应设置作用于切断电路的过负荷保护及剩余电流动作保护，应设置短路保护，隔离变压器应装设过负荷和超温监测装置；医用 IT 系统应能显示设备工作状态及故障类型，并应在有专人值班的场所安装声光报警装置。

问题 51：无障碍卫生间内未设置呼叫按钮，或未按规范要求设置按钮位置及高度。

【原因分析】违反《无障碍设计规范》GB 50763—2012 第 3.9.3 条第 5 款、第 10 款关于无障碍设计的规定。无障碍厕所内部应设坐便器、洗手盆、多功能台、挂衣钩和呼叫按钮，在坐便器旁的墙面上应设高 400～500mm 的救助呼叫按钮。

违反《民用建筑电气设计标准》GB 51348—2019 第 17.2.8 条第 4 款关于公共求助呼叫信号系统的功能的要求。当无障碍卫生间采用求助按钮方式时，求助按钮应设于厕位或洗手位伸手可及处；求助按钮宜按高、低位分别设置，高位按钮底边距地 0.8～1.0m，低位按钮底边距地 0.4～0.5m。

【处理措施】在无障碍厕所坐便器旁的墙面上；求助按钮按高、低位分别设置，高位按钮底边距地 0.8～1.0m，低位按钮底边距地 0.4～0.5m，并采用 50V 以下安全电压供电。

14.2.2　电气设备选择

问题 52：自动转换开关设置问题：①TN-S 系统选用 3 极 ATSE；②额定电流未按规范要求选择；③未注明 ATSE 自带隔离功能，且前端不设计隔离开关。

【原因分析】违反《民用建筑电气设计标准》GB 51348—2019 第 7.5.3 条第 1 款、第 2 款关于三相四线制系统中选用四极开关和第 7.5.4 条第 3 款、第 5 款关于选用自动转换开关的规定。TN-S 系统中的电源转换开关，应采用切断相导体和中性导体的四极开关；PC 级自动转换开关电器的额定电流不应小于回路计算电流的 125%；具有检修隔离功能的 ATSE 进线侧可不另设隔离开关或断路器。

【处理措施】合理选择 ATSE 的各种参数：

① TN-S 系统中的电源转换开关应采用切断相导体和中性导体的四极开关。

② PC 级自动转换开关电器的额定电流不应小于回路计算电流的 125%。

③ 所选用的 ATSE 宜具有检修隔离功能，当 ATSE 本体没有检修隔离功能时（指 ATSE 能隔离配出回路），应在 ATSE 进线端设置具有隔离功能的电器（ATSE 本体不需要设置检修隔离电器）。

问题 53：剩余电流动作保护器的极数选择不正确，未能断开中性线。

【原因分析】违反《民用建筑电气设计标准》GB 51348—2019 第 7.5.5 条第 1 款关于设置剩余电流动作保护电器的规定。剩余电流动作保护电器应能断开被保护回路的所有带电导体。

【处理措施】按电气设备的供电方式，剩余电流动作保护器的极数选择为：

① 单相 220V 电源供电线路，选用 2P 或 1P＋N。

② 三相三线式 380V 电源供电线路，应选用 3P。

③ 三相四线式 380V 电源供电线路，选用 4P 或 3P＋N。

问题 54：充电桩末端配电回路，剩余电流保护器选择有误，或未明确类型。

【原因分析】违反《民用建筑电气设计标准》GB 51348—2019 第 9.7.4 条第 2 款关于交流充电桩保护开关的规定。设置剩余电流动作保护，应选用额定剩余动作电流不大于 30mA 的 A 型 RCD。

【处理措施】交流充电桩末端回路保护开关，应选用带额定剩余动作电流不大于 30mA 的 A 型 RCD 的保护开关。

问题 55：电梯回路计量电能表选择有误，不能准确计量。

【原因分析】违反《民用建筑电气设计标准》GB 51348—2019 第 5.16.1 条第 1 款和《电力装置电测量仪表装置设计规范》GB/T 50063—2017 第 4.1.1 条电能计量装置应满足供电、用电准确计量的规定。电梯电机是 S5 工作制，工作制体现的是电梯工作周期运行情况，电梯属于位能负载，此负载与电梯运行方向有关,满载上行和空载下行处于电动机状态,如空载上行和满载下行处于发电机状态。电梯处于发电机状态时,如不采用止逆型电能表或能计量正向和反向有功电能及四象限无功电能的电能表,电能表计量不准确。

【处理措施】民用建筑电梯回路有功计量应选用带止逆功能的电能表。如有需要正向和反向电能计量需求时,可采用计量正向和反向有功电能及四象限无功电能的电能表。

问题 56:消防水泵控制柜(箱)防护等级未标注或标注有误。

【原因分析】违反《消防给水及消火栓系统技术规范》GB 50974—2014 第 11.0.9 条关于消防控制柜防护等级的规定。属于违反强制性条文要求。消防水泵控制柜设置在专用消防水泵控制室时,其防护等级不应低于 IP30;与消防水泵设置在同一空间时,其防护等级不应低于 IP55。

【处理措施】根据消防水泵控制柜(箱)设置场所,应分别明确其防护等级(不低于 IP30 或 IP55)。消防控制柜(箱)应采取防止被水淹的措施。

问题 57:商场、超市以及人员密集场所的照明、插座回路,采用带剩余电流保护器开关保护,未装设电弧故障保护电器。

【原因分析】违反《民用建筑电气设计标准》GB 51348—2019 第 7.6.6 条关于配电线路的电弧故障保护电器的规定。商场、超市以及人员密集场所的照明、插座回路,宜装设电弧故障保护电器;储存可燃物品的库房的照明、插座回路,宜装设电弧故障保护电器。

【处理措施】商场、超市以及人员密集场所、储存可燃物品的库房的照明、插座回路宜装设电弧故障保护电器,不能用带剩余电流保护器的开关替代,但可装设同时带剩余电流保护器和电弧故障保护电器的开关保护。

问题 58:住宅户内配电箱电源总开关未采用同时断开相线和中性线的开关电器。

【原因分析】违反《住宅建筑电气设计规范》JGJ 242—2011 第 8.4.3 条、《住宅设计规范》GB 50096—2011 第 8.7.3 条关于电源进线开关电器设置的规定。属于违反强制性条文要求。家居配电箱应装设能同时断开相线和中性线的电源进线开关电器。

【处理措施】住宅户内配电箱进线开关电器应能断开零线,应采用二极开关电器(单相电源进线时)或四极开关电器(三相电源进线时);每套住宅的短路和过负荷保护可设在电能表箱处,也可设于家居配电箱电源进线处;由于电表箱处必须设置配出线路的短路和过负荷保护,因此此处保护装置可作为家居配电箱的保护,但家居配电箱的电源进线开关电器必须能同时断开相线和中性线,单相电源进户时应选用双极开关电器,三相电源进户时应选用四极开关电器。

问题 59:住宅厨房、卫生间、未封闭阳台及洗衣机插座未选用 IP54 型电源插座。

【原因分析】违反《住宅建筑电气设计规范》JGJ 242—2011 第 8.5.1 条和第 8.5.4 条的规定。即洗衣机、分体式空调、电热水器及厨房的电源插座宜选用带开关控制的电源插座,卫生间、未封闭阳台及洗衣机应选用防护等级为 IP54 型电源插座。

【处理措施】住宅厨房、卫生间、未封闭阳台内电源插座及洗衣机插座应选择防护等级为 IP54 型电源插座。

14.2.3　配电线路布线系统

问题60：非矿物绝缘类消防线缆与普通线缆共桥架敷设。

【原因分析】违反《建筑设计防火规范》GB 50016—2014（2018年版）第10.1.10条第1款关于消防线缆敷设的规定。属于违反强制性条文要求。

【处理措施】非矿物绝缘类消防线路应采用独立封闭金属槽盒敷设，不应与其他线路共槽。消防电缆与普通电缆采用中间设置隔板，隔板及盖板不能把同一桥架分成两部分完全封闭的金属槽盒，不满足防火要求，也不利于普通电缆散热需要。

问题61：一类高层住宅明敷设的线缆未采用无卤低烟阻燃线缆。

【原因分析】违反《住宅建筑电气设计规范》JGJ 242—2011第6.4.3条有关高层住宅建筑中采用低烟、低毒的阻燃类线缆的要求。一般阻燃线缆含卤素，燃烧时烟雾浓，酸雾及毒气大，无卤低烟阻燃线缆燃烧时释出的气体卤素含量低，烟雾少、毒气低。

【处理措施】一类高层住宅建筑中明敷的线缆应采用无卤低烟线缆。

问题62：电缆桥架设计不合理。

① 未标明电缆桥架结构类型。

【原因分析】中国工程建设标准化协会标准《钢制电缆桥架工程设计规程》T/CECS31—2017对于"电缆桥架"的定义是：由主体（托盘或梯架）、附件和支、吊架等部件构成，用于支承电缆线路且具有一定刚度的结构系统。常用桥架一般可分为：a. 电缆梯架，是由侧板与若干根横档构成并具有一定刚度的梯形部件；b. 电缆托盘，是由底板和侧板组成，用于直接承托电缆荷重的刚性槽形部件。

【处理措施】设计文件中应标明所选择的电缆桥架结构类型。

② 电缆桥架结构类型选择不合理。

【原因分析】电缆桥架结构类型应按《电力工程电缆设计标准》GB 50217—2018第6.2.7条执行。a. 需屏蔽外部的电气干扰时，应选用无孔金属托盘加实体盖板；b. 在有易燃粉尘场所，宜选用梯架，每一层桥架应设置实体盖板；c. 高温、腐蚀性液体或油的溅落等需防护场所，宜选用有孔托盘，最上一层桥架应设置实体盖板；d. 需因地制宜组装时，可选用组装式托盘；e. 除上述情况外，宜选用梯架。敷设消防电缆的桥架未按《建筑设计防火规范》GB 50016—2014（2018年版）第10.1.10条的要求，选用"封闭式金属槽盒"并采取防火保护措施。属于违反强制性条文要求。

【处理措施】根据敷设条件及防火要求，合理选择电缆桥架的结构类型。

③ 电缆桥架规格选择过小。

【原因分析】违反《低压配电设计规范》GB 50054—2011第7.6.14条关于选择电缆桥架规格的规定。电力电缆总截面面积与托盘和梯架横断面面积之比（桥架填充率）不应大于40%，控制电缆不应大于50%。

【处理措施】根据电缆截面正确选择电缆桥架规格。考虑到散热降容对电缆载流量的影响，建议按单排电缆敷设计算桥架宽度；在选择电缆桥架规格时尚应注意桥架的高度，保证最大一根电缆放置后不突出桥架；电缆敷设方向发生变化时尚应考虑电缆的弯曲半径。

问题 63：屋面风机、水泵、光彩照明等设备设施的配线采用穿塑料管敷设。

【原因分析】违反《建筑物防雷设计规范》GB 50057—2010 第 4.5.4 条、《民用建筑电气设计标准》GB 51348—2019 第 11.5.10 条关于防止闪电电涌侵入的规定。固定在建筑物上的节日彩灯、航空障碍信号灯及其他用电设备和线路应根据建筑物的防雷类别采取相应的防止闪电电涌侵入的措施。

【处理措施】为防止闪电电涌侵入，屋面风机、水泵、光彩照明等屋面设备设施的配线应采用穿金属管敷设，且金属管的两端应分别与设备和配电箱连接，并应与屋面防雷装置相连。

问题 64：商铺配电干线（管）在商铺内敷设。

【原因分析】违反《商店建筑电气设计规范》JGJ 392—2016 第 4.2.6 条关于商业配电干线敷设的规定。商铺配电干线（管）应设置在建筑的公共空间内，不应穿越不同商铺。

【处理措施】为便于零售业态经营者的产权界定及配电设备和线路的维护、改造，商铺配电干线（管）应设置在建筑的公共空间内，不应穿越不同商铺；商铺电表箱至商铺内末端配电箱的分支线路，有条件时也不宜穿越不同商铺；弱电干线参照执行。

问题 65：未明确电缆槽盒布线时电线电缆接头的设置要求。

【原因分析】违反《民用建筑电气设计标准》GB 51348—2019 第 8.5.11 条关于电缆槽盒布线的规定。电线或电缆在槽盒内不宜设置接头。当确需在槽盒内设置接头时，应采用专用连接件。

【处理措施】为避免因接头不良、包扎绝缘受潮损坏而引起短路故障，在设计文件中应要求电线接头设在接线盒或器具内，不得设在导管和线槽内；对于采用线槽敷设的一个电源回路多次引出线槽至不同用电设备时，应增设专用接线盒（箱）。

问题 66：教育建筑未设置电气竖井、未设置楼层配电箱。

【原因分析】违反《教育建筑电气设计规范》JGJ 310—2013 第 6.4.1 条关于设置电气竖井、第 5.2.2 条第 2 款关于低压配电系统设计的规定。教育建筑内应设置电气竖井，强弱电竖井宜分别设置，各楼层应分别设置电源切断装置。

【处理措施】为了用电的安全和可靠，教育建筑每层应设置电气井及楼层配电装置，楼层配电装置设置于井内。本条适用于学前教育、初等教育、中等教育、高等教育的学校校园内的建筑物，包括教学校、图书馆、实验楼、风雨操场（体育场馆）、会堂、办公楼、学生宿舍、食堂及附属设施等供教育教学活动所使用的建筑物及生活用房，但不包括校园内的住宅。

问题 67：未对电气管线的防火封堵做设计。

【原因分析】违反《民用建筑电气设计标准》GB 51348—2019 第 8.1.10 条、《建筑设计防火规范》GB 50016—2014（2018 年版）第 6.1.6 条、第 6.2.9 条第 3 款关于防火封堵设计的规定。属于违反强制性条文要求。电气管线穿越防火分区、电缆井楼板处及电缆井与房间和走道等相连通的孔隙，应采用防火封堵材料封堵。

【处理措施】设计文件中应对电气防火封堵做规定：

① 布线系统通过地板、墙壁、屋顶、天花板、隔墙等建筑构件时，其孔隙应按等同建筑构件耐火等级的规定封堵。

② 当敷设电缆的导管和槽盒内部截面积大于或等于 710mm² 时，应从内部封堵。

③ 电缆防火封堵的材料，应按耐火等级要求，采用防火胶泥耐火隔板、填料阻火包或防火帽。

④ 电缆防火封堵的结构，应满足按等效工程条件下标准试验的耐火极限。

问题 68：强弱电管线、电缆桥架、金属槽盒等未交代伸缩节的要求，穿过变形缝时未提出敷设要求。

【原因分析】违反《民用建筑电气设计标准》GB 51348—2019 第 8.3.7 条第 3 款、第 8.4.8 条、第 8.5.17 条、第 8.6.10 条、《低压配电设计规范》GB 50054—2011 第 7.2.12 条关于设置补偿装置和电气管线敷设的规定。钢制电缆桥架直线段长度超过 30m、铝合金或玻璃钢制电缆桥架长度超过 15m 时，宜设置伸缩节；金属导管及金属槽盒在穿过建筑物伸缩缝、沉降缝时，应采取防止伸缩或沉降的补偿措施。

【处理措施】直线敷设的电缆梯架、托盘和槽盒，要考虑因环境温度变化而引起膨胀或收缩，所以要装设具有补偿作用的伸缩节，以免产生过大的膨胀力或收缩力而破坏梯架、托盘和槽盒整体性；为防止建筑物沉降等发生位移时损伤梯架、托盘、槽盒和电缆，在建筑物伸缩缝、沉降缝等变形缝处应采取补偿措施。

问题 69：在建筑物闷顶内有可燃物时，未采用金属管、金属槽盒布线。

【原因分析】违反《建筑设计防火规范》GB 50016—2014（2018 年版）第 10.2.3 条、《民用建筑电气设计标准》GB 51348—2019 第 8.1.6 条关于建筑物闷顶内线路保护的规定。属于违反强制性条文要求。在有可燃物的闷顶和封闭吊顶内明敷的配电线路，应采用金属导管或金属槽盒布线。可燃物包括木结构、木吊顶板、PV 吊顶板、泡沫吸声板、PC 聚碳酸酯板和膜材等。有可燃物的闷顶和封闭吊顶内的配电线路一旦发生火灾，不易被发现，容易造成火灾蔓延，要求在这些密闭空间内应采用金属导管和金属槽盒布线方式，这是为保证防火安全采取的措施。

【处理措施】在民用建筑电气设计中，在有可燃物的闷顶和封闭吊顶内的电气布线，应采用热镀锌钢导管或密闭式金属槽盒布线方式。

问题 70：刚性塑料导管敷设未明确其燃烧性能要求。

【原因分析】违反《民用建筑电气设计标准》GB 51348—2019 第 8.1.7 条关于刚性塑料导管燃烧性能的要求。为保证线路运行安全和防火、阻燃要求，布线用刚性塑料导管（槽）及附件必须选用难燃类制品，并符合《建筑材料及制品燃烧性能分级》GB 8624—2012 和《公共场所阻燃制品及组件燃烧性能要求和标识》GB 20286—2006 的要求。

【处理措施】明敷设用的刚性塑料导管应采用燃烧性能等级为 B_1 级及以上的导管，暗敷设于墙内或混凝土内的刚性塑料导管应采用燃烧性能等级为 B_2 级及以上的导管。

问题 71：建筑物内明敷于潮湿场所或暗敷于素土内的金属导管，管壁厚度未满足不小于 2.0mm 的钢导管要求。明敷或暗敷于干燥场所的金属导管，管壁厚度未满足不小于 1.5mm 的镀锌钢导管要求。

【原因分析】违反《民用建筑电气设计标准》GB 51348—2019 第 8.3.2 条关于金属导管布线管壁厚度的规定。金属导管明敷于潮湿场所或埋地敷设时，会受到不同程度的锈蚀，为保障线路安全，应采用厚壁镀锌钢导管。

【处理措施】明敷于潮湿场所或埋于素土内的金属导管，应采用管壁厚度不小于 2.0mm 的钢导管，并采取防腐措施。明敷或暗敷于干燥场所的金属导管宜采用管壁厚度不小于 1.5mm 的镀锌钢导管。

问题 72：同一交流回路的绝缘导线不应敷设于不同的金属槽盒内或穿于不同金属导管内。

【原因分析】违反《民用建筑电气设计标准》GB 51348—2019 第 8.1.5 条关于配电回路穿管的规定。同一交流配电回路不穿同一根钢管内，会使钢管被励磁，造成涡流的发热效应。

【处理措施】同一配电回路的所有相导体、中性导体和 PE 导体，应敷设在同一导管或槽盒内。

14.3　照明系统

14.3.1　照明设施

问题 73：未明确设计中所用到的各种灯具及光源的详细参数。

【原因分析】照明设计是根据视觉要求、作业性质和环境条件，通过对光源、灯具的选择和配置，使工作区或空间具备合理的照度、显色性和适宜的亮度分布以及舒适的视觉环境。因此在照明设计文件中，光源及灯具的各项主要参数都应有所表达。《重庆市建设工程设计文件编制技术规定——节能与绿色建筑专篇（公共建筑部分）》第 3.3.4 条第 1 款要求，材料表中应注明照明设备（含光源、灯具、镇流器）的类型、主要电气参数（包括功率、光通量、功率因数、能效等级或要求、一般显色指数、灯具效率或效能等）要求；居住建筑节能 65% 与绿色建筑也有类似的要求。

【处理措施】设计文件中应有设计中所用到的各种灯具及光源的详细参数。

问题 74：车库各区域照明照度按一个标准设计。

【原因分析】违反《车库建筑设计规范》JGJ 100—2015 第 7.4.3 条关于车库照明设计的规定。机动车库应按行车道（含坡道）、停车位分区域确定照明标准。

【处理措施】车库照明应分车道、停车位、电动汽车充电区三个区域进行设计，车道照度不低于 50lx，停车位照度不低于 30lx，电动汽车充电区域照明标准按《民用建筑电动汽车充电设备配套设施设计规范》DBJ 50—218—2020 第 4.2.15 条规定，不应低于 75lx。

问题 75：长期工作或停留的房间或场所选用 LED 光源时，光源色温高于 4000K。

【原因分析】违反《建筑照明设计标准》GB 50034—2013 第 4.4.4 条第 1 款关于选择光源色温的规定。长期工作或停留的房间或场所选用发光二极管灯光源时，色温不宜高于 4000K，特殊显色指数 R_9 应大于零。

【处理措施】考虑到室内照明的舒适性以及发光二极管灯光生物安全，在人员长期工作或停留的房间或场所选用 LED 光源时，光源色温不宜高于 4000K。

问题 76：美术教室采用一般显色指数（Ra）低于 90 的照明光源。

【原因分析】违反《建筑照明设计标准》GB 50034—2013 第 5.3.7 条关于教育建筑照明标准的规定。美术教室桌面一般显示指数不低于 90，照度不低于 500lx。

【处理措施】美术教室的光源一般显示指数应按不低于 90 选择，照度值按美术教室的重要性确定，不得低于 500lx，艺术学校的美术教室照度不低于 750lx。

问题 77：大、中型商业的营业厅内未设置备用照明。

【原因分析】违反《商店建筑电气设计规范》JGJ 392—2016 第 5.2.4 条规定关于设置备用照明

的规定。大、中型商店建筑的营业区应设置备用照明，照度不应低于正常照明的1/10。

【处理措施】大、中型商店建筑的营业区应设置备用照明；营业厅面积大时，应从配变电所放出专用干线并设置专用备用照明配电箱；当大、中型商业由若干连续排列店铺组成时，可从配变电所放出专用干线并按区域设置备用照明箱，也可设置自带蓄电池的灯具做备用照明，并由商铺内的户配电箱供电；大型商店建筑的备用照明为一级负荷，中型商店建筑的备用照明为二级负荷。

问题78：开关、插座和照明灯具靠近可燃物时，未采取隔热、散热等防火措施。

【原因分析】违反《建筑设计防火规范》GB 50016—2014（2018年版）第10.2.4条关于电气装置应采取防火措施的规定。属于违反强制性条文要求。开关、插座和照明灯具靠近可燃物时，应采取隔热、散热等防火措施。

【处理措施】为预防和减少因照明器具表面的高温部位靠近可燃物所引发的火灾，应在设计文件中明确交代，开关、插座、灯具靠近可燃物时应采取隔热、散热等防火保护措施；卤钨灯引入线应采用瓷管、矿棉等不燃材料做隔热保护；额定功率大于60W的卤钨灯、高压钠灯、金属卤化物灯、荧光高压汞灯（包括电感镇流器）等，不应直接安装在可燃物体上，或采取其他防火措施。

问题79：配变电所内的灯具布置在变压器、配电柜的正上方。

【原因分析】违反《20kV及以下变电所设计规范》GB 50053—2013第6.4.3条关于灯具设置位置的规定。在变压器、配电装置和裸导体的正上方不应布置灯具。

【处理措施】配变电所内的灯具宜布置在操作、维护检修通道正上方，不应布置在变压器、配电柜的正上方；人的水平伸臂长度一般不超过0.9m，灯具布置在变压器或配电装置正上方，会给更换或维修灯具带来困难。

14.3.2 照明配电及控制

问题80：室内照明控制开关设置数量少，控制分组不妥。

【原因分析】违反《建筑照明设计标准》GB 50034—2013第7.3.5条、第7.3.6条关于照明灯具控制要求的规定。除设置单个灯具的房间外，每个房间照明控制开关不宜少于2个；当房间或场所装设两列或多列灯具时，宜分组控制。

【处理措施】为利于节能、便于运行维护，要合理设置照明控制开关数量，并根据环境自然光及使用功能要求合理分组控制，宜按下列方式分组控制：

① 生产场所宜按车间、工段或工序分组。

② 在有可能分隔的场所，宜按每个有可能分隔的场所分组。

③ 电化教室、会议厅、多功能厅、报告厅等场所，宜按靠近或远离讲台分组。

④ 除上述场所外，所控灯列可与侧窗平行。

问题81：教育建筑的教学楼、办公楼的公共区域照明采用就地分散控制。

【原因分析】违反《教育建筑电气设计规范》JGJ 310—2013第8.5.1条第1款关于照明灯具控制要求的规定。教育建筑的教学楼、办公楼、体育场馆、图书馆、实验楼等建筑的走廊、楼梯间、门厅等公共场所的照明宜采用集中控制。

【处理措施】教育建筑的教学楼、办公楼、体育场馆、图书馆、实验楼等建筑的走廊、楼梯间、门厅等公共场所的照明宜按建筑使用条件和天然采光状况采取分区、分组集中控制。对于校园内的宿舍建筑，公共区域也宜分区、分组采用集中控制。

问题 82：照明平面图中未标注导线数量。

【原因分析】照明平面图中的照明导线数量，是选择电线管管径的重要依据，也是施工现场埋管及穿线的重要依据，照明导线数量的标注是非常必要的，故应标注齐全或以文字交代清楚。

【处理措施】应在照明平面图中标注各段照明线路的导线数量或以文字交代清楚。

14.3.3 室外照明

问题 83：对部分人员可触及的照明设备（地面灯、草坪灯、投光灯）未考虑设置隔离保护措施。

【原因分析】违反《城市夜景照明设计规范》JGJ/T 163—2008 第 3.3.4 条的规定。即对人员可触及的照明设备，当灯具表面温度高于 70℃时，应采取隔离保护措施。

【处理措施】安装室外夜景照明灯具，应尽量使其位于人员无法触及的位置，如将投光、泛光灯具安装于高于 2.5m 的灯杆上。确需安装在人员可触及的地方，可采取设置隔离栏杆等措施以保障人员安全。

问题 84：夜景照明负荷计算有误。

【原因分析】在计算夜景照明负荷时，部分设计人员需用系数取值 0.85 或 0.9，且未计算照明电器附件的损耗，违反《城市夜景照明设计规范》JGJ/T 163—2008 第 8.1.3 条的规定。

【处理措施】在计算夜景照明负荷时，需用系数取值应为 1，且负荷计算时应包括电器附件的损耗。

问题 85：照明线路过长，未考虑线路压降，造成线路末端照明灯具端电压过低甚至无法点亮。

【原因分析】部分小区面积较大，室外照明配电设施少，室外照明供电线路过长，违反《城市夜景照明设计规范》JGJ/T 163—2008 第 8.1.2 条关于照明灯具端电压应维持在额定电压的 90%～105%的规定。

【处理措施】在进行室外照明配电线路设计时，应计算线路电压降，通过减少线路长度、增加电缆截面的方法满足照明灯具的端电压要求。电压偏差的计算方法可以参照《民用建筑电气设计计算及示例》12SDX101—2 第 4.4 节。

问题 86：室外照明配电箱及室外灯具的防护等级未标注或标注的防护等级较低。

【原因分析】违反《城市夜景照明设计规范》JGJ/T 163—2008 第 3.3.3 条、第 8.3.5 条关于室外安装照明配电箱与控制箱等应采用防水、防尘型的规定。

【处理措施】在进行夜景照明设计时，应重视室外灯具及室外配电箱的防护等级并按规范要求标注。室外配电箱外壳的防护等级不应低于 IP54，室外灯具外壳防护等级不低于 IP54，埋地灯外壳防护等级不应低于 IP67。

问题 87：景观照明控制模式过于简单，未考虑不同模式开关灯控制。

【原因分析】违反《城市夜景照明设计规范》JGJ/T 163—2008 第 8.2.2 条关于景观照明应根据使用情况设置平日、节假日、重大节日等不同的开灯控制模式的规定。

【处理措施】在进行夜景照明设计时，应考虑多种开关灯模式，将灯具多分组，特别是在制定照明方案时应考虑平日、节假日、重大节日等不同的开灯控制模式。

第 2 部分 房屋建筑工程

14.4 防雷及接地系统

14.4.1 建筑物防雷

问题 88：按照预计雷击次数对建筑物的防雷等级分类时，未按"人员密集的公共建筑物、火灾危险场所"要求，采用第二类（第三类）防雷建筑物的防雷措施。

【原因分析】违反《建筑物防雷设计规范》GB 50057—2010 第 3.0.3 条第 9 款、第 3.0.4 条第 2 款关于第二类、第三类防雷建筑物划分的规定。属于违反强制性条文要求。预计雷击次数大于 0.05 次/a 的部、省级办公建筑物和其他重要或人员密集的公共建筑物以及火灾危险场所，应划为第二类防雷建筑物。预计雷击次数大于或等于 0.01 次/a，且小于或等于 0.05 次/a 的部、省级办公建筑物和其他重要或人员密集的公共建筑物以及火灾危险场所，应划为第三类防雷建筑物。火灾危险场所是指《建筑设计防火规范》GB 50016—2014（2018 年版）第 3.1 条规定的丙类场所。

【处理措施】人员密集的公共建筑物以及火灾危险场所应根据《建筑物防雷设计规范》GB 50057—2010 对其防雷等级分类要求，采用第二类（第三类）防雷建筑物的防雷措施。

问题 89：防雷引下线之间的间距未按建筑物周长计算。

【原因分析】违反《建筑物防雷设计规范》GB 50057—2010 第 4.2.4 条第 2 款、第 4.3.3 条、第 4.4.3 条关于引下线间距应沿周长计算的规定。第一类防雷建筑物：引下线不应少于 2 根，并应沿建筑物四周和内庭院四周均匀或对称布置，其间距沿周长计算不宜大于 12m。第二类防雷建筑物：专设引下线不应少于 2 根，并应沿建筑物四周和内庭院四周均匀对称布置，其间距沿周长计算不应大于 18m。当建筑物的跨度较大，无法在跨距中间设引下线时，应在跨距两端设引下线并减小其他引下线的间距，专设引下线的平均间距不应大于 18m。第三类防雷建筑物：专设引下线不应少于 2 根，并应沿建筑物四周和内庭院四周均匀对称布置，其间距沿周长计算不应大于 25m。当建筑物的跨度较大，无法在跨距中间设引下线时，应在跨距两端设引下线并减小其他引下线的间距，专设引下线的平均间距不应大于 25m。

【处理措施】在复核防雷引下线之间的间距时，应按建筑物的周长计算。当第二类（第三类）防雷建筑物按《建筑物防雷设计规范》GB 50057—2010 第 5.3.8 条设防时，可不考虑引下线之间的间距。

问题 90：在建筑物引下线附近未采取防接触电压和跨步电压的措施，以保护人身安全。

【原因分析】违反《建筑物防雷设计规范》GB 50057—2010 第 4.5.6 条关于在建筑物引下线附近采取防接触电压和跨步电压措施以保护人身安全的规定。

【处理措施】防接触电压应符合下列规定之一：

① 利用建筑物金属构架和建筑物互相连接的钢筋在电气上是贯通且不少于 10 根柱子组成的自然引下线，作为自然引下线的柱子包括位于建筑物四周和建筑物内的。

② 引下线 3m 范围内地表层的电阻率不小于 50kΩ·m，或敷设 5cm 厚沥青层或 15cm 厚砾石层。

③ 外露引下线，其距地面 2.7m 以下的导体用耐 1.2/50μs 冲击电压 100kV 的绝缘层隔离，或用至少 3mm 厚的交联聚乙烯层隔离。

④ 用护栏、警告牌使接触引下线的可能性降至最低限度。

防跨步电压应符合下列规定之一:

① 利用建筑物金属构架和建筑物互相连接的钢筋在电气上是贯通且不少于10根柱子组成的自然引下线,作为自然引下线的柱子包括位于建筑物四周和建筑物内的。

② 引下线3m范围内地表层的电阻率不小于50kΩm,或敷设5cm厚沥青层或15cm厚砾石层。

③ 用网状接地装置对地面做均衡电位处理。

④ 用护栏、警告牌使进入距引下线3m范围内地面的可能性减小到最低限度。

问题91:利用建筑物金属屋面做接闪器时,未对其板间的连接、金属板有无绝缘被覆层做说明;也未对金属板下面有(无)易燃物品时金属板的厚度做要求。

【原因分析】违反《建筑物防雷设计规范》GB 50057—2010第5.2.7条关于第二类(第三类)防雷建筑物利用金属屋面做接闪器时的相关规定。

【处理措施】除第一类防雷建筑物外,金属屋面的建筑物宜利用其屋面作为接闪器,并应符合下列规定:

① 板间的连接应是持久的电气贯通,可采用铜锌合金焊、熔焊、卷边压接、缝接、螺钉或螺栓连接。

② 金属板下面无易燃物品时,铅板的厚度不应小于2mm,不锈钢、热镀锌钢、钛和铜板的厚度不应小于0.5mm,铝板的厚度不应小于0.65mm,锌板的厚度不应小于0.7mm。

③ 金属板下面有易燃物品时,不锈钢、热镀锌钢和钛板的厚度不应小于4mm,铜板的厚度不应小于5mm,铝板的厚度不应小于7mm。

④ 金属板应无绝缘被覆层。

问题92:防雷装置所采用的圆钢、扁钢未采用热镀锌工艺。

【原因分析】违反《建筑物防雷设计规范》GB 50057—2010第5.1.1条、第5.2.9条、第5.3.3条、第5.4.2条关于防雷装置应采用热镀锌工艺和《电气装置安装工程 接地装置施工及验收规范》GB 50169—2016第4.1.4条第1款关于接地装置应采用热镀锌工艺的规定。除利用混凝土构件钢筋或在混凝土内专设钢材做接闪器外,钢质接闪器应热镀锌。在腐蚀性较强的场所,尚应采取加大截面或其他防腐措施。引下线宜采用热镀锌圆钢或扁钢,宜优先采用圆钢。接地装置材料选择应符合下列规定:除临时接地装置外,接地装置采用钢材时均应热镀锌,水平敷设的应采用热镀锌的圆钢和扁钢,垂直敷设的应采用热镀锌的角钢、钢管或圆钢。

【处理措施】防雷装置应采用热镀锌工艺,以放缓受腐蚀速度。热镀锌钢接地极在我国接地装置中已普遍采用,且在土壤条件较好地区使用效果良好,对土壤腐蚀性强的地区可采用锌覆钢或铜覆钢。

问题93:防雷建筑物的接闪网(线)、接闪带网格尺寸不满足规范要求。

【原因分析】违反《建筑物防雷设计规范》GB 50057—2010第4.2.1条第1款、第4.3.1条、第4.4.1条关于第一类~第三类防雷建筑物接闪网(线)、接闪带网格尺寸的规定。

【处理措施】① 第一类防雷建筑物:接闪网(线)的网格尺寸不应大于5m×5m或6m×4m。

② 第二类防雷建筑物:接闪网、接闪带的网格尺寸不应大于10m×10m或12m×8m。

③ 第三类防雷建筑物:接闪网、接闪带的网格尺寸不应大于20m×20m或24m×16m。

问题 94：在电气接地装置与防雷接地装置共用或相连的情况下，未在户外低压电源线路引入的总配电箱、配电柜处装设Ⅰ级试验的电涌保护器。未标注电涌保护器的电压保护水平值及每一保护模式的冲击电流值。

【原因分析】违反《建筑物防雷设计规范》GB 50057—2010 第 4.3.8 条第 4 款关于装设Ⅰ级试验电涌保护器的规定。属于违反强制性条文要求。

【处理措施】应在户外低压电源线路引入的总配电箱、配电柜处装设Ⅰ级试验的电涌保护器。电涌保护器的电压保护水平值应小于或等于 2.5kV。每一保护模式的冲击电流值，当无法确定时应取等于或大于 12.5kA。

问题 95：当 Yyn0 型或 Dyn11 型接线的配电变压器设在本建筑物内或附设于外墙处时，未在变压器高压侧装设避雷器，未在低压侧配电屏母线上装设Ⅰ级或Ⅱ级试验的电涌保护器。

【原因分析】违反《建筑物防雷设计规范》GB 50057—2010 第 4.3.8 条第 5 款关于在变压器高压侧装设避雷器、在低压侧配电屏母线上装设Ⅰ级或Ⅱ级试验电涌保护器的规定。属于违反强制性条文要求。

【处理措施】① 当配电变压器（Yyn0 型、Dyn11 型）设在本建筑物内或附设于外墙处时，应在变压器高压侧装设避雷器。若避雷器已装设在向变压器提供保护的高压出线柜时，则变压器柜内不必重复设置。

② 当有线路引出本建筑物至其他有独自敷设接地装置的配电装置时，应在低压侧配电屏母线上装设Ⅰ级试验的电涌保护器，电涌保护器每一保护模式的冲击电流值，当无法确定时冲击电流应取等于或大于 12.5kA。

③ 当无线路引出本建筑物时，应在低压侧配电屏母线上装设Ⅱ级试验的电涌保护器，电涌保护器每一保护模式的标称放电电流值应等于或大于 5kA。电涌保护器的电压保护水平值应小于或等于 2.5kV。

④ 当无线路引出本建筑物，但本建筑屋面设有风机、水泵、空调等设备，或建筑物设置有光彩照明时，应在低压侧配电屏母线上装设Ⅰ级试验的电涌保护器。

问题 96：固定在建筑物上的用电设备未在其配电箱进线开关的电源侧装设Ⅱ级试验的电涌保护器。

【原因分析】违反《建筑物防雷设计规范》GB 50057—2010 第 4.5.4 条第 3 款关于防止闪电电涌侵入的规定。

【处理措施】固定在建筑物上的风机、水泵等用电设备，应根据建筑物的防雷类别采取相应的防止闪电电涌侵入的措施，并应符合下列规定：在配电箱内应在开关的电源侧装设Ⅱ级试验的电涌保护器，其电压保护水平不应大于 2.5kV，标称放电电流值应根据具体情况确定。

14.4.2 接地及安全措施

问题 97：在 1 类、2 类医疗场所的"患者区域"未设置辅助医用等电位联结母排。

【原因分析】违反《综合医院建筑设计规范》GB 51039—2014 第 8.3.6 条、《医疗建筑电气设计规范》JGJ 312—2013 第 9.3.3 条关于"患者区域"内设置辅助医用等电位联结母排的规定。

【处理措施】在 1 类、2 类医疗场所的"患者区域"中，应设置辅助医用等电位联结母排。辅助医用等电位联结母排应安装在使用场所内，并应靠近配电箱或在配电箱中。

问题 98：装有固定的浴盆或淋浴场所、游泳池、喷水池未设置安全防护。

【原因分析】违反《民用建筑电气设计标准》GB 51348—2019 第 12.10 条关于装有固定的浴盆或淋浴场所、游泳池、喷水池应设置安全防护的规定。

【处理措施】装有固定的浴盆或淋浴场所应按照《民用建筑电气设计标准》GB 51348—2019 第 12.10.2 条～第 12.10.10 条设置安全防护；游泳池应按照《民用建筑电气设计标准》GB 51348—2019 第 12.10.11 条～第 12.10.17 条设置安全防护；允许人进入的喷水池按照游泳池设置安全防护；不让人进入的喷水池应按照《民用建筑电气设计标准》GB 51348—2019 第 12.10.19 条～第 12.10.21 条设置安全防护。

问题 99：在爆炸危险区域，接地干线与接地体连接少于 2 处。

【原因分析】违反《爆炸危险环境电力装置设计规范》GB 50058—2014 第 5.5.3 条第 3 款关于爆炸危险区域接地干线与接地体连接的规定。

【处理措施】接地干线应在爆炸危险区域的不同方向，不少于两处与接地体连接。

14.5 电气消防

14.5.1 消防设备配电

问题 100：单层、多层及特殊建筑消防用电设备的负荷等级不满足规范要求。

【原因分析】违反《建筑设计防火规范》GB 50016—2014（2018 年版）第 10.1.2 条第 5 款关于消防用电负荷等级的规定。属于违反强制性条文要求。座位数超过 1500 个的电影院、剧场，座位数超过 3000 个的体育馆，任一层建筑面积大于 3000m² 的商店和展览建筑，省（市）级及以上的广播电视、电信和财贸金融建筑，室外消防用水量大于 25L/s 的其他公共建筑，其消防用电应按二级负荷供电。

【处理措施】"消防用电"包括消防控制室照明、消防水泵、消防电梯、防烟排烟设施、火灾探测与报警系统、自动灭火系统或装置、疏散照明、疏散指示标志和电动的防火门窗、卷帘、阀门等设施、设备在正常和应急情况下的用电。消防用电的可靠性是保证建筑消防设施可靠运行的基本保证，其负荷等级是根据建筑扑救难度、建筑的功能及其重要性，以及建筑发生火灾后可能的危害与损失、消防设施的用电情况来确定的。必须依照项目的具体情况按相关规范执行。

问题 101：消防应急照明和灯光疏散指示标志的备用电源的连续供电时间不满足规范要求。

【原因分析】违反《建筑设计防火规范》GB 50016—2014（2018 年版）第 10.1.5 条关于消防应急照明和灯光疏散指示标志的备用电源连续供电时间的规定。属于违反强制性条文要求。建筑内消防应急照明和灯光疏散指示标志的备用电源的连续供电时间应符合下列规定：

① 建筑高度大于 100m 的民用建筑，不应小于 1.5h。

② 医疗建筑、老年人照料设施、总建筑面积大于 100000m² 的公共建筑和总建筑面积大于 20000m² 的地下、半地下建筑，不应少于 1h。

③ 其他建筑，不应少于 0.5h。

【处理措施】此处的"消防应急照明"是指火灾时的疏散照明和备用照明。疏散照明和疏散指示标志是保证建筑中人员疏散安全的重要保障条件，应急备用照明主要用于建筑中消防控制室、消防水泵房、自备发电机房、配电室、防排烟机房等一些特别重要岗位的照明。在火灾时，应在一定时间内持续保障这些照明。应急备用电源需在主电源断电后能立即自动投入，并保证持续供电，功率能满足所有应急用电照明和疏散指示标志在设计供电时间内连续供电的要求。对于设置有自备发电设备的项目，备用电源的连续供电时间由自带蓄电池的消防应急照明灯具及灯光疏散指示标志与自备发电设备配合确保。

问题 102：消防用电设备未采用专用的供电回路。

【原因分析】违反《建筑设计防火规范》GB 50016—2014（2018 年版）第 10.1.6 条关于消防用电设备应采用专用的供电回路的规定。属于违反强制性条文要求。消防用电设备应采用专用的供电回路，当建筑内的生产、生活用电被切断时，应仍能保证消防用电。

【处理措施】消防用电设备采用专用的供电回路，是为了保证消防用电设备供电的可靠性，确保生产、生活用电被切断时，仍能保证消防供电。专用的供电回路：当变配电室设置在本建筑物内时，应从低压总配电室或分配电室开始为专用供电回路；当变配电室设置在室外或其他建筑物时，应从本建筑物配电室开始为专用供电回路。

问题 103：备用消防电源的供电时间和容量，不满足该建筑火灾延续时间内各消防用电设备的要求。

【原因分析】违反《建筑设计防火规范》GB 50016—2014（2018 年版）第 10.1.6 条关于备用消防电源的供电时间和容量的规定。属于违反强制性条文要求。备用消防电源的供电时间和容量，应满足该建筑火灾延续时间内各消防用电设备的要求。

【处理措施】对于消防设备的备用电源，通常有三种：独立于工作电源的市电回路、柴油发电机、应急供电电源（EPS）。这些备用电源的供电时间和容量，均应满足各消防用电设备设计持续运行时间最长者的要求。《民用建筑电气设计标准》GB 51348—2019 第 13.7.16 条对各类消防用电设备在火灾发生期间最少持续供电时间有相应的规定。

问题 104：消防控制室、消防水泵房的消防用电设备及消防电梯等的供电，未在其配电线路的最末一级配电箱处设置自动切换装置。

【原因分析】违反《建筑设计防火规范》GB 50016—2014（2018 年版）第 10.1.8 条关于消防控制室、消防水泵房的消防用电设备及消防电梯等的供电规定。属于违反强制性条文要求。

【处理措施】上述设备的供电，应在其配电线路的最末一级配电箱处设置自动切换装置。此处规定的最末一级配电箱：对于消防控制室、消防水泵房的消防用电设备及消防电梯等，为上述消防设备或消防设备室处的最末级配电箱；对于消防应急照明和疏散指示标志，为这些用电设备所在防火分区的配电箱；对于防排烟风机、消防排水泵、防火卷帘等，为这些用电设备所在防火分区配电小间内的双电源切换箱。

问题 105：消防配电线路的敷设方式不满足规范要求，不能满足火灾时连续供电的需要。

【原因分析】违反《建筑设计防火规范》GB 50016—2014（2018 年版）第 10.1.10 条关于消防配电线路敷设方式的规定。属于违反强制性条文要求。

【处理措施】消防配电线路应满足火灾时连续供电的需要，其敷设应符合下列规定：

① 明敷时（包括敷设在吊顶内），应穿金属导管或采用封闭式金属槽盒保护，金属导管或封闭

式金属槽盒应采取防火保护措施；当采用阻燃或耐火电缆并敷设在电缆井、沟内时，可不穿金属导管或采用封闭式金属槽盒保护；当采用矿物绝缘类不燃性电缆时，可直接明敷。

②暗敷时，应穿管并应敷设在不燃性结构内且保护层厚度不应小于30mm。

③消防配电线路宜与其他配电线路分开敷设在不同的电缆井、沟内；确有困难需敷设在同一电缆井、沟内时，应分别布置在电缆井、沟的两侧，且消防配电线路应采用矿物绝缘类不燃性电缆。

问题106：消防控制室与安防控制室合用时，其用电设备由同一个配电箱供电。

【原因分析】违反《建筑设计防火规范》GB 50016—2014（2018年版）第10.1.6条关于消防用电设备应采用专用的供电回路的规定。属于违反强制性条文要求。消防用电设备应采用专用的供电回路，当建筑内的生产、生活用电被切断时，应仍能保证消防用电。

【处理措施】安防系统的用电设备为非消防负荷，不应与消防控制室用电设备采用同一供电回路、共用一个配电箱，二者应分别设置配电箱。当消防控制室与安防监控中心合用机房，且火灾自动报警系统与安全技术防范系统有联动时，供电电源可合用配电箱。

问题107：消防风机、消防水泵配电箱配出风机房、水泵房检修插座回路。

【原因分析】违反《建筑设计防火规范》GB 50016—2014（2018年版）第10.1.6条关于消防用电设备应采用专用的供电回路的规定。属于违反强制性条文要求。消防用电设备应采用专用的供电回路，当建筑内的生产、生活用电被切断时，应仍能保证消防用电。

【处理措施】检修插座等用电设备不属于消防负荷，其使用时若有故障则可能导致同一用电干线的其他消防用电设备断电。故出于安全考虑，这些非消防负荷不应由消防配电箱供电。但独立设置在主体建筑之外的消防水泵房，其检修插座可以由消防水泵配电箱供电。

问题108：锅炉房等场所的事故风机，接入消防供电干线按消防负荷供电。

【原因分析】违反《建筑设计防火规范》GB 50016—2014（2018年版）第10.1.6条关于消防用电设备应采用专用的供电回路的规定。属于违反强制性条文要求。消防用电设备应采用专用的供电回路，当建筑内的生产、生活用电被切断时，应仍能保证消防用电。事故通风：由于操作事故和设备故障而突然产生大量有毒气体或有燃烧、爆炸危险的气体、粉尘或气溶胶物质。为了防止对工作人员造成伤害和防止事故进一步扩大，必须设有临时的排风系统，即事故通风系统。

【处理措施】锅炉房等场所的事故风机为平常使用，灭火场所的事故风机是在灭火战斗结束后才投入使用，均为非消防负荷，不应接入消防供电干线。

问题109：营业厅的疏散照明、灯光疏散指示标志未采用专用供电回路，如与普通照明共配电箱，或与普通照明共干线。

【原因分析】违反《建筑设计防火规范》GB 50016—2014（2018年版）第10.1.6条、第10.1.9条关于消防用电设备的供电回路、配电箱设置要求的规定。

【处理措施】疏散照明、灯光疏散指示标志为消防用电设备，应采用专用的供电回路供电。按一级、二级负荷供电的消防设备，其配电箱应独立设置；按三级负荷供电的消防设备，其配电箱宜独立设置。专用的供电回路：当变配电室设置在本建筑物内时，应从低压总配电室或分配电室开始为专用供电回路；当变配电室设置在室外或其他建筑物时，应从本建筑物配电室开始为专用供电回路。

问题110：消防动力负荷的配电未按防火分区设置干线。

【原因分析】违反《建筑设计防火规范》GB 50016—2014（2018年版）第10.1.7条、《民用建筑电气设计标准》GB 51348—2019第13.7.10条关于消防配电线路划分的规定。消防配电干线、分支干线宜按防火分区划分，消防配电支线不宜穿越防火分区。

【处理措施】根据规范用词说明，"宜"表示允许稍有选择，在条件许可时首先应这样做。故在设计中，对消防动力负荷应尽量按防火分区设置配电干线及配电分支干线，配电系统的分支线路则不应跨越防火分区。

问题111：消防水泵采用软启动器、变频装置等有源器件启动。

【原因分析】违反《民用建筑电气设计标准》GB 51348—2019第13.7.6条、《火灾自动报警系统设计规范》GB 50116—2013第3.1.8条关于消防电气控制装置的规定。属于违反强制性条文要求。消防水泵、消防电梯、防烟及排烟风机等的控制回路不得采用变频调速器作为控制装置。水泵控制柜、风机控制柜等消防电气控制装置不应采用变频启动方式。

【处理措施】有源电器元件可能因电源的原因而增加故障率，为保证消防水泵、防排烟风机等消防设备的运行可靠性，不应采用变频启动方式。软启动也属于有源器件启动的一种，消防水泵、防排烟风机直接启动最可靠。在功率较大时，可采用星三角或自耦降压变压器启动。

问题112：消防配电线路穿金属导管或采用封闭式金属槽盒保护时，金属导管或封闭式金属槽盒未采取防火保护措施。

【原因分析】违反《建筑设计防火规范》GB 50016—2014（2018年版）第10.1.10条第1款关于消防配电线路明敷时的规定。属于违反强制性条文要求。消防配电线路应满足火灾时连续供电的需要，其敷设应符合下列规定：明敷时（包括敷设在吊顶内），应穿金属导管或采用封闭式金属槽盒保护，金属导管或封闭式金属槽盒应采取防火保护措施。

【处理措施】消防配电线路的敷设是否安全，直接关系到消防用电设备在火灾时能否正常运行。当消防配电线路明敷时，由于线路暴露在外，火灾时容易受火焰或高温的作用而损毁，因此，规范要求线路明敷时要穿金属导管或封闭式金属槽盒并采取防火保护措施。防火保护措施一般可采用包覆防火材料或涂刷防火涂料。

问题113：消防应急照明线路采用阻燃塑料管暗敷设。

【原因分析】违反《民用建筑电气设计标准》GB 51348—2019第13.6.3条关于消防配电线路暗敷时的规定。消防应急疏散照明系统的配电线路应穿热镀锌金属管保护敷设在不燃烧体内，在吊顶内敷设的线路应采用耐火导线穿采取防火措施的金属导管保护。

【处理措施】消防应急照明线路暗敷时应采用金属导管敷设。

问题114：柴油发电机房储油间的储油量不满足规范要求。

【原因分析】违反《建筑设计防火规范》GB 50016—2014（2018年版）第5.4.13条第4款关于储油间储油量和《民用建筑电气设计标准》GB 51348—2019第13.7.16条关于消防用电设备在火灾发生期间最少持续供电时间的规定。布置在民用建筑内的柴油发电机房内设置储油间时，其总储存量不应大于$1m^3$。火灾自动报警装置、消火栓、消防泵、水幕泵、消防电梯、火灾时继续工作的备用照明，在火灾发生期间最少持续供电时间应不小于3h（2h）。

【处理措施】储油间的总储存量应大于 3h（2h）的燃油量，且不应大于 1m³。当大于 1m³ 时，可在室外增加储油罐，当建筑体量大且使用功能复杂时，可按不同的使用功能分别配置柴油发电机组。目前有在柴油发电机房内设置两个储油间（每个储油间的储油量不大于 1m³）的方案，但应征得主管部门的同意。

问题 115：安装于车库、公共区域的消防配电箱、控制箱未采取防火保护措施。

【原因分析】违反《建筑设计防火规范》GB 50016—2014（2018 年版）第 10.1.9 条关于消防设备配电箱的规定。按一级、二级负荷供电的消防设备，其配电箱应独立设置；按三级负荷供电的消防设备，其配电箱宜独立设置。消防配电设备应设置明显标志。

对消防设备的配电箱和控制箱采取防火隔离措施，是保证其防火安全和使用的可靠性。火场的温度往往很高，如果安装在建筑中的消防设备的配电箱和控制箱无防火保护措施，当箱体内温度达到 200℃ 及以上时，箱内电器元件的外壳就会变形跳闸，不能保证消防用电。

【处理措施】通常的防火保护措施有：将配电箱和控制箱安装在符合防火要求的配电间或控制间内；采用内衬岩棉对箱体进行防火保护。

问题 116：属于三级负荷的消防用电设备，其配电线路未采用耐火型电线电缆。

【原因分析】违反《建筑设计防火规范》GB 50016—2014（2018 年版）第 10.1.10 条关于消防配电线路的规定。消防配电线路应满足火灾时连续供电的需要。

【处理措施】由以上规范可见，消防用电设备电源线路需采用耐火型电线电缆，其敷设方式符合规范相关要求时，才能满足火灾时对消防用电设备持续运行时间的要求。即便是三级负荷，其配电线路也应采用耐火型电线电缆。

问题 117：人员密集场所未按防火分区设置应急照明配电箱。

【原因分析】违反《消防应急照明和疏散指示系统技术标准》GB 51309—2018 第 3.3.7 条第 2款关于应急照明配电箱设置的规定。

【处理措施】人员密集场所，每个防火分区应设置独立的应急照明配电箱。沿电气竖井垂直方向为不同楼层的灯具供电时，应急照明配电箱的每个输出回路在公共建筑中的供电范围不宜超过 8 层。

问题 118：配电室、消防控制室、消防水泵房、自备发电机房等发生火灾时仍需工作、值守的区域和相关疏散通道，未单独设置消防应急照明和疏散指示配电回路。

【原因分析】违反《消防应急照明和疏散指示系统技术标准》GB 51309—2018 第 3.3.3 条第 5款关于灯具配电回路设计的规定。

【处理措施】配电室、消防控制室、消防水泵房、自备发电机房等发生火灾时仍需工作、值守的区域和相关疏散通道，应单独设置配电回路。

问题 119：封闭楼梯间、防烟楼梯间、室外疏散楼梯未单独设置消防应急照明和疏散指示配电回路。

【原因分析】违反《消防应急照明和疏散指示系统技术标准》GB 51309—2018 第 3.3.4 条第 1款关于灯具配电回路设计的规定。

【处理措施】封闭楼梯间、防烟楼梯间、室外疏散楼梯应单独设置配电回路。

问题120：消防应急照明和疏散指示系统中的应急照明配电箱、集中电源防护等级不满足规范要求。

【原因分析】违反《消防应急照明和疏散指示系统技术标准》GB 51309—2018 第 3.3.7 条第 1 款、第 3.3.8 条第 1 款关于应急照明配电箱、集中电源防护等级的规定。

【处理措施】在潮湿场所，应选择防护等级不低于 IP65 的产品；在电气竖井内，应选择防护等级不低于 IP33 的产品。

问题121：消防应急照明和疏散指示系统的集中电源未设置在消防控制室、低压配电室、配电间或电气竖井内。

【原因分析】违反《消防应急照明和疏散指示系统技术标准》GB 51309—2018 第 3.3.8 条第 2 款关于集中电源设置的规定。

【处理措施】消防应急照明和疏散指示系统的集中电源应设置在消防控制室、低压配电室、配电间或电气竖井内；设置在消防控制室内时，应符合《消防应急照明和疏散指示系统技术标准》GB 51309—2018 第 3.4.6 条的规定；集中电源的额定输出功率不大于 1kW 时，可设置在电气竖井内。

14.5.2 消防疏散照明

问题122：未在规范规定的场所或部位设置疏散照明。

【原因分析】违反《建筑设计防火规范》GB 50016—2014（2018 年版）第 10.3.1 条第 1 款～第 4 款、《住宅建筑规范》GB 50368—2005 第 9.7.3 条和《民用建筑电气设计标准》GB 51348—2019 第 13.2.3 条第 1 款关于设置疏散照明场所的规定。除建筑高度小于 27m 的住宅建筑外，民用建筑、厂房和丙类仓库的下列部位应设置疏散照明：

① 开敞式疏散楼梯间、封闭楼梯间、防烟楼梯间及其前室、消防电梯间的前室或合用前室、避难走道、避难层（间）。

② 观众厅、展览厅、多功能厅和建筑面积大于 $200m^2$ 的营业厅、餐厅、演播室等人员密集的场所。

③ 建筑面积大于 $100m^2$ 的地下或半地下公共活动场所。

④ 公共建筑内的疏散走道。

⑤ 歌舞娱乐、放映游艺厅等场所。

⑥ 建筑面积超过 $400m^2$ 的办公场所、会议场所。

⑦ 10 层及 10 层以上住宅建筑的楼梯间、电梯间及其前室。

【处理措施】上述规范对应设置疏散照明的部位要求略有差异。此时应按"从新从严"的原则执行。设置疏散照明可以使人们在正常照明电源被切断后，仍能以较快的速度逃生，是保证和有效引导人员疏散的设施。规范所规定的这些部位，主要为人员安全疏散必须经过的重要节点部位和建筑内人员相对集中、人员疏散时易出现拥堵情况的场所。对于未明确规定的场所或部位，设计师应根据实际情况，从有利于人员安全疏散需要出发考虑设置疏散照明。

问题123：中小学和幼儿园、地下主要疏散通道及大型、地下或半地下商店建筑营业区等场所，其疏散照明的地面最低水平照度不满足规范要求。

【原因分析】违反《建筑设计防火规范》GB 50016—2014（2018 年版）第 10.3.2 条、《建筑照明设计标准》GB 50034—2013 第 5.5.4 条、《民用建筑电气设计标准》GB 51348—2019 第 13.6.6 条、《消防应急照明和疏散指示系统技术标准》GB 51309—2018 第 3.2.5 条、《教育建筑电气设计规范》JGJ 310—2013 第 8.6.2 条第 1 款～第 2 款和《商店建筑电气设计规范》JGJ 392—2016 第 5.3.2 条关于疏散照明照度的规定。建筑内疏散照明的地面最低水平照度应符合下列规定:

① 对于疏散走道,不应低于 1.0lx。

② 对于观众厅,展览厅,电影院,多功能厅,建筑面积大于 200m² 的营业厅、餐厅、演播厅,建筑面积超过 400m² 的办公大厅、会议室等人员密集场所,不应低于 3.0lx。

③ 对于避难层(间),不应低于 3.0lx;对于老年人照料设施、病房楼或手术部的避难间,不应低于 10.0lx。

④ 对于楼梯间、前室或合用前室、避难走道,不应低于 5.0lx;对于人员密集场所、老年人照料设施、病房楼或手术部内的楼梯间、前室或合用前室、避难走道,不应低于 10.0lx。中小学和幼儿园的疏散场所地面的照度不应低于 5.0lx。地下或半地下商店建筑疏散走道的地面最低水平照度不应低于 5.0lx。

以上规范规定的区域均为疏散过程中的重要过渡区或视作室内的安全区,适当提高疏散应急照明的照度值,可以大大提高人员的疏散速度和安全疏散条件,有效减少人员伤亡。教育建筑较为特殊,学校水平疏散通道人员密集;大型商店人员密集,地下或半地下商店相对地面建筑疏散更为困难。故对这些建筑内疏散照明照度值要求较高。

【处理措施】上述规范中,对疏散照明照度值的用词是不同的,分别是:疏散照明的地面最低水平照度、疏散照明的地面平均水平照度值、疏散照明的最低照度。设计时应注意其中的区别,并按"从新从严"的原则执行。

问题 124:发生火灾时仍需工作、值守的消防设备房未设置备用照明、疏散照明和疏散指示标志,且其作业面备用照明的最低照度低于正常照明的照度。

【原因分析】违反《建筑设计防火规范》GB 50016—2014(2018 年版)第 10.3.3 条、《民用建筑电气设计标准》GB 51348—2019 第 13.6.6 条关于发生火灾时仍需正常工作的消防设备房应设置备用照明及《消防应急照明和疏散指示系统技术标准》GB 51309—2018 第 3.8.1 条关于发生火灾时仍需工作、值守的消防设备房应同时设置备用照明、疏散照明和疏散指示标志的规定。避难间(层)及配电室、消防控制室、消防水泵房、自备发电机房等发生火灾时仍需工作、值守的区域应同时设置备用照明、疏散照明和疏散指示标志,备用照明最低照度不应低于正常照明照度;防排烟机房等发生火灾时仍需正常工作但无需值守的消防设备房应设置备用照明,其作业面的最低照度不应低于正常照明的照度。

【处理措施】避难间(层)及配电室、消防控制室、消防水泵房、自备发电机房等消防设备房需要在建筑发生火灾时继续保持正常工作,且需人员进行值守,故消防备用照明的照度值仍应保证正常照明的照度要求,同时还应设置疏散照明和疏散指示标志,保证人员的疏散安全。这些场所一般照明标准值参见现行国家标准《建筑照明设计标准》GB 50034—2013 的有关规定。

问题 125:部分场所疏散照明灯具、灯光疏散指示标志的设置位置不满足规范要求。

【原因分析】违反《建筑设计防火规范》GB 50016—2014(2018 年版)第 10.3.4 条～第 10.3.5 条、《消防应急照明和疏散指示系统技术标准》GB 51309—2018 第 3.2.7 条～第 3.2.9 条关于疏散照明灯具及疏散指示标志设置位置的规定。疏散照明灯具应设置在出口的顶部、墙面的上部或顶棚上；备用照明灯具应设置在墙面的上部或顶棚上。

公共建筑、建筑高度大于54m的住宅建筑、高层厂房（库房）和甲、乙、丙类单、多层厂房，应设置灯光疏散指示标志，并应符合下列规定：

① 应设置在安全出口和人员密集的场所的疏散门的正上方。

② 应设置在疏散走道及其转角处距地面高度1.0m以下的墙面或地面上。对于袋形走道，不应大于10m；在走道转角区，不应大于1.0m。

有围护结构的疏散走道、楼梯的方向标志灯应符合下列规定：

① 应设置在走道、楼梯两侧距地面、梯面高度1m以下的墙面、柱面上。

② 当安全出口或疏散门在疏散走道侧边时，应在疏散走道上方增设指向安全出口或疏散门的方向标志灯。

③ 方向标志灯的标志面与疏散方向垂直时，灯具的设置间距不应大于20m；方向标志灯的标志面与疏散方向平行时，灯具的设置间距不应大于10m。

展览厅、商店、候车（船）室、民航候机厅、营业厅等开敞空间场所的疏散通道的方向标志灯应符合下列规定：

① 当疏散通道两侧设置了墙、柱等结构时，方向标志灯应设置在距地面高度1m以下的墙面、柱面上；当疏散通道两侧无墙、柱等结构时，方向标志灯应设置在疏散通道的上方。

② 方向标志灯的标志面与疏散方向垂直时，特大型或大型方向标志灯的设置间距不应大于30m，中型或小型方向标志灯的设置间距不应大于20m；方向标志灯的标志面与疏散方向平行时，特大型或大型方向标志灯的设置间距不应大于15m，中型或小型方向标志灯的设置间距不应大于10m。

【处理措施】应急照明的设置位置一般有：设在楼梯间的墙面或休息平台顶板，设在走道的墙面或顶棚，设在厅、堂的顶棚或墙面上，设在楼梯口、太平门的门口上部。所设置的标志要便于人们辨认，并符合一般人行走时目视前方的习惯，能起诱导作用，但要防止被烟气遮挡，如设在顶棚下的疏散标志应考虑距离顶棚一定高度。汽车库对疏散指示标志设置位置规定为距地面1m以下的高度，是为防止被积聚在天花板下的烟雾遮住。

问题126：未按照规范的要求，在疏散走道和主要疏散路径的地面上增设能保持视觉连续的灯光疏散指示标志或蓄光疏散指示标志。

【原因分析】违反《建筑设计防火规范》GB 50016—2014（2018年版）第10.3.6条、《商店建筑电气设计规范》JGJ 392—2016第5.3.6条、《商店建筑设计规范》JGJ 48—2014第7.3.11条和重庆市《消防安全标志设计、施工及验收规范》DB 50/202—2004第4.3.1条、《消防应急照明和疏散指示系统技术标准》GB 51309—2018第3.2.9条关于设置保持视觉连续的疏散指示标志的规定。属于违反强制性条文要求。下列建筑或场所应在疏散走道和主要疏散路径的地面上增设能保持视觉连续的灯光疏散指示标志或蓄光疏散指示标志：①总建筑面积大于8000m²的展览建筑；②总建筑面积大于5000m²的地上商店；③总建筑面积大于500m²的地下或半地下商店；④歌舞娱乐放映游艺场所；⑤座位数超过1500个的电影院、剧场，座位数超过3000个的体育馆、会堂或礼堂；⑥车站、码头建筑和民用机场航站楼中建筑面积大于3000m²的候车、候船厅和航站楼的公共区。大（中）型商店建筑、总建筑面积大于500m²的地下和半地下商店应在通往安全出口的疏散走道地面上设置保持视觉连续的灯光疏散指示标志或蓄光疏散指示标志。

建筑物内疏散走道和主要疏散路线的地面或靠近地面的墙上设置的疏散指示标志，其方向指示标志和指示图形，应指向最近的疏散出口或安全出口，且应符合下列要求：地面上设置时，应沿疏散走道或主要疏散路线设置。当间断设置时，电致发光标志不应大于 3m。

【处理措施】展览建筑、大（中）型商店、歌舞娱乐放映游艺场所、电影院、剧场和体育馆等大空间或人员密集的公共场所的建筑设计，应在这些场所内部疏散走道和主要疏散路线的地面上增设能保持视觉连续的疏散指示标志，电致发光标志不应大于 3m。注意该标志是辅助疏散指示标志，不能作为主要的疏散指示标志。当高大空间墙面或上空不具备安装疏散指示标志的条件时，在主要疏散路线地面上设置的电致发光型标志灯，当灯具安装间距小于 3m 且疏散照度满足相关规范要求时，可作为主要的疏散指示标志。

问题 127：多层住宅首层门厅及楼梯间作为地下车库人员疏散出口时，未设置疏散照明、灯光疏散指示标志。

【原因分析】违反《汽车库、修车库、停车场设计防火规范》GB 50067—2014 第 9.0.4 条、第 9.0.5 条关于疏散照明设置的规定。除停车数量不大于 50 辆的汽车库，以及室内无车道且无人员停留的机械式汽车库外，汽车库内应设置消防应急照明和疏散指示标志。

【处理措施】根据规范要求，多层住宅建筑不需要设置疏散照明。但当其首层门厅及楼梯间作为地下车库人员的疏散出口时，这些区域应设置疏散照明。

问题 128：设置在地面的消防应急灯具未标注灯具的外壳防护等级，并采用 AC220V 供电。

【原因分析】违反《消防应急照明和疏散指示系统技术标准》GB 51309—2018 第 3.2.1 条第 7 款、《消防应急照明和疏散指示系统》GB 17945—2010 第 6.2.1 条关于设置在地面的疏散指示灯的规定。消防应急灯具（以下简称灯具）在室外或地面上设置时，其外壳防护等级不应低于 GB/T 4208—2017 规定的 IP67，且应符合其标称的防护等级，灯具主电源应采用安全电压。

【处理措施】安装在地面上的消防应急灯具外壳防护等级不应低于 IP67，且灯具主电源均应采用安全电压。

问题 129：作为疏散通道用的公共建筑外廊未设置疏散照明。

【原因分析】违反《建筑设计防火规范》GB 50016—2014（2018 年版）第 10.3.1 条第 4 款关于公共建筑内疏散走道应设置疏散照明的规定。属于违反强制性条文要求。

【处理措施】这个问题多见于两层楼的公共建筑，在第二层设置公共外廊连接楼梯间作为疏散通道。此时的外廊即为疏散走道，应设置疏散照明。

问题 130：楼梯间未每层设置指示该楼层的标志灯。

【原因分析】违反《消防应急照明和疏散指示系统技术标准》GB 51309—2018 第 3.2.10 条关于楼梯间每层应设置楼层标志灯的规定。

【处理措施】为了便于在楼梯间内的人员准确识别所在楼层的位置，楼梯间每层面向梯面的墙上均应设置指示本楼层的楼层标志灯。

问题 131：应急照明系统蓄电池电源的持续工作时间未增加非火灾状态应急点亮时间要求。

【原因分析】违反《消防应急照明和疏散指示系统技术标准》GB 51309—2018 第 3.2.4 条第 5

款、第 3.6.6 条关于蓄电池电源供电持续工作时间应增加非火灾状态应急点亮时间的规定。属于违反强制性条文要求。应急照明和疏散指示系统应急启动后，在蓄电池电源供电时的持续工作时间应满足下列要求：

① 建筑高度大于 100m 的民用建筑，不应小于 1.5h。

② 医疗建筑、老年人照料设施、总建筑面积大于 100000m² 的公共建筑和总建筑面积大于 20000m² 的地下、半地下建筑，不应小于 1.0h。

③ 其他建筑，不应小于 0.5h。

在上述场所中，非火灾状态下，集中控制型系统主电源断电后，灯具应转入应急点亮模式，灯具的持续工作时间应增加设计文件规定的非火灾状态灯具持续应急点亮时间，且不应超过 0.5h。

【处理措施】为保证灯具的蓄电池电源在系统主电源断电后突发火灾时仍能满足相应的持续应急工作时间要求，综合考虑了系统主电源断电后应急处置的时间需求，对系统灯具持续应急点亮的时间做出相应的限制。非火灾状态下，集中控制型系统主电源断电后，灯具应转入应急点亮模式，灯具的持续工作时间应增加设计文件规定的非火灾状态灯具持续应急点亮时间，且不应超过 0.5h。

问题 132：人员密集场所的疏散出口、安全出口附近未设多信息复合标志灯具。

【原因分析】违反《消防应急照明和疏散指示系统技术标准》GB 51309—2018 第 3.2.11 条关于人员密集场所疏散出口、安全出口附近应设多信息复合标志灯具的规定。

【处理措施】为了有效保障人员密集场所人员的安全疏散，应在人员密集场所的疏散出口、安全出口附近增设多信息复合标志灯，以使位于人员密集场所的人员能够快速识别疏散出口、安全出口的位置和方位，同时了解自己所处的楼层。

问题 133：消防应急照明和疏散指示系统类型选择错误。

【原因分析】违反《消防应急照明和疏散指示系统技术标准》GB 51309—2018 第 3.1.2 条关于消防应急照明和疏散指示系统类型选择的规定。消防应急照明和疏散指示系统按消防应急灯具的控制方式可分为集中控制型系统和非集中控制型系统。系统类型的选择应根据建（构）筑物的规模、使用性质、日常管理及维护难易程度等因素确定，并应符合下列规定：

① 设置消防控制室的场所应选择集中控制型系统。

② 设置火灾自动报警系统，但未设置消防控制室的场所宜选择集中控制型系统。

③ 其他场所可选择非集中控制型系统。

【处理措施】在设有消防控制室的场所应选择集中控制型系统。设置火灾自动报警系统，但未设置消防控制室的场所，为了便于系统的日常维护也宜选择集中控制型系统。

问题 134：未明确不同室内高度的消防应急标志灯具规格。

【原因分析】违反《消防应急照明和疏散指示系统技术标准》GB 51309—2018 第 3.2.1 条第 6 款关于标志灯规格的规定。标志灯的规格应符合下列规定：①室内高度大于 4.5m 的场所，应选择特大型或大型标志灯；②室内高度为 3.5～4.5m 的场所，应选择大型或中型标志灯；③室内高度小于 3.5m 的场所，应选择中型或小型标志灯。

【处理措施】目前，标志灯的规格分为特大型、大型、中型和小型四种类型，为了有效保证人员对标志灯指示信息的清晰识别，应根据不同的设置高度选择合适规格的标志灯，并在材料表及图例上加以区别。

问题 135：应急照明灯具错误选择嵌入式安装灯具。

【原因分析】违反《民用建筑电气设计标准》GB 51348—2019 第 13.6.5 条第 1 款关于消防疏散灯具在顶棚上安装方式的规定。消防应急（疏散）照明灯应设置在墙面或顶棚上，设置在顶棚上的疏散照明灯不应采用嵌入式安装方式。

【处理措施】应急（疏散）照明灯以广照型为主，嵌入式安装不利于地面水平最低照度的实现，同时，火灾时烟气上浮，最易在嵌入式灯内形成烟窝，影响疏散照度，因此，应急（疏散）照明灯不应采用嵌入式安装方式。

14.5.3 火灾自动报警及联动系统

问题 136：消防控制室的设置位置不满足规范要求。

【原因分析】违反《建筑设计防火规范》GB 50016—2014（2018 年版）第 8.1.7 条、《火灾自动报警系统设计规范》GB 50116—2013 第 3.4.7 条和《民用建筑电气设计标准》GB 51348—2019 第 23.2.1 条关于消防控制室位置的规定。设置火灾自动报警系统和需要联动控制的消防设备的建筑（群）应设置消防控制室。消防控制室的设置应符合下列规定：

① 单独建造的消防控制室，其耐火等级不应低于二级。

② 附设在建筑内的消防控制室，宜设置在建筑内首层或地下一层，并宜布置在靠外墙部位。

③ 不应设置在电磁场干扰较强及其他可能影响消防控制设备正常工作的房间附近。

④ 疏散门应直通室外或安全出口。

⑤ 机房不应设置在厕所、浴室或其他潮湿、易积水场所的正下方或与其贴邻。

⑥ 机房应远离强振动源和强噪声源的场所，当不能避免时，应采取有效的隔振、消声和隔声措施。

【处理措施】消防控制室是建筑物内防火、灭火设施的显示、控制中心，必须确保控制室具有足够的防火性能，设置的位置应便于安全进出。而漏水、粉尘、油烟、振动、电磁场干扰等会影响各系统的正常工作和管理人员的身心健康，因此机房位置选择应尽可能远离产生上述影响源的场所或采取必要的防护措施。

问题 137：消防控制室与其他弱电系统机房合用时，消防设备与其他设备之间没有明显间隔。

【原因分析】违反《火灾自动报警系统设计规范》GB 50116—2013 第 3.4.8 条第 5 款关于消防控制室内设备布置的规定。

【处理措施】当消防控制室与建筑其他弱电系统机房合用时，消防设备应集中设置，并应与其他设备间有明显间隔。弱电系统可以进入合用控制室，但只有与火灾自动报警系统有关的弱电线路可以进入消防系统工作区域，并终止于此，严禁与消防设施无关的电气线路及管路穿过消防系统工作区域。可参照《〈火灾自动报警系统设计规范〉图示》14X505—1 第 22 页的布置方式。

问题 138：对消防控制室的建设标准未明确，安全措施不到位。

【原因分析】违反《建筑设计防火规范》GB 50016—2014（2018 年版）第 8.1.8 条、《民用建筑电气设计标准》GB 51348—2019 第 23.4.2 条第 1 款关于消防控制室建设标准的规定。

【处理措施】在实际火灾中，有不少消防控制室被淹或因进水而无法使用，严重影响灭火救援行动。故上述规范均对消防控制室的建设标准做出了要求。

① 消防控制室的门应向疏散方向开启，且控制室入口处应设置明显的标志。

② 消防控制室应采用防静电地板，室内净高、荷载及地面、门窗等应满足《民用建筑电气设计标准》GB 51348—2019 表 23.4.2 的要求。

③ 消防控制室门口应设置挡水门槛或其他防水淹措施。

问题 139：感烟、感温火灾探测器未结合梁平面布置及梁高进行设置，未复核一只探测器可以保护的梁间区域个数。

【原因分析】违反《火灾自动报警系统设计规范》GB 50116—2013 第 6.2.3 条关于探测器设置的规定。在有梁的顶棚上设置点型感烟火灾探测器、感温火灾探测器时，应符合下列规定：

① 当梁突出顶棚的高度小于 200mm 时，可不计梁对探测器保护面积的影响。

② 当梁突出顶棚的高度为 200～600mm 时，应按本规范附录 F、附录 G 确定梁对探测器保护面积的影响和一只探测器能够保护的梁间区域的数量。

③ 当梁突出顶棚的高度超过 600mm 时，被梁隔断的每个梁间区域应至少设置一只探测器。

④ 当被梁隔断的区域面积超过一只探测器的保护面积时，被隔断的区域应按本规范第 6.2.2 条第 4 款规定计算探测器的设置数量。

⑤ 当梁间净距小于 1m 时，可不计梁对探测器保护面积的影响。

【处理措施】顶棚有梁时，梁对烟的蔓延会产生阻碍，因而使探测器的保护面积受到梁的影响。如果梁间区域（指高度在 200～600mm 之间的梁所包围的区域）的面积较小，梁对热气流（或烟气流）形成障碍，并吸收一部分热量，那么探测器的保护面积必然下降。探测器保护面积验证试验表明，梁对热气流（或烟气流）的影响还与房间高度有关。当梁间净距小于 1m 时，可视为平顶棚，不计梁对探测器保护面积的影响。故在有梁的顶棚上设置点型探测器时，应按以上规范要求设置。

问题 140：未按照规范要求设置火灾光报警器。

【原因分析】违反《火灾自动报警系统设计规范》GB 50116—2013 第 6.5.1 条关于火灾光警报器设置的规定。火灾光警报器应设置在每个楼层的楼梯口、消防电梯前室、建筑内部拐角等处的明显部位，且不宜与安全出口指示标志灯具设置在同一面墙上。

【处理措施】规范要求不宜与安全出口指示标志灯具设置在同一面墙上，是考虑光警报器不能影响疏散设施的有效性。可参照《〈火灾自动报警系统设计规范〉图示》14X505—1 第 54 页的设置方法。

问题 141：设置有火灾自动报警系统的建筑物，未对消防水池、高位消防水箱设置水位监测器。

【原因分析】违反《火灾自动报警系统设计规范》GB 50116—2013 第 3.4.2 条关于消防水池、高位消防水箱设置水位监测器的规定。消防控制室内设置的消防设备应包括火灾报警控制器、消防联动控制器、消防控制室图形显示装置、消防专用电话总机、消防应急广播控制装置、消防应急照明和疏散指示系统控制装置、消防电源监控器等设备或具有相应功能的组合设备。消防控制室内设置的消防控制室图形显示装置应能显示本规范附录 A 规定的建筑物内设置的全部消防系统及相关设备的动态信息和本规范附录 B 规定的消防安全管理信息，并应为远程监控系统预留接口，同时应具有向远程监控系统传输本规范附录 A 和附录 B 规定的有关信息的功能。

【处理措施】消防水池、高位消防水箱应设置就地水位显示装置，并应在消防控制室或值班室等地点设置显示其水位的装置，同时应有最高和最低报警水位。注意：消防水池、高位消防水箱的水位仅通过一个单输入模块接入火灾自动报警系统是不够的，无法有效显示最高和最低报警水位信号。

问题 142：消防电源监控系统监测元件仅设于双电源切换装置出线侧，电源侧未设置。

【原因分析】违反《火灾自动报警系统设计规范》GB 50116—2013 第 3.4.2 条关于消防电源监控系统的规定。消防控制室内设置的消防电源监控器应能显示本规范附录 A 规定的各消防用电设备的供电电源和备用电源工作状态和欠电压报警信息。

【处理措施】消防电源监控系统的监测元件，在双电源切换装置前也应设置，并能监控供电电源和备用电源的工作状态及欠压报警信息。

问题 143：消防水泵房、发电机房、配变电室、计算机网络机房、主要通风和空调机房、防排烟机房、消防电梯机房等处未设置消防专用电话分机。

【原因分析】违反《火灾自动报警系统设计规范》GB 50116—2013 第 6.7.4 条第 1 款关于消防专用电话分机设置的规定。消防水泵房、发电机房、配变电室、计算机网络机房、主要通风和空调机房、防排烟机房、灭火控制系统操作装置处或控制室、企业消防站、消防值班室、总调度室、消防电梯机房及其他与消防联动控制有关的且经常有人值班的机房应设置消防专用电话分机。消防专用电话分机应固定安装在明显且便于使用的部位，并应有区别于普通电话的标识。

【处理措施】火灾时，上述部位是消防作业的主要场所，与这些部位的通信一定要畅通无阻，以确保消防作业的正常进行。当空调机房的空调器兼作消防补风机时，此空调机房也应设置消防专用电话分机。

问题 144：报警区域内的模块未相对集中设置在本报警区域内的金属模块箱中，未在集中设置的模块附近设置标识。

【原因分析】违反《火灾自动报警系统设计规范》GB 50116—2013 第 6.8.1 条、第 6.8.4 条关于模块设置的规定。每个报警区域内的模块宜相对集中设置在本报警区域内的金属模块箱中，未集中设置的模块附近应有尺寸不小于 100mm×100mm 的标识。

【处理措施】规范要求将模块安装在金属模块箱内，主要是考虑保障其运行的可靠性和检修的方便。为了检修时方便查找，还要求未集中设置的模块附近应有尺寸不小于 100mm×100mm 的标识。

问题 145：将可燃气体探测器直接接入火灾自动报警系统的报警回路。

【原因分析】违反《火灾自动报警系统设计规范》GB 50116—2013 第 8.1.2 条关于可燃气体探测报警系统的规定。可燃气体探测报警系统应独立组成，可燃气体探测器不应接入火灾报警控制器的探测器回路；当可燃气体的报警信号需接入火灾自动报警系统时，应由可燃气体报警控制器接入。

要求可燃气体探测报警系统作为一个独立的由可燃气体报警控制器和可燃气体探测器组成的子系统，而不能将可燃气体探测器接入火灾探测报警系统总线中，主要有以下四方面的原因：

① 目前应用的可燃气体探测器功耗都很大，一般在几十毫安，接入总线后对总线的稳定工作十

分不利。

②目前使用可燃气体探测器的使用寿命一般只有 3、4 年，到寿命后对同一总线配接的火灾探测器的正常工作也会产生不利影响。

③目前使用可燃气体探测器每年都需要标定，标定期间对同一总线配接的火灾探测器的正常工作也会产生影响。

④可燃气体报警信号与火灾报警信号的时间与含义均不相同，需要采取的处理方式也不同。

【处理措施】可燃气体探测报警系统应独立组成，可燃气体探测器不应接入火灾报警控制器的探测器回路；当可燃气体的报警信号需接入火灾自动报警系统时，应由可燃气体报警控制器接入。

问题 146：柴油发电机房的储油间设置可燃气体报警装置。

【原因分析】《建筑设计防火规范》GB 50016—2014（2018 年版）第 8.4.3 条规定：建筑内可能散发可燃气体、可燃蒸气的场所应设置可燃气体报警装置。根据《石油化工可燃气体和有毒气体检测报警设计标准》GB/T 50493—2019 第 2.0.1 条，可燃气体又称易燃气体，是甲类气体或甲、乙 A 类可燃液体气化后形成的可燃气体或可燃蒸气。由此可见，存在乙 A 类及以上可燃液体的场所才需设置可燃气体检测报警装置。柴油发电机采用闪点高于 60℃的柴油，属于丙 A 类可燃液体，且按《民用建筑电气设计标准》GB 51348—2019 第 6.1.14 条的要求，机房各房间温度不高于 37°，故柴油发电机房储油间不可能散发可燃气体，无须设置可燃气体报警装置。

【处理措施】《建筑设计防火规范》GB 50016—2014（2018 年版）第 8.4.3 条要求建筑内可能散发可燃气体的场所应设置可燃气体报警装置，但柴油发电机房储油间不属于此场所，无须设置可燃气体报警装置。

问题 147：不同电压等级的线缆穿入同一根保护管内，合用同一线槽时未设置隔板分隔。

【原因分析】违反《火灾自动报警系统设计规范》GB 50116—2013 第 11.2.5 条关于不同电压等级线缆敷设的规定。属于违反强制性条文要求。

【处理措施】为保证火灾自动报警系统运行的稳定性和可靠性，以及对其他建筑消防设施联动控制的可靠性等基本技术要求，不同电压等级的线缆不应穿入同一根保护管内，当合用同一线槽时，线槽内应有隔板分隔。

问题 148：一类高层住宅户内未设置火灾报警系统

【原因分析】违反《建筑设计防火规范》GB 50016—2014（2018 年版）第 8.4.2 条规定，即建筑高度大于 54m、但不大于 100m 的住宅建筑，其公共部位应设置火灾自动报警系统，套内宜设置火灾探测器。

【处理措施】为使住宅建筑中的住户能够尽早知晓火灾发生情况，及时疏散，按照安全可靠、经济适用的原则，一类高层住宅户内宜设置火灾探测器，按《火灾自动报警系统设计规范》GB 50116—2013 第 7.1.1 条、第 7.3.1 条进行设置。

问题 149：柴油发电机房、厨房设置感烟探测器报警。

【原因分析】违反《火灾自动报警系统设计规范》GB 50116—2013 第 5.2.5 条第 5 款关于柴油发电机房、厨房等场所火灾探测器选择的规定。

【处理措施】柴油发电机房、厨房等场所不宜安装感烟火灾探测器，宜选择点型感温火灾探测器。

问题150：每个报警区域未设置区域显示器。

【原因分析】违反《火灾自动报警系统设计规范》GB 50116—2013 第 6.4.1 条的规定。每个报警区域宜设置一台区域显示器（火灾显示盘）；宾馆、饭店等场所应在每个报警区域设置一台区域显示器。当一个报警区域包括多个楼层时，宜在每个楼层设置一台仅显示本楼层的区域显示器。

【处理措施】火灾时，为便于消防救援人员及时查看建筑着火部位，要求每个报警区域宜设置区域显示器。

问题151：疏散楼梯间内未设置应急广播扬声器。

【原因分析】违反《民用建筑电气设计标准》GB 51348—2019 第 13.3.6 条第 5 款的规定。电梯前室、疏散楼梯间内应设置应急广播扬声器。

【处理措施】疏散楼梯间内应设置应急广播扬声器，住宅建筑每台扬声器覆盖的楼层不应超过 3 层。

14.6　电气节能及绿色建筑

问题152：绿色建筑电气设计说明专篇中未明确照明方式、种类及主要场所照度标准、功率密度值等指标、灯具的控制方式等。

【原因分析】违反重庆市《公共建筑节能（绿色建筑）设计标准》DBJ 50—052—2020 第 7.2.6 条关于建筑照明数量和质量应符合现行国家标准《建筑照明设计标准》GB 50034—2013 的要求的规定，违反第 7.2.7 条关于各类建筑的照明功率密度值要求的规定。设计说明中未明确主要场所的照度标准、功率密度值等指标。

【处理措施】根据《建筑照明设计标准》GB 50034—2013 的相关要求，应按第 5 章照明标准值和第 6 章照明节能的相关要求，针对功能性房间照明设计的需求，在设计说明或图纸中列出相应的数据。

问题153：重庆市居住、公共建筑地下车库未设置与排风设备联动的一氧化碳（CO）浓度监测装置。

【原因分析】违反重庆市《公共建筑节能（绿色建筑）设计标准》DBJ 50—052—2020、《居住建筑节能 65%（绿色建筑）设计标准》DBJ 50—071—2020 第 7.3.3 条关于地下停车库 CO 浓度联动控制相关排风设备的规定。地下停车库的排风系统应根据车库内的 CO 浓度进行自动运行控制或定时启、停。

【处理措施】地下车库内增加 CO 浓度检测系统，当 CO 短时间接触容许浓度超过 $30mg/m^3$ 时，系统报警并启动排风设备。

问题154：绿色公共建筑电能计量装置未根据建筑功能特点进行分项计量设计。

【原因分析】违反《公共建筑节能设计标准》GB 50189—2015 第 6.4.3 条、重庆市《公共建筑节能（绿色建筑）设计标准》DBJ 50—052—2020 第 7.2.11 条关于公共建筑分项进行电能监测与计量的规定。公共建筑应按照明插座、空调、电力、特殊用电分项进行电能监测与计量。

【处理措施】根据工程的实际情况，公共建筑照明插座、空调、动力、特殊用电4个分项可在低压配电柜中设置分项计量电表，也可在照明插座、空调、动力、特殊用电的总配电箱中设置计量电表。

① 产权独立、独立出租或独立核算的办公、商业及住宿等场所的室内空调末端（风机盘管、VAV末端、VRV末端）、排气扇、分体空调难以独立计量时，可计算在照明插座用电子项中。

② 空调用电需要计量的部分包括冷热站用电、空调末端用电。学校、幼儿园等类型项目，其分体空调均为物业统一采购以及管理，故其分体空调也应按空调用电进行计量。

③ 动力系统需要计量的部分包括电梯用电、水泵用电、风机用电。

④ 特殊用电是指不属于建筑常规功能的用电设备的耗电量，例如信息中心、洗衣房、厨房餐厅、游泳池、健身房等。

问题155：无功补偿装置、配电系统谐波状况以及谐波治理措施等内容设计说明不全。

【原因分析】违反重庆市《公共建筑节能（绿色建筑）设计标准》DBJ 50—052—2020 第7.2.4条关于功率因数补偿、第7.2.5条关于电气设备优先选用谐波含量低的产品的规定。设计中未采取无功补偿措施以及谐波治理措施。

【处理措施】功率因数补偿和谐波治理应根据实际情况进行选择：

① 功率因数补偿宜采用就地补偿和变电所集中补偿相结合的方式。

② 设在变配电所内，有单相负荷的变压器，集中补偿应采用混合无功自动补偿装置。

③ 当单台或成组用电设备的无功补偿容量大于50kvar，且供电距离超过150m时，宜采用就地分相或混合无功自动补偿装置。

④ 当有大容量高压用电设备时，应采用高压无功补偿。

⑤ 电气设备应优先选用谐波含量低的产品。

⑥ 大型用电设备、大型可控硅调光设备、电动机变频调速控制装置等谐波源较大设备，宜就地设置谐波抑制装置。

⑦ 当建筑中非线性用电设备较多时，应预留滤波装置的安装空间。

问题156：车库照明未采用分区、定时等节能措施。

【原因分析】违反重庆市《居住建筑节能65%（绿色建筑）设计标准》DBJ 50—071—2020 第7.2.8条关于车库照明控制的规定。车库照明未采用分区、定时、感应等节能控制措施。

【处理措施】车库照明控制应结合车库使用情况及天然采光状况，进行分区、分组控制，车库照明各分区、分组采用独立控制回路，控制方式采用分区、定时、感应等节能控制。

14.7 建筑智能化

问题157：智能化系统工程的设计要素不合理或不齐全，智能化系统层级分类不清晰或分类错误。

【原因分析】违反《智能建筑设计标准》GB 50314—2015 第4.1.1条、《重庆市建筑工程施工图设计文件编制技术规定》（2017年版）第3.10.5条第3款关于智能化系统工程设计要素的规定。智能化系统工程的设计要素应按智能化系统工程的设计等级、架构规划及系统配置等工程架构确定。

【处理措施】智能化系统工程的设计要素表达应按《智能建筑设计标准》GB 50314—2015 执行,智能化系统宜按照信息化应用系统、智能化集成系统、信息设施系统、建筑设备管理系统、公共安全系统、机房工程等及其下属的各子系统进行系统层级分类和顺序表达。

问题 158:智能化技术用房未达到设计文件编制深度,如缺智能化技术用房设备布置图。

【原因分析】违反《重庆市建筑工程施工图设计文件编制技术规定》(2017 年版)第 3.10.9 条关于智能化技术用房布置图设计深度的规定。

【处理措施】智能化技术用房设计深度应按照《重庆市建筑工程施工图设计文件编制技术规定》(2017 年版)第 3.10.9 条规定执行:

① 绘制智能化技术用房(主要为消防监控中心机房、安防监控中心机房、信息中心设备机房、通信接入设备机房、弱电间)设备布置图,机房装修平面、立面及剖面图,屏幕墙及控制台详图,配电系统(含不间断电源)及平面图,空调通风系统与平面图、防雷接地系统及布置图,漏水监测系统及布置图、机房监控系统及布置图、综合布线系统及平面图、消防系统与平面图。

② 说明智能化技术用房设置位置、面积、机房等级要求及智能化系统设置的位置。

③ 说明机房装修、消防、配电、不间断电源、空调通风、防雷接地、漏水监测、机房监控要求。

④ 图例说明:注明主要设备名称、规格、单位、数量、安装要求。

问题 159:智能化系统的电力电缆、通信电缆和光缆的燃烧性能选择不符合建筑的防火要求。

【原因分析】违反《民用建筑电气设计标准》GB 51348—2019 第 26.1.8 条关于弱电线路布线系统中线缆的选用规定及第 13.9 节非消防负荷线缆与通信电缆选择的相关规定。为防止火灾蔓延,应根据建筑物的使用性质及发生火灾时的扑救难度,选择相应燃烧性能等级的电力电缆、通信电缆和光缆。

【处理措施】按照《民用建筑电气设计标准》GB 51348—2019 第 26.1.8 条弱电线路布线系统中线缆的选用规定以及第 13.9 节的相关规定,选择相应燃烧性能等级的电力电缆、通信电缆和光缆。

问题 160:智能化系统未确定系统的雷电防护等级。

【原因分析】违反《建筑物电子信息系统防雷技术规范》GB 50343—2012 第 4.3.1 条关于建筑物电子信息系统雷电防护等级的规定。建筑物电子信息系统可根据其重要性、使用性质和价值,选择确定雷电防护等级。并根据相应雷电防护等级,确定用于电源线路的浪涌保护器的冲击电流和标称放电电流参数。

【处理措施】智能化系统应按照《建筑物电子信息系统防雷技术规范》GB 50343—2012 第 4.3.1 条,明确电子信息系统的雷电防护等级。

问题 161:建筑物各电气系统未采用同一接地装置,或接地装置的接地电阻不符合要求。

【原因分析】违反《民用建筑电气设计标准》GB 51348—2019 第 12.5.11 条关于建筑物电气系统接地的规定。建筑物各电气系统的接地,除另有规定外,应采用同一接地装置,接地装置的接地电阻应符合其中最小值的要求。各系统不能确定接地电阻值时,接地电阻不应大于 1Ω。

【处理措施】智能化系统应按照《民用建筑电气设计标准》GB 51348—2019 第 12.5.11 条，采用联合接地系统，接地电阻不应大于 1Ω。

问题 162：建筑物外进入室内（或经过不同防雷区的界面处）的智能化通信线缆、控制电缆未接地及加装适配的信号浪涌保护器。

【原因分析】违反《民用建筑电气设计标准》GB 51348—2019 第 22.4.1 条～第 22.4.6 条、《综合布线系统工程设计规范》GB 50311—2016 第 8.0.9 条～第 8.0.10 条关于信号传输电缆接地与浪涌电压保护器设置的规定。

【处理措施】建筑物外进入室内的户外信号传输电缆线缆、控制电缆按照《建筑物电子信息系统防雷技术规范》GB 50343—2012 第 5.4 节、第 5.5 节的要求，进行接地及加装适配的信号浪涌保护器，并标注信号浪涌保护器主要技术参数；户外光缆的金属增强线应在进户处接地。

问题 163：建筑电气智能化设计与智能化专项设计的设计界定不清晰，设计深度不满足相应要求。

【原因分析】违反住房和城乡建设部《建筑工程设计文件编制深度规定》（2016 年版）第 4.5.3 条、第 4.5.8 条、第 4.5.11 条建筑电气智能化设计与第 5.3.4 条建筑智能化专项设计中关于设计深度的相应要求；违反《重庆市建筑工程施工图设计文件编制技术规定》（2017 年版）第 3.4.3-11 条、第 3.4.11 条建筑电气智能化设计与第 3.10 节建筑智能化设计中关于设计深度要求的相关规定。

智能化专项设计不同于建筑电气设计中所包含的智能化设计，智能化专项设计是依托建筑电气及其他相关专业，针对智能化、信息化应用的更高需求的设计。智能建筑没有智能化专项设计是无法胜任其所承担的建筑智能功能的。但所有的项目都要求建设方一开始就委托智能化专项设计介入是不现实的。因此在方案设计阶段，由建筑电气的智能化设计对智能化专项设计提出要求是合适的，也是可行的，后期智能化专项设计介入后再对其设计内容做进一步的完善和细化。

由于智能化本身的专业性较强，且智能化设置的要求与建筑的专业业务类型密切相关。在方案设计阶段，建筑电气专业人员就应提出建筑智能化专项设计的内容，提请建设方委托具有专业设计资质的设计单位，通过专项设计方式完成智能化设计，建设方可根据自身业务需要决定设计内容。

【处理措施】建筑电气的智能化设计深度要求按照《建筑工程设计文件编制深度规定》（2016 年版）第 3.6.3 条和第 4.5.3 条、《重庆市建筑工程初步设计文件编制技术规定》（2017 年版）第 4.4.7 条、《重庆市建筑工程施工图设计文件编制技术规定》（2017 年版）第 3.4.3 条的相关规定进行设计。初步设计包括智能化各系统的系统图、智能化各系统及其子系统主要干线所在楼层的干线路由平面图、智能化各系统及其子系统主机房平面示意图等；施工图包括智能化系统设计概况、智能化各系统的供电、防雷及接地等要求、智能化各系统与其他专业设计的分工界面、接口条件等。

建筑智能化专项设计深度要求按照《建筑工程设计文件编制深度规定》（2016 年版）第 5.3 条、《重庆市建筑工程施工图设计文件编制技术规定》（2017 年版）第 3.10 条的相关规定进行设计，包括封面、扉页、图纸目录、设计与施工说明、主要设备材料表、智能化总平面图、各子系统系统图及点表、智能化技术用房布置图和平面图等内容。

14.7.1 信息化应用系统

问题 164：信息化应用系统设计未按规范进行系统配置，未做设计时并未说明原因。

【原因分析】违反《智能建筑设计标准》GB 50314—2015 按建筑物使用性质分类规定的信息化应用系统设计内容及系统配置要求的规定。

【处理措施】信息化应用系统应根据建筑物使用性质按照上述标准进行系统配置，且当未做设计时应说明原因。

问题 165：信息安全管理系统等级保护标准定级不准确，造成网络安全设备、终端计算机系统安全、数据库管理系统安全设计配置不合理。

【原因分析】违反《智能建筑设计标准》GB 50314—2015 第 4.2.7 条信息安全管理系统应符合国家现行有关信息安全等级保护标准的规定。

【处理措施】信息安全系统建设按照《信息安全技术 网络安全等级保护定级指南》GB/T 22240—2020 进行保护等级定级，按照《信息安全技术 网络安全等级保护基本要求》GB/T 22239—2019 进行安全设计和建设，合理配置网络安全设备、终端计算机系统安全、数据库管理系统安全等信息设施。

14.7.2 智能化集成系统

问题 166：智能化集成系统设计无系统架构图，设备材料表不全（如缺操作系统、数据库等），造成施工验收无具体标准。

【原因分析】违反《智能建筑设计标准》GB 50314—2015 第 4.3.2 条关于智能化集成系统构建的规定。智能化集成系统应包括智能化信息集成（平台）系统与集成信息应用系统；智能化信息集成（平台）系统宜包括操作系统、数据库、集成系统平台应用程序、各纳入集成管理的智能化设施系统与集成互为关联的各类信息通信接口等；集成信息应用系统宜由通用业务基础功能模块和专业业务运营功能模块等组成。

【处理措施】智能化集成系统参照《智能建筑设计标准》GB 50314—2015 条文说明第 4.3.2 条进行架构设计，系统设备与材料清单应配置齐全。

问题 167：智能化集成系统对被集成的智能化子系统、协议接口、集成的各智能化子系统的联动关系未说明清晰。

【原因分析】违反《重庆市建筑工程施工图设计文件编制技术规定》（2017 年版）第 3.10.12 条关于智能化集成系统设计深度的规定。

【处理措施】智能化信息集成（平台）系统在设施层对被集成的智能化子系统应表达齐全，在通信层对被集成的智能化子系统的协议接口应提出要求，并在系统说明中说明各智能化子系统的相互联动关系。

14.7.3 信息设施系统

问题 168：通信设施工程住宅建筑未采用光纤到户、公用建筑未采用光纤到用户单元设计。

【原因分析】违反《住宅区和住宅建筑内光纤到户通信设施工程设计规范》GB 50846—2012 第 1.0.4 条、《综合布线系统工程设计规范》GB 50311—2016 第 4.1.1 条关于通信设施采用光纤到户方式建设的规定。属于违反强制性条文要求。在公用电信网络已实现光纤传输的地区，通信设施工程应采用光纤到户（用户单元）方式建设。

【处理措施】目前公用电信网络已实现光纤传输，根据《"宽带中国"战略及实施方案》的目标要求，新建、扩建、改建建筑通信设施工程均应按光纤到户或用户单元设计，住宅建筑采用 1 条 2 芯 G.652D 光纤到户，公用建筑采用 1 条或 2 条 2 芯 G.652D 光纤到用户单元。

问题 169：通信设施工程设备间、电信间面积不满足多家电信业务经营者平等接入、用户（业务使用者）可自由选择电信业务经营者的要求。

【原因分析】违反《住宅区和住宅建筑内光纤到户通信设施工程设计规范》GB 50846—2012 第 1.0.3 条、《综合布线系统工程设计规范》GB 50311—2016 第 4.1.2 条关于多家电信业务经营者平等接入的规定。属于违反强制性条文要求。光纤到用户单元通信设施工程的设计必须满足多家电信业务经营者平等接入、用户单元内的通信业务使用者可自由选择电信业务经营者的要求。

【处理措施】与建筑专业人员配合，设备间、电信间的使用面积按《住宅区和住宅建筑内光纤到户通信设施工程设计规范》GB 50846—2012 第 3.2.10 条执行，应根据配线设备类型、数量、容量、尺寸进行计算，不宜小于 $10\sim15\text{m}^2$（4×2.5m～5×3m）。如考虑有线电视系统接入机房合用设备间、电信间，应相应加大面积。

问题 170：用户单元信息配线箱（家居配线箱）未设计供电回路或供电回路未设置电源控制开关。

【原因分析】违反《重庆市住宅电气设计标准》DBJ 50/T—147—2012 第 11.6.3 条关于家居配线箱应设置 AC220V 电源插座或接线头，距家居配线箱水平 0.15～0.2m 处宜设置电源控制开关的规定。用户单元信息配线箱内安装有有源设备 ONU 及有源设备的直流（DC）电源，需设计供电回路供电。

【处理措施】用户单元户内配电箱（家居配线箱）为用户单元信息配线箱设置供电回路，距用户单元信息配线箱水平 0.15～0.2m 处宜设置电源控制开关，用户单元信息配线箱内设置 AC220V 电源插座。

问题 171：用户单元信息配线箱内未设置接地端子板。

【原因分析】违反《综合布线系统工程设计规范》GB 50311—2016 第 4.4.5 条第 5 款关于配线箱内设置接地端子板的规定。

【处理措施】用户单元信息配线箱内设置接地端子板，并采用铜芯导线与楼层局部等电位端子板连接。

问题 172：综合布线电缆布线系统永久链路长度超过 90m，其分级与类别不满足设备性能的使用要求。

【原因分析】违反《综合布线系统工程设计规范》GB 50311—2016 第 3.2.2 条关于综合布线电缆系统永久链路长度的规定。布线系统信道应由长度不大于 90m 的水平缆线、10m 的跳线和设备缆线及最多 4 个连接器件组成，永久链路则应由长度不大于 90m 的水平缆线及最多 3 个连接器件组成。违反《综合布线系统工程设计规范》GB 50311—2016 第 3.4.1 条综合布线系统工程的产品类别及链路、信道等级的确定应综合考虑建筑物的性质、功能、应用网络和业务对传输带宽及缆线长度的要求、业务终端的类型、业务的需求及发展、性能价格、现场安装条件等因素。违反《综合布线系统工程设计规范》GB 50311—2016 第 3.8.2 条综合布线系统支持弱电各子系统应用时，应满足各子系统提出的条件等。

【处理措施】根据传输功能选择确定电缆布线的分级与类别，如电缆不能满足要求，应采用光纤布线；与建筑专业人员配合，考虑综合布线电缆布线系统水平电缆布线长度要求，合理设置楼层弱电间位置。对于少量永久链路长度超过 90m 的信息点，应采用光纤布线。

根据《综合布线系统工程设计规范》GB 50311—2016 第 3.2.1 条、第 3.4.1 条的相关要求进行选择布线的系统与类别。

问题 173：公共广播系统扬声器技术规格未注明扬声器性能指标、材料类型、防护等级要求。

【原因分析】违反《公共广播系统工程技术标准》GB/T 50526—2021 第 3.6.1 条、第 3.6.3 条、第 3.6.4 条、第 3.6.6 条关于公共广播系统扬声器设置的规定。在实际工程中，公共广播系统扬声器与紧急广播扬声器合用，公共广播系统扬声器性能指标、布置距离比紧急广播扬声器要求更高，因此，应在满足紧急广播扬声器要求的基础上，注明公共广播系统扬声器的技术规格。

【处理措施】公共广播系统扬声器技术规格中应注明扬声器性能指标、材料类型（阻燃材料或具有阻燃外壳结构）、外壳 IP 防护等级。

问题 174：会议讨论系统、扩声系统和会议同声传译系统未与火灾自动报警系统联动。

【原因分析】违反《电子会议系统工程设计规范》GB 50799—2012 第 3.0.8 条、《红外线同声传译系统工程技术规范》GB 50524—2010 第 3.1.5 条关于会议讨论系统和会议同声传译系统必须具备火灾自动报警联动功能的规定。属于违反强制性条文要求。

【处理措施】设计中音频信号处理设备应提供火灾自动报警联动触发接口，一旦消防中心有联动信号发送过来，系统立即自动终止会议，同时会议讨论系统的会议单元及翻译单元显示报警提示，并自动切换到报警信号，让与会人员通过耳机、会议单元扬声器或会场扩声系统聆听紧急广播；或者立即自动终止会议，同时会议讨论系统的会议单元及翻译单元显示报警提示，让与会人员通过会场扩声系统聆听紧急广播。

14.7.4 建筑设备管理系统

问题 175：建筑设备监控系统无监控点表，监控原理图无被监控设备的工艺要求与控制逻辑，图纸表达未达到设计文件编制深度规定。

【原因分析】违反《重庆市建筑工程施工图设计文件编制技术规定》（2017 年版）第 3.10.14 条第 1 款关于建筑设备监控系统设计表达深度的规定。

【处理措施】建筑设备监控系统监控点表是 DDC（直接数字控制）控制器配置的依据，被监控设备的工艺要求与控制逻辑是系统调试的依据，应与机电专业人员配合完成系统监控点表、被监控设备的工艺要求与控制逻辑，且设计图纸应达到设计文件编制深度规定。

问题 176：设计未与空调专业人员配合对电动调节阀进行阀门流通能力计算，直接采用等管径阀门。

【原因分析】违反《民用建筑电气设计标准》GB 51348—2019 第 18.7.2 条关于调节阀和风阀

的选择规定。

【处理措施】调节阀理想流量特性用于改善调节系统品质，补偿狭义控制过程的非线性特性，使广义控制过程近似为线性特性。因此设计应与空调专业人员配合进行阀门流通能力计算，以保证阀门的调节性能。

问题 177：公共建筑未设置建筑能效监管系统。

【原因分析】违反《智能建筑设计标准》GB 50314—2015、《公共建筑节能设计标准》GB 50189—2015 第 6.4.1 条～第 6.4.4 条关于公共建筑能耗监测与计量系统设置以及设置标准的规定。

【处理措施】按《智能建筑设计标准》GB 50314—2015 关于各类公共建筑智能化系统的规定配置建筑能效监管系统，应进行建筑能耗的分项、分功能区域计量。系统具有对主要设备进行能耗监测、统计、分析和管理的功能。

14.7.5　公共安全系统

问题 178：公共建筑、住宅小区的安全防范工程未根据保护对象及其安全需求进行风险防范规划。

【原因分析】违反《安全防范工程技术标准》GB 50348—2018 第 4.1.2 条安全防范工程建设应根据保护对象的安全需求通过风险评估确定需要防范的具体风险的规定，违反第 4.1.3 条按照保护对象需要防范的风险进行防护规划的规定。

【处理措施】安全防范工程风险防范规划是公共安全各子系统采取防护设计措施的依据，应按照《安全防范工程技术标准》GB 50348—2018 第 4.1.2 条、第 4.1.3 条进行风险防范规划说明，包括风险类型、风险来源与方式、风险分析、风险评价、防护规划等内容。

问题 179：监控中心无保证自身安全的防护措施和进行内外联络的通信手段，未设计向上一级接处警中心报警的通信接口。

【原因分析】违反《安全防范工程技术标准》GB 50348—2018 第 6.14.2 条关于监控中心自身防护的规定。属于违反强制性条文要求。监控中心应有保证自身安全的防护措施和进行内外联络的通信手段，并应设置紧急报警装置和留有向上一级接处警中心报警的通信接口。

【处理措施】监控中心设计可通过设置门禁系统控制人员的出入，室内外设置监控摄像机和声光报警装置，配置市网电话（或报警联网专线）及无线对讲或无线通信设备，系统设置向上一级接处警中心报警的通信接口。

问题 180：智能化总控制室与消防控制中心统一集中设置时，各系统无独立工作分区。

【原因分析】违反《智能建筑设计标准》GB 50314—2015 第 4.7.2 条第 4 款关于智能化总控制室与消防控制中心集中设置的规定。当火灾自动报警系统、安全技术防范系统、建筑设备管理系统、公共广播系统等的中央控制设备集中设在智能化总控制室内时，各系统应有独立工作区。

【处理措施】智能化总控制室与消防控制中心合用时，平面设计中系统设施应各自有独立工作区，消防设备应与其他设备间有明显间隔或采用物理隔断。

问题 181：无障碍厕所未设置呼叫按钮，呼叫按钮设置位置不当（如安装位置离厕位太远或太高）。

【原因分析】违反《无障碍设计规范》GB 50763—2012 第 3.9.3 条第 5 款、第 10 款及《民用建筑电气设计标准》GB 51348—2019 第 17.2.8 条无障碍卫生间应设置公共求助呼叫信号装置的规定。

【处理措施】残疾人行动不便，发生意外情况时可通过呼叫装置求助，因此残疾人使用的设施处应设置呼叫装置。无障碍卫生间当采用求助按钮方式时，求助按钮应设于厕位或洗手位伸手可及处；求助按钮宜按高、低位分别设置，高位按钮底边距地 0.8～1.0m，低位按钮底边距地 0.4～1.0m。

问题 182：出入口控制设备（如门禁系统、通道闸、停车场出入口挡杆）未设计消防联动控制。

【原因分析】违反《出入口控制系统工程设计规范》GB 50396—2007 第 9.0.1 条第 2 款、《火灾自动报警系统设计规范》GB 50116—2013 第 4.10.3 条关于出入口控制设备与消防联动控制的规定。属于违反强制性条文要求。消防联动控制器应具有打开疏散通道上由门禁系统控制的门和庭院电动大门的功能，并应具有打开停车场出入口挡杆的功能。

【处理措施】出入口控制设备（门禁控制器、通道闸控制器、停车场出入口道闸）应带消防信号接口，当发生火警或需紧急疏散时与消防联动控制，自动打开保证人员迅速安全通过。

问题 183：智能化备用电源 UPS 后备时间设计不能满足入侵报警系统、视频安防监控系统、出入口控制系统对后备时间的要求。

【原因分析】违反《出入口控制系统工程设计规范》GB 50396—2007 第 8.0.1 条第 3 款关于备用电源应保证系统连续工作不少于 48h，且执行设备能正常开启 50 次以上的规定。违反《民用闭路监视电视系统工程技术规范》GB 50198—2011 第 3.5.2 条关于不间断电源容量应至少保证系统监控中心的断电工作时间不小于 30min 的规定。违反《入侵报警系统工程设计规范》GB 50394—2007 第 8.0.1 条第 3 款关于备用电源容量应能保证系统连续正常工作不小于 8h 的规定。

【处理措施】智能化备用电源 UPS 后备时间不可能按 48h 进行配置电池组，因此入侵报警系统、视频安防监控系统、出入口控制系统应按各系统容量、各系统后备时间要求统一计算配置 UPS 电池组，各系统分设供电干线（或供电回路），市电停电后不能及时恢复时，按各系统规定运行时间手动或自动切断视频安防监控系统供电，保证入侵报警系统、出入口控制系统的连续工作时间。

14.7.6 机房工程

问题 184：智能化系统机房设置在卫生间正下方，智能化系统机房与变压器室相毗邻。

【原因分析】违反《民用建筑电气设计标准》GB 51348—2019 第 23.2.1 条关于智能化系统机房位置选择的规定。

【处理措施】智能化系统机房不应设置在厕所、浴室或其他潮湿、易积水场所的正下方或与其贴邻，避免渗水影响智能化系统机房的使用；变压器室、配电室等较强电磁场干扰会影响智能化系统的正常工作和管理人员的身心健康，因此智能化系统机房应与其保持足够距离。

问题 185：数据中心平面布局不满足规范要求，如容错系统中相互备用的设备布置在同一物理隔间、搬运设备通道宽度不够、机柜背面与墙之间的距离不足 1m 等。

【原因分析】违反《数据中心设计规范》GB 50174—2017 第 4.3.2 条关于容错系统中相互备用的

设备应布置在不同的物理隔间内的规定，违反第 4.3.4 条关于主机房内通道与设备之间的距离的规定。

【处理措施】数据中心平面布局要求设计者具有多专业业务的综合能力，是数据中心设计的关键，数据中心内的各类设备应根据工艺设计需求进行布置，应满足系统运行、运行管理、人员操作和安全、设备和物料运输、设备散热、安装和维护的要求：

① 容错系统中相互备用的设备应布置在不同的物理隔间内，相互备用的管线宜沿不同路径敷设。

② 用于搬运设备的通道净宽不应小于 1.5m。

③ 当需要在机柜（架）侧面和后面维修测试时，机柜（架）与机柜（架）、机柜（架）与墙之间的距离不宜小于 1m。

④ 成行排列的机柜（架），其长度大于 6m 时，两端应设有通道；当两个通道之间的距离大于 15m 时，在两个通道之间还应增加通道。通道的宽度不宜小于 1m，局部可为 0.8m。

问题 186：设置气体灭火系统的主机房，未配置专用空气呼吸器或氧气呼吸器。

【原因分析】违反《数据中心设计规范》GB 50174—2017 第 13.4.1 条关于设置气体灭火系统的主机房应配置专用空气呼吸器或氧气呼吸器的规定。属于违反强制性条文要求。

【处理措施】气体灭火的机理是降低火灾现场的氧气含量，为防止在灭火剂释放时有人来不及疏散以及防止营救人员窒息，因此应配置专用空气呼吸器或氧气呼吸器。

问题 187：消防控制室与智能化系统机房合用时，未分设配电箱，未分回路供电，且有无关的管道穿越机房。

【原因分析】违反《建筑设计防火规范》GB 50016—2014（2018 年版）第 10.1.6 条消防电源及其配电的规定。属于违反强制性条文。同时违反《民用建筑电气设计标准》GB 51348—2019 第 23.5.1.2 条关于机房供电的规定和第 23.3.2 条关于机房设计与布置的规定。

【处理措施】智能化系统机房用电为非消防用电，消防控制室用电为消防用电，为了保证消防用电设备供电可靠性，消防用电设备应采用专用的供电回路，当建筑内的生产、生活用电被切断时，应仍能保证消防用电。且信息网络机房、用户电话交换机房、安防监控中心、智能化总控室、公共广播机房、有线电视前端机房和建筑设备管理系统机房等宜设置专用配电箱。因此，消防控制室与智能化系统机房合用时，应分设配电箱，分回路供电。为了保障智能化系统可靠运行，与机房无关的管道不应穿越机房。

问题 188：机房荷载未细分主机房、电池室等不同功能房间的荷载要求。

【原因分析】违反《数据中心设计规范》GB 50174—2017 第 6.1.1 条关于数据中心结构设计的规定。

【处理措施】当智能化系统机房设有主机房、不间断电源系统室、电池室等功能房间时，应根据不同功能房间确定活荷载标准值。主机房活荷载标准值为 8～12kN/m²，不间断电源系统室活荷载标准值为 8～10kN/m²，电池室活荷载标准值当蓄电池组 4 层摆放时应不小于 16kN/m²。

问题 189：采用管网式气体灭火系统或细水雾灭火系统的主机房，未同时设置两组独立的火灾探测器，火灾报警系统未与灭火系统和视频监控系统联动。

【原因分析】违反《数据中心设计规范》GB 50174—2017 第 13.3.1 条关于主机房灭火系统的

规定。属于违反强制性条文要求。

【处理措施】主机房是电子信息系统运行的核心，灭火系统的误动作将造成设备的损坏和信息丢失，在确定消防措施时，应同时保证人员和设备的安全，避免灭火系统误动作造成损失。当只有一组火灾探测器报警时，有可能是设备故障引起的误报警，只有当两组独立的火灾探测器同时发出报警后，才能确认灭火信号的准确性。因此应同时设置两组独立的火灾探测器。为了保障主机房的消防措施及时有效，火灾报警系统接收到火灾探测器的信号后发出控制信号，应启动灭火系统和视频监控系统。

14.7.7 智慧小区

问题 190：未明确周界防范系统的报警分区以及与视频监控系统的联动关系。

【原因分析】违反重庆市《智慧小区评价标准》DBJ 50/T—279—2018 第 5.3.2 条关于周界防范系统的评分要求。设置小区周界电子地图，发生报警时，能在电子地图对应显示出报警区域；与视频监控系统联动，发生报警时，在监控中心屏幕上，弹出对应区域的视频图像。

【处理措施】补充完善周界防范系统报警分区编号，并增加周界防范系统与视频监控系统联动关系图（表）。

问题 191：未对智慧小区公共服务平台中信息安全部分进行说明。

【原因分析】违反重庆市《智慧小区评价标准》DBJ 50/T—279—2018 第 7.2.1 条关于智慧小区公共服务平台控制项对信息安全的要求。

【处理措施】在智慧小区公共服务平台方案中对信息安全部分进行说明，主要内容包括但不限于：用户注册需验证密码，并进行验证密码强度校验；应建立重置密码或找回密码的验证体系；应对用户进行权限认证，对关键信息采用加密技术；数据备份和恢复等。

14.8 其他

问题 192：机电抗震设计只引用抗震设计规范及简单的说明，不满足抗震设计深度要求。

【原因分析】根据重庆市建设工程质量监督总站《关于加强建筑机电抗震支架吊架监督管理的监督提示》（2018 年 5 月 2 日）对抗震设计的要求，建设单位应委托设计单位按照现行抗震规范的相关规定进行抗震支架吊架设计，若设计文件中描述不明确，应进行补充和完善。相关规范和标准为：《建筑与市政工程抗震通用规范》GB 55002—2021；《建筑机电工程抗震设计规范》GB 50981—2014；《建筑机电设备抗震支吊架通用技术条件》CJ/T 476—2015。

【处理措施】对在施工图中只引用抗震支吊架设计规范，未进行详细设计的项目，应要求设计单位有抗震支吊架计算书，并明确抗震支吊架做法、节点详图等相关要求；对由抗震支吊架生产厂家深化设计的项目，应交由原设计单位审核确认后，方可实施。

问题 193：电气管路穿过防火分区、抗震缝、伸缩缝、沉降缝时未设置抗震支撑。

【原因分析】违反《建筑机电工程抗震设计规范》GB 50981—2014 第 7.5.4 条、第 7.5.5 条第 2 款关于电气管路不宜穿越抗震缝，当必须穿越时应采取措施的规定。

【处理措施】电气管路不宜穿越抗震缝，当必须穿越时应符合下列规定：

① 采用金属导管、刚性塑料导管敷设时宜靠近建筑物下部穿越，且在抗震缝两侧应各设置一个柔性管接头。

② 电缆梯架、电缆槽盒、母线槽在抗震缝两侧应设置伸缩节。

③ 抗震缝的两端应设置抗震支撑节点并与结构可靠连接。当金属导管、刚性塑料导管、电缆梯架或电缆槽盒穿越防火分区时，其缝隙应采用柔性防火封堵材料封堵，并应在贯穿部位附近设置抗震支撑。

问题 194：内径不小于 60mm 的电气配管及重力不小于 150N/m 的电缆梯架、电缆槽盒未进行抗震设防。

【原因分析】违反《建筑机电工程抗震设计规范》GB 50981—2014 第 7.1.2 条对电气专业线缆敷设中的配管、桥架、槽盒等需要做抗震设防的规定。

【处理措施】内径不小于 60mm 的电气配管及重力不小于 150N/m 的电缆梯架、电缆槽盒、母线槽均应进行抗震设防。

问题 195：各单体建筑信息模型（BIM）中，缺少主要电气装置、照明设备、消防装置及智能化装置。

【原因分析】违反《重庆市建筑工程施工图设计文件编制技术规定》（2017 年版）第 7.2.2 条第 3 款、第 4 款关于精装修项目和装配式项目 BIM 设计深度的规定。

【处理措施】根据上述规定第 7.2.2 条的要求，精装修项目 BIM 设计需表达"主要电气装置、照明设备、消防装置及智能化装置，如各类末端控制开关、电源插座、火灾探测器、扬声器、声光报警器、火警电话、消防电话插孔、通信插孔、网络插孔等"电气点位；装配式项目需表达"电气专业需预留预埋的孔洞及套管"。

问题 196：建筑信息模型（BIM）电气设备房平面布置图中，各设备缺少主要电气设备型号、容量等基本信息。

【原因分析】违反《重庆市建筑工程初步设计文件编制技术规定》（2017 年版）第 8.2.2 条关于 BIM 设计附加信息要求"主要电气设备型号、编号、容量等基本信息（开关柜、变压器、发电机等）"的规定。

【处理措施】BIM 主要电气设备房平面视图，应在模型中主要电气设备的属性列表里添加包括不限于设备型号、尺寸、编号、容量等信息。

问题 197：建筑信息模型电气系统色彩设置不符合地方标准的相关规定。

【原因分析】违反重庆市《建筑工程信息模型设计标准》DBJ 50/T—280—2018 第 4.3.2 条关于机电专业模型应按系统进行颜色区分的规定。

【处理措施】参照《建筑工程信息模型设计标准》DBJ 50/T—280—2018 第 4.3.2 条附表 4.3.2 的要求，电气专业桥架分为强电、弱电、消防三种，颜色采用附表中规定的 RGB 值，强电桥架（255，0，255）；弱电桥架（0，255，255）；消防桥架（253，43，100）。若实际项目中桥架分类较多，建议把各类桥架分专业归类在强弱电及消防三大专业以内。

问题 198：装配式建筑电气设计未明确电气设备与管线设置及安装要求；防雷接地设计未明确屋顶女儿墙的形式。

【原因分析】违反《装配式混凝土建筑技术标准》GB/T 51231—2016 第 7.4.2 条、第 7.4.3 条关于装配式建筑的电气设备与管线设置及安装的规定。

【处理措施】装配式建筑的电气设备与管线设置及安装应符合下列规定：

① 电气和智能化系统的竖向主干线应在公共区域的电气竖井内设置。

② 配电箱、智能化配线箱不宜安装在预制构件上。

③ 当大型灯具、桥架、母线、配电设备等安装在预制构件上时，应采用预留预埋件固定。

④ 设置在预制构件上的接线盒、连接管等应做预留，出线口和接线盒应准确定位。

⑤ 不应在预制构件受力部位和节点连接区域设置孔洞及接线盒，隔墙两侧的电气和智能化设备不应直接连通设置。

装配式混凝土建筑的防雷设计应符合下列规定：

① 当利用预制剪力墙、预制柱内的部分钢筋作为防雷引下线时，预制构件内作为防雷引下线的钢筋，应在构件接缝处做可靠的电气连接，并在构件接缝处预留施工空间和条件，连接部位应有永久性明显标记。

② 建筑外墙上的金属管道、栏杆、门窗等金属物需要与防雷装置连接时，应与相关预制构件内部的金属件连接成电气通路。

③ 设置等电位连接的场所，各构件内的钢筋应做可靠的电气连接，并与等电位连接箱连通。

15 给水排水

15.1 给水排水总平面图

问题1：部分构筑物（生化池、隔油池、雨水调蓄池等）的布置超出建筑红线或不满足相关规定要求。

【原因分析】违反《重庆市城市规划管理技术规定》第二十九条、第三十条和第四十九关于建（构）筑物地下部分、配套管线及附属设施与建设用地红线距离的相关规定。地下建筑与建设用地红线的距离，除交通设施、公用设施外的其他新建、改建、扩建的建（构）筑物地下部分与建设用地红线的距离，应当满足安全要求，且不得小于3m；符合地下空间开发利用规划或者因优化城市交通组织，建设项目需要利用地下空间的，应当经专题论证确定；临街建筑墙外设施，污水处理设施等，不得超越建筑控制线；项目配套管线、设施建设，水泵接合器、消火栓、室外消防环管、各类检查井等工程内部管线设施，不得超越道路红线，且不宜高出相邻人行道标高。

【处理措施】室外给水排水构筑物的布置应满足现行《重庆市城市规划管理技术规定》的相关要求。

问题2：建筑扑救面一侧室外消火栓数量太少或未布置室外消火栓；室外消火栓与消防水泵接合器的距离不满足现行防火设计规范要求。

【原因分析】违反《消防给水及消火栓系统技术规范》GB 50974—2014第7.3.3条关于室外消火栓布置和第5.4.7条水泵接合器布置位置的规定。室外消火栓宜沿建筑周围均匀布置，且不宜集中布置在建筑一侧，建筑消防扑救面一侧的室外消火栓数量不宜少于2个。水泵接合器应设在室外便于消防车使用的地点，且距室外消火栓或消防水池的距离不宜小于15m，并不宜大于40m。

【处理措施】按规范要求布置室外消火栓和消防水泵接合器。扑救面一侧处于保护半径范围内的市政消火栓、室外消火栓均可计入数量。

问题3：消防水池取水口设置数量不足或设置位置不合理，未采取防污染措施。

【原因分析】违反《消防给水及消火栓系统技术规范》GB 50974—2014第6.1.5条关于消防水池取水口设置和第4.1.2条消防水源水质的规定。供消防车吸水的每个取水口宜按一个室外消火栓的流量进行计算。消防取水口设置位置与路边距离较远不便于取用，取水口设置于台阶踏步下方既不便取用也存在安全隐患。地面雨水或杂物通过取水口井盖进入消防水池将导致消防水源水质污染。

【处理措施】不设置室外消火栓加压供水系统时，消防水池取水口数量应按现行《消防给水及消火栓系统技术规范》第6.1.5条计算确定，且其保护半径不应大于150m。消防取水口与路边的距离参照该规范第7.2.6条确定。取水口井盖应安装防止人员坠落的装置。取水口应采取密闭等防污染措施，防止雨水或杂物进入，确保消防水质满足水灭火设施的功能要求。

问题 4：室外消火栓与建筑的距离较近或与道路距离较远，室外停车场未设置室外消火栓或与车位距离太近。

【原因分析】违反《消防给水及消火栓系统技术规范》GB 50974—2014 第 7.2.6 条和第 7.3.5 条关于室外消火栓设置位置的规定，违反《汽车库、修车库、停车场设计防火规范》GB 50067—2014 第 7.1.6 条关于停车场室外消火栓设置的规定。

【处理措施】室外消火栓应布置在消防车易于接近的人行道和绿地等地点，距离路边距离不宜小于 0.5m，并不应大于 2m；距离建筑外墙或外墙边缘不宜小于 5.0m；停车场的室外消火栓宜沿停车场周边布置，且与最近一排汽车的距离不宜小于 7m。

问题 5：消防水泵接合器设置不合理，多组水泵接合器集中设置，水泵接合器未分区设置。

【原因分析】违反《消防给水及消火栓系统技术规范》GB 50974—2014 第 5.4.4 条和第 5.4.6 条关于水泵接合器设置的规定。消防水泵接合器作为消防车向建筑内消防给水系统补充供水的设施，具有重要作用。水泵接合器多组集中布置，不便于消防车取用。采用比例式减压阀分区时，若仅在减压阀前分区设置水泵接合器，对消防车扬程要求较高，不合理。

【处理措施】临时高压消防系统向多栋建筑供水时，消防水泵接合器应在每座建筑附近设置；多组水泵接合器宜分开布置，宜在消防取水口或室外消火栓附近设置水泵接合器。消防分区采用可调式减压阀时，水泵接合器可在减压阀前设置；采用比例式减压阀分区时，应在各分区分别设置水泵接合器。

问题 6：生化池等生活污水处理构筑物设置位置不合理，如设置在小区人行出入口、室外健身场地或幼儿园活动场地附近。

【原因分析】生化池等生活污水处理构筑物设置在小区人行出入口、室外健身场地或幼儿园活动场地等位置，生化池通气处理不妥或清掏维护时，对正常生活有影响，且存在安全隐患。

【处理措施】与建筑专业人员在方案及施工图阶段配合，尽量避免将生化池等生活污水处理构筑物设置在人行出入口、室外健身场地、幼儿园活动场地等位置。值得注意的是，化粪池的设置应符合《室外排水设计标准》GB 50014—2021 第 3.3.6 条的规定。

问题 7：沿街商业室外场地未设置室外消火栓及水泵接合器，仅在小区内设置，未考虑沿街消防车扑救。

【原因分析】违反《消防给水及消火栓系统技术规范》GB 50974—2014 第 7.3.3 条和第 5.4.7 条关于室外消火栓、水泵接合器设置位置的规定。室外消火栓宜沿建筑周围均匀布置，且不宜集中布置在建筑一侧；水泵接合器应设在室外便于消防车使用的地点。

【处理措施】沿街商业火灾危险性相对较大，为便于消防车及时就近扑救，宜在其周围均匀布置室外消火栓和水泵接合器。

问题 8：消防水泵接合器未在每座建筑附近就近设置。

【原因分析】违反《消防给水及消火栓系统技术规范》GB 50974—2014 第 5.4.4 条关于消防水泵接合器设置位置的规定。

【处理措施】消防水泵接合器应在每座建筑附近就近设置，便于消防车达到后及时发现并就近取用，可以节省大量时间，提高灭火效率。

问题9：水泵接合器、室外消火栓设置在消防登高场地范围内，妨碍消防车操作。

【原因分析】违反《建筑设计防火规范》GB 50016—2014（2018年版）第7.2.2条关于消防车登高操作场地内不应设置影响消防车通行、停靠的障碍物的规定。

【处理措施】水泵接合器、室外消火栓宜设置在消防车登高操作场地范围外的临近区域或室外其他便于消防车使用的地点，并满足《消防给水及消火栓系统技术规范》GB 50974—2014第5.4节和第7.3节的规定。

问题10：消防水池采用室外消火栓式取水设施，取水栓的栓口高于消防水池最低有效水位。

【原因分析】取水栓的栓口高于消防水池最低有效水位时，消防车取水泵的气蚀余量偏小，导致取水可靠性降低。

【处理措施】取水栓的栓口高于消防水池最低有效水位且低于溢流水位时，应调整消防水池或取水栓的位置及标高，使取水栓口低于水池最低有效水位，满足全程自灌式吸水要求。具体设计可参照《消防给水及消火栓系统技术规范图示》15S909第23、24页消防水池取水口图示。

15.2 给水系统

15.2.1 给水系统

问题11：采用民用建筑节水用水定额（平均日用水定额）代替最高日用水定额进行水量计算和蓄水设施容积计算。

【原因分析】违反《建筑给水排水设计标准》GB 50015—2019第3.8.3条、第3.8.4条和第3.13.9条第1款关于生活水池、生活水箱贮水量设计的规定。生活用水贮水池的有效容积应按进水量与用水量变化曲线经计算确定，当资料不足时，宜按建筑物最高日用水量的20%～25%确定；由城镇给水管网夜间直接进水的高位水箱的生活用水调节容积，宜按用水人数和最高日用水定额确定；由水泵联动提升进水的水箱的生活用水调节容积，不宜小于最大用水时水量的50%；小区生活用水调节量应按流入量和供出量的变化曲线经计算确定，资料不足时可按小区最高日生活用水量的15%～20%确定。

【处理措施】节水是通过良好的用水习惯和节水措施来实现的。建筑在用水的过程中会出现用水高峰时段，最高日用水量和最大时用水量均应采用最高日用水定额进行计算，不能采用平均日用水定额替代，否则会影响设备选型，生活水池、生活水箱贮水量可能偏小。

问题12：将供水企业提供的市政供水（服务）标高当做市政供水压力线标高，未充分利用市政供水压力。

【原因分析】违反《建筑给水排水设计标准》GB 50015—2019第3.4.1条和《城镇给水排水技术规范》GB 50788—2012第3.6.5条关于给水系统应充分利用室外给水管网压力直接供水的规定。

供水企业提供的市政供水（服务）标高是指不需要加压供水的楼层标高，能满足该高程用水器具正常使用的工作压力，不是实际水压线标高。

【处理措施】应正确理解供水企业提供的市政供水（服务）标高的含义，确定直接供水高程时，市政供水（服务）标高不应再扣除服务水头。建筑给水系统应充分利用室外给水管网压力直接供水，叠压供水装置也应充分利用室外管网压力。供水企业提供市政供水压力时，应明确该压力对应接管点的场地高程（尤其是坡地建筑项目）。

问题 13：建筑顶部（层）供水压力不足，部分用水器具、设备（延时自闭式冲洗阀、燃气热水器等）不能正常使用。

【原因分析】违反《建筑给水排水设计标准》GB 50015—2019 第 3.2.12 条关于用水器具最低工作压力的规定。延时自闭式冲洗阀最低工作压力为 0.10～0.15MPa，家用燃气热水器所需水压应按产品要求和热水供应系统最不利配水点所需工作压力确定。

【处理措施】顶部楼层供水压力不足时，应设置加压供水设施满足其工作压力要求。

问题 14：化学实验室未设置急救冲洗水嘴或未采取减压措施。

【原因分析】违反《中小学校设计规范》GB 50099—2011 第 5.3.8 条和第 10.2.5 条关于化学实验室应设置急救冲洗水嘴及其工作压力的规定。每一间化学实验室内应至少设置一个急救冲洗水嘴，急救冲洗水嘴的工作压力不得大于 0.01MPa；当化学实验室急救冲洗水嘴的工作压力大于 0.01MPa 时，应采取减压措施。

【处理措施】中小学化学实验室应设置急救冲洗水嘴。超压时，应设置减压设施。

问题 15：医院洁净手术部只有一路进水。

【原因分析】违反《医院洁净手术部建筑技术规范》GB 50333—2013 第 10.2.1 条关于洁净手术部供水要求的规定。供给洁净手术部的用水应有两路进口，由处于连续正压状态下的管道系统供给。

【处理措施】为保证供水不间断，应采取两路供水。

问题 16：给水分区压力大于 0.45MPa、底部楼层设置支管减压阀。

【原因分析】违反《建筑给水排水设计标准》GB 50015—2019 第 3.4.3 条关于给水系统竖向分区压力的规定。给水系统分区供水时，各分区的静水压不宜大于 0.45MPa。

【处理措施】增加竖向分区，避免分区压力过大。不宜通过设置支管减压阀的方式来增大竖向分区压力。

15.2.2　水箱、水池及给水加压设备泵房

问题 17：水池（箱）材质及内壁涂料不满足生活饮用水卫生标准要求。

【原因分析】违反《建筑给水排水设计标准》GB 50015—2019 第 3.3.18 条第 6 款关于水池（箱）材质、衬砌材料和内壁涂料不得影响水质的规定。

【处理措施】水池（箱）材质、衬砌材料和内壁涂料应符合《生活饮用水输配水设备及防护材料卫生安全性评价规范》的规定。

问题 18：生活水池（箱）进出水管形成水流短路，水池（箱）的有效容积大于 50m³ 时未分格。

【原因分析】违反《建筑给水排水设计标准》GB 50015—2019 第 3.3.18 条第 3 款关于防止水流短路的规定和第 3.8.1 条第 4 款关于水池（箱）分格的规定。水流短路会形成滞水区，影响水质。容量较大时要求分格是为了提高供水安全可靠性，确保检修维护时不间断供水。

【处理措施】生活水池（箱）进出水管路的布置应避免水流短路和形成滞水区，必要时可设置导流装置。水池（箱）容量超过 50m³ 时，宜分成两格或两座。

问题 19：生活水池、水箱及泵房设置在卫生间等产生污、废水房间的下层或设置在消防水泵房内。

【原因分析】违反《建筑给水排水设计标准》GB 50015—2019 第 3.3.17 条、第 3.8.1 条第 2 款、《消防给水及消火栓系统技术规范》GB 50974—2014 第 5.5.12 条第 3 款和《重庆市住宅用水一户一表设计、施工及验收技术规范》DBJ 50/T—187—2014 第 7.1.4 条关于生活水池、水箱设置位置的规定。建筑物内的生活饮用水水池（箱）应设在专用房间内，其上层的房间不应有厕所、浴室、盥洗室、厨房或污水处理间等。附设在建筑物内的消防水泵房，应采用耐火极限不低于 2.0h 的隔墙和 1.50h 的楼板与其他部位隔开。生活加压泵房应当独立设置，通风良好，并设有进出方便的管理通道。

【处理措施】生活水箱不应布置在厕所、浴室、盥洗室、厨房和污水处理间等房间的下层，也不应与消防水泵房共用房间，应当独立设置在通风良好、方便管理的房间内。

问题 20：生活水池、水箱（包括箱式叠压设备的水箱）未设消毒设施。

【原因分析】违反《城镇给水排水技术规范》GB 50788—2012 第 3.6.7 条和《二次供水工程技术规范》CJJ 140—2010 第 6.5.1 条关于生活水池（箱）配置消毒设施的规定，属于违反强制性条文。生活饮用水的水池（箱）应配置消毒设施，二次供水设施的水池（箱）应设置消毒设备。

【处理措施】生活水池、水箱应设置消毒设施，且其处理效果应达到生活饮用水卫生标准要求。

问题 21：泵组配置不合理，未设置备用水泵；变频调速泵组的变频器未与水泵一一对应。

【原因分析】违反《建筑给水排水设计规范》GB 50015—2019 第 3.9.1 条第 4 款、重庆市《居住建筑节能 65％（绿色建筑）设计标准》DBJ 50—071—2020 第 6.2.3 条和重庆市《公共建筑节能（绿色建筑）设计标准》DBJ 50—052—2020 第 6.2.3 条关于给水加压泵组设置和控制的规定。生活加压给水系统的水泵机组应设备用泵，备用泵的供水能力不应小于最大一台运行水泵的供水能力，水泵宜自动切换交替运行；宜按泵供水需求自动控制水泵启动的台数，水泵采用一对一变频控制，保证在高效区运行。

【处理措施】应根据设计流量的变化范围与主泵高效区的流量范围之间的比例关系确定泵组的数量，并设置备用泵；明确变频调速泵组中变频器与水泵的对应关系以及运行模式。

问题 22：加压泵房、空气源热泵机组（热水）、循环冷却设备等设置位置位于有安静要求的居住用房上层、下层或毗邻。

【原因分析】违反《建筑给水排水设计标准》GB 50015—2019 第 3.9.9 条和《城镇给水排水技术规范》GB 50788—2012 第 3.6.6 条关于加压泵房、循环冷却设备等设置位置的规定。给水加压泵房、循环冷却等设备不得设置在居住用房的上层、下层和毗邻的房间内，不得污染居住环境。违反 GB 50788—2012 第 3.6.6 条属于违反强制性条文要求。

【处理措施】水泵房、空气源热泵机组（热水）、循环冷却设备等不应布置在住宅、宿舍、酒店（旅馆）客房、医院病房等有安静要求的居住用房上层、下层或毗邻房间内（"毗邻"的含义参见《建筑给水排水设计标准》GB 50015—2019 第 3.3.17 条的条文说明）。当高层或超高层建筑中间设置生活水箱及泵房时，其上下应设置架空层（夹层）。

问题 23：水泵（房）未做防振、隔声处理或处理不到位。

【原因分析】违反《建筑给水排水设计标准》GB 50015—2019 第 3.9.9 条、第 3.9.10 条关于泵房减振防噪的要求。民用建筑物内水泵运行噪声应符合现行国家标准《民用建筑隔声设计规范》GB 50118—2010 的规定，建筑物内的给水泵房应采用下列减振防噪措施：①应选用低噪声水泵机组；②吸水管和出水管上应设置减振装置；③水泵机组的基础应设置减振装置；④管道支架、吊架和管道穿墙、楼板处，应采取防止固体传声措施；⑤必要时，泵房的墙壁和天花应采取隔声吸音处理。

【处理措施】应与建筑专业人员协调做好泵房四周隔声、吸音处理；水泵（设备）及管道的减振要按国标图集要求做好水泵隔振基础，管道采用弹性支、吊架；管道穿越楼板等应设置套管，套管与管道之间应采用柔性防火材料填充；水泵房以及水泵机组的定位、选型时应考虑防振、隔声因素。

15.2.3 防水质污染

问题 24：生活饮用水管向消防水池（箱）、雨水（中水）回用清水池（箱）等补水时，防回流污染距离标注不准确，或标注空气间隙距离不满足要求。

【原因分析】违反《建筑给水排水设计标准》GB 50015—2019 第 3.3.6 条补水防回流污染措施的规定。向消防等其他非供生活饮用的贮水池（箱）补水时，其进水管口最低点高出溢流边缘的空气间隙不应小于 150mm；向中水、雨水回用水等回用水系统的贮水池（箱）补水时，其进水管口最低点高出溢流边缘的空气间隙不应小于进水管管径的 2.5 倍，且不应小于 150mm。该行为属于违反强制性条文要求。

【处理措施】应明确进水管口最低点至水池（箱）溢流水位边缘之间的最小空气间隙，其间距应满足现行《建筑给水排水设计标准》GB 50015—2019 第 3.3.6 条的要求。

问题 25：自市政给水管网接出的给水引入管已设倒流防止器时，叠压供水设备和商用水加热器（容积式、半容积式等）重复设置。

【原因分析】违反《建筑给水排水设计标准》GB 50015—2019 第 3.3.12 条关于不应重复设置防回流污染设施的规定。

【处理措施】引入管已设倒流防止器时，在给水加压设备、加热器进水管上不必重复设置倒流防止器，可设置止回阀。

问题 26：倒流防止器选型不明确，或选型与回流危害程度不匹配。

【原因分析】违反《建筑给水排水设计标准》GB 50015—2019 第 3.3.11 条关于倒流防止器选择的规定。倒流防止器的选择，应根据回流性质、回流污染的危害程度按本规范附录 A 确定。

【处理措施】应根据回流性质、回流污染的危害程度按规范要求确定倒流防止器选型。不应采用防回流污染危害程度低的倒流防止器代替防回流污染危害程度高的倒流防止器。不应采用倒流防止器代替水池（箱）补水管空气间隙。

问题 27：真空破坏器选型不明确，或选型与回流危害程度不匹配。

【原因分析】违反《建筑给水排水设计标准》GB 50015—2019 第 3.3.11 条关于真空破坏器选择的规定，应根据回流性质、回流污染的危害程度按本规范附录 A 确定。

【处理措施】应根据回流性质、回流污染的危害程度确定真空破坏器选型。不应采用防回流污染危害程度低的真空破坏器代替防回流污染危害程度高的真空破坏器。不应采用真空破坏器代替需要防止背压回流的倒流防止器。

问题 28：倒流防止器安装在地下式水表井里。

【原因分析】违反《建筑给水排水设计标准》GB 50015—2019 第 3.5.8 条、《消防给水及消火栓系统技术规范》GB 50974—2014 第 8.3.5 条关于倒流防止器设置位置的规定：①不应装在有腐蚀性和污染的环境；②排水口不得直接接至排水管，应采用间接排水；③应安装在便于维护的地方，不得安装在可能结冻或被水淹没的场所。室内消防给水系统由生活、生产给水系统管网直接供水时，应在引入管处设置倒流防止器。当消防给水系统采用有空气隔断的倒流防止器时，该倒流防止器应设置在清洁卫生的场所，其排水口应采取防止被水淹没的技术措施。违反《消防给水及消火栓系统技术规范》GB 50974—2014 第 8.3.5 条属于违反强制性条文要求。

【处理措施】倒流防止器应安装在清洁卫生和不被冻结或被水淹没的场所。各类倒流防止器的安装位置及安装方式可参照或选用国家建筑标准图集《倒流防止器选用及安装》12S108—1 相应图号的安装方式，只有双止回阀型的倒流防止器才能安装在地下。

问题 29：自生活给水管接出的车库冲洗供水龙头、绿化供水系统接口、冷却塔补水等处未采取防止回流污染措施。

【原因分析】违反《建筑给水排水设计标准》GB 50015—2019 第 3.3.10 条的规定，属于违反强制性条文要求。

【处理措施】从小区或建筑物内生活饮用水管道上直接接出下列用水管道时，应在用水管道上设置真空破坏器：①当游泳池、水上游乐池、按摩池、水景池、循环冷却水集水池等的充水或补水管道出口与溢流水位之间的空气间隙小于出口管径 2.5 倍时，在其充（补）水管上；②不含有化学药剂的绿地喷灌系统，当喷头为地下式或自动升降式时，在其管道起端；③消防（软管）卷盘、轻便消防水龙；④出口接软管的冲洗水嘴（阀）、补水水嘴与给水管道连接处。

问题 30：真空破坏器安装位置不满足安装条件要求。

【原因分析】违反《建筑给水排水设计标准》GB 50015—2019 第 3.5.9 条关于真空破坏器设置位置的规定：①不应装在有腐蚀性和污染的环境；②大气型真空破坏器应直接安装于配水支管的最高点；③真空破坏器的进气口应向下，进气口下沿的位置高出最高用水点或最高溢流水位的垂直高度，压力型不得小于 300mm；大气型不得小于 150mm。

【处理措施】真空破坏器应安装在清洁卫生场所，各类真空破坏器的安装位置与安装方式可参照或选用国家建筑标准图集《真空破坏器选用与安装》12S108—2 相应图号的安装方式。

15.2.4　给水管道管材、附件及布置和敷设

问题 31：球墨铸铁管或焊接钢管等内防腐材料不满足国家卫生标准要求。

【原因分析】违反《建筑给水排水及采暖工程施工质量验收规范》GB 50242—2002 第 4.1.2 条关于生活给水系统所涉及材料卫生标准的规定。属于违反强制性条文要求。

【处理措施】管内壁的防腐材料，应符合现行的国家有关卫生标准的要求。给水管道必须采用与管材相适应的管件，生活给水系统所涉及的材料必须达到饮用水卫生标准。

问题 32：公共卫生间采用普通水嘴；综合医院的诊室、公共卫生间的洗手盆、小便斗、大便器等未采用非手动开关。

【原因分析】违反《重庆市建设领域禁止、限制使用落后技术通告（2019 年版）》（渝建发〔2019〕25 号）、《综合医院建筑设计规范》GB 51039—2014 第 6.2.5 条关于使用非手动水嘴及非手动开关的规定。普通水嘴，不得用于公共厕所等公共场所；综合医院建筑下列场所的用水点应采用非手动开关，并应采取防止污水外溅的措施：①公共卫生间的洗手盆、小便斗、大便器；②护士站、治疗室、中心（消毒）供应室、监护病房等房间的洗手盆；③产房、手术刷手池、无菌室、血液病房和烧伤病房等房间的洗手盆；④诊室、检验科等房间的洗手盆；⑤有无菌要求或防止院内感染场所的卫生器具。违反《综合医院建筑设计规范》GB 51039—2014 第 6.2.5 条，属于违反强制性条文要求。

【处理措施】公共厕所等公共场所不得选用普通水嘴，可选用感应式等非手动水嘴；综合医院诊室、公共卫生间的洗手盆、小便斗、大便器等用水点应采用非手动开关，可采用感应式或脚踏式开关。

问题 33：塑料给水管不采取保护措施明装在住宅外墙上或屋面上。

【原因分析】违反《建筑给水排水设计规范》GB 50015—2019 第 3.6.19 条关于在室外明设给水管道的规定。给水管道受阳光直接照射可能导致水温忽冷忽热，且易导致管内细菌繁殖。塑料给水管道无遮光措施会加速老化。

【处理措施】明敷的给水管道应避免阳光直接照射，明敷的塑料管道还应采取遮光保护措施。

问题 34：结冻地区的室外给水管道未采取防冻措施。

【原因分析】违反《建筑给水排水设计规范》GB 50015—2019 第 3.13.19 条和第 3.6.19 条关于室外给水管道防冻的规定。

【处理措施】室外给水管道的覆土深度应根据土壤冰冻深度、车辆荷载、管道材质及管道交叉等因素确定。管顶最小覆土深度不得小于土壤冰冻线以下 0.15m。在室外明设的给水管道，在结冻地区应做保温层，保温层的外壳应密封防渗。

15.2.5　游泳池与水上游乐池、景观绿化与水景

问题 35：水上游乐设施儿童池和成人池合用循环系统。

【原因分析】违反《建筑给水排水设计规范》GB 50015—2019 第 3.10.6 条关于不同使用功能的游泳池应分别设置各自独立的循环系统的规定。使用对象不同，使用过程中水质污染程度不同，设计规范对循环周期、水温等方面的要求也不同。水上游乐池循环水系统应根据水质、水温、水压和使用功能等因素，设计成一个或若干个独立的循环系统。

【处理措施】儿童池和成人池应设置各自独立的循环系统和水质净化系统，满足不同使用对象对水质、水温等使用功能的要求。

问题 36：建筑小区按绿色建筑设计时，绿化灌溉方式（采用快速取水阀取水等）不满足绿色建筑设计要求。

【原因分析】违反重庆市《公共建筑节能（绿色建筑）设计标准》DBJ 50—052—2020 第 9.2.5 条第 1 款和《居住建筑节能 65%（绿色建筑）设计标准》DBJ 50—071—2020 第 9.2.4 条第 1 款关

第 2 部分　房屋建筑工程

于节水灌溉的规定。

【处理措施】按照绿色建筑标准设计时，景观绿化灌溉应采用喷灌、微灌、渗灌等高效节水灌溉方式。

问题 37：水景采用市政自来水或地下井水补水。

【原因分析】违反《民用建筑节水设计标准》GB 50555—2010 第 4.1.5 条关于节水设计的规定。景观用水水源不得采用市政自来水和地下井水。属于违反强制性条文要求。

【处理措施】为节约水资源，景观用水不得采用市政自来水及地下井水，可采用中水或雨水收集利用。与人体接触的亲水性水体可采用自来水补水，或者采取处理措施确保水质达标。

问题 38：水景未采取水质净化处理措施，未循环使用。

【原因分析】违反《建筑给水排水设计标准》GB 50015—2019 第 3.12.1 条、第 3.12.2 条关于水景水质和水景用水循环使用的规定。

【处理措施】水景的水质应根据水景的使用功能确定，并应满足《建筑给水排水设计标准》GB 50015—2019 第 3.12.1 条的相关要求。当无法满足要求时，应进行水质净化处理和水质消毒。为节约水资源，水景用水宜循环使用。

15.2.6　循环冷却水系统

问题 39：冷却塔选型忽视对其防火性能的要求。

【原因分析】违反《建筑给水排水设计标准》GB 50015—2019 第 3.11.4 条第 3 款关于冷却塔防火性能的规定。冷却塔材料应为阻燃型并应符合防火要求。

【处理措施】按《建筑与工业给水排水系统安全评价标准》GB/T 51188—2016 第 5.2.7 条，用于制造冷却塔的难燃材料氧指数不应低于 30。

问题 40：冷却塔靠近噪声敏感区域设置时，未采取隔振防噪技术措施。

【原因分析】违反《建筑给水排水设计标准》GB 50015—2019 第 3.11.8 条关于靠近噪声敏感区域设置冷却塔应采取隔振防噪措施的规定。冷却塔所处环境对噪声要求较高时应采取技术措施隔振降噪。

【处理措施】宾馆客房、医院病房、电影院观影厅等建筑功能用房对噪声较为敏感，当冷却塔不可避免靠近上述建筑功能用房设置时，可通过选用低噪声或超低噪声型冷却塔、在管道上设置隔振防噪装置、在冷却塔基础设置隔振装置、在建筑上设置隔声吸声屏障等措施来减小冷却塔运行对噪声敏感区域的影响。

问题 41：循环冷却水系统未采取水质处理措施。

【原因分析】违反《建筑给水排水设计标准》GB 50015—2019 第 3.11.16 条关于循环冷却水系统应采取水质稳定处理措施的规定。开式循环冷却水系统中，冷却水与空气接触会吸收空气中的灰尘、微生物、溶解氧，再加上含盐浓度提高，冷却水水质会变得不稳定，引起菌藻增殖、结垢和腐蚀。密闭式循环冷却水系统中，水不与空气接触、不受阳光照射，结垢与微生物控制虽不是主要问题，但腐蚀问题仍然存在。

【处理措施】为保证制冷机组的换热效率和使用年限，建筑空调系统的循环冷却水系统应采取过滤、缓蚀、阻垢、杀菌、灭藻等水质处理措施。

问题 42：冷却塔设置于屋顶边缘处未采取防止飘水影响的措施。

【原因分析】违反《建筑给水排水设计标准》GB 50015—2019 第 3.11.3 条第 3 款关于冷却塔应考虑飘水影响的规定。开式循环冷却水系统的循环水水质较差，与人体接触可能引起不适，甚至影响健康。冷却塔靠近屋顶边缘设置时，其飘水可能散落于附近人行道或建筑窗户处，对行人及建筑使用者造成影响。

【处理措施】可选用无飘水型冷却塔，或者采取增设出风导流筒等措施消除飘水影响。

15.3　热水及直饮水供水系统

15.3.1　系统设计

问题 43：集中热水供应系统未采取水质软化或阻垢缓蚀处理措施。

【原因分析】违反《建筑给水排水设计标准》GB 50015—2019 第 6.2.3 条关于原水处理的规定。

【处理措施】热水供应系统的原水是否采取软化处理措施取决于原水总硬度和热水用途。无论原水是否需采取软化处理措施，通常均应采取阻垢缓蚀措施。常用物理处理法有磁处理、电场处理或超声波处理等，化学处理法有投加环保型药剂或无磷、低磷药剂等。

问题 44：利用燃油（气）热水机组制备热水时，加热方式（直接加热或间接加热）选择不当。

【原因分析】违反《建筑给水排水设计标准》GB50015—2019 第 6.5.1 条和第 6.5.2 条关于水加热设备选择的规定。

【处理措施】利用燃油（气）热水机组制备热水时，热水供应系统应根据原水水质、换热效率、生活热水侧阻力、维护便利性等因素选择直接加热或间接加热方式。直接加热方式换热效率高，适用于总硬度（以碳酸钙计）不超过 150mg/L、无须分区、日用热水量不大的热水供应系统。但机组检修维护频率高、不利于用水点处冷热水压力平衡。间接加热方式适用于总硬度（以碳酸钙计）不超过 300mg/L、设置多个分区、日用热水量较大的热水供应系统。虽然换热效率略低于直接加热方式，但热水机组检修维护频率低且热水机组利用效率高，有利于用水点处冷热水压力平衡。

问题 45：设置冷热水混合器或混合龙头时，未采取保证冷、热水供应系统在配水点处具有相近水压的措施。

【原因分析】违反《建筑给水排水设计标准》GB 50015—2019 第 6.3.7 条第 4 款关于设置冷热水混合器或混合龙头时，冷、热水供应系统在配水点处应具有相近水压的规定。

【处理措施】热水供水系统与冷水系统在配水点处应有相近水压，一般以冷热水供水压差小于等于 0.01MPa 为宜，如此才能达到节水节能、用水舒适的目的。热水系统与冷水系统分区应一致，相应给水分区需同时采用市政直接供水或首选同一泵组加压供水。当热水系统与冷水系统的各相应分区采用不同加压设备供水时，加压设备设计压力参数需一致。实现上述要求确有困难时，可通过合理设置支管减压阀等方式实现冷、热水供应系统在配水点具有相近水压。

问题 46：建筑物内集中热水供应系统的热水循环管道未采用同程布置，且未采取其他保证循环效果的措施。

【原因分析】违反《建筑给水排水设计标准》GB 50015—2019 第 6.3.14 条第 2 款关于保证集中热水供应系统循环效果的规定。

【处理措施】热水供应系统同程布置是指对于每个热水配水点而言，其供水与回水管路长度之和基本相等。同程布置有利于保证循环效果、缩短配水点出热水时间，对节水、节能具有重要意义。建筑物内集中热水供应系统的管路宜优先采用同程布置，在采用同程布置确有困难时，可采用在回水支管接入回水干管处设置循环流量调节阀、温度控制阀或分循环泵等措施保证循环效果。

问题 47：公共浴室多于 3 个淋浴器的配水管未形成环状，配水管规格偏小、沿程水头损失偏大。

【原因分析】违反《建筑给水排水设计标准》GB 50015—2019 第 6.3.7 条第 5 款关于公共浴室配水管道设置的规定。

【处理措施】公共浴室淋浴器数量较多，淋浴器开启或关闭会引起淋浴器管网压力变化，造成淋浴器出水温度不稳定，多于 3 个淋浴器的配水管宜形成环状。对于成组淋浴器配水管的沿程水头损失，当淋浴器少于或等于 6 个时，可采用每米不大于 300Pa；当淋浴器多于 6 个时，可采用每米不大于 350Pa。配水管不宜变径，且其最小管径不得小于 25mm。

15.3.2 加热设备、循环泵、管材、阀门、附件

问题 48：热水供应系统水加热设备设计小时供热量与贮热容积不匹配。

【原因分析】违反《建筑给水排水设计标准》GB 50015—2019 第 6.4.3 条、第 6.5.11 条、第 6.6.7 条关于水加热设备设计小时供热量与贮热容积的规定。

【处理措施】半即热式、快速式水加热器具备完善可靠的温度自动控制及安全装置时，其设计小时供热量应按热水设计秒流量耗热量确定，详见《建筑给水排水设计标准》GB 50015—2019 式（6.4.3—2）。半即热式、快速式水加热器不具备完善可靠的温度自动控制及安全装置时，热水供应系统应设置贮热设施，其设计小时供热量及贮热容积可按导流型容积式水加热器或半容积式水加热器确定。导流型容积式水加热器按《建筑给水排水设计标准》GB 50015—2019 式（6.4.3—1）计算确定其设计小时供热量，按《建筑给水排水设计标准》GB 50015—2019 表 6.5.11 确定其贮热容积。半容积式水加热器设计小时供热量按设计小时耗热量确定，详见《建筑给水排水设计标准》GB 50015—2019 式（6.4.1—1），其贮热容积按《建筑给水排水设计标准》GB 50015—2019 表6.5.11 确定。热泵设计小时供热量按热水供应系统的最高日耗热量应在热泵设计工作时间段内均匀制备进行计算，详见《建筑给水排水设计标准》GB 50015—2019 式（6.6.7—1），贮热容积按《建筑给水排水设计标准》GB 50015—2019 式（6.6.7—2）计算确定。

问题 49：采用间接加热方式的容积式、半容积式水加热器的管程与壳程压力等级、传热管束换热面积选择不当。

【原因分析】违反《建筑给水排水设计标准》GB 50015—2019 第 6.1.2 条、第 6.5.7 条关于热水系统所采用设备应保证系统安全可靠性和水加热器加热面积选择的规定。

【处理措施】采用间接加热方式的容积式、半容积式水加热器选型应分别确定其管程与壳程压力等级以及传热管束换热面积。水加热器管程和壳程压力等级应分别与热媒侧的第一循环系统及热

水侧的第二循环系统所施加的工作压力相当，偏低的压力等级可能导致水加热器变形甚至破裂而影响系统安全运行，偏高的压力等级可能造成水加热器不必要地增加壁厚而降低换热效率。设计应根据计算得出的换热面积对水加热器的传热管束换热面积进行选择，选型确定的传热管束换热面积不应低于计算值，也无须过大。

问题 50：空气源热泵热水供应系统未根据所在区域最冷月平均气温设置辅助热源或采取延长空气源热泵工作时间等满足使用要求的措施。

【原因分析】违反《建筑给水排水设计标准》GB 50015—2019 第 6.6.7 条第 5 款关于保证空气源热泵热水供应系统满足使用要求的规定。

【处理措施】空气源热泵热水供应系统自低温热源取热，其制热速率缓慢且易受空气温度、湿度影响。设计可按《民用建筑热工设计规范》GB 50176—2016 表 A.0.1 确定工程所在地的最冷月平均气温参数。最冷月平均气温低于 10℃且不小于 0℃的区域内，空气源热泵热水供应系统宜配置辅助热源，或采取延长空气源热泵的工作时间等满足使用要求的措施。

问题 51：热水循环泵流量或扬程过大。

【原因分析】违反《建筑给水排水设计标准》GB 50015—2019 第 6.7.5 条、第 6.7.6 条和第 6.7.10 条第 1 款及第 2 款关于热水循环流量和热水循环泵出水量及扬程的规定。热水循环泵的流量或扬程过大不仅耗能，也可能影响热水用水点压力稳定。

【处理措施】全日热水供应系统的热水循环流量应根据配水管道热损失及配水管道温度差计算确定，通常循环流量约为 0.15～0.38 倍设计小时热水量，定时热水供应系统的热水循环流量（L/h）约为循环管网总水容积（L）的 2～4 倍。热水循环泵的出水量应计入附加系数。对于热水供水干管未设置减压阀的热水供应系统，热水循环泵的扬程仅需克服管网沿程水头损失与局部水头损失；若热水供水干管设有减压阀，热水循环泵扬程还需叠加减压阀所减去压头。

问题 52：水加热设备设计出水温度要求不低于 60℃的集中热水供应系统仅采用空气源热泵热水机组制备生活热水。

【原因分析】违反《公共建筑节能设计标准》GB 50189—2015 中第 5.3.3 条关于空气源热泵热水机组 COP 值的规定。根据抑菌或使用热水水温的要求，医疗等建筑水加热设备出水温度不应低于 60℃。在环境温度不高于 15℃、出水温度要求达到 60℃时，大部分空气源热泵热水机组 COP 值不超过 3.6，失去节能优势。

【处理措施】水加热设备设计出水温度要求不低于 60℃时，集中生活热水供应系统应采用传统能源水加热设备或"空气源热泵热水机组＋传统能源水加热设备"等方式。

问题 53：热水循环泵壳体承压能力不满足要求。

【原因分析】违反《建筑给水排水设计标准》GB 50015—2019 第 6.7.10 条第 3 款关于热水循环水泵壳体承压要求的规定。

【处理措施】对于热水供水干管未设置减压阀的热水供应系统，热水循环泵的扬程仅需克服管网的沿程水头损失与局部水头损失，扬程较小。设置于热水系统底部的热水循环泵壳体承受的压力大致为分区静水压与水泵扬程之和，往往高出其设计扬程数倍。因此，热水循环泵壳体的工作压力应按不低于热水系统（分区）静水压与水泵扬程之和考虑，不能仅按扬程考虑泵壳工作压力。

问题 54：热水机房内与水加热设备直接相连的管道选用塑料管。

【原因分析】违反《建筑给水排水设计标准》GB 50015—2019 第 6.8.2 条关于热水设备机房内不应采用塑料热水管道的规定。

【处理措施】热水机房内加热设备温度高，塑料管材耐高温性能和高温条件下的抗老化性能不如金属管材。热水机房内的热水连接管道应采用薄壁铜管、薄壁不锈钢管等金属管材。按《重庆市建设领域禁止、限制使用落后技术通告（2019 年版）》规定，衬塑复合钢管不得用于建筑热水供应系统。

问题 55：热水供应系统保温层燃烧性能等级不满足要求。

【原因分析】违反《建筑设计防火规范》GB 50016—2014（2018 年版）第 6.1.6 条和第 9.3.15 条关于热水供应系统保温层燃烧性能等级的规定。

【处理措施】按《建筑给水排水设计标准》GB 50015—2019 第 6.8.14 条，热水机组、水加热设备、贮热水罐、热水输（配）水、循环回水干（立）管应设置保温层。参照《工业设备及管道绝热工程设计规范》GB 50264—2013 第 4.1.6 条规定，被绝热设备或管道表面温度大于 100℃时，应选择不低于《建筑材料及制品燃烧性能分级》GB 8624—2012 规定的 A_2 级（A 级中的最低等级）材料；被绝热设备或管道表面温度不超过 100℃时，应选择不低于《建筑材料及制品燃烧性能分级》GB 8624—2012 规定的 C 级（B_1 级中的最低等级）材料。热水供应系统保温层的绝热材料燃烧性能等级最低应为 B_1 级；穿越防火墙的热水管道保温层燃烧性能等级应为 A 级。泡沫橡塑制品被广泛用作保温层的绝热材料，其燃烧性能等级分作 B_1、B_2 两个等级，但用于建筑内热水供应系统的绝热材料的泡沫橡塑制品燃烧性能等级不应低于 B_1 级。

问题 56：热水系统管道未采取补偿管道伸缩的措施。

【原因分析】违反《建筑给水排水设计标准》GB 50015—2019 第 6.8.3 条关于热水管道系统应采取补偿管道热胀冷缩措施的规定。

【处理措施】热水管道系统应采取补偿管道热胀冷缩的措施。可利用管道的转弯自然补偿，无自然补偿条件时可设置 Ω 形伸缩器、套管伸缩器、波纹管伸缩器和橡胶管接头等进行补偿。不同材质管道膨胀系数不相同，应通过计算确定管道伸缩量，选择合理的补偿措施。

问题 57：医院、疗养所等建筑的水加热设备出水温度低于 60℃、其他建筑水加热设备出水温度低于 55℃时，热水供应系统未采取灭菌消毒措施。

【原因分析】违反《建筑给水排水设计标准》GB 50015—2019 第 6.2.6 条第 2 款关于热水供应系统采取灭菌消毒措施的规定。

【处理措施】生活给水经加热设备加热、管道输送和用水器具使用过程中，可能受到病原微生物污染。医院、疗养所等建筑的水加热设备出水温度低于 60℃、其他建筑水加热设备出水温度低于 55℃时，热水供应系统应设置灭菌消毒设施或采取灭菌消毒措施。常见的灭菌消毒设施为银离子消毒器或紫外光催化二氧化钛消毒装置，灭菌消毒措施为定期提升热水供应系统水温。

15.3.3　直饮水系统

问题 58：饮水系统供、回水管道未采用同程布置，且未采取其他保证循环效果的措施。

【原因分析】违反《建筑给水排水设计标准》GB 50015—2019 第 6.9.3 条第 6 款关于管道直饮

水系统管道布置的规定。

【处理措施】为防止管网中直饮水长时间滞留导致水质恶化，并将直饮水的中各种污染物及时去除，直饮水系统需设置循环处理设施。为保证循环效果，直饮水系统供、回水管道应同程布置。在采用同程布置确有困难时，可采取在回水支管接入回水干管处设置循环流量调节阀等措施保证循环效果。

问题 59：管道直饮水系统未采取保证消毒剂余量的措施。

【原因分析】违反《建筑给水排水设计标准》GB 50015—2019 第 6.9.3 条第 1 款关于管道直饮水水质的规定。

【处理措施】《饮用净水水质标准》CJ 94—2005 对管网末梢水余氯要求不低于 0.01mg/L，采用臭氧或二氧化氯消毒时消毒剂余量均要求不低于 0.01mg/L。当直饮水系统采用紫外线、光催化氧化技术等不具备持续消毒能力的消毒方式时，若不能确保末梢水细菌学指标达标，应辅以其他长效消毒剂，使管网末梢消毒剂余量满足要求。

15.4 排水系统

15.4.1 污水系统

问题 60：下列污废水未经单独处理直接排至室外生活污水管网：职工食堂、营业餐厅的厨房含有油脂的废水；洗车冲洗水；水温超过 40℃ 的锅炉等加热设备排水；（学校等）实验室有毒有害废水。

【原因分析】违反《建筑给水排水设计标准》GB 50015—2019 第 4.2.4 条关于需要单独排水至水处理构筑物的规定，违反《中小学校设计规范》GB 50099—2011 第 10.2.13 条关于化学实验室的废水应经过处理后再排入污水管道的规定。

【处理措施】食堂及餐厅的含油脂废水应经隔油设施处理，且排水设备至隔油池之间的管路不宜过长；洗车废水必须经过沉淀处理后排放或循环使用；水温超过 40℃ 的排水应设降温池降温后排放；化学实验室废水应设酸碱中和池等处理设施，如有特殊污染，应采用专用容器收集，送至专业处理单位进行处理。

问题 61：医院各科室排放的污水中所含有害、有毒物质种类或含量不同，未分别排放或处理。

【原因分析】违反《综合医院建筑设计规范》GB 51039—2014 第 6.3.2 条的规定。下列场所应采用独立的排水系统或间接排放：①传染病门急诊和病房的污水应单独收集处理；②放射性废水应单独收集处理；③牙科废水宜单独收集处理；④分析化验采用的有腐蚀性的化学试剂宜单独收集，并应综合处理后再排入院区污水管道或回收利用。

【处理措施】①传染病门急诊和病房的污水将其单独收集专门处理，经消毒池灭活消毒处理后再排入综合医院污水处理系统；②放射性废水将其单独收集经衰变池处理；③牙科产生的含汞废水液，经含汞废液处理装置处理；④医院检验室、消毒室等废液中的重金属离子、有毒有害物质将其单独收集委托专门处理机构处理；临床医疗部门使用的同位素药杯、注射器，高强度放射性同位素分装时的移液管、试管等器皿清洗的废水将其单独收集委托专门处理机构处理；医院检验科等处分析化验采用的有腐蚀性的化学试剂应单独收集综合处理再排入院区污水管道或回收利用；⑤医院病区和非病区的污水分流，传染病区和非传染病区的污水分流，不得将固体传染性废物、各种化学废液弃置和倾倒排水管道；⑥医院、大专院校、科研机构、工业企业中独立设置各类医药、动物、病理、生化等实验室（实验楼）的污水应按《科研建筑设计标准》JGJ 91—2019的规定单独排放或处理。根据《医院污水处理工程技术规范》HJ 2029—2013第5.1.4条，大中型医院污水处理站中污水处理构筑物应按两组并联设计，每组按70％负荷设计。

问题62：重庆市新建住宅阳台排水接至室外雨水管网。

【原因分析】违反渝建〔2019〕195号文。自2019年5月1日起，重庆市新建住宅阳台排水采取防臭措施后排入室外污水系统。

【处理措施】住宅阳台排水每层设置存水弯或排水出户管设置水封井后排入室外污水系统。根据《建筑给水排水设计标准》GB 50015—2019第5.2.24条第4款，当阳台、露台雨排水排入小区污水管道时，应设水封井。设水封井时可不设存水弯，因此设存水弯或水封井均视为满足渝建〔2019〕195号文要求。若每层设置了存水弯且出户管也设置了水封井，排水立管设置伸顶通气管，则不视为重复设置水封。当阳台排水接至室外污水管道时，空调冷凝水排水管道应独立设置，不应接入阳台排水管道。

问题63：卫生器具未设存水弯、重复设置水封或未使用构造内自带水封便器。

【原因分析】卫生器具未设存水弯违反《建筑给水排水设计标准》GB 50015—2019第4.3.10条关于存水弯设置的规定，属于违反强制性条文要求。当构造内无存水弯的卫生器具与生活污水管道或其他可能产生有害气体的排水管道连接时，必须在排水口以下设存水弯。卫生器具重复设置水封违反《建筑给水排水设计标准》GB 50015—2019第4.3.13条关于卫生器具排水管段上不得重复设置水封的规定。未使用构造内自带水封便器违反重庆市《居住建筑节能65％（绿色建筑）设计标准》DBJ 50—071—2020第6.3.4条第5款和重庆市《公共建筑节能（绿色建筑）设计标准》DBJ 50—052—2020第6.3.1条第5款的规定。

【处理措施】卫生洁具排水口以下应设置存水弯，水封不应小于50mm；若洁具自带存水弯的不应重复设置，但洁具自带存水弯的水封不应小于50mm；卫生器具排水管段上不得重复设置水封，双水封会造成气阻现象，排水不畅且产生排水噪声。

问题64：室内生活废水排水沟与室外生活污水管道连接处未设水封装置。

【原因分析】违反《建筑给水排水设计标准》GB 50015—2019第4.4.17条关于室内生活废水排水沟与室外生活污水管道连接的规定，属于违反强制性条文要求。

【处理措施】室内生活废水排水沟与室外生活污水管道连接处应设存水弯或水封井等水封装置。如设有排水沟的厨房与室外排水管道连接处，应设网框式地漏加存水弯。室内排水沟与室外雨水管道连接处也应设置水封，但不属于本条文规定范畴。

问题65：住宅厨房间的废水与卫生间的污水合用一根立管。

【原因分析】违反《建筑给水排水设计标准》GB 50015—2019第4.4.3条关于住宅厨房间的废水和卫生间的污水立管不应合用的规定，属于违反强制性条文要求。

【处理措施】住宅厨房间的废水与卫生间的污水不得与卫生间的污水合用立管。本条仅指厨房间废水不能接入卫生间生活污水立管，不含卫生间的废水立管、排出管以及转换层的排水干管。

问题 66：低于室外地面的住宅卫生间与上部排水共用排水立管和出户管。

【原因分析】违反《城镇给水排水技术规范》GB 50788—2012 第 4.2.3 条和《建筑给水排水设计标准》GB 50015—2019 第 4.8.1 条关于地下室、半地下室中的卫生器具和地漏不得与上部排水管道连接的规定，属于违反强制性条文要求。

【处理措施】低于室外地面的地下半地下室排水应采用单独的排水泵压力排水。且应采取相应的安全保证措施，保证污水、废水安全可靠地排出。对于山地建筑，若地下室、半地下室的地面标高高于室外排水管道处的地面标高，可以采用重力排水系统。

问题 67：靠近排水立管底部的最低横支管、连接在排出管或排水横干管上的排水支管，与立管底部的距离不满足规范要求。

【原因分析】违反《建筑给水排水设计标准》GB 50015—2019 第 4.4.11 条关于连接在立管底部的最低横支管和连接在排出管、排水横干管上的排水支管与立管底部应满足一定距离的规定。由于污水立管流速大于排出管，立管底部产生正压，使靠近立管底部的卫生器具内的水封破坏、器具内发生冒泡、满溢现象。立管底部正压值与立管高度、通气状况和排出管的阻力有关。

【处理措施】连接在立管底部的最低横支管和连接在排出管、排水横干管上的排水支管应与立管底部保持一定的距离，满足《建筑给水排水设计标准》GB 50015—2019 第 4.4.11 条的要求。若排水横干管仅连接了一层排水支管，不存在受立管上部横支管排水影响的问题，不属于本条文规定范畴。

问题 68：需间接排水的构筑物和设备的排水管道与生活排水管道连接不满足间接排水要求。

【原因分析】违反《建筑给水排水设计标准》GB 50015—2019 第 4.4.12 条和《消防给水及消火栓系统技术规范》GB 50974—2014 第 4.3.9 条第 3 款关于部分需间接排水的构筑物和设备的排水管不得与生活排水管道直接连接、应采取间接排水方式的规定，属于违反强制性条文要求。

【处理措施】生活饮用水池（箱）和消防水池（箱）的泄水管、溢流管，开水器、热水器排水，空调设备冷凝水，冷藏库房的地面排水，冷风机溶霜水盘的排水管均不得与生活排水管道直接连接，并应满足间接排水空气间隙要求。间接排水空气间隙高度应满足《建筑给水排水设计标准》GB 50015—2019 第 4.4.14 条的要求。

问题 69：生活排水立管的顶端未设置通气设施。

【原因分析】违反《建筑给水排水设计标准》GB 50015—2019 第 4.7.2 条关于生活排水管道的立管顶端应设置通气设施的规定。

【处理措施】生活排水立管顶端应设置伸顶通气管。伸顶通气管无法伸出屋面时，可设置侧墙通气，或设置汇合通气管后延伸到侧墙或屋面通气。当伸顶和侧墙均无法通气时也可设置自循环通气管。当公共建筑排水管道伸顶通气管、侧墙通气管和自循环通气管均无法设置时，可设置吸气阀。

问题 70：未按规范要求设置环形通气管。

【原因分析】违反《建筑给水排水设计标准》GB 50015—2019 第 4.7.3 条关于设置环形通气管的规定。

【处理措施】连接 6 个及 6 个以上大便器的污水横支管、连接 4 个及以上卫生器具且长度大于 12m 的排水横支管和特殊单立管偏置时应设置环形通气管。

问题 71：附建于民用建筑内的（社区）医疗卫生服务站的医疗区污水未经特别处理直接排至室外污水管网。

【原因分析】违反《社区卫生服务中心、站建设标准》建标 163—2013 第三十七条关于医疗区污水排放的有关规定。

【处理措施】医疗卫生服务站的医疗区污水应满足现行国家标准《医疗机构水污染物排放标准》GB 18466—2005 关于医院污水排放的有关规定。

问题 72：污废水集水池的有效容积设置过小；污水集水池未设通气设施，未设密封井盖。

【原因分析】违反《建筑给水排水设计标准》GB 50015—2019 第 4.8.3 条、第 4.8.4 条关于污废水集水池容积和通气设施设置的规定。

【处理措施】集水池有效容积不宜小于最大一台污水泵 5min 的出水量，且污水泵每小时启动次数不宜超过 6 次；成品污水提升装置每小时启泵次数应满足其产品技术要求。当污水集水池设置在室内地下室时，池盖应密封，且应设于单独的房间内，并设置通风、通气管道系统。成品污水提升装置可设置在卫生间或敞开空间内，地面宜考虑排水措施。

问题 73：生活排水管道在建筑内设置检查井代替清扫口。

【原因分析】违反《建筑给水排水设计标准》GB 50015—2019 第 4.6.5 条的规定。生活排水管道在室内设置检查井，密闭性得不到保障，臭气逸出影响室内环境。

【处理措施】不在室内设置检查井，排水横管按规范要求设置清扫口。

15.4.2 雨水系统

问题 74：雨水汇水面积计算时，毗邻侧墙部分面积未计入。

【原因分析】违反《建筑给水排水设计标准》GB 50015—2019 第 5.2.7 条关于雨水汇水面积计算的规定。

【处理措施】雨水汇水面积应按地面、屋面水平投影面积计算。高出屋面的毗邻侧墙，应附加其最大受雨面正投影的 1/2。窗井、贴近高层建筑外墙的地下汽车库出入口坡道应附加其高出部分侧墙面积的 1/2。

问题 75：屋面雨水未设溢流设施。

【原因分析】违反《建筑给水排水设计标准》GB 50015—2019 第 5.1.1 条关于屋面雨水排水系统应迅速、及时地将屋面雨水排至室外雨水管渠或地面的规定，违反第 5.2.5 条关于建筑屋面雨水排水工程应设置溢流设施的规定。

【处理措施】超设计重现期的雨水，应设置溢流设施排放。按《建筑给水排水设计标准》GB 50015—2019 第 5.2.5 条规定：一般建筑的重力流屋面雨水排水工程与溢流设施的总排水能力不应小于 10 年重现期的雨水量，重要公共建筑、高层建筑的屋面雨水排水工程与溢流设施的总排水能力不应小于 50 年重现期的雨水量。当屋面无外檐天沟或无直接散水条件且采用溢流管道系统时，总排水能力不应小于 100 年重现期的雨水量。在保证屋面结构安全和行人安全的前提下，可设置溢流口等设施，最高溢流水位应低于建筑屋面允许的最大积水水深。溢流口以下的水深荷载应提供给结构专业人员计入屋面荷载。溢流口的设计计算应满足《建筑屋面雨水排水系统技术规程》CJJ 142—2014第4.3条的要求。

问题76：高低区屋面雨水斗及悬吊管连接在同一根雨水立管上，且最低雨水斗设置的高度不满足要求。

【原因分析】违反《建筑屋面雨水排水系统技术规程》CJJ 142—2014第5.1.4条关于建筑物高低跨的悬吊管宜分别设置立管的规定。雨水立管在雨量大时可能形成满管压力流，高低屋面共用雨水立管，有可能高处屋面雨水从低层屋面溢出，造成屋面积水，影响结构安全。

【处理措施】当雨水立管的设计流量小于最大设计排水能力时，方可将不同高度的雨水斗接入同一立管，且最低雨水斗应在立管底端与最高雨水斗高差的2/3以上。根据《建筑屋面雨水排水系统技术规程》CJJ 142—2014第5.1.5条，多根立管可汇集到一个横干管中，但最低雨水斗的高度应大于横干管与最高雨水斗高差的2/3以上。

问题77：汽车停车库地面未设排水设施；室外雨水或不明水量的地下水引入地下车库内提升排放。

【原因分析】车库地面不设排水设施违反《车库建筑设计规范》JGJ 100—2015第7.2.5条关于机动车库排水设计的规定，水量不明的外部水流进入车库提升排放存在安全隐患。

【处理措施】汽车库应按停车层设置楼地面排水系统，排水点的服务半径不宜大于20m。当采用地漏排水时，地漏管径不宜小于$DN100$。室外雨水和其他不明水量的地下水，水量难以准确计算，如引入车库内，排水设施规模难以合理确定，存在淹没地下车库的风险，应在室外单独设置集水坑提升排放。

问题78：高层建筑裙房屋面的雨水未单独排放。

【原因分析】违反《建筑给水排水设计标准》GB 50015—2019第5.2.22条关于高层建筑裙房屋面的雨水应单独排放的规定。高层建筑雨水排水系统中，立管上部是负压区，下部是正压区，裙房处于下部。裙房屋面雨水汇入高层屋面雨水系统中，不但会造成裙房屋面雨水排水不畅，还有可能返溢。

【处理措施】裙房屋面雨水单独排放，不与高层塔楼合用立管。

问题79：地下车库地面排水进入消防电梯集水坑。

【原因分析】不符合《消防给水及消火栓系统技术规范》GB 50974—2014第9.2.3条关于消防电梯排水坑容积和排水泵流量计算的原则，与《建筑给水排水设计标准》GB 50015—2019第4.8.2条条文说明关于消防电梯单独设置集水坑的建议不符。

【处理措施】消防电梯应单独设置集水坑，地面排水不应进入消防电梯集水坑，以免影响消防电梯使用。

问题80：生活给水泵房外排水进入生活水泵房内的集水坑。

【原因分析】违反《民用建筑设计统一标准》GB 50352—2019第8.1.2条的规定。本条的条文说明建议集水坑不与给水泵房外的生活污水、污水处理站等共用。按照《建筑给水排水设计标准》

第2部分 房屋建筑工程

GB 50015—2019 第 3.3.17 条条文说明，仅供给水机房排水使用的集水井可以设置在给水泵房内。

【处理措施】生活水泵房集水坑不应与生活污水、污水处理站等共用集水坑，生活水泵房外的排水不应进入生活泵房内。当集水坑设置于泵房外时，可与车库出入口或车库地面排水（非洗车排水）共用。

问题 81：地下车库出入口的雨水集水池、下沉式广场地面雨水集水池的有效容积不符合规范要求。

【原因分析】违反《建筑给水排水设计标准》GB 50015—2019 第 5.2.40 条和第 5.3.19 条关于集水池容积的规定。

【处理措施】接纳地下车库出入口明沟的雨水集水池有效容积不应小于最大一台排水泵 5min 的出水量，下沉式广场地面排水集水池的有效容积不应小于最大一台排水泵 30s 的出水量。

15.4.3 管材、管件、附件及管道布置

问题 82：室内排水管材的选用不满足规范要求。

【原因分析】违反《建筑给水排水设计标准》GB 50015—2019 第 4.6.1 条关于建筑内排水管材选用的规定和第 5.2.39 条关于雨水排水管材选用的规定。

【处理措施】建筑内排水管应采用建筑排水塑料管或柔性接口机制排水铸铁管。连续排水温度大于 40℃时，应采用金属排水管或耐热塑料排水管。压力排水管道可采用耐压塑料管、金属管或钢塑复合管。雨水排水管材的选用：重力流雨水排水系统当采用外排水时，可采用建筑排水塑料管；当采用内排水时，宜采用承压塑料管、金属管或涂塑钢管等管材。满管压力流雨水排水系统宜采用承压塑料管、金属管、涂塑钢管、内壁较光滑的带内衬的承压排水铸铁管等，用于满管压力流排水的塑料管，其管材抗负压力应大于 80kPa。

问题 83：粘接或热熔连接的塑料排水管未设伸缩节。

【原因分析】违反《建筑给水排水设计标准》GB 50015—2019 第 4.4.9 条关于塑料排水设置伸缩节的规定。

【处理措施】粘接或热熔连接的塑料排水立管应根据其管道的伸缩量设置伸缩节，伸缩节宜设置在汇合配件处。排水横管应设置专用伸缩节。若采用橡胶密封配件，每个接口均有可伸缩余量，可不设伸缩节。埋地塑料管道在埋层中受混凝土或夯实土包覆，不会产生伸缩位移，也可不设伸缩节。

问题 84：塑料排水管穿越楼板等处未设置阻火装置。

【原因分析】违反《建筑给水排水设计标准》GB 50015—2019 第 4.4.10 条关于塑料排水管穿越楼层、防火墙、管道井井壁时，应根据建筑物性质、管径和敷设方式以及穿越部位防火等级要求设置阻火装置的规定。

【处理措施】穿越楼层的塑料排水管，同时具备下列条件时应设置阻火装置：高层建筑；管道外径大于 110mm；立管明设或设于不每层封堵的管道井内。横管穿越防火墙均应设阻火装置。建筑阻火圈的耐火极限应与贯穿部位的建筑构件的耐火极限相同。根据《建筑给水排水设计标准》GB 50015—2019 第 5.2.29 条，当管道布置在楼梯间休息平台上时，可不设置阻火装置。

问题 85：通气管口设置位置距门窗距离不满足规范要求。

【原因分析】违反《建筑给水排水设计标准》GB 50015—2019 第 4.7.12 条第 2 款关于通气管口设置位置的规定。

【处理措施】应避免通气管口距门窗过近。在通气管口周围 4m 以内有门窗时，通气管口应高出门窗顶 0.6m 或引向无门窗一侧。有退台的别墅和洋房项目需特别注意。

问题 86：排水管穿越住宅卧室、客房、病房和宿舍等人员居住的房间，或排水管、通气管穿越客厅、餐厅。靠近卧室内墙的排水管未采用低噪声管材。

【原因分析】违反《建筑给水排水设计标准》GB 50015—2019 第 4.4.1 条第 6 款关于排水管、通气管不得穿越客厅、餐厅且不宜靠近卧室相邻内墙的规定；违反《建筑给水排水设计标准》GB 50015—2019 第 4.4.2 条第 1 款排水管道不得穿越卧室、客房、病房和宿舍等人员居住的房间的规定，属于违反强制性条文；违反《住宅设计规范》GB 50096—2011 第 8.2.6 条、第 8.2.7 条及《住宅建筑规范》GB 50368—2005 第 8.2.7 条关于排水管道不得穿越卧室的规定。

【处理措施】排水管道不应穿越卧室、客房、病房、宿舍等人员居住的房间，不得穿越卧室（包括卧室内的壁柜、吊顶）或利用卧室空间设置排水立管管井。排水立管不宜靠近与卧室相邻的内墙。当必须靠近时，应采用低噪声管材。排水管、通气管道不得穿越客厅、餐厅。室内埋地排水管道不受本条制约。

问题 87：生活饮用水池的上方布置排水横管，食堂厨房和饮食业厨房的主副操作、烹调和备餐的上方布置排水横管。

【原因分析】违反《建筑给水排水设计标准》GB 50015—2019 第 4.4.2 条第 2 款和第 4 款关于排水管道不得穿越场所的规定，属于违反强制性条文要求。

【处理措施】为避免生活饮用水池和厨房受上方排水管道渗漏或结露滴漏污染，排水管道不得布置在生活饮用水池上方，不得布置在食堂厨房或饮食业厨房的主副操作、烹调和备餐的上方。方案设计阶段应与建筑专业人员协调，合理布局各类功能房间。

问题 88：排水立管设有 H 管时，检查口设置于 H 管件的下方。

【原因分析】违反《建筑给水排水设计标准》GB 50015—2019 第 4.6.2 第 3 款条关于检查口和 H 管位置关系的规定。

【处理措施】排水立管设置有 H 管时，为了便于灌水试验时封堵，检查口应设置于 H 管件的上方。

15.5　消防给水及消火栓系统

15.5.1　基本参数

问题 89：裙房为建筑高度不大于 24m 的商业与办公等两种及以上功能组合、上部为住宅的高层建筑，火灾延续时间按 2h 计算。

【原因分析】违反《消防给水及消火栓系统技术规范》GB 50974—2014 第 3.6.2 条关于消火栓系统火灾延续时间的规定。

【处理措施】建筑高度不大于 24m 的裙房具有两种以上的功能组合（例如商业、办公、社区养老、社区活动用房、卫生站、微型消防站等），上部为住宅的高层建筑，裙房属于"两种及以上公共使用功能组合的建筑"，该建筑整体消防应定性为高层综合楼，火灾延续时间应按 3h 计算；裙房为单一功能且建筑高度不大于 24m、上部为住宅的高层建筑，火灾延续时间按 2h 计算；裙房为商业且建筑高度大于 24m、上部为住宅的高层建筑，该建筑整体消防定性为高层商业楼，火灾延续时间按 3h 计算。

问题 90：设置在住宅建筑的首层或首层及二层，每个分隔单元建筑面积大于 300m² 的商店或物业管理用房，消防按住宅的商业服务网点设计。

【原因分析】违反《建筑设计防火规范》GB 50016—2014（2018 年版）第 2.1.4 条关于商业服务网点定义的规定。商业服务网点是指设置在住宅建筑的首层或首层及二层，每个分隔单元建筑面积不大于 300m² 的商店、邮政所、储蓄所、理发店等小型营业性用房。

【处理措施】设置在住宅建筑的首层或首层及二层、每个分隔单元建筑面积大于 300m² 的商店或物业管理用房，不应按住宅的商业服务网点设防，建筑分类应为公共建筑；设置在住宅建筑的首层或首层及二层、每个分隔单元建筑面积不大于 300m² 的物业管理用房，该物业管理用房符合商业服务网点定义的条件时，可按住宅建筑考虑。

问题 91：地下商业建筑投影范围内上部有多栋建筑时，建筑体积仅按体积最大的一栋建筑物计算。

【原因分析】违反《消防给水及消火栓系统技术规范》GB 50974—2014 第 3.3.1 条关于建筑物体积、火灾危险性的规定。建筑物室外消火栓设计流量，应根据建筑物的用途功能、体积、耐火等级、火灾危险性等因素综合分析确定。

【处理措施】地下商业建筑投影范围内有多栋建筑，且地下室与地上建筑有疏散楼梯和电梯连通时，建筑物体积应为地下室投影范围内所有楼栋建筑物及地下室体积之和。

问题 92：多层厂房生产区设置自动喷水灭火系统，厂房内的设备用房等未设置自动灭火系统，其室内消火栓设计流量按《消防给水及消火栓系统技术规范》GB 50974—2014 表 3.5.2 减少室内消火栓设计流量。

【原因分析】违反《消防给水及消火栓系统技术规范》GB 50974—2014 第 3.5.3 条关于减少室内消火栓设计流量的规定。当多层建筑以及建筑高度不超过 50m 的高层建筑室内设有自动喷水灭火系统、水喷雾灭火系统、泡沫灭火系统或固定消防炮灭火系统等一种或两种以上自动水灭火系统全保护时，才考虑减少室内消火栓设计流量。全保护是指建筑物室内设有一种或两种以上自动水灭火系统对建筑物的各个部位（除楼梯间、屋顶水箱间等不需要设置喷头的部位）进行了全部保护。符合第 3.5.3 条的建筑物，当仅局部设置自动水灭火系统时，不属于全保护，其室内消火栓设计流量不应减少。

【处理措施】建筑未全部采用自动灭火系统保护时，其室内消火栓设计流量不应小于《消防给水及消火栓系统技术规范》GB 50974—2014 表 3.5.2 的规定。

问题 93：当建筑有多种使用功能时，仅计算建筑物一部分使用功能的体积。

【原因分析】违反《消防给水及消火栓系统技术规范》GB 50974—2014 第 3.5.2 条关于建筑物

有多种使用功能时室内消火栓用水量计算的规定。该条规定室内消火栓流量可以按不同功能分别计算，但建筑体积应按总体积计算，而不是各个功能场所的体积计算。

【处理措施】当一栋建筑有多种使用功能时，建筑物体积应按整栋建筑总体积计算，室外消火栓设计流量根据总体积按《消防给水及消火栓系统技术规范》GB 50974—2014 表 3.3.2 确定，室内消火栓设计流量根据总体积按《消防给水及消火栓系统技术规范》GB 50974—2014 表 3.5.2 中不同功能分别计算，取最大值。

问题 94：坡屋面建筑计算建筑高度错误，平屋面建筑的建筑高度未计算至屋面面层标高。

【原因分析】违反《建筑设计防火规范》GB 50016—2014（2018 年版）附录 A 关于建筑高度计算方法的规定。

【处理措施】应按照《建筑设计防火规范》GB 50016—2014（2018 年版）附录 A 与建筑专业人员核实建筑高度。建筑屋面为坡屋面时，建筑高度应为建筑室外设计地面至其檐口与屋脊的平均高度；建筑屋面为平屋面（包括有女儿墙的平屋面）时，建筑高度应为建筑室外设计地面至其屋面面层的高度。层高 3m 的 7 层住宅，建筑高度应计算至屋面面层标高，其建筑高度大于 21m。

问题 95：人员密集的公共建筑未设置消防软管卷盘或轻便消防水龙。

【原因分析】违反《建筑设计防火规范》GB 50016—2014（2018 版）第 8.2.4 条关于设置消防软管卷盘的规定。人员密集的公共建筑、建筑高度大于 100m 的建筑和建筑面积大于 200m² 的商业服务网点内应设置消防软管卷盘或轻便消防水龙。

【处理措施】中华人民共和国消防法第七十三条规定：人员密集场所是指公众聚集场所，医院的门诊楼、病房楼，学校的教学楼、图书馆、食堂和集体宿舍，养老院，福利院，托儿所，幼儿园，公共图书馆的阅览室，公共展览馆、博物馆的展示厅，劳动密集型企业的生产加工车间和员工集体宿舍，旅游、宗教活动场所等。上述公共建筑均为人员密集场所，应按规范设置消防软管卷盘或轻便消防水龙。

15.5.2 消防水源

问题 96：市政给水管网不具备两路供水条件，室外消火栓设计流量大于 20L/s 或建筑高度大于 50m 时不设置消防水池。

【原因分析】违反《消防给水及消火栓系统技术规范》GB 50974—2014 第 4.3.1 条关于设置消防水池的规定。按照该规范第 4.2.2 条，用作两路消防供水的市政给水管网应符合下列要求：①市政给水厂应至少有两条输水干管向市政给水管网输水；②市政给水管网应为环状管网；③应至少有两条不同的市政给水干管上不少于两条引入管向消防给水系统供水。按照该规范第 4.3.1 条，当采用一路消防供水或只有一条引入管，且室外消火栓设计流量大于 20L/s 或建筑高度大于 50m 时，应设置消防水池。

【处理措施】应根据规范正确判断市政给水管网是否具备两路供水条件，设计应表达市政供水管网位置、管径及供水压力，核实市政管网情况。当不满足两路供水条件时，室外消火栓设计流量大于 20L/s 或建筑高度大于 50m 的建筑应设置消防水池。

第 2 部分 房屋建筑工程

问题 97：消防水池、消防水箱未设置就地水位显示装置，消防控制中心或值班室未设置显示消防水位的装置。

【原因分析】违反《消防给水及消火栓系统技术规范》GB 50974—2014 第 4.3.9 条第 2 款、第 5.2.6 条第 1 款关于消防水池、消防水箱水位显示的规定，属于违反强制性条文。

【处理措施】消防水池、消防水箱应设置就地水位显示装置，并应在消防控制中心或值班室等地点设置显示消防水池、消防水箱水位的装置。

问题 98：消防水池、消防水箱的溢流及放空管不满足间接排水要求。

【原因分析】违反《消防给水及消火栓系统技术规范》GB 50974—2014 第 4.3.9 条第 3 款、第 5.2.6 条第 1 款关于消防水池、消防水箱溢流及放空管间接排水的规定，属于违反强制性条文。

【处理措施】应标注消防水池及消防水箱溢流管、放空管管口安装高度，并满足间接排水要求。

问题 99：消防取水口（井）与消防水池的连通管管径偏小，消防取水口（井）内径小于 600mm。

【原因分析】消防取水口（井）与消防水池的连通管管径偏小，导致水头损失较大，管道流速低，可能不满足供每个取水口（井）10～15L/s 的管道过流能力。消防取水口（井）内径偏小不利于消防车取水头顺利取水，不便于检修维护人员进入。

【处理措施】消防取水口（井）与消防水池的连通管管径应经水力计算确定。消防水池与室外消火栓式取水口的连通管管径经水力计算可适当减小。供消防车使用的取水井（口）内径不宜小于 600mm。

问题 100：储存室外消防用水的消防水池当分成两格时，仅设置一个取水口（井）。

【原因分析】违反《消防给水及消火栓系统技术规范》GB 50974—2014 第 4.3.6 条关于消防水池分格原则的规定。储存室外消防用水且分为两格的消防水池，一格检修时，另一格消防水池应仍能供消防车取水。

【处理措施】储存室外消防用水的消防水池当分成两格时，每格应单独设置消防取水口（井）。

15.5.3 消防供水设施

问题 101：消防水泵流量检测装置不满足消防水泵流量测试要求。

【原因分析】违反《消防给水及消火栓系统技术规范》GB 50974—2014 第 5.1.11 条关于消防水泵流量检测装置最大量程的规定。

【处理措施】消防水泵流量检测装置最大量程的 75％ 应大于最大一台消防水泵设计流量值的 175％，应按消防水泵设计流量确定流量检测装置，设置位置宜参照《消防专用水泵选用及安装（一）》19S204—1。

问题 102：建筑高度超过消防车供水高度时，未设置手抬泵或移动泵接力供水的吸水和加压接口。

【原因分析】违反《消防给水及消火栓系统技术规范》GB 50974—2014 第 5.4.6 条关于水泵接合器接力供水的规定。建筑高度超过消防车供水高度时，应采取技术措施供消防车施救超过消防车供水高度的楼层。

【处理措施】当建筑高度超过消防车供水高度时，消防给水系统应在设备层等方便操作的地点设置手抬泵或移动泵接力供水的吸水和加压接口，便于火灾时消防车通过消防水泵接合器接力供水。

问题 103：屋面露天设置的消防水箱，人孔及进出水管的阀门等未采取锁具或阀门箱等保护措施。

【原因分析】违反《消防给水及消火栓系统技术规范》GB 50974—2014 第 5.2.4 条第 1 款关于消防水箱设置保护措施的规定，属于违反强制性条文。

【处理措施】露天设置的消防水箱，阀门和人孔应采取相应的安全措施，通常应设置阀门箱和人孔锁等。

问题 104：高位消防水箱设置位置未高于其所服务的水灭火设施。

【原因分析】违反《消防给水及消火栓系统技术规范》GB 50974—2014 第 5.2.2 条关于高位消防水箱设置位置应高于其所服务水灭火设施的规定。

【处理措施】因建筑造型、建筑限高、屋顶房间设置水灭火系统等影响高位消防水箱的设置位置或高度时，应与建筑专业人员协商，使水箱的设置高于其所服务的水灭火设施。

问题 105：有水淹没风险的消防水泵房、避难层消防转输泵房未设防淹挡水门槛；消防水泵房疏散门未直通安全出口。

【原因分析】违反《消防给水及消火栓系统技术规范》GB 50974—2014 第 5.5.14 条关于消防水泵房应采取防水淹没措施的规定；违反《消防给水及消火栓系统技术规范》GB 50974—2014 第 5.5.12 条关于消防水泵房疏散门应直通安全出口的规定，属于违反强制性条文。

【处理措施】与建筑专业人员协调，在消防水泵泵房、转输泵房门口设置 200～300mm 高的挡水门槛。消防水泵房疏散门应直接开向安全出口、疏散走道等安全区域，人员疏散路线不得穿越车库、商业、办公室等其他功能区域。

15.5.4 消火栓给水系统

问题 106：汽车库内消火栓箱设置于停车位侧面或后方。

【原因分析】违反《消防给水及消火栓系统技术规范》GB 50974—2014 第 7.4.7 条第 3 款关于汽车库内消火栓设置位置的规定。

【处理措施】汽车库内消火栓箱不应设于停车位侧、后方等被汽车遮挡处，可设于靠通车道不影响汽车通行的位置，并应确保消火栓的开启条件。

问题 107：设置室内消火栓的商业建筑，跃层商业仅在入户层设置室内消火栓。

【原因分析】违反《消防给水及消火栓系统技术规范》GB 50974—2014 第 7.4.3 条关于室内消火栓设置的规定，属于违反强制性条文。商业建筑的消火栓设置不应按照《消防给水及消火栓系统技术规范》GB 50974—2014 第 7.4.15 条执行，该条仅针对跃层住宅和商业网点。设置室内消火栓的商业建筑，包括设备层在内的各层均设置消火栓。

【处理措施】设置室内消火栓的跃层商业建筑，应在入户层、跃层均设置室内消火栓。

问题 108：设置室内消火栓的建筑，发电机房、配电房等电气设备用房未处于消火栓保护范围内。

【原因分析】违反《消防给水及消火栓系统技术规范》GB 50974—2014 第 7.4.6 条关于室内消

火栓布置的规定。

【处理措施】建筑物室内消火栓的布置应确保发电机房、配电房等电气设备用房处于室内消火栓的保护范围内。

问题 109：商业网点或商业建筑的室内消火栓设置在商铺内远离出入口的位置。

【原因分析】违反《消防给水及消火栓系统技术规范》GB 50974—2014 第 7.4.7 条关于建筑室内消火栓设置位置的规定。

【处理措施】商铺室内消火栓宜设置在公共区域，不宜设置于商铺内；若设于商铺内，应在每间商铺出入口明显便于取用的位置设置不少于 1 个消火栓，并应在有条件的公共区域设置消火栓。

问题 110：设有室内消火栓系统建筑中的架空层、设备层未设置消火栓。

【原因分析】违反《消防给水及消火栓系统技术规范》GB 50974—2014 第 7.4.3 条关于消火栓设置的规定。

【处理措施】设有室内消火栓的建筑，除不计入建筑高度的屋面层、层高小于 2.2m 且无可燃物的管道夹层外，其他具有使用功能或人员出入的架空层、设备层等处，均应设置室内消火栓。

问题 111：消火栓暗装于防火分隔墙上，防火墙耐火极限不满足要求。

【原因分析】违反《建筑设计防火规范》GB 50016—2014（2018 版）第 3.2.1 条、第 5.1.2 条关于防火墙耐火极限的规定。

【处理措施】在防火墙处暗装消火栓时，应与建筑专业复核防火墙耐火极限。如不满足耐火极限要求，需采取加厚消火栓处墙体或其他措施。

问题 112：幼儿园走道消火栓明装。

【原因分析】违反《托儿所、幼儿园建筑设计规范》JGJ 39—2016（2019 年版）第 6.1.10 条关于幼儿园安全的规定。

【处理措施】幼儿园走道等幼儿活动场所设置消火栓时，与建筑专业协调，采取暗装消火栓等措施。

问题 113：消防水箱与基础连接不满足抗震要求。

【原因分析】违反《建筑机电工程抗震设计规范》GB 50981—2014 第 4.1.3 条第 5 款关于消防水箱抗震设计的规定。

【处理措施】消防水箱与结构底板、楼板应牢固固定，以防止地震时倾斜、倾倒，具体做法可按照国标图集《高位消防贮水箱选用及安装》16S211。

问题 114：消防水箱溢流管管径偏小。

【原因分析】违反《消防给水及消火栓系统技术规范》GB 50974—2014 第 5.2.6 条第 8 款关于消防水箱溢流管管径的规定。

【处理措施】消防水箱溢流管的直径不应小于进水管直径的 2 倍，且不应小于 $DN100$。

问题 115：室内消火栓系统分区未考虑稳压设备压力。

【原因分析】违反《消防给水及消火栓系统技术规范》GB 50974—2014 第 6.2.1 条关于室内消

火栓系统分区的规定。

【处理措施】消防水箱消火栓出水管上设置增压稳压设备，稳压设备处于停泵压力时，底部消火栓栓口处的静压为系统最大静压，消火栓系统应按系统最大静压分区。

问题 116：设置水泵接合器的多层民用建筑，室、内外消火栓系统采用共用临时高压消防给水系统时，室、内外消火栓管网之间未设置止回阀。

【原因分析】消防车从室外消火栓取水时，无法通过水泵接合器向室内消火栓系统正常供水。

【处理措施】室、内外消火栓系统共用加压泵，为避免消防车从室外消火栓取水经水泵接合器向室内消火栓系统补水时形成短流，室内消火栓系统引入管上应设置止回阀将水泵接合器与室外消火栓分隔。

问题 117：室内净空高度大于 8m 的多层民用建筑，消火栓栓口动压按 0.25MPa 设计。

【原因分析】违反《消防给水及消火栓系统技术规范》GB 50974—2014 第 7.4.12 条第 2 款关于消火栓栓口动压的规定。

【处理措施】高层建筑、厂房、库房和室内净空高度超过 8m 的民用建筑等场所，消火栓栓口动压应按不小于 0.35MPa 计算。

问题 118：设置室内消火栓系统的建筑，局部突出屋顶的冷却塔、水箱间、电梯机房、排风和排烟机房以及楼梯出口小间等辅助用房占屋面面积大于 1/4 时，建筑屋顶未设置室内消火栓。

【原因分析】违反《建筑设计防火规范》GB 50016—2014（2018 版）附录 A 关于建筑高度和建筑层数计算方法的规定。

【处理措施】设置室内消火栓系统的建筑，计入建筑高度或建筑层数的防烟风机房等局部设备用房应设置室内消火栓。不计入建筑高度或建筑层数的防烟风机房等局部设备用房可不设置室内消火栓。不计入建筑高度或建筑层数的合用风机房等局部设备用房设有喷头时，消防水箱设置高度可不考虑该屋顶局部设备用房内的喷头。

15.5.5　管网、阀门及其他

问题 119：室内消火栓系统每层设置水平环网，各消火栓从水平环网接出。

【原因分析】不符合《消防给水及消火栓系统技术规范》GB 50974—2014 第 8.1.6 条第 1 款的相关原则。如果只设水平环网，在环管上每 5 个消火栓设置 1 个检修阀门，管网检修时会导致部分区域无消火栓保护。

【处理措施】室内消火栓系统宜采用竖向环网布置方式，各层消火栓尽量与竖管连接。

问题 120：消防减压阀组未设置专用消防排水设施（排水沟、排水管等）。

【原因分析】违反《消防给水及消火栓系统技术规范》GB 50974—2014 第 9.3.1 条关于消防给水系统试验装置处应设置专用排水设施的规定，属于违反强制性条文。

【处理措施】架空安装的消防减压阀宜靠近隔墙、结构柱设置，或在消防泵房、管井、专用房间内设置，便于布置地沟、地漏、排水管等专用排水设施。排水设施的断面尺寸、泄流量应满足测试排水要求。

问题 121：具备车库内架空敷设条件时，消防管网在车库顶板覆土内敷设。

【原因分析】埋地敷设的消防管网渗漏难以发现，影响消防供水安全。

【处理措施】应考虑消防管道敷设方式对管道渗漏、后期维护的影响。有条件时，消防管网宜在车库内架空敷设。

问题 122：室内消火栓系统消火栓栓口动压力大于 0.5MPa。

【原因分析】违反《消防给水及消火栓系统技术规范》GB 50974—2014 第 7.4.12 条第 3 款关于消火栓栓口动压力要求的规定。

【处理措施】消火栓栓口动压力不应大于 0.5MPa；当大于 0.7MPa 时必须设置减压装置。设计应说明室内消火栓系统在哪些楼层设置减压装置。

问题 123：消防水泵供水高度超过 24m 时出水管上未设置水锤消除器。

【原因分析】违反《消防给水及消火栓系统技术规范》GB 50974—2014 第 8.3.3 条关于设置水锤消除器的规定。

【处理措施】消防水泵出水管上的止回阀宜采用水锤消除止回阀。当消防水泵供水高度超过 24m 时，应设置水锤消除器。当消防水泵出水管上设有囊式气压水罐时，可不设水锤消除设施。

问题 124：系统工作压力不大于 1.20MPa 的埋地消防给水管道采用热镀锌钢管。

【原因分析】不符合《消防给水及消火栓系统技术规范》GB 50974—2014 第 8.2.5 条关于埋地管道材质选择的规定。

【处理措施】埋地管道当系统工作压力不大于 1.20MPa 时，宜采用球墨铸铁管或钢丝网骨架塑料复合管。

问题 125：消防控制室与消防泵房的距离过大。

【原因分析】违反《消防给水及消火栓系统技术规范》GB 50974—2014 第 11.0.12 条关于消防水泵投入正常运行时限要求的规定。当工作人员在消防控制室无法启动消防泵时，应在限定的时间内完成手动启动消防泵，需步行到消防泵房，通过机械应急启动装置启动消防泵。

【处理措施】建议消防控制室与消防泵房的距离不大于 3min 路程，行走距离控制在 200m 以内。

问题 126：仓库未设消防排水设施。

【原因分析】违反《消防给水及消火栓系统技术规范》GB 50974—2014 第 9.2.1 条关于仓库应采取消防排水措施的规定。

【处理措施】为保护物品及减少建筑荷载，仓库地面应考虑排水设施。设有自动喷水灭火系统的仓库，按《自动喷水灭火系统设计规范》GB 50084—2017 第 5.0.9 条规定，宜设置消防排水设施。

问题 127：分别设置消防水泵的室内消火栓系统与自动喷水灭火系统合用稳压设施，按稳压罐压力联动消防主泵。

【原因分析】合用稳压设施的压力联动各系统消防主泵时，难以区分究竟是哪一个系统的主泵需要动作，容易导致消防主泵误启动。

【处理措施】室内消火栓系统与自动喷水灭火系统分别设置消防泵时，宜分别设置稳压设施，或者分别设置流量开关联动对应的消防泵；若确需合用稳压设施，应采取防止消防泵误动作的措施。合用消防泵的系统可合用稳压设备。

15.6　自动喷水灭火系统

15.6.1　系统设计及基本参数

问题128：净空高度大于8m、不大于18m的观影厅等民用建筑场所设置自动跟踪定位射流灭火系统。

【原因分析】不符合《建筑设计防火规范》GB 50016—2014（2018年版）第8.3.4条关于自动喷水灭火系统设置原则的规定。

【处理措施】净空高度不大于18m的民用建筑人员密集场所宜优先采用自动喷水灭火系统。当净空高度大于18m或者难以设置自动喷水灭火系统时，可按照GB 50016—2014（2018年版）第8.3.5条采用自动跟踪定位射流等其他自动灭火系统。

问题129：总建筑面积大于3000m²，净高不大于13.5m的多层丙类仓库采用自动跟踪定位射流灭火系统。

【原因分析】不符合《建筑设计防火规范》GB 50016—2014（2018年版）第8.3.2条关于自动喷水灭火系统设置原则的规定。

【处理措施】净空高度不大于13.5m的仓库应设置自动灭火系统，宜采用自动喷水灭火系统，并宜采用早期抑制快速响应喷头。难以设置自动喷水灭火系统时，方可按照《建筑设计防火规范》GB 50016—2014（2018年版）第8.3.5条采用其他自动灭火系统。

问题130：多层公共建筑一、二层设有单层建筑面积不超过1500m²、总建筑面积不大于3000m²的商业场所，上部为总建筑面积大于3000m²设有送回风管的集中空气调节系统的办公场所，仅在上部办公场所设置自动喷水灭火系统，一、二层商业场所未设置自动灭火系统。

【原因分析】违反《建筑设计防火规范》GB 50016—2014（2018年版）第8.3.4条关于多层民用建筑设置自动灭火系统的规定。上部办公场所按规范需设置自动喷水灭火系统时，不应只在该防火分隔内设置喷头，该建筑均应设自动喷水灭火系统。

【处理措施】该案例中，除上部办公和下部商业场所分别独立设置疏散设施并采取有效防火分隔外，上部办公场所按规范设自动灭火系统时，下部商业场所也应设置。

问题131：超级市场火灾危险等级和设计喷水强度未根据最大净空高度、物品高度等按规范设计，超级市场按普通商场中危险级设计。

【原因分析】违反《自动喷水灭火系统设计规范》GB 50084—2017附录A关于超级市场火灾危险等级的规定。

【处理措施】净空高度不超过8m、物品高度不超过3.5m的超级市场属于中危险级Ⅱ级；净空高度不超过8m、物品高度超过3.5m的超级市场属于严重危险级Ⅰ级；最大净空高度超过8m的超级市场应按照仓库及类似场所设计，湿式系统的设计基本参数应按《自动喷水灭火系统设计规范》GB 50084—2017第5.0.4条和第5.0.5条的规定执行。

问题 132：净空高度大于12m的高大空间场所采用非仓库型特殊应用喷头时，喷淋系统设计流量过小。

【原因分析】违反《自动喷水灭火系统设计规范》GB 50084—2017第5.0.2条关于高大空间场所设计基本参数或第9.1.3条关于系统设计流量的规定。

【处理措施】净空高度大于12m但不大于18m的高大空间采用湿式自动喷水灭火系统时，系统设计流量应按《自动喷水灭火系统设计规范》GB 50084—2017第5.0.2条和第9.1.3条计算确定。

问题 133：同一防火分区内设有自动喷水灭火系统和自动跟踪定位射流灭火系统、且可能同时动作时，共用消防水泵设计流量按照自动喷水灭火系统和自动跟踪定位射流灭火系统的最大值取值。

【原因分析】违反《自动跟踪定位射流灭火系统技术标准》GB 51427—2021第4.5.3条关于设计流量计算的规定。

【处理措施】同一防火分区设有自动灭火系统和自动射流灭火系统、且可能同时动作时，共用消防水泵设计流量应按设计作用面积范围内同时开启的喷头和射流装置的流量叠加计算。

问题 134：机械式汽车库设置自动喷水灭火系统时，仅在汽车库顶板下设置喷头。

【原因分析】违反《汽车库、修车库、停车场设计防火规范》GB 50067—2014第7.2.6条第1款关于机械式汽车库喷头设置的规定。

【处理措施】机械式汽车库除了在汽车库顶板下设置喷头外，还应按停车的载车板分层布置喷头，且应在喷头的上方设置挡水板。

问题 135：喷水强度、作用面积、持续喷水时间不满足堆放物品种类相应的火灾类别、储物高度的设计参数要求。

【原因分析】违反《自动喷水灭火系统设计规范》GB 50084—2017第5.0.4条、第5.0.5条和第5.0.6条关于自动喷水灭火系统设计参数的规定。

【处理措施】应根据堆放物品的种类、火灾类别、储物高度，按《自动喷水灭火系统设计规范》GB 50084—2017第5.0.4条、第5.0.5条、第5.0.6条确定相应的喷水强度、作用面积、持续喷水时间等设计参数。

问题 136：任一层建筑面积大于1500m² 或总建筑面积大于3000m² 的食堂未设置自动喷水灭火系统。

【原因分析】违反《建筑设计防火规范》GB 50016—2014（2018年版）第8.3.4条第2款关于自动喷水灭火系统设置的规定，属于违反强制性条文。

【处理措施】任一层建筑面积大于1500m² 或总建筑面积大于3000m² 的餐饮建筑应设置自动喷水灭火系统，食堂属于餐饮建筑，该类建筑应设置自动喷水灭火系统。

15.6.2 喷头选型及布置

问题137：装设网格、栅板类通透性吊顶的场所，喷头设置位置错误。

【原因分析】违反《自动喷水灭火系统设计规范》GB 50084—2017第7.1.13条关于装设网格、栅板类通透性吊顶的场所喷头设置位置的规定。

【处理措施】装设网格、栅板类通透性吊顶的场所，当通透面积占吊顶总面积的比例大于70%时，喷头应设置在吊顶上方。当通透面积占吊顶总面积的比例小于70%时，应在吊顶上、下方均设置喷头。

问题138：在设置自动喷水灭火系统的一类高层公共建筑内，阳台及外走道等场所漏设喷头。

【原因分析】违反《建筑设计防火规范》GB 50016—2014（2018年版）第8.3.3条第1款关于一类高层公共建筑喷头设置的规定。

【处理措施】一类高层公共建筑除游泳池、溜冰场和不宜用水保护或灭火的场所外，均应设置喷头。

问题139：柴油发电机房设置自动灭火系统时，其储油间漏设自动灭火系统。

【原因分析】违反《建筑设计防火规范》GB 50016—2014（2018年版）第5.4.13条第6款关于柴油发电机房设置灭火设施的规定。

【处理措施】柴油发电机房设有自动喷水灭火系统时，其储油间应设置气体灭火系统或自动喷水灭火系统。

问题140：边墙型扩大覆盖面积洒水喷头的布置间距不能使洒水喷头在工作压力下喷湿对面墙和邻近端墙溅水盘1.2m高度以下的墙面。

【原因分析】违反《自动喷水灭火系统设计规范》GB 50084—2017第7.1.5条关于边墙型喷头布置的规定。

【处理措施】边墙型扩大覆盖面积洒水喷头的最大保护跨度和配水支管上的洒水喷头间距，应按洒水喷头工作压力下能够喷湿对面墙和邻近端墙溅水盘1.2m高度以下的墙面设置。

问题141：设置自动喷水灭火系统的建筑，无吊顶时喷头采用下垂型洒水喷头加挡水板。

【原因分析】违反《自动喷水灭火系统设计规范》GB 50084—2017第6.1.3条关于自动喷水灭火系统喷头选型的规定。

【处理措施】无吊顶的场所，应采用直立型洒水喷头。

问题142：设置单排洒水喷头的闭式系统，喷头间距不根据计算确定，按照《自动喷水灭火系统设计规范》GB 50084—2017表7.1.2最大间距设置。

【原因分析】违反《自动喷水灭火系统设计规范》GB 50084—2017第7.1.2条关于单排洒水喷头布置的规定。

【处理措施】设置单排洒水喷头的闭式系统，应根据最不利喷头处的压力计算喷头保护半径，按地面不留漏喷空白点确定喷头布置间距。

问题 143：严重危险级或仓库危险级场所采用流量系数为 80 的洒水喷头。

【原因分析】违反《自动喷水灭火系统设计规范》GB 50084—2017 第 7.1.2 条关于严重危险级或仓库危险级场所喷头选型的规定。

【处理措施】严重危险级或仓库危险级场所宜采用流量系数大于 80 的洒水喷头。

问题 144：医院手术室设置喷头。

【原因分析】违反《综合医院建筑设计规范》GB 51039—2014 第 6.7.4 条关于血液病房、手术室和有创检查的设备机房不应设置自动灭火系统的规定。

【处理措施】当医院设置自动灭火系统时，手术室内部不设置喷头，应在走道等其他区域设置喷头。

问题 145：车库喷头与梁间距不满足规范要求。

【原因分析】违反《自动喷水灭火系统设计规范》GB 50084—2017 第 7.1.6 条关于直立型喷头在梁间布置的规定。

【处理措施】梁间布置洒水喷头时，洒水喷头与梁的距离应符合《自动喷水灭火系统设计规范》GB 50084—2017 第 7.2.1 条的规定。确有困难时，溅水盘与顶板的距离不应大于 550mm。梁间布置的洒水喷头，溅水盘与顶板距离达到 550mm 仍不能符合《自动喷水灭火系统设计规范》GB 50084—2017 第 7.2.1 条的规定时，应在梁底面的下方增设洒水喷头。

15.6.3 管网、阀门及其他

问题 146：自动喷水灭火系统报警阀前环状供水管道上设置的控制阀采用普通阀门。

【原因分析】违反《自动喷水灭火系统设计规范》GB 50084—2017 第 10.1.4 条关于自动喷水灭火系统环状供水管道阀门设置的规定。

【处理措施】自动喷水灭火系统环状供水管道上设置的控制阀应采用信号阀；当不采用信号阀时，应设锁定阀位的锁具。

问题 147：末端试水排水管管径不满足测试排水流量要求。

【原因分析】违反《自动喷水灭火系统设计规范》GB 50084—2017 第 6.5.2 条关于末端试水排水管管径的规定。末端试水装置的试水接头出水口的流量系数，应等同于同楼层或防火分区内的最小流量系数洒水喷头。

【处理措施】末端试水排水管管径应根据末端试水装置试水接头的流量确定，当试水接头流量系数 K 大于 80 时，排水立管管径应满足其测试排水流量需求。

问题 148：仓库内顶板下洒水喷头与货架内置洒水喷头未分别设置水流指示器。

【原因分析】违反《自动喷水灭火系统设计规范》GB 50084—2017 第 6.3.2 条关于货架内置洒水喷头单独设置水流指示器的规定。

【处理措施】仓库内顶板下洒水喷头与货架内置洒水喷头应分别设置水流指示器。

问题 149：配水管两侧每根配水支管控制的标准流量洒水喷头数量，轻危险级、中危险级场所超过 8 只，严重危险级及仓库危险级场所超过 6 只。

【原因分析】违反《自动喷水灭火系统设计规范》GB 50084—2017 第 8.0.8 条关于配水管两侧

每根配水支管控制的标准流量洒水喷头数量的规定。

【处理措施】配水管两侧每根配水支管控制的标准流量洒水喷头数量，轻危险级、中危险级场所不应超过 8 只，同时在吊顶上下设置有喷头的配水支管，上下侧均不应超过 8 只，严重危险级及仓库危险级场所不应超过 6 只。

问题 150：自动喷水灭火系统配水管入口的压力过大，未设置减压孔板。

【原因分析】违反《自动喷水灭火系统设计规范》GB 50084—2017 第 8.0.7 条关于自动喷水灭火系统配水管入口压力的规定。

【处理措施】轻危险级、中危险级场所中各配水管入口的压力均不宜大于 0.4MPa，当超压时，应设置减压孔板等减压设施。

问题 151：自动喷水灭火系统报警阀处未设排水设施，或排水立管管径小于 *DN*100。

【原因分析】违反《消防给水及消火栓系统技术规范》GB 50974—2014 第 9.3.1 条第 2 款关于自动喷水灭火系统报警阀处设置排水设施的规定，属于违反强制性条文。

【处理措施】自动喷水灭火系统报警阀处可设置排水沟，设置排水立管时管径不应小于 *DN*100。

问题 152：自动喷水灭火系统报警阀设在生活水泵房内。

【原因分析】违反《二次供水工程技术规程》CJJ 140—2010 第 7.0.2 条第 2 款关于生活水泵房的规定。居住建筑的泵房应独立设置。

【处理措施】居住建筑生活水泵房后期运行维护一般由供水部门管理，报警阀设于生活泵房不利于物业后期消防系统维护管理，宜设置在物业管理人员易于操作的地点。

问题 153：自动射流灭火系统每台灭火装置之前的供水管路为枝状。

【原因分析】违反《自动跟踪定位射流灭火系统技术标准》GB 51427—2021 第 4.4.1 条关于自动射流灭火系统管网布置的规定。

【处理措施】自动消防炮和射流型自动射流灭火系统每台灭火装置、喷洒型自动射流灭火系统每组灭火装置之前的供水管路应布置成环状管网。

15.7 气体灭火系统

问题 154：通讯机房和电子计算机房设置七氟丙烷灭火系统时，设计喷放时间按 10s 设计。

【原因分析】违反《气体灭火系统设计规范》GB 50370—2005 第 3.3.7 条关于七氟丙烷灭火系统喷放时间的规定，属于违反强制性条文。

【处理措施】通讯机房和电子计算机房设置七氟丙烷灭火系统时，设计喷放时间不应大于 8s。

问题 155：七氟丙烷气体灭火系统防护区未设置泄压口或泄压口高度有误。

【原因分析】违反《气体灭火系统设计规范》GB 50370—2005 第 3.2.7 条关于七氟丙烷气体灭火系统防护区设置泄压口的规定，属于违反强制性条文。

【处理措施】七氟丙烷气体灭火系统防护区应设置泄压口，泄压口应位于防护区净高的 2/3 以上。

问题 156：采用预制气体灭火系统时，一个防护区的面积或容积过大。

【原因分析】违反《气体灭火系统设计规范》GB 50370—2005 第 3.2.4 条关于采用预制气体灭火系统的防护区规模限制规定。采用预制灭火系统时，一个防护区的面积不宜大于 500m²，且容积不宜大于 1600m³。

【处理措施】一个防护区的面积或容积大于采用预制灭火系统的规模上限时，应采用管网灭火系统或其他技术措施。

问题 157：医院有防辐射要求的磁共振检查室等特殊重要设备室设置七氟丙烷气体灭火系统时，采用普通泄压口。

【原因分析】违反《综合医院建筑设计规范》GB 51039—2014 第 5.9.5 条关于磁共振检查室墙身的规定。

【处理措施】采用防辐射金属泄压口或其他可靠的屏蔽技术措施。

15.8 绿色建筑

问题 158：非传统水源管道与生活饮用水给水管道连接。

【原因分析】违反《城镇给水排水技术规范》GB 50788—2012 第 3.4.7 条关于供水管网严禁与非生活饮用水管道连接的规定，属于违反强制性条文要求。

【处理措施】非传统水源管道与生活饮用水给水管道不得以任何形式连接。

问题 159：坐便器用水量大于 5L。

【原因分析】违反重庆市《居住建筑节能 65％（绿色建筑）设计标准》DBJ 50—071—2020 第 6.3.2 条关于用水器具选用的规定。

【处理措施】用水器具应满足《节水型卫生洁具》GB／T 31436—2015、《节水型生活用水器具》CJ／T 164—2014 及《节水型产品通用技术条件》GB／T 18870—2011 的要求，坐便器用水量不应大于 5L。

问题 160：剧场、附属用房、餐饮等建筑热水系统采用空气源热泵制备生活热水时，其性能参数 COP 取值偏低。

【原因分析】违反重庆市《公共建筑节能（绿色建筑）设计标准》DBJ 50—052—2020 第 6.2.7 条关于性能参数 COP 值的规定。

【处理措施】性能参数 COP 值不宜低于重庆市《公共建筑节能（绿色建筑）设计标准》DBJ 50—052—2020 表 6.2.7 的相关规定。

问题 161：节能及绿色建筑设计中，平均日生活用水的节水用水定额采用《建筑给水排水设计标准》的最高日生活用水定额值。

【原因分析】违反《民用建筑节水设计标准》GB 50555—2010 第 3.1.1 条、第 3.1.2 条和《建筑给水排水设计标准》GB 50015—2019 第 3.2.1 条、第 3.2.2 条的规定。

【处理措施】应按节水用水定额（平均日用水定额）取值。

问题 162：非传统水源处理规模与回用需求不匹配。

【原因分析】违反重庆市《公共建筑节能（绿色建筑）设计标准》DBJ 50—052—2020 附录 D.4.3 条对回用比例的规定。

【处理措施】非传统水源的总用水量应经水量平衡计算确定，处理规模应满足该标准对回用比例的规定。

15.9　海绵城市

问题 163：按照规划年径流总量控制率对应的降雨量和场地综合雨量径流系数计算出所需径流总控制容积，根据"各滞留设施蓄水容积之和大于所需总控制容积"判断径流控制率达标。

【原因分析】年径流总量控制率达标判断方法不正确。如果场地全部由一个滞留设施控制，或者各个滞留设施设计径流控制率相同，是可以这样判断的，否则不能用这种方法判断达标情况。因为各个控制单元设计径流控制率一般不完全相同，场地还可能存在少量不受控的硬质下垫面。如果各控制单元的径流控制率不合理，即使总容积满足要求，场地径流总量控制率也难以达标。

【处理措施】应当合理确定各个控制单元的径流总量控制率。重庆市《低影响开发雨水系统设计标准》DBJ 50/T—292—2018 第 4.1.2 条规定"受控单元的设计年径流总量控制率不宜低于规划指标的 85%"，也不鼓励个别控制单元采用过高的径流控制率，还应避免过多的硬质下垫面不受控。各控制单元应避免径流控制率过高或过低，有效控制初期雨水。应根据各控制单元的实际径流总量控制率按照面积加权平均计算场地年径流总量控制率。

问题 164：将场地范围内不透水下垫面以外的绿地、透水铺装和绿色屋顶等透水下垫面全部纳入滞留设施（雨水花园）控制范围，超过设计控制率的径流全部依靠滞留设施的溢流口排放，场地不设雨水口。

【原因分析】径流控制方式不合理。绿地、透水铺装、绿色屋顶属于 LID 设施，自身具有径流控制能力和污染物去除能力。按照《海绵城市建设评价标准》GB/T 51345—2018 第 5.1.3 条第 4 款，透水下垫面径流控制率可按 $\alpha = (1 - \psi)$ 计算。《建筑与小区雨水控制及利用工程技术规范》GB 50400—2016 第 6.2.2 条规定，透水铺装地面在 1h 降雨 45mm 的条件下不允许产生径流；《透水砖路面技术规程》CJJ/T 188—2012 第 3.0.3 条规定，透水砖路面在 2 年一遇暴雨强度下持续降雨 60min 不应产生径流。透水性下垫面不宜按照固定径流系数考虑，在小降雨事件下可能不产生径流（径流系数为 0），初期雨水不会进入滞留设施。在不需要提高这些透水下垫面径流控制率的情况下，不宜纳入滞留设施控制范围。

场地所有超控径流（超过设计控制率的径流）全部依靠滞留设施溢流口排放不合理，发生超标径流（超过雨水管道系统设计重现期的径流）时内涝风险较大。

【处理措施】宜充分发挥 LID 设施自身径流控制能力和污染物去除能力，滞留设施宜主要用于辅助非透水下垫面实现径流控制和污染削减。透水性下垫面宜适当设置雨水口，排出超过其自身控制率的径流，不宜全部依赖滞留设施的溢流口排放场地所有径流，避免内涝风险。

问题165：设置生物滞留设施提升透水性下垫面（透水铺装、绿色屋顶）径流控制率时，仅按滞留设施计算污染物去除率，未计入透水性下垫面的污染物去除能力。

【原因分析】污染物去除率计算方法不合理。

【处理措施】该情况下，透水性下垫面在设计径流控制率内的流量分为两部分，一部分自身控制（即 $1-\phi$ 部分），另一部分进入滞留设施（即 ϕ 部分）；前者应按照透水下垫面的削污能力进行计算，后者应按滞留设施的削污能力进行计算，二者之和为总的污染物去除率。

问题166：径流组织方式不合理，服务范围内径流不能有效收集进入滞留设施。

【原因分析】重庆市《低影响开发雨水系统设计标准》DBJ 50/T—292—2018 第 3.0.2 条要求汇水区域内雨水应能有效汇入 LID 设施。设计文件中未清晰示意径流收集管（沟）沿线标高，未对汇水范围内场地竖向设计提出明确要求；后期景观设计未充分理解排水设计径流组织意图，地形重塑后滞留设施服务范围内雨水不能有效收集；施工人员未能理解径流组织意图，也是原因之一。验收中出现的此类问题较多，整改困难，导致不能满足海绵城市规划指标要求。

【处理措施】排水设计应清晰示意径流组织方式，与景观设计充分配合，充分考虑径流组织方式的合理性；应结合后期景观专业的竖向设计复核径流组织方式的可行性，并合理调整。景观设计调整场地竖向设计时应顾及径流组织的需求，经排水设计复核后方可实施。技术交底过程中宜给施工人员重点讲解，施工过程中加强管理。

问题167：生物滞留设施溢流水位过高，影响进水管路过流能力。

【原因分析】溢流水位高出进水管沟较多（淹没进水），可能由于顶托作用影响上游管路的过流能力，甚至导致上游管路壅水溢流。溢流水位不合理意味着滞留设施整体高程不合理。

【处理措施】应合理确定溢流水位，不影响进水管路的过流能力。滞留设施的溢流管路是该控制单元区域的"小排水系统"，在不发生超标雨水径流的情况下，应确保超控雨水能有效收集并通过溢流管路顺利排放。若溢流口不能满足小排水需求，可以在进水管路上设置溢流设施，但应确保控制率内径流有效收集进入滞留设施。

在结构覆土层内设置滞留设施应特别注意高程的合理性。

问题168：生物滞留设施蓄水容积严重不足。

【原因分析】场地坡度较大时，滞留设施底部与场地坡度相同，坑体深度基本相同，景观效果较好；但有效蓄水容积大为缩减，不能满足控制容积需求。验收中经常发现滞留设施蓄水容积严重不足的问题。

【处理措施】滞留设施底部应基本水平，才能保证设计蓄水容积。地形坡度较小时，在底部基本水平的情况下，坑体上下游深度略有差别，对景观效果影响不大。在地形坡度较大时，为避免坑体上下游深度差别太大，可考虑设置梯级滞留设施，底部高程逐级降低，每级底部基本保持水平，确保蓄水容积。

在边坡上设置滞留设施时，应特别注意渗水对边坡稳定性的影响，必要时采取防渗措施。

问题169：生物滞留设施汇水面积过大。

【原因分析】重庆市《低影响开发雨水系统设计标准》DBJ 50/T—292—2018 第 9.4.10 条第 2 款建议单个生物滞留设施汇水面积不宜大于 5000m²。汇水面积过大将导致径流组织路径长、远端汇水时间长，靠近滞留设施的中后期雨水占用蓄水容积后，远端的初期雨水到达时可能溢流排放，不能有效收集，影响污染物去除效果。汇水面积过大也会导致溢流需求较大，出现超标径流时积水风险加大。场地竖向设计难以保证大面积的雨水重力流汇集于一处。

【处理措施】滞留设施宜分散设置，避免汇水面积过大。

问题170：梯级滞留设施各级设置进水口和溢流口。

【原因分析】从中间梯级进水，可能导致上部梯级的容积不能充分利用，实际蓄水容积减小，达不到设计径流控制率。各级溢流，控制率内初雨可能从上部意外溢流，下部梯级的容积不能充分利用，实际径流控制率和削污率降低。

【处理措施】宜从上面梯级进水，下面梯级溢流，确保控制率内径流有效收集，充分利用各梯级蓄水容积。若不能全部从上面进水，则宜考虑分别设置滞留设施。

问题171：小区车行道采用《透水沥青路面技术规程》CJJ/T 190—2012中的Ⅰ型透水沥青路面，不符合透水铺装构造要求。

【原因分析】《透水沥青路面技术规程》CJJ/T 190—2012中的Ⅰ型透水沥青路面，从其结构型式来看，只有较薄的透水面层，下部为不透水层，不满足透水铺装LID设施构造厚度的要求，表层虽然透水能力强，但污染物去除能力弱，不具备透水铺装LID设施的削污功能。

【处理措施】根据具体情况采用CJJ/T 190—2012中的Ⅱ型或Ⅲ型透水沥青路面结构型式。

问题172：透水铺装路面坡度较大时，未设置横向隔断层。

【原因分析】重庆市《低影响开发雨水系统设计标准》DBJ 50/T—292—2018第9.2.9条建议，透水铺装场地坡度较大时宜垂直于坡度方向设置隔断层。大坡度透水铺装路面若不设置隔断层，则降雨时在坡底平缓段不但不能透水，反而会向外冒水，雨后路面长时间不干燥，极易滋生青苔。这是由于在透水铺装坡度较大的情况下，横向导排管不能有效收集各段渗透水，渗透水在基层内向下部流动，向坡底汇集，导致坡底路面返水。

【处理措施】在坡度较大的路段，宜慎用透水铺装；若需采用，可参照规范要求设置隔断层。

问题173：利用雨水收集池托底规划指标。

【原因分析】部分硬质下垫面不设置滞留设施，在雨水管路系统末端设置雨水收集池，兼有雨水回用和托底上游指标（径流控制率和污染物去除率）的功能。由于雨水收集回用池实际上并不是服务于特定的硬质下垫面，而是收集整个场地混合径流的一部分，若硬质下垫面距离调蓄池较远，其初雨可能无法有效收集。若调蓄容积超出回用需求，设计调蓄水量可能不会全部被净化处理，达不到设计的污染物去除率要求。

【处理措施】海绵城市理念强调源头控制，应优先采用源头设施（透水性下垫面、滞留设施）实现径流控制和污染削减，不宜采用末端蓄水池托底。鼓励雨水回用，在源头设施较充分的情况下，有助于降低雨水回用的处理成本。

由于条件所限导致源头设施不足、确需采用雨水收集池同时满足回用需求和托底上游指标时，应确保有效收集服务范围内不受控硬质下垫面的初雨。蓄水容积不宜过大，须及时腾出容积控制后续设计降雨量。

16 暖通空调

16.1 说明

问题 1：设计说明中未交代工程概况或交代不够全面，不符合建筑工程设计文件编制深度规定。

【原因分析】违反《建筑工程设计文件编制深度规定》（2016 年版）第 4.7.3 条第 1.2）款、《重庆市建筑工程施工图设计文件编制技术规定》（2017 年版）第 3.6.3 条第 1.1）款关于工程概况技术内容的规定，简述工程建设地点、建筑面积、规模、建筑防火类别、绿色建筑定性、使用功能、层数、建筑高度等（如有多个子项，应分别进行说明）。

【处理措施】按要求编写工程概况，同时应注意描述与暖通设计相关的概况，如项目所属气候区、抗震设防烈度等级、工程能源情况等。

问题 2：设备表中设备各项参数过于简略，平时使用的运转设备应标注噪声值，采用的消音器，应标注消音量。

【原因分析】《重庆市建筑工程施工图设计文件编制技术规定》（2017 年版）第 3.6.4 条及表 3.6.4 中明确规定：施工图阶段性能参数栏应注明详细的技术数据，并注明锅炉的额定热效率、冷热源机组能效比或性能系数、多联机空调（热泵）机组制冷综合性能系数、风机效率、水泵在设计工作点的效率、水泵的耗电输冷（热）比、风机的单位耗功率、热回收设备的热回收效率及主要设备噪声值等。

【处理措施】设备表中除设备的主要性能参数之外，还应补充设备编号、设备安装位置、服务区域、机组效率、能效比、单位耗功率，平时使用的运转设备应标注噪声值，作为设备采购时的限制条件。采用的消音器，应标注消音量等。

问题 3：设计依据中存在过期规范或与项目不符的情况。

【原因分析】违反《重庆市建筑工程施工图设计文件技术审查要点》（2019 年版）第 7.2.2 条，规范更新后未对设计依据中的规范进行调整或直接采用其他项目设计说明进行修改。

【处理措施】设计依据应采用最新规范，规范应与设计项目相符。技术措施、手册等不应作为设计依据。

问题 4：设计说明中通风换气次数、室内设计温湿度设计值非定值。

【原因分析】违反《民用建筑供暖通风与空气调节设计规范》GB 50736—2012 第 3.0.2 条、第 6.3.7 条及《重庆市建筑工程施工图设计文件技术审查要点》（2019 年版）第 7.2.2 条规定。

【处理措施】室内温湿度及通风换气次数应为确定值，且应与负荷计算书、图纸设备选型一一对应。

16.2　供暖

问题5：未考虑重庆的地域特殊性，对各朝向采用普遍适用的朝向修正原则进行修正，导致南向和东、西向房间无法达到室内设计温度的要求。

【原因分析】违反《民用建筑供暖通风与空气调节设计规范》GB 50736—2012第5.2.6条关于朝向修正率的规定，应根据当地冬季日照率、辐射照度、建筑物使用和被遮挡等情况选用修正率。

【处理措施】朝向修正是基于太阳辐射的有利作用和南北向房间的温度平衡要求，而在耗热量计算中采取的修正系数。由于重庆大部分地区冬季日照率远小于35%，甚至不足10%（重庆主城区的冬季日照率只有7.5%）。因此，东南、西南和南向的修正率宜采用−10%～0，东、西向可不修正。

问题6：未正确区分散热器供暖与地面辐射供暖计算建筑围护结构耗热量高度附加率的不同；对中庭、高大公共建筑的高度总附加率修正过多。

【原因分析】违反《民用建筑供暖通风与空气调节设计规范》GB 50736—2012第5.2.7条关于高度附加率修正的规定。

【处理措施】供暖方式不同，建筑（除楼梯间外）的围护结构耗热量高度附加率应有所区别，通常地面辐射供暖的高度附加率按一般散热器供暖计算值50%取值。散热器供暖房间高度大于4m时，每高出1m应附加2%；地面辐射供暖的房间高度大于4m时，每高出1m宜附加1%。

高度附加率是由于竖向温度梯度的影响导致上部空间及围护结构的耗热量增大的附加系数。由于围护结构耗热作用等影响，房间竖向温度的分布并不总是逐步升高的，因此对高度附加率的上限值应有限制。散热器供暖房间高度总附加率不应大于15%，地面辐射供暖的房间高度总附加率不宜大于8%。

问题7：在幼儿园、养老院、荣军院、残疾人康复、精神病院等建筑内的散热器未暗装或未加防护罩。

【原因分析】违反《民用建筑供暖通风与空气调节设计规范》GB 50736—2012第5.3.10条、《托儿所、幼儿园建筑设计规范》JGJ 39—2016（2019年版）第6.2.5条、《老年人照料设施建筑设计标准》JGJ 450—2018第6.4.4条关于特殊建筑安装散热器的规定，幼儿园、老年人和特殊功能要求的建筑的散热器必须暗装或加防护罩。

【处理措施】为了保护儿童、老年人、特殊人群的安全健康，避免烫伤和碰伤，幼儿园、老年人和特殊功能要求的建筑（精神病院、法院审查室等）的散热器必须暗装或加防护罩。

问题8：热量表简单的按照管径选用；热量表的流量传感器安装在供水管上。

【原因分析】违反《民用建筑供暖通风与空气调节设计规范》GB 50736—2012第5.10.3条关于热量表选型和设置的规定。热量表应根据公称流量选型，热量表的流量传感器宜安装在回水管上。

【处理措施】热量表不能简单地按照管道直径直接选用，而应根据系统的设计流量的一定比例对应热量表的公称流量确定，并校核在系统设计流量下的压降。公称流量可按设计流量的80%确定。供暖回水管的水温较供水管低，流量传感器安装在回水管上所处环境温度也较低，有利于延长

第2部分　房屋建筑工程

电池寿命和改善仪表使用工况，因此，在有条件的情况下，热量表均应安装在回水管上。

问题 9： 在装饰装修设计中，盲目和过多地采用木材和地毯作为地面装饰层，造成地面辐射供暖实际运行的能耗过高，未达到节能的目的。

【原因分析】违反《辐射供暖供冷技术规程》JGJ 142—2012 第 3.2.4 条关于供暖面层材料热阻的规定，地面辐射供暖面层宜采用热阻小于 $0.05m^2 \cdot K/W$ 的材料。

【处理措施】供暖面层热阻的大小，直接影响到地面的散热量。实测证明，在相同供热条件和地板构造的情况下，在同一个房间里，以热阻为 $0.02m^2 \cdot K/W$ 左右的花岗石、大理石、陶瓷砖等作面层的地面散热量，比以热阻为 $0.1m^2 \cdot K/W$ 左右的木地板为面层时要高 $30\% \sim 60\%$；比以热阻为 $0.15m^2 \cdot K/W$ 左右的地毯为面层时要高 $60\% \sim 90\%$。由此可见，面层材料对地面散热量的巨大影响。为了减少能耗和降低运行费用，采用地面辐射供暖方式时，要尽量选用热阻小于 $0.05m^2 \cdot K/W$ 的材料做面层。暖通设计人员应从专业角度与装饰装修设计人员有效沟通，避免采用过多的高热阻材料作为地面装饰层。

问题 10： 低温辐射供暖按传统散热器供暖选取室内设计温度，不满足建筑节能的要求。

【原因分析】违反《民用建筑供暖通风与空气调节设计规范》GB 50736—2012 第 3.0.5 条关于低温辐射供暖室内设计温度取值的规定，辐射供暖室内设计温度宜降低 2℃。

【处理措施】低温辐射供暖建筑应考虑节能的要求，由于人体的舒适度受辐射影响很大，对于辐射供暖的建筑，其供暖室内设计温度取值低于以对流为主的供暖系统 2℃，仍然可以达到同样的舒适度。

问题 11： 设计低温辐射供暖系统时，经常采用 PB、PB-R、PE-X 等塑料管材，在满足使用条件和设计工作压力的条件下，设计人往往只注重了管径的选择，却忽略了对某些管材需要加厚壁厚的要求，存在安全隐患。

【原因分析】违反《辐射供暖供冷技术规程》JGJ 142—2012 附录 C.1.3 条关于塑料管材壁厚的规定，塑料管公称壁厚应根据本规程第 C.1.2 条选择的管系列及施工和使用中的不利因素综合确定。管材公称壁厚应符合表 C.1.3 的要求。

【处理措施】低温辐射供暖管材选择时，除考虑许用环应力指标外，还应考虑管材的抗划痕能力、透氧率、蠕变特性和价格等因素，经综合比较后确定。塑料管公称壁厚应根据使用条件 4 级以及设计压力选择管系列及施工和使用中的不利因素综合确定。管材公称壁厚应符合表 C.1.3 的要求，并应同时符合下列规定：对管径大于或等于 15m 的管材，壁厚不应小于 2mm；需要进行热熔焊接的管材，其壁厚不得小于 1.9mm。

目前重庆地区大部分项目的低温辐射供暖系统压力均≤0.8MPa，设计中通常采用的塑料管材有：PB、PB-R、PE-X、PE-RTI 型、PE-RTII 型及 PPR。PB-R 和 PE-X 这两种常用管材在工作压力≤0.8MPa，公称外径 De≤20mm 时，壁厚均小于 2mm；PB 在工作压力≤1MPa，公称外径 De≤20mm 时，壁厚小于 2mm。因此，在选择 PB、PB-R、PE-X 这三种管材时，不应该按照系统工作压力选择对应的管系列，而应该按提高工作压力等级并满足规范要求的壁厚来选择管系列。PE-RTI 型、PE-RTII 型及 PPR 则可按照系统工作压力选择对应的管系列。

此规范条文虽有一定争议，但无论是旧规程《地面辐射供暖技术规程》JGJ 142—2004 还是新规程《辐射供暖供冷技术规程》JGJ 142—2012 均对此有明确要求，而且做出明确解释"考虑目前国内地暖系统施工现状，保证应用的安全性，对管径大于或等于15mm的管材，仍保留了原规程中对于塑料管材壁厚再行加厚的要求。"

另外，PPR管由于所需管壁较厚不易弯曲，考虑到现场施工的实际困难，地面辐射供暖的加热管应慎用PPR管。

16.3　通风

问题12：平时使用的通风设备噪声值较大时，其设备进、出口未设消声措施。

【原因分析】违反《民用建筑供暖通风与空气调节》GB 50736—2012 第10.1.8条关于进排风口噪声应符合环保要求，否则应采取消声措施的规定。一般风管的长直管段，弯头和三通有一定的消声作用，但消声能力有限。通风设备的风量较大、风压较高时设备产生的噪声较高，若不采取消声措施的话，室内外的噪声值会超标。

【处理措施】通过计算，若不满足室内外噪声要求时，应设置消声器。

问题13：水平排油烟风管采取坡向立管时，在立管底部漏设放油阀

【原因分析】违反《民用建筑供暖通风与空气调节设计规范》GB 50736—2012 第6.3.5条第5款的规定。排油烟风道设置安装应便于油、水的收集和油污清理。排油烟风管中积存于管道的废油会反流，且日久易凝固，堵塞烟道。

【处理措施】为便于定期清理油污，水平排油烟管道应有2%以上坡度，坡向集油、放油或排凝结水处；水平排油烟风管坡向立管时，应在立管底部设放油阀，建议管径不小于$DN40$。

问题14：风井尺寸宽高比过大，部分风井净空不足400mm，无安装和后期改造维修空间。

【原因分析】风井特别是需要内衬金属风管的风井，为保证风管的安装空间和风井后期的维护，风井净空尺寸不宜过小。

【处理措施】风井净空尺寸不小于400mm。

问题15：制冷机房漏设事故通风系统。

【原因分析】违反《民用建筑供暖通风与空气调节设计规范》GB 50736—2012 第6.3.7条第2款关于制冷机房通风的规定。

【处理措施】为制冷机房的排风设置独立的系统，并直接排至室外安全区域。机械排风应按照制冷剂的种类确定事故排风口的高度，当设于地下制冷机房且泄漏气体密度大于空气时，排风口应上下分别设置。制冷机房的通风量应分别计算平时和事故通风量。氟制冷机房的平时通风量宜按照4～6次/h计，事故通风量不应小于12次/h；燃气直燃溴化锂机组的平时通风量按照6次/h计，事故通风量不应小于12次/h；燃油溴化锂机组的平时通风量按照3次/h计，事故通风量不应小于6次/h计。

问题16：蓄电池室漏设事故通风。

【原因分析】违反《民用建筑供暖通风与空气调节》GB 50736—2012 第6.3.9条第1款关于事故通风设置的规定。蓄电池在充放电的过程中会产生少量的氢气，房间应设置事故排风系统。

【处理措施】蓄电池室应设置换气次数不应小于12次/h的事故通风系统，且吸风口上缘至顶棚平面或屋顶的距离不大于0.1m。当通风管贴梁底布置时，应在风管顶设置一段支管后再设置排风口，保证排风口的上缘至顶棚的距离不大于0.1m。若房间为井字梁布置时，宜在每个梁格里设置排风口或者在结构梁上设置连通管进行导流排气，避免事故发生。

问题17：地下设备用房的排风和进风均设置于无补风或排风条件的内走道。

【原因分析】地下设备用房排风一般用于排除余热余湿或有害物质。因此，排风应排至室外，若利用内走道进风，应进行内走道的风平衡计算。

【处理措施】地下设备用房的排风排至室外，尽量采用室外新风进风，若条件受限采用内走道进风时，须进行内走道的风平衡计算。

问题18：密闭厨房（地下厨房及地上无外窗的厨房）通风未考虑补风系统。

【原因分析】违反《民用建筑供暖通风与空气调节设计规范》GB 50736—2012第6.3.5条第2款关于设置机械补风的规定。采用机械排风的区域，当自然补风满足不了要求时，应采用机械补风。厨房采用机械排风时，如未考虑厨房的补风，导致房间内的负压值过大，可能对灶具的使用产生影响，也可能造成其他空调区域过多的空气流过来，造成空调能耗增加，也可能因为来自周围房间的自然补风量不够导致机械排风量不能达到设计要求。

【处理措施】规模较大的厨房均应考虑机械补风系统，若厨房规模较小，补风量为厨房开门后的负压补风风速小于1m/s时，可考虑自然补风。厨房局部排风设备不一定同时开启，补风量应考虑与排风系统风量相匹配。厨房补风量可按排风量的80%～90%确定，厨房补风量的一部分可由餐厅来补充。气流组织设计时，让餐厅的空调排风进入厨房，这样可以避免厨房异味溢入餐厅，并利用餐厅的空调改善厨房的工作环境。

问题19：机械送风系统采用下沉式进风口。

【原因分析】违反《民用建筑供暖通风与空气调节设计规范》GB 50736—2012第6.3.1条第3款关于机械送风系统进风口的规定，机械送风系统进风口的下缘距室外地坪不宜小于2m，当设在绿化地带时不宜小于1m。采用下沉式进风口时，进风口附近的空气中含尘浓度高，送入室内的空气不能满足卫生要求。

【处理措施】机械送风系统不采用下沉式进风口，其进风口位置应满足规范规定。

问题20：室外设置的通风机入口处漏设置防护网，风机漏设防雨措施。

【原因分析】违反《通风与空调工程施工质量验收规范》GB 50243—2016第7.2.2条关于通风机外露部位传动装置的防护的规定。通风机传动装置的外露部位以及直通大气的进、出口，必须装设防护罩、防护网或采取其他安全防护措施。为防止风机对人的意外伤害，通风机传动装置的外露部分及敞开的孔口应采取有效的保护措施。

违反《工业建筑供暖通风与空气调节设计规范》GB 50019—2015第6.8.6条的规定：通风机露天布置时，其电机应采取防雨措施，电机防护等级不应低于IP54。

【处理措施】风机直通大气的进、出风口应设置镀锌钢丝防护网。通风机露天布置时，其电机采取防雨措施，电机防护等级不低于IP54。

问题 21：中小学校的化学与生物实验室、药品储藏室、准备室通风未采用下排风。强制排风系统的室外排风口未满足规范要求。

【原因分析】违反《中小学设计规范》GB 50099—2011 第 10.1.10 条第 3 款及第 4 款关于排风口位置设置的规定。室内气流组织应根据实验室性质确定，化学实验室宜采用下排风。强制排风系统的室外排风口宜高于建筑主体，其最低点应高于人员逗留地面 2.50m 以上。根据实验内容不同，会产生不同的气体，这些有害气体如不及时排出，会造成室内空气污染，影响实验人员的健康与安全，影响仪器设备的精度和使用寿命。设计中多在实验室房间上部设置排风，不能满足实验室的使用要求。

【处理措施】中小学校的化学与生物实验室、药品储藏室、准备室通风采用下部排风。强制排风系统的室外排风口高于建筑主体，其最低点高于人员逗留地面 2.50m 以上。

问题 22：发电机房和储油间排风系统合用。

【原因分析】违反《民用建筑供暖通风与空气调节设计规范》GB 50736—2012 第 6.3.7 条第 3 款关于柴油发电机房送排风的规定：柴油发电机房宜设置独立的送、排风系统。

【处理措施】在柴油发电机房设置独立的送、排风系统。

问题 23：储油间排风系统风机未采用防爆型。

【原因分析】根据《建筑设计防火规范》GB 50016—2014（2018 年版）第 5.4.13 条条文说明，设置在建筑内的柴油设备或柴油油罐，柴油的闪点不应低于 60℃。但为了确保安全，应采取加强措施，储油间排风系统应采用防爆型风机。

【处理措施】建筑内柴油发电机房内的储油间排风系统应采用防爆型风机。

问题 24：无外门窗的内区房间，无法通过门窗缝隙渗透获取新风。

【原因分析】为保证房间的有效通风，应有相应的补风措施。无外门窗的内区房间，无法通过门窗缝隙渗透获取新风，房间内风量无法平衡，会造成无法排风的情况。

【处理措施】无外门窗的内区房间，应设置机械送、排风系统，并根据房间类型，确定房间应保持正压或负压，以计算房间的送、排风量。

问题 25：餐饮油烟应经净化后排放，未说明排放浓度、净化设备最低去除效率。

【原因分析】违反重庆市《餐饮业大气污染物排放标准》DB 50/859—2018 第 4.2.2 条的规定。餐饮业油烟污染大，应根据其规模和主要污染物情况，选择相应去除率的净化设备，经净化达标后排放。

【处理措施】重庆地区油烟最高运行排放浓度不超过 1mg/m³，油烟净化设施最低去除率不小于 95%，满足重庆市《餐饮业大气污染物排放标准》DB 50/859—2018 中的相关规定。非重庆地区油烟最高允许排放浓度不超过 2mg/m³，油烟净化设施最低去除率不小于 85%，满足《饮食业油烟排放标准》GB 18483—2001 中的相关规定及当地餐饮业大气污染物排放标准。

问题 26：变配电房、发电机房、储油间排风与发电机组排热风共用竖井。

【原因分析】《民用建筑供暖通风与空气调节设计规范》GB 50736—2012 第 6.3.7 条第 3 款及第 4 款关于变配电房、发电机房通风的规定。柴油发电机房及变配电室均需设置独立的送、排风系统。

当发电机不使用时，变配电房的排风通过井道反流回发电机房，不满足使用条件。

【处理措施】发电机组排热风应独立设置井道。

问题 27：车库所选用的单速排烟风机兼作平时通风时，其平时通风量不满足换气次数的要求。

【原因分析】违反《车库建筑设计规范》JGJ 100—2015 第 7.3.4 条关于汽车库通风量的规定。对于设有机械通风系统的机动车库，排风量不应小于按换气次数法或单台机动车排风量法计算的风量。车库设置机械排烟时，排烟风机排烟量按《汽车库、修车库、停车场设计防火规范》GB 50067—2014 第 8.2.5 条的规定确定，对于面积较大的车库，其平时排风量可能大于其排烟量。

【处理措施】普通机动车库平时排风量，宜按照换气次数法确定。住宅类机动车库按照 4 次/h，商业类机动车库按照 6 次/h，其他类机动车库按 5 次/h 计算。机械式机动车库平时的排风量宜按照停车所需排风量计算。当排烟与排风共用一套系统时，应复核排烟量及排风量是否满足要求，必要时应设置双速风机。

问题 28：地面风井的百叶风口处未设置防护措施。

【原因分析】风井的设置受多种客观条件限制，有时需在地面处直接设置风井，这种形式存在人可随意接近、无报警和监控装置等安全隐患，具有易遭人为损坏、危险物质落入、人员不慎坠落等安全风险。根据《通风与空调工程施工质量验收规范》GB 50243—2016 第 7.2.2 条的相关规定，应采取相应的安全防护措施。

【处理措施】地面风井百叶风口处应设置刚性防护网或采取其他安全防护措施。

问题 29：公共建筑主要功能房间不满足 10% 开窗比例要求，未设置机械通风系统。

【原因分析】违反重庆市《公共建筑节能（绿色建筑）设计标准》DBJ 50—052—2020 第 4.2.25 条规定。公共建筑各主要功能房间应设外窗，其外窗（含透光门）及透光幕墙的有效通风换气面积不应小于该房间外墙面积的 10%。当不能满足时，应设置机械通风系统。

【处理措施】应要求建筑及绿建专业提资，外窗有效通风面积不满足要求的房间应设置机械通风系统，换气次数不低于 2 次/h。

问题 30：设置气体灭火系统的设备用房，其通风系统未设计相应的控制措施。

【原因分析】气体灭火系统工作时要求防护区密闭，根据《气体灭火系统设计规范》GB 50370—2005 第 5.0.6 条规定，气体灭火系统的操作与控制，应包括对开口封闭装置、通风机械和防火阀等设备的联动操作与控制。

【处理措施】应要求给水排水专业人员提供资料，明确设置气体灭火的区域。设置在气体灭火防护区内的通风口应设置相应的控制措施，保证气体灭火前风口关闭，灾后开启。

问题 31：各楼栋一层未表达车库风井出地面设置百叶情况。

【原因分析】根据《建筑工程设计文件编制深度规定》（2016 年版）中的相关规定，暖通施工图中应表达风井设置百叶的情况。

【处理措施】暖通施工图中应表达车库风井出地面百叶尺寸、预留洞口、防护措施等要求。

问题 32：穿越变形缝的风管未设置柔性短管。

【原因分析】违反《通风与空调工程施工规范》GB 50738—2011 第 8.4.3 条规定，风管穿越建筑物变形缝空间时，应设置长度为 200～300mm 的柔性短管。风管穿越建筑物变形缝墙体时，应设置钢制套管。

【处理措施】按规范要求设置柔性短管或钢制套管。

问题 33：柴油发电机房应表达发电机组排尾气管，储油间未设置通气管。

【原因分析】柴油发电机组排尾气管属于高温烟气管道，由于气体温度的变化会引起风管的膨胀或收缩，导致管路损坏，造成严重后果，必须重视。根据《民用建筑供暖通风与空气调节设计规范》GB 50736—2012 第 6.6.13 条规定，高温烟气管道应采取热补偿措施。暖通专业施工图中应进行完整表达。根据《建筑设计防火规范》GB 50016—2014（2018 年版）第 5.4.15 条规定，储油间的油箱应密闭且应设置通向室外的通气管，通气管应设置带阻火器的呼吸阀，油箱的下部应设置防止油品流散的设施。

【处理措施】在暖通专业施工图中完整表达柴油发电机组排尾气管道，并设置热补偿措施。储油间油箱应设置通气管。

问题 34：采用动力式窗式通风器的项目，暖通专业未表达完善。

【原因分析】根据《建筑工程设计文件编制深度规定》（2016 年版）中的相关规定，对于采用动力式窗式通风器的项目，暖通专业应表达完善。

【处理措施】暖通专业施工图设计中应表达相应的通风系统。

问题 35：垃圾站排风系统未考虑除臭措施。

【原因分析】垃圾站会散发恶臭气味，其排风系统若不设置除臭装置，会对周围环境造成负面影响。参考《民用建筑供暖通风与空气调节设计规范》GB 50736—2012 第 6.6.18 条规定，垃圾站排风系统应考虑除臭措施。

【处理措施】垃圾站排风系统应设置除臭装置，其风管的排风口宜设置在建筑物顶端。

问题 36：污水提升泵房排风未高空排放。

【原因分析】违反《民用建筑供暖通风与空气调节设计规范》GB 50736—2012 第 6.1.7 条关于送排风设计的气流组织规定，室内送风、排风设计时，应根据污染物的特性及污染源的变化，优化气流组织设计；不应使含有大量热、蒸汽或有害物质的空气流入没有或仅有少量热、蒸汽或有害物质的人员活动区。

【处理措施】污水提升泵房排风应高空排放或处理达标后排至大气，排风风机应尽量靠近室外布置以减少室内风管的正压段。

问题 37：新风机的吸入口紧邻厨房窗户，图上新风吸入口距离燃气热水器的排放口距离不足 1.5m，当垂直布置时，新风口未设置在污染物排放口及热排放设备的下方。

【原因分析】违反《住宅新风系统技术标准》JGJ/T 440—2018 第 4.4.1 条的规定，即室外新风口水平与垂直方向距燃气热水器排烟口、厨房油烟排放口和卫生间排风口等污染物排放口及空调室外机等热排放设备的距离不应小于 1.5m，当垂直布置时，新风口应设置在污染物排放口及热排放设备的下方。

【处理措施】新风口水平与垂直方向距燃气热水器排烟口超过 1.5m。

问题 38：会产生易燃易爆物质的工艺房间，其排风机设置于地下室。

【原因分析】违反《建筑设计防火规范》GB 50016—2014（2018 年版）第 9.3.9 条的规定，即排除有燃烧或爆炸危险气体、蒸气和粉尘的排风系统，其排风设备不应布置在地下或半地下建筑（室）内。

【处理措施】应要求工艺专业提资，排风应设置防爆风机且风机不可设置于地下及半地下室内，排风管道应采用金属风管并直通室外，不应暗设，排风系统应设置导除静电的接地装置。

问题 39：送、排风井道室外风口水平距离偏近，易造成送排风短路

【原因分析】违反《民用建筑供暖通风与空气调节设计规范》GB 50736—2012 第 6.3.1 条第 2 款关于设置机械送风系统进风口的位置的规定，机械送风系统进风口的位置，应避免进风、排风短路；违反《民用建筑供暖通风与空气调节设计规范》GB 50736—2012 第 6.3.9 条第 6 款的规定。

【处理措施】提高送、排风井道室外风口水平距离至不小于 20m，当水平距离不足 20m 时，排风口应高出进风口，并不宜小于 6m，以避免造成送、排风短路。且当排气中含有可燃气体时，事故通风系统排风口应远离火源 30m 以上，距可能的火花溅落地点应大于 20m。

问题 40：柴发机房的高温烟气管道未采取热补偿措施。

【原因分析】违反《民用建筑供暖通风与空气调节设计规范》GB 50736—2012 第 6.6.13 条的规定。输送高温气体的排烟管道，如燃烧器、锅炉、直燃机等烟气管道，由于气体温度的变化会引起风管的膨胀或收缩，导致管路损坏，造成严重后果。

【处理措施】金属风管设置软连接，风管与土建连接处设置伸缩缝。高温烟气立管管道应在图纸及说明中注明热补偿措施设置原则，由厂家二次深化。

问题 41：排油烟管道采用镀锌钢板焊接有误，镀锌钢板不得采用焊接连接方式。

【原因分析】违反《通风与空调工程施工质量验收规范》GB 50243—2016 第 4.15 条的规定，即镀锌钢板及含有各类复合保护层的钢板应采用咬口连接或铆接，不得采用焊接连接。

【处理措施】排油烟管道采用镀锌钢板咬口连接或铆接。建议采用不锈钢钢板。

16.4　空调

问题 42：空调房间负荷源（人员密度、新风量、照明、设备功率等）的取值随意，不同功能房间的负荷源取值相同。

【原因分析】违反《公共建筑节能设计标准》GB 50189—2015 附录 B.0.4 条关于空调房间负荷源取值的规定，空调房间负荷源（人员密度、新风量、照明、设备功率等）的取值应依据规范推荐值确定。

【处理措施】空调房间人员密度除了可按《公共建筑节能设计标准》GB 50189—2015 确定以外，也可参照建筑专业的疏散计算人数确定。高密度人群房间的新风量还应按《民用建筑供暖通风与空气调节设计规范》GB 50736—2012 表 3.0.6-4 确定。照明功率应由电气专业依据重庆市《公共建筑节能（绿色建筑）设计标准》DBJ 50—052—2020 和《建筑照明设计标准》GB 50034—2013 的要求确定。室内无大型发热的电气设备时，设备功率可以参照相关标准推荐值确定。

另外，对于有专门的单项建筑设计规范的特殊建筑，新风量及其他负荷源的取值，还应满足相关规范规定，如：《综合医院建筑设计规范》GB 51039—2014、《电影院建筑设计规范》JGJ 58—2008、《旅馆建筑设计规范》JGJ 62—2014、《展览建筑设计规范》JGJ 218—2010、《体育建筑设计规范》JGJ 31—2003、《饮食建筑设计标准》JGJ 64—2017 等一些单项建筑设计规范。

对于火锅和中餐厅等餐饮场所，还应计算食品的散热量，主流的空调负荷计算软件中负荷源均有食品的选项。工艺性空调负荷计算时，还应计入发热物料的散热量。

问题 43：重庆高海拔的寒冷山区建筑采用空气源热泵机组时，冬季供热能力不足，室内温度达不到设计要求。

【原因分析】违反《民用建筑供暖通风与空气调节设计规范》GB 50736—2012 第 8.3.2 条关于空气源热泵机组的有效制热量应根据室外空调计算温度，分别采用温度修正系数和融霜修正系数进行修正的规定。在重庆的高海拔寒冷山区，空调负荷计算时如仍然采用重庆主城的室外气象参数，将导致计算空调热负荷偏小。同时，在选择空气源热泵机组时，未进行温度修正和融霜修正，导致设备供热能力达不到设计要求。

【处理措施】重庆的高海拔寒冷山区，如城口、石柱、巫山、巫溪、云阳、酉阳、秀山等地海拔高度 800m 以上的山区，室外气象参数与重庆主城有很大差别，空调负荷计算时应采用当地的数据。另外，空气源热泵机组的有效制热量应根据室外空调计算温度分别采用温度修正系数、融霜修正系数进行修正，同时还需注意海拔高度对制热量的修正。

问题 44：高级酒店（或餐饮场所）的公共厨房设置常规的风机盘管（或吊顶空调器）空调方式，且室内空调设计温度取值偏低，不合理。

【原因分析】违反《民用建筑供暖通风与空气调节设计规范》GB 50736—2012 第 7.3.18 条关于室内散发有毒有害物质的空调房间应采用直流式（全新风）空调系统的规定。公共厨房室内含有油烟、水汽，属于有毒有害物质，附着在盘管表面后，会严重降低盘管的换热能力和使用寿命。且室内空调设计温度偏低，会导致空调能耗大，不合理。

【处理措施】高级酒店（或餐饮场所）等建筑的公共厨房不允许空气循环使用，应采用直流式空调系统，不建议设置热回收，推荐采用厨房专用空调器。厨房的空调送风口不应靠近排油烟罩，宜布置在离排油烟罩 2m 左右的有人区。为降低直流式空调系统能耗，夏季室内空调计算温度取值不宜低于夏季室外通风计算温度（重庆为 31.7℃）。

问题 45：室内设计温度取值过高或过低，未考虑特殊功能房间的要求，造成房间的热舒适度不满足使用要求。

【原因分析】违反《民用建筑供暖通风与空气调节设计规范》GB 50736—2012 第 3.0.2 条关于室内设计温度的规定，舒适性空调在人员长期逗留区域，热舒适度等级为Ⅰ级，供热和供冷工况时的室内设计温度应满足规范要求。

【处理措施】热舒适度等级应考虑不同功能房间对室内热舒适的要求不同，老年人、特殊护理病房等特殊功能需求的起居、活动场所，在有条件的情况下，宜将热舒适度等级考虑为Ⅰ级，供热工况下室内设计温度应为 22～24℃。重要功能房间制冷工况下室内设计温度应为 24～26℃。

问题46：洁净厂房、洁净室的空调设计中，室内设计参数未包含噪声限值。

【原因分析】违反《洁净厂房设计规范》GB 50073—2013 第 4.4.1 条的规定，即洁净室内的空态噪声级，非单向流洁净室不应大于 60dB（A），单向流、混合流洁净室不应大于 65dB（A）。本条为强制性条文。

【处理措施】洁净室的噪声一般不算高，但数据差额较大，相差近 10dB（A）。洁净室噪声标准的制定主要考虑噪声的烦恼效应、语言通信干扰和对工作效率的影响。由于噪声控制要求是确保人员健康的重要条件，因此在设计文件的室内参数篇章中应有明确规定。

问题47：集中空调系统电制冷冷水机组总装机容量大于总计算冷负荷的 1.1 倍。

【原因分析】违反《民用建筑供暖通风与空气调节设计规范》GB 50736—2012 第 8.2.2 条、《公共建筑节能设计标准》GB 50189—2015 第 4.2.8 条及重庆市《公共建筑节能（绿色建筑）设计标准》DBJ 50—052—2020 第 8.1.4 条的规定："电动压缩式冷水机组的总装机容量与计算冷负荷的比值不得超过 1.1"，否则将导致冷水机组装机容量过大，在实际运行过程中闲置率较高。在实际工程舒适性空调系统运行过程中，基本不存在空调冷源供冷量不足的问题。大部分情况下，所有安装的冷水机组同时满负荷运行的工况基本没有出现过，甚至所有机组同时运行的时间也很短或者没有出现过。这说明相当多的制冷机房冷水机组总装机容量过大，造成了投资浪费。

【处理措施】冷水机组总装机容量过大有多方面原因，有些是计算冷负荷本身就偏大，负荷计算时对人员密度、新风量、照明、设备功率等取值不合理，不满足《民用建筑供暖通风与空气调节设计规范》GB 50736—2012 及《公共建筑节能设计标准》GB 50189—2015 的相关规定，或者与实际运行工况相差甚远，特别是人员密度及新风量。比如商业综合体，国内某大型房地产公司对其旗下多个正常运营的商业项目进行客流统计分析，发现商场内正常营业时最大人员密度一般为 0.12～0.15 人/m²，而在商场进行开业典礼或活动促销等人数较多时，最大客流量人员密度也仅仅为 0.22 人/m²，且持续时间较短，均远小于设计的人员密度取值，在同类项目主机选型计算时可以作为参考。办公建筑的人员密度和办公场所的定位及标准直接相关，在设计计算时需和建设单位充分沟通，了解其定位和需求，确定合理的人员密度取值。正确的负荷计算是冷水机组准确选型的关键。

在准确计算冷负荷的基础上，电动压缩式冷水机组的总装机容量应根据计算的空调系统冷负荷值直接选定，不另作附加；在设计条件下，当机组的规格不能符合计算冷负荷的要求时，所选择机组的总装机容量与计算冷负荷的比值不得超过 1.1。需要注意的是，1.1 是一个限制值，而非选择设备时的安全系数。在主机选型时，还应充分考虑建筑物的功能及使用特点等因素。比如办公及酒店等建筑，就应考虑同时使用率及入住率等因素的影响；再如体育建筑，需分别计算赛时负荷和平时负荷，同时在赛时还存在因人员流动引起的负荷迁移，在主机选型时可综合考虑这些影响因素。

问题48：多台冷水机组和冷冻水泵之间通过共用集管连接时，未设置必要的连锁电动阀。

【原因分析】违反《民用建筑供暖通风与空气调节设计规范》GB 50736—2012 第 8.5.6 条关于空调水系统自控阀门设置的规定，多台冷水机组和冷水泵之间通过共用集管连接时，每台冷水机组进水或出水管道上应设置与对应的冷水机组和水泵连锁开关的电动两通阀。多台冷水机组和冷冻水泵之间通过共用集管连接时，如未设置必要的连锁电动阀，水泵与冷水机组之间无法实现连锁控制，系统自控程度和节能性降低。

【处理措施】冷水机组和循环水泵之间宜采用一对一的管道连接方式，多台冷水机组和冷水泵之间通过共用集管连接时，每台冷水机组进水或出水管道上应设置与对应的冷水机组和水泵连锁开关的电动两通阀。当一些冷水机组和对应冷水泵停机，应自动隔断停止运行的冷水机组的冷水通路，以免流经运行的冷水机组流量不足，保证运行的机组蒸发器水量恒定。除定流量的一级泵系统外，空调末端装置应设置水路电动两通阀，与室内温控装置联动。

问题 49：多台冷却水泵或冷水机组与冷却塔之间通过共用集管连接时，未设置必要的连锁电动阀。

【原因分析】违反《民用建筑供暖通风与空气调节设计规范》GB 50736—2012 第 8.6.9 条关于冷却水泵与冷水机组之间设置连锁电动两通阀的规定，多台冷却水泵或冷水机组与冷却塔之间通过共用集管连接时，如未在每台冷却塔进水管上设置与对应水泵连锁开闭的电动阀，则不能很好地保证运行的制冷机组冷凝器水量恒定；水泵、冷却塔和冷水机组之间无法实现连锁控制，系统无法实现自动控制，节能性降低。

【处理措施】多台冷水机组和冷却水泵之间通过共用集管连接时，每台冷水机组进水或出水管道上应设置与对应的冷水机组和水泵连锁开关的电动两通阀。对进口水压有要求的冷却塔，应设置与对应水泵连锁开闭的电动阀。当每台冷却塔进水管上设置电动阀时，除设置集水箱或冷却塔底部为共用积水盘的情况外，每台冷却塔的出水管上也应设置与冷却水泵连锁开闭的电动阀。冷却塔一般远离冷却水泵，如采用手动阀门控制十分不便。因此，要求共用集管连接的系统应设置能够随冷却水泵频繁动作的电动阀（自控隔断阀），在水泵停机时关断对应冷却塔的进、出水管，保证正在工作的冷却塔的进水量。

问题 50：幼儿园建筑采用分体空调设计时，空调室外机未设置在高出地面 2m 以上且幼儿无法接触的位置。

【原因分析】违反《托儿所、幼儿园建筑设计规范》JGJ 39—2016（2019 版）第 6.2.15 条关于幼儿园建筑空调室外机位置的相关规定。

【处理措施】托儿所、幼儿园建筑内主要群体为幼儿，为避免分体空调等用电设备对幼儿造成潜在危险，空调室外机应安装在室外地面或通道地面 2.0m 以上，且幼儿无法接触的位置。由于分体空调室外机对建筑物外形美观有一定影响，且冷凝水随意排放也会造成环境影响，因此设置分体空调的托儿所、幼儿园建筑，应对空调室外机的位置统一进行设计，空调设备的冷凝水应有组织排放。

问题 51：建筑分体空调室外机布置和安装位置不合理。

【原因分析】违反重庆市《公共建筑节能（绿色建筑）设计标准》DBJ 50—052—2020 第 4.1.8 条及重庆市《居住建筑节能 65%（绿色建筑）设计标准》DBJ 50—071—2020 第 4.1.6 条关于空气源热泵机组和风冷空调器室外机安装位置的相关规定，不利于室外机的通风换热。

【处理措施】建筑分体空调室外机位的问题较为普遍，室外机的安装应有利于通风换热，避免外机位局部高温导致空调外机自动停机保护。在建筑外立面的竖向凹槽内逐层布置室外机时，凹槽的净宽度应能满足室外机的安装尺寸要求，且对于公共建筑不应小于 3.0m，对于居住建筑不宜小于 2.5m，室外机置于凹槽的深度不应大于 4.2m。室外机之间的排风口不宜相对，相对时其水平间距应大于 4.0m。若凹槽内设置单个空调室外机，当排风口正对墙面时，自出风口起距墙面水平间距应大于 2.0m。室外机位采用的遮挡和装饰措施，不应导致排风不畅或进排风短路，应采用有效通风面积不小于 60% 的百叶或格栅，避免采用防雨百叶，以免散热条件恶化。

问题52：采用集中空调系统时，未见大型空调设备安装的运输通道及预留孔洞设计。

【原因分析】大型公共建筑采用集中空调系统时，空调冷热源设备一般设于地下室或屋面，若不预留安装孔洞及运输通道，会导致设备无法安装。《全国民用建筑工程设计技术措施（暖通空调·动力）》(2009年版)对冷热源机房的布置原则中要求，应充分考虑并妥善安排好大型设备的运输和进出通道、安装与维修所需的起吊空间。

【处理措施】在施工图设计过程中，暖通专业需按照设计参考的冷热源设备尺寸及重量等参数，配合建筑及结构专业进行大型设备吊装孔的预留，同时复核运输通道的结构荷载以及空间净高，避免大型设备进场后无法安装。吊装孔的尺寸宜在设备尺寸基础上向四周各扩大0.5～1.0m，运输通道的净高除需考虑设备本身高度外，还需注意设备运输装置的高度。

问题53：地下室设备用房采用分体空调时，室外机设于不具备自然通风条件的内走道，不能有效散热。

【原因分析】地下室配电房等散热量较大，全年有制冷的需求，地下室值班室及其他一些功能房间也会有对空调的使用需求。这些场所的空调一般采用分体空调，但由于距离室外较远，室外机往往直接设于地下室，甚至就近设于不具备自然通风条件的内走道。违反重庆市《公共建筑节能（绿色建筑）设计标准》DBJ 50—052—2020第4.1.8条关于空气源热泵机组和风冷空调器室外机安装位置的相关规定，不利于室外机的通风换热。

【处理措施】风冷空调器室外机必须设于通风换热条件良好的场所，针对有空调需求但是室外机位置受限的地下室设备用房等，可采用多联机空调系统，将室外机设于室外地面。地下空间本身通风条件较差，若确需将室外机设于地下空间内，应避免设于不具备自然通风条件或自然通风条件较差的内走道，同时应对室外机位置进行强制通风，确保室外机的通风换热要求，也避免影响地下环境，造成地下空间温度升高。

问题54：油污蒸汽较多的场所采用多联机空调系统，且多联机室外机与油烟排放口相距太近。

【原因分析】违反《民用建筑供暖通风与空气调节设计规范》GB 50736—2012第7.3.11条及《多联机空调系统工程技术规程》JGJ 174—2010第3.1.2条的规定。多联机空调系统的制冷剂管道直接进入空调区，当用于有振动、油污蒸汽、产生电磁波或高频波设备的场所时，容易引起制冷剂泄漏、设备损坏、控制器失灵等事故。

【处理措施】对于振动较大、油污蒸汽较多以及会产生电磁波或高频波等场所，不宜采用多联机空调系统。多联机室外机与油烟排放口往往多设于建筑屋面，应避免室外机距离油烟排风口太近，防止油烟污染和堵塞空调室外机进风口，影响机组换热能力。

问题55：当空调热水管道利用自然补偿不能满足要求时，未设置补偿器，或补偿器及固定支架设置不合理。

【原因分析】违反《民用建筑供暖通风与空气调节设计规范》GB 50736—2012第8.5.20条关于空调热水管道应设置补偿器的规定，空调系统水平、垂直干管未表达固定支架的位置。管路利用自然补偿不能满足要求时，未设置必要的补偿器，将导致固定支架被管道推力损坏，影响系统安全。

【处理措施】依据《建筑工程设计文件编制深度规定》(2016年版)要求，空调系统水平、垂直干管应表达固定支架的位置，管道利用自然补偿不能满足要求时，应设置补偿器，并标注补偿器型号、补偿量、安装要求，以降低管道在运行时产生的作用力，减少管道应力和作用于阀门及支架结构上的作用力，确保管道的稳定和安全运行。一般来说，空调热水系统长度40m以上的直管段应该设置补偿器。管道固定支架的位置应满足补偿器前后直管段的距离要求。自然补偿时，固定支架的位置应能满足管路的Z形、L形、T形等自然补偿形式长短臂的长度要求。

问题56：空调设备未明确其承压能力要求及额定工作压力，或承压不合理。

【原因分析】违反《民用建筑供暖通风与空气调节设计规范》GB 50736—2012第8.1.8条关于空调系统冷水机组、水泵和末端装置等设备和管路及部件的工作压力不应大于其额度工作压力的规定。空调水系统静压大于1.0MPa时，未进行竖向分区，冷热源设备仍然采用承压1.0MPa的标准机型，实际运行承压大于额度工作压力；同时，循环水泵采用压入式，将增大地下冷热源设备承压，不利于水系统安全运行。

【处理措施】空调水系统静压应从地下空调冷热源设备用房地面计算至屋顶膨胀水箱最高水位，空调水系统静压大于1.0MPa时，宜进行竖向分区或进行技术经济比较，选择承压能力满足要求的主机设备及附件。循环水泵宜采用吸出式，以减少地下冷热源设备承压，利于水系统安全运行。同时，应在设计施工说明中，明确空调水系统的工作压力、试验压力，明确主要设备、管路及附件的公称压力要求。

问题57：空调水系统最高点未设排气阀，最低点未设泄水阀。

【原因分析】违反《民用建筑供暖通风与空气调节设计规范》GB 50736—2012第8.5.21条关于空调水系统应设置排气和泄水装置的规定，空调水系统无法顺畅排气泄水。

【处理措施】空调水系统最高处及系统各组立管顶部应设置自动排气阀，及时排出系统中的气体，避免影响水系统的正常运行及空调效果。空调系统每层供回水干管分支阀门后应设置泄水阀，用于本层的事故及检修时排水。每层供回水干管分支阀门（含平衡阀）应尽量安装在管井内部，方便检修维护。

问题58：多联机空调系统设计时缺少系统流程图。

【原因分析】违反《多联机空调系统工程技术规程》JGJ 174—2010第3.1.6条的规定。多联机空调系统设计时，一般会分楼层或分区域划分系统，系统数量繁多，平面图及竖向管井中冷媒管数量众多，仅平面图设计难以表达清楚设计意图，且易导致审查及施工人员读图困难，难以区分系统划分及管道连接情况。

【处理措施】在施工图设计阶段，应绘制相应的系统流程图，以支撑平面图设计。

问题59：组合式空调机组采用机房隔墙风口集中回风，利用外窗百叶风口吸入新风，回风和新风均未设置风管与空调机组连接。

【原因分析】违反重庆市《公共建筑节能（绿色建筑）设计标准》DBJ 50—052—2020第8.2.19条关于定风量空调系统应能实现全新风运行或可调新风比运行的规定，组合式空调机房回风和新风均未设置风管与空调机组连接，依靠机房的负压一并吸入空调机组，回风和新风比例无法控制。当室外高温新风量偏大时，将导致空调机组制冷能力下降，增加空调机组能耗。同时，由于新回风比例无法控制，也有可能出现新风量不足的情况。

机房隔墙回风若不设集中回风管道，将导致离空调机房较近的区域出现送回风短路，室内温度

第2部分　房屋建筑工程

不均匀，而且靠近空调机房区域的室内噪声会较大。

【处理措施】组合式空调机房采用机房隔墙上设置回风口的方式时，应设回风管道。新风、回风均应采用管道与空调机组连接，并设置必要的调节阀门，以满足空调系统实现全新风运行或可调新风比运行的需要。另外，送回风管道靠近空调机房隔墙处，均应设置消声措施。空调回风口不应设在送风射流区内和人员长期停留的地点；采用侧送风方式时，宜设在送风口的同侧下方；兼做热风供暖、房间净高较高时，宜设在房间的下部。回风口风速应满足《民用建筑供暖通风与空气调节设计规范》GB 50736—2012 表 7.4.13 要求。

问题 60：吊顶式空调机组设于电影厅或剧场内。

【原因分析】违反《民用建筑供暖通风与空气调节设计规范》GB 50736—2012 第 10.1.2 条及《电影院建筑设计规范》JGJ 58—2008 第 5.3.7 条、第 7.2.9 条的规定。吊顶式空调机组直接设于影厅内，导致室内噪声超标，影响观影。有些设计虽然把吊顶式空调机组设于公共区域（如走道），但进出影厅的送回风管未做消声处理。

【处理措施】空调机组不得直接设于电影厅内，宜设于空调机房内，且空调机房等设备用房宜远离观众厅。设有空调系统或通风系统的观众厅，应采取防止厅与厅之间串音的措施，电影厅的空调风系统应分别独立设置。通风或空气调节系统应采取消声减噪措施，应使通过风口传入观众厅的噪声比厅内允许噪声低 5dB。

问题 61：电影院放映机房的空调系统未采用直流系统。

【原因分析】违反《电影院建筑设计规范》JGJ 58—2008 第 7.2.5 条的规定。放映机房散发的毒气经空调回风系统进入影厅，影响影厅内空气品质。

【处理措施】放映机房内放映机工作时因散发毒气，不应设置空调回风，应采用直流系统。排风量应保证放映机房处于负压，一般不小于 15 次/h。

问题 62：对噪声要求较高的房间（如酒店客房）的风机盘管及风系统未设置消声措施。

【原因分析】违反《民用建筑供暖通风与空气调节设计规范》GB 50736—2012 第 10.1.2 条、《旅馆建筑设计规范》JGJ 62—2014 第 5.2.1 条关于通风与空调系统的噪声传播至使用房间和周围环境的噪声级应符合现行国家有关标准的规定。客房风机盘管回风口未设置消声措施，且盘管出风口直接与送风口连接，导致风机盘管噪声传入客房。

【处理措施】应尽可能选择超低噪声的风机盘管，设置回风箱，并在回风箱内贴附吸声材料。风机盘管出风口与送风口之间采用风管连接，并在送风管内贴附吸声材料。对于客房内设置回风箱和送风管的风机盘管采用 12～30Pa 机外静压即可，无需采用更高静压型机组。

问题 63：空调回风口与送风口距离不宜太近，避免形成短路。

【原因分析】违反《民用建筑供暖通风与空气调节设计规范》GB 50736—2012 第 7.4.12 条的规定，回风口设置位置应避免气流短路且避免产生"死区"等现象。

【处理措施】空调送、回风方式应根据空调区温湿度参数、允许风速、噪声标准、空气质量、温度梯度以及空气分布特性指标等要求，结合室内装修、工艺或家具布置等确定。送回风口设置应合理，避免气流短路及"死区"的出现。

问题 64：部分空调房间漏设新风，采用可开启外窗或外门获取。

【原因分析】违反《民用建筑供暖通风与空气调节》GB 50736—2012 第 3.0.6 条的规定。最小新风量指标综合考虑了人员污染和建筑污染对人体健康的影响和节能要求。除对室内有特殊负压要求的空调房间外，应确保空调房间室内维持正压（5～10Pa），因此新风应为有组织的机械进风，不应采用开启外窗或外门获取的自然进风。

【处理措施】新风采用机械进风。空调区、空调系统的新风量，应按不小于人员所需新风量，补偿排风和保持空调区空气压力所需新风量之和以及新风除湿所需新风量中的最大值确定。设计时应注意，《民用建筑供暖通风与空气调节》GB 50736—2012 和其他相关规范中做出最小新风量规定的房间，按照规范要求执行，未作出规定的房间，可按照国家现行卫生标准中的容许浓度进行计算确定。

16.5 防烟排烟

问题 65：大堂面积超过 50m² 且无外窗，未设置机械排烟。

【原因分析】违反《建筑设计防火规范》GB 50016—2014（2018 年版）第 8.5.4 条的规定，即地下或半地下建筑（室）、地上建筑内的无窗房间，当总建筑面积大于 200m² 或一个房间建筑面积大于 50m²，且经常有人停留或可燃物较多时，应设置排烟设施。

【处理措施】建筑面积超过 50m² 的无窗房间，且经常有人停留或可燃物较多时，应设置机械排烟设施。

问题 66：地下洗衣房及垃圾站等排烟系统未见补风措施，从车库补风。

【原因分析】违反《建筑防烟排烟系统技术标准》GB 51251—2017 第 4.5.1 条关于补风系统的规定。

【处理措施】地下房间设置机械排烟系统时，应设置机械补风系统。

问题 67：加压送风口不宜设置在被门挡住的部位。

【原因分析】违反《建筑防烟排烟系统技术标准》GB 51251—2017 第 3.3.6 条关于加压送风口设置的规定，送风口不宜设置在被门挡住的部位。风口被门挡住后，有可能影响加压送风量大小。

【处理措施】加压送风口设置在不被门挡住的部位。

问题 68：老年人照料设施内的非消防电梯未采取防烟措施。

【原因分析】违反《建筑设计防火规范》GB 50016—2014（2018 年版）第 5.5.14 条的规定，即老年人照料设施内非消防电梯应采取防烟措施，当火灾情况下需用于辅助人员疏散时，该电梯及其设置应符合消防电梯及其设置要求。

【处理措施】老年人照料设施内非消防电梯前室应设置防烟措施。

问题 69：敞开楼梯的开口部未设置挡烟垂壁。

【原因分析】违反《建筑防烟排烟系统技术标准》GB 51251—2017 第 4.2.3 条关于设置排烟设施的建筑内，敞开楼梯和自动扶梯穿越楼板的开口部应设置挡烟垂壁等设施的规定。

【处理措施】设置排烟设施的建筑内，敞开楼梯和自动扶梯穿越楼板的开口部应设置挡烟垂壁。

问题70：避难层采用机械加压方式，尚应设可开启外窗。

【原因分析】违反《建筑防烟排烟系统技术标准》GB 51251—2017 第 3.3.12 条关于避难层设置外窗的规定。

【处理措施】避难层采用机械加压方式，需向建筑专业提出设置可开启外窗的相关要求。设置机械加压送风系统的避难层（间），应在外墙设置可开启外窗，其有效面积不应小于该避难层（间）地面面积的 1%。

问题71：风机设在操场、通道旁，未考虑中小学生未成年人安全防护问题，风机入口未设置防鼠金属网，未考虑风机四周设置防护栏杆等保护措施。

【原因分析】违反《通风与空调工程施工质量验收规范》GB 50243—2016 第 7.2.2 条关于设置安全防护措施的规定，通风机传动装置的外露部位以及直通大气的进、出风口漏设防护罩、防护网或其他安全防护措施。为防止风机对人的意外伤害，通风机传动装置的外露部分及敞开的孔口应采取有效的保护措施。应充分考虑中小学生未成年人安全防护问题，需增设防护栏杆。

【处理措施】风机直通大气的进、出风口应设置镀锌钢丝防护网。在风机四周设置防护栏杆等保护措施。

问题72：加压送风系统旁通阀泄压口设置于风机房内，造成泄压不畅。

【原因分析】违反《建筑防烟排烟系统技术标准》GB 51251—2017 第 3.4.4 条关于加压送风系统余压值的规定，当系统余压值超过最大允许压力差时应采取泄压措施。风机房一般为密闭空间且体积较小，旁通阀泄压口设置在风机房内，在短时间内可能引起风机房内余压升高，无法满足泄压要求。

【处理措施】旁通阀泄压口应引至室外设置，或引至风机房外设置，或引至进风竖向井道。

问题73：加压送风系统存在可能超压的情况时，未设置相应的泄压措施。

【原因分析】违反《建筑防烟排烟系统技术标准》GB 51251—2017 第 3.4.4 条关于加压送风系统余压值的规定，当系统余压值超过最大允许压力差时应采取泄压措施。

【处理措施】对加压送风区域的压力值进行分析计算，当存在超压的可能时，应设置相应的泄压措施，包括泄压阀或旁通阀泄压。

问题74：当设置机械排烟系统时，未在外墙或屋顶设置固定窗。

【原因分析】违反《建筑防烟排烟系统技术标准》GB 51251—2017 第 4.1.4 条关于固定窗设置的规定。

【处理措施】应按《建筑防烟排烟系统技术标准》GB 51251—2017 第 4.4.14 条～第 4.4.16 条的要求在外墙或屋顶设置固定窗。

问题75：防排烟专用风机不必设置柔性接头。

【原因分析】违反《民用建筑供暖通风与空气调节设计规范》GB 50736—2012 第 6.6.7 条规定。

【处理措施】防排烟系统作为独立系统时，风机与风管应采用直接连接，不应加设柔性短管。当排烟与排风共用风管系统时，应设柔性短管，该柔性短管应满足在 280℃ 下持续安全运行 30min

及以上的要求。

问题 76：排烟口与附近安全出口沿走道方向相邻边缘之间的最小水平距离小于 1.5m。

【原因分析】违反《建筑防烟排烟系统技术标准》GB 51251—2017 第 4.4.12 条关于排烟口设置的规定，排烟口与附近安全出口相邻边缘之间的最小水平距离不应小于 1.5m。火灾排烟时，排烟口周围始终聚集一团浓烟，若排烟口的位置不避开安全出口，当疏散人员通过安全出口时，均会受到浓烟的影响，同时浓烟会遮挡安全出口，也会影响疏散人员识别安全出口位置，不利于安全疏散。

【处理措施】排烟口应远离安全出口设置，应确保与安全出口相邻边缘之间的最小水平距离不小于 1.5m。

问题 77：除地上建筑的走道或建筑面积小于 500m² 的房间外，设置排烟系统的场所未设置补风系统。

【原因分析】违反《建筑防烟排烟系统技术标准》GB 51251—2017 第 4.5.1 条的规定，即除地上建筑的走道或建筑面积小于 500m² 的房间外，设置排烟系统的场所应设置补风系统。

【处理措施】除地上建筑的走道或建筑面积小于 500m² 的房间外设置排烟系统的场所均应设置补风系统。且补风系统应直接从室外引入空气，且补风量不应小于排烟量的 50%。

问题 78：楼梯间传感器应设置两个，设置在楼梯间中部，且两个传感器间距大于等于 1/2 楼梯间高度。

【原因分析】违反《建筑防烟排烟系统技术标准》GB 51251—2017 第 3.4.4 条规定。

【处理措施】当楼梯间采用旁通管控制加压送风系统正压值时，楼梯间压力传感器应设置两个，且两个压力传感器之间距离不小于 1/2 楼梯间高度。

问题 79：多功能厅舞台与观众厅之间防火幕分隔，舞台与观众厅应考虑分设排烟系统。

【原因分析】违反《剧场建筑设计规范》JGJ 57—2016 第 8.1.2 条关于舞台台口设置防火幕的相关规定。针对剧场的防火问题首先是将舞台与其他区域分隔开来，分隔手段采用台口设防火幕，并设水幕保护，相当于把舞台与其他区域隔开形成两个独立的空间。同时违反《建筑防烟排烟系统技术标准》GB 51251—2017 第 4.2.1 条、第 4.2.2 条关于防烟分区划分和挡烟垂壁设置的相关规定。根据条文说明描述"采用隔墙等形成了独立的分隔空间，实际就是一个防烟分区和储烟仓，该空间应作为一个防烟分区设置排烟口，不能与其他相邻区域或房间叠加面积作为防烟分区的设计值。"当多功能厅舞台与观众厅之间设置有防火幕分隔，且防火幕下沿低于设计清晰高度时，即分别形成了独立的分隔空间，舞台与观众厅应分别作为独立的防烟分区设置排烟系统。

【处理措施】当多功能厅舞台与礼堂之间的防火幕下沿低于设计清晰高度时，即分别形成了独立的分隔空间，舞台与观众厅应分别作为独立的防烟分区设置排烟系统。

问题 80：有洁净要求房间的排烟口及补风口未采用板式风口。

【原因分析】违反《医院洁净手术部建筑技术规范》GB 50333—2013 第 12.0.11 条的规定，即洁净区内的排烟口应采取防倒灌措施，排烟口应采用板式排烟口。洁净区内应消除一切影响空气净化的因素，排烟口直接与大气相通，远离建筑的新鲜空气进风口，以防倒灌。板式排烟口可以吊装在顶棚上或安装在侧墙，平时保持常闭，火灾时依靠火警信号联动开启，并能在烟气温度达 280℃

时重新关闭。洁净区采用该类型的排烟口，既能保证区域的洁净度要求，又能在火灾时开启排烟。

【处理措施】有洁净要求的区域，其排烟系统及补风系统应采取防倒灌措施，排烟口及补风口应采用板式风口。洁净区内的排烟阀应采用嵌入式安装方式，版式风口表面应易于清洗、消毒。

问题 81：公共建筑地上无窗房间面积小于 50m² 但总面积大于 200m²，廊道排烟未满足 GB 51251—2017 第 4.6.3 条第 3 款规定，走道两侧自然排烟口面积均小于 2m²，且两侧自然排烟口的距离不小于走道长度的 2/3。

【原因分析】违反《建筑防烟排烟系统技术标准》GB 51251—2017 第 4.6.3 条第 3 款的规定，当公共建筑仅需在走道或回廊设置排烟时，其机械排烟量不应小于 13000m³/h，或在走道两端（侧）均设置面积不小于 2m² 的自然排烟窗（口）且两侧自然排烟窗（口）的距离不应小于走道长度的 2/3。对于地上建筑内的无窗房间，当总建筑面积大于 200m²，且经常有人停留或可燃物较多时，应设置排烟设施。自然排烟窗的位置、面积均应满足上述要求。

【处理措施】走道两端均应设置面积不小于 2m² 的自然排烟窗且两侧自然排烟窗的距离不应小于走道长度的 2/3。若自然排烟窗无法同时满足以上要求时，应设置机械排烟。

问题 82：厂房内任一层建筑面积大于 2500m² 的丙类厂房设置机械排烟系统时，未在外墙或屋顶设置固定窗。未与建筑专业人员复核固定窗的设计面积和位置是否满足规范 GB 51251—2017 第 4.4.14 条～第 4.4.16 条的要求。

【原因分析】违反《建筑防烟排烟系统技术标准》GB 51251—2017 第 4.1.4 条、第 4.4.14 条～第 4.4.16 条关于机械排烟场所外墙或屋顶固定窗设置的要求。对于任一层建筑面积大于 2500m² 的丙类厂房，应在外墙或屋顶设置固定窗，且固定窗数量、面积和高度均应满足 GB 51251—2017 第 4.4.14 条～第 4.4.16 条要求。

【处理措施】任一层建筑面积大于 2500m² 的丙类厂房，当设置有机械排烟系统时，应与建筑专业核实外墙或屋顶固定窗数量、面积、高度是否满足 GB 51251—2017 第 4.4.14 条～第 4.4.16 条要求。

问题 83：屋顶层机械加压送风防烟系统和排烟补风系统的室外进风口宜布置在室外排烟口的下方，且高差不宜小于 6m，当水平布置时，水平距离不宜小于 20m。

【原因分析】违反《建筑防烟排烟系统技术标准》GB 51251—2017 第 3.3.5 条的规定。

【处理措施】送风机的进风口与排烟风机的出风口应分开布置，且竖向布置时，送风机的进风口应设置在排烟出口的下方，其两者边缘最小垂直距离不应小于 6m；水平布置时，两者边缘最小水平距离不应小于 20m。

问题 84：排烟风机设置在专用机房内，其风机两侧应有 600mm 以上的空间。

【原因分析】违反《建筑防烟排烟系统技术标准》GB 51251—2017 第 4.4.5 条规定。排烟风机的电机主要是依靠所放置的空间进行散热，因此该空间的体积不能太小，以便于散热和维修。

【处理措施】防排烟风机应设置在专用机房内，且风机两侧均应有 600mm 以上的空间。

问题 85：高度大于 9m 的中庭、建筑面积大于 2000m² 的营业厅、展览厅、多功能厅等场所采用自然排烟时，其外窗未设置电动排烟窗。

【原因分析】违反《建筑防烟排烟系统技术标准》GB 51251—2017 第 4.3.6 条关于自然排烟窗

设置自动开启设施的规定，净空高度大于 9m 的中庭、建筑面积大于 2000m² 的营业厅、展览厅、多功能厅等场所，应设置集中手动开启装置和自动开启设施。

【处理措施】高度大于 9m 的中庭采用自然排烟时，应设置电动排烟窗并在人员疏散口附近设置手动开启装置，且提供相关技术资料要求电气专业联动控制。

问题 86：电动板式排烟口未明确：常闭，具有能现场手动、自动开启功能，并且在 280℃ 自动关闭。

【原因分析】违反《建筑防烟排烟系统技术标准》GB 51251—2017 第 5.23 条关于机械排烟系统中的常闭排烟阀或排烟口应具有火灾自动报警系统自动开启、消防控制室手动开启和现场手动开启功能，其开启信号应与排烟风机联动。板式排烟口可以吊装在顶棚上或安装在侧墙，平时保持常闭，火灾时依靠火警信号联动开启，并能在烟气温度达 280℃ 时重新关闭。

【处理措施】应在设计中明确电动板式排烟口至少应具备的功能：常闭、具有能现场手动、自动开启功能，并且在 280℃ 能自动关闭风口。

问题 87：采用可熔性采光带替代固定窗，未明确是否满足 GB 51251—2017 第 4.4.17 条的要求。

【原因分析】违反《建筑防烟排烟系统技术标准》GB 51251—2017 第 4.4.17 条的规定，即除洁净厂房外，设置机械排烟系统的任一层建筑面积大于 2000m² 的制鞋、制衣、玩具、塑料、木器加工储存等丙类工业建筑，可采用可熔性采光带（窗）替代固定窗，其面积应符合下列规定：①未设置自动喷水灭火系统的或采用钢结构屋顶或预应力钢筋混凝土屋面板的建筑，不应小于楼地面面积的 10%；②其他建筑不应小于楼地面面积的 5%。

【处理措施】除洁净厂房外，设置机械排烟系统的任一层建筑面积大于 2000m² 的制鞋、制衣、玩具、塑料、木器加工储存等丙类工业建筑，可采用可熔性采光带（窗）替代固定窗，且固定窗面积应满足《建筑防烟排烟系统技术标准》GB 51251—2017 第 4.4.17 条规定。

问题 88：位于地下室的面积大于 50m² 的消防控制室、垃圾收集间未设置排烟设施。

【原因分析】违反《建筑设计防火规范》GB 50016—2014（2018 年版）第 8.5.4 条的规定，即地下或半地下建筑（室）、地上建筑内的无窗房间，当总建筑面积大于 200m² 或一个房间建筑面积大于 50m²，且经常有人停留或可燃物较多时，应设置排烟设施。

【处理措施】位于地下室的房间，如消防控制室、垃圾收集间，当面积超过 50m² 且无可开启外窗时，应增设机械排烟系统。

问题 89：阶梯式报告厅的最小清晰高度未按最高地面标高计算，应根据该清晰高度核算最大允许排烟量。

【原因分析】违反《建筑防烟排烟系统技术标准》GB 51251—2017 第 4.6.9 条关于最小清晰高度的要求。对于单个楼层空间的清晰高度，可以直接根据公式 $Hq=1.6+0.1\times H'$ 计算。对于多个楼层组成的高大空间，或同一楼层疏散人员可能处在高度不同的位置，应以连通空间内同一防烟分区中最上层或同一层疏散人员最高位置计算得到最小清晰高度。且在这种情况下的燃料面到烟层底部的高度 Z 应从着火的那一层或同一层疏散人员最高位置起算。且应根据该清晰高度，复核单个风口最大允许排烟量是否满足要求。

【处理措施】计算清晰高度时，空间净高应按最高地面标高据其对应区域的吊顶底部高度取值，并以此清晰高度复核单个风口最大允许排烟量是否满足要求。

问题 90：补风口与排烟口二者的水平距离不应小于 5m。

【原因分析】违反《建筑防烟排烟系统技术标准》GB 51251—2017 第 4.5.4 条的规定，即补风口与排烟口设置在同一空间内相邻的防烟分区时，补风口位置不限；当补风口与排烟口设置在同一防烟分区时，补风口应设在储烟仓下沿以下；补风口与排烟口水平距离不应少于 5m。

【处理措施】当补风口与排烟口设置在同一防烟分区时，补风口应设在储烟仓下沿以下；补风口与排烟口水平距离不应少于 5m。

问题 91：应标注挡烟垂壁的安装高度及材质防火等级。

【原因分析】违反《建筑防烟排烟系统技术标准》GB 51251—2017 第 4.2.2 条的规定，即挡烟垂壁等挡烟分隔设施的深度不应小于本标准第 4.6.2 条规定的储烟仓厚度。当采用自然排烟方式时，储烟仓的厚度不应小于空间净高的 20%，且不应小于 500mm；当采用机械排烟方式时，不应小于空间净高的 10%，且不应小于 500mm。同时储烟仓底部距地面的高度应大于安全疏散所需的最小清晰高度。挡烟垂壁材质及防火等级应满足《挡烟垂壁》XF 533—2012 第 5.1 条相关条文要求。

【处理措施】应根据采用的排烟方式计算确定储烟仓厚度，挡烟垂壁的深度不应小于储烟仓厚度。根据《挡烟垂壁》XF 533—2012 第 5.1 条，选用合适的挡烟垂壁材质。

问题 92：机械排烟场所采用机械补风时，补风口的位置距离排烟口太近。

【原因分析】违反《建筑防烟排烟系统技术标准》GB 51251—2017 第 4.5.4 条关于补风口与排烟口距离的规定，送风口越远离排烟口越安全，既保证了新风的补入，又保证了新风不吹散储烟仓内的烟气。

【处理措施】同一防烟分区内，送风口应距离排烟口不小于 5m，送风口与排烟口在不同防烟分区内时距离不受限。

问题 93：车库内不具备自然补风条件的防火分区，排烟系统漏设机械补风系统。

【原因分析】违反《汽车库、修车库、停车场设计防火规范》GB 50067—2014 第 8.2.10 条的规定。根据空气流动的原理，需要排出某一区域的空气时，同时也需要有另一部分的空气补充。地下汽车库由于防火分区的防火墙分隔和楼层的楼板分隔，使有的防火分区内无直接通向室外的汽车疏散出口，也就无自然进风条件，对这些区域，因周边处于封闭的环境，如排烟时没有同时进行补风，烟是排不出去的。因此，应在这些区域内的防烟分区增设补风系统，进风量不宜小于排烟量的 50%。在设计中，应做到送风口在下，排烟口在上，这样能使火灾发生时产生的浓烟和热气顺利排出。

【处理措施】汽车库内无直接通向室外的汽车疏散出口的防火分区，当设置机械排烟系统时，同时设置补风系统，且补风量不宜小于排烟量的 50%。且补风口应设置在储烟仓内。

问题 94：楼梯间机械加压送风系统平面图与加压送风系统图不一致。

【原因分析】这是施工图设计的基本要求，但是审查中发现，很多平面图与系统图不一致。违反《建筑工程设计文件编制深度规定》（2016 年版）中第 4.7.7 条的规定。

【处理措施】对于层数较多、分段加压、分段排烟或中途竖井转换的防排烟系统，或平面图表达不清竖向关系的风系统，应绘制系统示意或竖向风道图。平面图应与系统图保持一致。

16.6　防火防爆

问题 95：排烟风管穿越楼梯间、前室等安全区域时，未设置安全措施。

【原因分析】违反《建筑设计防火规范》GB 50016—2014（2018 年版）第 6.4.3 条关于楼梯间和前室内的墙上不应开设除疏散门外和送风口外的其他门、窗、洞口的规定。

【处理措施】排烟风管不应穿越楼梯间、前室。当采用土建夹层时，夹层楼板应满足耐火极限的要求。

问题 96：排烟竖向管道不应与其他通风、空调竖向管道合用一个管道井。

【原因分析】违反《建筑防烟排烟系统技术标准》GB 51251—2017 第 4.4.8 条关于竖向设置的排烟管道应设置在独立的管道井内的规定。如果排烟管道未设置在独立的管井内，一旦热烟气烧坏排烟管道，火灾的竖向蔓延将非常迅速，而且竖向容易跨越多个防火分区造成极大危害。

【处理措施】竖向设置的排烟管道应设置在独立的管道井内，排烟管道的耐火极限不应低于 0.5h。

问题 97：排风兼排烟系统的风机软接头未明确耐火性能。

【原因分析】违反《建筑防烟排烟系统技术标准》GB 51251—2017 第 4.4.5 条第 3 款关于排烟风机与排烟管道的连接部件应能在 280℃时连续 30min 保证其结构完整性的规定。当火灾发生时，排烟系统管内和管外的空气温度都比较高，因此排风兼排烟系统的风机软接头应和排烟风机等的耐火性能。

【处理措施】应明确排风兼排烟系统风机软接头的耐火性能。依据《通风与空调工程施工质量验收规范》GB 50243—2016 第 5.2.7 条，防排烟系统作为独立系统时，风机与风管应采用直接连接，不应加设柔性短管。

问题 98：排烟风机设置在机房内时，排烟干管穿过机房隔墙处设置了 280℃排烟防火阀，风机入口处又设置了 280℃排烟防火阀与风机联锁，重复设置。

【原因分析】排烟风机入口处应设置 280℃排烟防火阀与风机联锁，风管穿越风机房的隔墙时设置的 280℃排烟防火阀可兼做风机入口处的阀门与风机连锁。

【处理措施】排烟干管穿过机房隔墙处设置的 280℃排烟防火阀，可作为排烟风机入口处的排烟防火阀，可不重复设置。

问题 99：穿过可能发生火灾场所的加压风管未设置防火保护。

【原因分析】违反《建筑防烟排烟系统技术标准》GB 51251—2017 第 3.3.8 条关于加压送风管道耐火极限的规定，加压风管常采用镀锌钢板制作，在燃烧火焰中很容易变形和损坏，失去输送空气的能力，因此应对未设置在加压风机房及管井内的加压风管采取防火保护措施。

【处理措施】加压风管采用防火包裹或采用防火风管的方式，水平设置的送风管道，当设置在吊顶内时，其耐火极限不应低于 0.5h；当未设置在吊顶内时，其耐火极限不应低于 1h。

问题100：通风空调管道穿越防火分区或重要的房间时，漏设防火阀，防火阀离墙面距离应小于200mm。

【原因分析】违反《建筑设计防火规范》GB 50016—2014（2018年版）第9.3.11条关于防火阀设置的规定，穿越防火分区处，重要或者火灾危险性大的场所的房间隔墙和楼板处应设防火阀。某些情况下，风管必须穿越防火墙或防火隔墙时，为防止火灾在防火分区或不同防火单元之间蔓延，需在穿越处设置防火阀。此外为防止火灾蔓延至重要的会议室、贵宾休息室、多功能厅等性质重要的房间或有贵重物品、设备的房间以及易燃物品实验室或易燃物品库房等火灾危险性较大的房间，风管在穿越这些房间的隔墙或楼板处均应设防火阀。该行为属于违反强制性条文要求。

【处理措施】根据《通风与空调工程施工规范》GB 50738—2011第8.1.6条"……防火阀距墙不应大于200mm"，穿越防火分区及重要的房间时，均应设置防火阀，防火阀距墙或楼板不应大于200mm。

问题101：水平风管与垂直风管在交接处漏设70℃关闭的防火阀。

【原因分析】违反《建筑设计防火规范》GB 50016—2014（2018年版）第9.3.11条关于防火阀设置的规定，竖向风管与每层水平风管交接处的水平管段上应设置70℃关闭的防火阀。

【处理措施】一般情况，水平风管与垂直风管在交接处应设70℃关闭的防火阀，但是当此垂直风管只负担这一个防火分区的空调通风系统时，可不设置防火阀。

问题102：公共建筑的厨房、浴室、卫生间等的垂直排风管道未采取防回流措施或未在支管上设防火阀。

【原因分析】违反《建筑设计防火规范》GB 50016—2014（2018年版）第9.3.12条关于防火阀设置的规定，公共建筑的浴室、卫生间和厨房的竖向排风管，应采取防止回流措施，并宜在支管上设置公称温度70℃的防火阀。

【处理措施】厨房、浴室、卫生间的支管在接入垂直排风管道时应设有效的防回流措施，并宜在连接处设置防火阀，厨房的油烟管的防火阀动作温度应为150℃，其他应为70℃。

问题103：风管穿过防火隔墙、楼板和防火墙时，穿越处风管上的防火阀、排烟防火阀两侧各2.0m范围内的风管漏设防火保护措施。

【原因分析】违反《建筑设计防火规范》GB 50016—2014（2018年版）第6.3.5条、第9.3.13条关于防火阀两侧各2.0m范围内的风管及其绝热材料应采用不燃材料的规定，穿越墙体、楼板的风管或排烟管道设置防火阀、排烟防火阀，就是要防止烟气和火势蔓延到不同的区域。在阀门之间的管采取防火保护措施，可保证管道不会因受热变形而破坏整个分隔的有效性。

【处理措施】风管穿过防火隔墙、楼板和防火墙时，防火阀设置应靠近隔墙、楼板处，距离不大于200mm，并在说明中明确防火阀、排烟防火阀两侧各2.0m范围内的风管应采用耐火极限不低于该防火分隔体耐火极限的防火风管或防火板保护，或在图中用阴影区域表达防火保护措施的区域。

问题104：柴发机房储油间油箱的防火措施未明确。

【原因分析】违反《建筑设计防火规范》GB 50016—2014（2018年版）第5.4.15条关于储油间的通气管的规定，为了防止储油间内油箱火灾，有效控制油品扩散和油气扩散，设计应明确其防火措施。

【处理措施】设计说明中应明确"油箱应密闭，通向室外的通气管应设置带阻火器的呼吸阀或阻火透气帽，油箱下部应设置防止油品流散的设施"。并在图中绘制出通气管的大小、走向，通气管不可直接设置在柴发机房的送、排风井中。

16.7　绝热防腐

问题 105：VRV 多联机空调系统室外冷媒管道的保护层不合格或未设保护层。

【原因分析】违反《多联机空调系统工程技术规程》JGJ 174—2010 第 3.5.2 条第 4 款关于室外管道保温层外应设硬质保护层的规定，室外 VRV 多联机冷媒管道保温层仅采用约 0.5mm 厚的普通铝皮做简易保护层，且接缝处粘接不牢固，不耐久适用，不能防水防潮，进而造成保温层损坏、失效，影响保温效果。

【处理措施】VRV 多联机空调系统的明装及室外部分的冷媒管道保温层外应设硬质保护层，保护层材料应防水、防潮、抗大气腐蚀、化学稳定性能好、机械强度高，在使用环境下不脆裂、不软化、抗老化，燃烧性能不低于难燃 B1 级。保护层的常用材料有不锈钢薄板、铝合金薄板、玻璃布＋防火漆等，设置要求可依据国标图集《管道和设备保温、防结露及电伴热》16S401 要求执行。

问题 106：空调送风管经过走道等非空调区时，未采取保温绝热措施。

【原因分析】违反《公共建筑节能设计标准》GB 50189—2015 第 4.3.23 条关于输冷输热管道与设备应采取保温保冷措施的规定。据有关资料介绍，风管表面积比水管道大得多，风管外壁的传热引起的冷热量损失较大，往往会占空调送风冷热量的 5％以上。空调送风管经过走道等非空调区时，空调风管未设置保温层，或保温层的热阻偏小，空调冷热量在吊顶内散失较大，影响到房间空调效果。

【处理措施】当输送冷媒温度低于其管道外环境温度且不允许冷媒温度有升高，或当输送热媒温度高于其管道外环境温度且不允许热媒温度有降低时，管道与设备应采取保温保冷措施。对于敷设于走道等非空调区的风管，应进行保温绝热处理，依据《公共建筑节能设计标准》GB 50189—2015 附录 D.0.4，室内敷设的一般空调风管绝热层最小热阻 R 应为 0.81（m^2·K）/W。

问题 107：未对空调系统的保温绝热材料燃烧性能提出要求。

【原因分析】违反《建筑设计防火规范》GB 50016—2014（2018 年版）第 9.3.15 条关于保温绝热材料防火性能的规定，设计文件未对保温绝热材料燃烧性能提出要求，导致存在火灾隐患。

【处理措施】设备和风管的绝热材料、用于加湿器的加湿材料、消声材料及其粘结剂宜采用不燃材料。确有困难时，可采用难燃材料（不低于 B1 级）。目前，不燃 A 级绝热材料、消声材料有超细玻璃棉、玻璃纤维、岩棉、矿渣棉等。难燃 B1 级材料有自熄性聚氨酯泡沫塑料、自熄性聚苯乙烯泡沫塑料等。

问题 108：吊顶内空调冷热水管及阀门保温不好，冷凝水管没有防结露处理，导致管道表面产生二次冷凝水滴漏。

【原因分析】违反《民用建筑供暖通风与空气调节设计规范》GB 50736—2012 第 8.5.23 条关

于冷凝水管道应采取防结露措施的规定，冷热水管及阀门保温质量差，保温层未贴近管道和阀门外壁或未做隔汽层；冷凝水管未做防结露处理，导致空气接触管道外壁时出现二次冷凝水滴漏，对房间吊顶和使用造成影响。

【处理措施】冷热水管及阀门应选择质量好的闭孔保温保冷材料，保温层应紧贴管道和阀门外壁，保温层外应设置隔汽层；冷凝水管路也应进行防结露保温处理，并确保施工质量；防止管道表面产生二次冷凝水。

问题 109：冬季有冻结风险的地区，其空调设备内换热盘管未设置防冻裂措施。

【原因分析】违反《民用建筑供暖通风与空气调节设计规范》GB 50736—2012 第 9.4.7 条关于冬季有冻结可能性的地区，新风机组或空调机组应设置防冻保护控制的规定。冬季有冻结可能性的地区，由于室外冷空气倒灌入室内，或者换热盘管内水流速度过缓或断流时，新风机组或空调机组内的换热盘管由于没有设置防冻保护装置被冻裂。

【处理措施】冬季有冻结可能性的地区为避免空调机组或新风机组停止运行时，室外冷空气倒灌入室内，所有新风管、排风管与外墙百叶连接处，或室外开口处，必须设置电动保温风阀，并与空调机组或新风机组联锁，只有机组开启时才打开。在水系统设计时，应确保新风机组运行时换热盘管内的水流速度在任何时候都不低于 0.15m/s，防止低流速或断流导致结冰。冬季只需短暂运行的系统，系统停运时应打开泄水阀，放空设备及管路存水，防止管道及设备冻裂。

问题 110：冬季有冻结风险的地区，其膨胀水箱及膨胀管未设置防冻措施。

【原因分析】可能出现冻结的重庆高海拔寒冷山区，空调膨胀水箱、冷却塔、风冷热泵等室外设备及管路如没有考虑防冻、泄空措施，停运后，设备及管路存水不能及时排空，将使设备换热盘管、管路冻裂。

【处理措施】重庆市高海拔寒冷山区，如城口、巫山、巫溪、秀山、云阳等冬季室外供暖计算温度低于 2℃的山区可能出现冻结。空调膨胀水箱、冷却塔、风冷热泵等室外设备及管路均应考虑防冻、泄空措施，停运后及时排空设备及管路存水。室内新风机组也应有防止寒冷新风冻坏换热盘管的措施。

问题 111：冬季有冻结风险的地区，其公共厨房（冷库）的冷冻冷藏用循环冷却水系统未设置防冻保护装置。

【原因分析】违反《冷库设计规范》GB 50072—2021 第 8.1.11 条关于寒冷和严寒地区的循环给水系统应采取防冻措施的规定。目前，重庆高海拔寒冷山区的酒店、大型餐饮场所内公共厨房的冷冻冷藏设备大部分仍然采用水冷方式，部分工程由于没有配套的防冻措施，导致冷却水系统在冬季出现冻结。

【处理措施】寒冷和严寒地区的循环给水系统，应采取如下防冻措施：①在冷却塔的进水干管上宜设旁路水管，并应能通过全部循环水量。②冷却塔的进水管道应设泄空水管或采取其他保温措施。严寒地区厨房冷库压缩机采用风冷冷凝器，严禁使用水冷方式。重庆市的高海拔寒冷山区，酒店、大型餐饮场所内公共厨房（冷库）的冷冻冷藏设备建议采用风冷式。如果已经采用水冷式，在使用管理上要注意，除在水冷冷却塔的积水盘中设置电热管以外，循环水泵应设 1 台备用，平时使水泵 24h 运行，以防止冷却水系统冻结。

问题 112：非金属风管材料的燃烧性能不符合现行国家标准《建筑材料及制品燃烧性能分级》GB 8624—2012 中不燃 A 级或难燃 B₁ 级的规定；非金属及复合风管的污染物浓度限值不符合现行行业标准《非金属及复合风管》JG/T 258—2018 的相关规定。

【原因分析】当空调/通风风管材质采用非金属风管时，其风管材质的燃烧性能等级须符合《建筑材料及制品燃烧性能分级》GB 8624—2012 表 1《建筑材料及制品的燃烧性能等级》中不燃 A 级或难燃 B₁ 级的规定。

【处理措施】风管材质应优先选用金属风管，若有实际困难需要选择非金属风管时，其风管材质的燃烧性能需达到不燃 A 级或难燃 B₁ 级，同时应符合《非金属及复合风管》JG/T 258—2018 第 6.10 条、第 6.11 条的规定。

16.8　人防

问题 113：人防滤毒通风系统未设计调节措施。

【原因分析】《人民防空地下室设计规范》GB 50038—2005 第 5.2.8 条、第 5.2.16 条及《人民防空工程防化设计规范》RFJ 013—2010 第 5.2.7 条中均明确了过滤吸收器通过风量均必须小于该过滤吸收器允许风量，且《人民防空工程防化设计规范》RFJ 013—2010 第 5.2.6 条要求滤毒风机风量应不小于设计风量 1.2 倍。为满足上述两点，应在人防滤毒通风管道上加设风量调节阀。

【处理措施】过滤吸收器后滤毒风管应设置风量调节阀，多台滤毒通风机并联安装时，应在各支路上安装风量调节阀。

问题 114：防化值班室及柴发控制室未设置送风口。

【原因分析】违反《人民防空地下室设计规范》GB 50038—2005 第 5.2.1 条、第 5.7.6 条及第 5.2.3 条，该条文明确电站控制室应设置清洁通风、滤毒通风、隔绝通风。防化值班室因为长期有人停留，应补充送风设计。目前设计人员仅考虑对各防护单元的送风设计，忽略了防化值班室及柴发控制室送风设计。

【处理措施】当柴油电站与防空地下室连成一体时，应从防空地下室内向电站控制室供给新风；当柴油电站独立设置时，控制室应由柴油电站设置独立的通风系统供给新风，且应设滤毒通风装置。

问题 115：进风滤毒室未考虑人员进出、运输及检修距离。

【原因分析】违反《人民防空工程防化设计规范》RFJ 013—2010 第 5.2.8 条，该条文明确滤尘器室面积应留有器材更换空间。目前设计图纸存在滤毒室面积过小，过滤吸收器安装后人员无法进出、无法更换器材的情况。

【处理措施】滤毒器室面积应根据器材的型号、数量、安装方式确定，并留有器材更换空间。暖通专业方案阶段应对进风滤毒室尺寸进行复核，避免出现后期施工图无法更改的情况。

问题 116：战时通风系统缺人防口部大样图及剖面图。

【原因分析】违反《重庆市建筑工程施工图设计文件编制技术规定》（2017 年版）第 5.4.6 条，该条文明确人防设计图纸应包括人防口部平、剖面图。

【处理措施】人防施工图纸应包含送、排风口部（含柴发机房）平剖面图，反应通风设备、管道在平面上及剖面上的相互关系，且不能采用通用大样。

16.9 检测与监控

问题117：采用集中供暖空调系统的建筑，未合理设置必要的冷量和热量计量装置。

【原因分析】违反《民用建筑供暖通风与空气调节设计规范》GB 50736—2012 第 5.10.1 条及第 9.1.5 的相关规定。

【处理措施】根据《民用建筑供暖通风与空气调节设计规范》GB 50736—2012 第 5.10.1 条规定，集中供暖的新建建筑和既有建筑节能改造必须设置热量计量装置，并具备室温调控功能。用于热量结算的热量计量装置必须采用热量表。热源和换热机房应设热量计量装置，居住建筑应以楼栋为对象设置热量表，对于有分户热计量需求的建筑，应在每户供回水管路上设置户用热量表。

根据《民用建筑供暖通风与空气调节设计规范》GB 50736—2012 第 9.1.5 条规定，锅炉房、换热机房和制冷机房应计量集中供热系统的供热量及集中空调系统冷源的供冷量。除此之外，在空调冷热源机房的主要供回水环路上宜设置冷热量计量装置，同时结合建筑物后期的招商招租及运营使用需求，可分楼层或分区域设置冷热量计量装置。

问题118：车库未设置一氧化碳浓度监测装置，或设置不合理。

【原因分析】违反重庆市《公共建筑节能（绿色建筑）设计标准》DBJ 50—052—2020 第 8.3.4 条及重庆市《居住建筑节能 65%（绿色建筑）设计标准》DBJ 50—071—2020 第 8.3.5 条关于地下车库一氧化碳浓度监测装置设置的相关规定。

【处理措施】地下车库应设置与排风设备联动的一氧化碳浓度监测装置，并能实现自动运行控制。一氧化碳浓度监测装置宜按 1 个/400m² 进行布置，安装高度可在距所在地坪 1.6～1.8m 处。安装探测器的点位应保证设备易于检修，与周边管线或设备之间应留有不小于 0.5m 的净空和出入通道。一氧化碳的短时间接触容许浓度上限为 30mg/m³，超过上限时应立刻启动排风系统。

问题119：锅炉房未设置供热量自动控制装置。

【原因分析】违反《公共建筑节能设计标准》GB 50189—2015 第 4.5.4 条关于热源供热量自动控制的规定。

【处理措施】供热量控制装置的主要目的是对供热系统进行总体调节，使供水水温或流量等参数在保持室内温度的前提下，随室外空气温度的变化进行调整，始终保持锅炉房或换热机房的供热量与建筑物的需热量基本一致，实现按需供热，达到最佳的运行效率和最稳定的供热质量。

气候补偿器是供暖热源常用的供热量控制装置，设置气候补偿器后，可以通过在时间控制器上设定不同时间段的不同室温节省供热量；合理地匹配供水流量和供水温度，节省水泵电耗，保证散热器恒温阀等调节设备正常工作；控制一次水回水温度，防止回水温度过低而减少锅炉寿命。

16.10 消声隔振

问题120：排烟风机未设置减振装置。

【原因分析】违反《建筑防烟排烟系统技术标准》GB 51251—2017 第 6.5.3 条关于防排烟风机

及排烟与通风空调共用风机的减振措施要求。

【处理措施】按规范要求，防排烟风机应设在混凝土或钢架基础上，且不应设置减振装置；若排烟系统与通风空调系统共用且需要设置减振装置时，不应使用橡胶减振装置。

问题 121：消声器类型、长度或消声量均未注明。

【原因分析】违反《建筑工程设计文件编制深度规定》（2016 年版）第 4.7.4 条、《重庆市建筑工程施工图设计文件编制技术规定》（2017 年版）第 3.6.4 条关于设备性能参数的规定。

【处理措施】按要求编写设备表，应注明详细的技术数据，避免影响业主采购施工。

问题 122：水泵房、通风空调机房、空气源热泵机组等噪声源的位置，处于对声环境要求较高的房间上方或毗邻。

【原因分析】违反《民用建筑供暖通风与空气调节设计规范》GB 50736—2012 第 10.1.6 条关于通风、空调与制冷机房位置的规定，机房不宜靠近声环境要求较高的房间，当必须靠近时，应采取隔声、吸声和隔振措施。

【处理措施】根据 GB 50736—2012 第 10.3.2 条要求，对不带有隔振装置的设备，当其转速小于或等于 1500r/min 时，宜选用弹簧隔振器；转速大于 1500r/min 时，根据环境需求和设备振动的大小，亦可选用橡胶等弹性材料的隔振垫块或橡胶隔振器。空气源热泵、水泵一般均属于转速大于 1500r/min 的设备，安装时均应进行隔振。在有噪声要求严格的房间的楼层设置集中的空调机组设备时，应采用浮筑双隔振台座。按设备减振要求，在空气源热泵、水泵、风机混凝土基础上应增设减振器，设备进出口连接均应设置优质柔性减振接头。同时，空调立管穿过建筑楼板处、屋顶空调水平干管也应设柔性支吊架，吊装在走道或室内的设备及管道应采用柔性减振吊架。

方案设计时，应让通风空调设备和水泵、冷却塔等远离对噪声、振动比较敏感的房间。受条件限制，必须设置在敏感房间的周围时，应对振动设备本身做好减振措施，必要时应采用浮筑双隔振台座。

问题 123：裙房屋顶冷却塔噪声达不到环境噪声要求，距离附近噪声敏感房间过近，且未采取降噪措施。

【原因分析】违反《民用建筑供暖通风与空气调节设计规范》GB 50736—2012 第 10.1.7 条关于暴露在室外的设备应采取降噪措施的规定。由于商业裙房屋顶冷却塔在夜间 8 点以后仍然需要运行，噪声较大，一般均在 70dB（A）左右，而冷却塔离附近噪声敏感建筑较近，影响住户晚间休息。

【处理措施】方案上应选择超低噪声冷却塔，只能布置在裙房屋顶时，应尽量远离噪声敏感建筑。冷却塔的噪声主要是风机噪声和落水噪声，处理风机噪声时，可以在冷却塔顶部风机出口加设消声弯头，内贴防水玻璃棉，开口背向噪声敏感建筑。可在噪声敏感建筑一侧设置不低于 6m 高的隔声屏遮挡噪声，效果显著，具体做法可参照公路隔声屏。另外应注意，屋面冷却塔吸风口应位于排油烟出口、锅炉或柴油发电机烟囱出口的上风侧。

16.11　抗震

问题 124：通风设备重量超过 180kg，不应吊装在人员活动区和疏散通道上空。

【原因分析】违反《建筑机电工程抗震设计规范》GB 50981—2014 第 5.1.5 条，重力大于

第 2 部分　房屋建筑工程

1.8kN 的空调机组、风机等设备不宜采用吊顶安装。

【处理措施】重力大于 1.8kN 的空调机组、风机优先采用落地安装；当必须采用吊装时，避免设在人员活动区和疏散通道的上空，且应设置抗震支吊架。

问题 125：防排烟风道、事故通风风道及相关设备未明确要求采用抗震支吊架。

【原因分析】违反《建筑机电工程抗震设计规范》GB 50981—2014 第 5.1.4 条规定。

【处理措施】按规范要求，防排烟风道、事故通风风道及相关设备应采用抗震支吊架，且抗震支吊架应满足《建筑机电设备抗震支吊架通用技术条件》CJ/T 476—2015 的性能要求。

参考文献

[1] 中国建筑标准设计研究院有限公司.民用建筑设计统一标准：GB 50352—2019［S］.北京：中国建筑工业出版社，2019.

[2] 中国城市规划设计研究院.城市居住区规划设计标准：GB 50180—2018［S］.北京：中国建筑工业出版社，2018.

[3] 北京建筑大学.车库建筑设计规范：JGJ 100—2015［S］.北京：中国建筑工业出版社，2015.

[4] 上海市园林设计院有限公司.城市绿地设计规范：GB 50420—2007（2016 年版）［S］.北京：中国计划出版社，2016.

[5] 北京建筑大学.建筑地基基础设计规范：GB 50007—2011［S］.北京：中国建筑工业出版社，2015.

[6] 北京市建筑设计研究院，天津市建筑设计院.中小学校设计规范：GB 50099—2011［S］.北京：中国建筑工业出版社，2011.

[7] 黑龙江省建筑设计研究院.托儿所、幼儿园建筑设计规范：JGJ 39—2016（2019 年版）［S］.北京：中国建筑工业出版社，2019.

[8] 中国建筑标准设计研究院有限公司.宿舍建筑设计规范：JGJ 36—2016［S］.北京：中国建筑工业出版社，2016.

[9] 四川省城乡规划设计研究院.城乡建设用地竖向设计规范：CJJ 83—2016［S］.北京：中国建筑工业出版社，2016.

[10] 国家卫生和计划生育委员会规划与信息司.综合医院建筑设计规范：GB 51039—2014［S］.北京：中国计划出版社，2014.

[11] 中南建筑设计院股份有限公司.商店建筑设计规范：JGJ 48—2014［S］.北京：中国建筑工业出版社，2014.

[12] 哈尔滨工业大学.老年人照料设施建筑设计标准：JGJ 450—2018［S］.北京：中国建筑工业出版社，2018.

[13] 中国建筑设计院有限公司.旅馆建筑设计规范：JGJ 62—2014［S］.北京：中国建筑工业出版社，2015.

[14] 北京市建筑设计研究院.体育建筑设计规范：JGJ 31—2003［S］.北京：中国建筑工业出版社，2003.

[15] 中国建筑设计研究院.住宅设计规范：GB 50096—2011［S］.北京：中国建筑工业出版社，2011.

[16] 中国建筑科学研究院.住宅建筑规范：GB 50368—2005［S］.北京：中国建筑工业出版社，2005.

[17] 北京市建筑设计研究院.无障碍设计规范：GB 50763—2012［S］.北京：中国建筑工业出版社，2012.

[18] 公安部天津消防研究所.建筑设计防火规范：GB 50016—2014（2018 年版）［S］.北京：中国计划出版社，2018.

[19] 上海市公安消防总队.汽车库、停车库、停车场设计防火规范：GB 50067—2014［S］.北京：中国计划出版社，2014.

[20] 中国建筑科学研究院.建筑内部装修设计防火规范：GB 50222—2017［S］.北京：中国计划出版社，2017.

[21] 中国建筑东北设计研究院有限公司.饮食建筑设计标准：JGJ 64—2017［S］.北京：中国建筑工业出版社，2017.

[22] 中国中元国际工程公司.消防给水及消火栓系统技术规范：GB 50974—2014［S］.北京：中国计划出版社，2014.

[23] 中国联合工程有限公司.锅炉房设计规范：GB 50041—2020［S］.北京：中国计划出版社，2020.

[24] 中国建筑防水协会，天津天一建设集团有限公司.种植屋面工程技术规程：JGJ 155—2013［S］.北京：中国建筑工业出版社，2013.

[25] 山西建筑工程（集团）总公司，浙江省长城建设集团股份有限公司．屋面工程技术规范：GB 50345—2012 [S]．北京：中国建筑工业出版社，2012.

[26] 中国建筑材料科学研究院，云南建工第三设计有限公司．建筑玻璃应用技术规程：JGJ 113—2015 [S]．北京：中国建筑工业出版社，2015.

[27] 中国建筑科学研究院．玻璃幕墙工程技术规范：JGJ 102—2003 [S]．北京：中国建筑工业出版社，2003.

[28] 中国联合工程公司，深圳中邦（集团）建设总承包有限公司．建筑地面设计规范：GB 50037—2013 [S]．北京：中国计划出版社，2018.

[29] 中达建设集团股份有限公司，广东金辉华集团有限公司．倒置式屋面工程技术规程：JGJ 230—2010 [S]．北京：中国建筑工业出版社，2010.

[30] 中国建筑防水协会．坡屋面工程技术规范：GB 50693—2011 [S]．北京：中国建筑工业出版社，2011.

[31] 总参工程兵科三研．地下工程防水技术规范：GB 50108—2008 [S]．北京．中国计划出版社，2008.

[32] 中机中电设计研究院有限公司．20kV及以下变电所设计规范：GB 50053—2013 [S]．北京：中国计划出版社，2013.

[33] 中国建筑科学研究院．建筑采光设计标准：GB 50033—2013 [S]．北京：中国建筑工业出版社，2013.

[34] 中国建筑东北设计研究院．民用建筑电气设计标准：GB 51348—2019 [S]．北京：中国建筑出版社，2019.

[35] 重庆市建设技术发展中心，重庆同乘工程咨询设计有限责任公司．民用建筑电动汽车充电设备配套设施设计规范：DBJ 50—218—2015 [S]．重庆：重庆市城乡建设委员会，2015.

[36] 重庆市建设技术发展中心．建筑外立面空调室外机位技术规程：DBJ 50/T—167—2013 [S]．重庆：重庆市城乡建设委员会，2013.

[37] 中国建筑科学研究院有限公司，上海市建筑科学研究院（集团）有限公司．绿色建筑评价标准：GB /T 50378—2019 [S]．北京：中国建筑工业出版社，2019.

[38] 江苏省建工集团有限公司，河南省第一建筑工程集团有限责任公司．透水水泥混凝土路面技术规程：CJJ/T 135—2009 [S]．北京：中国建筑工业出版社，2009.

[39] 大连九洲建设集团有限公司，北京城乡建设集团有限责任公司．透水砖路面技术规程：CJJ/T 188—2012 [S]．北京：中国建筑工业出版社，2012.

[40] 中国建筑科学研究院．公共建筑节能设计标准：GB 50189—2015 [S]．北京：中国建筑工业出版社，2015.

[41] 中国建筑科学研究院，浙江环宇建设集团有限公司．外墙饰面砖工程施工及验收规程：JGJ 126—2015 [S]．北京：中国建筑工业出版社，2015.

[42] 中国建筑科学研究院，江苏省建筑科学研究院有限公司．建筑外墙外保温防火隔离带技术规程：JGJ 289—2012 [S]．北京：中国建筑工业出版社，2012.

[43] 中国建筑标准设计研究院，武汉建工股份有限公司．外墙内保温工程技术规程：JGJ/T 261—2011 [S]．北京：中国建筑工业出版社，2011.

[44] 王清勤，韩继红，曾捷．绿色建筑评价标准技术细则（2019版）[M]．北京：中国建筑工业出版社，2019.

[45] 中国建筑科学研究院．民用建筑供暖通风与空气调节设计规范：GB 50736—2012 [S]．北京：中国建筑工业出版社，2012.

[46] 中国建筑科学研究院．民用建筑隔声设计规范：GB 50118—2010 [S]．北京：中国建筑工业出版社，2011.

[47] 深圳市建设科技促进中心．装配式混凝土建筑常见问题防治指南（2019版）[M]．上海：同济大学出版社，2020.

[48] 重庆市住房和城乡建设技术发展中心．装配式混凝土建筑技术应用常见问题与防治措施（2021版）[M]．北京：中国建材工业出版社，2021.

[49] 中国建筑标准设计研究院有限公司．装配式混凝土建筑技术标准：GB /T 51231—2016 [S]．北京：中国建筑工业出版社，2017.

[50] 国家住宅与居住环境工程技术研究中心，江苏九鼎环球建设科技集团有限公司．建筑轻质条板隔墙技术规程：JGJ/T 157—2014 [S]．北京：中国建筑工业出版社，2014.

[51] 住房和城乡建设部工程质量监督司，中国建筑标准设计研究院．全国民用建筑工程设计技术措施2009规划·

建筑·景观［M］. 北京：中国计划出版社，2009.

［52］ 中国建筑科学研究院. 体育场馆声学设计及测量规程：JGJ/T 131—2012［S］. 北京：中国建筑工业出版社，2012.

［53］ 同济大学. 剧场、电影院和多用途厅堂建筑声学设计规范：GB/T 50356—2005［S］. 北京：中国计划出版社，2005.

［54］ 中国环境科学研究院，北京市环境保护检测中心，广州市环境监测中心站. 声环境质量标准：GB 3096—2008［S］. 北京：中国环境科学出版社，2008.

［55］ 苏州通润驱动设备股份有限公司. 电梯曳引机：GB /T 24478—2009［S］. 北京：中国标准出版社，2009.

［56］ 华东建筑集团股份有限公司. 建筑给水排水设计标准：GB 50015—2019［S］. 北京：中国计划出版社，2019.

［57］ 中国建筑科学研究院. 建筑工程抗震设防分类标准：GB 50223—2008［S］. 北京：中国建筑工业出版社，2008.

［58］ 中国建筑科学研究院. 混凝土结构设计规范：GB 50010—2010（2015 年版）［S］. 北京：中国建筑工业出版社，2015.

［59］ 中国建筑科学研究院. 建筑抗震设计规范：GB 50011—2010（2016 年版）［S］. 北京：中国建筑工业出版社，2016.

［60］ 中国建筑科学研究院. 高层建筑混凝土结构技术规程：JGJ 3—2010［S］. 北京：中国建筑工业出版社，2010.

［61］ 中国建筑科学研究院. 建筑结构荷载规范：GB 50009—2012［S］. 北京：中国建筑工业出版社，2012.

［62］ 重庆大学. 山地建筑结构设计标准：JGJ/T 472—2020［S］. 北京：中国建筑工业出版社，2020.

［63］ 重庆市设计院、中国建筑技术集团有限公司. 建筑边坡工程技术规范：GB 50330—2013［S］. 北京：中国建筑工业出版社，2013.

［64］ 中冶赛迪工程技术股份有限公司. 建筑地基基础设计规范：DBJ 50—047—2016［S］. 重庆：重庆市城乡建设委员会，2016.

［65］ 重庆市设计院. 建筑桩基础设计与施工验收规范：DBJ 50—200—2014［S］. 重庆：重庆市城乡建设委员会，2014.

［66］ 中国建筑西南勘察设计研究院有限公司. 建筑工程抗浮技术标准：JGJ 476—2019［S］. 北京：中国建筑工业出版社，2019.

［67］ 建设综合勘察研究设计院有限公司. 建筑变形测量规范：JGJ 8—2016［S］. 北京：中国建筑工业出版社，2016.

［68］ 天津大学. 混凝土异形柱结构技术规程：JGJ 149—2017［S］. 北京：中国建筑工业出版社，2017.

［69］ 中国建筑东北设计研究院有限公司. 砌体结构设计规范：GB 50003—2011［S］. 北京：中国建筑工业出版社，2011.

［70］ 中冶京诚工程技术有限公司. 钢结构设计标准：GB 50017—2017［S］. 北京：中国建筑工业出版社，2017.

［71］ 中冶建筑研究总院有限公司. 组合楼板设计与施工规范：CECS 273：2010［S］. 北京：中国工程建设标准化协会，2010.

［72］ 中国建筑标准设计研究院有限公司. 高层民用建筑钢结构技术规程：JGJ 99—2015［S］. 北京：中国建筑工业出版社，2015.

［73］ 河南省第一建筑工程集团有限责任公司. 建筑钢结构防腐蚀技术规程：JGJ/T 251—2011［S］. 北京：中国建筑工业出版社，2011.

［74］ 中国建筑科学研究院. 空间网格结构技术规程：JGJ 7—2010［S］. 北京：中国建筑工业出版社，2010.

［75］ 中国建筑科学研究院. 非结构构件抗震设计规范：JGJ 339—2015［S］. 北京：中国建筑工业出版社，2015.

［76］ 中国建筑科学研究院. 混凝土结构后锚固技术规程：JGJ 145—2013［S］. 北京：中国建筑工业出版社，2013.

［77］ 四川省建筑科学研究院. 砌体结构加固设计规范：GB 50702—2011［S］. 北京：中国建筑工业出版社，2011.

［78］ 四川省建筑科学研究院. 混凝土结构加固设计规范：GB 50367—2013［S］. 北京：中国建筑工业出版

社，2013.

[79] 四川省建筑科学研究院有限公司．钢结构加固设计标准：GB 51367—2019［S］. 北京：中国建筑工业出版社，2019.

[80] 中冶建筑研究总院有限公司．工业建筑可靠性鉴定标准：GB 50144—2019［S］. 北京：中国建筑工业出版社，2019.

[81] 四川省建筑科学研究院．民用建筑可靠性鉴定标准：GB 50292—2015［S］. 北京：中国建筑工业出版社，2015.

[82] 中国建筑科学研究院．建筑抗震鉴定标准：GB 50023—2009［S］. 北京：中国建筑工业出版社，2009.

[83] 中国建筑科学研究院．建筑抗震加固技术规程：JGJ 116—2009［S］. 北京：中国建筑工业出版社，2009.

[84] 中冶建筑研究总院有限公司．构筑物抗震鉴定标准：GB 50117—2014［S］. 北京：中国建筑工业出版社，2014.

[85] 中国建筑科学研究院．既有建筑地基基础加固技术规范：JGJ 123—2012［S］. 北京：中国建筑工业出版社，2012.

[86] 四川省建筑科学研究院．工程结构加固材料安全性鉴定技术规范：GB 50728—2011［S］. 北京：中国建筑工业出版社，2011.

[87] 国家人民防空委员会办公室．地下工程防水技术规范：GB 50108—2008［S］. 北京：中国计划出版社，2008.

[88] 北京市环境卫生设计科学研究所．城市公共厕所设计标准：CJJ 14—2016［S］. 北京：中国建筑工业出版社，2016.

[89] 中机中电设计研究院有限公司．低压配电设计规范：GB 50054—2011［S］. 北京：中国计划出版社，2012.

[90] 清华大学建筑设计研究院有限公司，同济大学．教育建筑电气设计规范：JGJ 310—2013［S］. 北京：中国建筑工业出版社，2013.

[91] 中国建筑设计研究院．医疗建筑电气设计规范：JGJ 312—2013［S］. 北京：中国建筑工业出版社，2013.

[92] 中国建筑科学研究院．民用建筑供暖通风与空气调节设计规范：GB 50736—2012［S］. 北京：中国建筑工业出版社，2012.

[93] 浙江省建筑设计研究院，恒尊集团有限公司．办公建筑设计规范：JGJ/T 67—2019［S］. 北京：中国建筑工业出版社，2019.

[94] 中国建筑标准设计研究院有限公司．门式刚架轻型房屋钢结构技术规范：GB 51022—2015［S］. 北京：中国建筑工业出版社，2017.

[95] 天津大学，山西六建集团有限公司．混凝土异形柱结构技术规程：JGJ 149—2017［S］. 北京：中国建筑工业出版社，2017.

[96] 北京市市政工程研究院．城市人行天桥与人行地道技术规范：CJJ 69—95［S］. 北京：中国建筑工业出版社，1995.

[97] 中国建筑东北设计研究院有限公司．民用建筑电气设计标准：GB 51348—2019［S］. 北京：中国建筑工业出版社，2019.

[98] 中国联合工程公司．供配电系统设计规范：GB 50052—2009［S］. 北京：中国计划出版社，2010.

[99] 中国新时代国际工程公司．通用用电设备配电设计规范：GB 50055—2011［S］. 北京：中国计划出版社，2011.

[100] 中国建筑科学研究院．建筑照明设计标准：GB 50034—2013［S］. 北京：中国建筑工业出版社，2013.

[101] 中国中元国际工程公司．建筑物防雷设计规范：GB 50057—2010［S］. 北京：中国计划出版社，2011.

[102] 中国电力企业联合会，中国电力工程顾问集团西南电力设计研究院有限公司．电力工程电缆设计规范：GB 50217—2018［S］. 北京：中国计划出版社，2018.

[103] 中国寰球工程公司．爆炸危险环境电力装置设计规范：GB 50058—2014［S］. 北京：中国计划出版社，2014.

[104] 公安部沈阳消防研究所 . 火灾自动报警系统设计规范：GB 50116—2013 [S]. 北京：中国计划出版社，2013.

[105] 中国建筑标准设计研究院 . 住宅建筑电气设计规范：JGJ 242—2011 [S]. 北京：中国建筑工业出版社，2011.

[106] 合肥工业大学建筑设计研究院 . 商店建筑电气设计规范：JGJ 392—2016 [S]. 北京：中国建筑工业出版社，2016.

[107] 中国建筑设计院有限公司 . 建筑机电工程抗震设计规范：GB 50981—2014 [S]. 北京：中国建筑工业出版社，2014.

[108] 浙江省工业设备安装集团有限公司 . 电气装置安装工程接地装置施工及验收规范：GB 50169—2016 [S]. 北京：中国计划出版社，2016.

[109] 上海现代建筑设计（集团）有限公司 . 智能建筑设计标准：GB 50314—2015 [S]. 北京：中国计划出版社，2015.

[110] 中国移动通信集团设计院有限公司 . 综合布线系统工程设计规范：GB 50311—2016 [S]. 北京：中国计划出版社，2016.

[111] 北京奥特维科技有限公司，深圳市台电实业有限公司，工业和信息化部电子工业标准化研究院电子工程标准定额站 . 电子会议系统工程设计规范：GB 50799—2012 [S]. 北京：中国计划出版社，2012.

[112] 中国电子科技集团公司第三研究所，深圳市台电实业有限公司 . 红外线同声传译系统工程技术规范：GB 50524—2010 [S]. 北京：中国计划出版社，2010.

[113] 公安部第一研究所，公安部科技信息化局 . 安全防范工程技术标准：GB 50348—2018 [S]. 北京：中国计划出版社，2018.

[114] 全国安全防范报警系统标准化技术委员会 . 出入口控制系统工程设计规范：GB 50396—2007 [S]. 北京：中国计划出版社，2007.

[115] 全国安全防范报警系统标准化技术委员会 . 住宅区和住宅建筑内光纤到户通信设施工程设计规范：GB 50846—2012 [S]. 北京：中国计划出版社，2012.

[116] 武汉市广播影视局 . 民用闭路监视电视系统工程技术规范：GB 50198—2011 [S]. 北京：中国计划出版社，2011.

[117] 中国电子工程设计院 . 数据中心设计规范：GB 50174—2017 [S]. 北京：中国计划出版社，2017.

[118] 中广电广播电影电视设计研究院、武汉广播电视台 . 有线电视网络工程设计标准：GB /T 50200—2018 [S]. 北京：中国计划出版社，2018.

[119] 全国安全防范报警系统标准化技术委员会 . 视频安防监控系统工程设计规范：GB 50395—2007 [S]. 北京：中国计划出版社，2007.

[120] 广州市迪士普音响科技有限公司，工业和信息化部电子工业标准化研究院 . 公共广播系统工程技术标准：GB/T 50526—2021 [S]. 北京：中国计划出版社，2021.

[121] 全国安全防范报警系统标准化技术委员会 . 入侵报警系统工程设计规范：GB 50394—2007 [S]. 北京：中国计划出版社，2007.

[122] 中国建筑标准设计研究院 . 四川中光防雷科技股份有限公司 . 建筑物电子信息系统防雷技术规范：GB 50343—2012 [S]. 北京：中国建筑工业出版社，2012.

[123] 中国建筑科学研究院 . 城市夜景照明设计规范：JGJ/T 163—2008 [S]. 北京：中国建筑工业出版社，2008.

[124] 中国标准化研究院，中国电力科学研究院 . 电力变压器能效限定值及能效等级：GB 20052—2020 [S]. 北京：中国标准出版社，2020.

[125] 中煤科工集团重庆设计研究院（集团）有限公司 . 公共建筑节能（绿色建筑）设计标准：DBJ 50—052—2020 [S]. 重庆：重庆市住房和城乡建设委员会，2020.

[126] 重庆市公安局消防局，重庆市设计院 . 民用建筑电线电缆防火设计规范：DBJ 50—164—2013 [S]. 重

庆，2013.

[127] 重庆市公安局消防局．电气火灾监控系统设计、施工及验收规范：DBJ 50/T—210—2014［S］．重庆，2014.

[128] 重庆市建设技术发展中心，重庆同乘咨询设计有限公司．电动汽车充电设施建设技术标准：DBJ 50—218—2020［S］．重庆，2020.

[129] 重庆市建设技术发展中心，重庆瑞坤科技发展有限公司．智慧小区评价标准：DBJ 50/T—279—2018［S］．重庆，2018.

[130] 中国航空规划设计研究总院有限公司．工业与民用配电设计手册［M］．北京：中国电力出版社，2016.

[131] 公安部天津消防研究所．自动喷水灭火系统设计规范：GB 50084—2017［S］．北京：中国计划出版社，2017.

[132] 应急管理部上海消防研究所．自动跟踪定位射流灭火系统技术标准：GB 51427—2021［S］．北京：中国计划出版社，2017.

[133] 中国建筑设计研究院．建筑给水排水设计手册（第三版）［M］．北京：中国建筑工业出版社，2018.

[134] 赵锂，陈怀德，姜文源．《消防给水及消火栓系统技术规范》GB 50974—2014实施指南［M］．北京：中国建筑工业出版社，2016.

[135] 公安部四川消防研究所．建筑防烟排烟技术标准：GB 51251—2017［S］．北京：中国计划出版社，2017.

[136] 中国建筑设计院有限公司．辐射供暖供冷技术规程：JGJ 142—2012［S］．中国建筑工业出版社，2012.

[137] 中机中联工程有限公司，中煤科工集团重庆设计研究院有限公司，重庆市设计院，中冶赛迪工程技术股份有限公司，重庆市人防建筑设计研究院有限责任公司．重庆市建筑工程初步设计文件编制技术规定（2017年版）［M］．重庆，2017.

[138] 中国有色工程有限公司，中国恩菲工程技术有限公司．工业建筑供暖通风与空气调节设计规范：GB 50019—2015［S］．北京：中国计划出版社，2015.

[139] 中国市政工程华北设计研究院．城镇燃气设计规范：GB 50028—2006［S］．中国建筑工业出版社，2020.

[140] 中国建筑设计研究院．老年人居住建筑设计规范：GB /T 50340—2016［S］．中国建筑工业出版社，2016.

[141] 中南建筑设计股份有限公司．建筑工程设计文件编制深度规定（2016年版）［M］．北京，2016.

[142] 重庆市住房和城乡建设委员会．居住建筑节能65%（绿色建筑）设计标准：DBJ 50—071—2020［S］．重庆：重庆市住房和城乡建设委员会，2020.

[143] 中国建筑设计研究院．人民防空地下室设计规范：GB 50038—2005［S］．北京：中国计划出版社，2005.

[144] 总参工程兵第四设计研究院．人民防空工程设计防火规范：GB 50098—2009［S］．北京：中国计划出版社，2009.

[145] 辽宁省人防建筑设计研究院．人民防空工程施工及验收规范：GB 50134—2004［S］．北京：中国计划出版社，2004.

[146] 中国建筑科学研究院，北京住总集团有限责任公司．通风与空调工程施工规范：GB 50738—2011［S］．北京：中国建筑工业出版社，2011.

[147] 上海市安装工程集团有限公司．通风与空调工程施工质量验收规范：GB 50243—2016［S］．北京：中国计划出版社，2016.

[148] 沈阳市城乡建设委员会．建筑给水排水及采暖工程施工质量验收规范：GB 50242—2002［S］．北京：中国建筑工业出版社，2002.

[149] 中国建筑科学研究院．多联机空调系统工程技术规程：JGJ 174—2010［S］．北京：中国建筑工业出版社，2010.

[150] 中国建筑科学研究院．供热计量技术规程：JGJ 173—2009［S］．北京：中国建筑工业出版社，2009.

[151] 中国电子工程设计院．洁净厂房设计规范：GB 50073—2013［S］．北京：中国计划出版社，2013.

[152] 中国建筑科学研究院．地源热泵系统工程技术规范（2009年版）：GB 50366—2005［S］．北京：中国建筑工业出版社，2009.

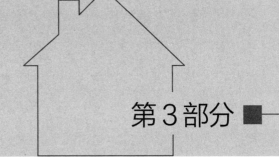

第3部分 ■

市政工程 ■

17 城市道路工程

17.1 道路工程

17.1.1 道路总体

问题 1：道路设计等级与规划等级不一致，缺少必要的道路等级更改依据。

【原因分析】违反《城市道路交通工程项目规范》GB 55011—2021 第 3.1.1 条关于城市道路应按其在道路网中的地位、交通功能以及对沿线的服务功能等分级的规定，属于违反强制性条文要求。

【处理措施】城市道路等级应依据相应规划确定，当遇特殊情况需对道路等级提高或降低时，应结合路网规划、功能定位、远景发展、交通量、沿线设施等进行详细的技术经济论证拟定道路方案，依据拟订方案进行规划调整，经规划主管部门审批后按照最新的规划条件进行道路设计。

问题 2：分期建设道路未进行近远期结合设计，近期建设未预留远期建设空间。

【原因分析】违反《城市道路路线设计规范》CJJ 193—2012 第 3.0.4 条关于分期修建道路应协调近远期工程关系、相互衔接的规定。

【处理措施】道路分期修建必须遵照"近远期结合、统一规划、分期实施"的原则。在采用分期建设时，应结合道路总体设计，经综合论证，合理制订分期建设方案并进行相应设计，为后期工程的修建创造有利条件并留有余地。

问题 3：对现有城市道路的改扩建工程，未考虑既有工程的使用现状，未进行针对性的改造设计。

【原因分析】违反《城市道路路线设计规范》CJJ 193—2012 第 3.0.5 条和《城市道路维护工程设计规范》DB 50/T 305—2008 第 5.4.1 条关于改建道路遵循利用和改造相结合的规定。

【处理措施】对既有道路工程的改扩建应进行充分的方案比选论证，并遵照利用与改造相结合的原则设计。道路改扩建工程主要的工作内容应包括：旧路调查（应包括交通量调查、道路现状调查与检测）、旧路评价与交通需求分析、道路改扩建技术标准分析、道路改扩建可行性分析、道路改扩建工程设计、道路改扩建施工技术、交通组织设计等。

问题 4：改扩建工程或涉及影响既有交通的道路工程设计未编制施工期间交通组织设计或编制不全面。

【原因分析】违反《城市道路路线设计规范》CJJ 193—2012 第 4.1.3 条关于总体设计需编制交通组织设计方案和《城市道路维护工程设计规范》DB 50/T 305—2008 第 12 节关于道路改建交通组织设计的规定。

【处理措施】对道路改扩建及涉及影响既有交通的道路工程设计应有完整、周密的交通组织设计方案。交通组织设计应在调查既有道路的基础资料，评价工程施工期间工程所处路段、节点以及区域交通影响的基础上，开展方案设计。

问题 5：城市道路设计速度的确定未考虑道路等级、道路功能定位、道路周边等具体情况，造成设计取值不合理。

【原因分析】违反《城市道路交通工程项目规范》GB 55011—2021 第 3.1.2 条关于设计速度的选用应根据道路功能和交通量，结合地形、沿线土地利用性质等因素综合论证确定及《城市道路路线设计规范》CJJ 193—2012 第 3.0.1 条关于设计速度应与道路等级相匹配的规定。

【处理措施】城市道路设计速度应结合道路等级、道路功能定位、交通量、地形和地质条件论证确定。对城市规模大、地形条件好、交通功能强的道路，可取设计速度的高值；中心城区道路、商业街、文化街以及改建道路，由于沿线区域开发较为成熟、控制条件较多，受条件限制可取设计速度的低值。

问题 6：道路交通分析中的交通预测和分析错误，导致道路标准不合理、立交形式选择不合理。

【原因分析】道路设计对区域社会经济、路网、交通理解不透彻，未能准确把握项目所在区域交通发展趋势。

【处理措施】道路交通分析应加强对区域社会经济、路网、交通等分析。道路交通分析及预测中交通量预测基年应为项目建成当年，道路交通量饱和状态时的道路设计年限应与道路等级相匹配；对可能存在的临时交通管制带来的流量流向观测值失常应进行数据修正；交通量预测方法推荐采用"四阶段法"，采用合适的参数预测道路交通量。

问题 7：在周边存在既有建筑物、高压线塔、轨道交通设施等的道路项目设计中，未进行相应建设条件相关性分析。

【原因分析】违反《城市道路路线设计规范》CJJ 193—2012 第 4.1.3 条关于协调与相邻工程的衔接的规定。

【处理措施】建设项目周边存在既有建（构）筑物、高压线塔、轨道交通设施等重大因素影响时，应在认真详细调查、准确全面收集基础资料基础上，进行功能符合性及安全相关性分析与评估，提出合适的工程措施以确保设计满足功能标准、消除不安全因素，使工程设计全寿命周期内满足环境安全、环境友好的要求。

问题 8：行道树、防撞设施、标志标牌、电力线路等外部设施侵入道路建筑限界，影响行车安全。

【原因分析】违反《城市道路交通工程项目规范》GB 55011—2021 第 3.1.4 条关于道路建筑限界不得有任何物体侵入的规定，属于违反强制性条文要求。

【处理措施】在进行道路行道树、标志标牌等相关附属设施设计时，应确认对道路建筑限界没有不利影响，并注意复核验证道路上各种附属设施与道路平面及竖向的关系。不得有行道树树冠或行道树生长一定时间后的树冠、标志标牌、防撞设施、电力线路等任何物体侵入道路建筑限界内部。

17.1.2　道路路线

问题 9：道路横断面路幅形式及路幅各部分宽度划分与道路等级、道路设计车速、车道类型、所处地段不匹配。

【原因分析】违反《城市道路路线设计规范》CJJ 193—2012 第 5.1.2 条、第 5.2.1 条、第 5.3.1 条关于道路横断面设计、机动车道宽度应与道路等级、设计速度、车辆类型、所在路段等相关控制因素相匹配的规定。

【处理措施】城市道路横断面路幅形式应结合道路性质、车辆类型与组成、设计速度、城市地理位置、地形条件、路面排水方式、周边构筑物的位置进行综合考虑确定。车行道路幅及各部分宽度划分应按照相应设计车速、主要行驶车型以及公交港湾位置等因素进行合理的布置。

问题 10：道路路幅发生变化时，未考虑设置渐变过渡段或渐变段不满足要求，以及未设置警示标志，造成路幅变化前后衔接不顺畅，交通安全隐患。

【原因分析】违反《城市道路路线设计规范》CJJ 193—2012 第 5.2.5 条关于道路横断面局部有变化应设置宽度过渡段的规定。

【处理措施】道路路幅变化时，变化点宜设置在大型构筑物前或路口处，并应设置足够长的渐变段以保障司机的操作反应时间。对因分期建设或地形地物限制导致道路横断面变化时，应设置路幅渐变段，并设置相应的警告标志牌、提示标志牌等保证交通安全的设施。

问题 11：快速路相邻出入口、间距较近路段未考虑设置集散车道，造成路段车辆交织，通行不畅。

【原因分析】违反《城市快速路设计规程》CJJ 129—2009 第 7.3.2 条第 1 款关于出入口端部距离不满足出入口最小间距要求时，应设置集散车道的规定。

【处理措施】城市快速路具有设计车速高、连续畅通行驶的特点，出入口间距应大于表 17-1 最小间距要求，以保证主线交通不受分合流交通的干扰。受条件限制，快速路上相邻两出入口端部间距小于表 17-1 的要求时，应设置集散车道保证交通安全。

出入口最小间距　　　　　　　　　　　　　　　　　　　　　　　表 17-1

主线设计速度（km/h）	出入口形式			
	100	760	260	760	1270

主线设计速度（km/h）	出入口形式			
100	760	260	760	1270
80	610	210	610	1020
60	460	160	460	760

注：本表摘自《城市快速路设计规程》CJJ 129—2009。

问题 12：道路小半径圆曲线超高及加宽设计不合理，造成交通安全隐患。

【原因分析】违反《城市道路路线设计规范》CJJ 193—2012 第 6.4.1 条、第 6.5.1 条、第 6.5.2 条关于小半径平曲线设计超高、加宽的规定。

【处理措施】当路线圆曲线半径小于不设超高最小半径时，应按照规范设置超高，并结合横断面形式、地形条件确定超高过渡方式及超高缓和段长度。受地物及景观等条件限制时，也可采用适当降低设计车速的方式达到不设置超高的需要。

圆曲线半径小于或等于250m时，应按照规范要求进行加宽设计，并结合圆曲线半径、车道类型，分别计算各车道的加宽值及加宽缓和段长度。

根据现场情况选用单侧加宽或双侧加宽的方式，不管采用哪种加宽方式均应保证线形平顺，行车轨迹不突变。

问题13：设计速度大于或等于60km/h的道路，道路中心转角小于或等于7°时，对应的平曲线长度与设计车速下长度要求不匹配。

【原因分析】违反《城市道路路线设计规范》CJJ 193—2012第6.3.4条第2款关于道路中心线转角小于或等于7°、设计速度大于或等于60km/h的道路平曲线长度的规定。

【处理措施】设计速度大于60km/h的道路均为快速路和主干路，小转角（道路中心转角小于或等于7°）应设置长曲线使道路更加顺适，更加利于行驶安全。小转角的平曲线最小长度应符合表17-2的规定。

小转角平曲线最小长度   表 17-2

设计速度（km/h）	100	80	60
平曲线最小长度（m）	$1200/\alpha$	$1000/\alpha$	$700/\alpha$

注：① 表中 α 为路线角度值（°），当 α 小于2°时，按2°计。
② 本表摘自《城市道路路线设计规范》CJJ 193—2012。

问题14：道路路线设计中停车视距、会车视距不满足设计车速要求。

【原因分析】违反《城市道路路线设计规范》CJJ 193—2012第6.6.1条、第6.6.3条关于停车视距、会车视距应与设计车速相匹配的规定，属于违反强制性条文要求。

【处理措施】视距是道路设计的主要技术指标之一，在道路的平面和竖向均应保证必要的视距，视距为城市道路强制性条文要求。对道路的急弯和内侧有障碍物的弯道，以及道路竖向的凸形边坡处、立交及地通道凹形变坡处，均可能存在视距不足的问题，设计时应根据视距线绘制包络线图进行视距检验，对影响视距的障碍物予以清除。

问题15：针对连续下坡或上坡地段，未考虑纵坡缓和段设计。

【原因分析】违反《城市道路路线设计规范》CJJ 193—2012第7.3.2条关于纵坡缓和坡段设置的规定。

【处理措施】当道路纵坡大于规范最大纵坡一般值时，应按照道路设计速度及纵坡度对最大纵坡加以控制。对连续下坡或上坡地段，应设计不大于3%坡度的纵坡缓和坡段，纵坡缓和段长度应符合规范最小坡长的规定。

问题16：道路机动车道纵坡坡长设计，未考虑需满足最小坡段长度要求。

【原因分析】违反《城市道路路线设计规范》CJJ 193—2012第7.3.1条第1款关于最小坡长长度的规定。

【处理措施】最小坡长是道路纵断面相邻两个变坡点之间的最小长度。若其长度过短，就会导致单位距离内变坡过快，行车时极易频繁颠簸。当道路相邻两段坡度的坡度差较大时，还容易造成视距不良，影响行车安全。故规范从汽车行驶平顺度、乘客的舒适性、道路视距和相邻两竖曲线的布设等方面考虑，按照行车速度的10s的车行距离，限定了不同设计速度对应的最小坡度要求。道路纵断面最小坡长应满足规范最小坡段长度且大于相邻两个竖曲线切线长度之和的要求。

问题17：道路纵断面竖曲线长度偏短，未满足与设计速度相对应的长度要求。

【原因分析】违反《城市道路路线设计规范》CJJ 193—2012 第7.5.1条关于纵断面竖曲线长度的规定。

【处理措施】竖曲线是在线路纵断面上以变坡点为交点，连接两相邻坡段的曲线。为使车辆在道路的竖曲线上顺适地行驶，竖曲线长度不应过短。规范规定竖曲线最小长度极限值采用设计速度3s的行驶距离。在道路纵断面设计时，竖曲线最小半径及竖曲线最小长度应满足规范中的一般值要求，当条件特别困难时，需满足规范中的极限值要求。

问题18：道路纵坡值小于规范限制值的段落未考虑特殊排水设计措施。

【原因分析】违反《城市道路路线设计规范》CJJ 193—2012 第7.2.2条关于特殊困难纵坡小于0.3%时应设置锯齿形边沟或其他排水设施的规定。

【处理措施】为使道路路面排水顺畅，《城市道路路线设计规范》CJJ 193—2012 第7.2.2条规定道路最小纵坡不应小于0.3%，重庆市《城市道路交通规划及路线设计规范》DB J50—064—2007 第5.10.2条规定道路最小纵坡应大于0.5%。在特殊困难地段，应在车行道旁设置锯齿形边沟或采取其他排水措施。对道路交叉口雨水进水口的布设位置应结合交叉口竖向设计进行，避免在道路交叉口范围形成积水。

问题19：在设有超高的平曲线路段，超高横坡度与道路纵坡度的最大合成坡度超过对应道路设计速度的最大限值的规定。

【原因分析】违反《城市道路路线设计规范》CJJ 193—2012 第7.4.1条关于道路最大合成坡度的规定。

【处理措施】对设有超高的平曲线路段，应验算超高横坡度与道路纵坡度的最大合成坡度。若合成坡度超过对应设计速度下的最大限值要求，则应对道路平纵线形或超高进行适当调整，以满足合成纵坡限制值要求。

问题20：道路平纵组合设计缺失或设计不当，存在平曲线路段插入较短竖曲线或平竖曲线设置错位、竖曲线大于平曲线现象。

【原因分析】违反《城市道路路线设计规范》CJJ 193—2012 第8.2.1条、第8.2.2条关于道路平纵组合设计的规定。

【处理措施】道路平、纵线形设计应注意相互对应，对于竖曲线与平曲线重合路段，平曲线应长于竖曲线，且平曲线应包住竖曲线，竖曲线应包住平面圆曲线。对于城市道路路侧情况较复杂的情况，应重点复核停车视距及视距三角区是否满足规范及安全行车需求。

问题21：道路与桥梁隧道、已建道路、既有建筑物结合路段未考虑交通衔接设计因素，存在交通隐患。

【原因分析】违反《城市道路路线设计规范》CJJ 193—2012第8.3节、第8.4节、第8.5节关于线形与桥、隧、沿线设施、环境配合协调的规定。

【处理措施】道路与桥梁隧道、已建道路以及既有建筑物在平纵断面上应平顺地衔接，不应出现突变。对于隧道洞口内侧和外侧在不小于3s设计速度的行程长度范围内，均应保持一致的平纵线形。

问题22：货运交通为主的道路未进行货车视距验算。

【原因分析】违反《城市道路路线设计规范》CJJ 193—2012第6.6.1节、第6.6.5节、第6.6.6节关于视距的规定。

【处理措施】视距有停车视距、会车视距、错车视距和超车视距等。对设置平纵曲线可能影响行车视距路段，应进行视距验算。对货运交通为主的道路，应验算下坡段货车的停车视距。下坡段货车的停车视距不应小于表17-3的规定值。

下坡段货车停车视距（m）　　　　　　　　　　　表17-3

设计速度(km/h)		100	80	60	50	40	30	20
纵坡度(%)	0	180	125	85	65	50	35	20
	3	190	130	89	66	50	35	20
	4	195	132	91	67	50	35	20
	5	—	136	93	68	50	35	20
	6	—	—	95	69	50	35	20
	7	—	—	—	—	50	35	20
	8	—	—	—	—	—	35	20

注：本表摘自《城市道路路线设计规范》CJJ 193—2012。

17.1.3　路基

问题23：路基土石分类、比例与地质勘察报告不一致。

【原因分析】违反《城市道路路基设计规范》CJJ 194—2013第3.0.3条关于路基设计前应进行调查和勘察的规定。

【处理措施】地质勘察报告是保障路基设计质量和确保工程造价准确的重要基础依据。对于路基土石分类、土石比例，应结合工程地质勘查分段描述的勘察成果进行表述。

问题24：填方路基地面横坡较陡路段，挖台阶设计不合理。

【原因分析】违反《城市道路路基设计规范》CJJ 194—2013第4.3.8条第3款关于路基挖台阶的规定。

【处理措施】填方路基原地面横坡为1:5～1:2.5时，为避免路基产生滑移，应对原地面应开挖台阶，台阶宽度不宜小于2m，并应设置2%的反向坡。

问题25：路基填挖交界处未进行避免路基产生不均匀沉降、增加路基整体稳定性的相应设计。

【原因分析】违反《城市道路路基设计规范》CJJ 194—2013第4.7.7条路基挖填交界处理的规定。

【处理措施】半填半挖路基，当挖方区路床为土质时，应采用合格填料进行换填处理，以消减路基填挖间的沉降差异变形。当填方区地面横坡陡于1∶5时，应按斜坡路堤处理方式进行挖台阶处理，如图17-1所示。

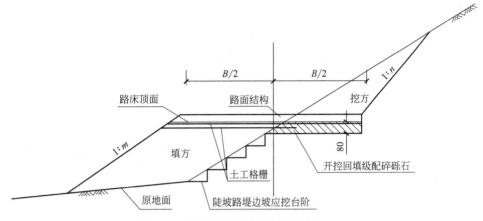

图 17-1　半填半挖处置示意图（单位：cm）

纵向填挖交界处应设置过渡段。过渡段挖方区路床为土质时应采用合格填料进行换填处理；过渡段填方区应采用级配较好的砾类土、碎石或砂岩碎屑进行填筑，以消减路基填挖间的沉降差异变形，必要时可视地面陡度及高差酌情于路床附近位置增设土工格栅。

问题 26：道路路基及边坡临时排水设施与永久排水设施未衔接或设计欠缺合理性。

【原因分析】违反《城市道路路基设计规范》CJJ 194—2013 第 5.1.3 条关于路基临时排水设施应与永久排水设施相结合的规定。

【处理措施】为保证路基的稳定性，消除和减轻地表水和地下水对路基的危害，应对路基排水采取系统设计。对处于开发区范围内的挖方边坡截水沟、填方边坡临时边沟，特别是过街或横穿道路的临时排水管等临时设施，应与市政永久排水设施相衔接，尽量做到前期工程能为后期永久工程所使用。

问题 27：改扩建道路的拓宽路基与既有路基的衔接不顺畅，缺少新旧路基之间的过渡设计。

【原因分析】违反《城市道路路基设计规范》CJJ 194—2013 第 8.1.2 条关于城市道路路基的改建与扩建，路基拓宽路基与既有路基之间应衔接良好的规定。

【处理措施】对改扩建道路拓宽路基与既有路基之间应衔接良好设计，应采取对原路基边坡挖台阶、增设土工格栅等措施，以增强拓宽路基与既有路基之间的抗变形能力及整体稳定性，如图17-2所示。

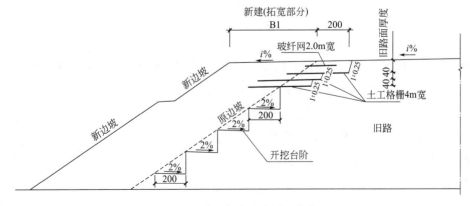

图 17-2　新旧路基衔接示意图（单位：cm）

问题 28：对道路软土地基等特殊路基地段未考虑结合地勘报告进行针对性设计，易造成路基产生过大沉降或不均匀沉降等问题。

【原因分析】违反《城市道路路基设计规范》CJJ 194—2013 第 7.1.1 条、第 7.1.2 条关于特殊路基设计应结合地质勘察情况，采用合理整治方案及措施的规定。

【处理措施】道路软土地基应在详细的调查和地质勘察基础上，结合场地实际情况综合处理。软土路基设计包含路基稳定验算、路基沉降计算、路基监测等方面内容。其中：软土层厚度小于5m 的软土地基，宜采用挖淤换填（图 17-3）、抛石挤淤（图 17-4）等浅层地基处理措施。软土层较厚路段，应采用排水固结法、粒料桩、加固土桩、刚性桩等深层地基处理措施。

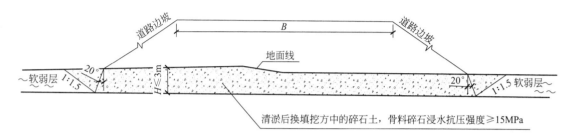

图 17-3　软土路基挖淤换填处置示意图（单位：cm）

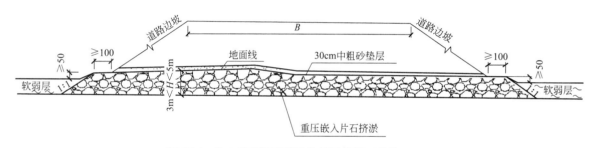

图 17-4　软土路基抛石挤淤处置示意图（单位：cm）

问题 29：道路陡坡路堤未结合地形及勘察报告进行针对性设计，未体现经济性和安全性。

【原因分析】违反《城市道路路基设计规范》CJJ 194—2013 第 6.4.1 条关于陡坡路堤保证边坡稳定性的规定。

【处理措施】针对道路陡坡路堤，应根据工程地质、水文地质、冲刷深度、荷载情况、边坡高度、支挡结构受力特点、环境条件、施工条件及工程造价等因素，合理选择路基边坡支挡与加固措施。

问题 30：针对高填方路基和特殊路基的施工技术要求中，未考虑针对性的监测要求。

【原因分析】违反《城市道路路基设计规范》CJJ 194—2013 第 6.5.1 条关于高填方路基及特殊路基应实行施工过程中及施工以后的变形监测要求。

【处理措施】对高填方路基和特殊地基上的填方路基，应实行填筑过程中和填筑以后的变形监测。设计应明确监测路段、监测项目（内容）、监测点的数量及其布设，并应确定路基稳定和变形的监测控制标准。

问题 31：针对挖方路堑未考虑实际情况合理进行相应开挖设计，造成挖方施工方式与周边环境、实际条件不适应。

【原因分析】违反《城镇道路工程施工与质量验收规范》CJJ 1—2008 第 6.3.9 条、第 6.3.10 条、第 6.4.3 条关于路基开挖应根据地势、环境状况、路堑尺寸及土壤种类确定的规定。

【处理措施】路基开挖方式应与周边建设条件、建设环境相协调。对于位于既有建（构）筑物旁的路基开挖应在详细评估安全风险的基础上，采用非爆破或人工开挖的施工方式。针对高边坡开挖，应在设计中明确针对性的施工工艺和信息化施工要求。

问题 32：路基边坡坡率的确定未结合填料及地质等实际情况综合考虑。

【原因分析】违反《城市道路路基设计规范》CJJ 194—2013 第 4.3.7 条、第 4.4.1 条、第 4.4.2 条关于路基挖填方边坡坡率确定的规定。

【处理措施】路基边坡坡度对于路基稳定性和工程经济合理性有很大的影响。路基填挖方坡率应结合所用填筑填料、实际工程地质、边坡高度、排水措施和具体的施工挖填方法，并根据当地同类人工边坡的调查及力学分析结果综合确定。

问题 33：挖方路段未考虑管道沟槽开挖对边坡影响。

【原因分析】违反《城市道路路基设计规范》CJJ 194—2013 第 6.1.5 条关于路基施工过程中的边坡临时防护的相关规定。

【处理措施】针对靠近挖方边坡的管道沟槽开挖，应绘制临时支护设计图，并进行开挖边坡稳定性验算，保证路基边坡稳定。

问题 34：缺少挖方边坡坡底排水措施，未对边坡坡面排水进行有组织设计。

【原因分析】违反《城市道路路基设计规范》CJJ 194—2013 第 5.1.1 条、第 5.1.2 条关于路基排水设施应与道路工程同步设计、同步实施。

【处理措施】对道路路基排水应进行系统设计，进行有组织地排放。

问题 35：过街管网开挖后，未考虑路面结构病害防治措施。

【原因分析】违反《城市道路路基设计规范》CJJ 194—2013 第 4.7.1 条、第 4.7.2 条、第 4.7.4 条关于特殊路基部位的路基填筑与压实的规定。

【处理措施】对过街管网开挖后的回填路基回弹模量应达到与新建道路相同标准，填料应选用强度高、级配良好、水稳定性好、便于获取和压实的材料。对管顶距路面间距较小地段，应采用钢筋混凝土结构加强，保证路面使用中不产生病害。

17.1.4 路基防护构筑物

问题 36：路基边坡防护未与边坡岩土性质结合设计，未结合周边场平及用地规划情况，对永久性边坡与临时边坡进行相应的区别防护对策设计。

【原因分析】违反《城市道路路基设计规范》CJJ 194—2013 第 6.1.4 条、第 6.1.5 条、第 6.3.1 条关于坡面防护应与相邻建筑物相协调，临时防护应与永久边坡防护相结合，坡面防护应结合地形、地质条件、土质、岩性等设计的规定。

【处理措施】路基坡面防护应结合坡面岩土性质进行。针对土质坡面，建议采用植物防护、片石护坡等；针对岩质边坡，建议采用喷护、片石护坡、混凝土护坡等；对于道路周边将开发的路基临时护坡，在保证坡面的稳定前提下，基于工程造价控制的考虑，建议采用绿化护坡，一般不采用片石及混凝土永久性护坡。

问题37：边坡支挡结构类型未结合地形、地质条件和地基承载力进行合理选定。

【原因分析】违反《城市道路路基设计规范》CJJ 194—2013第6.4.4条关于合理选择路基边坡支挡与加固措施的规定。

【处理措施】边坡支挡设计应综合考虑地质条件、边坡重要性及安全等级、施工可行性和经济性来选择合理的结构。对于一般地质条件，墙身高度不超过12m时推荐采用重力式挡墙及衡重式挡墙；对于地形复杂，限制条件较多地段，应结合地形地质条件等选择悬臂式挡墙、扶臂式挡墙、锚杆挡墙、桩板挡墙等不同的支挡结构形式。

问题38：支挡结构位于横向斜坡地面时，墙趾埋入地面深度和距地表的水平距离与土质类别不匹配。

【原因分析】违反《城市道路路基设计规范》CJJ 194—2013第6.4.7条第1款关于支挡结构基础位于横向斜坡地面时，墙趾埋入地面深度和距地表的水平距离应满足相应土层类别设置条件的规定。

【处理措施】挡土墙基础置于斜坡地面时，其墙趾埋入地面的深度和距地表的水平距离应满足表17-4的要求。

墙趾埋入地面的最小尺寸

表17-4

土层类别	最小埋入深度 h(m)	距地表水平距离 L(m)	示意图
较完整的硬质岩石	0.25	025～0.50	
一般硬质岩石	0.60	0.60～1.5	
软质岩石	1.00	1.00～2.00	
土质	≥1.00	1.50～2.50	

注：本表摘自《城市道路路基设计规范》CJJ 194—2013。

问题39：支挡结构基础埋置深度设计不合理，未结合实地地质情况及当地气候条件设计。

【原因分析】违反《城市道路路基设计规范》CJJ 194—2013第6.4.7条第2款关于支挡结构基础埋置深度的规定。

【处理措施】支挡结构基础埋置深度应根据实际地基岩土特性、承载能力、冻结深度、水流冲刷情况和岩石风化程度等因素确定，且最小埋置深度应符合规范规定。

问题40：桥涵台背、挡土墙墙背的路基填筑与压实未根据实际情况进行针对性设计。

【原因分析】违反《城市道路路基设计规范》CJJ 194—2013第4.7.6条关于桥涵台背填料及压实的规定。

【处理措施】路堤与桥台、横向构筑物（箱涵、地道）的连接处应设置过渡段，并应依据填料强度、地基处理、台背防排水系统等进行综合设计。过渡段长度宜按2倍～3倍路基填土高度确定，路基压实度不应小于96%。桥涵台背、挡土墙墙背应选用渗水性好、易密实的填料。当采用细粒土填筑时，宜采用石灰、水泥、粉煤灰等无机结合料进行处治。

问题 41：支挡结构的荷载计算未结合工程实际情况进行组合设计和验算。

【原因分析】违反《城市道路路基设计规范》CJJ 194—2013 第 6.4.6 条关于作用于支挡结构上的荷载计算的规定。

【处理措施】① 应根据作用于支挡结构上的荷载确定作用效应的组合设计值，支挡结构上的作用应符合表 17-5 的规定。

支挡结构上的作用　　　　　　　　　　　　　　　　　　　　　　表 17-5

作用分类		作用名称
永久作用		支挡结构重力
		填土(包括基础襟边以上土)重力
		填土侧压力
		墙顶上的有效永久荷载
		墙顶与第二破裂面之间的有效荷载
		计算水位的浮力及静水压力
		预加力
		混凝土收缩及徐变
		基础变位影响力
		邻近建(构)筑物传来的永久荷载
可变作用	基本可变作用	车辆荷载引起的侧压力
		人群荷载、人群荷载引起的侧压力
		邻近建(构)筑物传来的可变荷载(使用活荷载和风荷载等)
	其他可变作用	水位退落时的动水压力
		流水压力
		波浪压力
		冻胀压力和冰压力
		温度影响力
	施工荷载	与各类型挡土墙施工有关的临时荷载
偶然作用		地震作用力
		滑坡、泥石流的冲击作用力
		作用于墙顶护栏上的车辆碰撞力

注：本表摘自《城市道路路基设计规范》CJJ 194—2013。

② 对一般地区，可只采用永久作用和基本可变作用的组合；浸水地区、地震动峰值加速度值不小于 0.2g 的地区及产生冻胀力的地区，作用组合还应计取其他可变作用和偶然作用，作用组合可按表 17-6 确定。

支挡结构上的作用　　　　　　　　　　　　　　　　　　　　　　表 17-6

组合	荷载
Ⅰ	挡土墙结构重力、墙顶上的有效永久荷载、填土重力、填土侧压力及其他永久荷载组合
Ⅱ	组合Ⅰ与基本可变荷载相组合
Ⅲ	组合Ⅱ与其他可变荷载、偶然荷载相组合

注：本表摘自《城市道路路基设计规范》CJJ 194—2013。

③ 当支挡结构上受地震力作用时，应符合现行行业标准《公路桥梁抗震设计细则》JTG/T B02—01 的规定。

④ 作用于支挡结构上的土压力的计算应符合现行国家标准《建筑边坡工程技术规范》GB 50330 的规定。

⑤ 车辆荷载作用在挡土墙墙背填土上所引起的附加土体侧压力，可按公式换算成等代均布土层厚度。

⑥ 作用于墙顶或墙后填土上的人群荷载强度应根据实际情况确定，可取 $3kN/m^2$；作用于挡墙栏杆顶的水平推力可采用 0.75kN/m；作用于栏杆扶手上的竖向力可采用 1kN/m。

⑦ 当浸水挡土墙墙背为岩块和粗粒土（除粉砂外）时，可不计墙身两侧静水压力和墙背动水压力。

⑧ 墙身所受浮力，应根据地基地层的浸水情况按下列原则确定：a. 砂类土、碎石类土和节理很发育的岩石地基，按计算水位的 100% 计算。b. 岩石地基按计算水位的 50% 计算。

问题 42：路基支挡结构的排水系统设计未考虑截水、排水相结合要求，未设置完善的截水、排水设施。

【原因分析】违反《城市道路路基设计规范》CJJ 194—2013 第 5.1.1 条、第 5.1.3 条关于路基排水设施设计与实施的规定。

【处理措施】路基支挡结构应设置完善的排水系统，保证支挡结构不被水侵蚀、损坏。支挡结构排水设施包含地面排水及墙身排水两部分内容。地面排水主要有设置排水沟，截引地表水，墙顶回填土夯实或封闭。墙身排水主要应合理地设置墙身泄水孔及引排水设施，及时地将墙体内的水排除。

问题 43：涉河道路路基未考虑河流特性、水流性质、沿河地貌、地质、路基填料等因素进行针对性设计，造成路基浸水后失稳现象。

【原因分析】违反《城市道路路基设计规范》CJJ 194—2013 第 7.9 节条关于浸水路基设计的规定。

【处理措施】沿河路基应根据河流特性、水流性质、沿河地貌、地质等因素，结合路基位置，选用适宜的坡面防护。路基浸水部分或受水位涨落影响部分，填筑材料宜渗水性、水稳性好的粗粒料。对可能出现管涌或流砂（土）的边坡，可放缓下游一侧边坡，或在下游设置滤水趾并设反滤层；若路基填土渗透性小，则可在下游路堤坡脚线以外基底土层上铺设滤水护坦，或在上游铺设黏土隔渗层，或在坡脚或基底下设置防渗墙或止水幕等。路基防护工程基底应埋设在冲刷深度以下不小于 1m 或嵌入基岩内，浸水路基稳定性验算时应计入水的浮力、渗透动水压力的不利影响。

问题 44：对既有支挡结构物的改造设计未考虑相应的结构检测和验算。

【原因分析】违反《城市道路路基设计规范》CJJ 194—2013 第 8.2.3 条关于既有支挡结构调查及第 6.4.7 条关于支挡结构基础稳定性验收的规定。

【处理措施】针对改扩建城市道路既有支挡结构，应查阅工程档案，调查支挡结构形式、地基地质条件和使用状况，进行支挡结构变形、破损、强度等工程检测，并对既有支挡结构进行结构验算，结合结构验算结果采取针对性的设计。

17.1.5 路面

问题 45：路面结构设计计算未对道路交通量进行标准轴载换算，累计当量轴次计算错误，路面结构层设计不合理。

【原因分析】违反《城镇道路路面设计规范》CJJ 169—2012 第 3.2.1 条、第 3.2.2 条关于路面轴载及设计交通量计算的规定。

【处理措施】路面结构设计时，应按照道路交通量预测将不同轴载的各种车辆换算成 BZZ—100 标准轴载的当量轴次。按照对应道路等级、路面类型的路面设计基准期，设计车道上荷载重复作用的累计当量轴次按几何数求和。

问题 46：沥青混凝土路面的各个沥青层之间、沥青混凝土面层与基层之间，未合理设置透层及粘层，路面层间结合不紧密，导致路面使用过程中产生面层剥落、龟裂、破损等病害。

【原因分析】违反《城镇道路路面设计规范》CJJ 169—2012 第 5.3.6 条关于透层、粘层设置的规定。

【处理措施】为加强沥青混凝土面层之间的粘接，在沥青混合料面层之间应设置沥青粘层。为使沥青混合料面层与非沥青材料的基层结合良好，防水下渗，应在各类基层上应设置透层。

问题 47：沥青路面面层压实度值未考虑道路等级，导致压实度不满足对应道路等级要求。

【原因分析】违反《城镇道路工程施工与质量验收规范》CJJ 1—2008 第 8.5.1 条、第 8.5.2 条关于沥青混合料面层压实度的规定。

【处理措施】热拌沥青混合料的压实度：城市快速路、主干路不应小于 96%，次干路及以下等级道路不得小于 95%。

问题 48：路面结构层水泥稳定碎石基层压实度值未考虑道路交通等级，导致压实度不满足对应道路交通等级要求。

【原因分析】违反《城镇道路路面设计规范》CJJ 169—2012 第 4.3.3 条关于水泥稳定类材料基层压实度的规定。

【处理措施】水泥稳定类材料基层的压实度的确定应依据路面累计当量轴次对应的交通等级。路面设计常用的水泥稳定碎石上基层对应的特重和重、中交通等级压实度应不低于 98%，轻交通压实度应不低于 97%；水泥稳定碎石下基层对应的特重和重、中交通等级压实度应不低于 97%，轻交通压实度应不低于 96%。

问题 49：旧水泥混凝土路面加铺改造设计未对原路面结构层现有强度、破损等情况进行调查，采取的补强加固措施针对性不强。

【原因分析】违反《城镇道路路面设计规范》CJJ 169—2012 第 6.8.1 条和重庆市《城市道路维护工程设计规范》DB 50/T 305—2008 第 6.8 节相关条款关于加铺结构设计的规定。

【处理措施】在进行旧水泥混凝土路面加铺设计时，应调查路面修建和养护技术资料、路面损坏状况、路面结构强度、现状交通及交通需求、环境条件等内容。加铺改造设计时，应结合旧路面调查资料进行评估，采取针对性的加固、修补措施对原路面进行利用。

问题50：旧水泥混凝土路面加铺沥青混凝土改造设计未对原路面表面处理进行设计。

【原因分析】违反《城镇道路路面设计规范》CJJ 169—2012 第 5.6.2 条关于水泥混凝土路面加铺沥青混凝土路面的规定。

【处理措施】旧水泥混凝土路面在交通量大、使用时间较久的条件下，表面易磨损成光滑状。为加强加铺层与旧水泥混凝土路面的连接，应对原混凝土路面表面层进行机械或人工凿毛处理。对水泥混凝土路面的裂缝及伸缩缝，应采用细石混凝土或水泥砂浆进行封闭后，粘贴防水卷材，防止加铺层出现反射裂缝；沥青混凝土加铺层与旧水泥混凝土路面之间应设置沥青粘层。

问题51：改扩建道路工程的新旧路面的结合处及刚柔路面过渡段，未考虑新旧路面衔接及刚柔路面过渡设计，造成路面错台、开裂等病害。

【原因分析】违反《城镇道路路面设计规范》CJJ 169—2012 第 3.1.1 条、第 3.1.2 条关于路面应进行路基路面整体结构综合设计的规定。

【处理措施】针对改扩建道路工程，新建道路与原道路路面应进行错台搭接设计，并应沿新旧基层顶面接缝处铺设 500mm 宽道路卷材，防止沥青反射裂缝，保证新旧路面衔接顺适。在水泥混凝土路面与沥青混凝土路面相接时，其间应设置不小于 3m 长的过渡段，如图 17-5 所示。

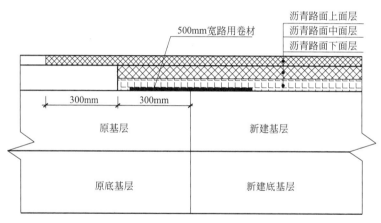

图 17-5　新旧路面衔接示意图

17.1.6　道路平面交叉

问题52：交叉口未根据道路等级和交通量需要进行渠化论证及设计。

【原因分析】违反《城市道路交叉口设计规程》CJJ 152—2010 第 4.2.3 条关于合理确定交叉口通行能力和服务水平和第 4.2.5 条关于采取相应措施提高通行能力的规定。

【处理措施】交叉口应根据各个方向机动车、非机动车交通量、人行过街数量预测数据，分析相交道路等级、交叉口所处区域位置及用地条件，合理确定待行车道数量和其长度，据此作出判断是否需要进行交叉口渠化设计。需要渠化设计的应按照要求进行渠化设计以达到提高道路通行能力的目的，确保行人过街安全和行车有序。

问题53：在交叉口范围内的最小净高未考虑不同车道类型和车辆种类等因素。

【原因分析】违反《城市道路交叉口设计规程》CJJ 152—2010 第 3.4.1 条关于交叉口范围内最小净高的规定。

【处理措施】交叉口范围内，相应区域净高应按照不同车道类型和车辆种类设计，最小净高应满足表 17-7 的规定。

交叉口最小净高   表 17-7

车行道种类	机动车			非机动车	
行驶车辆种类	各种汽车	无轨电车	有轨电车	自行车、行人	其他非机动车
最小净高(m)	4.5	5.0	5.5	2.5	3.5

注：本表摘自《城市道路交叉口设计规程》CJJ 152—2010。

问题 54：交叉口视距三角形范围内未考虑交通视距设计，在高出路面 1.2m 范围存在妨碍驾驶员视线的障碍物，造成交叉口视距三角形的停车视距不满足要求情况。

【原因分析】违反《城市道路交叉口设计规程》CJJ 152—2010 第 3.3.3 条关于交叉口设计速度取值和第 4.3.3 条关于平面交叉口视距三角形范围内不有障碍物和交叉口视距三角形停车视距的规定，如图 17-6 所示。

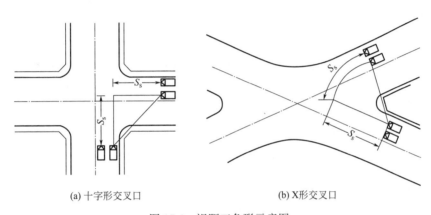

(a) 十字形交叉口   (b) X形交叉口

图 17-6 视距三角形示意图

【处理措施】针对不同类型交叉口，应准确界定视距三角形范围，确保视距三角形范围内不出现高出路面 1.2m 的妨碍驾驶员视线的障碍物。交叉口视距三角形的停车视距应符合表 17-8 的规定。

交叉口视距三角形要求的停车视距   表 17-8

交叉口直行设计速度(km/h)	60	50	45	40	35	30	25	20	15	10
安全停车视距 S_s(m)	75	60	50	40	35	30	25	20	15	10

注：本表摘自《城市道路交叉口设计规程》CJJ 152—2010。

问题 55：人行横道长度大于 16m 时未考虑设置行人二次过街安全岛。

【原因分析】违反《城市道路交叉口设计规程》CJJ 152—2010 第 4.5.4 条关于人行横道设置要求的规定。

【处理措施】人行横道长度大于 16m 时，应在人行横道中央设置行人二次过街安全岛，其宽度不应小于 2m，困难情况下不得小于 1.5m。可通过减窄转角交通岛、利用转角曲线范围内的扩展空间、缩减进出口车道宽度等措施设置行人二次过街安全岛。因条件限制宽度不够时，安全岛两侧人行横道可错开设置。安全岛两端的保护岛应设反光装置。

问题 56：交叉口渐变段和展宽段未考虑行车要求合理设置，造成交叉口通行效率低或存在安全隐患。

【原因分析】违反《城市道路交叉口设计规程》CJJ 152—2010 第 4.2.11 条关于进口道左转专用道设置方法、第 4.2.12 条关于进口道右转专用道设置方法和第 4.2.13 条关于进口道长度设置要求的规定。

【处理措施】交叉口进口道应根据交通量、相交道路等级、交叉口所处区域位置及用地条件合理选择左转或右转展宽方法，并计算确定进口道长度。进口道长度由展宽渐变段长度（Lt）与展宽段长度（Ld）组成，渐变段长度（Lt）按车辆以 70%路段设计车速行驶 3s 横移一条车道时来计算确定。渐变段最小长度不应小于支路 20m，次干路 25m，主干路 30～35m。展宽段最小长度应保证左转或右转车不受相邻候驶车辆排队长度的影响。相邻候驶车辆排队长度（Ls）可由下式确定：

$$Ls = 9N$$

其中：N——高峰 15min 内每信号周期的左转或右转车的排队车辆数。当需设两条转弯专用车道时，展宽段长度可取一条专用车道长度的 60%。无交通量资料时，展宽段最小长度不应小于支路 30～40m，次干路 50～70m，主干路 70～90m，与支路相交取下限，与主干路相交取上限。

问题 57：交叉口路缘石半径选择未考虑右转弯设计速度因素，造成缘石半径取值不合理。

【原因分析】违反《城市道路交叉口设计规程》CJJ 152—2010 第 4.2.3 条关于交叉口转角处缘石半径取值的规定。

【处理措施】平面交叉口转角处缘石宜为圆曲线或复曲线，其转弯半径应满足机动车和非机动车的行驶要求，可按表 17-9 选定。当平面交叉口为非机动车专用路交叉口时，路缘石转弯半径取 5～10m。

路缘石转弯半径   表 17-9

右转弯设计速度（km/h）	30	25	20	15
无非机动车道路缘石推荐半径（m）	25	20	15	10

注：本表摘自《城市道路交叉口设计规程》CJJ 152—2010。

问题 58：交叉口二次过街岛附近进口车道宽度未考虑合理设置，不满足规范宽度要求，造成交通隐患。

【原因分析】违反《城市道路交叉口设计规程》CJJ 152—2010 第 4.2.9 条和《城市道路工程设计规范》CJJ 37—2012（2016 年版）第 7.2.6 条关于平面交叉口进口道宽度的规定。

【处理措施】平面交叉口一条进口车道的宽度宜为 3.25m，困难情况下最小宽度可取 3.0m；当改建交叉口用地受限制时，一条进口车道的最小宽度可取 2.8m。

问题 59：道路平面交叉口范围的道路纵坡超规范要求，未进行论证并设置安全保障措施。

【原因分析】违反《城市道路交叉口设计规程》CJJ 152—2010 第 4.3.4 条和《城市道路工程设计规范》CJJ 37—2012（2016 年版）第 7.2.5 条关于平面交叉口进口道纵坡度的规定。

【处理措施】平面交叉口范围内道路竖向设计应保证行车舒顺和排水通畅，交叉口进口道纵坡度不宜大于 2.5%，困难情况下不应大于 3%，山区城市道路等特殊情况，在保证安全的情况下可适当增加。

问题 60：交叉口竖向设计不当或未按照竖向设计加密雨水口导致交叉口出现低洼积水、排水不畅。

【原因分析】违反《城市道路交叉口设计规程》CJJ 152—2010 第 4.3.5 条和第 4.3.6 条关于平面交叉口竖向设计的规定。

【处理措施】平面交叉口范围内道路竖向设计应综合考虑行车舒适、排水通畅、与周围建筑物标高协调等因素，交叉口竖向设计宜采用控制网等高线法。交叉口人行道横道上游、交叉口低洼处应设置雨水口，不得积水。竖向设计与雨水口布置位置应以人为本，可结合现场实际调整。

问题 61：改造项目交叉口交角小于 45°，未进行论证并设置安全保障措施。

【原因分析】违反《城市道路交叉口设计规程》CJJ 152—2010 第 4.1.2 条关于平面交叉形式的规定。

【处理措施】对于改造项目中已有的错位交叉口、畸形交叉口应尽可能加以改造，确实无条件改造的，应进行专项论证，并根据论证结论采取适当的安全保障措施，加强交通组织与管理，保证交叉口通行能力和服务水平。

17.1.7　行人与非机动车道

问题 62：人行道、天桥或地通道净宽与人流量不匹配，不满足行人通行要求。

【原因分析】违反《城市道路工程设计规范》CJJ 37—2012（2016 年版）第 5.3.4 条关于人行道最小宽度和《城市人行天桥与人行地道技术规范》CJJ 69—1995 第 2.2.1 条关于天桥与地道的通道净宽的规定。

【处理措施】人行道宽度应满足规范要求的一般值，在条件困难区域应满足表 17-10 最小值要求，同时应满足《城市道路交通工程项目规范》GB 55011—2021 第 3.4.5 条人行道有效通行宽度不应小于 1.5m 的要求（属于强制性条文要求）。天桥与地道的通道净宽应根据设计年限内高峰小时人流量及设计通行能力计算；无行人交通量资料时，天桥桥面净宽不宜小于 3m，地道通道净宽不宜小于 3.75m。

人行道最小宽度　　　　　　　　　　　　　　　　　　　　表 17-10

项目	人行道最小宽度（m）	
	一般值	最小值
各级道路	3.0	2.0
商业或公共场所集中路段	5.0	4.0
火车站、码头附近路段	5.0	4.0
长途汽车站	4.0	3.0

注：本表摘自《城市道路工程设计规范》CJJ 37—2012（2016 年版）。

问题 63：人行过街天桥高度设计未考虑位置、施工等因素，导致实际净空高度不满足要求。

【原因分析】违反《城市人行天桥与人行地道技术规范》CJJ 69—95 第 2.3.1 条关于天桥桥下净高和重庆市《城市道路人行过街设施设计标准》DBJ 50—T—278—2018 第 6.3.2 条人行天桥桥下净高的规定。

【处理措施】跨越高速公路、城市快速路以及行驶电车的城市道路上的天桥，最小净高为5.0m；跨越其他城市道路的天桥，桥下为机动车道时，最小净高为4.5m；跨越铁路的天桥，其桥下净高应符合《标准轨距铁路建筑限界 第 2 部分：建筑限界》GB /T 146.2—2020 和《高速铁路设计规范》TB 10621—2014 的规定；天桥桥下为非机动车道时，最小净高为3.5m，如有从道路两侧的建筑物内驶出的普通汽车需经桥下非机动车道通行时，其最小净高为4.0m；天桥、梯道或坡道下面为人行道时，最小净高为2.5m；考虑维修或改建道路可能提高路面标高时，其净高应适当提高。

问题 64：在人行道设置港湾式停靠站或人行立体过街设施时未考虑人行道最小宽度因素，导致人行道宽度不能满足行人通行要求。

【原因分析】违反《城市道路交通工程项目规范》GB 55011—2021 第 3.4.5 条人行道有效通行宽度要求以及《城市道路交叉口设计规程》CJJ 152—2010 第 4.4.7 条关于港湾式公交停靠站布设和第 4.5.3 条关于行人立体过街设施设置的规定。

【处理措施】① 有机动车与非机动车分隔带的道路宜沿分隔带设置港湾式停靠站，当分隔带宽度不足 4m 而人行道较宽时，可适当压缩人行道宽度，但该段人行道宽度缩减比例不得超过 40%，并不得小于 3m；无机动车与非机动车分隔带的道路，可沿人行道设置港湾式停靠站，该段人行道宽度缩减不得超过 40%，并不得小于 3m。

② 人行天桥或地道的梯道或坡道占用人行道宽度时，应局部拓宽人行道，保持人行道原有宽度；条件受限时，应保证原有人行道 40% 的宽度，且不得小于 3m。

问题 65：人行过街设施的位置设置未考虑道路等级、公交站、轨道交通车站、学校、幼儿园、医院等因素。

【原因分析】违反《城市快速路设计规程》CJJ 129—2009 第 4.4.7 条关于快速路必须设置人行天桥或地下通道和《城市道路工程设计规范》CJJ 37—2012（2016 年版）第 9.2.2 条关于人行过街设施设置的规定。

【处理措施】城市快速路道路两侧应封闭，禁止行人横穿道路，应结合道路两侧居住和通行情况，合理设置立体过街设施。人行过街设施应结合公交车站、轨道交通车站的位置合理布设，在学校、幼儿园、医院、养老院等附近应设置人行过街设施。

问题 66：缘石坡道设置未考虑坡口与车行道的高差因素，导致残障人士使用不便。

【原因分析】违反《无障碍设计规范》GB 50763—2012 第 3.1.1 条关于缘石坡道设置的规定。

【处理措施】基于轮椅车上下人行道需求，缘石坡道的坡口与车行道路面之间宜不设高差；当有高差时，高出车行道的地面也不应大于 10mm。

问题 67：人行道空间悬挂物未考虑道路界限范围和最小净高等因素。

【原因分析】违反《城市道路工程设计规范》CJJ 37—2012（2016 年版）第 3.4.1 条关于道路建筑界限的规定和第 3.4.3 条关于道路最小净高的规定，属于违反强制性条文要求。

【处理措施】道路建筑限界（包括人行道）内不得有任何物体侵入。在人行道空间范围内悬挂物体的下沿距地面距离应不小于 2.5m。

问题 68：盲道设计未进行系统性考虑，盲道铺设不连续，或人因行道树、检查井、路牌标志等阻隔拦截，造成人行盲道多次绕行障碍物，不便于障碍人士通行。

【原因分析】违反《无障碍设计规范》GB 50763—2012 第 3.2.1 条关于盲道设置的规定。

【处理措施】设计盲道时应结合周边相连接道路既有盲道情况进行系统考虑，合理布设盲道，与既有盲道保持联通；盲道铺设应连续，应避开树木（穴）、电线杆、拉线等障碍物，在设计时应优先考虑盲道布设要求，适当调整行道树、检查井、路牌标志等位置，若道路人行道较窄，盲道与检查井位置重合，可采取新型井盖，在井盖上加铺人行道等措施，保证无障碍盲道的平顺和通畅。

问题 69：行进盲道设置未考虑与围墙、花台、绿化带、树池、路缘石等距离要求，导致行进盲道使用不便。

【原因分析】违反《无障碍设计规范》GB 50763—2012 第 3.2.2 条关于行进盲道设置的规定。

【处理措施】基于盲人视觉生理缺陷，行进盲道宜在距围墙、花台、绿化带 250～500mm 处设置；行进盲道宜在距树池边缘 250～500mm 处设置。行进盲道与路缘石上沿在同一水平面时，距路缘石不应小于 500mm，行进盲道比路缘石上沿低时，距路缘石不应小于 250mm。盲道应避开非机动车停放的位置。

问题 70：缘石坡道坡口较宽时未设置防止机动车驶上人行道的安全设施。

【原因分析】违反重庆市《城镇人行道设计指南》DBJ 50T—131—2011 第 1.0.1 条关于给行人提供安全、顺畅、舒适通行条件的规定。

【处理措施】为防止车辆驶入人行道范围，缘石坡道处可在满足交通管理要求前提下设置阻车桩等安全设施，不应影响行人通行安全和无障碍通行。安全设施高度不应低于 400mm，净间距应控制在 0.9～1.5m。

问题 71：具有街道功能的道路，红线范围内的人行道未考虑街道空间一体化设计，横断面应布置未体现街道布置要求。

【原因分析】违反《城市道路交通工程项目规范》GB 55011—2021 第 3.4.3 条关于具有街道功能的道路横断面设置的规定。

【处理措施】在道路设计中需要从道路向街道转变，即"道路红线管控"向"街道空间管控"转变，设计具有街道功能的道路，将设计范围从红线内部拓展到红线以外的沿街空间，将关注对象从单纯路面拓展到包括两侧界面的街道空间整体，红线范围内的人行道应与街道空间一体化设计，形成统一整体性空间。

17.1.8 公共交通设施

问题 72：公交站设置未考虑道路等级以及沿线交通需求等因素，不便于交通出行需求。

【原因分析】违反《城市快速路设计规程》CJJ 129—2009 第 3.0.10 条关于快速路公交停靠站设置和《城市道路工程设计规范》CJJ 37—2012（2016 年版）第 10.3.2 条关于常规公交车站设计的规定。

【处理措施】快速路公交停靠站应设置在辅道上，当需设置在主路上时，应设置在与主路分离的停靠区，停靠区出入口应满足快速路出入口最小间距的规定。公交车站应结合常规公交规划、沿线交通需求及城市轨道交通等其他交通站点设置。城区停靠站间距宜为 400～800m，郊区停靠站间距应根据具体情况确定。

问题 73：公交停靠站站台长度未考虑停靠公交线路数量因素，不能满足多条公交线路停靠。

【原因分析】违反《城市道路交叉口设计规程》CJJ 152—2010 第 4.4.8 条关于公共汽车港湾式停靠站设置和第 4.4.10 条关于多条公交线路合并设站的规定；违反《城市道路工程设计规范》CJJ 37—2012（2016 年版）第 10.3.2 条关于常规公交车站设计的规定；违反《重庆市城镇道路平面交叉口设计规范》DBJ 50/T178—2014 第 6.6.8 条关于公交站台长度的规定。

【处理措施】公共汽车港湾式停靠站候车站台长度应根据同时在站台停靠的公交数量进行计算。无实测数据时，取 n＝公交线路数＋1；当多条公交线路合并设站时，不宜超过 5 条，特殊情况下不应超过 7 条；当线路数超过上述要求时，应分开设站，站台间距不应小于 25m。站台长度最短应按同时停靠两辆车布置，最长不应超过同时停靠 4 辆车的长度，否则应分开设置。

停靠站候车站台的长度可按下式确定：

$$Lb = n(lb + 2.5)$$

式中 Lb——公共汽（电）车停靠站站台长度，m；

n——同时在站台停靠的公交车辆数，无实测数据时，取 n＝公交线路数＋1；

lb——公交车辆长度，一般为 15～20m。

重庆市域范围内的公交车停靠站站台长度应符合表 17-11 的要求。

多辆公交车停靠站台长度 表 17-11

同时停靠的公交车数量(辆)	1	2	3	4
公交停靠站站台长度(m)	15	30	45	60

注：本表摘自《重庆市城镇道路平面交叉口设计规范》DBJ 50/T178—2014。

问题 74：位于城市交叉口附近的公交停靠站位置设置未考虑交叉口展宽等因素，不满足公交停靠站设置的要求。

【原因分析】违反《城市道路交叉口设计规程》CJJ 152—2010 第 4.4.3 条关于公交停靠站设置和第 4.4.5 条关于公交停靠站设置在进口道的设置要求，以及第 4.4.6 条关于公交停靠站设置在出口道的设置规定。

【处理措施】位于城市交叉口附近的公交停靠站应首先考虑设置在交叉口的出口道，并且出口道右侧有展宽增加车道时，停靠站末端设置距离路口应大于展宽段长度＋20m 处，当出口道右侧无展宽时，停靠站在干路上距对向进口车道停止线不应小于 50m，在支路上不应小于 30m。公交停靠站设置在交叉口进口道，并且右侧有展宽增加的车道时，停靠站应设在该车道展宽段之后不少于 20m 处，公交站台与展宽车道作一体化设计。

问题 75：公交停靠站段设计纵坡大于规范限值，未进行安全评估并采取安全措施，导致公交车停靠存在安全隐患。

【原因分析】违反《城市道路交叉口设计规程》CJJ 152—2010 第 4.4.4 条关于公交停靠站纵坡度要求的规定。

【处理措施】交叉口公交停靠站的纵坡度不应大于2%；山区城市地形条件困难时，纵坡度不应大于3%，个别地段地形条件特别困难时，不得大于4%；当路段纵坡超过以上标准时，应对公交停车港应进行安全评估并采取相应的安全措施后方可设置。

问题76：交叉口附近设置的公交停靠站未考虑换乘需求，设计换乘距离过远，不满足规范要求，导致换乘不便。

【原因分析】违反《城市道路交叉口设计规程》CJJ 152—2010第4.4.2条关于交叉口附近设置的公交停靠站的换乘距离的要求。

【处理措施】交叉口附近设置的公交停靠站间的换乘距离，同向换乘不应大于50m，异向换乘不应大于150m，交叉换乘不应大于150m，特殊情况下不得大于250m。

17.1.9 道路相关附属设施

问题77：立缘石高出路面高度未考虑缘石位置因素，导致道路使用不便。

【原因分析】违反《城市道路工程设计规范》CJJ 37—2012（2016年版）第5.5.2条关于立缘石设置的规定。

【处理措施】立缘石宜设置在中间分隔带、两侧分隔带及路侧带两侧。当设置在中间分隔带及两侧分隔带时，外露高度宜为15~20cm；当设置在路侧带两侧时，外露高度宜为10~15cm。排水式立缘石尺寸、开孔形状等，应根据设计汇水量计算确定。

问题78：高宽比较大的路缘石背后未考虑设置靠背加固设计及路缘石垫层材料选用不合理。

【原因分析】设计时对立缘石的安装考虑不周全，不能有效保证路缘石的稳定性。

【处理措施】宽度不大于22cm的路缘石安装时，应设置靠背进行加固设计；不灌缝的路缘石应采用混凝土基础且均应设靠背。路缘石下应设置垫层，垫层材料一般选用水泥砂浆、细石混凝土、水泥混凝土等。其中：垫层厚度不大于30mm时采用水泥砂浆；垫层厚度30~60mm时采用C10细石混凝土；垫层厚度大于60mm时，应采用C15水泥混凝土。

问题79：快速路中间带尺寸未考虑周边条件等因素进行合理设置。

【原因分析】违反《城市快速路设计规程》CJJ 129—2009第5.4.2条关于快速路中间带设置的规定。

【处理措施】中间带应由中央分隔带及两侧路缘带构成，中间带宜为3.0m，即中央分隔带2.0m，两侧路缘带各0.5m。城区快速路条件受限制时，中间带可适当缩窄，对向车流之间必须采用混凝土分隔墩或中央分隔护栏分隔，两侧应各设0.5m宽路缘带。路缘带宽0.5m，建议路缘石断面宽度采用20cm。

问题80：人行道栏杆高度和栏杆杆件宽度设置未考虑行人安全要求，导致行人交通安全隐患。

【原因分析】违反《城市人行天桥与人行地道技术规范》CJJ 69—1995第3.4.5条关于栏杆扶手设置和《城市桥梁设计规范》CJJ 11—2011（2019年版）第9.5.1条关于栏杆扶手设置的规定。

【处理措施】依据《民用建筑设计统一标准》GB 50352—2019《城市人行天桥与人行地道技术规范》CJJ 69—1995《城市桥梁设计规范》CJJ 11—2011（2019年版），出于安全考虑可根据实际需

第3部分 市政工程

要适当提高设计标准，但人行道栏杆不应小于1.10m（栏杆净高不应包括地下部分），桥梁临空侧的人行护栏净高不应低于1.10m，当桥梁临空侧为人非混行道或非机动车道时，护栏的净高不应低于1.40m。人行道栏杆竖向杆件间净空应小于11cm。基于阻止翻越栏杆的不安全行为需要，不宜采用横条格栅栏杆。

问题81：人行道栏杆缺乏基础构造，其结构及基础未进行受力验算，不满足规范规定的人行道栏杆在水平、竖向荷载作用下的承载要求。

【原因分析】违反《城市桥梁设计规范》CJJ 11—2011（2019年版）第9.5.1条关于栏杆结构设计、第10.0.7条关于人行道栏杆荷载计算和《城市道路交通设施设计规范》GB 50688—2011（2019年版）第7.5.1条、第7.5.2条关于人行护栏设置的规定。

【处理措施】人行道或安全带外侧的栏杆结构以及基础设计必须安全可靠，栏杆底座应设置锚筋与基础嵌固。有跌落危险或一侧有快速机动车通行的人行护栏的结构验算竖向荷载应为1.2kN/m，水平向外荷载应为1.0kN/m，两者不同时作用；桥梁、人行天桥上的人行护栏的结构验算竖向荷载应为1.2kN/m，水平向外荷载应为2.5kN/m，两者应分别计算，不同时作用，且不与其他可变作用叠加。

问题82：人行道栏杆的位置未考虑道路两侧建设条件、人行交通等因素进行合理布设，导致行人交通安全隐患。

【原因分析】违反《城市道路交通设施设计规范》GB 50688—2011（2019年版）第7.5.1条关于人行护栏设置的规定。

【处理措施】在道路设计时，应考虑在下列位置设置人行护栏：

① 人行道与一侧地面存在较大高差，有行人跌落危险的，应设人行护栏。

② 桥梁的人行道外侧，应设置人行护栏。

③ 车站、码头、人行天桥和地道的出入口、商业中心等人流汇聚区的车道边，应设置人行护栏。

④ 交叉口人行道边及其他需要防止行人穿越机动车道的路边，宜设置人行护栏，但在人行横道处应断开。

⑤ 在非全封闭路段天桥和地道的梯道口附近无公共交通停靠站时宜在道路两侧设人行护栏，护栏的长度宜大于200m。天桥和地道的梯道口附近有公共交通停靠站时，宜在路中设分隔栏杆，分隔栏杆的净高不宜低于1.10m，出于安全考虑可根据实际需要适当提高分隔栏杆高度。

问题83：车行道防撞设施设计时未考虑道路等级、路段条件、路缘石高度等因素进行合理布设。

【原因分析】违反《城市快速路设计规程》CJJ 129—2009第9.3.1条关于必须设置防撞护栏和第9.3.2条关于应设置防撞护栏的规定；违反《城市道路交通规划及路线设计规范》DBJ 50—064—2007第8.2.1条关于护栏设置的规定。

【处理措施】车行道防撞栏杆设置应满足以下要求：

① 快速路主线整体式断面的中间带小于12m时，必须在中间带两侧设置防撞护栏。路侧设置防撞护栏应满足《城市快速路设计规》CJJ 129—2009第9.3.1条必须设置防撞护栏的要求和第9.3.2条应设置防撞护栏的要求。

② 高路堤路段（高度大于 6m）陡坡、临水、临岩等急转、危险路段应设置钢筋混凝土、玻纹钢板防撞护栏或者其他有效的安全防护设施。

③ 城市大桥及引道挡墙，路缘石高度不小于 40cm。当路缘石高度小于 40cm 时，应加设置防撞护栏。

④ 城市主干道护栏可根据需要设置。护栏应设明显标志并符合交通管理部门要求，临时交通转换车道时应设置活动护栏。

问题 84：道路分车带宽度未考虑道路设计速度和分隔带位置等因素进行合理设置，导致道路横断面宽度与设计速度不匹配。

【原因分析】违反《城市道路工程设计规范》CJJ 37—2012（2016 年版）第 5.3.5 条关于分车带设置的规定。

【处理措施】分车带按其在横断面中的不同位置及功能，可分为中间分车带（简称中间带）及两侧分车带（简称两侧带），分车带由分隔带及两侧路缘带组成。分车带最小宽度应符合表 17-12 的规定。

<table>
<tr><td colspan="6" align="center">分车带最小宽度</td><td align="right">表 17-12</td></tr>
<tr><td colspan="2">类别</td><td colspan="2" align="center">中间带</td><td colspan="2" align="center">两侧带</td></tr>
<tr><td colspan="2">设计速度（km/h）</td><td align="center">≥60</td><td align="center"><60</td><td align="center">≥60</td><td align="center"><60</td></tr>
<tr><td rowspan="2">路缘带宽度（m）</td><td>机动车道</td><td align="center">0.50</td><td align="center">0.25</td><td align="center">0.50</td><td align="center">0.25</td></tr>
<tr><td>非机动车</td><td align="center">—</td><td align="center">—</td><td align="center">0.25</td><td align="center">0.25</td></tr>
<tr><td rowspan="2">安全带宽度 W_{sc}（m）</td><td>机动车道</td><td align="center">0.50</td><td align="center">0.25</td><td align="center">0.50</td><td align="center">0.25</td></tr>
<tr><td>非机动车</td><td align="center">—</td><td align="center">—</td><td align="center">0.25</td><td align="center">0.25</td></tr>
<tr><td rowspan="2">侧向净宽 W_1（m）</td><td>机动车道</td><td align="center">1.00</td><td align="center">0.50</td><td align="center">0.75</td><td align="center">0.50</td></tr>
<tr><td>非机动车</td><td align="center">—</td><td align="center">—</td><td align="center">0.50</td><td align="center">0.50</td></tr>
<tr><td colspan="2">分隔带最小宽度（m）</td><td align="center">2.00</td><td align="center">1.50</td><td align="center">1.50</td><td align="center">1.50</td></tr>
<tr><td colspan="2">分车带最小宽度（m）</td><td align="center">3.00</td><td align="center">2.00</td><td align="center">2.50（2.00）</td><td align="center">2.00</td></tr>
</table>

注：① 本表摘自《城市道路工程设计规范》CJJ 37—2012（2016 年版）。
② 侧向净宽为路缘带宽度与安全带宽度之和。
③ 两侧带分隔带宽度中，括号外为两侧均为机动车道时的取值；括号内数值为一侧为机动车道，另一侧为非机动车道时的取值。
④ 分隔带最小宽度值系按设施带宽度为 1m 时考虑的，具体应用时，应根据设施带实际宽度确定。
⑤ 当分隔带设置雨水调蓄设施时，宽度还应满足设施的宽度要求。

问题 85：车行道内的检查井和雨水口周边未考虑加固措施，导致检查井及雨水口周边路面破损或沉降。

【原因分析】违反《城市道路路基设计规范》CJJ 194—2013 第 4.7.3 条关于管道检查井部位路基处理的规定及《城镇道路路面设计规范》CJJ 169—2012 第 6.6.1 第 5 款关于雨水口及检查井周围路面加固的规定。

【处理措施】市政公用管线检查井位置宜避开机动车轮迹带；管道检查井周边回填土的压实度应符合表 17-13 的规定；管道检查井周边路基回填应采用渗水性好、容易密实的砂、砾等填料；软土地区主干路和次干路的机动车道范围内的管道检查井，宜设置具有卸荷作用的防沉降井盖。

路基压实度要求 表 17-13

项目分类	路床顶面以下深度(m)	压实度			
		快速路	主干路	次干路	支路
填方路基	0～0.8	96	95	94	92
	0.8～1.5	94	93	92	91
	＞1.5	93	92	91	90
零填及挖方路基	0～0.3	96	95	94	92
	0.3～0.8	94	93	—	—

注：① 本表摘自《城市道路路基设计规范》CJJ 194—2013。
② 对于水泥混凝土路面，雨水口和检查井周围应设置工作缝与混凝土板完全分开，并应在1.0m范围内，距混凝土板顶面和底面50mm处布设双层防裂钢筋网，钢筋直径12mm，间距100mm。

17.2 立交工程

17.2.1 立交总体

问题 86：城市立交设计未综合考虑城市规划、相交道路类别、控制条件等因素。

【原因分析】违反《城市道路交叉口设计规程》CJJ 152—2010 第 1.0.3 条关于城市道路交叉应符合城市总体规划及城市交通规划确定的相交道路类别、等级、红线宽度等各项控制条件的规定。

【处理措施】城市立交设计应按照城市总体规划及城市交通规划所确定的相交道路类别、等级、红线宽度、横断面组合、控制标高以及交叉口在城市路网中的定位、交通、用地等进行综合考虑。

问题 87：立交匝道设计未考虑交通流量及流向因素或交通量预测分析不正确，造成匝道设计所采用的标准错误。

【原因分析】违反住房和城乡建设部《市政公用工程工程设计文件编制深度规定（2013年版）》第三篇第二章第 1.2.2 节关于交通量分析与预测的规定。

【处理措施】交通量预测分析是设计文件的重要组成部分，是确定立交匝道技术标准的重要依据。设计文件应严格按照《市政公用工程工程设计文件编制深度规定（2013年版）》要求编制，应采用交通分析模型及基础数据对拟建立交交通流量及流向进行预测分析，并绘制流量及流向分配图；施工图设计文件编制时应保留交通量预测分析结论等内容，以便施工图审查专家审阅。

问题 88：立交选型未进行同深度比选或未充分考虑相交道路等级及其在路网中的功能、城市环境、景观及周边用地等因素。

【原因分析】违反住房和城乡建设部《市政公用工程工程设计文件编制深度规定（2013年版）》第三篇第二章第 1.4.6 节关于交叉口设计的规定。

【处理措施】立交选型应根据相交道路等级及相交道路在路网中的功能进行确定，并在分析立交建设条件及主要控制因素的基础上，结合工程项目的重点、难点，提出具有可比性的设计方案，进行同深度比选。立交比选时应将规模、技术标准、主要结构物、交通功能、景观、用地、工期、施工难易程度、造价等因素纳入比选范围。

问题89：立交选型未考虑立交节点在道路路网中的地位、作用等因素，造成立交的形式与功能定位不匹配。

【原因分析】违反《城市道路交叉口设计规程》CJJ 152—2010 第3.1.5条关于立体交叉选型的规定。

【处理措施】城市立交选型应在分析交叉节点在城市道路路网中的地位、作用的基础上，明确其功能定位，并结合城市规模、交通需求及立交节点所在区域控制因素及用地条件选定。

问题90：相邻互通式立交距离过近时，未考虑立交间的交通组织统一设计。

【原因分析】违反《城市道路交叉口设计规程》GJJ 152—2010 第5.4.3条和《城市道路路线设计规范》CJJ 193—2012 第9.3.3条关于立交间距的规定。

【处理措施】当前一个互通式立体交叉的加速车道末端至下一个互通式立体交叉的减速车道的起点之间距离小于500m时，应设辅助车道连接两相邻立交构成复合式互通式立交；当相邻互通式立交距离过近无法满足设置辅助车道要求时，应按照《公路立体交叉设计细则》JTG/T D21—2014 第6.6节的规定，采用集散车道相连或匝道相连的方式构成复合式互通立体交叉；构成复合式互通式的立体交叉应按同一节点统一进行交通组织。

问题91：立交设计需拓宽改造既有道路的，未进行既有道路的现状调查与评价或未考虑施工期间既有道路的交通组织。

【原因分析】违反《城市道路路基设计规范》CJJ 194—2013 第3.03条关于路基设计调查和《城市道路路线设计规范》CJJ 193—2012 第4.1.3条关于道路总体设计需编制交通组织设计方案的规定。

【处理措施】立交设计需拓宽改造既有道路的，应对现状道路路基、路面、管线、结构物等使用情况、现状交通运行及交通组织情况进行调查分析与评价，其结论应作为拓宽改造设计的依据。立交设计涉及影响既有道路现状交通的，应制订完整、可行的施工期间交通组织设计方案。

问题92：分期修建的立交工程未进行近远期结合设计或立交匝道未结合立交主线远期方案进行近远期设计。

【原因分析】违反《城市道路交叉口设计规程》CJJ 152—2010 第1.0.3条、第1.0.4条关于分期修建的规定。

【处理措施】立交有分期修建计划时，近远期方案应一次性整体设计。近期方案应在远期方案的基础上，根据近、远期交通量和交通组织形式及资金情况进行近远期结合设计。近远期结合设计应使前期工程在后期能充分利用，同时，近期方案应按远期方案红线控制用地并为远期方案修建创造有利条件。

问题93：立交主线设计未考虑前后路段现状、规划、远期方案及预留拓宽等因素，造成立交与前后路段衔接不充分、不合理。

【原因分析】违反《城市道路路线设计规范》CJJ 193—2012 第4.1.3条第4款关于道路总体设计需与相邻工程衔接的规定。

【处理措施】立交设计起终点处变速车道线形复杂，设计时应与前后路段规划道路、既有道路

第3部分 市政工程

或既有道路远期方案进行充分衔接，避免后期因衔接不充分导致与前后路段无法顺接而增加工程投入。

问题 94：立交匝道设计速度取值不合理或环形匝道设计速度与主线设计速度不匹配。

【原因分析】违反《城市道路交叉口设计规程》CJJ 152—2010 第 5.3.2 条第 1 款和《公路路线设计规范》JDG D20—2017 第 11.3.1 条关于立交匝道设计速度取值的规定。

【处理措施】立交匝道的设计速度应根据立交交叉类型和匝道形式进行取值，直接式右转匝道及直连式、半直连式左转匝道及与快速路、高速公路相接的匝道应取上限或中间值。枢纽型立交环形匝道设计速度不应低于 35km/h。

问题 95：立交设计未考虑相邻匝道出入口最小净距要求或匝道的端部距下游平面交叉口距离不满足规范要求。

【原因分析】违反《城市道路交叉口设计规程》CJJ 152—2010 第 5.3.5 条第 6 款关于相邻匝道出入口最小净距的规定。

【处理措施】为避免匝道驶入或驶出的车辆对主线交通造成影响，相邻出入口最小净距（即匝道分汇流点之间的距离或匝道分汇流点与下游平面交叉口距离）应满足规范要求。相邻出入口最小净距应采用规范一般值，困难条件时可采用规范极限值，相邻匝道出入口最小净距无法满足规范要求时，应按要求设置集散车道。

问题 96：立交设计未考虑立交匝道出口与隧道洞口的最小净距要求。

【原因分析】违反《城市地下道路工程设计规范》CJJ 221—2015 第 6.5.2 条关于洞口与出口匝道净距的规定。

【处理措施】隧道洞口与前方出口匝道减速车道渐变段起点的净距应满足设置全部出口预告标志的需要。当条件受限时，净距可适当减小，但不应小于 1.5 倍主线停车视距，并应在隧道内提前设置出口预告标志。

问题 97：立交端部出入口设计未考虑设计车速、视距、构造物等因素，造成立交端部出入口设计不合理。

【原因分析】违反《城市道路交叉口设计规程》CJJ 152—2010 第 5.3.5 条关于匝道端部出入口设计的规定。

【处理措施】匝道端部是立交易发生交通事故部位，设计时应特别注意。立交匝道出入口除高速匝道外，应设置在立交主线右侧，尽量避免设置在立交主线左侧，有条件时，出口应设置于交叉点及跨线桥等构筑物前，入口应设置于主线视距良好的下坡段。当分流交通主次交通流较为明显时，次交通流应于主交通流右侧分流，不应采用左右侧交替分流的方式。

问题 98：长度大于 300m 的单车道匝道未按照规范采用双车道设计，无法满足行驶车辆超车及故障占道交通要求。

【原因分析】违反《城市道路交叉口设计规程》CJJ 152—2010 第 5.3.1 条第 4 款关于匝道横断面布置的规定。

【处理措施】长度大于 300m 的单车道匝道，虽通行能力满足交通需求，但考虑到可能出现的故障车辆占道或超车需要仍采用双车道匝道，出入口处应通过道路标线控制为单车道。

问题 99：立交匝道布置未考虑立交周边地形、地物等因素，造成立交填挖方及拆迁量大，增加工程投资。

【原因分析】违反《城市道路路线设计规范》CJJ 193—2012 第 3.0.2 条关于路线设计的规定。

【处理措施】立交匝道平面线形布置时应结合周边地形、地物，充分考虑立交范围河流、高压铁塔、现状铁路、轨道、管道等重要控制因素，选用合理的技术指标，结合地形灵活布置立交匝道，避免高填深挖，减少对立交周边地形地貌的影响及重要建（构）筑物的拆迁。

17.2.2　立交线型

问题 100：立交匝道圆曲线半径偏小或未设置缓和曲线；匝道平面线形指标与交通量、匝道形式、设计时速不相适应。

【原因分析】违反《城市道路交叉口设计规程》CJJ 152—2010 第 5.3.2 条第 1 款、第 2 款关于立交匝道平面线形设计的规定。

【处理措施】匝道圆曲线半径应满足规范所列最小半径的要求，设计时匝道圆曲线半径应采用规范中、上限值，当地形受限时可采用规范下限值；圆曲线半径小于不设缓和曲线半径时，应按规范要求设置缓和曲线，缓和曲线长度应取平曲线缓和段和超高缓和段两者中的大值。匝道的线形指标应与设计时速、交通量相适应，交通量大、设计时速高的直连式或半直连式匝道应采用较高的线形指标。

问题 101：位于主线曲线路段的变速车道线形，未考虑与主线线形协调设计。

【原因分析】违反《城市道路交叉口设计规程》CJJ 152—2010 第 5.5.3 条第 1 款、第 2 款关于曲线上变速车道的规定。

【处理措施】当变速车道位于主线曲线路段时，容易出现曲线内侧出口渐变率过小、外侧出口渐变率过大的问题，因此曲线路段变速车道线形应与主线相协调。平行式变速车道平行部分线形应与主线曲线平行，直接式变速车道应采用与主线相同、曲率相近的曲线或采用内切圆法接入或接出主线；与匝道圆曲线之间采用卵形、复合形及 S 形回旋线相连。

问题 102：立交加减速车道及渐变段长度未考虑结合主线设计速度进行设计，导致变速车道长度不满足规范要求。

【原因分析】违反《城市道路交叉口设计规程》CJJ 152—2010 第 5.5.3 条第 3 款关于变速车道长度的规定。

【处理措施】在互通式立交匝道出入口处应设置变速车道，变速车道长度为加速或减速车道长度与过渡段长度之和，其长度应根据主线设计速度采用大于规范所列值。

对于城市地下匝道加减速车道长度应符合表 17-14 规定执行。

城市地下道路单车道加速车道长度　　　　　　　　　　　　表 17-14

主线设计速度（km/h）	80	60	50	40
减速车道长度（m）	80	70	50	30
加速车道长度（m）	220	140	100	70

注：本表摘自《城市地下道路工程设计规范》CJJ 221—2015。

问题 103：立交变速车道的上坡段加速车道及下坡段减速车道长度未考虑纵坡度修正因素，导致上坡段加速车道及下坡段减速车道长度不满足车辆行驶要求。

【原因分析】违反《城市道路交叉口设计规程》CJJ 152—2010 第 5.5.3 条第 3 款关于变速长度车道需修正的规定。

【处理措施】因上坡不利于车辆加速，下坡不利于车辆减速，所以上坡段加速车道、下坡路段减速车道较规范值应增加长度。设计时应依据立交主线纵坡对上坡段加速车道、下坡路段减速车道长度进行修正，其修正系数应符合表 17-15 的规定。

变速车道修正系数　　　　　　　　　　　　　　表 17-15

纵坡度(%)	0<i≤2	2<i≤3	3<i≤4	4<i≤6
下坡减速车道修正系数	1.00	1.10	1.20	1.30
上坡加速车道修正系数	1.00	1.20	1.30	1.40

注：本表摘自《城市道路交叉口设计规程》CJJ 152—2010。

问题 104：立交匝道采用的横断面路幅设计未考虑车道数、车型及设计速度等因素。

【原因分析】违反《城市道路交叉口设计规程》CJJ 152—2010 第 5.3.1 条第 1 款、第 2 款关于匝道横断面的规定。

【处理措施】立交匝道横断面由车道、紧急停车带、路缘带、检修道或路肩组成，横断面应根据车道数、车型及设计速度确定。单车道匝道必须设置停车带。停车带含一侧路缘带宽度应为 2.75m，作为小型汽车专用匝道时，停车带宽度不应小于 2m。

问题 105：立交匝道分、合流处的车道数增减设计，未考虑基本车道数连续和车道数平衡的原则，每次增减的车道多于一条，造成车道数不平衡。

【原因分析】违反《城市道路交叉口设计规程》CJJ 152—2010 第 5.4.2 条和《城市道路路线设计规范》CJJ 193—2012 第 9.3.10 条关于车道数平衡原则的规定。

【处理措施】立交匝道分、合流处应保持车道数的平衡，相邻路段同一方向上的基本车道数每次增减不得多于一条；当不平衡时，应增设辅助车道。

问题 106：单向双车道匝道半径不大于 250m 的圆曲线，未考虑车辆通行需要在曲线路段设置相应加宽。

【原因分析】违反《城市道路交叉口设计规程》CJJ 152—2010 第 5.3.1 条第 5 款、第 6 款关于匝道路面加宽的规定。

【处理措施】匝道圆曲线半径不大于 250m 时应设置加宽，每条车道的加宽应符合规范所列值。匝道圆曲线上的路面加宽应设置在圆曲线内侧，当内侧加宽有困难或加宽后对线形有较大影响时，可在内、外侧均等加宽，加宽标准应根据设计车辆类型确定。

问题 107：城市立交匝道与公路相接，出入口匝道设计未考虑相交公路等级的技术指标，相接段不顺畅，导致交通隐患。

【原因分析】违反《城市道路交叉口设计规程》CJJ 152—2010 第 1.0.4 条的规定。

【处理措施】城市交匝道出入口与公路相接，出入口匝道采用的设计标准既要满足城市道路标准，也要满足相交公路标准，设计时应明确被交公路的技术标准，与公路相接的出入口匝道平纵线形、加减速车道长度及渐变率等技术指标要同时满足城市道路及公路的规定。

17.2.3　立交竖向

问题 108：立交主线、匝道纵断面设计图中与其他匝道、建（构）筑物竖向净空、排水设施等未标识或遗漏。

【原因分析】违反《道路工程制图标准》GB 50162—1992 第 3.2.5 条关于道路纵断面标注的规定。

【处理措施】立交纵断面图应清晰表达立交范围内上下层关系，对匝道与主线、匝道与匝道、主线及匝道与构筑物之间的上下层关系及竖向净空，并应对应平面逐一标识，并标识管涵、涵洞等排水设施及地质剖面等，以方便图纸审阅及核实竖向净空是否满足规范要求。

问题 109：立交匝道纵断面设计最大纵坡、最小纵坡、最小坡长、竖曲线长度等未考虑与匝道设计速度对应，导致相应指标不能满足所对应的规范要求。

【原因分析】违反《城市道路交叉口设计规程》CJJ 152—2010 第 5.2.3 条及第 5.3.3 条关于纵断面设计的规定。

【处理措施】匝道纵坡应尽量平缓，避免不必要的变坡，最大纵坡在满足规范的要求下应适当留有余地；最小纵坡一般情况不小于 0.5%，特殊情况不应小于 0.3%，并应考虑纵向排水设施；最小坡长应符合《城市道路交叉口设计规程》CJJ 152—2010 第 5.2.3 条规定；新建立交匝道竖曲线半径及长度应满足设计速度的一般值，条件受限及特别困难时可采用极限值，位于跨线桥上的匝道竖曲线半径应尽可能大，以确保安全的行车视距。位于匝道分合流点附近的车速较高，竖曲线长度、半径等应尽量达到分合流点附近的相应指标。

问题 110：立交匝道线形设计未考虑与桥梁、隧道、既有建（构）筑物衔接因素，存在交通安全隐患。

【原因分析】违反《城市道路路线设计规范》CJJ 193—2012 第 8.3.1 条第 1 款、第 8.3.2 条第 2 款关于线形配合的规定。

【处理措施】立交匝道桥梁、隧道位置线形应与路线线形相协调，与桥梁配合时，线形设计应考虑匝道桥梁结构线形的协调性，特大桥、大桥的竖向高程最低点不应位于主桥范围内；与隧道配合时，应保持隧道洞口内外在不小于 3s 设计速度的行程长度范围内平纵线形一致。

问题 111：立交主线与匝道的最小净高取值未考虑行驶车辆类型、同一等级道路应采用相同净高、不同净高道路衔接过渡等因素，导致净高设置不合理或净高不满足规范要求，存在交通安全隐患。

【原因分析】违反《城市道路路线设计规范》CJJ 193—2012 第 3.0.9 条关于道路最小净高的规定。

【处理措施】城市相同等级道路应采用相同的净高，各等级道路机动车道最小净高为 4.5m。对有条件的新建城市快速路及主干路，净高应适当预留，最小净高应按 5m 控制预留。城市道路与公路以及不同净高要求的道路之间应衔接过渡，并设置必要的限界指示牌、诱导标志及防撞设施。立交主线、匝道跨越高速公路时，除满足规范要求外，最小净空还应满足渝交委路〔2017〕121 号文的相关要求。

问题 112：立交匝道未考虑平纵组合设计或平纵组合设计不合理，存在安全隐患。

【原因分析】违反《城市道路路线设计规范》CJJ 193—2012 第 8.2 节关于平纵线形组合的规定。

【处理措施】匝道平曲线与竖曲线的组合应"平包竖"，即匝道的平曲线与竖曲线相互对应，且平曲线稍长于竖曲线。设计时应避免以下组合：①长直线与半径小且长度短的竖曲线组合；②长的竖曲线与半径小的平曲线组合；③长的平曲线内包含多个短的竖曲线；④短的平曲线与短的竖曲线组合。

问题 113：立交匝道端部或难以避免的反坡处未考虑采用较大半径竖曲线，存在安全隐患。

【原因分析】违反《城市道路交叉口设计规程》CJJ 152—2010 第 5.3.3 条第 2 款和《城市道路路线设计规范》CJJ 193—2012 第 7.1.4 条关于纵面线形的规定。

【处理措施】在立交匝道端部或难以避免的反坡处，为改善行车视距或为保证行车舒适度，应采用较大半径竖曲线。

问题 114：立交匝道横坡设计未考虑设置超高，或超高渐变率不满足要求。

【原因分析】违反《城市道路交叉口设计规程》CJJ 152—2010 第 5.3.2 条第 1 款和第 5.3.4 条关于超高设置的规定。

【处理措施】当匝道圆曲线半径小于规范不设超高最小半径时，在圆曲线范围内应按规范要求设超高，并设置超高缓和段（超高缓和段长度不少于 2s 的设计速度行驶距离），同时应满足超高渐变率的要求，并明确采用的超高旋转方式。

问题 115：立交场地竖向设计与桥梁梁底标高冲突或与周边建筑、高压铁塔等现状地形地物衔接不合理。

【原因分析】违反《城市道路交叉口设计规程》CJJ 152—2010 第 1.0.3 条第 3 款关于城市道路交叉口范围内的设计标高应与地面排水、地下管线和四周建设物等配合及《城市绿地设计规范》GB 50420—2007（2016 年版）第 4.0.1 条关于绿地竖向设计的规定。

【处理措施】立交场地竖向设计应充分考虑地形、周围主要建（构）筑物、土石方工程量大小、地下管线及主线和匝道标高、排水要求等因素。不仅要满足场内排水要求，还要充分考虑与场地内桥梁、高压铁塔、轨道桥墩、地下管线等重要控制因素的衔接，避免出现场地竖向设计标高与梁底标高冲突或场地竖向设计高填深挖对周边建筑、高压铁塔、轨道桥墩等造成影响。

问题 116：立交主线、匝道挖方路堑段及立交场地斜坡有地面水流向行车道侧汇集时未考虑排水措施，导致雨水淤积、排水不畅，影响交通安全。

【原因分析】违反《城市道路交叉口设计规程》CJJ 152—2010 第 5.7.5 条关于城市道路立交排水的规定。

【处理措施】城市立交范围内的排水，应与道路的排水统一设计，对主线、匝道挖方路堑段（＞4m）及立交场地斜坡（＞4m）有斜坡水流向车行道侧汇集时应设置矩形边沟收集雨水，并排至道路雨水系统，避免水汇集路面影响行车安全及行车舒适性。

17.2.4　立交附属

问题 117：立交设计采用的人行道栏杆、防撞护栏与前后路段不一致。

【原因分析】违反《城市道路路线设计规范》CJJ 193—2012 第 8.4.4 条关于道路与沿线设施、街景应一体化设计的规定。

【处理措施】应做好与前后路段附属工程的衔接，避免采用的人行道栏杆、防撞护栏与前后路段栏杆在造型、颜色、风格等方面不一致，造成视觉的不连续及景观的不协调。

问题 118：立交区域人行系统设计未考虑与周边人行系统的衔接及人行系统便捷性的需要。

【原因分析】违反《城市道路交叉口设计规程》CJJ 152—2010 第 4.5.3 条第 1 款和《城市道路路线设计规范》CJJ 193—2012 第 9.3.13 条关于立体过街设施的规定。

【处理措施】立交范围内的人行系统应进行系统设计，通道应连续并应与周围既有人行系统连通。人行系统设计时应减少绕行距离，尽量避免多次上下。

人行天桥、地通道净宽、梯道或坡道宽度应满足规范要求，当梯道或坡道占用人行道宽度时，应拓宽人行道，保持人行道原有宽度；条件受限时，人行道宽度不得小于规范要求最小宽度，方便行人快速、便捷、安全地穿越立交区。

问题 119：立交范围内人行天桥及地道未考虑设置坡道或无障碍电梯，缺少人性化设计。

【原因分析】违反《无障碍设计规范》GB 50763—2012 第 4.4.2 条第 1 款关于人行天桥及地道应设置坡道或无障碍电梯的规定。

【处理措施】位于主城核心区范围内的立交、人行天桥及地道应设置坡道或无障碍电梯；位于主城核心区范围外的立交、人行天桥及地道应结合立交周边地块开发情况及人流情况设置坡道或无障碍电梯，近期人流量较小的人行天桥及地道可预留远期建设空间。

问题 120：分期实施的立交，在预留匝道起、终点未考虑设置防撞、隔离等安全设施，存在安全隐患。

【原因分析】违反《城市道路工程设计规范》CJJ 137—2012（2016 年版）第 14.1.1 条关于交通安全和管理设施的设施应统筹规划、总体设计的规定。

【处理措施】分期实施的立交匝道，其工程范围通常在分合流鼻端处，设计时应在预留远期匝道的起、终点设置醒目的防撞墩，根据近期匝道的走向设置近、远期匝道隔离及诱导设施，同时在分流鼻端设置防撞桶，以确保运行车辆的安全。

问题 121：位于居民区、学校或医院距等噪声敏感源较近的立交主线或匝道设计时，未设置声屏障来降低噪声。

【原因分析】违反《城市道路交叉口设计规程》CJJ 152—2010 第 5.7.4 条关于设置隔声设施的规定。

【处理措施】居民住宅区、学校或医院等为噪声敏感区，立交主线或匝道经过上述区域时应设置声屏障。声屏障应采用吸声材料，其结构形式应满足规范要求。

问题 122：立交路基段设计采用的防撞护栏未考虑相应的防撞等级，存在安全隐患。

【原因分析】违反《城市道路交通设施设计规范》GB 50688—2011（2019 年版）第 7.2.4 条路

侧防撞护栏设置的规定。

【处理措施】防撞护栏应符合《城市道路交通设施设计规范》GB 50688—2011（2019 年版）的规定，其防撞等级应根据主线、匝道设计速度及发生事故时的严重程度进行选取，对邻近饮用水水源保护区、铁路、轨道交通、高压输电线塔、危险品等需特殊防护的路段，护栏防撞等级应增加一个等级。

17.3　交通及附属工程

17.3.1　交通工程总体

问题 123：交叉口渠化设计未考虑交通流量流向需求，交通渠化设计不合理，存在安全隐患。

【原因分析】违反《城市道路交叉口设计规程》CJJ 152—2010 第 4 章关于平面交叉的设计原则与要求。

【处理措施】交叉口渠化设计时应根据相交道路等级、流量流向需求合理确定交叉口类型、组织管理方式、交叉口展宽设计等标准进行交通工程设计。

问题 124：同一交叉口由多个设计单位共同设计时，单位之间未沟通协调，导致交叉口设计未整体考虑，衔接不畅；新、改建道路对其他关联道路的标志、标线具有影响的，未考虑相关影响，造成指示信息矛盾冲突等问题。

【原因分析】违反《城市道路交叉口规划规范》GB 50647—2011 第 3.4.2 条关于新建、改建交通工程规划中的平面交叉口规划应做整体规划的规定。

【处理措施】在进行交通组织设计时，应突破实施范围线的限制，将相交路口的交通组织纳入设计范围之内统筹考虑，且同一交叉口不宜由多个设计单位共同设计，应将同一交叉口的各进、出口道进行整体规划设计。同时，按照"谁先实施，谁统筹"的原则，对现状关联道路的标志、标线等设施进行相应的修改设计。

问题 125：交通工程规划设计阶段，未考虑沿线交叉口交通组织形式及控制方式，未确定沿线开口交通组织原则，导致交通组织不顺畅。

【原因分析】违反《城市道路交叉口规划规范》GB 50647—2011 第 3.3 节关于城市规划各阶段交叉口规划设计内容的规定。

【处理措施】交通工程规划设计阶段应结合道路功能，统一编制总体近远期交通组织方案，明确沿线交叉口交通组织形式及控制方式，以及沿线单位及小区车行出入口控制要求等内容。

问题 126：无交通信号管控的交叉口通行路权不明确，未考虑减速让行或停车让行设计，造成交通隐患。

【原因分析】违反《城市道路交叉口规划规范》GB 50647—2011 第 4.3.3 节关于全无管制交叉口应符合安全视距三角限界的规定。

【处理措施】未设置交通信号管控的交叉口应明确各条道路的路权分配，对次要交通流道路采用减速让行控制并设置相应的让行标线与标志。改建道路对安全视距三角限界不能改善的交叉口，应改为停车让行交叉口或采取限速措施。

问题 127：交叉口范围内调头车道位置设置不当，未考虑交叉口的实际情况，对交通运行造成较大影响及安全隐患。

【原因分析】设计者未统筹考虑保证整体交通效率与满足少数需求的关系，导致调头车道位置设置不当或设置方式不当。这往往会对交通运行造成较大影响，并带来一定的安全隐患。

【处理措施】城市道路调头行为的规范对城市交通管理和运行具有重要的意义。在合适的位置设置调头车道，可以提高城市路网的运行效率，减少其他禁行措施带来的负面效益。交叉口调头的基本形式有以下三种。

模式一：交叉口内调头模式（应结合灯控系统统筹布置），见图 17-7。

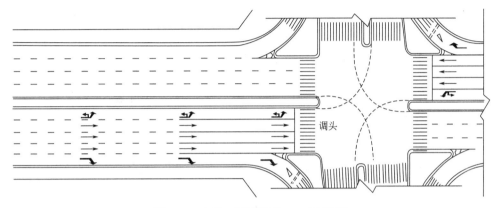

图 17-7　交叉口调头模式一：直接调头

适用性分析：适用于调头车、左转车流量较小的情况；适用于路段不适宜设置调头的情况；不适用于交叉口较为拥堵、交叉口秩序较为混乱的情况。

模式二：停车线后调头（应结合灯控系统统筹布置），见图 17-8。

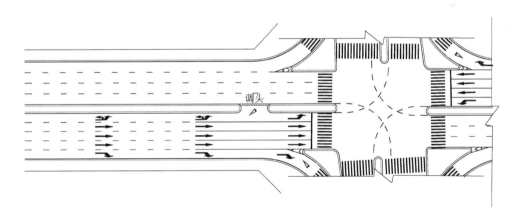

图 17-8　交叉口调头模式二：停车线后调头

适用性分析：适用于调头车、左转车流量较小的情况；适用于路段不适宜设置调头的情况；不适用于交叉口较为拥堵，交叉口秩序较为混乱的情况；不适用于设置左转待行区的路口。

模式三：设置在交叉口展宽段末端（应设置待行相关标志标线），见图 17-9。

适用性分析：适用于双向六车道以上，中央分隔带较宽的道路；适用于交叉口较为拥堵，车辆调头易引起交叉口秩序混乱的情况；不适用于道路路幅较窄，不能进行一次顺车调头的道路；不适用于设置点周边交通环境较为复杂的情况（如存在公交停靠、行人过街、单位开口等干扰时）。调头车辆流量较大时，应设置信号控制。

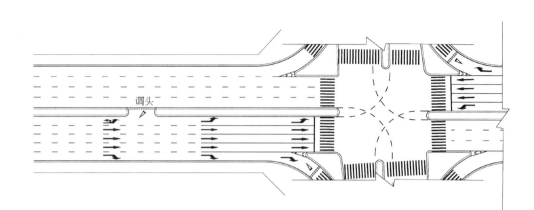

图 17-9　交叉口调头模式三：交叉口展宽段末端调头

问题 128：交叉口人行过街斑马线设计未考虑人行过街距离和人流轨迹，导致行人过街不便。

【原因分析】道路设计以"车本位"的设计理念为主导，仅由路缘石半径确定人行过街斑马线位置，易造成人行过街距离人为增长、过街不便等通病。

【处理措施】交叉口人行过街斑马线设计时应采用"人本位"的设计原则，兼顾人行过街距离最短和人行流向的双重需求。交叉口通行能力和行人过街距离应做到相对平衡。

问题 129：学校、幼儿园、医院、养老院等门前道路交通工程设施不完善，如未设置人性化交通安全及管理设施。

【原因分析】违反《城市道路工程设计规范》CJJ 37—2012（2016 年版）第 9.2.2 条和《道路交通信号灯设置与安装规范》GB 14886—2016 第 7.4.3.4 条的规定。

【处理措施】在学校、幼儿园、医院、养老院等附近，应设置人行过街设施；当设置的人行过街设施为人行横道过街时，应采用人行横道信号灯和相应的机动车信号灯，并增设提示标识及相应的限速、减速等安全设施。

问题 130：标志牌或智能管控设施可以合杆设置的，未考虑合杆设置，造成人行道上杆多杂乱。

【原因分析】"多杆合一"在推动城市精细化管理，切实改善市容市貌，实现资源的共建共享、互联互通方面发挥着较大的作用。近年来全国多地都有出台地方道路合杆工程技术导则，以规范道路杆件及相关设施设置，但目前在设计中因缺乏法规性的指导约束文件，常常忽略了合杆设计，仍然按照传统的杆件设置进行设计。

【处理措施】深化多杆合一的设计思维，从减少杆件设置、净化城市道路环境、节约造价等角度出发，统筹杆件布置，落实设计。

17.3.2　交通标志

问题 131：不同类型的交通标志设置时未考虑信息的重要程度，未按照交通标志设置总体原则进行设置。

【原因分析】违反《城市道路交通标志和标线设置规范》GB 51038—2015 第 4.3 条关于标志的设置位置与数量的规定。

【处理措施】禁令、指示标志应设置在禁止、限制或遵循路段的开始位置，部分禁令、指示标志开始路段的交叉口前还宜设置相应的提前预告标志，使被限制车辆能提前了解相关信息；指路标志及其他标志设置位置，应符合规范对各个标志设置的具体规定。交通标志设置总体原则为：入口方向按路名牌→警告→告示→指路→车道指示、让行禁令的顺序设置，出口方向按禁令→指示→警告→告示→路名牌的顺序设置。同时应在标志标线的平面设计施工图中标注相应的版面尺寸和位置。

问题 132：交通标志版面尺寸与字体大小、设计车速、车道数、支撑杆件等不匹配。

【原因分析】违反《城市道路交通标志和标线设置规范》GB 51038—2015 第 4.2.12 条中关于字体高度在不同设计车速下的要求和《重庆市城市道路交通管理设施设置规范 第 1 部分：道路交通标志》DB 50/T 548.1—2014 第 5.1.4 条关于道路交通标志尺寸在不同设计车速、安装杆件、道路等级下的设置规定。

【处理措施】交通标志版面尺寸、字体大小应与设计车速相对应，同时不同支撑方式下版面尺寸应有不同。版面尺寸、字体大小的采用应参照《重庆市城市道路交通管理设施设置规范》DB 50/T 548.1—2014 第 5.1.4 条中不同交通标志版面在不同设计车速及支撑杆件下的设置要求。

问题 133：信控路口未考虑实际需求，重复设置人行横道标志。

【原因分析】违反《道路交通标志和标线 第 2 部分：道路交通标志》GB 5768.2—2009 第 6.15 条关于设置了信号灯的路段或路口，可以不设人行横道标志的规定。

【处理措施】视线良好的灯控路口，无须重复设置人行横道标志；当人行横道位置不易被驾驶员发现时，应提前设置人行横道预告标志。

问题 134：无信控路口未考虑实际需求，未设置人行横道标志。

【原因分析】违反《城市道路交通标志和标线设置规范》GB 51038—2015 第 5.9.1 条关于无信号灯控制的人行横道两端应设置人行横道标志的规定。

【处理措施】在无信控的人行横道两端应设置人行横道标志，并结合人行横道标志在上游设置注意行人警告标志。

问题 135：桥梁段未设置桥梁信息标志和桥梁限重标志，未考虑桥梁上标志牌预留基础。

【原因分析】违反《城市道路交通标志和标线设置规范》GB 51038—2015 第 6.17 条关于道路、桥梁、隧道等应设置限重标志和《重庆市城市道路交通管理设施设置规范 第 1 部分：道路交通标志》DB 50/T 548.1—2014 第 9.7.2 条关于跨江桥梁、地名牌前置于桥头 30～50m 的规定。

【处理措施】在桥头 30～50m 处设置桥梁信息标志（包括桥梁名称、桥梁长度等信息）；道路、桥梁、隧道等应设置限重标志，且应设置在需要限制车辆质量或轴重的道路、桥梁、隧道两端。在设置限重标志地点上游道路交叉口，宜单独或结合一般指路标志设置限重标志，给出相应提示信息，使车辆能够提前绕道行驶。若在桥梁上设置标志时，需与桥梁专业及时沟通对接设置位置，并在桥梁设计中预留杆件预埋基础。

问题 136：特殊路段（如立交匝道、隧道、桥梁、陡坡急弯等路段）未设置特定限速标志。

【原因分析】违反《城市道路交通标志和标线设置规范》GB 51038—2015 第 6.14.1 条关于在城市快速路、出入口匝道、立交转向匝道起点处，以及较长的桥梁、隧道入口处应设置限速标志的规定。

【处理措施】在立交匝道、较长隧道、桥梁、陡坡转弯等路段应设置限速标志，且最高限速值不宜高于设计车速。

问题 137：陡坡、急弯、视距较差等特殊路段未按照规范要求设置陡坡、急弯等警告标志和线型诱导标志等。

【原因分析】违反《城市道路交通标志和标线设置规范》GB 51038—2015 第 7.6.1 条关于急弯标志的设置条件、第 7.9.1 条关于陡坡标志的设置条件和第 8.21.1 条关于线型诱导标的设置条件的规定。

【处理措施】根据《城市道路交通标志和标线设置规范》GB 51038—2015 第 7.6.1 条规定的情况，需设置急弯路标志；根据第 7.9.1 条规定的情况，需设置陡坡标志；根据第 8.21.1 条，在易发生事故的弯道、小半径匝道曲线外侧、视线不好的 T 形交叉口处，应设置线形诱导标志。

问题 138：城市快速路、主干路等道路未考虑车型设置限速标志，造成交通安全隐患。

【原因分析】违反《重庆市城市道路指路系统信息设计导则（2017 年）》中关于限速标志设置的规定。

【处理措施】限速标志调整为分车型限速，且限速的数值应根据交管部门核定的后期运行中 80％的车辆运行速度作为限速值。

问题 139：各行其道标志牌未体现相应的道路方向指引信息。

【原因分析】违反重庆市交管部门《车道行驶方向版面信息调整指导意见》中关于加强交叉口道路信息指引的规定。

【处理措施】将车道行驶方向标志下方黄底黑字"各行其道，文明驾驶"警示信息调整为相应的方向指引信息，配合路口指路标志为驾驶人提供更加清晰的道路方向指引。

问题 140：不同类型组合标志未考虑标志牌各信息设置的顺序，造成标志并列设置时位置有误。

【原因分析】违反《城市道路交通标志和标线设置规范》GB 51038—2015 第 4.3.4 条关于不同种类的标志并列设置的规定。

【处理措施】组合标志牌各标志应按禁令、指示、警告的顺序，先上后下、先左后右地排列；从左至右或从上至下依次应为限速、禁停、禁鸣；单立柱组合禁令标志一般限速在上，禁停在下。

问题 141：交通标志的反光膜采用等级与设计道路等级不匹配。

【原因分析】违反《重庆市城市道路交通管理设施设置规范 第 1 部分：道路交通标志》DB 50/T 548.1—2014 第 5.1.2 条关于交通标志的反光膜采用等级的规定。

【处理措施】以《道路交通反光膜》GB /T 18833—2012 中反光膜的分类标准为基础，《城市道路交通标志和标线设置规范》GB 51038—2015 第 4.6.1 条中规定快速路、主干路标志应采用Ⅲ类～Ⅴ类反光膜，次干路及以下等级道路的标志可在Ⅰ类～Ⅳ类的反光膜中选择。《重庆市城市道路交通管理设施设置规范 第 1 部分：道路交通标志》DB 50/T 548.1—2014 第 5.1.2 条中进一步明确规定交通标志反光材料应采用Ⅳ、Ⅴ两类反光膜，全封闭的城市快速路交通标志反光材料采用Ⅴ

类反光膜，城市主干路及以下等级道路标志采用Ⅳ类反光膜。

问题 142：指路标志与路口形式不匹配，已知周边道路名称的前提下指路标志未体现路名信息，不满足实际需求。

【原因分析】违反《城市道路交通标志和标线设置规范》GB 51038—2015 第 3.1.3 条关于交通标志应保持清晰、醒目、准确的基本规定。

【处理措施】指路标志与已有道路名称应保持一致，在已知周边路网名称的前提下应与交警主管部门沟通确认指路标志中的相关指路信息内容。

问题 143：医院、学校等声环境敏感区域周边道路未设置禁止鸣喇叭标志。

【原因分析】违反《城市道路交通标志和标线设置规范》GB 51038—2015 第 6.12.1 条关于应设置禁止鸣喇叭标志情况的规定。

【处理措施】在医院、学校等声环境敏感区周边的道路，宜设置禁止鸣喇叭标志。

问题 144：主干路上未考虑设置大型车、摩托车靠右行驶标志，造成交通安全隐患。

【原因分析】违反《城市道路交通标志和标线设置规范》GB 51038—2015 第 5.8 节关于专用车道和车道标志设置的规定。

【处理措施】在限速较高的主干路上应设置大型车、摩托车靠右行驶标志，规范低速车辆行车轨迹。

问题 145：城市立交前交通工程设计，未设置相应立交告知标志、警示标志。

【原因分析】违反《城市道路交通标志和标线设置规范》GB 51038—2015 第 7.16.1 条关于设置注意合流标志和《重庆市城市道路指路系统信息设计导则（2017 年）》第 6.4.7 条关于设置立交告知标志的规定。

【处理措施】次干路以上等级城市道路（包括 B 类快速路、主干路、次干路）通过立交实现互通时，宜在距离立交前 30～80m 处设置立交告知标志；快速路交通流同向合流时，应设置注意合流标志，其他等级城市道路可根据需要设置注意合流标志。

问题 146：指路标志与车道行驶方向标志间距过小，不满足视认要求。

【原因分析】违反《城市道路交通标志和标线设置规范》GB 51038—2015 第 4.3.3 条关于视认性所做的规定。

【处理措施】为满足视认性所做的要求：快速路标志之间间距不宜小于 100m，其他道路在路段上的标志最小间距不宜小于 30m。当不能满足最小设置距离时，应采用互不遮挡的支撑结构形式。

问题 147：标志板设计安装高度未考虑通行净高要求，不满足道路建筑限界要求，导致交通安全隐患。

【原因分析】违反《城市道路交通标志和标线设置规范》GB 51038—2015 第 4.3.6 条关于对主、辅标志及支撑结构的竖向及横向最小净空的规定和《重庆市主城区指路标志信息设计导则（2017）》第 5.7.3 条关于设置限界的规定。

【处理措施】标志采用柱式或附着式时，标志板面外边缘到路面侧石（路肩边缘）的水平距离应大于 25cm；标志板下缘距路面的高度宜为 250cm；设置在有行人、非机动车的路侧时，设置高度应大于 250cm；标志边缘禁止侵入道路建筑限界；标志采用悬臂式、门架式时，标志下缘距路面的高度应大于道路规定的最大净空高度（一般悬臂式的安装净空不应小于 5.5m，门架式标志下缘距路面的高度宜大于 6m）；城市地下道路需设置悬挂式标志标识或信控设施时所需要的高度要求应在方案前期向总体专业人员提供技术交底资料，以便整体设计时预留足够的净高或净宽的空间。

问题 148：支撑杆件尺寸与指路标志版面尺寸不匹配。

【原因分析】违反《城市道路交通标志和标线设置规范》GB 51038—2015 第 4.7.1 条和《重庆市城市道路交通管理设施设置规范 第 1 部分：道路交通标志》DB 50/T 548.1—2014 第 5.1.4.4 条关于指路标志版面规格和采用的支撑方式的规定。此外，指路标志版面下适宜的支撑杆件尺寸不明确，易造成支撑杆件尺寸过高或过低的错误设计。

【处理措施】根据《重庆市城市道路交通管理设施设置规范 第 1 部分：道路交通标志》DB 50/T 548.1—2014 第 5.1.4.4 条中指路标志版面规格和采用的支撑方式，并结合经验取值，得出支撑杆件尺寸与指路标志版面尺寸的匹配值，见表 17-16。

指路标志版面与支撑杆件推荐值对应表 表 17-16

设置道路	版面规格(m)	支撑方式(杆件尺寸)
主干路、快速路	6.0×3.6 5.4×3.0	悬臂式(φ325) （门架式）
主干路、次干路	5.4×3.6 4.8×2.4	悬臂式(φ273)
次干路、支路	4.8×2.4 4.0×2.0	悬臂式(φ273)
支路	3.0×2.0 3.0×1.5	悬臂式(φ219)
全封闭快速路	5.0×3.6	双悬臂式(φ325)
其他道路	3.0×3.0 3.0×2.4 3.0×2.0	双悬臂式(φ325)

注：本表摘自《重庆市城市道路交通管理设施设置规范 第 1 部分：道路交通标志》DB 50/T 548.1—2014。

问题 149：常见标志杆件大样图形式多样，参数指标未结合项目实际情况核实验算。

【原因分析】违反《城市道路交通标志和标线设置规范》GB 51038—2015 第 4.7.1 条关于标志杆件结构设计的规定。

【处理措施】统一规范各种规格支撑杆件的大样图，并结合项目实际进行验算，修改相关参数指标。

17.3.3 交通标线

问题 150：交通渠化设计不合理，如交叉口进口道车道划分没有结合转向需求，对向进出口道车行道未对齐；交通标线细节处理不完整，如填充线不完整，渐变段不圆顺等，造成车辆行驶不顺畅，存在交通安全隐患。

【原因分析】违反《城市道路交叉口规划规范》GB 50647—2011 第 3.5.8 条关于交叉口进口道

划分应该结合左、直、右转向需求的规定。

【处理措施】交叉口车道划分应结合周边用地和路网综合考虑，信号控制交叉口应根据交通流量、流向确定进口道。进口道车道数应大于上游路段的车道数，有条件时宜分设各流向的专用车道，并应满足其交通量所需的车道数要求。非信控交叉口应以车道对齐为首要原则，进口道不宜渠化拓宽车道或拓宽车道后出现进出口车道不对齐的情况。建议采用不拓宽车道的渠化方式，故路口直行车道应尽量采用对齐设计。此外应加强填充线、渐变线等细节设计的要求。

问题 151：导向箭头标线尺寸、重复设置次数未考虑与设计速度相匹配因素，造成标线设置不合理。

【原因分析】违反《城市道路交通标志和标线设置规范》GB 51038—2015 第 12.14.4 条关于导向箭头在对应车速下尺寸的规定。

【处理措施】导向箭头主要用于交叉口进口道的导向车道内，出口匝道附近及对渠化交通的引导，其颜色为白色。设计车速在 40km/h 及以下时，导向箭头长度采用 3m，重复设置次数不低于 2 次；车速大于 40km/h 而小于等于 60km/h 时，长度采用 4.5m，重复设置次数不低于 3 次；车速大于 60km/h 而小于等于 80m/h 时，长度采用 6m，重复设置次数不低于 3 次；车速大于 80km/h 时，长度采用 9m，重复设置次数不低于 3 次。

问题 152：可跨越同向车行道分界线线型（2/4 线和 6/9 线）与设计车速不匹配。

【原因分析】违反《城市道路交通标志和标线设置规范》GB 51038—2015 第 12.3.2 条关于可跨越同向车行道分界线在对应车速下线型的规定。

【处理措施】可跨越同向车行道分界线应采用白色虚线，当设计速度大于或等于 60km/h 时，线段及间隔长度应分别为 6m 和 9m；当设计速度小于 60km/h 时，线段及间隔长度应分别为 2m 和 4m。

问题 153：车行道边缘线距离路缘石的安全间距取值（0.25m 或 0.5m）与设计车速不匹配，易混淆。

【原因分析】违反《城市道路路线设计规范》CJJ 193—2012 第 5.3.4 条关于路缘石距离车行道的安全间距在对应车速下的规定。

【处理措施】路缘石距离车行道的安全间距，在路段设计车速大于等于 60km/h 时为 0.50m，在路段设计车速小于 60km/h 时为 0.25m。

问题 154：无信控路段人行过街斑马线前未考虑设置菱形预告标线。

【原因分析】违反《城市道路交通标志和标线设置规范》GB 51038—2015 第 12.9.5 条关于设置菱形预告标线的规定。

【处理措施】当无信号控制的路段设置人行横道时，应在人行横道线前配合设置停止线和人行横道预告标识。人行横道预告标识应为白色菱形图案，纵向长度应为 3m，横向长度应为 1.5m，线宽应为 20cm。白色菱形图案应在人行横道线前 30～50m 设置第一组，间隔 10～20m 重复设置一组。

问题 155：交叉口车道宽度划分不合理，不满足规范要求，存在交通安全隐患。

【原因分析】违反《城市道路交叉口规划规范》GB 50647—2011 第 4.1 节关于平面交叉口进/出口道车道最小宽度的规定。

【处理措施】新建交叉口进口道每条机动车的宽度不应小于 3.0m，新建交叉口的进口道直行和右转车道宽度不低于 3.25m，左转车道不低于 3.0m；改建与治理交叉口，当建设用地受到限制时，每条机动车进口车道的最小宽度不宜小于 2.8m，其中有公交车及大型车通过的进口道车道不宜小于 3.0m。新建道路交叉口每条出口道宽度不应小于下游路段车道宽度，改建和治理交叉口每条出口道宽度不宜小于 3.25m。

问题 156：范围较大、形状不规则或交通组织复杂等情况的平面交叉口，未考虑规范行车轨迹需要，未设置路口导向线。

【原因分析】违反《城市道路交通标志和标线设置规范》GB 51038—2015 第 12.7.1 条关于设置路口导向线的规定。

【处理措施】当平面交叉口范围较大、形状不规则或交通组织复杂，车辆寻找出口道困难或交通流交织严重时，应设置路口导向线。路口导向线应采用虚线，线宽应为 15cm，线段及间隔长度均应为 2m。连接对向车行道的分界线应采用黄色虚线，连接同向车行道分界线或机非分界线的应采用白色虚线。导向线可分为左转导向线、右转导向线、直行导向线，其中平面交叉口相交角小于 70°或左转车辆寻找出口车道困难时，应设置左转导向线。直行车道进口道和出口道错位，渐变率大于设计速度规定的交叉口渐变率时，宜设置直行导向线；右转转动角度较大或右转车辆易与非机动车、路缘石发生冲突时，宜设置右转导向线。

问题 157：急转弯处跨越同向或对向车道标线为虚线，容易诱发安全事故。

【原因分析】违反《城市道路交通设施设计规范》GB 50688—2011 第 6.2.2 条关于视距受平曲线限制的路段，应设禁止跨越车行道分界线的规定。

【处理措施】在急转弯路段，同向或对向车道标线应设置为实线，禁止车辆在该路段随意变道，并规范行车轨迹，以减少安全事故。

问题 158：双向 2 车道道路未考虑掉头、沿线开口左转等交通转换需求，全线采用单黄实线标线设计，造成交通组织设计不合理。

【原因分析】违反《城市道路交通标志和标线设置规范》GB 51038—2015 第 12.2.1 条关于双向 2 车道道路设置可跨越对向车行道分界线的规定。

【处理措施】对双向 2 车道，车行道总宽度大于或等于 6m 的无中央分隔带道路；满足超车视距且交通量较小的一般平直路段，宜设置可跨越对向车行道虚线分道线。

问题 159：驶入或驶出主路的立交分合流处未采用道路出入口标线。

【原因分析】违反《城市道路交通标志和标线设置规范》GB 51038—2015 第 12.11.1 条关于机动车辆驶入或驶出主路，应设置道路出入口标线的规定。

【处理措施】道路出入口标线应由三角地带标线和纵向标线两部分组成。三角地带标线应为白色实线，由外围线和内部填充线组成，纵向标线应由白色实线及虚线组成，线宽应为 45cm，连接三角地带的实线长度应大于或等于 2m，虚线的线段及间隔长度均应为 3m。

问题 160：长下坡或特殊路段未考虑安全设施设计，未设置减速标线。

【原因分析】违反《城市道路交通标志和标线设置规范》GB 51038—2015 第 14.5 节关于长下

坡或特殊路段应设置车行道减速标线的规定。

【处理措施】圆曲线半径小于《城市道路路线设计规范》CJJ 193—2012 中的设超高圆曲线半径的一般值，且纵坡大于 3.5% 的下坡路段，应设置车行道减速标线。符合上述一个条件的路段宜设置车行道减速标线。此外，在事故多发地前、隧道洞口前及长下坡路段应设置减速标线。

问题 161：在人行横道线与停止线间未考虑设置"守法过街、礼让行人"等路面文字标记。

【原因分析】违反文明交通环境打造和重庆市交巡警提出的对斑马线进行标语设置的要求。

【处理措施】在人行横道线与停止线间应布置"守法过街、礼让行人"等路面文字标识，尤其无信控路口。通过这种提示方式，可以警示行人和车辆，减少和预防交通事故的发生。

17.3.4 交通信号控制设施

问题 162：信控方式与进口道车行道划分不匹配或进口道车道划分时对信控考虑不足。

【原因分析】违反《城市道路交叉口规划规范》GB 50647—2011 第 4.2.1 条关于进口道渠化方案与信号控制相位方案应协调一致达到最佳配合的规定。

【处理措施】交叉口渠化时应与信控设计采用一体化设计，以使进口道渠化方案与信号控制相位方案协调一致，达到最佳配合。

问题 163：信控交叉口有障碍物遮挡未设置辅助信号灯，造成信控设施辨识度不能满足需求，不能有效控制车流和人流。

【原因分析】违反《城市道路交通设施设计规范》GB 50688—2011 第 8.2.2 条关于交通信号灯的规定。

【处理措施】交通信号灯的视认范围内存在盲区的，应在适当位置增设辅助信号灯。

问题 164：标志标识设计与信控设计未同步进行或分开委托造成管线预留不足，并造成二次施工开挖路面。

【原因分析】违反《道路交通信号灯设置与安装规范》GB 14886—2016 第 4.1.2 条关于设置信号灯的规定。

【处理措施】新建交叉口交通信号灯的配置应与道路交通组织相匹配，交通标志标识应与信控同步设计，同步实施。进行信号灯改扩建的路口，在设置信号灯时，应配套设置相应的道路交通标志、标线和交通技术监控设备。

问题 165：信号设施设计未考虑交通信号系统、高清卡口系统的系统构成和接线等因素，造成交通信号设计困难。

【原因分析】信号设施设计系统易出现错误、内容不全现象，不能较好地指导后期的落地实施。

【处理措施】交通信号设施主要从机动车指示信号、辅助信号灯和人行横道信号灯三个方面进行设计，同时应根据需要进行完整的信号系统、线圈检测系统、电子警察系统、视频监控系统等的设计内容。

问题 166：因交叉口过大或交叉口畸形造成进口停车线与对向信号灯的距离大于 50m 时，未考虑设置辅灯。

【原因分析】违反《道路交通信号灯设置与安装规范》GB 14886—2016 第 7.3.1 条关于交叉口过大应设置辅灯的规定。

【处理措施】当进口停车线与对向信号灯的距离大于 50m 时，应在进口停车线附近增设一个信号灯组。

17.3.5　交通安全设施

问题 167：特殊路段未考虑设置交通安全设施，如突起路标、分流处防撞桶、防眩设施、减速设施、凸面镜、道路隔离设施等。

【原因分析】违反《城市道路交通设施设计规范》GB 50688—2011 第 7 章中关于防护设施设计的规定和《重庆市城市道路交通管理设施设置规范　第 4 部分：道路交通安全设施》DB 50/T 548.4—2014 中关于道路交通安全设施设计的规定。

【处理措施】应按照《重庆市城市道路交通管理设施设置规范　第 4 部分：道路交通安全设施》DB 50/T 548.4—2014 中关于突起路标、防撞桶、防眩设施、凸面镜和道路隔离设施的设置条件和要求进行相应设计。

问题 168：道路分流鼻端处未考虑交通安全因素，未设置防撞垫或防撞桶。

【原因分析】违反《城市道路交通设施设计规范》GB 50688—2011 第 7.3 条关于防撞垫的设置和《重庆市城市道路交通管理设施设置规范　第 4 部分：道路交通安全设施》DB 50/T 548.4—2014 第 6.1 节关于防撞桶设置的规定。

【处理措施】快速路主线分流端、匝道出口的护栏端部应设置防撞垫或防撞桶；主干路主线分流端、中央分隔带护栏端部及匝道出口的护栏端部宜设置防撞垫或防撞桶，起警示和减缓冲击作用。

问题 169：导流岛、行人二次过街安全岛处未设置安全防护设施。

【原因分析】对安全隐患点安全防护设施设计考虑不全，影响车行和人行交通安全。

【处理措施】为保障行人和机动车通行安全，在导流岛分流处和二次行人过街安全岛处应设置防撞桶；在二次行人过街岛的两侧应设置防撞钢柱，以防机动车误闯，减少事故伤害。

问题 170：长下坡及陡坡路段未考虑交通安全防护因素，未设置相应安全防护设施。

【原因分析】交通工程设计未考虑长下坡及陡坡路段的交通安全防护设施设计，对安全隐患段落安全防护设施设计考虑不全将影响后期的车行和人行交通安全。

【处理措施】对于陡坡和长下坡路段，应结合道路实际情况进行交通标志（如限速标志、线型诱导标设置）、交通标线（横向减速震动标线和纵向减速标线）、护栏、轮廓标和交通安全附属设施设计。

问题 171：道路设计终点断头处未考虑交通安全设施设计。

【原因分析】交通工程设计未充分认识工程的分阶段建设特点，对未完工程涉及的安全设施设计考虑不足，影响车行交通安全。

【处理措施】在道路设计终点断头处会影响部分行车轨迹，存在一定的安全隐患，应提前设置提醒标志及防撞水马或其他安全防护设施，保障行车安全。

问题 172：中小型隧道内设置非机动车或人行道时，未设置机非物理隔离设施，导致行人通行安全问题。

【原因分析】违反《城市道路交通工程项目规范》GB 55011—2021 第 3.4.7 中关于长度大于1000m 的隧道，严禁将机动车道与非机动车道或人行道设置在同一孔内；当长度小于或等于 1000m的隧道需设置非机动车道或人行道时，非机动车道或人行道与机动车道之间必须设置物理隔离设施的规定。

【处理措施】应按照《城市道路交通工程项目规范》GB 55011—2021 第 3.4.7 中的要求在设置有非机动车道或人行道的中小型隧道在非机动车道或人行道与机动车道之间设置物理隔离设施。

17.4 道路绿化

17.4.1 绿化设计

问题 173：道路布局未考虑绿化布置形式，造成绿化覆盖率与道路红线宽度不匹配。

【原因分析】违反《城市综合交通体系规划标准》GB /T 51328—2018 第 12.8.2 条关于不同红线宽度道路应达到相应绿化覆盖率的规定。

【处理措施】道路平面设计阶段重视绿化覆盖率控制，按照《城市综合交通体系规划标准》GB/T 51328—2018 第 12.8.2 条要求设计，在满足人车通行的前提下，增加中央分隔带、路侧绿带宽度，行道树宜植于路侧绿带中而避免采取种植池方式。

问题 174：路侧绿化带大于 8m，设计均为植物配置，未设置休闲休憩场地。

【原因分析】违反《城市道路绿化规划与设计规范》CJJ 75—97 第 4.3.2 条关于开放式绿地与路侧绿带宽度关系的规定。

【处理措施】路侧绿带宽度大于 8m 时，可设计成开放式绿地。绿化带中可增加休憩场地和休闲游步道设计，以满足周边功能需求。

问题 175：绿化种植土未考虑植被类型、土壤条件等因素，导致施工阶段植物无法种植或不易成活。

【原因分析】违反《园林绿化工程施工及验收规范》CJJ 82—2012 第 4.1 节关于栽植基础的规定。

【处理措施】设计前期充分踏勘现场，分析绿地土壤情况和植物生长环境。园林绿化栽植基础严禁使用含有害成分的土壤，绿化栽植土壤有效土层下不得有不透水层。绿化栽植土壤有效土层厚度应符合表 17-17 的规定。

绿化栽植土壤有效土层厚度   表 17-17

项次	项目	植被类型			土层厚度(cm)	检验方法
1	一般栽植	乔木		胸径≥20cm	≥180	挖样洞,观察或尺量检查
				胸径＜20cm	≥150(深根) ≥100(浅根)	
		灌木		大、中灌木、大藤本	≥90	
				小灌木、宿根花卉、小藤本	≥40	
		棕榈类			≥90	
		竹类		大径	≥80	
				中、小径	≥50	
		草坪、花卉、草本地被			≥30	
2	设施顶面绿化	乔木			≥80	
		灌木			≥45	
		草坪、花卉、草本地被			≥15	

注：本表摘自《园林绿化工程施工及验收规范》CJJ 82—2012。

问题 176：立交桥环境空间植物选择未考虑其成活条件及自身生长需求。

【原因分析】违反《城市道路绿化规划与设计规范》CJJ 75—97 第 3.3.1 条关于道路绿化种类选择与环境条件相适应的规定。

【处理措施】设计前期充分踏勘现场，分析绿地土壤情况和植物生长环境。立交周边宜形成多种环境空间，故植物搭配应充分考虑生长习性，选择时应适地、适树。桥下空间应以耐阴或耐半阴植物为主，立交中心场地若无乔木配置，灌木可以喜阳植物为主，乔木下层灌木以耐半阴或耐阴植物为主。耐阴的常用灌木种类主要有：八角金盘（为立交桥下最常选择的植物种类）、十大功劳、洒金桃叶珊瑚等；耐阴的常用草本种类主要有：麦冬、肾蕨、沿阶草、一叶兰等。

问题 177：乔木种植未考虑地下管线影响，造成乔木栽植空间不足。

【原因分析】违反《公园设计规范》GB 51192—2016 第 7 章关于植物与管线距离关系的规定。

【处理措施】项目前期应收集市政管线等设施相关资料，设计时依据《公园设计规范》GB 51192—2016 第 7 章植物与有关设施的规定，使植物设计在水平和竖向上均能保证植物与各种设施有足够的距离。植物与架空电力线路导线之间最小垂直距离应符合表 17-18 的规定，植物与地下管线最小水平距离应符合表 17-19 的规定，植物与地下管线的最小垂直距离应符合表 17-20 的规定。

植物与架空电力线路导线之间最小垂直距离   表 17-18

线路电压(kV)	＜1	1～10	35～110	220	330	500	750	1000
最小垂直距离(m)	1.0	1.5	3.0	3.5	4.5	7.0	8.5	16.0

注：本表摘自《公园设计规范》GB 51192—2016。

植物与地下管线最小水平距离（m）   表 17-19

管线名称	新植乔木	现状乔木	灌木或绿篱
电力电缆	1.5	3.5	0.5
通信电缆	1.5	3.5	0.5
给水管	1.5	2.0	—

续表

管线名称	新植乔木	现状乔木	灌木或绿篱
排水管	1.5	3.0	—
排水盲沟	1.0	3.0	—
消防龙头	1.2	2.0	1.2
燃气管道(低中压)	1.2	3.0	1.0
热力管	2.0	5.0	2.0

注：本表摘自《公园设计规范》GB 51192—2016。乔木与地下管线的距离是指乔木树干基部的外缘与管线外缘的净距离。灌木或绿篱与地下管线的距离是指地表处分蘖枝干中最外的枝干基部外缘与管线外缘的净距离。

植物与地下管线最小垂直距离（m）　　　　　　　　　表 17-20

名称	新植乔木	现状乔木	灌木或绿篱
各类市政管线	1.5	3.0	1.5

注：本表摘自《公园设计规范》GB 51192—2016。

问题 178：立交及道路端部绿化未充分保证行车视距安全。

【原因分析】违反《城市道路绿化规划与设计规范》CJJ 75—97 第 4.1.4 条关于绿化带端部应采用通透式配置的规定和第 4.2.4 条关于道路交叉口视距三角形范围内应采用通透式配置的规定。

【处理措施】在行车安全视距范围内，减少乔木配置，取消大灌木等遮挡视线的植物配置方式，采用低矮灌木造景，整体采用通透式植物配置方式。

问题 179：在符合功能要求的情况下，行道树种植池 1.5m 以上未采用绿化覆盖。

【原因分析】绿化设计对周边环境、景观功能定位分析不透彻，未能把握景观效果的营造需求。

【处理措施】采用耐修剪、整形效果好的灌木绿篱进行覆盖，或采用其他符合周边功能定位要求的绿化方式覆盖。最常选择的植物有金叶女贞、金森女贞、小叶女贞、小叶黄杨、雀舌黄杨等。

问题 180：坡面绿化未考虑挂网等工程措施，令植物不能攀缘生长，导致整体绿化效果较差。

【原因分析】违反《城市道路绿化规划与设计规范》CJJ 75—97 第 4.3.4 条关于护坡绿化应结合工程措施栽植攀缘植物的规定。

【处理措施】爬山虎自身可吸附攀爬，油麻藤等其他藤本类植物则需要借助挂网类媒介进行攀爬，应根据造价及具体环境要求选择植物后，再确定是否需要挂网。

问题 181：乔木种植间距未考虑其生长发展空间要求，造成乔木生长困难。

【原因分析】违反《城市道路绿化规划与设计规范》CJJ 75—97 第 4.2.2 条的规定。

【处理措施】乔木生长速度、规格大小与乔木栽植间距的确定相互关联。在行道树的规格、种植间距确定之前应充分了解植物生长习性与道路功能需求。

问题 182：植物选择与本土环境气候不匹配，后期容易造成植物死亡。

【原因分析】违反《公园设计规范》GB 51192—2016 第 7.2.2 条的规定。

【处理措施】植物选择前应了解植物生长习性，考虑区域立地条件和养护管理条件，以适应性强的乡土植物为主。如需引进区域立地条件以外的植物品种，则需要调查引进植物在区域立地条件之内的表现情况，驯化情况等。在植物配置前应实地踏勘现场，确保小气候环境保护，保证成活。

问题183：道路起始点、重要节点植物配置未重点考虑，形式单一，影响后期景观效果。

【原因分析】设计思考不全面，对道路环境、重要景观点分析不充分。

【处理措施】应根据道路周边环境、视线关系、道路自身景观功能需求，对起始点、重点节点加强植物点睛配置，丰富景观效果。

17.4.2 绿化附属工程

问题184：铺装设计未考虑场地功能要求，导致铺装材料选择不满足功能需求。

【原因分析】违反《公园设计规范》GB 51192—2016第5.1.9条关于铺装材料应根据不同功能要求来确定其结构和饰面的规定。

【处理措施】面层材料应以透水砖或花岗石烧面/荔枝面为主，以满足人行防滑的功能需求。如需设计光面、自然面花岗石做点缀，应尽量减少尺寸面积，或避开人行空间。

问题185：绿带碎石盲沟在要求深挖施工时，未考虑施工难易程度而采用矩形断面，导致施工难度增加。

【原因分析】排水设计对施工工艺流程不熟悉，与场地现状结合不紧密，施工措施不合理。

【处理措施】深挖绿带碎石盲沟应采用梯形断面，以便于施工，浅挖绿带碎石盲沟采用梯形断面、矩形断面均可。

问题186：路侧绿化带未在路段雨水口处断开，不便于雨水、消防水的排放。

【原因分析】违反《城市绿地设计规范》GB 50420—2007（2016年版）第8.2.3条关于绿化排水技术措施与绿地功能关系的规定。

【处理措施】在路侧绿化带靠近道路中心线一侧增设雨水口或在道路雨水口处断开绿化带，以免路侧绿化带阻隔路面雨水，使其无法就近汇入雨水口，引起路面积水。

问题187：绿化排水设计未考虑植物生长条件，未设置排水措施，导致植物不易成活。

【原因分析】违反《城市绿地设计规范》GB 50420—2007（2016年版）第8.2.3条关于绿化排水的规定。

【处理措施】植物生长需要良好的排水措施以防积水造成其死亡，边坡马道绿化可通过砌花池、覆土满足种植条件。土壤下层通常为坚硬岩层或混凝土，因此应设置明沟或暗沟排水，保证植物正常生长。

城市桥梁工程

18.1　跨江桥

18.1.1　总体

问题 1：跨江桥梁施工图设计时，对指导性施工组织方案考虑不足，涉及工程量较大的施工措施考虑不足，如钢栈桥、钢围堰、劲性骨架等。

【原因分析】违反《危险性较大的分部分项工程安全管理规定》（住房和城乡建设部令第 37 号）关于明确跨江桥梁施工方案的规定。

【处理措施】跨江桥梁结构体系及施工工艺通常均较为复杂，桥梁受力与施工方法紧密相关。施工图设计中，需明确桥梁的施工方案，有利于施工方准确认识项目技术关键点、辨识工程风险点，以确保最终实现设计意图。跨江桥梁施工图设计时，应根据桥梁结构特点，结合桥位地貌、水文条件、交通运输及场地条件，编制指导性施工组织方案，明确桥梁的施工方法、施工步骤、施工关键技术要求和施工控制要求，同时提供钢栈桥、钢围堰、劲性骨架、吊装设备、大型构件运输设备等大型临时设施指导性设计方案，全面支撑桥梁设计的合理性、可行性及经济性。

问题 2：对抗震专篇、抗风试验等专题研究或科研课题的考虑不足。

【原因分析】违反《城市桥梁抗震设计规范》CJJ 166—2011 第 6.1 条和《市政公用设施抗震设防专项论证技术要点（城镇桥梁工程篇）》（2011 年）关于抗震专项论证的规定，违反《公路桥梁抗风设计规范》JTG/T 3360—01—2018 第 4.3.5 条中关于抗风专项论证的规定。

【处理措施】跨江桥设计时应注意以下三点：

① 设计阶段开展桥梁抗震、抗风专题研究是确保桥梁安全的重要措施。

② 完成抗震专项论证。对于抗震设防分类为甲类的桥梁，需在前期论证过程中开展工程场地地震安全性评价确定地震动参数，以此为基础完成抗震专项论证。

③ 对于桥址区风环境复杂且对风致振动敏感的特大跨斜拉桥和悬索桥，可通过专项的风洞试验或数值模拟，明确桥梁风致振动的影响，提出相应的改善措施指导后续阶段的设计，确保桥梁安全、耐久。对于大跨铁路、轨道桥梁尚应开展风-车-桥耦合分析研究，以确保列车在桥上运行的平稳性和安全性。

问题 3：对轨道、铁路、防洪、涉河等专篇论证，重大管线影响的论证不全面。

【原因分析】违反《公路桥涵设计通用规范》JTG D60—2015 第 3.2 条关于桥涵布置、第 3.3 条关于桥涵孔径、第 3.4.7 条关于管线设施布置的规定；违反《城市轨道交通桥梁设计规范》GB/T 51234—2017 第 3.2 条关于区间跨河桥梁布置的规定；违反《铁路桥涵设计规范》TB 10002—2017 第 3.1 条关于桥涵一般要求、第 3.2 条关于桥涵孔径布置的规定。

【处理措施】涉及轨道、铁路、河道的跨江桥设计时应注意以下三点：

① 桥址区的重大管线应经过分析论证后确定是否迁移或避让。

② 桥梁方案涉及轨道、铁路、行洪、涉河等内容时，需重视轨道专篇、铁路专篇、防洪评价、涉河方案。

③ 做好防洪护岸等交叉工程资料，河岸高压电力、高压燃气、重大污水干管等资料的收集对接，并提前与业主及相关主管部门沟通，确保方案的合理性及可行性。

18.1.2 上部结构

问题 4：未考虑主应力场的顺畅过渡，箱梁的腹板厚变化段长度不足。

【原因分析】违反《公路钢筋混凝土及预应力混凝土桥涵设计规范》JTG 3362—2018 第 9.3.2 条关于腹板厚变化段长度的规定。

【处理措施】箱梁腹板厚度需要根据受力和构造要求进行设置，当腹板厚度变化时，应确保足够的过渡段长度，避免截面突变，以便主应力场变化顺畅。过渡段长度应满足不小于 12 倍腹板宽度差的要求。

问题 5：主塔由于环向预应力曲率半径小，导致预应力损失较大。

【原因分析】违反《公路钢筋混凝土及预应力混凝土桥涵设计规范》JTG 3362—2018 中第 9.4.10 条中关于后张法预应力钢束曲率半径的规定。

【处理措施】桥塔环向预应力设计时应注意以下四个方面：

① 后张法构件张拉时，预应力钢束与管道壁之间的摩擦引起的预应力损失是钢束预应力损失最重要原因之一，钢丝直径大于 5mm 时，预应力钢束弯曲半径不宜小于 6m。过小的弯曲半径将显著降低钢束永存应力，大幅降低预应力效应。

② 预应力构件设计时，应合理布置钢束线形，减少钢束的曲线弯折，增大钢束弯曲半径。对于斜拉桥桥塔内采用的半圆形预应力钢束，半径控制宜不小于 1.5m。

③ 钢束管道沿曲线径向增设防劈裂钢筋，张拉时采取初张、放张、分级张拉到位的方案，有利于提高钢束受力均匀性。

④ 设计中可对井字形钢束布置方案进行比较，选取最优方案。

问题 6：合龙段混凝土变形控制的措施考虑不足，导致大跨预应力混凝土连续梁（刚构）合龙段顶、底板开裂。

【原因分析】大跨径预应力混凝土连续梁（刚构）合龙段一般位于悬臂端或支架现浇段之间，由于温度变化，日照、风力等影响，会发生轴向收缩、竖向翘曲以及水平向偏移变位，加上合龙一般时间较长，两端先浇梁段混凝土已经达到一定龄期，具有一定的刚度。合龙段预应力钢筋张拉之前，尤其是混凝土浇筑早期，这些变形以及两端先浇混凝土的约束可能导致合龙段顶、底板开裂。

【处理措施】为保证合龙段混凝土不开裂，除降低混凝土自身收缩、增加膨胀剂以补偿混凝土的收缩外，可采取以下四个措施：

① 合龙段可按两端固定约束，综合考虑合龙段混凝土收缩产生的次内力，进行结构配筋设计。

② 合龙段设置劲性骨架，即合龙前要焊接顶、底板刚性支撑装置及剪刀撑装置，以保证合龙段混凝土从浇筑至达到要求强度期间，悬臂端或悬臂与支架现浇段之间的相对位置不会发生变化，能够抵抗因温度升高导致的先浇段混凝土梁纵向伸长引起的混凝土压应力作用。

③ 张拉临时预应力钢束以抵抗因温度降低导致混凝土收缩所产生的拉应力。张拉临时预应力钢束，可在劲性骨架内预存压应力，在混凝土初凝过程中不至于受到太大的拉应力，避免初期裂纹的产生。混凝土初凝到一定过程中，还可补张临时预应力束，以更好地控制在初凝过程中裂纹的出现，见图 18-1。

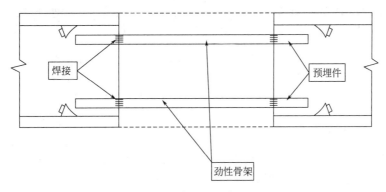

图 18-1 合龙段锁定装置

④ 采用平衡配重施工方法，见图 18-2。在悬臂端采用水箱加水的方法设平衡重，近端及远端所加平衡重量由施工平衡设计确定。主要控制混凝土浇筑过程中，不会因混凝土的重量变化过大引起结构变形过大而出现裂纹。

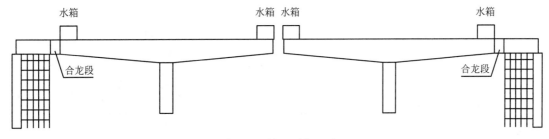

图 18-2 施工平衡配重

问题 7：预应力混凝土锚固区齿板的局部受拉作用考虑不足，导致锚固区齿板开裂（齿块锚后底板裂缝，见图 18-3，若齿板位于邻近节段的分缝处，则裂缝会沿接缝处向腹板延伸，见图 18-4）。

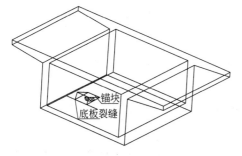

图 18-3 锚后应力使底板开裂

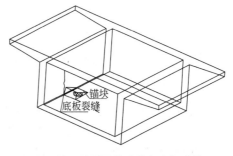

图 18-4 裂缝沿接缝处向腹板延伸

【原因分析】后张预应力三角齿块锚固区存在集中锚固力的作用、几何形体上的突变，以及预应力钢束弯曲引起的径向力作用，是一个受力十分复杂的典型应力扰动区，需要配置钢筋以满足抗裂和承载力的要求。三维实体有限元分析表明，齿板内存在如下典型局部作用，见图 18-5。

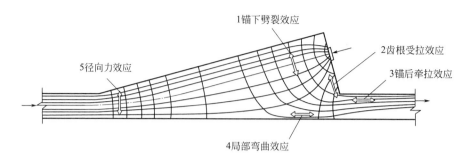

图 18-5 后张预应力齿块锚固区内的五种局部受拉作用

① 齿板锚下横向拉应力分布，称为"锚下劈裂效应"。

② 齿块端面根部凹角区的拉应力集中，称为"齿根受拉效应"。

③ 锚后拉应力集中现象，称为"锚后牵拉效应"。

④ 底板下缘拉应力区，称为"局部弯曲效应"。

⑤ 预应力钢束转向区域拉应力集中的现象，来源于"径向力效应"。

由于对各部位认识不到位，配置的钢筋数量偏少，因此导致相关部位出现裂缝。

【处理措施】根据图 18-5 锚固区内的五种局部受拉作用，分别计算五个受拉部位的拉力设计值，见图 18-6。

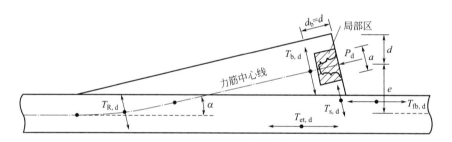

图 18-6 后张预应力构件齿块锚固区的受拉效应

抵抗这些力的配筋范围规定见图 18-7，设计值适用于一般的三角齿块锚固区，如下：

① 齿板应避免单独设置，尽量与腹板一体，齿板横向钢筋应可靠地锚固在腹板中。

② 齿块根部区的拉力 $T_{s,d}$ 主要由锚具周边压陷及凹角处应力集中引起，有限元分析表明该值大于剥裂力，近似取为锚固力的 4%。

③ 齿块锚后牵拉应力主要分布在齿块后方的内表面，其分布范围小，但合力值 $T_{fb,d}$ 较大，易产生锚后拉裂。预应力锚固力设计值由 P_d 表达，取为 $0.2P_d$。

④ 径向力引起的拉力 $T_{R,d}$ 计算公式根据预应力等效荷载的自平衡条件得到：

$$T_{R,d} = 2P_d\sin(\alpha/2) \approx P_d\alpha$$

⑤ 锚下劈裂力设计值 $T_{b,d}$，边缘局部弯曲引起的拉力设计值 $T_{et,d}$ 按平面受力情形推导，其公式如下：

$$T_{b,d} = 0.25P_d\left(1 - \frac{a}{2d}\right) \qquad T_{et,d} = \frac{(2e-d)^2}{12e(e+d)}P_d$$

⑥ 可采用有限元模型或者拉压杆模型进行计算。

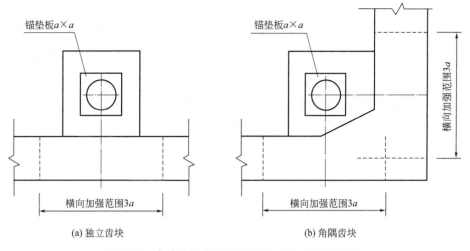

(a) 独立齿块   (b) 角隅齿块

图 18-7 齿块壁板内纵向加强钢筋的横向配置范围

问题 8：正交异性板疲劳细节设计考虑不足，导致疲劳裂纹发展。

【原因分析】正交异性钢桥面板具有结构纵向和横向刚度差异大、构造细节复杂、焊缝众多、应力集中问题突出的特点。在汽车活载反复作用下，特别是在超载车辆的作用下，由于正交异性钢桥面某些不合理的设计细节的影响，在关键构造细节或附连件处会产生较大的循环应力集中，导致疲劳裂纹发展，影响了正交异性板的正常使用寿命。在目前已建成运营的正交异性钢桥面板中，疲劳裂纹形式可以归纳为以下 17 种，具体分布情况见图 18-8。

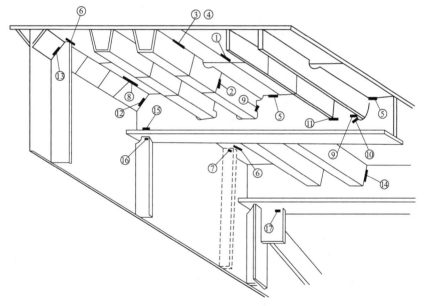

图 18-8 钢桥面板各种裂纹的汇总

注：
①面板纵向对接焊缝裂纹；
②纵肋现场钢衬垫对接焊缝处；
③纵肋与面板间角焊缝焊趾处裂纹；
④纵肋与面板间角焊缝焊根处裂纹；
⑤横肋与面板间角焊缝焊趾处裂纹；
⑥面板与竖向加劲肋角焊缝端部焊趾处裂纹；
⑦面板与竖向加劲肋侧面角焊缝焊趾处裂纹；
⑧面板与角撑板间角焊缝焊趾处裂纹；
⑨横肋与纵肋交叉处、横肋侧焊趾处裂纹；
⑩横肋与纵肋交叉处、弧形缺口母材处裂纹；
⑪纵肋与横肋角焊缝处、横肋焊趾处裂纹；
⑫横肋与角撑焊缝处裂纹；
⑬竖向加劲肋与角撑板角焊缝处裂纹；
⑭端横梁与纵肋角焊缝处裂纹；
⑮横肋下翼缘与腹板角焊缝端部裂纹；
⑯横肋下翼缘与竖向加劲肋角焊缝处裂纹；
⑰箱内横撑节点板处裂纹。

根据国内外正交异性钢桥面板疲劳开裂调研，下述部位的疲劳病害占总病害的 90% 以上，是正交异性钢桥面板的疲劳易损部位：①U 形肋过横隔板处的开槽部位；②横隔板与 U 形肋连接焊缝部位；③钢桥面板与 U 形肋焊缝部位；④U 形肋纵向对接连接部位。以上四种典型裂纹是迄今为止发现的数量最多的裂纹形式。

根据疲劳裂纹的成因不同，可以将正交异性钢桥面板的疲劳裂纹分为两类，一类是由荷载引起的开裂，即由主应力引起的裂纹，其主要由板件平面内的变幅应力引起，如纵肋现场焊接接头处（图 18-9）；另一类是由面外变形产生的次应力引起的裂纹，如纵肋与面板焊接连接处（图 18-10）；纵肋与横肋交叉连接处（图 18-11）；竖向加劲肋与面板焊接连接处（图 18-12）。

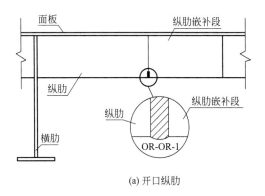

开口纵肋对接焊接头部位(Open Rib to Open Rib)，OR-OR-1：裂纹起源于纵肋最下端的焊趾处，大致沿着焊缝方向向上扩展。

闭口纵肋对接焊接头部位(Closed Rib to Closed Rib)的疲劳裂纹主要有以下3种：

CR-CR-1：裂纹起源于纵肋下翼缘板与钢衬垫板定位焊缝处，大致沿着焊缝方向向外扩展。

CR-CR-2：裂纹起源于纵肋下翼缘板对接焊缝焊根处，大致沿着焊缝方向向外扩展。

CR-CR-3：裂纹起源于纵肋下翼缘板对接焊缝焊趾处，大致沿着焊缝方向向内扩展。

(a) 开口纵肋

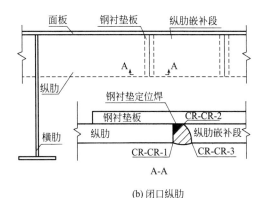

(b) 闭口纵肋

图 18-9　纵肋嵌补段处的疲劳裂纹示意

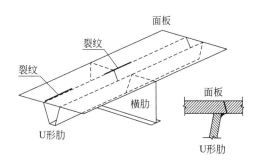

图 18-10　面板与纵肋焊接连接部位的疲劳裂纹示意

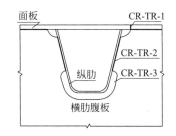

图 18-11　纵肋与横肋交叉部位疲劳裂纹示意

【处理措施】正交异性板疲劳细节设计应注意以下七个方面：

① 适当提高顶板厚度、横隔板厚度，并适当缩小横隔板间距，以降低疲劳易损细节的应力幅。

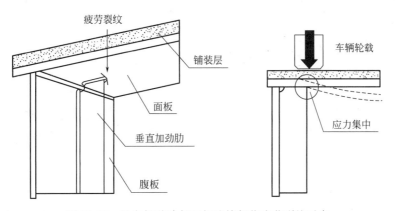

图 18-12　竖向加劲肋与面板连接部位疲劳裂纹示意

顶板厚度不应小于 14mm，跨中横隔板的厚度不宜小于 12mm，对于闭口纵向加劲肋，横隔板间距不宜大于 4m；对于开口纵向加劲肋，横隔板间距不宜大于 3m。闭口纵向加劲肋抗弯惯性矩与横梁间距关系如图 18-13 所示。

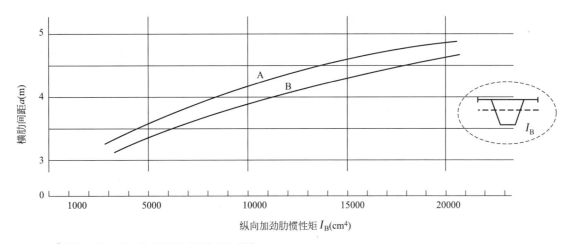

注：①曲线A适用于行车道中除重车道外的所有纵肋；
②曲线B适用于重车道上的纵肋；
③该图适用于所有型式的纵肋。

图 18-13　U 形肋抗弯惯性矩与横梁间距关系

②U 形肋为避免冷弯塑性变形对韧性的过大影响，应保证 U 形肋内侧半径 $R \geqslant 4t$（t 为 U 形肋的壁厚）。

③U 形肋与面板间的纵向角焊缝应保证焊缝喉高不小于纵肋厚度，熔透深度不小于 0.75 倍纵肋厚度，并避免焊漏（图 18-14）。

④纵肋贯穿横肋（端横肋除外），由于纵肋与面板角焊缝连续，横肋角部应切角，组装间隙应不大于 1mm，焊接时角部不得起熄弧（图 18-15）。

⑤纵肋接头建议尽量采用摩擦型高强螺栓双面拼接连接，可避免因焊接导致的疲劳问题。

⑥桥面板的纵向对接焊缝以及横梁（肋）的接头，应避开其所在车道轮载作用的正下方，接头处设置的弧形切口长度应不大于 70mm（图 18-16）。

⑦腹板和横梁腹板上需设置竖向加劲肋时，不得将其焊接到桥面板上，并留有不小于 80mm 以上的间隙，以避免小间隙区的面外变形造成的疲劳裂纹。

第 3 部分　市政工程

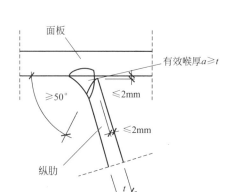

图 18-14 U 形肋与面板焊接构造示意图

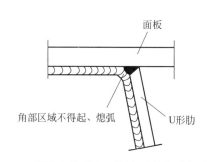

图 18-15 横肋与纵肋和面板交叉处构造细节示意

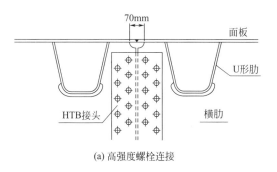

(a) 高强度螺栓连接

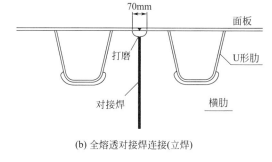

(b) 全熔透对接焊连接(立焊)

图 18-16 横梁（肋）连接示意

问题 9：未考虑加强正交异性板局部刚度，导致正交异性板因局部刚度不足引起桥面铺装开裂。

【原因分析】与普通路面铺装和混凝土桥梁的桥面铺装相比，钢桥面铺装的使用条件更为严格，铺装性能的要求更高。主要表现为：

① 钢桥面铺装受力状况更为复杂，铺装中产生的应力也更大。

混凝土桥面板刚度大、变形小，由于结构原因铺装层的拉应变也很小。正交异性板钢桥面结构，桥面板的变形及受纵横加劲肋（梁）的限制及刚度差异，导致不同部位，钢板变形不同，桥面铺装受力也不同。比如在加劲肋板顶面，横隔板及纵向腹板部位，铺装表面要承受拉应变，在重荷载作用下，铺装极易产生纵、横向裂缝。桥面铺装的疲劳开裂问题更为严重。

② 钢板吸热及传热能力强，夏季炎热时，桥面板的温度高。

由于钢板吸热及传热快，在太阳直射及环境温度较高时，铺装底面、钢板表面最高温度可达60℃以上，加上铺装层所承受的太阳辐射热的积累，桥面铺装温度更高，要求铺装层有更高的热稳性。同时，由于钢板温度高，故对铺装层与钢板间粘接层在高温下的结合力要求也较高。在高温下，桥面铺装会因层间结合力不足而产生横向移动、推拥等病害。

③ 由于钢板的反复变形，对铺装层与钢板的结合力要求也更高。

在反复弯曲变形及振动作用下，因钢板的材料特性与铺装材料特性的不一致，界面上易产生法向应力（易引起脱层）及纵、横向剪切应力（易引起脱层及变形），这就要求粘接层材料不只确保有较高的结合力还应有良好的韧性，以适应荷载的反复作用。

由于钢板变形量大，铺装层对桥面板变形的追从性要求也更高。

对混凝土桥面板而言，因沥青混凝土变形能力相对混凝土结构要大得多，基本上不存在铺装不能追从于桥面板变形而产生破坏的情况。钢桥面铺装则不同，正交异性板钢桥面系的变形、加劲肋及横隔板间的变形量均较大。特别是低温下铺装层变硬、变脆时，如不能追从于桥面板的变形，铺装层与钢板间会产生脱层病害，铺装在荷载作用下也会产生纵、横向开裂。

【处理措施】在车辆荷载作用下，正交异性桥面顶板的挠跨比 D/L 不应大于 $1/700$（图 18-17）。

当沥青混凝土铺装层厚度 $\geqslant 70mm$，钢桥面板厚度 $t \geqslant 14mm$，当沥青混凝土铺装层厚度 $\geqslant 40mm$，钢桥面板厚度 $t \geqslant 16mm$。纵肋腹板间距 e 与面板厚度 t 比值：$e/t \leqslant 25$，推荐采用 $e/t = 21.4$，建议 $e \leqslant 300$。

图 18-17　正交异性板的挠跨比示意图

问题 10：未考虑钢结构施焊空间。

【原因分析】现代钢桥由大量的板材焊接或由螺栓连接接头构成，其结构形式多样各异，构造复杂，在结构设计过程中关注更多的是结构强度、稳定性和疲劳问题，对钢结构制造时关于焊接空间、各构件之间的焊接组装顺序或者螺栓施拧空间考虑不足。由于设计者对焊接工艺了解较少等原因，往往忽略了结构设计对焊接操作难易度的影响。由于焊接空间不足导致焊接时焊枪角度不合适，增大了焊缝缺陷发生的概率，甚至部分位置不能形成有效焊缝。不仅给工人施焊造成困难，还会影响焊接质量，从而影响结构安全。另外，在设计螺栓连接接头时，没有考虑到螺栓施拧空间的最小要求，会造成螺栓无法施拧或预紧力难以达到设计规范要求（图 18-18）。

【处理措施】钢结构设计时应考虑以下三个方面：

① 钢结构设计应考虑组装方法和焊接顺序。

② 通过对焊枪结构和焊接过程的分析，建立焊接空间的立体几何关系，焊接空间的立体几何关系、计算出焊接所需要的最小空间，从而可在结构设计阶段识别出焊接空间不足的位置，为改进结构设计提供依据。

③ 螺栓布置应考虑操作所需最小间距和施拧空间要求（图 18-19、图 18-20）。

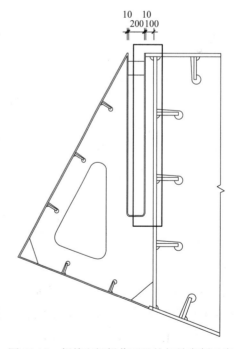

图 18-18　焊接空间操作不足的相关案例示意

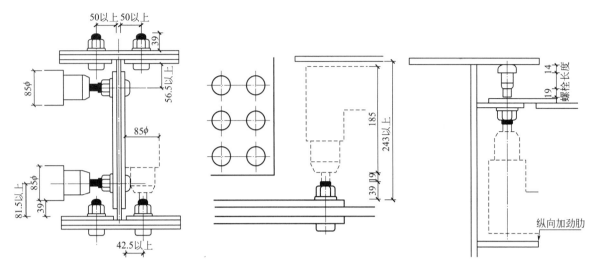

图 18-19　电动扳手侧面间距　　　　图 18-20　电动扳手长度方向间距和螺栓长度方向间距

问题 11：未考虑设置主梁的检修设施。

【原因分析】违反《城市桥梁设计规范》CJJ 11—2011（2019 年版）第 9.7.1 条关于设置检修设施的规定。

【处理措施】主梁设计时应考虑以下五种措施以方便检修：

① 根据规范要求，特大桥、大桥宜根据桥梁结构形式设置检修通道及供检查、养护使用的专用设施，并宜配置必要的管理用房。

② 桥梁运营过程中的状态监测、维修养护是确保桥梁安全、耐久的必要措施。

③ 设计过程中，应根据桥梁形式，设置维修养护通道、必要的检修平台、扶梯、内照明、人孔井盖、专用检修车等设施。

④ 主梁设计过程中应根据结构形式及梁高，在底板、隔板设置检修通道，实现梁体内部各处可达，以保证运营过程中的检修。

⑤ 梁体外部可通过桥检车对主梁侧面、底面等进行检修。对于不便于采用桥检车进行检修的桥梁，可配置专用检修车。

问题 12：未考虑对钢结构焊接进行焊接工艺、检验质量评定。

【原因分析】违反《铁路桥梁钢结构设计规范》TB 10091—2017 中第 3.1.3 节和《公路钢结构桥梁设计规范》JTG D64—2015 中第 3.1.12 节关于钢结构焊接的规定。

【处理措施】桥梁钢结构焊接不但量大，而且要求更高、更严、更复杂。随着钢板厚度的增大以及强度等级的提高，焊接区容易出现冷裂纹，焊接性能随着碳含量的增大而造成可焊性降低。焊接工艺评定是保证钢结构焊接质量的前提，仅通过探伤来保证焊接接头的质量是不够的。钢结构桥梁设计时焊接工艺和质量检验应考虑以下三方面：

① 对于桥梁钢结构的焊接作业，在设计文件中应提出编制焊接工艺评定的要求，通过焊接工艺评定来选择最佳的焊接材料、焊接方法、焊接工艺参数、焊前预热及焊后热处理等，为正式制定焊接工艺指导书或焊接工艺卡提供可靠依据，以保证焊接接头的力学性能达到设计要求。

② 焊接材料应与主体钢材相匹配，手工焊接采用的焊条应符合现行《非合金钢及细晶粒钢焊

条》GB /T 5117 或《热强钢焊条》GB /T 5118 的规定。对需要验算疲劳的构件宜采用低氢型碱性焊条。

③ 自动焊和半自动焊采用的焊丝和焊剂应符合现行《熔化焊用钢丝》GB /T 14957、《熔化极气体保护电弧焊用非合金钢及细晶粒钢实心焊丝》GB /T 8110、《非合金钢及细晶粒钢药芯焊丝》GB /T 10045，《热强钢药芯焊丝》GB /T 17493、《埋弧焊用非合金钢及细晶粒钢实心焊丝、药芯焊丝和焊丝-焊剂组合分类要求》GB /T 5293 或《埋弧焊用热强钢实心焊丝、药芯焊丝和焊丝-焊剂组合分类要求》GB /T 12470 的规定。

问题 13：主引桥或联数较多时，未考虑施工的操作空间及施工的时序性。

【原因分析】预应力张拉需要一定空间，在主引桥与引桥或主桥之间，或联与联之间往往由于施工作业空间受限，导致端部锚处无法张拉预应力钢束。

【处理措施】对于主引桥或联数较多的桥梁，应注意以下两点：

① 对于多联桥梁，设计时应合理确定结构形式，根据预制结构、现浇结构的布置确定总体施工顺序。

② 在梁体的分段及构造尺寸、预应力钢束布置、梁端张拉槽口设置、桥墩顶部构造等具体构造设计中充分考虑支座安装、伸缩缝安装、预应力张拉、梁体架设的需要。

问题 14：公轨两用或轨道专用桥，未考虑预应力波纹管保护层厚度的合理性。

【原因分析】违反《铁路桥涵混凝土结构设计规范》TB 10092—2017 第 7.5.2 条关于预应力波纹管保护层厚度的规定。

【处理措施】根据规范要求，预应力钢筋或管道表面与结构表面之间的保护层厚度，在结构顶面和侧面不应小于 1 倍管道外径，且不小于 50mm，在结构底面不应小于 60mm。

问题 15：未采取恰当的措施，导致变截面连续梁（刚构）桥跨中区段底板开裂或混凝土脱落。

【原因分析】随着变截面连续梁（刚构）桥跨度的增大，大吨位预应力技术的采用，箱梁宽度的增加和底板厚度的减薄，一些变截面连续梁（刚构）桥在施工和运营过程中，箱梁底板预应力束下方混凝土大面积开裂或混凝土脱落，见图 18-21。这些病害极大影响了桥梁结构安全。

 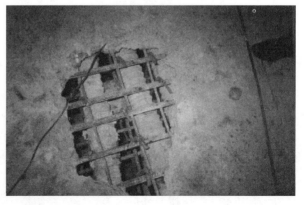

图 18-21　底板混凝土脱落

① 变截面连续梁（刚构）桥跨中区段底板较薄，箱形截面底板的预应力束较多且主要靠近腹板，底板应力水平不均。

② 由于是变截面，底板纵桥向为曲线，沿曲率半径方向，在张拉预应力时会产生径向力；在横断面上，底板较薄、箱室较宽，在预应力径向力作用下，横向底板普通钢筋混凝土结构容易产生裂缝或混凝土脱落。

③ 底板压应力储备过大，导致徐变变形增大、横向产生拉应力而沿波纹管出现纵向裂缝。

④ 箱梁底板的防崩钢筋构造设计不足。

【处理措施】针对产生崩裂的原因进行初步分析，并结合一些桥梁的实践经验，提出以下七条防治措施：

① 将预应力度控制在较为合理的范围内。跨中底板混凝土的压应力储备不宜过大。根据一些实桥的设计经验，在最不利荷载组合下，压应力储备大约在 1.0~1.5MPa 之间。

② 按径向力配筋计算，并加强底板的防崩钢筋及横向钢筋设计，防崩钢筋的长度应满足将底板上、下层纵横向钢筋连接在一起。

③ 加强预应力管道的定位钢筋设计，在曲线半径较小时，定位钢筋的间距应加密。

④ 可在底板曲线段，如跨中附近增设横隔板，使底板与腹板、顶板形成整体共同承受径向力。

⑤ 底板束应尽量避免在拉应力较大的区域锚固，同一断面上锚固吨位不宜太大，还应有较强的纵向普通钢筋通过锚固断面，以避免因齿板处底板开裂而降低其承载能力。

⑥ 当底板较宽时，横向可考虑设置预应力，并应进行横向计算。

⑦ 二期恒载施加后再补张拉合龙钢束。

问题 16：未采取控制竖向预应力精轧螺纹钢永存预应力过高的措施。

【原因分析】采用精轧螺纹钢对梁体施加竖向预应力，应合理准确的控制张拉应力，如预应力过高，可能导致锚固失效、钢筋与混凝土粘结失效等情况，导致钢筋从梁体弹出，将极大地危害桥面行车安全。

【处理措施】竖向预应力设计时应注意以下三个方面：

① 在结构竖向预应力设计中，需制定合理的预应力张拉力，应全面校核钢束的锚下受力以及预应力锚固系统，确保锚固系统的承载力满足要求。

② 施工过程中，加强对预应力原材料的检测，确保原材料满足强度要求，加强竖向钢筋机械连接检测。需重视混凝土灌浆质量，确保钢筋与混凝土的有效粘结。

③ 同时还需加强控制桥面竖向预应力筋锚固螺栓施拧检测。

问题 17：宽幅钢箱梁断面未重视剪力滞、未考虑纵向应力和横向应力耦合叠加的情况和结构局部稳定影响，导致有效应力过高。

【原因分析】违反《公路钢结构桥梁设计规范》JTG D64—2015 第 5.1.7 条、第 5.1.8 条、第 5.1.9 条、第 5.3.1 条关于钢箱梁抗弯强度计算的有关规定。

【处理措施】宽幅钢箱梁尤其应关注剪力滞和局部稳定对强度计算的影响，同时保证结构设计的安全性与经济性。

问题 18：宽主梁横向预应力竖弯段未在结构构造设计上充分考虑，未设置有效的防崩钢筋，导致张拉时局部混凝土破坏。

【原因分析】结构设计考虑不当，横向预应力竖弯段钢束径向力受压区域的混凝土太薄，导致传力不顺，以致混凝土被压溃。另外，违反《公路钢筋混凝土及预应力混凝土桥涵设计规范》JTG

3362—2018 第 9.4.20 条第五款规定，未在预应力竖弯段设置 U 形防崩钢筋。

【处理措施】重点关注横向预应力竖弯段区域的结构构造设计，保证竖弯段钢束区域混凝土能够承受径向力产生的压力，对于钢束和构造空间关系比较复杂的情况，必要时建立三维模型和空间有限元模型加以分析验证。同时，按照《公路钢筋混凝土及预应力混凝土桥涵设计规范》JTG 3362—2018 第 9.4.20 条第五款规定，预应力钢筋径向力作用区，应配置竖向箍筋及沿预应力管道的 U 形防崩钢筋，与壁板内纵筋钩接，纵向分布范围宜取曲线预应力段的全长。

问题 19：钢箱梁未考虑设置临时顶升支座加劲构造并且未对顶升力的限值提出要求、未考虑足够的临时顶升空间，后期更换支座困难。

【原因分析】违反《公路钢结构桥梁设计规范》JTG D64—2015 第 16.1.10 条关于设计时应考虑支座可更换的规定。

【处理措施】钢箱梁设计除永久支座处设置竖向支撑外，对于支撑横梁，应考虑更换支座时临时顶升千斤顶的布置空间，并在横梁上对应设置加劲构造，满足临时顶升工况下横梁的受力需求。

问题 20：钢桁梁下弦节点构造不合理，导致施工和运营期间积水，从而影响结构耐久性。

【原因分析】钢桁梁连接节点细节设计时，未考虑施工和运营期间可能导致节点内部积水的情况（图 18-22）。

图 18-22 下弦节点积水

【处理措施】对于外露的节点，应采用在节点板最低位置处增设泄水孔道或者增设挡板封闭的措施，避免在节点处积水。

18.1.3 下部结构

问题 21：下部结构设计未考虑撞船风险及对应措施。

【原因分析】随着通航船舶变得愈来愈大，愈来愈多，桥梁被船撞事故的发生概率越来越高，船舶撞击不仅使结构受损，见图 18-23，而且还会引起结构严重变形，见图 18-24，甚至桥梁整体倒塌，见图 18-25。同时，严重影响着桥梁的安全运营，不仅会带来严重的经济损失，而且会造成恶劣的社会影响。

第 3 部分 市政工程

图 18-23　桥墩受损

图 18-24　桥梁上部结构横向错位

图 18-25　桥梁整体倒塌

当船舶撞击桥墩，撞击力超出墩的承载力时，桥梁的抗冲击能力无法由桥墩或桩基提供。被撞桥墩的刚度较大，不能通过产生较大塑性变形来吸能，且在大的位移发生时，也会产生落梁危险。撞击船舶的船头刚度虽然小，但接触面小，变形量只能由钢板的少量变形来提供，吸能十分有限。若桥梁不设防撞装置，船舶直接撞击墩身，而桥墩和船舶均不能及时有效地吸收动能，则因此产生的撞击力极大，桥墩损毁风险也极大。

【处理措施】对于存在船撞风险的下部结构应考虑以下四个方面：

① 对于三级及以上航道，设计时应进行桥梁船撞风险评估。对风险较大的桥墩进行防撞装置的设计。

② 桥梁防撞装置应阻止船舶撞击力传到桥梁结构，或者通过缓冲消能延长船舶的碰撞时间，减小船舶撞击力，保障桥梁安全。

③ 防撞装置的设计需要根据桥梁结构的自身抗撞能力、桥梁结构的外形、水流的速度、水位变化情况、通航船舶的类型、碰撞速度等因素进行。

④ 可采用柔性防撞设施，同时确保桥梁和船舶的安全性。防撞装置的类型大致可以分为固定式

护舷，见图 18-26，以及浮动式，见图 18-27。

图 18-26　固定式防撞护舷

图 18-27　浮动式防撞套箱

问题 22：未考虑桩基嵌岩深度的合理性。

【原因分析】违反《公路桥涵地基与基础设计规范》JTG 3363—2019 第 5.3.4 条关于桩长及承载力的规定及第 5.3.5 条关于桩身嵌岩深度的规定。

【处理措施】桩基嵌岩深度设计时应从以下两方面考虑：

① 根据规范对于桩基承载力的计算公式，严格按照桩身穿越土层进行桩长计算，不得按桩径倍数要求嵌岩深度。

② 应对桩身嵌岩深度进行复核计算，除了按以上桩基承载力验算确定桩长外，还应该按照地质构造土层参数，严格复核桩身受力，进行抗弯强度复核。

问题 23：未考虑普通钢筋和预应力钢筋的混凝土保护层厚度的合理性。

【原因分析】违反《公路钢筋混凝土及预应力混凝土桥涵设计规范》JTG 3362—2018 第 9.1.1 条关于普通钢筋和预应力钢筋的混凝土保护层厚度的规定。

【处理措施】普通钢筋和预应力钢筋的混凝土保护层厚度应满足下列三条要求：

① 普通钢筋保护层厚度取钢筋外缘至混凝土表面的距离，不应小于钢筋公称直径；当钢筋为束筋时，保护层厚度不应小于束筋的等代直径。

② 先张法构件中预应力钢筋的保护层厚度取钢筋外缘至混凝土表面的距离，不应小于钢筋公称直径；后张法构件中预应力钢筋的保护层厚度取预应力管道外缘至混凝土表面的距离，不应小于其管道直径的 1/2。

③ 最外侧钢筋的混凝土保护层厚度应不小于表 18-1 的规定值：

混凝土保护层最小厚度（mm）　　　　　　　　　　　　　　　　表 18-1

构件类别	梁、板、塔、拱圈、涵洞上部		墩台身、涵洞下部		承台、基础	
设计使用年限（年）	100	50、30	100	50、30	100	50、30
Ⅰ类——一般环境	20	20	25	20	40	40

续表

构件类别	梁、板、塔、拱圈、涵洞上部		墩台身、涵洞下部		承台、基础	
Ⅱ类—冻融环境	30	25	35	30	45	40
Ⅲ类—近海或海洋氯化物环境	35	30	45	40	65	60
Ⅳ类—除冰盐等其他氯化物环境	30	25	35	30	45	40
Ⅴ类—盐结晶环境	30	25	40	35	45	40
Ⅵ类—化学腐蚀环境	35	30	40	35	60	55
Ⅶ类—腐蚀环境	35	30	45	40	65	60

注：① 本表摘自《公路钢筋混凝土及预应力混凝土桥涵设计规范》JTG 3362—2018。
　　② 表中数值针对各类环境类别的最低作用等级，按《公路钢筋混凝土及预应力混凝土桥涵设计规范》JTG 3362—2018 第4.5.3条要求的最低混凝土强度等级以及钢筋和混凝土无特殊防腐措施规定。
　　③ 对工厂预制的混凝土构件，其保护层最小厚度可将表中相应数值减小 5mm。
　　④ 表中承台和基础的保护层最小厚度，针对基坑底无垫层或侧面无模板的情况规定；对于有垫层或有模板的情况，保护层最小厚度可将表中相应数值减小 20mm，但不得小于 30mm。

问题 24：未考虑声测管布置的合理性。

【原因分析】违反《公路工程基桩检测技术规程》JTG/T 3512—2020 第 6.3.1 条关于声测管布置的规定。

【处理措施】声测管的埋设应满足技术规程中的五点要求：

① 当桩径不大于 1500mm 时，应埋设三根管；当桩径大于 1500mm 时，应埋设四根管。参考《建筑基桩检测技术规范》JGJ 106—2014 第 10.3.1 条。桩径大于 2500mm 时，宜增加预埋声测管数量（多于 4 根）。

② 声测管宜采用金属管，其内径应比换能器外径大 15mm，管的连接宜采用螺纹连接，且不漏水；

③ 声测管应牢固焊接或绑扎在钢筋笼的内侧，且相互平行、定位准确，并埋设至桩底，管口宜高出桩顶面 300mm 以上。

④ 声测管管底应封闭，管口应加盖。

⑤ 声测管的布置以路线前进方向的顶点为起始点，按顺时针旋转方向进行编号和分组，每两根编为一组（图 18-28）。

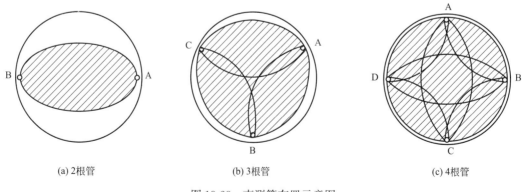

(a) 2根管　　　　　　(b) 3根管　　　　　　(c) 4根管

图 18-28　声测管布置示意图

问题 25：未考虑土岩组合地基的特殊性，导致桥梁的变位和破坏。

【原因分析】土岩组合地基上的桥梁基础极易造成桥墩偏移，引起结构严重变形，甚至桥梁整体倒塌，见图 18-29，严重影响着桥梁的运营安全，不仅造成严重的经济损失，而且带来恶劣的社会影响。

图 18-29 桥梁整体倒塌

城市建设过程中形成了大量的填土场地，但多数情况是未经填方设计，直接将开山岩屑、建筑弃土等倾倒填筑到河谷地带的填土。当地基的基岩表面坡度较大时，上覆填土在自重及建筑物荷载作用下沿天然坡面滑动，或由于填土出现新边坡的稳定问题，填土沿基岩表面滑移，产生下滑力，对桥梁基础造成侧向偏压。填土层的体量大，下滑力大，仅通过桩基础本身抗力十分有限。若桥梁不采取应对措施，桥梁损毁风险极大。

【处理措施】对于土岩组合地基上的桥梁基础应采取以下五点措施：

① 排水：应设置排水沟以防止地面水浸入填土地段，必要时尚应采取防渗措施。在地下水影响较大的情况下，应根据地质条件，设置地下排水系统。

② 支挡：根据下滑力的大小、方向及作用点，可选用重力式抗滑挡墙、阻滑桩及其他抗滑结构。抗滑挡墙的基底及阻滑桩的桩端应埋置于滑动面以下的稳定岩层中。

③ 边坡：边坡等级按一级设计；边坡安全系数应考虑增大系数，增大系数可参考坡顶有重要建（构）筑物的边坡要求执行。

④ 卸载：在保证卸载区上方及两侧岩土稳定的情况下，可在滑体主动区卸载，但不得在滑体被动区卸载。

⑤ 反压：在滑体的滑阻区段增加竖向荷载以提高滑体的阻滑安全系数。

问题 26：桥台位于高填方区，未考虑边坡稳定性计算及锥坡填料要求。

【原因分析】城市建设进程较快，一些新建的桥梁需要跨越年份较新的高回填区域，造成桥台在回填区的情况比较常见。由于对高回填土体的认识不够充分，在桥梁桥台锥坡设计中往往忽视桥台后填土带来的危害，计算上没有充分考虑土体的荷载（图 18-30）。在工程实践中，此类问题多造成桥台被土体推移，造成桥梁结构不可接受的大变形，甚至垮塌。

【处理措施】桥台位于高填方区，应采取以下六种措施确保边坡稳定：

① 要求地勘报告明确高回填区土力学参数，调查水文地质情况。

② 桥梁计算书中需提供回填区土体稳定性分析和结论。

③ 墩台计算需充分考虑土体水平滑移力对墩台结构的受力影响，包括基础强度和刚度指标。

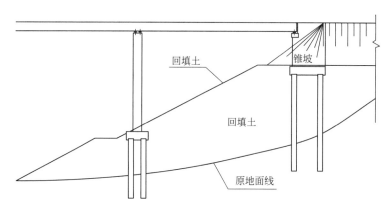

图 18-30 典型高填方墩台布置示意图

④ 桥台锥坡设计应选择合理的坡率，并要求采用透水性好的填料，明确级配，采用分层回填夯实或碾压密实，要有明确的分层厚度和压实度要求。

⑤ 大填方区桩基应重视负摩阻力和位移计算，桩基础应采用群桩，不应采用独桩。需在设计说明中明确桥梁下部基础施工前，地基应回填压实完成，以免桥墩桩基倾斜，造成损失。

⑥ 位于填方护坡段的桥台，施工前应结合《桥台锥坡示意图》要求，施工至不低于桩顶设计高程线并压实后，方可进行桥台桩基施工。

问题 27：轨道交通桥梁设计未考虑桥梁车辆走行安全性和行车的舒适性。

【原因分析】违反《城市轨道交通桥梁设计规范》GB/T 51234—2017 第 6.0.7 条关于车辆走行安全性和行车舒适性要求的规定。

【处理措施】根据规范要求，跨度大于 100m 的桥梁宜按实际运营列车进行车—桥系统或风—车—桥系统耦合振动分析检算，最大检算速度应采用 1.2 倍的本线最高运营速度，列车走行安全性及乘客乘坐舒适度指标应满足下列公式要求：

脱轨系数：$Q/P \leqslant 0.8$

轮重减载率：$\Delta P/\overline{P} \leqslant 0.6$

车体竖向加速度：$a_z \leqslant 0.13g$（半峰值）

车体横向加速度：$a_y \leqslant 0.10g$（半峰值）

式中：Q——列车轮对一侧车轮的横向力（kN）；

$\quad P$——一侧车轮垂直力（kN）；

$\quad \Delta P$——一侧车轮轮重减载量（kN）；

$\quad \overline{P}$——车轮的平均轮重（kN）；

$\quad g$——重力加速度（m/s²）。

问题 28：刚构桥主应力未计入无缝线路轨道纵向水平力的影响。

【原因分析】对轨道桥梁的荷载取值分类了解不充分，缺失轨道纵向水平力的作用。

【处理措施】无缝线路的伸缩力、挠曲力和断轨力，应根据轨道结构及梁—轨共同作用的原理分别按下列三条规定计算：

① 单线及多线桥宜仅计算一根钢轨的断轨力。

② 伸缩力、挠曲力、断轨力应作用于墩台上的支座中心处，不应计其实际作用点至支座中心的

力矩影响。

③ 当梁的内力效应中需计入伸缩力、挠曲力、断轨力的影响时，应进行专项研究。

问题 29：未考虑局部冲刷的影响，涉水桥墩基础承台基坑回填表层在长期局部冲刷下露出桩基（甚至露筋）。

【原因分析】由于桥墩和桥台占据河道会对过水面积造成压缩，导致桥位处河流横断面的有效行洪面积减小。当洪水来临时，大量水流携带泥沙在桥墩上游一定范围内产生壅水，使河段水位局部抬高（图 18-31），壅水程度随流量的增大而增加。由于桥墩阻挡了一部分水流，使水流绕桥墩而过，会产生强烈的紊动现象。桥墩上游侧向下的水压会引起水流向下流动，并且随水深而流速变大，使桥墩最下部会出现很大的向下流速并伴随漩涡（图 18-32），从而对桥墩基础造成很大冲刷，久而久之造成桥墩基础稳定性降低，危及桥梁结构安全（图 18-33、图 18-34）。

图 18-31　桥墩附近的水流形态

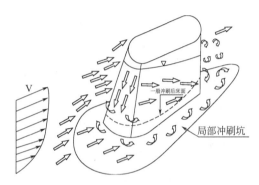

图 18-32　桥墩局部冲刷示意

图 18-33　桥墩桩基础局部冲刷情况

图 18-34　桥墩桩基础局部冲刷露筋情况

【处理措施】桥梁设计时应从以下六方面控制局部冲刷：

① 在进行桥梁的选址和桥位布置时，应尽量保证桥梁与河流的水流方向正交布置，使桥墩轴线与水流方向保持一致。

② 应尽量减小桥墩顺桥向结构尺寸，并将承台布置在河床水流断面以下，以减小对行洪断面的占用。

③ 充分优化桥墩外形，最大限度地减小桥墩对水流的阻力，使水流更加平顺。

④ 在进行桥梁布跨时，桥墩还应尽量远离河岸和防洪堤，以减少水流对河岸和防洪堤的局部冲刷。

⑤ 在进行涉水桥墩基础设计时，应进行冲刷计算或要求有关单位提供冲刷深度数据，并将墩台基底埋置于冲刷线以下一定深度。

⑥ 对于涉水桥墩防冲刷的保护，可以在桥墩所在边坡设置石笼防护网（图18-35），对于涉水桥墩承台基坑，可采用大块石回填，并在顶部浇筑混凝土固化。

图18-35　桥墩防局部冲刷的石笼防护网

图18-36　基础在土推力作用
下发生较大位移变形

问题30：位于淤泥质软土地质情况的跨河桥梁，未明确提出河床开挖、台后填土以及桩基施工的合理顺序，导致基础在土推力作用下发生较大位移变形（图18-36）。

【原因分析】针对位于淤泥质软土地质情况的跨河桥梁，设计文件中未明确提出河床开挖、台后填土以及桩基施工的合理顺序，以及应采取的必要维护措施的相关要求，导致跨河桥梁施工顺序不当，以致河道单侧开挖卸载，台后土压力将桩基挤偏位。

【处理措施】设计文件中应根据具体情况明确提出河床开挖、台后填土以及桩基施工的合理顺序和相关要求。

问题31：不等跨交界墩应考虑恒载偏心受力问题

【原因分析】交界墩两侧桥跨差异大时，两侧支反力差异也较大，为设计简便，仅从墩身结构设计本身考虑满足受力要求，未从构造上考虑成桥状态设置恒载调平偏心以精细设计，节约桥墩建设成本。

【处理措施】建议不等跨交界墩成桥状态竖向合力弯矩轴力偏心超过10cm时应考虑恒载偏心受力问题以节约桥墩主筋配筋。

18.1.4　附属结构

问题32：钢结构未考虑防腐涂装设计，导致结构耐久性不足。

【原因分析】违反《公路钢结构桥梁设计规范》JTG D64—2015第15.0.2节关于钢结构防腐年限应不小于15年的规定。

【处理措施】根据桥梁所具有的结构表面、结构特点及其所处的复杂的大气环境，宜按《公路桥梁钢结构防腐涂装技术条件》JT/T 722—2008，或《铁路钢桥保护涂装及涂料供货技术条件》Q/CR 730—2019 的规定，结合腐蚀环境、桥梁结构的工作条件、结构表面特征和涂装部位、预期防腐使用年限等具体情况选定涂层配套体系，明确涂层的防腐设计年限、涂层性能要求、涂层原材料质量控制要求和防护涂装施工过程质量控制要求。

问题 33：附属结构各构件设计时未明确使用年限的要求。

【原因分析】违反《城市桥梁设计规范》CJJ 11—2011（2019 年版）第 3.0.9 条、《城市轨道交通桥梁设计规范》GB /T 51234—2017 中第 9.1.2 条或《公路工程技术标准》JTG B01—2014 第 6.0.11 条对桥梁使用年限的规定。

【处理措施】附属构件的设计需要提出合理的耐久性要求，明确使用年限或更换周期，以便使用管养单位进行合理的维护保养。设计时，应考虑以下三个方面：

① 可参照《城市桥梁设计规范》CJJ 11—2011（2019 年版）中第 3.0.9 条规定，按照表 18-2 对附属各构件进行使用年限说明：

桥梁结构的设计使用年限　　　　　　　　　　　　　　　　　　　表 18-2

类别	设计使用年限（年）	类别
1	30	小桥
2	50	中桥、重要小桥
3	100	特大桥、大桥、重要中桥

注：① 本表摘自《城市桥梁设计规范》CJJ 11—2011（2019 年版）。

② 对有特殊要求的结构的设计使用年限，可在上述规定基础上经技术经济论证后予以调整。

② 可参照《城市轨道交通桥梁设计规范》GB /T 51234—2017 中第 9.1.2 条规定，按照表 18-3 对附属各构件进行使用年限说明：

桥梁构件的耐久性设计类别　　　　　　　　　　　　　　　　　　表 18-3

形式			构件名称	耐久性设计类别	
				不可更换构件	可更换构件
主体结构	上部结构构件	梁桥	主梁	√	—
		拱桥	主拱	√	—
			加劲梁	√	—
			拱上立柱、刚性吊杆	√	—
			吊杆索、系杆索	—	√
		斜拉桥	桥塔	√	—
			主梁	√	—
			斜拉索	—	√
	下部结构构件		支承垫石	√	—
			顶帽/盖梁	√	—
			墩柱	√	—
			承台	√	—
			基础	√	—
			桥台	√	—

第 3 部分　市政工程

续表

形式	构件名称	耐久性设计类别	
		不可更换构件	可更换构件
附属结构构件	接触网支柱基础	√	—
	栏板及立柱	—	√ *
	防水层及保护层	—	√ * *
	排水系统	—	√ * *
	伸缩缝	—	√
	支座	—	√ *

注：① 本表摘自《城市轨道交通桥梁设计规范》GB/T 51234—2017。
　② 吊杆索、系杆索、斜拉索、伸缩缝的设计使用年限为30年。
　③ "＊"表示构件的设计使用年限为60年。
　④ "＊＊"表示构件的设计使用年限为15年。

③ 可参照《公路工程技术标准》JTG B01—2014第6.0.11条按照表18-4对附属各构件进行使用年限说明：

桥涵设计使用年限（年）　　　　　　　　　　　　　　　　　　**表18-4**

公路等级	主体结构			可更换部件	
	特大、大桥	中桥	小桥、涵洞	斜拉索、吊索、系杆等	栏杆、伸缩缝、支座等
高速公路、一级公路	100	100	50	20	15
二级公路、三级公路	100	50	30	20	15
四级公路	100	50	30	20	15

注：本表摘自《公路工程技术标准》JTG B01—2014。

问题34：钢箱梁支座处局部应力过大，引起结构局部变形。

【原因分析】造成钢箱梁支座处局部应力过大的原因主要有以下三个方面：

① 钢箱梁支承隔板构造复杂，由于过人洞、纵肋切口或其他贯穿孔等，使支承横隔板的截面削弱较多。

② 钢箱梁支座局部构造由焊接引起的残余应力及焊接变形较大，横隔板的高度和高厚比也较大。

③ 钢箱梁支承横隔板受弯、剪、压共同作用，在隔板强度削弱处及构件相交处均易发生应力集中使其局部产生较大的应力，使结构局部的应力超过材料的承载力设计值，致使横隔板及竖向、水平加劲肋易发生平面外屈曲，从而导致桥梁在施工过程或运营中发生失稳，甚至造成诱发桥整体垮塌（图18-37、图18-38）。

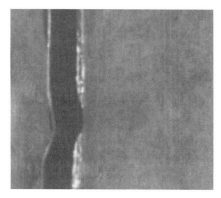

图18-37　钢箱梁支承横隔壁的局部失稳

【处理措施】钢箱梁设计时应考虑以下三个方面：

① 设计必须同时考虑局部稳定和整体稳定，并保证局部失稳不先于整体失稳。

② 根据计算对横隔板强度、最小厚度及竖向加劲肋设置位置、竖向加劲肋高厚比、区格局部稳定性进行设计，确保局部稳定和强度计算结果满足要求。

③ 同时，钢箱梁是由钢板组成的薄壁结构，其截面构件板件较多，结构受力复杂，仅按杆系模型进行近似分析不能真实反映结构的受力状况，必要时需考察其局部弹塑性稳定，采用板壳模型能有效地分析其稳定性能。

图 18-38　钢箱梁失稳破坏

问题 35：未采取提高钢结构人行道板铺装平整性的措施，影响走行的舒适性。

【原因分析】钢结构人行道板铺装不平整的主要原因有如下四点：

① 由于人行道板板厚设置较薄，板下的加劲肋与面板焊接产生的收缩变形易导致人行道板的不平整。

② 当人行道铺装采用浇筑式沥青混凝土作为铺装层时，由于人行道板刚度较小或人行道板下缘的加劲肋不连续导致刚度突变，热摊铺时的高温导致人行道板产生的变形。

③ 当人行道铺装采用薄层铺装方案时，铺装厚度未高于板件对接焊缝余高，同时并未设置调平层。

④ 设计时未考虑人行道铺装的施工方式。当人行道宽度较窄，无法进行机械化摊铺而只能采用人工摊铺时，会导致表面凹凸不平。

【处理措施】钢结构人行道板铺装设计时应考虑以下四点：

① 保障人行道板的刚度，建议：人行道板厚≥10mm，板下的加劲肋间距 e≤600mm，板下的加劲肋间距与人行道板厚之比 e/t≤40。尽量减少焊接量、更要避免动辄要求熔透角焊缝，同时尽量选择对称焊缝。

② 当人行道铺装采用浇筑式沥青混凝土作为铺装层时，应计算人行道板在摊铺过程中由高温引起的变形。在构造设计上，则应保证人行道板下方的加劲肋是连续的。

③ 当人行道铺装采用薄层铺装方案时，应考虑板件对接焊缝余高的影响，并设置调平层。

④ 设计应根据人行道的宽度选择合适的铺装方式，如环氧陶粒铺装和MMA碎石铺装方案。

问题 36：桥面人行道栏杆、防撞护栏样式和高度、人行道铺装未与相衔接的道路工程协调或过渡顺畅，导致景观效果不佳。

【原因分析】桥梁专业与道路专业或者不同设计标段之间就设计接口、工程界面在设计过程中未协商和统筹考虑，仅顾完成各自部分，导致桥面人行道栏杆、防撞护栏样式和高度、人行道铺装未与相衔接的道路工程协调或过渡顺畅，景观效果差（图18-39）。

【处理措施】应加强各专业之间的设计协同，桥梁专业与道路专业或者不同设计标段之间，应该就设计接口、工程界面在设计过程中予以协商，做到统筹考虑，设计出图之前，采取会签措施避免所述问题。

图 18-39　防撞护栏景观效果不佳

问题 37：未明确交通标志、标牌支架基座在桥面附属结构上的预埋、预留大样，导致现场安装困难。

【原因分析】交通工程专业未考虑到桥梁的实际结构情况，仍然沿用路基段的交通标志、标牌支架基座，以及预埋、预留大样。当桥梁施工至安装交通标志、标牌支架时，才发现所述问题。

【处理措施】设计过程中，各专业之间应加强沟通和交流，交通工程专业设计人员如遇需要在桥梁上设置交通标志、标牌支架时，应明确提出交通工程专业关于交通标志、标牌支架基座和预埋、预留大样的相关要求，由桥梁结构专业完成具体的桥上预埋、预留大样详图设计。

问题 38：有管线过桥的桥梁，未明确过桥管线荷载限制要求，未明确管线基座预留大样。

【原因分析】未根据过桥管线的设计或预留情况，统计过桥管线的重量，导致二期恒载统计不准确，可能引起桥梁超载，降低结构安全度。未明确管线基座预留大样，导致管线直接放置在桥面上，不满足管线架设的相关要求。

【处理措施】管线专业应主动向桥梁结构专业明确提出过桥管线的设计或预留情况，并准确统计过桥管线的重量，管线专业应主动向桥梁结构专业提出管线基座预留要求，并与桥梁结构专业协商确定桥上的管线基座预留大样。

问题 39：未考虑桥梁外表面积尘和在雨水作用下形成脏污滞对桥梁外观的不利影响，导致景观效果不佳。

【原因分析】桥梁专业设计人员在结构设计中，仅考虑结构设计的相关问题，没有重视诸如伸缩缝漏水、桥梁外表面由积尘和在雨水作用下形成脏滞对桥梁外观的不利影响（图 18-40）。

【处理措施】设计时应注意以下四点：

① 桥面伸缩装置应充分考虑防水、止水措施，注重伸缩缝处的排水设计，提出防止伸缩缝处积水、渗漏形成污渍的措施。

② 主梁翼缘端部、桥台台帽、防撞护栏挂板等均应考虑滴水构造措施。

③ 桥塔塔冠和横梁顶面、桥墩顶面设置滴水檐、挡水带、落水管。

④ 在声屏障底部设置雨水导流板。

图 18-40　桥梁外表面积尘和在雨水作用下形成脏污

问题 40：桥梁夜景照明未与桥梁主体结构同步、一体化设计，并且未与桥梁同步施工、验收和投入使用，导致后期安装实施的夜景照明管线、灯具支架外露于桥梁外表面，对桥梁景观造成负面影响。

【原因分析】由于建设时序、设计合同约定的工作内容、范围等原因，导致桥梁结构设计与桥梁夜景照明设计不同步。在桥梁结构设计过程中，没有考虑对夜景照明灯具、灯具支架和管线、管线支架的安装位置、通道，以及如何做到隐藏隐蔽进行考虑；而夜景照明设计专业人员缺乏结构设计的基本概念，采用毫无必要的粗壮、笨重的灯具和管线支架，导致夜景照明相关设施对桥梁白天的景观效果造成很大的负面影响。

【处理措施】桥梁夜景照明应与桥梁主体结构设计在过程中同步、一体化开展设计，桥梁专业设计人员宜与夜景照明设计人员共同协商确定夜景照明灯具、灯具支架和管线、管线支架的安装位置、通道和安装大样，宜明确提请建设单位考虑桥梁夜景照明工程应与桥梁主体结构工程同步施工、验收和投入使用。

18.2　立交桥

18.2.1　桥梁总体

问题 41：未考虑对纵坡较大的桥梁采取相应的处理措施，以防止桥梁滑移。

【原因分析】违反《城市桥梁设计规范》CJJ 11—2011（2019 年版）第 6.0.6 条和《城市道路

设计规范》CJJ 37—2012（2016年版）第13.2.5条关于桥梁纵坡的规定。由于受接线条件的影响，部分桥梁纵坡较大，大于4%，甚至达到6%，设计者未考虑相应的处理措施。

【处理措施】对于纵坡较大的桥梁，设计时应采取如下四项措施：

① 梁底设置调整钢板或支座垫石，调平支座。

② 纵坡超过5%的连续梁桥每一联不宜少于一个固结桥墩。

③ 固结墩或设固定支座的桥墩应有足够的抗推刚度。

④ 可设置支座限位装置。

问题42：箱梁位于小半径曲线段，出现支座脱空、梁体倾覆，有的直线桥支座设置不合理，当偏载时也存在支座脱空、梁体倾覆等问题。

【原因分析】违反《公路钢筋混凝土及预应力混凝土桥涵设计规范》JTG 3362—2018第4.1.8条关于持久状况下，桥梁不应发生结构体系改变的规定。

小半径曲线箱梁内侧支座或单柱支座出现脱空现象，见图18-41；近些年，内蒙古包头、天津、浙江上虞、黑龙江哈尔滨、重庆两江新区和广东河源相继发生箱梁匝道桥体横桥向倾覆失稳直至垮塌的事故案例，见图18-42。

图18-41　支座脱空　　　　　　　　　图18-42　主梁倾覆

小半径曲线梁桥，由于自重和预应力荷载作用所产生的扭矩和扭转变形作用相当大。在大曲率、较大跨径的曲线梁桥中，主梁组合最大扭矩值有时可达纵向最大弯矩值的50%以上。由于独柱支承曲线梁桥中间支点抗扭能力弱，故必须在桥梁两端部设置抗扭支承，以增加桥梁的整体稳定性。由于主梁的扭转传递到梁端部时，会造成端部各支座横向受力分布严重不均，甚至使支座出现负反力，若支座无特殊措施将会引起支座脱空。汽车荷载的偏心布置及其行驶时的离心力，也会造成曲线梁桥向外偏转并增加主梁扭矩和扭转变形。如单向受压支座脱离正常受压状态，则上部结构的支承体系不再提供有效约束，上部结构扭转变形趋于发散、横向失稳垮塌，支座、下部结构连带损坏，箱梁的单向受压支座开始脱离受压，若箱梁的抗扭支承全部失效，就会发生倾覆破坏。

【处理措施】曲线梁桥的不同支承方式，对其上、下部结构内力影响非常大，因此根据其结构受力特点选择合理的支承方式尤为重要，设计时应注意如下九点：

① 曲线梁桥的计算宜采取空间网格模型、折面梁格模型和7自由度单梁模型或实体有限元模型计算。

② 在曲线梁桥两端的桥台或盖梁处采用两点或多点支承的支座，这种支承方式可有效地提高主梁的横向抗扭性能，保证其横向稳定性。

③ 采用双柱中墩，或在选用的矩形宽柱上设置双点支承，这种支承方式对主梁可提供较大的扭转约束。

④ 采用独柱墩顶与梁固结的方式，墩柱可承担一部分主梁扭矩，对主梁的扭转变形有一定作用。

⑤ 调整中间支座的横向位置，使支座向与曲梁扭矩相反的方向偏移一定的距离，以使曲线梁达到类似直梁的平衡状态。

⑥ 合理配置预应力钢束，在考虑竖向预应力效应的同时，应考虑预应力横向效应的影响，其横向总体效应以使梁体产生向内偏转为宜。

⑦ 梁体的倾覆计算应保证按作用标准值进行组合时，整体式截面简直梁和连续梁的作用效应应符合下式的要求：

$$\frac{\sum S_{bk,i}}{\sum S_{sk,i}} \geqslant k_{qf}$$

式中：k_{qf}——横桥向抗倾覆稳定系数，取 $k_{qf}=2.5$；

$\sum S_{bk,i}$——使上部结构稳定的效应设计值；

$\sum S_{sk,i}$——使上部结构失稳的效应设计值。

⑧ 尽量避免设计简支曲线钢箱梁结构。对于曲线桥以及边跨较小桥梁，根据结构计算确定钢箱梁梁端是否需进行压重。

⑨ 曲线箱梁的结构形式和横断面形状，应具有足够抗扭刚度。

问题 43：未考虑对涉河桥梁进行行洪论证。

【原因分析】违反《重庆市河道管理范围内建设项目管理办法（修订）》（渝府发〔2012〕32 号）关于河道管理范围内修建各类永久性建筑物、构筑物的规定。对部分规模较小的河道，由于水流量较小，或者是踏勘现场的时候不是洪水期，而忽略了行洪的要求。

【处理措施】按照管理办法的要求进行办理。对涉河桥梁在方案设计或可研阶段就应该要求建设单位开展行洪论证工作，以论证桥梁方案的可行性和合理性。

问题 44：未考虑桥梁基础开挖对周边既有管网及构筑物的影响。

【原因分析】市政桥梁建设，很多是在建成区进行建设，在桥梁周边存在现状管线及建（构）筑物，在设计时，没能准确掌握管线及构造物的位置、标高，施工前没有制定针对性的方案，施工过程中对其产生了影响。

【处理措施】桥梁基础设计时，应关注如下四个方面：

① 设计前应收集全部的管网及建（构）造物资料，建（构）造物的基础资料应重点落实。

② 桥梁基础设计时应考虑避让管线及构造物，考虑相应的施工方案，留足施工空间。

③ 基坑应进行稳定和变形计算，保证施工安全和周边建（构）筑物的安全和变形要求。

④ 根据管网情况制定可行的施工方案。

问题 45：桥下道路通行受影响、净空不足、行车视距不足，桥上高压线的保护距离不足的问题。

【原因分析】违反《城市桥梁设计规范》CJJ 11—2011（2019 年版）第 4.0.8 条关于高压线距

离的规定，第 5.0.1 条关于桥面净空的要求。未能准确计算净空尺寸、高压线安全距离等。

【处理措施】墩台布置桥下空间、转向交通视距要求可从以下五方面考虑：

① 核查桥下最不利点净高时，应充分考虑桥面纵坡和横坡的影响，当桥梁存在大型门架墩、大挑臂盖梁等结构物时，应特别注意其是否存在侵入桥下平交口转弯车道、调头车道净空的情况。

② 当跨越既有道路桥梁采用现浇箱梁结构形式时，桥下净空应考虑施工期间搭设支架门洞所需的高度，保证施工期间规定车辆的正常通行。

③ 跨线桥梁需重视桥梁施工时对桥下既有道路的影响，桥梁施工时桥下道路是否能中断，能否改道，若改道，是否有相应的改道方案。即使是现有村道、人行步道也应重视，避免现场施工时进行变更。

④ 当在小半径道口或匝道内侧布置桥墩时应注意满足车辆通行安全视距要求，墩身不得侵入视距包络范围。

⑤ 对于新建桥梁位于高压线下方的情况，应特别注意高压线在不同季节的悬垂高度，按最不利情况控制。确定桥梁方案时应考虑施工期间施工器械（如架桥机）是否侵入高压线保护范围。

问题 46：未明确桥梁与相交道路（桥梁）的施工顺序，导致实施时与设计时的边界条件不符。

【原因分析】忽略了相交道路（桥梁）的施工对自身桥梁的影响。

【处理措施】桥梁建设时序应从以下三方面考虑：

① 桥梁设计时应明确桥下道路（桥梁）与本桥施工的先后顺序。

② 桥梁范围土石方填挖及防护必须在本桥桩基施工之前完成。

③ 宜先施工上层桥，再施工下层桥。

问题 47：漫水桥未考虑抗浮设计及验算，导致桥梁变位过大或冲毁。

【原因分析】违反《公路桥涵设计通用规范》JTG D60—2015 第 4.1.1 条关于水浮力的规定。城市防洪标准较低的地区，有的桥由于按百年一遇洪水频率设计有困难，采用了相交河道或排洪渠的规划洪水频率设计。当发生超过设计频率的洪水时，洪水有可能冲击桥梁主梁、甚至漫过桥面，如果设计时未考虑漫水状态，未对流水压力及浮力进行验算，也未采取相应措施，则极易导致桥梁变位过大或冲毁。

【处理措施】漫水桥设计时，应从以下四个方面考虑：

① 设计过程中应按百年一遇洪水位校核桥梁设计，确保其安全。

② 如果有可能出现漫水桥的情况，应充分考虑流水压力和浮力，验算全桥的受力状态。

③ 漫水桥宜采用墩梁固结体系，至少每一联设一个固结墩。设支座的桥墩或桥台处，应设置横向限位挡块。

④ 主梁为箱梁的桥梁，箱梁底板应设置足够的泄水孔，以减少位水位上涨时的浮力和水位下降时的重力对桥梁的不利影响。

问题 48：立交桥、跨线桥施工图设计时，在设计文件中未识别危大工程的重点部位、危险源，缺少保障工程周边环境安全和工程施工安全的指导性意见，如深基坑开挖、人工挖孔桩等。

【原因分析】违反《危险性较大的分部分项工程安全管理规定》（住房和城乡建设部令第 37 号）关于明确立交桥、跨线桥危大工程的安全管理规定。

【处理措施】立交桥、跨线桥方案涉及跨越快速路、高速路、铁路、轨道及河流等情况，施工图设计文件中需明确涉及危大工程的重点部位和环节，提出保障工程周边环境安全和工程施工安全的意见，必要时进行专项设计，以利于施工方准确辨识工程风险点，确保工程安全实施。

问题 49：在道路中央分隔带和路侧设置桥墩的跨线桥梁，桥墩、墩帽、盖梁侵占桥下道路的建筑限界。

【原因分析】违反《公路桥梁设计通用规范》JTG D60—2015 第 3.2.7 条、《城市道路工程设计规范》CJJ 37—2012（2016 年版）第 3.4.2 条规定。

【处理措施】立交桥、跨线桥跨越有中央分隔带的多车道道路时，不宜在中央分隔带内设置桥墩。需要设置桥墩时，桥墩、墩帽、盖梁不得侵入道路建筑限界，宜设置在道路路侧净区以外；同时桥墩结构应考虑汽车的撞击作用，并在桥墩附近设置桥下道路路侧护栏和桥墩保护设施。

18.2.2 上部结构

问题 50：小半径曲线桥未考虑设置横隔板，导致桥梁抗扭刚度不足。

【原因分析】违反《公路钢筋混凝土及预应力混凝土桥涵设计规范》JTG 3362—2018 第 9.3.1 条关于横隔梁（板）的规定。

【处理措施】混凝土上部结构横隔梁（板）设置应满足以下三个要求：

① 在装配式 T 梁桥中，应设置跨端和跨间横隔梁。当梁间横向采用刚性连接时，横隔梁间距不大于 10m。

② 在装配式组合箱梁中，应设置跨端横隔梁，跨间横隔梁宜根据结构的具体情况设置。

③ 在箱形截面梁桥中，应设置箱内端横隔板。内半径小于 240m 的弯箱梁应设跨间横隔板，其间距对于钢筋混凝土箱形截面梁不应大于 10m；对于预应力箱形截面梁则应经结构分析确定。悬臂跨径 50m 及以上的箱形截面悬臂梁桥在悬臂中部尚应设跨间横隔板。条件许可时，箱形截面梁桥的横隔板应设检查用人孔。

问题 51：斜交桥未设计顶、底板钝角加强钢筋，导致局部开裂。

【原因分析】违反《公路钢筋混凝土及预应力混凝土桥涵设计规范》JTG 3362—2018 第 9.2.6 条关于整体式斜板交角大于 15°时，在钝角部位应设置加强钢筋的规定。

【处理措施】斜交桥的钢筋布置可按下列三条规定布置，如图 18-43 所示：

① 当整体式斜板的斜交角（支承轴线的垂直线与桥纵轴线的夹角）不大于 15°时，主钢筋可平行于桥纵轴线方向布置；当整体式斜板斜交角大于 15°时主钢筋宜垂直于板的支承轴线方向布置。此时，在板的自由边上下应各布置一条不小于 3 根主筋的平行于自由边的钢筋带，并用箍筋箍牢。在钝角部位靠近板顶的上层，应布置垂直于钝角平分线的加强钢筋，在钝角部位靠近板底的下层，应布置平行于钝角平分线的加强钢筋，加强钢筋直径不宜小于

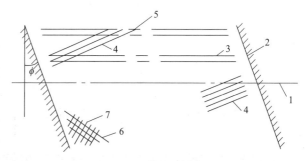

图 18-43 斜交桥钢筋布置

1—桥纵轴线；2—支承轴线；3—顺桥纵轴线钢筋；

4—与支承轴线正交的钢筋；5—自由边钢筋带；

6—垂直于钝角平分线的钝角钢筋；

7—平行于钝角平分线的钝角钢筋

12mm，间距 100～150mm，布置于以钝角两侧 1.0～1.5m 边长的扇形面积内。

② 斜板的分布钢筋宜垂直于主钢筋方向设置，其直径、间距和数量可按《公路钢筋混凝土及预应力混凝土桥涵设计规范》JTG 3362—2018 第 9.2.4 条办理。在斜板的支座附件宜增设平行于支撑轴线的分布钢筋；或将分布钢筋向支座方向呈扇形分布，过渡到平行于支撑轴线。

③ 预制斜板的主钢筋可与桥纵轴线平行，其钝角部位加强钢筋及分布钢筋宜按照第①款及第②款要求布置。

问题 52：宽箱室、大悬臂箱梁顶、底板由于普通钢筋或横向预应力设置不合理，导致纵向开裂。

【原因分析】对于宽箱室、大悬臂箱梁如果仅按经验进行钢筋或横向预应力设置，可能造成由于设置不合理，不能满足结构实际受力需要而产生的开裂。

【处理措施】对于宽箱室、大悬臂箱梁应建立横向模型，对横向受力进行详细分析，根据受力情况进行钢筋或横向预应力设置。

问题 53：预制 T 梁未考虑截面不对称性，导致预应力张拉过程中的横向变形。

【原因分析】预制 T 梁的边梁，由于截面不对称，主要是左右翼缘的长度不一致，导致截面的重心轴与腹板中心线不重合。而腹板的纵向预应力钢束均按腹板中心线对称布置，当预应力钢束张拉时，张拉力的合力与截面的重心轴不重合，形成一个偏心矩，从而产生一个横向的偏心弯矩。由于 T 梁的横向抗弯刚度较小，在横向弯矩作用下，极易产生横向变形。

【处理措施】预制 T 梁在设计时应从下列三个方面考虑：

① 在设计桥梁横断面梁时应尽量保证单片 T 梁左右对称。

② 设计过程中，对预制 T 梁的边梁建立三维单梁模型，计算其在预应力张拉过程中是否有较大横向弯矩和变形，如果有，则需采取对应措施。

③ 通过调整 T 梁预制时左右翼缘的长度，让 T 梁的重心轴与腹板的中心线相重合，待预应力钢束张拉后，再通过后浇梁将需要的翼缘加长。

问题 54：预制 T 梁或小箱梁未考虑腹板厚度的合理性，导致开裂。

【原因分析】预制 T 梁或小箱梁的腹板一般只有 20cm 厚，预应力波纹管的外径为 Φ80，再加上腹板两侧的纵向钢筋和箍筋，腹板两侧钢筋与预应力管道边缘距离较小，混凝土浇筑时振捣棒无法插入，同时碎石在管道处不易下落，易出现腹板混凝土沿预应力管道的离析和水波纹现象。

【处理措施】预制 T 梁或小箱梁设计时应采取以下两种措施：

① 根据预应力波纹管的尺寸，适当加大腹板尺寸，保证腹板和钢筋之间有 3cm 的净距。

② 对混凝土骨料提出要求，确保粗骨料的通过，保证混凝土振捣密实。

问题 55：钢箱梁制作未考虑无应力状况下的线型设计。

【原因分析】在桥梁设计中，竖向挠度的控制显得尤为重要。为了消除恒载挠度以取得理想的线型，通常要沿桥梁纵向设置一定的预拱度。钢箱梁是大跨径桥梁常用的结构形式，相对于混凝土梁其整体刚度也更小，若不设置预拱度，在荷载作用下产生的下挠变形将难以满足外观和行车舒适度要求，甚至会造成跨中区域桥面积水的不利影响。

【处理措施】钢箱梁设计时应从下列三个方面考虑：

① 钢箱梁结构应预设上拱度，上拱度曲线与恒载和半个静活载产生的挠度曲线形状基本相同，但方向相反。

② 设计时，需要计算、分析梁体在自重和活载作用下位移的变化值，对理论预拱度曲线进行定量调整，确定对应控制点的竖向位移值，绘制出加工制造预拱度曲线。

③ 对于梁宽较大的钢箱梁，在自重和二期恒载的作用下，在横桥向有着较大的挠度，在设计中也需要予以考虑。

问题56：预应力钢束布置与普通钢筋布置冲突，钢束张拉顺序及张拉空间不满足张拉的要求。

【原因分析】①预应力钢束布置与普通钢筋布置分别设计，设计时没充分考虑它们的相互影响，同一个剖面图中没有同时反映钢束和普通钢筋的布置位置，导致因个别地方考虑不周而发生冲突。②钢束张拉顺序及张拉空间未能根据实际施工情况进行设计。

【处理措施】预应力混凝土桥梁设计时，应从以下五个方面考虑：

① 横梁箍筋采用套箍形式，在确定箍筋形式和间距时，应注意横梁是否有横向预应力束通过，若有则应同横向预应力束综合考虑，以免冲突。

② 预应力混凝土箱梁腹板加厚段的箍筋布置方式应注意与预应力钢束的关系，特别是梁端预应力钢束的平弯段，避免冲突。

③ 当箱梁纵横向均设置预应力，且纵向预应力束在顶板设置张拉槽口时，应注意纵向预应力张拉施工对横向预应力束布置的影响。

④ 大跨度预应力横梁应说明预应力分批张拉的顺序，计算模型需按实际施工顺序模拟预应力分批张拉过程。

⑤ 桥台背墙或设置高低盖梁时应注意较高一侧盖梁对较低一侧处箱梁的预应力张拉的影响，桥台前墙或高盖梁部分应后浇，以留出梁体的张拉工作空间。

问题57：立交桥、跨线桥联数较多时，相邻上部结构、防撞护栏及人行道之间的间隙过小，导致结构在地震作用下发生破坏。

【原因分析】不满足现行《城市桥梁抗震设计规范》CJJ 166—2011第9.1.3条规定的要求。

【处理措施】立交桥、跨线桥相邻之间的上部结构设计时应考虑以下两方面：

① 多联桥上部结构、防撞护栏和人行道之间应设置足够的间隙。

② 桥梁减隔震支座应具有足够的刚度和屈服强度。

18.2.3 下部结构

问题58：桩基、墩柱主筋伸入承台、盖梁的钢筋长度未考虑锚固长度要求。

【原因分析】违反《公路钢筋混凝土及预应力混凝土桥涵设计规范》JTG 3362—2018第9.1.4条关于各构件之间的钢筋锚固长度的规定。

【处理措施】按照规范要求设计锚固长度，确保各构件之间连接的可靠性、牢固性，当计算中充分利用钢筋的强度时，其最小锚固长度应符合《公路钢筋混凝土及预应力混凝土桥涵设计规范》JTG 3362—2018表18-5的规定。

钢筋最小锚固长度 *la*（mm） 表 18-5

钢筋种类	HPB300				HRB400、HRBF400、RRB400			HRB500		
混凝土强度等级	C25	C30	C35	≥C40	C30	C35	≥40	C30	C35	≥C40
受压钢筋（直端）	45*d*	40*d*	38*d*	35*d*	30*d*	28*d*	25*d*	35*d*	33*d*	30*d*
受拉钢筋 直端	—	—	—	—	35*d*	33*d*	30*d*	45*d*	43*d*	40*d*
弯钩端	40*d*	35*d*	33*d*	30*d*	30*d*	28*d*	25*d*	35*d*	33*d*	30*d*

问题 59：基础襟边设置未考虑刚性角的要求，导致冲切裂缝。

【原因分析】违反《公路钢筋混凝土及预应力混凝土桥涵设计规范》JTG 3362—2018 第 5.6.3 条关于在墩柱与基础交接处及基础变阶处的抗冲切承载力计算的规定，以及《建筑地基基础设计规范》GB 50007—2011 第 8.2.7 条关于扩展基础的计算规定。

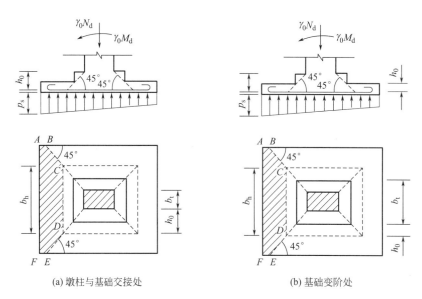

(a) 墩柱与基础交接处　　(b) 基础变阶处

图 18-44　跨度基础刚性角示意图

【处理措施】扩大基础设计时应注意以下三点：

混凝土基础刚性角为 1：1，结构设计应尽量满足刚性角要求（图 18-44）。

若因结构受力需要对基础进行加宽，则需配置基础受力钢筋，并按照《公路钢筋混凝土及预应力混凝土桥涵设计规范》JTG 3362—2018 第 5.6.3 条关于在墩柱与基础交接处及基础变阶处的抗冲切承载力进行计算，确保基础结构安全

对基础底面短边尺寸小于或等于柱宽加两倍基础有效高度的柱下独立基础或条形基础时，应按照《建筑地基基础设计规范》GB 50007—2011 第 8.2.7 条进行抗剪、抗弯承载力计算。

问题 60：桩间距大于 3*d* 时，承台配筋不合理，导致两桩之间的中间部分纵向钢筋下压引起混凝土开裂。

【原因分析】违反《公路钢筋混凝土及预应力混凝土桥涵设计规范》JTG 3362—2018 第 9.6.10 条关于桩基承台设置吊筋的规定。因地基原因或避开管线干扰原因，有可能桩基中心间距大于 3 倍桩径，两桩之间的纵向钢筋没有桩的直接承托，却有部分"撑杆"压力向其施压，可能致使两桩之间的中间部分纵向钢筋下压而导致混凝土开裂，箍桩距较大时应配置吊筋（图 18-45）。

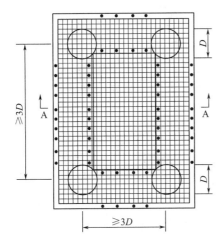
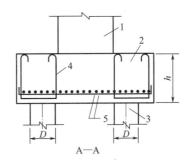

承台吊筋布置

1—墩台身；2—承台；3—桩；4—吊筋；5—主筋；D—桩直径

图 18-45　承台吊筋布置示意图

【处理措施】承台配筋设计应满足以下两点：

① 当桩中距大于 3 倍桩直径时，受力钢筋应均匀布置于距桩中心 1.5 倍桩直径范围内，在此范围以外应布置配筋率不小于 0.1% 的构造钢筋。钢筋横向净距和层距应符合第 9.3.3 条规定，最小保护层厚度应符合第 9.1.1 条的规定。

② 承台的桩中距等于或大于桩直径的三倍时，宜在两桩之间，距桩中心各一倍桩直径的中间区段内设置吊筋，其直径不小于 12mm，间距不应大于 200mm。

问题 61：桥墩地系梁或承台设计未充分结合现状地形，导致基坑不合理开挖。

【原因分析】当墩台位于较陡峭的边坡上时，承台或地系梁埋置过深，开挖体量过大，影响边坡的稳定性，对环境影响较大，并产生的施工措施费用较高。

【处理措施】综合考虑地形地貌及桥梁结构自身受力特点，充分考虑施工的可操作性，尽量采用独柱式基础或高桩承台，补充边坡防护设计及稳定性计算分析。

问题 62：位于车行道旁的桥梁墩柱未考虑车辆撞击对桥梁安全影响，未采取防车撞措施。

【原因分析】违反《城市桥梁设计规范》CJJ 11—2011（2019 年版）第 8.1.4 条关于立交、高架道路桥梁的下穿道路紧靠柱式墩或薄壁墩台、墙时，所需的安全宽度的规定，以及第 8.1.6 条关于易受汽车撞击的相关部位应采取相应的防撞构造措施的规定（图 18-46）。

图 18-46　桥墩被车撞案例图

第 3 部分　市政工程

【处理措施】位于车行道旁的桥梁墩柱应从以下三个方面考虑防车撞措施：

① 当道路设计行车速度大于或等于 60km/h 时，安全带宽度不应小于 0.50m。

② 当道路设计行车速度小于 60km/h 时，安全带宽度不应小于 0.25m。

③ 对易受汽车撞击的相关部位应采取相应的防撞构造措施，但安全带宽度仍应符合规范第 8.1.4 条的规定。

问题 63：桥台侧面面坡未考虑与台后挡墙面坡的统一，将导致外露面有错台。

【原因分析】桥台侧墙通常采用直立面坡，台后挡墙面坡未考虑与桥台侧墙面坡的一致性，导致外露面有错台，景观效果差。

【处理措施】桥梁与挡墙设计应考虑结构间的衔接，确保各构件设计的统一性。

问题 64：墩底箍筋加密区长度未考虑抗震要求，导致抗震性能不佳。

【原因分析】违反《城市桥梁抗震设计规范》CJJ 166—2011 第 8.1 条关于墩柱结构构造的规定。

【处理措施】墩底箍筋加密区应满足以下四点规定：

① 加密区的长度不应小于墩柱弯曲方向截面边长或墩柱上弯矩超过最大弯矩 80% 的范围；当墩柱的高度与弯曲方向截面边长之比小于 2.5 时，墩柱加密区的长度应取墩柱全高。

② 加密箍筋的最大间距不应大于 10cm 或 $6d_{bl}$ 或 $b/4$（d_{bl} 为纵筋的直径，b 为墩柱弯曲方向的截面边长）。

③ 箍筋的直径不应小于 10mm。

④ 螺旋式箍筋的接头必须采用对接焊，矩形箍筋应有 135° 弯钩，并应伸入核心混凝土内 $6d_{bl}$ 以上。

问题 65：桥台锥坡设计考虑不充分，导致实际放坡范围与设计不一致。

【原因分析】设计对桥台锥坡设计考虑不充分，锥坡设计与实际地形地貌脱节，实际放坡范围大于设计，导致征地红线扩大及投资增加。

【处理措施】桥台锥坡设计，应注意以下两点：

① 平面图、桥型图及锥坡设计图中，应明确各墩台处锥坡的实际放坡范围、坡率及相关坐标关系。

② 当锥坡坡脚超出红线时，应设计相应边坡支挡结构，防止超出红线。

问题 66：桥梁下部结构设计与上部结构脱节，导致结构受力或构造的不合理。

【原因分析】① 桥梁下部结构设计与上部结构设计的计算支撑方式不统一，计算模型与结构实际形式不一致，下部结构设计与上部结构设计的支撑点不统一，导致理论与实际出现偏差，甚至出现严重错误，致使结构受力不合理。② 下部结构设计未考虑主梁预应力施工的可操作性等问题，造成结构无法实施或增加较多措施费用。

【处理措施】设计时，应注意以下四点：

① 采用 BIM 模型，全方位校核边界条件。

② 桥梁设计总说明中应明确结构的总体布置、结构形式、设计细节等具体信息。

③ 桥型图、上部构造图、下部构造图中应统一设计内容。

④ 理论计算与设计图纸应相互统一。

问题 67：桥台、桥墩基础设计未考虑桥梁横向地形变化大的影响，导致扩大基础、承台标高或桩基埋深不合理。

【原因分析】主要原因有如下两点：

① 桥台、桥墩处地面横向高差较大时，扩大基础、承台设计未结合地面高程进行设置，导致大开挖或基础裸露。

② 桩基计算未考虑无效桩长，引起桩基埋深不够，影响结构安全。

【处理措施】桥台基础设计应考虑以下三个方面：

① 桥台、桥墩基础设计应结合地面高程进行合理设计，扩大基础高度宜分级设计。

② 桥台、桥墩基础设计宜增加地质横剖面图。

③ 桩基计算应考虑无效桩长的影响。

问题 68：曲线梁桥桥墩未设置偏心优化结构受力。

【原因分析】①桥梁位于平曲线上时，墩柱或支座设计未考虑曲线对主梁的影响，导致墩柱开裂或支座脱空等病害；②分联墩的设置，未根据两侧支反力大小进行合理化设计，导致墩柱长期处于偏心受压状态。

【处理措施】曲线梁桥设计时，应注意以下两点：

① 平曲线桥梁设计时，应根据受力的特点，合理选择多支座、支座偏心、偏心墩柱或固结墩等设计，确保上、下部结构均处于较优的受力状况。

② 分联墩，纵桥向支座力相差较大时，应考虑设置支座纵向偏心，使墩身在两侧上部结构恒载作用下保持弯矩平衡。

问题 69：对于布置双支座的独柱墩墩帽（顶部）未设计或设计不完善，导致墩帽顶部出现裂缝，影响结构安全。

【原因分析】主要原因有如下两点：

① 布置双支座的独柱墩墩帽受力复杂，对其受力特点认识不足导致设计不完善。

② 违反《公路钢筋混凝土及预应力混凝土桥涵设计规范》JTG 3362—2018 第 8.4.7 条的规定。

【处理措施】主要措施有如下两点：

① 布置双支座的独柱墩墩帽受力类似于深梁或牛腿，可以采用有限元分析方法和应力迹线相结合的方法，获取微观应力流，了解其受力特点。

② 对于布置双支座的独柱墩墩帽（顶部）设计，根据规范第 8.4.7 条的规定采用拉压杆模型计算。

18.2.4　附属结构

问题 70：桥梁上跨既有铁路或高速公路、城市快速路等，未考虑防抛、防坠落措施设计。

【原因分析】违反《城市桥梁设计规范》CJJ 11—2011（2019 年版）第 9.5.4 条关于桥面人行道栏杆加设护网的规定。

【处理措施】护网设计应根据以下两点设置：

① 当桥梁跨越快速路、城市轨道交通、高速公路、铁路干线等重要交通通道时，桥面人行道栏杆上应加设护网，护网高度不应小于2m，护网长度宜为下穿道路的宽度，并各向路外延长10m。

② 行人通行的桥梁跨越轨道交通线、铁路干线、设计速度大于或等于60km/h的道路时，人行道外侧，应设置防落物网，设置范围应为被跨越道路或轨道交通线、铁路干线的宽度，并向两侧各延长10m。

问题71：未考虑道路等级，导致防撞栏杆设计不匹配。

【原因分析】违反《城市桥梁设计规范》CJJ 11—2011（2019年版）第10.0.8条和《城市道路交通设施设计规范》GB 50688—2011（2019年版）第7.2.7条关于防撞栏杆等级设计的规定。

【处理措施】由于道路等级不同，桥梁线形、车辆运行速度、交通量等因素不同，造成碰撞后果的严重程度不同，错误的等级选择将导致设计的不经济或不合理。防撞栏杆等级可按照表18-6选用：

桥梁防撞护栏防护等级　　　　　　　　　　　　表18-6

使用条件	设计车速（km/h）			
	100、80	60	50、40	30、20
一般桥梁	SA、SAm	SB、SBm	A、Am	B
跨越高速公路、快速路、轨道交通或饮用水源保护区等路段的桥梁	SS、SSm	SA、SAm	SB、SBm	A

注：① 本表摘自《城市道路交通设施设计规范》GB 50688—2011（2019年版）。
　　② 表中A、Am、B、SA、SB、SAm、SBm、SS、SSm等均为防撞等级的代号。

问题72：立交桥人行道设计未充分考虑管线敷设空间，导致施工期间管线安装困难。

【原因分析】立交桥人行道设计未充分考虑管线敷设空间，导致施工期间管线安装困难，甚至出现人行道路缘石等结构返工的情况。

【处理措施】立交桥人行道设计应考虑以下三个方面：

① 立交桥上管线设计时尽量避免外挂于桥梁表面。

② 桥梁的管线敷设应满足《城市桥梁设计规范》CJJ 11—2011（2019年版）第3.0.19条的规定。

③ 如管线敷设于桥梁人行道下方，人行道内净宽及净高空间尺寸应充分考虑管线敷设空间，并考虑人行道灯杆基础对管线空间的影响。

问题73：未考虑伸缩缝处排水细节设计，导致污染梁体和下部结构。

【原因分析】违反《城市桥梁设计规范》CJJ 11—2011（2019年版）第9.2.3条关于排水管细节设计的规定。伸缩缝处排水细节设计不当，将导致伸缩缝处梁体和桥台长期处于浸水环境，滋生苔藓，霉变发黑（图18-47）。

【处理措施】在伸缩缝设计时，应考虑以下四个排水细节（图18-48）：

① 在桥台周边增设挡水墙。

② 在桥台处增设落水管，对桥台台帽处集中收集的雨水进行有序排放。

③ 排水管宜在墩台处接入地面，排水管布置应方便养护，少设连接弯头，且宜采用有清除口的连接弯头；排水管底部应作散水处理，在使用除冰盐的地区应在墩台受水影响区域涂混凝土保护剂。

④ 伸缩缝两侧的现浇混凝土应采取浇筑微膨胀混凝土、抗渗混凝土。

图 18-47 伸缩缝处漏水

图 18-48 伸缩缝排水细节处理

问题 74：未考虑浅埋式伸缩缝使用条件，导致伸缩缝处桥面出现开裂破损。

【原因分析】浅埋式伸缩缝仅适用于梁端转角小，伸缩量小的桥梁。对于大跨桥、斜桥、弯桥等，设计时若采用浅埋式伸缩缝，由于梁端转角变位或位移过大，将导致混凝土桥面粘结力失效，开裂破损。

【处理措施】对于大跨桥、斜桥、弯桥等，设计时应选用位移箱式伸缩缝，以适应桥梁梁端转角变位或位移量大的需求。设计选用位移箱式伸缩缝应考虑以下两个方面：

① 在箱梁、桥台构造设计时应充分考虑伸缩缝安装的需要，预留槽口。

② 箱梁设计应考虑槽口对结构的折减，核实翼缘板厚度是否需要加厚。

问题 75：桥面排水管管径过小，导致桥面积水或排水不畅。

【原因分析】违反《城市桥梁设计规范》CJJ 11—2011（2019 年版）第 9.2.3 条关于排水管设计的规定。排水管设计管径设计过小，遇暴雨或大雨时，径流过大，排水管排水能力不足，导致桥面积水。

【处理措施】排水管的设计应满足以下两点规定：

① 根据规范和暴雨强度公式计算结果得到桥面泄水管和排水管管径。

② 排水管内径应大于或等于泄水管的内径，且不应小于 150mm。

问题 76：钢箱梁内外侧防撞护栏，施工步序间距过大，导致结构存在倾覆风险。

【原因分析】钢箱梁自重较轻，内外侧防撞护栏施工步序间距大，导致偏载较大，结构存在倾覆风险。

【处理措施】防撞护栏安装应按以下三点要求进行：

① 明确对钢箱梁两侧防撞护栏施工步骤的要求。

② 对钢箱梁的施工步骤提出明确要求，吊装后必须在拉压支座锚栓灌浆和梁端压重完毕后方能进行桥面其他施工。

③ 内外侧防撞护栏应尽量同步施工，施工步序间距不得过大（根据施工阶段抗倾覆验算确定），以避免偏载过大，防止结构倾覆。

问题 77：桥梁上人行道未设置盲道，导致道路盲道系统不连续。

【原因分析】违反《无障碍设计规范》GB 50763—2012 第 3.2.1 条关于盲道铺设应连续的规定。

【处理措施】桥梁人行道设计时，应核实两端道路是否有设置盲道。如果两端道路设置了盲道，桥梁范围应对应设置盲道使盲道连续。

问题 78：立交桥未考虑涂装，桥梁整体表观效果不一致，影响城市景观。

【原因分析】随着社会经济和城市规模的发展，对城市景观的要求越来越高，未涂装的桥梁表观质量与城市景观不协调，破坏了城市的景观性，因此桥梁宜考虑涂装。

【处理措施】立交桥涂装设计应考虑以下三个方面：

① 桥梁涂装体系设计应满足耐久性要求，并应在设计文件中明确在涂装前对混凝土表面进行缺陷处理、预埋钢件处理和钢筋头处理措施。

② 桥梁涂装应重视各部位和构件之间的色彩搭配，有必要时进行桥梁涂装色彩的专项设计。

③ 紧靠既有桥梁的新建桥梁或对既有高架桥、跨线桥拼宽时，新桥的外表面涂装色彩、质感应与老桥相同，或通过老桥景观提升匹配新桥。

问题 79：立交桥梁排水管材质选型和构造设计未充分考虑其耐久性，导致排水管老化后破损脱落的现象普遍出现。

【原因分析】违反《城市桥梁设计规范》CJJ 11—2011（2019 年版）第 9.2.3 条关于排水管道应采用坚固的、抗腐蚀性能好的材料制成的规定。采用 PVC 材质排水管，抗紫外线能力差，易导致老化后的破损脱落，甚至桥梁排水系统无法正常使用，对桥下行车的舒适性和安全性有一定的影响，同时可能导致雨水污染腐蚀桥梁结构。

【处理措施】立交桥排水管设计应考虑以下五个方面：

① 立交桥纵向排水管不宜设置在箱梁底面，避免排水管被桥下行驶的车辆破坏。

② 排水管道应采用坚固的、抗腐蚀性能好的材料制成，管道直径不宜小于 150mm。采用改性 PVC 管、铸铁管或复合材料管代替传统的 PVC 管，其耐热能力强，抗紫外线能力强，耐久性好，使用年限长。

③ 排水管固定构件是设计时容易忽视的薄弱构件，因此应充分考虑固定构件的强度和耐久性。

④ 当排水管过长时，应设置伸缩调节段。伸缩调节长度应满足与主体结构变形协调性验算的要求。

⑤ 在不影响结构安全和方便管养维护的前提下，桥面排水系统尽量采用隐蔽或半隐蔽布置方式。

问题 80：立交桥桥面收集排水系统在通过设置于墩（台）上的排水管引入地面后，未充分考虑地面或地下的排水系统而直接散排至地表面。

【原因分析】立交桥桥面排水系统未充分考虑地面或地下的排水系统而直接散排至地表面，造成桥墩（台）基础被冲刷或浸泡，影响桥墩（台）的结构安全；同时散排到地表面或中分带的雨水，污染了周边环境，影响了桥下景观。

【处理措施】立交桥排水系统设计时应将雨水引流至附近的市政雨水管网内。

18.3　人行桥

问题 81：桥梁未考虑影响范围内的建（构）筑物及管网空间关系，导致施工时结构冲突严重。

【原因分析】

① 人行天桥建设边界条件复杂，如设计阶段不充分考虑周边环境、地上、地下构筑物及管线的影响，带来的问题将非常严重。

② 前期设计阶段如踏勘不到位、资料收集不全，影响范围内的重要建（构）筑物及管网情况在图纸中没有表达或表达不清，在施工阶段才发现各种冲突，此时如盲目施工将带来不可预见的严重后果。

【处理措施】设计时应注意以下六个方面：

① 做好前期踏勘工作，对现场情况充分了解，并尽量收集周边情况资料。

② 要求建设单位提供地上、地下构筑物及管线的勘测资料。

③ 杜绝在没有充分了解桥位周边情况和缺乏关键勘测资料的情况下做设计。

④ 天桥设计时基础应尽量避开地下管线，其间距必须满足有关管线安全距离的规定；当基础无法避开地下管线时，可采用迁移管线或骑跨管线的方法。

⑤ 设计文件中标明与重要建（构）筑物（如桥梁、轨道、隧道、管廊、高压塔等）的空间关系并反映管线情况。

⑥ 设计文件中应要求施工单位调查核实地上、地下建（构）筑物及各种管线及位置，并与管线、设施的主管部门现场核对，做好相应的迁改或保护方案。

问题 82：未采取有效措施控制人行桥自振频率，导致行走舒适度较差。

【原因分析】违反《城市人行天桥与人行地道技术规范》CJJ 69—1995 第 2.5.4 条关于天桥为避免共振，减小行人不安全感的相关规定。

① 城市人行桥结构轻柔，行人极易引起结构振动乃至人桥共振现象，导致行人产生不舒适、不安全感，严重时可能引发结构安全性事故。但规范对这一问题的规定不完善，对天桥人致振动带来的舒适性问题认识不清或忽视，导致这一问题比较突出。

② 人致振动分析与振动控制是人行桥设计的难点和重点，目前国内没有专门的规范可指导设计。只是规定："为避免共振，减少行人不安全感，天桥上部结构竖向自振频率不应小于 3Hz"。一般采用提高结构刚度的方式避免人致振动，但该方式过于简单、也不够合理。在面对大跨轻柔结构设计时，更是束手无策。

③ 根据大量统计结果，行人连续脚步竖向荷载的一阶和二阶谐波频率基本处于 1.25～4.6Hz，侧向荷载的一阶谐波频率基本处于 0.5～1.2Hz。基频处于上述范围内的天桥结构会产生共振，从而造成行人行走不适。

【处理措施】人行桥设计时，应重视以下三个方面：

① 应重视人致振动问题及舒适度的验算。验算应符合下列要求：a. 天桥结构竖向固有频率大于 3Hz，侧向固有频率大于 1.2Hz，可不进行人致振动舒适度验算；b. 天桥结构竖向固有频率小于 3Hz，侧向固有频率小于 1.2Hz，应进行人致振动舒适度验算。对于竖向舒适度，应分别验算频率处于 1.25～3Hz 的竖向模态；对于侧向舒适度，应分别验算频率处于 0.5～1.2Hz 的侧向模态。

② 以提高结构刚度和提高结构阻尼等措施改善天桥结构的舒适性。

其中提高结构刚度可以包括：a. 增大结构截面；b. 增加结构构件；c. 改善约束体系；d. 降低主梁质量，采用轻质高强材料等。

提高结构阻尼的措施包括：a. 增设阻尼器；b. 采用具有减振功能的桥梁支座等。

③ 大跨轻柔的人行桥采用增设阻尼器（如 TMD）的措施更为经济合理。

问题 83：人行桥宽和梯道宽度设置不匹配，导致人流难以疏散或设计过于浪费。

【原因分析】违反《城市人行天桥与人行地道技术规范》CJJ 69—1995 第 2.2 节关于天桥通道净宽的规定。

【处理措施】天桥的各部分净宽应符合下列五项规定：

① 天桥的桥面净宽，应根据设计年限内高峰小时行人交通量及设计通行能力计算。

② 天桥桥面净宽不宜小于 3.0m。

③ 天桥每端梯道或坡道的净宽之和应大于桥面的净宽 1.2 倍以上；当有自动扶梯时，可调整为 1.0 倍；梯（坡）道的最小净宽为 1.8m。

④ 为兼顾自行车推行通过需求，一条行人推行车带宽按 1.0m 计，天桥的净宽应适当增加，坡道的最小净宽为 2.0m。

⑤ 当自行车推行坡道设置在梯道两侧时，单侧宽度不宜小于 0.4m；设置在梯道中间时，宽度不宜小于 0.5m。

问题 84：天桥附属结构（如雨棚、装饰结构、玻璃栏杆等）与主体结构的连接构造设计缺失或不完善，对风、雪荷载敏感结构物的验算缺失或不完善。

【原因分析】违反《城市人行天桥与人行地道技术规范》CJJ 69—1995 第 3.1.2 条关于天桥设计荷载的规定。

① 设计对附属结构与主体结构的连接措施认识不足或未进行考虑。

② 设计对不同使用环境下和不同天桥结构形式的验算重视不够，计算时考虑的作用种类不全面，计算偏不安全。

③ 随着天桥设计愈加多样，很多天桥设计了雨棚、大面积装饰结构、不透风栏杆（如玻璃栏杆）和广告牌等对风、雪荷载敏感的结构物。同时天桥结构轻小，如这部分可变作用的计算缺失或错误将导致不可预计的严重后果。目前已见报道有多座天桥被大风摧毁，或是因积雪导致结构破坏，如图 18-49、图 18-50 所示。

【处理措施】桥设计时，应对附属结构的选择进行充分的分析和调研，明确附属结构与主体结构的连接构造。天桥设计验算时，应注意以下四点：

① 天桥验算时首先明确是否有对风、雪荷载敏感结构物［如雨棚、大面积装饰结构、不透风栏杆（如玻璃栏杆）和广告牌］。应全面考虑天桥可能出现的可变作用，并确定好荷载值。

② 作用于天桥上的风荷载，可能来自各个方向，而以横桥轴方向最为危险，故通常需要进行横桥向风荷载计算。除桁架式上部构造应计算纵向风荷载外，一般不计纵向风荷载。桥墩应计算纵向风荷载。风对于桥面的向上掀起力，也应予以考虑。风荷载的计算应按《公路桥涵设计通用规范》JTG D60—2015 和《公路桥梁抗风设计规范》JTG/T 3360-01—2018 执行。

③ 在积雪地区的天桥应计入雪荷载，雪荷载可按《建筑结构荷载规范》GB 50009—2012 的规定进行计算。

④ 天桥验算时既要考虑对风、雪荷载敏感结构物自身强度和连接强度的验算，还要考虑其荷载传递给主体结构物的影响。

图 18-49　某风雨廊桥被大风摧毁　　　　　　图 18-50　某附加广告牌过多的天桥坍塌

问题 85：坡道设置不合理，坡度、铺装、排水设计等未考虑行人安全和舒适性问题。

【原因分析】违反《城市人行天桥与人行地道技术规范》CJJ 69—1995 第 3.2.6 条关于梯道踏步的规定、第 3.4 节关于梯（坡）道、平台的规定、第 3.9.10 条关于桥下行人、行车安全的规定。

① 人行天桥是最贴近人使用的桥梁构筑物，具有一定的建筑属性，其设计应充分考虑使用者的安全性和舒适性，做到人性化设计。

② 人行桥桥面铺装形式多样，但往往不受重视，如选择了不合理的铺装材料，不仅会经常出现各种病害，结构耐久性不能保证，还会出现行人使用不安全、不舒适等一系列问题（图 18-51）。

图 18-51　常见的铺装病害

③ 某天桥因坡道设置不合理，铺装采用了光面瓷砖，其使用时安全性和舒适性低，因此很少有人使用，后期该天桥被拆除（图 18-52）。

④ 由于梯道接地位置设置不合理，导致梯道接地面处的平地空间狭小，使用不便。

【处理措施】为满足行人安全和舒适性，应注意以下五点：

① 天桥的梯道或坡道布置应符合下列要求：

图 18-52　某坡道及铺装设计不合理的天桥

　　a. 梯道坡度不应大于 1∶2，手推自行车及童车的坡道坡度不宜大于 1∶4。

　　b. 无障碍坡道的坡度不应大于 1∶12。

　　c. 直梯平台，其深度不应小于 1.5m；考虑自行车推行时，不应小于 2m。改向平台深度不应小于桥梯宽度，自行车转向平台宜设不小于 1.5m 的转弯半径。两平台间梯段踏步不宜超过 16 级，不应超过 20 级。

　　d. 坡道的高度每升高不大于 1.5m 时，应设深度不小于 2m 的中间平台；改向平台深度不得小于坡道宽度；每条坡道的顶部和底部均应设置深度不小于 1.5m 的平台。

　　② 梯道、坡道接地位置的设置，应方便行人上、下桥；在狭窄场地情况下，梯道接地面处的平地空间不应小于规范对平台的尺寸要求。梯道台、坡道台与地面衔接应顺畅，达到使用舒适、效果美观的目的。

　　③ 天桥桥面或梯道面必须有平整、粗糙、耐磨的防滑措施。桥面铺装应平整、防滑、易于排水、便于养护。

　　④ 为保证桥面排水顺畅，主桥桥面最小纵坡不宜小于 0.5%，并设置桥面竖曲线；横坡可采用双向坡或单向坡，最小横坡值不宜小于 0.5%。桥面及梯（坡）道宜设置排水边沟、排水孔和落水管，踏步面不宜小于 0.5% 的横坡。

　　⑤ 天桥桥面及梯（坡）道两侧应设置 10cm 高的地袱或挡檐构造物，以防止桥面杂物滚落危及行人及行车安全。该构造设计可与栏杆底座或梁侧造型相结合。

　　问题 86：钢结构设计未考虑加工空间，导致施工困难。

　　【原因分析】天桥一般跨度小，结构尺寸小，钢箱结构设计时如不充分考虑加工空间，将导致焊接等加工无法实施。一般常见情况为梁高较小的钢箱梁，工人因空间狭小无法进入箱梁内加工。

　　【处理措施】钢结构设计时，应注意以下三点：

　　① 对于封闭箱梁的设计，其梁高一般不小于 0.8m，以保证工人可进入操作。

　　② 设计可考虑采用开敞式结构，保证焊接可实施性。

　　③ 设计应站在加工者的角度去做各细部设计，在无法判断是否可操作的情况下应多咨询钢结构加工厂。

问题 87：栏杆高度、栅条的形式和间距设计未考虑使用者的情况和具体功能要求进行选取，导致存在安全隐患或功能缺失。

【原因分析】违反《城市桥梁设计规范》CJJ 11—2011（2019 年版）第 9.5.1 条关于人行道栏杆及《城市人行天桥与人行地道技术规范》CJJ 69—1995 第 3.4.5 条关于栏杆扶手的相关规定。

【处理措施】栏杆设计时，应注意以下五点：

① 天桥栏杆的高度、栅条形式应根据使用者情况和具体功能要求确定。

② 一般天桥栏杆高度不应小于 1.10m，如有其他功能要求（如通行非机动车）可适当加高。

③ 栏杆构件间的最大净间距不得大于 0.14m，且不宜采用横线条栏杆。如景观需要采用横线条栏杆，应考虑防止攀爬的措施，一般可将栏杆面做内倾设计。

④ 有残疾人通行时，应在 0.65m 高度处另设扶手，在儿童通行较多处，应在 0.80m 高度处另设扶手，扶手起点水平段宜安装盲文铭牌。

⑤ 梯宽大于 6m，或冬季有积雪的地方，梯（坡）面有滑跌危险时，梯、坡道中间宜增设栏杆扶手。

问题 88：未考虑人行天桥桥下净空的预留和限高标志的设计，超限车辆在桥下通行时可能撞击天桥，存在安全隐患。

【原因分析】违反《城市人行天桥与人行地道技术规范》CJJ 69—1995 第 2.3.1 条关于天桥桥下净高的规定及第 2.6.1 条关于天桥限高标志的规定。

【处理措施】桥下净空设计、限高标志设计应满足以下两点：

① 天桥桥下净高应符合下列规定：

a. 根据《公路路线设计规范》JTG D20—2017 和《城市道路工程设计规范》CJJ 37—2012 对道路限界的规定，天桥桥下为机动车道时，最小净高应符合表 18-7 的要求。对通行无轨电车、有轨电车、双层客车等其他特种车辆的车道，天桥桥下最小净高应满足车辆通行的要求。

天桥跨越不同类型道路的净高限值表 表 18-7

天桥跨越道路类型	一级、二级高速公路	三、四级公路	城市道路（机动车道）
最小净高(m)	5.0	4.5	4.5

b. 跨越铁路和轨道交通线的天桥，其桥下净高应符合现行国家标准《标准轨距铁路限界 第 2 部分：建筑限界》GB 146.2—2020 和行业标准《地铁限界标准》CJJ/T 96—2018 的规定。

c. 天桥桥下为非机动车道时，最小净高为 3.5m，如有从道路两侧的建筑物内驶出的小客车需经桥下非机动车道通行时，其最小净高为 4.0m。

d. 天桥、梯道或坡道下面为人行道时，最小净高为 2.5m。

② 天桥桥下限高的交通标志应符合下列要求：

a. 限高标志应放置在驾驶人员和行人最容易看到，并能准确判读的醒目位置。

b. 限高标志的限高高度，应根据桥下净高、当地通行的车辆种类和交叉情况等因素而定。天桥桥下限高标志数应比设计净高小 0.5m。

c. 限高标志可直接安装在天桥桥孔正中央或前进方向的右侧，标志牌所用的材料及构造由交通管理部门统一规定。

问题 89：人行天桥桥上采用种植槽种植绿植，缺乏相应的滴灌、排水系统设计。

【原因分析】随着人们对建设公园城市的需求日益迫切，越来越多的天桥开始设计桥上绿化，以起到美化环境的作用。然而，在设计采用种植槽桥上绿化时，由于对桥梁绿化的养护缺乏系统性思考，往往仅考虑种植槽的构造，而缺乏相应的滴灌、排水系统的设计。

【处理措施】采用种植槽种植绿植时，滴灌和排水系统可按照下述两种方式设置（图18-53）：

① 为减少管养和维护难度，种植槽内宜设置自动滴灌、给养系统，保证植物养料水分充足。

② 新建桥梁绿化排水宜利用透水板设置架空层，利用架空层做排水沟；也可用种植槽内排水管收水，并沿纵桥向排水，接入主桥排水系统。排水管宜采用排水管效果较好的半透明圆形透水排水管。

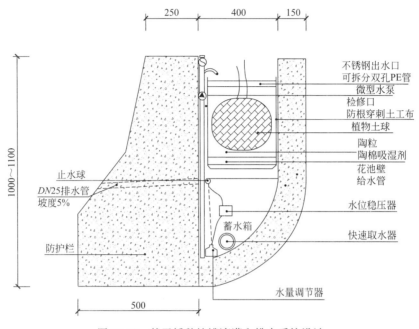

图 18-53　某天桥种植槽滴灌和排水系统设计

问题 90：人行天桥在既有城市环境中进行设计时，缺乏现状人行道恢复、绿化恢复、灯杆恢复、路面恢复等恢复工程的考虑。

【原因分析】违反《城市人行天桥与人行地道技术规范》CJJ 69—1995 第 5.5.3 条关于做好与照明、通信、电力、煤热、上下水、绿化及其他附属工程的施工配合的规定。仅考虑了新建天桥本身的设计，而忽视了桥梁施工过程中对周边既有城市环境的影响和恢复，导致工程清单缺项、漏项。

【处理措施】设计时既要考虑新建天桥本身的设计，又要重视桥梁施工过程中对周边既有城市环境的影响，对于施工期间临时破坏的人行道、绿化、灯杆、路面等应进行恢复，并计入工程投资费用中。

问题 91：新建人行天桥未考虑无障碍设计。

【原因分析】违反《重庆市市政工程品质提升设计导则》位于轨道交通、综合交通枢纽出入口、大型公共建筑 500m 范围内的人行天桥应设置垂直升降梯的要求。

【处理措施】按照《重庆市市政工程品质提升设计导则》要求，位于轨道交通、综合交通枢纽出入口、大型公共建筑 500m 范围内的人行天桥应设置无障碍坡道或垂直升降梯。人行天桥处坡道与无障碍电梯的选择应符合下列规定：

① 要求满足轮椅通行需求的人行天桥及地道处宜设置坡道，当设置坡道有困难时，应设置无障碍电梯。

② 坡道的净宽度不应小于 2.0m。

③ 坡道的梯度不应大于 1：12，有特殊困难时不应大于 1：10。

④ 弧线形坡道的坡度，应以弧线内缘的坡度进行计算。

⑤ 坡道的高度每升高 1.5m 时，应设深度不小于 2.0m 的中间平台。

问题 92：人行天桥梯道三角区净空高度小于 2.0m 时，未安装防护设施和在防护设施外设置提示盲道。

【原因分析】违反《无障碍设计规范》GB 50763—2012 第 4.4.5 条关于安装防护设施和在防护设施外设置提示盲道的规定。

【处理措施】人行天桥梯道三角区净空高度小于 2.0m 时，可通过增设梯道三角区防护栏杆或安装封闭防护挡板的方式进行防护，并应在防护设施外设置提示盲道、张贴警示标识等方式进行提醒。

问题 93：人行桥梯道、人行桥梯道出口靠近车行道侧时，应考虑防撞措施。

【原因分析】人行桥梯道布设在机动车道外侧附近，未考虑防撞措施（图 18-54）。人行桥梯道出口在机动车道外侧附近，如距离较近，可能会使行人冲入车行道，发生危险。

图 18-54　人行桥梯道未考虑防撞措施

【处理措施】建议在人行梯道正对方向保证有 1.5m 的安全平台距离，并可考虑在梯道正对方向和侧方向路缘石处增设人行道栏杆。

19 城市隧道及地通道工程

19.1 隧道土建部分

19.1.1 隧道总体

问题 1： 对隧道建设条件［如自然条件、工程地质及水文地质、环境条件如影响范围内建（构）筑物、管网等］的引用、分析、论述不充分。

【原因分析】 违反《城市道路工程设计规范》CJJ 37—2012（2016 年版）第 13.1.2 条、《城市地下道路工程设计规范》CJJ 221—2015 第 3.2.1 条和《重庆市市政工程施工图设计文件编制技术规定》（2017 年版）第 5.1.1 条第 3 款关于隧道工程建设条件的规定。

【处理措施】 在隧道总体设计中，应加强基础资料调研，详细论述隧道的建设条件，包含工程地理位置、自然条件、工程地质及水文地质、建设影响范围内的建（构）筑物等建设条件。

问题 2： 隧道周边影响范围内的建（构）筑物（如轨道、道路、建筑、人防硐室等）与隧道的相互位置关系描述、影响评价及安全论证等不充分。

【原因分析】 城市隧道建设中最核心的问题是处理隧道与周边建（构）筑物的关系，充分了解隧道周边影响范围内的建（构）筑物（如轨道、道路、建筑、人防硐室等）与隧道的相互位置关系是设计工作的基本前提，对其进行影响评价和安全论证是设计方案成立的必要条件。设计者往往不重视或论证不充分，且易违反《城市道路工程设计规范》CJJ 37—2012（2016 年版）第 13.3.1 条第 1 款、《重庆市市政工程施工图设计文件编制技术规定》（2017 年版）第 5.1.1 条第 3 款关于隧道工程建设条件的规定。

【处理措施】 在隧道总体设计中，应详细论述隧道建设影响范围内已建、在建和规划建设的主要建（构）筑物（包括建筑、道路、公路、铁路、桥梁、立交桥、交通隧道、地下人防洞室、地下建筑、电缆隧道、地下排洪道等）的位置分布、建筑特性、用途及使用状况、结构形式和基础条件，与隧道的空间位置关系等。城市隧道特别是城市核心区域内隧道，周边建设环境条件非常复杂，建设影响范围内既有、在建和规划的建（构）筑物直接影响隧道总体线位、隧道建设规模、结构安全及施工安全。

19.1.2 隧址方案

问题 3： 隧址区域存在不良地质（如大断层、岩溶槽谷等）和自然环境敏感区，可能破坏地下水环境、引发周边生态环境问题，隧址方案比选不充分；针对不良地质的分析和技术措施（特别是地下水保护措施）不足。

【原因分析】 违反《城市地下道路工程设计规范》CJJ 221—2015 第 3.2.10 条和重庆市《地下工程地质环境保护技术规范》DBJ 50/T—189—2014 第 3.0.1 条关于地下工程地质环境保护的

412

规定。

【处理措施】地下工程选址、选线在相当大的程度上决定了地质环境保护的成效和难易程度，在隧址范围内，存在可能破坏地下水环境、引发周边生态环境问题的不良地质时，隧址方案应充分比选论证。首先，隧道工程选线、选址应尽量避开可能引发严重地质环境问题的地段，比如岩溶富水地区、暗河、采空区等不良地质段；难以避开时，应在总体服从路线规划的同时进行微调，减轻地质问题造成损害；针对不良地质和地下水问题，应从水环境保护、岩土体变形破坏防治及其他次生灾害防治与地质环境恢复治理等方面进行针对性设计。

问题 4：针对隧道近接既有重要建（构）筑物或规划重要地下空间地段，隧道选址未对可能的方案（如避绕、保护、拆除、综合共建等）进行比选论证。

【原因分析】违反《城市道路工程设计规范》CJJ 37—2012（2016 年版）第 13.3.1 条、《城市地下道路工程设计规范》CJJ 221—2015 第 3.2.1 条的规定。

【处理措施】隧道近接重要建（构）筑物时，隧道选址应结合地质条件、工程造价、社会影响等，对隧道与建筑的关系（如避绕、保护、拆除等）进行比选论证。尤其是针对一些特别重要、特殊用途或规模较大的建（构）筑物，需要从线路避绕可能性、保护方案的安全性和代价、拆迁的可能性和代价方面进行比选。城市隧道选址尚应符合城市地下空间规划确定的深度分层、限界，处理好与市政管线、轨道交通设施、综合管廊及地下文物等其他地下基础设施关系，合理安排集约化利用地下空间，同时应处理好与地面交通、城市历史风貌、城市空间环境的关系。

问题 5：隧道洞口段存在较严重的危岩或滑坡等工程地质问题，未进行隧址比选或未对隧址方案的唯一性进行充分论述。

【原因分析】违反《公路隧道设计规范 第一册 土建工程》JTG 3370.1—2018 第 4.2.4 条关于隧道洞口位置选择的规定。

【处理措施】隧道洞口不宜设置在滑坡、坍塌、危岩落石等不良地质条件下。隧道轴线选择时，应合理选定洞口位置，避免在洞口存在严重不良地质现象。若洞口选择受各种因素限制而存在不良地质时，应进行专门论证，针对危岩应考虑采取清除、主动被动防护等措施进行处治，针对滑坡、坍塌等应采取支挡、加固等措施，先治理再进洞。

问题 6：针对复杂环境下的隧址方案，未从线型、环境影响、地质条件、实施难度、工期、运营养护、经济等方面进行同精度比较。

【原因分析】违反《公路隧道设计规范 第一册 土建工程》JTG 3370.1—2018 第 4.2 节关于隧道位置选择的规定。

【处理措施】隧道总体设计中，应在地形、地貌、地质、气象、社会人文和环境的基础上，同精度综合比较隧道各轴线走向、平纵线型、隧道规模、洞口位置，并提出推荐方案。总体上应遵循地形、地质选线，避开工程地质和水文地质极为复杂以及严重不良的地质地段；越岭隧道应从越岭位置、隧道长度、展线条件三个密切相关的因素出发在大面积地质测绘和综合地质勘探的基础上确定路线走向和平面位置；沿河傍山隧道应对长隧道方案与短隧道群或桥隧群方案进行技术经济比较等。

19.1.3　隧道平纵

问题7：隧道平、纵线形组合，未充分考虑线形协调、视觉舒顺、视线诱导、路面排水等因素。隧道纵坡未充分结合两端接线、地质、排水、周边建（构）筑物等条件进行设置。

【原因分析】违反《城市地下道路工程设计规范》CJJ 221—2015 第5.2.1条、第5.2.2条和《城市道路工程设计规范》CJJ 37—2012（2016年版）第13.3.5条第3款和《公路隧道设计规范 第一册 土建工程》JTG 3370.1—2018 第4.3.1条、第4.3.3条、第4.3.4条关于隧道平、纵线形的规定。

【处理措施】隧道平纵设计中，应根据地质、地形、路线走向、通风等因素，并考虑行车舒适性、视线诱导、路面排水等因素综合确定隧道的平纵线形。

从有利于通风、行车舒适性、视线诱导来考虑，隧道平面线应采用直线或大半径曲线，不宜采用 S 形曲线；采用曲线隧道时，不宜采用设超高的平曲线，且不应采用需加宽断面的平曲线；隧道平面设计同时需从展线、施工安全、工程造价等方面考虑左右线隧道间的合理间距。

隧道纵面线形应以行车安全、排水、通风、防灾为基础，并根据施工期间排水、出渣、材料运输等要求确定。隧道内纵坡一般宜采用单向坡，地下水较发育的特长、长隧道可采用双向坡；隧道内尽量设置缓坡，最小纵坡不应小于 0.3%，富水隧道不小于 0.5%。考虑到城市隧道的特殊性，其最大纵坡可按《城市地下道路工程设计规范》CJJ 221—2015 相关要求控制：设计速度大于等于 50km/h 的极限纵坡限制值不宜超过 5%；考虑到地下道路的建设需求，在满足行车安全等前提下，对于设计速度小于等于 40km/h 的最大纵坡可进一步增大；当设计中需要考虑增大 1% 的纵坡时，在最大纵坡的经济技术论证中，应根据道路类型、等级、地下道路长度，并考虑所在区域的气候海拔、主要车辆类型和交通流组成，地下道路的运营安全水平、安全设施配置标准等因素，进行论证比选。对于 100m 以下的隧道纵坡可与隧道外路线纵坡一致。

问题8：隧道洞口路线未按洞内外 3s 设计行车速度行驶长度范围平曲线线形一致的原则进行设计。

【原因分析】违反《城市道路工程设计规范》CJJ 37—2012（2016年版）第13.3.5条和《公路隧道设计规范 第一册 土建工程》JTG 3370.1—2018 第4.3.6条关于隧道洞内外各 3 秒设计速度行程长度范围内的平面线形应一致的规定。

【处理措施】隧道洞口内外光线的急剧变化以及行车环境的改变，隧道进出口是事故的多发地段，因此要求隧道洞内外一定距离内保持平、纵、横均衡协调。隧道平面线形设计中，隧道洞内外各 3s 设计速度行程长度范围内的平面线形应一致，保证驾驶员进出洞的行车安全。

问题9：隧道地质平、纵面图中，未体现出重要的地质信息，或者未对地质情况进行归纳、精简和提炼。

【原因分析】违反《城市地下道路工程设计规范》CJJ 221—2015 第3.2.1条关于基础资料的规定；违反《重庆市市政工程施工图设计文件编制技术规定》（2017年版）第5.1.2条第1款、第2款关于隧道图表中，平面图、纵断面图应包含的信息深度的规定。

【处理措施】隧道工程（地质）平面图中应示出地形、地物（含地下建筑）、导线点、坐标网格、指北针、路线线形及曲线要素；示出地层岩性、产状、地层界线、地质构造及其产状等；标出钻孔、坑、槽探和物探测线等位置及编号；绘出路线测设中线、隧道平面布置（包括视图范围的比较）；洞口、横通道、紧急停车带位置；斜井、竖井、辅助通道布置等。

隧道工程（地质）纵断面图：标出地面线、土石分界线；标出剖面位置处主要建（构）筑物及其基础或投影；标出钻孔柱状图示、钻孔位置、分层标高，地层岩性、构造带、结构面及地层界面线、溶洞、采空区可能出现的区域；标出隧道纵断面布置，进出口位置、桩号、标高，斜井、竖井、横通道、紧急停车带位置和辅助通道接口位置和高程标尺等。

问题 10：隧道平、纵面图中，未完整反映近接或下穿建（构）筑物的相关信息（如建筑结构类型、基础类型、间距），未体现相应的保护措施。

【原因分析】违反《城市道路工程设计规范》CJJ 37—2012（2016 年版）第 13.3.1 条第 1 款、《城市地下道路工程设计规范》CJJ 221—2015 第 3.2.1 条关于隧道设计需要考虑与周边建（构）物及管线的关系的规定；违反《重庆市市政工程施工图设计文件编制技术规定》（2017 年版）第 5.1.2 条第 1、2 款关于隧道图表中，平面图、纵断面图应包含的信息深度的规定。

【处理措施】在隧道工程地质平、纵面图中，应表达出周边重要的建（构）筑物信息，包括建（构）筑物规模、结构类型、基础类型、使用（健康）状态及其与隧道结构的位置关系；针对特殊节点，并应在平面图或纵断面图中，明确相应的保护措施、施工方法、施工步序等。

问题 11：针对双洞隧道，未考虑左右洞布置的合理性，未对布置形式（如分离式、小净距、连拱、大跨等）从安全、经济和占地等方面进行比较。

【原因分析】违反《公路隧道设计规范 第一册 土建工程》JTG 3370.1—2018 第 4.3.2 条关于隧道左右洞净距的规定。

【处理措施】在隧道平面线形设计中，应从安全、经济和占地等方面比选论证，综合考虑左右洞间距，灵活采用分离式隧道、小净距隧道及连拱隧道等隧道形式。分离式隧道，结构设计简单，两洞施工相互干扰小，施工速度快，造价低，但会造成洞外路线占地增加，展线困难；小净距隧道结构需做加强，左右需错开施工，工期较长，造价相对较高，但可减少占地，有利于展线；连拱隧道结构复杂、施工环节多、工期长、造价高，目前还有一些问题没有得到很好解决，建成后病害多且不易治理，只是在地形狭窄、布线困难或隧道进出口受大型构造物、建筑物限制的特殊地才考虑采用。通常在洞口一定段落采用小净距隧道或连拱隧道、洞身段采取分离式隧道布置的长隧道和特长隧道，可取得较好的经济效果。

问题 12：隧道围岩分级未充分考虑定量指标和定性分析结合。

【原因分析】违反《公路隧道设计规范 第一册 土建工程》JTG 3370.1—2018 第 3.6.1 条关于隧道围岩分级的规定。

【处理措施】在围岩分级中，除考虑岩体基本质量指标外（定量指标），还应考虑岩石的坚硬程度和岩体完整程度（定性指标）。围岩分级应按修正后的岩体基本质量指标 [BQ]，并结合岩体的定性指标综合评判，确定围岩分级。

问题 13：车、人行横通道未根据隧道总体线位、地质条件、周边建（构）筑物情况等因素进行合理布置。

【原因分析】违反《城市地下道路工程设计规范》CJJ 221—2015 第 8.3.5 条、第 8.3.6 条和《公路隧道设计规范 第一册 土建工程》JTG 3370.1—2018 第 4.5 条、第 12.4.8 条关于隧道横通道设置的规定。

【处理措施】车、人行横通道位置、间距应根据隧道总体线位、地质条件、周边建（构）筑物情况等因素进行合理布置，满足最大间距要求，并且尽量避开断层、破碎带等不良地质地段，尽量避开周边建筑影响较大、施工风险较大地段。

问题 14：针对停车视距不足的小半径曲线，未对隧道进行加宽处理。

【原因分析】违反《城市地下道路工程设计规范》CJJ 221—2015 第 5.3.1 条和《城市道路路线设计规范》CJJ 193—2012 第 6.6.1 条～第 6.6.6 条关于视距的规定。

【处理措施】在隧道小半径曲线上，应根据进行停车视距验算，并满足表 19-1 关于停车视距的要求。对于货车比例较大的地下道路还应验算货车的停车视距，尤其是在下坡路段，货车的停车视距应满足表 19-2 关于下坡段货车停车视距的要求。

停车视距 表 19-1

设计速度(km/h)	100	80	60	50	40	30	20
停车视距(m)	160	110	70	60	40	30	20

注：本表摘自《城市道路路线设计规范》CJJ 193—2012。

下坡段货车停车视距 表 19-2

设计速度(km/h)		100	80	60	50	40	30	20
纵坡（%）	0	180	125	85	65	50	35	20
	3	190	130	89	66	50	35	20
	4	195	132	91	67	50	35	20
	5		136	93	68	50	35	20
	6			95	69	50	35	20
	7					50	35	20
	8						35	20

注：本表摘自《城市道路路线设计规范》CJJ 193—2012。

19.1.4 隧道洞门

问题 15：隧道洞门形式未综合考虑地质、地形、环境、文化等因素进行选择。

【原因分析】违反《公路隧道设计规范 第一册 土建工程》JTG 3370.1—2018 第 7.3.1 条关于隧道洞门工程的规定。

【处理措施】隧道洞门形式应结合地形、地质、环境、文化等因素进行选择。城市隧道常用洞门形式有削竹式、端墙式、喇叭口式及结合减光建筑的混合式，如图 19-1 所示。一般应优先选择削竹式洞门。削竹式洞门适用于洞口周围较为平缓、山体稳定的地形；端墙式洞门适用于地形较为陡峭、偏压较大或横断面地形复杂的洞口；位于城镇、风景区附近的隧道，行人及旅游者众多，洞门设计尚需考虑当地文化、风俗等因素，结合洞口景观进行设计。

(a) 削竹式洞门　　　　　　　　　　　　　　　(b) 直切式洞门

图 19-1 典型洞门效果图（一）

(c) 与洞外U形槽结合洞门　　　　　　　(d) 设置减光建筑的洞门

图 19-1　典型洞门效果图（二）

问题 16：隧道洞口桩号、明暗挖分界里程设置未综合考虑洞口环境、边仰坡高度、隧道埋深、用地等因素，洞口桩号及明暗挖分界里程设置不合理。

【原因分析】违反《公路隧道设计规范 第一册 土建工程》JTG 3370.1—2018 第 4.2.4 条、第 7.2.1 条关于隧道洞门位置的规定。

【处理措施】隧道应遵循"早进洞、晚出洞"的原则，合理选择洞口桩号，避免在洞口形成高边、仰坡，在确定洞口桩号时，尚应考虑洞口周边环境、地质条件、洞口用地等问题。城市环境中一般情况下应坚持暗挖优先，减少大明挖，减小对城市环境、地面交通及地表建（构）筑物的影响；若地质条件较差，施工成洞困难，或既有建（构）筑物保护困难时，可适当加大明挖施工范围，并做好明挖基坑（边坡）围护设计；同时为节约宝贵城市用地，可采用明挖暗埋，接长明洞，设置架空地下结构等，有效利用洞顶空间和地下空间。

问题 17：隧道洞门端墙厚度、高度及造型等未根据地形、地质、环境及文化等因素进行设计。

【原因分析】违反《公路隧道设计细则》JTG/T D70—2010 第 11.2.2 条、第 11.2.4 条关于隧道洞门尺寸、构造规定、抗震等的规定。

【处理措施】隧道洞门端墙厚度、高度及造型等应根据地形、地质、环境及文化等因素，并考虑抗震进行设计，如尽量减小端墙高度，采用钢筋混凝土结构、加强端墙与隧道结构连接等措施（图 19-2），保证洞门的强度、稳定性和抗震性，并具有美观、实用的社会价值。

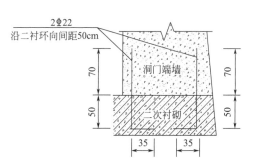

图 19-2　洞门端墙与隧道衬砌结构连接大样

问题 18：针对隧道洞口（基坑）存在超限高边坡、仰坡等问题，未进行专项安全论证。

【原因分析】违反《危险性较大的分部分项工程安全管理规定》（住房和城乡建设部令第 37 号）及重庆市《关于进一步加强全市高切坡、深基坑和高填方项目勘察设计管理的意见》（渝建发〔2010〕166 号）关于高切坡、深基坑的规定。

【处理措施】隧道进出口及采取明挖法施工的隧道存在超限的高边、仰坡，应根据该规定做专项安全论证。专项安全论证应按方案设计、施工图设计两个阶段进行，并应分别在主体建设工程初步设计、施工图设计之前开展。

问题 19：隧道洞口缺少边仰坡稳定性评价，针对危岩、滑坡、偏压等不良地质条件，未进行稳定性评价及计算分析。

【原因分析】违反《公路隧道设计规范 第一册 土建工程》JTG 3370.1—2018 第 7.1.2 条、第 7.2.2 条及《重庆市市政工程施工图设计文件编制技术规定》（2017 年版）第 5.1.1 条关于隧道洞口工程地质条件评价及稳定性分析的规定。

【处理措施】隧道洞口边仰坡应进行稳定性评价，若洞口还存在危岩、滑坡、偏压等不良地质条件，尚应对其进行稳定性评价以及计算分析。

19.1.5 隧道建筑限界及内轮廓

问题 20：当隧道建筑限界中的侧向宽度小于等于 1m 时，顶角宽度未按不大于侧向净宽度进行取值。

【原因分析】违反《城市地下道路工程设计规范》CJJ 221—2015 第 3.5.1 条关于建筑限界顶角宽度（E）不应大于机动车道或非机动车道的侧向净宽度和《公路隧道设计规范 第一册 土建工程》JTG 3370.1—2018 第 4.4.1 条关于当侧向宽度小于等于 1m 时，顶角宽度应与侧向宽度相同的规定。

【处理措施】首先根据道路等级、设计车速选择合理的侧向宽度，然后根据侧向宽度选择顶角宽度。当侧向宽度小于等于 1m 时，顶角宽度（E）的取值应小于等于侧向净宽度（W_l），当侧向宽度大于 1m 时，顶角宽度可取 1m，如图 19-3 所示。

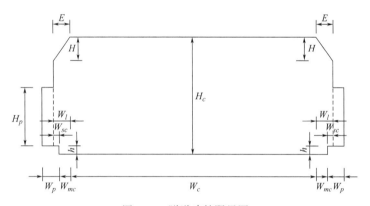

图 19-3　隧道建筑限界图

E—建筑限界顶角宽度；h—缘石外露高度；H—建筑限界顶角高度；H_c—机动车车行道最小净高；

H_p—检修道或人行道最小净高；W_c—机动车道的车行道宽度；W_l—侧向净宽；W_{mc}—路缘带宽度；

W_p—人行道宽度；W_{sc}—安全带宽度

问题 21：隧道建筑限界设计时未对洞内路幅分配进行论证，未考虑不同的路幅分配会对隧道建筑限界产生不同影响的因素。

【原因分析】违反《城市地下道路工程设计规范》CJJ 221—2015 第 4.2.1 条关于城市地下道路的典型横断面宜由机动车道、路缘带等组成，根据需要可设置人行道及非机动车道，特殊断面还应包括紧急停车带及检修道等的规定；违反《城市道路工程设计规范》CJJ 37—2012（2016 年版）第

5.1.1 条关于横断面设计应按道路等级、服务功能、交通特性，结合各种控制条件，在规划红线宽度范围内合理布设的规定。

【处理措施】因为即使在路基宽度相同的情况下，路幅分配的不同也将导致隧道建筑限界的不同。因此隧道建筑限界设计时应首先对洞内路幅分配进行论证，然后根据论证结果并结合规范要求合理拟定建筑限界。

问题 22：隧道建筑限界设计时未对洞内人行系统进行论证，未考虑人行系统和车行系统相互影响的因素。

【原因分析】违反《城市地下道路工程设计规范》CJJ 221—2015 第 4.3.2 条关于城市地下快速路严禁在同孔内设置非机动车道或人行道、第 4.3.3 条关于城市地下道路除快速路外，当同孔内设置非机动车或人行道时，非机动车道与人行道宜采取隔离措施、第 4.3.4 条关于当城市地下主干路、次干路和支路同孔内需设置非机动车道或人行道时，必须在机动车道外侧设置隔离护栏的规定和第 4.3.5 条关于当城市地下道路检修道兼作人行道或非机动车道时，其宽度应符合现行行业标准《城市道路工程设计规范》CJJ 37—2012（2016 年版）对人行道或非机动车道的规定。

【处理措施】隧道建筑限界设计时应首先对洞内人行系统进行论证，应根据规范要求确定洞内是否能设置人行系统。当洞内设置有人行系统时，应考虑人行系统和车行系统的相互影响，根据规范要求确定是否采用隔离措施，最后根据论证结果并结合规范要求合理拟定建筑限界。

问题 23：隧道建筑限界设计时未考虑隧道内紧急停车的因素，两车道隧道未设置连续式紧急停车带或停车港湾、单车道隧道未设置连续式紧急停车带。

【原因分析】违反《城市地下道路工程设计规范》CJJ 221—2015 第 4.3.8 条关于在行车方向的右侧设置连续式紧急停车带、第 4.3.9 条关于当设置连续式紧急停车带困难时，宜设置应急停车港湾以及第 4.3.10 条关于单向单车道的城市地下道路主线或匝道应设置连续式紧急停车带的规定。

【处理措施】隧道建筑限界设计时应首先根据隧道长度、设计速度、设计车型、使用功能、经济成本以及工程可实施性等方面对紧急停车带或停车港湾的设置进行综合论证。其中长或特长单向两车道城市地下道路宜在行车方向的右侧设置连续式紧急停车带。单向两车道的城市地下快速路应在行车方向的右侧设置连续式紧急停车带。当设置连续式紧急停车带困难时，宜设置应急停车港湾。单向单车道的城市地下道路主线或匝道应设置连续式紧急停车带。最后根据论证结果并结合规范要求合理拟定建筑限界。

问题 24：隧道内轮廓未考虑通风、给水排水、消防、供电照明、监控、内饰装修等配套附属设施和安全疏散设施所占空间。

【原因分析】违反《城市地下道路工程设计规范》CJJ 221—2015 第 4.1.1 条关于城市地下道路横断面设计在满足建筑限界条件下，应为配套附属设施和安全疏散设施提供安装空间，通过合理布置充分利用空间，同时应预留结构变形、施工误差、路面调坡等余量的规定。

【处理措施】首先综合隧道所处位置、隧道长度、隧道进出口用地性质、管网规划及各个管线主管部门的意见，根据规范规定合理确定隧道内需要布置何种管线，并结合隧道长度、交通量、消防等级、照明及装饰要求等确定通风、给水排水、消防、供电照明、监控、内饰装修等各种附属设施设备和安全疏散设施的安装空间。然后进行多方案比选，最终选取结构受力合理，工程造价低的内轮廓设计作为推荐方案。

问题 25：隧道两侧路缘边沟盖板位于道路标线位置，未考虑标线施工及行车安全因素。

【原因分析】违反《公路隧道设计规范 第一册 土建工程》JTG 3370.1—2018 第 4.4.4 条关于隧道内路侧边沟应结合检修道、侧向宽度、余宽等布置，其宽度应小于侧向宽度的规定。

【处理措施】由于市政隧道各种管线较多，隧道人行道或检修道下空间往往被各种管线占据，而隧道墙背围岩内的水及隧道路面的水只能排入两侧路缘排水边沟。当水量较大时，隧道两侧路缘边沟盖板宽度将大于路缘带宽度，导致路缘边沟盖板位于道路标线位置，标线仅能画在盖板上，存在较大的安全隐患。因此设计过程中应根据隧道涌水量确定路缘边沟尺寸，当两侧路缘边沟盖板宽度大于路缘带宽度时，可采用以下处理措施：①减小边沟宽度，加深边沟；②将盖板及边沟设置在路面下；③路缘边沟调整为中心排水管（沟），如图 19-4 所示。

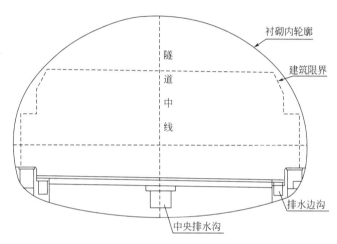

图 19-4　隧道排水沟布局示意图

问题 26：当同孔隧道内设置非机动车道或人行道时，隧道内未考虑安全隔离设施。

【原因分析】违反《城市地下道路工程设计规范》CJJ 221—2015 第 4.3.4 条关于当城市地下主干路、次干路和支路同孔内需设置非机动车道或人行道时，必须在机动车道外侧设置隔离护栏和《城市道路工程设计规范》CJJ 37—2012（2016 年版）第 13.3.4 条关于长度小于等于 1000m 的隧道，当需要设置非机动车道或人行道时，必须设安全隔离设施的规定。

【处理措施】当隧道内设置非机动车道或人行道时，必须设置护栏等安全隔离设施。

问题 27：当隧道内存在超高横坡路段时，超高横坡路段的隧道内轮廓不满足建筑限界的要求。

【原因分析】违反《城市地下道路工程设计规范》CJJ 221—2015 第 3.5.3 条关于城市地下道路建筑限界内不得有任何物体侵入的规定。

【处理措施】根据转弯半径确定隧道内是否存在超高横坡，当存在超高横坡时，应复核考虑超高横坡后的隧道内轮廓是否满足建筑限界的要求。如不满足建筑限界的要求，应考虑加大隧道内轮廓。

问题 28：隧道内人行道宽度未按隧道人行道可能通行能力与地域折减系数的规定设置。

【原因分析】违反《城市道路工程设计规范》CJJ 37—2012（2016 年版）第 4 章、第 5 章和第 9

章中关于隧道内人行道宽度应考虑隧道人行道可能通行能力与地域折减系数的规定。

【处理措施】由于隧道属于一个相对封闭的环境，在烟雾和汽车尾气等的影响下，隧道人行道的可能通行能力比常规市政道路低。同时，隧道一般穿越山体，人流量也少于市政道路。设计应根据规划资料、区位及人流量等确定隧道人行道可能通行能力与地域折减系数，并确定隧道内人行道宽度。

问题 29：隧道内轮廓设计时未标明其与建筑限界的位置关系，无法核实道路建筑限界内是否存在物体侵入。

【原因分析】违反《城市地下道路工程设计规范》CJJ 221—2015 第 3.5.3 条关于城市地下道路建筑限界内不得有任何物体侵入的规定。

【处理措施】隧道内轮廓设计时，标注建筑限界与隧道内轮廓间的最小净距。

问题 30：未考虑城市地下道路内部无检修道时侧墙下部的防撞设施设计。

【原因分析】违反《城市地下道路工程设计规范》CJJ 221—2015 第 4.3.6 条关于当城市地下道路内部不设检修道时，侧墙下部必须设置防撞设施的规定。

【处理措施】当城市地下道路内部不设检修道时，侧墙下部必须设置防撞设施，防撞设施的设置应符合现行《城市道路交通设施设计规范》GB 50688 的规定。

问题 31：隧道内轮廓设计时未考虑隧道内轮廓变化太频繁将不利于整体式模板台车施工、结构受力、隧道通风及景观效果。

【原因分析】违反《城市地下道路工程设计规范》CJJ 221—2015 第 4.1.1 条关于城市地下道路横断面设计在满足建筑限界条件下，应为配套附属设施和安全疏散设施提供安装空间，通过合理布置充分利用空间，同时应预留结构变形、施工误差、路面调坡等余量的规定。

【处理措施】综合隧道内轮廓种类、隧道长度、隧道埋深及隧道进出口用地性质等，合理选取施工简单、结构受力合理，隧道通风及景观效果好的内轮廓设计作为推荐方案。

19.1.6 隧道衬砌结构

问题 32：瓦斯段未考虑瓦斯进入隧道空间内，影响生命财产安全的因素，未考虑采取全封闭外包防水及全封闭衬砌结构。

【原因分析】违反《公路隧道设计规范 第一册 土建工程》JTG 3370.1—2018 第 14.6.2 条关于含瓦斯地层隧道应采用全封闭结构，并提供混凝土的抗渗性的规定。

【处理措施】根据地勘资料确定隧道是否位于瓦斯段落，当位于瓦斯段落时，瓦斯地层隧道应采用单层或多层全封闭结构，并提供混凝土的抗渗性，混凝土的抗渗等级建议不低于 P8，且应采用全封闭外包防水。

问题 33：衬砌结构设计时未考虑规划的影响。如隧道顶需平场减载、建设其他项目加载，隧道周边其他规划的地下工程建设的影响等。

【原因分析】违反《城市地下道路工程设计规范》CJJ 221—2015 第 3.2.12 条中关于城市地下道路设计应根据规划预留必要的实施条件的规定；违反《公路隧道设计规范 第一册 土建工程》JTG 3370.1—2018 第 4.1.3 条关于当隧道与相邻建筑物互有影响时，应在设计及施工中采取必要

第3部分 市政工程

的措施的规定。

【处理措施】隧道设计时应根据规划资料、工程地质与周边环境，从技术、经济、工期、环境影响等方面综合比较，选择合理的结构形式和施工方法。比如当隧道拱顶覆土较厚时，建议采用受力较好的拱形结构，当隧道拱顶为道路，高差受限时，建议进行箱形结构。比如为保护建（构）筑物时，建议进行控制爆破或机械开挖等。

问题 34：衬砌结构设计时未考虑隧道结构设计基准期、隧道结构安全等级、环境类别与作用等级对隧道的影响，未考虑结构材料及耐久性设计要求。

【原因分析】违反《公路隧道设计规范 第一册 土建工程》JTG 3370.1—2018 第 5.1.1 条～第 5.1.10 条关于建筑材料中的一般规定的内容。

【处理措施】衬砌结构设计时应首先充分考虑隧道的基准期、安全等级、环境类别与作用等级对隧道的影响，之后结合规范及经验进行结构材料及耐久性设计。

问题 35：未考虑结构计算对衬砌结构设计的影响。

【原因分析】违反《公路隧道设计规范 第一册 土建工程》JTG 3370.1—2018 第 9.2 条关于衬砌结构计算的规定。

【处理措施】衬砌结构设计时应首先对衬砌结构进行计算，计算时应先摸清边界条件，落实隧道与周边建（构）筑物的位置关系，核算各种可能的工况，之后根据计算结果结合规范对衬砌结构进行设计。最后再结合工程类比法对设计进行复核。

问题 36：复合式衬砌钢拱架设计图中，未考虑施工过程中拱架基础的稳定性，未设置锁脚锚杆或锁脚锚杆与钢架的连接关系表达不清楚。

【原因分析】锁脚锚杆的施工是保证隧道施工过程中拱架基础稳定，拱架不下沉的重要措施。

【处理措施】首先根据隧道施工方法确定钢拱架的分节位置，然后根据隧道支护参数确定钢拱架的间距，最后根据施工方法、钢拱架分节位置、钢拱架间距及围岩情况设计锁脚锚杆。

问题 37：当隧道位于有腐蚀性围岩地段时，未考虑腐蚀性物质对隧道衬砌耐久性的影响。

【原因分析】违反《公路隧道设计细则》JTG/T D70—2010 第 13.8.2 条关于公路隧道混凝土结构应根据不同的设计基准期、不同的周边环境类别及其作用等级进行耐久性设计、混凝土结构的耐久性设计应保证结构在其设计基准期内的适用性、可修复性与安全性的需要，必须提出使用过程中的维修与检测的要求，隧道结构耐久性设计应根据隧道结构的耐久性设计标准，结合环境条件分段确定的规定。

【处理措施】结合地勘资料确定隧道是否位于围岩具有腐蚀性段落。当隧道位于腐蚀性地段时，为保证隧道结构的耐久性满足规范要求，应对隧道进行抗腐蚀性设计，如在衬砌内添加抗腐蚀性外加剂。

问题 38：设计时未结合施工过程中的注浆堵水措施及运营过程中的地下水限量排放原则计算富水段的衬砌结构设计。隧道富水段抗高压水衬砌未注明结构所能承受的水压力。

【原因分析】违反《公路隧道设计细则》JTG/T D70—2010 第 13.7.4 条关于当隧道衬砌设置有渗水孔时，应计入渗排的水量所降低的衬砌上的水压力，可对全封闭衬砌的水压予以折减、第

13.7.8 条关于抗水压复合式衬砌，可采用周边注浆、设置防水层及设置有限的渗水孔提高结构的防水能力的规定。

【处理措施】首先根据地勘资料、注浆堵水措施及有限的渗水计算出水压力，最后根据水压力的大小设计抗水压复合式衬砌，并在设计中注明结构所能承受的水压力。

问题 39：当隧道洞身位于Ⅲ、Ⅳ级围岩段时，未根据隧道的埋深、跨度及周边环境等因素考虑是否采用钢筋混凝土。

【原因分析】违反《公路隧道设计细则》JTG/T D70—2010 第 13.4.3 条关于二次衬砌宜采用模筑混凝土或钢筋混凝土结构、表 13.4.6-2 三车道隧道复合式衬砌设计参数中Ⅳ$_3$、Ⅳ$_2$ 采用钢筋混凝土结构的规定。部分运营过程中的隧道由于二次衬砌未采用钢筋混凝土导致混凝土开裂掉块。

【处理措施】首先根据隧道的埋深、跨度、地质情况及周边环境等因素对结构进行计算，然后根据计算结果并结合工程类比法确定是否采用钢筋混凝土。根据大量城市隧道设计及施工经验，建议城市隧道二次衬砌均采用钢筋混凝土。

问题 40：未考虑钢筋连接形式对衬砌结构受力的影响。

【原因分析】违反《重庆市建设领域限制、禁止使用落后技术的通告》（2019 年版）关于受力钢筋连接采用机械连接的规定。

【处理措施】钢筋的连接设计应考虑钢筋受力特点、钢筋直径并结合规范要求确定采用机械连接或焊接。如大于等于φ16mm 的受力主筋不得使用焊接连接。

问题 41：隧道明洞或下穿道衬砌结构设计时，未考虑地基承载力不足时对衬砌结构的影响。

【原因分析】违反《公路隧道设计规范 第一册 土建工程》JTG 3370.1—2018 第 8.5.4 条关于明洞基础应置于稳固地基上的规定。

【处理措施】当隧道或下穿道基础地基承载力达不到设计要求时，地基处理措施主要有：换填砂砾垫层、砂桩、砂井等。基础形式主要有：仰拱基础、整体基础、深（高）基础、桩基础等。

问题 42：衬砌结构类型设计时未充分考虑围岩级别、埋深、隧道类型（分离式、小净距、连拱）及邻近建（构）筑物的因素，未采取针对性的衬砌设计及措施。

【原因分析】违反《公路隧道设计规范 第一册 土建工程》JTG 3370.1—2018 第 8.1.2 条关于隧道衬砌、第 8.1.3 条关于衬砌结构类型和尺寸、第 4.1.3 条关于当隧道与相邻建筑物互有影响时，应在设计及施工中采取必要措施的规定。

【处理措施】隧道设计时应考虑围岩级别、埋深、隧道类型（分离式、小净距、连拱）及邻近建（构）筑物的影响。宜在隧道围岩级别差的地段、隧道埋深浅的地段采取加强初支及二衬设计、增加超前支护的措施；小净距隧道、连供隧道及邻近建（构）筑物的隧道除加强初支及二衬设计外还应加强小净距隧道中夹岩柱的设计、连供隧道及邻近建（构）筑物的隧道的施工工法及开挖方式设计。

问题 43：隧道初期支护锚杆的类型、长度及间距未充分考虑围岩级别、隧道断面尺寸、施工条件等的影响。

【原因分析】违反《公路隧道设计规范 第一册 土建工程》JTG 3370.1—2018 第 8.2.4 条关于

锚杆设计参数的规定。

【处理措施】根据《公路隧道设计规范 第一册 土建工程》JTG 3370.1—2018 的要求，隧道初期支护锚杆参数设计时应考虑围岩级别、隧道断面大小，经济性，在隧道锚杆设计时可参照表 19-3 选取。

锚杆支护参数及类型表   表 19-3

围岩级别	二车道隧道			三车道隧道		
锚杆	类型	长度	间距	类型	长度	间距
Ⅲ	砂浆	2.0～3.0	1.0～1.5	砂浆	3.0～3.5	1.0～1.5
Ⅳ	砂浆	2.5～3.0	1.0～1.2	砂浆	3.0～4.0	0.8～1.0
Ⅴ	砂浆/中空	3.0～4.0	0.8～1.2	砂浆/中空	3.5～5.0	0.5～1.0

问题 44：隧道采用闭合的初期支护时，钢筋网的设置未考虑隧道拱墙与仰拱的位置差异。

【原因分析】违反《公路隧道设计规范 第一册 土建工程》JTG 3370.1—2018 第 8.2.2 条关于钢筋网喷射混凝土设计的规定。喷射混凝土中布设钢筋网有利于提高喷射混凝土的抗剪、抗弯强度及抗冲切、抗弯曲能力，提高喷射混凝土的整体性，减少喷射混凝土的收缩裂纹，防止局部掉块。

【处理措施】隧道初期支护钢筋网设计时应考虑使用的部位，拱部及边墙位置钢筋网主要是提高喷射混凝土的强度，防止局部岩石掉块，而仰拱部位喷射混凝土一般起到找平层及钢架保护层的作用，因此仰拱不宜设置钢筋网。

问题 45：隧道富水段抗高压水衬砌未注明结构所能承受的水压力；未考虑注浆堵水及隧道排水对水压的影响。

【原因分析】违反《公路隧道设计细则》JTG/T D70—2010 第 13.7.5 条、第 13.7.6 条关于抗水压复合式衬砌支护设计和第 13.7.3 条、第 13.7.4 条关于水压力折减的规定。

【处理措施】隧道富水段抗高压水衬砌设计时必须说明本衬砌所能承受的拱顶以上最大水压力（m），同时根据隧道开挖后地下水活动状态、隧道开挖后毛洞状态下的实测排水量、隧道建成后的设计排水量确定外水压力折减系数。

问题 46：隧道初期支护钢拱架的分段未结合隧道的施工方案；同时也未考虑每节段钢架的重量及施工可操作性。

【原因分析】钢拱架节段设计时未结合隧道施工方法；同时未充分考虑现场钢拱架施工的便利性。

【处理措施】隧道初期支护钢拱架分段应结合隧道的施工方法，建议在每步开挖导坑拱脚处分段，同时每段钢拱架重量不宜超过 200kg。

问题 47：隧道衬砌设计未考虑设置同种衬砌的不同亚类，比如Ⅳ级围岩深埋可进一步按硬岩和软岩区别设计。

【原因分析】违反《公路隧道设计细则》JTG/T D70—2010 第 6.1.1 条、第 6.3.1 条、第 13.4.6 条关于围岩进行亚级划分及复合式衬砌设计参数的分类规定。

【处理措施】建议在隧道定测及施工阶段对隧道围岩进行亚级划分，可根据取得的围岩定性特征和岩体基本质量指标（BQ），进一步细分围岩亚级。如围岩基本质量指标（BQ）在 251～350 之间划分为 IV 的前提下，可再将 BQ 值在 316～350 之间划分为 IV1，BQ 值在 285～315 之间划分为 IV2，BQ 值在 251～284 之间划分为 IV3，以便设计更经济合理。

问题 48：隧道衬砌纵向钢筋设计未考虑衬砌厚度的影响，比如衬砌厚度分别 50cm、60cm、70cm 等均采用直径 12mm 的纵向钢筋。

【原因分析】违反《公路隧道设计规范 第一册 土建工程》JTG 3370.1—2018 第 8.6.4 条关于隧道纵向受力钢筋截面最小配筋率的规定。

【处理措施】隧道衬砌结构纵向钢筋设计时需要考虑衬砌厚度及截面最小配筋率。建议纵向钢筋直径可按如下采用：50cm 厚的二衬纵向钢筋直径为 12mm、60cm 厚的二衬纵向钢筋直径为 14/16mm、70cm 厚的二衬纵向钢筋直径为 16/18mm。

问题 49：隧道初期支护预留变形量未充分考虑围岩级别、断面大小、埋置深度、施工方法、支护情况及周边环境等的影响。

【原因分析】违反《公路隧道设计规范 第一册 土建工程》JTG 3370.1—2018 第 8.4.1 条关于隧道预留变形量取值的规定。

【处理措施】隧道预留变形量设计时应根据围岩级别、断面大小、隧道埋深、施工方法、支护情况及周边环境等确定。围岩级别差的预留变形量大、隧道埋深浅的预留变形量应取小值、隧道周边或拱顶有建（构）筑物的预留变形量应取小值甚至不允许变形，采取强有力的支护手段确保建筑物不发生沉降。

19.1.7　隧道紧急停车带、横洞

问题 50：紧急停车带及横洞设计时，其设置间距未考虑车辆紧急停靠及消防疏散要求。

【原因分析】违反《城市地下道路设计规范》CJJ 211—2015 第 4.3.9 条、第 8.3.5 条、第 8.3.6 条关于紧急停车带及人员、车辆安全疏散的规定。

【处理措施】应结合隧道长度、周边情况合理设置隧道紧急停车带及横洞，隧道紧急停车带间距宜为 500m，人行横通道设置间距宜为 250～300m，车行横通道设置间距宜为 200～500m。

问题 51：紧急停车带及横洞设计时，其设置位置未充分考虑隧道围岩及周边环境情况。

【原因分析】违反《公路隧道设计规范 第一册 土建工程》JTG 3370.1—2018 第 12.4.8 条关于横通道设置位置的规定。

【处理措施】隧道紧急停车带及横洞设计时，应充分考虑紧急停车带及横洞处隧道的围岩情况及周边环境情况。在满足隧道紧急停车带间距不大于 500m，人行横通道设置间距不大于 300m，车行横通道设置间不大于 500m 的前提下，尽量将紧急停车带及横洞设置在隧道围岩条件、周边环境较好的地段，避免设置在断层、破碎带等不良地质地段。

问题 52：隧道主洞与横通道交叉口衬砌及二衬钢筋设计时，未考虑横洞与主洞交叉口相互影响的因素。

【原因分析】横洞与主洞交叉口位置构造复杂，钢拱架及二衬钢筋未闭合成环，未充分考虑横

洞与主洞交叉口位置处初支钢拱架、二衬钢筋等的细部设计。

【处理措施】隧道横洞与主洞相交位置处衬砌设计时应考虑交叉口初支钢拱架未闭合的加强措施、二衬钢筋未闭合成环的加强措施，宜在交叉口设置环向加强钢拱架及二衬环向加强暗梁。

问题 53：横洞与主洞交叉口设计时，未考虑横洞盲沟的水引入主洞的排水措施。

【原因分析】横洞设计时仅考虑了结构连接，未充分考虑横洞排水及与主洞相交位置如何排水问题。

【处理措施】隧道横洞与主洞相交位置处横洞的排水设计应根据左右线隧道的标高、排水形式进行设计，一般横洞纵向排水管与主洞纵向排水管连通位置设置三通管，通过主洞横线排水管接入主洞边沟进行排水。如图 19-5 所示。

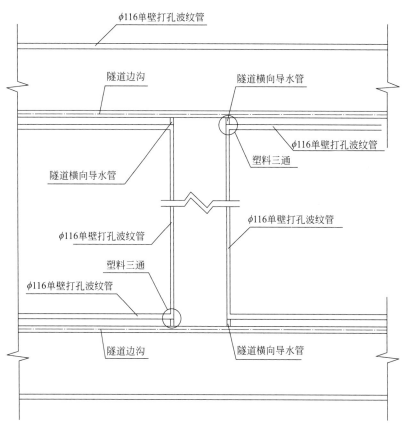

图 19-5　横洞与主洞相交位置排水示意图

问题 54：横洞与主洞相交位置处，未考虑对主洞及横洞衬砌进行加强，特别是 IV、V 级围岩地段。

【原因分析】违反《公路隧道设计规范 第一册 土建工程》JTG 3370.1—2018 第 8.1.4 条关于横通道与主洞交叉段衬砌需要进行加强的规定。

【处理措施】隧道横通道与主洞交叉口处受力关系复杂，计算和施工都比较烦琐，为保证岔洞结构的安全，规范要求一般宽度大于 3m 的各种横通道与主洞的交叉段，主洞及横通道衬砌均应做加强设计，主洞加强衬砌范围一般为交叉口外 5m，横通道加强衬砌为交叉口外 3m。如图 19-6 所示。

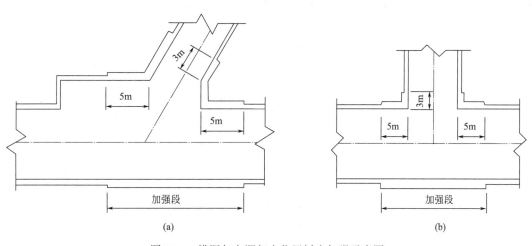

图 19-6 横洞与主洞相交位置衬砌加强示意图

问题 55：车行横通道兼做人行横通道时，横通道结构或防火卷帘门的设计未充分考虑人行疏散的功能。

【原因分析】车行横通道兼做人行横通道时，未充分考虑防火卷帘门关闭后人员疏散问题。

【处理措施】隧道车行横通道设计时，应注意车行横洞是否兼做人行横通道，若兼做人行横通道，则应考虑在防火卷帘关闭后，人员的疏散问题。一般可在车行横通道防火卷帘侧壁设置耳室进行人员疏散。如图 19-7 所示。

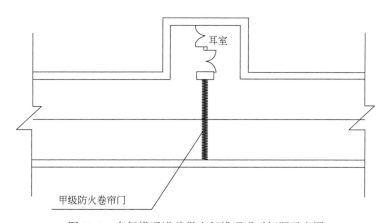

图 19-7 车行横通道兼做人行横通道时门洞示意图

问题 56：隧道洞内变电所设置在专用的横通道内时，其设置位置未充分考虑隧道围岩及周边环境情况。

【原因分析】违反《公路隧道设计规范 第一册 土建工程》JTG 3370.1—2018 第 12.4.8 条关于横通道设置位置的规定。

【处理措施】目前隧道洞内通过设置专用的横通道作为变电所的情况较多，由于作为变电所的横通道一般较宽，宽度大于车行横通道，因此该横通道的设置位置除必须考虑机电专业的要求外，还应充分考虑该处隧道的围岩情况及周边环境情况，尽量将横洞设置在隧道围岩条件、周边环境较好的地段，避免设置在断层、破碎带等不良地质地段。

问题 57：单洞三车道的特长隧道、长隧道紧急停车带的设置未充分考虑隧道长度、交通量、交通组成、围岩条件、利用率等情况。

【原因分析】违反《公路隧道设计规范 第一册 土建工程》JTG 3370.1—2018 第 4.4.5 条条文说明关于紧急停车带设置的规定及《城市地下道路工程设计规范》CJJ 221—2015 第 4.3.9 条条文说明关于应急停车港湾设置的规定。

【处理措施】目前三车道隧道越来越多，隧道内是否需要设置紧急停车带应充分考虑隧道长度、交通量、交通组成、围岩条件、利用率等情况，不能一概而论。

问题 58：横洞与主洞相交位置处，横洞与主洞交叉口钢筋未互相锚入。

【原因分析】违反《公路隧道设计规范 第一册 土建工程》JTG 3370.1—2018 第 8.1.4 条关于横通道与主洞交叉段衬砌需要进行加强的规定。

【处理措施】隧道横通道与主洞交叉口处受力关系复杂，为保证岔洞结构的安全，横洞与主洞交叉口钢筋应互相锚入，以确保交叉口的整体性。

19.1.8 超前支护

问题 59：超前支护方式未综合考虑地质、结构跨度和断面面积等因素，设计支护参数与实际施工条件不符。

【原因分析】违反《公路隧道设计规范 第一册 土建工程》JTG 3370.1—2018 第 13.1.2 条关于隧道设计可根据不同地质条件、环境条件和施工条件采用相应的辅助工程措施的规定。

【处理措施】在超前支护的设计中，依据管棚、超前小导管、超前钻孔注浆、超前锚杆、地表砂浆锚杆和地表注浆加固设计的原则进行，避免出现超前支护参数与实际施工条件不符的情况。如表 19-4 所示。

超前支护手段与围岩自稳能力关系表　　　　　　　　　　　　　　　　表 19-4

围岩自稳时间	围岩等级	超前支护手段
＞24h	Ⅰ～Ⅲ级	一般不考虑
12～24h	Ⅳ～Ⅴ级	超前锚杆或超前钢管
3～12h	Ⅴ～Ⅵ级	超前小导管、超前长管棚，整体加固硐室周边围岩
＜3h	Ⅴ～Ⅵ级地下水丰富	除超前小导管、超前长管棚外，还应考虑结合超前预注浆等辅助施工措施

注：本表摘自《公路隧道设计手册》（廖朝华、郭小红主编）。

问题 60：超前支护设计中大管棚或小导管间的搭接长度设置不合理，影响超前支护效果。

【原因分析】违反《公路隧道设计规范 第一册 土建工程》JTG 3370.1—2018 第 13.2.1 条关于纵向两组管棚间应有不小于 3.0m 的水平搭接长度的规定、第 13.2.2 条关于两组小导管间纵向水平搭接长度不小于 1.0m 的规定。

【处理措施】为保证隧道开挖过程中超前支护效果，宽大的软弱地层及断层破碎带，需要设置多循环长管棚，此时要求每个循环长管棚之间的搭接长度不小于 3.0m；大管棚后设置的其他超前支护方式（超前小导管、超前锚杆等）与管棚支护段搭接长度不小于 2m。设置超前小导管时，纵向水平搭接长度不小于 1.0m，特殊情况下可达到 1.5～2.0m。

问题 61：超前支护设计时，小导管与钢拱架连接不合理，未采取使其组成支护系统的有效措施。

【原因分析】违反《公路隧道设计规范 第一册 土建工程》JTG 3370.1—2018 第 13.2.2 条第 4 款关于小导管应与格栅钢架组成支护系统的规定。

【处理措施】超前小导管沿隧道拱顶附近向上方倾斜，利用小导管注浆后与前方围岩及格栅钢架（钢拱架）形成两端支撑梁结构，对开挖面围岩保护，因此注浆钢花管的外露端焊接于开挖面后方的格栅钢架（钢拱架）上，共同组成预支护系统。

问题 62：超前支护参数不明确，超前小导管（锚杆）外倾角过小，施工实施困难。

【原因分析】违反《公路隧道设计规范 第一册 土建工程》JTG 3370.1—2018 第 13.2.2 条第 3 款关于小导管外插角 $10°\sim30°$ 的规定和第 13.2.4 条关于超前锚杆外插角宜为 $5°\sim30°$ 的规定。

【处理措施】超前支护杆体在隧道拱部的外插角一般采用 $5°\sim30°$，边墙一般采用 $10°\sim20°$，实际施作时杆体方向应根据岩体结构面产状确定，以杆体穿透更多的结构面为原则。

问题 63：超前小导管的设计间距和长度设计不合理，未考虑围岩条件和开挖方法等因素。

【原因分析】违反《公路隧道设计规范 第一册 土建工程》JTG 3370.1—2018 第 13.2.2 条第 3 款关于小导管环向间距和水平搭接长度的规定。

【处理措施】超前小导管的长度一般采用 $3\sim5m$，具体长度应根据初期支护钢拱架间距及设计的纵向搭接长度确定。为确保超前小导管作用的充分发挥，其长度也可按设计开挖方法的短台阶高度加 1m 来确定；小导管环向间距一般为 $30\sim40cm$，当地质条件偏差时可为 $20\sim30cm$，当地质条件偏好时可为 $40\sim50cm$；设置范围一般为衬砌中轴线两侧 $60°\sim75°$。

问题 64：超前管棚及小导管注浆参数设计不合理，未综合考虑围岩条件及工程经验等因素。

【原因分析】超前管棚及超前小导管的设计中，未根据围岩条件设计合理的注浆参数，导致注浆效果不佳。

【处理措施】管棚和超前小导管注浆一般以水泥浆为主，当围岩破碎、岩体止浆效果不好时可采用水泥—水玻璃双液注浆，以控制浆液的凝结时间；不透水的黏土层宜采用高压劈裂注浆，若地下水量较大，注浆浆液内可添加 5％的水玻璃或通过现场试验确定添加水玻璃的比例。超前管棚及超前小导管单根导管注浆量应根据理论计算公式，并结合相似围岩地质条件的隧道注浆量的经验，通过工程类比综合分析确定。

问题 65：洞口大管棚长度设置不合理，未根据实际地质情况设置稳且有效的超前支护体系。

【原因分析】当洞口浅埋段围岩松散破碎时，设计管棚长度不够导致管棚未与初期支护钢拱架形成纵横向的支护体系，无法满足变形及结构安全的要求。

【处理措施】洞口一次支护超前管棚的钢管长度一般为 $10\sim45m$，支护长度约 $8\sim40m$，为保证开挖后管棚远端仍有足够的超前支护长度，钢管需伸入稳定地层不小于 3.0m，当需要施作两次管棚时，水平搭接长度应大于 3.0m。如图 19-8 所示。

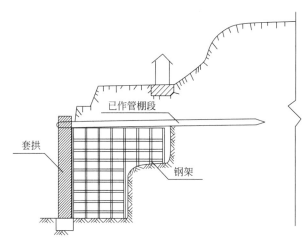

图 19-8　管棚超前支护

问题 66：对于岩溶发育区和易突水的 V 级围岩采用超前支护措施强度不足。

【原因分析】隧道在穿越岩溶发育区和易突水段落时，由于围岩往往存在软弱夹层或破碎带，采用单层的超前小导管支护可能存在支护强度不够，导致开挖过程中发生坍塌或大变形等问题，影响后续施工质量及安全。

【处理措施】在穿越岩溶发育区及破碎带时，设置双排超前小导管，可有效提高超前支护的强度，减小开挖过程中的位移，上排小导管设置倾角为 5°～12°，下排小导管设置倾角 20°～30°。

19.1.9　隧道防排水

问题 67：富水隧道防排水原则为"以堵为主、限量排放"时，未设置排水能力相当的水沟，存在安全隐患。

【原因分析】违反《公路隧道设计细则》JTG/T D70—2010 第 18.1.1 条关于隧道防排水设计应结合工程水文地质情况进行，妥善处理地表水和地下水，使洞内外形成完整、通畅且便于维修的防排水系统的规定。

【处理措施】应根据道路等级并结合路面横坡的变化情况，在隧道内行车道边缘设置双侧或单侧排水沟；路面结构下设置中心排水沟时应设计过滤措施，防止堵塞；隧道内排水沟管过水断面应根据水力计算确定，排水管沟应设置沉砂井、检查井，并铺设盖板，其位置结构构造应考虑便于检查、维修和疏通；路面排水横坡不应小于 1%，横向排水暗沟管坡度不应小于 2%。

问题 68：隧道防水层设置防水卷材时，未充分考虑柔韧性和耐久性等因素。

【原因分析】违反《公路隧道设计细则》JTG/T D70—2010 第 18.2.5 条关于隧道防水层，宜选用耐久性好及施工简便的高分子柔性防水卷材的规定。

【处理措施】设计防水卷材应选用高聚物改性沥青类或合成高分子类防水卷材，应满足相应国家标准；对于水下钻爆法施工隧道，卷材防水层为一或二层高聚物改性沥青防水卷材厚度不应小于 3mm，单层使用时，厚度不应小于 4mm，双层使用时，总厚度不应小于 6mm；合成高分子防水卷材单层使用时，厚度不应小于 1.5mm，双层使用时总厚度不应小于 2.4mm。

问题 69：施工缝、变形缝及堵头墙防水设计欠合理，未采取与地下水环境相适应的防水措施。

【原因分析】违反《地下工程防水技术规范》GB 50108—2008 第 3.3.1 条关于明挖法和暗挖法地下工程防水设防要求的规定。

【处理措施】对于地下水丰富、水压较大地段，隧道衬砌结构施工缝，宜选用背贴式止水带与中埋式缓膨胀止水条组合形成防水构造，沉降缝宜选用背贴式止水带与中埋式橡胶止水带组合形成防水构造；对于地下水水量小，水压不大地段，隧道衬砌结构施工缝，可选用中埋式缓膨胀橡胶止水条形成防水构造，沉降缝宜选用中埋式橡胶止水带形成防水构造。此外，防水混凝土应连续浇筑，宜少留施工缝，墙体水平施工缝不应留在剪力与弯矩最大处或底板与侧墙的交接处，应留在高出底板表面不少于 300mm 的墙体上，垂直施工缝应避开地下水和裂隙水较多的地段，并宜与变形缝相结合。

问题 70：耐腐蚀混凝土的水泥品种、外加剂及胶凝材料的技术参数，未综合考虑地下水的腐蚀性。

【原因分析】违反《地下工程防水技术规范》GB 50108—2008 第 3.3.2 条关于侵蚀性介质应采用耐侵蚀的防水材料的规定。

【处理措施】处于侵蚀性介质中防水混凝土，应根据介质的性质选用相应的水泥品种或矿物掺合料；当地下水有腐蚀性时，胶凝材料用量可通过试验调整，有侵蚀性介质时水胶比不宜大于 0.45，且混凝土的耐侵蚀系数不应小于 0.8。

问题 71：隧道排水系统设置未考虑隧道运维要求，排水系统检修、维护困难。

【原因分析】违反《公路隧道设计规范 第一册 土建工程》JTG 3370.1—2018 第 10.3.1 条关于隧道内排水的规定和第 10.3.5 条关于隧道衬砌排水的规定。

【处理措施】隧道衬砌环向应设置导水盲管，导水盲管一般接入隧道纵向导水管或有组织地排入隧道内排水沟；纵向导水管应考虑设置检查井，但检查井位于车行道下，车行荷载长期碾压将导致检查井下沉，影响行车安全；且检查井清通维护时需封闭车道，影响隧道通行能力。故对于交通流量较大的隧道，不宜设置纵向导水管，而应采取衬砌环向盲管有组织排入隧道内排水沟的方式；同时应考虑衬砌环向盲管与检修道下消火栓管、通信支架等管线的高程关系。

问题 72：隧道防排水系统未考虑防止洞外雨水进入隧道的设计措施。

【原因分析】未设置合理的截水及排水措施，导致洞外的水流入隧道，不利于洞内排水。

【处理措施】当出口方向的道路为上坡时，可采取排水措施沿路线反坡排水；当地形条件限制、反坡排水有困难时，可将隧道外雨水经暗沟收集后接入市政雨水管道系统，防止洞外雨水流入隧道内。当必须通过隧道排水时，水沟应保证有足够的过水断面并采取相应的措施。另外，隧道洞口顶部应设置截水沟，防止山体雨水对洞口形成冲刷，截水沟沿洞顶顺地形布置，下游应有可靠出路。

问题 73：未充分考虑隧道穿越山体的实际地下水环境，堵水和排水措施与实际不匹配。

【原因分析】隧道穿越区围岩岩溶、暗河发育，隧道涌水采用堵水措施，在现有施工工艺条件下，面临较大技术难度，难以达到理想效果；完全进行排水，将会导致隧址区地下水环境破坏。

【处理措施】设计中对涌水的处治应遵循"以堵为主、排堵结合、注重环保"的原则。富水段掌子面围岩采用预注浆堵水方式。完成初期支护后，沿隧道开挖轮廓线径向钻孔实施注浆堵水，根据现场实际情况实施全断面径向注浆、局部径向注浆和补充注浆。路面结构层以下设置排水能力相当的中心矩形水沟，不易堵塞且便于清理。隧道路面垫层（找平层）或仰拱填充层顶面向中心水沟一侧倾斜，有利于地下水迅速排出，同时应加密横向透水盲管的纵向设置。

问题 74：明挖隧道外贴防水材料保护层做法中，顶部及侧面选用外贴保护材料不合理。

【原因分析】为防止明挖地下结构外贴防水材料在回填过程中发生刺破或撕裂，往往采用外贴页岩砖、泡沫板或敷设细石混凝土作为防水材料的保护层。当顶部覆盖层较薄且上部结构荷载较大时，容易导致保护层及防水材料的破坏。

【处理措施】明挖结构侧面宜采用页岩砖或泡沫板作为防水材料保护层（不宜采用细石混凝土），顶面在覆土较薄时宜采用细石混凝土等其他强度较高的材料作为防水卷材保护层。

问题 75：隧道病害整治过程中，排水暗盒高度过大，导致开槽过深，影响结构安全。

【原因分析】裂缝或变形缝处渗水量过大，需要设置排水能力相当的接水盒，如果接水盒高度过高，在隧道原施工钢筋保护层厚度不足或隧道整治过程中施工质量控制不足等情况下，开槽过程中会导致衬砌结构承载力削弱，影响运营安全。

【处理措施】隧道裂缝及变形缝渗水量过大时，应优先采用注浆堵水措施，减小隧道渗水量，从而减小接水盒的尺寸。在不侵限前提下，可明装接水盒，避免对原有结构产生过大的破坏。

19.1.10 隧道施工方案

问题 76：中壁法及双侧壁法施工时未综合考虑结构跨度和断面等因素，未考虑临时支护解除后的全断面量测的处置措施。

【原因分析】中壁法及双侧壁导坑法开挖断面分块多，每个分块都是在开挖后立即各自闭合的，施工时应考虑时空效应，每一步开挖均必须快速，必须及时步步成环，所以在施工中间变形几乎不发展，所引起的地表沉陷小。但中壁法及双侧壁导坑法一般应用于地层较差、有不稳定岩体且地面沉降要求严格的地下工程。施工临时支护拆除后，支撑受的力转移给主体结构，全断面的测量是必不可少的。

【处理措施】采用中壁法及双侧壁导坑法施工时应提出相关量测要求，在拆除临时支护后，可直接利用导坑周边既有测点，进行围岩收敛、变形量测，以指导施工，保证施工安全，如图 19-9 所示。

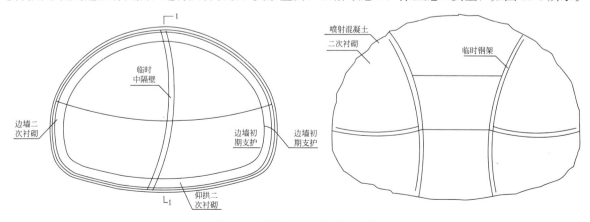

图 19-9 CRD法和双侧壁导坑法

问题 77：辅助通道仅考虑施工期间的作用，未考虑后期功能定位等因素，未考虑辅助通道在隧道运营期间的作用以及施工通道的回填处置措施。

【原因分析】违反《公路隧道设计规范 第一册 土建工程》JTG 3370.1—2018 第 12.1.7 条关于施工辅助通道的规定，施工辅助通道在隧道主体工程竣工后不予利用者，在保证隧道安全的条件下应采取措施。

【处理措施】隧道辅助坑道主要分为两种，一种是指利用辅助坑道加快长大隧道施工进度的，二是作为长大隧道通风逃生使用。辅助通道作为施工期间的通道还是在后期作为运营期间的防灾救援通道，应明确指出。后期辅助通道洞口及与正洞之间的连接处的封堵和排水措施是保证安全的重要措施，同时辅助通道的施工方案及监控量测方案是必不可少的，应明确辅助通道的作用。辅助通道洞口及与正洞的连接处的封堵及排水措施应明确指出。

问题 78：未充分考虑隧道施工时邻近建（构）建物等因素，未考虑隧道施工及运营时建（构）筑物的影响且未采取相应的处置措施。

【原因分析】违反《建筑边坡工程技术规范》GB 50330—2013 第 19.1 条关于监测、《重庆市市政工程施工图设计文件编制技术规定》（2017 年版）第 5.1.6 条第 8 款关于既有建（构）筑影响段隧道结构设计的规定。

【处理措施】城市隧道工程涉及周边现状建（构）筑物较多，如市政道桥隧和轨道，有时多项工程需同步实施。应有针对性地根据不同里程、段落分别提出相应要求，进一步细化施工方案，特别是各分项工程的实施顺序。明确指出有影响的建（构）筑物，并针对其特性采取措施，主要对沉降、位移、挠曲、倾斜及裂缝等进行监测，实现对建（构）筑物的安全监控，并为建（构）筑物安全预警和应急预案的制定提供依据。

问题 79：未充分考虑隧道建设对地下水的疏干影响等因素，未考虑地下水环境保护方案中隧道穿越影响区地下水环境敏感源的监测处置措施。

【原因分析】违反《崩塌、滑坡、泥石流监测规范》DZ/T 0221—2006 中关于滑坡、危岩和《重庆市地下工程地质环境保护技术规范》DBJ 50T—189—2014 关于地下工程应开展地质环境监测的规定。

【处理措施】隧址区地下水分布广泛，岩溶构造发育，地表上、下水力联系复杂，隧道施工遇高压涌水、突泥风险性较高，同时地表（下）水漏失将会影响地表生态环境，对工程区域附近的居民的生产和生活造成较大影响。为保证施工及结构安全，降低施工的风险性，以及保护生态环境、保障居民的正常生产和生活，应采取一定的措施。

可要求业主委托有资质的第三方作监测方案并监测，监测方案图中应主要包括对地表水、地下水位监测，地表水、地下水水量和地下工程内涌水量，滑坡、危岩，建筑物，地面塌陷等。绘出地质环境监测方案图，地表水、地下水位监测主要采用人工巡视、钟响法、浮标尺、自动采集、远程遥测等。地表水、地下水水量和地下工程内涌水量监测主要采用容积法、堰测法或测流仪、差位法等。地面塌陷主要采用人工巡视自动采集 GPS 监测技术、InSAR 监测等。

问题 80：未充分考虑隧道地质情况等因素，未考虑隧道施工的掘进方式及施工组织安排。

【原因分析】隧道分为特长、长、中、小隧道，且每个隧道地质情况和周边环境影响均不一样，合理地选择工作面及掘进方式，可有效提高工作效率及控制工程成本。

【处理措施】明确隧道工区划分及掘进工作面，确定单头掘进还是双向掘进，根据地质情况，给出指导性施工横道图，建议在纵断面图中增加非爆、控爆、爆破开挖方式标示。

问题 81：未综合考虑 CD 法、CRD 法的施工顺序等因素，未考虑施工顺序纵断面图。

【原因分析】施工工法中，仅画出横断面，但横断面不能完整反映纵向各部的施工间距，纵断面上能清晰反应各部施工位置及施工间距。

【处理措施】施工工法的纵断面应详细表示每部工序之间的纵向间距及各部施工的内容，如图 19-10 所示。

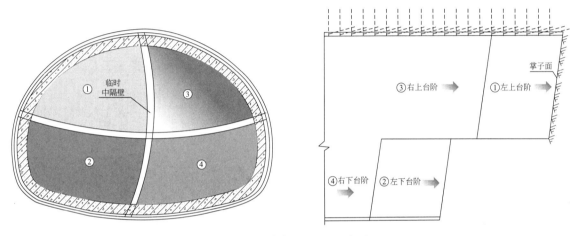

图 19-10 隧道施工工法示意图

问题 82：未充分考虑隧道洞口段是整个隧道的高风险地带，易发生塌方、滑坡等因素，未考虑隧道洞口边坡支护结构的监控量测处置措施。

【原因分析】违反《建筑边坡工程技术规范》GB 50330—2013 第 19.1.1 条关于边坡监测的规定。

【处理措施】隧道工程与边坡密切相关，而隧道洞口段地质条件差，围岩松散强度低，承能力差，因此隧道洞口边坡的稳定性尤为重要，边坡结构的监控量测必不可少。应在洞口浅埋段、有建（构）筑物的地段设置地表监测点，提出监测项目和要求。监测项目主要有坡顶水平位置和垂直位移、地表裂缝、坡顶建（构）筑物变形、降雨、洪水与时间关系、锚杆（索）拉力、支护结构变形、支护结构应力、地下水、渗水与降雨关系。

问题 83：未充分考虑紧急逃生中的逃生通道布置等因素，未考虑紧急逃生预案中逃生管的处置措施。

【原因分析】隧道工程为危险性较大工程，为预防发生群死群伤生产安全事故，保障人民群众生命和财产安全，促进工程的顺利实施，隧道开挖面至二次衬砌之间，必须设置直径不小于800mm、壁厚不小于 8mm 的钢管救生通道。开挖面 20m 范围内必须储备应急照明灯、食品、饮用水和必要的急救药品，并进行明显标示和定期检查、更换，确保在有效期内。

【处理措施】紧急逃生中逃生管的设置应满足以下要求：

① 逃生通道所用管材采用 φ800mm～φ1000mm 的钢管，管节间可采用直径大于逃生管道直

径的套管连接，每端连接 1m，采用橡胶圈或木楔临时固定。为保证管道能承受坍塌体的压力，对采用的材质管材，必须确保其承压能力和连接头的牢固，并经试验室具体试验后，方可用于隧道中。

② 施工现场应根据隧道围岩、掘进开挖方式等情况备足管道和连接材料，除整节管道外，应同时备足短节管道、转接接头。

③ 管道经加工使用，可结合材质及现场实际情况分别进行加工，连接简单、牢固、紧密可靠，且在地面做好临时固定措施，施工时管口可加临时封盖，并易于打开和封闭。

④ 管道采用 $\phi800mm$ 的承插钢管，设置起点为最新施作好的二衬端头处，距二衬端头距离不得大于 5m，从衬砌工作面布置至距离开挖面 20m 以内的适当位置。管道沿着初期支护的一侧向掌子面铺设，管内预留工作绳，方便逃生、抢险、联络和传输各种物品，承插钢管纵向连接可采用链条等措施，防止坍塌时将钢管冲脱。

⑤ 逃生管道在二衬台车移动就位过程中，临时拆移时应逐节拆除，严禁一次拆除到位，以随时确保逃生管道的效用。

⑥ 逃生管道在经过掘进台阶时，应按顺延台阶布置，安装 135°转接接头顺延，其管道架空高度和长度以不影响施工并便于开启逃生窗口为宜。

⑦ 设置的逃生管道应平整、干燥、顺畅，不得作应急逃生以外用。

问题 84：未充分考虑近临建（构）筑物的变形沉降等因素，未考虑隧道近临建（构）筑物的监测处置措施。

【原因分析】违反《建筑边坡工程技术规范》GB 50330—2013 第 19.1.1 条关于坡顶建（构）筑物监测的规定；安全监测的主要目的是确定建筑物的工作性态，保证建筑物的安全运营。

【处理措施】对建筑变形测量项目，应根据所需测定的变形类型、精度要求和现场作业条件来选择相应的观测方法；一个项目中可组合使用多种观测方法。对有特殊要求的变形测量项目，可同时选择多种观测方法相互校验，坡顶建（构）筑物监测的测点主要布置在边坡坡顶建筑物基础、墙面和整体倾斜处。

问题 85：未充分考虑隧道存在共建段时相互影响等因素，未考虑隧道共建段的施工顺序及施工要求的处置措施。

【原因分析】隧道共建段仅考虑独立隧道的施工方案，未考虑共建段为敏感地段，应进行专门设计，为共建段提供指导性实施方案。

【处理措施】对影响范围内隧道进行"一体化设计，一体化施工"，总体上遵循"先下后上"的施工顺序。下部结构施作完成并达到设计强度后，再进行上部隧道施工。为了有效保护围岩，减小对围岩的扰动，施工应坚持"非爆破或控制爆破、短进尺、强支护、早封闭、勤量测"的原则。总体施工流程为：下部隧道开挖、支护及二次衬砌——上部隧道开挖、支护并二次衬砌，同时截断下部隧道进入仰拱范围内的锚杆，与上部隧道钢架焊接为整体。

问题 86：未充分考虑两个近邻隧道施工的方式、前后顺序等因素，未考虑小净距隧道施工的处置措施。

【原因分析】违反《公路隧道设计规范 第一册 土建工程》JTG 3370.1—2018 第 4.3.3 条关于隧道净距的规定。

【处理措施】小间距隧道是一种介于分离式隧道和连拱隧道之间的隧道形式，对于小净距隧道而言，不仅要考虑单洞的结构安全，更需重视双洞的施工对中间岩柱的影响，以此考虑整体的结构稳定性。小间距隧道应分开施工，先开挖深埋一侧隧道，围岩塑性区较小，隧道先开挖各洞外侧。隧道拱顶和中间岩柱的应力、围岩较小，后行隧道开挖会加剧对先行隧道的扰动，中间岩柱、侧墙和拱顶是重点关注的部分，必须加强对先行隧道关键部分的监控。在施工中应尽量减少对围岩的扰动，并采取一定的加固措施，以确保其稳定和支护结构的安全，同时应提出小净距隧道爆破震动速度控制标准值。

问题87：未充分考虑隧道开挖、支护等因素，未考虑隧道安全步距的处置措施。

【原因分析】违反《公路工程施工安全技术规范》JTG F90—2015第9.3.13条关于仰拱开挖施工、第9.6.1条关于衬砌施工的规定；仰拱施工的相关规定。

【处理措施】Ⅳ级及以上围岩仰拱每循环开挖长度不得大于3m，不得分幅施作，仰拱到掌子面的距离，Ⅲ级围岩不得大于90m，Ⅳ级围岩得大于50m，Ⅴ、Ⅵ级围岩不得大于40m；软弱围岩及不良地质的二次衬砌应及时施作，二次衬砌距掌子面的距离Ⅳ级围岩不得大于90m，Ⅴ级及以上围岩不得大于70m。

问题88：未充分考虑隧道长度、地质情况、进洞条件等因素，未考虑隧道施工组织设计的处置措施。

【原因分析】违反《公路隧道设计细则》JTG/T D70—2010第17.3.13条关隧道施工组织设计的规定和《重庆市市政工程施工图设计文件编制技术规定》（2017年版）第5.1.9条关于隧道施工组织的规定；隧道项目较为复杂，且情况多变，对施工组织提出指导性设计是必要的。

【处理措施】编制应遵循下列原则：

① 满足指导性施工组织设计的要求。

② 技术经济方案的比选，应选最优方案。

③ 积极应用新技术、新工艺、新材料、新设备。

④ 因地制宜，就地取材。

⑤ 根据工程特点、工期要求，安排施工工序流程及连接。

⑥ 加强机械化施工能力，加快工程进度，确保工程质量。

⑦ 符合国家关于工程质量、安全生产、职业健康、土地管理及环境保护的法律、法规要求；提出对施工开挖方案、施工注意事项、施工期间交通组织设计、施工场地及施工涌水、弃渣处理、施工工期的说明。

问题89：未充分考虑隧道爆破震动、被保护物不同等因素，未考虑隧道爆破开挖对需要保护的对象的质点振动速度的处置措施。

【原因分析】违反《爆破安全规程》GB 6722—2014第13.2条关于爆破振动允许安全距离的规定；被保护物的对象不同，爆破对其的影响也不同。

【处理措施】评价爆破对不同类型建（构）筑物、设施设备和其他保护对象的振动影响，应采用不同的安全判断依据和允许标准，对需要保护的对象提出安全允许质点振动速度要求；土窑洞、土坯房、毛石房屋的安全允许质点振动速度范围为$0.15\sim1.5\mathrm{cm/s}$，一般民用建筑的安全允许质点振动速度范围为$1.5\sim3\mathrm{cm/s}$，工业和商业建筑的安全允许质点振动速度范围为$2.5\sim5\mathrm{cm/s}$，交通隧道的安全允许质点振动速度范围为 10～20cm/s。

问题 90：未充分考虑隧道断面大小等因素，未考虑隧道施工工法转换的处治措施。

【原因分析】违反《公路隧道设计细则》JTG/T D70—2010 第 17.2 条关于施工工法的规定；采用过于复杂的施工工法施工，开挖工作面狭小，开挖与支护不能平行作业，循环进尺频繁，初期支护与临时支护干扰较大，严重制约施工进度，选择合适的施工方法会大大降低工程的造价，加快工程进度。

【处理措施】隧道施工开挖方法如 CD 法、CRD 法应根据地形、地质条件、隧道埋深、衬砌类型、断面形状及跨度、施工的技术条件等因素综合分析后确定，并应遵循"安全、实用、经济合理"的原则，及时转换工法。

问题 91：未充分考虑隧道施工机械设备大小不同等因素，未考虑非爆破开挖 CD、CRD 工法中机械设备施工的处置措施。

【原因分析】中隔壁是在软弱围岩大跨度隧道中，先开挖隧道的一侧，并设计中间部位作为中隔壁，然后再开挖另一侧的施工方法，但是中隔壁的设置影响了机械设备的操作空间，导致机械设备无法施工。

【处理措施】在工程中应用的非爆破隧道施工技术主要有：顶管开挖法、悬臂掘进机开挖法、水磨钻钻孔＋液压或冲击劈裂机劈岩法、割岩机割岩、静力爆破剂劈岩法、盾构技术等，CD、CRD 需设置临时中隔壁，CD 法侧壁导坑尺寸应充分考虑地质条件、断面形状、机械设备和施工条件而定，其宽度通常为 0.5 倍洞宽，临时中隔壁设置为弧形或直线，其强度应根据地质条件而定。CRD 工法应配备小型挖掘及转载设备，临时中隔壁设置为弧形。

问题 92：采用 CD 法、CRD 法、双侧壁导坑法施工的隧道未充分考虑采用钢支撑等因素，未考虑临时支护钢架重复利用。

【原因分析】工程数量中常常因未计入临时支护工程数量，导致施工过程中增加投资，临时支护都有一定的重复利用率，未考虑临时支护重复利用率。

【处理措施】临时支护不作为永久结构，需要事后拆除，因此在数量计算时，应考虑重复利用率，临时钢架及横撑重复利用率一般按照按 30％～50％计算数量。

问题 93：洞口段下穿相邻道路，应对施工顺序提出设计要求。

【原因分析】违反《重庆市市政工程施工图设计文件编制技术规定》（2017 年版）第 5.8.1 条第 3 款关于特殊节点或路段的隧道施工方案的规定，未充分考虑隧道与上方道路施工先后顺序的影响。

【处理措施】当下方隧道先行于上方道路实施时，上方道路应采用非爆开挖，保护性对称开挖，加强排水，同时应对下方隧道进行监测，以保证安全。当上方隧道先行施工，下方隧道下穿既有道路时，下方隧道应选择适当的隧道施工方案，采取与之相适应的施工方案，缩短开挖进尺，加强地表及建（构）筑物变形控制，加强超前支护和初期支护，减少地层扰动，采用控制爆破开挖或非爆开挖法。施工过程中根据监测情况采用加套拱、注浆加固、回填等处置方案，按动态设计原则进行施工，实施全天候地表地面变形、位移观测，及时反馈施工情况，并加强对较为重要或隧道施工对其影响较大的构筑物（沉降、倾斜、裂缝发展等情况）的监测，增加监测频率，严格控制其基准值

第 3 部分 市政工程

和爆破振动安全允许振速。

问题 94：隧道施工方案分析、论述不充分。

【原因分析】违反《重庆市市政工程施工图设计文件编制技术规定》（2017 年版）第 5.8 条关于隧道施工方案的规定，未考虑隧道施工方案。

【处理措施】隧道施工开挖方法设计应遵循"安全、实用、经济合理"的原则，施工开挖方法应考虑的主要因素有：①隧道的工程地质和水文地质条件；②隧道的长度与隧道跨度；③有关环境污染、地面沉降等环境方面的要求利和限制；④为加快施工进度和通风而增设竖井、斜井、横洞及平行导洞等；⑤施工技术条件和机械装备状况；⑥施工过程中安全状况。

问题 95：未考虑双侧壁施工支护顶部工字钢的搭接位置及与开挖的关系。

【原因分析】违反《重庆市市政工程施工图设计文件编制技术规定》（2017 年版）第 5.8.1 条关于暗挖段隧道施工方案的规定，未充分考虑初期支护钢架接头与临时钢架的关系。

【处理措施】双侧壁顶部的临时支护工字钢与初期支护钢架接头对应，双侧壁导坑法设计的施工作业顺序为：①开挖一侧导坑，并及时将其初期支护闭合；②相隔适当距离后开挖另一侧导坑，并施作初期支护；③开挖上部核心土，施作拱部初期支护，拱脚支承在两侧壁导坑的初期支护上；④开挖下台阶施作底部的初期支护，使初期支护全新面闭合；⑤拆除临时支护浇筑二次衬砌。

问题 96：非特殊地质条件的正常断面，在初支合理的情况下，建议多采用台阶和环形导坑法开挖，对隧道工期有利。

【原因分析】违反《公路隧道施工技术规范》JTG/T 3660—2020 第 7.2.1 条关于开挖方法的规定，未充分考虑初期支护。

【处理措施】应根据地质条件、隧道开挖断面和围岩稳定情况选择方法，不同围岩条件和开挖断面适宜方法可根据《公路隧道施工技术规范》JTG/T 3660—2020 表 7.2.1 选用。

问题 97：细化进隧道洞口的施工步序及进洞措施。

【原因分析】违反《重庆市市政工程施工图设计文件编制技术规定》（2017 年版）第 5.8.1 条第 1 款关于洞口施工方案的规定，未充分考虑隧道洞口的施工步序及进洞措施。

【处理措施】洞口开挖前，应先做好排水系统，以防止因雨水冲刷边坡而影响边坡的稳定性，边、仰坡施工应严格遵循"从上往下开挖，边挖边支护，严禁从下往上开挖"的原则，边、仰坡连接处采用圆角法开挖，进洞措施应根据现场实际情况采用超前大管棚、小导管等辅助措施。

19.1.11 隧道不良地质

问题 98：未充分考虑隧道具有瓦斯、煤层、岩溶、涌突水等不良地质的影响，未采取专门的不良地质段的紧急预案处治措施。

【原因分析】违反《公路隧道设计规范 第一册 土建工程》JTG 3370.1—2018 第 14.1 条关于隧道通过特殊地层的规定；隧道不良地质的发生具有不可预测性、突发性特点，一旦发生，往往危及人员安全，应做好应急预案。

【处理措施】针对存在的岩溶、岩溶水、断层破碎带等不良地质现象，隧道开挖过程中必须有针对性的处治措施和应急准备，采用超前地质预报及超前探孔等手段，对可能存在的岩溶、断层破碎带、涌突水现象进行探测，采用动态设计、信息化施工的原则进行处治，并按"因地制宜、综合治理"的原则采取相应工程措施，确保施工及运营中的安全。

问题 99：未充分考虑瓦斯具有渗透性等因素，未考虑隧道煤层瓦斯段衬砌向无瓦斯段隧道延伸的处置措施。

【原因分析】违反《公路隧道设计规范 第一册 土建工程》JTG 3370.1—2018 第 14.6.2 条关于瓦斯隧道衬砌的规定。

【处理措施】通过瓦斯地层的隧道，衬砌断面宜采用带仰拱的封闭式衬砌或加厚铺底，并视地质情况向不含瓦斯地段延伸 10～20m。

问题 100：未充分考虑由断层或裂隙密集带所造成的岩石强烈破碎地段等因素，未考虑断层及断层破碎带不良地质的处置措施。

【原因分析】违反《公路隧道设计规范 第一册 土建工程》JTG 3370.1—2018 第 14.1 条关于隧道通过特殊地层的规定；由于断层破碎带存在涌水、突泥及发生大规模隧道塌陷的危险，为确保施工过程中不发生安全事故，顺利通过断层破碎带，有效降低施工阶段发生地质灾害所引发的风险，应考虑断层及断层破碎带不良地质处治方案。

【处理措施】针对存在的断层破碎带等不良地质现象，隧道开挖过程中必须有针对性的处治措施和应急准备，因此可采用超前地质预报及超前探孔等手段，对可能存在的断层破碎带进行探测，采用动态设计、信息化施工的原则进行处治，并通过采用加强超前支护，加强衬砌等措施，确保施工及运营中的安全。

问题 101：未考虑隧道施工易造成地下水疏干，地表水流失等因素，未考虑隧道施工的水环境保护处置措施。

【原因分析】违反《公路隧道设计规范 第一册 土建工程》JTG 3370.1—2018 第 14.1.4 条关于隧道内渗漏水可能引起地表水减少，影响居民生产、生活用水时，应对围岩采取堵水措施的规定；违反据重庆市《地下工程地质环境保护技术规范》DBJ 50/T—189—2014 第 5.2 条关于水环境保护设计的规定，结合区内实际情况，确定防治分区。

【处理措施】结合隧道穿越地段的外部环境及内在水文地质环境条件，为避免穿山通道的建设对周边水文、地质环境造成影响，可确定防治分区，对重点防治区域采取"以堵为主"的原则，对次重点防治区域采取"堵水限排"的原则进行设计。保护措施主要有：

① 加强隧道的地质选线工作。

② 加强隧道施工方案的比选和结构体系的设计。

③ 全面进行隧道的动态设计，并贯穿施工全过程。

④ 建立施工全过程及竣工后一定水文年的地表上（下）水文地质环境监测。

⑤ 加强水文、地质勘查工作，查明地质灾害敏感区，进行全程监控。

⑥ 全面实施综合地质超前预测预报和监控量测工作。

⑦ 优化施工开挖方案，减少对围岩的扰动。

⑧ 严格进行控制爆破和机械开挖相辅相成的总体开挖方案。

⑨ 进行注浆堵水设计，严格限制敏感区的排水量。

⑩ 必要时实施加固处治措施。

问题 102：隧道一览表中未充分考虑煤层瓦斯、断层、涌水突泥等因素，未考虑隧道全部不良地质的影响。

【原因分析】违反《重庆市市政工程施工图设计文件编制技术规定》（2017年版）第5.2.1条关于的工程地质概要的规定，未充分反应隧道的不良地质情况。

【处理措施】隧道一览表中应指出隧道的全部不良地质情况，如煤层瓦斯、有害气体、溶洞采空区、突水突泥、围岩大变形、岩爆、膨胀性围岩等，当隧道有特殊地质时，除采用特殊设计外，还应在施工中加强围岩和地下水位变化观察、支护和衬砌受力量测。如发现设计与实际不符，应及时修正设计结合隧道自身特点。

问题 103：未充分考虑隧道施工时对地下水的影响等因素，未考虑水环境影响范围评估及其结论的影响处置措施。

【原因分析】违反重庆市《地下工程地质环境保护技术规范》DBJ 50/T—189—2014 第5.1.1条关于执行水环境影响范围评估及其结论的规定；地下工程地质环境保护应避免或减轻地下工程活动引发地质环境问题造成的损害，当地下工程穿过岩溶、暗河、采空区等不良地段时，应有可靠的工程措施，避免引发地质灾害。

【处理措施】水环境影响范围评估及其结论中应明确范围内的具体处治措施，保护原则，地热、温泉水的专项保护措施，地表水、地下水环境及地表建（构）筑物监测的范围、内容、方法、频率、时限和组织实施等要求，注浆方式等。

问题 104：未充分考虑腐蚀性地下水对混凝土的侵蚀破坏能力等因素，未考虑地下水腐蚀性的处置措施。

【原因分析】违反《混凝土结构设计规范》GB 50010—2010（2015年版）第3.5.3条关于腐蚀性地下水会影响隧道混凝土结构的耐久性、可靠性的规定。

【处理措施】对于腐蚀性地下水段的抗腐蚀措施采用动态设计、信息化施工进行处治：施工过程中对地勘确定的地下水具有腐蚀性的地段在开挖后取水样进行水质分析，以进一步明确地下水是否具有腐蚀性，判明腐蚀类型与腐蚀等级，然后根据现场水质分析结果由参建各方协商是否进行抗腐蚀处治。抗腐蚀处置方法有多种：如抗腐蚀剂，提高混凝土强度等级等多种措施。

问题 105：未充分考虑隧道施工时普通电气在使用时会产生火花等因素，未考虑瓦斯工区的防爆设备使用的处置措施。

【原因分析】违反《铁路瓦斯隧道技术规范》TB 10120—2019 第8.1.1条关于瓦斯隧道防爆设备使用的规定，高瓦斯工区和瓦斯突出工区的电气设备与作业机械必须使用防爆型。

【处理措施】瓦斯隧道工区分为低瓦斯隧道工区、高瓦斯隧道工区以及瓦斯突出隧道工区三种，应根据工区的特性区别对待，并应根据瓦斯测试和评估情况，提出防爆设备的使用范围。对于低瓦斯工区不要求采用防爆设备，对降低造价、提高建设速度有重要意义；高瓦斯工区及瓦斯突出隧道工区施工机电设备改为防爆型，电源采用双回路，通风管采用双抗风管，同时应配置备用风机。

问题 106：未充分考虑煤层采空区可能聚集瓦斯气体等因素，对煤层采空区未采取超前探测和处置措施。

【原因分析】违反《公路隧道设计规范 第一册 土建工程》JTG 3370.1—2018 第 14.6.1 条关于瓦斯地层处治的规定。

【处理措施】在综合超前地质预测预报结合物探工作基础上，施作超前钻孔予以验证，当综合物探或探孔有异常时，还应施作加孔探测，同时应加强通风和瓦斯监测。采空区治理方案主要依据地表的变形特征、地质与采矿特征等因素确定，常见的治理方法有：采用桥或板跨越采空区方案、支撑法治理方案、地面注浆治理方案、隧道内超前小导管预注浆方案、隧道内大管棚预注浆超前支护方案及修建后维修的方案等。结合以往的采空区治理工程经验，比较各方案的优缺点，注浆法为隧道下（上）采空区的治理方案的常用方法，如图 19-11 所示。

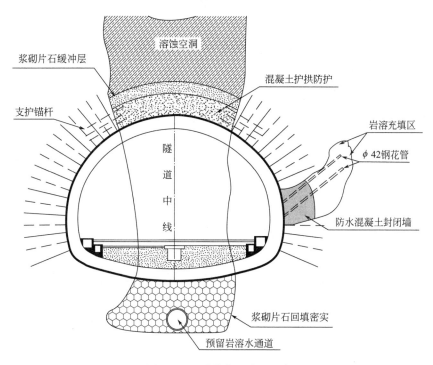

图 19-11　隧道溶洞处理示意

问题 107：未充分考虑地下煤炭或煤矸石等开采完成后留下的空洞或空腔等因素，对于对隧道建设有影响的煤矿及采空区未采取相应处置措施。

【原因分析】违反《公路隧道设计细则》JTG/T D70—2010 第 13.4.1 条、第 13.4.2 条关于采空区隧道处治的规定，未充分考虑煤矿及采空区对隧道建设的影响。

【处理措施】对于对隧道建设有影响的煤矿及采空区进行详细调查，主要通过对沿线路两侧的地质、采矿情况野外调查工作，收集路线附近矿产的采矿资料，从而为圈定采空区范围提供依据。根据地面调查访问和收集的采矿资料，初步圈定采空区范围，采用瞬变电磁法等物探手段对采空区进行勘察，在采矿情况调查和采空区物探成果的基础上，为了进一步对采空区进行控制和验证，查明采空区的地层岩性、结构、物理力学性质、采空区三带特征及水文地质状况，在勘察范围内，可沿公路轴线布置地质钻孔，查明裂隙发育程度。

第 3 部分　市政工程

问题 108：未充分考虑隧道不同地段的外水压力不一样等因素，未考虑抗水压衬砌采用动态设计的处置措施。

【原因分析】违反《公路隧道设计细则》JTG/T D70—2010 第 12.7.2 条关于信息法施工的规定。

【处理措施】抗水压衬砌地段的确定必须严格按设计的信息化施工程序进行动态施工，确保施工安全，结构耐久，经济合理，尽量减轻对地表的影响。抗水压衬砌地段采用动态设计，对抗水压型隧道而言，二次衬砌承受的水压力为主要荷载，一般远大于围岩压力。当水压力较小时，抗水压复合式衬砌的设计方法与非抗水压型相同；当水压力较大或在施工过程中可能出现较大水压力时，应根据水压力的大小调整二次衬砌的形状与支护参数。为提高支护的经济性，抗水压复合式衬砌设计参数拟订的原则：初期支护可按在施工阶段与围岩共同保证施工安全和控制地表沉降量的要求来确定，二次衬砌按承担全部后期围岩压力和水压力设计。

问题 109：未充分考虑隧道围岩含石膏岩的段落具有膨胀性、腐蚀性等因素，未采取有针对性的衬砌结构处置措施。

【原因分析】违反《混凝土结构设计规范》GB 50010—2010（2015 年版）第 3.5.3 条中关于腐蚀性地下水会影响隧道混凝土结构的耐久性、可靠性的规定。

【处理措施】石膏地层对钢筋混凝土结构具结晶类、分解类腐蚀性。石膏地层相应地段的支护结构及二次衬砌均应采用抗腐蚀混凝土，衬砌结构混凝土等级根据所处地层岩性的腐蚀等级分别采用相应的混凝土强度等级。隧道侧沟根据隧道纵坡排水方向，于相应地层及水源流经方向地段的隧道排水沟采用抗腐蚀混凝土，以确保结构的安全性和耐久性。隧道施工中应仔细逐段核查地下水的侵蚀性和含石膏地层的物理力学等指标，发现问题及时解决。

问题 110：未充分考虑瓦斯的成分和性质、在煤层中存在的形式、涌出的方式等因素，未考虑瓦斯隧道检测方案的处置措施。

【原因分析】违反《公路隧道设计规范 第一册 土建工程》JTG 3370.1—2018 第 14.5.6 条关于隧道通过瓦斯地层处治的规定。

【处理措施】瓦斯隧道等存在瓦斯突出、爆炸等风险，应针对瓦斯隧道提出瓦斯检测方案。对于无孔不入的瓦斯等有毒有害气体的分布地段，采用"超前排放、坚决封堵、提高抗渗、标本兼治、彻底隔绝"的原则，详细标示瓦斯工区作业流程图，以保障安全。

问题 111：未考虑特殊岩土（如回填土、建筑垃圾土、软土等），隧道采用辅助工程的处置措施。

【原因分析】违反《公路隧道设计规范 第一册 土建工程》JTG 3370.1—2018 第 13.1.1 条关于隧道辅助工程处置的规定。

【处理措施】对于回填土、建筑垃圾土、软土等不良地质，应有针对性地提出处理方案。根据实际地质情况，可采取预锚固桩、洞门与锚固桩联体、钢管桩、锚管注浆、竖向旋喷桩连续墙、超前小导管注浆、密排管棚、全环钢拱架等方式处理，如图 19-12 所示。

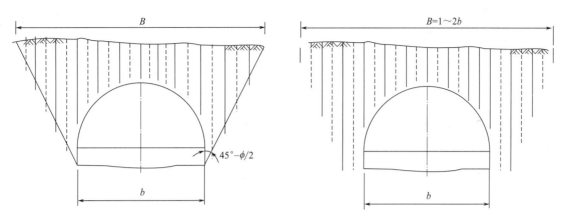

图 19-12　地面砂浆锚杆横向布置

问题 112：未充分考虑瓦斯具有窒息、爆炸风险等因素，未考虑高瓦斯隧道的专项通风的处置措施。

【原因分析】违反《铁路瓦斯隧道技术规范》TB 10120—2019 第 7.1.1 条关于施工通风的规定，违反《重庆市市政工程施工图设计文件编制技术规定》（2017 年版）第 5.7.2 条关于隧道不良地质处理预案的规定；瓦斯比空气轻，且有很强的扩散性，扩散速度是空气的 1.34 倍。瓦斯具有窒息性、燃烧性和爆炸性。危害极大。

【处理措施】瓦斯隧道的施工组织设计中，应编制隧道的施工通风设计，并考虑个工区贯通后的风流调整和防爆要求，隧道指导性施工通风中应包括隧道风机及风管布置，隧道风机风量、风压要求以及高瓦斯工区作业要求。

问题 113：隧道位于水库侧下方，水系是否连通尚未可知，隧道未考虑施工及保护措施。

【原因分析】违反《重庆市市政工程施工图设计文件编制技术规定》（2017 年版）第 5.7 条关于隧道不良地质处治预案的规定，未充分考虑应急处治预案。

【处理措施】对不良地质条件性质、分布及与隧道的关系、对隧道可能产生的危害性进行说明，并提出处治对策，各种情形下的不良地质处治预案；隧道涌水处理应符合"预防为主、疏堵结合、注意保护环境"的原则，隧道涌水处理应根据现场情况，采取超前围岩注浆堵水、开挖后径向堵水、超前钻孔排水、坑道排水等措施。

问题 114：未考虑隧道施工开挖爆破对上方水库的影响。

【原因分析】违反《重庆市市政工程施工图设计文件编制技术规定》（2017 年版）第 5.6 条关于邻近既有建（构）筑物的保护措施的规定，未充分考虑爆破对水库的影响。

【处理措施】分析上方水库与下方隧道的关系，下方隧道施工时应严格控制水库下方影响段的爆破震速，并对水库提出相应的监测要求。

问题 115：地层中有石膏段，未考虑膨胀压力对隧道的影响。

【原因分析】违反《公路隧道设计规范 第一册 土建工程》JTG 3370.1—2018 第 14.2 条关于膨胀性围岩的规定，未充分考虑膨胀力的影响。

【处理措施】支护结构应按照"先柔后刚、先让后顶、分层支护"的设计思想进行设计，在膨胀变形相对较大的地段，可采用双层初期支护，也可以在初期支护内采用可缩式钢架，锚杆宜加长、加密，长短结合；隧道开挖预留变形量应根据围岩膨胀变形量确定，应较普通围岩地段大，钢架的加工尺寸应随开挖断面的增加而加大，贴近开挖轮廓；应采用复合式衬砌，二次衬砌宜采用钢筋混凝土结构，初期支护、二次衬砌均应设仰拱。

问题116：地下水发育段，未考虑水压对隧道的影响。

【原因分析】违反《重庆市市政工程施工图设计文件编制技术规定》（2017年版）第5.3.1条关于隧道防水设计的规定，未充分考虑外水压力的影响。

【处理措施】当限制地下水排放或采用全封闭衬砌时，应计入衬砌外围的水压力荷载，当采用排水衬砌时，可不考虑水压力荷载，但需考虑运营期排水系统可能产生淤塞的影响，在结构设计时应采用一定的水压力对二衬大衬砌的强度进行校核；对于浅埋隧道，校核水压力为隧道计算点高程与地下水位高程之差；对于地下水较为活跃区域的深埋隧道，校核水压力不小于0.05MPa（拱顶）；当隧道仰拱位于比较完整的岩石基础之上，能够保证仰拱结构与围岩粘结良好时可不考虑仰拱的水压力作用；静水压力高度范围内的松散土压力应按浮重度计算。

19.1.12 隧道预留预埋设施

问题117：未充分考虑隧道机电设备的使用需预留空间等因素，机电设备的土建预留和机电安装不合理。

【原因分析】违反《公路隧道设计规范 第一册 土建工程》JTG 3370.1—2018第18.2.4条关于隧道各类设施的悬挂及安装配件的规定。

【处理措施】隧道的预埋件，通常指的是接触网基础工程里预埋的加强钢筋网、综合接地使用的各种接地端子、除结构钢筋外单独设置的接地钢筋，以及电力电缆槽使用的过轨管等。所谓预埋件，"预"字表示该件是为了方便日后的施工预先准备的，"埋"是埋在已施工的地方（比如混凝土里面）。设计中应全面考虑隧道内所有预留预埋布置，避免出现洞室位置交叉重复，或者未预留预埋不合理等现象。

问题118：未充分考虑隧道内断面大小、空间受限、水沟形式不一致等因素，未考虑洞内外管沟衔接过渡的处置措施。

【原因分析】隧道内与隧道外水沟的衔接及过渡问题宽度及深度不够，导致洞内外水沟无法接顺。

【处理措施】在隧道洞口处设置沉砂池，设置沉砂池的目的和作用是利用自然沉降作用，去除液体中砂粒或其他密度较大颗粒。

问题119：未充分考虑交叉口连接处异型钢筋、水沟过渡等因素，未考虑洞内变电所、车行横洞、人行横洞与正洞连接处的处治措施。

【原因分析】违反《公路隧道设计细则》JTG/T D70—2010第21.1.3条、第21.2.3条关于交叉口应加强的规定，无交叉口加强设计会影响交叉口结构安全，水沟无过渡则会造成隧道内排水不畅。

【处理措施】横通道与主洞一般采用斜交连接，考虑结构受力更好、施工更方便，也可采用垂直连接，交叉口连接处应考虑正洞与横通道的水沟、电缆槽接顺，如图19-13所示。

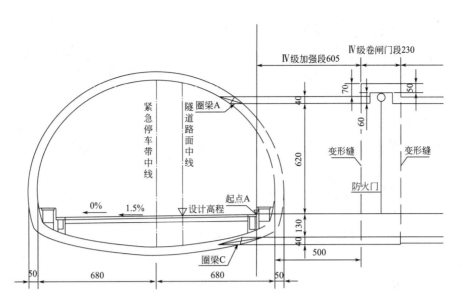

图 19-13　隧道车行横通道交叉口立面图示意图

问题 120：未充分考虑隧道运营设备预留预埋件等因素，未考虑风机预埋件的承载力要求和拉力测试要求的处治措施。

【原因分析】违反《公路隧道设计细则》JTG/T D70—2010 第 22.7.3 条关于支承结构的荷载试验规定。

【处理措施】风机预埋件和连接件要求能够承载风机和其相关安装附件自重共 15 倍的受力，在该预埋件施工完毕后、吊装风机安装之前，应做承载试验。二次衬砌为素混凝土时，应考虑增加钢筋或钢架，如图 19-14 所示。

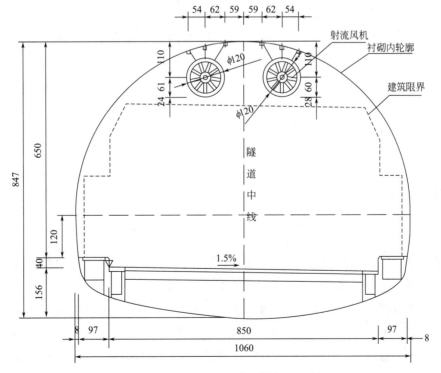

图 19-14　隧道射流风机布置横断面示意图

第 3 部分　市政工程

问题 121：隧道的初期支护钢架在开口处不应截断。

【原因分析】违反《公路隧道施工技术规范》JTG/T 3660—2020 第 21.1.5 条关于主洞与各类洞室连接处钢架的规定，未充分考虑施工过程中初期支护钢架的完整性。

【处理措施】初期支护钢拱架应避开洞室，纵向间距适当调整，洞室两侧加密，当无法避开洞室时，隧道预留洞室初期支护按相应地段正洞初期支护施作，拟浇筑二衬前再局部截断工字钢并向外扩挖，完成后及时浇筑二衬闭合，洞室截断正洞钢架处设置工字钢作为横撑，并增设锁脚锚杆。

问题 122：无隧道机电设施预留预埋设计说明。

【原因分析】违反《重庆市市政工程施工图设计文件编制技术规定》（2017 年版）第 5.10.1 条关于隧道机电设施预留预埋的规定，未考虑机电预留预埋的设计说明。

【处理措施】阐述隧道设计车速、车道数、建筑限界、防火设计分类等级等，阐述隧道通风方案、通风机型号和重量、风机布设间距以及施工注意事项。

19.2 隧道运营设施部分

19.2.1 隧道通风

问题 123：公路隧道通风系统，按照远期预测交通量一次设计、实施到位，未根据当前交通量和交通组成对通风系统一次性实施的经济性进行评估。

【原因分析】违反《公路隧道通风设计细则》JTG/T D70/2—02—2014 第 1.0.7 条关于近远期规模相差较大的通风系统宜一次设计，分期实施的规定。

【处理措施】对于设计目标年份较远，近远期交通量相差较大的隧道，通风系统按照远期目标通车量设计，一次实施到位；部分通风设施长期闲置，近期养护费用增加，闲置设备故障率增加，造成浪费。城市公路隧道通风设计应统筹规划，一次设计；通风设施可结合预测交通量变化分期实施。具备干线功能的一级公路隧道可按照 10 年为界划分，具备集散功能的一级公路以及二、三级公路隧道按 7 年划分，分别计算需风量，结合工程实际情况进行经济技术比较，确定是否分期实施。

问题 124：设在环境敏感区域内的隧道，采用纵向通风系统，未考虑洞口污染物浓度是否超标。

【原因分析】违反《公路隧道通风设计细则》JTG/T D70/2—02—2014 第 1.0.8 条、《环境空气质量标准》GB 3095—2012 第 4.2 条关于有害气体排放应满足环境保护要求的规定。

【处理措施】位于环境敏感区域内的隧道，采用纵向通风系统，污染空气未进行高空排放，应核算洞口污染物浓度。当污染物排放浓度超标时，可通过加大通风换气量或是采用静电吸尘装置对有害气体净化处理等方式，降低洞内污染物浓度，满足当地环境保护要求。

根据《环境空气质量标准》GB 3095—2012 第 4.1 条，环境空气功能区分为两类，一类区域适用于一级浓度限值，二类区域适用于二级浓度限值，对应主要污染物浓度限值详见表 19-5：

对于特长公路隧道，设置静电吸尘装置，可增加纵向通风方式的使用长度；柴油车通行比例较高、稀释烟尘所需通风量较大时，采用的静电除尘装置可减少设计需风量，以达到减少投资节省能源的目的。采用纵向通风系统的隧道，静电除尘器通常采用拱顶轴向分散布置；吸尘装置应布置在隧道内烟尘浓度达到设计浓度前的位置，设计风速宜为 4～6m/s。静电除尘器的清洗，可预安装成套的水清洗及污水处理装置自动清洗，也可以在营运期间结合移动清洗车进行定期清洗。

环境空气污染物基本项目浓度限值　　　　　　　　表 19-5

污染物项目	平均时间	浓度限值		单位
		一级	二级	
一氧化碳（CO）	24h 平均	4	4	mg/m³
	1h 平均	10	10	
二氧化氮（NO₂）	24h 平均	80	80	μg/m³
	1h 平均	200	200	
颗粒物（粒径≤10μm）	24h 平均	50	150	μg/m³
颗粒物（粒径≤2.5μm）	24h 平均	35	75	μg/m³

注：本表摘自《环境空气质量标准》GB 3095—2012。

问题 125：确定需风量时未考虑车速对车辆废气排放量的影响，未根据不同行车速度进行逐项计算。

【原因分析】违反《公路隧道通风设计细则》JTG/T D70/2—02—2014 第 6.1.4 条关于确定需风量应按照隧道设计速度以下各工况车速分别进行计算的规定。

【处理措施】确定需风量时，应对稀释烟尘、CO 按照隧道设计速度以下各工况车速 10km/h 为一档分别进行计算，并计算交通阻滞和换气的需风量，取其较大者作为设计需风量。各设计车速下，烟尘设计浓度应根据隧道内照明光源类型——钠光源、荧光灯及 LED 灯，分别确定，各项限值参照 JTG/T D70/2—02—2014 第 5.2.1 条；一氧化碳（CO）和二氧化氮（NO₂）设计浓度参照 JTG/T D70/2—02—2014 第 5.3.1 条，在此不做罗列。

问题 126：全射流纵向隧道通风系统，未进行详细的通风阻力计算，风机选型及台数不满足需风量及风压的要求。

【原因分析】违反《公路隧道通风设计细则》JTG/T D70/2—02—2014 第 7.1.1 条、第 7.1.2 条关于通风系统应满足需风量和克服通风阻力的要求的规定。

【处理措施】根据规范要求，全射流纵向隧道通风系统设计应分别计算隧道自然通风力、隧道交通通风力、隧道通风阻力；计算每台风机升压力，在满足隧道设计风速的条件下计算射流风机台数。施设计文件（或者通风系统计算书）中，应明确各参数取值、计算过程及对应的风机选型说明。

通风系统阻力计算是风机选型的重要依据。风机及交通风力提供的风压不足以克服通风系统阻力时，会导致通风系统提供的风量不满足需风量要求，从而导致洞内空气质量下降、污染物浓度超标。

同时，从检修、防火灾等方面考虑，隧道内风机宜考虑备用。全射流纵向通风系统，当所需风机数量为 1~6 组时，可备用 1 组；计算所需风机数大于 6 组时，按照所需台数的 15% 设置备用风机。隧道内用于火灾排烟的射流风机，应至少备用一组，并在平面图中标示出来。

问题 127：采用纵向排烟的单向交通隧道，纵向排烟风速小于火灾临界风速；长下坡隧道未考虑火风压影响，设计风机数量不满足火风压影响下的火灾排烟要求。

【原因分析】违反《公路隧道通风设计细则》JTG/T D70/2—02—2014 第 10.2.4 条、第 10.2.7 条关于隧道火灾排烟设计应考虑火风压的影响，纵向排烟风速不应小于火灾临界风速的规定。

【处理措施】对于长下坡隧道，火风压作用方向与风机排烟方向相反，会对风机排烟造成较大阻力。在进行风机选型计算时，应根据下列公式计算火风压值，将其计入隧道通风阻力。

第 3 部分　市政工程

$$\Delta P_f = \rho \cdot g \cdot \Delta H_f \cdot \frac{\Delta T_x}{T}$$

$$\Delta T_x = \Delta T_0 \cdot e^{-\frac{c}{G}x}$$

$$c = \frac{k \cdot C_r}{3600 C_p}$$

式中：ΔH_f——高温气体流经隧道的高程差，m；

T——高温气体流经隧道内火灾后空气的平均绝对温度，K；

x——沿烟流方向计算烟流温升点到火源点的距离，m；

ΔT_x——沿烟流方向距火源点距离为 x 处的气温增量，K；

G——沿烟流方向 x 处的火烟的质量流量，kg/s；

C_r——隧道断面周长，m；

k——岩石的导热系数，$k = 2 + k' \cdot \sqrt{v_1}$，其中 k' 值为 5～10，v_1 为烟流速度（单位为 m/s）；

C_p——空气的定压比热容，取 1.012kJ/（kg·K）。

火风压沿隧道上坡方向运动，而隧道通风方向与行车方向一直。当行车方向为下坡时，火风压运动方向与行车方向相反，成为通风系统的阻力。对于长下坡隧道，应充分考虑火风压的影响，合理设计通风系统，及时排除高温烟气，将火灾控制在最小范围内。

采用纵向排烟的单向交通隧道，排烟方向与车行方向相同，纵向排烟风速不应小于火灾临界风速。火灾临界风速可按表 19-6 取值：

火灾临界风速 v_c　　　　　　　　　　　　　　　　　表 19-6

热释放率（MW）	20	30	50
火灾临界风速 v_c（m/s）	2.0～3.0	3.0～4.0	4.0～5.0

注：本表摘自《公路隧道通风设计细则》JTG/T D70/2—02—2014。

问题 128：单向交通隧道未考虑节能要求，误选用双向射流风机。

【原因分析】违反《公路隧道通风设计细则》JTG/T D70/2—02—2014 第 11.2.1 条关于单向隧道宜选择单向风机的规定。

【处理措施】在相同条件下，单向风机比双向风机具有更高的通风效率；对于单向交通隧道，一般均要求风机运行方向与交通方向一致；单向风机也可以反转，所以在极少数情况下需要通风系统反转运行时，射流风机也可以提供一定的风量和升压力。单向交通隧道，在没有特殊使用需求的情况下优先选择单向射流风机，所选风机反向风量宜为正向风量的 50%～70%。

射流风机的选型还应遵循以下几点：同一隧道宜选择同一型号的风机；射流风机电机防护等级不应低于 IP55，绝缘等级不应低于 F 级；隧道排烟风机，在环境温度为 250℃情况下，连续正常运行时间不应小于 60min，排烟风机消声器应能在 250℃的烟气中保持性能稳定；风机整体设计使用寿命不应低于 20 年。

问题 129：风机的控制方式不明确，未对不同工况下风机的运行状态、开启方式以及开启数量进行说明。

【原因分析】违反《公路隧道设计规范 第二册 交通工程与附属设施》JTG D70/2—2014 第 5.6.1 条关于设置机械运营通风系统的隧道应根据通风方式、工况要求确定通风控制方案的规定。

【处理措施】风机控制应区分平时工况、交通缓堵工况以及火灾工况，设定相应于隧道运营需求的风量级档。当日交通量分布较为固定时，宜采用程序控制方式；每台（组）风机应间隔启动，时间间隔应大于 30s。

隧道内应设置空气环境检测设施，对隧道内 CO、NO_2、能见度、温度和风速、风向等进行实时监测，控制系统可根据检测情况调整通风设施运行模式。

通风环境检测设施设置的数量不宜小于表 19-7 要求：

通风环境监测设施配置数量表（每一个通风分段）单位：（套）　　　　　　　　表 19-7

通风方式	CO 检测器	能见度检测器	风速风向检测器	NO_2 检测器
纵线通风	1	2	1	2
全横向通风	1	1	1	1
半横向通风	1	2	1	1

注：本表摘自《公路隧道设计规范 第二册 交通工程与附属设施》JTG D70/2—2014。

隧道通风平面图应明确各环境检测装置布置位置，能见度、CO、NO_2 检测器宜设置在隧道侧壁；采用全射流方式时，通风环境检测设施宜设置在两组风机的纵向中间位置。同时，通风设计应明确环境检测装置报警限值。采用自动控制的通风系统，在污染物浓度超标时，系统应能及时启动超标段内相应的风机组；对于手动控制系统，各检测装置反馈信息可作为隧道运行管理人员对通风系统运行情况进行调整的依据。

在工程实际中，有相当数量的隧道通风系统，其设计本身满足隧道使用要求，但在实际运营期间，洞内污染物浓度常存在超标的现象，其中一个重要因素就是通风系统的控制系统设计与通风系统运行要求本身存在差异。在通风系统设计中，明确通风系统控制要求，对后期营运提出管理维护要求，是保障通风系统正常运行、确保隧道环境满足要求的重要措施。

问题 130：隧道通风兼消防排烟系统未考虑消防要求，未设置备用风机。

【原因分析】违反《建筑设计防火规范》GB 50016—2014（2018 年版）第 12.3.6 条关于隧道内用于火灾排烟的射流风机，应至少备用一组的规定。

【处理措施】当火灾排烟工况为最大需风量工况时，根据消防安全要求，应设置至少一组备用风机；当火灾工况并非最大需风量工况时，应明确火灾时开启的风机组数量、位置以及消防排烟备用风机组位置。

问题 131：防排烟风道及相关设备未考虑抗震设防要求，未采用抗震支吊架。

【原因分析】违反《建筑机电工程抗震设计规范》GB 50981—2014 第 5.1.4 条、第 5.1.5 条关于防排烟风道、事故通风风道及相关设备、重力大于 1.8kN 且采用吊装的平时通风机应采用抗震支吊架的规定。

【处理措施】防排烟风道、事故通风风道及其设备的支吊架严格采用具有抗震功能的支吊架；仅用于平时通风的风机，重力大于 1.8kN 且采用吊装时，也应采用抗震支吊架。管道支吊架的间距应满足《建筑机电工程抗震设计规范》GB 50981—2014 第 8.2.3 条要求。抗震支吊架应根据其承受的荷载进行抗震验算。

除抗震要求以外，隧道风机安装还应注意以下事项：支撑射流风机的结构承载能力应不小于风机实际静荷载的 15 倍，风机安装前应做支撑结构的载荷试验；风机的安装连接件应选择钢构件，

449

其表面应做防腐处理；风机的安装连接件与风机支承结构预埋件之间可采用焊接或者螺栓连接，风机连接件与风机之间或与风机支承结构预埋件之间应考虑减振措施。

问题132：隧道通风未考虑火灾发展的不同阶段，未设置防灾救援预案。

【原因分析】违反《公路隧道通风设计细则》JTG/T D70/2—02—2014第12.2.2条关于防烟与排烟控制系统应具有不同阶段的防烟与排烟、逃生诱导、救援指挥等控制和运行模式的规定。

【处理措施】编制火灾控制模式列表，根据安全疏散、火灾救援等不同阶段，根据起火点位置、车行工况，提供相应的风机开启台数、位置及其风速、风向控制模式。长度大于3000m的隧道，采用纵向分段排烟，宜绘制火灾救援示意图，应体现起火点位置，救援路线，疏散路线，洞内风向、风速，以及风机控制模式。

问题133：通风系统未考虑降噪设计，系统运行噪声超过环境噪声限值。

【原因分析】违反《声环境质量标准》GB 3096—2008第5.1条关于通风系统运行传至隧道外的噪声应满足噪声等效声级限值的规定。

【处理措施】通风系统应选用具有消声装置的公路隧道专用风机，消声器的选择应通过计算确定，消声器选型计算可参考《实用供热空调设计手册》（第一版）。选用消音器时还应注意，根据《建筑设计防火规范》GB 50016—2014（2018年版）第12.3.4条要求，消防排烟风机的消声器应在250℃烟气中保持性能稳定不小于1.0h。

问题134：隧道内的疏散避难设施，未设置防排烟措施。

【原因分析】《公路隧道通风设计细则》JTG/T D70/2—02—2014第10.1.7条、第10.4.1条关于隧道的避难设施应设置机械加压送风系统保持正压的规定。

【处理措施】为防止隧道失火时烟气侵入，用于疏散避难的服务隧道、专用避难疏散通道及其前室、独立避难所及其前室均应设置加压送风系统。

前室余压不小于30Pa，避难疏散通道、避难所余压值不小于50Pa；前室加压送风量应按门洞风速不小于1.2m/s计算确定，独立避难所加压送风量应按地面面积每平方米不小于30m³/h计算；送风口风速不大于7m/s；新鲜空气供气时间不应小于火灾延续时间。加压送风系统可参照房建工程疏散、避难场所进行设计。

根据《公路隧道设计规范 第二册 交通工程与附属设施》JTG D70/2—2014第5.4.6条、第5.4.7条的规定，单向交通隧道之间的横通道，可不设置专用排烟设施，隧道火点下游的横通道防火门应保持关闭状态。部分人行横通道，通道长度较长，通道出入口设置在烟气浓度较高区域，通道竖向高差易宜造成烟气聚集，这类人行横通道仍可采用加压送风系统保障人员疏散安全，设计参数可参照疏散避难通道取值。

19.2.2 隧道照明

问题135：隧道灯具电器附件功耗未纳入负荷计算，灯具功率因数取值过低。

【原因分析】违反《城市道路照明设计标准》CJJ 45—2015第7.1.3条、第7.2.4条关于气体放电灯灯具电器附件功耗及补偿功率因数和《公路隧道照明设计细则》JTG/T D70/2—01—2014第3.0.13条关于LED隧道灯具功率因数的规定。

【处理措施】隧道照明灯具如采用气体放电灯，其镇流器的功耗不容忽视，应纳入配电回路负荷计算。镇流器选型时宜采用电子式，并且其能效等级不应低于 2 级，镇流器功耗应查询相关产品参数，如不能明确其功耗时，可按光源功耗的 15% 计算。LED 隧道灯电源功耗一般已纳入了整灯功率计算，按照灯具效能值计算时可无需单独计算电源功耗。考虑到 LED 技术发展越来越成熟，隧道 LED 灯具的功率因数应不低于 0.95。对于气体放电灯，应在灯具内设置补偿电容器，或在配电箱内采取集中补偿，补偿后的系统功率因数不应小于 0.85。

问题 136：未考虑隧道规模等级，将隧道照明设施负荷定义为三级负荷。

【原因分析】违反《建筑设计防火规范》GB 50016—2014（2018 年版）第 12.5.1 条关于隧道消防用电和《公路隧道设计规范 第二册 交通工程与附属设施》JTG D70/2—2014 第 11.2.1 条关于隧道照明负荷分级的规定。

【处理措施】隧道照明灯具断电会造成隧道行车的安全风险增大，按照隧道等级划分，一、二类隧道基本照明负荷应按一级负荷要求供电，一、二、三类隧道的加强照明及三类隧道的基本照明负荷应按二级负荷要求供电，四类隧道可按三级负荷要求供电；车行道应急照明，横洞照明，紧急停车带照明属于防灾疏散照明，一、二类隧道应按一级负荷要求供电，三、四类隧道应按二级负荷要求供电。

问题 137：车行和人行横通道照明未采取防火卷帘或防火门联动控制措施。

【原因分析】违反《公路隧道设计规范 第二册 交通工程与附属设施》JTG D70/2—2014 第 6.8.2 条关于横通道照明控制的规定。

【处理措施】人行横通道照明宜采用人体感应控制开关，有人通过时应能自动点亮，车行横通道照明应与横通道防火卷帘联动控制，当卷帘未完全关闭时，灯具应持续点亮。

问题 138：未考虑隧道交通量因素，未采取相应的隧道照明控制措施。

【原因分析】违反《城市道路照明设计标准》CJJ 45—2015 第 5.2.18 条和《城市道路交通设施设计规范》GB 50688—2011 第 11.1.12 条关于隧道照明应根据交通量变化进行调光设计的规定。

【处理措施】不同的行车速度和交通量，对应不同的市政隧道照明中间段照度标准值，在深夜等交通车流较少的时间段，隧道的中间段照明应降低亮度以利节能。设计中间段照明时，应将基本照明灯具分组控制或者采用无极调光控制及其他自动控制方式，以满足在不同交通量下中间段照明的调节。

问题 139：隧道照明配电箱出线回路未考虑线路长度因素，未采取单相接地故障的保护措施。

【原因分析】隧道内照明配电箱的分支出线回路仅采用微型断路器保护，照明供电线路较长，单相接地故障电流较小，微断无法满足切断单相接地故障的要求。

【处理措施】校验照明配电箱回路的单相短路电流和单相接地故障电流，选取合适的断路器整定值，以保证断路器的瞬时脱扣满足单相短路故障的保护。当瞬时脱扣无法满足单相接地故障保护时可采取如下措施：增大出线电缆截面；减少出线回路上的灯具数量或增加出线回路；在分支回路上安装相应的熔断器或者剩余电流保护装置，提高单相接地故障保护灵敏度。

问题 140：隧道照明设计采用 LED 光源时，未利用 LED 光源易调光优势，未进行调光控制设计。

【原因分析】传统的隧道调光方案采用多回路控制隧道灯具的开闭来实现，造成供电线路过多，控制系统相对复杂，而先进的LED光源更易于从芯片级实现无极调光，减少线路敷设和回路控制。

【处理措施】采用LED灯具的隧道照明系统，除短距离隧道外均宜选择相应的LED调光方案，有条件时宜选择物联网照明自动控制系统，通过配套的亮度仪和车辆检测仪，对隧道的加强照明和基本照明按照洞外亮度和交通量大小进行整体的调光。这样可以节约供电电缆投资，同时在照明均匀度上比传统的回路控制更具优势。

问题141：隧道中间段位于曲线时，灯具布置未考虑行车诱导性因素，未进行曲线段照明具体设计。

【原因分析】违反《公路隧道照明设计细则》JTG/T D70/2—01—2014 第6.2.4条关于隧道曲线段照明灯具布置的规定。

【处理措施】平曲线半径不小于1000m的曲线段，照明灯具可参照直线段布置。平曲线半径小于1000m的曲线段，采用两侧布灯时，应采用两侧对称布置，不应采用交错布置，采用交错布置可能失去诱导性；当采用中线侧偏布灯方式时，灯具应沿曲线外侧布置，反向曲线段上应在固定的一侧设置灯具，若有视线障碍，应在曲线外侧增设灯具。曲线段灯具间距应为直线段照明灯具间距的50%～70%，曲率半径越小，灯间距也需相应减小。

问题142：未明确隧道内消防应急照明及疏散指示系统集中电源电池的非火灾持续时间。

【原因分析】违反《消防应急照明和疏散指示系统技术标准》GB 51309—2018 第3.6.7条关于非火灾状态下，系统主电源断电后应急灯具点亮时间及控制的要求。

【处理措施】隧道内消防应急照明和疏散指示采用集中电源集中控制型系统时，集中电源电池后备时间应由非火灾持续时间和火灾持续时间组成，非火灾持续时间不应超过0.5h，火灾时一、二类隧道电池供电持续时间不应小于1.5h，三、四类隧道不应小于1.0h。

19.2.3 隧道消防给水及灭火设施

问题143：常高压隧道室内消火栓系统未考虑市政给水系统供水压力及供水安全性因素，市政供水条件不符合供水压力及水量的需求。

【原因分析】违反《建筑设计防火规范》GB 50016—2014（2018年版）第12.2.2条关于隧道内消防给水管道供水压力的规定。

【处理措施】消防给水系统分为常高压消防给水系统与稳高压消防给水系统。常高压消防给水系统，是指能始终保持满足水灭火设施所需的工作压力和流量，火灾时无需消防水泵而直接加压的供水系统。稳（临时）高压消防给水系统，是指消防给水管网中平时由稳压设施保持系统中最不利点的水压以满足灭火时的需要，系统中设有消防水泵的消防给水系统。

设计文件须明确隧道洞口附近或周边市政给水管网的水源、水量、水压、水质以及供水系统、供水设施等方面的资料，并明确水量、水压是否能够达到隧道消防给水系统的要求。当市政给水管网不能满足隧道消防给水设计流量，或采用一路消防供水且室外消火栓设计流量大于20L/s时，应设置消防水池。

问题144：隧道消防用水量、火灾延续时间等技术指标选的选取未考虑隧道等级、功能因素，设计指标与隧道功能、隧道消防等级不匹配。

【原因分析】违反《建筑设计防火规范》GB 50016—2014（2018年版）第12.2.2条关于隧道

火灾延续时间和隧道全线同一时间发生一次火灾计算以及隧道内消火栓用水量的规定。

【处理措施】设计文件应明确隧道分类等级，隧道按封闭段长度和交通情况分类，如表19-8所示：

单孔和双孔隧道分类　　　　　　　　　　　　　　表 19-8

用　途	一类	二类	三类	四类
	隧道封闭段长度 L(m)			
可通行危险化学品等机动车	$L>1500$	$500<L\leqslant1500$	$L\leqslant500$	—
仅限通行危险化学品等机动车	$L>3000$	$1500<L\leqslant3000$	$500<L\leqslant1500$	$L\leqslant500$
仅限人行或通行非机动车	—	—	$L>1500$	$L\leqslant1500$

注：本表摘自《建筑设计防火规范》GB 50016—2014（2018 年版）。

影响隧道分类的因素中，封闭段长度易于区分，对于交通情况（即隧道用途），是否通行危险物品定性问题，则由区域交通组织形式确定。

隧道内的消火栓用水量不应小于20L/s，隧道外的消火栓用水量不应小于30L/s。对于长度小于1000m的三类隧道，隧道内、外的消火栓用水量按10L/s、20L/s计。

隧道火灾延续时间是决定一次消防用水量大小的主要因素之一，其根据火灾统计资料、国民经济水平以及消防力量等情况综合权衡确定，隧道的火灾延续时间又与隧道的通风情况和实际交通状况关系密切。一类、二类隧道火灾延续时间不应小于3.0h，三类隧道的火灾延续时间不应小于2.0h。

四类隧道和仅限人行或非机动车的三类隧道，通常隧道长度较短，火灾危险性较小，可利用城市公共消防系统或者通过设置灭火器进行灭火、控火，而不需单独设置消防给水系统。

问题 145：未结合隧道消火栓供水特点合理确定最不利点，隧道室内消火栓系统供水压力不满足消防工况下最不利点最低供水压力要求。

【原因分析】违反《建筑设计防火规范》GB 50016—2014（2018 年版）第 12.2.2 条关于隧道内消防给水管道供水压力的规定。

【处理措施】消防系统中的最不利点是指消防管网中压力最小的地方，隧道消防给水管道的最远点不一定就是消防工况的最不利点。

隧道消防管道内的供水压力应保证用水量达到最大时，最小动压力不应小于0.30MPa；设有泡沫灭火装置的最小动压力要求是0.40MPa。

设计人员需考虑单侧供水的不利工况，应根据环状管网长度以最不利供水校核水压是否满足要求。为准确判定消防给水管道的最不利点，尤其是对于隧道存在人字坡或 V 字坡的情况下，需要对隧道消防给水管道的最远点及最高点或最低点的水压分别计算，对比分析后，确定消防给水管道的最不利点。此外，在消防管网的最不利点处应设置试验消火栓，栓口处应设置压力表。

问题 146：隧道室内消火栓系统从隧道外市政给水管道引水，接口位置未考虑消火栓系统回流防污措施。

【原因分析】违反《消防给水及消火栓系统技术规范》GB 50974—2014 第 8.3.5 条和《城镇给水排水技术规范》GB 50788—2012 第 3.4.7 条关于室内消防给水系统引入管设置倒流防止器的规定。

【处理措施】在使用城镇供水作为其他用水补充用水时，一定要采取有效措施防止其他用水流入城镇供水系统。《城市供水条例》（国务院令第 158 号）中明确："禁止擅自将自建设施供水管网系统与城市公共供水管网系统连接；因特殊情况需连接的，必须经城市自来水供水企业同意，报城市供水行政管理部门和卫生行政主管部门批准，并在管道连接处采取必要的防护措施"。

隧道室内消火栓系统从隧道外市政给水管道直接引水，在消防给水管网进水管处应设置倒流防止器，以防止消防水回流至市政管网，对生产、生活用水造成污染，如图 19-15 所示。

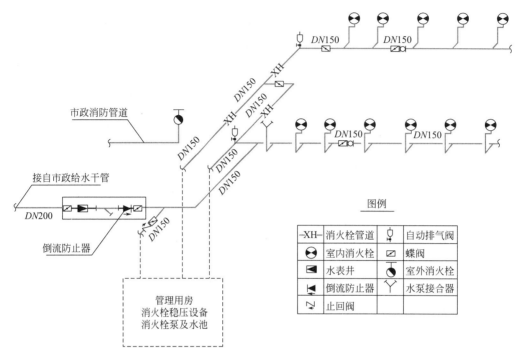

图 19-15　隧道消防给水直接接市政给水管示意图

此外，当设置有空气隔断的倒流防止器时，该倒流防止器应安装在清洁卫生的场所，不应安装在地下阀门井内等能被淹没的场所，若设置于地下阀门井内，则应有可靠的排水措施及相应的阀门规定。倒流防止器做法参照国标图集《倒流防止器选用及安装》12S108—1，如图 19-16 所示。

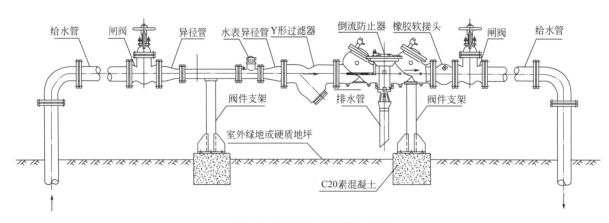

图 19-16　倒流防止器安装示意图

问题 147：未统筹考虑消防给水管道与隧道内过境市政管网的布置关系，消防给水管道及市政给水管道均布置于检修道下，不便于施工安装及后期维护。

【原因分析】隧道消防给水管道通常布置于隧道车行方向右侧检修道下的管沟内，而检修道管沟内部空间有限。

【处理措施】隧道作为主要满足城市交通功能需求构筑物，一般主要考虑车辆或人员通行功能。在隧道综合管网标准横断面设计时，应统筹考虑过境市政管线与消防给水管道的布线。

市政管线过境，若设置于检修道下，需相应拓宽检修道尺寸，则势必导致隧道断面加大，隧道建安费用大幅增加；若确有市政管线需要过境隧道，一般情况下，应通过管沟或直埋的方式布置于隧道仰拱内，如图 19-17 所示。

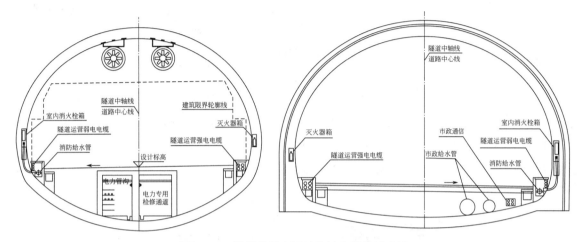

图 19-17　隧道仰拱布置过境综合管线示意图

问题 148：隧道室内消火栓系统设置未考虑市政给水管道系统供水条件，未设置两路消防供水措施。

【原因分析】违反《消防给水及消火栓系统技术规范》GB 50974—2014 第 4.2.2 条关于用作两路消防供水的市政给水管网应不少于两条不同市政给水干管的规定。

【处理措施】隧道室内消火栓系统采用两路消防供水的，应至少有两条不同的市政给水干管上不少于两条引入管向其消防给水系统供水，并明确两条供水市政管道是否属于同一路市政给水干管，如图 19-18 所示。

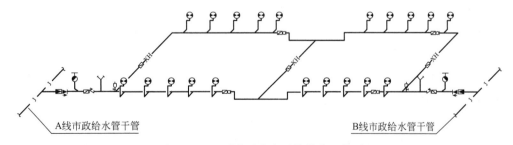

图 19-18　两路市政给水干管供水示意图

问题 149：在隧道的进、出洞口均布置室外消火栓及水泵接合器，隧道室外消火栓与水泵接合器位置及数量未考虑消防救援与车辆、人员疏散管理因素，不满足消防救援要求。

【原因分析】违反《建筑设计防火规范》GB 50016—2014（2018 年版）第 12.2.2 条第 7 款和《消防给水及消火栓系统技术规范》GB 50974—2014 第 7.4.16 条关于隧道出入口处设置消防水泵接合器和室外消火栓的规定。

【处理措施】在隧道洞口附近设置水泵接合器和室外消火栓，既要便于消防车向隧道内的消防给水管道供水，还要满足隧道内车辆、人员疏散需求。

根据《建筑设计防火规范》GB 50016—2014（2018年版）要求，在隧道的出入口处应设置水泵接合器，分以下两种情况考虑：

① 设置于中央隔离带。将水泵接合器及室外消火栓布置于中央隔离带，则消防车通过室外消火栓对水泵接合器加压供水时，消防车必将停在超车道上，不便于隧道内人员及车辆疏散。

② 设置于两侧检修道或人行道。一般消防车从消防站出发赶往隧道火灾现场是顺道路行车方向行进，不逆行；将水泵接合器及室外消火栓布置于隧道出口，则消防车到达火灾现场需在洞口调头以调整消防车与水泵接合器位置，不能快速进行消防工作；且消防车工作时，易阻碍隧道内人员及车辆疏散。

考虑到消防车一般通过隧道行车方向接近火灾现场，隧道上消防水管成环，水泵接合器接在消火栓环状管网上，一般将消防水泵接合器布置在主线隧道出入洞口附近，并且布置在行车方向右侧，用于消防车给消防管网补水。故根据《消防给水及消火栓系统技术规范》GB 50974—2014第7.4.16条规定，隧道入口处应设置水泵接合器，如图19-19所示。

图19-19　隧道洞口外布置水泵接合器位置示意图

所以，应根据隧道室内消火栓用水量确定水泵接合器数量，优先布置于隧道进洞口右侧人行道，便于消防救援及人员、车辆疏散；对于隧道出口位置如设置水泵接合器，则布置于右侧人行道，不宜设置于中央隔离带位置。同时，隧道出口位置水泵接合器为整个隧道消火栓系统备用或辅助用水泵接合器，仅起提高消防供水安全性作用。

同时，需根据隧道内消火栓用水量，配备对应数量的水泵接合器。室外或市政消火栓距离水泵接合距离应在15～40m。

问题150：城市隧道室内消火栓系统采用泵房加压临时高压系统，隧道两端市政给水管网与隧道室内消火栓系统直接连接，未采取有效的防止污染市政管网措施。

【原因分析】违反《室外给水设计标准》GB 50013—2018第7.1.7条关于城镇生活饮用水管网严禁与自备水源系统直接连接的规定。属于违反强制性条文要求。

【处理措施】城市隧道洞口与市政道路连接，市政道路上设置有市政给水管网。由于隧道自身可能存在较大高差，隧道两端市政给水管网压力不能满足隧道室内消火栓压力需求，而城市隧道室内消火栓系统需有两路可靠水源，因此需采用泵房加压系统进行加压供水。

泵房加压系统属于自备水源，则隧道端头市政给水管网不得与隧道室内消火栓系统直接相连。

隧道端头市政给水管网可与隧道室内消火栓系统断开，隧道室内消火栓仅靠泵房加压系统供水。

问题 151：设计未准确区分消防给水系统的动压力与静压力，导致供水分区或采取减压设施的边界条件确定有误。

【原因分析】违反《消防给水及消火栓系统技术规范》GB 50974—2014 第 6.2.1 条、第 7.4.16 条关于消防给水系统分区供水的要求和采取减压设施边界条件的规定。

【处理措施】隧道消火栓栓口处静压力大于 1.0MPa 应分区供水；当消火栓栓口处的出水压力超过 0.70MPa 时应设置减压设施，此处的出水压力即为动水压力。

静水压力，即消防给水系统管网内水在静止时管道某一点的压力，如采用高位水箱的常高压消防供水系统，各消火栓栓口静压力＝高位水箱水位－各点栓口高程。动水压力，即消防给水系统管网内水在流动时管道某一点的总压力与速度压力之差，可参考《消防给水及消火栓系统技术规范》GB 50974—2014 中的 10.1.7 公式 $P=k_2\left(\sum P_f+\sum P_p\right)+0.01H+P_0$ 或《给水排水设计手册》（第 2 册建筑给水排水）中的 2.2.5 公式 $H_b=H_q+h_d+h_g+h_z$ 进行计算，公式各代号参见规范、设计手册。

消火栓栓口出水压力超过 0.70MPa 时，水枪的反作用力过大，不利于消防队员操作。减压措施一般采用减压阀、减压稳压消火栓、减压孔板等。

问题 152：灭火器设置高度未考虑灭火器取用便利因素，灭火器单双侧布局未考虑隧道等级及交通量因素，灭火器布置与隧道消防等级不匹配。

【原因分析】违反《建筑设计防火规范》GB 50016—2014（2018 年版）第 12.2.4 条和《建筑灭火器配置设计规范》GB 50140—2005 第 3.2.2 条、第 5.1.3 条、第 5.2.2 条关于隧道内灭火器设置的规定。

【处理措施】手提式灭火器顶部离地面高度不应大于 1.50m，底部离地面不宜小于 0.08m。

隧道火灾通常为 A（含碳固体可燃物类火灾）、B（液体火灾）类火灾，还有少部分隧道内电气设备、配电线路引起的 E（电气火灾）类火灾。根据《建筑灭火器配置设计规范》GB 50140—2005 第 3.2.2 条、第 5.2.2 条，将一般隧道危险等级确定为中危险级，对于通行油罐车、可燃气体运输车比例较高的公路隧道，其危险等级可确定为严重危险级；中危险级手提式灭火器的最大保护距离为 12m。

隧道内若设置 3 条车道，则隧道宽度往往大于 12m。对于交通量大或者车道较多的隧道，为保证人身安全和快速处置初期起火，有必要在隧道两侧设置灭火器。通行机动车的一类隧道、二类隧道和通行机动车并设置 3 条及以上车道的三类隧道，在隧道两侧均应设置灭火器。其他隧道，可在隧道一侧设置灭火器。

问题 153：消火栓箱及灭火器安装未考虑隧道景观及隧道内人员通行及检修空间需求，未预留箱体暗装孔洞。

【原因分析】消防设计人员未与隧道设计人员紧密配合，未向隧道土建专业提供消火栓、灭火器预留孔洞资料。在隧道主体修建完成后再进行安装箱体开洞，将破坏隧道侧墙结构，如箱体采用明装方式，则箱体将影响隧道景观及隧道的人员通行及检修。

【处理措施】消防设计人员应明确消火栓箱及灭火器设置方式，并向隧道专业提供预埋预留的位置及安装要求。

消火栓一般与灭火器共箱设置，消火栓箱尺寸可参考国标图集《室内消火栓安装》04S202 选用，并尽量采用薄型消火栓箱；对于需设置泡沫灭火装置的消火栓箱，应考虑泡沫装置在箱体内的尺寸，选用符合消防主管部门要求的成品箱体。

若隧道仅单侧设置灭火器时，考虑到不妨碍消防疏散、火灾初期便于人员取用的因素，灭火器宜布置于车行方向右侧。

19.2.4　隧道供配电

问题 154：与通风系统合用的隧道排烟风机控制回路的过负荷保护未考虑火灾工况因素，未采取消防联控制只报警不跳闸设计。

【原因分析】违反《建筑设计防火规范》GB 50016—2014（2018 年版）第 12.3.3 条关于与通风系统合用的排烟风机在火灾时应符合消防排烟风机控制要求的规定。

【处理措施】隧道风机用作平时运营通风时，过负荷保护发出过载信号时应切断控制回路，停止风机运行；隧道火灾工况下用作消防排烟时，应加入火灾报警器联动控制，在火灾报警器联动控制回路上切除过负荷的联锁条件，过载信号仅作为反馈传输至火灾报警器，隧道发生火灾时，应由火灾报警器联动启动风机。

问题 155：由洞外电源供电的隧道内低压配电箱，未考虑雷电过电压保护措施，在进线处未采用 I 级实验的电涌保护器。

【原因分析】违反《建筑物防雷设计规范》GB 50057—2010 第 4.3.8 条关于低压电源线路引入总配电箱、配电柜处装设电涌保护器的规定。

【处理措施】隧道洞内与洞外变电所或户外箱变属于独立的两个建筑物，由洞外电源供电的隧道配电箱进线处应装设 I 级实验的电涌保护器，且应标明其电压保护水平值应小于或等于 2.5kV（U_p≤2.5kV），当冲击电流值无法确定时应取大于或等于 12.5kA（I_{imp}≥12.5kA）。由洞内变电所供电的低压配电箱，进线处应设 II 级实验的电涌保护器，电涌保护器每一保护模式的标称放电电流值应等于或大于 5kA，电压保护水平值应小于或等于 2.5kV。

问题 156：隧道消防风机和消防水泵驱动装置未考虑运行可靠性因素，采用了软启动装置。

【原因分析】违反《火灾自动报警系统设计规范》GB 50116—2013 第 3.1.8 条关于消防水泵风机等消防电气控制装置不应采用变频启动和《消防给水及消火栓系统技术规范》GB 50974—2014 第 11.0.14 条关于消防泵不应采用有源器件启动的规定。

【处理措施】消防风机和消防水泵一般采用工频直接启动，当功率较大时宜采用星三角启动。大功率电机启动时，应满足变压器或者柴油发电机组的母线压降要求。当与隧道通风系统合用的风机采用软启动装置时，应具备在火灾时切除软启装置直接启动的功能。

问题 157：火灾报警系统与监控系统的电源设置，未考虑供电可靠性因素，两个系统共用一套 UPS 电源，未设置专用消防电源。

【原因分析】违反《火灾自动报警系统设计规范》GB 50116—2013 第 10.1.2 条关于火灾自动报警系统交流电源的规定。

【处理措施】火灾报警系统与监控系统均属于特别重要负荷，但火灾报警系统作为消防负荷，应采用专用的消防供电回路。火灾报警系统应由消防电源给报警主机及隧道内的报警电源箱供电，不应由监控系统 UPS 供电。

问题 158：隧道内 10kV 高压电缆在隧道强电电缆沟与隧道低压动力电缆共同敷设时未考虑火灾时相互影响因素，未采取有效防火措施。

【原因分析】违反《建筑设计防火规范》GB 50016—2014（2018 年版）第 12.5.4 条关于隧道内设置 10kV 及以上高压电缆采取分隔措施以及《电力工程电缆设计标准》GB 50217—2018 第 7.0.1 条关于电缆密集场所采取安全措施的规定，属于违反强制性条文要求。

【处理措施】当设置 10kV 及以上的高压电缆时，应采用耐火极限不低于 2h 的防火分隔体与其他区域分隔，故隧道内设置 10kV 及以上高压电缆时，宜设置专用的电缆通道。如隧道断面空间紧张，也可将其与隧道运营低压电缆一同敷设在隧道电缆沟内，并采取如下措施：

① 高压电缆应采用耐火电缆。

② 将高压电缆敷设在低压电缆下层支架，并采用耐火极限不低于 2h 的耐火隔板分隔。

③ 电缆沟内设置线型感温火灾探测器。由于耐火电缆槽盒 F1 级（最高等级）的耐火维持工作时间为大于等于 90min，无法满足 2h 的耐火极限要求，故不建议使用耐火电缆槽盒敷设。

问题 159：隧道内与通风系统合用的消防排烟风机未考虑火灾时供电可靠性要求，未设计末端双电源自动切换装置。

【原因分析】违反《建筑设计防火规范》GB 50016—2014（2018 年版）第 10.1.8 条关于消防用电设备的供电应在配电线路末端配电箱处设置双电源自动切换装置的规定，属于违反强制性条文要求。

【处理措施】市政隧道由于交通量大、通风要求较高，如采用纵向通风时，应区分合用的消防排烟风机和单独作为运营通风用的普通风机。合用的消防风机应具备火灾时快速转换功能，设置末端双电源自动切换装置，且能由火灾联动控制器手动控制；而普通风机则可以由变电所控制柜直接配电，由隧道 PLC 系统联动控制。

问题 160：TN-C-S、TN-S 系统中的电源转换开关（进线、母联）、采用三极（3P）开关，不满足电源转换功能性开关电器的要求。

【原因分析】违反《民用建筑电气设计标准》GB 51348—2019 第 7.5.3 条关于三相四线制系统中四级开关选用的规定。

【处理措施】变压器低压总开关及母联开关，应视为电源转换的功能性开关，应作用于所有带电导体，且不能使其电源并联，故应选用四级开关。参考《全国民用建筑工程设计技术措施/电气》（2009 年版）第 5.5.3 条 17 款，对于不同接地系统开关电器极数的选择见表 19-9。

开关电器极数的选择　　　　　　　　　　　　　　　　表 19-9

开关功能	系统接地方式	系统形式		
		三相四线制	三相三线制	单相二线制
电源进线开关	TN-S	3	3	2
	TN-C-S	3	3	2
	TT	4	3	2
	IT	4	3	2

续表

开关功能	系统接地方式	系统形式		
		三相四线制	三相三线制	单相二线制
电源转换开关 （变压器低压总开关 及母联开关）	TN-S	4	3	2
	TN-C-S	4	3	2
	TT	4	3	2
	IT	4	3	2
剩余电流保护开关	TN-S	4	3	2
	TN-C-S	4	3	2
	TT	4	3	2
	IT	4	3	2
备注		有中性线引出	无中性线引出	相线及中性线

注：本表摘自《全国民用建筑工程设计技术措施/电气》（2009年版）。

问题 161：UPS 不间断电源的中性线未考虑不同系统接地形式因素，未进行重复接地设计。

【原因分析】违反《建筑电气工程施工质量验收规范》GB 50303—2015 第 8.1.5 条关于 UPS 输出端系统接地方式的规定。

【处理措施】UPS 输出端的系统接地方式应与其输入电源供电系统接地方式一致，在 TN-S 系统中，UPS 出线端中性点应做重复接地。具体可参考国标图集《接地装置安装》14D504 第 112～115 页的做法，不同接地系统，应选用对应的 UPS 输出做法。

问题 162：消防水泵配电控制柜与水泵设置在同一房间内，未考虑泵房内潮湿环境因素，控制柜的防护等级为 IP3X，不满足防尘防水要求。

【原因分析】违反《消防给水及消火栓系统技术规范》GB 50974—2014 第 11.0.9 条关于消防水泵控制柜防护等级的规定。

【处理措施】消防水泵控制柜设置在独立的控制室时，其防护等级不应低于 IP30；与消防水泵设置在同一空间时，其防护等级不应低于 IP55，其安装地坪应比消防水泵高 15cm 以上，防止被水淹没，柜内应设置自动除潮除湿的装置。

问题 163：车行横洞防火卷帘门由隧道内 UPS 或者 EPS 供电，不满足消防设备供电要求。

【原因分析】违反《建筑设计防火规范》GB 50016—2014（2018 年版）第 12.5.1 条关于隧道消防用电的规定。

【处理措施】隧道车行横洞防火卷帘门属于消防设备，一、二类隧道防火卷帘门应按一级负荷要求供电，三类隧道按二级负荷要求供电，可由横通道就近的消防风机双切箱或就近的变电所消防双切箱供电。

19.2.5 隧道监控

问题 164：未考虑隧道发生火灾时隧道防灾交通组织因素，未在隧道入口前方设置指示隧道内发生火灾的声光报警装置。

【原因分析】违反《建筑设计防火规范》GB 50016—2014（2018 年版）第 12.4.1 条关于隧道

入口外应设置隧道内发生火灾时提示车辆禁入的警报装置和《火灾自动报警系统设计规范》GB 50116—2013 第 12.1.4 条关于隧道入口前方设置声光报警装置的规定。

【处理措施】在隧道入口前方 50～250m 内安装火灾声光报警装置，隧道内发生火灾时交通信号灯红灯亮，同时声光报警装置发生警报，提示隧道外车辆禁入隧道。

问题 165：未考虑隧道内复杂工作环境对消防设备运行稳定的影响，隧道内火灾报警系统设备防护等级不满足防水防尘要求。

【原因分析】违反《火灾自动报警系统设计规范》GB 50116—2013 第 12.1.11 条关于隧道内消防设备防护等级的规定，属于违反强制性条文要求。

【处理措施】隧道内的工作环境比较复杂，为避免湿度、温度、汽车尾气、粉尘、射流风机产生的高速气流等因素影响消防设备的稳定运行，隧道内消防设备防护等级不应低于 IP65。消防报警设备产品应在材料表中注明："安装在隧道内的消防设备防护等级不低于 IP65"。

问题 166：隧道通风兼排烟风机未考虑隧道火灾工况因素，未进行消防联动控制设计。

【原因分析】违反《建筑设计防火规范》GB 50016—2014（2018 年版）第 12.3.3 条和《火灾自动报警系统设计规范》GB 50116—2013 第 12.1.10 条关于隧道内与正常通风合用的排烟风机消防联动控制规定。

【处理措施】机械排烟系统与隧道通风系统合用时，通风系统应具备在火灾时快速转换的功能。隧道风机平时运营时由隧道环境监控系统联动控制，一旦发生火情，风机应由火灾自动报警系统联动控制，且火灾联动控制器应能手动控制风机启停。风机的二次控制回路上应增加火灾自动报警系统联动及手动控制模块的强制启停功能，并且当由火灾报警系统联动或手动启动时，风机过负荷信号仅用作信号反馈，不作用于切断主回路。

问题 167：火灾自动报警系统与视频监控系统未考虑隧道防灾救援需求，未采取联动设计。

【原因分析】违反《火灾自动报警系统设计规范》GB 50116—2013 第 12.1.6 条关于火灾自动报警系统与隧道视频监控系统联动的规定。

【处理措施】隧道内设置有视频监控系统时，当火灾自动报警系统发出报警后，视频监控系统应联动切换监视画面到报警区域，确认火情。火灾报警系统说明中应增加火灾报警系统联动视频监控系统确认火灾的描述，隧道防灾流程框图中应增加相应的事件流程。

问题 168：火灾自动报警系统中未考虑现场部件出现局部电源故障的因素，未采取电源总线经短路隔离器隔离的措施。

【原因分析】违反《火灾自动报警系统设计规范》GB 50116—2013 第 3.1.6 条关于系统总线上应设置总线短路隔离器的规定。

【处理措施】为避免现场某个部件出现故障影响到火灾报警系统的整体功能，系统总线上应设置短路隔离器，且每只总线短路隔离器保护的火灾探测器、手动火灾报警按钮和模块等消防设备的总数不应超过 32 点。其中，总线包括报警总线和电源线，总线短路隔离器应能隔离故障的报警总线和电源线。总线短路隔离器的设置参考国标图集《火灾自动报警系统设计规范图示》14X505-1 中第 11 页、第 12 页总线短路隔离器的设置，电源线和信号线同时经短路隔离器引出。

问题169：隧道内视频监控系统与火灾自动报警系统和光纤光栅感温探测系统采用同一根多芯光缆通信，未考施工及后期维护多系统之间相互影响的因素，未采取消防专用线路设计。

【原因分析】如果隧道内的视频监控系统与火灾自动报警系统及光纤光栅感温探测系统共用同一根多芯光缆，则光缆芯数可能会达到24芯及以上，每1通道光纤光栅占用1芯光纤，将导致隧道内主光缆在施工时频繁被切断、熔接造成信号衰减；且后期运营维护时，任意系统光纤故障都会影响其他系统使用。另外，视频监控与火灾报警系统共用光纤也无法满足消防系统采用专用线路的要求。

【处理措施】隧道内应按弱电系统敷设多根光缆，紧急电话系统、视频监控系统、光纤光栅感温探测系统、火灾自动报警与电气火灾系统、PLC工业以太网系统和电力监控系统等各敷设多芯光缆，减少每根多芯光缆的芯数，便于施工安装及后期的检修维护。

问题170：火灾自动报警系统现场24V电源不满足系统后备时间要求。

【原因分析】违反《火灾自动报警系统设计规范》GB 50116—2013第10.1.5条，关于消防设备应急电源蓄电池组持续时间的规定。

【处理措施】隧道内设置火灾报警系统时，报警主机设置在消防控制室内，主机自带蓄电池持续时间不应低于3h，一般报警主机可为1km内的消防联动模块设备供电，供电距离较远的应设置24V电源箱。电源箱内也应设置后备电池，电池持续时间应与报警主机保持一致为3h。

19.2.6　隧道交通安全设施

问题171：隧道内分流点前或隧道出口紧接分流路口，需在隧道内提前设置指路标志时未考虑指路信息和光线等需求，未设置电光或LED指路标志。

【原因分析】违反《公路隧道设计规范 第二册 交通工程与附属设施》JTG D70/2—2014第4.2.14条关于隧道内指路标志设置及材质和《重庆市城市道路指路系统信息设计导则》（2017年）第6.4.7条关于立交出口道距离隧道出洞口距离过短或出洞口后到出口道分流鼻端前严禁变更车道时，宜在隧道洞内允许变道前方设置指路预告标志的规定。

【处理措施】若立交出口道设置在隧道段出洞口后的150m范围内，或出洞口后到出口道分流鼻端前严禁变更车道时，宜在隧道洞内允许变道前方设置出口道或指路预告标志，洞内段的板面类型可优先选择主动发光式标志。

问题172：隧道段与主线段车道规模不同，未考虑过渡段的安全设施设计，未采取过渡段相关的标线、标志设计。

【原因分析】违反《城市道路交通标志和标线设置规范》GB 51038—2015第8.18条、第8.19条关于车道数增加或变少时，标志设置的规定。

【处理措施】当同一路段中下游道路标准断面行驶车道数量变少或增加，存在车辆合流或分流需求时，应设置车道数减少或增加标志。车道数减少或增加标志应设置在车道数量减少或增加断面上游50～100m处。同时在车道数缩减或增加的路段应设置车行道宽度渐变标线。

问题173：隧道设计中采用的限高值未考虑路网总体交通组织情况，未采用与全段道路匹配的限高值。

【原因分析】违反《公路隧道设计规范 第二册 交通工程与附属设施》JTG D70/2—2014第

4.2.3 条关于根据路网总体交通组织情况设置隧道限高标志的规定。

【处理措施】道路中隧道段的限高值应与该条路的总体限高值保持一致，因特殊情况无法满足的应在上游交叉口提前设置限制高度标志，使车辆能够提前绕道行驶。

问题 174：隧道内设置的标志或杆件未考虑建筑限界要求，侵入建筑限界。

【原因分析】违反《城市道路交通设施设计规范》GB 50688—2011 第 5.1.5 条关于交通标志不得侵入道路建筑限界的规定。属于违反强制性条文要求。

【处理措施】隧道内需要设置标志板时应在隧道设计时提前预留空间，保证版面及杆件在满足设置要求的同时不得侵入建筑限界。且应在设计文件中提供隧道交通安全设施横断面布置图，如图 19-20 所示。

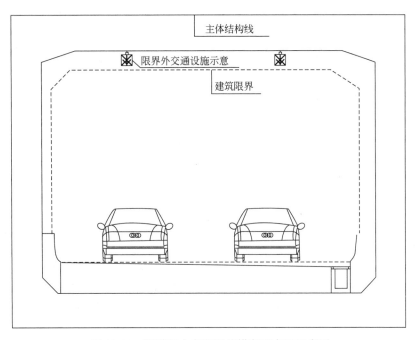

图 19-20　隧道洞内交通设施横断面布置示意图

问题 175：标志版面尺寸设计时，未考虑设计车速，未采用与设计车速相匹配的版面尺寸。

【原因分析】违反《城市道路交通标志和标线设置规范》GB 51038—2015 续表 4.2.12-1 和《重庆市城市道路交通管理设施设置规范 第 1 部分：道路交通标志》DB 50/T 548.1—2014 第 5.1.4 条关于在不同设计车速下对应的标志版面尺寸的规定。

【处理措施】版面尺寸应与设计车速对应，同时不同支撑方式下版面尺寸应有不同。版面尺寸设计可以参照表 19-10～表 19-12。

警告标志版面规格与设计速度的关系（边长 Δ） 表 19-10

设计速度（km/h）	柱式（cm）	悬臂式（cm）	门架式（cm）
>40	Δ110	Δ130	Δ130
≤40	Δ90	Δ110	Δ110

注：① 本表摘自：《重庆市城市道路交通管理设施设置规范 第 1 部分：道路交通标志》DB 50/T 548.1—2014。

② 设置空间受限时，标志尺寸可适当减小，三角形标志边长不应小于 60cm。

第 3 部分　市政工程

禁令标志版面规格与设计速度的关系（直径 φ）　　　　　　表 19-11

设计速度(km/h)	柱式(cm)	悬臂式(cm)	门架式(cm)
>40	φ100	φ120	φ120
	正方形边长 100	正方形边长 120	正方形边长 120
≤40	φ80	φ100	φ100
	正方形边长 80	正方形边长 100	正方形边长 100

注：① 本表摘自：《重庆市城市道路交通管理设施设置规范 第 1 部分：道路交通标志》DB 50/T 548.1—2014。
　　② 设置空间受限时，标志尺寸可适当减小，标志直径或边长不应小于 60cm。

指路标志版面规格表（推荐值）　　　　　　　　　　表 19-12

设置道路	版面规格(m)	支撑方式
主干路、快速路	6.0×3.6 5.4×3.0	悬臂式 （门架式）
主干路、次干路	5.4×3.6 4.8×2.4	悬臂式
次干路、支路	4.8×2.4 4.0×2.0	悬臂式
支路	3.0×2.0 3.0×1.5	悬臂式
全封闭快速路	5.0×3.6	双悬臂式
其他道路	3.0×3.0 3.0×2.4 3.0×2.0	双悬臂式

注：① 本表摘自：《重庆市城市道路交通管理设施设置规范 第 1 部分：道路交通标志》DB 50/T 548.1—2014。
　　② 隧道内或桥下因建筑限界、结构承载能力限制等特殊情况，需缩小指路标志版面尺寸时，可适当减小文字高度，但最小高度不应小于一般值的 0.8 倍，或采用高宽比 1:0.75 的窄字体，但不得改变版面各要素之间的相互关系；同时警告、禁令、指示标志，当采用柱式标志支撑结构设置空间受限时，可采用最小值。

问题 176：隧道信息标志设置未考虑设计速度，未设置与设计速度相匹配的标志位置。

【原因分析】违反《公路隧道设计规范 第二册 交通工程与附属设施》JTG D70/2—2014 第 4.2 条关于隧道信息标志设计的规定。

【处理措施】隧道内行驶条件与一般路段行驶条件不同，主要是照明、通风、视野等产生变化，有的隧道横断面也与一般路段不同，这些可能会对行驶安全产生影响。提前提醒前方有隧道及隧道有关信息，驾驶员就会从心理和驾驶行为上做好准备。长度大于 500m 的隧道属于中长隧道，宜设置隧道信息标志，隧道信息标志位置应根据设计车速设置在隧道入口前的相应位置，具体要求详见表 19-13。

隧道信息标志距洞口的距离与设计速度的对应表　　　　　　表 19-13

设计速度(km/h)	100~120	80	≤60
设计距离(m)	100~250	50~120	30~80

注：本表摘自《公路隧道设计规范 第二册 交通工程与附属设施》JTG D70/2—2014。

问题 177：隧道内的车行道分界线、车行道边缘线未采用震荡标线，未对震荡标线或标线涂料要求进行说明。

【原因分析】违反《公路隧道设计规范 第二册 交通工程与附属设施》JTG D70/2—2014 第 4.3

条关于隧道内车行道分界线和边缘线宜采用振荡标线的规定。

【处理措施】隧道内的车行道边缘线、车行道分界线可采用振荡标线，单洞双向交通隧道的车行道分界线宜采用振荡标线，考虑到隧道内的光线需求，标线涂料宜采用热熔反光涂料。

问题 178：隧道内禁止跨越同向车行道分界线未考虑明或暗适应路段的长度，未在出或入口端向洞外延伸或延伸距离不满足要求。

【原因分析】违反《公路隧道设计规范 第二册 交通工程与附属设施》JTG D70/2—2014 第 4.3 节关于隧道内禁止跨越同向车行道分界线应向洞外延伸的规定。

【处理措施】驶出或驶入隧道存在明或暗光适应过程，在明或暗适应路段出于安全考虑禁止车辆在明或暗适应路段随意变换车道，根据明或暗适应路段长度建议隧道内禁止跨越同向车行道分界线在入口端向洞外延伸 150m，出口端向洞外延伸 100m。

问题 179：隧道洞口或洞内紧急停车带的迎车面端未考虑安全设施设计，未设置立面标记。

【原因分析】违反《公路隧道设计规范 第二册 交通工程与附属设施》JTG D70/2—2014 第 4.3.3 条关于隧道内立面标记设计的规定。

【处理措施】隧道洞门警示标识用以指示隧道洞门，警示驾驶员，宜在隧道洞门、洞内紧急停车带的迎车面端部设置立面标记。立面标记应从检修道顶面开始，涂至 2.5m 高度。

问题 180：隧道内的车行道分界线及车行道边缘线上未考虑安全设施设计，未设置突起路标。

【原因分析】违反《公路隧道设计规范 第二册 交通工程与附属设施》JTG D70/2—2014 第 4.3.2 条关于隧道的车行道上设置突起路标的规定。

【处理措施】突起路标通常称为路钮和道钉，用于诱导或告知驾驶员道路轮廓或道路前进的方向。特别是在光线受限或恶劣的天气情况下，由于突起路标有一定的反光性和高度，车辆碾压时会有一定的震动，在一定程度上能起到提醒驾驶员，减少交通事故的作用。故隧道的车行道分界线和车行道边缘线上为警示驾驶员保证行车安全和行车轨迹宜设置突起路标。

问题 181：在隧道侧壁和检修道边缘未设置轮廓标、未考虑轮廓标的设计间距和高度要求。

【原因分析】违反《公路隧道设计规范 第二册 交通工程与附属设施》JTG D70/2—2014 第 4.4 条关于隧道侧壁和检修道边缘应设置轮廓标的规定。

【处理措施】隧道内应设置双向轮廓标，轮廓标应同时设置于隧道侧壁和检修道边缘，在隧道进、出口段 200～300m 范围内，可设置主动发光型轮廓标。轮廓标的设置间距宜为 6～15m，宜与突起路标设置于相同横断面。设置在隧道侧壁上的轮廓标，安装中心位置与路面边缘高差宜为 70cm。

第3部分　市政工程

20 城市管网工程

20.1 给水工程

20.1.1 给水管网设计

问题 1：管线交叉时，污水管或合流管道敷设于给水管上方，未考虑排水管渗漏，污染给水管的风险因素，未采取防止给水管污染措施。

【原因分析】违反《室外排水设计规范》GB 50014—2006（2016 年版）第 4.13.2 条关于污水管道、合流管道与生活给水管道相交时应敷设在生活给水管道下面的规定，属于违反强制性规范条文。

【处理措施】按《室外给水设计标准》GB 50013—2018 第 7.4.9 条关于给水管道与污水管道或输送有毒液体管道交叉时，给水管道应敷设在上面，且不应有接口重叠，当给水管道敷设在下面时，应采用钢管或钢套管，钢套管伸出交叉管的长度，每端不得小于 3m，钢套管的两端应采用防水材料封闭。这一规定与《室外排水设计规范》GB 50014—2006（2016 年版）第 4.13.2 条关于污水或合流管道与生活给水管道交叉时应敷设在生活给水管道下面的要求不一致。考虑到城市给水管水质涉及公众安全，与污水或合流管道同步新建的给水管道应按要求高的《室外排水设计规范》GB 50014—2006（2016 年版）第 4.13.2 条执行，即给水管道与污水或合流管道交叉时，应敷设于污水或合流管道的上面。对于改（扩）建工程，若的确无法避免将给水管道敷设于污水或合流管道之下，则应按《室外给水设计标准》GB 50013—2018 第 7.4.9 条采取防护措施、并予以必要的论证。

问题 2：给水管在城市道路下敷设位置未考虑道路等级、车辆安全通行因素。

【原因分析】违反《城市快速路设计规程》CJJ 129—2009 第 3.0.7 条关于不得沿快速路主路车行道下纵向设置管线和《城市道路工程设计规范》CJJ 37—2012（2016 年版）第 15.2.2 条关于管线敷设于车行道下井盖位置的规定。

【处理措施】城市快速路主要解决城市快速交通需求，行车速度快，车行道如有管线井盖，则影响行车舒适性，管线检修时有隐患，因此给水管不得沿快速路主路车行道下纵向敷设。当给水管在其他等级道路车行道下敷设时，布置在车辆轮迹范围内将影响行车安全及舒适性且井盖及盖座易被碾坏，如图 20-1、图 20-2 所示；设计时应避免把井盖设置在车辆轮迹碾压位置，可设置于慢车道中间位置。

图 20-1 车辆轮迹范围内的管线井盖

图 20-2 被碾坏的管线井盖座

问题 3：给水管与其他管线及建（构）筑物间距未考虑施工及检修操作空间，间距不满足管线施工及后期维护检修需求。

【原因分析】违反《室外给水设计标准》GB 50013—2018 第 7.4.6 条关于城镇给水管与其他管线及建（构）筑物间距的规定。

【处理措施】给水管与其他管线及建（构）筑物最小水平净距应符合《城市工程管线综合规划规范》GB 50289—2016 中表 4.1.9 的规定，以防止给水管沟槽开挖危及其他管线及建（构）筑物结构安全。受道路宽度以及现有工程管线位置等因素限制难以满足时，可根据实际情况采取安全措施，减少其最小水平净距，如采取沟槽支护措施保护其他管线。

问题 4：城市道路下敷设的配水管未考虑道路对侧配水需求，未结合地块性质及用户需求预留接口及过街管道。

【原因分析】违反《城市道路工程设计规范》CJJ 37—2012（2016 年版）第 15.2.3 条关于按规划要求预留过街管道的规定。

【处理措施】城市道路下敷设的配水管应根据城市规划布局向有用水需求的用户提供接口，使配水管能够满足道路两侧地块供水需求。配水管预留的接口及过街管位置不合理或数量不满足使用需求时将降低管线服务效率，道路建成后仍需开挖道路、再施工难度大。为避免重复开挖破坏路面、影响交通，城市道路下敷设的配水管应根据需求预留接口及过街管道。一般在规划小区、建筑物分支道路位置预留接口。在地块修详规或地块管网布局未明确前，可按 150～200m 间距预留配水接口；已有规划布置的地块，按规划接口位置预留配水接口。预留配水支管起始端一般设置阀门，阀门井中心宜位于道路红线或边线外 1m 处。

问题 5：地形高差显著的长距离给水管，未考虑水锤对管道的影响，未对管道系统采取水锤综合防护措施。

【原因分析】违反《室外给水设计标准》GB 50013—2018 第 7.3.4 条、第 7.3.6 条、第 7.3.7 条、第 7.3.8 条关于长距离压力输水管应进行水锤分析及计算、必要时采取消除水锤措施的规定。

【处理措施】压力输水管由于急速的流量调节等，会造成管内水流速度的急剧变化而产生水锤；地形高差显著的给水管在隆起处与压力较低部位也可能因出现水柱拉断而产生弥合水锤。水锤危及管道安全，压力输水管道应进行水锤分析，可采取设置水锤消除设施、空气阀注气和调压塔注水等防护措施，如图 20-3 所示。

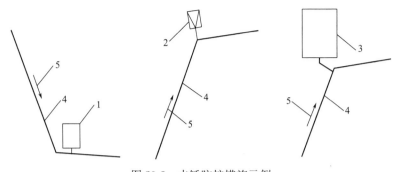

图 20-3　水锤防护措施示例

1—水锤消除器；2—防水锤消空气阀；3—调压塔；4—输水管道；5—输水方向

问题 6：给水管道未做配角设计，未根据合角选配合适的弯头或弯头组合。

【原因分析】未做配角设计的给水管道工程，难于准确统计出各种规格弯头数量、控制工程造价，会给施工备料及安装带来极大不便。

【处理措施】水平转角是指偏转后的管道与原管道延长线在水平面投影线之间的夹角；竖向转角是指偏转后的管道与原管道延长线在铅垂面投影线之间的夹角，根据其向上或向下偏转的偏转反向，竖向转角又分作仰角或俯角；合角是指偏转后的管道与管道延长线之间的夹角，反映管道偏转的真实角度变化。配角设计是根据管道的水平转角和竖向转角（仰角或俯角）计算合角，从而确定是否选配弯头及弯头规格。成品弯头价格一般大大高于直管价格，在管道工程造价中占有较大比重。

平面转角可直接在平面图上量取，竖向转角可在竖向比例与横向比例相同的纵断面图上量取。根据合角余弦值等于平面转角余弦值与竖向转角余弦值之积，可求得合角。从而按合角确定是否选配弯头及弯头规格。铸铁管一般采用成品弯头，主要有 90°、45°、22.5°三种规格，部分厂商提供11.25°弯头；钢制弯头主要有 90°、60°、45°、30°、22.5°、11.25°六种规格，其他角度弯头可按需定制；塑料管一般采用成品弯头，一般仅 90°、45°两种规格。采用柔性接口铸铁管允许借转角度如表 20-1 所示。塑料管小的偏转角度主要通过管道弯曲来实现。

柔性接口铸铁管允许借转角度　　　　　　　　　　　　表 20-1

管径(mm)	75～600	700～800	≥900
角度	3°	2°	1°

注：本表摘自《实用给水排水工程施工手册》。

问题 7：高差起伏较大的长距离配水管道，未考虑管线高差带来负压的影响因素，未根据水压线校核管道在各种运行工况下是否出现负压。

【原因分析】违反《室外给水设计标准》GB 50013—2018 第 7.1.4 条关于输水管道系统在各种设计工况下运行时，管道不应出现负压的规定。

【处理措施】根据恒定总流伯努利方程，对于两个断面之间的流段，单位时间流入上游断面的能量等于单位时间流出下游断面的能量加上流段损失的能量。在上游断面输入能量一定的情况下，流体位能、压能、动能所分别对应的位置水头、压力水头、流速水头在扣除损失的能量后相互进行转换，位置水头、流速水头的增大可能导致压力水头下降。对于高差起伏较大的山地城市，在地形隆起点、流速急剧增大点、长距离输水管尾段，压力水头都可能降低甚至成为负值。图 20-4 中节点 50～60 之间的给水管道位于水压线之上，管道处于负压状态。输水管出现负压后，水中空气易析出形成气团妨碍通水，另外也可能使管外水体渗入造成污染。山地城市配水管道设计过程中，应对管道压力进行分析计算，确保管道在各种运行工况下不出现负压。输水管一般设置于水压线以下，以保证管道水流在正压下运行。

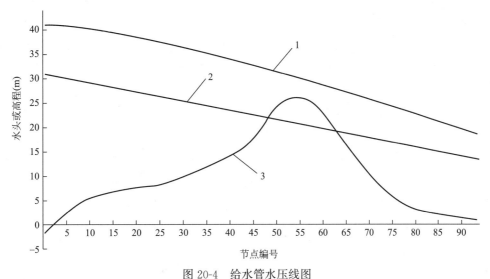

图 20-4　给水管水压线图

1—总水头线；2—水压（测压管水头）线；3—管道高程线

问题 8：距离供水厂较远或中途设有调蓄构筑物的城市给水管道工程未考虑管网消毒剂余量对管网给水安全的影响，未设置消毒剂投加设施或为消毒剂投加设施预留接口。

【原因分析】违反《室外给水设计标准》GB 50013—2018 第 3.0.9 条关于生活用水的给水系统供水水质必须符合生活饮用水卫生标准要求和《生活饮用水卫生标准》GB 5749—2006 第 4.1.6 条关于管网末梢水中消毒剂余量的规定。

【处理措施】大量工程实践结果显示，距离供水厂的管道长度超过 5km 或中途设有调蓄构筑物的城市给水管网，其管网消毒剂余量的检测结果难以满足生活饮用水卫生标准要求，此时，管网应设置消毒剂投加设施或为消毒剂投加设施预留接口。设计可根据消毒剂出厂浓度、输水量就监测措施、消毒剂投加剂量等提出管理建议，供运营单位参考。

问题 9：纵向高差较大的道路，未考虑给水管网供水分区条件，管材及阀件选择未考虑供水分区因素。

【原因分析】违反《室外给水设计标准》GB 50013—2018 第 3.0.2 条关于地形高差大或局部地形较高的区域采用分区供水规定及第 7.5.1 条关于输配水管道材质应根据内压等因素综合分析确定的规定。

【处理措施】为避免输配水管网运行压力过大、减少漏损水量、降低供水能耗，给水区域大、地形高差显著、输水距离长的城市给水系统通常采用分区给水系统。关于分区给水系统中分区最大工作压力，参照《城镇供水长距离输水管（渠）道工程技术规程》CECS 193：2005 第 3.2.6 条关于单级加压方式的加压总扬程不大于 90m 的规定，工作压力超过 0.90MPa 宜采用分区给水系统。

长度较长、高差较大道路的不同路段可能处于城市给水系统的不同给水分区，按同一给水分区确定管材及阀件运行压力或影响运行安全或经济合理性差。长度较长、高差较大的道路给水管设计不应局限于道路范围内的给水系统分析，应根据道路所处区域分析道路给水管道与城市供水系统的关系，按分区设计压力确定管材及阀件承压等级。

问题 10：接自市政给水管的室外景观给水总管，未考虑回流而造成水源污染的风险，未采取防止回流污染措施。

【原因分析】违反《城市绿地设计规范》GB 50420—2007（2016年版）第8.1.3条关于绿地内生活给水系统不得与其他给水系统连接，确需连接时，应有生活给水系统防回流污染的措施规定，属于违反强制性规范条文。

【处理措施】道路绿地作为城市绿地的组成部分，可根据需要配备灌溉设施。我国为贫水国家，道路绿化浇灌给水首选中水、雨水等非传统水源，也可直接由市政给水管供水。绿地浇灌给水系统所采用的地下式洒水喷头或自取水口接出软管进行人工浇灌的方式，易导致回流污染而威胁市政供水水质安全，故自市政给水管接出的道路绿地灌溉给水引入管应设置倒流防止器或真空破坏器。倒流防止器及真空破坏器的选用可分别参见国标图集《倒流防止器选用及安装》12S108-1及《真空破坏器选用与安装》12S108-2。

问题 11：市政设计给水管道未与现状给水管线接顺，或未明确接入规划给水管道的要求及相关接口资料。

【原因分析】由于市政给水管道在前期设计中，多与市政道路同步设计。而市政道路在立项时，更多考虑的是整体的交通功能通畅，很难与给水管道建设规划相匹配。因此，市政给水管道多在道路设计范围线处接入现状管道或者规划给水管道。接入现状管线时，并未对现状管线资料进行仔细分析，未考虑能否正常接入。给水管道设计时仅在道路设计范围线处标注与规划给水管线接顺，而未对规划给水管道相关参数及接口资料进行明确，容易导致规划段管线与本次设计管线接顺时，需对新建道路接口处进行改造。

【处理措施】市政设计给水管道在设计时，应先落实周边给水管道现状与规划情况，并对现状与规划给水管线具体情况进行整体分析，保证管线接入的可实施性。在与现状给水管道接口处建议新增一座阀门井，便于日后给水管道接入。在与规划给水管道接口处预留一座阀门井，并尽量超过道路设计范围，避免接管时对管线再次进行开挖。

问题 12：输水干管仅设置一根，未对输水干管发生故障时的事故水量进行校核。

【原因分析】违反《室外给水设计标准》GB 50013—2018第7.1.3条关于城镇供水的事故水量应为设计水量的70%，原水输水管道应采用2条以上，并应按事故用水量设置连通管，多水源或设置了调蓄设施并能保证事故用水量的条件下，可采用单管输水的规定。

【处理措施】输水干管的输水能力直接关系到给水厂的处理水量，进而影响到整个区域的用水量。因此，若城市供水系统是多水源或者设置了调蓄设施，在建输水工程发生事故时，在满足用水区域事故用水量的条件下，可采用单管输水。但若单水源或原有调蓄设施满足不了事故用水量时，设计应采用2条以上管道输水，而且在管道之间应设计连通管，以保证用水区域事故用水量，事故用水量为设计用水量的70%。故设计应先对城市供水系统是否为多水源或者是否有满足事故水量的调蓄设施进行调查分析，再确定是否能只做单管输水。同时，需对输水干管的事故水量进行校核，应不低于设计水量的 70%，以保证城镇供水安全。

问题 13：道路绿化设计未同步设置浇灌系统，后期浇灌系统的修建会破坏道路绿化及铺装。

【原因分析】根据重庆市道路工程建设经验，道路绿化及浇灌系统一般滞后于道路工程和管网工程实施，而后期浇灌系统修建时又需从道路给水管网系统中引入水源。在后期绿化浇灌系统修建时，引水管道的开挖会对刚建好的道路路面及人行道铺装进行破坏。

【处理措施】由于绿化浇灌系统设计滞后于道路给水设计，故在给水设计时应考虑日后绿化给水浇灌系统的接入，在适合的地方预留接口或预留支管。若难以预留接口或需从道路对侧引入绿化给水主管道，可在适合的地方预留混凝土过街套管，作为日后绿化给水引入管的敷设通道。

20.1.2 消火栓系统设计

问题 14：新建城市道路未考虑灭火对市政基础消防设施的要求，未同步设计、实施市政消火栓系统。

【原因分析】违反《建筑设计防火规范》GB 50016—2014（2018 年版）第 8.1.2 条关于城镇应沿可通行消防车的街道设置市政消火栓和重庆市《关于进一步加强市政消火栓建设的通知》（渝建〔2016〕473 号）关于新（改、扩）建的城市道路工程应同步设计、实施市政消火栓及其管网的规定。

【处理措施】市政消火栓是城乡消防水源的供水点，除通过消防车加压直接扑救建（构）筑物下层火灾外，可由消防车通过水泵接合器向建（构）筑物内的消防给水系统供水，此外，还可向着火位置周边淋水降温，防止火灾蔓延。为保证消防车在灭火时便于从市政给水管网中取水，城镇可通行消防车的街道应设置市政消火栓，以保证市政基础消防设施能满足灭火需要。因距离周边建（构）筑物较远，城市快速路、高架路、隧道无须设置市政消火栓，但市政桥梁桥头、城市交通隧道出入口等市政公用设施处应按规定设置市政消火栓。

市政消火栓及其供水管线与所在道路可由建设单位委托同一家或不同设计单位完成，但应同步设计、同步实施，确保市政消火栓及其供水管线与城市道路工程同步完工。未同步实施市政消火栓及其供水管网的城市道路工程，不得竣工验收，不得投入使用。消防主管部门应当参与城市道路工程竣工验收。验收合格后，建设单位应当将市政消火栓设置地点、数量、规格、分布等情况书面告知消防主管部门，并将竣工测绘资料电子件报送相关主管部门，纳入基础设施数据库。

问题 15：市政消火栓设置间距未考虑消防车供水能力，消火栓布置间距超过市政消火栓保护半径要求。

【原因分析】违反《消防给水及消火栓系统技术规范》GB 50974—2014 第 7.2.5 条关于市政消火栓保护半径不应超过 150m、间距不应大于 120m 的规定。

【处理措施】国产消防车的供水能力（双干线最大供水距离）为 180m，火场水枪手需留机动水带长度 10m，水带在地面的铺设系数为 0.9，则消防车实际供水距离为（180－10）×0.9＝153m。市政消火栓由消防车使用，消防车最大供水距离（即保护半径）即为市政消火栓保护半径，故规定市政消火栓最大保护半径为 150m。我国城市街区道路间距一般不超过 160m，而消防干管一般沿道路设置，由此两条消防干管之间的距离亦不超过 160m；街区两边道路均设置市政消火栓，则每边街区市政消火栓保护范围为 80m。若沿街建筑需满足两个市政消火栓保护（我国城市消防队一般第一出动力量多为 2 辆消防车，每辆消防车取水灭火时占用 1 个市政消火栓），即直角三角形斜边长

第 3 部分 市政工程

153m、竖边长 80m 时，则底边应为 123m，如图 20-5 所示。为保证沿街建筑能有 2 个市政消火栓保护，规定市政消火栓间距不应大于 120m。

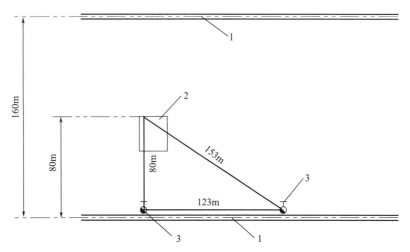

图 20-5　市政消火栓最大间距计算示意图

1—道路；2—建筑；3—市政消火栓

问题 16：市政桥梁、城市交通隧道及人行地通道未考虑市政消火栓扑救火灾功能，桥头或出入口位置未设置市政消火栓。

【原因分析】违反《消防给水及消火栓系统技术规范》GB 50974—2014 第 7.2.4 条关于市政桥桥头和城市交通隧道出入口等市政公用设施处应设置市政消火栓的规定。

【处理措施】市政桥桥头、城市交通隧道及人行地通道出入口等市政公用设施的两端，属于交通事故易发生地点或交通密集、人流量大。在这类地点应设置市政消火栓，以便及时扑救交通事故引发的火灾。

问题 17：市政消火栓设置位置未考虑消防扑救及时性及有效性，消火栓未设置于便于消防车接近处。市政消火栓未设置于便于消防队员使用处，或布置于车行道下。

【原因分析】违反《消防给水及消火栓系统技术规范》GB 50974—2014 第 7.2.3 条、第 7.2.6 条关于市政消火栓在道路中位置的规定。

【处理措施】市政消火栓宜在道路一侧并宜靠近十字路口；宽度超过 60m 的道路车流量很大，水带穿越道路既影响通行也易被车辆碾压，此时应在道路两侧交叉错落设置市政消火栓；因使用对象是消防车，市政消火栓应布置在消防车易于接近的路边或绿地等地点。为便于消防车取水和保证市政消火栓自身及使用人的安全，规定市政消火栓距路边不宜小于 0.5m、不应大于 2m。

问题 18：市政消火栓形式及位置未考虑对道路使用功能影响及取用便利性，地上式市政消火栓选型未考虑行人交通系统要求，地下式市政消火栓未明确标志设置要求。

【原因分析】违反《城市道路工程设计规范》CJJ 37—2012（2016 年版）第 9.1.1 条、第 9.1.3 条关于不宜中断或缩减人行道有效通行宽度、行人交通系统应设置无障碍设施的规定；违反《消防给水及消火栓系统技术规范》GB 50974—2014 第 7.2.11 条关于地下式市政消火栓应有明显永久性标识的规定。

【处理措施】地上式市政消火栓不宜占用人行道有效通行宽度，应避开盲道、轮椅坡道等无障碍设施，保证人行道和无障碍设施的安全性及连续性；为防止使用时寻找困难、耽误灭火，地下式市政消火栓应设置明显的永久性标识，比如采用刻铸有文字的井盖。所以，为便于火灾时消防队员快速找到市政消火栓，对于人行道较宽的道路，宜设置地上式消火栓，但需保障平时的人员通行要求；对于人行道较窄的道路，宜设置地下式消火栓，但需设置明显的永久性标识。

问题 19：市政给水管线阀门设置位置及数量未考虑市政消火栓检修关停阀门对市政供水安全性及断水区域的影响，阀门设置不满足检修关停要求。

【原因分析】违反《室外给水设计标准》GB 50013—2018 第 7.5.5 条关于配水管网上两个阀门之间独立管段内消火栓的数量不宜超过 5 个的规定。

【处理措施】根据《给水排水设计手册第二版第 3 册城镇给水》：输配水管网中阀门布置应能满足事故管段的切断需要，其位置可结合连接管以及重要供水支管的节点设置，干管上阀门间距一般为 500～1000m；干管上的阀门宜设置于连接管下游，以使阀门关闭时尽可能少影响支管供水；支管与干管相接处，一般在支管上设置阀门，以使支管检修不影响干管供水。输水管还应考虑自身检修和事故维修需要设置阀门。考虑到配水管道检修和事故以及市政消火栓自身检修维护时停水影响面不至于过大，按消防要求配水管网两个阀门之间消火栓数量不宜超过 5 个。

问题 20：市政道路配水管网供水压力未考虑平时及消防两种工况要求，设置市政消火栓的给水管道供水压力不满足消防扑救最低供水压力要求，市政给水管网未考虑最不利点市政消火栓流量要求。

【原因分析】违反《消防给水及消火栓系统技术规范》GB 50974—2014 第 7.2.8 条关于设有市政消火栓的城市给水管网平时运行工作压力不应小于 0.14MPa、火灾时水力最不利市政消火栓的出流量不应小于 15L/s，且供水压力从地面算起不应小于 0.10MPa 的要求，属于违反强制性规范条文要求。

【处理措施】对于山地城市，道路纵坡起伏大，给水管网最不利点不一定在道路末端；经常出现道路最末端供水压力足够，而道路中间某个最高点供水压力不满足最低供水要求的情况。故而在道路给水管网设计时，应对道路范围供水富裕水头进行复核、计算，最不利点选取要准确，确保平时工况下的运行压力不低于 0.14MPa；对于火灾工况，消防扑救使管网用水量大幅增加，相应管网水头损失加大，则必须保证火灾时水力最不利市政消火栓的出流量不小于 15L/s，供水压力从地面算起不应小于 0.1MPa。

在设计时，对于已取得区域给水工程准确资料的市政消火栓系统设计，应对给水管道在消防工况下的压力进行校核，确保压力满足要求后其设计成果可用于指导施工；对于给水系统压力不满足市政消火栓压力要求或未取得区域给水工程准确资料的市政消火栓系统设计，设计应对给水管道的最低压力提出要求，同时敦促建设单位协调城市给水主管部门以使给水系统满足市政消火栓压力要求。

问题 21：市政消火栓设置形式及位置未考虑人员通行需求，在易撞地方，未设置防撞设施。

【原因分析】违反《消防给水及消火栓系统技术规范》GB 50974—2014 第 7.2.6 条相关规定：市政消火栓应设置在人行道、绿地等位置，应避免设置在机械易撞击的地点，确有困难时，应采取防撞措施。同时，重庆市城乡建设委员会与重庆市公安消防总队于 2017 年联合发布的《关于进一步加强市政消火栓建设的通知》中要求：市政消火栓应避免设置在机械易撞击的地点，确有困难时，应采取防撞措施。由于市政室外消火栓均设置在距路缘石不大于2m、不小于0.5m的人行道范围内，而重庆市市政道路大多未设置非机动车道，在车速较快或者交叉路口处，存在消火栓被车辆撞击的风险。

【处理措施】当人行道较窄时，采用地下式室外消火栓，避免地上式消火栓影响人员通行；交叉口附近优先布置消火栓，但消火栓应尽量布置在道路标准段人行道，避免布置在交叉口无障碍坡道等区域；将市政消火栓避免设置在机械易撞击的地点或采取防撞措施，目的是保护市政消火栓的自身安全，以及使用时的人员安全，且平时不妨碍公共交通等。地上式市政消火栓被机动车撞坏的事故时有发生，简单易行的防撞措施是在消火栓的两边设置金属防撞桩。结合重庆市实际情况，可将市政道路交叉处或道路上易撞地方的消火栓设置为防撞消火栓或设置金属防撞桩。

20.1.3 给水管材及安装

问题22：道路给水管道设计对于区域供水压力未落实，未考虑区域供水压力超压影响，给水管道承压等级与管道运行压力不匹配。

【原因分析】违反《室外给水设计标准》GB 50013—2018第7.5.1条关于输配水管道材质的选择应根据管径、内压、外部荷载和管道敷设区的地形、地质、管材供应，按运行安全、耐久、减少漏损、施工和维护方便、经济合理以及清水管道防止二次污染的原则，对钢管（SP）、球墨铸铁管（DIP）、预应力钢筒混凝土管（PCCP）、化学建材管等经技术、经济、安全等进行综合分析确定。市政给水管道在设计时，并未对周边接入的现状管道供水压力进行分析调查，并未核算区域是否存在供水压力超压影响。同时，给水管道及配件承压等级并未考虑管道运行压力，存在管材内压选择不经济合理的现象。

【处理措施】根据《给水排水工程基本术语标准》GB/T 50125—2010，管道工作压力是管道在正常工作状态下，作用于管内壁的最大持续压力，不包括水锤压力；管道设计压力是设计采用的作用于管内壁的最大瞬时压力，为管道工作压力与残余水锤压力之和；管道公称压力是管道及其附件在20℃时的最大工作压力；管道试验压力是管道进行耐压强度和气密性试验时，规定所要达到的压力。

山地城市道路纵坡起伏，经常出现道路局部低点段管道出现超压导致给水管爆管的现象。故在设计时，先要对区域供水压力进行落实，再对设计范围内最不利点的供水压力进行复核，选择与供水压力相匹配的管材与管件。另外，还应充分理解几种压力工况的区别，压力流给水管道的公称压力应根据管道设计压力确定。给水管道设计应注意设计工况与实际工况的差异，应按极端工况即设计压力确定水管道公称压力等级。对于残余水锤压力较小或无产生水锤可能性的给水管，也可按设计工况即管道工作压力确定其公称压力等级并保留0.2～0.4MPa安全余量，但过高的公称压力等级会导致造价显著提高。按《给水排水管道工程施工及验收规范》GB 50268—2008第9.2.10条规定，压力给水管道试验压力应符合表20-2的规定。

压力管道水压试验的试验压力（MPa）　　　　　　　　　　　　　　　　表20-2

管道种类	工作压力 P	试验压力
钢管	P	$P+0.5$且不小于0.9
球墨铸铁管	$\leqslant 0.5$	$2P$
	>0.5	$P+0.5$

续表

管道种类	工作压力 P	试验压力
预（自）应力钢筋混凝土管	≤0.6	1.5P
	≥0.6	P+0.3
现浇钢筋混凝土管渠	≥0.1	1.5P
化学管材	≥0.1	1.5P 且不小于0.9

注：本表摘自《给水排水管道工程施工及验收规范》GB 50268—2008。

问题23：金属给水管内壁防腐与外壁防腐未考虑防腐材料对生活饮用水卫生安全影响，均采用石油沥青、聚氨酯（PU）等常见外防腐材质，防腐措施不满足卫生防疫要求。

【原因分析】违反《室外给水设计标准》GB 50013—2018第7.5.2条、第7.5.3条关于金属管道内防腐材料应符合《生活饮用水输配水设置及防护材料的安全性评价标准》GB/T 17219—1998的规定。

【处理措施】金属管道应采取防腐措施，否则将降低管道使用寿命且直接影响水质安全。由于管道内壁防腐材料直接与流体接触，其材质不得危及水质卫生安全。石油沥青、聚环氧煤沥青、环氧树脂玻璃钢等常用作外壁防腐材质，不能用作给水管内壁防腐材料。内防腐材料应具备国家卫生管理部门对其材质的卫生质量鉴定书，常见的内防腐材料有水泥砂浆、液体环氧涂料等。管体内、外防腐层宜在工厂内完成，现场连接补口应采用与主管相同材料及配比，前期应将泥、水、冰霜等杂物清除干净，做到接槎衔接平整、粘结牢固，用料应超出伤口至少200mm。

问题24：室外明设给水管选用塑料管材且直接裸露安装，未考虑塑料管道变形老化导致耐久性差因素，未采取相应防护措施。

【原因分析】违反《室外给水设计标准》GB 50013—2018第7.5.1条关于输配水管道材质的选择应按照运行安全、耐久、减少漏损、施工和维护方便、经济合理以及清水管道防止二次污染的原则，对钢管（SP）、球墨铸铁管（DIP）、预应力钢筒混凝土管（PCCP）、化学建材管等经技术、经济、安全等进行综合分析后确定。

【处理措施】塑料给水管材具有自重轻、防腐性能优良、施工便利等优点，同时具有温度敏感性强（线膨胀系数大、力学性能受温度影响大）、易老化、长期荷载下易出现蠕变（荷载一定时，变形随时间延长逐渐增大）等缺点。塑料给水管材的上述特点决定其适合用作埋地敷设，不适合用作明设。对于确实无开挖埋设条件而在室外明设的塑料给水管，须采取降低荷载、抗冲击、防日晒等可靠防护措施。塑料管道明装敷设时，可安装于无重物冲击、无上覆荷载位置，且应有外包防护措施，避免紫外线直接照射，如需架空敷设，则管道间距应考虑管道自身变形对管线整体稳定性的影响。

问题25：明设给水管道未考虑管道变形因素，未设置管道伸缩设施及采取镇墩等保证管道整体稳定的措施。

【原因分析】违反《室外给水设计标准》GB 50013—2018第7.4.4条关于架空或露天管道应设置空气阀、调节管道伸缩设施、保证管道整体稳定的措施和防止攀爬（包括警示标识）等安全措施的规定。

【处理措施】管道明设一般指非埋地敷设，包括于城市综合管廊内的管道设置。为保证整体稳定性，明设给水管道应设置可靠的固定支承和滑移支承，并采取补偿伸缩变形的措施，如图20-6所示。在管道转弯处设置固定支承，以抵抗管内压力所产生的推力；直线管道每隔8～12m需设置一滑移支撑，另经计算确定固定支承间距，一般也可采用60～70m，最大不应超过100m；明设给水管道受温度变化引起的管道伸缩变形较大，管线长度变化范围即伸缩器的伸缩长度应结合管道运行工况经算确定；伸缩器中心应与管道道中心一致，两端必须设置滑移支承。伸缩器可伸缩长度可由伸缩器最大的可伸缩长度、最低计算温度、安装时的气温及水的最高计算温度经计算得出；固定支撑间距可由伸缩器的伸缩长度、管材线膨胀系数及温度最大变化差值经计算得出。

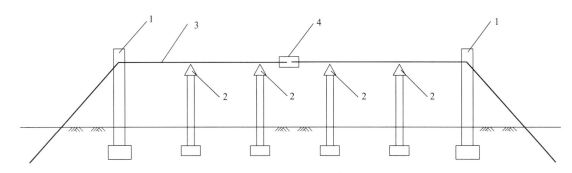

图20-6　架空给水管道支承及伸缩器示意图
1—固定支承；2—滑移支承；3—架空给水管；4—伸缩器

问题 26：城市道路过街管线预埋套管，给水管线敷设于套管内，未考虑施工穿管及管线固定措施条件，施工困难。

【原因分析】城市给水管道过街时预留套管，后期管线安装时给水管线安装于套管内是一种兼顾道路主体与管线安装施工时序的做法。但各种成品给水管管节长度一般为4m、6m、12m等几种型号。在城市道路预埋套管端头穿管时，沿轴向所需工作面长度难以得到满足，穿管施工难度大，且给水管线在套管内穿管时拖拉管线易划伤管线外壁，同时套管断面一般比管线大一到两号，无法在套管内采用有效措施对给水管线进行固定，施工现场反馈套管安装具备难度。

【处理措施】非冰冻地区给水管覆土厚度一般按金属管不小于0.7m、非金属管不小于1.0～1.2m进行控制。对于城市道路设置的给水过街管，当过街管敷设条件受限、覆土厚度偏浅时，首选采用强度足够的管材直埋敷设过街，或在管道上方采取设置结构保护层以及将管道敷设于管沟内的方式。对于直埋敷设管材，需考虑道路沉降对管线整体性能的影响，可选择钢管、塑料给水管等管材。对于球墨铸铁管，由于接口较多，路基沉降可能导致接口渗漏，一般不直接采用球墨铸铁管作为过街管线敷设，如确需采用球墨铸铁管直接过街，则应采用防不均匀的特殊接口措施。

问题 27：在城市道路车行道下敷设给水管道，工程管线覆土不满足规范要求，且未按要求采用钢套管保护或其他保护措施。

【原因分析】城市给水管道在道路车行道下敷设时，由于车行荷载的加入，外部条件与在人行道下敷设时存在较大的差异。为保证工程管线在荷载作用下不损坏，能正常运行，《城市工程管线综合规划规范》GB 50289—2016第4.1.4条表4.1.1中对敷设在机动车道下工程管线的最小覆土深

度规定为 0.7m，并特别注明：聚乙烯给水管线机动车道下的覆土深度不宜小于 1.0m。在进行给水
管道纵向设计时，特别是横穿道路交叉口或预留过街给水支管处，往往通过人行道下主管道埋深进
行控制，从而导致部分车行道下管道覆土并未满足规范规定的覆土要求。

【处理措施】市政给水管道在平面布置时，优先选择布置在道路人行道下，以保证管道日后检
修及维护方便，且发生事故时，不会对地面交通造成过大的不良影响。但出现管道穿越道路车行道
的情况难以避免，而人行道下与车行道下敷设的给水管道最小覆土要求并不相同，若为满足车行道
下最小覆土要求，则会加大人行道下给水主管道埋深，增加开挖量。若在每段人行道与车行道下敷
设管道接口处进行埋深调整，则会大幅度增加管道纵向转换弯头数，加大管道局部水头损失。因
此，建议对敷设在车行道下无法满足最小覆土要求的给水管线，采用套管保护或其他保护措施。目
前，重庆市实际工程案例中，多采用满足车行荷载要求的复合钢管直接进行过街或采用钢套管保护
两种方式，做法可参考图 20-7 与图 20-8。

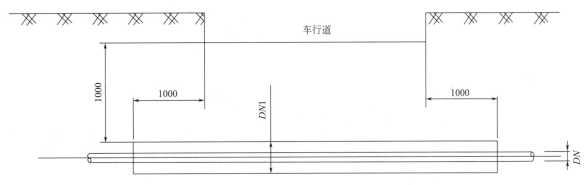

图 20-7　穿越道路给水管道钢套管做法示意图

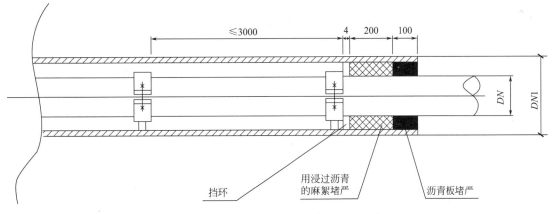

图 20-8　穿越道路给水管道钢套管做法示意图

20.1.4　给水管道附属构筑物

问题 28：配水管纵向低点位置未考虑管线运维过程泄水、排泥需求，给水管线排水阀或排泥阀
设置不满足检修或冲洗时管道内积水排除要求。

【原因分析】违反《室外给水设计标准》GB 50013—2018 第 7.5.8 条关于配水管网低洼处、阀
门间管段低处、环状管网阀门之间，可根据工程的需要设置泄（排）水阀的规定。

【处理措施】在配水管纵向低点位置及阀门间管段的最低处，一般需设置排水阀，以便排除管

内沉积物或检修时放空管道。根据钟淳昌、戚盛豪编纂的《简明给水设计手册》：若高程允许，排水阀排水可依靠重力自流排出；若高程上不具备重力自流条件，可建湿井依靠移动抽升设备将水排出。给水管线设计时，应与排水管线专业进行密切配合，雨水井深度尽量满足给水排水阀泄水需求。

问题 29：配水管隆起点未设置或未正确设置空气阀，致使管线运行时管内积聚的空气无法排除、检修放空时空气无法进入。

【原因分析】违反《室外给水设计标准》GB 50013—2018 第 7.5.7 条关于输水管隆起点上应设通气设施，管线竖向布置平缓时，宜间隔1000m左右设一处通气设施，配水管道可根据工程需要设置空气阀的规定。

【处理措施】给水压力管道隆起点处，需设置可自动进气和排气的空气阀，以排除管内积聚空气，并在管道检修放空时进入空气，保持排水通畅；同时，在水锤发生时可使空气自动进入，避免产生负压。排气阀规格可根据给水管输水流量查阅产品特性曲线或表格选定。为便于检修，排气阀进口管道需加装阀门。

问题 30：非整体性连接埋地敷设给水管道，在转弯处、三通处、端部堵头处以及管径截面变化处，未采取有效措施以消除轴向力可能造成的破坏。

【原因分析】违反《室外给水设计标准》GB 50013—2018 第 7.5.4 条关于非整体连接管道在垂直和水平转弯处、分叉处、管道设计内水压力和接口摩擦力，以及管道埋设处的地基和周围土质的物理力学指标等因素计算确定的规定。

【处理措施】非整体连接管道一般指承插式管道（包括整体连接管道设有伸缩节又不能承受管道轴向力的情况），这种管道在管道的垂直和水平方向转弯点、分叉处、管道端部堵头处，以及管径截面变化处都会产生轴向力。这种管道的接口可能受轴向力作用松动脱落而使管道泄漏，埋地管道一般设置支墩支撑。

支墩的设计应根据管道设计内水压力、接口摩擦力，以及地基和周围土质的物理力学指标，根据现行国家标准《给水排水工程管道结构设计规范》GB 50332 的规定计算确定。支墩应经过计算后进行设计，其原则是管内水流通过承插弯头、丁字管顶端、管段顶端等处的外推力不应超过支墩被动推力与管道接口允许承受的摩擦力之和。对于采用橡胶圈作为止水件的承插式接口和套管式柔性接口、内径 100～2000mm、设计内水压力 0.8～1.1MPa 的柔性接口给水管，其管道支墩可直接选用国标图集《柔性接口给水管道支墩》10S505。根据《给水排水设计手册第二版第 3 册城镇给水》：当非整体连接管道的给水管道管径小于 350mm 且试验压力不超过 1.0MPa 时，在非松软土壤内敷设的弯头、三通处可不设置支墩。

问题 31：给水管网泄水阀排水口设置未考虑排水井倒灌因素，未考虑防止水质污染的措施。

【原因分析】泄水阀排水口设置不当可能造成水质污染，影响供水水质。

【处理措施】间接排水是指设备或容器的排水管道与排水系统非直接连接，其间留有空气间隙，空气间隙高度取决于泄水管管径，大于 50mm 管径的泄水管空气间隙高度不得小于 150mm。将给水管泄水阀后的管道直接接入市政排水系统不符合间接排水要求，设计应避免这种做法，如图20-9所示。

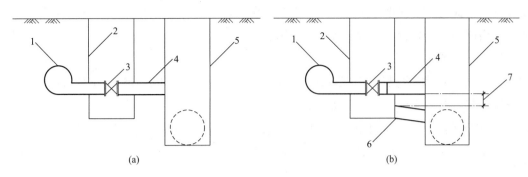

图 20-9　给水管泄水阀排水示意图

(a) 错误图示　　(b) 正确图示

1—给水管；2—泄水阀井；3—泄水阀；4—泄水阀后短管；5—市政排水检查井；

6—泄水阀井排水管；7—空气间隙高度

问题 32：市政道路下给水阀门井未考虑地下水渗透影响，未考虑防渗设计或未采取渗水排放措施。

【原因分析】给水阀门井的井壁及井底构造未根据地勘报告地下水位高低采取相应防水及排水措施，井底积水，不便于操作维护。

【处理措施】对于地下水位较高且不具备设置重力自流排出管条件的阀门井，其构造应按有地下水设计，井底和井壁应采取防渗措施，管道穿越井壁处应保持足够的水密性，阀门井还需具有抗浮稳定性。国标图集《室外给水管道附属构筑物》07MS101-2 除排泥湿井外，砖砌井均按无地下水情况设计；有地下水情况时，采用钢筋混凝土井工艺。该国标图集中建议抗渗等级为 S6，选用时需根据地下水位与阀门井高程关系校核混凝土抗渗等级是否符合表 20-3 要求。

混凝土抗渗等级 S_i　　　　　　　　　　　　　　　表 20-3

最大作用水头与混凝土壁、板厚度之比值 i_w	抗渗等级 S_i
<10	S4
10~30	S6
>30	S8

注：①本表摘自《给水排水工程构筑物结构设计规范》GB 50069—2002。

②抗渗等级 S_i 的定义系指龄期为 28d 的混凝土试件，施加 $i×0.1$MPa 水压后满足不渗水指标。

问题 33：市政给水管道阀门选型未考虑阀门功能及运维条件因素，阀门井尺寸未考虑阀门安装、运维空间需求。

【原因分析】不同类型的阀门具有不同结构及性能特点，但阀门类型的选择取决于其工艺用途，市政道路给水管道阀门通常用作切断和接通流体、调节流量以及换向分流，通常要求阀门在全开状态下水头损失尽可能小；市政道路下给水管道阀门一般安装于阀门井内，阀门井尺寸取决于管道直径及阀门种类，布置紧凑的阀门井有利于降低工程造价，但应满足阀门操作和安装拆卸所需空间要求。

【处理措施】设置于市政道路下的给水管道阀门应具备流阻低、结构紧凑、体积小、启闭所需力矩小的特点，多采用闸阀、蝶阀、球阀等。闸阀尽管外形尺寸偏大、开启相对不便，但因流阻低也被广泛采用；当选用闸阀时，为避免阀杆升降妨碍操作可选用暗杆闸阀；蝶阀虽体积小、启闭迅速，但存在流阻相对偏高的缺点；球阀兼具闸阀与蝶阀的优点，还可用作分配和改变介质流动方向。因阀瓣开与关之间行程小、密封面能承受多次启闭，截止阀适用于需频繁开关的场所，但由于流阻较高、启闭所需力矩较大的特点，一般不用于市政给水管道。

问题34：阀门井砌筑材料未考虑环保综合效益及地下水渗漏影响，砌筑材料不符合当地建设主管部门限制、禁止使用落后技术的相关要求。

【原因分析】阀门井选用给水国标图集砖砌阀门井，国标图集编制较早，设计单位在选用图集时未论证材料适用性，违反重庆市住房和城乡建设委员会发布的《重庆市建设领域禁止、限制使用落后技术通告》（2019年版）中第64项，严禁实心砖用于全市建设工程的规定。

【处理措施】由于实心砖烧制破坏生态环境，资源能源利用率低，建设主管部门规定严禁应用于建设工程。应按照图集工艺尺寸要求，选用混凝土检查井或采用装配式混凝土阀门井。

问题35：市政给水预留地块接口或市政消防引入管水表设置于市政道路上，倒流防止器等设施采用地上式，未考虑市政道路景观性及人员通行需求。

【原因分析】根据《建筑给水排水设计标准》GB 50015—2019第3.5.18条规定：水表应装设在观察方便、不冻结、不被任何液体及杂质所淹没和不易受损处。同时，依据该规范第3.5.8条倒流防止器设置位置应符合下列规定：①应安装在便于维护、不会结冻的场所；②不应装在有腐蚀性和污染的环境中；③具有排水功能的倒流防止器不得安装在泄水阀排水口可能被淹没的场所。因此，设计人员为满足上述规范要求，大多对市政给水预留地块接口或市政消防引入管水表及倒流防止器采用室外明装的方式进行敷设，参见国标图集《倒流防止器安装》05S108中第12页法兰连接倒流防止器室外安装（带水表）中相关做法。此做法对水表和倒流防止器采用管柱的形式架空明敷在室外，能满足上述两条规范的相关要求，适用于室外非车行道、人行道地面上（非低洼处绿地或硬地）明装。但此种安装方式按照图集上给定尺寸架空段总长约为5m，并未考虑市政道路景观性及人员通行需求，如图20-10所示。

【处理措施】正确的设置位置是保证管道水表井和倒流防止器使用的重要保证条件，规范中规定的上述两条按照要求也是为保证水表井和倒流防止器自身安全及给水系统的卫生。市政给水管道设计时，由于均安装于室外，难以提供可靠的场所保证水表和倒流防止器泄水阀排水口不被淹没，设置成为架空的形式是目前较为常见的做法，未考虑景观协调性，建议综合考虑防污要求以及景观协调性。采用地上式时应将水表和倒流防止器布置于道路人行道外侧，同时通过植物围护等措施进行景观处理；采用地下式时，考虑选用匹配的倒流防止器，并有保证泄水阀排水口不被淹没的措施。

图20-10　室外明敷水表及倒流防止器（地上式）安装

20.1.5　给水管道基础

问题 36：城市道路下敷设的柔性给水管道采用混凝土满包加固，未考虑柔性管道受力特点，满包加固使柔性管道被动受损产生破坏。

【原因分析】违反《给水排水工程管道结构设计规范》GB 50332—2002 第 4.3.2 条关于化学建材管道在组合作用下最大竖向变形量的规定。

【处理措施】柔性管道在土压及活载作用下，因管道产生竖向直径压缩、水平直径变长的变形而挤压周围回填土，从而引发回填土反抗管道变形的回弹抗力，正是由于回弹抗力的作用，加强了管道承受垂直荷载的能力。因此，埋地柔性管道及其周围回填土是一个完整的结构体系，在进行管道结构设计时，应将管道周围回弹抗力及管内水压因素纳入。采用刚性材料满包加固的做法会阻断管道与回填土的共同作用。此外，当埋地柔性管道采用刚性材料加固时，若设置沉降缝，则管道可能于设逢处因沉降位移集中而被剪断；若不设置沉降缝，刚性加固材料本身可能因沉降而断裂，其断裂处同样可能造成沉降位移集中而剪断管道。综上所述，混凝土满包加固通常不用于埋地敷设的柔性给水管道，否则应校核管道最大竖向变形量是否超过 $0.05D$。

问题 37：给水管道布置于岩石或半岩石层地基上，基础找平层材质选择不当或厚度不足，未考虑基础对管道的保护作用。

【原因分析】违反《给水排水管道工程施工及验收规范》GB 50268—2008 第 5.2.1 条关于在原状地基为岩石或坚硬土层的管道下方应铺设砂垫层的规定。

【处理措施】给水管道布置在岩石或半岩石层这种坚硬地基上，应设置找平砂垫层，以使管槽与管壁间形成均匀接触面及基础包角，防止管壁受力不均匀变形过大甚至破裂，如图 20-11 所示。按《给水排水管道工程施工及验收规范》GB 50268—2008 第 5.2.1 条规定，柔性管道和柔性接口的刚性管道，找平砂垫层厚度应符合表 20-4 的规定。

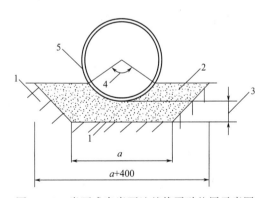

图 20-11　岩石或半岩石地基找平砂垫层示意图

1—岩石或半岩石地基；2—中砂或粗砂；3—找平层厚度；4—管道基础包角（≥90°）；5—给水管道

砂垫层厚度　　　　　　　　　　　　　　　　　　　　　　　　　　　表 20-4

管道种类/管外径	垫层厚度(mm)		
	$Do\leqslant500$	$500<Do\leqslant1000$	$Do>1000$
柔性管道	≥100	≥150	≥200
柔性接口的刚性管道	150~200		

注：本表摘自《给水排水管道工程施工及验收规范》GB 50268—2008。

问题 38：给水管道布置于不均匀沉降地段，管道基础未考虑不均匀沉降对管道破坏的影响，未采取适应沉降变形的措施。

【原因分析】违反《室外给水设计标准》GB 50013—2018 第 7.4.12 条关于输配水管道的地基、基础、垫层、回填土压实度等的要求，应根据管材的性质（刚性管或柔性管），结合管道埋设处的具体地质情况，按现行国家标准《给水排水工程管道结构设计规范》GB 50332 的有关规定采取相应的措施。

【处理措施】为与沉降变形相适应，不均匀沉降地段的给水管道应采用柔性连接。当条件限制时，管道沿线应根据地基土质情况适当配置柔性连接接口。不均匀沉降地段的柔性给水管道应采用砂土基础，不应采用刚性基础。对于采用柔性接口的刚性给水管如球墨铸铁管、钢管等，首选柔性管道基础；若采用刚性带状混凝土基础，则应在柔性接口前后 600~800mm 范围不浇筑混凝土而填以中、粗砂，在管道连接完成后随即用中粗砂回填密实（压实度不低于 95％），以使柔性接口可自由沉降伸缩，如图 20-12 所示。

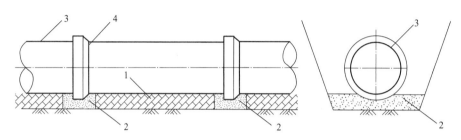

图 20-12　混凝土基础在柔性接口处做法示意图
1—带状混凝土管基；2—中砂或粗砂；3—给水管；4—柔性接口

问题 39：柔性给水管沟槽回填未考虑管道承受的管顶荷载要求，回填区的范围、质量及压实度不满足规范要求。

【原因分析】违反《给水排水管道工程施工及验收规范》GB 50268—2008 第 4.5.4 条、第 4.6.3 条关于柔性管道回填材料及压实度的规定。

【处理措施】埋地敷设的柔性给水管与周围回填土通过管土共同作用效应而成为一个完整结构体系，承受竖向荷载。实际施工过程中，经常出现管道两侧采用原状土加大块石回填，损伤管道结构的情况，对于管道基础，施工现场经常采用原状土压实，压实度不满足规范对于管道基础的要求。

管土共同作用机制的形成，除与沟槽内各部位回填材料的材质密切相关外，还取决于回填土压实度。相对于刚性管道，柔性管两侧需要密实度较高的回填土，以提供可靠的弹性抗力。沟槽在管道两侧（包括腋角）回填土压实度，柔性管道不应低于 95％、刚性管道不应于 90％，这也是柔性管道与刚性管道沟槽回填压实度要求的主要区别。柔性管道沟槽内各部位回填材料材质及压实度见表 20-5。

柔性管道沟槽回填土材料及压实度　　表 20-5

槽内部位		压实度（%）	回填材料
管道基础	管底基础	≥90	中、粗砂
	管道有效支撑角范围	≥95	

续表

槽内部位		压实度(%)	回填材料
	管道两侧	≥95	中、粗砂、碎石屑,最大粒径小于40mm的砂砾或符合要求的原土
管顶以上500mm	管道两侧	≥90	
	管道上部	85±2	
管顶500~1000mm		≥90	原土

注：本表摘自《给水排水管道工程施工及验收规范》GB 50268—2008。

20.2　排水工程

20.2.1　雨水管网设计

问题40：市政道路雨水管道布置未按规划要求或结合地块排水需求预留过街管，或接入支管设置不合理。

【原因分析】违反《城市道路工程设计规范》CJJ 37—2012（2016年版）第15.2.3条关于过街管网设置的规定。预留的接口及过街数量不足，将降低管线服务效率，道路建成后再施工难度非常大。

【处理措施】市政道路下敷设的雨水管主要有三个功能：转输上游雨水、收集并输送道路地面雨水、转输周边地块有组织排放雨水。所以市政道路雨水管一个重要的功能就是为地块服务，应根据城市规划布局并结合地块性质及排水需求预留接口及过街管道，避免后期开挖破坏路面、影响交通。对于周边地块未开发区域，一般在规划小区出口、分支道路交叉口下游位置预留接口；对于周边地块已规划或已开发区域，预留位置按地块雨水管线接口位置预留检查井；在地块修详规或地块管网布局未明确前，可按150~200m间距预留过街支管；为避免预留检查井与市政道路上其他管网位置冲突，预留检查井宜布置于道路红线外、地块后退红线内，可在道路红线外1m位置预留接入检查井并设置雨水支管与道路雨水主管连接。

问题41：道路竖向高程低点位置，特别是立交、下穿道低洼点未考虑内涝风险因素，未进行内涝风险评估，未考虑汛期应急预案。

【原因分析】违反《城镇内涝防治技术规范》GB 51222—2017第7.3.3条第4款关于降雨超内涝重现期时启动应急预案执行应急抢险的规定。

【处理措施】立体交叉道路的下穿部分往往是所处汇水区域最低洼的部分，内涝风险大。应对立交低洼点进行内涝风险评估，应编制独立的内涝防治设计报告，并完成内涝防治设计校核。

下穿道中部为低点，存在积水、内涝风险时，建议设置道路积水在线监测预警系统（图20-13），对水位在线监控，并采集水位信号，同时在下穿道进口位置设置水位监控显示屏及交通信号控制灯。地通道暴雨积水影响交通安全时，道路积水在线监测预警系统与交通信号联动，对进入地通道车行及人行交通进行管制，并通过水位监控显示屏告知地通道内水位数据。下穿道通过泵站提升雨水时，可通过泵站的水位控制阀采集信号，输送至监测预警系统。

内涝防治应急预案应包括不同预警等级、不同区域、不同部门的应急措施和联控配合。对高等级预警状态下有关部门的抢修、抢险队伍和物资器材等明确具体要求。

图 20-13　下穿道道路积水在线监测预警系统（实景）

问题 42：雨水计算时折减系数取值未考虑城镇排水安全系数因素，未提高排水管渠设计标准。

【原因分析】违反《室外排水设计规范》GB 50014—2006（2016 年版）第 3.2.5 条关于雨水管渠降雨历时计算的规定。

【处理措施】《室外排水设计规范》GB 50014—2006（2016 年版）中，暗管折减系数取 2，明渠折减系数取 1.2，在陡坡地区，暗管折减系数取 1.2～2，经济条件较好、安全性要求较高地区的排水管渠可取 1。近年来我国许多地区发生严重内涝，给人民生活和生产造成了极不利影响。为防止或减少类似事件，有必要提高城镇排水管渠设计标准，而采用降雨历时计算公式中的折减系数降低了设计标准。在《室外排水设计规范》GB 50014—2006（2016 年版）中提出为有效应对日益频发的城镇暴雨内涝灾害，提高城镇排水安全性，在道路雨水管道水力计算中，取消折减系数。

问题 43：雨水管道改变原有汇水分区时，未考虑下游雨水系统接纳能力，未复核下游雨水系统能否满足新增管道流量，雨水管道未落实可靠出路。

【原因分析】违反《城市排水工程规划规范》GB 50318—2017 第 5.1.3 条关于新建雨水系统排入下游已建雨水系统时雨水流量不得超出下游雨水系统排水能力和《重庆市市政工程施工图设计文件技术审查要点》（2017 年版）第六章第 3 部分关于周边现状排水分析及雨水排放口可靠性的规定。

【处理措施】城市雨水管网应整体成系统，上下游管道流量及管道断面应相匹配。但实际工程建设时上下游各管段分期建设情况较为普遍，上游新增、改迁雨水管网接入下游雨水管道系统，特别是下游雨水管道为现状管线时，需统筹考虑管网整体排水安全性因素。应对下游雨水管网接口进行实测，并从系统层面对下游雨水管网进行水力计算分析，复核下游现状雨水管道的过流能力、标高、位置能否满足顺接要求，排水系统应有可靠出路。对于超出下游雨水系统接纳能力的，超出部分可另行考虑排水出路或设置雨水调蓄设施，错峰排放。

问题 44：雨水系统设计未合理划分排水流域及汇水分区，未结合片区路网、管网建设时序理清雨水管网近、远期设计、建设关系。

【原因分析】违反《室外排水设计规范》GB 50014—2006（2016 年版）第 1.0.3 条关于排水工程应分近远期设计和《重庆市市政工程施工图设计文件技术审查要点》（2019 年版）第六章关于雨水汇水分区合理划分的规定。

【处理措施】排水流域是依据自然地形的实际分水线（山脊线）划分的汇水区域（如图 20-14 所示），排水流域划分反映雨水的总体流向，以便于合理布置出水口，是划分管段或出水口汇水分区的基础和依据。汇水分区是指按城市道路竖向高程划分的雨水管网的服务分区（如图 20-15 所示），汇水分区依据道路路网竖向规划、排水规划、地块地形而定。市政雨水管网一般按流域划分排水走向，对于跨流域管网，存在埋深加大、水资源重新分配等问题。故而在规划、设计阶段可按流域进行排水走向管控。

重庆为典型山地城市，地形起伏及高落差特征较为明显，应按自然地形划分排水流域，规划和设计阶段均按流域确定排水走向，以规划保留水系、排洪涵渠等作为流域排水主通道，并以远期路网坡向划分汇水分区，合理确定远期雨水系统主次管网布局。如排水管网布局需跨越流域，则面临大埋深带来的建安造价大幅提高的经济性问题及管线埋深大带来的运行维护困难的问题，故而山地城市排水系统一般不跨越流域。山地城市市政雨水管网一般沿市政道路敷设，片区路网通常分期建设，雨水管网相应结合路网修建时序分近远期进行设计，雨水管网规模按远期进行设计，考虑近期实施雨水管线排水出路。

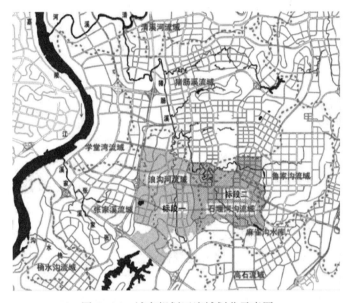

图 20-14　城市规划区流域划分示意图

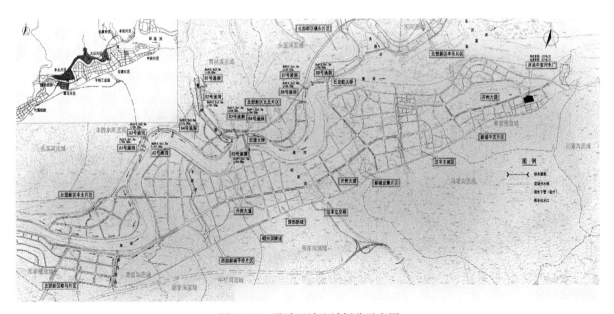

图 20-15　设计区域流域划分示意图

问题 45：未考虑远期规划用地性质，以现状冲沟、灌溉渠等作为永久雨水排水通道和出口，后期地块开发冲沟回填导致排水无出路，雨水排水未结合排水规划设置可靠出路。

【原因分析】在设计文件中未对用地规划及排水规划进行解读，简单将现状冲沟作为永久的雨水排放通道，后期地块开发过程中对冲沟、灌溉渠等进行回填，导致雨水排水通道受阻，或在地块中还建雨水通道，影响地块功能完整性。对于新建道路，由于建设时序的影响，当出现下游道路及下游排水系统滞后于上游排水系统设计时，多利用现状冲沟、灌溉渠等作为排水通道，特别是大型排水涵洞的修建对于用地的结合考虑较少，后期地块开发与排水通道建设存在衔接问题。

【处理措施】充分分析片区排水规划及用地规划，结合现状排水系统与远期排水规划，按照规划排水系统进行排水系统的设计，处理好近期冲沟、灌溉渠等水系排放与远期主排水系统建设衔接问题，不得随意将现状地形上的冲沟、灌溉渠等作为永久雨水排放通道。对于下游道路及下游排水系统建设滞后于上游新建排水系统时，应结合现状地形和排水系统为新建排水管道找到临时排放通道，并应从平面和竖向上充分考虑接入远期规划排水系统的可能性。

问题 46：道路横向排水通道预留未考虑规划用地性质及近远期排水系统布局衔接关系，重现期标准取值及上下游排水通道衔接不合理。

【原因分析】道路建设填方段占据了现状天然排水冲沟时或雨水径流通道时，阻碍了原有雨水泄流通道。为防止内涝，确保排水安全，需要结合地块性质和近远期排水需求合理设置临时雨水排水通道保证近期雨水的排放顺畅。

【处理措施】道路建设填方段占据了现状天然排水冲沟时，阻碍了原有排水通道，应结合现状冲沟汇水范围合理还建横向排水通道。若上游近期为原始地貌，可采用临时排水重现期计算流量，临时排水管道或者管道进出口预留应仔细核实地形图，应保证排水出口下游的可靠性，防止地形骤降、骤升或排水通道断头现象，确保雨水排放顺畅。上游远期如为建设用地，则道路纵向雨水管网系统应考虑汇水范围雨水的设计流量，确保管道规模满足远期上游地块的汇入需求。

问题 47：未考虑地块使用性质、开发时序，合理确定横向排水管设计年限（临时或永久），排水横向管的进出口通道未明确，横向排水管未进行水力计算，设计参数标注不满足设计深度要求。

【原因分析】违反《城市道路路基设计规范》CJJ 194—2013 第 5.1.3 条、第 5.2.2 条关于道路排水设施的设计要求；违反《市政公用工程设计文件编制深度规定》（2013 年版）对排水管道设计深度的要求。

【处理措施】根据《城市道路路基设计规范》CJJ 194—2013 的要求，路基施工临时性排水设施应与永久性排水设施相结合，各类排水设施的设计应满足使用功能要求。地表排水设施的布设应充分利用地形，选择和处理进出口位置，并应使水流顺畅。横向雨水管道上下游远期为建设用地且无规划雨水通道，可按照临时横向雨水管道设计，重现期可取较低值；横向雨水管上下游衔接处规划有雨水通道时，横向雨水管道设计应按新建管道严格依据《室外排水设计规范》GB 50014—2006（2016 年版）执行。横向雨水管道应按照《市政公用工程设计文件编制深度规定》（2013 年版）要求，在设计文件中明确走向、长度、管渠尺寸、坡度、出口、深度等。

问题 48：设计管线与原有（或规划）管线的连接井处未核实进出水标高，未考虑上下游管道衔接的可行性。

【原因分析】违反《室外排水设计规范》GB 50014—2006（2016 年版）第 3.2.3 条排水管渠设

施应确保雨水管渠设计重现期下雨水的转输、调蓄和排放的规定。

【处理措施】设计前必须收集片区排水规划及现状排水管线，校核上游转输的汇水面积、管道规模及标高。复核下游排水系统的管道规模、标高，合理确定雨污水管道的设计。确保允许上游规划、现状雨污水管道接入的规模和竖向标高，保证新建的雨污水管道顺利汇入下游现状排水系统。下游无现状排水系统的应设计近期的临时排放通道并确保远期接入下游规划雨水系统的可能性。

问题 49：雨水管道重现期取值未考虑雨水管道服务范围及重要性影响，雨水管道水力计算未区分不同管段重现期取值。

【原因分析】违反《室外排水设计规范》GB 50014—2006（2016 年版）第 3.2.4 条和重庆市《山地城市室外排水管渠设计标准》DBJ 50/T—296—2018 第 3.4.1 条关于雨水管渠重现期的规定。

【处理措施】雨水管渠设计重现期，应根据汇水区域性质、重要性、受淹影响程度等综合因素进行合理取值，在同一排水系统中可采用不同的设计重现期。对于雨水管道上游，由于转输区域较小，则可在满足规范要求条件下，取重现期标准下限值。对于汇水区域大的下游雨水管网或内涝风险大、受淹后影响严重区域，则雨水管网应经技术比较，提高重现期标准，从而降低内涝风险。

问题 50：排水管网在高边坡位置采取的高落差处理措施未综合考虑地形、结构基础及管道断面等因素，未采取安全可靠的跌水消能措施。

【原因分析】违反《室外排水设计规范》GB 50014—2006（2016 年版）第 4.5.1 条、第 4.5.2 条和重庆市《山地城市室外排水管渠设计标准》DBJ 50/T—296—2018 第 4.6.3 条关于跌水井、急流槽和陡坡管设计及消能的规定。

【处理措施】山地城市排水系统在高落差位置需采取安全可靠的跌水构筑物进行消能处理。根据山地城市地形特点，可采用以下消能方式：竖井式跌水井（图 20-16）、阶梯急流槽、格栅式消力池（图 20-17）、陡坡斜管跌落。

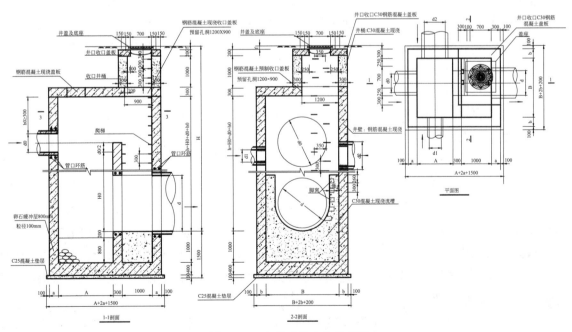

图 20-16 竖井式跌水井示意图

① 跌水消能竖井需对道路路基进行开挖，应用于陡坡段时存在较大土石方开挖问题，造价较

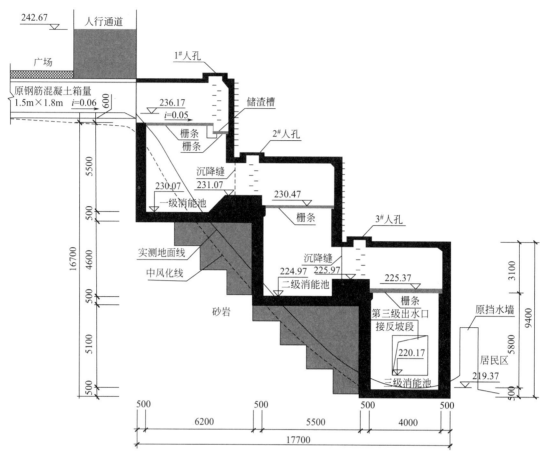

图 20-17　格栅式消能池示意图

高，适用于跌水高度不大或跌水高度大但为高挖方的区域。对于大埋深竖井式跌水井，为避免水流冲刷对检修维护影响，一般考虑设置成进水井室及检修井室，在进水井室底部设置消能缓冲层，缓冲层内置卵石，高落差水流通过卵石及水垫作用达到消能目的。

② 对于布置在陡坡地段且不宜对边坡进行大开挖的排水系统，可采用阶梯急流槽跌水工艺，可解决排水系统高跌差问题，同时较好地解决土石方开挖工程量及开挖对边坡稳定性影响问题。急流槽设置时应考虑对基础稳定性的影响及陡坡坡度对水流形态的影响。急流槽应设置在基础较好的挖方边坡，可通过在急流槽底部设置台阶，对急流槽进行基础固定。对于高填方边坡，急流槽基础易出现沉降，则应结合边坡格架等固定措施一并修建，且急流槽断面不宜过大，避免急流槽基础沉降后渗水导致边坡垮塌。

③ 格栅式消能池适用于解决大断面雨水出口在坡度陡、基础条件好的岩层边坡跌差消能的问题，其根据边坡坡率可采用多级结构。高边坡急流槽坡度在 1：1.5 至 1：1.0 时，在流量大流速快时有射流出现，阶梯跌落的效果较差。当大于 1：1.0 时，阶梯跌落射流明显，阶梯消能作用基本消失，故不建议在陡坡坡度大于 1：1.5 时采用急流槽工艺，可考虑格栅式消能池，如图 20-18 所示。为避免急流槽下游对边坡坡脚直接冲刷，需在急流槽下游设置消力池进行消能处理，对于长距离急流槽，需分级设置消力池。

④ 对于位于陡坡上的断面较小的排水管线可采用斜管跌落工艺，如图 20-19 所示。斜管跌落工艺通过在陡坡上设置台阶基础，把管道逐段固定于陡坡上。陡坡管断面不宜过大，一般不大于 $d800$。斜管跌落下游需在尾端设置消能措施，可采用竖井式跌水井、刺墩式消力池等消能措施。

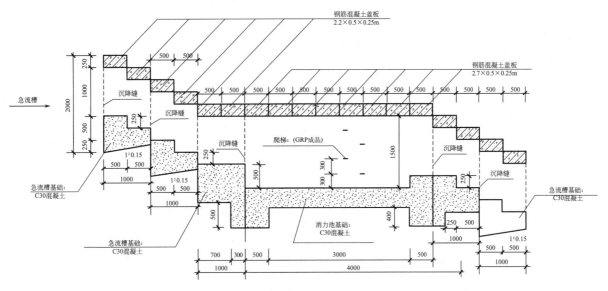

图 20-18　阶梯急流槽及消能池断面图

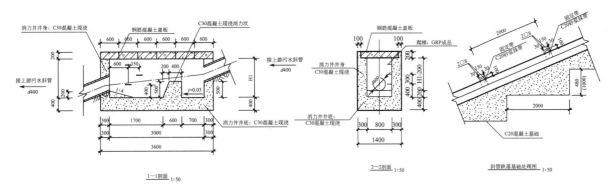

图 20-19　斜管跌落示意图

问题 51：快速路、主干道等设置中央隔离带道路、立交匝道、下穿道等位置雨水边沟及雨水口设置未考虑道路超高影响，未对超高缓和段排水提出有效措施。

【原因分析】违反《室外排水设计规范》GB 50014—2006（2016 年版）第 4.7.1 条关于雨水口布置的规定。

【处理措施】根据《城市道路路线设计规范》CJJ 193—2012，当圆曲线半径小于不设超高最小半径时，在圆曲线范围内应设超高。快速路、主干路等由于超高影响，车行道横坡坡向中央隔离带处，匝道、下穿道等重要地区也经常忽视超高，导致设计的排水沟或雨水口设置在高处，造成雨水汇集无法排除。另外快速路、主干路需采用较长回旋线时，超高渐变率过小，超高缓和段（−0.5%～0.5%）的渐变过程产生较长横向排水不畅路段，使该段路面滞水，引起路面排水不良，产生影响行车安全、土基工作区含水量过大、强度和稳定性降低、路面易破坏等一系列问题。快速路、主干道、立交匝道、下穿道等重要地区的雨水收集应重视超高带来的影响，在低处加强排水收集力度。

一般城市道路车行道为双向坡，道路中线高，坡向路沿石，快速路、主干道一般在道路中间设置中央隔离带，道路弯道区域，道路外侧车行道坡向中央隔离带。而道路雨水口等收水设施一般敷设于人行道路沿石位置，则雨水口位于道路高点，无法收水。对于设置中央隔离带的快速路、主干道超高路段，需在隔离带侧增设雨水口、带算排水明沟等收水措施，避免超高段内侧积水。对于立交叉道、下穿道等道路，一般为单侧坡，需考虑道路为"S"形弯道时，转弯位置的超高变化，超高内侧应增设雨水口、带箅排水明沟等收水措施，如图20-20所示。

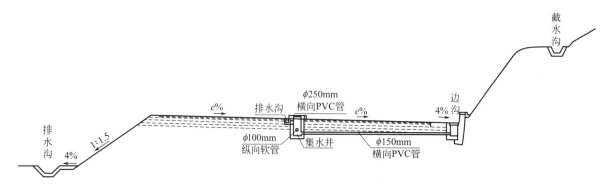

图20-20　超高段排水示意图

对存在超高缓和段的道路，应保证四车道道路纵坡不小于0.5%，六车道道路纵坡不小于0.6%才能保障超高平缓区域行车道范围绝大多数点的合成纵坡不小于0.3%，避免出现雨后积水现象。

问题52：雨污分流不彻底的雨水出水口未考虑混合污水对河道水体污染的因素，未采取有效污染控制措施，采用截流井时截流倍数选取不合理。

【原因分析】违反《水污染防治行动计划》第一条全面控制污染排放中，对强化城镇生活污染治理提出的关于对混合污水的雨水出水口进行截流、调蓄、治理的规定和《室外排水设计规范》GB 50014—2006（2016年版）第3.3.3条关于截流倍数选取的规定。

【处理措施】根据《城市黑臭水体整治—排水口、管道及检查井治理技术指南（试行）》中提出的治理措施，对雨污分流不彻底的雨水出水口，应按照截流式合流制的要求增设截流设施，截流污水进入污水处理系统，经处理后达标排放。截流改造接入污水干管，应复核污水干管富余流量，征求污水干管主管部门意见，避免截留污水在污水干管内频繁溢流情况的发生。排水口改造时，需采取防水体倒灌措施。

《室外排水设计规范》GB 50014—2006（2016年版）第3.3.3条要求，截流倍数的选取应根据旱流污水的水质、水量、排放水体的环境容量等因素经计算确定，宜采用2～5倍。

问题53：为防止初期雨水负荷对水体水质的影响，设计擅自改变雨水管出路，通过设置大型雨水管渠转输进入下游大型水体或河道，未系统考虑汇水区域水量平衡因素，原受纳水体无水源补充生态需水量。

【原因分析】违反《城市排水工程规划规范》GB 50318—2017第5.1.1条关于雨水排水分区与河流、湖泊、沟塘、洼地等天然水体分区关系和《室外排水设计规范》GB 50014—2006（2016年版）第4.1.8条关于雨水排放和调蓄的相关的规定。

【处理措施】雨水管网设计应尊重区域原有水文特性，保护建设区域水体的水文功能。雨水管网应按自然地形划分排水流域，雨水出口考虑按开发前水文状态对天然水体进行补水。对于初期雨水污染负荷，可在雨水出水口设置沉砂池等预处理措施，后续在水体岸边湿地、雨水塘、调蓄池等设置各种设施对初期雨水进行处理，从而保障水体水质。应避免采取把雨水全部截留排往下游大型水体或环境容量大的水体，导致上游水体得不到自然雨水补充而使水体干涸或需另行补水的工程思路。

问题 54：涵洞流量计算中重现期选择未考虑涵洞所承担的排水功能，未区分市政雨水涵洞及河道泄洪涵洞重现期标准。

【原因分析】违反《室外排水设计规范》GB 50014—2006（2016 年版）第 3.2.4 条和重庆市《山地城市室外排水管渠设计标准》DBJ 50/T—296—2018 第 3.4.1 条关于雨水管道重现期的规定。

【处理措施】城市道路下敷设涵洞分为市政雨水涵洞及河道泄洪涵洞。市政雨水涵洞为雨水管网系统排水通道，主要解决雨水管网大埋深或大断面情况下不同于普通管道的结构形式，权属部门为市政排水主管部门。河道泄洪涵洞为城市道路跨越河道水系，为保障河道水系通畅形成的涵洞，权属部门为城市河道主管部门。

市政雨水涵洞设计重现期及流量采用短历时暴雨强度公式进行计算，应满足《室外排水设计规范》GB 50014—2006（2016 年版）第 3.2.4 条和重庆市《山地城市室外排水管渠设计标准》DBJ 50/T—296—2018 第 3.4.1 条中对于雨水管道的重现期规定。河道泄洪涵洞排水功能是上游河沟的泄洪通道，设计重现期及流量计算采用长历时降雨公式，按《城市防洪工程设计规范》GB/T 50805—2012 确定区域防洪等级并计算洪水流量，涵洞设计流量需满足水利部门行洪论证报告对流量的要求。

问题 55：涵洞结构形式选择未考虑地质条件、基础形式、覆土深度等因素，未进行结构形式比选，未完善基础换填、涵洞回填等相应措施。

【原因分析】违反《室外排水设计规范》GB 50014—2006（2016 年版）第 4.1.3 条关于管渠结构形式、基础处理的规定；违反《公路涵洞设计规范》JTG/T D64—04—2007 第 4.2 条关于涵洞形式选择的规定。

【处理措施】管涵、拱涵、箱涵、盖板涵的构造及力学特性不同，适用的跨径差别较大，若不结合地质条件、基础形式、覆土深度等条件，有可能影响排水安全或浪费投资，应根据涵洞设置场地及覆土深度等条件合理选择涵洞结构形式：

① 钢筋混凝土管涵适用于断面较小（一般不超过 3m），埋深较浅区域（一般国标Ⅲ钢筋混凝土管埋深不超过 9m），山地城市道路纵坡较大，采用钢筋混凝土管涵尚需考虑沟槽深度是否满足管道运输、吊装条件。

② 拱涵采用块石混凝土作为涵身，经济性好，但涵洞整体性稍差，可利用涵顶拱形结构抵御顶部敷土荷载。所以拱涵适用于大埋深、基础条件较好的区域，其一般结构形式如图 20-21 所示。

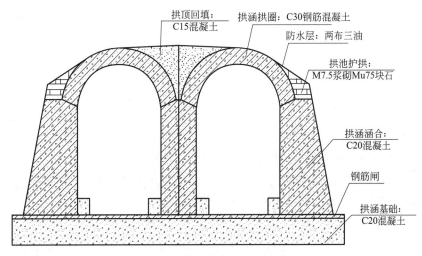

图 20-21　拱涵结构断面示意简图

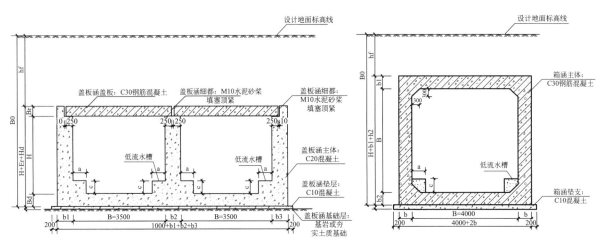

图 20-22　盖板涵、箱涵结构断面示意图

③ 钢筋混凝土箱涵采用钢筋混凝土整体浇筑，涵身整体性强，适用于各种基础条件，其一般结构形式如图 20-22 所示。对于基础有一定沉降的回填区域，采用钢筋混凝土箱涵可有效防治不均匀沉降带来的涵洞渗水、开裂等问题。但钢筋混凝土箱涵造价较高，应经过经济技术比较合理选择涵洞结构形式。

问题 56：涵洞结构设计未结合地质条件考虑地下水对涵洞结构本体腐蚀的影响，未采取相应防腐蚀措施。

【原因分析】违反《给排水工程构筑物结构设计规范》GB 50069—2002 第 3.0.4 条关于对接触侵蚀介质的混凝土采取防腐措施的规定。

【处理措施】地下水都含有各种化学成分，当地下水中某种化学成分达到一定含量时，对混凝土等建筑材料就会产生腐蚀作用。《岩土工程勘察规范》GB 50021—2001（2009 年版）中对地下水腐蚀性强弱程度有详细评价标准，地勘报告一般按勘察规范对场地地下水的腐蚀性做出评价。

如果涵洞在设计时不采取防腐措施，则腐蚀性地下水可能腐蚀涵洞混凝土及钢筋结构，影响涵洞使用寿命。地下水腐蚀防护措施可分为两类：一是使用抗腐蚀性能好的建筑材料，二是隔离防护。

抗腐蚀性能好的建筑材料包括矿渣水泥、火山灰水泥、粉煤灰水泥，其有一定的抗硫酸盐腐蚀能力；抗硫酸盐硅酸盐水泥有较强的抗硫酸盐腐蚀能力；花岗岩和砂质石英岩类砂及碎石抗腐蚀性能较好，尤其抗酸性腐蚀性能强。石灰石和白云石类砂及碎石抗碱性腐蚀性能也很好。地下混凝土结构抗腐蚀首先是提高混凝土密实性，提高其自身抗腐蚀能力。附加措施多以隔离防护为主。根据条件，也可选用合适的水泥，而不采取隔离防护的办法。

提高混凝土密实性，提高其自身抗腐蚀能力的措施包括：涵洞水泥用量不少于 $300kg/m^3$，水灰比不大于 0.55；混凝土中掺入减水剂；涵洞底板侧壁不小于 40mm，并在底板下部设置垫层。

合适的水泥措施包括：在有单纯硫酸根离子（SO_4^{2-}）腐蚀且腐蚀等级为中等腐蚀和强腐蚀时，可采用铝酸三钙含量不大于 5% 的普通硅酸盐水泥、矿渣硅酸盐水泥或抗硫酸盐硅酸盐水泥。在单纯 Cl^- 离子的腐蚀条件下，可在混凝土内掺入钢筋阻锈剂。

当腐蚀性等级为中等或强腐蚀时，单靠混凝土自身的防护是不够的，须采取附加隔离防护措施。隔离防护措施包括：垫层可采用碎石灌沥青或沥青混凝土。结构表面可涂冷底子油和沥青胶泥各两遍，如图 20-23 所示。为满足热施工和在潮湿基层上施工的要求，也可采用环氧沥青厚浆型涂料两道。腐蚀性等级为强腐蚀的涵洞周围最好回填黏土并夯实。

图 20-23　涵洞外设防腐蚀沥青现场施工图

问题 57：道路边坡截排水措施未区分规划用地性质，永久性边坡未设置永久截水沟，规划保留山体边坡未设置截洪沟。

【原因分析】违反《室外排水设计规范》GB 50014—2006（2016 年版）第 3.2.3 条关于重现期选取的规定。规划为绿化、山体的截排水沟按普通截水沟流量计算，在超过重现期的暴雨雨量情况下，截排水沟过流能力不足导致雨水外溢冲刷边坡，从而影响边坡稳定性。

【处理措施】山地城市道路纵坡较大，路基穿越山体时经常出现高挖方区域，形成高边坡。对于高边坡范围为规划城市建设用地，远期需平场区域时，可在边坡坡顶设置截水沟，截水沟流量按暴雨强度公式进行计算，重现期标准一般采用 3～5 年。对于高边坡范围为规划绿地或保留山体，远期保留自然地形状态时，可在边坡坡顶设置截洪沟，截洪沟流量重现期标准可根据汇水面积及重要程度选取，可按 10～50 年进行取值，径流系数可按绿化用地进行计算。如相应截洪沟接入下游市政雨水管网，则雨水管网流量应按截洪沟流量与服务区域雨水流量采用不同重现期进行计算、叠加。

问题 58：排入水体的雨水管道出水口，未考虑与受纳水体常水位、洪水位之间的关系，内涝校核未考虑设计洪水位倒灌影响，未结合内涝防治要求采取相应的工程措施。

【原因分析】违反《室外排水设计规范》GB 50014—2006（2016 年版）第 4.1.10 条关于排水管渠出水口受水体水位顶托时应采取相应防内涝措施的规定，违反《城镇内涝防治技术规范》GB 51222—2017 第 5.1.2 条、第 5.1.3 条关于内涝防治的要求。

【处理措施】雨水出水口设计时，需明确出水口标高与受纳水体常水位和洪水位之间的关系，淹没出流工况下，当受纳水体水位高于雨水出水口底标高时，上游管渠系统会出现水位壅高现象。若对管渠内水位壅高等问题处理不当，会导致上游大量雨水得不到及时排放，从而造成上游出现内涝或水浸。

山地城市河道水位与滨河路高差较大，为避免河岸出现高跌水现象，影响河道景观，雨水出水口高程可位于常水位以上、洪水位以下，此时雨水出水口应按淹没出流进行计算。

当应对重现期较强的降雨、淹没出流时，排水管渠可能处于超载状态，受纳水体水位抬升也会影响出水口排水能力，因此应根据管道上下游的水位差对管渠的排水能力进行校核。根据《城镇内涝防治技术规范》GB 51222—2017 第 5.1.3 条的条文说明，目前我国的排水管渠设计多采用曼宁公式（Manning），假定流态为恒定均匀流，水力坡度等于管道坡度，不考虑管道超载。进行内涝防治设计重现期校核时，管道系统一般处于超载状态，其通水能力应进行压力流校核。目前国际上以及国内工程实践和数学模拟中常常采用达西—魏斯巴赫公式（Darcy—Weis—bach）、海澄—威廉公式（Hazen—Willianms）和曼宁公式（Manning）计算压力流。当用于水力坡度计算时，这三个公式可以整理成相似的形式，且公式参数可以相互转换。

非满管流和淹没出流时，雨水管道中的流态如图 20-24 所示。图 20-24（a）为雨水管渠未超载和超载时的两种水流状态。管道未超载时，水力坡度和水面重合，且平行于管底。如果进入排水管道的流量增加，会使管道内水深增加，当水深增加形成满流后，如果流量继续增加，为了增加通水能力，只能依靠水力坡度的变化。当新的水力坡度大于管道的坡度，会形成管道超载，图 20-24（b）显示了管道超载后水力坡度的变化。

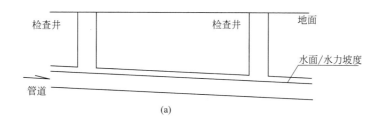

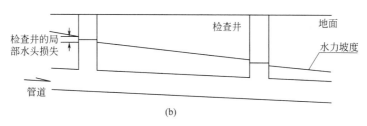

图 20-24　雨水管道中的流态

（a）非满管流水流状态　（b）淹没流时的水流状态

淹没流时应按如下公式计算实际流量：

达西—威斯巴赫公式：

$$h_f = \lambda \frac{l}{d} \cdot \frac{v^2}{2g}$$

沿程水头损失系数公式：

$$\lambda = \frac{8g}{C^2}\left(C = \frac{1}{n}R^{1/6}\right)$$

局部水头损失公式：

$$h = \xi \frac{v^2}{2g}$$

排水管渠流量公式：$Q = Av = A\frac{1}{n}R^{2/3}S^{1/2}$

式中：h_f——沿程水头损失（m）；

λ——沿程水头损失系数；

d——管径（m）；

l——管长（m）；

C——谢才系数；

R——水力半径；

v——流速（m/s）；

A——排水管渠截面面积（m^2）；

ξ——局部水头损失系数（可通过局部水头损失计算表查取）；

S——水力坡度。

伯努利方程：$z+\dfrac{p}{\rho g}+\dfrac{v^2}{2g}$（其中 z——位置水头，$\dfrac{p}{\rho g}$——压力水头，$\dfrac{v^2}{2g}$——压力水头）

假设管道内水流为均匀流，满足能量守恒，则有

$$z_1+\frac{p_1}{\rho g}+\frac{v_1^2}{2g}=z_2+\frac{p_2}{\rho g}+\frac{v_2^2}{2g}+h_f$$

式中：z_1、z_2——两断面几何中心位置水头；

p_1、p_2——两断面几何中心位置至自由液面的压力值；

h_f——两断面间的水头损失值。

根据管道连续性方程，$v_1=v_2$，则 $h_f=(z_1-z_2)+\dfrac{p_1-p_2}{\rho g}$。

即管道两端的位置势能（z_1-z_2）与压力势能 $\left(\dfrac{p_1-p_2}{\rho g}\right)$ 能够满足水头损失，则认为设计满足内涝防治要求。

对于受洪水淹没出水口，则需复核雨水管网路面低点区域内涝风险。道路低点允许淹没高度为15cm，则按道路低点淹没高度为15cm高程与设计洪水位作为高差进行淹没流计算。如计算结果为有内涝风险，可通过加大淹没段管道管径、调整雨水出口位置来减少淹没段管段长度以求减少管段沿程损失等措施。如调整后仍无法满足内涝风险计算，则应考虑设置内涝泵站进行提升或抬高道路及场地标高等工程措施，或采用防洪预警预案等非工程措施。有些工程案例中仅在出水口增设拍门，洪水水位上涨时仅能阻止洪水不倒灌，但同时道路内侧雨水也无法排入河道，形成更大区域内涝，属于错误的工程措施。

问题 59：下穿道排水方式未结合排水条件进行比选、论证，未采取合理的排水方式，下穿道排水未采取高水高排措施，增加了排水内涝风险。

【原因分析】违反《室外排水设计规范》GB 50014—2006（2016 年版）第 4.10.2 条关于立体交叉道路排水系统设计和《城市排水工程规划规范》GB 50318—2017 第 5.1.2 条关于立交排水分区及保障出水口安全可靠的规定，属于违反强制性条文要求。

【处理措施】下穿道往往是所处汇水区域最低洼的部分，如排水不及时，必然会引起严重积水。应合理确定下穿道的汇水面积，高水高排、低水低排，并采取有效措施防止高水进入低水系统。对于是否在下穿道设置横截沟拦截雨水，应结合下穿道纵坡坡度及横截沟施工工艺进行分析。一般下穿道纵坡较大，车速快，设置横截沟时车辆快速碾压横截沟，如横截沟施工工艺达不到安装标准，则极易使横截沟出现沉降，进而导致横截沟出现较大噪声。而下穿道进入封闭段时视线不好，如横截沟沉降、损坏也将影响驾驶员判断，影响行车安全。由于下穿道敞口段一般纵坡较大，雨水在道

路横坡与纵坡两种坡度下形成斜向流，对于高水高排措施，可通过沿下穿道两侧雨水明沟（带箅雨水沟）进行收集，如图 20-25 所示。上段明沟雨水通过沉砂井沉砂后接入敞口段旁侧辅道内雨水管网，并尽可能使最大范围的敞口段进行高水高排，避免高水进入下穿道封闭段后，增加下穿道内涝风险。

图 20-25　下穿道雨水明沟（带雨水箅）

当下穿道具备设置独立的排水系统自流条件，同时有可靠的出水口前提下，应首选重力流排水方式，不具备自流条件的可设泵站排除。

问题 60：立交道路下穿道雨水泵站未考虑地下设施受淹严重性，未设置备用泵。

【原因分析】违反《城镇给水排水技术规范》GB 50788—2012 第 4.4.6 条关于立体交叉道路雨水泵站设置备用泵的规定，属于违反强制性条文要求。

【处理措施】根据《室外排水设计规范》GB 50014—2006（2016 年版）第 5.4.1 条规定，雨水泵站可不设置备用泵，立体交叉道路雨水泵房可视泵房重要性设置备用泵，但必须保证道路不积水，以免影响交通。根据《城镇给水排水技术规范》GB 50788—2012 第 4.4.6 条规定，立体交叉地道雨水泵站和大型公共地下设施雨水泵站由于受淹后影响严重，应设置备用泵。由于《城镇给水排水技术规范》内容均为强制性条文，故立体交叉地通道雨水泵站在设计时应考虑设置备用泵。

问题 61：排水管线与给水管线、燃气管线、电力管线、通信管线等市政管线净距未统筹考虑施工、运维安全间距，各管线竖向高程布置时未复核管线间的交叉关系。

【原因分析】违反《城市工程管线综合规划规范》GB 50289—2016 第 4.1.9 条关于工程管线之间及其与建（构）筑物之间的最小水平净距的相关规定。复核排水支管与新建电力、通信管线、电力隧道的竖向交叉关系，有利于避免竖向标高发生矛盾。

【处理措施】《城市工程管线综合规划规范》GB 50289—2016 第 4.1.9 条工程管线之间及其与建（构）筑物之间的最小水平净距应符合规范要求。当受道路宽度、断面以及现状工程管线位置等因素限制难以满足要求时，应根据实际情况采取在管线中间设置隔墙、对管线加设套管等安全措施后可减少其最小水平净距。管线综合设计时，重点复核电力井、排水检查井等尺寸较大构筑物与相邻管线的间距。工程管线交叉点高程优先考虑排水等重力流管线的高程，工程管线交叉时的最小垂直净距应符合《城市工程管线综合规划规范》GB 50289—2016 表 4.4.14 的规定。当受现状工程管线等因素限制难以满足要求时，应根据实际情况采取安全措施后减少其最小垂直净距。

问题 62：桥梁排水未进行专项设计；桥梁排水悬吊管未考虑溢流措施，排水悬吊管规模偏大，存在坠落风险。

【原因分析】违反《室外排水设计规范》GB 50014—2006（2016 年版）第 4.10.5 条，高架道路雨水管道宜设置单独的收集管和出水口。跨江桥由于桥墩较少，可沿桥墩设置雨水立管，为避免排水悬吊管规模过大，应考虑溢流措施。

【处理措施】高架桥应有单独完善的排水设施，须设排水管将水排到地面排水系统。排水管直径应根据桥梁汇水面积和水平管纵坡而定，跨江桥为避免排水管规模过大，应考虑分段溢流措施，排水悬吊管重点考虑初期雨水、事故水流量及设计重现期流量，超标准暴雨通过溢流口进行溢流。

问题 63：道路、桥梁、隧道穿越水源地及重要卫生防护区时未考虑事故排水需求，未设置事故池等相应应急处理及储存措施；事故池设置未考虑水位影响及运行工况。

【原因分析】违反重庆市《低影响开发雨水系统设计标准》DBJ 50/T—292—2018 第 6.2.12 条关于道路、桥、隧穿越水源地及重要卫生防护区，应在道路两侧或排水系统下游修建雨水应急处理及储存设施；道路、桥、隧雨水排入水源地水系时，其雨水排放应设置径流污染控制措施。

【处理措施】在道路、桥梁、隧道雨水排口下游设置事故池，事故池标高应高于设计洪水位，并考虑相应不同工况下的抗浮措施。在雨天及事故发生时，考虑截留初期雨水及事故冲洗水，初期雨水应有相应处理措施；旱天时事故池需排空，事故水需进行专项处理，不得随意排放、倾倒。同时事故池设计应考虑智能监控、通风、排空管控相应措施。

问题 64：高架桥排水未设置消能措施，冲刷桥下绿化，影响桥梁基础安全。

【原因分析】违反《城市桥梁设计规范》CJJ 11—2011（2019 年版）第 9.2.3 条关于排水的相关要求。应在行车道较低处设排水口，并可通过排水管将桥面水泄入地面排水系统中。桥面应有完善的排水设施，必须设排水管将水排至地面排水系统中，不能直接将水排到桥下。

【处理措施】根据《城市桥梁设计规范》CJJ 11—2011（2019 年版）要求及考虑到桥梁基础安全因素，高架桥排水立管应先排入消能井消能后，通过排水管、渠有组织接入道路雨水系统，不得散排；对于下方有绿化设施的高架桥，应考虑设置海绵设施对桥面雨水进行处理，溢流雨水接入道路雨水系统。

问题 65：雨污水管道竣工验收未明确管道变形、损伤检验要求，未明确建设完成后的相应内窥检测要求。

【原因分析】违反《关于进一步加强城市排水管网工程建设质量管理工作的通知》（渝建发〔2019〕10 号）关于排水管网工程竣工验收资料应当包含管道内窥检测报告（含影像资料）、竣工测量成果资料等相关工程资料要求。

【处理措施】工程竣工验收前，应具有相关资质检测单位出具的内窥检测报告及影像资料，对

第 3 部分　市政工程

排水管道的结构性进行描述，变形量应符合《城镇排水管道检测与评估技术规程》CJJ 181—2012 的要求。内窥检测不合格的，建设单位应当组织相关单位进行整改。鉴于排水管网沉降、塌陷、变形、开裂等质量缺陷隐蔽期较长，建设单位可要求在排水管网保修期结束以前进行二次内窥检测。

根据《给水排水管道工程施工及验收规范》GB 50268—2008 中第 4.5.12 条规定，当钢管或球墨铸铁管道变形率超过 2‰ 但不超过 3‰，化学建材管道变形率超过 3‰ 但不超过 5‰ 时，应采取相应措施处理：当钢管或球墨铸铁管道的变形率超过 3‰，化学建材管道变形率超过 5‰ 时，应挖出管道，并会同设计单位研究处理。

问题 66：管道安装完成后相应闭水试验要求不明确，闭水试验时序不满足功能性试验要求。

【原因分析】违反《室外排水设计规范》GB 50014—2006（2016 年版）第 4.1.9 条、违反《给水排水管道工程施工及验收规范》GB 50268—2008 第 9.3.4 条关于闭水试验的相关要求。

【处理措施】根据《室外排水设计规范》GB 50014—2006（2016 年版）第 4.1.9 条，污水管道、合流污水管道及附属构筑物应保证其严密性，应进行闭水实验，防止污水外渗或地下水入渗；根据《给水排水管道工程及验收规范》GB 50268—2008 的有关规定，压力和无压管道都要在安装完成后进行管道功能性试验，包括水压和严密性试验（闭水、闭气试验）。污水和合流污水检查井应进行严密性试验，防止污水外渗和地下水位高的地区的入渗。闭水试验应确保排水管道未回填土且沟槽内无积水。

问题 67：未根据工程实际及工程周边环境情况分析涉及危大工程的重点部位和环节，未提出保障工程周边环境安全和工程施工安全的意见，未针对性进行危大专项设计。

【原因分析】违反住房和城乡建设部《危险性较大的分部分项工程安全管理办法》（建质〔2009〕87 号）、违反《危险性较大的分部分项工程安全管理规定》（住房和城乡建设部令第 37 号）文件第二章第六条、违反《建设工程安全生产管理条例》（国务院令第 393 号，2003 年版）第十三条、违反《重庆市危险性较大的分部分项工程安全管理实施细则》（2019 年版）第八条等相关规定中关于设计单位在危险性较大的工程中的相关责任的规定。

【处理措施】根据《危险性较大的分部分项工程安全管理规定》（住房和城乡建设部令第 37 号）文件第二章第六条：设计单位应当在设计文件中注明涉及危大工程的重点部位和环节，提出保障工程周边环境安全和工程施工安全的意见，必要时进行专项设计。市政管网工程涉及危大工程主要含危险性较大的分部分项工程及超过一定规模的危险性较大的分部分项工程两大类，包括基坑工程（深基坑工程）、吊装工程、拆除工程等几个分项。设计时应针对工程具体情况，明确危大分项位置、类型、对应建议措施等，对管网工程涉及危大工程的内容进行针对性说明。

问题 68：未对可能出现的变更情况提出管控要求，未明确重大变更相应建设流程管控要求。

【原因分析】违反《重庆市房屋建筑和市政基础设施工程勘察设计变更管理办法（试行）》（渝建发〔2018〕50 号）关于设计变更分类及相应建设管控相关要求的规定。

【处理措施】根据《重庆市房屋建筑和市政基础设施工程勘察设计变更管理办法（试行）》（渝建发〔2018〕50 号）规定，对已批准的初步设计文件或经施工图审查机构审查合格的施工图设计文件进行修改均为设计变更，设计时应针对可能出现的变更情况提出管控要求，按勘察设计变更管理办法完善相应建设程序。

20.2.2　污水管网设计

问题 69：市政道路污水管道布置未按规划要求或结合地块排水需求预留过街管，或接入支管设置不合理。

【原因分析】违反《城市道路工程设计规范》CJJ 37—2012（2016 年版）第 15.2.3 条关于污水管网预留接口的规定。预留的接口及过街数量不足将降低管线服务效率，道路建成后再施工难度非常大。

【处理措施】市政污水管网应为周边地块污水接入预留条件，如污水管网建设时不能预留过街支管，不能为周边地块预留污水接入条件，则市政污水管网的服务功能将大打折扣，后期如增加污水过街支管，则需开挖道路，会对道路交通形成较大影响。在新建城区市政道路下敷设的污水管应根据城市规划用地布局及污水排水需求预留接口及过街管道，避免后期开挖破坏路面、影响交通。一般在规划小区、建筑物小区道路开口下坡向位置预留接口，已有管网布局设计或建设的地块，预留位置按规划地块化粪池、生化池接口位置预留污水检查井；道路两侧污水接口未明确时，可按150～200m 间距预留过街支管，预留检查井可布置于道路红线外 1m 位置，避免污水过街预留检查井与道路主线管网位置冲突。

建成区污水管网迁建、改造设计时，应充分调查、掌握污水管沿线支管（或出户管等）的位置、标高、管径、流量（服务区域）等资料，设计时对现状管线进行流量计算、高程验算，采取可靠措施使现状支管接顺。

问题 70：市政污水系统未考虑当地污水水质特点，起始段管径偏小，实际运行过程中易于堵塞，影响污水管网运行效果。

【原因分析】违反《重庆市规划管理技术规定》（2018 年版）第七章第七十条关于市政污水管线最小断面的规定。

【处理措施】根据《室外排水设计规范》GB 50014—2006（2016 年版）第 4.2.10 条，排水管线最小管径为 $d300$。但由于重庆市生活污水多油脂、易附着沉积导致管道堵塞，故而在《重庆市规划管理技术规定》中相应放大不计算管段管径，污水管道最小管径为规定为 $d400$，相应市政污水管网设计按此规定执行。

问题 71：倒虹管设置未考虑近、远期流量差异对管道流速的影响，倒虹段管内设计流速低于淤积流速要求时未考虑冲洗措施。

【原因分析】违反《室外排水设计规范》GB 50014—2006（2016 年版）第 4.11.2 条关于倒虹管设计流速的规定。

【处理措施】倒虹管设计仅按远期设计，未考虑近期实际水量可能导致流速过小及管道淤积。倒虹管设计时，应保证管内设计流速大于 0.9m/s，并应大于进水管内的流速。当管内设计流速不能满足上述要求时，应增加定期冲洗措施，冲洗时流速不应小于 1.2m/s。设计时按远期设计，按照近期进行复核，近期流量较小时，可采用一用多备的管道组合，近期使用一根管道，提高管道流速，待远期流量增加时，再增加同时使用管道，尽量保证管内设计流速大于 0.9m/s。当流速不能达到满足要求时，需考虑设置冲洗措施，冲洗措施可使用市政给水进行冲洗或采用设置自动翻板闸等其他自冲洗措施。污水管倒虹吸如图 20-26 所示。

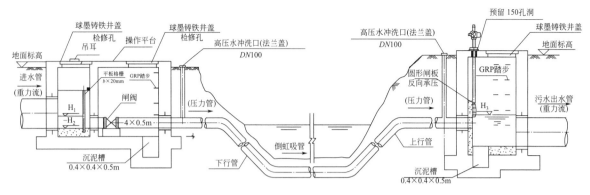

图 20-26　污水管倒虹吸示意图

问题 72：污水干管跨越河道等障碍物未进行管桥跨越形式、泵站提升形式、倒虹吸形式等多方案比选；利用车行桥梁敷设污水干管时，未考虑防止污水干管渗漏、事故时对桥梁结构主体形成腐蚀影响的相应措施。

【原因分析】违反桥梁《城市桥梁设计规范》CJJ 11—2011（2019 年版）第 3.0.19 条关于不得在桥上敷设污水管的规定；违反《重庆市市政工程初步设计文件技术审查要点》（2017 年版）第 6.1.7 条第 5 款关于污水管道过河设置及方案比选的规定，属于违反强制性条文要求。

【处理措施】山地城市地形复杂，山势起伏，水系交错，污水干管一般沿地势较低的滨河道路或河道两侧岸坡敷设，污水干管不可避免将横跨河沟或槽谷。由于山地城市河流纵坡大，两岸谷坡陡峻，污水干管过河方式与平原地区有很大区别。山地城市污水干管如何结合自身特点，在考虑技术、经济、安全、美观、实用等因素的条件下合理选择过河方式，是山地城市污水排水系统定线布局研究的重点。

污水管线过河方式主要有以下几种：管桥方式、倒虹吸方式、泵站提升方式以及结合河道地形过河方式。污水干管跨越河道等障碍物时，在前期设计阶段应对管桥跨越、泵站提升、倒虹吸等方案进行技术经济比选，保证技术可行，经济合理。当跨越溪河、沟壑等障碍时，宜优先考虑架空，在条件不允许时考虑倒虹管方案。

根据《城市桥梁设计规范》CJJ 11—2011（2019 年版）第 3.0.19 条，不得在桥上铺设污水管，当污水管利用桥梁过河时应进行可行性、安全性专项论证，提出污水干管渗漏、事故时防止对桥梁结构主体形成腐蚀影响的相应措施。由于重力流管道接口多，重力流污水干管一般不设置于桥梁人行道检修通道内，可架设于桥梁箱梁下方（图 20-27），但需考虑桥梁车行荷载震动对污水管道的影

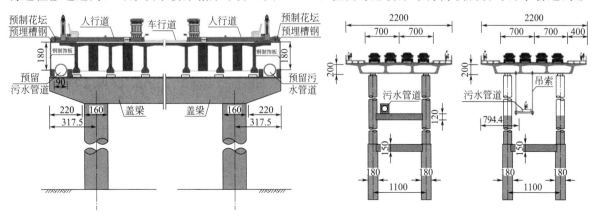

图 20-27　污水管随桥梁过河示意图

响，并考虑管道吊装、安装、检修措施。压力流污水管道可布置于桥梁人行道检修通道内，但应进行专项论证，采取防止污水管道渗漏措施及事故时防止腐蚀桥梁结构措施。

问题 73：污水管桥跨越河道时未考虑景观因素及洪水位影响，未采取与周边景观协调性措施，桥墩及管桥设置未考虑洪水冲刷影响。

【原因分析】违反重庆市《山地城市室外排水管渠设计标准》DBJ 50/T—296—2018 第 4.1.11 条关于污水管道穿越溪河时行洪标准的规定，管桥横跨河道需考虑河道景观因素。

【处理措施】山地城市河流由于纵坡大，水流急，常水位与洪水位高差大。当管桥高程高于洪水位时，不受洪水位影响。但在支流与主流交叉位置，由于受主流河道洪水倒灌顶托影响，支流洪水位与主流河道洪水一致，则管桥设置时应按主流河道洪水位进行考虑。

管桥修建时应考虑不同等级洪水位对管桥结构主体的冲刷影响。管桥一般高于河道设计洪水位，当河道洪水位高于管桥时，过桥结构不应被冲垮，结构设计应有相应抗冲刷措施。当管桥受管道高程影响，需敷设于设防洪水位以下时，需论证管桥修建对河道行洪影响，管桥主体采取相应抗冲刷措施，并保证河道行洪断面。管桥的修建将影响河道景观通透性，管桥修建应考虑对河流景观的影响，尽量避免污水干管位于车行桥梁与河道底部标高的中间位置。污水管桥如位于车行桥梁与河道底部中间高程，影响河道景观通透性（图 20-28）。

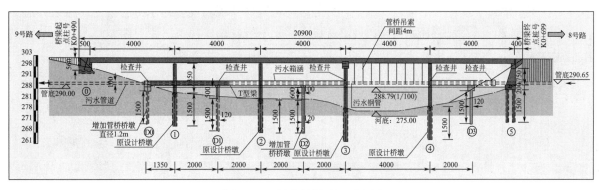

图 20-28　污水管桥过河示意图

问题 74：污水干管设置于河道内，未考虑景观因素，未采取防止污水干管渗漏污染河道水质的措施。

【原因分析】违反《室外排水设计规范》GB 50014—2006（2016 年版）第 4.1.6 条和重庆市《山地城市室外排水管渠设计标准》DBJ 50/T—296—2018 第 5.2.8 条关于污水管道及附属构筑物严密性的规定。污水干管设置于河道内渗漏风险大，影响河道水质，干管敷设影响河道景观效果。

【处理措施】污水管道应尽量敷设于河道边坡，浅埋敷设。但工程案例中，很多建筑已沿河道边修建，为避免建筑污水直排河道，污水管道近期不可避免地需设置于河道内，则其管道和附属构筑物应保证其严密性要求，严格进行闭水试验，并防止河水通过管道、接口和附属构筑物入渗。检查井应采用整体现浇工艺，井盖均采用密闭式压力井盖，并设置通气设施。

由于污水管位于水位下，应增加污水管渠自重，满足抗浮验算。设置于河道内的污水管道检查井主要功能为接入岸边建筑污水，并对管道进行检查、维护。检查井可位于洪水位以下，应位于常水位以上。位于洪水位以下的检查井应设置压力井盖，避免洪水倒灌进污水管道。位于河道内的污水干管应考虑景观因素，尽量避免采用简单架空方式，影响河道景观。可结合河道生态护坡进行处理，污水管可采用块石、石笼进行护砌，根据河道水流特性种植水生植物，使河道形成复式断面，如图 20-29 所示。提高景观性的同时，也增加河道自净能力。

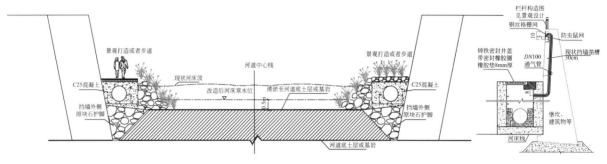

图 20-29　污水管道位于河道内布置示意图

问题 75：沿河道敷设污水干管未结合地形、地貌、河道景观进行选线，破坏河道景观。

【原因分析】违反《室外排水设计规范》GB 50014—2006（2016 年版）第 4.1.2 条和《城市排水工程规划规范》GB 50318—2017 第 4.1.1 条关于污水管道选线的规定。

【处理措施】污水干管应结合地形、地貌、河道景观等综合因素进行选线，线路走向既要技术合理，投资节约，又便于今后运营、维护，并考虑河道整体景观功能。污水干管沿河岸敷设，应尽量采用浅埋敷设，结合近、远期河岸边坡高程确定污水干管基础、回填形式（图 20-30），避免沿河岸形成高架管桥，破坏河岸整体景观的同时，也不利于后续污水支管接入。

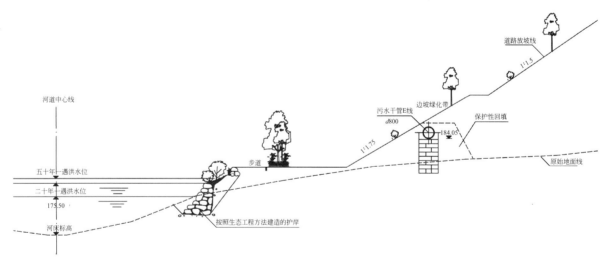

图 20-30　污水管道沿河岸敷设示意图

问题 76：沿河道敷设污水干管未考虑河道水位影响，未考虑地下水渗入影响，洪水位以下管道未设置防止雨水倒灌措施。

【原因分析】违反《室外排水设计规范》GB 50014—2006（2016 年版）第 4.1.9 条关于污水管道、合流制管道及其附属构筑物应保证严密性，防止污水外渗和地下水入渗的规定。

【处理措施】沿河道敷设的污水干管应考虑河道水位的影响，洪水位期间河水通过检查井反灌至管道内，给污水管道运行和污水处理厂带来较大压力，应有检查井密封措施。污水检查井井面标高应高于常水位，洪水位以下管道应采用压力密封井盖，并设置通气管，通气帽需高于洪水位。沿河污水干管受地下水位影响，应避免地下水渗入，宜采用整体防渗性能良好的混凝土现浇检查井或其他整体式检查井，不宜采用砖砌或砌块砌筑检查井，避免地下水渗漏导致管道流量增加。沿河岸布置的污水干管管材一般考虑防沉降功能较好的柔性接口管材，可采用塑料管、玻璃钢夹砂管或球墨铸铁管，采用钢筋混凝土管时，需采用承插式接口。

问题 77：污水提升泵站集水池未考虑悬浮或漂浮物对水泵运行的影响，未设置格栅，清渣设施。

【原因分析】违反《室外排水设计规范》GB 50014—2006（2016 年版）第 5.3.3 条、第 5.3.11 条关于进入泵站集水池的污水需通过格栅及设置冲洗清渣设施和《城镇给水排水技术规范》GB 50788—2012 第 4.4.8 条关于排水泵站设置清除沉积泥沙措施的规定。

【处理措施】在污水泵站集水池前设置格栅，用以截留大块的悬浮或漂浮物，以保护水泵叶轮和管配件，避免堵塞或磨损，同时在泵站设置冲洗及清渣设施，定期清除沉砂，避免池容减少，保证泵站正常运行。对于现浇工艺污水泵站，一般设置有格栅，而对于一体化污水泵站，则往往忽视设置格栅，简单以人工提篮或自动搅碎型水泵代替格栅功能。对于污水泵站，特别是污水干管上设置的污水泵站，泵站故障对于整个污水系统运营影响范围大，应论证人工提篮或自动搅碎型水泵对于污水内较大漂浮物、悬浮物的拦截、搅碎作用，建议设置格栅，并采取清渣措施。

问题 78：污水管网与大断面雨水管网交叉时，污水管网位于雨水管下方，增加了污水管道埋深，未综合考虑管网整体经济因素。

【原因分析】违反《城市工程管线综合规划规范》GB 50289—2016 第 3.0.7 条关于小管径管线避让大管径管线的规定。

【处理措施】在小管径污水管与大管径雨水管交叉时，应考虑小管径管线避让大管径管线的原则，污水管从雨水管上方穿过时，可适当加大大管径雨水管埋深，避免加大整个污水管道的埋深。污水管与大断面雨水管交叉时处理如下图 20-31 所示。

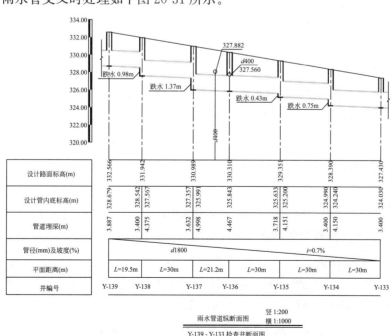

图 20-31　污水管道与大断面雨水管交叉示意图（一）

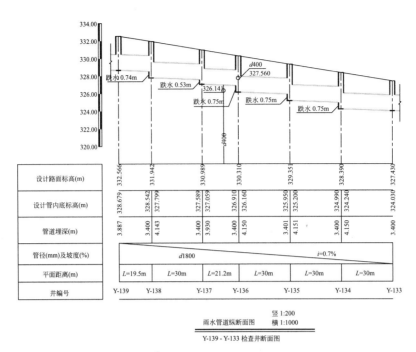

图 20-31　污水管道与大断面雨水管交叉示意图（二）

问题 79：截留井进出水管管径与设计截流倍数不相符，未根据受纳水体的环境容量合理确定截流倍数。

【原因分析】违反《室外排水设计规范》GB 50014—2006（2016 年版）第 3.3 条关于合流水量的有关规定。

【处理措施】截流井前合流管道的设计流量应按下式计算：

$$Q = Q_d + Q_m + Q_s$$

式中：Q——设计流量（L/s）；

　　Q_d——设计综合生活污水量（L/s）；

　　Q_m——设计工业废水量（L/s）；

　　Q_s——雨水设计流量（L/s）。

合流污水的截流量应根据受纳水体的环境容量，由溢流污染控制目标确定。截流的合流污水可输送至污水处理厂或调蓄设施。输送至污水处理厂时，设计流量应按下式计算：

$$Q' = (n_0 + 1) \times (Q_d + Q_m)$$

式中：Q'——截流后污水管道的设计流量（L/s）；

　　n_0——截流倍数。

截流倍数应根据旱流污水的水质、水量、受纳水体的环境容量和排水区域大小等因素经计算确定，宜采用 2～5，并宜采取调蓄等措施，提高截流标准，减少合流制溢流污染对河道的影响。同一排水系统中可采用不同截流倍数。

截流井可采用智能截流井，其原理是雨水或地面污水通过进水管进入一体化智能截流井内。井内堰前、堰后分别设置超声波液位计，当液位小于设定高度时，污水调节闸打开，初期雨水或地面污水由污水管排出。液位大于设定高度时，污水调节闸关闭，雨水在井内堰前蓄流。当达标雨水达到设定高液位后，截流量控制堰完全开启，大量雨水通过截流量控制堰，并由出水管排出。在截流量控制堰前设置挡渣板，用于拦截大颗粒悬浮物，不会进入排放腔。待井内液位下降，污水调节闸打开，截流的杂物等由污水管排出，如图 20-32 所示。

智能截流井井体可根据需要设计成圆形或方形，井体材质宜采用玻璃钢、不锈钢或其他强度高、耐腐蚀的材料。内部设备宜采用不锈钢或碳钢喷涂防腐涂层。

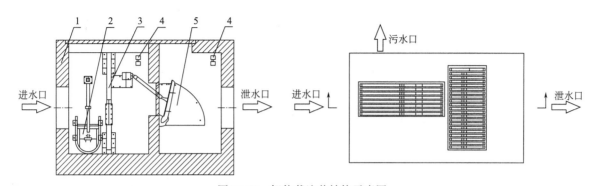

图 20-32　智能截流井结构示意图

1—井体；2—污水调节闸；3—挡渣板；4—超声波液位计；5—载流量控制堰

问题 80：合流制涵洞、上游存在错混接的涵洞溪沟在涵洞或溪沟出口位置设置截流井后接入下游污水干管（箱涵）时未考虑汇入污水干管及污水处理厂的设计工况，导致下游截污干管或污水处理厂出现溢流。

【原因分析】涵洞或溪沟由于上游污水管混接以及上游管道沉积物冲刷，导致下游出口旱天出水口水质不达标，形成旱天直排。为满足环保部门旱天不直排要求，涵洞或溪沟出口位置设置截流井后接入下游污水干管（箱涵），导致污水干管下游溢流或下游污水处理厂溢流，进厂污水浓度偏低，雨季时候尤为明显。

【处理措施】截流污水流量需与污水干管设计工况及污水处理厂设计工况相匹配，如超出原设计规模，则应根据建设时序，提出对上游雨污分流改造的要求。若上游分流改造近期无法实现，需原位新建调蓄设施，设置净化站处理达标后排放，相应排放标准应根据水体环境容量及水质目标综合确定。对于上游由于雨污分流不彻底导致溪沟、涵洞中混杂污水的，应制定"正本清源"计划，摸清截留设施水量、水质底数，对山水进行分流，尽量避免对于山水、混流水全部截留至截污干管，超截污干管流量规模的水量将导致下游截污干管及污水处理厂溢流，也会降低污水处理厂进水浓度。

20.2.3　排水管材及安装

问题 81：不同直径的管道在检查井内的连接方式未考虑主管高程、支管高程关系，未采用管顶平接或水面平接。

【原因分析】违反《室外排水设计规范》GB 50014—2006（2016 年版）第 4.3.1 条关于管道在检查井内连接方式的规定。

【处理措施】不同直径的管道在检查井内的连接可采用管顶平接或水面平接两种方式。若接入管高程低于主线管道，则存在主线管道倒灌进入支线管的风险，所以，需采用管顶平接或最少水面平接。若接入管较多、进出水管落差较大，可采取跌水井方式处理。水面平接、管顶平接及跌水连接示意如图 20-33 所示。

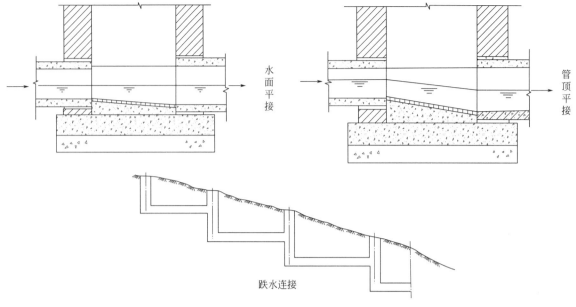

图 20-33　管道连接方式示意图

问题 82：排水管道未结合覆土深度、基础条件考虑管道结构变形影响，大埋深、大断面排水管未进行结构形式比选。

【原因分析】违反《城镇给水排水技术规范》GB 50788—2012 第 6.1.3 条关于管道结构类型选择和重庆市《山地城市室外排水管渠设计标准》DBJ 50/T—296—2018 第 4.4.1 条关于管材选择的规定。

【处理措施】大埋深条件下大断面排水管及下游重要排水管未进行结构形式比选，管道结构形式经济性及安全性无可靠依据。山地城市地形起伏大，道路路基高，挖高填路段较多，排水管道埋深较平原城市变化大，经常出现埋深 20m 以上情况，故排水管道强度及抗变形能力成为管道设计时必须考虑的因素。道路填方段应重点考虑道路沉降对管道整体结构功能的影响，应优选柔性管材，宜采用高环刚度、抗变形能力较强的柔性管材。对于易出现沉降的高填方段，可采用抗变形能力强的增强型管材，如增强型塑料管、衬塑钢管、球墨铸铁管等，并做好管道基础处理及管材接口处理，提高对路基沉降的适应能力。对于大埋深条件下大断面排水管或下游重要排水管，管道损坏将造成严重后果，应进行结构形式比选，提高工程设计安全系数，可采用整体浇筑箱涵或拱涵代替大型雨水管道，以确保结构安全。

问题 83：污水管道在沉降段管材选择不合理，未采取适应沉降的措施，未采用柔性接口。

【原因分析】违反《室外排水设计规范》GB 50014—2006（2016 年版）第 4.3.4 条关于管道接口设置的规定。

【处理措施】选择合适的管材是有效避免不均匀沉降的一种方式。

污水管道在沉降段应该选用柔性管材，采用柔性接口。这是因为柔性管材具有良好适应沉降的能力，其柔性有两方面的含义：一方面是管体本身的柔性具有适应变形的能力；另一方面管道采用柔性接口，这是其适应沉降的最主要原因。柔性管材一般采用橡胶圈密封承插连接，允许变形范围较大。特别是像玻璃钢夹砂排水管在采用双橡胶圈承插连接时，在最不利条件下即使变形量大到拉出一个橡胶圈（变形量达 100~200mm），仍然可以保证其密封良好。在地质条件变化频繁的地段，还可采用加设柔性接头或短管的方式来提高其适应不均匀沉降的能力。

而刚性排水管材以钢筋混凝土管应用最普遍，一般采用钢丝网水泥砂浆抹带接口或承插接口。刚性管对不均匀沉降的适应性较弱，特别是水泥砂浆抹带接口刚性较大，接口数量较多（单管长度一般为 2.0～3.0m），一般须采用混凝土带状整体基础，管道整体性差，有时还需在基础底部加适当的钢筋以增强其整体性，属于消极的抵抗沉降，因此不适合作为沉降段污水管材。

对于污水管道，由于渗漏会对路基及地下水造成污染，特别是沿河敷设污水管，渗漏后将污染河道水质，故而对于污水管道，应采用柔性接口。

问题 84：排水管道采用球墨铸铁管时，采用给水用球墨铸铁管，未考虑不同用途管材内防腐材料的适用条件。

【原因分析】违反《排水球墨铸铁管道工程技术规程》T/CECS 823—2021 第 5.5.2 节和《污水用球墨铸铁管、管件和附件》GB/T 26081—2010 第 6.2.2.2 条关于排水管道使用球铁管的相关规定。

【处理措施】根据球墨铸铁管内防腐涂层的不同，市政排水管道和给水管道在采用球墨铸铁管作为管材时的选择也不同。根据《水及燃气用球墨铸铁管、管件和附件》GB/T 13295—2019 规定，给水球铁管内衬一般为普通硅酸盐水泥砂浆内衬；根据《排水球墨铸铁管道工程技术规程》T/CECS 823—2021 第 5.5.2 条规定，市政排水管应选用铝酸盐水泥砂浆内衬，雨水管可选用普通硅酸盐水泥砂浆内衬，水泥砂浆内衬应符合现行国家标准《球墨铸铁管和管件—水泥砂浆内衬》GB/T 17457 的有关规定。设计时应针对不同输水性质、类别明确球墨铸铁管内衬材料类型。

问题 85：斜管跌落管管材选用塑料管道，未考虑管道最大允许流速，未考虑塑料管道裸露对使用寿命的影响。

【原因分析】违反《山地城市室外排水管渠设计标准》DBJ 50T-296—2018 第 4.3.1 条、第 4.4.4 条关于最大设计流速的规定。

【处理措施】《山地城市室外排水管渠设计标准》DBJ 50T—296—2018 第 4.3.1 条对排水管道各设计工况下的最大设计流速进行了规定，其中金属管道为 10.0m/s；塑胶管道用于排放雨水时为 8.0m/s，用于排放污水时为 6.0m/s。《山地城市室外排水管渠设计标准》第 4.4.4 条规定落差较大的陡坡管，宜采用抗冲刷、强度高、管壁加厚的钢管、球墨铸铁管、衬塑钢管、塑胶管以及防沉降能力较强的管材。但是鉴于金属管道的最大流速最高，设计中陡坡管多采用金属管道。市政工程中常用的排水塑料管道多为埋地式塑料管道，不能直接裸露，当受条件限制塑料管道无法埋地时，应采取相应措施避免裸露和管道固定，如包封、管箍或增加套管等，如图 20-34 所示。

图 20-34 塑料管道跌落示意图（错误措施）

问题 86：检查井进出水管，未考虑管道与检查井不均匀沉降导致管道剪切受力因素，未设置防止或缓冲适应不均匀沉降的工程措施。

【原因分析】违反《室外排水设计规范》GB 50014—2006（2016 年版）第 4.4.10 条、第 4.4.10A 条关于检查井与管渠连接的规定。

【处理措施】在地基松软或不均匀沉降地段，检查井与管渠接口处常发生断裂。检查井进出水管，应有防止或缓冲适应不均匀沉降的工程措施，如采用柔性接口、加设柔性短管、检查井周边保证回填密实等措施，以防止不均匀沉降剪断管道。

问题 87：横穿道路临时排水管采用低标准设计重现期，大埋深临时排水管采用普通管材，设计标准未考虑受淹影响因素及管道耐久性因素。

【原因分析】违反《室外排水设计规范》GB 50014—2006（2016 年版）第 3.2.4 条关于雨水管渠重现期、第 4.1.3 条关于雨水管渠材质选择的规定。

【处理措施】横穿道路的临时排水管主要解决由于道路路基修建时对原有现状河沟、水系进行回填，阻断了原有排水通道的问题。如路基两侧远期为平场区域，则阻断排水通道位置应还建一处临时排水管道。临时排水管道重现期标准可结合地块开发时序选用低标准重现期。对于近期道路两侧地块将回填区域，重现期标准根据建设区域城镇等级及城区类型，按《室外排水设计规范》GB 50014—2006（2016 年版）表 3.2.4 选用重现期下限标准；如道路两侧地块短时期内不回填，为避免道路临时排水管上游侧积水浸泡路基，建议按《室外排水设计规范》GB 50014—2006（2016 年版）表 3.2.4 选用重现期，重现期标准根据受淹影响程度进行选择。

道路两侧场地回填后，临时排水管将失去排水功能，其使用年限较短，但并无条件将其从路基中挖出，故临时排水管将永久设置于路基下，一般仅对两端进行封堵。但为避免临时排水管渗水、垮塌，导致路基沉降，横穿道路的临时排水管应按永久性管道标准进行施工。对于大埋深临时排水管，不能简单采用普通钢筋混凝土管材外层满包措施，应验算管顶覆土荷载及管道基础承载力等综合影响因素，可采用预制混凝土管或高环刚度塑料管材。对于大断面临时排水管，管道垮塌将造成路基大面积沉降，应加强管道结构，采用涵洞等结构形式，以满足临时排水管的耐久性要求。

问题 88：雨水口连接支管管材选用未充分考虑车行道荷载、施工工艺等综合因素。

【原因分析】违反《室外排水设计规范》GB 50014—2006（2016 年版）第 4.1.3 条管渠材质应根据排水水质、水温、冰冻情况、断面尺寸、管内外所受压力、土质、地下水位、地下水侵蚀性、施工条件和对养护工具的适应性等因素进行选择和设计。

【处理措施】

① 管渠采用的材料一般有混凝土、钢筋混凝土、球墨铸铁、塑料、钢等。钢筋混凝土管道工艺成熟，质量稳定，管道强度高，但对管道基础要求较高，施工时间较长，管道粗糙系数大。球墨铸铁管适用于排水工程，具有施工便捷、防渗漏等优点。塑料管道具有粗糙系数小、防腐性能好、抗不均匀沉降性能好、实施方便的优点，但刚度要求高，对管材质量控制和施工回填质量的要求较严。金属管材使用时应充分考虑防腐要求。

② 根据《重庆市建设领域禁止、限制使用落后技术通告》（2019 年版）释义，第七十五条第三点关于管材禁限范围的解释，车行道下浅埋的雨水管施工工艺为先安装管材再采用机械推土的方式回填。因管材要承受机械来回碾压的压力，要求管材有足够的刚度，通常使用钢筋混凝土排水管、

球墨铸铁管、钢管或钢筋混凝土满包化学管材。

《给水排水管道工程施工及验收规范》GB 50268—2008 第 4.5.13 条：刚性管道的管顶覆土无法满足时，可采用混凝土包封或具有结构强度的其他材料回填；柔性管道的管顶覆土无法满足时，可采用套管方法，不得采用包封混凝土的处理方法。

《埋地塑料排水管道工程技术规程》CJJ 143—2010 第 4.1.9 条：对设有混凝土保护外壳结构的塑料排水管道，混凝土保护结构应承担全部外荷载，并应采取从检查井到检查井的全管段连续包封。混凝土包封结构是为了弥补塑料排水管的强度或刚度不足，凡采用混凝土包封结构的管段，混凝土包封结构应按承担全部的外部荷载，还应采用全管段连续包封，目的同样是为了消除管壁应力集中的问题。综合考虑钢筋混凝土排水管、球墨铸铁管、钢管的造价及《埋地塑料排水管道工程技术规程》明确化学管材不得满包加固的相关规定，因此雨水口连接管采用化学管材时应采用砂垫层基础，并做好避免碾压受损的相应措施。钢管及球墨铸铁管可作为雨水口连接管管材，水力性能优于钢筋混凝土管，但价格高于钢筋混凝土管。钢筋混凝土管道价格较为便宜，可采用混凝土满包施工工艺，在实际工程应用中较为普遍。

问题 89：排水出口未考虑安全措施，未设置安全警示标识。

【原因分析】违反《室外排水设计规范》GB 50014—2006（2016 年版）第 4.9.2 条规定：出水口应采取防冲刷、消能、加固等措施，并设置警示标识。

【处理措施】涵洞进出口、大型排水出口一般断面大，雨天流量大，易形成水流冲刷。为避免人员（特别是未成年人）误入排口引发被水流冲走的风险，在涵洞、大型雨水排口位置应设置钢丝护栏，并设置相应安全警示标识，如图 20-35 所示。

图 20-35　排水出口警示示意

20.2.4　管道附属构筑物

问题 90：污水管道未考虑设置通气设施或通气设施设置未考虑周边环境因素。

【原因分析】违反《室外排水设计规范》GB 50014—2006（2016 年版）第 4.3.6 条关于污水管道设置通风设施的规定。

【处理措施】污水管道应根据需要设置通风设施，以排除管道内产生的有毒有害气体，防止发生人员中毒、爆炸起火事故。一般市政道路下敷设污水管网通过检查井盖上的提孔进行通气（图 20-36 左图），避免在检查井顶部形成沼气汇集。但很多项目中，为追求景观效果，在将污水检查井上增铺人行道砖时（图 20-36 右图）未预留通气孔，存在安全隐患，应同步预留通气孔洞。

图 20-36　污水检查井上覆人行道砖及球墨铸铁井盖示意图

同时根据《室外排水设计规范》GB 50014—2006（2016年版），根据管道内产生的气体情况、水力条件、周围环境，在下列地点可考虑设通风设施：管道充满度较高的管段内、设有沉泥槽处、管道转弯处、倒虹管进、出水处、管道高程有突变处。对于污水干管、污水箱涵等大型污水主干线，污水流量大，聚集气体量相应也大，应结合周边环境条件，如沿河绿化带、公厕等位置设置通气设施对污水主干管进行通气。

问题 91：未考虑排水管道中泥沙对管道运行的影响，排水管道未考虑沉泥设施。

【原因分析】违反《室外排水设计规范》GB 50014—2006（2016年版）第 4.4.11 条关于排水管道沉泥槽设置的规定。

【处理措施】排水管道内泥沙易于在管道内沉积，在管底固结后减小管道断面，影响管道过流能力，结合后期管道运维条件，应在排水管道考虑沉泥措施。对于排水管道坡度很小的管段，可间隔设置沉泥槽。根据实际情况，在流速小于 1.0m/s 时，每隔一定距离的检查井设沉泥槽，深度宜为 0.3～0.5m。对管径小于 600mm 的管道，距离可适当缩短。针对于山地城市排水管道，由于道路纵坡大，排水管道通常需设置较多跌水井来处理管道跌差，跌水井消能区同时可起沉泥功能，可不设置沉泥槽。设置沉泥槽的检查井应有识别标志。

问题 92：未考虑逆流影响，检查井进出水管夹角小于 90°。

【原因分析】违反《室外排水设计规范》GB 50014—2006（2016年版）第 4.3.2 条关于管道转弯或交接处水流转角的规定。

【处理措施】检查井进出水管为锐角时，进水管水流对冲出水管水流，可能导致逆流，使主线排水管线流水不畅，故而在排水管平面布置时，应合理调整进出水管方向，保证管道转弯处和交接处，其水流转角不小于 90°。由于施工现场经常出现检查井位置偏移，导致排水管网接入检查井时施工现场经常出现锐角的情况，设计人员进行施工服务时应加强设计质量落地管理。

问题 93：明沟接暗管未考虑较大尺寸冲积物及泥沙对暗管堵塞的影响，未设置格栅及沉砂设施。

【原因分析】违反《室外排水设计规范》GB 50014—2006（2016年版）第 4.12.4 条关于渠道接入管道接口处理的规定。

【处理措施】明沟接暗管处应设置格栅，防止较大尺寸冲积物进入管道。且暗管疏浚条件较明渠差，在明渠接入暗管处应设置沉砂池。沉砂池应考虑平时人员清掏、检修功能，应采用易于开启的检查井盖，不应采用混凝土盖板井盖（图 20-37）。

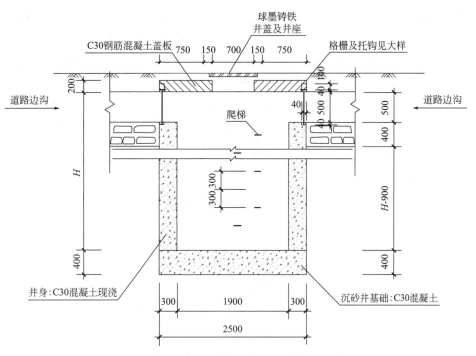

图 20-37　明沟接暗管沉砂井及格栅做法示意图

问题 94：检查井结构强度未考虑检查井基础影响及整体结构稳定性、未考虑抗震措施。

【原因分析】违反《城镇给水排水技术规范》GB 50788—2012 第 6.1.3 条关于构筑物结构设计和《室外给水排水和燃气热力工程抗震设计规范》GB 50032—2003 第 3.6.2 条关于混凝土等级不低于 C25 的规定。

【处理措施】城镇给水排水工程中构筑物和管道设计，必须依据岩土工程勘察报告，确定结构类型、构造、基础形式及地基处理方式，检查井底板采用整体现浇，混凝土等级不低于 C25（图 20-38），可采用 C30 混凝土基础，在填方段采用 C30 钢筋混凝土基础。

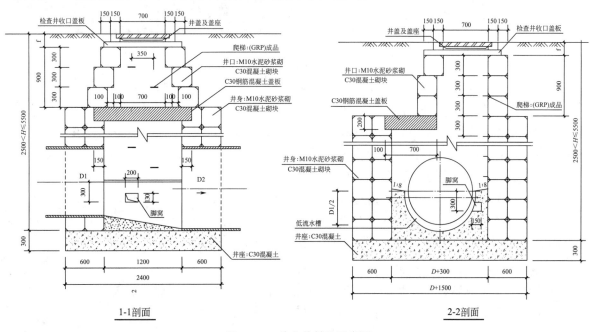

图 20-38　检查井做法示意图

第 3 部分　市政工程

问题 95：排水检查井井盖未明确排水属性、建成年代、权属单位，检查井盖盖座与检查井人孔尺寸不一致，井盖未考虑防盗、防位移、防坠、防响、防滑等功能。

【原因分析】违反《室外排水设计规范》GB 50014—2006（2016 年版）第 4.4.6 条、第 4.4.10 条关于检查井井盖性能要求的规定。违反《山地城市室外排水管渠设计标准》DBJ 50/T—296—2018 第 5.2.9 条，检查井井盖应具有防盗、防位移、防坠、防响、防滑等功能。

【处理措施】检查井井盖若不满足防盗、防沉降要求，城市道路投入使用后，路面上检查井及井周出现井盖失稳、破损、下沉及井周环裂、沉陷等多种形式病害，使道路正常使用功能下降，影响城市景观，甚至给行人、行车带来安全危害。重庆地区排水检查井一般采用砌块收口，人孔为方形，则检查井盖盖座与检查井人孔尺寸应一致，应避免井盖盖座小于人孔的情况（图 20-39），宜采用方座圆盖，或采用大一号尺寸圆座，使检查井盖盖座完全覆盖人孔。

根据《室外排水设计规范》GB 50014—2006（2016 年版）第 4.4.6 条、第 4.4.10 条，位于车行道的检查井应采用具有足够承载力和稳定性良好的井盖与井座，设置在主干道上的检查井的井盖基座和井体应避免不均匀沉降。对应条文解释中主干道上车速较快，出现不均匀沉降时，容易造成车辆颠簸，影响行车安全，可采用井盖基座和井体分离的检查井或者可调节式井盖，加以避免。

根据《山地城市室外排水管渠设计标准》DBJ 50/T—296—2018（2018.7.1）第 5.2.9 条及重庆市城市管理局出台的《城市道路品质提升技术指南》的有关规定，检查井井盖应具有防盗、防位移、防坠、防响、防滑等功能。

图 20-39　井盖盖座小于人孔　　　　　　　　图 20-40　防盗型球墨铸铁井盖

在使井盖周边路面产生龟裂及沉陷等的诸多因素中，井盖的材质也起了决定性作用。井盖使用不当会增加井座破损率，进而引起沥青混凝土出现松动、开裂，导致井盖周边的路面过早破坏。所以，检查井应选用具有防盗、防沉降功能的井盖（图 20-40）。井盖与井室的连接方式改为轴承式，为达到防盗目的，可在井盖与井座间设置缓冲层，来自上部的压力被缓冲，并通过井座分散到道路的结构层上，可使井体承受的荷载减少 80% 以上。

设计时应优选承载力高的井盖型号，井盖全部采用防盗球墨铸铁井盖及盖座，按承载能力，车行道最低选用 D400 类型，人行道上最低选用 B125 类型，检查井井座高度以 16～18cm 为宜，以确保井座固定。

问题 96：管道或涵洞进出水口未明确与边坡坡率的关系，八字式翼墙坡率与边坡不一致，未考虑水流对构筑物底板、基础的冲刷影响，出水口下游未设置护砌和防冲措施。

【原因分析】违反《室外排水设计规范》GB 50014—2006（2016 年版）第 4.9.2 条关于出水口

采取防冲等措施的规定。

【处理措施】八字式翼墙主要起整合水流及挡土的作用，翼墙坡率应与边坡坡率一致（图 20-41）。雨水出水口底板如不采取相应加固、防护措施，易受水流冲刷，大暴雨时出水口底板易被掏空，甚至折断损坏，进而危及岸坡稳定性（图 20-42）。出水口应按规范要求，设置护砌等防冲刷措施，出口底部采用打桩或加深锯齿等加固措施，并视需要设置标志，在出水口跌水水头较大时，尚应考虑消能措施。

图 20-41　涵洞八字出水口翼墙

图 20-42　涵洞出水口被冲毁（百年一遇洪水）

问题 97：倒虹管进水井的前一检查井，未考虑减少进入倒虹管泥渣量的措施，未设置沉泥槽。

【原因分析】违反《室外排水设计规范》GB 50014—2006（2016 年版）第 4.11.6 条关于倒虹管进水井前设置沉泥槽的规定。

【处理措施】倒虹管由于其自身工艺特点，污水杂质在倒虹段易沉积，进而影响管道使用，也不便于清掏。故而在倒虹管设计时应尽量考虑相应措施，减少进入倒虹管的泥渣量；在位于倒虹管进水井前的检查井中，应设置沉泥槽。凹字形倒虹管的进出水井中也应设置沉泥槽，一般井底落底 0.5m，沉淀污水中泥土、杂物，保证管道内水流通畅，如图 20-43 所示。

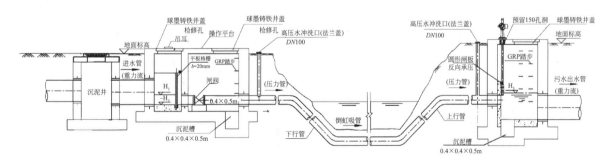

图 20-43　倒虹管设置沉泥槽示意图

问题 98：接入大埋深涵洞雨水管时，未考虑接入管高落差雨水对涵洞本体冲刷的影响，未设置跌水消能措施。

【原因分析】违反《室外排水设计规范》GB 50014—2006（2016 年版）第 4.5.1 条关于排水管渠跌落水头及跌水措施的规定。

【处理措施】雨水涵洞通常为片区雨水主通道，收集片区内雨水，断面大、埋深较大。涵洞埋

第 3 部分　市政工程

513

深与市政道路雨水管道存在一定高差，雨水从高处接入带来的势能会对涵洞结构或涵洞内水流带来较大的冲击。市政雨水管道接入埋深较大涵洞前，应避免高落差雨水对涵洞结构冲刷，可在进入涵洞前设置多级跌水或设置涵洞自带跌水消能措施的附井（图 20-44、图 20-45）。为避免接入管道水流跌落对涵洞结构本体进行冲刷，或直冲涵洞内水流，影响涵洞排水稳定性，涵洞附井宜采用侧入式，避免采用在涵洞顶部开孔的检查井形式。涵洞附井宜设置于人行道下，并应有井盖丢失后的防坠落措施。

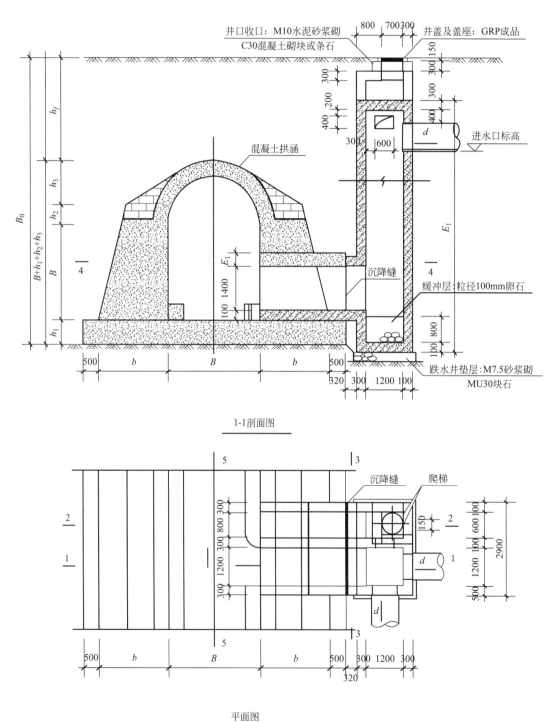

1-1剖面图

平面图

图 20-44　拱涵附井工艺示意图

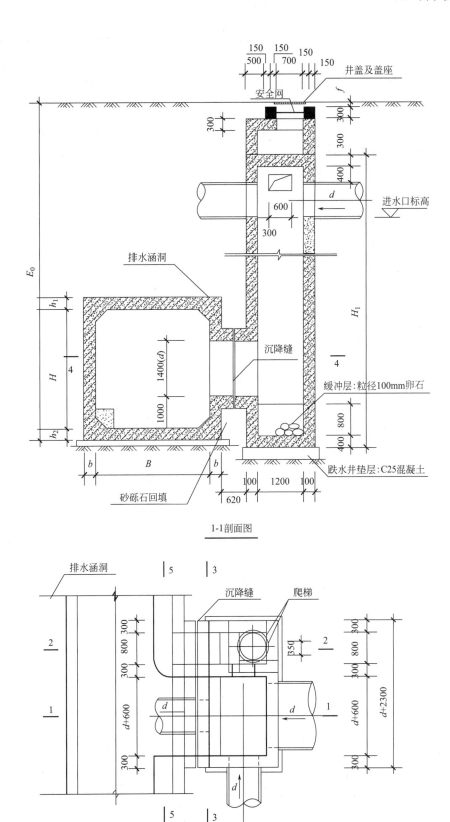

1-1剖面图

平面图

图 20-45　箱涵附井工艺示意图

问题 99：涵洞检查井未考虑检修人员安全因素，未采取进水井室与人员进入检修井室分隔的措施。

【原因分析】违反重庆市《山地城市室外排水管渠设计标准》DBJ 50/T—296—2018 第 5.3.1 条关于跌水井的规定。

【处理措施】涵洞检查井进水井室与人员进入检修井室若合建，进水水流可能直接冲刷进入检查井检修疏浚的人员，造成安全隐患。所以，涵洞检查井应设置带有附井的检查井，附井采取进水井室与人员进入检修井室分开设置的结构形式（图 20-46）。

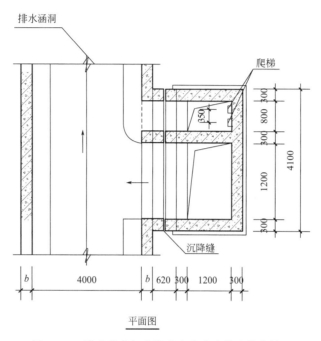

平面图

图 20-46 进水井室与人孔井室分建式检查井大样图

问题 100：涵洞标准段未考虑检修人员安全因素，未设置低流水槽。

【原因分析】违反《室外排水设计规范》GB 50014—2006（2016 年版）第 4.1.3 条关于大型管渠排水管渠断面形式考虑运维管理的规定。

【处理措施】涵洞内一般阴暗、湿滑，长满青苔或沉积淤泥，给涵洞检修带来很大困难。虽然涵洞检修、维护可避开雨天进行，但涵洞内仍难以避免有水流和淤泥，导致检修人员检修环境差，人员安全难以保证。在涵洞设计时，应设置低流水槽（图 20-47），并根据涵洞跨径选择单侧或双侧布置，改善检修条件。

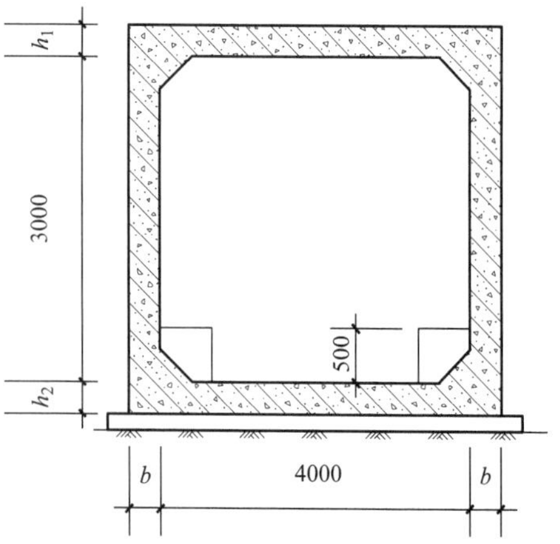

图 20-47 涵洞低流水槽示意图

问题 101：雨水口采用固定式雨水篦，未考虑后期维护因素，无法打开清通、维护。

【原因分析】雨水口内沉积路面垃圾，需经常清理，雨水篦子需经常开启，便于市政管理人员清通、维护。

【处理措施】雨水口采用固定式雨水箅（图 20-48）将导致雨水口无法打开清通，给市政设施管护单位造成困难，影响道路雨水收集排放和雨水管网的正常运行，可能造成安全隐患。应结合当地市政设施管护单位，采用防盗型可开启式雨水口（图 20-49）。

图 20-48 固定式雨水箅示意图

图 20-49 防盗可开启式雨水口示意图

问题 102：交叉口雨水口布局不合理，雨水来水方向未设置雨水口进行路面雨水截留，导致路面雨水进入交叉口，影响交叉口行车安全。

【原因分析】违反《室外排水设计规范》GB 50014—2006（2016 年版）第 4.7 节关于雨水口设置的规定；违反《城市道路设计规范》CJJ 37—2012 第 15.3.5 条关于雨水不应流入路口范围的规定；违反《城市道路交叉口设计规程》CJJ 152—2010 第 4.3.6 条关于交叉口人行横道上游设置雨水口的规定。

【处理措施】道路由于存在横坡及纵坡，道路路面雨水形成斜向流后沿路缘石顺道路坡向向下游流动。在慢车道沿路沿石设置雨水口，对路面雨水进行截留、收集后排入市政雨水管道。所以，雨水口布置是否合理是道路雨水排水是否顺畅的关键因素。雨水口布置应尽量让雨水尽快进入市政雨水管道，避免在路面汇集。故而在道路交叉口位置，应在来水方向上设置雨水口，以确保雨水不流入交叉口。对于纵坡较大的道路，在道路下游交叉口位置及低点位置，可考虑雨水口加密，提升收水效果。

问题 103：雨水口、检查井设置于无障碍坡道、人行横道中央，未考虑雨水箅间隙及其损坏对行人通行安全、残障人士通行安全等风险因素，未考虑检查井设置对盲道阻断带来的风险。

【原因分析】违反《城市道路交叉口设计规程》CJJ 152—2010 第 4.3.6 条关于交叉口人行横道上游设置雨水口的规定。

【处理措施】交叉口人行横道上游、交叉口低洼处应设置雨水口，不得积水。雨水口应设置于交叉口人行横道上游，降低雨季时行人通行的安全风险，更应避开无障碍坡道、盲道出口，确保残障人士的通行安全。盲道铺设应连续避开井盖，无法避开时应采取确保盲道顺畅的措施（比如盲道绕行、隐形井盖等），如图20-50所示。

图 20-50 检查井、雨水口设置于盲道、人行横道错误示意图

问题 104：道路雨水口及雨水口连接管流量计算未考虑堵塞、淤积带来的流量折减因素，未考虑提升雨水口及雨水口连接收水能力的措施。

【原因分析】违反《室外排水设计规范》GB 50014—2006（2016年版）第4.7.1A关于雨水口连接管流量和《城市道路交叉口设计规程》CJJ 152—2010第4.3.6条关于交叉口雨水口设置的规定。

【处理措施】雨水口易被路面垃圾和杂物堵塞，平箅雨水口应考虑50%被堵塞，立箅雨水口应考虑10%被堵塞，若雨水口不考虑富余流量可能导致后期道路积水。道路雨水口及雨水口连接管应按雨水管渠设计重现期计算流量的1.5～3倍复核雨水口和雨水口连接管的流量，保证其被局部堵塞时路面排水的需求，避免路面积水。对于道路拓宽位置、道路低点位置及内涝风险点，应考虑雨水口加密措施并补充雨水口数量校核计算，雨水口加密处的设置数量应通过计算确定，计算公式如下：

$$n \geqslant (1.5 \sim 3) \cdot Q/q$$

式中：n——雨水口设置个数；

Q——雨水口收水范围在雨水管渠设计重现期下的设计降雨量，L/s；

q——单个雨水口的泄流能力，L/s。

问题 105：隧道或地通道、立交匝道在车行道设置有雨水管网及雨水检查井，未考虑行车安全及行车舒适性。

【原因分析】车行道布置雨水检查井会对车辆通行舒适度、安全性和检查井井盖使用寿命产生不利影响。

【处理措施】城市隧道或地通道、立交匝道排水应根据道路性质采用合适的排水方式，在保证排水效率的同时不影响行车安全及舒适性。隧道或地通道、立交匝道应尽量规避在车行道上设置雨水管及检查井。

根据《室外排水设计规范》GB 50014—2006（2016年版）第4.10.2条～第4.10.3条规定下穿立交道路宜设置横截沟和边沟，横截沟设置应考虑清淤和沉泥。横截沟盖和边沟盖的设置，应保证车辆和行人的安全。且下穿立交道路排水应设置独立的排水系统，并防止倒灌，当没有条件设置独立排水系统时，受纳排水系统应能满足地区和立交排水设计流量要求。

对于立交匝道，在满足雨水过流需求前提下宜设置雨水边沟收集地表径流，确需设置雨水管道时应优先将管道设置于绿化带内。

下穿道设置横截沟时需考虑车辆碾压导致横截沟下沉的影响，对横截沟施工工艺要求较高，并应有防止沉降相应措施，如图 20-51 所示。

图 20-51 下穿道横截沟实景图

问题 106：道路拓宽后雨水口未进行改造，雨水口位于车行道位置，未考虑车辆碾压造成路面沉降及影响交通通行的因素。

【原因分析】违反《城市道路设计规范》CJJ 37—2012（2016 年版）第 5.4.2 条关于道路雨水口位置的规定。

【处理措施】对于道路拓宽后现状雨水口位于车行道的情况，在道路拓宽中若不改造雨水口而只新建路缘石，将影响其收集道路雨水的效果，同时会因为车辆的碾压导致其加速损坏，另外还将影响行车舒适性（图 20-52）。在道路拓宽改造中，应考虑雨水口布置与车行交通因素的关系，应迁改雨水口至新建路缘石位置，对于原有雨水口，应挖除后对路基进行回填处理。

图 20-52 雨水口在车行道示意图

问题107：架空检查井未考虑防护措施，架空检查井未设置检修平台；架空污水干管未考虑后期运维可行性，未预留检修便道，清淤机械无法达到架空箱涵检查井。

【原因分析】设计时未充分考虑后期管道及检查井的维护以及维护人员的安全问题。

【处理措施】结合需求，对后期有需要进行维护的架空检查井进行相应的后期维修通道设计，同时加装爬梯、护笼、防护栏杆等防护措施，如图20-53所示，保证人员安全。架空线路宜设置于靠近车行道的线位，否则应预留检修便道，确保后期清淤机械进场作业。

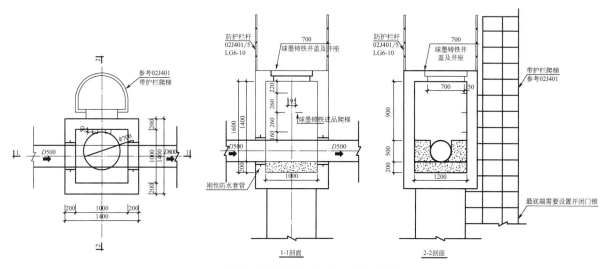

图20-53　架空检查井外壁爬梯示意图（单位：mm）

问题108：检查井及雨水口等排水构筑物采用砖砌材质，未考虑抗震措施要求，未考虑建设工程限制、禁止使用材料相关要求。

【原因分析】违反重庆市住房和城乡建设委员会发布的《重庆市建设领域禁止、限制使用落后技术通告》（2019年版）中第96项关于严禁砖砌检查井用于全市建设工程的规定。违反《室外给水排水和燃气热力工程抗震设计规范》GB 50032—2003第3.6.2条、第3.6.3条的规定。

【处理措施】由于砖砌检查井存在易渗漏、易污染环境的风险，建设主管部门规定严禁应用于全市建设工程。应选用装配式混凝土检查井/雨水口、塑料检查井、现浇检查井/雨水口等。

钢筋混凝土盛水构筑物和地下管道管体的混凝土等级不应低于C25，砌体结构的砖砌体强度等级不应低于MU10，块石砌体的强度等级不应低于MU20。砌筑砂浆应采用水泥砂浆，其强度等级不应低于M7.5。

问题109：排水管道和构筑物未考虑抗震要求，管材、接口选择未选择满足抗震要求产品、措施。

【原因分析】违反《室外排水设计规范》GB 50014—2006（2016年版）第5.3.4条、《室外给水排水和燃气热力工程抗震设计规范》GB 50032—2003第10.1.4条关于抗震设计的要求。

【处理措施】根据《室外排水设计规范》GB 50014—2006（2016年版）第5.3.4条的要求，管道接口应根据管道材质和地质条件确定，并应符合现行国家标准《室外给水排水和燃气热力工程抗震设计规范》GB 50032—2003的有关规定。

设计文件中应明确排水管道抗震设防烈度，并结合抗震需求合理选择管材、接口。当管道穿过粉砂、细砂层并在最高地下水位以下，或在地震设防烈度为7度及以上设防区时，应采用柔性接口。排水管道采用承插式管道时，应采用柔性接口避免不均匀沉降或地震造成的接口错位。采用刚性接口的管道应设置相应沉降措施。

20.2.5 管道基础处理（明挖、非开挖）

问题 110：排水管道未考虑地下水位对管道基础影响，未考虑高水位下排水管道抗浮措施。

【原因分析】违反《城镇给水排水技术规范》GB 50788—2012 第 6.1.6 条和《给水排水工程管道结构设计规范》GB 50332—2002 第 4.2.10 条关于管道抗浮的规定。

【处理措施】对位于地表水或地下水以下的构筑物和管道，应进行抗浮稳定性验算，采用的核算水位应为勘察文件提供的在使用年限内可能出现的最高水位，以确保结构安全。若管道不满足抗浮要求，应采取抗浮桩、钢筋混凝土压块、压翼结构、配重等抗浮措施。

浮托力计算公式如下：

$$F_{fw,k} = \gamma_w \frac{\pi D_W^2}{4}$$

式中：D_W——管道外径，m；

γ_w——水的中立密度，本次设计按 10.0kN/m³ 计算。

管顶竖向土压力计算公式如下：

$$F_{sv,k} = C_d \gamma_s H_s D_1$$

式中：C_d——开槽施工土压力系数，与开槽宽度有关，本次验算取为 1 计算；

γ_s——回填土的重力密度（kN/m³），对埋设在地下水位以上的管道可取 18.0kN/m³；对埋设在地下水位以下的管道可取 10.0kN/m³；

H_s——管顶至设计地面的覆土高度，m；

D_1——圆管外直径，m。

管道的抗浮验算应满足下式：

$$\sum F_{Gk} \geqslant K_f F_{fw,k}$$

式中：$\sum F_{Gk}$——各种抗浮作用标准值之和；

K_f——抗浮稳定性抗力系数（应不低于1.1），本次设计按1.1计算；

$F_{fw,k}$——浮托力标准值。

问题 111：大埋深化学管材采用满包基础，未考虑柔性管材与刚性基础受力管道破坏机理。

【原因分析】违反《埋地塑料排水管道工程技术规程》CJJ 143—2010 第 4.1.9 条关于塑料管道采用混凝土满包的规定。

【处理措施】柔性管道整体适应地基沉降变形能力较强。但采用刚性材料加固时（图 20-54），若设置沉降缝，则会使沉降位移集中在设缝位置，将可能在此处剪断管线；若不设置沉降缝，加固材料本身可能因沉降而断裂，同样可能造成沉降位移集中，管道被剪断。在设计时应按管土共同工作的模式进行结构内力分析，核算截面强度、截面环向稳定性及变形量，管土共同作用机理（图 20-55）。当管道为大埋深时，可以采用现浇涵洞结构工艺；如需采用化学管材，则化学管材强度需满足覆土荷载强度要求。对于通过外包混凝土结构的塑料管道，混凝土外包结构应承担结构全部荷载（图 20-56），并且做到两个检查井间全部管道连续包封。

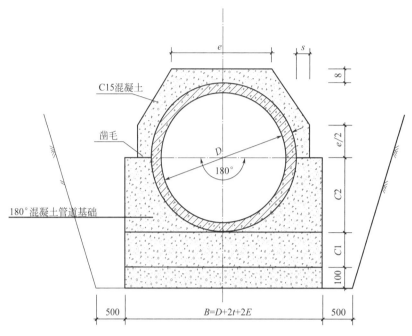

图 20-54　管道满包示意图

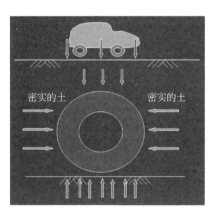

图 20-55　管—土共同作用机理示意图

图 20-56　化学管材满包实景图

问题 112： 高挖方路段排水管道敷设未考虑管道沟槽开挖对高边坡坡脚稳定性的影响，管槽开挖时未采取防止高边坡垮塌的措施。

【原因分析】违反《给水排水管道工程施工及验收规范》GB 50268—2008 第 4.1.3 条关于沟槽开挖、支护与地质条件关系并违反重庆市《山地城市室外排水管渠设计标准》DBJ 50/T—296—2018 第 4.1.8 条关于排水管道铺设于非稳定边坡及易垮塌、易滑动地带时采取稳固措施的规定。

【处理措施】在高挖方路段高边坡坡脚开挖沟槽时，若未经结构安全计算确定合理安全距离，可能造成边坡垮塌等安全事故。管道设置在靠近高边坡坡脚时，应经结构安全计算，确定合理的安全距离，并应有稳妥的安全措施，如采取边坡支护、设置抗滑桩等工艺。若无法保证结构安全，应调整管线的位置。

问题113：沿山体、冲沟、河道岸坡敷设污水干管的基础处理措施未论证安全性，未采取安全可靠的基础处理措施。

【原因分析】违反《城镇给水排水技术规范》GB 50788—2012第6.4.9条关于污水管道设置于傍山区及冲沟地带管道基础处理的规定，属于违反强制性条文要求。

【处理措施】污水干管基础处理措施不合理可能导致管道基础破坏。由于地震及山体雨水冲刷因素，山体、河边岸坡等位置边坡易出现失稳现象。沿山体及冲沟敷设的污水干管，应对其基础处理措施及边坡进行安全性验算。污水干管不宜设置在陡于1：1.5的边坡及易垮塌、滑动地带，当必须穿越该区域时，应采用稳固措施保障其安全。

问题114：对于敷设于车行道下的管道、检查井，未考虑路基沉降对检查井的影响，未采取防路基沉降及检查井沉降措施。

【原因分析】违反《城市道路路基设计规范》CJJ 194—2013第4.7.2条、第4.7.3条关于管道沟槽回填及检查井周边回填和《给水排水管道工程施工及验收规范》GB 50268—2008第4.5.3条关于检查井、雨水口等构筑物回填的规定。

【处理措施】敷设于车行道下的管道、检查井，由于车辆长期碾压，不可避免将出现路基沉降，设计时应考虑相应措施，尽量减少路基沉降量或降低路基沉降对管道、检查井影响。由于管道及检查井上方、两侧不允许大型机械碾压，故在回填材料上需考虑易于密实的材料。对于管道沟槽底至管顶以上0.5m且不小于一倍管径的范围内应采用渗水性好、容易密实的砂、砾等填料，填料最大粒径应小于50mm。检查井周边40cm应采用砂、碎石回填。对于车行道下检查井，井盖周圈应采用钢筋混凝土进行加固，增加井盖周边整体性，通过扩大车轮碾压受压面积达到防沉降目的（图20-57）。

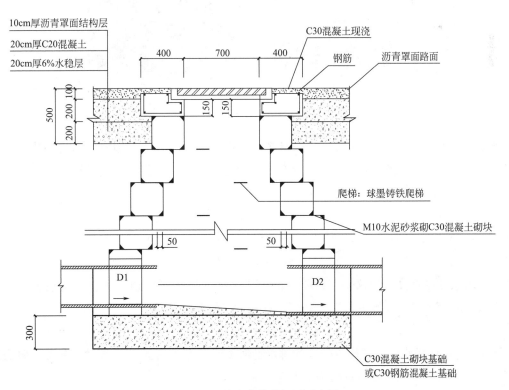

图20-57 检查井井盖加固示意图

第3部分 市政工程

问题 115：采用碎石屑、石粉回填管道沟槽，未考虑管道施工期间雨水及施工后地下水对回填材料浸泡的影响。

【原因分析】违反《室外排水设计规范》GB 50014—2006（2016 年版）第 4.1.3 条关于管道基础与施工条件、地下水关系的规定。

【处理措施】根据《给水排水管道工程施工及验收规范》GB 50268—2008 表 4.6.3-2 关于回填材料规定，可采用符合要求的原土、碎石屑进行回填。但在实际施工过程中，经常有碎石屑或石粉被雨水或地下水浸泡后形成泥浆的情形（图 20-58），从而导致不满足管道基础回填要求。所以，在高地下水区域或雨期施工期间，应考虑管道回填材料的适应性，结合道路路基要求，尽量采用渗水性好、容易密实的砂、砾、机制砂等填料，砂砾最大粒径应小于 40mm。

图 20-58　石粉遇地下水形成泥浆

问题 116：排水管道采用顶管工艺，未考虑地下水位影响，降水措施未考虑对周边建（构）筑物基础影响，在地下水位高于管道高程时采用人工顶进工艺未考虑施工安全因素。

【原因分析】违反《给水排水管道施工及验收规范》GB 50268—2008 第 6.1.4 条关于地下水位与顶管工艺选择的规定。

【处理措施】排水管道顶管施工应考虑地下水位影响，采用人工掘进工艺时，应将地下水位降至管底以下不低于 0.5m。但需考虑地下水降水措施对周边建（构）筑物基础影响。对于降水存在困难或无降水条件的管段，建议采用封闭式的土压平衡或泥水平衡顶管工艺，避免采用人工掘进时，地下水影响管道定位及地下水进入管道后对施工人员造成伤害。

问题 117：临时排水管或者埋深较大的排水管道位于路基强夯区域下方时，未考虑强夯对管道的破坏影响，未采取有效措施防止路基不均匀沉降。

【原因分析】违反《室外排水设计规范》GB 50014—2006（2016 年版）第 4.3.7 条管顶最大覆土深度超过相应管材承受规定值或最小覆土深度小于规定值时，应采用结构加强管材或采用结构加强措施的规定。

【处理措施】在道路强夯区域下方有排水管道时，应首先复核管道承载力是否满足规范要求，若不满足，则应采取结构加强管材或采用结构加强措施或限制强夯夯击能。

问题 118：排水沟槽开挖未充分考虑管道沿线地质情况，未采取合理的开挖坡率及支护措施。

【原因分析】排水沟槽开挖、支护未充分结合管道沿线地质情况采用不同的开挖及支护方式。违反《给水排水管道施工及验收规范》GB 50268—2008 第 4.1.3 条、第 4.1.6 条关于排水管道沟槽开挖、支护施工安全的相关规定。

【处理措施】管道沟槽开挖应结合地质情况，分段采取不同的开挖及支护方式。特别是对于高边坡挖方段，还应考虑是否有外倾结构面、裂隙等的影响，进而采取跳槽施工、钢板桩支护、挖孔桩支护等针对性的开挖及支护措施，或调整埋深较大管道远离边坡坡脚，减少沟槽开挖对边坡的影响。对于深基坑沟槽，需满足重庆市《关于进一步加强全市高切坡、深基坑和高填方项目勘察设计管理的意见》（渝建发〔2010〕166 号）相关要求。

20.3 照明工程

20.3.1 供配电系统

问题 119：低压侧装设的电涌保护器设计参数未考虑安装位置及被保护设备的特性因素，主要技术参数不满足采购、安装需求。

【原因分析】违反《建筑物防雷设计规范》GB 50057—2010 第 6.4.1 条和《低压电涌保护器（SPD）第 12 部分：低压配电系统的电涌保护器选择和使用导则》GB/T 18802.12—2014 第 5.4.2 条关于电涌保护器选择和使用的规定。

【处理措施】箱变低压侧装设的电涌保护器，根据低压配电系统的预期过电压、过电流的类型和水平，并结合被保护设备的特性，选择与系统匹配的电涌保护器，并标注电压保护水平、额定工作电压、冲击电流和标称放电电流等主要参数。

问题 120：箱式变电站 10kV 进线固定式配电装置采用负荷开关—熔断器组合电器时，未考虑安全隔离因素，未采取隔离保护措施。

【原因分析】违反《20kV 及以下变电所设计规范》GB 50053—2013 第 3.2.10 条关于装设隔离开关的规定。

【处理措施】箱式变电站中高压固定式配电装置采用负荷开关—熔断器组合电器时，应在电源侧装设隔离开关，隔离开关的作用是断开无负荷电流的电路，使所检修的设备与电源有明显的断开点，以保证检修人员的安全。隔离开关没有专门的灭弧装置不能切断负荷电流和短路电流，所以必须在断路器断开电路的情况下才可以操作隔离开关，保证电源侧有明显的断开点，确保检修工作时的安全隔离。

问题 121：箱式变电站基础接地网未考虑均压及跨步电压的因素，未采取相关应对措施。

【原因分析】违反《电气装置安装工程接地装置施工及验收规范》GB 50169—2016 第 4.2.2 条关于保证均压及跨步电压和接触电压措施的规定。

【处理措施】箱式变电站基础接地网的外缘应闭合，原因是不受所在地形高差的限制，其可以提供一个稳定的接地等势面，且可以靠环形的水平连接导体来保证接地网上任意垂直接地体的电位平衡，从而保证接地网的土壤连续性。接地网外缘各角应做成圆弧形，圆弧的半径不宜小于邻近均压带间距的一半，原因是当接地网外缘未闭合或者是直角时，会产生地电位陡升的情况，这不利于安全，做成圆弧是为了保证均压，减小跨步电压和接触电压，如图20-59所示。

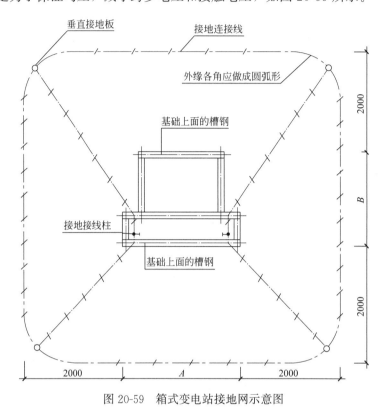

图20-59　箱式变电站接地网示意图

问题122：箱式变电站未考虑在户外耐久安全使用的因素，未明确箱体防护等级措施。

【原因分析】违反《高压/低压预装式变电站》GB/T 17467—2020第6.14条和《全国民用建筑工程设计技术措施/电气》（2009年版）第3.4.5条第8款关于箱式变电站防护等级的规定。

【处理措施】根据项目安装所在地域情况考虑其防护等级要求，应该避免气候和环境因素影响箱变的正常运行。户外箱式变电站外壳箱体防护等级不应低于IP33，根据安装位置、气候和环境因素合理确定防护等级，在条件恶劣地区应适当提高箱体防护等级，保证箱变在安装环境中安全运行，以确保安全用电为原则。

问题123：低压总进线断路器整定电流值未考虑与变压器额定电流匹配因素，未采取使变压器容量得到充分利用的措施。

【原因分析】违反《全国民用建筑工程设计技术措施/电气》（2009年版）第5.5.4条关于变压器低压侧主保护断路器选择的规定。

【处理措施】低压总进线断路器整定电流值仅考虑了设计用电负荷容量进行选配，未考虑后期预留容量接入。路灯箱变除路灯负荷外，后期还会有其他相邻道路或市政设施的用电接入，如不考虑此因素，后期用电接入会出现不能正常供电的情况。低压总进线断路器整定电流值应根据变压器容量进行选配，并计算选型，保证断路器过负荷保护整定电流值与变压器允许的正常过负荷相适应，使变压器容量得到充分利用，实现高效运行又不影响变压器寿命，同时还应与低压配电出线断路器有良好的选择性。

问题 124：15m 及以上灯杆未考虑防雷接地因素，未采取防雷保护应对措施。

【原因分析】违反《城市道路照明设计标准》CJJ 45—2015 第 6.1.7 条和《建筑物防雷设计规范》GB 50057—2010 第 3.0.4 条第 4 款关于安装高度在 15m 以上或其他安装在高耸构筑物上的照明装置配置避雷装置的规定。

【处理措施】根据相关规范的定义，高度超过 15m 的孤立的建（构）筑物、建筑群中高于其他建筑或处于边缘地带的高度为 20m 及以上的民用和一般工业建筑物均属于三类防雷建筑。此类建（构）筑物防直击雷的一般要求是在建（构）筑物易受雷击部位装设接闪带或接闪针，即在灯杆顶部装设接闪针（杆）。为保证可靠性，接闪针（杆）应为灯杆厂家在生产时成套制作和生产，在灯杆内设置专用引下线，下部与灯杆基础钢筋及接地网可靠连接。

问题 125：路灯 PE 线截面未考虑不平衡电流、谐波电流和具有足够的机械强度的因素，未采取保护应对措施。

【原因分析】违反《城市道路照明工程施工及验收规程》CJJ 89—2012 第 7.2.3 条、第 7.3.3 条关于保护接地线的规定。

【处理措施】采用 TN-S 接地制式的，应设置专用的 PE 线，这是由于正常的负荷电流只应沿中线 N 流回，不应有的负荷电流沿 PE 线或与 PE 线有连接的导体流回。否则，这些电流会干扰正常运行的用电设备，存在安全隐患。保护接地线应有足够的机械强度，并应满足不平衡电流及谐波电流的要求，当电力电缆截面选择不恰当时，会影响设备的可靠运行和使用寿命甚至危及安全，PE 线选择是城市道路照明设施安全运行的可靠保证。考虑市政项目特殊性，相邻管线较多，反复开挖次数多，为提高 PE 线可靠性，应采用电缆，且保护接地线和相线的材质应相同。当相线截面在 35mm² 及以下时，保护接地线的最小截面不应小于相线的截面。当相线截面在 35mm² 以上时，保护接地线的最小截面不得小于相线截面的 50%，且不应小于 35mm²，并在线路分支、末端及中间适当位置做重复接地形成联网。

问题 126：路灯配电出线回路在中间或端部有分支线路时，分支线路减小了电缆截面，由总配电出线过负荷保护电器保护时，未考虑不同截面电缆载流量和线路保护电器匹配因素，未采取保护应对措施。

【原因分析】违反《低压配电设计规范》GB 50054—2011 第 6.3.7 条关于线路过负荷保护的规定。

【处理措施】在电缆分支处，若未考虑线路保护措施，直接分接，在不同截面电缆混合线路配电系统中，存在安全隐患。出线回路在中间或端部有分支情况时，分支处未装设保护电器时，分支电缆导体的型号、截面、长度和敷设方式应与箱变引出电缆相同，如在分支处装设保护电器可改变电缆截面。应保证其导体载流量不应小于预期负荷的最大计算电流和按保护条件所确定的电流为原则，确保安全用电。

问题 127：道路照明供电半径一般比较长，当采用熔断器作保护装置时，未考虑出线电缆截面应进行末端单相接地故障灵敏度校验的因素，未采取保护应对措施。

【原因分析】违反《城市道路照明工程施工及验收规程》CJJ 89—2012 第 7.2.1 条和《全国民

第3部分　市政工程

用建筑工程设计技术措施/电气》（2009年版）第5.3.4条关于接地故障保护校验的规定。

【处理措施】路灯各配电出线回路，当采用熔断器作接地故障保护装置时，路灯各配电出线电缆截面除对电压降进行核算外，还应对末端单相接地故障进行校验，根据项目特性可采取提高接地故障电流值的措施，如加大导体及保护接地导体截面积、采用带短延时过电流脱扣器的断路器、采用带接地故障保护的断路器等提高TN系统故障防护灵敏性的措施，确保安全用电。

问题128：箱变配电出线处设置有节能调压控制器，未考虑LED灯具为宽电压使用因素，未采取单灯控制的节能措施。

【原因分析】违反《城市道路照明设计标准》CJJ 45—2015第6.2.4条、第7.2.5条和《LED城市道路照明应用技术要求》GB/T 31832—2015第6.1.6条关于LED灯具单灯调光控制的规定。

【处理措施】节能调压控制器主要适用于传统高压钠灯节能控制用，目前道路照明普遍采用LED灯具，为宽电压工作范围。LED灯具是最适合采用调光控制节能的光源，只要设置单灯控制器，控制光源流过的工作电流就能方便并且不影响其寿命地线性调光，LED灯具输出功率减小时，光效不会变化。单灯控制器根据不同时间段的交通流量、车速、环境亮度的变化等因素，智能控制光源，调节路面照度或亮度，从而实现智能节能控制。

问题129：户外路灯配电出线保护开关，未考虑剩余电流动作保护的因素，未采取保护措施。

【原因分析】违反《剩余电流动作保护装置安装和运行》GB/T 13955—2017第4.4.1条关于安装设置剩余电流动作保护装置的规定。

【处理措施】在路灯配电线路末端，安装设置剩余电流动作保护装置，当被保护线路中剩余电流超过设定值时，能自动断开线路，防止配电线路发生接地故障、人身触电等事故。

20.3.2 照明系统

问题130：道路半径在1000m以下的曲线路段灯具布置，未考虑曲率半径影响因素，未采取提高诱导性的措施。

【原因分析】违反《城市道路照明设计标准》CJJ 45—2015第5.2.2条关于曲线段灯杆设置的规定。

【处理措施】半径在1000m及以上的曲线路段，其照明可按直线路段处理。半径在1000m以下的曲线路段，灯具间距根据项目情况按直线路段灯具间距的50%~70%控制，缩小灯具间距的目的是更清晰地标示道路走向，并确保路面照度水平。曲率半径越小，灯具间距也需相应减小，以提高曲线段照度和均匀度水平，保障夜间功能性照明，满足安全行车需求。

问题131：道路交会区照明设计标准，未考虑交会区车辆交会的安全因素，未采取提高诱导性的措施。

【原因分析】违反《城市道路照明设计标准》CJJ 45—2015第3.4.1条关于道路交会区的照明标准值的规定。

【处理措施】应结合项目情况和道路交会区规模，采取提高灯杆高度、提高灯具功率、设置中杆灯和高杆灯等措施，来提高交会区照度水平，便于夜间辨识车辆位置及行车方向、加强道路交会区交通引导性、提高交通效率、减少交通事故，保障夜间安全行车需求。

问题132：路灯手孔井未考虑偷盗电缆影响路灯系统可靠运营因素，未采取防盗应对措施。

【原因分析】违反《城市道路照明设计标准》CJJ 45—2015第6.1.11条关于人孔井盖及手孔井防盗的规定。

【处理措施】由于道路照明设施均设置在人员容易接触的位置，为保证电气安全和防盗防破坏，有必要采取一定的防盗措施，路灯配套的手孔井应考虑防盗功能，应设置需使用专用工具开启的闭锁装置或防盗型双层手孔井，提高防盗性能。

问题133：桥梁、结构上灯杆基础，未考虑结构可靠性因素，未采取保证结构可靠性的措施。

【原因分析】违反《工程结构可靠性设计统一标准》GB 50153—2008第3.1.2条、第3.2.1条关于工程结构可靠性设计的规定。

【处理措施】桥梁、结构上的灯杆基础，须保证与结构物有可靠合理连接，并满足受力验算，不能由电气专业绘制一个简单图，否则不能有效指导施工，存在灯杆灯具发生二次事故风险，影响公众安全的隐患。桥梁、结构上的灯杆基础，应在桥梁及结构设计时统一设计验算、同步设计施工，满足在施工和使用期间可能出现的各种工况、保持良好的使用性能、具有足够的耐久性能等的规定。并由结构设计计算出图，在照明专业图中反映其与结构物的安装位置关系，保证结构安全和合理性，防止发生二次事故、影响公众安全。

问题134：道路照明用LED灯具，未考虑LED灯具能效等级因素，未采取明确应对措施。

【原因分析】违反《道路和隧道照明用LED灯具能效限定值及能效等级》GB 37478—2019第4.1条关于LED灯具能效等级的规定。

【处理措施】道路照明用LED灯具能效等级分为3级，其中1级能效最高，3级能效最低，应根据项目特点明确具体能效等级的LED灯具产品，道路照明用LED灯具光效不应低于各等级最低规定允许值。

问题135：道路照明用灯杆，未考虑灯杆外壳防护因素，未采取明确应对措施。

【原因分析】违反《灯杆 第1部分：一般要求》QB/T 5093.1—2017第4.5条关于灯杆外壳防护等级的规定。

【处理措施】设计文件中明确，灯杆检修门及外壳离地不高于2.5m的部分防护等级不应小于IP3X，灯杆外壳离地高于2.5m的部分防护等级不应小于IP2X。

问题136：桥梁上的灯杆灯具未考虑桥梁振动的因素，未采取防振和防坠落措施。

【原因分析】违反《城市道路照明设计标准》CJJ 45—2015第4.2.6条和《城市道路照明工程施工及验收规程》CJJ 89—2012第8.5.7条关于振动场所灯杆灯具防振和防坠落要求的规定。

【处理措施】灯具应符合国家产品标准规定的防振要求，在灯具安装时要求双螺母固定、双螺栓设于不同位置。应设置钢丝绳连接灯具及灯杆，一端固定在灯具上，另一端固定在灯杆上等安全措施，有效防止灯具坠落引发二次事故、影响公众安全。

问题137：15m以上灯杆基础，未考虑结构安全因素，未采取保证结构安全性能的措施。

【原因分析】违反《混凝土结构设计规范》GB 50010—2010（2015年版）第3.1.1条和《工程结构可靠性设计统一标准》GB 50153—2008第3.1.2条、第3.2.1条关于工程灯杆安装基础结构设计的规定。

【处理措施】高 15m 以上的灯杆或高杆灯安装基础属于重大结构物，如直接采用厂家提供或其他项目基础大样图，与项目所在地无直接关系，且没进行结构设计验算，如遇地质条件较差、回填区域变形和自然灾害时，存在倾覆及发生二次事故风险、影响公众安全的隐患。高 15m 以上的灯杆或高杆灯基础，应由结构专业结合项目实际地质条件，进行抗拔、抗倾覆、基础承载力等设计验算，确定基础形式和做法，满足在施工和使用期间可能出现的各种工况，保持良好的使用性能，具有足够的耐久性能等，保证重大结构安全，防止发生二次事故，影响公众安全。

问题 138：灯杆安装在较窄的桥梁人行道或检修道时，灯杆侵占人行道或检修道有效宽度，未考虑人行通行宽度因素，未采取避让应对措施。

【原因分析】违反《城市桥梁设计规范》CJJ 11—2011（2019 年版）第 9.6.3 条关于灯杆在桥梁人行道的设置的规定。

【处理措施】桥梁人行道或检修道宽度在 0.7m 左右的灯杆宜设置在人行道外侧栏杆处，保证桥梁人行道或检修道有效宽度。宽度在 1m 以上的灯杆应设于人行道或检修道，靠车行道路缘石侧安装防撞设施，与桥梁结构一体设计施工。

问题 139：高压架空线处的灯杆，未考虑与高压线宽因素，未采取避让高压架空线保护净距措施。

【原因分析】违反《城市工程管线综合规划规范》GB 50289—2016 第 5.0.8 条、第 5.0.9 条和《城市配电网规划设计规范》GB 50613—2010 第 6.1.2 条关于架空线与其他建（构）筑物之间的最小水平净距的规定。

【处理措施】在设计布置灯杆时，遇道路上方的高压架空线时，部分地形图资料仅单线显示走向，没有图示线宽，若直接按中心线控制安全净距，安装后灯杆实际与高压线的距离不满足规范要求，存在安全隐患。道路上方有高压架空线的项目，与高压架空线的安全净距，应从高压架空线最外侧边缘架空线控制计算净距，不应算高压架空线的中心距离，且要求施工前须复测确认安全距离后方可施工。

问题 140：路灯需设置于生物滞留带的路段，未考虑雨水下渗对手孔井和电力线路漏电、基础结构稳定、耐久性的因素，未采取保证安全用电和结构安全的措施。

【原因分析】违反《低影响开发雨水系统设计标准》DBJ 50/T—292—2018 第 6.1.3 条、第 6.2.4 条和《工程结构可靠性设计统一标准》GB 50153—2008 第 3.1.2 条、第 3.2.1 条关于生物滞留带与其他市政设施及管线关系和结构可靠性的规定。

【处理措施】在生物滞留带与灯杆及管道结合的项目，如未采取措施的情况下，直接与生物滞留带共建，首先常规基础直接安装在生物滞留带内，因生物滞留带非密实和稳定的路基，为渗水透水材料。除超深的特殊桩基础外，普通的基础用在此处，存在倾覆的隐患。因灯杆、管道和手孔井非一体化设施，均采用连接管连接，直接敷设于积水设施带中（图 20-60），供电安全得不到保障，管道老化和接缝变形后，雨水积水时会出现往井内、管道中倒流和积水的风险，存在漏电的安全隐患。在人行道通常设有生物滞留带的，生物滞留带处灯杆基础及管线处应做特殊节点设计和处理，可以在设置灯杆和手孔井处的生物滞留带断开，做成路基填平至路缘石顶面高度。建议断开长度可按 2m 左右控制，建议先施工路灯管道和基础，再回填，最后实施上部生物滞留带设施。路基基础处理在此处填料应考虑耐久性不变形，保证工程质量、用电和结构耐久安全，防止发生二次事故的安全隐患，影响公众安全，如图 20-61 所示。

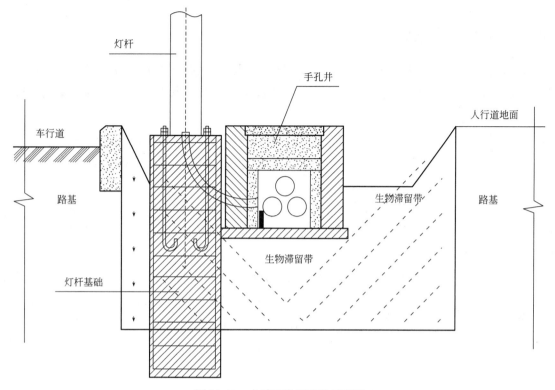

图 20-60　未采取措施安装示意图

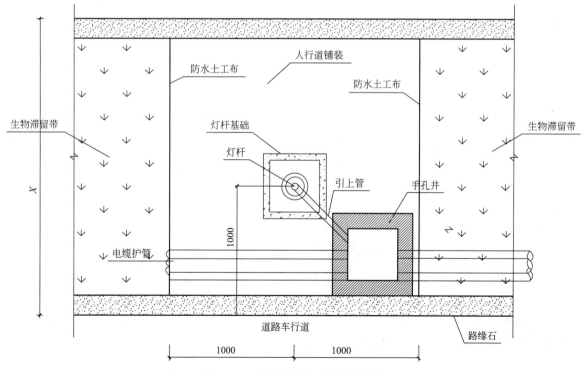

图 20-61　采取措施处理安装示意图

第 3 部分　市政工程

20.4　综合管网（专项方案）

20.4.1　给水管网设计

问题 141：给水规划与现状分析不完善，未明确项目所处片区供水厂、加压站、调蓄池等供水设施的规划及现状布局，未明确供水主要干线的布置走向，未考虑设计配水管网与站点接口、位置、压力的关系。

【原因分析】违反《城市给水工程规划规范》GB 50282—2016 第 6.1.8 条关于合理利用城市已建给水设施和《市政公用工程设计文件编制深度规定（2013 年版）》第一篇第 8.6 节关于配水管网布置的规定。

【处理措施】给水系统是由相互联系的一系列构筑物和输配水管网组成的。在前期设计阶段，应从给水系统的全局出发，对给水规划和现状进行分析，尤其要梳理设计管线与周边相接的输水或配水管线、周边重要供水设施的衔接关系。

综合管网方案中应明确项目是否存在重要给水设施（水厂、加压站、调蓄设施等）、大口径主供水管等影响较大的因素，标识供水干管的布置形式、给水设施的布局、位置，如图 20-62 所示。针对重要给水设施、大口径主供水管布局，应有设施容量或管道断面尺寸的标注；若存在需要拆除的设施或管线，也应有专门的标注与说明。

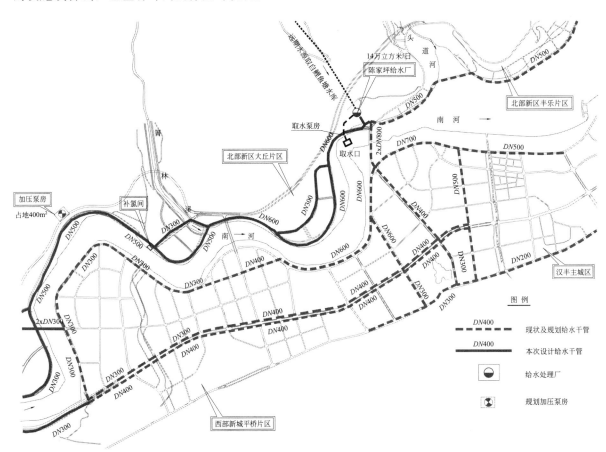

图 20-62　给水管网总平面示意图

问题 142：未明确给水管网的供水压力、供水分区情况，给水管管材、阀门选择未考虑供水分区工作压力。

【原因分析】违反《室外给水设计标准》GB 50013—2018 第 3.0.2 条关于城镇给水分区的规定。

【处理措施】高差大的城镇给水系统宜采用分压供水。尤其对于山地城市，地形起伏导致区域地形高差较大，单条市政道路可能跨越两个或多个供水压力分区。城市给水管网应根据片区管网平差计算结果，结合区域道路高程、管网经济管径合理确定供水分区。山地城市给水管网系统一般按路网高程控制供水分区，分区压力可按 50m 左右进行控制。市政道路下给水管网设计前期应收集区域给水专项规划，设计文件应对新建配水管网的压力、流量进行分析，明确项目所处区域供水压力分区，进而合理确定管道、阀门阀件的承压等级。

问题 143：在城市快速路、高架桥上设置市政消火栓，市政消火栓的设置未考虑实际用途。

【原因分析】违反《建筑设计防火规范》GB 50016—2014（2018 年版）第 8.1.2 条关于市政消火栓系统设置的规定。

【处理措施】市政消火栓主要用于道路两侧地块建筑火灾时消防车从市政管网取水，城镇应沿可通行消防车的街道设置市政消火栓；而城市快速路、高架桥、隧道等城市基础设施主要解决城市车行交通，并不直接服务于地块，其周边的建筑沿市政辅路或其他市政道路两侧修建，故城市快速路、高架桥、隧道等道路无需按市政道路要求间距 100～120m 设置市政消火栓。

① 对于快速路系统，仅在辅路设置市政消火栓，火灾时通过辅路（非快速路等级）上的市政消火栓供应消防用水，快速路主路及快速路高架桥可不设置市政消火栓。

② 对于城市隧道，根据隧道等级要求，在隧道内设置室内消火栓系统，在隧道出入口处设置市政消火栓供火灾时向室内消火栓系统补水。

③ 对于城市桥梁及高架桥，其并不直接服务于地块，也无法为地块消防补水服务，故规范仅要求在桥头位置设置市政消火栓。

问题 144：给水管道过河时未结合河道特性、水文特性、施工工艺要求等进行方案论证，未考虑管道检修要求。

【原因分析】违反《室外给水设计标准》GB 50013—2018 第 7.4.11 条关于给水管道穿过河道的规定。

【处理措施】给水管线过河道时应结合河道宽度、水深、是否通航等特点进行方案比选。可采用管桥方案、河底倒虹方案、随桥敷设过河方案。

① 管桥方案需考虑管桥与河道常水位、洪水位、周边景观环境的协调。采用管道架空过河措施时需考虑管道伸缩影响，设置固定支座及滑移支座，做法可参考国标图集《自承式平直形架空钢管》05S506-1。

② 河底倒虹方案，需满足河道防洪标准下冲刷深度要求，管顶覆土应大于 1m；通航河道埋设深度应满足河道管理部门技术规定，管道埋设深度应在航道底部 2m 以下。管道在河底敷设时应有相应固定措施，可采用混凝土包封等形式进行固定，同时进行抗浮验算。河底倒虹管管内流速应大于不淤流速，可设置一用一备过河管线，同时增设冲洗设施的措施。当设置冲洗设施有困难时，可设置两根或多根小断面管道。在近期流量小的情况下，可在倒虹段开启部分管道，以达到提高倒虹段流速的目的，同时设置备用管线。

③ 随车行桥敷设过河，需复核人行道下检修道净空高度，检修道净空高度需满足管道安装与固定、检修阀门尺寸等要求。对于管径较大的给水管，可进行流量计算，拆分成两根或多根小断面管道，平均布置在桥梁两侧检修道下。此举一方面可适应检修道净空高度要求，另一方面也可使桥梁两侧受力平衡。对于给水管吊装在桥梁下的方案，除需考虑景观因素外，尚应考虑管道安装及后期检修、维护便利性，需根据需要配套管线检修桁车。

问题 145：基于区域市政给水管网互连、互通的目的，市政供水干管需通过城市交通隧道进行连通，而隧道内市政给水管道布置未考虑管线安装、检修便利性及对车行交通的影响。

【原因分析】城市路网被山体隔断时通过城市交通隧道进行连通，为达到山体两侧给水管网连通目的，一般需考虑在城市隧道内布置供水干管。由于城市交通隧道以车行交通为主要目的，如市政主管线敷设于隧道人行检修道下，则需提高人行道宽度及检修通道深度，势必大幅增加隧道总体造价，故而市政主管线过隧道需统筹考虑管线安装位置。

【处理措施】市政供水主干管穿越隧道一般考虑以下几种方式：

① 供水干管敷设于隧道人行检修道下的管沟内。由于人行检修道下的管沟内需布置隧道自身使用的电力、通信、消火栓、照明等管线，原有检修通道尺寸无法满足市政供水管线与隧道自身使用管线一并敷设的要求，需增加检修通道宽度及深度，隧道总体宽度将相应增加，则隧道总体造价将大幅增加。对于小管径的给水管线，隧道总体宽度增加不大的条件下，可采用此种方式。

② 供水干管直埋敷设于隧道车行道下。采用此方式时，供水干管通常敷设于慢车道下。该方案需考虑市政供水管线断面尺寸、慢车道路面、隧道仰拱间路基厚度，供水管线需在隧道仰拱内埋设，并保证车行道下基本覆土深度要求。车行荷载对供水管线运行有一定影响，对于高压供水干管存在一定的爆管风险，需加强管线施工质量及运营维护监控要求。

③ 车行道下设置管线涵，将供水主干管敷设于管线涵内，通常采用盖板涵结构形式（图 20-63）。隧道车行动荷载作用于管线涵，车行荷载对管道运行基本无影响。管线涵结构尺寸受隧道仰拱厚度的影响，无法进人检修；管线涵内存在地下渗水、管道漏损水，需加强管道接口质量及外防腐措

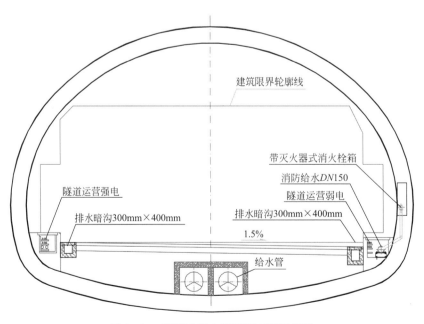

图 20-63　隧道内给水管线涵布置示意图

施；管线涵内应确保排水通畅，便于将渗水、漏损水导排至隧道外；另需考虑设置管线探测措施，在隧道侧壁预留探测管孔与管线涵内部连通。

④ 车行道下设置综合管廊，将供水主干管以及其他市政管线统一布置于综合管廊内（图 20-64）。隧道与综合管廊合建方案将增加隧道仰拱深度，需调整隧道结构形式，并考虑管廊通风口、下料口与隧道合建带来的隧道结构形式调整，隧道整体建安造价增加也较大。该方案应结合隧道结构工艺、管廊工艺、其他市政管线需求等因素统筹考虑。

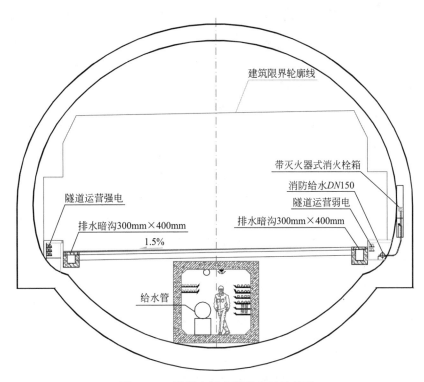

图 20-64　隧道内综合管廊布置示意图

20.4.2　雨水管网设计

问题 146：雨水规划分析与现状分析不完善，未明确项目所处流域内河流、湖库、冲沟等水系情况，对片区排水流域、排水主通道（水系、涵洞等）的分析论证不足。

【原因分析】违反《城市排水工程规划规范》GB 50318—2017 第 3.4.1 条关于雨水受纳体应有足够的排泄能力或容量和第 5.1.1 条关于雨水排水分区与河流、湖库、洼地等天然水体相协调的规定。

【处理措施】雨水管网系统是由雨水口、雨水管网、检查井、出水口等构筑物所组成的系统工程设施。流域内的河流、冲沟等水系为流域内雨水系统的最终出路，雨水管网的设计应与水系的规划相协调。

设计文件应确定项目所处的流域、区域内天然水体、卫生情况、水文情况（包括代表性的流量、流速、水位和河床性质等），明确水系与雨水管网总体系的关系，以及雨水管网系统是否跨流域；雨水管网对于水体的水量补充作用；明确雨水管网出水口与河道、水库的常水位、洪水位关系，如图 20-65 所示。设计文件还应分析论证收纳水体或排水通道是否有足够的排泄能力或容量。

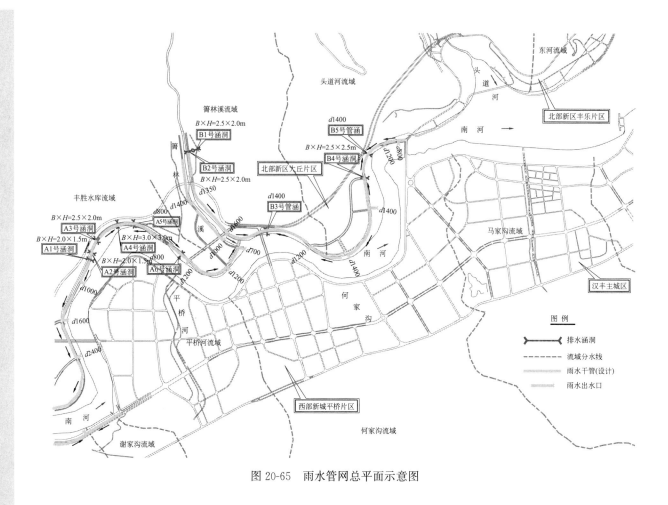

图 20-65　雨水管网总平面示意图

问题 147：关于新建雨水管渠对上下游雨水排放的影响分析不足，且未明确雨水系统中管渠布置收集与排放的主干通道和次干通道。

【原因分析】违反《城市排水工程规划规范》GB 50318—2017 第 5.1.3 条关于新建区排入已建雨水系统的设计雨水量不应超出下游已建雨水系统排水能力的规定。

【处理措施】雨水系统根据城市规划布局、地形，结合竖向规划和受纳水体位置，按照就近分散、自流排放的原则进行流域划分和系统布局。雨水管网设计应从全局出发，结合项目上下游雨水管网的建设情况进行系统分析，复核设计雨水管网与上下游管线衔接的合理性，并明确雨水管网系统中主要及次要的排水通道。

问题 148：雨水管网的水力计算未考虑地块有组织排水后改变汇水区域产生的影响，未结合周边地块内雨水管网布局进行计算。

【原因分析】违反《城市排水工程规划规范》GB 50318—2017 第 5.1.5 条关于雨水排放系统布局和《室外排水设计规范》GB 50014—2006（2016 年版）第 4.1.2 条关于管渠平面布置的规定。

【处理措施】项目雨水管网的汇水面积并非简单地对周边地块进行平均分配，须结合地形坡度、地块建设开发需求、地块内雨水管道布置等情况综合划定。此外，地块内雨水管道系统的汇水面积往往与市政雨水管道简单的汇水面积划分不同。

雨水管道的水力计算应综合考虑道路（包括人行道）路面及周边地块的雨水收集范围。设计前期阶段应收集和整理地形图、城市总体规划、地块设计资料，掌握项目周边地块内雨水管网布局及其排出口位置，复核地块排出口（即市政雨水管道接入口）雨水量，以使新建市政雨水管网规模满足周边地块雨水流量。

问题 149：道路跨越现状河流、湖泊等天然水系处采用涵洞过水形式，涵洞设计未考虑与原洪水位的协调性，河道泄洪涵洞建设项目未经水利行洪论证。

【原因分析】违反《城市防洪工程设计规范》GB/T 50805—2012 第 4.1.8 条关于城市防洪工程体系中单项工程规模、特征值等分析论证确定和《城市防洪工程设计规范》GB/T 50805—2012 第 10.5.12 条关于涵洞应考虑安全超高的规定。

【处理措施】根据《重庆市水利局关于加强全市河道管理工作的紧急通知》（渝水河〔2010〕70号）要求：要特别从严审批城镇河道涉河建设项目，严格控制行洪断面占用，不允许对河道盖箱涵或改道。确需对集雨面积小于 $2.0 km^2$ 的河流或水系盖箱涵或改道的，需会同城市规划部门充分论证，在提高防洪标准 1~2 档的原则下，严格审查，方可批准。

对于城市防洪工程体系中的河流、湖泊等天然水体的过流涵洞，必须在充分论证、确保不影响行洪和行漂的情况下，经水利行政主管部门批准后，方可施工建设。过流涵洞断面设计应与上下游河道水位相协调。根据《城市防洪工程设计规范》GB/T 50805—2012 第 10.5.12 条，涵洞应考虑安全超高，采用非满流进行设计，断面设计水位以上的净空面积不应小于断面面积的 15%。涵洞设计水面即为河道设防洪水位，如洪水位超出涵洞设计水位，将形成淹没流，导致涵洞上游洪水位抬高。因此，需分析水位壅高的影响，复核抬高洪水位后导致上游河沟淹没范围及对周边现状建（构）筑物影响。

问题 150：雨水管渠排出口的设置未考虑排水口冲刷作用，未考虑有组织排水对下游地形地貌的影响。

【原因分析】违反《室外排水设计规范》GB 50014—2006（2016 年版）第 4.9.1 条关于雨水管渠出水口位置选择的规定。

【处理措施】雨水管渠的排出口在系统、有组织排水后，排出口会对现状地形地貌造成冲刷影响。一般存在两种情况：

① 下游雨水管网修建滞后，道路雨水需临时散排。如道路红线外排出口下游为自然冲沟，则需复核现状河沟断面是否能满足雨水排出口流量要求。雨水排出口不应冲刷冲沟两侧范围现状建筑物、构筑物及农作物，否则，应延长雨水管网排出口至下游受纳水体或雨水管渠系统。若在填方高边坡设置有急流槽，则应考虑边坡加固措施，使急流槽固定于结构护坡上。

② 如道路雨水管渠出口距离河道较远，则雨水出水口沿河道边坡排放。需研究道路雨水出水口对于河道岸坡的冲刷影响，通常可延长雨水管渠至下游受纳水体。在方案阶段即应对下游雨水排水线路进行论证，并提请建设单位报请规划、国土部门进行建设红线控制及征地拆迁。

20.4.3 污水管网设计

问题 151：污水规划分析与现状分析不完善，未明确项目所处片区污水干管布局（规划、现状）情况，未明确污水收集与排放的主要干线和次要干线的布置走向，对污水排放主通道（规划、现状）的分析论证不足。

【原因分析】违反《城市排水工程规划规范》GB 50318—2017 第 4.1.1 条关于污水系统布局的

规定。

【处理措施】污水系统是由收集和输送城市污水的管道及其附属构筑物组成的。污水管网的设计应与城镇总体规划及排水工程总体规划相协调，项目所处流域内的污水干管为流域污水收集转输的重要通道。

污水系统应根据城市规划布局、地形地貌，结合竖向规划和污水受纳水体和污水处理厂的位置进行流域划分和系统布局。污水管网设计应从全局出发，结合项目上下游污水管网的建设情况进行系统分析，并复核设计污水管网与上下游管线衔接的合理性，明确污水管网系统中主要及次要的排水干线通道，如图 20-66 所示。设计应分析并明确排水区域内污水干管的建设情况、系统布局，并论证污水干管是否有足够的排泄能力，或是否有接纳新建污水系统排放污水的容量。

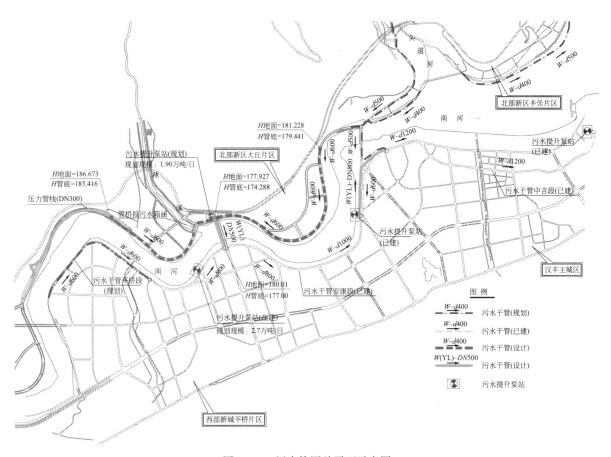

图 20-66　污水管网总平面示意图

问题 152：下游污水管道修建滞后或下游污水系统未与污水处理厂成系统，而地块已开发建设，道路污水管网需解决临时出路，污水管网未考虑污水排放要求，采用临时散排措施，不满足环境保护要求。

【原因分析】违反《室外排水设计规范》GB 50014—2006（2016 年版）第 1.0.3 条关于排水工程近期与远期关系、满足环境保护的规定。

【处理措施】市政道路与区域污水管网的建设往往存在不同步的现象，下游污水管网及污水干管修建滞后。对此，施工现场往往将污水管网临时接入雨水管网，以致污水违规排放，这也是市政管网在运行中雨污混流的主要原因，需要杜绝。

对于下游污水管网未修建连通至污水处理厂的情况，设计应明确污水管网不允许散排或直排入水体。对于设计污水管网近期有排污需求而下游污水管网修建期限滞后的情况，可采取新建临时管道接至已建的污水管网或污水干管的措施，或结合地块开发与下游管网建设时序，采用一体化处理设施进行临时处理，达到区域水体排放标准要求（按受纳水体环境容量确定排放标准，且应与一河一策方案中的排放标准一致），且须征得主管部门同意后才能排放水体。

问题 153：未根据控规用地性质及人口规模计算污水流量，污水管道断面的确定未完善近、远期水力计算。

【原因分析】违反《室外排水设计规范》GB 50014—2006（2016 年版）第 3.1.1 条～第 3.1.5 条、第 4.1.1 条关于污水设计流量、管道断面尺寸确定的规定。

【处理措施】城市道路污水管网流量包含生活污水量及工业废水量，故污水流量计算首先应根据规划明确用地性质，是否包含工业、医疗等用地，并针对居住用地用地性质、容积率等进一步明确人口规模，而非简单地套用《城市排水工程规划规范》GB 50318—2017 中的人口规模。《城市排水工程规划规范》主要从整个城区用地布局中人口规模、工业用地产业布局特点考虑用水量标准，适用于污水处理厂规模选择及城市规划污水干管断面估算。而城市道路中污水管网为三级污水管网，计算时考虑最大时流量，应考虑实际人口规模及工业废水排放流量。城市片区发展中人口分布不均衡，特别是对于高密度社区，人口密度往往超出城市平均人口密度几倍以上，简单按平均人口进行管道计算，将使管道断面偏小，影响后期管网排水效果。

污水管道断面尺寸应按远期规划的最高日最高时设计流量设计，按近期污水量复核最小流速，并考虑城镇远景发展的需要。故在水力算时，应结合现状及规划，对近、远期分别进行水力计算，合理确定管道充满度，避免近期淤积或远期溢流。

问题 154：对于旧城改造管网，污水管道迁建时管道敷设位置发生改变，导致管道过流能力改变，污水管道迁改未复核上下游流量变化关系及高程、断面接顺关系。

【原因分析】违反《城市排水工程规划规范》GB 50318—2017 第 3.5.5 条关于排水管渠断面尺寸确定的规定。

【处理措施】排水管线迁改应复核下游管道污水排放能力，避免出现下游管道断面无法满足新增加管道流量导致污水排放不畅的情况。对于旧城改造管网，污水管道迁建时管道敷设位置发生改变，相应坡度及长度发生变化，从而导致管道过流能力改变。对于现状管网迁改，一般按照现状管道原断面还建，但污水管道长度及坡度变化后，应对污水管网流量进行核算，复核管道流量能否满足上游转输流量需求，是否需增加断面。对于接入下游的已建污水管网，在设计时应调查下游污水管道的高程及断面，并计算下游现状污水系统过流能力，确保污水出路可靠。若下游断面不足且超出本次设计范围，可根据近、远期污水流量，并结合下游道路建设、地块开发时序，提出下游管网扩建建设计划和建议。

问题 155：排水泵站、倒虹吸设施前未考虑事故排出口，事故时存在污染水体的风险。

【原因分析】违反《城市排水工程规划规范》GB 50318—2017 第 3.6.5 条和《室外排水设计规范》GB 50014—2006（2016 年版）第 4.1.12 条关于排水设施设置事故排放口的规定。

【处理措施】污水提升泵站、倒虹吸设施在检修、停电、事故时存在溢流情况，需考虑事故排放对水体的污染影响。可考虑采用双电源或备用电源、设置事故池、事故检修临时抽排至下游管道

第 3 部分　市政工程

等措施，以降低事故排放风险。如无法采取降低事故溢流的措施，宜设置事故排出口，且事故排出口设置应征求环保部门同意。

20.4.4 电力管网设计

问题 156：电力工程规划分析与现状分析不完善，未明确项目所处片区变电站、开闭所、箱变等站点设施的布局，未明确电力管线主要线路、高压输配线路的布置走向，市政道路下电力管线未预留开闭所、箱变等设施相应接口。

【原因分析】违反《城市电力规划规范》GB 50293—2014 第 6.1.4 条、第 7.6.8 条关于电力线路布置的规定。

【处理措施】市政道路配电管网为 10kV 电力系统，应在城市规划布局和道路综合管线布置的基础上，统筹安排、合理预留城市电网中各级电压变电所、开闭所、电力线路等供电设施的位置。

设计文件应明确项目是否存在重要供电设施、高压输配电线路，标识供电设施（各级电压变电所、开闭所）位置，针对重要供电设施、高压输配电线路，应有设施容量或管道断面尺寸的标注，如图 20-67 所示。在道路交叉口或每隔一定距离设置过街管线。

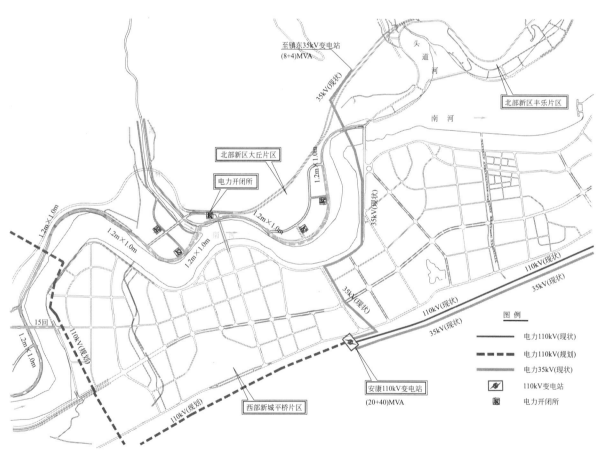

图 20-67 电力管网总平面示意图

问题 157：电缆通道的结构形式选择未考虑景观需求、自身设施防盗、人行安全等因素，电缆线路结构物设计不满足城市管线运营管理需求。

【原因分析】违反《城市电力电缆线路设计技术规定》DL/T 5221—2016 第 4.2.1 条关于电缆敷设方式选择的规定。

【处理措施】通常市政道路下电缆通道包括隧道、排管、电缆沟和直埋，其结构形式的选择受较多因素的影响。若规划阶段未明确电缆通道的结构形式，设计应对隧道、电缆沟（图20-68）、排管（图20-69）和直埋形式的选择进行论述。电缆通道选型以电缆线路建设标准为前提，根据供电区域、地理环境、电缆数量，以及用户重要性、地面荷载、地质条件等综合考虑确定。市政道路下电力管线的结构形式，应综合考虑项目起终点现状或规划的结构形式，结合所在道路人行道空间、道路景观绿化植物的位置、自身设施防盗、行人的安全舒适性等因素综合考虑。

图 20-68　电缆沟顶部示意图

图 20-69　电力排管示意图

电力设施构筑物尺寸较大，由于电力管线安装时需采用机械进行拉线，故而地面检查井盖尺寸较其他井尺寸大。但各构筑物设置应兼顾人行道通行要求及景观性。对于电力工作井，如采用传统混凝土盖板形式，则影响道路景观及通行安全（图20-70），宜采用球墨铸铁井盖或上覆人行道砖的井盖进行收口。由于余缆井出地面井盖为圆形，不便于进行上覆人行道砖处理（图20-71），可采用大型工作井代替余缆井功能。

图 20-70　电力转角井顶部示意图

图 20-71　电力余缆井顶部示意图

问题 158：未考虑高压架空线路对设计道路及附属设施的影响，未明确对现状高压架空线路的迁改或保护措施。

【原因分析】违反《城市工程管线综合规划规范》GB 50289—2016 第 5.0.1 条关于架空敷设管线布置的规定。

【处理措施】高压架空线路为各站点跨越区域线路，所经路径需有足够的地面保护廊道宽度和净空走廊，现状高压架空线路是否迁改是市政道路项目建设的重要影响因素之一。设计文件应明确

第 3 部分　市政工程

项目范围内是否存在受影响的高压架空线、电力杆或其他设施，并复核高压电力线距离拟实施项目的距离是否满足电力部门的规定。若需对现状高压架空线路进行拆除、还建或保留，则应提出相应的处理措施。

根据《重庆市城市规划管理技术规定》（重庆市人民政府令第 318 号），在城市道路上，除确需架设 110kV 及以上等级的电力杆路外，不得新设其他架空线杆路。新建、改建、扩建建筑与架空电力线的最小水平距离，在符合有关法律法规规定及技术规范的前提下，与档距小于或者等于 200m 的架空电力线边导线间的最小水平距离按照以下标准控制：1～10kV 的，不小于 5m；35～110kV 的，不小于 10m；220kV 的，不小于 15m；500kV 的，不小于 30m；超过 500kV 的，应当经专题论证确定。

问题 159：市政电力管线穿越市政隧道或下穿道，未考虑市政隧道内其他管线安装廊道的空间尺寸要求。

【原因分析】市政隧道或下穿道内综合管线的布置空间有限，电缆通道的结构尺寸较大，将挤压其他综合管线所需空间。

【处理措施】市政电力管线穿越市政隧道或下穿道，应综合考虑其他管线的安装空间。对于市政隧道，两侧检修道的廊道里通常布置自用电力、通信、消防给水管线，对于需通过隧道过境的 10kV 市政电力管线，可在隧道仰拱内设置综合管廊或电力隧道（图 20-72）。对于市政下穿道，其结构形式多为框架结构，市政电力管线布置于人行检修道盖板下方，应与隧道或下穿道专业协商预留足够的综合管线安装空间。

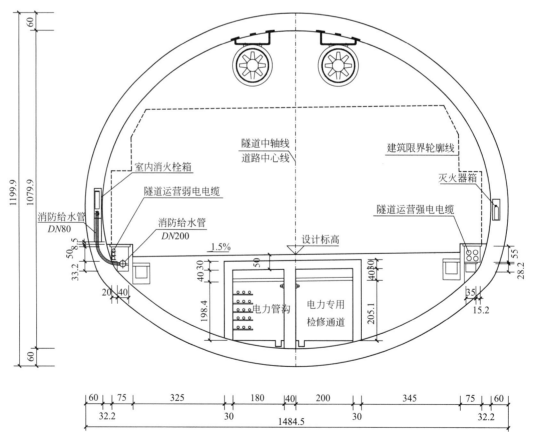

图 20-72　隧道仰拱内电力管沟示意图（单位：mm）

问题 160：桥上或地下通道内的电力管线敷设未考虑电力等级，10kV 以上电力管线过桥未经相关论证。

【原因分析】违反《城市桥梁设计规范》CJJ 11—2011（2019 年版）第 3.0.19 条关于对桥上敷设的电力管线采取措施和《电力工程电缆设计标准》GB 50217—2018 第 5.9.3 条关于桥上电缆布置采取防断裂措施的规定。

【处理措施】国内外均有高压电力电缆随桥敷设的实例，上海、广州、武汉、长沙等市有 35kV、110kV 高压电力电缆过桥的实例。根据《城市桥梁设计规范》CJJ 11—2011（2019 年版），在建设条件许可时，在桥上敷设电压不高于 10kV 的配电电缆，必须采取有效安全防护措施。对于超过 10kV 的电缆，因特殊要求需在桥上通过，应做可行性、安全性专题论证，并报请主管部门批准。

《城市电力电缆线路设计技术规定》DL/T 5221—2016 第 4.7.3 条规定，在桥梁上敷设的 66kV 及以上的大截面电缆，宜作蛇形敷设，用以吸收电缆本身的热伸缩量。《电力工程电缆设计标准》GB 50217—2018 第 5.9.3 条规定，公路、铁道桥梁上的电缆，应采取防止振动、热伸缩以及风力影响下金属套因长期应力疲劳导致断裂的措施，并规定桥墩两端和伸缩缝处，电缆应充分松弛。当桥梁中有挠角部位时，宜设置电缆迂回补偿装置；35kV 以上大截面电缆宜采用蛇形敷设；经常受到振动的直线敷设电缆，应设置橡皮、砂袋等弹性衬垫。

问题 161：电缆沟考虑人员通行因素导致埋深过大，未考虑与其他交叉市政管线的竖向高程关系，其他管线与电力沟交叉时无法通过。

【原因分析】违反《城市工程管线综合规划规范》GB 50289—2016 第 4.1.4 条关于工程管线交叉时最小垂直净距的规定。

【处理措施】电缆通道包括隧道、排管、电缆沟和直埋。电缆沟为侧壁安装支架并按要求接地，上面盖以盖板的地下沟道，其用途为敷设电缆的地下专用通道。电缆隧道为容纳电缆数量较多、有供安装和巡视的通道、全封闭性的地下构筑物。电缆通道选型应以电缆线路建设标准为前提，并根据供电区域、地理环境、电缆数量，以及用户重要性、地面荷载、地质条件等综合考虑。依据重庆市《国网重庆市电力关于印发电缆通道选型原则（试行）和电缆通道建设原则（试行）的通知》（渝电运检〔2014〕10 号），不同敷设方式的电缆数量如表 20-6 所示。

不同敷设方式的电缆数量　　　　　　　　　　　　　　　　　　　表 20-6

敷设方式	电缆根数
直埋	4 根及以下
排管	24 根及以下
电缆沟	30 根及以下
隧道	20 根以上

注：本表摘自《国网重庆市电力关于印发电缆通道选型原则（试行）和电缆通道建设原则（试行）的通知》（渝电运检〔2014〕10 号）。

电缆沟考虑盖板可开启或间距 15m 左右设置活动盖板，电力沟一般深度考虑为 1～1.2m，不考虑人员在电力沟盖板下的通行需求。若电力通道缆线数量较多且需要人员巡视检修（设计净空高度 1.8m 及以上），电缆通道应采用电缆隧道方式。电缆隧道覆土往往大于 3m，可满足一般市政综合管线过街的竖向交叉净距要求。

问题162：电力管线采用电缆沟时，采用砖砌结构，未考虑建筑材料选择条件，不符合电力主管部门关于材料使用的相关要求。

【原因分析】违反重庆市《国网重庆市电力关于印发电缆通道选型原则（试行）和电缆通道建设原则（试行）的通知》关于电缆沟不得采用砖砌方式的规定。

【处理措施】由于砖的开采烧制对自然资源破坏大，且砖砌筑电力沟存在结构强度低、易渗漏等缺点，根据《国网重庆市电力关于印发电缆通道选型原则（试行）和电缆通道建设原则（试行）的通知》第二节第五条的规定，电缆沟应采用钢筋混凝土方式，不得采用砖砌方式（图20-73）。

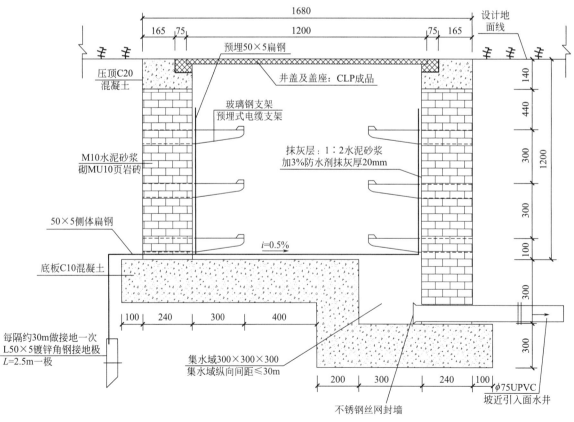

图20-73 砖砌方式电缆沟示意图

20.4.5　通信管网设计

问题 163：通信工程规划分析与现状分析不完善，未明确项目所处片区通信交换局等重要设施的布局，未明确通信主要干线的布置走向，市政道路下通信管线未预留相应接口。

【原因分析】违反《城市通信工程规划规范》GB/T 50853—2013 第 7 章城市通信管道布置的规定。

【处理措施】通信交换局为城市通信网中起接受并分配通信作用的交换设施，城市通信系统设计是在城市规划布局和道路综合管线布置的基础上，统筹安排、合理预留城市通信系统中通信交换局、通信线路等通信设施的位置。

设计文件应明确项目是否存在重要通信设施、输配网线路，标识通信设施（通信局、交货站）位置，如图 20-74 所示。对于重要通信设施、通信输配电线路，应有设施容量或管道断面尺寸的标注；在道路交叉口或每隔一定距离处设置过街管线。

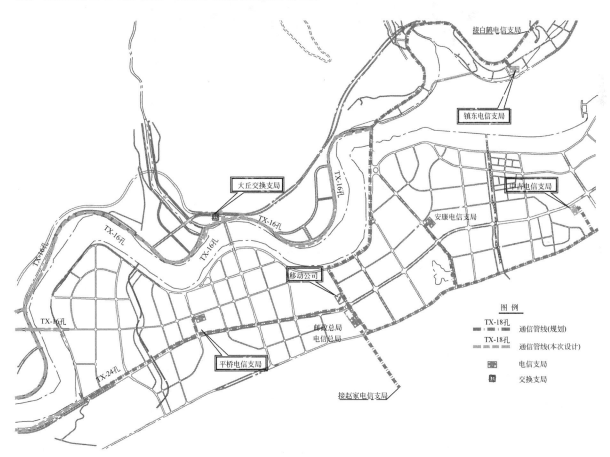

图 20-74　通信管网总平面示意图

问题 164：通信管线共沟敷设时，未考虑各通信单位（移动、电信、联通等）规模需求，未明确各通信单位的管孔数量分配及通信排管的波峰分配。

【原因分析】违反《通信管道与通道工程设计标准》GB 50373—2019 第 4.0.2 条关于通信管孔容量的规定。

【处理措施】为节约城市地下空间，各通信管线共沟下地敷设，则设计前期阶段需根据各家通信单位规模需求，明确通信管孔的分配情况。通信管孔一般需包含电信、联通、移动、有线电视、交通监控及预留管孔。由于各管线单位对于波纹管及蜂窝管需求不同，设计前期阶段需根据各单位需求，明确波纹管及蜂窝管数量（图 20-75）。方案设计前期阶段需与各管线产权部门沟通，通信管道蜂窝管和波纹管的分配以相关通信部门确认为准。

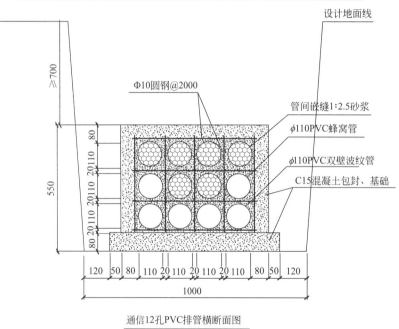

通信12孔PVC排管横断面图

图 20-75　通信波纹管及蜂窝管示意图

问题 165：市政通信管线穿越市政隧道或下穿道，未考虑市政隧道其他管线安装廊道的空间尺寸要求。

【原因分析】市政隧道或下穿道内综合管线的布置空间有限，通信管线宜同其他综合管线协调布置。

【处理措施】市政通信管线穿越市政隧道或下穿道，应综合考虑廊道空间、其他管线的安装所需空间。对于市政隧道，两侧检修道廊道里通常布置自用电力、通信、消防给水管线，对于较小规模的市政通信管线，可与检修道廊道内通信管线合用走廊，布置于车行道右侧，与消防管道同沟（图 20-76）。对于较大规模的市政通信管线，往往布置于隧道仰拱内。对于市政下穿道，其结构形式多为框架结构，市政通信管线布置于人行道盖板下方，应与隧道或下穿道专业协商，以预留足够的综合管线安装空间。

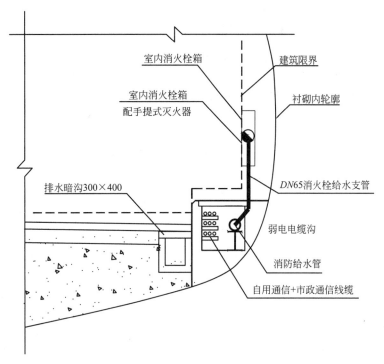

图 20-76 市政通信布置于右侧检修廊道内

问题 166：对于城市主干道路或通信管孔需求多的道路，通信管线布置未考虑通信管孔规模与地块接入、检修、运行等因素，未采用道路双侧布置通信管线。

【原因分析】违反《通信管道与通道工程设计标准》GB 50373—2019 第 2.0.6 关于规划道路红线之间距离大于 40m 时，应在道路两侧布置通信管线的规定，属于违反强制性条文要求。

【处理措施】在城市主干道或通信管孔需求多的主干道路两侧修建通信管道，是目前运营商发展业务的需要。在实际工程中有多家运营商在道路两侧配线。在管孔数量多情况下，单侧布置通信管线将导致工作井过大，且不利于通信管线进出接线，故在终期管孔容量较大的主干道路上，规划道路红线之间的距离等于或大于 40m 时，应在道路两侧修建通信管道或通道。若需单侧布置，需经过论证，研究管孔规模与工作井规模、管孔与其他管线交叉竖向高程关系等综合因素，并征求产权单位同意后方可实施。

问题 167：车行道下通信人孔结构形式采用砖砌结构，未考虑车行荷载对工作井造成沉降、结构破坏的影响。

【原因分析】违反《通信管道与通道工程设计标准》GB 50373—2019 第 9.0.1 关于人孔荷载和强度的规定。

【处理措施】车行道下通信人孔采用砖砌结构，不满足车行荷载要求，易造成道路沉降。人孔有砖砌人孔、钢筋混凝土人孔等。砖砌人孔施工简便，一般情况下均可采用。钢筋混凝土人孔需用钢筋和模板，施工期虽长，但强度高于砖砌人孔。在车行道下应采用钢筋混凝土人孔，以满足道路车行荷载要求。

问题 168：通信检查井未考虑井内积水排出的措施、未接入雨水管道系统或错误接入污水管网系统。

【原因分析】通信检查井内由于地面水进入井盖、地下渗水等因素，常见积水现象，积水无可靠出路，无法自排。

【处理措施】通信检查井应考虑到管线安装及人员检修因素，井内净空高度一般为 1.8m，底部设置有集水坑（图 20-77）。通过在集水坑内设置一根排水管与就近的雨水检查井相连，将通信检查井内积水排至雨水管道系统。通信检查井不得与污水管网连接，以防止污水管网内沼气进入通信检查井内后聚集引发爆炸。

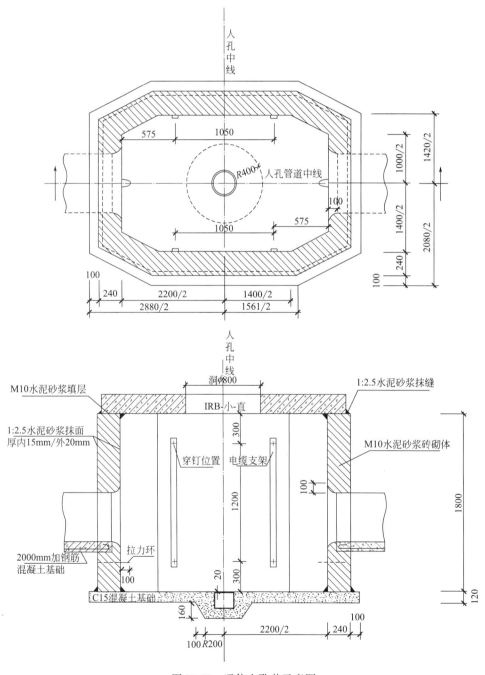

图 20-77　通信人孔井示意图

20.4.6　燃气管网设计

问题 169：燃气工程规划分析与现状分析不完善，未明确项目所处片区配气站、区域门站等站点设施的布局，未明确燃气主要干线、高压输配线路的布置走向，市政道路下燃气管线未预留相应接口。

【原因分析】违反《城镇燃气设计规范》GB 50028—2006（2020 年版）第 6.1.2 条关于燃气输配系统设计的规定。

【处理措施】市政道路下燃气管线的设计应与城镇总体规划及燃气工程专项规划相协调，在道路综合管线布置的基础上，统筹安排、合理预留城市燃气区域门站、配气站、配气管线等设施的位置。

设计文件应明确项目是否存在重要燃气设施、高压或次高压配气线路，标识供气设施（配气站、区域门站）位置，如图 20-78 所示。对于重要供气设施、配气线路，应有设施容量或管道断面尺寸的标注；在道路交叉口或每隔一定距离设置过街管线。

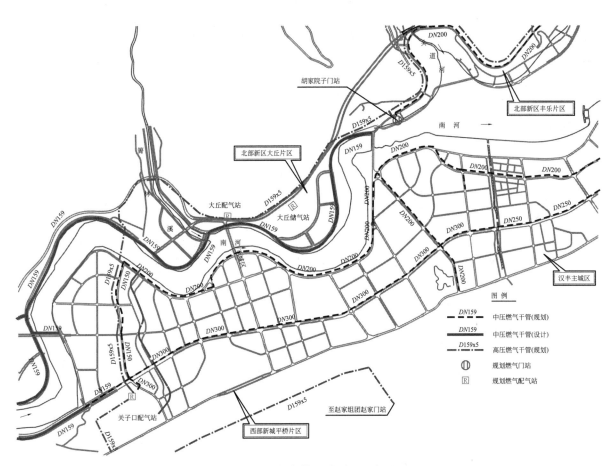

图 20-78　燃气管网总平面示意图

问题 170：燃气管线未优先布置于人行道下，或燃气管线布置于车行道下，未考虑车行荷载对于管线运行安全的影响；未考虑燃气主管部门的运维管理模式，燃气管线敷设位置未取得燃气产权单位的同意。

【原因分析】违反《城市工程管线综合规划规范》GB 50289—2016 第 4.1.2 条关于工程管线优

先敷设于人行道、绿化带内的规定。

【处理措施】设计应优先将燃气管线布置于人行道下。根据工程实践经验，在综合管网方案审查阶段，燃气产权单位通常要求将市政燃气管线优先布置于人行道下。若因人行道下布置条件受限而布置于车行道下，则应进行方案比选论证，并征求产权单位意见。

问题171：燃气管线敷设于桥梁上，未明确管线压力等级，且未采取相应安全措施。

【原因分析】违反《城镇燃气管道穿跨越工程技术规程》CJJ/T 250—2016第6.3节、《城镇燃气设计规范》GB 50028—2006（2020年版）第6.3.10条和《城市桥梁设计规范》CJJ 11—2011（2019年版）第3.0.19条关于燃气随桥跨越设计的规定，属于违反强制性条文要求。

【处理措施】压力大于0.4MPa的燃气管和其他可燃、有毒或腐蚀性液、气体管不得在桥上敷设。设计应明确燃气管网的压力等级，复核是否可随桥敷设。若随桥敷设，燃气管沟两侧应采用隔墙与其他管线隔开，沟内应填砂，并应设置活动盖板。宜采取如下安全防护措施：提高管材厚度、减少焊缝、设置必要的补偿和减震措施、提高防腐保护级别等。

问题172：燃气管线敷设于地通道检修道内，未考虑燃气泄漏、发生事故对地通道安全的影响，未采取相应安全措施。

【原因分析】违反《城市桥梁设计规范》CJJ 11—2011（2019年版）第3.0.19条关于地下通道内敷设燃气管线的规定。规范严禁在地下通道内敷设电压高于10kV配电电缆、燃气管及其他可燃、有毒或腐蚀性液、气体管。其目的主要是确保地下通道自身结构的运营安全，避免危及地下通道自身和通道内同行的车辆、行人安全的重大燃爆事故。

【处理措施】对于长度短且两端通风良好的地下通道，通过可行性、安全性专题论证后，可将燃气管线敷设于地通道检修道内。但应采取相应安全措施，如在廊道内填充细沙、设置燃气监测、自动关停等。

问题173：燃气过街管线未考虑车行荷载造成的路基沉降对管线的破坏作用，未设置套管或套管设置不合理。

【原因分析】违反《城镇燃气设计规范》GB 50028—2006（2020年版）第6.3.8条、第6.3.9条关于燃气管道穿越其他管线沟槽、城镇主要干道时设置套管的规定。

【处理措施】地下燃气管道从排水管（沟）、热力管沟、隧道及其他各种用途沟槽内穿过时，应将燃气管道敷设于套管内。套管伸出构筑物外壁不应小于规范规定的燃气管道与该构筑物的水平净距。套管两端应采用柔性的防腐防水材料密封。

燃气管道穿越城镇主要干道时，宜敷设在套管或管沟内；套管内径应比燃气管道外径大100mm以上，套管或管沟两端应密封。在重要地段，套管或管沟端部宜安装检漏管。

城市道路交叉口位置为燃气管线分支位置，交叉口位置燃气管线穿越车行道过街时需设置套管。燃气管线不应在交叉口车行道内分支，否则套管无法安装，后期管线渗漏也无法更换。

问题174：敷设于车行道下的燃气管线覆土厚度未考虑车行道荷载对管道的破坏作用，覆土厚度不满足要求时未采取有效的安全措施。

【原因分析】违反《城镇燃气设计规范》GB 50028—2006（2020年版）第6.3.4条关于燃气管道最小覆土厚度的规定。

【处理措施】地下燃气管道埋设在机动车道下时，覆土厚度不得小于 0.9m；埋设在非机动车车道（含人行道）下时，覆土厚度不得小于 0.6m。当不能满足上述规定时，应采取有效的安全防护措施，如设置管线涵、套管等措施。

问题 175：燃气管线与电力、通信管线一并敷设于过街管线涵中，管线涵无法设置通风、事故放散等措施，不满足安全运行要求。

【原因分析】违反《城镇燃气管道穿跨越工程技术规程》CJJ/T 250—2016 第 3.0.12 条关于燃气管道对穿越工程运行中产生废水、废气等采取有效措施和《城市综合管廊工程技术规范》GB 50838—2015 第 4.3.4 条关于天然气管道设置于独立舱室的规定。

【处理措施】燃气管道穿越道路采用管线涵时，应在管线涵和内穿燃气管道之间设检漏管，管线涵两端应采用柔性的防腐、防水材料密封。若多种管线同时布置于同一管线涵内，可认定其为综合管廊。根据规范规定，天然气管道应在独立舱室内敷设。

20.4.7　管线综合设计

问题 176：综合管线规模的确定无规划依据、前期未与各管线产权主管部门沟通意见。

【原因分析】违反《城市给水工程规划规范》GB 50282—2016 第 3.0.1 条、《城市排水工程规划规范》GB 50318—2017 第 3.1.1 条、《城市电力规划规范》GB/T 50293—2014 第 7.6 节、《城市通信工程规划规范》GB/T 50853—2013 第 7 章、《城镇燃气规划规范》GB/T 51098—2015 关于管线布置及规模确定的规定。

【处理措施】综合管线方案设计阶段应要求业主方提供各产权单位的专项设计资料，并积极联系、征求管线权属单位的意见。应依据管线产权单位的专项设计进行综合管网方案设计，并在设计文件中表述对管线产权部门沟通意见的执行情况。

问题 177：各管线敷设间距过小或垂直方向上重叠敷设，综合管线的布置间距未考虑管线与构筑物的平面尺寸关系、管线施工间距需求及后期运营要求。

【原因分析】违反《城市工程管线综合规划规范》GB 50289—2016 第 4.1.2 条、第 4.1.6 条、第 4.1.9 条关于工程管线布置原则及工程管线之间最小水平净距及垂直方向不得重叠的规定。

【处理措施】综合管网的布置应综合考虑管线施工或日常维护时与道路交通的相互影响，综合管线优先布置于人行道或非机动车道下面，当人行道无位置时，可将管线布置于车行道下面。

综合管网之间的最小水平净距应符合《城市工程管线综合规划规范》GB 50289—2016 第 4.1.9条的规定。对于因受各种限制条件，无法满足管线间最小净距要求的情况，应采取相应的措施，如增加管材强度、加设保护套管、适当安装截断闸阀及增加管理措施等。

综合管网的布置应综合考虑管线规模、构筑物平面尺寸，满足管线与管线间构筑物的平面距离关系，勿使管线实施时呈现竖向层叠布置或不同管线与构筑物的管位冲突。

电力与燃气同侧布置时，两者管线之间及其构筑物之间的最小水平净距要求：次高压 A 为1.5m，其他为 1.0m，电力与燃气不宜同侧相邻布置；电力与通信相邻布置时，两者构筑物尺寸均较大，不仅应关注管线间的间距要求，更应关注管线与构筑物间的间距要求；大管径雨水管或涵洞布置时，相邻管线敷设不得重叠；沿市政道路敷设的涵洞若需布置于车行道下，一般布置于慢车道下。

问题178：各管线竖向高程布置未考虑管线间的交叉影响、未考虑管网构筑物的积水排出需求。

【原因分析】违反《城市工程管线综合规划规范》GB 50289—2016第4.1.4条关于工程管线交叉时最小垂直净距的规定。

【处理措施】当工程管线竖向位置发生矛盾时，宜按下列规定处理：有压管让无压管，可弯曲管让不可弯曲管；支管线避让主管线；小管径管线让大管径管线。工程管线交叉点高程应根据排水等重力流管线的高程确定，重力流管线的规模大、埋深大，通常敷设于其他管线之下，且承担电力检查井、通信工作井内积水的排出水需求。

工程管线交叉时的最小垂直净距，应符合《城市工程管线综合规划规范》GB 50289—2016第4.1.4条的规定。当受现状工程管线等因素限制难以满足要求时，应根据实际情况采取安全措施后减少其最小垂直净距。

问题179：市政道路下需布置的管线种类过多，未优化管线布局使其尽量布置于人行道或绿化带。

【原因分析】违反《城市工程管线综合规划规范》GB 50289—2016第4.1.2条关于工程管线在道路横断面布置的规定。

【处理措施】综合管线的布置应尽量减少在施工或日常维修时与城市道路交通相互影响，节省工程投资和日常维修费用。道路主线及交叉口位置，优先将工程管线敷设在人行道或非机动车道下面，当由于条件限制需布置在车行道下面时，应优先布置于慢车道，不得将检查井布置于超车道或交叉口中心位置；对于立交匝道，综合管线的布置应考虑匝道转弯视距、车行安全因素，可考虑尽量布置于立交匝道外侧的绿化带内。此外，可考虑采用浅埋沟道的方式建设电力管线、通信管线，即设置缆线管廊。

问题180：城市快速路车行道下布置市政管线，未考虑快速路车行速度特点及管线后期运营维护措施。

【原因分析】违反《城市快速路设计规程》CJJ 129—2009第3.0.7条和《城市道路工程设计规范》CJJ 37—2012（2016年版）第15.2.2条关于不得沿快速路主路车行道下纵向设置管线的规定。

【处理措施】快速路为城市中大量、长距离和快速交通服务，行车速度快，市政管线如布置于快速路车行道下，则后期运营维护时对交通的限制将导致区域交通通行能力大幅下降，且快速路上车辆也会对运维人员造成很大安全隐患。因此，不得沿快速路主路车行道下纵向敷设市政管线。

问题181：综合管线随桥敷设未考虑桥梁结构防腐、结构安全等要求，未明确管线安装的具体措施及要求。

【原因分析】违反《城市桥梁设计规范》CJJ 11—2011（2019年版）第3.0.19条关于桥上管线敷设的规定。

【处理措施】不得在桥上敷设污水管、压力大于0.4MPa的燃气管和其他可燃、有毒或腐蚀性液、气体管。条件许可时，在桥上敷设的电信电缆、热力管、给水管、电压不高于10kV的配电电缆、压力大于0.4MPa的燃气管必须采取有效的安全防护措施。此外，综合管线在桥梁上敷设时，应综合考虑桥梁上的管线廊道空间，确保综合管线与桥梁结构的尺寸关系、管线的排布方式满足综合管线的安装与维护要求。

问题 182：未明确对现状管网的废除、迁改或保护方案及处理措施，未考虑现状管线迁改方式及迁改时序的影响。

【原因分析】违反《城市道路工程设计规范》CJJ 37—2012（2016 年版）第 15.1.1 条关于综合管线同道路工程同步设计的规定。

【处理措施】现状综合管线的拆除、迁改为综合管网方案设计中较为重要的一部分，重要管线的拆除或迁改措施甚至会影响市政主体工程的设计方案及施工方式。设计文件需明确各管线的现状及规划情况，结合物探资料理清现状管线平面布局及竖向标高，重点理顺需要拆除的管线、保护加固的管线、还建的管线，如图 20-79 所示。应明确拆除管线的原因，以及还建管线的容量是否按原规模还建等。若有管线需要扩容，则应阐述明确，尤其重点关注规模较大、安全要求高、拆迁影响大的现状管线。设计需考虑现状管线的迁改方式，考虑临时迁改的管线布置走廊、施工方式、管线迁改与主体结构的实施时序。一些重要管线的迁改时序往往会影响市政主体结构的施工方法与施工时序。

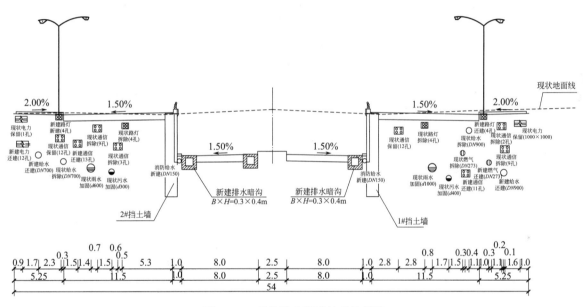

图 20-79　现状综合管线处理示意图

对于综合管线的新建、还建、保留、拆除应明确并提出相应措施。涉及二次迁改的（如电力、通信管线二次迁改），可考虑采用临时架空的方式，待主体结构施工完成后再迁至道路下。若需废除现状排水管线，应优先挖除，或采用砂石回填检查井、雨水口等，避免后期出现雨污混接的现象。若需废除现状燃气管线，应全部挖除，避免废弃的管线内积气造成爆炸。

问题 183：未区分过街管线远期与远景概念，市政道路仅预留规模较小的综合管线过街管，不满足过街综合管线穿管的要求。

【原因分析】违反《城市道路工程设计规范》CJJ 37—2012（2016 年版）第 15.2.2 条关于综合管线预留满足远期发展的规定。一般市政道路项目，排水工程、路灯工程与道路同步建设，给水、电力、通信、燃气、热力等工程，由于建设项目投资主体，难以与主体道路统一同步实施，故在实施道路主体时，为保证后期其他综合管线的实施不破路而应预留过街管。

【处理措施】远期过街管线预留仅采用预留一根 $d400$ 过街管，混淆远期过街管线预留与远景增容过街管线预留概念。

第 3 部分　市政工程

市政道路预留综合管线过街管，应根据周边地块远期使用需求、过街管线种类与规模来确定过街管的规模尺寸。远期过街管线包括电力、通信、燃气等管线，交叉口过街与主线规模一致，地块预留时根据地块需求预留。考虑远景扩容需要，可在主要路口增设远景扩容用过街管，过街管可采用一根$d400$塑料管过街，仅考虑远景扩容一部分缆线或小管径的燃气、给水过街。

如道路实施时未明确过街管线规模，可设置过街管线涵（图20-80），过街管线涵内容纳给水、电力、通信管线等管线；燃气管线在过街管线涵外单独预留套管。预留过街管（涵）的两端可采取措施实施临时封堵。

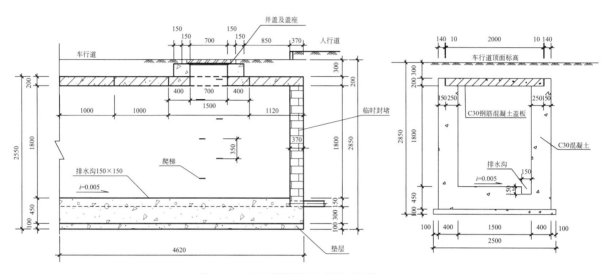

图20-80 过街管线涵示意图（单位：mm）

问题184：各管线设置于下穿式地通道车行道，未考虑行车安全因素，未采取安全行车的有效措施。

【原因分析】违反《城市道路工程设计规范》CJJ 37—2012（2016年版）第15.2.2条关于管线布置不应影响行车安全性和舒适性的规定。

【处理措施】下穿道内行车视线不好、车速快，若下穿道内车行道的检查井盖出现问题，车辆无法躲避有问题的井盖。若需敷设电力、通信等管线，宜优先布置于检修通道内。检修通道设计时，应为市政管线预留足够的布置空间。雨水井采用带箅明沟形式布置于车行道两侧收集路面雨水。

问题185：市政综合管线敷设于市政道路人行道下，未考虑管线位置与植物种植相互关系，植物不易成活，管线存在被植物根系破坏的风险。

【原因分析】违反《城市工程管线综合规划规范》GB 50289—2016第4.1.9条关于工程管线与乔木之间净距的规定。

【处理措施】市政综合管线平面布置应与景观绿化专业协调设计，复核市政道路人行道下绿化植物的布置，避开人行道乔木树池。浅根乔木所必需的最低种植土层厚度为0.9m，深根乔木所必需的最低种植土层厚度为1.5m。

一般市政排水管线埋深较大，覆土在1.8m以上，可将排水管线敷设于乔木下方或附近，如图20-81所示。燃气管线埋设较浅，且植物根系干扰燃气管线后将产生泄漏风险，应避开植物根系。电力沟基本无覆土，不得布置于绿化带及乔木下。电力、通信采用排管敷时，排管断面较大，覆土一般为 0.7～1.0m，其上可种植草皮，不得种植乔木。

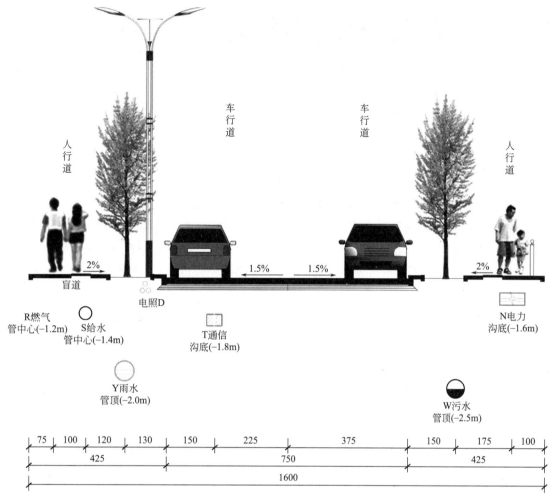

图 20-81　综合管网与乔木布置示意图（单位：mm）

21　城市道路海绵城市设施

21.1　海绵指标及计算

问题 1：设计未明确规划海绵指标（年径流总量控制率、年径流污染物总量削减率等）要求，采用海绵设施改造后，未进行海绵设施建设前后海绵指标的对比。

【原因分析】违反《海绵城市建设技术指南—低影响开发雨水系统构建（试行）》第四章第四节第 1 条关于城市道路设计落实海绵专项规划低影响开发控制目标与指标要求和重庆市《低影响开发雨水系统设计标准》DBJ 50/T—292—2018 第 3.0.1 条关于建设项目低影响开发目标应与上位规划相协调的规定。

【处理措施】设计中应明确城市总规（国土空间规划）、海绵城市专项规划等上位规划对设计道路海绵指标的要求。如设计道路位于海绵专项规划区域外，则可参考海绵城市建设主管部门发布的相关管理规定或参考重庆市《低影响开发雨水系统设计标准》DBJ 50/T—292—2018 规定执行。在道路海绵设施建设完成后应将建好后的指标与规划指标进行比较，确定海绵城市建设是否达到预期目标。

问题 2：未分析修建该海绵城市项目后对周边（特别是下游）区域水文过程及生态的影响。

【原因分析】违反《海绵城市建设技术指南—低影响开发雨水系统构建（试行）》第三章第二节第 2.4 条关于海绵城市设计中根据水文条件选择低影响开发控制目标的规定。城市雨水水文过程是不可割断的连续过程，一个区域的开发、建设必然受其上游水文状况的影响，也必然对下游水文状况造成影响。

【处理措施】除工程本身区域外，还应搜集工程上下游相关区域的地形、地质、水文等资料，加强海绵项目上下游的水系格局的分析，并分析开发建设对上下游水文过程的影响（如回填自然坑塘，则应补偿雨水调蓄功能）。通过对建设区域开发前后水文过程的影响、分析，评估开发建设造成的影响，并对建设区域雨水管理影响范围提出相应的雨水管理、生态修复的管控建议。

问题 3：在快速路、立交、隧道、下穿道等道路设计时，未考虑海绵城市理念，未结合绿化条件进行海绵城市设计且未进行海绵城市指标（年径流总量控制率、年径流污染物总量削减率等）计算。

【原因分析】违反重庆市《低影响开发雨水系统设计标准》DBJ 50/T—292—2018 第 6.2.1 条关于城市道路设置低影响开发设施的规定和重庆市《海绵城市建设项目评价标准》DBJ 50/T—365—2020 第 6.3.3 条关于合理设置源头绿色设施的规定。

【处理措施】在道路海绵城市设计时，人行道绿化带位置一般设置有生物滞留设施，对于道路中分带、侧分带、拓宽带、立交绿化和下穿道上方中央隔离带等区域则未考虑设置海绵设施，如图 21-1 所示。宜结合道路景观要求和周边用地条件对道路范围内绿化进行海绵城市设计，利用道路中分带、侧分带、拓宽带、立交绿化和下穿道上方中央隔离带等区域设置下凹式绿地、生物滞留带、雨水回用池等海绵设施。同步结合道路地形组织雨水径流，设置进水、出水，预留溢流设施与雨水系统衔接，并按照汇水单元进行海绵城市指标计算和校核。其中对于快速路标准段，无人行道及绿化带的可不做海绵指标要求。建议将立交、隧道、下穿道范围内不透水下垫面雨水引入地面绿化内的海绵设施进行处理。

图 21-1　早期建设下穿道上方道路中央隔离带未设置海绵设施（实景图）

问题 4：海绵设施计算中，未区分受控区域及非受控区域，计算汇水面积时，未扣除非受控区域面积。

【原因分析】违反《海绵城市建设技术指南—低影响开发雨水系统构建（试行）》第四章第八节关于海绵设施规模计算的规定和违反重庆市《低影响开发雨水系统设计标准》DBJ 50/T—292—2018 第 4.3.1 条关于雨水径流总量控制容积计算的规定；将未受控区域纳入受控区域进行计算有误，海绵设施相关指标计算仅针对其服务范围有效。

【处理措施】应将受海绵设施控制区域和未受海绵设施控制区域分开计算控制指标，然后进行加权平均计算得出项目的年径流总量控制率等控制指标。若单个海绵设施计算汇水面积时，未扣除非受控区域面积，将导致该海绵设施规模偏大、整体指标不准确等结果。

问题 5：在道路海绵设施计算时，未区分自然受控区域和海绵设施服务区域，计算海绵城市指标（年径流总量控制率、年径流污染物总量削减率等）时未考虑透水铺装等自然受控与生物滞留带等容积式设施受控的区别。

【原因分析】违反《海绵城市建设技术指南—低影响开发雨水系统构建（试行）》第三章第二节第 2.1 条、第 2.3 条关于径流总量控制目标和径流污染控制目标的规定、第四章第八节关于海绵设施规模计算的规定；违反重庆市《低影响开发雨水系统设计标准》DBJ 50/T—292—2018 第 4.3.1 条、第 4.3.2 条关于雨水径流总量控制容积、径流污染物总量削减率计算的规定。

【处理措施】在海绵城市指标计算时，海绵城市人行道透水铺装、绿地等自然受控区域考虑小雨时不产生径流进入生物滞留设施，自身受控，因此应对生物滞留带等容积式设施受控和人行道透水铺装、绿地等自然受控的设施分别计算，再根据单项设施年径流污染物总量削减率，加权平均计算年径流总量控制率和年径流污染物总量削减率。

问题 6：海绵设施下垫面径流系数取值未充分考虑下垫面构造及对于雨水的滞、蓄功能，生物滞留带、半透式透水铺装径流系数取值 0.15，取值不当。

【原因分析】违反《海绵城市建设技术指南—低影响开发雨水系统构建（试行）》第四章第八

节第2.1条关于下垫面径流系数取值及重庆市《低影响开发雨水系统设计标准》DBJ 50/T—292—2018第4.3.8条关于下垫面径流系数取值的规定。

【处理措施】生物滞留带具备雨水下渗功能，下渗量纳入控制容积计算，因此，在计算海绵指标时，不能将其作为普通绿地来考虑其自身雨量径流系数。半透式透水铺装，由于结构形式为半透，下渗及储水空间不如全透式透水铺装，其径流系数应适当调高。参考《海绵城市建设技术指南—低影响开发雨水系统构建（试行）》第四章第八节第2.1条表4-3和重庆市《低影响开发雨水系统设计标准》DBJ 50/T—292—2018表4.3.8取值，建议生物滞留带自身径流系数取1，半透式透水铺装径流系数根据其结构层的具体做法适当调整取高。

问题7：生物滞留带设计容积计算时，未考虑生物滞留带渗透效果，生物滞留带设计容积未按生物滞留带有效容积和渗透量叠加计算。

【原因分析】违反《海绵城市建设技术指南—低影响开发雨水系统构建（试行）》第四章第八节第（3）条关于以渗透为主要功能的设施规模计算和重庆市《低影响开发雨水系统设计标准》DBJ 50/T—292—2018第4.3.6条关于渗透设施计算的规定。

【处理措施】利用生物滞留带作为径流总量和径流污染的控制措施时，应根据服务范围、设计降雨量等计算所需控制容积，所需控制容积主要由设施有效调蓄容积和设施渗透量两部分组成。同时应复核生物滞留带实际的调蓄容积是否与生物滞留带设计的调蓄容积匹配。

问题8：海绵设施污染物去除率指标取值依据不合理，海绵设施污染物去除率取值未考虑设施构造工艺对指标的影响。

【原因分析】违反《海绵城市建设技术指南—低影响开发雨水系统构建（试行）》第四章第七节第3条关于低影响开发设施污染物去除率和重庆市《低影响开发雨水系统设计标准》DBJ 50/T—292—2018第4.3.2条关于单项海绵设施污染物去除率的规定，取值过高超过了取值范围。

【处理措施】各项海绵设施污染物去除率应结合设施工艺、构造，通过实测数据确定，当无实测数据时，工艺构造可参考重庆市《城市道路与开放空间低影响开发雨水设施标准设计图集》DJBT—103执行，各项海绵设施污染物去除率取值可参考重庆市《低影响开发雨水系统设计标准》DBJ 50/T—292—2018表4.3.2所列污染物去除率取值，如表21-1所示：

单项海绵设施污染物去除率一览表 表21-1

名称	单项海绵设施污染物去除率 P_w（%，以SS计）
生物滞留设施	70～95
渗透塘	70～80
雨水塘	50～80
雨水湿地	50～80
蓄水池	80～90
雨水罐	80～90
植被缓冲带	50～75

注：本表摘自《低影响开发雨水系统设计标准》DBJ 50/T—292—2018。

问题9：生物滞留带设计时，未考虑设施缓排能力，存水区排空时间未控制在8～24h范围。

【原因分析】违反重庆市《低影响开发雨水系统设计标准》DBJ 50/T—292—2018第9.4.3条

第 2 款关于存水区设计排空时间的规定和重庆市《海绵城市建设项目评价标准》DBJ 50/T—365—2020 第 6.3.11 条第 1 款关于存水区设计排空时间的规定。

【处理措施】设计中需校核生物滞留带的缓排能力，土壤层渗透系数宜为 $3 \times 10^{-6}\,\mathrm{m/s} \sim 1 \times 10^{-5}\,\mathrm{m/s}$ 才能保证存水区排空时间控制在 $8 \sim 24\mathrm{h}$ 范围内，排空时间在控制范围内既保证有足够的接触时间去除径流污染物，又可保证植物的存活及应对后续的降雨事件。缓排能力校核计算参考《低影响开发雨水系统设计标准》DBJ 50/T—292—2018 第 4.3.6 条执行，根据生物滞留带有效调蓄容积、渗透系数、有效渗透面积等计算排空时间。

问题 10：道路路沿石豁口宽度或间距的取值未考虑道路纵坡、路面横坡等因素，豁口设置未达到收水效果要求。

【原因分析】违反重庆市《低影响开发雨水系统设计标准》DBJ 50/T—292—2018 第 6.2.7 条关于路沿石开口收水措施的规定。

【处理措施】由于路沿石豁口为侧面进水（图 21-2），其进水流态较传统的雨水口有较大的不同，路沿石豁口进水流态为宽顶堰流，其进水流量通常较雨水口小。道路路沿石豁口宽度及间距结合立算式雨水口进水量综合考虑，可参考重庆市《低影响开发雨水系统设计标准》DBJ 50/T—292—2018 第 6.2.7 条公式计算路沿石豁口宽度。路沿石豁口过流能力应按照宽顶堰流进行复核。

$$L = K_0 Q^{0.42} S^{0.3} (ni)^{-0.6}$$

式中：L——豁口长度，m；

$\quad Q$——设计径流量，$\mathrm{m^3/s}$；

$\quad K_0$——经验常数，取 0.817；

$\quad S$——纵向坡度；

$\quad n$——曼宁系数，取 0.016；

$\quad i$——横向坡度。

图 21-2　生物滞留带雨水豁口示意图和实景图

问题 11：生物滞留带中单个溢流设施流量及溢流设施数量未考虑超标雨水工况排水安全，生物滞留带在暴雨时存在内涝风险。

【原因分析】违反《海绵城市建设技术指南—低影响开发雨水系统构建（试行）》第五章第三节第（2）条关于城市道路低影响开发设施溢流排放设施和重庆市《低影响开发雨水系统设计标准》DBJ 50/T—292—2018 第 9.4.8 条关于溢流排水能力不应低于低影响开发设施的设计最大进水量的规定。

【处理措施】道路路面雨水通过豁口等设施进入生物滞留带，则生物滞留带应考虑超标雨水溢流措施，若溢流口过流能力不足，或将造成超标径流雨水来不及通过溢流设施排走，从而漫过生物滞留带形成无组织排放。可增加溢流设施中溢流口的数量或者增大溢流口尺寸，同时考虑安全因素，溢流流量宜取设计进水流量的 1.5～3 倍。

对于不同纵坡道路，生物滞留带应结合调蓄容积及道路纵坡关系确定挡水堰设置间距，溢流口应结合挡水堰分段设置，并按生物滞留带服务范围内雨水流量计算溢流口数量。对于坡度平缓道路，生物滞留带中溢流口可相对集中设置，如图 21-3 所示。

图 21-3　生物滞留带挡水堰和溢流口实景图

问题 12：建设项目划分多个子汇水分区时，单个子汇水分区年径流总量控制率未考虑项目总体雨水径流控制要求。

【原因分析】违反重庆市《低影响开发雨水系统设计标准》DBJ 50/T—292—2018 第 4.1.2 条和重庆市《海绵城市建设项目评价标准》DBJ 50/T—365—2020 第 6.3.2 条关于单个汇水分区年径流总量控制率的规定。

【处理措施】由于项目的各子汇水分区划分不合理，造成部分子汇水分区年径流总量控制率偏低，应合理划分汇水分区，对每个汇水分区进行径流雨水控制，并满足单个汇水分区年径流总量控制率不宜低于项目年径流总量控制率的 85% 的规定。各个分区加权平均后，项目年径流总量控制率和年径流污染物总量削减率应满足规划指标要求。

问题 13：利用雨水调蓄池作为径流污染控制措施时，在调蓄池前设置初期雨水弃流装置，未考虑初期雨水径流污染控制，不能达到雨水径流污染控制目的。

【原因分析】违反重庆市《低影响开发雨水系统设计标准》DBJ 50/T—292—2018 第 4.2.2 条关于雨水径流污染控制和第 9.8.2 条、第 9.10.1 条和重庆市《海绵城市建设项目评价标准》DBJ 50/T—365—2020 第 6.3.15 条关于雨水调蓄池功能的规定。

【处理措施】利用雨水调蓄池作为径流污染控制措施时，若将初期雨水进行弃流，将径流污染较为严重的初期雨水径流排出，则会影响下游水质及雨水蓄水池污染控制效果，将不能达到控制初期雨水径流污染的目的。而且市政污水管网断面计算及下游污水处理厂规模设计时一般未考虑初期雨水流量，初雨弃流将导致污水系统超标溢流风险。根据道路低影响开发原则，雨水径流宜在源头分散处理，控制初期雨水径流污染。若无法实现源头控制而必须设置雨水调蓄池作为径流污染控制措施时，雨水宜先进入生物滞留带等源头海绵设施，控制其服务范围内雨水径流。即雨水径流先经绿色设施净化处理，超过绿色设施控制规模的雨水溢流到下游，由雨水调蓄池进行末端控制。

问题 14：在城市更新项目中对现状道路拓宽改造时，海绵城市指标确定不合理，未考虑海绵设施实施的可行性以及海绵设施布局与现状管网的关系。

【原因分析】违反重庆市《低影响开发雨水系统设计标准》DBJ 50/T—292—2018 第 4.2.1 条（2）关于改、扩建项目年径流总量控制率的要求和第 6.2.4 条关于城市道路低影响开发设施布局与道路市政管线相互关系的规定。

【处理措施】在城市更新项目中对现状道路拓宽改造时应结合改造项目实际情况，合理确定海绵城市指标，改、扩建项目如有新增用地，其新增占地年径流总量控制率参照新建项目执行。如无新增用地，可不作年径流总量控制率的要求，采用海绵城市理念，以问题为导向进行改造设计。进行海绵城市设计时应结合现状道路及管线情况合理确定设施类型和位置，雨水入渗应保证周围建（构）筑物的安全，避免生物滞留设施建设对现状管线基础产生沉降影响，不影响现状管线后期运维，不应由于海绵设施建设引起安全隐患。

问题 15：在道路海绵城市设计时，未考虑海绵城市监测实施的必要性和可行性，海绵城市监测设计未结合项目类型进行针对性设计。

【原因分析】违反《海绵城市建设评价标准》GB/T 51345—2018 第 3.0.4 条、第 3.0.5 条和重庆市《海绵城市建设项目评价标准》DBJ 50/T—365—2020 第 8.2.3 关于海绵城市监测系统设置的相关规定。

【处理措施】根据《海绵城市建设效果监测技术指南》和《重庆市海绵城市监测技术导则（试行）》（渝建人居〔2020〕16 号）等要求，海绵城市监测分三个层次：①典型设施；②典型项目；③典型排水分区。在道路海绵城市设计时，应根据项目类型及特点分析并落实该项目是否为典型排水分区的关键节点或者典型项目，并进行海绵城市监测设计。监测要求如下：

① 典型设施

生物滞留带的进口、溢流口及出口处应设置监测点，进口和出口的监测指标为水位、流量和水质；溢流排口的监测指标为水位和流量。

公共容积式海绵设施的进口、溢流排口及出口处应设置监测点，进口和出口的监测指标为水位、流量和水质；溢流排口的监测指标为水位和流量，如图 21-4 所示。

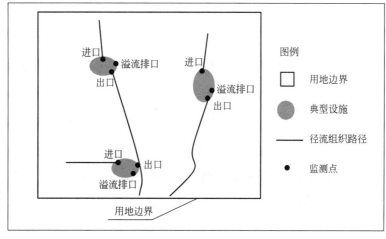

图 21-4 典型设施监测点位置示意图

② 典型项目

典型项目接入市政管网的检查井处应设置监测点，监测指标为水位、流量和水质，如图 21-5 所示。

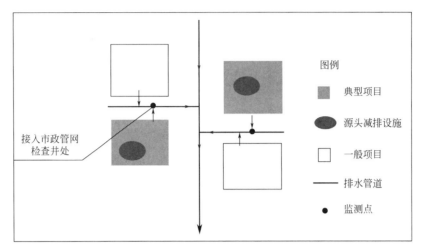

图 21-5　典型项目监测点位置示意图

③ 典型排水分区

典型排水分区雨水管渠进口和出口处应设置监测点，监测指标为水位、流量和水质。

若典型排水分区附近有受纳水体，应在典型排水分区上下游断面约 200m 处分别设置监测点，监测指标为水位、流量。

若排水分区内有易涝点，其监测指标（水位和视频）应满足《重庆市城镇排水管网监测技术导则（试行）》的要求，如图 21-6 所示。

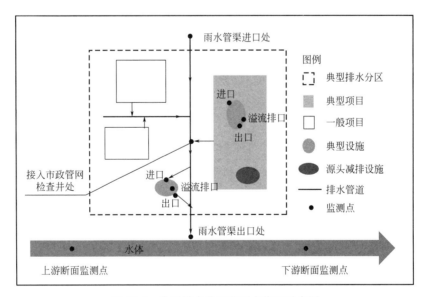

图 21-6　典型排水分区监测点位置示意图

问题 16：城市道路海绵城市设计未考虑海绵设施运维效果的可持续性，未结合海绵设施工艺特点、指标控制要求提出运维总体要求。

【原因分析】违反重庆市《海绵城市建设项目评价标准》DBJ 50/T—365—2020 第 6.3.17 条关于设计和施工文件中提出海绵设施运维相关要求的规定和重庆市《低影响开发设施运行维护技术标

准》DBJ 50/T—276—2017 的规定。

【处理措施】《海绵城市建设项目评价标准》DBJ 50/T—365—2020 提出在海绵城市建设项目设计和施工阶段，设计单位和施工单位应提出对海绵设施运行维护的技术操作规定，为接管设施的运行维护单位提供技术支持和技术指导，具体的海绵设施运维要求可根据项目的设置情况参照《低影响开发设施运行维护技术标准》DBJ 50/T—276—2017 进行设置，其中城市道路海绵设施基本运维要求如下：

① 透水铺装

a. 禁止在透水铺装的地面或附近堆放土工施工材料（土壤、砂石、混凝土等）。

b. 透水铺装的人行道等应及时用硬扫帚清理青苔。

c. 应定期维护透水铺装区域周围的绿化带（植被过滤带、植草沟等），防止雨天土壤冲刷至铺装表面，如果土壤已冲刷至表面，应立即清扫干净防止进一步堵塞。若绿化带出现裸露的土壤或者侵蚀区域，应立即补种植物。

d. 透水铺装的渗透机能的测试应不低于每年 4 次。当渗透速率低于设计文件要求时，应及时进行清洗。

e. 透水铺装透水面空隙中的堵塞物去除，可使用真空吸尘和高压水冲洗（透水路面清洗车）周期清洗，清洗频率应根据路面污染程度、交通量大小、气候及环境条件等因素而定。一般每周应对路面进行一次吸尘清扫，重点清扫路面边缘。

透水铺装在后期运维中直接冲洗地面，如图 21-7 所示，截留在透水铺装中的初期雨水污染物如悬浮物等进入雨水系统，进而直排水体，污染水体环境。建议采用真空吸尘，可减少由于直接冲洗地面而引起的雨水径流二次污染和水环境破坏。

图 21-7　透水铺装高压水枪冲洗（实景图）

图 21-8　生物滞留带内堆积垃圾（实景图）

② 生物滞留带

a. 进水口和溢流口应及时清理垃圾与沉积物，如图 21-8 所示，保证过水通畅。

b. 调蓄空间沉积物淤积会导致调蓄能力不足，应定期清理沉积物。

c. 暴雨后应及时检查土壤的覆盖层和植被受损情况，根据检查结果更换受损覆盖层材料和植被。

d. 生物滞留带周围应设置安全警示标志，避免发生安全事故。

问题 17： 道路海绵城市建设未考虑海绵考核指标要求，未考虑海绵设计目标与海绵建设效果关系，未按照重庆市《海绵城市建设项目评价标准》要求进行建设效果评估。

【原因分析】违反重庆市《海绵城市建设项目评价标准》DBJ 50/T—365—2020 第 6 章关于道路与广场评价的规定。

【处理措施】《海绵城市建设项目评价标准》DBJ 50/T—365—2020 是针对重庆市新建海绵城市建设项目的评价，该评价标准为科学引导和规范管理重庆市海绵城市建设项目评价工作而制定。为便于海绵设施竣工备案前开展海绵建设项目效果评估，应在城市道路海绵城市设计技术指标选择、设施类型选择、系统构建、工艺构造等方面进行重点、要点把控。在设计文件中进行海绵城市建设项目设计预评估，在设计文件中按照评价标准附录要求统计相关考核指标，结合评估要求进行设计预评估，设计阶段分值应满足评估标准要求。对于后期海绵设施实施效果进行重点把控，其中透水铺装渗透系数测定参照现行《公路路基路面现场测试规程》JTG 3450，生物滞留设施渗透系数测定参照现行《土工试验方法标准》GB/T 50123。

问题 18： 对于人行道宽度较窄的道路，无设置生物滞留设施的条件，无法满足规划海绵指标的要求时提出由下游公园绿地等分担其海绵指标，未考虑下游绿地内海绵设施布局的可能性，未考虑区域指标规划统筹可行性。

【原因分析】违反《海绵城市建设技术指南—低影响开发雨水系统构建（试行）》第四章第四节第 1 条关于城市道路设计落实海绵专项规划低影响开发控制目标与指标要求、重庆市《低影响开发雨水系统设计标准》DBJ 50/T—292—2018 第 3.0.1 条关于建设项目低影响开发目标应与上位规划相协调的规定和《海绵城市建设项目评价标准》DBJ 50/T—365—2020 第 6.2.1 条关于海绵指标满足相关要求的规定。

【处理措施】当人行道宽度小于 4.5m 时，受制于本底条件的限制，无法设置生物滞留带等海绵设施。若规划海绵指标要求较高，则此类道路无法满足规划海绵指标。对此类道路，建议尽量利用本底条件，分析设置截污型雨水口、沉砂池、渗透性排水沟等灰色设施可行性，并结合排水专项规划、海绵专项规划，分析利用周边绿地设置海绵设施分担海绵指标可能性。通常情况下公园绿地等海绵指标在海绵专项规划制定时已明确，一般较难再分担上游道路海绵指标。

21.2 海绵设施布局

问题 19： 在道路范围内最低处集中布置生物滞留设施，道路生物滞留设施布局时未考虑分散布置原则。

【原因分析】违反《海绵城市建设技术指南—低影响开发雨水系统构建（试行）》第三章第三节第 1 条关于优先通过分散的低影响开发设施实现海绵城市各项指标控制和《重庆市海绵城市规划与设计导则（试行）》第 4.8.5 条关于生物滞留设施宜分散布置的规定。

【处理措施】结合地形条件和道路情况，合理划分项目子汇水分区，分散布置生物滞留设施；合理组织径流雨水，就近排入道路生物滞留设施；生物滞留设施占地面积与汇水面积之比应通过计算确定。

问题 20：在公交停车港站台范围、平交路口、人行过街横道处设置生物滞留带，影响正常交通组织。

【原因分析】违反重庆市《低影响开发雨水系统设计标准》DBJ 50/T—292—2018 第 6.1.2 条关于生物滞留设施设置应考虑城市道路设施运维的规定。

【处理措施】设置生物滞留带需考虑人员交通行进路线及正常交通组织，在公交停车港站台范围、平交路口、人行过街横道处设置生物滞留带，占据人行通道，影响正常交通组织。在公交停车港站台范围、平交路口、人行过街横道处不宜设置生物滞留带，从总体指标控制要求考虑需对此段进行雨水径流控制，可考虑采用其他措施（如环保型雨水口）处理该段雨水径流。

问题 21：未考虑坡度对生物滞留带有效雨水控制容积的影响，未根据道路纵坡合理设置挡水措施。

【原因分析】违反《海绵城市建设技术指南—低影响开发雨水系统构建（试行）》第五章第三节第 4 条道路纵坡影响低影响开发设施有效调蓄容积时应设有效的挡水设施和重庆市《低影响开发雨水系统设计标准》DBJ 50/T—292—2018 第 6.2.8 条关于道路具有一定纵坡时设置生物滞留带应保证其有效雨水控制容积的规定。

【处理措施】一般生物滞留带与道路纵坡一致，则道路纵坡对于生物滞留带蓄水容积有较大影响，应分段设置挡水措施保证其有效雨水控制容积。挡水措施可结合挡水效果、景观协调性要求综合考虑。可设置黏土阻隔带（上覆草皮）、卵石（块石）砌筑阻隔带、挡水堰等几种形式。对于道路纵坡较小路段，挡水设施高出滞留带底部高度较小，可设置黏土阻隔带（上覆草皮）、卵石（块石）砌筑阻隔带；对于道路纵坡较大路段，因为需通过挡水措施抬高滞留带水深达到蓄水容积，挡水设施需高出滞留带底部较高尺寸，故应考虑设置挡水堰形式，并做好基础处理，避免挡水堰垮塌，如图 21-9、图 21-10 所示。

图 21-9 生物滞留带黏土阻隔带实景图　　　　图 21-10 生物滞留带挡水堰实景图

问题 22：道路海绵指标确定未考虑道路本底条件因素，在人行道较窄道路设置生物滞留设施，未考虑人行通行的需求；在道路纵坡较大路段设置生物滞留设施，未考虑实际收水效果及生物滞留设施蓄水措施对道路景观的影响。

【原因分析】违反《建设工程海绵城市建设效果评估专项评估技术指南（试行）》（渝建人居

〔2020〕25号）第6.1.2条关于道路路侧带较窄、坡度较大时设置生物滞留带的规定，违反《城市道路工程设计规范》CJJ 37—2012（2016年版）第5.3.4条关于人行道宽度设置要求的规定，如图21-11所示。

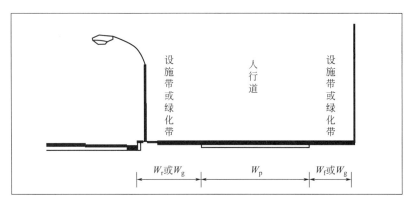

图21-11 路侧带组成示意图

【处理措施】人行道应满足行人安全顺畅通过的要求，根据《城市道路工程设计规范》CJJ 37—2012（2016年版）的要求，人行道宽度应根据不同道路性质、人流密集程度进行确定，一般不小于3.0m、最低不小于2.0m，具体宽度应符合表21-2的规定。

人行道最小宽度　　　　　　　　　　　　　　　　　　表21-2

类型	人行道最小宽度（m）	
	一般值	最小值
各级道路	3.0	2.0
商业或公共场所集中路段	5.0	4.0
火车站、码头附近路段	5.0	4.0
长途汽车站	4.0	3.0

注：本表摘自《城市道路工程设计规范》CJJ 37—2012（2016年版）。

根据《建设工程海绵城市建设效果评估专项评估技术指南（试行）》（渝建人居〔2020〕25号）第6.1.2条规定，道路应结合路幅分配比例和道路纵坡，合理布置海绵设施，当单边路侧带宽度≤4.5m、道路坡度≥6%时，人行道旁已不能设置生物滞留带或设置后收水效果很差。对于此类道路，评估技术指南明确不做海绵指标考核要求。道路的海绵设施主要以透水铺装为主，可辅助采取截污型雨水口等措施提高污染物去除率指标。

问题23：生物滞留带未考虑市政消火栓相对位置关系，不利于火灾时消防员查找、取用消火栓。

【原因分析】违反《消防给水及消火栓系统技术规范》GB 50974—2014第7.2.6条关于市政消火栓应布置在消防车易于接近的人行道和绿地等地点的规定和重庆市《海绵城市建设项目评价标准》DBJ 50/T—365—2020第6.3.6条关于生物滞留带不得影响市政基础设施正常使用的规定。

【处理措施】生物滞留带距路沿石1.5～2.0m，市政消火栓距路沿石不宜小于0.5～2.0m，市政消火栓位置与生物滞留带有一定的重合。为便于消防时消防队员快速发现消火栓并快速取水，生物滞留带应结合消火栓布置方式及位置合理考虑设置。

当消火栓采用地上式且生物滞留带中植物未采用灌木时，消火栓可布置在生物滞留带中，生物滞留带的豁口不应正对市政消火栓设置。当市政消火栓采用地下式或生物滞留带中植物采用灌木时，在设置有市政消火栓的区域，若生物滞留带足够宽时，按变窄生物滞留带的方式处理，在消火栓设置位置缩窄生物滞留带，如图 21-12 所示。若生物滞留带较窄，按断开生物滞留带的方式处理，在消火栓位置断开生物滞留带，并在生物滞留带断开处上游设置溢流口（井），如图 21-13 所示。

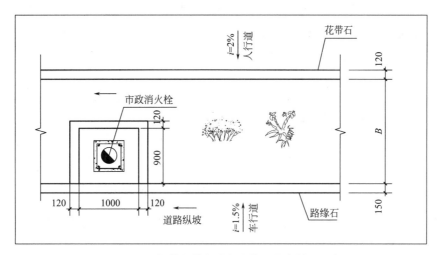

图 21-12　生物滞留带在消火栓位置变窄做法示意图

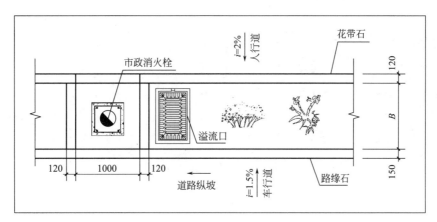

图 21-13　生物滞留带在消火栓位置断开做法示意图

问题 24：高架桥、跨江（河）桥由于桥面没有绿化带，桥梁自身未考虑设置海绵设施控制初期雨水，未考虑初期雨水对下游水体污染因素。

【原因分析】违反重庆市《低影响开发雨水系统设计标准》DBJ 50/T—292—2018 第 6.2.11 条和重庆市《海绵城市建设项目评价标准》DBJ 50/T—365—2020 第 6.3.7 条和第 6.3.8 条关于桥梁设置低影响开发设施的规定。

【处理措施】为减少桥梁路面初期雨水对水体的污染，桥梁路面可论证有无设置海绵设施的条件，如人行道生物滞留设施、透水铺装、车行道设置透水沥青路面等。跨江（河）桥可结合桥下河道沿岸绿化带设置海绵设施（如生物滞留带、雨水花园、雨水塘等）。对于跨越饮用水源跨江（河）桥，应根据环评及相关规范要求设置事故池或初雨调节池。2007 年，国家环境保护总局、国家发展和改革委员会、交通部联合下发《关于加强公路规划和建设环境影响评价工作的通知》（环发〔207〕184 号），通知中要求公路建设应特别重视对饮用水水源地的保护，路线设计时，应尽量绕避饮用水水源保护区，为防范危险化学品运输带来的环境风险，对跨越饮用水水源二级保护区、准保护区和Ⅱ类以上水体的桥梁，在确保安全和技术可行的前提下，应在桥梁上设置桥面径流雨水收集系统，并在桥梁两侧设置沉淀池，对发生污染事故后的桥面径流进行处理，确保饮用水安全。《公路环境保护设计规范》JTG B04—2010 第 6.4.2 条规定，公路桥梁跨越饮用水水源保护区、执行《地表水环境质量标准》GB 3838—2002 Ⅰ～Ⅱ类标准的水体时，桥面排水宜排至桥梁两端并设置沉淀池处理。对于高架桥可在桥下绿地内设置海绵设施，通过立管收集桥面雨水后分段排入桥下海绵设施进行处理。

问题 25：道路绿化浇灌采用城市给水管网供水，未采用城市雨水资源化利用理念，未结合道路海绵设施同步建设雨水回用浇灌系统。

【原因分析】违反《城市绿地设计规范》GB 50420—2007（2016 年版）第 8.1 节关于绿化灌溉用水的规定。

【处理措施】城市道路中央隔离带、人行道通常设置有道路绿化，则有相应的绿化浇灌措施。一般绿化浇灌措施有浇灌、喷灌、滴灌等工艺，目前多为自来水喷灌或洒水车取自来水浇灌（图 21-14），未考虑水资源循环利用和节能环保的要求。道路绿化浇灌宜结合道路海绵设施同步建设可回用雨水的浇灌系统（图 21-15）。可分段设置蓄水池、雨水罐等，雨水回用浇灌系统可对道路径流雨水进行初步处理，使其满足绿化浇灌要求后进入雨水回用系统，再用于道路绿化浇灌。

图 21-14　道路绿化浇灌实景图

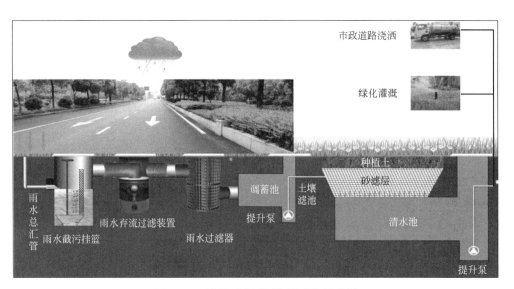

图 21-15　道路雨水回用浇灌系统示意图

问题 26：生物滞留带豁口未考虑下沉措施，路面雨水沿路沿石流向下游，雨水豁口收水效果未达到设计预期。

【原因分析】违反重庆市《低影响开发雨水系统设计标准》DBJ 50/T—292—2018 第 6.2.7 条和重庆市《海绵城市建设项目评价标准》DBJ 50/T—365—2020 第 6.3.11 条关于路沿石豁口设置的规定，如图 21-16 所示。

图 21-16　生物滞留带豁口未有效收水（实景图）

【处理措施】生物滞留带能有效收水是其进行路面径流雨水控制的前提，为便于路面雨水汇集到豁口进入生物滞留带，豁口处宜低于周边道路 50mm，如图 21-17 所示。

问题 27：滨水空间海绵设施布局时，未考虑消落带水位影响，未考虑洪水淹没海绵设施的运维情况。

【原因分析】违反《重庆市海绵城市规划与设计导则》第 4.7.1 条关于城市水系在满足雨洪行泄等功能条件下实现海绵城市控制目标及指标

图 21-17　生物滞留带豁口下沉（实景图）

要求的规定，重庆市《低影响开发雨水系统设计标准》DBJ 50/T—292—2018 第 8.1.2 条关于城市水系及水体设计时应对水域形态进行合理保护和控制，在确保安全的前提下宜对城市江河水系岸线等进行生态修复的规定和重庆市《低影响开发设施运行维护技术标准》DBJ 50/T—276—2017 的规定，以及《重庆市主城区"两江四岸"公共空间建设设计导则（试行）》（渝建〔2020〕30 号）第 2.2.1 条关于根据消落带水位变化特点，融合海绵理念，塑造生态景观的规定。

【处理措施】根据《重庆市主城区"两江四岸"公共空间建设设计导则（试行）》（渝建〔2020〕30 号）规定，应针对消落带反季节动态水位变化特点，对海绵设施进行竖向分区设计，建议设计洪水位以上，可设置复杂型生物滞留设施；设计洪水位以下可设置易于维护管理的简单型植草沟、透水铺装等设施。滨水空间海绵设施布局应结合雨洪行泄的要求，在确保安全的前提下对城市江河水系岸线等进行海绵城市设计，且设施应考虑水体水位的影响，便于维护。

问题 28：生物滞留带蓄水层溢流标高高于道路标高，未考虑溢流雨水进入车行道对行车安全的影响，未结合车行道标高合理设置溢流水位标高。

【原因分析】违反《海绵城市建设技术指南—低影响开发雨水系统构建（试行）》第四章第七节第 2.4 条、重庆市《低影响开发雨水系统设计标准》DBJ 50/T—292—2018 第 9.4.8 条及重庆市

第 3 部分　市政工程

《海绵城市建设项目评价标准》DBJ 50/T—365—2020 第 6.2.2 条关于生物滞留带溢流标高控制的规定。

【处理措施】生物滞留带设计的溢流标高高于车行道标高，当蓄水标高达到车行道标高时，超标径流雨水不能及时通过溢流口排走，径流雨水会进入车行道形成路面径流影响行车安全，因此溢流水位上应按 50～100mm 的超高进行控制，如图 21-18 所示。

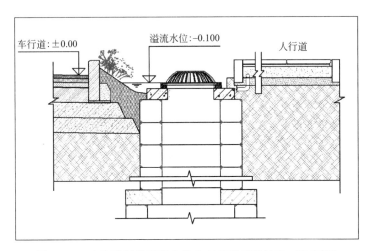

图 21-18　生物滞留带溢流水位和车行道标高关系（示意图）

问题 29：生物滞留带蓄水深度过深，未考虑综合安全、景观协调性因素，存在行人坠落水体安全隐患及生物滞留带边坡景观衔接问题。

【原因分析】违反《海绵城市建设技术指南—低影响开发雨水系统构建（试行）》第四章第七节第 2.4 条、重庆市《低影响开发雨水系统设计标准》DBJ 50/T—292—2018 第 9.4.3 条及重庆市《海绵城市建设项目评价标准》DBJ 50/T—365—2020 第 6.2.5 条关于生物滞留带存水区深度及安全的规定，违反重庆市《海绵城市建设项目评价标准》DBJ 50/T—365—2020 第 6.3.11 条关于生物滞留带景观效果的规定。

【处理措施】生物滞留带主要通过存水区进行雨水调蓄，则存水区容积是保证生物滞留设施效果的关键指标。生物滞留带在保证控制容积的同时需考虑周边行人安全，不宜设置过深的蓄水深度，其蓄水层深度一般控制在 150～300mm 之间，当不能满足控制容积时，可以加大设施面积。在考虑设施安全的基础上，也应同步提升设施的景观效果，如滞留带边坡与路沿石及植物衔接问题，植物选配应满足对生物滞留带有效隔离及达到景观遮蔽效果的要求。

问题 30：生物滞留带雨水排放出路不可靠，盲管与道路雨水管网竖向衔接不合理，溢流管排水能力未考虑落叶或杂物堵塞，造成生物滞留带内雨水无法正常渗透和排放。

【原因分析】违反重庆市《低影响开发雨水系统设计标准》DBJ 50/T—292—2018 第 6.2.3 条关于城市道路低影响开发设施雨水管渠系统有效衔接的规定、违反《室外排水设计规范》GB 50014—2006（2016 年版）第 4.1.7A 条关于雨水口和雨水连接管流量应为雨水管渠设计重现期计算流量的 1.5 倍～3 倍的规定及重庆市《海绵城市建设项目评价标准》DBJ 50/T—365—2020 第 4.2.2 条关于场地内不产生内涝积水的规定。

【处理措施】生物滞留带内透水盲管埋深一般在 1.3～1.6m，透水盲管每隔一定距离接入道路雨水检查井，该检查井的埋深深度应低于透水盲管深度，保证雨水正常渗透。为了使溢流口能顺利排放道路径流雨水，其溢流管排水能力应不小于设计重现期设计流量的 1.5 倍。根据《室外排水设计规范》GB 50014—2006（2016 年版）第 4.3.1 条要求盲管与雨水管宜采用管顶平接的方式。

问题 31：生物滞留设施服务范围过大，进水流量过大，未考虑进水流量对设施的冲击影响。

【原因分析】违反重庆市《低影响开发雨水系统设计标准》DBJ 50/T—292—2018 第 9.4.2 条、第 9.4.8 条、第 9.4.10 条关于生物滞留带进水能力、服务面积、设施面积的相关规定。

【处理措施】单个生物滞留带服务面积不宜大于 0.5hm²，进水处应设置消能措施，防止进水流量过大，对土壤、植被、设施等造成冲击。同时溢流口设置在进水口附近（不正对进水口），可保证超标雨水能及时就近排放，也可降低生物滞留带内土壤、植被被冲蚀的风险。对于诸如高架桥下、广场区域等设置有雨水花园等生物滞留设施时，应控制雨水花园进水管断面，对于大断面进水管，在优先分散设置雨水花园，调整雨水花园数量基础上，可在进水管前设置截流井，截取初期雨水及小流量雨水进入雨水花园进行调蓄处理。

问题 32：生物滞留带豁口位置未考虑避开检查井、路灯灯杆等市政设施的位置，影响生物滞留带收集效果并影响市政设施使用维护。

【原因分析】违反重庆市《低影响开发雨水系统设计标准》DBJ 50/T—292—2018 第 3.0.2 条关于生物滞留带应保证汇水区域雨水有效汇入的规定和第 6.2.4 条关于海绵设施不影响市政设施使用维护的规定，如图 21-19、图 21-20 所示。

图 21-19　生物滞留带豁口对着检查井实景图

【处理措施】生物滞留带的相关设施如豁口等的布置应和已有市政设施进行衔接，应结合实际情况避免豁口正对市政设施，避免市政设施影响豁口收水效果，减少市政设施后期运维影响。

问题 33：公园绿化高边坡坡脚挡墙人行道侧未考虑收水措施，挡墙渗水漫流至人行道影响人员通行安全。

【原因分析】违反重庆市《低影响开发雨水系统设计标准》DBJ 50/T—292—2018 第 3.0.4 条关于雨水

图 21-20　生物滞留带豁口对着灯杆实景图

入渗不应引起安全隐患的规定和第 9.2.8 条关于人行道透水铺装接纳周边客水的规定。

【处理措施】如高边坡坡脚挡墙人行道侧没有排水沟等措施收集挡墙渗出的雨水，如图 21-21 所示，则雨水直接排至人行道上，一是影响人员通行安全，二是超过了人行道透水铺装设计入渗的水量。因此，若人行道旁为高边坡时应采取排水沟等措施收集挡墙渗出的雨水。

图 21-21　绿化边坡坡脚挡墙渗水（实景图）

21.3　海绵设施措施

问题 34：雨水塘等海绵设施未考虑人员误入设施后对人员造成伤害的风险，海绵设施完成面标高与周边环境标高高差过大时未采取保证安全的措施。

【原因分析】违反《海绵城市建设技术指南—低影响开发雨水系统构建（试行）》第五章第三节第 5 条关于低影响开发设施应配建警示标志及必要的预警系统和重庆市《低影响开发雨水系统设计标准》DBJ 50/T—292—2018 第 3.0.5 条关于开放水体安全设施的规定。

【处理措施】海绵设施完成面标高与周边环境标高高差过大时，存在人员安全隐患，可能导致不可预见的安全事故。无防护设施的开放水体，近岸 2.0m 范围内的常水位以下水深不应大于0.7m，同时应做好警示标识。当海绵设施完成面或海绵设施水面与周边环境标高高差过大时应采取保证安全的措施，如采取设置护栏、警示牌等安全防护与警示措施，如图 21-22 所示。

图 21-22　海绵设施（雨水塘）警示标识（实景图）

问题 35：雨水调蓄池等设施未考虑人员检修安全等相关因素，未采取可靠的通风措施。

【原因分析】违反《城镇雨水调蓄工程技术规范》GB 51174—2017 第 4.4.14 条关于采用封闭结构的调蓄池时，应设置送排风设施的规定和重庆市《海绵城市建设项目评价标准》DBJ 50/T—365—2020 第 6.2.5 条关于危险区域设置防护措施的规定。

【处理措施】根据《城镇雨水调蓄工程技术规范》GB 51174—2017 第 4.4.14 条规定，当采用封闭结构的调蓄池时，应设置送排风设施。设计通风换气次数应根据调蓄目的、进出水量、有毒有害气体爆炸极限浓度等因素合理确定。调蓄池通风的具体做法可参考《雨水调蓄设施—钢筋混凝土雨水调蓄池》20S805—1 第 140 页，如图 21-23 所示。

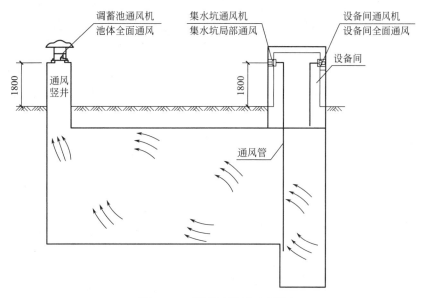

图 21-23　调蓄池通风示意图

问题 36：雨水塘等雨水调蓄设施进水端未考虑后期清掏便利因素，未设置前置塘等泥沙沉积措施，雨季初雨、泥浆水通过雨水排口直排水体，影响运维及景观效果。

【原因分析】违反《海绵城市建设技术指南—低影响开发雨水系统构建（试行）》第四章第七节第 2.5 条关于雨水塘前应设置前置塘等设施的规定和重庆市《低影响开发雨水系统设计标准》DBJ 50/T—292—2018 第 9.6.1 条关于雨水塘构造的规定。

【处理措施】前置塘为雨水塘的预处理设施，起到沉淀径流中大颗粒污染物的作用，对雨水塘的维护和延长使用寿命非常重要，因此雨水塘应按照《低影响开发雨水系统设计标准》DBJ 50/T—292—2018 第 9.6.1 条进行设置，其前置塘池底应硬化，便于清淤，如图 21-24、图 21-25所示。

图 21-24　雨水塘进水端实景图

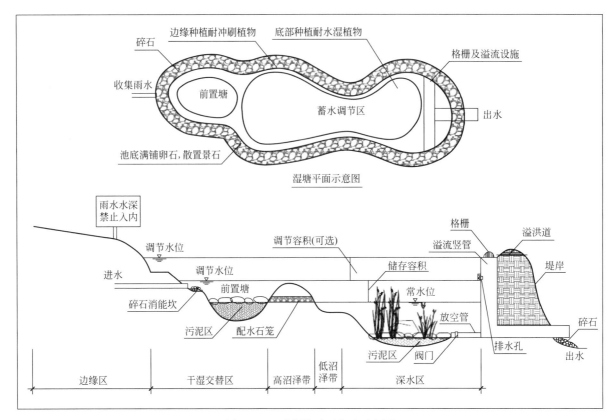

图 21-25　雨水塘平面布置示意图

问题 37：市政雨水管出水口未考虑与下游公园绿地内雨水塘、湿地等公共海绵设施衔接，出口位置未设置初雨调蓄设施。

【原因分析】违反《海绵城市建设技术指南—低影响开发雨水系统构建（试行）》第四章第五节第 3 条关于城市绿地消纳周边区域径流雨水的规定、重庆市《低影响开发雨水系统设计标准》DBJ 50/T—292—2018 第 7.2.1 条关于公园绿地协同周边区域共同实现其低影响开发目标的规定和违反《室外排水设计规范》GB 50014—2006（2016 年版）第 4.1.8 条关于设置初期雨水处理设施的规定。

【处理措施】市政雨水出水口应依据雨水专项规划和海绵城市规划合理组织雨水径流，充分利用下游公园绿地内雨水塘、湿地等公共海绵设施，对初期雨水进行进一步调蓄处理，进而削减进入水体的污染负荷。道路雨水进入公共海绵设施前，应设置预处理设施。

问题 38：未考虑生物滞留带中雨水下渗对路基及管线基础的影响，未设置相应防渗措施。

【原因分析】违反《海绵城市建设技术指南—低影响开发雨水系统构建（试行）》第四章第七节第 2.4 条和重庆市《低影响开发雨水系统设计标准》DBJ 50/T—292—2018 第 6.2.5 条关于生物滞留带下路基防渗措施的规定。

【处理措施】若生物滞留带靠近车行道部分不设置防渗措施，雨水下渗将影响路基稳定及安全，造成路面沉降等不可预见后果。基于生物滞留带雨水下渗会对车行道路面和路基、市政管线基础等产生影响的问题，需采取相应防渗措施，如图 21-26 所示。

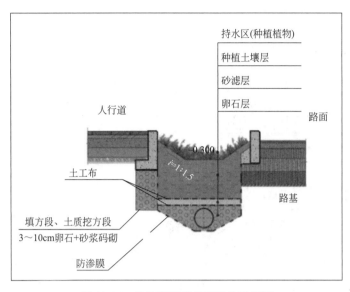

图 21-26　生物滞留带基础防渗示意图

问题 39：人行道、广场等透水铺装系统未考虑渗水汇集对透水砖稳定性的影响，未设置横向及纵向导排设施。

【原因分析】违反《海绵城市建设技术指南—低影响开发雨水系统构建（试行）》第四章第七节第 2.1 条关于透水基层内应设置排水管和重庆市《低影响开发雨水系统设计标准》DBJ 50/T—292—2018 第 9.2.6 条关于透水垫层内应设排水设施的规定。

【处理措施】对道路人行道进行透水铺装，当透水铺装底部设置有防渗层或土基渗透系数低于 $1×10^{-6}$ m/s 时，应沿路沿石侧在透水基层内设置纵向排水盲管或其他排水措施，就近接入市政雨水口或雨水井，如图 21-27、图 21-28 所示。对广场，在横向及纵向设置排水盲管、盲沟或其他排水措施，保证下渗雨水尽快排入市政雨水管网。

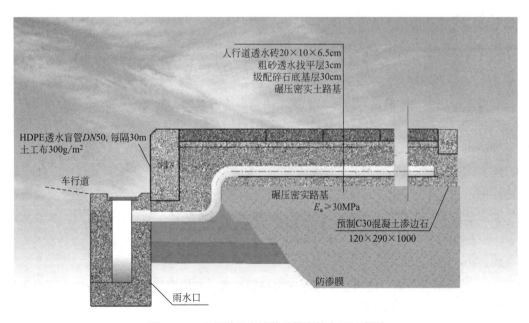

图 21-27　人行道透水铺装导排盲管布置示意图

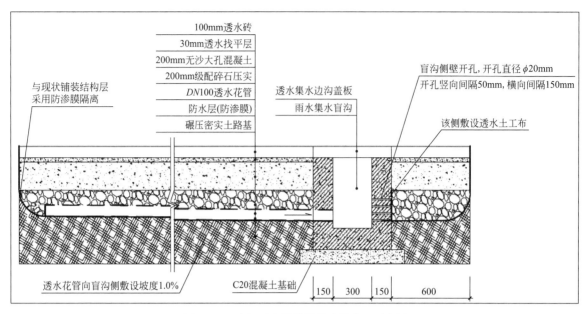

图 21-28　广场透水铺装导排盲管布置示意图

问题 40：透水铺装技术措施未考虑坡度对透水铺装渗透性能影响的因素，未采取相应隔断措施。

【原因分析】违反《重庆市海绵城市规划与设计导则》第 4.8.2 条第（2）款和重庆市《低影响开发雨水系统设计标准》DBJ 50/T—292—2018 第 9.2.9 条关于对透水铺装坡度的规定。

【处理措施】透水铺装坡度不宜大于 2%。当透水铺装坡度大于 2% 时，沿长度方向应设置隔断层，隔断层顶端与透水基层顶齐平，底端超出透水基层底 3~5cm。隔断层厚度可采用厚度大于 16mm 的 HDPE 或 PVC 防渗膜或者混凝土。最大隔断长度应采用以下公式计算：

$$L_{pmax} = D_P / 1.5 \times S_P$$

式中：L_{pmax}——透水铺装最大隔断距离（m）；

　　　D_P——透水基层厚度（m）；

　　　S_P——透水铺装坡度。

问题 41：道路穿越水源地及重要卫生防护区时，未考虑运输车辆事故时事故水排放对水源污染的因素，未考虑径流污染控制措施，未设置事故池或事故池设置不合理。

【原因分析】违反重庆市《低影响开发雨水系统设计标准》DBJ 50/T—292—2018 第 6.2.12 条关于道路穿越水源地及重要卫生防护区时设置雨水应急处理及储存设施的规定。

【处理措施】道、桥、隧穿越水源地及重要卫生防护区时，应在道路两侧或排水系统下游设置径流污染控制措施（如事故池），其有效容积根据道路通行车辆性质、水源地等级等因素确定，径流污染控制措施应有可靠出路。平时应考虑自动或手动控制措施对事故池进行放空，事故水应有可靠出路。

问题 42：道路路沿石豁口进水，未考虑进水冲刷效应，未设置消能措施对生物滞留设施直接冲刷，影响植物生长及景观效果。

【原因分析】违反《重庆市海绵城市规划与设计导则》第 4.5.2 条第（4）款关于车行道径流雨水排入绿地时，应设置消能设施，减缓雨水对绿地冲刷的规定、重庆市《低影响开发雨水系统设计标准》DBJ 50/T—292—2018 第 9.4.2 条第 3 款关于生物滞留设施进水区宜硬化的规定和重庆市《海绵城市建设项目评价标准》DBJ 50/T—365—2020 第 6.3.11 条第 2 款关于生物滞留设施合理设置进水口的规定，如图 21-29 所示。

图 21-29　进水豁口未设置消能措施（实景图）

【处理措施】城市道路采用路沿石豁口方式引导雨水进入生物滞留设施带时，豁口处路面低于周边路面 5cm，进水区宜采用沉砂池、卵石堆、硬化等方式进行消能，且进水区宜采用耐冲刷植物，不宜布置木本植物。

问题 43：生物滞留带沉砂措施未考虑晴天、雨天不同工况运维条件，沉砂措施积水影响卫生防疫条件。

【原因分析】违反《海绵城市建设技术指南—低影响开发雨水系统构建（试行）》第六章第二节第 3 条关于生物滞留带进水口应设置防冲刷措施并及时清理的规定。

【处理措施】生物滞留带进水端设置的沉砂池过深时（如两格式沉砂池），易造成泥沙淤积，不便于清掏维护，若在晴天时未及时清理易滋生蚊蝇。生物滞留带进水端设置沉砂池时，如沉砂池过深（图 21-30），或采用雨水口式沉砂槽（图 21-31），雨后易造成泥沙淤积及积水（图 21-32），导致蚊蝇滋生等问题，可设置成浅型沉砂池，并在内部采用卵石堆砌，便于雨后清掏，亦可采用成品沉砂池。

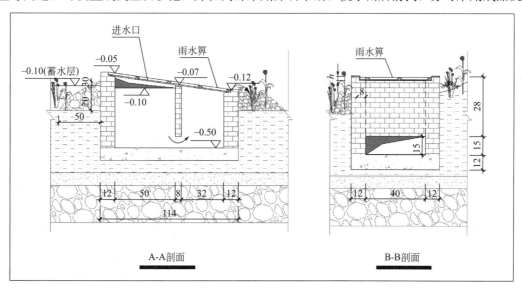

图 21-30　生物滞留带两格沉砂池（示意图）

图 21-31　生物滞留带成品沉砂槽（实景图）

图 21-32　生物滞留带雨水口式沉砂池积水（实景图）

问题 44：海绵设施土基压实度未考虑海绵设施基础的强度、稳定性、塑性变形等因素，土基压实度取值过低。

【原因分析】违反《城市道路工程设计规范》CJJ 37—2012（2016 年版）第 12.2.4 条关于土质路基压实度的规定。

【处理措施】未经压实的基础在自然因素及其他荷载作用下，必然产生较大的变形和破坏，导致各类病害现象。根据《城市道路工程设计规范》，土质路基压实度应符合表 21-3 的要求。

土质路基压实度　　　　　　　　　　　　表 21-3

填挖类型	路床顶面以下深度（cm）	路基最小压实度（%）			
		快速路	主干路	次干路	支路
填方	0～80	96	95	94	92
	80～150	94	93	92	91
	>150	93	92	91	90
零填方或挖方	0～30	96	95	94	92
	30～80	94	93	—	—

注：本表摘自《城市道路工程设计规范》CJJ 37—2012（2016 年版）。

对于专用非机动车道、人行道等情形，可通过试验路检验或综合论证，在保证路基强度和稳定性要求的前提下，可适当降低路基压实度标准。

当海绵设施下有给水排水管线时，土基压实度应满足《给水排水管道工程施工及验收规范》GB 50268—2008 的相关要求。

问题 45：污水检查井位于生物滞留带内，检查井工艺未考虑检查井壁内外防水措施。

【原因分析】违反《室外排水设计规范》GB 50014—2006（2016 年版）第 4.1.9 条关于污水管道和附属构筑物需防止污水外渗和地下水下渗的规定。

【处理措施】污水检查井位于生物滞留带，若无防渗措施，将导致下渗雨水流入污水检查井，加重污水管网负荷，或污水通过检查井壁渗透进入生物滞留设施，造成污染。污水检查井位于生物滞留带内时，一般不采用砌块结构，而采用现浇抗渗混凝土结构，其抗渗能力应满足《给水排水工程构筑物结构设计规范》GB 50069—2002 的相关要求。

问题 46：阶梯式生物滞留带中挡水堰未考虑结构稳定等因素，埋设深度不足。

【原因分析】挡水堰主要保证各级生物滞留带有效调蓄容积，但阶梯式生物滞留带每级相对独立，不同级结构层绝对标高不同。为保证蓄水高度，需要设置有效隔断措施，同时，挡水堰埋设深度不足时无法保证各结构层厚度。

【处理措施】挡水堰一般设置于底部稳定结构层，即挡水堰结构底标高一般在下级生物滞留带碎石层底标高，如图 21-33、图 21-34 所示。

图 21-33 生物滞留带挡水堰示意图
（悦来新区海绵试点项目）

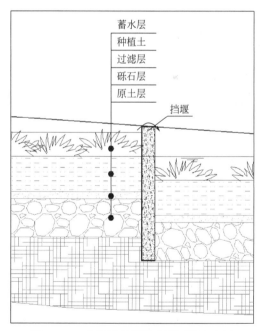

图 21-34 生物滞留带挡水堰埋深示意图

问题 47：海绵设施材料、工艺未考虑生态、环保效益，采用国家及地方建设领域禁止、限制使用的落后材料和技术。

【原因分析】违反重庆市《海绵城市建设项目评价标准》DBJ 50/T—365—2020 第 6.2.6 条关

于海绵设施材料、工艺的规定。

【处理措施】海绵设施材料、工艺应根据《建设领域推广应用新技术管理规定》（建设部令第109号）、《重庆市建设领域推广应用新技术管理办法》（渝建发〔2010〕65号）和《重庆市建设领域禁止、限制使用落后技术通告》（2019年版）对建设项目材料、工艺的相关要求选用，特别是位于生物滞留设置内的检查井、溢流口等不得采用砖砌，如图21-35所示。

图 21-35　雨水溢流口采用砖砌结构（实景图）

21.4　海绵设施绿化种植

问题48：海绵城市设计未考虑景观与周边环境协调性，植物配置未进行景观专项设计。

【原因分析】违反《重庆市海绵城市建设工程设计文件编制深度规定—低影响开发雨水系统（试行）》第4.3.11条、第4.3.12条、第4.3.13条的要求。

【处理措施】海绵城市专项设计应结合周边环境，进行景观专项设计，根据道路总体定位、周边地块城市设计要求，制定种植总体设计、合理选择植物配置。种植设计明确现状保留植被或古树；明确各类植物的种植范围、种植要求、养护要求。植物配置设计应列出各类植物信息表，包括类别、中文名、拉丁名、胸径或地径、冠径、高度、分枝点高度、数量、花期、习性等。

问题49：生物滞留带种植土的配置未考虑渗透、截污、植物生长等因素，土层未进行合理材质的配比。

【原因分析】违反《低影响开发雨水系统设计标准》DBJ 50/T—292—2018第9.4.5条关于土壤层要求的相关规定。

【处理措施】土壤层应具有渗透、除污等功能，同时还应含有pH值、有机物、氮磷等营养元素以满足种植植物的生长需求。结合目前的一些实验数据，若原土为壤砂土，建议先与细砂按1：9的质量比进行混合配比后，再添加2%的腐殖土；若原土为砂土，先与细砂按2：8的质量比混合配比，再添加8%腐殖土。

问题50：生物滞留带各措施的选择未考虑景观协调性，未与道路环境衔接。

【原因分析】违反重庆市《低影响开发雨水系统设计标准》DBJ 50/T—292—2018第6.1.3条和重庆市《海绵城市建设项目评价标准》DBJ 50/T—365—2020第6.3.9条关于生物滞留带与道路景观相适应的规定。

【处理措施】海绵设施景观效果好坏是制约海绵城市品质提升的关键因素。生物滞留带的设计应考虑其美观性，其设施选取、植物配置应与其他市政设施和道路相协调，与周边环境相融合。如生物滞留带内的沉砂池、挡水堰等造型应与景观有机结合，豁口应与路沿石造型结合，并与周边植物搭配合理。

问题 51：生物滞留带植物种植未考虑根系刺穿防渗层的可能性，未设置防渗措施。

【原因分析】违反《海绵城市建设技术指南—低影响开发雨水系统构建（试行）》第四章第四节第 6 条和《低影响开发雨水系统设计标准》DBJ 50/T—292—2018 第 6.2.6 条关于道路海绵设施内防渗措施的规定。

【处理措施】城市道路绿化带内海绵设施应采取必要的防渗措施，以防止植物根系刺穿防渗层时，其径流雨水下渗对道路路基的强度和稳定性造成破坏。防渗措施可采用抗拉强度及抗穿刺能力较好的两布一膜，如图 21-36 所示。

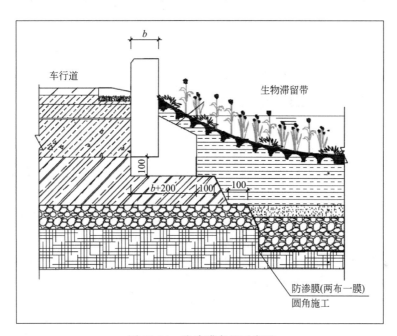

图 21-36　防渗膜布置示意图

问题 52：生物滞留带的植物配置未结合当地气候特征及道路初期径流雨水污染程度，未选择耐旱、耐淹、耐污等能力较强的本土植物。

【原因分析】违反《海绵城市建设技术指南—低影响开发雨水系统构建（试行）》第四章第四节第 9 条和重庆市《海绵城市建设项目评价标准》DBJ 50/T—365—2020 第 6.3.11 条关于道路生物滞留带内植物选择的规定。

【处理措施】重庆为高温高湿气候，道路雨水径流中的污染物主要来源于轮胎磨损、防冻剂使用、车辆的泄漏、杀虫剂和肥料的使用、丢弃的废物等，污染成分较为复杂，主要包括有机或无机化合物、氮、磷、金属、油类等，如表 21-4 所示。因此应综合考虑当地气候及本土植物，生物滞留带所配置的植物宜选择本土可耐高温以及除污能力较强的植物。结合《低影响开发雨水系统设计标准》DBJ 50/T—292—2018 附录 C（低影响开发相关植物目录）选择耐旱、耐淹、耐污的植物，目前常用的本土植物有芦苇、芦竹、香蒲、再力花、石菖蒲、纸莎草、灯心草、梭鱼草等。

道路径流雨水所含污染物组成 表 21-4

污染物成分	污染物来源
颗粒物	路面磨损、车辆、大气沉积、道路养护、建筑工地、道路周边土壤侵蚀等
氮、磷	大气沉降、肥料的使用
烃类	油类燃料、沥青路面
铅	含铅汽油、轮胎磨损
锌	轮胎磨损、发动机润滑油
铁	车辆及道路钢结构（如桥梁和护栏等）生锈
铜	金属电镀、轴承及制动部件磨损、杀菌剂和杀虫剂里的金属
镉	轮胎磨损、杀虫剂的使用
铬	电镀金属、制动部件磨损
镍	柴油和汽油、润滑油、金属电镀、轴衬磨损、制动部件磨损、沥青路面
硫酸盐	路基、燃料
石油类	溢流、泄漏、防冻剂、沥青表面沥出物

问题 53：生物滞留带内未考虑土壤覆盖层，雨水冲刷土壤裸露引起淋洗效应，加重雨水污染负荷。

【原因分析】违反重庆市《低影响开发雨水系统设计标准》DBJ 50/T—292—2018 第 9.4.4 条和重庆市《海绵城市建设项目评价标准》DBJ 50/T—365—2020 第 4.3.9 条关于土壤覆盖层的规定。

【处理措施】覆盖层是保证生物滞留带发挥正常功效的重要组成之一，可保持土壤湿度，避免土壤表面封固造成渗透性降低，避免土壤被侵蚀，还能作为预处理层，截留住预处理设施后仍悬浮的细颗粒物质。覆盖层可以采用树皮、粘结纤维等 6 个月内自然分解的有机覆盖物，也可采用物理化学性质稳定，简单易得的砾石作为覆盖层。

22 综合管廊

22.1 总体工程

22.1.1 管廊布局

问题 1：综合管廊、平面布局、断面尺寸等设计未系统考虑区域管线、路网现状及规划总体布局因素，综合管廊设计缺乏上位综合管廊或综合管线专项规划依据。

【原因分析】违反《城市综合管廊工程技术规范》GB 50838—2015 第 4.2.2 条关于综合管廊应结合城市地下管线现状，并在相关专项规划基础上确定其布局的规定。

【处理措施】综合管廊设计应以城市道路、轨道交通、给水、雨水、污水、天然气、电力、通信等专项规划为依据，合理确定平面布局、断面尺寸、入廊管线种类，并在上述规划基础上根据管线现状情况对管廊整体布局进行调整和优化，以满足近期实施及远期发展的需要。

问题 2：综合管廊在道路下位置未考虑道路车行道、人行道、绿化带布局影响因素，未结合管廊类别与道路等级确定综合管廊布置位置。

【原因分析】违反《城市综合管廊工程技术规范》GB 50838—2015 第 4.4.1 条、第 4.4.2 条、第 4.4.3 条关于综合管廊位置应根据道路横断面、综合管廊的类别等情况确定布置位置的规定。

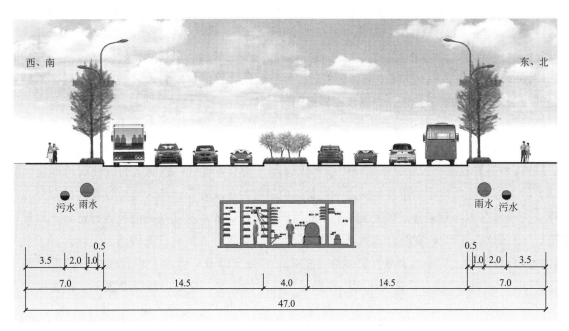

图 22-1 干线综合管廊布置示意图

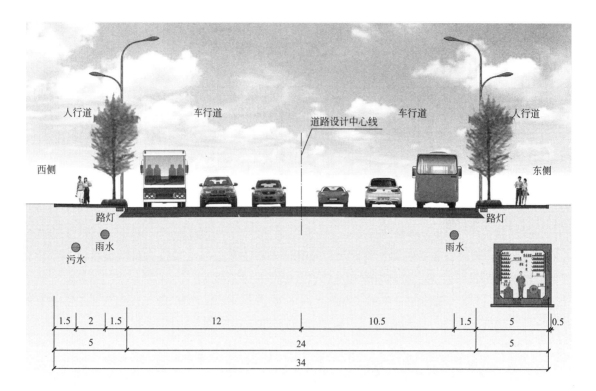

图 22-2　支线综合管廊布置示意图

【处理措施】在综合管廊设计中应明确道路等级，综合管廊应与周边地块开发及交通设施建设相协调，说明综合管廊类别（干线综合管廊、支线综合管廊、缆线管廊、干支混合型管廊），确定综合管廊布置位置（机动车道、绿化带、人行道或非机动车道下）。

干线综合管廊，主要服务于各市政管线站点，可敷设于城市主干道中央隔离带下（图 22-1）。支线综合管廊、干支混合型管廊主要服务于周边地块，管线进出管廊较多，出地面构筑物也较多，一般敷设于道路人行道或慢车道下（图 22-2）。缆线管廊主要敷设电力、通信缆线，以沟道形式敷设，一般敷设于人行道下。

问题 3：综合管廊平面布局中未考虑各过街分支廊道、管道等配套设施后期修建对道路造成的重复开挖影响，未采取同步设计、同步实施原则。

【原因分析】违反《城市综合管廊工程技术规范》GB 50838—2015 第 5.1.4 条关于综合管廊管线分支口预留及配套设施应同步设计的规定。

【处理措施】在综合管廊总体布局中应考虑管线分支节点设计，以满足为沿线周边地块服务的需要。因为综合管廊建设的重要目的之一就是避免道路的多次开挖，若未考虑管廊的配套分支设施设计，会导致在道路和综合管廊主线施工完成后再次建设，即多次开挖路面及人行道，并对地块开发造成不良影响。因此，在综合管廊平面布局设计中应包含分支配套设施的同步设计。对于分支管线较少或设计阶段已明确远期分支管线数量的情况，分支口处可设置直埋管线进行过街预留（图22-3）。对于分支管线较多或管线远期扩容数量不确定的情况，分支口处可设置分支管廊进行过街预留（图22-4）。对于直埋管线应预留接口检查井、工作井，分支管廊应设置排水、通风、照明、出线端部井等配套设施。

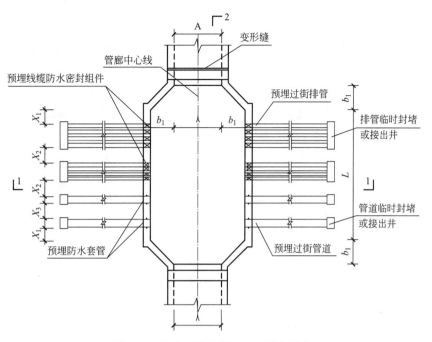

图 22-3 分支口示意图一（直埋出线式）

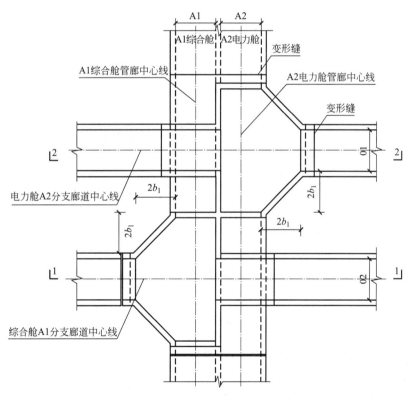

图 22-4 分支口示意图二（分支廊道式）

问题 4：在综合管廊压力管道进出管廊时，未在管廊外部设置相应的管道控制阀门等措施。

【原因分析】违反《城市综合管廊工程技术规范》GB 50838—2015 第 5.1.7 条关于在综合管廊外部应设置压力管道控制阀门的规定。

【处理措施】在综合管廊总体布局设计中，为便于压力管线（给水、中水、燃气、提升泵出水管、消火栓管等）检修维护，应在综合管廊外部设置控制上述压力管道的阀门井，将控制阀门布置在管廊外部的阀门井内，保证压力管道运行出现意外情况时，管线维护人员能够快速可靠地关闭阀门。

问题5：综合管廊布置时未考虑相邻地下管线及其他建（构）筑物基础的影响，不满足与建（构）筑物基础安全间距的要求或采取必要工程措施。

【原因分析】违反《城市综合管廊工程技术规范》GB 50838—2015 第 5.2.2 条关于综合管廊与相邻地下管线及地下建（构）筑物的最小水平净距应根据地质条件和相邻地下管线及地下建（构）筑物性质确定的规定。

【处理措施】综合管廊布置与现状或规划建（构）筑物平面位置存在相互影响时，如遇有桥梁墩柱（台）、地下通道、城市轨道交通、涵洞、建筑物基础等情况，应考虑对现状建（构）筑物基础进行避让或保护。同时，对于规划建（构）筑物，应考虑规划建（构）筑物修建时对管廊结构安全性的影响，见表22-1。

综合管廊与现状相邻地下管线及地下建（构）筑物的最小水平净距要求　　　　　表 22-1

相邻情况	施工方法	
	明挖施工	顶管、盾构施工
综合管廊与地下建(构)筑物水平净距	1.0m	综合管廊外径1.0m
综合管廊与地下管线水平净距	1.0m	综合管廊外径1.0m
综合管廊与地下管线交叉垂直净距	0.5m	综合管廊外径1.0m

注：本表摘自《城市综合管廊工程技术规范》GB 50838—2015。

问题6：综合管廊防火分区不满足各类管线防火分隔设置的需求。

【原因分析】违反《城市综合管廊工程技术规范》GB 50838—2015 第 7.1.6 条关于综合管廊防火分隔设置的规定。

【处理措施】根据《城市综合管廊工程技术规范》GB 50838—2015 第 7.1.6 条规定，天然气管道舱室及容纳电力电缆的舱室应每隔200m采用耐火极限不低于3.0h的不燃性墙体进行防火分隔。给水排水舱不需要防火分隔。

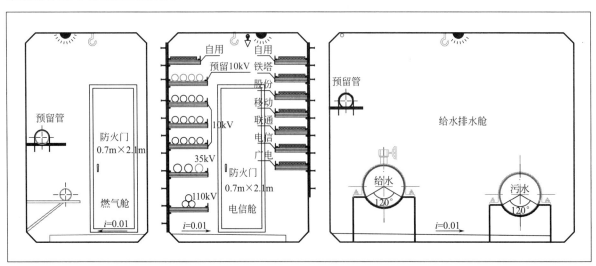

图 22-5　综合管廊防火分隔示意图

防火分隔处的门应采用甲级防火门，天然气舱管线穿越防火分隔时，应在防火墙上预留孔洞，做法可参考《防火建筑构造（一）》07J905—1 第 82 页。容纳电力电缆的舱室的防火分隔（交叉口处的防火分隔除外）应待管廊内电力电缆施工完毕后，采用阻火包、防火堵料和耐火隔板等进行封堵，做法可参考《电缆防火阻燃设计与施工》06D105 第 12 页，防火材料选用一级耐火等级，耐火极限不低于 3.0h，如图 22-5 所示。

主、支管廊交叉处，往往是上下连通或 T 形连通，交叉节点不便于设置防火分隔，可将交叉节点纳入一个防火分区进行考虑。

问题 7：综合管廊内防火分隔墙先行砌筑实施，未考虑后期管线安装需求。

【原因分析】综合管廊支架沿管廊纵向布置并安装于管廊侧壁，防火墙的预留孔洞常见于靠近侧壁设置，电力电缆、通信线缆、燃气管道等需穿越防火墙上的预留孔洞。

【处理措施】设计过程中，需充分考虑电力电缆、通信线缆、燃气管道等穿越防火分隔时的安装与敷设方式。尤其电力电缆的单根长度长、重量大、所需转弯半径大，往往是沿管廊纵向摆放至地坪后，由人工或机械抬至支架上方，故预留孔洞需留有管线横向移动至支架上的空间。防火分隔处的管线与预留孔洞间的空隙，应待廊内管线施工完毕后采用阻火包、防火堵料和耐火隔板等进行封堵，如图 22-6 所示。

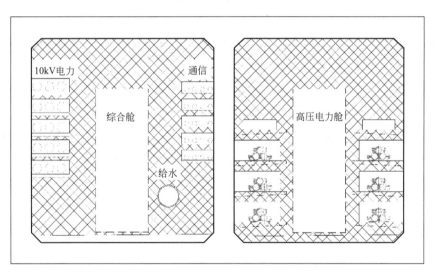

图 22-6　综合管廊防火隔墙立面示意图

22.1.2　管廊断面

问题 8：综合管廊通道净宽未考虑管道安装及运营维护空间需求及各配件与设备运输、安装、检修维护的尺寸要求。

【原因分析】违反《城市综合管廊工程技术规范》GB 50838—2015 第 5.3.3 条关于综合管廊内应满足各种管道、配件及检修运输的最小净宽要求的规定。

【处理措施】综合管廊断面两侧设有压力流管道或支架时，应考虑设置一条主检修通道用于管线的运输安装和检修维护，其净宽不宜小于 1m。单侧设置管道或支架时，检修道净宽不宜小于 0.9m，若有原水管等大口径主干管，主检修通道宜配置检修车，检修道最小宽度为 2.2m，并考虑管线支墩宽度尺寸，如图 22-7 所示。

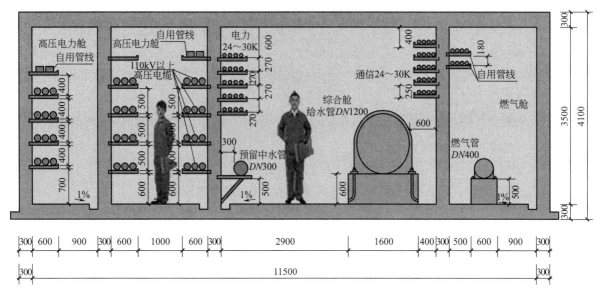

图 22-7　综合管廊横断面设置示意图

问题 9：综合管廊断面的内部净空尺寸未充分考虑容纳管线的种类、规模、数量、安装、运行、维护等要求。

【原因分析】违反《城市综合管廊工程技术规范》GB 50838—2015 第 5.3.6 条关于综合管廊的管道安装净距应符合相关技术的规定。

【处理措施】在综合管廊内设计各种管道周围操作空间，应根据管道的连接形式和管径来进行确定。小于 DN300 的管线可采用支架形式安装，参考国标图集《室内管道支架及吊架》03S402；大于 DN300 的管线，采用支墩、支座安装，参考国标图集《刚性接口给水承插铸铁管道支墩》03S504 和《柔性接口给水管道支墩》10S505；电力电缆的支架间距应符合现行国家标准《电力工程电缆设计标准》GB 50217—2018 的规定；通信线缆桥架间距应符合现行行业标准《光缆进线室设计规定》YD/T 5151—2007 的规定，且桥架层间距离不宜小于 200mm，如图 22-8、表 22-2 所示。

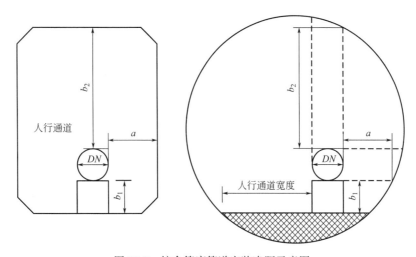

图 22-8　综合管廊管道安装净距示意图

综合管廊的管道安装净距　　　　　　　　　　表 22-2

DN	综合管廊的管道安装净距(mm)					
	铸铁管、螺栓连接钢管			焊接钢管、塑料管		
	a	b_1	b_2	a	b_1	b_2
$DN<400$	400	400	800	500	500	800
$400 \leqslant DN<800$	500	500	800	500	500	800
$800 \leqslant DN<1000$	500	500	800	500	500	800
$1000 \leqslant DN<1500$	600	600	800	600	600	800
$DN \geqslant 1500$	700	700	800	700	700	800

注：本表摘自《城市综合管廊工程技术规范》GB 50838—2015。

问题 10：管线进出综合管廊断面设计时，未考虑廊内与廊外管线差异沉降的影响，未采取防止管线沉降和防水的措施。

【原因分析】违反《城市综合管廊工程技术规范》GB 50838—2015 第 5.2.5 条关于综合管廊与其他方式敷设的管线接线处应采取密封和防止差异沉降的措施的规定。

【处理措施】在综合管廊建设中，各种管线进入综合管廊或者从综合管廊引出时，由于敷设方式差异以及综合管廊与道路结构或人行道不同，容易产生差异沉降，导致对各种管线运行安全产生影响。因此，在设计时应采取相应的防水止水措施来避免不均匀沉降。为避免地下水渗入综合管廊内部，可在管廊墙体两侧的管道采用柔性连接，同时在墙体上设置防水套管。

问题 11：综合管廊纵向坡度过大时，未考虑人员安全通行因素，未考虑大纵坡管线滑移的影响，未采取保证人员正常检修操作和管线支撑稳固的相应措施。

【原因分析】违反《城市综合管廊工程技术规范》GB 50838—2015 第 5.2.6 条关于综合管廊内纵向坡度超过 10% 时应在人员通道部位设置防滑措施的规定。

【处理措施】在综合管廊纵断面设计中，管廊与地下轨道、隧道、河流等障碍物相邻时，为避让上述地下空间，一般采用上跨式或倒虹式结构形式跨越障碍物（图 22-9、图 22-10）。综合管廊跨

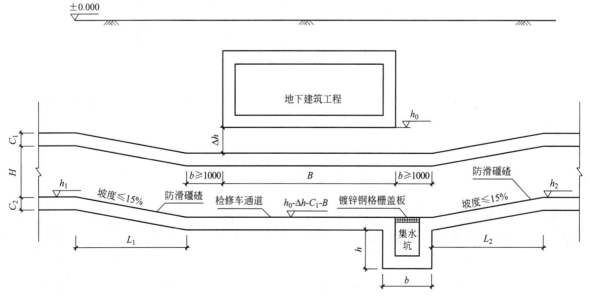

图 22-9　坡道式倒虹避让措施（有检修车，坡道式）

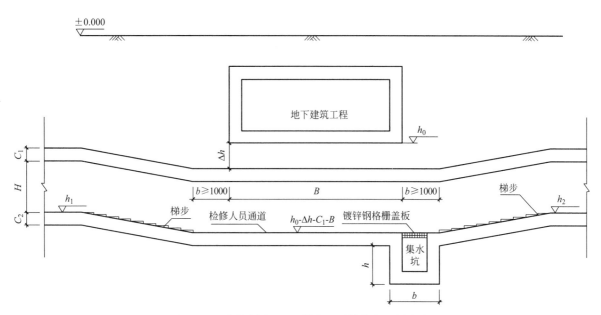

图 22-10　坡道式倒虹避让措施（无检修车、梯步式）

越构筑物纵向坡度大，易造成各种管线的安装敷设难度加大、日常维护管理和操作困难。因此，在管廊纵向设计阶段应充分考虑坡度影响，若存在局部纵向坡度超过 10% 的情况，应在人行检修通道上采取增加防滑条、开防滑槽及表面毛化等措施，在车行检修道上可采用薄层抗滑路面铺装或者设置减速带等措施，在给水管道上采取设置止推墩、固定墩、防滑墩等防滑措施。

问题 12：综合管廊断面布局未考虑将 110kV 及以上高压线缆和 10kV 及以下低压线缆分舱布置，未对高、低压电力线缆舱室布置进行论证并采取相应处理措施。

【原因分析】电力舱应优先满足 110kV 及以上高压线缆敷设的要求，10kV 及以下线缆原则上应与高压线缆分舱敷设，若受空间条件限制等因素需同舱，需进行技术安全论证，并采取相应防火措施。

【处理措施】综合管廊的电力舱重要性及防火要求高，由于 10kV 电缆出现故障的概率较高，若与高电压线缆同舱后，易引起大范围的火灾或其他故障，故不宜将 10kV 电缆与高压线缆同舱布置。确需同舱的，应尊重当地电力主管部门运营方式，征求电力主管部门意见，并采取相应的防火措施进行物理隔离。

问题 13：在市政雨、污水管线入廊设计时，未考虑在雨、污水进入、接出管廊处设置转换检查井，未采取跌水消能、沉砂的措施。

【原因分析】违反《城市综合管廊工程技术规范》GB 50838—2015 第 6.3.3 条、第 6.3.8 条关于市政雨、污水管线入廊的综合管廊在雨、污水进入、接出管廊设置检查井，通过检查井进行转换的规定。

【处理措施】在雨、污水进入、接出综合管廊的部位均需设置检查井，通过检查井进行转换。检查井工艺需满足室外排水管道检修、维护功能，廊外接入井应考虑跌水消能、通气、沉砂功能。由于廊外直埋排水管线一般埋深为 3.0～4.0m，而管廊内部排水管道埋深约 7.0～8.0m，存在约 4.0m 高差，为避免高跌差对廊内排水管道水流产生冲击，影响构筑物耐久性及管道水流稳定性，廊外接入井应考虑跌水消能措施。管廊内清通管道产生的泥渣、沼气会对管廊安全运营产生很大影响，故管廊内一般尽量减少清渣次数，应在廊外设置沉砂井或具备沉砂功能检查井，如图 22-11、图 22-12 所示。

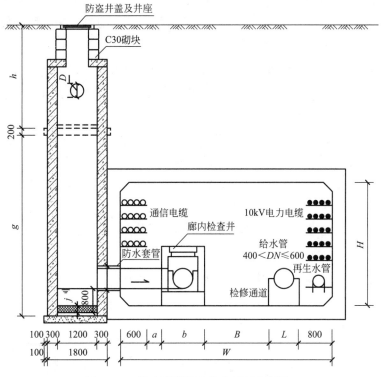

图 22-11　综合管廊污水接入剖面示意图一

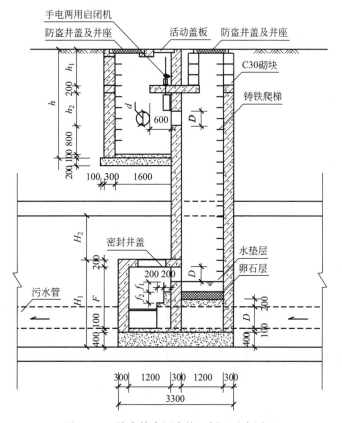

图 22-12　综合管廊污水接入剖面示意图二

22.1.3 节点设计

问题 14： 综合管廊的出入口、逃生口、吊装口、进排风口和管线分支口等构筑物未考虑洪水进入后淹没管廊风险，未考虑虫鼠进入管廊对管廊设施运行的影响，未采取相应防洪和防虫、鼠措施。

【原因分析】 违反《城市综合管廊工程技术规范》GB 50838—2015 第 5.4.2 条关于综合管廊的人员出入口、逃生口、吊装口、进风口、排风口等露出地面的构筑物应满足城市防洪要求，并应采取防止地面水倒灌及小动物进入的规定。

【处理措施】 根据综合管廊的功能性需求，管廊应分段预留出地面的各种节点构筑物，这些构筑物由于使用功能，必须同外部空间联通，因此在暴雨季节或洪水期间容易发生地面水倒灌入综合管廊的安全问题。为了保证综合管廊的安全运行，应采取相关技术措施，确保在暴雨季节和道路积水期地面径流不会倒灌进入管廊内部。一般情况下，投料口、逃生口和出入口均可以设置成密闭式结构，保证地面水不会倒灌进管廊内。而进出风口可分成两种情况，若是地面式进出风口，其百叶窗的底部应高于城市防洪排涝水位以上 300～500mm，若是地表式进出风口，应在管廊通风口内部设置防淹门并设置导排水措施，防止地表水倒灌，如图 22-13～图 22-16 所示。

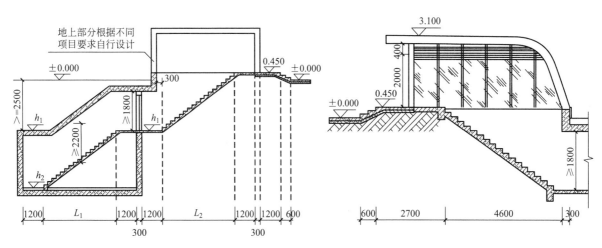

图 22-13　出入口示意图（地上式）

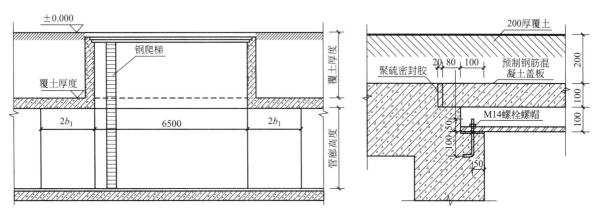

图 22-14　吊装口示意图（地下式）

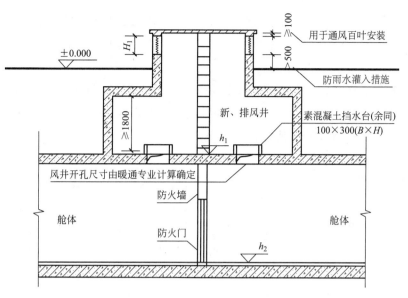

图 22-15　通风口示意图一（单建式）

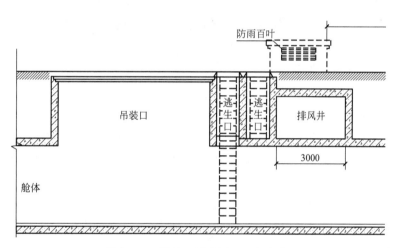

图 22-16　通风口示意图二（合建式）

问题 15：天然气管道舱室的排风口与其他舱室排风口、进风口、出入口及周边建（构）筑物口部距离不满足燃气安全防护间距要求。

【原因分析】违反《城市综合管廊工程技术规范》GB 50838—2015 第 5.4.7 条关于天然气管道舱室的排风口与其他舱室的节点及周边建（构）筑物安全距离的规定。

【处理措施】在综合管廊节点设计中，为避免天然气管道舱内正常排风和事故排风中的天然气气体进入其他舱室，并聚集引起的危险，要求节点水平间距不小于 10m。且天然气舱的各口部与其他舱室口部应分隔设置，并设置明显的标示提醒检修人员注意。

问题 16：综合管廊的各类露出地面孔口盖板未考虑专业人员检修需求且未防止非专业人士随意进入，存在安全隐患，未设置内部易于开启、外部难以开启的装置。

【原因分析】违反《城市综合管廊工程技术规范》GB 50838—2015 第 5.4.8 条关于各类综合管廊的孔口盖板应设置安全开启装置的规定。

【处理措施】综合管廊内部有大量电力线缆、通信线缆和金属管道等物品，为了保障综合管廊运行安全和防止人为盗窃发生，应在综合管廊的各类孔口盖板上提出相关技术规定，要求实现防盗安保功能要求，同时满足紧急情况下人员可由内部开启，方便逃生的需要。

问题 17：监控中心选址未考虑与城市市政设施总体布局及建筑环境相协调的因素，未考虑与市政、交通等监控管理设施、公建或公园等市政用地进行合建。

【原因分析】违反《城市综合管廊工程技术规范》GB 50838—2015 第 4.2.6 条关于综合管廊应设置监控中心，监控中心宜考虑与邻近公共建筑合建的规定。

【处理措施】综合管廊监控中心可采用分级监控的方式，分为市级监控中心、区域级分中心和本地级管理站三层。监控中心的选址应以满足其功能为首要原则，宜与城市气象、给水、排水、交通等监控管理中心或周边公共建筑合建，以利于智慧型城市建设和城市基础设施统一管理。同时，建筑功能应满足相关使用要求。综合管廊监控中心宜设置控制设备中心、大屏幕显示装置、会商决策室等。

问题 18：综合管廊吊装口尺寸未充分考虑各种管线吊装对吊装口尺寸的需求，未考虑人员检修出入功能需求，吊装口尺寸及功能不满足管线吊装及专业人员出入要求。

【原因分析】违反《城市综合管廊工程技术规范》GB 50838—2015 第 5.4.4 条、第 5.4.5 条关于人员逃生及吊装口尺寸要求的规定。

【处理措施】在综合管廊吊装口设计时，应考虑廊内管线吊装空间及安装、检修要求，吊装口位置管廊舱室可进行必要的拓宽。综合管廊吊装口主要作用为满足管线、设备、管道配件等进出，同时也可兼顾人员出入功能。根据《城市综合管廊建设技术标准》DBJ 50/T—302—2018 规定，吊装口宽度不应小于 1m 且应大于管廊内最大管道的外径加吊装预留宽度，如表 22-3 所示。当需考虑设备进出时，吊装口宽度和长度还应满足安装设备进出的需要。

综合管廊吊装口最小尺寸控制表　　　　　　　　　　　　　　　表 22-3

下料管线类型	管线断面(mm)	吊装口宽度预留(m)	吊装口宽度(m)	吊装口长度(m)
管道	断面≤DN600	0.20	1.00	6.50
	DN600<断面≤DN800	0.25	1.30	
	DN800<断面≤DN1000	0.25	1.50	
	DN1000<断面≤DN1200	0.30	1.80	
	DN1200<断面≤DN1400	0.30	2.00	
	DN1400<断面≤DN1600	0.30	2.20	
缆线	通信、电力	—	1.00	2.50

注：本表摘自《城市综合管廊建设技术标准》DBJ 50/T—302—2018。

问题 19：综合管廊管线分支口未充分考虑各类管线进出线安装需求，支吊架、预埋件设置不合理。

【原因分析】违反《城市综合管廊工程技术规范》GB 50838—2015 第 5.1.9 条关于管道安装的规定；违反《城市综合管廊工程技术规范》GB 50838—2015 第 6.6 节、第 6.7 节关于线缆敷设安装的规定。

【处理措施】管线分支口处是管道由单一布置路径转化为上下左右布置路径的节点。在综合管廊管道分支口设计时，管道的三通、弯头等部位应设置支撑或预埋件，空间设计时应充分考虑这些支撑或预埋件。线缆分支口处是线缆由支架或桥架形式转换为吊架形式至排管敷设的节点，管线敷设安装相较于标准段的支架或桥架形式复杂。在综合管廊线缆分支口设计时，电力电缆敷设安装应符合现行国家标准《电力工程电缆设计标准》GB 50217 和《交流电气装置的接地设计规范》GB/T 50065 的有关规定。通信线缆敷设安装应符合国家现行标准《综合布线系统工程设计规范》GB 50311 和《光缆进线室设计规定》YD/T 5151 的有关规定，如图 22-17、图 22-18 所示。

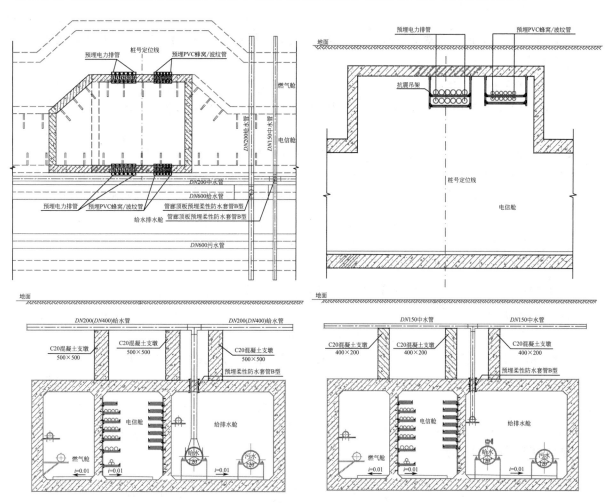

图 22-17　综合管廊管线分支口大样图

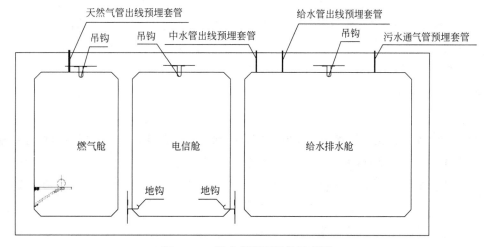

图 22-18　综合管廊预埋件示意图

22.2 附属设施

22.2.1 消防系统

问题20：综合管廊内管线穿越防火隔断未考虑防火分区烟、火互串影响，未采用防火封堵材料进行严密封堵。

【原因分析】违反《城市综合管廊工程技术规范》GB 50838—2015第7.1.6条关于管线穿越防火隔断部位设置防火封堵措施和《防火封堵材料》GB 23864—2009第4.1条"分类"和第5条"要求"关于防火封堵材料合理选用的规定。

【处理措施】防火封堵材料用于管廊内各种贯穿孔洞和环形缝隙处，具有防烟、防火功能。防火封堵材料主要分为柔性有机堵料、无机堵料、防火封堵板、阻火包等，应结合管廊的具体使用部位，合理选用防火封堵材料，并明确综合管廊防火封堵材料应取得消防CCC强制认证报告。同时提出防火封堵材料的技术要求，包括耐火性能、环境适应性、气密和水密性能、遇火膨胀性能等，综合管廊防火封堵还应根据使用部位提出具体的详细大样做法。

问题21：综合管廊各舱室和附属设备用房未考虑设置灭火器或设置不合理。

【原因分析】违反《城市综合管廊工程技术规范》GB 50838—2015第7.1.8条和《建筑灭火器配置设计规范》GB 50140—2005关于灭火器设置的规定。

【处理措施】灭火器应用范围很广，使用灵活，是扑救初期火灾的重要消防器材，灭火器配置应严格执行《建筑灭火器配置设计规范》GB 50140—2005的规定。综合管廊燃气舱按严重危险级考虑，按C类火灾计算确定灭火器数量，选配碳酸氢钠干粉灭火器；综合舱和电力舱按中危险级考虑，按E类火灾计算确定灭火器数量，选配磷酸铵盐干粉灭火器。另在综合管廊防火门、投料口、紧急逃生口附近应设置灭火器。

问题22：管廊采用细水雾灭火系统时，贮水箱有效容积未考虑火灾时喷雾时间及喷雾强度的因素，贮水箱有效容积不满足扑灭管廊火灾所需的水量要求。

【原因分析】违反《细水雾灭火系统技术规范》GB 50898—2013第3.4.20条和《重庆市细水雾灭火系统技术规范》DBJ 50—208—2014第3.4.10条关于贮水箱有效容积的规定。

【处理措施】贮水箱是细水雾泵组式系统的重要消防水源，其有效容积应满足管廊内消防系统的要求。细水雾灭火系统贮水箱有效容积应根据系统设计流量和系统设计喷雾时间的乘积计算，设计喷雾时间宜取30分钟。

问题23：细水雾灭火系统贮水箱未考虑各项消防水位控制条件，未采取相应水位控制措施。

【原因分析】违反《消防给水及消火栓系统技术规范》GB 50974—2014第4.3.9条、第5.2.6条和《重庆市细水雾灭火系统技术规范》DBJ 50—208—2014第4.2.2条第3款关于消防水箱水位的规定。

【处理措施】消防水箱水位应由溢流水位、最高报警水位、最高水位、最低报警水位、最低有效水位构成，需要设置就地水位显示装置，另在消防控制中心或值班室也应设置水位显示装置。各水位控制对于消防系统安全供水非常重要，特别是采用成套产品设备时，尤其需要对设备提出水位控制要求。

问题 24：细水雾灭火系统设置的过滤器和系统管材未考虑该灭火方式的特殊要求，存在安全隐患。

【原因分析】违反《细水雾灭火系统技术规范》GB 50898—2013 第 3.5.10 条、第 3.3.10 条和《重庆市细水雾灭火系统技术规范》DBJ 50—208—2014 第 4.2.3 条、第 4.3.4 条关于系统过滤器和管材的规定。

【处理措施】细水雾灭火系统是利用高压水通过滤网进入喷嘴后，形成一定角度喷雾而出，细水雾喷头喷孔较小，所以对水压和水质要求很高。泵组式系统水质应符合现行国家标准《生活饮用水卫生标准》GB 5749 的要求，过滤器材质应耐腐蚀，网孔直径不大于喷头最小喷孔直径的 80%，且应满足系统正常工作时的流量和压力要求。系统管道应选用奥氏体不锈钢管，采用氩弧焊连接。

问题 25：管廊内自动火灾灭火系统选择未考虑管廊火灾特点，未考虑当地消防主管部门管理的要求，未采取适合当地管廊系统火灾特点的灭火措施。

【原因分析】由于环境保护原因，我国在 2001 年 8 月 1 日下发《关于进一步加强哈龙替代品及其替代技术管理的通知》，按照《中国消耗臭氧层物质逐步淘汰的国家方案》，于 2005 年停止生产哈龙 1211 灭火剂，2010 年停止生产哈龙 1301 灭火剂，因此选用何种灭火方式，应通过分析比较得出合理的结论。

【处理措施】综合管廊采用的灭火方式主要有气体灭火、泡沫灭火、水喷雾灭火、高压细水雾灭火、超细干粉灭火等灭火系统形式。应根据气体灭火、泡沫灭火、水喷雾灭火、高压细水雾灭火、超细干粉灭火的灭火原理和各自系统的特点，通过各种灭火方式优缺点的比较，结合综合管廊内火灾原因的分析，选择符合当地消防主管部门管理规定及适用于本项目的灭火方式。

问题 26：综合管廊自动灭火系统采用细水雾灭火系统时未考虑系统布局因素，未明确采用的压力等级。

【原因分析】违反《细水雾灭火系统技术规范》GB 50898—2013 第 3.4.4 条和《重庆市细水雾灭火技术规范》DBJ 50—208—2014 第 2.1.15 条关于细水雾系统工作压力的规定。

【处理措施】细水雾系统喷头工作压力通常分三种：低压细水雾灭火装置 $P < 1.2MPa$、中压细水雾灭火装置 $1.2MPa \leqslant P < 3.5MPa$、高压细水雾灭火装置 $P \geqslant 3.5MPa$。由于综合管廊消防主要针对电力管廊，考虑到电的危险性，以及细水雾雾滴直径对电绝缘的可靠性等问题，细水雾灭火系统压力等级的选取与电力管廊消防关系密切，应合理选取。

问题 27：高压细水雾系统不完善，喷头布置数量、间距不满足消防作用要求。

【原因分析】违反《细水雾灭火系统技术规范》GB 50898—2013 第 3.2.2 条、第 3.2.3 条和《重庆市细水雾灭火技术规范》DBJ 50—208—2014 第 3.3.2 条关于喷头选择与布置的规定。

【处理措施】细水雾喷头应按正方形布置，也可按矩形或菱形布置，喷头与墙壁的间距不应大于喷头最大布置间距的二分之一。高压细水雾系统应合理设计喷头的布置间距、数量及工作压力，核实特殊位置喷头布置，不得影响管廊的使用功能。

第 3 部分　市政工程

问题 28：消防水泵选型、数量不合理，应急启动时措施不完善。消防泵房未设置防水淹没的措施。

【原因分析】违反《消防给水及消火栓系统技术规范》GB 50974—2014 第 5.1.6 条、第 11.0.12 条、第 5.5.14 条关于消防水泵及消防泵房的规定。

【处理措施】消防水泵性能选择应满足消防给水系统所需的流量和压力要求，功率应满足水泵流量扬程等性能所需的功率要求。工作泵不宜超过 3 台，应急启动时确保消防泵在报警后 5.0min 内正常工作。消防泵房应按要求设置防水淹没的措施。

问题 29：综合管廊自动灭火系统采用超细干粉自动灭火系统时未考虑系统作用时人员撤离的要求，未明确超细干粉定期维护的要求。

【原因分析】违反《干粉灭火系统设计规范》GB 50347—2004 第 7.0.1 条关于干粉灭火系统安全要求及《干粉灭火装置技术规程》CECS 322—2012 第 6.0.4 条关于干粉灭火装置定期维护的规定。

【处理措施】每个防护区内及入口处应设火灾声光警报器，向在防护区内的人员发出迅速撤离的警告，同时对防护区外入口处设置的火灾声光警报器及干粉灭火剂喷放标志灯，提示防护区内正在喷放灭火剂灭火，人员不能进入，以免受到伤害。干粉灭火装置应按照《干粉灭火装置技术规程》CECS 322—2012 的要求进行月检、年检和 5 年检查。

22.2.2 通风系统

问题 30：通风系统设计缺乏统筹考虑，风机房及通风口设置位置不合理，天然气舱室口部与其他口部距离不满足安全间距要求。

【原因分析】违反《城市综合管廊工程技术规范》GB 50838—2015 第 5.4.7 条关于天然气管道舱室的排风口与各口部距离不小于 10m 的规定。

【处理措施】通风系统应立足于管廊总平面统一规划设计。风机房及通风口位置的确定应结合周边环境的噪声及环保要求；进风口宜设置在室外空气较清洁的地点；进、排风口间距不宜小于 10m；天然气管道舱室的排风口与其他舱室排风口、进风口、人员出入口以及周边建（构）筑物口部距离不应小于 10m。通风设计宜绘制通风系统总平面图；总平面图中应明确各通风机房、通风口定位，标注其与周边建筑物及各口部的距离。

前期设计阶段，应对管廊沿线周边建（构）筑物口部情况进行收集。管廊的各进、排风口、人员出入口及周边建（构）筑物口部应结合周边建（构）筑物口部情况协调确定；天然气舱排风口 10m 范围内的规划预留区域应有说明提示。

问题 31：风机运行控制要求不明确，未考虑维护人员安全措施。

【原因分析】违反《城市综合管廊工程技术规范》GB 50838—2015 第 7.2.6 条，《密闭空间作业职业危害防护规范》GBZT 205—2007 第 6.1.2.1 条、第 6.1.2.2 条，《缺氧危险作业安全规程》GB 8958—2006 第 5.3.2 条关于人员进入综合管廊进行线路检修时，舱室氧含量、可燃气体浓度等环境参数应满足相关要求的规定。

【处理措施】通风系统宜同时具备就地手动、就地自动和远程控制措施。人员出入口宜设置室内环境参数显示装置及通风系统的手动控制装置。人员进入管廊，应提前开启对应舱室风机，当环境参数满足要求时，方可进入管廊检修。室内环境参数应包括含氧量及可燃气体浓度。

根据《密闭空间作业职业危害防护规范》GBZ/T 205—2007 第 6.1.2.1 条，正常氧含量为 18%～22%，缺氧的密闭空间应符合《缺氧危险作业安全规程》GB 8958—2006 要求，短时间作业时必须采取机械通风。《缺氧危险作业安全规程》GB 8958—2006 第 5.3.2 条规定，缺氧环境工作场所，必须采取充分的通风换气措施，环境空气中氧含量在作业过程中始终保持在 0.195 以上，低于该氧浓度时，作业人员严禁进入。

这里尤其需要指出，根据《密闭空间作业职业危害防护规范》GBZ/T 205—2007 第 6.1.2.2 条要求，密闭空间作业应当测爆，可燃气体浓度应低于爆炸下限的 10%。而根据《城市综合管廊工程技术规范》GB 50838—2015 第 7.2.2 条，天然气舱室，当天然气浓度达到其爆炸下限的 20% 时，风机自动启动，此处风机启动的要求未考虑人员进入舱室的情况。人员在进入天然气舱室、污水管舱室等有爆炸危险的舱室时，应手动提前开启风机，确保可燃气体浓度低于其爆炸下限的 10%。

问题 32：设有污水管道的舱室未考虑爆炸危险性，通风系统未采用防爆风机。

【原因分析】违反《建筑设计防火规范》GB 50016—2014（2018 年版）第 9.3.4 条关于空气中含有易燃、易爆物质的房间，其送、排风系统应采用防爆型通风设备的规定。

【处理措施】根据《城市综合管廊工程技术规范》GB 50838—2015 第 7.2.1 条、第 7.5.4 条规定，污水管道舱室存在可燃气体（H_2S、CH_4）泄漏的可能性，应采用防爆型的通风设备。设有污水管道的舱室，应设置机械进、排风系统。正常通风换气次数不应小于 6 次/h，事故通风换气次数不应小于 12 次/h（根据国家标准图集《综合管廊通风设施设计与施工》17GL701，污水管道舱室通风换气次数参照天然气管道舱室取值）。送、排风机均应采用防爆型风机，风机与舱内可燃气体探测装置连锁，当可燃气体浓度超过爆炸下限的 20% 时，风机启动。排风系统应设置导除静电的接地装置，排风管应采用金属风管，并应直接通向室外安全地点。

问题 33：通风系统未进行详细的系统阻力损失计算，设计选用的风机压头与系统阻力不匹配。

【原因分析】综合管廊通风单元区间长度可能达到数百米，管廊内设备及管道布置密度大，仅根据换气次数来选择风机，不对整个通风系统进行阻力计算，极有可能造成选型风机压力与通风单元阻力不匹配。风机压力过小，计算风量下，风机出口压头不能克服系统阻力，从而导致系统实际运行风量下降。

【处理措施】在进行管廊通风设计时，应合理划分通风区间，详细计算通风区间内的沿程阻力和局部阻力，风机选型时宜预留 10% 的风量富裕及 20% 的风压富裕。如果受现场条件制约，通风单元较长或者转角较多，系统阻力过大，气流组织不均匀，可通过增设诱导风机的方式，满足管廊通风需要。

问题 34：设有电力电缆管线的舱室未考虑线缆散热量影响，通风系统设计换气量不足。

【原因分析】违反《电力电缆隧道设计规程》DL/T 5484—2013 第 9.1.2 条关于敷设电缆的舱室排风温度不应高于 40℃，进、排风温差不宜大于 10℃ 的规定。

【处理措施】根据《电力电缆隧道设计规程》DL/T 5484—2013 第 9.1.2 条，电缆的安全运行的最高温度限值为 40℃，通风系统排风温度不应大于 40℃，进、排风温差不宜大于 10℃。敷设电力电缆管线的舱室，尤其是单一功能的舱室，截面积较小，按照 2 次/h 通风换气次数设计通风系统时，风量较小，不能及时带走电缆运行产生的热量。在夏季高温天气下，舱内温度可能超过 40℃，容易发生线路故障，存在火灾隐患。敷设电力电缆管线的舱室，应根据各电缆设计载流量及电缆截面积计算电缆散热量，用消除余热法计算需风量。消除余热通风量计算公式如下：

$$G = 3600 \frac{Q}{c(t_p - t_{wf})}, \quad L = \frac{G}{\rho}$$

式中：Q——余热总和（kW）；

　　　c——空气比热，$c = 1.0$kJ/（kg·℃）；

　　　t_p——排风温度，电缆舱室最高温度限值 40℃，且送排风温差不应大于 10℃；

　　　t_{wf}——夏季通风室外计算温度，参考当地气象资料；

　　　ρ——空气密度，$\rho = 1.2$kg/m³。

电缆散热量可通过查表及计算得到，参见国家建筑设计标准图集《综合管廊通风设施设计与施工》17GL701。用排除余热法计算需风量，与换气次数 2 次/h 进行比较，取大值作为平时通风换气，风机选型预留 10% 富裕风量。

部分项目中管廊仅采用自然通风，不仅存在高温季节管廊温度过高的问题，在雨季还出现了舱室内壁挂满凝结水的情况，应引起管廊设计人员注意。

过街管廊无须设置通风措施。

问题 35：通风口未考虑安全防护及设备进出要求，风口尺寸不满足设备进出要求。

【原因分析】违反《城市综合管廊工程技术规范》GB 50838—2015 第 7.2.4 条、第 5.4.2 条、第 5.4.6 条关于综合管廊露出地面的口部应有相应的安全措施，进、排风口净尺寸应满足设备进出的最小尺寸要求的规定。

【处理措施】通风口应设置防止小动物进入的金属网格，网孔净尺寸不应大于 10mm×10mm。进、排风口应设置防止地面水倒灌的措施——通风百叶应采用防雨百叶，百叶底部距室外地坪不宜小于 500mm。通风亭及风机室底部应设置排水地漏。风机吊装口可结合通风百叶设置，百叶应方便拆卸，风口净空尺寸应满足设备进出的最小尺寸要求。当利用通风百叶进出设备有困难时，应设置独立的设备安装口，其设置应满足设备进出及防水密闭要求。

综合管廊的通风口，由风机提供动力的，风速不宜大于 5m/s。当排风口直接朝向人行横道时，风速不宜大于 3m/s。自然进风风速不宜大于 3m/s。

当风井允许设备、人员、工具等进出时，断面尺寸应满足设备及人员操作空间的要求，且断面风速不应小于 5m/s。

问题 36：消防及事故通风系统未考虑抗震设防要求，未采用抗震支吊架。

【原因分析】违反《建筑机电工程抗震设计规范》GB 50981—2014 第 5.1.4 条、第 5.1.5 条关于防排烟风道、事故通风风道及相关设备、重力大于 1.8kN 且采用吊装的平时通风机应采用抗震支吊架的规定。

【处理措施】防排烟风道、事故通风风道及其设备的支吊架严格采用具有抗震功能的支吊架。仅用于平时通风的风机，重力大于 1.8kN 且采用吊装时，也应采用抗震支吊架。

支吊架的间距应满足《建筑机电工程抗震设计规范》GB 50981—2014 第 8.2.3 条要求。抗震支架应根据其承受的荷载进行抗震验算，根据验算结果调整抗震支吊架间距，直至各点均满足抗震荷载要求。风机抗震支座、抗震吊架应根据不同设备及安装方式独立设计。

问题37：设有气体灭火系统的舱室，未考虑灾后人员进入需要，未设计事故后机械排烟系统。

【原因分析】违反《城市综合管廊工程技术规范》GB 50838—2015 第 7.2.8 条关于综合管廊应设置事故后机械排烟设施的规定。

【处理措施】设置窒息式灭火系统的管廊舱室（如电力电缆舱室、通信舱室），正常通风换气次数不应小于 2 次/h，火灾后机械排烟换气次数不应小于 6 次/h。可选用双速风机满足风量调节需求，当双速风机不满足设计需求时，可采用同型号风机并联使用。通风系统应与火灾自动报警系统连锁，失火时关闭着火分区与相邻分区内所有的通风设备及电动风阀。确认火灾熄灭，廊内温度下降到一定程度后，开启曾发生火灾区域内的所有通风单元及相邻单元的通风系统，及时排出有毒烟气和灭火剂，保证灾后进入管廊人员的安全。用于火灾后排烟的风机宜选用耐高温风机，宜采用就地手动、就地自动和远程控制。

问题38：通风系统，电动阀、防火阀等阀门选型设置不合理，风机选型与阀门动作温度不匹配。

【原因分析】平时通风系统、事故通风系统以及灾后排烟系统，风机入口或风管穿越防火分隔处设置电动阀或防火阀，阀门设置较为随意，高温阀门与普通风机搭配，后期使用易导致控制逻辑错误、系统故障。

【处理措施】平时通风系统，风管在穿越防火分隔时，如穿越风机室（房）、通风单元防火分隔等，应距分隔处 200mm 内设置 70℃防火阀，阀门常开，70℃熔断连锁风机关闭。

污水管道舱室、天然气管道舱室，存在可燃气体泄漏的可能，其送、排风系统均应采用防爆风机。风管穿越防火分隔时，如穿越风机室（房），应距分隔处 200mm 内设置 70℃防火阀，阀门启闭状态与普通通风系统相同。事故通风系统无须采用电动阀门，当采用电动风阀时，应为防爆型。事故通风系统应根据通风单元分别设置，排除有爆炸危险性气体的风管不应跨通风单元进入相邻燃气管道舱室、污水管道舱室。

设置气体灭火系统的舱室，即设有电力电缆、通信线缆管线的舱室，可采用自然进风、机械排风的方式进行通风换气。机械排风系统兼做灾后排烟系统。进风井自然进风，进风口设置密闭型电动阀门（或采用密闭型电动风口）；排风管道穿越风机房进入舱室时设置 70℃电动防火阀，阀门与排风机连锁。失火时，气体灭火系统启动前，关闭电动风口、电动阀门；气体灭火结束后，开启风口、风阀、风机，排除有害烟气。若考虑灾后排烟温度较高，选用 280℃电动防火阀，则排风机也应采用高温风机。

22.2.3 供电系统

问题39：管廊内消防设备配电线路保护电器未考虑消防设备供电持续性要求，未采取过负荷时只报警不切断线路的设计。

【原因分析】违反《低压配电设计规范》GB 50054—2011 第 6.3.6 条关于重要线路过负荷保护不应切断线路的规定。

【处理措施】过负荷断电将引起严重后果的线路，其过负荷保护不应切断线路，可作用于信号。消防设备的短时过负荷不会立即引起灾害，即使牺牲一些使用寿命也应保证对重要负荷的不间断供电，比如消防报警系统，消防水泵等。因此消防设备配电线路断路器应采用单磁脱扣器或者电子脱扣加过负荷报警附件。消防泵或者消防风机等控制回路过负荷信号仅作为报警用，接入火灾报警联动模块箱内。

问题40：低压配电系统电源总进线处未考虑雷电感应过电压的影响，浪涌保护器设置错误。

【原因分析】违反《建筑物防雷设计规范》GB 50057—2010 第4.3.8条和《城市综合管廊工程技术规范》GB 50838—2015 第7.3.9条关于雷电流经引下线和接地装置时产生的高电位对电气线路的反击规定。

【处理措施】管廊地下部分可不设置直雷击防护措施，在配电系统中设置防雷电感应过电压的保护措施，因此管廊内电气柜的防雷接地措施可以按照三类防雷设计。变压器低压侧的配电屏上应在母线装设Ⅰ级实验的电涌保护器，二级配电柜无线路引出管廊时，应在母线上装设Ⅱ级实验的电涌保护器；Ⅰ级实验的电涌保护器的参数应满足 $Iimp \geq 12.5kA$，$Up \leq 2.5kV$。

问题41：管廊内供电系统未考虑建设地区地震设防烈度因素，未进行建筑机电工程抗震设计。

【原因分析】违反《建筑机电工程抗震设计规范》GB 50981—2014 第1.0.4条关于建筑机电工程抗震设计的规定，属于违反强制性条文要求。

【处理措施】依据《建筑抗震设计规范》GB 50011—2010（2016年版），附录A查询管廊建设地区地震设防烈度，设防烈度为6度及以上地区应进行机电工程抗震设计。具体的抗震设计措施如下：管廊内内径不小于60mm的电气配管及重力不小于150N/m的电缆梯架、电缆槽盒、母线槽均应进行抗震设防，具体的抗震设计措施如下：

变压器的安装：①安装就位后应焊接牢靠，内部线圈应牢固固定在变压器外壳内的支承结构上；②变压器的支承面宜适当加宽，并设置防止其移动和倾斜的限位器；③应对接入和接出的柔性导体留有位移的空间。

蓄电池、电力电容器的安装：①蓄电池应安装在抗震架上；②蓄电池间连线应采用柔性导体连接，端电池宜采用电缆作为引出线；③蓄电池安装重心较高时，应采取防止倾倒措施；④电力电容器应固定在支架上，其引线宜采用软导体。当采用硬母线时，应装设伸缩节装置。

配电箱（柜）、通信设备的安装：①配电箱（柜）、通信设备的安装螺栓或焊接强度应满足抗震要求；②靠墙安装的配电箱（柜）、通信设备机柜底部安装应牢固，当底部安装螺栓或焊接强度不够时，应将顶部与墙壁进行连接；③当配电柜、通信设备机柜等非靠墙落地安装时，根部应采用金属膨胀螺栓或焊接的固定方式；④壁式安装的配电箱与墙壁之间应采用金属膨胀螺栓连接；⑤配电箱（柜）、通信设备机柜内的元器件应考虑与支承结构间的相互作用，元器件之间采用软连接，接线处应做防震处理；⑥配电箱（柜）面上的仪表应与柜体组装牢固。

电气管路敷设时应符合下列规定：①采用金属导管、刚性塑料管、电缆桥架或电缆槽盒敷设时，应使用刚性托架或支架固定，不宜使用吊架，当必须使用吊架时，应安装横向防晃支架；②当金属导管、刚性塑料管、电缆桥架或电缆槽盒穿越防火分区时，其缝隙应采用柔性防火封堵材料封堵，并应在贯穿部位附近设置抗震支撑；③金属导管、刚性塑料导管的支线段部分每隔30m应设伸缩节。具体的电气抗震施工做法可参考国标图集《建筑电气设施抗震安装》16D701-1。

问题42：动力、控制与监控线路共用桥架时，未考虑不同电压等级，不同用途线路之间的相互干扰影响，桥架内未采取分隔措施。

【原因分析】违反《民用建筑电气设计标准》GB 51348—2019 第8.5.13条关于不同电压、不同用途电缆采用桥架敷设的规定。

【处理措施】不同电压，不同用途的电缆不宜敷设在同一层桥架上，受条件限制需安装在同一层桥架上时，应用隔板隔开。动力、控制与监控线路共用桥架敷设时，应采用隔板隔开，并注明每个分隔的线缆类别。非消防线路可以采用梯级桥架或者托盘桥架敷设。火灾报警系统，应急广播，消防电话等电缆属于消防线路，采用线槽敷设时应为金属封闭线槽，不宜与非消防线路共用桥架敷设。

问题43：管廊送排风机未考虑火灾工况因素，未采取消防联动关闭措施。

【原因分析】违反《城市综合管廊工程技术规范》GB 50838—2015第7.2.7条关于管廊内发生火灾时关闭相应防火分区通风设备的规定。

【处理措施】管廊发生火灾时，发生火灾的防火分区及相邻分区的通风设备应能够自动关闭。通风风机平时由手动控制和PLC自动控制，如果风机由人为手动开启后或者风机控制的选择开关选为手动时，PLC无法联动关闭，此时发生火灾则会造成危险。可为风机配电箱的进线主开关增加分励脱扣器附件，分励脱扣器由火灾自动报警系统联动模块控制，在火灾时强行切断进线开关，确保风机在火灾时处于停止状态。

问题44：高压细水雾消防泵供电干线电缆未考虑消防设备运行可靠性要求，采用了阻燃耐火电缆。

【原因分析】违反重庆市《民用建筑电线电缆防火设计规范》DBJ 50—164—2013第5.3.2条关于消防泵供电干线电缆选型的规定。

【处理措施】阻燃耐火电缆一般是指能通过供火温度750℃下，供火时间90min不击穿实验的电缆。而隔离型防火电缆和矿物绝缘电缆能在供火温度950℃下，供火时间180min不击穿。管廊内高压细水雾消防泵作为管廊的自动灭火措施属于重要的消防设备，为了保证其供电线路的可靠性，其供电干线电缆应采用矿物绝缘电缆或隔离型防火电缆。

问题45：综合管廊的分配电间未考虑用电设备接地要求，未采取等电位联结措施。

【原因分析】违反《城市综合管廊工程技术规范》GB 50838—2015第7.3.9条关于综合管廊内设置等电位联结系统的规定。

【处理措施】管廊的分配电间内电气设备较多，为了提供可靠的接地点，应设置等电位端子箱，等电位端子板应与综合管廊接地网可靠联结。

问题46：从室外引入管廊的电源干线在便于操作维护的地方未设置总隔离电器，总配电箱PE线未重复接地，未设置I级试验的电涌保护器。

【原因分析】违反《民用建筑电气设计标准》GB 51348—2019第7.1.4条关于电源由建筑物外引入的总配电箱（柜）设置隔离电器的规定和《建筑物防雷设计规范》GB 50057—2010第4.3.8条关于电源由建筑物外引入的总配电箱（柜）处设置电涌保护器的规定。

【处理措施】室外引入管廊的电源干线，应在总配电箱（柜）的受电端装设具有隔离和保护功能的电器，总配电箱PE线重复接地，并设置I级试验的电涌保护器。

问题47：综合管廊消防负荷配电未考虑消防负荷供电可靠性，未在最末一级配电箱设置双电源切换装置。

【原因分析】违反《建筑设计防火规范》GB 50016—2014（2018年版）第10.1.8条关于消防用电设备的供电最末级配电箱处设置自动切换装置的规定。

【处理措施】对于消防控制室、消防水泵房、消防电梯机房等，应在消防设备或消防设备室处设置最末级双电源切换箱；管廊其他消防负荷应在消防负荷所在防火分区设置最末级双电源切换箱。

问题48：管廊消防负荷用电应从第一级配电箱处与普通用电分开，采用专用供电回路，不应与普通负荷共箱。

【原因分析】违反《建筑设计防火规范》GB 50016—2014（2018年版）第10.1.6条关于消防设备应采用专用的供电回路的规定和第10.1.9条关于按二级负荷供电的消防设备配电箱设置的规定。

【处理措施】为保证消防用电的可靠性，管廊消防负荷和非消防负荷应分别设置配电箱，消防配电箱采用双电源末端切换。

22.2.4 照明系统

问题49：未考虑管线安装施工作业人员或工具容易触碰到灯具的情况，管廊内安装高度低于2.2m的照明灯具未采取防止触电的安全措施。

【原因分析】违反《城市综合管廊工程技术规范》GB 50838—2015第7.4.2条关于安装高度低于2.2m的照明灯具的安全措施规定。

【处理措施】低于2.2m安装高度的照明灯具，应采取24V及以下安全电压供电。如采用220V电压供电时灯具的防触电保护等级为Ⅱ类，应敷设灯具外壳专用接地线。

问题50：未考虑照明节能设计的要求，缺少各功能性房间如风机房、配电室、消防泵房及控制室等照度及功率密度标准值。

【原因分析】违反《建筑照明设计标准》GB 50034—2013第6.3.13条关于通用房间或场所照明功率密度限制的规定。

【处理措施】管廊各功能用房照明设计，在满足照度设计标准的前提下，功率密度值不应超过目标值，在满足照度均匀度条件下，宜选择单灯功率较大，光效较高的光源。照明设计中增加各功能用房的照度设计表格，并列出各房间的照度标准值，功率密度值的目标值和实际设计值，如表22-4所示：

各功能用房照度设计表　　　　　　　　　　　　　　　　表22-4

主要场所名称	照度目标值（lx）	照明功率密度值（目标）（W/m²）	照度设计值（lx）	照明功率密度值（设计）（W/m²）
变电所、配电室	200	≤6	实际设计值	实际设计值
消防控制室、监控室	300	≤8	实际设计值	实际设计值
风机房	100	≤3.5	实际设计值	实际设计值
发电机房	200	≤6	实际设计值	实际设计值
水泵房	100	≤3.5	实际设计值	实际设计值

注：本表摘自《建筑照明设计标准》GB 50034—2013。

问题51：管廊应急照明未考虑其消防用电设备的属性，未设置专用配电箱及供电线路。

【原因分析】违反《建筑设计防火规范》GB 50016—2014（2018年版）第10.1.6条关于消防

用电设备应采用专用供电回路的规定。

【处理措施】管廊应急照明属于消防用电设备，为了避免普通照明线路发生故障时影响到应急照明回路，应急照明应设置专用配电箱及供电线路。管廊内宜按防火分区设置消防动力配电箱和非消防动力配电箱。应急照明回路由消防动力箱出线，且消防供电回路应由变电所单独供电回路供电，不应与非消防用电设备共用回路。

问题 52：投料口，通风口兼逃生口等部位未考虑巡检人员使用需求，未设置本分区舱室内照明控制开关。

【原因分析】违反《城市综合管廊工程技术规范》GB 50838—2015 第 7.3.7 条关于人员进出口处设置本分区照明控制开关的规定。

【处理措施】巡检人员在进入某段管廊时，一般应先进行通风换气，开启照明，每区段的出入口均应安装通风照明开关，便于巡检人员在任意出口离开时关闭本分区内的通风及照明，以利节能。投料口，兼做逃生口的通风口均属于人员进出口，应在逃生口爬梯旁边设置本分区照明控制开关。

问题 53：管廊照明设计缺少疏散照明照度标准值和设计值。

【原因分析】违反《消防应急照明和疏散指示系统技术标准》GB 51309—2018 表 3.2.5 关于最低照度值的规定。

【处理措施】根据规范，疏散通道疏散照明照度值不应低于 $1.0lx$；配电室、消防控制室、消防水泵房等发生火灾时仍需工作的区域疏散照明照度不应低于 $1.0lx$ 和备用照明照度不低于正常照度。

22.2.5 监控及报警系统

问题 54：管廊内监控与报警设备未考虑管廊环境复杂因素，未明确设备防护等级。

【原因分析】违反《城市综合管廊工程技术规范》GB 50838—2015 第 7.5.15 条关于管廊内监控与报警设备的防护等级的规定。

【处理措施】综合管廊一般处于地下环境，环境湿度比较大，而监控与报警系统的电子设备线路板和元器件对于潮湿和灰尘的影响较为敏感，因此要求监控与报警系统设备的整机防尘防水的等级不应低于 IP65。同时管廊还可能会产生一些腐蚀性气体，还应要求设备的外壳或者内部元件具有一定的抗腐蚀能力。

问题 55：消防控制室未设置用于火灾报警的外线电话。

【原因分析】违反《火灾自动报警系统设计规范》GB 50116—2013 第 6.7.5 条关于消防控制室应设置外线电话的规定，属于违反强制性条文要求。

【处理措施】消防控制室是消防作业的主要场所，消防控制室内应设置电信运营商的外线固定电话，便于发生火灾时保证管理人员能及时向消防部队报警，缩短灭火救援时间。同时有线固定电话也避免了因管廊消防控制室手机信号不稳定而延误火灾救援的情况。

问题 56：监控与报警系统线缆未考虑火灾时发生延燃的因素，未采用阻燃或者阻燃耐火线缆。

【原因分析】违反《城镇综合管廊监控与报警系统工程技术标准》GB/T 51274—2017 第 3.5.2 条关于弱电线缆阻燃耐火的规定。

【处理措施】火灾自动报警系统的供电线路、消防联动控制线路等需要在火灾时继续工作，应具有相应的耐火性能，因此应选用阻燃耐火电缆。监控系统，火灾报警系统的其他传输线缆及光纤为避免在火灾时发生延燃，应采用阻燃型或阻燃耐火型电缆和光纤。

问题 57：天然气舱室内燃气报警系统或火灾自动报警系统未考虑天然气浓度超报警设置值的情况，未采取事故风机联动控制措施。

【原因分析】违反《城镇综合管廊监控与报警系统工程技术标准》GB/T 51274—2017 第 8.3.1 条关于天然气舱内事故通风设备联动控制的规定。

【处理措施】天然气舱事故风机控制回路应增加可燃气体报警系统联动控制模块的强制启动停止连锁。当天然气舱室内任意一个燃气报警器超过一级报警浓度设定值时，应由可燃气体报警控制器或火灾报警控制器联动启动天然气舱事故段分区及其相邻分区的事故风机。

问题 58：管廊内气体探测器设置未考虑舱室内气体聚集位置的特性，探测器位置布置不合理。

【原因分析】违反《城镇综合管廊监控与报警系统工程技术标准》GB/T 51274—2017 第 5.2.5 条关于环境质量检测装置设置的规定。

【处理措施】氧气探测器应设置在每个通风区段的中部和地下分变电所内。设置了危险气体检测的舱室内，应在人员出入口和进排风口处设置 H_2S 硫化氢和 CH_4 甲烷。H_2S 硫化氢比空气密度大，应设置在距舱室地坪高度 $0.3 \sim 0.6 m$ 处，而 CH_4 甲烷比空气密度小，应设置在距舱室顶部不超过 $0.3 m$ 处，氧气传感器距舱室地坪的高度宜为 $1.6 \sim 1.8 m$。

问题 59：综合管廊固定通风口处未考虑有人员非法入侵的风险，未设置入侵报警装置和声光报警器。

【原因分析】违反《城市综合管廊工程技术规范》GB 50838—2015 第 7.5.5 条关于管廊内设置安全防范系统的规定。

【处理措施】管廊有人员非法入侵风险的部位一般是些防护比较弱，容易非法进入的部位，因此被动式红外入侵探测器、声光报警器应安装于设备间、通风口、人员出入口、投料口、百叶窗下以及可能入侵的分支管廊接口等位置。

问题 60：火灾自动报警系统中，缆式线性感温探测器探测区域长度超过 100m。

【原因分析】违反《火灾自动报警系统设计规范》GB 50116—2013 第 3.3.2 条关于缆式线性感温火灾探测器长度的规定。

【处理措施】为了迅速而准确地探测出被保护区内发生火灾的部位，需将被保护区按顺序划分成若干探测区域。每个探测区域设置一根缆式线性感温火灾探测器，探测区域长度不宜超过 100m。

22.2.6 排水系统

问题 61：潜水泵排水管在管廊内的布置走向未考虑与电力或通信支架（线缆）的相互影响，实际施工过程中净尺寸不满足管线安装要求。

【原因分析】违反《城市综合管廊工程技术规范》GB 50838—2015 第 5.3.2 条关于管廊内各管线安装、运营、维护要求的规定。

【处理措施】集水坑位于管廊底部，其上方通常布置有电力、通信支架（线缆）或中水管道的支架，而潜水泵出水管道上也布置有闸阀、止回阀、橡胶接头等附件。如潜水泵出水管布置忽略周边限制条件，易造成空间上冲突。需根据集水坑和潜水泵及其配套管路和附件的设置，并结合综合管廊断面各支架（线缆）的布置对管路走向存在的限制条件予以充分考虑，避免各种管线、支架在空间布局中出现冲突。

问题 62：综合管廊端部井未考虑路面雨水入渗及井内管线检修泄水排水需求，未设置相应排水设施。

【原因分析】违反《城市综合管廊工程技术规范》GB 50838—2015 第 7.6.1 条、第 7.6.3 条关于管廊内设置集水坑及自动排水系统的规定。

【处理措施】综合管廊端部井是管线进出管廊的重要节点部位，进出管线密集，且端部井位置还设置有人员逃生口，路面雨水有可能通过各种孔口入渗到端部井内。同时井内给水、中水管线以及入廊排水管线检修时需考虑泄水排水需求。所以在综合管廊端部井处应设置集水坑和排出端部井的排水措施。当端部井位于管廊低点部位时，则应设置潜水泵及配套出水管系统，及时排除存在的水灾害隐患；当端部井位于综合管廊高点，且周边设有排水沟排向低处集水坑时，端部井处可不设置排水设施。

问题 63：综合管廊逃生口、投料口在地面处采用埋地（或平地）方式时，未采取可靠的防渗水措施。

【原因分析】违反《地下工程防水技术规范》GB 50108—2008 第 3.1.1 条、第 3.1.5 条、第 3.1.6 条关于防水措施的规定。

【处理措施】地下工程的细部构造应加强防水处理，其出入口、风井等应采取防倒灌措施。当综合管廊逃生口、投料口在地面处采用埋地方式时，应做好防水措施。可采用两层密封，面层采用预制板，其接缝部位做密封胶处理，中间层可采用钢盖板，螺栓锚固。

问题 64：管廊内集水坑潜水泵出水管接入外部市政雨水口或雨水检查井时，未考虑防冲刷措施。

【原因分析】违反《室外排水设计规范》GB 50014—2006（2016 年版）第 4.3.12 条关于压力管线接入重力流管线应采取消能措施的规定。

【处理措施】一般市政雨水检查井采用混凝土砌块砌筑或是素混凝土和钢筋混凝土现浇，管廊集水坑的压力排水出口直排对上述构筑物会造成冲刷，使构筑物耐久性和安全性存在隐患。因此，应采取相应消能措施。由于雨水口埋深浅，内部空间小且容易堵塞，潜水泵压力出水管不能接入雨水口，应接入市政雨水检查井，但接入雨水检查井前应设置消力井（压力井）对压力出水进行消能，消能后通过重力流再接入市政雨水检查井。

问题 65：综合管廊内电力、通信线缆穿结构外墙时未考虑地下水渗入对管廊运营的影响，未采取有效的防水密封措施。

【原因分析】违反《地下工程防水技术规范》GB 50108—2008 第 3.1.5 条关于加强地下工程细部构造防水措施的规定。

【处理措施】设计通常对综合管廊内给水管、中水管、潜水泵出水管的穿墙防水措施较为重视，但对电力、通信线缆穿墙的防水技术措施重视程度不足。地下工程的穿墙管等细部构造应加强防水措施，综合管廊内电力、通信线缆穿结构外墙时应采用防水密封组件。当采用模块化橡胶密封件时，应明确产品的详细技术指标，包括橡胶材料的安全性和稳定性。

问题 66：综合管廊内排水沟坡向不明，集水坑容积，潜水泵扬程、流量等设置不合理。

【原因分析】违反《城市综合管廊工程技术规范》GB 50838—2015 第 7.1.7 条及《室外排水设计规范》GB 50014—2006（2016 年版）第 5.3.1 条、第 5.2.2 条及第 5.2.4 条关于综合管廊排水沟及集水坑容积，排水泵流量和扬程的规定。

【处理措施】综合管廊排水沟应坡向集水坑，坡度不应小于 0.2%；集水坑的容积不应小于最大一台水泵 5min 的出水量；综合管廊内排水系统主要满足排出结构渗漏水、管道检修放空水的要求，排水泵流量和扬程需经计算确定，并保证综合管廊内排水能就近排入城市排水系统。

问题 67：排水沟穿越防火分隔，火灾发生时存在大火沿排水沟蔓延的隐患。

【原因分析】违反《城市综合管廊工程技术规范》GB 50838—2015 第 7.6.4 条关于综合管廊防火分隔的规定。

【处理措施】排水沟应尽量不穿越防火分隔，必须穿越时采用水封形式，防止串火、串烟。

问题 68：市政雨、污水管线入廊设计时管材选择不合理。

【原因分析】违反《城市综合管廊工程技术规范》GB 50838—2015 第 6.3.4 条关于入廊雨、污水管道管材选择的要求。

【处理措施】为了保证综合管廊的运行安全，应适当提高进入综合管廊的雨、污水管道管材选用标准，宜优先选用钢管和球磨铸铁管，不推荐采用塑料管，若必须采用塑料管时，需考虑塑料管自身变形的影响，采用带状基础，且管道的耐火性能需满足管廊耐火等级的要求。

问题 69：市政排水管线入廊设计时排水检查井未考虑清掏便利性因素，未考虑通气措施。

【原因分析】违反《城市综合管廊工程技术规范》GB 50838—2015 第 6.3.6 条、第 6.3.7 条关于入廊雨、污水管道通气功能要求的规定。

【处理措施】管廊内雨、污水管道检查井应严密并考虑系统通气功能。由于污水管道在平时运行会产生 H_2S、沼气等有毒有害可燃气体，故不考虑管廊内检查井清渣，不宜设置沉泥井。当管廊内雨、污水管道长时间运行出现淤积需清通时，需采用相应的排水、通风等措施，清淤需专业人员佩戴专业防具工具进行。雨、污水管道的通气装置应直接引至管廊外部安全空间，并与周边的环境相协调。

22.3　管廊结构

22.3.1　结构计算

问题 70：综合管廊结构设计使用年限、抗震设防类别、结构安全等级等技术标准未考虑管廊使用特性因素合理取值。

【原因分析】违反《城市综合管廊工程技术规范》GB 50838—2015 第 8.1.3 条、第 8.1.5 条、第 8.1.6 条关于技术标准取值规定。

【处理措施】普通房屋和构筑物的结构设计使用年限按照 50 年设计，纪念性建筑和特别重要的建筑结构，设计年限应按照 100 年考虑。综合管廊工程的结构设计使用年限应为 100 年。

地震时使用功能不能中断或需尽快恢复的生命线相关建（构）筑物，抗震设防类别划分为乙类。综合管廊工程应抗震设防类别应为乙类。

结构设计时，应根据结构破坏可能产生的后果的严重性，采用不同的安全等级。综合管廊内容纳的管线为电力、给水等城市生命线，破坏后产生的经济损失和社会影响都比较严重，综合管廊的结构安全等级应为一级，结构中各类构件的安全等级宜与整个结构的安全等级相同。

问题 71：综合管廊结构计算时，工况考虑不全面导致荷载取值偏低，如未考虑上部道路路基施工时压路机荷载，使用阶段未考虑地面车辆荷载，土压力计算未考虑地下水影响。

【原因分析】违反《城市综合管廊工程技术规范》GB 50838—2015 第 8.3.1 条关于荷载计算的规定。

【处理措施】综合管廊结构上的作用，按性质可分为永久作用、可变作用和偶然作用。作用在综合管廊结构上的荷载须考虑施工阶段以及使用阶段中荷载的变化，选择使整体结构或预制构件应力最大、工作状态最为不利的荷载组合进行设计。

问题 72：建造在斜坡上或边坡附近的综合管廊，未考虑管廊基坑开挖对现状边坡稳定性的影响，未进行场地整体稳定性验算。

【原因分析】违反《建筑地基基础设计规范》GB 50007—2011 第 3.0.2 条关于建造在斜坡上或边坡附近的建筑物和构筑物，应验算其稳定性的规定。

【处理措施】建造在斜坡上或边坡附近的综合管廊，基坑开挖后改变坡形，破坏其原有结构的稳定性，应根据管廊大小和埋深等因素进行场地整体稳定性分析，不满足稳定性要求的，应进行边坡支挡结构设计。

问题 73：综合管廊位于高地下水位区域，未考虑地下水对管廊基础影响，未进行抗浮验算。

【原因分析】违反《城市综合管廊工程技术规范》GB 50838—2015 第 8.1.9 条关于综合管廊抗浮稳定计算的规定。

【处理措施】地下水位高于综合管廊底板时，应计算水压力和浮力对结构的作用。水压力按静水压力计算；抗浮稳定计算时不应计入综合管廊内管线和设备自重，其他各项作用取标准值，抗浮稳定性应符合下式要求：

$$\frac{G_k}{N_{w,k}} \geq K_w$$

式中：G_k——综合管廊自重及压重之和（kN）；

$N_{w,k}$——浮力作用值（kN）；

K_w——抗浮稳定安全系数，取 1.05。

问题 74：综合管廊结构设计时未考虑正常使用极限状态，主要结构构件未进行裂缝宽度验算或裂缝宽度不满足结构耐久性要求。

【原因分析】违反《城市综合管廊工程技术规范》GB 50838—2015 第 8.1.7 条关于综合管廊结构构件裂缝宽度限值的规定。

【处理措施】综合管廊主要结构构件应进行裂缝宽度验算，最大裂缝宽度限值应小于或等于0.2mm。综合管廊主要结构构件为板壳类构件，裂缝宽度计算可参照《给水排水工程钢筋混凝土水池结构设计规程》CECS 138：2002 中公式计算：

$$\omega_{\max} = 1.8\psi \frac{\sigma_{sq}}{E_s}\left(1.5c + 0.11\frac{d}{\rho_{te}}\right)(1+\alpha_1)\nu$$

$$\psi = 1.1 - \frac{0.65f_{tk}}{\rho_{te}\sigma_{sq}\alpha_2}$$

式中：$\omega_{\max}$——最大裂缝宽度（mm）；

ψ——裂缝间受拉钢筋应变不均匀系数，当 $\psi < 0.4$ 时，取 0.4；当 $\psi > 1.0$ 时，取 1.0；

σ_{sq}——按作用效应准永久组合计算的截面纵向受拉钢筋应力（N/mm²）；

E_s——钢筋的弹性模量（N/mm²）；

c——最外层纵向受拉钢筋的混凝土保护层厚度（mm）；

d——纵向受拉钢筋直径（mm）。当采用不同直径的钢筋时，应取 $d = \dfrac{4A}{u}$，其中 u 为纵向受拉钢筋截面的总周长（mm），A 为受拉钢筋截面面积（mm²）；

ρ_{te}——以有效受拉混凝土截面面积计算的纵向受拉钢筋配筋率，即 $\rho_{te} = \dfrac{A_s}{0.5bh}$，其中 b 为截面计算宽度，h 为截面计算高度，A_s 为对偏心受拉构件取偏心一侧的钢筋截面面积；

α_1——系数，对受弯、大偏心受压构件取 $\alpha_1 = 0$；对大偏心受拉构件取 $\alpha_1 = 0.28\left[\dfrac{1}{1+\dfrac{2e_0}{h_0}}\right]$；

e_0——纵向力对截面重心的偏心距（mm）；

h_0——计算截面的有效高度（mm）；

ν——纵向受拉钢筋表面特征系数，对光面钢筋取 1.0，对变形钢筋取 0.7；

f_{tk}——混凝土轴心抗拉强度标准值（N/mm²）；

α_2——系数，对受弯构件取 $\alpha_2 = 1.0$，对大偏心受压构件取 $\alpha_2 = 1 - 0.2\dfrac{h_0}{e_0}$，对大偏心受拉构件取 $\alpha_2 = 1 + 0.35\dfrac{h_0}{e_0}$。

问题 75：基坑支护结构计算采用的岩土力学参数未依据地勘报告取值或取值不合理。

【原因分析】违反《建筑基坑支护技术规程》JGJ 120—2012 第 3.1.14 条、第 3.1.15 条和《建筑边坡工程技术规范》GB 50330—2013 第 4.3.4 条、第 4.3.5 条、第 4.3.7 条关于岩土抗剪强度取值的规定。

【处理措施】基坑工程设计所采用的岩土力学参数必须依据地勘报告，并应在设计说明中详细列出所采用的各项参数。地下水位以上的岩土应采用天然重度和天然抗剪强度，地下水位以下的岩土，采用水土分算的，应采用饱和重度和有效抗剪强度，采用水土合算的，应采用饱和重度和饱和抗剪强度。

22.3.2 主体构造

问题 76：综合管廊结构设计时未根据结构设计使用年限和环境类别进行耐久性设计，受力钢筋保护层厚度不满足结构耐久性要求。

【原因分析】违反《城市综合管廊工程技术规范》GB 50838—2015 第 8.1.4 条、第 8.6.3 条关于综合管廊结构耐久性设计和钢筋的混凝土保护层厚度和《混凝土结构设计规范》GB 50010—2010（2015 年版）第 8.2.1 条关于钢筋的混凝土保护层厚度的规定。

【处理措施】综合管廊结构混凝土保护层厚度应满足钢筋的防锈、耐火以及与混凝土之间黏结力传递要求，综合管廊结构中钢筋的混凝土保护层厚度，结构迎水面不应小于 50mm，综合管廊结构设计使用年限为 100 年，混凝土保护层厚度应满足表 22-5 要求。

混凝土结构最小保护层厚度（mm）

表 22-5

构件名称	位置	工作条件	保护层最小厚度
侧墙	外侧	与水、土接触	50
	内侧	高湿度	30
隔墙	内、外侧	高湿度	30
顶板	上层	与水、土接触	50
	下层	高湿度	30
底板	上层	高湿度	30
	有垫层的下层筋	高湿度	40
	无垫层的下层筋	与水、土接触	50
梁、柱	—	高湿度	35

问题 77：综合管廊结构钢筋配置时未考虑相邻构件钢筋锚固影响，钢筋布置间距过密或钢筋截断位置不当导致锚固长度不足。

【原因分析】违反《给水排水工程构筑物结构设计规范》GB 50069—2002 第 6.3.1 条关于受力钢筋间距、第 6.3.3 条关于受力钢筋锚固长度的规定。

【处理措施】综合管廊配筋通常受裂缝计算结果控制，受力钢筋宜采用直径较小的钢筋配置，每米宽度的墙板（或顶板、底板）内，受力钢筋不宜少于 4 根，且不超过 10 根。墙板（或顶板、底板）拐角处的钢筋，应有足够的长度锚入相邻的墙板（或顶板、底板）内，锚固长度应自墙板（或顶板、底板）内侧算起。

问题 78：综合管廊纵向变形缝设置时未考虑地质条件因素，不同地质交接处未设置变形缝或变形缝设置间距过大。

【原因分析】违反《城市综合管廊工程技术规范》GB 50838—2015 第 8.6.1 条关于综合管廊结构变形缝设置的规定。

【处理措施】综合管廊应在纵向设置变形缝，变形缝的设置应符合下列规定：
① 现浇钢筋混凝土综合管廊结构变形缝的最大间距应为 30m；
② 结构纵向刚度突变以及上覆荷载变化处或下卧土层变化处，应设置变形缝；
③ 变形缝的缝宽不宜小于 30mm；
④ 变形缝应设置橡胶止水带、填缝材料和嵌缝材料等止水构造。

问题 79：防水设计未充分考虑气候条件、水文地质状况、结构特点、施工方法和使用条件等因素，防水等级标准低。

【原因分析】违反《城市综合管廊工程技术规范》GB 50838—2015 第 8.1.8 条关于综合管廊防

水等级和《地下工程防水技术规范》GB 50108—2008 第 3.3.1 条关于地下工程防水设防要求的规定。

【处理措施】综合管廊的防水设计应遵循"以防为主，刚柔结合，因地制宜，综合治理，易于维护"的原则，采取与其相适应的防水措施，且应做到方案可靠、施工简便、耐久适用、经济合理。综合管廊防水标准应为二级，应满足表 22-6、表 22-7 要求：

明挖法施工综合管廊防水设计要求　　　　　　　　　　　　　　表 22-6

工程部位	防水措施	选用情况
主体结构	防水混凝土	应选
	防水卷材，防水涂料，塑料防水板，膨润土防水材料，防水砂浆，金属防水板	应选一种
施工缝	遇水膨胀止水条（胶），外贴式止水带，中埋式止水带，外抹防水砂浆，外涂防水涂料，水泥基渗透结晶型防水涂料，预埋注浆管	应选一至二种
变形缝	中埋式止水带，外贴式止水带，可卸式止水带，防水密封材料，外贴防水卷材，外涂防水涂料	应选一至二种

暗挖法施工综合管廊防水设计要求　　　　　　　　　　　　　　表 22-7

工程部位	防水措施	选用情况
衬砌结构	防水混凝土	应选
	塑料防水板，防水砂浆，防水涂料，防水卷材，金属防水层	应选一种
内衬砌施工缝	遇水膨胀止水条（胶），外贴式止水带，中埋式止水带，水泥基渗透结晶型防水涂料，预埋注浆管，防水密封材料	应选一种
内衬砌变形缝	中埋式止水带，外贴式止水带，可卸式止水带，防水密封材料，遇水膨胀止水条（胶）	应选一种

22.3.3　结构形式

问题 80：对软弱地基等特殊地段综合管廊未充分考虑地质条件对管廊基础的影响，未结合地勘报告进行地基变形验算及采取处理措施。

【原因分析】违反《城市综合管廊工程技术规范》GB 50838—2015 第 8.3.7 条关于综合管廊地基影响计算、第 8.4.1 条关于未经处理的软弱地基计算模型的规定。

【处理措施】综合管廊地基基础设计应满足地基承载力、地基变形和地基稳定性要求，尽量选用天然地基。当天然地基不能满足要求时，应根据地勘报告进行地基处理设计，以提高地基的承载力，减小地基的沉降量。常用的地基处理方法有碾压夯实法、换土垫层法、排水固结法、振动及挤密法、化学加固法等。

问题 81：在不同地质交接处，综合管廊横向可能形成软硬不均匀地基，未采取地基处理措施。

【原因分析】违反《城市综合管廊工程技术规范》GB 50838—2015 第 8.3.7 条关于综合管廊地基影响计算的规定。

【处理措施】在不同地质交接处，由于地质交接界面与管廊纵向不一定成正交关系，即使管廊纵向设置变形缝，在变形缝两侧横向还是会形成软硬不均匀地基。由于变形缝处结构完全断开，不均匀沉降对结构影响较大，应计算横向地基不均匀沉降。沉降差异超过限值的，应进行地基处理设计。

问题 82：综合管廊配筋断面未限定适用条件，如覆土厚度、顶部是机动车道还是人行道等要求。

【原因分析】违反《城市综合管廊工程技术规范》GB 50838—2015 第 8.3.3 条、第 8.3.4 条关于结构上的作用取值的规定。

【处理措施】管廊结构计算时，根据其使用条件确定荷载取值是至关重要的。结构自重、土压力、车辆荷载、人群荷载、地下水压力是管廊结构的主要荷载，荷载取值直接影响内力计算、配筋计算、裂缝宽度验算的结果。不同的管廊配筋断面应限定不同的适用条件，避免施工和运营使用过程中荷载超过设计荷载。

问题 83：管廊结构构件配筋未考虑构件实际受力特性，管廊侧墙、顶板、底板、隔墙配筋未根据构件受力不同分别计算。

【原因分析】违反《城市综合管廊工程技术规范》GB 50838—2015 第 1.0.1 条关于综合管廊建设应经济合理的规定。

【处理措施】综合管廊断面配筋应按照不同构件分别计算，从安全性、工程造价及便于施工等方面综合考虑后，采取经济、合理的配筋方案。

问题 84：地基换填处理未考虑下卧土层影响，未明确换填深度、平面范围以及换填压实度、承载力要求。

【原因分析】违反《建筑地基处理技术规范》JGJ 79—2012 第 4.2.2 条、第 4.2.3 条、第 4.2.4 条、第 4.2.5 条关于换填垫层法设计计算的规定。

【处理措施】换填垫层法适用于浅层软弱地基及不均匀地基的处理。综合管廊地基换填设计应根据结构特点、荷载性质、岩土工程条件、施工机械设备及填料性质和来源等进行综合分析，进行换填垫层的设计和选择施工方法。换填深度应根据需要置换软弱土的深度和下卧土层的承载力确定，不宜小于 0.5m，也不宜大于 3m；垫层的承载力宜通过现场载荷试验确定，并应进行下卧层承载力的验算；垫层顶面每边超出基础底边不宜小于 0.3m，并满足基坑开挖期间保持边坡稳定要求，垫层底面的宽度应满足基础底面应力扩散的要求。

问题 85：综合管廊侧墙、顶板开孔较大区域，未考虑开孔处截面应力集中影响，孔洞周边未采取加强措施。

【原因分析】违反《给水排水工程构筑物结构设计规范》GB 50069—2002 第 6.4.1 条关于开孔处加强的规定。

【处理措施】综合管廊侧墙、顶板开孔较大处，孔口附近的应力将远大于无孔时的应力，应采取以下加强措施：

① 当开孔直径或宽度大于 300mm 但不超过 1000mm 时，孔口的每侧沿受力钢筋方向应配置加强钢筋，其钢筋截面积不小于开孔切断的受力钢筋截面积的 75%。对矩形孔口的四周尚应加设斜筋，对圆形孔口尚应加设环筋。

② 当开孔直径或宽度大于 1000mm 时，宜在孔口四周加设肋梁；当开孔的直径或宽度大于综合管廊壁、板计算跨度的 1/4 时，宜在孔口设置边梁，截面及配筋应按计算确定。

22.3.4　开挖及支护

问题 86：综合管廊长度较长，基坑设计未充分考虑地质条件的影响，针对不同地质情况采取不同开挖断面。

【原因分析】违反《城市综合管廊工程技术规范》GB 50838—2015 第 1.0.1 条关于综合管廊建设应安全适用、经济合理的规定。

【处理措施】综合管廊基坑支护设计应按基坑不同的开挖深度、周边环境条件、地质条件等因素划分计算剖面。对每一计算剖面，应按其最不利条件进行计算。最后针对不同埋深、不同地质情况采取不同的基坑开挖断面，做到安全适用、经济合理。

问题 87：基坑支护设计未考虑地质条件的影响，深度超过限值的基坑未进行专项评估。

【原因分析】违反《建筑基坑支护技术规程》JGJ 120—2012 第 3.1.3 条关于基坑支护设计的规定，违反《重庆市城乡建设委员会关于进一步加强全市高切坡、深基坑和高填方项目勘察设计管理的意见》（渝建发〔2010〕166 号）关于深基坑设计管理的有关规定。

【处理措施】当综合管廊基坑深度超过限值（岩质基坑高度≥12m，岩土混合基坑高度≥8m 且土层厚度≥4m，土质基坑高度≥5m）时，应按深基坑项目进行设计管理：在项目规划选址前，应进行建设场地地质灾害危险性评估。主体建设工程规划方案设计确定后，其深基坑项目必须一并进行工程地质详细勘察，作为基坑支护方案设计、施工图设计的依据。深基坑项目设计按基坑支护方案设计、施工图设计两个阶段进行，并应分别在主体建设工程初步设计、施工图设计之前开展。深基坑项目支护方案设计完成后，须提交施工图审查机构进行可行性评估，其可行性评估报告作为主体建设工程初步设计审批的主要依据之一。深基坑项目支护施工图设计完成后，须提交原可行性评估的施工图审查机构进行审查，深基坑项目支护施工图设计审查合格书作为主体建设工程施工图审查及备案的重要组成内容之一。

问题 88：综合管廊基坑与道路边坡距离较近，未考虑管廊基坑开挖对道路边坡稳定性的影响。

【原因分析】违反《建筑基坑支护技术规程》JGJ 120—2012 第 3.1.2 条关于基坑支护应保证周边道路安全的规定。

【处理措施】综合管廊基坑距离道路边坡较近时，管廊基坑开挖会改变原有道路边坡的坡形（如支挡结构临空面加高、开挖坡脚等），管廊基坑开挖对道路边坡产生的影响不可忽略，在管廊基坑支护设计时，应将综合管廊基坑与道路边坡作为整体，分析其稳定性。

问题 89：基坑监测未作详细要求，基坑开挖未明确施工工艺、顺序、回填等要求，未考虑分段、跳槽、逆作等施工措施。

【原因分析】违反《建筑基坑支护技术规程》JGJ 120—2012 第 8.1.1 条关于基坑开挖、第 8.2.1 条关于基坑监测的规定。

【处理措施】由于实际地质条件可能与设计采用的土的物理、力学参数不符，且基坑支护结构在施工期间和使用期间可能出现土层含水量、基坑周边荷载、施工条件等自然因素和人为因素的变化，通过基坑监测可以及时掌握支护结构受力和变形状态、基坑周边受保护对象变形状态是否在正常设计状态之内。基坑监测是预防不测，保证支护结构和周边环境安全的重要手段。基坑支护设计应根据支护结构类型和安全等级选择基坑监测项目，并应根据支护结构的具体形式、基坑周边环境的重要性及地质条件的复杂性确定监测点部位及数量。选用的监测项目及其监测部位应能够反映支护结构的安全状态和基坑周边环境受影响的程度。

问题 90：综合管廊基坑边坡整体稳定性计算时，未充分考虑地质条件的影响，边坡破坏模式未考虑沿岩土界面的滑动破坏模式。

【原因分析】违反《建筑边坡工程技术规范》GB 50330—2013 第 5.2.1 条、第 5.2.3 条、第 5.2.7 条关于边坡破坏模式的规定。

【处理措施】根据边坡工程地质条件、可能的破坏模式以及已经出现的变形破坏迹象对边坡的稳定性状态做出定性判断，并对其稳定性趋势做出估计，是边坡稳定性分析的基础。判断边坡的可能破坏模式应同时考虑到受岩土体强度控制的破坏和受结构面控制的破坏。存在平面滑动可能性的边坡，可采用平面滑动稳定性计算方法计算其稳定性，对于可能沿基岩与覆盖层界面滑动的情形，应采用折线滑动面计算方法进行边坡稳定性计算。

问题 91：综合管廊基坑设计时，未考虑基坑截水及排水措施。

【原因分析】违反《建筑基坑支护技术规程》JGJ 120—2012 第 8.1.6 条关于基坑截排水的规定。

【处理措施】基坑开挖时，应在坑顶设截水沟、在坑底设排水沟，进行有组织排水。截、排水沟的底宽和顶宽不宜小于 500mm，沟底纵坡不宜小于 0.3%。

问题 92：综合管廊基坑周边存在已建支挡结构时，基坑设计未考虑管廊基坑施工对现状支护结构影响。

【原因分析】违反《建筑基坑支护技术规程》JGJ 120—2012 第 3.1.2、第 3.2.2 条关于查明基坑环境条件的规定。

【处理措施】综合管廊基坑距离已建支挡结构较近时，管廊基坑施工会改变已建支挡结构受力状态，如开挖卸载，破坏已建锚杆（索）锚固段，施工期间堆载等，管廊基坑施工对已建支挡结构的影响不可忽略。在基坑设计前，应充分收集相邻支挡结构的设计、竣工资料，在此基础上复核已建支挡结构在管廊基坑施工期间各种工况下的安全性，必要时采取加固措施。

参考文献

[1] 汪齐，何霞，苏洪涛．隧道消防水源选择与系统设计探讨 [J]．市政技术，2017，(1)．

[2] 周金忠，范太兴，刘彬梅．青岛胶州湾海下城市道路隧道消防设计思路介绍 [J]．给水排水，2013，(3)：64-67．

[3] 李媛．深圳莲塘地下互通式立交隧道消防系统设计 [J]．给水排水，2016，(5)：80-84．

[4] 住房和城乡建设部工程质量安全监管司，中国建筑标准设计研究院．全国民用建筑工程设计技术措施/电气 (2009 年版) [M]．北京：中国计划出版社，2009．

[5] 盛国荣．室外给水管道配角设计的探讨 [J]．建筑知识，2010，(30)．

[6] 孙连溪．实用给水排水工程施工手册 [M]．北京：中国建筑工业出版社，2005．

[7] 蔡增基，龙天渝．流体力学泵与风机（第五版）[M]．北京：中国建筑工业出版社，2009．

[8] 上海市政工程设计研究院．给水排水设计手册第二版第 3 册城镇给水 [M]．北京：中国建筑工业出版社，2003．

[9] 许其昌．给水排水塑料管道设计施工手册 [M]．北京：中国建筑工业出版社，2002．

[10] 钟淳昌，戚盛豪．简明给水设计手册 [M]．北京：中国建筑工业出版社，1989．

[11] 严熙世，范瑾初．给水工程（第四版）[M]．北京：中国建筑工业出版社，1999．

[12] 张书亮，孙玉婷，曾巧玲，闾国年．城市雨水流域汇水区自动划分 [J]．辽宁工程技术大学学报，2007，26 (4)：630-632．

[13] 张平，敖良根，黄炜曦．阶梯式跌水工程应用于山地城市排水系统 [J]．重庆建筑，2014，(7)：16-18．

[14] 马念．格栅式消能池应用于山地城市排水系统 [J]．中国给水排水，2005，21 (5)：54-58．

[15] 吴堂林．超高缓和段设计与路面排水 [J]．广东公路交通，2001，(3)：25-26．

[16] 彭向荣．保障超高缓和段平缓区域排水的关键技术措施 [J]．广东公路勘察设计，2007，(3)：46-47．

[17] 王宇尧．重庆地区合流制排水区域污水主干管截流倍数的选择 [J]．给水排水，2010，36 (11)：36-39．

[18] 雷丽新，王蓓蓓．地下水腐蚀及防护方法 [J]．钢铁技术，2006，(5)：36-37．

[19] 张雨飞，何亦森，邝敏毅．低地坪高潮位地区的雨水管道淹没出流计算 [J]．给水排水，2011，37 (4)：107-109．

[20] 徐伟，刘茂．城市雨水管网内涝失效的可靠性分析 [J]．安全与环境学报，2010，10 (2)：188-192．

[21] 敖良根，黄炜曦．山地城市污水干管过河方式研究 [J]．重庆建筑，2013，(3)：40-42．

[22] 马念，郝曼．山地城市排水管道的设计 [J]．中国给水排水，2007，23 (8)：30-34．

[23] 秦善勇，刘艳萍．城市道路路面检查井及井周病害原因和防治措施分析 [J]．科技传播，2010，(17)：179-187．

[24] 宋甲奇．市政道路检查井井盖周边病害分析及防治措施 [J]．山西科技，2012，(2)：97-98．

[25] 陈闽，沈仲良．水下管道的抗浮设计与对策 [J]．中国给水排水，2005，21 (2)：97-100．

[26] 申丽勤，车伍，李海燕，何卫华，李世奇．我国城市道路雨水径流污染状况及控制措施 [J]．中国给水排水，2009，25 (4)：23-28．

第4部分 ■

岩土工程

23 边坡工程

23.1 工程地质及环境条件

23.1.1 工程地质条件

问题1：边坡支护方案调整如边坡位置、高度、支护措施等改变，而原地勘资料不满足边坡设计要求，未要求补充勘察评价，边坡设计地质依据不足。

【原因分析】违反《建筑边坡工程技术规范》GB 50330—2013 第3.1.1条、第4.1.1条关于边坡设计依据的规定。

【处理措施】边坡工程地质勘察是边坡工程设计的基础。当边坡支护方案调整时，应根据调整变化程度大小，由地勘单位、设计单位相互商榷后确定。若原边坡工程地质勘察成果不能满足设计要求时，应进行补充勘察，并满足《建筑边坡工程技术规范》GB 50330—2013 第4.2.5条关于边坡工程勘察范围的规定。

问题2：设计剖面中的地质信息（如坡形、岩性等）与地勘报告不符或与实际工程出入较大。

【原因分析】违反《建筑边坡工程技术规范》GB 50330—2013 第3.1.1条关于边坡工程勘察的规定。

【处理措施】应选择审查通过的地勘成果剖面作为设计剖面。当地勘剖面间距偏大、需要增加设计剖面时，剖面上的地质信息需经地勘单位确认或要求地勘单位补充勘察，不应随意绘制，且应尽量采用实测剖面，少用图切剖面。

问题3：边坡破坏模式和稳定性验算工况与地勘报告不一致。

【原因分析】违反《建筑边坡工程技术规范》GB 50330—2013 第3.1.1条、第5.1.2条关于边坡破坏模式与稳定性分析的规定。

【处理措施】边坡设计中，正确确定边坡破坏模式和稳定性验算工况很重要。边坡设计时应以勘察资料为依据，其破坏模式和稳定性验算工况应与工程施工期和运营期的工况相吻合，并与审查通过的勘察报告相一致。

问题4：用于稳定性验算的地质剖面非最不利条件下的代表性剖面。

【原因分析】违反《建筑边坡工程技术规范》GB 50330—2013 第5.3.1条关于边坡稳定性分析评价的规定。

【处理措施】地勘报告在边坡稳定性分析评价时，通常会选择代表性剖面进行稳定性验算。但设计时不能盲目选用代表性剖面，应当对地勘剖面进行分析、比选，选择最不利条件下、最危险的剖面作为稳定性验算的代表性剖面，以确保边坡工程安全。若地勘资料未反映出最不利条件下的代表性剖面，应当要求地勘单位补充。

第4部分 岩土工程

619

问题5：属于《建筑边坡工程技术规范》GB 50330—2013 第 3.1.12 条或属于各地规定的超限边坡专项方案设计的勘察资料深度不满足要求。

【原因分析】违反《建筑边坡工程技术规范》GB 50330—2013 第 4.1.1、第 4.1.2 条关于勘察深度的规定。

【处理措施】30m 以上的岩质边坡、15m 以上的土质边坡，或属于各地方管理规定中的高边坡，风险较大，需要对支护方案进行专门论证，此种情况下需要地勘深度满足一定要求。

23.1.2 周围环境条件

问题6：选用的支护结构超越用地红线范围。

【原因分析】违反《民用建筑设计统一标准》GB 50352—2019 第 4.2.1 条关于地下建筑物及附属设施（包括结构挡土桩、挡土墙等）不得突出用地红线的规定。

【处理措施】选用的支护结构原则上不能超越用地红线范围，支挡结构采用的锚杆（索）进入相邻场地内时，应协调征得相邻各方的同意。当用地红线范围内难以实施边坡支挡结构或者造价十分昂贵时，应由建设单位与周围地块协调，重新给定支护结构的设计范围。

问题7：边坡影响范围内的建（构）筑物基础埋深、荷载不明，地下管网性质、分布位置不清，边坡设计不能准确考虑对周围建（构）筑物、地下管网的影响。

【原因分析】违反《建筑边坡工程技术规范》GB 50330—2013 第 4.2.2 条和重庆市《工程地质勘察规范》DBJ 50/T—043—2016 第 6.3.2、第 6.3.5 条关于考虑周边环境的规定。

【处理措施】应收集坡顶、坡脚可能受边坡滑塌区及其影响范围内建（构）筑物结构形式、地基基础、荷载大小，管网类型、埋深及分布等资料。当收集资料不能满足评价时，应考虑投入必要的勘探工作取得相关资料，查明边坡影响范围内的周边环境条件，并结合边坡工程特征，勘察单位应正确评价边坡工程对周边环境的影响，提出合理可行的保护周边环境的处理措施建议，以保证设计人员可准确把握边坡工程对周围建（构）筑物、地下管网的影响，使边坡设计合理、可靠。

问题8：工程位于已建轨道或待建轨道线控制保护区范围内，未完善相关程序，包括编制轨道专篇；缺对边坡方案、轨道交通控制保护区范围内建设项目专项审查意见执行情况说明等。

【原因分析】违反《建筑边坡工程技术规范》GB 50330—2013 第 4.2.2 条和《重庆市轨道交通控制保护区管理办法》关于轨道交通控制保护区范围内建设项目要求的规定。

【处理措施】边坡工程位于已建、在建及规划的轨道线控制保护区范围内时，边坡工程可能会对轨道工程建设与运营造成危害。因此，边坡设计方案应当纳入轨道保护专篇，并报相关部门审查和批准，完善相关程序；边坡设计中应明确对本边坡方案、轨道交通控制保护区范围内建设项目专项审查意见的执行情况说明等。

问题9：支挡结构前缘有建筑基础施工开挖时，未考虑对支挡结构嵌固的不利影响，未采取相应措施。

【原因分析】违反《建筑边坡工程技术规范》GB 50330—2013 第 4.2.2 条关于考虑周边环境的规定。

【处理措施】当设计的支挡边坡坡脚有建筑基础要开挖时，应考虑开挖对支挡结构嵌固的影响，准确掌握前缘建筑基础开挖深度，适当加深支挡结构的嵌固深度，保证支挡结构嵌固的有效性和可靠性。

问题 10：边坡与主体建筑相邻或与既有建（构）筑物相邻时，边坡开挖未考虑对建（构）筑物结构嵌固端的不利影响，改变了建（构）筑物基础的约束条件。

【原因分析】根据《建筑抗震设计规范》GB 50011—2010（2016 年版）第 6.1.3 条和《建筑地基基础设计规范》GB 50007—2011 第 8.2.4 条、第 8.2.5 条关于结构嵌固端的规定，边坡开挖可能对建（构）筑物的嵌固端有不利影响。

【处理措施】建（构）筑物基础应对边坡方案提出要求，建筑、结构专业应与岩土专业相互沟通、充分配合。边坡支护在地质条件、开挖高度等基础上，应充分考虑边坡与建筑物的距离、建筑物本身高度、结构形式、基础形式等，严格控制支护结构顶部位移。

23.2 基本规定

23.2.1 安全等级

问题 11：对边坡环境地质条件、保护对象重要性、破坏后果严重性等因素考虑不全面，安全等级判定不准确。

【原因分析】违反《建筑边坡工程技术规范》GB 50330—2013 第 3.2.1 条、第 3.2.2 条关于边坡工程安全等级的规定。

【处理措施】边坡工程的安全等级是设计及施工中根据不同的地质环境条件及工程具体情况加以区别对待的重要标准。应根据不同边坡段地质条件的复杂程度、保护对象的重要性及破坏后果的严重性，分别确定边坡的安全等级。对破坏后果很严重、严重的边坡，如边坡塌滑区存在既有建（构）筑物的边坡、工程滑坡地段的边坡、由外倾软弱结构面控制边坡稳定的边坡等，其安全等级应判定为一级。对于一些破坏后果不严重的边坡，判定为三级。

问题 12：边坡的安全等级与支护结构重要性系数不对应。

【原因分析】违反《建筑边坡工程技术规范》GB 50330—2013 第 3.3.2 条规定。

【处理措施】对安全等级为一级的边坡，其支护结构重要性系数不应低于 1.1，安全等级为二、三级的边坡其支护结构重要性系数不应低于 1.0。

问题 13：《城市道路路基设计规范》CJJ 194—2016 与《建筑边坡工程技术规范》GB 50330—2013 边坡稳定安全系数不一致，未根据工程周边环境条件具体分析采用。

【原因分析】违反《建筑边坡工程技术规范》GB 50330—2013 第 5.3.2 条关于边坡稳定安全系数的规定。

【处理措施】对有重要保护对象或破坏后果很严重的建筑边坡工程和城市道路边坡工程，应按《建筑边坡工程技术规范》GB 50330—2013 第 5.3.2 条确定其稳定安全系数。

23.2.2 设计使用年限

问题 14：永久边坡与临时边坡的设计使用年限确定不合理；边坡设计使用年限低于被保护的建（构）筑物设计使用年限。

【原因分析】违反《建筑边坡工程技术规范》GB 50330—2013 第 3.1.3 条关于边坡设计使用年限的规定，属于违反强制性条文要求。

【处理措施】永久边坡工程的设计使用年限为 50 年，临时边坡工程的设计使用年限为 2 年。支护结构设计使用年限应不低于受边坡支护结构保护的建（构）筑物的设计使用年限。当受保护的建（构）筑物的设计使用年限超过 50 年时，应进行专项论证。

问题 15：边坡的设计使用年限与边坡支护结构所采用材料的使用年限不一致。

【原因分析】违反《建筑边坡工程技术规范》GB 50330—2013 第 3.1.13 条关于边坡工程混凝土结构耐久性的规定。

【处理措施】边坡的设计使用年限应与边坡支护结构所采用材料的使用年限一致，对设计使用年限为 100 年的边坡支护结构，其混凝土耐久性材料要求，应按《混凝土结构设计规范》GB 50010—2010（2015 年版）第 3.5.6 条规定采取专门的有效措施。

23.2.3 抗震设防

问题 16：抗震设防烈度为 6 度以上地区的边坡设计未考虑地震作用的影响。

【原因分析】违反《建筑边坡工程技术规范》GB 50330—2013 第 3.3.3 条关于地震区边坡工程地震作用的规定。

【处理措施】抗震设防烈度为 6 度的地区，边坡工程支护结构可不进行地震作用计算，但应采取抗震构造措施；抗震设防烈度为 6 度以上的地区，边坡工程支护结构应进行地震作用计算。

问题 17：位于抗震设防区的边坡，坡顶有重要建（构）筑物时，未考虑建（构）筑物放大后的地震效应对边坡的不利影响。

【原因分析】违反《建筑边坡工程技术规范》GB 50330—2013 第 7.2.2 条关于考虑地震效应的规定。

【处理措施】位于抗震设防区的边坡，当坡顶有重要建（构）筑物时，由于地形因素导致坡顶的建（构）筑物处于抗震不利地段（非抗震不利地段的除外），其地震效应将放大，边坡设计应考虑地震效应放大后的不利影响，同时应考虑坡顶建筑物竖向和水平荷载对边坡的不利影响。

23.3 边坡稳定性分析

23.3.1 破坏模式分析

问题 18：对场地的岩土工程地质条件及边坡稳定影响因素分析不充分，对边坡的可能破坏模式及相应破坏方向、破坏范围、影响范围等判断不全面，受结构面控制的破坏误判或漏判为受岩土体强度控制的破坏。

【原因分析】违反《建筑边坡工程技术规范》GB 50330—2013 第 5.2.1 条关于破坏模式判定的规定。

【处理措施】① 边坡的稳定性评价前应在查明边坡工程地质及环境条件的基础上，对边坡可能的破坏模式及相应破坏方向、破坏范围及影响范围等稳定性状态作出定性判断。

② 判断边坡的破坏模式时应同时考虑受岩土体强度控制的破坏和受结构面控制的破坏，避免误判或漏判。

受岩土体强度控制的破坏，指地质结构面不能构成破坏滑动面，边坡破坏主要受边坡应力场和岩土体强度相对关系控制。例如，陡立岩质边坡因卸荷作用产生张拉裂缝导致岩体倾倒或者均质土体边坡、极软岩边坡、破碎或极破碎岩质边坡的破坏。

受结构面控制的破坏，一般是对完整、较完整的岩质边坡而言，岩石的强度和地应力已经不是主要控制因素，岩体不利外倾软弱结构面成为影响边坡稳定的控制性因素。当边坡存在外倾结构面时，其破坏特征往往是沿外倾硬性结构面或软弱结构面发生单面或多面滑移。当边坡岩体被结构面切割时，破坏特征则是沿陡倾、临空的结构面塌滑或由内、外倾结构不利组合面切割出现块体倾倒破坏。

对岩质边坡，切坡时坡顶形成卸荷裂隙，当降雨进水后形成水压，造成边坡失稳。重庆多个项目发生过事故，外倾角 7°～8° 缓倾外倾结构面都发生过失稳破坏。平面滑动边坡计算简图如图 23-1 所示。

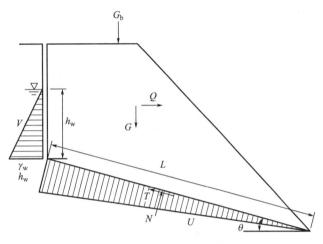

图 23-1 平面滑动面边坡计算简图

问题 19：深厚强风化岩层或破碎的岩质边坡、极软岩或半成岩边坡视为岩质边坡，设计时仅计算岩土压力，未进行圆弧滑动稳定性验算，边坡存在失稳风险。

【原因分析】违反《建筑边坡工程技术规范》GB 50330—2013 第 5.2.3 条关于滑面形状判定的规定。

【处理措施】裂隙很发育的强风化岩层，破碎的岩质边坡，发育 3 组以上结构面且不存在优势外倾结构面组的边坡和极软岩或半成岩边坡，这四类边坡可将岩体视作类均质的土体，其破坏特征通常为沿近似最不利圆弧滑动面发生滑移，需首先采用圆弧滑动面条分法进行稳定性验算，再考虑岩土压力。

问题 20：在原状地层复杂的边坡上堆填较高的填方边坡，仅对新填土采用圆弧滑动法计算稳定性，忽略了原状边坡可能沿新旧土层界面、基岩与覆盖层界面，以及土层内部滑面与界面的组合滑面和坡脚处土体承载力不足导致局部滑动的破坏模式，边坡稳定性计算模式考虑不足。

【原因分析】违反《建筑边坡工程技术规范》GB 50330—2013 第 5.2.7 条关于多个滑动面稳定性计算的规定。

【处理措施】这种边坡的岩土体组成种类多，强度变化大，均匀性差，潜在滑面多，对各个可能的滑动面均应进行稳定性分析计算。圆弧滑动法适用于新填土为黏性土的情况，如果堆填新土前原状边坡坡面较陡，且表层植被未做处理，特别是当下伏土层透水性差时，新旧填土层界面遇水强度降低较多，易形成滑动面。基岩与上部覆盖层界面尤其容易出现软弱滑动面，应对这些可能的滑动面进行稳定性计算。

问题 21：对于江、河边受水涨落影响较大的边坡工程，岩土体的抗剪强度参数未按饱和工况考虑，使得边坡稳定性评价存在较大隐患。

【原因分析】违反《建筑边坡工程技术规范》GB 50330—2013 第 4.3.5 条关于不同工况应采用相应抗剪强度指标的规定。

【处理措施】边坡位于江、河岸边，受水位涨落影响，岩土体会受水浸泡成为饱和状态，水土合算时应采用饱和状态下的抗剪强度，水土分算时应采用有效应力指标。相应边坡稳定性系数会比天然状态低，如果按天然工况考虑，得出的稳定性评价结果相较可能出现的饱和工况偏不安全。此外，还应考虑静水压力及渗流产生的水位变化滞后的影响。

问题 22：边坡凸角部位稳定性分析不合理。

【原因分析】违反《建筑边坡工程技术规范》GB 50330—2013 第 5.1.2 条、第 5.2.1 条关于稳定性分析的规定。

【处理措施】土质和岩质以及岩土质阳角边坡由于有两个及以上的临空面，其稳定性分析远比一般边坡复杂，设计中如果按常规方法往往容易遗漏不安全因素，造成工程病害。应该根据岩土工程地质条件对边坡的可能破坏方式及相应破坏方向、破坏范围、影响范围做出判断、分析并采取可靠的工程措施。

23.3.2 荷载取值

问题 23：边坡坡顶有重要建（构）筑物或道路时，作用在支护结构上的水平荷载考虑不全面，导致水平荷载取值偏低。

【原因分析】违反《建筑边坡工程技术规范》GB 50330—2013 第 7.1 节、第 7.2 节关于坡顶有重要建（构）筑物时边坡荷载取值的规定。

【处理措施】① 坡顶有重要建（构）筑物时应考虑建筑物基础传递的垂直荷载、水平荷载和弯矩荷载对边坡支护结构强度和变形的影响，并应计入上述荷载对边坡的稳定性验算。

② 坡顶有道路时，边坡稳定性验算和支护结构设计时应计入实际的汽车荷载，如永久边坡坡顶常为消防车道、临时基坑边坡坡顶可能存在施工期间的重车荷载。

问题 24：分阶支挡的边坡，上阶支护结构位于下阶边坡的潜在塌滑区范围时，未考虑上阶边坡的竖向和水平荷载对下阶支护结构的影响。

【原因分析】违反《建筑边坡工程技术规范》GB 50330—2013 第 6.2.9 条关于分阶边坡侧向土压力计算的规定。

【处理措施】分阶支挡的边坡，应尽量避免上阶支护结构位于下阶边坡的潜在塌滑区范围，如确实无法避免，下阶支护结构设计时应计入上阶边坡支护结构嵌固端传递的竖向和水平荷载，结合部位支护结构应加强处理。例如，上阶边坡采用排桩或桩板挡墙分阶支挡时，上阶桩在嵌固端的水平应力会通过岩土体传递至下阶支挡结构，此时，下部边坡岩质基坑的支护结构应充分考虑上部支护桩的竖向及水平荷载。上阶桩的嵌固段应有一定的襟边宽度，能为桩提供有效的侧向抗力，应避免产生桩前岩体塑性破坏。襟边宽度的确定与岩性强度、岩体结构、桩的嵌固深度、桩所受的侧向荷载、桩的刚度、岩质基坑的支护结构形式及强度有关。

问题 25：验算支护结构的承载能力时，未考虑分项系数及重要性系数。

【原因分析】违反《建筑边坡工程技术规范》GB 50330—2013 第 3.3.2 条关于荷载分项系数及重要性系数的规定。

【处理措施】在验算支护结构的承载能力时，应采用荷载效应的基本组合，考虑相应的分项系数，并应按照边坡的安全等级选用重要性系数。

问题 26：岩土组合边坡的岩土压力未对土质段、岩质段整体计算及分层组合计算的结果进行比较，按不利原则取值。岩土混合边坡下部岩质边坡平面滑动稳定性计算时，上部土层未按超载考虑。

【原因分析】违反《建筑边坡工程技术规范》GB 50330—2013 第 6.2.3 条、第 6.3.3 条关于边坡支护结构侧向岩土压力计算的规定。

【处理措施】① 岩土组合边坡的水平荷载计算时，应对土质段、岩质段进行整体计算和分层组合计算，比较两种计算结果，按不利原则取值。岩质段岩石压力计算时应根据第 6.3.3 条分别按综合内摩擦角和外倾结构面进行计算，取大者。

② 岩土混合边坡下部岩质边坡平面滑动稳定性计算时，应将上部土层自重按超载考虑。

③ 土质段边坡与岩质段边坡可采用一阶支护，支护形式可为同一种形式，也可分别采用不同的支护形式。当采用分阶支护时除岩土侧向荷载分别确定外，还应考虑上下支护结构的相互影响。

问题 27：对"拱效应"较强的岩石和土质密实且排水可靠的挖方边坡，桩板挡墙、锚杆挡墙的挡土板进行计算时，荷载取值未考虑桩（肋柱）间土的卸荷拱作用。

【原因分析】违反《建筑边坡工程技术规范》GB 50330—2013 第 9.2.9 条关于挡土板荷载取值的规定。

【处理措施】土拱的形成改变了土体的应力状态，引起应力重新分布，将作用于拱后或拱上的压力传递到拱脚及周围稳定土体中。对于"拱效应"较强的岩石和土质密实且排水可靠的挖方边坡，桩间距 $<3d$（d 为桩身直径或宽度）时，宜考虑卸荷拱作用；对于软弱土和填方边坡，无可靠经验时不宜考虑卸荷拱作用。

23.3.3 岩土参数取值

问题 28：设计说明中未明确岩土力学参数，或采用的岩土力学参数与地勘报告不符，或设计所需的岩土参数不完整。

【原因分析】违反《建筑边坡工程技术规范》GB 50330—2013 第 3.1.1 条关于建筑边坡工程设计时应取得边坡勘察资料的规定。

【处理措施】① 边坡工程设计所采用的岩土力学参数必须依据地勘报告，并应在设计说明中详细列出设计所采用的各项参数。

② 对分阶段勘察的项目，边坡的岩土参数取值应合理分析、慎重选取，注意勘察报告的"时效性"。对存在初勘、详勘、补充勘察或施工勘察的多阶段勘察项目，且各阶段勘察单位提供的岩土设计参数取值不一致时，应采用审查通过的最新勘察报告参数作为设计依据。

③ 若在设计文件完成后，勘察报告在岩土参数取值上有变更，应及时复核设计图纸和计算书。

④ 审查通过的勘察报告中设计所需的岩土参数不完整时，应由勘察单位补充完整并作为设计依据。

问题29：岩土参数取值不合理，如岩土混合边坡的岩土界面参数采用综合内摩擦角，岩质边坡外倾结构面采用岩体抗剪强度，未区分地下水位面以上、以下的岩土层参数，未根据不同土层和排水条件分别采用不同参数指标。

【原因分析】违反《建筑边坡工程技术规范》GB 50330—2013第4.3.4条、第4.3.5条、第4.3.7条关于岩土抗剪强度取值的规定。

【处理措施】① 岩土混合边坡的岩土界面抗剪强度参数应按照地勘报告的有关参数取值，不应采用土体、岩体的综合内摩擦角。

② 岩质边坡外倾结构面应采用地勘提供的结构面抗剪强度，不应采用岩体的抗剪强度。

③ 地下水位面以上的岩土应采用天然重度和天然抗剪强度；对于地下水位面以下的岩土，按水土分算时应采用有效重度和有效抗剪强度，按水土合算时应采用饱和重度和饱和抗剪强度。

④ 应根据不同土层和排水条件采用相应的参数：对碎石土、粉土和砂性土，按土的有效重度计算土压力，并加上水压力，土的强度指标采用有效应力强度指标；黏性土、黏质粉土的抗剪强度指标一般采用固结不排水试验指标；对饱和黏性土，按土的饱和重度计算土压力，不另计算水压力，土的强度指标采用不固结不排水试验指标。

问题30：未正确分析地质剖面，破坏模式分析不清导致参数取值错误，如地层的抗剪强度 c 和 φ、基底摩擦系数、水平抗力系数、岩土体与锚固体极限粘结强度等设计参数，或未按照不同地层岩性分类进行取值和计算。

【原因分析】违反《建筑边坡工程技术规范》GB 50330—2013第4.3.6条、第8.2.3条、第13.2.5条关于边坡设计参数取值的规定。

【处理措施】① 应根据地质剖面中地层的分布和物理特性正确分析其破坏模式，选取与之破坏模式相对应的地层设计参数进行边坡稳定性计算和支护结构设计。填方边坡沿原始地面滑动的边坡段，新旧填土界面进行台阶处理后的抗剪强度应在检测后取值。

② 应按照地质剖面的地层分布对各个地层采用其相应的设计参数，如抗剪强度 c 和 φ、基底摩擦系数、水平抗力系数、岩土体与锚固体极限粘结强度等。

③ 填土边坡的力学参数取值应与填料成分、压实度等相匹配；挡土墙墙背与墙后填土间摩擦角取值应参照《建筑边坡工程技术规范》GB 50330—2013表6.2.3并按实际情况取值。

问题31：未考虑不利工况对岩土参数的恶化影响，如土方开挖、爆破对外倾结构面抗剪强度指标的弱化，地下水位变动导致的参数变化。

【原因分析】违反《建筑边坡工程技术规范》GB 50330—2013第5.1.1条、第4.3.1条注6关于结构面抗剪强度指标取值的规定。

【处理措施】① 土方开挖、爆破施工对外倾结构面抗剪强度指标有弱化作用，边坡工程施工时应尽可能避免爆破施工，如由于特殊原因采用爆破施工，应采用弱化后的抗剪强度指标进行设计。

② 应正确把握边坡所处位置的地下水位变动情况，充分考虑地下水变动对结构面参数的不利影响，采用相应的地层参数进行设计。

③ 结构面参数在施工期间和运行期间受其他因素影响发生变化，当判定为不利因素时，可进行

适当折减。

问题 32：边坡开挖过程中，发现新增不利外倾结构面、软弱泥化夹层或边坡变形监测数据超预警、边坡局部垮塌等存在安全隐患的因素时，未待勘察单位出具调整参数的变更单，就盲目对支护结构进行设计变更。

【原因分析】违反《建筑边坡工程技术规范》GB 50330—2013 第 3.1.2 条、第 18.3.2 条关于动态设计、信息法施工的规定。

【处理措施】边坡工程应进行动态设计、信息法施工，边坡开挖过程中，发现新增不利外倾结构面、软弱泥化夹层或边坡变形监测数据超预警、边坡局部垮塌等存在安全隐患的因素时，应立即协调勘察单位进行补充调查、补充分析，并出具调整参数的变更单，作为对支护结构进行设计变更的依据。

问题 33：加固处理后填土边坡稳定性计算采用的岩土参数（含岩土界面抗剪强度指标）取值依据不足。

【原因分析】违反《建筑边坡工程技术规范》GB 50330—2013 第 4.3.6 条填土边坡的力学参数宜根据试验并结合当地经验确定的规定。

【处理措施】岩土参数是岩土工程设计的基础，岩土工程设计时，应了解测试方法和计算模型的配套性影响因素，对岩土参数的可靠性和适用性进行评价与判断，合理选取岩土参数。

经强夯、注浆等加固处理后的填土，各项物理力学性质将不同程度地发生变化，实际工程中宜采用合理的试验确定其物理力学指标。强夯加固填土性能受场地工程地质条件、夯击能量、夯锤直径、夯击方式、夯点间距及时间等因素影响；注浆加固填土性能受场地工程地质条件、土体类型与物理特性、注浆参数（注浆压力、扩散半径、注浆量等）、注浆材料等因素的影响。

岩土体界面参数与土体的性质、岩体的性质、界面性状、地下水情况及界面应力状态等因素密切相关，应合理选择测试方法并根据试验确定其参数。当无试验资料时，可参考《建筑地基基础设计规范》GB 50007—2011 第 6.7.3 条中规定，支挡结构后缘有较陡峻的稳定岩石坡面、岩坡的坡角 $\theta > (45° + \varphi/2)$ 情况，岩石坡面与填土界面的摩擦角可取 0.33 倍填土的内摩擦角标准值；《建筑边坡工程技术规范》GB 50330—2013 第 6.2.8 条中规定，稳定且无软弱层的岩石坡面与填土间界面的内摩擦角可取 0.4～0.7 倍填土的内摩擦角，一般来说，填土与基岩接触松散时取低值，紧密时取高值。

23.3.4 岩土压力计算

问题 34：无外倾结构面的岩土质边坡，坡顶有重要建（构）筑物时，侧向岩土压力取值未根据建筑物基础与边坡的位置远近考虑侧向岩土压力修正，岩土压力取值偏小，偏于不安全。

【原因分析】违反《建筑边坡工程技术规范》GB 50330—2013 第 7.2.3 条、第 7.2.4 条关于岩土侧向压力取值与修正的规定。

【处理措施】当坡顶建筑物、挡墙的变形量较大时，将危及建筑物的安全及正常使用。为使边坡的变形量控制在允许范围内，应根据建筑物基础与边坡外边缘的关系和岩土外倾结构面条件，采用第 7.2.3 条、第 7.2.4 条和第 7.2.5 条确定的岩土侧压力设计值。其目的是使边坡受力稳定的同时，确保边坡只发生较小变形，有利于保证坡顶建筑物的安全及正常使用。

问题 35：坡顶有重要建（构）筑物时，未考虑基础形式与埋深等因素，如建筑物基础已深入潜在滑面以下（如桩基础），岩土压力仍考虑建筑荷载，取值偏大。

【原因分析】违反《建筑边坡工程技术规范》GB 50330—2013 附录 B、第 7.2.2 条关于建筑物垂直荷载考虑的规定。

【处理措施】坡顶有重要建（构）筑物时，当建筑物采用浅基础，且基底已深入潜在滑面以下时，岩土侧压力计算可不计入建筑荷载。当建筑物采用桩基础，且边坡破裂面以上桩基础采用竖向隔离措施时，可不计入建筑荷载；当建筑物桩基础未采用隔离措施时，应结合桩基础侧阻力的分布，考虑一部分建筑荷载。

问题 36：对沿外倾结构面滑动的岩质边坡，仅用折线型滑面传递系数稳定性计算方法，而未用主动岩土压力计算公式进行比较计算。

【原因分析】违反《建筑边坡工程技术规范》GB 50330—2013 第 6.3 条关于侧向岩土压力计算的规定。

【处理措施】对沿外倾结构面滑动的岩质边坡，应根据外倾结构面倾角、层面抗剪强度指标，分别按《建筑边坡工程技术规范》GB 50330—2013 第 6.3.1 条或第 6.3.2 条以及附录 A.0.3 计算，并取大值。

问题 37：折线型滑动面的边坡，采用旧规范推荐的传递系数显式解法计算稳定性，与现行边坡规范推荐的隐式解法有冲突。当滑面转折点处两倾角差值大于 10° 时，未对滑面进行尖角消除，计算结果误差偏大。

【原因分析】违反《建筑边坡工程技术规范》GB 50330—2013 附录 A.0.3 关于下滑推力计算的规定。

【处理措施】折线型滑动应按规范规定采用隐式解法。当相邻两条块倾角差值超过 10° 时，会导致计算误差过大，需消除尖角效应。可在突变的倾角作圆弧连接，然后在圆弧上插点，以减少倾角的变化值，使其小于 10°。

例：某折线滑动边坡如图 23-2 所示，滑面粘聚力 $C = 20\text{kPa}$，内摩擦角 $\phi = 10°$，各滑倾角分别为 40°、30°、10°。根据下滑推力隐式解法，当安全系数取 1.35 时，下滑推力为 535kN/m。对第二与第三条块间的尖角进行消除，重新划分条块如图 23-3 所示，当安全系数取 1.35 时，计算下滑推力为 589kN/m。二者下滑推力误差达 10.1%，并且滑块之间的倾角差值大于 10° 时，计算结果偏于不安全。

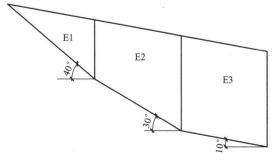

图 23-2　尖角消除前条块划分

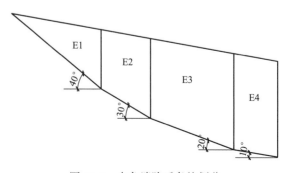

图 23-3　尖角消除后条块划分

问题 38：岩质边坡未根据岩体性质及结构面性状进行侧向压力计算。

【原因分析】违反《建筑边坡工程技术规范》GB 50330—2013 第 6.3.3 条关于岩土侧向压力计算的规定。

【处理措施】对于无外倾结构面的岩质边坡，主动土压力以岩体等效内摩擦角按规范第 6.2.3 条进行计算。对于有外倾结构面的岩质边坡，应分别以外倾结构面的抗剪强度参数按规范第 6.3.1 条、岩体等效内摩擦角按规范第 6.2.3 条计算土压力，并取大值。一般情况下，由于规定的等效内摩擦角取值很大，按第 6.2.3 条算出的土压力会小于第 6.3.1 条计算的土压力。但当边坡高度不大、结构面强度较高时，将导致按 6.3.1 条计算的土压力为零，为保证结构安全，此种情况仍应进行一定的支护，此时则应使用第 6.2.3 条算出的土压力。

问题 39：在边坡潜在塌滑区，存在较陡峻的稳定岩坡或相邻建筑物地下墙体等为稳定结构时，岩土侧向压力未按有限范围滑动楔体计算。

【原因分析】违反《建筑边坡工程技术规范》GB 50330—2013 第 6.2.8 条、《建筑基坑支护技术规范》JGJ 120—2012 第 3.4.2 条第 2 款关于有限范围填土主动土压力计算的规定。

【处理措施】在边坡潜在塌滑区，存在较陡峻的稳定岩坡或相邻建筑物地下墙体等为稳定结构时，岩土侧向压力按有限范围滑动楔体计算。有限范围滑动楔体有可能是三角形，有可能是多边形。当边坡后缘有较陡峻的稳定岩坡，岩坡坡角 $\theta>$ 土体的破裂角（$45°+\phi/2$）时，应按三角形滑动楔体计算有限范围内填土侧向压力，多边形滑动楔体侧向荷载按刚体极限平衡法计算。

问题 40：浸水挡墙考虑水的影响时，仅验算最低水位或最高水位作用，未根据水位变化寻找最不利水位的位置，导致水土压力计算偏小。

【原因分析】违反《建筑边坡工程技术规范》GB 50330—2013 第 6.2.6 条、第 6.2.7 条关于浸水挡墙的土压力计算的规定。

【处理措施】挡土墙墙前、墙后水位的组合条件应根据挡土墙在使用过程中实际可能出现的水位情况确定。浸水挡墙墙前水位对计算结果影响较大，不同的验算项目需用不同的水位标高。对挡土墙抗滑稳定起控制作用的，往往不是墙前抵御最高洪水位时的水位组合条件，而是墙后填土内可能出现的最高地下水位（也可能是在长时间暴雨后，或是在潮汐河道涨潮后），墙前为最低水位（也可能是在宣泄一定流量情况下尾水被推走时或是在潮汐河道落潮时）或无水时的水位组合条件，因为这时墙前、墙后水位差大，对结构的抗滑稳定不利。边坡坡体有地下水形成渗流时，应按有关标准规定计算渗透力。

23.4　边坡工程各支护形式设计

23.4.1　支护方案选择

问题 41：边坡支护方案比选前未综合考虑工程地质、水文地质、边坡高度、环境条件、各种作用、邻近建筑物、地下市政设施、施工条件和工期等因素，仅从解决某个单方面问题出发盲目选择某种支护方案。

【原因分析】违反《建筑边坡工程技术规范》GB 50330—2013 第 3.1.4 条关于边坡工程支护形

第 4 部分　岩土工程

式选择的规定。

【处理措施】支护方案选择的原则是使用上安全可靠、施工技术上简便可行、经济上合理。根据工程用途、工程地质条件等做好支挡结构的方案与清方减载或其他能代替支挡结构的方案进行比较，比较的方面应综合考虑工程地质、水文地质、边坡高度、环境条件、各种作用、邻近建筑物、地下市政设施、施工条件和工期等因素。另外，由于岩土工程的复杂性，边坡支护设计所需的岩土物理力学参数受各种因素影响，设计方案难以完全符合工程实际。设计应该重视边坡工程的现场监测，以便及时获取支挡结构的受力、变形、位移情况，必要时变更设计和施工方案，以确保工程安全，取得最佳支挡效果。

容易出现方案选择不当的情况：①填土地基为持力层，选用高大重力式挡墙；②新填土选用桩锚挡墙；③顺层边坡选用重力式挡墙；④对坡顶变形要求严格的选用悬臂挡墙等；⑤支护结构桩桩顶冠梁露出地面，未考虑穿管、道路铺装和绿化等要求。

常见支护方案如表 23-1 所示。

边坡支护结构常用形式   表 23-1

支护结构 \ 条件	边坡环境条件	边坡高度 H(m)	边坡工程安全等级	备注
重力式挡墙	场地允许，坡顶无重要建(构)筑物	土质边坡，H≤10 岩质边坡，H≤12	一、二、三级	不利于控制边坡变形。土方开挖后边坡稳定性较差时不采用
悬臂式挡墙、扶壁式挡墙	填方区	悬臂式挡墙，H≤6 扶壁式挡墙，H≤10	一、二、三级	适用于土质边坡
桩板式挡墙	—	悬臂式，H≤15 锚拉式，H≤25	一、二、三级	桩嵌固端土质较差时不宜采用，当对挡墙变形要求较高时宜采用锚拉式桩板挡墙
板肋式挡墙或格构式锚杆挡墙		土质边坡，H≤15 岩质边坡，H≤30	一、二、三级	边坡高度较大时或稳定性较差时宜采用逆作法施工。对挡墙变形有较高要求的边坡，宜采用预应力锚杆
排桩式锚杆挡墙	坡顶建(构)筑物需要保护，场地狭小	土质边坡，H≤15 岩质边坡，H≤30	一、二、三级	有利于对边坡变形控制。适用于稳定性较差的土质边坡，有外倾软弱结构面的岩质边坡，垂直开挖施工尚不能保证稳定的边坡
岩石锚喷支护	—	Ⅰ类岩质边坡，H≤30	一、二、三级	适用于岩质边坡
		Ⅱ类岩质边坡，H≤30	二、三级	
		Ⅲ类岩质边坡，H≤15	二、三级	
坡率法	坡顶无重要建(构)筑物，场地有放坡条件	土质边坡，H≤10 岩质边坡，H≤25	一、二、三级	不良地质段，地下水发育区、软塑及流塑状土时不应采用

注：本表摘自《建筑边坡工程技术规范》GB 50330—2013。

问题 42：土层较厚、高度较大的新填方边坡选择板肋式锚杆挡墙或桩锚挡墙的支护方案。

【原因分析】违反《建筑边坡工程技术规范》GB 50330—2013 第 9.1.4 条关于高大新填方边坡支护方案选择的规定。

【处理措施】现浇钢筋混凝土板肋式锚杆挡土墙适用于挖方地段，当土方开挖后边坡稳定性较差时应采用"逆作法"施工。对于土层较厚、高度较大的新填方边坡而言，填土的沉降压缩和固结变形较大，土体沉降给锚杆附加横向力使其所受拉力急剧增加可能导致锚杆或锚头失效，且板肋式锚杆在土质边坡中的锚固性能并不好，选择此种支护方案不合理。选择重力式挡墙或者桩板式挡墙更合理。

问题 43：靠近坡顶的重要建筑物的基础位于稳定性较差的外倾软弱结构面岩体边坡的塌滑区边缘，选择板肋式锚杆挡墙、重力式挡墙或坡率法等支护方案。

【原因分析】违反《建筑边坡工程技术规范》GB 50330—2013 第 7.1.2 条关于坡顶有重要建（构）筑物时应采用的支护结构形式的规定。

【处理措施】当坡顶邻近重要建筑物时，支护结构方案应优先选择排桩式锚杆挡墙、锚拉式桩板挡墙或抗滑桩等支护结构刚度较大的支护方案。这类支护结构具有受力可靠、坡顶变形小、施工期对边坡稳定性和建筑物的基础扰动小等优点，更利于控制边坡变形，从而减小建筑物基础沉降等不利影响。板肋式锚杆挡墙抗侧向刚度较弱，不利于控制边坡变形；重力式挡墙和坡率法开挖较大对边坡影响较大，可能导致沿层面滑动，导致较高施工风险。

问题 44：在江河边的砂卵石地层大尺寸支护桩采用人工挖孔桩施工工艺。

【原因分析】对人工挖孔桩的适用性了解不充分，容易出现桩孔渗水、流砂、护壁失稳等不安全情况。

【处理措施】人工挖孔桩适用于无地下水或地下水较少的地层，不适合有流砂、地下水位较高、涌水量大的冲积地带及近代沉积的含水量高的淤泥、淤泥质土的地层。靠近江河湖泊，抽水无法解决地下水位的问题，而截断水源的止水帷幕等方法成本较高，在此情况下，应考虑采用机械成孔灌注桩等其他能够有效适应实际地质情况的方案。

问题 45：边坡高度大于 15m 的Ⅲ类岩质永久性边坡采用锚喷支护方案。

【原因分析】违反《建筑边坡工程技术规范》GB 50330—2013 第 10.1.1 条关于岩石喷锚支护的规定。

【处理措施】锚喷支护具有性能可靠、施工方便、工期短等优势，是目前工程上常用的边坡支护形式，适用范围也较广。其具有较高的强度，较好的抗裂性能，能使坡面一定深度内的破碎岩层得以加强，并能承受少量的破碎体所产生的侧压力。由于喷层外表不佳且易被污染，从结构整体性和耐久性考虑，对于高度大于 15m 的Ⅲ类永久性岩质边坡，不宜采用锚喷支护，应尽量采用锚杆挡墙方案。

23.4.2 锚杆（索）挡墙

问题 46：锚杆（索）计算时，抗拉抗拔安全系数、钢筋与砂浆之间的粘结强度、水平刚度系数等参数取值不合理。

【原因分析】违反《建筑边坡工程技术规范》GB 50330—2013 第 8.2.2 条、第 8.2.3 条、第 8.2.4 条、第 8.2.6 条关于锚杆设计计算的规定。

【处理措施】①抗拉、抗拔安全系数应分别按照《建筑边坡工程技术规范》GB 50330—2013 表 8.2.2、表 8.2.3-1 根据边坡性质和安全等级确定，如表 23-2、表 23-3 所示。

第 4 部分 岩土工程

锚杆杆体抗拉安全系数 表 23-2

边坡工程安全等级	临时性锚杆	永久性锚杆
一级	1.8	2.2
二级	1.6	2.0
三级	1.4	1.8

注：本表摘自《建筑边坡工程技术规范》GB 50330—2013。

锚杆锚固体抗拔安全系数 表 23-3

边坡工程安全等级	临时性锚杆	永久性锚杆
一级	2.0	2.6
二级	1.8	2.4
三级	1.6	2.2

注：本表摘自《建筑边坡工程技术规范》GB 50330—2013。

② 钢筋与砂浆之间的粘结强度应按照《建筑边坡工程技术规范》表8.2.4根据锚杆类型和水泥浆或水泥砂浆强度等级确定，当采用二根钢筋点焊成束时，粘结强度应乘以0.85折减系数；当采用三根钢筋点焊成束时，粘结强度应乘以0.7折减系数。

③ 自由段无粘结的岩石锚杆水平刚度系数应按照《建筑边坡工程技术规范》8.2.6-1式计算，自由段无粘结的土层锚杆水平刚度系数应按照《建筑边坡工程技术规范》8.2.6-2式计算。

问题47：锚杆（索）挡墙计算时，未考虑侧向岩土压力增大系数 β_1、β_2，土压力分布图形选择不合理。

【原因分析】违反《建筑边坡工程技术规范》GB 50330—2013第7.2.6条、第9.2.2条～第9.2.5条关于锚杆挡墙土压力修正系数的规定。

【处理措施】① 根据第7.2.6条，锚杆挡墙岩土质边坡侧压力的修正系数应取按照第7.2.3条或第7.2.4条确定的修正系数 β_1 和按照第9.2.2条确定的修正系数 β_2 两者的大者。

② 根据第9.2.3条，锚杆挡墙的侧压力分布图形的选择，应考虑锚杆层数、挡墙位移大小、支护结构刚度和施工方法等因素，简化为三角形、梯形或当地经验图形。根据第9.2.4条，填方锚杆挡墙和单排锚杆的土层锚杆挡墙的侧压力，可近似按库仑理论取为三角形分布。根据第9.2.5条，对岩质边坡及坚硬、硬塑状黏性土和密实、中密砂土类边坡，当采用逆作法施工、设置柔性结构的多层锚杆挡墙时，侧压力分布图形应按照规范中图9.2.5确定为上三角下矩形分布。

问题48：锚杆（索）的间距、第一锚点的位置、倾角设置不合理，自由段长度、锚固段长度、锚孔直径不满足构造要求。

【原因分析】违反《建筑边坡工程技术规范》GB 50330—2013第9.3.1条、第9.3.2条、第8.4.1条、第8.4.2条关于锚杆构造设计的规定。

【处理措施】① 根据第9.3.1条、第9.3.2条，锚杆挡墙支护结构立柱的间距宜采用2.0～6.0m；锚杆上下排垂直间距、水平间距均不宜小于2.0m（当锚杆间距小于2.0m时或锚固段土层稳定性较差时，锚杆宜采用长短相间的方式布置）；第一锚点位置可设于坡顶下1.5～2.0m处，第一排锚杆锚固体上覆土层厚度不宜小于4.0m，上覆岩层的厚度不宜小于2.0m；锚杆的倾角宜采用10°～35°。边坡转角为阳角时，应调整两侧锚杆在竖直方向的排布，避免发生干涉，并应适当加强锚杆的设计。

② 根据第8.4.1条，锚杆自由段长度应为外锚头到潜在滑裂面的长度；预应力锚杆自由段长度

应不小于5.0m，且应超过潜在滑裂面1.5m。锚杆的锚固段长度应按照公式8.2.3和公式8.2.4进行计算，取其大者，同时土层锚杆的锚固段长度不应小于4.0m且不宜大于10.0m；岩石锚杆的锚固段长度不应小于3.0m，且不宜大于45D和6.5m，预应力锚索不宜大于55D和8.0m。当计算锚固段长度超过构造要求长度时，应按照第8.4.1条第4款采取有效措施提高锚杆承载能力。图纸中应注明破裂角、锚杆入射角、锚杆锚固长度起算位置。

③ 根据第8.4.2条，确定锚杆钻孔直径时，除了满足抗拔承载能力要求外，应确保钻孔内的锚杆钢筋面积不超过钻孔面积的20％。锚杆钻孔直径宜采用标准孔径。

问题49：锚杆（索）的防腐，立柱、挡板和格构梁的混凝土强度等级及截面尺寸，伸缩缝间距，立柱顶部构造连梁等不满足构造要求。

【原因分析】违反《建筑边坡工程技术规范》GB 50330—2013第8.4.7条、第8.4.8条、第9.3.3条、第9.3.4条、第9.3.6条、第9.3.8条、第9.3.9条、第9.3.10条关于锚杆挡墙构造设计的规定。

【处理措施】① 应按照第8.4.7条～第8.4.8条有关规定对锚杆（索）的自由段、锚固段及锚头进行防腐处理。

② 根据第9.3.3条，立柱、挡板和格构梁的混凝土强度等级不应小于C25。根据第9.3.4条，肋柱截面宽度不宜小于300mm，截面高度不宜小于400mm，钻孔桩直径不宜小于500mm，人工挖孔桩直径不宜小于800mm。根据第9.3.6条，永久性边坡，现浇挡板和拱板厚度不宜小于200mm。根据第9.3.8条，格构梁截面宽度和高度均不宜小于300mm。

③ 根据第9.3.9条，锚杆挡墙现浇混凝土构件的伸缩缝间距不宜大于20～25m。根据第9.3.10条，锚杆挡墙立柱的顶部宜设置钢筋混凝土构造连梁。

问题50：设计总说明中未明确锚杆（索）杆体钢筋的材质、灌浆材料的性能指标、锚具及其他附属构件的选型要求。

【原因分析】违反《建筑边坡工程技术规范》GB 50330—2013第8.3.1条～第8.3.7条关于锚杆（索）原材料的规定。

【处理措施】① 根据第8.3.1条，锚杆（索）杆体可使用普通钢材、精轧螺纹钢、钢绞线等。根据附录D，锚杆长度大于16m时不宜采用普通螺纹钢筋（锚杆超长，施工难度大），宜采用预应力螺纹钢筋或钢绞线、高强钢丝。当采用精轧螺纹钢筋时，由于该类型钢筋弯折容易发生脆断，应合理设计钢筋与肋柱的连接节点，可采用钢筋端部设置锚板、肋柱设置锚墩的连接形式。

② 应根据第8.3.3条对灌浆材料的性能指标，如灰砂比、水灰比、浆体材料强度、灌浆压力等提出明确要求。

③ 应根据第8.3.4条～第8.3.7条，明确对锚具、套管和波纹管、防腐材料、导向帽、隔离架等有关要求。

问题51：设计总说明中未明确锚杆挡墙逆作法施工的分级开挖高度、锚孔的定位偏差和钻孔深度、预应力锚杆（索）张拉流程和张拉锁定值、锚杆（索）的基本试验要求和验收要求。

【原因分析】违反《建筑边坡工程技术规范》GB 50330—2013第8.1.6条、第8.5.2条、第8.5.6条、附录C关于锚杆挡墙试验、施工及验收的规定。

【处理措施】① 逆作法分层实施锚杆挡墙时，应验算每一层的施工安全系数并据此在图纸中明确分级开挖的高度。

② 应根据第 8.5.2 条，明确锚孔定位偏差不宜大于 20.0mm、锚孔偏斜度不应大于 2%、钻孔深度超过锚杆设计长度不应小于 0.5m。

③ 应根据第 8.5.6 条，明确预应力锚杆（索）张拉流程和张拉锁定值。

④ 应根据第 8.1.6 条，对于采用新工艺、新材料及新技术的锚杆（索）、无锚固工程经验的岩土层锚杆（索）及一级边坡工程的锚杆（索）应明确基本试验的要求。

⑤ 应根据附录 C.3，明确锚杆（索）验收试验的要求。

问题 52：对于肋柱位于斜坡上、锚杆（索）自由段位于较厚的新近回填土、边坡破裂面范围内坡顶有重力式挡墙等特殊情况下的锚杆挡墙未采取安全合理的处理措施。

【原因分析】违反《建筑边坡工程技术规范》GB 50330—2013 第 9.1.4 条、第 9.3.11 条关于特殊情况下锚杆挡墙设计的规定。

【处理措施】① 肋柱位于斜坡上时，底部应锚入稳定的基岩一定深度，并合理设计基础，最低一层锚杆宜尽量靠近底部。

② 锚杆（索）自由段位于较厚的新近回填土时，应采取有效、可靠的措施避免填土沉降对锚索产生附加应力，如在锚索位置面以下设置混凝土保护墙、土体注浆处理等措施。

③ 肋柱基础不宜置于土层上，肋柱基础设计应考虑立柱自重和锚杆（索）的竖向分力，应验算地基承载力。

④ 边坡破裂面以内，坡顶有重力式挡墙时，下一级挡墙的设计应计入重力式挡墙底部传来的竖向力和水平力。

问题 53：设锚杆（索）的阳角边坡存在锚固区冲突的问题

【原因分析】违反《建筑边坡工程技术规范》GB 50330—2013 中第 9.3.2 条的规定。

【处理措施】阳角边坡存在两个临空面，如果两个临空面均设置了锚杆（索），两个方向的锚杆（索）锚固区将可能存在交织，产生"群锚效应"，导致锚杆（索）承载力低于理论计算值，锚固段发生破坏的可能性增大。

① 应结合分析计算适当降低锚杆（索）承载力的使用值。

② 两侧的锚杆（索）可斜向设置，使锚杆（索）的锚固段远离阳角，位于阳角滑移面后方。

③ 应采用长短相间的布置方式合理设计锚杆（索）垂直、水平间距。

问题 54：肋柱按连续梁计算时，两端悬挑段未参与计算。

【原因分析】违反《建筑边坡工程技术规范》GB 50330—2013 第 9.2.1 条关于锚杆挡墙结构计算的规定。

【处理措施】板肋式锚杆挡墙的肋柱顶端在受力模式上属于悬臂端，岩土压力作用下引起的肋柱弯矩较大，计算时不能忽略此种受力情况。

23.4.3　岩石锚喷支护

问题 55：锚喷支护方案用于支护高度过大的Ⅲ类岩质边坡、Ⅳ类岩质边坡或有深层外倾滑动面、坡体渗水明显的岩质边坡。

【原因分析】违反《建筑边坡工程技术规范》GB 50330—2013 第 10.1.1 条、第 10.1.2 条关于锚喷支护方案适用范围的规定。

【处理措施】① 根据《建筑边坡工程技术规范》GB 50330—2013第10.1.1条，对Ⅲ类岩质边坡进行整体稳定性支护时，永久性边坡高度不宜大于15m，临时性边坡不宜大于25m。高度过大的Ⅲ类岩质边坡，岩石侧压力较大，应增加肋柱提高支护结构整体性；Ⅳ类岩质边坡一般岩体较破碎或稳定性较差，整体稳定性支护时不应采用锚喷支护，宜采用桩板挡墙。

② 根据《建筑边坡工程技术规范》GB 50330—2013第10.1.2条，有深层外倾滑动面或坡体渗水明显的岩质边坡不宜采用锚喷支护，宜采用桩板挡墙。

问题56：锚喷支护设计时，锚杆间距和倾角、面板厚度及配筋、喷射混凝土强度等级、伸缩缝、边坡截排水等不满足构造要求。

【原因分析】违反《建筑边坡工程技术规范》GB 50330—2013第10.3.1条～第10.3.8条关于锚喷支护构造设计的规定。

【处理措施】① 根据第10.3.1条，系统锚杆的布置应根据岩体类别确定最大间距，锚杆倾角宜为10°～20°，应采用全粘结锚杆。

② 锚喷支护用于岩质边坡整体支护时，应按照第10.3.2条，根据岩体类别和边坡类型确定面板厚度、钢筋直径和间距，锚杆钢筋与面板之间应采取可靠的连接措施。大样图中应明确锚杆弯折后直钩的长度。

③ 锚喷支护用于岩质边坡坡面防护时，宜按照第10.3.3条确定锚杆长度、倾角、钢筋直径、钻孔直径、混凝土喷层厚度、喷层钢筋直径和间距。锚孔孔径不宜过小，应确保锚杆的水泥砂浆保护层不小于25mm。

④ 应根据《建筑边坡工程技术规范》GB 50330—2013第10.3.4条、第10.3.5条确定喷射混凝土的强度等级。

⑤ 应根据《建筑边坡工程技术规范》GB 50330—2013第10.3.7条设置纵向伸缩分缝，根据第10.3.8条设置坡体泄水孔及截水、排水沟。

23.4.4　重力式挡墙

问题57：土质边坡重力式挡墙高度不小于5m时，主动土压力未乘以增大系数，土压力计算偏于不安全。

【原因分析】违反《建筑边坡工程技术规范》GB 50330—2013第11.2.1条和《建筑地基基础设计规范》GB 50007—2011第6.7.3条关于主动土压力增大系数的规定。

【处理措施】土压力是土与挡土结构之间相互作用的结果，其大小不仅与挡土墙的高度、填土的性质有关，而且与挡土墙的刚度和位移有关。墙背填土要达到极限状态，挡土结构必须达到一定的位移量，主动土压力才能发挥作用。对松散土体，位移需达到 $0.002H \sim 0.01H$；对密实土体，位移需达到 $0.0005H \sim 0.005H$（H 为挡墙高度）。当挡土结构达不到位移值时，土压力实际是介于主动土压力与静止土压力间的某一值。

对于高大挡土结构来说，在破坏统计中，大量挡土墙多为爆突式破坏（图23-4），采用古典土压力理论计算的结果偏小，土压力的分布有较大的偏差且通常也不允许出现达到极限状态时的位移值，高大挡土墙垮塌后果比较严重，设计时应更加慎重。因此《建筑边坡工程技术规范》与《建筑地基基础设计规范》推荐在土压力计算式中计入增大系数。挡土墙高5～8m时，主动土压力增大系数宜取1.1，挡土墙高度大于8m时，主动土压力增大系数宜取1.2。

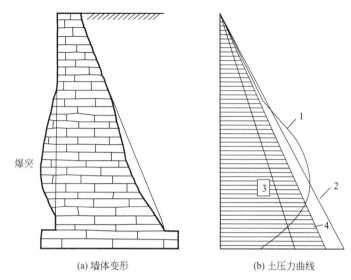

(a) 墙体变形　　　　　　　　(b) 土压力曲线

图 23-4　墙体变形与土压力

1—测试曲线；2—静止土压力；3—主动土压力；4—计算曲线

问题 58：重力式挡墙抗滑移稳定性系数小于 1.3、抗倾覆稳定性系数小于 1.6，不满足抗滑移抗倾覆稳定要求；墙底做成逆坡时，土质大于 1：10，岩质大于 1：5，容易引起挡墙失稳破坏。

【原因分析】违反《建筑边坡工程技术规范》GB 50330—2013 第 11.2.3 条、第 11.2.4 条关于重力式挡墙抗滑移抗倾覆稳定性验算和《建筑地基基础设计规范》GB 50007—2011 第 6.7.4 条关于重力式挡墙基底逆坡构造要求的规定。

【处理措施】① 重力式挡墙本身必须有足够的整体稳定性，其中包括不产生墙身沿基底的滑移破坏，不产生墙身绕墙趾倾覆破坏。因此，抗滑移与抗倾覆稳定性验算是重力式挡墙设计中的关键。尽管计算上通常受抗滑移验算控制，但大量工程实际表明，倾覆破坏可能性大于滑移破坏。因此应保证重力式挡墙抗滑移稳定性系数 $F_s \geq 1.3$，抗倾覆稳定性系数 $F_t \geq 1.6$。

当抗滑移稳定性不满足要求时，可采取以下措施使抗滑移稳定性满足要求：

a. 增大挡墙断面尺寸，即通过增加挡墙自重增加抗滑力。但单纯扩大断面尺寸收效不大，因自重只能发挥与摩擦系数乘积后的效率，不经济。

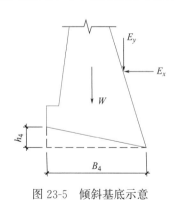

图 23-5　倾斜基底示意

b. 墙底做成逆坡，即增加抗滑力、减小滑动力。但基底倾斜不宜过大，若倾斜过大将导致墙踵陷入地基中，使保持挡墙墙身的整体性变得困难，也会导致基底下和墙趾前的土体发生剪切破坏或地基挤出破坏。根据《建筑边坡工程技术规范》GB 50330—2013 第 11.3.2 条规定，土质不宜大于 1：10，岩质不宜大于 1：5。此时，除验算沿基底滑动稳定外，尚应验算沿地基土层的水平剪切应力，并不使之超过允许值。工程上采用沿基底面水平方向地基土抗剪强度的滑移稳定系数 $K_{c2} \geq 1.3$ 考虑。倾斜基地示意如图 23-5 所示：

$$K_{c2} = \frac{(W + E_y + 0.5\gamma B_4 h_4) f_4}{E_x}$$

式中：K_{c2}——沿基底面水平方向地基土抗剪强度的滑移稳定系数；

W——挡土墙的自重重力（kN/m）；

E_x——挡土墙承受的土压力在水平方向的分力（kN/m）；

E_y——挡土墙承受的土压力在竖直方向的分力（kN/m）；

f_4——倾斜基础底下地基土的摩擦系数，取值参考《公路设计手册路基（第二版）》表3-3-3；

B_4——倾斜基础底下三角形土楔体的宽度（m）；

h_4——倾斜基础底下三角形土楔体的高度（m）；

γ——倾斜基础底下三角形土楔体的容重（kN/m³）。

c. 换填垫层，即增加墙底摩擦系数。关于摩擦系数的取值，应参照地勘报告，若无地勘建议值，各规范有相应的参考取值，但需注意各规范间取值有差异。

d. 基底设置凸榫，增加抗滑力。需明确被动土压力发挥的程度与验算凸榫的抗剪承载力。被动土压力的发挥较主动土压力发挥时需要的位移大15～50倍，而挡土墙通常不允许出现如此大的位移。黄求顺等提出最大限度只能取静止土压力。因此选用凸榫参与抗滑移稳定性计算时，需特别注意凸榫前被动土压力的取值。

② 当抗倾覆稳定性不满足要求时，可采取以下措施使抗倾覆稳定性满足要求：

a. 增大挡墙断面尺寸，即增加挡墙自重。

b. 增长墙趾，即在墙趾处加宽基础以增大自重力臂，增加抗倾覆力矩。该方法较好，但在地面横坡度较陡处，将导致墙高的增加。

c. 改变墙背做法，以减小土压力或增大自重力臂。如在直立墙背上做卸荷台，改用衡重式等措施。

问题59：挡墙墙身选用强度偏低的材料、石料与砂浆强度不匹配、挡墙强度验算不满足要求，可能造成挡墙墙身破坏。

【原因分析】违反《建筑边坡工程技术规范》GB 50330—2013 第11.2.6条关于重力式挡墙结构强度计算、第11.3.1条关于重力式挡墙材料选取的规定。

【处理措施】《建筑边坡工程技术规范》第11.3.1条对挡墙的材料有明确规定，包括可使用浆砌块石、条石、毛石混凝土或素混凝土；块石、条石的强度等级不应低于MU30，砂浆强度等级不应低于M5.0；混凝土强度等级不应低于C15。

挡墙图集《挡土墙（重力式衡重式悬臂式）》17J 008 根据挡墙高度、安全等级、抗震烈度、是否严寒地区等因素，对挡墙的墙身材料作了明确规定，详细内容参见图集第10页表5。

挡墙墙身强度验算通常采用容许应力法，包括法向应力验算、剪应力验算等。根据挡墙材料不同，容许应力取值不同。鉴于目前我国各部门的结构设计标准有一定的差异，现行规范要求的构筑物强度指标不同，应根据挡墙的性质采取相应的规范。砌块材料强度与混凝土强度指标可参考《铁路路基支挡结构设计规范》TB 10025—2019 第5.2节，《公路设计手册路基（第二版）》表3-3-21、表3-3-22，《公路圬工桥涵设计规范》JTG D61—2005 第3.3条。

问题60：挡墙基础处理不当，引起挡墙基础失稳破坏。如挡墙直接修筑在天然地基上时，地基承载力不满足要求，基底合力偏心距不满足要求；采用墙趾台阶扩展基底时，台阶截面高宽比过小，引起墙趾剪切破坏；采用钢筋混凝土底板时，截面及配筋不满足要求；采用换填地基时，软弱下卧层未进行验算。

【原因分析】违反《建筑边坡工程技术规范》GB 50330—2013 第11.2.6条关于重力式挡墙的

地基承载力的规定。

【处理措施】① 直接砌筑在天然地基上，地基承载力应满足《建筑地基基础设计规范》GB 50007—2011 第 5.2 节要求。当荷载过大时，可采取下述方式改善基底压力。

a. 当地基较弱，地形平坦，而墙身又超过一定高度时，为了减少基底压力（同时也可增加抗倾覆的稳定性），可在墙趾处伸出一个台阶，以拓宽基底。墙趾台阶的宽度，视基底应力需减小的程度而定，但不得小于 20cm。台阶的高宽比（h_j/b_j），可采用 3∶2 或 2∶1，如图 23-6 所示。

b. 若基底应力超出地基容许承载力过多而需加宽很多时，未避免台阶过高，可采用钢筋混凝土底板（如图 23-7 所示），且需验算底板抗弯承载力，底板高度需验算抗剪与抗拉承载力。

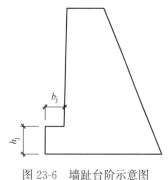

图 23-6　墙趾台阶示意图

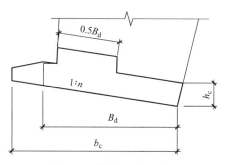

图 23-7　扩展基础示意图

c. 地基为软弱土层（如淤泥质土、杂填土等）时，可用砂砾、碎石、矿渣或灰土等质量较好的材料换填，以扩展基底压应力。换填材料的选取、换填垫层厚度、换填垫层宽度、换填压实标准等应满足《建筑地基处理技术规范》JGJ 79—2012 第 4.2 节要求。同时，应验算软弱下卧层的承载力。

② 基底压应力合力偏心距 e 应根据工程性质，满足规范《铁路路基支挡结构设计规范》TB 10025—2019 第 6.2.6 条规定、《公路圬工桥涵设计规范》JTG D61—2005 表 H.0.3-5 规定；《公路设计手册路基（第二版）》表 3-3-1 土质地基 $e \leqslant B/6$、软弱岩石地基 $e \leqslant B/5$、不易风化的坚硬岩石地基 $e \leqslant B/4$ 的规定。当偏心距过大时，可采取加宽墙趾的办法予以调整。在地面横坡较陡处，为避免增加墙身高度，可采用调整墙背坡度或断面形式以减小偏心距。

问题 61：挡墙基础埋深取值考虑不全面。如基础埋深未从排水沟底起算；斜坡上的重力式挡墙未注明襟边宽度与前趾埋深。

【原因分析】违反《建筑边坡工程技术规范》GB 50330—2013 第 11.3.5 条、第 11.3.6 条和挡墙图集《挡土墙（重力式衡重式悬臂式）》17J 008 第 5.4 条关于重力式挡墙基础埋置深度与位于斜坡地面的重力式挡墙埋置深度的规定。

【处理措施】为保证挡土墙的稳定性，重力式挡墙的基础埋置深度应根据地基稳定性、地基承载力、地基性质、冻胀影响、地形和水文地质条件以及岩石风化程度等因素确定。

① 在一般土质地基中，在保证开挖基底面土质密实，且稳定性和承载力均满足后，其埋置深度不宜小于 0.8m，墙趾顶部的土层厚度不小于 0.2m。《建筑边坡工程技术规范》GB 50330—2013 第 11.3.5 条规定，基础最小埋置深度不宜小于 0.5m，应视具体情况而定。在岩质地基中，基础最小埋置深度不宜小于 0.3m。基础埋置深度应从坡脚排水沟底起算。

② 受水流冲刷时，在墙前地基受水冲刷段，如未采取专门的防冲刷措施，应将基础埋到冲刷线

以下，以免基底和墙趾前的土层被水淘蚀。《公路路基设计规范》JTG D30—2015 第 5.4.3 条规定基础埋深在冲刷线下不小于 1.0m，埋深应从预计冲刷底面起算。

③ 受冻胀影响时，基础埋置深度在冻胀线以下不小于 0.25m，以防止地基因冻融而破坏。需将基础埋在季节性冻埋线以上时，基础埋置深度可根据行业标准《冻土地区建筑地基基础设计规范》JGJ 118—2011 附录 C 的规定经计算确定。

④ 位于斜坡地面的重力式挡墙，其墙趾最小埋入深度和距斜坡面的最小水平距离应符合《建筑边坡工程技术规范》GB 50330—2013 表 11.3.6 要求。以防地基剪切破坏，图纸中应注明襟边宽度与埋深。

⑤ 位于不良土质地基、覆盖土层下为倾斜基岩地基及斜坡上的挡土墙，应对挡土墙地基及填土的整体稳定性进行验算，其稳定性系数不应小于 1.25（《公路路基设计规范》JTG D30—2015 附录 F 第 7 条）。

问题 62：选用重力式挡墙图集时，当现状条件与标准图使用条件不符，未进行必要的复核计算和对标准图作局部修改，就直接采用；或未注明图集页码、挡墙高度 H 取值错误、未考虑墙顶边坡高度 $h_p \leqslant H$ 或 $0.5H$ 的限值。

【原因分析】违反图集《挡土墙（重力式衡重式悬臂式）》17J 008 第 10.1.7 条关于路堤墙高度的规定。

【处理措施】当现状条件与标准图使用条件不符时，应按现状实际条件对标准图做必要的修改复核，不能盲目直接选用标准图。

重力式挡墙图集中 $H = h + h_{埋深} + h_n + h_j$（其中 H 为挡墙的总高度），如图 23-8 所示。

h_p 为墙顶边坡高度，对路堤墙顶部的边坡高度，重力式按 $h_p \leqslant H$ 设计，衡重式、悬臂式按 $h_p \leqslant 0.5H$ 设计。超出挡墙图集规定的范围时，应自行设计，不能选用图集挡墙截面。当选用图集时，应注明页码与挡墙编号。

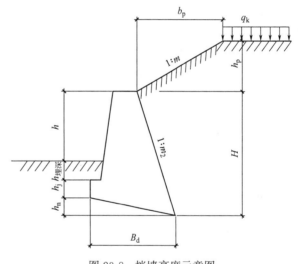

图 23-8　挡墙高度示意图

问题 63：重力式挡墙未设置伸缩缝或沉降缝，伸缩缝或沉降缝位置、宽度、构造措施等不满足要求。

【原因分析】违反《建筑边坡工程技术规范》GB 50330—2013 第 11.3.7 条关于重力式挡墙伸缩缝的规定。

【处理措施】变形缝是适应结构变形而采取的一种措施，在挡土墙结构中，变形缝包括沉降缝和伸缩缝两种。工程中，沉降缝和伸缩缝常结合在一起设置，不设变形缝或设置变形缝的位置、距离不当，常会造成挡墙的破坏，影响挡墙的正常使用。

为减少圬工砌体或混凝土挡墙因收缩硬化和温度变化作用而产生裂缝，当重力式挡墙长度超出一定范围、挡墙高度突变、与其他建（构）筑物连接处应设置伸缩缝。同时为避免地基不均匀沉降而引起墙身开裂，需在墙体断面突变处、墙高变化处、墙上作用荷载突变处、地基岩土性状变化处等设置沉降缝。

变形缝自墙顶做到基底，缝宽宜为 20～30mm。缝间距对条石、块石挡墙宜为 20～25mm，对混凝土挡墙，缝间距宜为 10～15mm。缝中应填塞沥青麻筋或其他有弹性的防水材料，填塞深度不应小于 150mm（冻土地区不小于 200mm）。

问题 64：当重力式挡墙基底纵坡坡度大于 5% 时，基底未设计成台阶式。无重力式挡墙滤水层、泄水孔等构造措施。

【原因分析】违反《建筑边坡工程技术规范》GB 50330—2013 第 11.3.3 条和图集《挡土墙（重力式衡重式悬臂式）》17J 008 第 5.2 条关于重力式挡墙基底纵坡的规定；违反《建筑边坡工程技术规范》GB 50330—2013 第 11.3.9 条关于挡墙防渗与泄水布置的规定。

【处理措施】重力式挡墙基底纵坡坡度不宜大于 5%，当大于 5% 时，应在纵向将基础做成台阶式，且最下一级台阶宽不宜小于 1.0m，台阶的尺寸随地形变动，但其高宽比不宜大于 1：2，如图 23-9 所示。

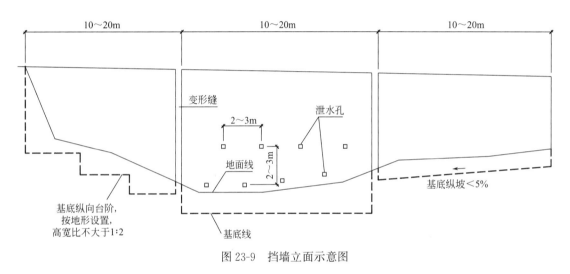

图 23-9　挡墙立面示意图

重力式挡墙的纵向布置，还应包括泄水孔位置、数量、间距和尺寸等。挡墙的防渗与泄水布置，应根据地形、地质、环境、水体来源及填料等因素分析确定。为防止墙后水对挡墙产生压力，应及时排除墙后积水或降低墙后水位，此举对减少土压力有积极意义。排除墙后积水的方法是在墙身设置泄水孔，泄水孔眼的水平间距和竖直间距均为 2～3m，泄水孔应向外做 5% 坡度，以利于水的下泄。孔眼有圆形和方形，一般圆孔直径为 50mm、100mm、150mm，方孔尺寸为 50mm×100mm、100mm×100mm、100mm×150mm，以 ϕ100mm 和 100mm×100mm 的孔眼最为常见。泄水孔上下层宜错开布置，即整个墙面为梅花形布孔，最低一排泄水孔应高于墙前地面不小于 200mm，当墙前有水时，最低一排泄水孔应高于墙前水位，通常情况下，墙前水位总是低于墙后水位。如果墙后渗流量大，应加大泄水孔尺寸或加密孔眼，必要时采取顺挡土墙轴线方向的排水措施。

挡土墙是长期使用的构筑物，为确保墙后泄水孔通畅和不被堵塞，孔的进口必须设置级配碎石反滤层。为防止墙后积水下渗地基，造成墙体破坏，墙后应设置黏土隔水层，黏土隔水层设在最低一排泄水孔处，以阻挡墙后积水下渗基础的途径并利于孔眼前水的排泄，具体可参考图集《挡土墙（重力式衡重式悬臂式）》17J 008 第 17 页防排水措施。

问题 65：未明确墙背填料设计参数（如回填材料性质、内摩擦角、分层厚度、压实系数、检测等要求），或参数取值不合理，可能造成实际填土参数达不到设计参数的取值，有较大安全隐患。

【原因分析】违反《建筑边坡工程技术规范》GB 50330—2013 第 11.3.8 条关于挡墙填料的规定。

【处理措施】填土的材料、密实度与均匀性影响填土内摩擦角的大小，而填土的内摩擦角将直接影响土压力的大小，同时也影响到土压力沿墙面的分布。因此，必须对墙后填土的材料性质、内摩擦角、密实度等提出明确要求，并与计算假设的填土参数一致，才能保证计算土压力与实际相符。

① 针对墙后填料的材料性质，《建筑边坡工程技术规范》GB 50330—2013 第 11.3.8 条中规定，优先选用抗剪强度高和透水性较强的填料。当采用黏性土做填料时，宜掺入适量的砂砾或碎石。不应采用淤泥质土、根植土、膨胀性黏土等软弱有害的岩土体。墙后空间狭窄时，压实处理难以保证填土的密实性，可采用素混凝土或毛石混凝土原槽浇筑回填。

② 针对填料的内摩擦角，《公路路基设计规范》JTG D30—2015 附录 H 规定，应进行墙后填料的土质试验，确定填料的物理力学指标，当缺乏可靠试验数据时，可采用表 H.0.1-4。

③ 针对填土的密实度，《建筑边坡工程技术规范》GB 50330—2013 第 11.4.3 条中规定，应分层夯实，且密实度应满足设计要求。

问题 66：未明确重力式挡墙后缘岩土体的临时开挖坡率值，容易造成墙后岩土体失稳，或土压力与计算模型不一致，存在安全隐患。

【原因分析】违反重力式挡墙设计中对安全施工的要求。

【处理措施】对于土质边坡，重力式挡墙施工需开挖墙后土体，此时土体的坡率值应根据稳定性计算来确定。应确保施工期间临时开挖边坡的稳定性，边坡安全系数满足《建筑边坡工程技术规范》GB 50330—2013 表 5.3.2 临时边坡安全系数的要求。

对于岩质边坡，重力式挡墙墙后岩体的开挖，不仅应满足临时边坡安全系数的要求，还应保证岩体开挖后不形成有限范围内填土的主动土压力超过设计计算的主动土压力。因此，设计应明确临时开挖坡率值。

23.4.5 悬臂式挡墙和扶壁式挡墙

问题 67：扶壁式挡墙墙身计算时，未考虑伸缩缝位置，扶壁两端墙面板实际悬挑长度与计算模型不符，可能造成扶壁墙面板悬挑段配筋不足。

【原因分析】违反《建筑边坡工程技术规范》GB 50330—2013 第 12.3.3 条关于外伸长度的规定。

【处理措施】伸缩缝一般设置在两肋之间中点处，若伸缩缝跨及两道或多于两道肋时，踵板和墙面板的弯矩应按连续梁计算。立板在扶壁处的外伸长度，宜根据外伸悬臂固端弯矩与中间跨固端弯矩相等的原则确定。

如图 23-10 所示，$M = \frac{1}{12}\sigma_{pj}l^2 = \frac{1}{2}\sigma_{pj}l'^2$ 求得：

$l' = 0.41l$。

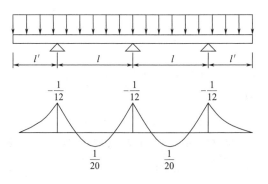

图 23-10 荷载作用图与设计用弯矩系数

《建筑边坡工程技术规范》GB 50330—2013 第 12.3.3 第 4 条中建议，外伸长度可取两扶壁净距的 0.35 倍。

问题 68：扶壁式挡墙换填厚度与基础宽度的比值小于 0.25，换填未起到应力扩散的作用。

【原因分析】违反《建筑地基处理技术规范》JGJ 79—2012 第 4.2.2 条关于垫层厚度规定。

【处理措施】《建筑地基处理技术规范》JGJ 79—2012 表 4.2.2 注中说明，当 $z/b < 0.25$ 时，除灰土应力扩散角取 28°外，其他材料应力扩散角为 0°，即无应力扩散。而由于扶壁式悬臂式挡墙底板通常较大，当采用换填地基时，为了达到应力扩散作用，应适当增加换填厚度 z，使 $z/b > 0.25$。

23.4.6　桩板挡墙

问题 69：支护桩的布置未与拟建邻近建筑的桩基础错开，且未考虑邻近建筑桩基础开挖对支护桩的不利影响。

【原因分析】邻近桩基础未与支护桩错开时，桩基础的施工会对支护桩的嵌固条件产生不利影响。

【处理措施】支护结构设计时应充分考虑邻近拟建建筑物的基础形式、基础尺寸、基础埋置深度、基础的平面布置等。支护桩的布置应与桩基础的布置充分结合，平面上相互错开，避免将支护桩直接布置在拟建建筑物基础后，从而影响支护结构的稳定性。

问题 70：桩板挡墙临空高度未考虑桩前排水沟或地下室基础开挖的影响。

【原因分析】桩前基础或排水沟开挖会增加支护桩的临空高度。

【处理措施】对于桩前排水沟或地下室基础距离支护桩较近时，排水沟或地下室的开挖将增加支护桩的临空高度，此时桩板挡墙临空高度应计算至排水沟底部，并应考虑地下室基础开挖的不利影响。

问题 71：桩板挡墙计算时未根据嵌固段岩土层情况、桩嵌入深度等采用合理的地基系数、桩底支承条件。

【原因分析】违反《建筑边坡工程技术规范》GB 50330—2013 第 13.2.5 条、第 13.2.7 条关于桩板挡墙计算地基系数的规定。

【处理措施】较完整岩层和硬黏土的地基系数应为常数 K；硬塑～半干硬砂黏土及碎石类土、风化破碎的岩块，当桩前滑动面以上无滑坡体和超载时，地基系数应为三角形分布；当桩前滑动面以上有滑坡体和超载时，地基系数应为梯形分布。桩底支撑条件应根据嵌入岩土层情况选用自由或铰支。规范对于此条规定较为模糊，建议按如下方式采用：①桩嵌入段为强风化岩层或土层时，在荷载作用下桩底有一定的位移和转动，桩底设置为自由；②桩嵌入段为完整、较完整的中风化岩层时，桩底设置为铰支。

问题 72：未对桩顶变形进行控制，或嵌固段顶面处的水平位移大于 10mm，桩顶变形过大影响坡顶建（构）筑物的安全。

【原因分析】违反《建筑边坡工程技术规范》GB 50330—2013 第 13.2.9 条关于桩板挡墙计算时位移控制的规定。m 值按《建筑边坡工程技术规范》GB 50330—2013 和《建筑基坑支护技术规程》JGJ 120—2012 取值与按《建筑桩基技术规范》JGJ 94—2008 第 5.7.5 条取值存在较大的差异。

【处理措施】地基系数 K 和 m 在地面处桩位移值为 6~10mm 时得出。变形愈大，地基系数愈小，所以当地面处桩的水平位移超过 10mm 时，常规地基系数便不能采用，必须进行折减，折减以后地基系数变小，桩的变形更大，形成恶性循环。当计算出嵌固点的位移不满足要求时应增加桩的截面或增加桩长。

m 值按《建筑边坡工程技术规范》GB 50330—2013 和《建筑基坑支护技术规程》JGJ 120—2012 取值时，可直接用于计算；m 值按《建筑桩基技术规范》JGJ 94—2008 第 5.7.5 条取值时，支挡结构的水平荷载为长期或经常出现的荷载，应将 m 值乘以 0.4 后再计算。

问题 73：未对桩嵌固段的地基横向承载力进行验算。

【原因分析】违反《建筑边坡工程技术规范》GB 50330—2013 第 13.2.8 条关于桩板挡墙地基横向承载力验算的规定。

【处理措施】应对嵌入段的岩土层进行横向承载力验算。桩板挡墙内力采用地基系数法计算，桩前嵌入段岩土层模拟成弹性支承，计算软件只能输出嵌入岩土层的弹性应力，需与其横向承载力进行比较。对于较完整的岩质岩层及半岩质岩层的地基，桩身作用于围岩的侧向压应力，一般不应大于容许强度。桩周围岩的侧向允许抗压强度，必要时可直接在现场试验取得，一般按岩石的完整程度、层理或片理产状、层间的胶结物与胶结程度、节理裂隙的密度和充填物、各种构造裂面的性质和产状及其贯通程度等情况，分别采用垂直允许抗压强度的 0.5~1.0 倍。当围岩为密实土或砂层时，其值为 0.5 倍，较完整的半岩质岩层为 0.60~0.75 倍，块状或厚层少裂隙的岩层为 0.75~1.0 倍。对于一般土层或风化成土、砂砾状的岩层地基，抗滑桩在侧向荷载作用下发生转动变位时，桩前的土体产生被动土压力，而在桩后的土体产生主动土压力。桩身对地基土体的侧向压应力一般不应大于被动土压力与主动土压力之差。在工程设计中，要使锚固段完全满足要求，有时会很困难，根据经验，满足滑动面以下深度 $h_2/3$ 和 h_2（滑动面以下桩长）处的横向压应力小于或等于被动土压力与主动士压力之差即可。此时滑动面以下 $h_2/3$ 深度范围内进入塑性区。

① 当嵌固点为岩层时，地基横向承载力计算公式为：

$$f_H = K_H \eta f_{rk}$$

② 当嵌入土层或风化成土、砂砾状岩层时，滑动面以下或桩嵌入稳定岩土层 $h_2/3$ 和 h_2（滑动面以下或嵌入稳定岩土层内桩长）处的横向承载力计算公式为：

当桩滑动方向地面坡度小于 8°时：$f_H = 4\gamma_2 y \dfrac{\tan\varphi_0}{\cos\varphi_0} - \gamma_1 h_1 \dfrac{1-\sin\varphi_0}{1+\sin\varphi_0}$

当桩滑动方向地面坡度大于等于 8°且小于等于滑动面以下土体等效内摩擦角时：

$$f_H = 4\gamma_2 y \frac{\cos^2 i \sqrt{\cos^2 i - \cos^2\varphi_0}}{\cos^2\varphi_0} - \gamma_1 h_1 \cos i \frac{\cos i - \sqrt{\cos^2 i - \cos^2\varphi_0}}{\cos i + \sqrt{\cos^2 i - \cos^2\varphi_0}}$$

问题 74：桩板挡墙沉降缝设置于挡土板中时，挡土板未按悬挑板进行计算配筋。

【原因分析】挡土板计算模型、配筋等不满足要求。

【处理措施】桩板挡墙沉降缝间距不宜大于 25m。当沉降缝设置于挡土板中时，挡土板呈悬臂状态，其受力状态与普通挡土板区别较大，应按悬挑板计算，并根据计算结果进行配筋。

问题 75：人工挖孔桩护壁未进行计算，或护壁配筋不满足计算要求。

【原因分析】人工挖孔桩护壁仅进行构造配筋，未根据实际情况计算，导致其强度不满足要求。

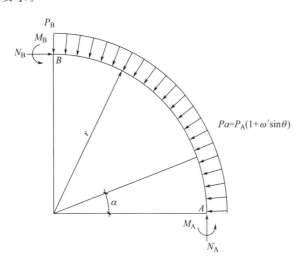

图 23-11　圆形护壁计算图示

【处理措施】人工挖孔支护桩多为矩形，当尺寸较大、土层较差时，护壁会承受较大的侧向土压力，如强度不够则桩孔有垮塌风险，严重威胁作业人员安全。因此，应根据挖孔尺寸、岩土层特性等对人工挖孔桩护壁厚度、配筋等进行计算。

① 圆形桩护壁可按不同高度截取闭合圆环计算，并假定在互成 90°的两点处土的内摩擦角中的差值为 5°～10°，即桩护壁的一个方向（0，π）为 ϕ ＋（2.5°～5°），另一个方向（π/2，3π/2）为 ϕ －（2.5°～5°）。如图 23-11 所示，内力可按下列公式计算：

$$\omega' = \frac{p_B}{p_A} - 1$$

$$N_A = p_A r(1 + 0.785\omega')$$

$$N_B = p_A r(1 + 0.5\omega')$$

$$M_A = -0.1488 p_A r^2 \omega'$$

$$M_B = -0.1366 p_A r^2 \omega'$$

式中　N_A——A 截面上的轴力（kN/m）；

　　　M_A——A 截面上的弯矩（kN·m/m），以护壁外侧受拉取负值；

　　　N_B——B 截面上的轴力（kN/m）；

　　　M_B——B 截面上的弯矩（kN·m/m）；

　　p_A，p_B——护壁外侧 A、B 点的水平向上土压力；

　　　r——护壁的中心半径。

② 矩形护壁可按不同高度截取闭合框架进行计算。

人工挖孔桩护壁混凝土强度取值需考虑实际情况，一般会在混凝土未到达强度时向下开挖，此时，混凝土强度需进行折减。

问题 76：人工挖孔桩箍筋肢数过多，影响施工。

【原因分析】违反《建筑边坡工程技术规范》GB 50330—2013 第 13.3.4 条关于桩板挡墙箍筋构造的规定。

【处理措施】一般情况下人工挖孔桩截面尺寸较大，混凝土本身提供的抗剪强度通常能够满足要求，不需要箍筋提供额外的抗剪承载力。且人工挖孔桩通常需要在桩孔内绑扎钢筋，箍筋肢数过多会影响施工人员的通行。另外对于尺寸较大的人工挖孔桩，箍筋肢数过多同样会影响混凝土的浇筑。因此，规定不宜采用多于 4 肢的封闭箍筋，并允许箍筋在一行上所箍的受拉筋不受限制。箍筋的间距不应大于 40cm。

问题 77：桩采用并排束筋时，保护层厚度不满足要求。

【原因分析】违反《混凝土结构设计规范》GB 50010—2010（2015 年版）第 8.2.1 条关于混凝土保护层的规定。

【处理措施】为了保证握裹层对受力钢筋的锚固，要求混凝土保护层厚度不小于受力钢筋直径（单筋的公称直径或并筋的等效直径），且保护层厚度从混凝土碳化、脱钝和钢筋锈蚀的角度考虑，保护层厚度以最外层钢筋（包括箍筋、构造筋、分布筋）的外缘起算。并筋等效直径 $D = \sqrt{\dfrac{4A}{\pi}}$（$D$ 为等效钢筋直径，A 为并筋总面积）。

问题 78：桩板挡墙和抗滑桩的桩纵筋的截断位置较随意，造成桩部分截面承载力不满足要求。

【原因分析】桩板挡墙和抗滑桩的桩受力较大，弯矩最不利截面纵筋配筋较多，为节约造价，一般会对负弯矩区纵筋进行截断处理，但截断位置较随意，未按最大包络值考虑计算及《混凝土结构设计规范》GB 50010—2010（2015 年版）中第 9.2.3 条的构造要求设计。

【处理措施】根据桩受力特点，分别计算不同受力模式下弯矩值，如岩土侧压力作用、下滑力作用等情况，做出弯矩最大包络值图，以此进行钢筋的配置并满足 GB 50010—2010（2015 年版）中第 9.2.3 条的构造要求。

23.4.7　加筋土挡墙

问题 79：有面板加筋土挡墙设计时忽略了护脚挡墙、拉筋长度、挡墙填筑材料等设计内容。

【原因分析】违反《公路路基设计规范》JTG D30—2015 第 5.4.10 条关于有面板加筋土挡墙设计要求的规定。

【处理措施】① 斜坡上的加筋土应设置宽度不小于 1m 的护脚墙，对护脚挡墙地基处理应提出设计要求，如压实系数、承载力特征值等。

② 墙高大于 3.0m 时，加筋土挡墙拉筋的长度不应小于 0.8 倍挡墙高度，且不小于 5m；墙高小于等于 3.0m 时，拉筋的长度不宜小于 3m，且应采用等长拉筋。

③ 加筋土挡墙宜采用渗水性良好的中粗砂、砂砾或碎石填筑，填料与筋材接触部分不应含有尖锐棱角的块体，填料最大粒径不应大于 100mm。

问题 80：加筋土挡墙的坡率偏大、加筋材料布置位置不当、竖向层间距偏大、加筋材料布置方向不当。

【原因分析】违反《公路土工合成材料应用技术规范》JTGT/D 32—2012 第 4.3.1 条～第 4.3.4 条及第 4.5.4 条关于加筋材料结构形式的规定。

【处理措施】① 加筋土挡墙的坡率不宜大于 1:0.5。

② 陡斜坡上的加筋土挡墙，当采用正常坡率 1:2.0～1:1.5 时，筋材宜布置在挡墙的中下部。

③ 加筋材料不宜直接设置于原始地面，宜设置 30～50cm 的砂垫层或其他透水性较好的均质填料，再铺设加筋材料。

④ 加筋土体后应设置排水层，加筋材料不应伸入排水层，不得破坏排水系统的连续性。

⑤ 加筋材料强度高的方向应垂直于挡墙的走向。

⑥ 加筋材料的竖向层间距，不宜小于一层填土最小压实厚度。层间距不宜大于 80cm，当受力主筋层间距大于 80cm 时，应设置辅筋，辅筋层间距不宜大于 40cm，长度不应小于 2.0m。

23.4.8 坡率法

问题81：放坡开挖时，对相邻建（构）筑物有不利影响的边坡、地下水发育的边坡、软弱土层等稳定性差的边坡、坡体内有外倾结构面或深层滑动面的边坡、地质条件复杂的一级边坡，仍然单独采用坡率法。

【原因分析】违反《建筑边坡工程技术规范》GB 50330—2013第14.1.2条关于不应单独采用坡率法的规定。

【处理措施】坡率法是指控制边坡高度和坡度（即坡率）、无需对边坡整体进行支护而自身稳定的一种人工放坡设计方法。其原理是使边坡对所有可能的潜在滑动面下滑力和阻滑力处于安全的平衡状态。当工程条件许可时，应优先考虑坡率法。坡率法适用于整体稳定且工程地质及水文地质条件简单的岩层和土层，并且放坡开挖时不会对相邻建筑物产生不利影响。有条件时，可结合坡顶刷坡卸荷、坡脚回填压脚的方法。而当遇到问题所述情况时，不能单独应用坡率法，应与其他边坡支护方法联合使用。可与锚杆（索）或锚喷支护、护面墙等联合应用，形成组合边坡，或与植被护坡联合使用，美化环境。当不具备全高放坡条件时，上段可采用坡率法提高边坡稳定性，降低边坡下滑力后下段采用锚杆挡墙等支护结构，控制边坡的稳定，确保达到安全可靠的效果。在采用坡率法的同时，应进行边坡环境整治、坡面绿化和周边排水处理，特别应注意排水系统的设置，预防坡体内、外水及坡内排水构筑物破裂引起的不利作用。

问题82：对土质不均匀、地下水丰富、可能有不良地质作用和地质环境条件复杂、坡高＞10m的土质边坡，或有外倾结构面情况、坡高＞25m的岩质边坡，或坡顶边缘附近有较大荷载的边坡，未根据实际地质情况进行边坡稳定性验算而直接套用边坡规范表14.2.1或表14.2.2坡率进行设计。

【原因分析】违反《建筑边坡工程技术规范》GB 50330—2013第14.2.3条关于坡率法稳定性计算分析的规定。

【处理措施】坡率法是一种边坡支护方式，同样需要判定边坡破坏模式并进行边坡稳定性验算。《建筑边坡工程技术规范》GB 50330—2013表14.2.1与表14.2.2的建议坡率需满足一定的适用条件。对于土质边坡，需满足土质均匀、地下水贫乏、无不良地质作用和地质环境条件简单的要求。对于岩质边坡，需满足整体无外倾结构面的要求。当不满足规范规定使用条件时，应进行稳定性验算，且稳定安全性系数应根据边坡安全等级与边坡类型确定，并满足《建筑边坡工程技术规范》GB 50330—2013表5.3.2的规定。

问题83：未根据工程不同的岩土性质采用不同的设计坡率。

【原因分析】违反《建筑边坡工程技术规范》GB 50330—2013第14.2.6条、第14.3.1条关于稳定性评价的规定。

【处理措施】坡率法应根据岩土性质，判定边坡破坏模式，并进行边坡稳定性验算后确定不同的放坡坡率。尤其是土岩结合分界面处，不仅应采用不同的坡率，为了增加边坡的稳定性，还可沿分界面取适当平直段后再放坡。

问题84：坡高较大，如土质边坡高度大于10m时，采用坡率法时未进行分级放坡。

【原因分析】违反《建筑边坡工程技术规范》GB 50330—2013第14.1.5条关于分级放坡的

规定。

【处理措施】《建筑边坡工程技术规范》GB 50330—2013 第 14.1.5 条规定，当坡高较大时，为避免土体的坍塌，应分级放坡，且应验算边坡整体的和各级的稳定性。分级放坡一方面可减少岩土侧压力，一方面下阶边坡对上阶边坡存在一定的被动区，对边坡稳定性有一定的提高。《水利水电工程边坡设计规范》SL 386—2007 第 6.2.5 条规定边坡马道的间距、宽度和纵向坡度应根据边坡岩土体性质、地质构造特征，并应考虑边坡稳定、坡面排水、防护、维修及安全监测等需要综合确定。马道的最小宽度不宜小于 2m。

问题 85：较高填方边坡采用坡率法时，未设置护脚墙或反压堆石体；护脚墙埋深较浅、反压堆石体的体积不够，而未进行稳定性验算；临水边坡坡脚未设置防冲刷措施，存在安全隐患。

【原因分析】违反高填方放坡挡墙的通常构造做法，违反《建筑边坡工程技术规范》GB 50330—2013 第 14.2.4 条填土坡率应进行计算的规定，违反《高填方地基技术规范》GB 51254—2017 第 7.2.4 条高填方边坡地基应进行地基处理的规定。

【处理措施】护脚墙是位于填方边坡坡脚处的低矮挡土墙，作用是收缩过远的坡脚，防止水侵蚀坡脚。因此较高填方挡墙仅单独采用坡率法放坡时，宜在坡脚设置护脚墙，如图 23-12 所示。护脚墙规格可参考《公路设计手册路基（第二版）》表 1-2-9。必要时，护脚墙应进行稳定性验算。较高填方边坡采用坡率法时，应进行稳定性计算，地基承载力不足时应进行地基处理。

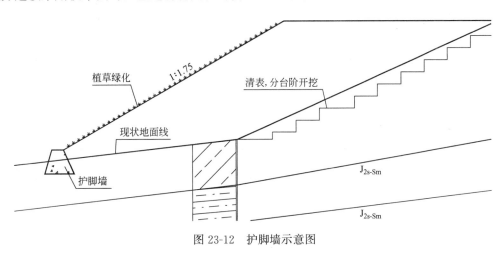

图 23-12 护脚墙示意图

23.4.9 组合支护结构

问题 86：上部放坡＋下部支挡的组合支护结构，上部放坡段土层未进行稳定性验算。

【原因分析】违反《建筑边坡工程技术规范》GB 50330—2013 第 5.2.3 条关于边坡稳定性分析的规定。

【处理措施】当采用上部放坡＋下部支挡的组合支护时，结构设计人员通常只进行支挡结构的变形及强度验算，而忽略上部土层的稳定性计算。当上部土层较差或放坡高度较大时，支挡结构上部可能会形成剪出口。因此，需根据土层的实际抗剪强度参数、高度、坡顶超载等对放坡段稳定性单独进行验算。

问题87：上部土层采用重力式挡墙、下部采用板肋式锚杆挡墙的组合支护结构，下部锚杆计算时未考虑上部重力式挡墙传递的水平力。

【原因分析】上部土层采用重力式挡墙、下部采用板肋式锚杆挡墙的组合支护结构，上部重力式挡墙的水平力会传递到下部。

【处理措施】上部土层采用重力式挡墙、下部采用板肋式锚杆挡墙的组合支护结构，重力式挡墙竖向力及水平力都会对下部锚杆挡墙产生影响。其中竖向力考虑为超载，应计算施加到锚杆上的侧向力。重力式挡墙后的土层引起的水平力应由下部锚杆全部承受，且从安全角度出发，该水平力全部施加到板肋式锚杆挡墙上部第一～二排锚杆上。

问题88：上部支挡＋下部放坡的组合支护结构，未考虑支护结构的反力对边坡局部（支护结构地基段）及边坡整体稳定性影响。

【原因分析】违反《建筑边坡工程技术规范》GB 50330—2013第5.2.3条关于边坡稳定性分析的规定。

【处理措施】对于岩土混合边坡，当不满足放坡空间时，上部土层可采用重力式挡墙、桩板挡墙，下部岩层采用放坡的组合形式支护。此时，无论上部的重力式挡墙还是桩板挡墙，都需要墙前提供一定的水平承载力，从而导致支挡结构底部应力集中。对于重力式挡墙，墙前平台应满足襟边宽度要求。对于支护桩，较完整且受岩体强度控制的岩质斜坡上的支护桩嵌固段，水平安全宽度可取3倍桩径且不小于5m。

问题89：土质边坡、外倾结构面贯通的岩质边坡，采用分级支挡时，未考虑上级支挡结构反力对下级支挡结构的影响、未进行整体稳定性验算。

【原因分析】违反《建筑边坡工程技术规范》GB 50330—2013第5.1.1条关于边坡稳定性分析的规定。

【处理措施】上级支挡结构的嵌固段或地基持力层或锚固段位于下级支挡结构的破裂面或处于潜在塌滑体范围时，除上级边坡自重会对下阶边坡产生竖向荷载外，还会对下阶支挡结构产生水平向作用力。同时下阶支挡结构的变形及破坏也会对上阶边坡及其支挡结构的变形和稳定性造成不利影响，因此应充分考虑上阶支护结构与下阶支护结构的相互作用。另外，对于土质边坡采用分阶支护时，除验算每阶挡墙内部和外部稳定性外，还应验算边坡整体稳定性。

23.5 其他问题及防治措施

23.5.1 坡面防护与绿化

问题90：城区内较高岩质边坡采取喷锚措施，环境效果较差。

【原因分析】违反《建筑边坡工程技术规范》GB 50330—2013第3.1.9条关于边坡工程对周边环境美化和生态保护的规定，违反《公路路基设计规范》JTG D30—2015第5.2.1条关于边坡防护措施选择的规定。

【处理措施】随着社会的进步和经济水平的提高，人们对环境、生态保护以及景观的要求越来越高，在城市建筑边坡坡面防护中，应尽量使景观设计和环境保护相结合。建筑边坡的工程防护目前存在的主要问题是坡面不平整、防护构件不平直，而且防护面板的外观质量差，结构颜色也与周围环境不协调、景观效果差。这不符合社会发展和人们生活水平提高的新要求。高大岩质边坡仅采用喷锚支护，显然达不到良好的环境美化效果。可增加植物绿化措施，如在平台上种植藤蔓植物等，达到兼顾美观与环保的效果。

问题 91：当边坡处于洪水区域时，坡面未考虑洪水冲刷的影响及雨水作用下的影响。

【原因分析】违反《建筑边坡工程技术规范》GB 50330—2013 第 15.1.5 条关于坡面防护的规定。

【处理措施】当边坡工程位于地下水、洪水影响范围或地面水汇集地段时，其坡面防护效果的好坏直接与水的处理密切相关，应进行边坡坡面防护与排水措施的综合设计。当受暴雨、洪水等冲刷时，边坡工程的坡面防护需按《建筑边坡工程技术规范》GB 50330—2013 的有关规定执行，确定坡面防护形式时应充分分析水的冲刷、侵蚀及软化等作用。

问题 92：永久边坡坡面混凝土等级不满足要求、面板厚度较小不满足要求或面板钢筋配置不满足要求。

【原因分析】违反《建筑边坡工程技术规范》GB 50330—2013 第 15.2 条、第 15.3 条、第 10.3.2 条、第 10.3.3 条、第 10.3.4 条和《岩土锚杆与喷射混凝土支护工程技术规范》GB 50086—2015 第 6.3.11 条关于喷锚支护构造要求的规定。

【处理措施】对边坡坡面防护的混凝土面层既有强度要求，又有刚度和耐久性要求。对设计的永久性边坡，其坡面长期暴露在大气中，日晒雨淋，条件较为恶劣，对混凝土面层的强度影响大，另外边坡坡体易风化，局部变形或浅层滑动，将影响混凝土面板刚度及耐久性。因此，混凝土的强度等级、板的厚度以及配筋均应符合规范的有关规定。

问题 93：边坡稳定性差、岩体破碎并采用坡率法支护的坡面喷射混凝土没有加设钢筋网片。

【原因分析】违反《建筑边坡工程技术规范》GB 50330—2013 第 10.1.1 条关于岩石锚喷支护的规定。

【处理措施】边坡坡面喷射混凝土面板厚度较小，自身强度及刚度有限。边坡长期暴露在室外日晒雨淋，本身就容易产生开裂及变形，地下水及雨水的浸泡和人渗又加剧了混凝土面层强度的降低；边坡岩体较破碎，稳定性较差，而且地表水易通过裂隙人渗坡体内，造成坡体软化，坡面一定深度范围内可能产生明显的变形。另外，与其直接接触的岩、土地层及水的腐蚀性也将影响其耐久性。因此，为满足坡面局部稳定性的受力需要，限制坡面混凝土面板开裂，达到防护效果，确保边坡工程的稳定性，应根据边坡岩体的类别、边坡高度和工程实际判定锚喷支护是否需要加设钢筋网片。对岩体破碎、稳定性差的边坡，当采用坡率法进行处理时，其防护面板应配置钢筋网片。

问题 94：未对坡面防护进行设计，如坡顶地表相关范围未结合使用情况进行封闭处理，对地表水渗入的坡体未进行处理，导致边坡存在安全隐患。

【原因分析】违反《建筑边坡工程技术规范》GB 50330—2013 第 15.1.1 条关于坡面防护的规定。

【处理措施】边坡整体稳定，但坡面易风化、剥落或有浅层崩塌、滑落及掉块等时，应进行坡面防护，防止雨水、地表水等对边坡稳定性产生不利影响。

坡面防护分为工程防护、植物防护绿化与综合防护三种。其中工程防护包括砌体护坡，护面

第 4 部分 岩土工程

墙，坬工骨架护坡；抛石、石笼与混凝土预制块柔性护坡，抹面、捶面、喷浆或锚喷防护等。植物防护绿化包括植草、铺草皮、植树等。综合防护包括骨架植物防护，钢筋混凝土格构植草，土工合成材料植草，植物、坬工分区防护等。坡面防护设计应根据安全性、环境协调性、经济性等因素综合选择合适的方案。

问题95：护坡格构双向间距较大或格构锚杆的锚固深度偏小，无法完全解决岩质边坡风化掉块和局部滑塌的问题。

【原因分析】违反《建筑边坡工程技术规范》GB 50330—2013 第 15.3.4 条关于格构护坡的规定。

【处理措施】对于风化破碎的岩质挖方边坡，可采用锚杆钢筋混凝土格构植物防护，格构的几何尺寸应根据边坡高度和地层情况等确定。在岩体风化掉块严重区域，应加密格构的间距。

护坡格构间距应结合边坡坡体地层、密实度及稳定性等综合分析确定，格构的设置应能起到稳固坡面坡体的作用。对风化破碎的岩质边坡和松散的土质边坡，需增设锚杆，对岩体风化掉块严重的坡面，宜采用间距较小的格构，并在格构间设置网格，再采用植被进行防护。

23.5.2　边坡工程排水

问题96：边坡截、排水沟断面尺寸不满足汇水面积较大的边坡排水要求。

【原因分析】违反《建筑边坡工程技术规范》GB 50330—2013 第 16.1.5 条、第 16.2.2 条关于边坡排水满足使用功能的规定。

【处理措施】边坡截、排水沟断面尺寸应根据地形条件、降雨强度、历时、分区汇水面积、坡面径流量和坡体内渗出的水量等因素计算分析确定，排水沟顶应高出沟内设计水面 200mm 以上，且底宽和顶宽不宜小于 500mm。

问题97：场地周围地形复杂的道路边坡，未考虑天然水系的径流方向，在边坡顶部和底部设置有效的场地汇水外排体系。

【原因分析】违反《建筑边坡工程技术规范》GB 50330—2013 第 16.1.2 条、第 16.2.1 条关于对坡面排水进行整体规划的规定。

【处理措施】坡面排水应根据汇水面积、降雨强度、历时和径流方向等进行整体规划和布置，边坡影响区内、外的坡面和地表排水系统宜分开布置、自成体系。

问题98：填方阻断了场地原有的排水通道，未根据场地周围水文地质和工程地质条件及自然环境综合考虑有效的截排水措施。

【原因分析】违反《建筑边坡工程技术规范》GB 50330—2013 第 16.2.1 条、第 16.2.2 条关于坡面排水应结合地形和天然水系布设的规定。

【处理措施】边坡截、排水设施应结合场地条件和天然水系进行布设，并做好出水口的位置选择，采取措施防止截、排水沟出现堵塞、溢流等现象。

问题99：坡面泄水孔直径偏小、泄水孔间距较大且矩形排列、泄水孔进水侧未设置反滤层等。

【原因分析】违反《建筑边坡工程技术规范》GB 50330—2013 第 16.3.4 条关于仰斜式排水孔和泄水孔设计的规定。

【处理措施】仰斜式泄水孔边长或直径不宜小于 100mm，外倾角度不宜小于 5%，间距宜为 2~3m，按梅花形错列布置。

在泄水孔进水侧设置反滤层或反滤包，反滤层厚度不应小于 500mm，反滤包尺寸不应小于 500mm×500mm×500mm，反滤层的顶部和底部应设厚度不小于 300mm 的黏土隔水层。

问题 100：松散土层较厚的边坡或填方边坡，坡顶未采取防雨水下渗措施。

【原因分析】违反《建筑边坡工程技术规范》GB 50330—2013 第 16.1.1 条关于减少坡面雨水下渗措施的规定。

【处理措施】对于松散土层较厚的边坡或填方边坡，坡顶相关范围的坡面采取素混凝土硬化措施，减少坡面水下渗，并结合地形条件、地面盲沟与坡面排水、地表排水统一考虑。

问题 101：边坡工程排水设计遗漏地下水排水设计或地下水排水设计措施不到位。

【原因分析】违反《建筑边坡工程技术规范》GB 50330—2013 第 16.3 节关于地下排水的规定和《公路路基设计规范》JTG D30—2015 第 4.3 节的规定。

【处理措施】要求地勘查明场地水文地质条件，获取设计、施工所需的水文地质参数。根据埋藏条件或有无固定含水层进行地下排水设计，可采用深泄水孔，排水隧道等设计。

问题 102：排水沟未注明持力层要求。

【原因分析】违反《建筑边坡工程技术规范》GB 50330—2013 第 16.1.5 条关于排水结构安全可靠的规定。

【处理措施】排水沟一般采用砌体砌筑或素混凝土，其抗变形能力差。若排水沟位于沉降大尤其是差异沉降大地区时，排水沟结构极易变形开裂。因此，为避免排水沟结构破坏，应明确其持力层要求。

23.5.3 监测与检测

问题 103：未提出锚杆、锚索的基本试验和验收试验要求。

【原因分析】违反《建筑边坡工程技术规范》GB 50330—2013 附录 C 关于锚杆验收检测的规定。

【处理措施】属于《建筑边坡工程技术规范》GB 50330—2013 第 8.1.6 条所列几种情况时，锚杆应按规范附录 C 进行基本试验。设计文件中还应提出锚杆的验收试验荷载、验收数量等要求。

问题 104：未明确边坡监测项目、监测时间及控制指标。

【原因分析】违反《建筑边坡工程技术规范》GB 50330—2013 第 19.1 节关于边坡监测的规定。

【处理措施】边坡工程应根据安全等级、地质环境、边坡类型、支护结构类型和变形控制要求，按《建筑边坡工程技术规范》GB 50330—2013 表 19.1.3 选择监测项目，明确各监测项目控制指标。对于永久一级边坡，竣工后的监测时间不宜小于 2 年。

问题 105：对填方边坡的清表、回填材料的成分与级配、抗剪强度指标、分层厚度、压实系数、质量检测与验收等未提出详细要求。可能造成实际填土参数达不到设计参数的取值或清表达不到设计要求，有较大安全隐患。

【原因分析】违反《建筑边坡工程技术规范》GB 50330—2013 第 11.3.8 条关于边坡填料及施

工的规定。

【处理措施】施工图中应根据需要达到的力学参数，对填方的填料、压实度、碾压方式等提出要求。

问题 106：未对桩身质量检测提出要求。

【原因分析】违反《建筑边坡工程技术规范》GB 50330—2013 第 19.2.3 条关于支护桩检测的规定。

【处理措施】应根据桩的施工方法、边坡安全等级、桩尺寸等采用合适的检测方法。当采用声波透射法时，应给出声测管的布置方式及规格。

问题 107：未根据边坡的设计特点，对抗滑桩、锚（索）杆、挡墙、喷射混凝土、填方等的质量检测提出要求。

【原因分析】违反《建筑边坡工程技术规范》GB 50330—2013 第 19.2 条关于质量检验的规定。

【处理措施】①抗滑桩的监测包括桩身质量、挡板、桩端持力层检测等，检测内容应符合重庆市《建筑桩基础设计与施工验收规范》DBJ 50—200—2014、《建筑边坡工程技术规范》GB 50330—2013 和《建筑桩基检测技术规范》JGJ 106—2014 的相关要求；②锚（索）杆的检测内容应符合《建筑边坡工程技术规范》GB 50330—2013 和《岩土锚杆与喷射混凝土支护工程技术规范》GB 50086—2015 的要求；③挡墙的检测内容应符合《建筑边坡工程技术规范》GB 50330—2013 和重庆市《建筑地基基础工程施工质量验收规范》DBJ 50—125—2011 的要求；④喷射混凝土的检测内容应符合《建筑边坡工程技术规范》GB 50330—2013 第 19.2.5 条和《岩土锚杆与喷射混凝土支护工程技术规范》GB 50086—2015 的规定；⑤填方的检测内容应符合《建筑边坡工程技术规范》GB 50330—2013 第 11.3.8 条规定，应包括清表、回填材料的成分与级配、抗剪强度指标、分层厚度、压实系数等内容。

23.5.4　边坡工程加固

问题 108：使用环境改变，利用原有挡墙时，无安全鉴定报告。

【原因分析】违反《建筑边坡工程鉴定与加固技术规范》GB 50843—2013 第 5.1.2 条关于边坡工程鉴定的规定。

【处理措施】当进行改造、扩建及使用环境改变时，应进行边坡工程安全性鉴定。对边坡进行安全性鉴定，是边坡改造、加固的设计依据，该条是强制性条文，必须严格执行。既有建筑边坡工程加固设计前，建设单位应提供符合规范要求的既有建筑边坡工程鉴定报告，否则设计单位不得进行既有建筑边坡工程的加固设计。

问题 109：边坡加固项目中，原支挡结构有效抗力承担比例考虑不全面。

【原因分析】违反《建筑边坡工程鉴定与加固技术规范》GB 50843—2013 第 6.2.3 条、第 6.2.4 条关于原支护结构有效抗力的规定。

【处理措施】原支挡结构的几何尺寸和材料强度应根据鉴定报告的等级分别确定，《建筑边坡工程鉴定与加固技术规范》GB 50843—2013 规定当鉴定等级为 a_u 级构件时，几何尺寸及材料强度按原设计取值，当鉴定等级为 b_u、c_u、d_u 级构件时，几何尺寸及材料强度按鉴定报告结果取值。并且当出现规范《建筑边坡工程鉴定与加固技术规范》GB 50843—2013 第 6.2.4 条中情况时，不应考虑原支护结构或构件的有效抗力。

23.5.5　设计对安全施工的要求

问题 110：对动态设计、信息法施工未提出要求或要求太笼统无针对性。

【原因分析】违反《建筑边坡工程技术规范》GB 50330—2013 第 7.4.1 条关于信息法施工的规定。

【处理措施】设计文件中应明确边坡工程应采用动态设计、信息法施工。要求在施工过程中应对边坡工程及坡顶建（构）筑物进行实时监测，并给出主要监测内容；要求在施工中及时了解和分析监测信息，对可能出现的险情应制定防范措施和应急预案；要求在施工中发现与勘察、设计不符或者出现异常情况时，应停止施工作业，并及时向建设、勘察、设计、施工、监理、监测等单位反馈。

问题 111：当支护结构长度较长，整体开挖有风险时，未在设计中强调分段跳槽开挖。

【原因分析】违反《建筑边坡工程技术规范》GB 50330—2013 第 11.4.6 条关于分段跳槽施工的规定。

【处理措施】在设计文件中明确分段跳槽施工的要求。

问题 112：对岩质挖方边坡，未在设计中强调控制爆破和禁止爆破的要求。

【原因分析】违反《建筑边坡工程技术规范》GB 50330—2013 第 18.4.1 条～第 18.4.5 条关于爆破施工的规定。

【处理措施】应根据场地条件和邻近建（构）筑物的特点，在设计文件中明确是否采用爆破开挖。如采用爆破开挖应按《爆破安全规程》GB 6722—2014 的规定控制爆破，并提出控制爆破的主要指标。当地质条件复杂、边坡稳定性差、爆破对坡顶建（构）筑物震害较严重时，不应采用爆破开挖方案。

问题 113：对支护结构中的桩施工方法未做明确要求。

【原因分析】违反《重庆市城乡建设委员会关于进一步加强人工挖孔灌注桩管理的通知》（渝建发〔2012〕162 号）关于桩施工工艺的规定。

【处理措施】设计文件中应明确桩基施工方法，支护桩设计时应尽量选择适合机械成孔的桩基形式。

如受施工技术、场地条件、大断面桩型限制，不宜采用机械成孔施工工艺的建设工程，应编制人工挖孔桩可行性研究报告并经建设单位会同勘察、设计、施工、监理等参建单位组织专家充分论证通过后，方可考虑采用人工挖孔灌注桩。

问题 114：支护结构基坑开挖时，未验算施工时基坑的稳定性。

【原因分析】违反《建筑边坡工程技术规范》GB 50330—2013 第 7.4.3 条关于边坡施工稳定性的规定。

【处理措施】稳定性较差的岩土边坡（较软弱的土边坡，有外倾软弱结构面的岩石边坡，潜在滑坡等）开挖时，应验算不利组合荷载下，不利工况时边坡的稳定和变形。应满足《建筑基坑支护技术规程》JGJ 120—2012、《建筑边坡工程技术规范》GB 50330—2013 中关于临时边坡的相关要求，避免出现施工事故，必要时应采取措施增强施工期的稳定性。

问题115：逆作法分层分段及开挖支护具体技术要求不明确。

【原因分析】违反《建筑边坡工程技术规范》GB 50330—2013第7.4.3条关于边坡施工稳定性的规定。

【处理措施】应根据场地条件、地质参数及施工方法验算分层分段施工的稳定性和变形，并在设计文件中提出明确要求，如每次分层的高度，分段的长度等参数。

问题116：未明确回填和加载要求。

【原因分析】违反《建筑边坡工程技术规范》GB 50330—2013第11.4.3条、第12.4.2条关于回填要求的规定。

【处理措施】应在设计文件中对填料、填筑施工方法、密实度及填筑或加载开始时间（支护结构应达到一定强度）进行明确说明。

问题117：填方挡墙墙后地面横坡坡度大于1∶6时，未要求对地面进行粗糙处理。

【原因分析】违反《建筑边坡工程技术规范》GB 50330—2013第11.4.4条关于回填之前地面处理的规定。

【处理措施】为了避免填方沿原地面滑动，当原地面横坡坡度大于1∶6时，应要求对地面进行粗糙处理后再填土，填方基底处理办法有铲除草皮和耕植土、开挖台阶等。

问题118：未注明施工期间边坡坡顶使用荷载要求。

【原因分析】违反《建筑边坡工程技术规范》GB 50330—2013第14.4.1条关于施工期边坡稳定性的规定。

【处理措施】施工期间的荷载有时会大于使用期间的荷载，为保证弃土、弃渣的堆填、大型施工设备的荷载及震动等不会导致边坡附加变形或破坏现象发生，设计文件应根据计算对施工期间边坡坡顶使用荷载提出明确要求。

问题119：对有邻近建（构）筑物的场地进行压实和夯实地基处理时未注明保护措施。

【原因分析】违反《建筑地基处理技术规范》JGJ 79—2012第6.2.3条关于压实填土和第6.3.10条关于施工对邻近建（构）筑物的影响的规定，属于违反强制性条文要求。

【处理措施】当压实和夯实地基施工时，其振动和挤压有可能对邻近建（构）筑物产生有害影响时，应要求施工时设置监测点并采取隔振或防振措施。

问题120：对大体积混凝土的圬工结构无防止水化热病害措施。

【原因分析】违反《大体积混凝土施工标准》GB 50496—2018第5.1.4条关于控制结构裂缝的规定。

【处理措施】对符合大体积混凝土定义的圬工挡墙结构，应采取措施防止裂缝，如加一定比例的毛石，表面增加钢筋网，对施工方法提出要求等。

问题121：特殊部位的施工先后顺序及工艺技术要求和保护措施不明确、不完善或缺失。

【原因分析】未结合工程情况和周边环境制定合理施工方法

【处理措施】应根据场地条件、地质参数及施工方法和周边环境制定施工先后顺序及工艺技术要求，如不稳定边坡上的桩基施工应先治坡再实施桩基，在松散填土上削坡应先强夯再开挖等。

问题122：涉及危大工程时，设计文件中未注明危重大工程的重点部位和环节，未提出保障工程周边环境安全和工程施工安全的意见。

【原因分析】违反《危险性较大的分部分项工程安全管理规定》（住房和城乡建设部〔2018〕37号令）第二章关于设计单位职责的规定。

【处理措施】《危险性较大的分部分项工程安全管理规定》（住房和城乡建设部〔2018〕37号令）中确定了建设各方危大工程中的责任；《危险性较大的分部分项工程安全管理规定》（建办质〔2018〕31号）确定了危重大工程的范围。

对于属于危重大范围的工程，设计单位应在设计文件中注明涉及危重大工程的重点部位和环节，提出保障工程周边环境安全和工程施工安全的意见，必要时进行专项设计。

问题123：未对坡顶防护设施提出针对性要求。

【原因分析】违反《民用建筑设计统一标准》GB 50352—2019第6.7.3条和第6.7.4条和《城市道路交通设施设计规范》GB 50688—2011（2019年版）第7.2.4条的相关规定。

【处理措施】坡顶与一侧地面存在高差，有行人跌落危险和车辆冲出危险的地段，应设防护设施；坡顶仅有行人时其防护设施应按《民用建筑设计统一标准》GB 50352—2019第6.7.3条和第6.7.4条执行，当坡顶可通行车辆时其防护设施还应按《城市道路交通设施设计规范》GB 50688—2011（2019年版）第7.2.4条执行。

问题124：未明确基坑边坡与环境边坡的施工顺序。

【原因分析】违反《建筑边坡工程技术规范》GB 50330—2013第18.1.1条、第18.1.2条关于边坡开挖方式的规定。

【处理措施】山地城市由于地形的复杂性，往往一个项目中环境边坡与基坑边坡同时存在且相互影响。应在设计文件中明确施工顺序，避免发生安全事故。

23.5.6　边坡工程计算书及设计图纸深度

问题125：设计选用了禁止用于建设工程的材料及作废版本的规范、规程。

【原因分析】设计选用的建筑材料（如钢筋HPB235、混凝土C10等）及作废版本规范。如《建筑结构荷载规范》GB 50009—2001、《建筑边坡工程技术规范》GB 50330—2002等违反《建筑边坡工程技术规范》GB 50330—2013第1.0.5条关于符合国家现行有关标准的规定；选用的挡土墙（重力式、衡重式、悬臂式）图集为04J008，应更新为07J008。

【处理措施】按现行规范、规程及时更新有效版本及材料选用。

问题126：计算书岩土参数取值与地勘资料不一致或与计算工况不符。

【原因分析】违反《建筑边坡工程技术规范》GB 50330—2013第3.1.1条关于边坡工程设计一般规定的规定。

【处理措施】边坡工程设计采用的岩土力学参数应根据审查通过的地勘报告有效版本取值，在计算书中详细罗列所采用的各项参数；若设计文件完成后，地勘报告岩土参数有变化时，应及时复核设计图纸和计算书。

问题127：对于超限边坡，缺少专项安全论证及支护结构方案专家意见的执行情况说明。

【原因分析】违反《建筑边坡工程技术规范》GB 50330—2013第1.0.2条、第3.1.12条关于超限边坡应进行专项论证的规定。

【处理措施】补充设计条件，补充专项论证意见落实情况及措施，完善边坡设计施工图总说明。

问题128：计算书内容不完整。

【原因分析】违反《建筑边坡工程技术规范》GB 50330—2013第3.3.5条、第3.3.6条关于边坡支护结构设计深度及完整性的规定。

【处理措施】完善边坡设计计算书内容（如补充缺失的计算简图，补充挡墙肋柱、冠梁、挡土板计算，补充桩板挡墙设计中的护壁计算，针对不同高度或不同地质剖面的边坡分别计算，按荷载工况分别采用具有代表性的典型截面进行破坏模式分析、稳定性计算、岩土压力和结构支挡计算等，做到安全可靠、经济合理、确保质量和保护环境）。

问题129：总平面图无带灰度的地形图、边坡剖面未表示地质剖面与边坡的对应关系及边坡与相邻建（构）筑物的对应关系，施工图表达内容不完整。

【原因分析】违反《建筑边坡工程技术规范》GB 50330—2013第3.1.1条关于边坡工程设计完整性的规定。

【处理措施】带灰度地形图的总平面图，能够清楚表达边坡结构定位信息是否准确、齐全，明确边坡边线与周围建（构）筑物的关系。另外，边坡剖面图应完整表达支护结构所在位置的地层信息。

问题130：施工图表达不完整（如无桩间挡土板配筋图及挡土板与桩的连接大样，典型剖面不足，无立面展开图及控制标高，无伸缩缝设置原则、做法及节点大样图，未标注坡顶既有建（构）筑物与边坡的关系，无保护层厚度要求，无指北针等）。

【原因分析】违反《建筑边坡工程技术规范》GB 50330—2013第3.1.1条关于边坡工程设计完整性的规定。

【处理措施】完整表达边坡设计施工图，主要平面图、立面图、剖面图及详图。

① 平面图：边坡的平面布置控制线、主要结构图、截排水沟、指北针、标注必要的定位信息；明确边坡的支护类型、控制点坐标、控制标高、比例、坐标系统、高程系统、边线与周围建（构）筑物的对应关系及必要的设计说明。

② 立面图：标明边坡的支护形式、支护参数、地质情况、地层信息、地面高程、结构顶部与底部设计高程及边坡顶底标高、地坪设计高程、分段长度比例等信息及必要的设计说明。

③ 剖面图：绘出边坡横断面、控制线、截排水沟、坡面泄水孔、地质情况、地层信息、边坡顶底设计标高及周边保护对象、坡顶防护栏杆、地坪设计高程、边坡支护参数、比例、尺寸单位及必要的设计说明。

④ 详图：绘出支挡结构、护壁及护壁锁扣、桩、锚杆、伸缩缝、截排水沟、滤水包等连接节点或大样图及必要的设计说明。

问题131：设计总说明的表达不全，设计依据不充分；土石方工程的说明不全。

【原因分析】总说明应包括边坡工程概况（边坡范围、高度、岩性、永久/临时、安全等级、安全系数、支护方案等信息），工程地质条件（水文、气象、地形、地貌、地层岩性、地震效应、稳定性评价、不良地质现象、场地内岩土物理力学参数取值）、设计依据（规程规范、方案论证、专项论证）、施工措施与技术要求、土石方工程、检测和监测设计、质量检验、危大工程、安全文明施工等内容。

【处理措施】将边坡工程概况（边坡范围、高度、岩性、永久/临时、安全等级、安全系数、支护方案等信息），工程地质条件（水文、气象、地形、地貌、地层岩性、地震效应、稳定性评价、不良地质现象、场地内岩土物理力学参数取值）、设计依据（规程规范、方案论证、专项论证）、施工措施与技术要求、土石方工程、检测和监测设计、质量检验、危大工程、安全文明施工等内容完善表达。

土石方工程说明应强调施工顺序、土石方开挖方式、工艺及施工技术要求；明确边坡开挖分层高度及分段长度，强调"动态设计、逆作法、信息法施工"；说明对清除的土石方如何处置（如土方外运，则应补充弃土场的设计或注明由甲方另行委托设计）。

24 基坑工程

24.1 工程地质及环境条件

24.1.1 工程地质条件

问题1：场地地质环境条件与勘察资料相比，发生了较大变化或产生了新的环境地质问题，基坑设计依据不充分。

【原因分析】违反《建筑基坑支护技术规程》JGJ 120—2012第3.2.1条第8款关于基坑设计依据的规定。

【处理措施】在完成基坑边坡勘察工作后，由于种种原因造成场地放置时间较长，而在此期间场地地质环境条件发生了较大变化，或产生了新的环境地质问题（如人工挖填导致基坑边坡的岩土性质发生变化、坡面长期暴露导致岩体风化掉块、雨水冲刷及地下水渗流导致抗剪强度参数降低等），导致勘察资料不能满足基坑支护设计与施工的需要时，应补充勘察资料以满足基坑设计需要。

问题2：基坑的位置、范围、标高等进行了较大调整，而勘察文件未对应调整，基坑设计依据不充分。

【原因分析】违反《建筑边坡工程技术规范》GB 50330—2013第4.1.2条和重庆市《工程地质勘察规范》DBJ 50/T—043—2016第4.5.1条第2款关于基坑设计依据的规定。

【处理措施】由于设计方案调整导致勘察资料不能满足基坑边坡支护设计与施工需要时，设计单位应向业主提出补充勘察文件的要求。勘察单位应针对调整后的设计方案对勘察文件进行修改和补充，必要时进行补充勘察或施工勘察。

问题3：对基坑勘察范围不够，造成开挖影响范围评价不足。

【原因分析】违反《建筑基坑支护技术规范》JGJ 120—2012第3.2.1条第1款和《建筑边坡工程技术规范》GB 50330—2013第4.2.5条及重庆市《工程地质勘察规范》DBJ 50/T—043—2016第4.1.4条、第6.3.5条、第9.2.4条第1款关于勘察范围的规定。

【处理措施】拟开挖基坑勘察范围应根据工程性质和地质环境特点确定，包括基坑开挖对周边建（构）筑物和环境有影响的区域，要求如下：

① 对无外倾结构面控制的岩质基坑边坡勘察范围，到坡顶的水平距离不应小于基坑开挖深度。受外倾结构面控制的岩质基坑边坡的勘察范围尚应不小于外倾结构面影响范围。

② 土质基坑边坡中，对于可能沿土体内部圆弧形破坏的，勘察范围不应小于2倍基坑深度。

③ 岩土混合基坑边坡的勘察范围应根据岩、土质基坑边坡破坏模式和影响范围按不利原则确定。

④ 对可能沿岩土界面滑动的，勘察范围应大于可能的后缘边界，坡脚部应大于可能的剪出口位置。

⑤ 当周边存在滑坡等不良地质体时，还应包括不良地质体对基坑安全有潜在影响的区域。

⑥ 特别地，由于重庆特殊的山地城市地质条件，在陡崖带下方斜坡上往往存在厚层崩坡积土，在不同时期的堆积层界面存在不连续的软弱层。对该类地层进行基坑边坡勘察时，应考虑开挖可能造成软弱层贯通进而引发大范围滑坡的可能。

建设单位不得因超越红线范围或降低勘察成本等不当理由任意缩小勘察范围。

24.1.2 周围环境条件

问题 4：基坑影响范围内分布有市政管网、建筑基础、地下轨道、人防洞室等建（构）筑物时，设计方案未对其进行有效保护。

【原因分析】违反《建筑基坑支护技术规程》JGJ 120—2012 第 3.1.2 条、第 3.2.2 条和《建筑地基基础设计规范》GB 50007—2011 第 9.1.3 条关于对周边环境影响的控制设计的规定，属于违反强制性条文要求。

【处理措施】在基坑设计过程中，应通过业主或相关主管部门，充分收集基坑影响范围内既有管网、建筑基础、地下轨道、人防洞室等建（构）筑物等相关设计、竣工验收资料，对于无法收集部分，应采用相应的勘查手段查明。在基坑支护结构的设计过程中，应把保护基坑周边环境安全放在重要位置，保证基坑周边建（构）筑物、地下管线、道路的安全和正常使用，满足规范规定的基坑支护首要功能。

问题 5：基坑周边存在拟建或已建相邻基坑工程时，锚杆（索）设计方案未考虑对相邻基坑支护结构的影响。

【原因分析】违反《建筑基坑支护技术规程》JGJ 120—2012 第 3.1.2 条、第 3.2.2 条关于查明基坑环境条件的规定。

【处理措施】在基坑设计前，应充分收集相邻基坑的施工时间、设计方案、竣工资料。设计资料包含支护结构形式、锚杆（索）的间距、长度等。在此基础上，分析本项目基坑与相邻基坑的施工先后顺序，避免岩墙或土墙两侧锚杆（索）交叉或锚固段进入拟开挖的基坑范围内，有条件时可考虑采用对拉锚杆（索）的支护方案对岩（土）墙两侧的基坑边坡进行支护。

问题 6：未充分考虑基坑施工前后地下水变化的影响。

【原因分析】违反《建筑基坑支护技术规程》JGJ 120—2012 第 3.1.4 条关于地下水控制的规定。违反《建筑地基基础设计规范》GB 50007—2011 第 9.1.3 条关于地下水控制设计的规定，属于违反强制性条文要求。

【处理措施】基坑支护结构设计时，对地下水发育的基坑边坡地下水应进行控制计算，计算过程中，需考虑到因地下水位下降、地下水渗流因素而造成基坑周边建（构）筑物、地下管线、道路等损坏或影响其正常使用的土体变形。

问题 7：基坑设计时，未考虑邻近江、河、湖等地表水体或洪水对基坑的影响。

【原因分析】违反《高层建筑岩土工程勘察标准》JGJ/T 72—2017 第 8.6.2 条、第 8.6.3 条和重庆市《工程地质勘察规范》DBJ 50/T—043—2016 第 9.4.1 条、第 9.4.3 条及重庆市《市政工程地质勘察规范》DBJ 50—174—2014 第 12.3.3 条第 5 款关于抗浮设防、地下水渗透、参数取值等影响的规定。

【处理措施】当基坑邻近江、河、湖等大型地表水体，且位于调度水位或周期性洪水位以下（重庆城区朝天门、磁器口等部分地势较低地段，在汛期经常被长江、嘉陵江过境洪峰淹没。如2020年8月20日，长江重庆寸滩出现洪峰水位191.62m、超过保证水位8.12m，嘉陵江磁器口站出现洪峰水位194.29m、超过保证水位8.65m，造成部分在建项目基坑渗水严重或被洪水淹没），且与基坑场地地下水有水力联系时，应通过水位观测、抽水试验、联通试验等掌握地下水的动态变化、地表水与地下水的水力联系，并对地表水体调度水位（及运行时间）或洪水位（及行洪时间）等情况进行调查后（必要时可设置长期观测孔对地下水动态进行监测），综合确定抗浮设防水位建议值。为基坑边坡支护结构设计提供压力水头数据，以便在设计中考虑静水压力及渗流产生的水位变化的影响。

对于江、河、湖边受水涨落影响较大的基坑边坡工程，岩土体会受水浸泡达到饱和状态，饱和状态下的抗剪强度参数较天然状态下低，相应边坡稳定性系数会比天然状态低。基坑设计时应根据可能出现的影响提出如集中抽排、基坑底部反压、坡面砂袋覆盖、引水回灌等与之对应的防范措施与应急预案。

24.2　基本规定

24.2.1　安全等级

问题8：对基坑周边的地质条件、水文条件和周边环境的复杂程度考虑不到位，支护结构安全等级判定不准确。

【原因分析】违反《建筑基坑支护技术规范》JGJ 120—2012第3.1.3条关于基坑边坡安全等级的规定。

【处理措施】基坑支护设计时，应综合考虑基坑周边环境和地质条件的复杂程度、基坑深度等因素，确定支护结构的安全等级。《建筑基坑支护技术规范》JGJ 120—2012将支护结构划分为三个安全等级，支护结构失效、土体过大变形对基坑周边环境或主体结构施工安全的影响很严重时，定为一级；影响严重时，定为二级；影响不严重时，定为三级。重庆市城乡建设委员会于2011年发布了《进一步加强全市高切坡、深基坑和高填方项目勘察设计管理的意见》（渝建发〔2010〕166号），文中为进一步规范重庆市深基坑项目管理，确保工程建设质量，消除工程安全隐患，规定岩质基坑高度≥15m、岩土混合基坑高度≥12m，并且土层厚度≥4m、土质基坑高度≥8m的深基坑项目在基坑支护方案设计完成后，建设单位应先组织专家现场踏勘，再进行支护方案设计安全专项论证。安全专项论证意见作为深基坑项目支护方案设计可行性评估、施工图设计审查的重要依据。重庆地区满足上述高度的深基坑工程如果不具备放坡条件时，宜将支护结构安全等级定为一级。

当基坑周边存在受影响的重要建筑物、大桥、轨道交通、市政道路或地下管网时，或因场地的地质条件复杂、缺少同类地质条件下相近基坑深度的经验时，支护结构破坏、基坑失稳或过大变形对人的生命、经济、社会或环境影响很大，安全等级应定为一级。基坑永久支护工程安全等级不应低于受其影响的建（构）筑物安全等级。

因为安全等级判定不准确，会导致支护结构选型不合理、系数取值不准确、对基坑的变形要求控制不够严格等多方面的弊端，因此设计人员在开展基坑设计时，应充分把握基坑周边环境及地质条件，特别是要对重要保护对象进行梳理，对风险源进行辨识，正确确定其安全等级。

问题9：不分段区别地质条件、环境条件及基坑特征，统一将安全等级划为同一类。

【原因分析】违反《建筑基坑支护技术规范》JGJ 120—2012 第3.1.3条关于基坑边坡不同部位可采用不同安全等级的规定。

【处理措施】《建筑基坑支护技术规范》JGJ 120—2012 第3.1.3条明确规定，对同一基坑的不同部位，因地质条件的复杂程度不同，保护对象的重要性不同，环境条件的不同，可以划分为不同的安全等级。因此在基坑支护设计中，应对地质条件、保护对象、基坑高度、拟采用的支护型式、有无放坡条件、基坑使用时间等情况进行深入分析，分段确定基坑边坡支护结构的安全等级。但对内支撑结构划分安全等级时应注意，当基坑一侧支撑失稳破坏会导致另一侧支护结构因受力改变而形成连续倒塌时，相互影响的基坑各边支护结构应以高安全等级为准。

问题10：未根据基坑的使用年限采用正确的作用基本组合综合分项系数。

【原因分析】违反《建筑基坑支护技术规范》JGJ 120—2012 第3.1.6条关于支护结构构件基本组合综合分项系数的规定。

【处理措施】《建筑基坑支护技术规范》JGJ 120—2012 第3.1.6条规定支护结构构件按承载能力极限状态设计时，作用基本组合的综合分项系数不应小于1.25。因此对一般地质条件下临时性基坑支护工程，使用年限小于两年的，基本组合的综合分项系数可取1.25。对使用年限大于两年的非临时性基坑工程，应按永久支护结构考虑，基本组合的综合分项系数取1.35。

24.2.2 设计使用年限

问题11：基坑支护结构的使用年限未明确说明。

【原因分析】违反《建筑基坑支护技术规范》JGJ 120—2012 第3.1.1条和重庆市《建筑地基基础设计规范》DBJ 50—047—2016 第7.1.3条关于基坑支护设计使用年限的规定。

【处理措施】基坑支护设计的使用年限从基坑施工至坑底开始计算，临时基坑支护的设计使用年限为2年。对有特殊施工周期要求的工程，应根据实际情况延长支护期限。如果基坑开挖后支护结构的使用持续时间延长，荷载可能会随时间发生改变，材料性能和基坑周边环境也可能发生变化。为防止人们忽略由于延长支护结构使用期而带来的荷载、材料性能、基坑周边环境条件的变化，避免超越设计状况，设计时应明确支护结构的使用年限。基坑永久支护结构使用年限不应低于受其影响的建（构）筑物的使用年限。例如在轨道及桥梁控制保护区范围内的永久性基坑支护结构，基坑边坡破坏可能对轨道及桥梁造成影响时，基坑支护结构设计使用年限应为100年，与轨道及桥梁结构使用年限一致。

问题12：超过设计使用年限的临时基坑未进行相关的处置措施。

【原因分析】违反《建筑基坑支护技术规范》JGJ 120—2012 第3.1.1条和重庆市《建筑地基基础设计规范》DBJ 50—047—2016 第7.1.3条关于基坑支护设计使用年限的规定。

【处理措施】建设过程中对超过设计使用年限的基坑工程，建设单位应委托监测单位增加变形监测频率，委托设计单位进行验算复核，必要时进行基坑安全专项评估、结构鉴定及加固。基坑安全评估原则应能确保不影响周边建（构）筑物及设施等的正常使用、不破坏景观、不造成环境污染。建设单位应及时制定实施方案，减少超使用年限的临时基坑暴露时间，实施方案应上报建设主管部门。

24.3 基坑稳定性分析

24.3.1 破坏模式分析

问题 13：土质基坑未按多种破坏模式进行分析验算。

【原因分析】违反《建筑基坑支护技术规范》JGJ 120—2012 第 4.2.3 条和重庆市《建筑地基基础设计规范》DBJ 50—047—2016 第 7.4.1 条的规定。

【处理措施】土质基坑的岩土界面或土层界面在基坑侧壁或坑底附近临空，有沿岩土界面或土层界面发生滑移破坏的可能性时，存在多种破坏模式的可能。若仍以圆弧滑动的单一破坏模式进行稳定性分析，会导致破坏模式分析不全，可能漏掉最不利的潜在滑动面，存在安全隐患。土质基坑除了进行圆弧滑动的破坏模式分析外，还应重视沿岩土界面或土层界面（含不同土层的界面、新旧填土界面等）滑移的可能性，找出最不利的潜在滑动面，正确判断土质基坑破坏模式，为支护结构设计计算提供依据，如图 24-1 所示。

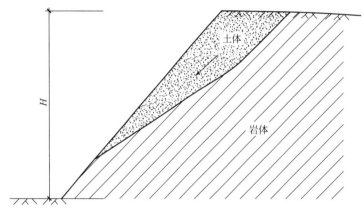

图 24-1 土体沿界面滑动示意图

当基坑面以下存在软弱下卧层时，整体稳定性验算滑动面中应包含由圆弧与软弱土层层面组成的复合滑动面，如图 24-2 所示。

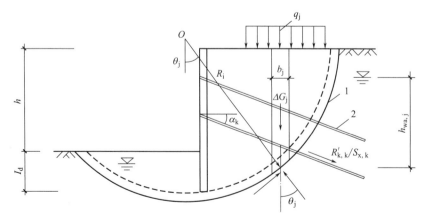

图 24-2 存在软弱下卧层时整体稳定性验算示意

问题 14：岩土组合基坑破坏模式分析不全面。

【原因分析】违反重庆市《建筑地基基础设计规范》DBJ 50—047—2016 第 7.4.1 条关于岩土组合基坑破坏模式的规定。

【处理措施】岩土组合基坑应分析土体沿岩土界面滑移、土体内部滑移的稳定性及基坑土体对岩体的不利影响。其稳定性分析不仅应考虑上部土体对下部岩体竖向荷载的影响，还应考虑土体剩余下滑力、土压力对基坑的影响。应采用不平衡推力折线传递系数法分析是否存在剩余下滑力，与分层计算的土压力比较，取不利值进行设计。同时根据岩土分布情况分层计算岩土压力。

问题 15：岩质基坑不重视边坡外倾结构面、外倾楔形体的破坏模式分析。

【原因分析】违反《建筑地基基础设计规范》GB 50007—2011 第 9.8.2 条、第 9.8.5 条和重庆市《建筑地基基础设计规范》DBJ 50—047—2016 第 7.3.4 条关于岩质基坑受外倾结构面、外倾楔形体影响的规定。

【处理措施】岩质基坑工程设计时应分析岩体结构、外倾结构面对边坡稳定性的影响。对单结构面外倾边坡作用在支挡结构上的横推力，可根据楔形平衡法进行计算，并应考虑结构面填充物的性质及其浸水后的变化。具有两组或多组结构面的交线倾向于临空面的边坡可采用棱形体分割法计算棱体的下滑力。

具有两组或多组结构面交线倾向于临空面及凸角有外倾结构面的岩质基坑稳定性差，在设计中应予以充分重视。

24.3.2　荷载取值

问题 16：支护结构的作用效应考虑不全面导致荷载取值偏低，或未明确提出基坑周边的荷载限值。

【原因分析】违反《建筑基坑支护技术规范》JGJ 120—2012 第 3.4.1 条、第 3.1.9 条、第 8.1.5 条和《建筑地基基础设计规范》GB 50007—2011 第 9.1.9 条、第 9.3.1 条关于水平荷载及荷载限值的规定。其中"基坑周边堆载不得超过设计规定"属于强制性条文要求。

【处理措施】规范规定除土体直接作用支护结构上形成土压力之外，周边建筑物、施工材料、设备、车辆等荷载虽未直接作用在支护结构上，但其作用通过土体传递到支护结构上，也会对支护结构上土压力的大小产生影响。土的冻胀、温度变化亦会使土压力发生改变。支护结构的作用效应，主要考虑下列各项：

① 岩土压力。

② 静水压力、渗流压力。

③ 基坑开挖影响范围以内的临时建（构）筑物荷载、地面超载、施工荷载及邻近场地施工的影响。

④ 温度变化及冻胀对支护结构产生的内力和变形。

⑤ 作为永久结构使用时建筑物的相关荷载。

⑥ 基坑周边主干道交通运输产生的荷载作用。

在设计文件中遗漏的荷载常有：施工期间的重车荷载、基坑边坡顶部建筑物的竖向荷载、影响范围内的高层建筑物的水平荷载等。设计文件中应提出明确的基坑周边荷载限值。为确保支护结构承载力及控制支护结构变形，在支护结构达到设计强度前，严禁在设计预计的滑裂面范围内堆载，如施工期间堆载土体距离坑侧的水平距离过近，将容易造成安全事故。上海莲花河畔倒楼事件的教训表明，对需要进行临时土石方的堆放的工程，必须进行包括自身稳定性、邻近建筑物地基承载力、变形、稳定性和基坑稳定性验算。

问题 17：未充分考虑基坑潜在塌滑区附近建（构）筑物荷载。

【原因分析】违反重庆市《建筑地基基础设计规范》DBJ 50—047—2016 第 7.1.7 条关于考虑滑塌区建筑物对基坑支护结构不利影响的规定。

【处理措施】在基坑潜在塌滑区附近有建（构）筑物时，应考虑建（构）筑物水平、竖向荷载对基坑支护结构的不利影响。基础抗侧力、地基摩擦力、基础与基坑坡缘间的岩土抗力可承担部分建筑水平荷载。因此建筑剩余水平荷载对基坑支护结构的作用可根据基础形式、埋深、刚度、构造措施，以及基础到基坑坡缘的距离和基坑的岩土性质估算，可通过数值分析来校核。将支护结构附近的高层建筑桩基深入破裂面以下，其上采取竖向应力隔离处理时，边坡支护结构承担的建筑荷载宜考虑折减。

24.3.3　稳定性分析

问题 18：邻近环境边坡的基坑，稳定性分析时未考虑环境边坡对基坑的影响。

【原因分析】违反重庆市《建筑地基基础设计规范》DBJ 50—047—2016 第 7.1.2 条关于基坑支护设计内容的规定。

【处理措施】邻近环境边坡的基坑，应分析环境边坡对基坑的影响。当环境边坡起坡点位于基坑边坡破裂面影响范围内，在勘察外业工作时，应针对影响范围增加必要工作量；在稳定性分析评价时，应作为一个整体边坡进行稳定性分析；在基坑设计时，还应考虑在分级支挡时环境边坡支挡结构传递至基坑支护结构的竖向荷载与水平荷载。应作为一个整体边坡考虑稳定性问题。

问题 19：基坑三面临空或两面临空凸角位置，岩土体稳定较差，设计时未采取加强措施。

【原因分析】违反重庆市《建筑地基基础设计规范》DBJ 50—047—2016 第 7.1.6 条、第 7.3.4 条关于考虑基坑空间效应的规定。

【处理措施】基坑支护设计宜根据基坑空间形状，考虑时空效应。尽量避免基坑平面形成凸角。当无法避免时，应采取加强措施，保证岩土体的稳定性。

问题 20：不重视水文地质条件的分析，对可能产生的流砂、流土、管涌等现象无预判和防治措施建议。

【原因分析】违反《建筑地基基础设计规范》GB 50007—2011 第 9.2.2 条、第 9.2.3 条和《建筑深基坑工程施工安全技术规范》JGJ 311—2013 第 5.4.2 条关于场区水文地质资料及降水参数的规定。

【处理措施】规范对基坑工程勘察提出了具体要求，要求查明场区水文地质资料及与降水有关的参数，包括地下水类型、地下水位高程及变化幅度；各含水层的水力联系、补给、径流条件及土层的渗透系数；分析流砂、管涌产生的可能性；当场地水文地质复杂时，应进行水文地质勘察。设计人员应重视并合理使用勘察报告中的水文地质资料，对可能产生的流砂、流土、管涌、现象等应有预判和防止措施。

围护结构渗水、流土，可采用坑内引流、封堵或坑外快速注浆的方式进行堵漏；情况严重时应立即回填或引水回灌降低水头差，再进行处理。开挖底面出现流砂、管涌时，应立即停止挖土施工，根据情况采取回填、降水法降低水头差、设置反滤层封堵流土点等方式进行处理。

问题 21：软弱土层基坑，未进行基坑抗隆起计算。

【原因分析】违反《建筑基坑支护技术规范》JGJ 120—2012 第 4.2.4 条关于坑底隆起稳定性要求的规定。

【处理措施】对深度较大的基坑，当因支挡结构嵌固深度较小、土的强度较低或地下水渗流等因素导致土体从支挡结构底端以下向基坑内隆起挤出时，此为锚拉式支挡结构和支撑式支挡结构的一种破坏模式，是一种土体丧失竖向平衡状态的破坏模式。由于锚杆和支撑只能对支护结构提供水平方向的平衡力，对隆起破坏不起作用，可通过增加挡土构件嵌固深度来提高抗隆起稳定性。因此，当基坑底部为软弱土层时，应进行基坑抗隆起计算，支挡式结构的嵌固深度应符合坑底抗隆起稳定性要求，如图 24-3 所示。

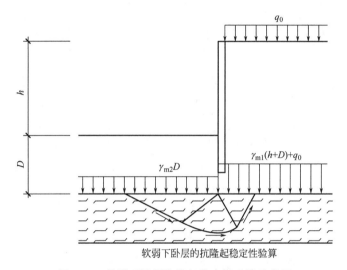

图 24-3 软弱下卧层抗隆起稳定性验算示意图

问题 22：基坑支护结构变形量超过变形限值要求。

【原因分析】违反《建筑基坑支护技术规范》JGJ 120—2012 第 3.1.8 条和《建筑地基基础设计规范》GB 50007—2011 第 9.1.7 条及《建筑基坑工程监测技术标准》GB 50497—2019 第 8.0.4 条、第 8.0.5 条关于水平位移及沉降控制值的规定。

【处理措施】当基坑开挖影响范围内有建筑物时，支护结构水平位移控制值、建筑物的沉降控制值应按不影响其正常使用的要求确定，并满足《建筑地基基础设计规范》GB 50007—2011 中对地基变形允许值的规定；当基坑开挖影响范围内有地下管线、地下构筑物、道路、轨道交通、桥梁时，支护结构水平位移控制值、地面沉降控制值应符合现行规范对市政设施、建筑物的相关变形控制规定，不影响其正常使用。

当监测数据达到监测预警值时，应立刻预警，通知有关方及时分析原因并采取相应措施。

问题 23：邻近轨道交通的基坑支护变形位移控制不当。

【原因分析】违反《建筑基坑支护技术规范》JGJ 120—2012 第 3.1.8 条和《建筑基坑工程监测技术标准》GB 50497—2019 第 8.05 条及重庆市《城市轨道交通结构检测监测技术标准》DBJ

50/T—271—2017 第 G.0.1 条关于轨道结构变形限值的规定。

【处理措施】轨道结构变形值相对于支护结构变形值要求更加严格，常规来说轨道结构变形限值按重庆市《城市轨道交通结构检测监测技术标准》DBJ 50/T—271—2017 第 G.0.1 条进行控制，但是对于一些特殊结构，如正在运营的轨道交通出入口电梯，其变形限值要求更为严格，一般为4mm。因此，对于涉及轨道保护要求的基坑支护结构，不但应满足常规基坑支护位移变形要求，还应同时满足轨道结构方面更加严格的变形控制要求，对于规范上尚未明确规定轨道相关结构的变形值，应充分征求轨道管理部门和轨道设计单位的意见。

问题 24：基坑边坡设计时，未对每次切坡高度对应的施工工况进行稳定性分析。

【原因分析】违反《建筑基坑支护技术规范》JGJ 120—2012 第 4.1.2 条关于施工工况稳定性分析的规定。

【处理措施】支挡结构设计除了分析计算基坑开挖至坑底时的状况，还应对每次切坡高度对应的施工工况进行稳定性分析，如锚拉式和支撑式支挡结构，基坑开挖至各层锚杆或支撑施工面时的状况应进行分析计算。因此，基坑支护设计应严格规定支护结构构件施工顺序及相应的基坑开挖深度。

24.3.4　岩土侧向荷载计算

问题 25：未对电梯井、集水坑等特殊部位单独划分计算剖面，未选择最不利剖面进行岩土侧向荷载计算。

【原因分析】违反《建筑基坑支护技术规范》JGJ 120—2012 第 3.1.11 条关于计算剖面选取原则的规定。

【处理措施】支护结构简化为平面结构模型计算时，沿基坑周边的各个竖向平面的设计条件常常是不同的，除了各部位基坑深度、周边环境条件及附加荷载可能不同外，地质条件的变异性是支护结构不同于上部结构的一个重要的特征。自然形成的成层土，各岩土层的分布及厚度往往在基坑尺度的范围内有较大的差异。因此，应按基坑各部位的开挖深度、周边环境条件、地质条件等因素划分计算剖面。对每一个计算剖面，应按其最不利条件进行计算。具体划分多少剖面根据工程的实际情况确定。计算时，基坑深度应考虑地梁开挖高度、电梯井、集水坑等特殊部位的超深，否则将导致岩土侧向荷载计算不准确，存在安全隐患。

问题 26：当对支挡结构水平位移有严格限制或采用地下室外墙支挡时，采用的土压力计算公式不合理。

【原因分析】违反《建筑地基基础设计规范》GB 50007—2011 第 9.3.2 条和重庆市《建筑地基基础设计规范》DBJ 50—047—2016 第 7.2.2 条及《建筑基坑支护技术规范》JGJ 120—2012 第 3.4.2 条关于土压力计算的规定。

【处理措施】主动土压力、被动土压力可采用库伦或朗肯土压力理论计算。当对支挡结构水平位移有严格限制或采用地下室外墙支挡时，应采用静止土压力。在基坑潜在塌滑区，存在相邻建筑物地下墙体或陡峻稳定岩坡时，岩土侧向压力按有限范围滑动楔体计算。

问题 27：对砂土及碎（卵）石土按水土合算的方法计算侧向压力。

【原因分析】违反《建筑地基基础设计规范》GB 50007—2011 第 9.3.3 条、重庆市《建筑地基基础设计规范》DBJ 50—047—2016 第 7.2.2 条关于水土合算、水土分算计算原则的规定。

【处理措施】对砂土及碎（卵）石土应按水土分算的方法计算侧向压力；当有可靠经验时，对黏性土可按水土合算方法计算侧向压力。

24.4 基坑工程各支护形式设计

24.4.1 支护方案选择

问题 28：易失稳的顺层岩质基坑边坡未采用支护桩或先桩后锚（撑）的支护方案。

【原因分析】违反重庆市《建筑地基基础设计规范》DBJ 50—047—2016 第 7.1.6 条第 2 款、第 7.1.10 条和《建筑边坡工程技术规范》GB 50330—2013 第 9.1.2 条第 2 款关于支护方案选择的规定。

【处理措施】对于易失稳的顺层岩质边坡，由于岩层层面贯通性好，层间裂隙通常夹带软弱夹层甚至泥化夹层，结合程度很差甚至极差；如未采取超前支护措施，则基坑开挖极易产生顺层滑动，且顺层滑动破坏范围大，破坏后果严重。因此，此类基坑边坡应优先考虑沿岩层层面清坡的设计方案，当放坡空间不足时，应采用支护桩或先桩后锚（撑）的支护方案，先形成支护骨架，再开挖基坑内岩土体。并遵循自上而下、分段分层的逆作法顺序施工。

问题 29：桩顶位移偏大或桩的悬臂长度过长时，未在桩上增加预应力锚索（杆）。

【原因分析】违反《建筑基坑支护技术规程》JGJ 120—2012 第 3.1.8 条、第 3.3.2 条和《建筑边坡工程技术规范》GB 50330—2013 第 3.1.4 条、第 13.1.3 条、第 13.1.5 条关于支护桩变形控制和选择的规定。

【处理措施】悬臂桩桩顶位移往往偏大，一般在嵌固段岩土性质较好、基坑较浅及基坑周边环境对支护结构的变形限制不严格时使用；当嵌固段岩土性质较差、桩悬臂长度过长及桩顶位移偏大时，应在桩上增加预应力锚索（杆）。

《建筑基坑支护技术规程》JGJ 120—2012 第 3.1.8 条规定要求，当基坑开挖影响范围内有建筑时，支护结构水平位移控制值、建筑物的沉降控制值应按不影响其正常使用的要求确定，并应符合现行国家标准《建筑地基基础设计规范》GB 50007—2011 中对地基变形允许值的规定。

《建筑边坡工程技术规范》GB 50330—2013 第 13.1.3 条明确悬臂式桩板挡墙高度不宜超过 12m，锚拉式桩板挡墙高度不宜大于 25m；当悬臂高度过大时，支挡结构承担的岩土侧压力及产生的桩顶位移均会出现大幅度增长，有违安全性和经济性的设计初衷。

问题 30：基坑支护方案比选前未综合考虑环境工程地质、水文地质条件及邻近建筑物、地下市政设施、施工条件和工期等因素，仅从解决某个单方面问题出发盲目选择某种支护方案。

【原因分析】违反《建筑基坑支护技术规程》JGJ 120—2012 第 3.3.1 条、第 3.3.2 条和《建筑边坡工程技术规范》GB 50330—2013 第 3.1.4 条关于支护方案选择的规定。

【处理措施】详见第 23.4.1 节边坡工程支护方案选择。

问题 31：对有重要建（构）筑物基础位于塌滑区内、变形要求严格的基坑边坡基坑，设计时未根据桩嵌固条件与锚（杆）索锚固条件选择小直径、小间距的排桩式锚索挡墙。

【原因分析】桩锚挡墙为变形协调一致的支护体系，"弱桩、弱锚"或"强桩、弱锚"或"弱桩、强锚"均为针对不同场地的地层岩性锚固条件与桩嵌固条件而诞生的设计理念，视情况选择。

【处理措施】重庆地区支护桩大多数情况下以中等风化基岩作为嵌固段，中等风化基岩可提供较大的水平承载力，因此适宜选择水平刚度大、可靠性高的大直径支护桩，同时采用预应力锚索进一步限制支护桩的变形、减小桩身内力。因此对有重要建（构）筑物基础位于塌滑区内、变形要求严格的基坑边坡应采用"强桩、弱锚"的设计理念，优先选用大直径桩＋锚的方案是更安全经济的选择。

问题 32：欠固结堆填区直立开挖的基坑边坡工程，选择板肋式锚杆挡墙的支护方案。

【原因分析】违反重庆市《建筑地基基础设计规范》DBJ 50—047—2016 第 7.1.6 条第 2 款和《建筑边坡工程技术规范》GB 50330—2013 第 9.1.4 条关于板肋式锚杆挡墙适用范围的规定。

【处理措施】欠固结填土力学性质变异大、自稳能力差，直立开挖施工过程中易出现变形垮塌和湿陷，特别是在降雨或地表水体渗入土体时尤甚。因此在新近回填土中直立开挖的基坑边坡工程，可选择排桩或桩锚体系采用先桩后挖的支护方案。

问题 33：土钉墙上段为永久性建筑基坑边坡，未采取可靠的支护措施。

【原因分析】违反《建筑基坑支护技术规程》JGJ 120—2012 第 1.0.2 条和《建筑边坡工程技术规范》GB 50330—2013 第 3.3.1 条第 2 款关于土钉墙耐久性及使用年限的规定。

【处理措施】土钉墙不适用于永久性的建筑边坡支护，应采用其他可靠度高的支护方案，如图 24-4 所示。主要有以下原因：

① 土钉墙设计理论不够完善，土钉墙的可靠性相对较差。

② 土钉墙工作原理为土钉、注浆体与土体共同作用，形成了能大大提高原状土强度和刚度的复合土体，但由于土体本身的蠕变或固结沉降等因素影响，土钉复合土体强度可能会随时间逐渐减弱，因此其耐久性是否能达到永久性边坡要求的 50 年甚至 100 年，有待进一步验证。

③ 土钉墙大多采用直接打入法、打入灌浆法等施工工艺，无法确保土钉的保护层厚度，抗腐蚀性差。

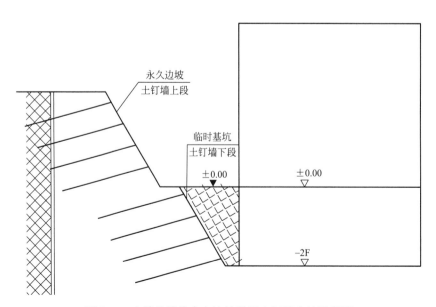

图 24-4　上阶边坡为永久边坡采用土钉墙支护示意图

问题 34：设计未充分考虑基坑边坡高度、安全等级、工程地质水文地质条件、基坑周边环境，盲目采用土钉墙。

【原因分析】违反《建筑基坑支护技术规程》JGJ 120—2012 第 3.1.3 条、第 3.3.1 条、第 3.3.2 条关于土钉墙适用条件的规定。

【处理措施】土钉墙是一种较为经济、便捷、施工快速的基坑支护形式。但由于土钉墙设计理论不够完善，土钉墙支护的基坑边坡可靠性较差，因此《建筑基坑支护技术规程》JGJ 120—2012 第 3.3.2 条规定下列情况不宜或不应采用土钉墙：①地下水位以下的基坑边坡、软弱土基坑边坡及基坑边坡高度大于 12m，不宜采用单一土钉墙支护；②安全等级为一级的基坑边坡；③对变形要求较严格，特别是基坑塌滑区有建筑物、地下管线等的土质基坑；④未掌握土钉施工区地下管线等情况时，采用土钉墙存在破坏施工区地下管线的风险的基坑边坡。

问题 35：施工地质条件较差时，在无可靠工程经验或未经试验的情况下采用土钉墙。

【原因分析】违反《建筑基坑支护技术规程》JGJ 120—2012 第 3.3.1 条、第 3.3.2 条关于土钉墙适用的施工地质条件的规定。

【处理措施】施工地质条件较差，如①含大量卵石、漂石、孤石的地层，因钻孔困难，导致延误工期、提高造价；②自稳能力差的土，如松散填土、无粘聚力的粗粒土（如砂、砾等），在施工期间不能保持自稳而发生垮塌；③软弱土（如淤泥、淤泥质土）、有机质土等，稳定性差、锚固力低；④基坑地下水含量丰富时。在遇到上述地质条件时，应在采取有效处理措施（如注浆加固、固结排水）的情况下，组织专家论证采用土钉墙支护形式的可行性。否则应采用其他可靠的支护形式。

问题 36：基坑边坡采用坡率法时超出用地红线范围。

【原因分析】坡率法作为一种经济、便捷、施工快速的基坑支护形式而被广泛采用，但当放坡条件不足时采用坡率法往往会超出用地红线范围。

【处理措施】基坑支护形式不得超出用地红线，必须超越红线时应征得相邻地块业主同意，否则应更改支护方案。

问题 37：地下水位以下或受江（河）水位影响的土质基坑，设计未根据工程地质和水文地质条件、基坑周边环境要求及支护结构形式，合理采用地下水控制措施与支护结构形式。

【原因分析】违反《建筑地基基础设计规范》GB 50007—2011 第 9.1.3 条和《建筑基坑支护技术规程》JGJ 120—2012 第 7.1.1 条关于地下水控制的规定，其中《建筑地基基础设计规范》GB 50007—2011 第 9.1.3 条属于强制性条文要求。

【处理措施】地下水控制措施可分为截水、降水、集水明排方法或其组合。考虑到对环境、基坑周边建（构）筑物、市政设施保护的要求及重庆地区水文地质特点，重庆地区地下水控制措施主要以截水及集水明排方法为主。地下水位以下或受江（河）水位影响的土质基坑，有些设计未设置截水帷幕，或采用的截水帷幕未根据工程地质、水文地质条件进行设计或未充分考虑支护结构形式，从而导致施工困难或截水效果差，甚至出现流砂、管涌等渗透变形破坏。

应根据工程地质、水文地质条件及基坑周边环境条件的客观要求，经过工程类比及可靠的工程经验，先确定地下水控制方法，再根据选定的地下水控制方法，选择支护结构形式；对于类似工程经验较少的土质基坑，可先进行工艺试验，验证施工效果，随后确定地下水控制措施的施工工艺。

24.4.2 排桩

问题 38：排桩底端以下存在软塑状黏土、淤泥质土等软弱下卧土层时，设计未对考虑软弱下卧层的滑动面进行整体稳定性验算。

【原因分析】违反《建筑基坑支护技术规程》JGJ 120—2012 第 4.2.3 条关于整体稳定性验算的规定。

【处理措施】部分设计使用理正岩土软件，采用地基系数法进行桩身内力计算，有软弱下卧层时容易忽略土质地基的整体稳定性验算。应根据《建筑基坑支护技术规程》JGJ 120—2012 第 4.2.3 条规定，对可能的最危险滑面进行整体稳定性验算。

问题 39：锚拉式排桩、支撑式排桩等支护结构与主体地下结构的净空间不满足主体地下结构及防水施工的要求。

【原因分析】违反《建筑基坑支护技术规程》JGJ 120—2012 第 3.1.10 条关于满足主体地下结构施工要求的规定。

【处理措施】为满足主体地下结构及防水施工要求，支护结构与主体地下结构的净距离一般大于 1.0m；当采用锚拉式排桩、支撑式排桩时，设计未考虑到锚拉式排桩的锚头及支撑式排桩的腰梁等会形成凸起、占用施工空间，从而造成主体地下结构及防水施工困难。应充分考虑支护结构的特点，为主体地下结构及防水施工预留足够的操作空间。

问题 40：双排桩结构按平面刚架结构模型进行计算，设计图未对前、后排桩与刚架梁的节点进行要求，可能导致计算模型与双排桩的实际受力状态不一致、设计不安全。

【原因分析】违反《建筑基坑支护技术规程》JGJ 120—2012 第 4.12.1 条、第 4.12.9 条关于双排桩计算模型和节点构造的规定。

【处理措施】前、后排桩与刚架梁节点处，桩的受拉钢筋与刚架梁受拉钢筋的搭接长度不应小于受拉钢筋锚固长度的 1.5 倍，其节点构造应符合《混凝土结构设计规范》GB 50010—2010（2015 年版）对框架顶层端节点的规定。

问题 41：未对地下室外墙与排桩等支挡结构的间隙回填进行明确要求。

【原因分析】违反重庆市《建筑地基基础设计规范》DBJ 50—047—2016 第 7.1.12 条关于地下室外墙与基坑内部间隙回填的规定。

【处理措施】地下室侧墙与排桩等支挡结构的间隙狭窄且深度大，间隙回填施工较困难且回填质量往往不易达到设计要求；回填土体达不到设计要求时，将导致地下室挡土墙受力过大。因此设计应对填料、回填方式进行明确要求。如采用灌注素混凝土或搅拌流动性水泥土，或采用灰土、级配砂石、压实性较好的素土分层夯实，其压实系数不宜小于 0.94。

问题 42：支护桩临空高度未考虑桩前排水沟或地下室基础开挖的影响。

【原因分析】违反《建筑基坑支护技术规程》JGJ 120—2012 第 3.1.11 条、第 3.1.12 条关于基坑开挖按最不利条件进行计算的规定。

【处理措施】桩前排水沟或地下室基础距离支护桩较近时，排水沟或地下室的开挖将增加支护桩的临空高度，此时支护桩临空高度应计算至排水沟底部，并应考虑地下室基础开挖的不利影响。

问题 43：支护桩计算时未根据嵌固段岩土层情况、桩嵌入深度等采用合理的地基系数、桩底支撑条件。

【原因分析】违反《建筑基坑支护技术规程》JGJ 120—2012 第 4.1.3 条、第 4.1.6 条和《建筑边坡工程技术规范》GB 50330—2013 第 13.2.5 条、第 13.2.7 条关于支护桩嵌固段地基系数、桩底支撑条件的规定。

【处理措施】详见第 23.4.6 节桩板挡墙问题 71。

问题 44：支护桩冠梁设置有误。

【原因分析】违反《建筑基坑支护技术规程》JGJ 120—2012 第 4.3.6 条、第 4.3.7 条关于冠梁设置的规定

【处理措施】支护桩顶部应设置混凝土冠梁，冠梁的宽度不宜小于桩径，高度不宜小于桩径的 0.6 倍。冠梁钢筋应符合现行国家标准《混凝土结构设计规范》GB 50010—2010（2015 年版）对梁的构造配筋要求。冠梁用于支撑或锚杆的传力构件或按空间进行结构设计时，应按构件进行截面设计。在有主体建筑地下管线的部位，冠梁宜低于地下管线。

24.4.3　锚杆（索）挡墙

问题 45：锚杆（索）计算时，抗拔安全系数、水平刚度系数等参数取值不合理。

【原因分析】违反《建筑基坑支护技术规程》JGJ 120—2012 第 4.1.9 条、第 4.7.2 条规定和《建筑边坡工程技术规范》GB 50330—2013 第 8.2.2 条、第 8.2.3 条、第 8.2.4 条、第 8.2.6 条关于锚杆抗拉、抗拔安全系数及水平刚度系数取值的规定。

【处理措施】土质基坑边坡处理措施如下：

① 安全等级为一级、二级、三级时，锚杆抗拔安全系数分别不小于 1.8、1.6、1.4。

② 锚拉式支挡结构的弹性支点应按《建筑基坑支护技术规程》JGJ 120—2012 第 4.1.9 条规定计算弹性支点刚度系数。

岩质基坑边坡处理措施详见第 23.4.2 节边坡工程锚杆（索）挡墙问题 50。

问题 46：锚杆（索）的间距、第一锚点的位置、倾角设置不合理，自由段长度、锚固段长度、锚孔直径不满足构造要求。

【原因分析】违反《建筑基坑支护技术规程》JGJ 120—2012 第 4.7.5 条、第 4.7.8 条、第 4.7.9 条和《建筑边坡工程技术规范》GB 50330—2013 第 9.3.1 条、第 9.3.2 条、第 8.4.1 条、第 8.4.2 条的关于锚杆构造设计要求的规定。

【处理措施】土质基坑边坡处理措施如下：

① 锚杆间距过小会产生明显的群锚效应，因此《建筑基坑支护技术规程》JGJ 120—2012 第 4.7.8 条第 1 款规定，锚杆的水平间距不宜小于 1.50m，竖向间距不宜小于 2.0m。当锚杆间距小于 1.50m 时，应根据群锚效应对锚杆的抗拔承载力进行折减或改变相邻锚杆的倾角或采用长短相间的锚索、错开锚固段。

② 上覆土层厚度太小，锚杆位置的接触应力也相应较小，锚杆锚固段与土层的粘结强度也会降低；同时土层厚度太小会导致锚杆注浆时注浆体从地表溢出。因此，《建筑基坑支护技术规程》JGJ 120—2012 第 4.7.8 条第 2 款规定，第一排锚杆的锚固段的上覆土层厚度不宜小于 4.0m，并且应与坡顶的地下管网等错开。

③ 理论上锚杆倾角越小、支护结构受力越好，但锚杆水平倾角太小会造成施工困难、影响锚杆的注浆效果；锚杆倾角过大会造成锚杆水平向承载力减小、竖向荷载增大，增加支护成本。因此，《建筑基坑支护技术规程》JGJ 120—2012 第 4.7.8 条第 3 款规定，锚杆的倾角宜采用 $10°\sim25°$，不应大于 $45°$。

④ 锚杆的自由段长度应按《建筑基坑支护技术规程》JGJ 120—2012 第 4.7.5 条要求进行计算，不应小于 5.0m，且应穿过潜在滑动面并进入稳定土层不小于 1.50m。锚杆的锚固段长度应按《建筑基坑支护技术规程》JGJ 120—2012 第 4.7.4 条要求进行计算，且土层中的锚固长度不宜小于 6.0m。

⑤ 锚孔直径除了满足抗拔承载能力要求外，应确保钻孔内的锚杆钢筋面积不超过钻孔面积的 20%，满足锚固段水泥砂浆保护层厚度的要求。锚杆钻孔直径宜采用标准孔径。

岩质基坑边坡处理措施详见第 23.4.2 节边坡工程锚杆（索）挡墙问题 48。

问题 47：设计总说明中未明确锚杆（索）杆体钢筋的材质、灌浆材料的性能指标、锚具及其他附属构件的选型要求。

【原因分析】违反《建筑基坑支护技术规程》JGJ 120—2012 第 4.7.9 条、第 4.8.4 条和《建筑边坡工程技术规范》GB 50330—2013 第 8.3.1 条～第 8.3.7 条关于锚杆原材料及构造要求的规定。

【处理措施】详见第 23.4.2 节边坡工程锚杆（索）挡墙问题 49。

问题 48：锚杆自由段长度设置不合理且未作防腐处理。

【原因分析】违反《建筑边坡工程技术规范》GB 50330—2013 第 8.4.1 条第 1 款、第 8.4.7 条、第 8.4.8 条关于锚杆设置的规定。

【处理措施】锚杆自由段长度为外锚头到潜在滑裂面的长度，预应力锚杆自由段长度应不小于 5.0m，且应超过潜在滑裂面 1.5m，主要考虑以下几方面的原因：

① 为了减少预应力损失，锚杆张拉时会使自由段的钢筋或钢绞线产生弹性变形，锚杆自由段长度越长，预应力损失越小，锚杆拉力越稳定。如自由段长度过小或没有自由段，则锚杆张拉锁定后的弹性伸长较小，锚具变形、预应力筋回缩等因素引起的预应力损失较大。足够长的杆体自由段也可防止由于地层位移增大而引起传递荷载的显著增大。

② 为了充分发挥锚杆的锚固效果。如果自由段长度过小或没有自由段，使得一部分锚固段处于滑裂面内主动区，在基坑开挖过程中，当坑壁在主动土压力作用下出现变形时，主动区内的锚固段将产生向基坑内方向的摩阻力，会削弱锚固效果，所以破坏面处的抗力是很小的或有限的。只有当锚杆锚固段离潜在破坏面足够远，才能有效发挥锚杆的抗力作用。

③ 锚杆防腐处理的可靠性及耐久性是影响锚杆使用寿命的重要因素之一。"应力腐蚀"和"化学腐蚀"双重作用将使杆体腐蚀速度加快，导致锚杆使用寿命大大降低，防腐处理应保证锚杆各段均不出现杆体材料局部腐蚀现象。

问题 49：设计总说明中未明确锚杆挡墙逆作法施工的分级开挖高度、锚孔的定位偏差和钻孔深度、预应力锚杆（索）张拉流程和张拉锁定值、锚杆（索）的基本试验要求和验收要求。

【原因分析】违反《建筑基坑支护技术规程》JGJ 120—2012 第 4.8.5 条、第 4.8.7 条、第 4.8.8 条、第 8.1.1 条、第 8.1.3 条和《建筑边坡工程技术规范》GB 50330—2013 第 8.1.6 条、第 8.5.2 条、第 8.5.6 条、附录 C 关于施工方法、构造设计、验收要求的规定。

【处理措施】对于土质基坑边坡，处理措施如下：

① 逆作法分层实施锚杆时，应验算每一排锚杆的施工安全系数并结合地区经验综合确定分级开挖的高度。

② 锚杆的施工偏差应符合下列要求：钻孔孔位的允许偏差应为 50mm；钻孔倾角的允许偏差应为 3°；杆体长度应大于设计长度；自由段的套管长度允许偏差应为 ±50mm。

③ 钻孔深度宜大于设计深度 0.5m。

④ 明确预应力锚杆（索）张拉流程和张拉锁定值：当锚杆固结体的强度达到设计强度的 75% 且不小于 15MPa 后，方可进行锚杆的张拉锁定；锚杆锁定前，应按《建筑基坑支护技术规程》JGJ 120—2012 表 4.8.8 的检测值进行锚杆预张拉；锁定时的锚杆拉力应考虑锁定过程的预应力损失量，预应力损失量宜通过对锁定前、后锚杆拉力的测试确定；缺少测试数据时，锁定时的锚杆拉力可取锁定值的 1.1 倍～1.15 倍；锚杆锁定尚应考虑相邻锚杆张拉锁定引起的预应力损失，当锚杆预应力损失严重时，应进行再次锁定。

⑤ 检测数量不应少于锚杆总数的 5%，且同一土层中的锚杆检测数量不应少于 3 根。

岩质基坑边坡详见第 23.4.2 节边坡工程锚杆（索）挡墙问题 51。

问题 50：锚杆锚固段位于填土层、黏性土层、淤泥质土层时，未考虑土的蠕变对锚杆预应力损失和极限抗拔承载力的影响。

【原因分析】违反《建筑基坑支护技术规程》JGJ 120—2012 第 4.7.4 条关于蠕变试验确定锚杆极限抗拔承载力的规定。

【处理措施】锚杆锚固段位于填土层、黏性土层、淤泥质土层时，应考虑土体的蠕变对锚杆预应力损失的影响，并应根据《建筑基坑支护技术规程》JGJ 120—2012 附录 A.3 的要求选取不小于 3 根锚杆进行蠕变试验确定蠕变率及锚杆的极限抗拔承载力。

问题 51：锚（杆）索设计时未按设计需求保证相应锚固段的有效性。

【原因分析】违反《建筑基坑支护技术规程》JGJ 120—2012 第 4.7.1 条、第 4.7.8 条、第 4.7.9 条和《建筑边坡工程技术规范》第 8.4.1 条、第 8.4.3 条、第 9.3.2 条关于锚（杆）索锚固段要求的规定。

【处理措施】基坑边坡采取锚（杆）索方案时，既要考虑周边相邻地下室、人防洞室、地铁的影响，也要考虑地质情况（如基岩面起伏、存在外倾结构裂隙面），更要考虑密集锚（杆）索的设置产生的群锚效应，保证锚（杆）索相应的有效锚固段是设计方案安全合理的基本要求。主要分以下情况：

① 相邻场地存在已建地下室、人防洞室、地铁时，应预判施工时对相应建（构）筑物的不利影响，应采取避让或错开或混凝土回填洞室等措施，保证保证锚（杆）索的有效锚固段；当存在上述拟建或在建（构）筑物时，还应考虑相邻场地的开挖可能对锚（杆）索锚固体或锚固段岩体的破坏，而造成锚固段长度的折减。

② 地层层面的起伏使锚（杆）索不能在到达设计预定长度的同时满足有效的锚固长度。因此要求锚索钻孔施工时做好准确详尽的地质编录并与设计要求进行比较，必要时进行施工勘察校核地质情况，反馈设计方调整锚索长度，以信息法施工。

③ 边坡存在多个外倾结构面时，基坑设计应多方比较选择潜在滑面，确定锚固长度。

④ 锚（杆）索间距较小或锚固段岩土体稳定性较差时，锚杆宜采用长短相间或调整相邻锚杆入

射角的方式保证锚（杆）索有效锚固段。

问题 52：在固结沉降未完成的土层中采用锚（杆）索方案但未采取相应保护措施。

【原因分析】违反《建筑基坑支护技术规程》JGJ 120—2012 第 4.7.1 条、第 4.7.9 条和《建筑边坡工程技术规范》第 8.5.3 条关于锚索设计施工保护的规定。

【处理措施】土体中包含的碎块石，随着土体的固结沉降、锚索钻孔施工中的扰动等因素造成锚孔坍塌会对锚索施加剪切作用力，土体的压力会对锚索施加竖向压力，对锚索造成破坏。同时，在不稳定地层中或地层受扰动导致的水土流失会危及邻近建筑物或公用设施的稳定。因此，相应地层的锚索设计与施工均应采取有效的保护措施。

在设计时应考虑土体的固结压缩及基坑坑顶的竖向荷载作用，可采取钢套筒、高压旋喷桩、高压注浆加固等措施对锚索进行保护；在基坑的土体回填可能会对锚索形成竖向压力时，可以采用设置隔墙，分段分层回填等保护措施。

施工中土层中的锚索钻孔施工应采用干钻或套管护壁钻孔。

24.4.4 内支撑

问题 53：采用内支撑时仅对基坑开挖至坑底时进行结构分析，未考虑基坑开挖至各支撑施工面时的受力状况，未考虑主体结构替换支撑的受力状况及主体结构构件在替换后各设计工况下的承载力、变形及稳定性。

【原因分析】违反《建筑基坑支护技术规程》JGJ 120—2011 第 4.1.2 条关于设计工况的规定。

【处理措施】应根据《建筑基坑支护技术规程》JGJ 120—2012 第 4.1.2 条规定对各设计工况进行结构分析，包括基坑开挖至坑底、基坑开挖至各层锚杆或支撑施工面、主体结构替换支撑，并按最不利情况进行设计。

问题 54：设计说明中内支撑结构的施工工序与设计计算工况不一致。

【原因分析】违反《建筑基坑支护技术规程》JGJ 120—2012 第 4.10.1 条、第 8.1.3 条、第 8.1.4 条和《建筑地基基础设计规范》GB 50007—2011 第 9.5.3 条关于施工工序应与设计工况一致的规定。其中《建筑基坑支护技术规程》JGJ 120—2012 第 8.1.3 条、第 8.1.4 条和《建筑地基基础设计规范》GB 50007—2011 第 9.5.3 条属于强制性条文要求。

【处理措施】内支撑结构的施工与拆除顺序，应与设计计算工况一致，必须遵循先支撑后开挖、先替换支撑后拆支撑的施工原则，并应在设计说明施工要求中重点说明当基坑开挖面上方的支撑未达到设计要求时严禁向下超挖土方，在未达到设计规定的拆除条件时严禁拆除支撑。

问题 55：水平支撑和立柱的平面布置间距不合理。

【原因分析】违反《建筑基坑支护技术规程》JGJ 120—2012 第 4.9.11 条的规定。

【处理措施】相邻水平支撑的水平间距应满足土方开挖的施工要求；采用机械挖土时，应满足挖土机械作业的空间要求，且不宜小于 4m。水平支撑在腰梁或冠梁上支撑点的间距，对钢腰梁不宜大于 4m，对混凝土腰梁不宜大于 9m。立柱与支撑端部及立柱之间的间距应根据支撑构件的稳定要求和竖向荷载的大小确定，且对混凝土支撑不宜大于 15m，对钢支撑不宜大于 20m。

24.4.5　土钉墙

问题56：土钉墙设计时，未根据基坑开挖步序对各工况土钉墙的抗滑移稳定性和坑底抗隆起稳定性进行验算。

【原因分析】违反《建筑基坑支护技术规程》JGJ 120—2012第5.1.1条、第5.1.2条关于土钉墙整体滑动稳定性验算的规定。

【处理措施】土钉墙设计计算时，不仅应对土钉墙施工完成后的整体稳定性进行验算，还应根据基坑设计开挖步序，对各开挖工况下土钉墙的稳定性进行验算；当基坑底面下有软弱土层时还应进行坑底抗隆起稳定性验算。

问题57：土钉墙设计时，因场地受限导致设计坡率过陡，施工开挖时因坡面自稳能力较差而发生局部变形、垮塌。

【原因分析】违反《建筑基坑支护技术规程》JGJ 120—2012第5.3.1条、第5.3.3条关于土钉墙坡比及土钉间距的规定。

【处理措施】此类事故易发生于土体抗剪强度较低、自稳能力差的基坑边坡，重庆地区以填土基坑边坡最为常见。设计应根据基坑深度、土体的性质、自稳能力，采用工程类比法，综合确定土钉墙的坡率以及加密土钉的竖向间距，必要时可考虑灌浆处理与土钉墙相结合的措施。

问题58：人工填土层采用土钉墙时，设计的施工工艺不合理，导致施工过程中可能出现局部的变形垮塌破坏、施工困难。

【原因分析】违反《建筑基坑支护技术规程》JGJ 120—2012第5.3.1条、第5.3.2条关于施工条件、施工工艺的规定。

【处理措施】

① 重庆地区土质基坑以填土居多，填土采用大水量水钻法成孔，在水的作用下填土容易在施工过程出现局部的变形、垮塌破坏，因此应采用小水量或不需用水的成孔方法。

② 含较多孤石、大块石的填土，采用直接打入法的钢花管注浆土钉，将导致施工困难，因此应采用钻孔成孔。

24.4.6　组合支护结构

问题59：上部放坡＋下部支护桩的组合支护结构，上部土层放坡段未进行稳定性验算。

【原因分析】违反重庆市《建筑地基基础设计规范》DBJ 50—047—2016第7.2.1条和《建筑基坑支护技术规程》JGJ 120—2012第3.1.4条关于稳定性验算的规定。

【处理措施】当土质边坡无沿岩土界面、土层界面滑动可能且坡顶无建（构）筑物时，可按规范及地区经验综合确定放坡坡率；当上部土层可能沿岩土界面、土层界面产生折线滑动破坏时，应对土体沿岩土界面及土层界面滑动稳定性、可能的次级剪出稳定性及越顶可能性进行验算；当边坡高度较大、土体性质较差或坡顶有重要建（构）筑物时，也应对放坡段进行稳定性验算。

其余详见第23.4.9节边坡工程组合支护结构问题86。

问题60：上部支护桩＋下部放坡的组合支护结构，未考虑支护桩嵌固段边坡的稳定性。

【原因分析】违反《建筑边坡工程技术规范》GB 50330—2013第3.3.6条关于支护结构基础的

地基承载力和支护结构稳定性验算的规定，该条属于强制性条文要求。

【处理措施】上部支护桩应确保有可靠的嵌固段。支护桩位于斜坡上时，如图 24-5 所示，支护桩的嵌固段与斜坡坡面应有一定的水平安全宽度，能为支护桩提供有效、可靠的水平承载力，因此应对支护桩嵌固段岩土体的水平承载力及稳定性进行验算。根据类似工程经验，对于较完整且受岩体强度控制的岩质斜坡上的支护桩嵌固段，水平安全宽度可取 3 倍桩径且不小于 5m 宽度。

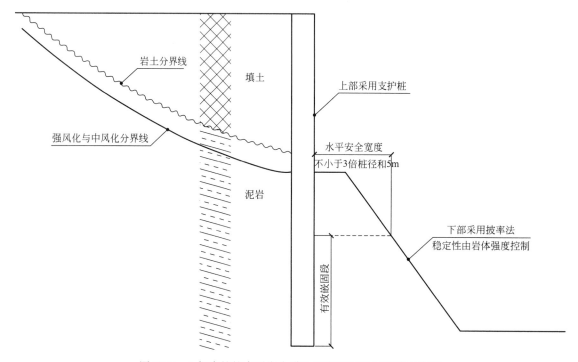

图 24-5　上部支护桩水平安全襟边距离和有效嵌固段示意图

问题 61：土质基坑边坡、外倾结构面贯通的岩质边坡，采用分级支挡时，未考虑上级支挡结构与下级支挡结构的作用，未进行整体稳定性验算。

【原因分析】违反重庆市《建筑地基基础设计规范》DBJ 50—047—2016 第 7.1.8 条关于分级支挡设计的规定。

【处理措施】上级支挡结构的嵌固段或地基持力层或锚固段位于下级支挡结构的破裂面或潜在塌滑体范围时，除上级边坡自重会对下阶边坡产生荷载外，还会对下阶支挡结构产生竖向和水平向作用力。同时下阶支挡结构的变形及破坏也会对上阶边坡及其支挡结构的变形和稳定性造成不利影响，因此应充分考虑上阶支护结构与下阶支护结构的相互作用。另外对于土质基坑边坡采用分阶支护时，除验算每阶挡墙内部和外部稳定性外，还应验算基坑边坡整体稳定性。

其余详见第 23.4.9 节边坡工程组合支护结构问题 89。

24.5　其他问题及防治措施

24.5.1　坡面防护

问题 62：放坡基坑未采取坡面防护措施。

【原因分析】违反《建筑基坑支护技术规程》JGJ 120—2012 第 3.3.6 条关于坡面防护的规定。

【处理措施】土质基坑土体较为稀松或部分岩质基坑坡体较为破碎时，应设置放坡坡面防护防止坡面松动土或破碎岩石掉块滚落，并做好坡面防护措施，确保临时基坑使用期间的安全，利于雨水的排放及组织收集。

问题63：基坑周边未做硬化处理或防渗处理。

【原因分析】违反《建筑基坑支护技术规程》JGJ 120—2012第8.1.6条第2款关于基坑周边维护处理的规定。

【处理措施】为使基坑周边雨水有组织的收集和排放，避免雨水过多渗入基坑四壁，对基坑完全稳定产生不利影响，基坑顶部或分级平台处应作硬化封闭处理。

问题64：Ⅲ，Ⅳ类岩体坡面防护钢筋网设置不合理。

【原因分析】违反《建筑边坡工程技术规范》GB 50330—2013第10.3.3条第3款关于坡面防护设置的规定。

【处理措施】《建筑边坡工程技术规范》规定Ⅰ、Ⅱ类岩质边坡可采用混凝土锚喷防护；Ⅲ类岩质边坡宜采用钢筋混凝土锚喷防护，Ⅳ类岩质边坡应采用钢筋混凝土锚喷防护。基坑边坡作为临时边坡，可参照上述规范条文，Ⅲ类岩质宜采用钢筋混凝土锚喷防护，Ⅳ类岩质临时基坑应采用钢筋混凝土锚喷防护；单层钢筋网喷射混凝土面板厚度70～80mm，钢筋直径6～10mm，间距150～200mm。

24.5.2 基坑工程截排水

问题65：缺基坑截水及排水设计及措施。

【原因分析】违反《建筑基坑支护技术规程》JGJ 120—2012第8.1.6条关于基坑截排水的规定。

【处理措施】基坑顶应设置截水沟，在临时基坑底应设置排水沟，截排水沟进行有组织集中排水，补充截排水沟及集水井的平面布置图。

24.5.3 监测与检测

问题66：监测方案未明确项目监测时间，并缺应急方案内容。

【原因分析】违反《建筑基坑支护技术规程》JGJ 120—2012第8.2.2条和《建筑基坑工程监测技术规范》GB 50497—2009第7.0.1条关于监测的强制性条文规定，属于违反强制性条文要求。

【处理措施】安全等级为一级、二级的支护结构，在基坑开挖过程与支护结构试用期内，必须进行支护结构的水平位移监测和基坑开挖影响范围内建（构）筑物、地面的沉降监测。临时基坑监测时间应为施工期至基坑回填完成。由于地质条件可能与设计采用的土的物理、力学参数不符，且基坑支护结构在施工期和使用期可能出现土层含水量、基坑周边荷载、施工条件等自然因素和人为因素的变化，通过基坑监测可以及时掌握支护结构受力和变形状态、基坑周边受保护对象变形状态是否在正常设计状态之内。应明确出现异常时，准备采取的应急预报及工程措施建议。基坑监测是预防不测，保证支护结构和周边环境安全的重要手段。

安全等级为一级、二级的支护结构，在基坑开挖过程与支护结构使用期内，必须进行支护结构的水平位移监测和基坑开挖影响范围内建（构）筑物、地面的沉降监测。基坑及支护结构监测预警值应根据基坑设计安全等级、工程地质条件、设计计算结果及当地工程经验等因素确定；当无当地

第4部分 岩土工程

工程经验时，土质基坑可按《建筑基坑工程监测技术标准》GB 50497—2019 中表 8.0.4 确定。当出现下列情况之一时，必须立即进行危险报警，并应通知有关各方对基坑支护结构和周边环境保护对象采取应急措施。

① 基坑支护结构的位移值突然明显增大或基坑出现流砂、管涌、隆起、陷落等。

② 基坑支护结构的支撑或锚杆体系出现过大变形、压屈、断裂、松弛或拔出的迹象。

③ 基坑周边建筑的结构部分出现危害结构的变形裂缝。

④ 基坑周边地面出现较严重的突发裂缝或地下空洞、地面下陷。

⑤ 基坑周边管线变形突然明显增长或出现裂缝、泄漏等。

⑥ 冻土基坑经受冻融循环时，基坑周边土体温度显著上升，发生明显的冻融变形。

⑦ 出现基坑工程设计方提出的其他危险报警情况，或根据当地工程经验判断，出现其他必须进行危险报警的情况。

问题 67：无支护桩桩身质量检测要求。

【原因分析】违反《建筑基坑支护技术规程》JGJ 120—2012 第 4.4.10 条、《建筑边坡工程技术规程》GB 50330—2013 第 19.2.3 条、《建筑基桩检测技术规范》JGJ 106—2014 第 3.1.1 条与第 3.1.3 条及重庆市质量监督总站《关于加强对旋挖桩成桩质量检测的通知》关于桩身质量检测的规定。

【处理措施】基桩检测应根据检测目的、检测方法的适应性等根据《建筑基桩检测技术规范》JGJ 106—2014 表 3.1.1 合理选择检测方法。其质量检测应符合下列规定：

① 应采用低应变动测法检测桩身完整性，检测桩数不宜少于总桩数的 20%，且不得少于 5 根。

② 根据重庆市质量监督总站《关于加强对旋挖桩成桩质量检测的通知》要求，采用旋挖成孔工艺施工的桩基应全数用采声波透射法或钻芯法对成桩质量进行检测。

③ 当根据低应变动测法判定的桩身完整性为Ⅲ类或Ⅳ类时，应采用钻芯法进行验证，并应扩大低应变动测法检测的数量。

④ 对一级边坡桩，当长边尺寸不小于 2.0m 或桩长超过 15.0m 时，应采用声波透射法检验桩身完整性；当对桩身质量有怀疑时，可采用钻芯法进行复检。

问题 68：对锚杆检测要求，缺锚杆、锚索的抗拔试验等未做明确要求。

【原因分析】违反《建筑基坑支护技术规程》JGJ 120—2012 第 4.8.8 条关于锚杆检测的规定。

【处理措施】应满足《建筑基坑支护技术规程》JGJ 120—2012 第 4.8.8 条规定锚杆抗拔承载力的检测应符合下列规定：

① 检测数量不应少于锚杆总数的 5%，且同一土层中的锚杆检测数量不应少于 3 根。

② 检测试验应在锚固段注浆固结体强度达到 15MPa 或达到设计强度的 75% 后进行。

③ 检测锚杆应采用随机抽样的方法选取。

④ 抗拔承载力检测值应按表 4.8.8 确定。

⑤ 检测试验应按《建筑基坑支护技术规程》JGJ 120—2012 附录 A 的验收试验方法进行。

⑥ 当检测的锚杆不合格时，应扩大检测数量。

问题 69：对支护结构、邻近基坑建（构）筑物、市政管网监测等未作明确要求。

【原因分析】违反《建筑基坑支护技术规程》JGJ 120—2012 第 8.2.2 条关于基坑监测的强制性

条文规定，属于违反强制性条文要求。

【处理措施】监测要求应符合《建筑基坑支护技术规程》JGJ 120—2012 第 8.2.3 条～第 8.2.7 条；应要求有相应资质的监测单位进行专项监测方案编制。明确监测范围、内容、频率及信息反馈。

24.5.4　设计对安全施工的要求

问题 70：未见坡顶安全防护措施。

【原因分析】违反《建筑施工土石方工程安全技术规范》JGJ 180—2009 第 6.2.1 条关于安全防护的规定。

【处理措施】开挖深度超过 2m 的基坑周边必须安装防护栏杆。①防护栏杆高度不应小于 1.2m；②防护栏杆应由横杆和立杆组成；③防护栏杆宜加挂密目安全网和护脚板；④防护栏杆顶部最小水平力不应小于 1.0kN/m。

问题 71：深基坑未对安全专项论证作要求。

【原因分析】违反《建设工程安全生产管理条例》及《危险性较大的分部分项工程安全管理办法的通知》（建办质〔2018〕31 号）关于专项设计和专项论证的规定。

【处理措施】设计单位应当在设计文件中注明涉及危大工程的重点部位和环节，提出保障工程周边环境安全和工程施工安全的意见，必要时进行专项设计。应明确要求施工单位对深基坑进行施工安全专项论证。

问题 72：未明确逆作法施工的具体要求，未强调动态设计、信息法施工要求。

【原因分析】违反《建筑基坑支护技术规程》JGJ 120—2012 第 8.1.1 条和《建筑边坡工程技术规范》GB 50330—2013 第 3.1.2 条、第 18.1.2 条、第 18.1.6 条关于设计、施工要求的规定。

【处理措施】① 当支护结构构件强度达到开挖阶段的设计强度时，方可向下开挖；对采用预应力锚杆的支护结构，应在锚杆施加预应力后，下挖基坑。应按支护结构设计规定的施工顺序和开挖深度分层开挖。

② 对土石方开挖后不稳定或欠稳定的边坡，应根据边坡的地质特征和可能发生的破坏方式等情况，采取自上而下、分段跳槽、及时支护的逆作法或部分逆作法施工。未经设计许可严禁大开挖、爆破作业。

③ 一级边坡工程应采用动态设计法，二级边坡工程宜采用动态设计法。

④ 一级边坡工程施工应按《建筑边坡工程技术规范》GB 50330—2013 第 18.3 节要求采用信息法施工。

24.5.5　基坑工程计算书及设计图纸深度

问题 73：设计选用废止的规范版本（如《混凝土结构设计规范》GB 50010—2010、《建筑边坡工程技术规范》GB 50330—2002 等）。

【原因分析】违反《建筑基坑支护技术规程》JGJ 120—2012 第 1.0.4 条关于规程、标准的规定。

【处理措施】设计选用规范版本应及时更新，基坑支护工程除应符合本规程规定外，还应符合国家现行有关标准的规定。

问题 74：图纸内容不全，信息表达不完整。

【原因分析】违反《重庆市建筑工程施工图设计文件编制技术规定》（2018年版）关于岩土工程篇章规定的图纸深度要求，违反全国《建筑工程设计文件编制深度规定》（2016年版）关于基坑工程篇章规定的图纸深度要求。

【处理措施】基坑边坡施工图设计应在方案设计的基础上进一步完善图纸信息，图纸内容不全、信息表达不完整将影响工程的安全。常见缺漏如下：平面图缺指北针、支护结构各角点坐标、基坑周边保护对象等；设计剖面图缺坡顶管网分布情况、坡面分阶马道等；大样图缺护壁、护壁锁口、截排水沟等，计算书缺挡土板、肋柱、护壁等计算内容。应按照施工图编制技术规定，完善图纸，满足指导现场施工的需求。

25 地基处理工程

25.1 工程地质及环境条件

问题 1：选择地基处理方案前，未认真了解建筑场地的工程地质与环境条件。

【原因分析】违反《建筑地基处理技术规范》JGJ 79—2012 第 3.0.1 条、第 3.0.3 条关于选择地基处理方案前应认真研究工程地质与环境条件的规定。

【处理措施】在选择地基处理方案前，应对建筑场地的工程地质及环境条件进行详细了解，重点进行现场调查研究，了解当地地基处理经验和施工条件，对于有特殊要求的工程，尚应了解其他地区相似场地上同类工程的地基处理经验和使用情况，调查邻近建筑、地下工程、管线和环境情况等。在此基础上进行综合分析，初步选出几种可供选择的地基处理方案（包括选择两种或多种地基处理措施组合处理方案）。

问题 2：在选择地基处理方案时，未考虑地基处理施工对环境和邻近建筑的影响。

【原因分析】违反《建筑地基处理技术规范》JGJ 79—2012 第 3.0.1 条、第 6.2.1 条、第 6.3.10 条、第 7.4.8 条关于地基处理方案选择对环境和邻近建筑影响的规定。

【处理措施】常用的地基处理方法有：换填法、冲击碾压、强夯法、高压旋喷法、静压注浆法、树根桩法等。其中，施工对环境和邻近建筑影响比较大的处理方法有：冲击碾压、强夯法、高压旋喷法，分述如下：

① 冲击碾压、强夯等动力密实方法应考虑振动对建（构）筑物及重要市政设施、地下管线等周围环境可能带来的变形和对稳定的影响，设计可采取增设减振沟（图 25-1）、降低冲击压路机的行驶速度、在保证加固效果的前提下尽量减小夯击能等措施。

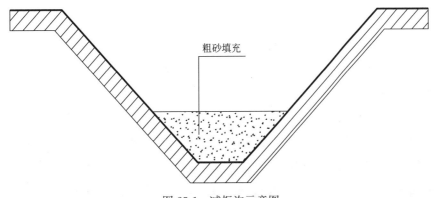

粗砂填充

图 25-1 减振沟示意图

同时应开展振动及噪声监测。振动监测测点布置应根据监测目的在地面上布设观测点，并对其振动速度峰值和主振频率进行监测，具体控制指标及监测方法可参照现行国家标准《爆破安全规程》GB 6722—2014 执行。对于居民区、工业集中区等受振动可能影响人居环境时，可参照现行国家标准《城市区域环境振动标准》GB 10070—88 和《城市区域环境振动测量方法》GB/T 10071—88 要求执行。在噪声保护要求较高区域内，可进行噪声监测。噪声的控制标准和监测方法可按现行国家标准《建筑施工场界环境噪声排放标准》GB 12523—2011 执行。

②高压旋喷注浆压力大，对土体的扰动作用大，选择高压旋喷桩作为地基处理方案时，应核实设计孔位处有无地下管线、地下建筑物、旧建筑基础等妨碍施工和影响安全的障碍物，如存在则应与有关单位协商迁改或更改设计孔位。

问题 3：深厚填土场地勘察成果未查明填土的特性，不能满足地基处理设计需要。

【原因分析】违反《建筑地基处理技术规范》JGJ 79—2012 第 3.0.1 条关于查明场地工程地质条件的规定。

【处理措施】近年来，随着大量的改造整平工程，在原始沟谷低洼场地形成了深回填区，回填深度甚至超过百米。填土的成分复杂，回填材料以平场或挖方弃渣为主，并含少量建筑垃圾。突出特点是块石含量高、粒径大且软硬不一。回填方式多为抛填，且回填以前未进行清表、清淤，在回填区的中下部块石含量也显著提高。

回填材料和填筑方式采用不当会造成填土结构松散、均匀性差、承载力低，填土的不均匀沉降明显，固结周期长，往往需要数年甚至数十年。

勘察宜充分收集场地原始地形图，了解原始地形地貌，调查填土的填料来源、回填过程等情况；位于塘、沟、积水洼地等地区的填土地基，应查明地下水的补给与排泄条件；通过钻探、调查等手段查明下伏原生土分布特征；采用（超）重型动力触探、大容重、物探等原位测试工作，查明填土的密实度、固结程度特性，为地基处理设计提供详实的依据。

问题 4：未校核经地基处理后的填土地基场地类别是否有变化。

【原因分析】填土地基处理后的场地类别可能发生变化，应对其进行校核。

【处理措施】经强夯、注浆等加固处理后的填土地基，填土的状态及物理力学性质将不同程度地发生变化。如强夯法利用强大的夯击能，使深层土液化和动力固结、土体密实，提高了地基土的强度并降低了其压缩性；注浆法在压力作用下，使浆液填充土的孔隙和岩石的裂隙，排挤出孔隙和裂隙中的水和气体，通过渗透、挤密、填充等方式使得孔隙及松散的土粒胶结，形成相互穿插的脉状结石体。

可见，填土在地基处理后，因孔隙率降低、密实度提高、组成物质成分变化等因素影响，其剪切波速测试结果将发生改变。故应根据现场剪切波速测试成果与土层厚度结合，依据《建筑抗震设计规范》GB 50011—2010（2016 年版）表 4.1.6，对地基处理后的填土场地类别进行校核。

问题 5：拟建场地为岩溶地区时未开展物探工作。

【原因分析】违反《岩土工程勘察规范》GB 50021—2001（2009 年版）第 5.1.4 条和重庆市《工程地质勘察规范》DBJ 50/T—043—2016 第 8.4.4 条关于岩溶勘察的要求。

【处理措施】岩溶勘察应遵循"面中求点""由稀至密""先控制后一般""先定性后定量"的原则，开展物探工作，可初步摸清建筑场地的岩溶总体发育情况，在此基础上，对物探发现异常的地段，选择有代表性的部位布置验证性钻孔，做到"先定性后定量"，仅依靠钻探进行岩溶场地评价是不可靠的。

25.2　设计计算

问题6：地基处理设计计算内容不全。

【原因分析】地基处理计算时对地基基础设计等级划分及相关计算要求不清楚，对地基处理主要需要解决的问题不明确。

【处理措施】地基处理的主要目的是解决地基承载力、地基变形及地基稳定性，有针对性地对需要解决的问题进行地基处理验算。以建筑地基基础为例，应根据《建筑地基基础设计规范》GB 50007—2011第3.0.1条～第3.0.3条及《建筑地基处理技术规范》JGJ 79—2012第3.0.5条的要求，明确地基基础设计等级及相应的设计计算内容要求，对地基承载力、软弱下卧层、地基变形、稳定性等各项要求验算的内容进行逐项验算。

问题7：处理地基计算时，荷载取值采用了错误的组合或错误的分项系数。

【原因分析】地基处理设计荷载取值违反相关规范的规定，错误的荷载作用组合将导致错误的计算结果。

【处理措施】根据《建筑地基基础设计规范》GB 50007—2011第3.0.5条规定，按处理后的地基承载力确定基础底面积时应采用正常使用极限状态下作用的标准组合；地基变形计算采用正常使用极限状态下作用的准永久组合，不应计入风荷载和地震作用；地基及边坡稳定计算采用承载能力极限状态下作用的基本组合，但其分项系数均为1.0。

问题8：处理地基及边坡稳定性计算时，选用的规范错误（采用了错误的稳定安全系数和稳定计算方法）。

【原因分析】地基和边坡稳定安全系数及稳定计算方法应根据建筑场地功能、性质等，选用对应的设计规范进行计算和判定。

【处理措施】建筑边坡工程应执行《建筑边坡工程技术规范》GB 50330—2013第5.3.2条对边坡安全系数的规定及相关章节对稳定计算方法的规定；公路工程应执行《公路路基设计规范》JTG D30—2015第3.6.11条和第3.7.7条对边坡安全系数的规定及相关章节对稳定计算方法的规定；地基处理工程应执行《建筑地基处理技术规范》JGJ 79—2012第3.0.7条要求处理后地基稳定安全系数取1.30的规定；建筑地基基础工程应执行《建筑地基基础设计规范》GB 50007—2011第5.4.1条规定，地基稳定安全系数取1.2，整体稳定系数采用抗滑力矩与滑动力矩的比值。

问题9：重力式挡墙基础下换填垫层的厚度、宽度未经计算确定。

【原因分析】墙底下换填垫层厚度、宽度等未按照《建筑地基处理技术规范》JGJ 79—2012第4.2.2条、第4.2.3条执行。

【处理措施】当基底土层承载力无法满足要求时，可采用换填垫层方式，此时垫层的厚度须根据《建筑地基处理技术规范》JGJ 79—2012第4.2.2条验算垫层底面处下卧层地基承载力满足后确定；垫层顶面每边超出基础底边缘不应小于300mm，垫层底面宽度须至少满足墙底基础底面应力扩散要求，同时可根据施工要求适当加宽。

问题 10：未根据地基处理目的（如减沉、提高承载力、增加稳定性）计算旋喷桩的桩径、桩长及桩间距。

【原因分析】旋喷桩复合地基没有根据其用途，结合地质情况，按照《建筑地基处理技术规范》JGJ 79—2012 第 7.1.5 条～第 7.1.9 条，计算确定其桩径、桩长及间距。

【处理措施】旋喷桩属于有粘结强度的复合地基增强体，不论是用于改善地基土的变形特性，还是用于提高地基土的综合承载能力，或是提高场地整体稳定性，其根本原理在于喷浆压力对土颗粒的冲击和搅动作用，使注入的浆液与土拌合胶结为新的固结体。处理后的复合地基与原地基相比，承载力、压缩模量和强度参数均有不同程度的提高，应根据工程设计拟达到的减沉、提高承载力或增加稳定性等不同的目标，根据《建筑地基处理技术规范》JGJ 79—2012 第 7.1.5 条～第 7.1.9 条，有针对性地进行了设计，合理选择桩径、桩长，优化桩的布置。此外，部分深厚软土分布地区，如广东省、江苏省地方规范，对于搅拌桩、旋喷桩等柔性桩，复合地基压缩模量与桩体压缩模量、置换率及桩间土压缩模量有关，这点与国标规定有差异。在初步确定旋喷桩设计参数后，应结合现场试验确定施工参数和工艺。

25.3 地基处理设计

25.3.1 换填垫层法

问题 11：换填垫层法的厚度取值不合理。

【原因分析】违反《建筑地基处理技术规范》JGJ 79—2012 第 4.1.4 条和重庆市《建筑地基处理技术规范》DBJ 50/T—229—2015 第 4.1.3 条关于换填垫层厚度的规定。

【处理措施】开挖基坑后，利用分层回填夯压可处理较深的软弱土层，但换填基坑常开挖过深，地下水位高，需要采用降水措施；另外，坑壁放坡占地面积大或边坡需要支护，将引起邻近地面、管网、道路与建筑的沉降变形破坏；再则，施工土方量大、弃土多等因素常会增加处理工程费用、延长工期、增大对环境的影响等，故规范要求换填垫层的厚度应根据下卧土层的承载力经计算后确定，厚度宜为 0.5～3.0m，不应仅凭工程经验确定，如图 25-2 所示。

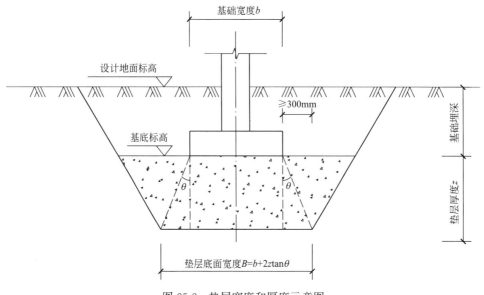

图 25-2 垫层宽度和厚度示意图

问题 12：换填材料的选择不合理。

【原因分析】违反《建筑地基处理技术规范》JGJ 79—2012 第 4.2.1 条和重庆市《建筑地基处理技术规范》DBJ 50/T—229—2015 第 4.2.1 条关于换填材料选择的规定。

【处理措施】砂石是良好的换填材料，砂垫层宜控制含泥量不大于 5%；采用粉细砂作为换填材料时，应改善材料的级配状况，在掺加碎石或卵石使其颗粒不均匀系数不小于 5，拌和均匀后，方可用于铺填垫层。

石屑是采石场筛选碎石后的细粒废弃物，其性质接近于砂，在各地使用作为换填材料时，均取得了很好的成效。但应控制好含泥量和含粉量，才能保证垫层的质量。

黏土难以夯压密实，故换填时应避免采用作为换填材料，在不得已选用上述土料回填时，也应掺入不少于 30% 的砂石并拌和均匀后，方可使用。当采用粉质黏土大面积换填并使用大型机械夯压时，土料中的碎石粒径可稍大于 50mm，但不宜大于 100mm，否则将影响垫层的夯压效果。

问题 13：加筋土中筋带的布置不满足规范要求。

【原因分析】违反《建筑地基处理技术规范》JGJ 79—2012 第 4.2.9 条和重庆市《建筑地基处理技术规范》DBJ 50/T—229—2015 第 4.2.9 条关于加筋土中筋带布置的规定。

【处理措施】加筋土垫层的加筋体设置应符合下列规定，如图 25-3 所示：

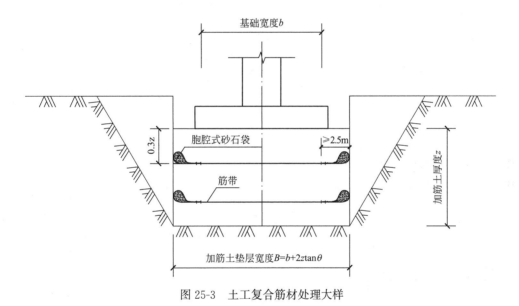

图 25-3　土工复合筋材处理大样

① 加筋垫层的厚度不宜小于 0.5m。

② 一层加筋时，筋材可设置在垫层的中部。多层加筋时，首层筋材距垫层顶面的距离宜取 30% 垫层厚度，筋材层间距宜取 30%～50% 的垫层厚度，每层厚度可取 300～600mm，且不应小于 200mm，底层筋材距垫层底部的距离不应小于 200mm。

③ 土工格栅宜采用双向拉伸格栅，双向极限抗拉强度不宜小于 50kN/m，伸长率不宜大于 5%。

④ 筋材的连接宜采用搭接法，搭接长度不宜小于 1m，搭接缝应交替错开。

⑤ 加筋线密度宜为 0.15～0.35。无经验时，单层加筋宜取高值，多层加筋宜取低值。垫层的边缘应有足够的锚固长度。

⑥ 筋材端部应反包回折压入垫层，回折长度不宜小于 2.5m，且应深入基础下。回折处用土工胞腔袋压实。

问题14：地基处理设计中对碾压施工工艺无相应要求或要求不合理。

【原因分析】违反《建筑地基处理技术规范》JGJ 79—2012第4.3.1条和重庆市《建筑地基处理技术规范》DBJ 50/T—229—2015第4.3.1条关于碾压施工工艺的规定。

填土每层铺填厚度及压实遍数

表25-1

施工设备	每层铺筑厚度（cm）	每层压实遍数	行驶速度（km/h）
平碾（8～12t）	20～30	6～8	≤2.0
羊足碾（5～16t）	20～35	8～16	≤3.0
蛙式夯（200kg）	20～25	3～4	—
振动压实机（2t，振动力98kN）	120～150	10	≤0.5
振动碾（8～15t）	60～130	6～8	≤2.0
插入式振动器	20～50	—	
平板式振动器	15～25	—	

注：冲击碾压法的设计应根据土质条件、工期要求等因素综合确定，施工前应进行试验性施工，每层铺填厚度应通过试验确定。

【处理措施】碾压施工工艺（表25-1）应符合下列规定：

① 应根据压实机械的压实性能，地基土性质、密实度、压实系数和施工含水量等来控制，并结合现场试验确定碾压分层厚度、碾压遍数、碾压范围和有效加固深度等施工参数。

② 垫层施工应根据不同的换填材料选择施工机械，以求获得最佳密实效果。

③ 对于存在软弱下卧层的垫层，应针对不同施工机械设备的质量、碾压强度、振动力等因素，确定垫层底层的铺填厚度，使之既能满足该层的压密条件，又能防止扰动下卧软弱土。

④ 在雨季、冬季进行压实填土施工时，应采取防雨、防冻措施，防止填料受雨水淋湿或冻结，施工前宜降低地下水位到振实面下600mm，并应采取措施防止出现"橡皮土"。

25.3.2 强夯及强夯置换

问题15：在场地地表土软弱和地下水位较高时，强夯法地基处理的措施不明确。

【原因分析】违反《建筑地基处理技术规范》JGJ 79—2012第6.3.8条、第6.3.1条和重庆市《建筑地基处理技术规范》DBJ 50/T—229—2015第6.3.4条关于地表土软弱和地下水位较高时采用强夯法的规定。

【处理措施】当场地表层为软弱土或地下水位较高时，宜采用人工降低地下水位或铺填一定厚度的砂石材料的施工措施。施工前，宜将地下水位降低至坑底以下2m。施工时，应及时排除坑内或场地积水。这样做的目的是在地表形成硬层，确保机械设备通行或施工，又可加大地下水和地表面的距离，防止夯击时夯坑积水。

对细颗粒土，尚应采取晾晒等措施降低含水量。当地基土的含水量低，影响处理效果时，宜采取增湿措施。夯击时，表层松散层较厚，形成的夯坑很浅，以致影响有效加固深度时，可采用表面洒水、钻孔注水等人工增湿措施。

问题16：设计采用的强夯加固深度、夯沉量、夯击次数等参数未经试验性强夯验证直接用于指导强夯施工。

【原因分析】违反《建筑地基处理技术规范》JGJ 79—2012第3.0.3条、第6.3.1条和重庆市《建筑地基处理技术规范》DBJ 50/T—229—2015第6.1.6条关于试验性强夯的规定。

【处理措施】对已选定的地基处理方法，应按建筑物地基基础设计等级和场地复杂程度以及该种地基处理方法在本地区使用的成熟程度，在场地有代表性的区域进行相应的现场试验或试验性施工，并进行必要的测试，以检验设计参数和处理效果。如达不到设计要求，应查明原因，修改设计参数或调整地基处理方案。强夯和强夯施工前，应在施工现场有代表性的场地中选取一个或几个试验区进行试夯或试验性施工，在检验设计参数和处理效果的同时获取夯沉量、最佳夯击次数等指标，如图 25-4 所示。

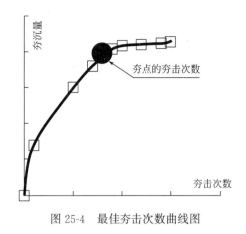

图 25-4　最佳夯击次数曲线图

问题 17：强夯法作为高填方场地预处理的施工质量要求不明确。

【原因分析】在采用重庆市《建筑地基处理技术规范》DBJ 50/T—229—2015 第 6.1.2 条规定作为预处理时，未对处理后的地基提出相应的指标要求。

【处理措施】大面积回填土地基上桩基施工存在两个不利因素：一是桩基的负摩阻较大，降低了桩基的承载力能力；二是桩基开挖施工易产生塌孔等不利影响。为了减少桩基础的负摩阻力，改善塌孔现象，新近填土地基可先用强夯法进行地基预处理，然后再进行桩基施工。强夯法处理大面积回填土地基可以消除上述不利影响。强夯施工后可采用压实度、瑞利波速等填土密实程度的评价指标检验施工质量。

问题 18：强夯法处理地基建筑场地夯前标高未确定或确定不合理。

【原因分析】违反《建筑地基处理技术规范》JGJ 79—2012 第 6.3.3 条和重庆市《建筑地基处理技术规范》DBJ 50/T—229—2015 第 6.2.9 条关于确定夯前标高的规定。

【处理措施】根据基础埋深和试夯时所测得的夯沉量，确定起夯面标高、夯坑回填方式和夯后标高。强夯法夯后地面的平均沉降量，一般指从起夯面标高到全部强夯施工完毕后整平面标高的沉降差，也相当于各遍夯后平均沉降量的累加值。由于强夯后地面平均夯沉量的估算直接关系到建筑场地的土方平衡和工程费用，所以预估强夯地面的平均夯沉量有一定的经济意义和工程意义。强夯完成后的地面沉降量应按试验性强夯确定，并在强夯标高设计上加以考虑，在初步设计时可按表 25-2 和表 25-3 进行估算。

强夯夯沉量经验值（m）　　　　　　　　　　　　表 25-2

单击夯击能(kN·m)	碎石土、砂土等粗颗粒土	粉土、黏性土等细颗粒土
1000～3000	0.4～0.7	0.4～0.5
3000～6000	0.7～1.0	0.5～0.7
6000～8000	0.8～1.5	0.7～1.2

强夯扰动层深度经验值（m）　　　　　　　　　　表 25-3

单击夯击能(kN·m)	块石、碎石土、砂土等粗颗粒土	粉土、黏性土等细颗粒土
1000～3000	0.2～0.5	0.5～0.6
3000～6000	0.5～0.7	0.6～0.8
6000～8000	0.7～0.9	0.8～1.0

考虑到强夯扰动层的影响，强夯完成面的标高应高于建筑基底标高，高差宜不小于扰动层厚度且不小于 0.5m。强夯起夯面的标高＝室内地坪标高－基础埋深＋夯沉量＋扰动层厚度，如图 25-5 所示。

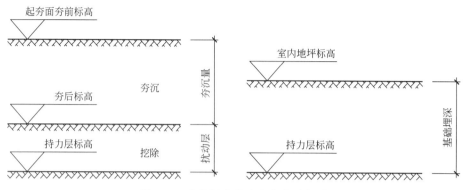

图 25-5　夯前标高的确定方法示意图

问题 19：设计未对每遍强夯之间的间隔时间进行要求。

【原因分析】违反《建筑地基处理技术规范》JGJ 79—2012 第 6.3.3 条和重庆市《建筑地基处理技术规范》DBJ 50/T—229—2015 第 6.2.5 条关于强夯每遍间隔时间的规定。

【处理措施】两遍夯击之间，应有一定的时间间隔，间隔时间取决于土中超静孔隙水压力的消散时间。当缺少实测资料时，可根据地基土的渗透性确定，对于渗透性较差的黏性土地基，间隔时间不应少于 2 周～3 周；对于渗透性好的地基可连续夯击。

问题 20：设计文件中强夯法处理地基效果的评价指标不完整。

【原因分析】违反《建筑地基处理技术规范》JGJ 79—2012 第 6.3.14 条和重庆市《建筑地基处理技术规范》DBJ 50/T—229—2015 第 6.4 节关于强夯效果评价指标的规定。

【处理措施】强夯处理后的地基承载力检验，应在基础的持力层标高上，且位于有效加固深度范围内。

强夯处理后的地基承载力检验，在施工结束后间隔一定时间方可进行，对于碎石土和砂土地基，其间隔时间可取 7～14d；粉土和黏性土地基可取 14～28d。

强夯地基密实度和均匀性检验，可采用重型或超重型动力触探、探坑检测、瑞雷波以及室内土工试验。强夯地基承载力及变形指标检验应采用静载荷试验。

问题 21：设计未对强夯法处理回填土地区填料提出要求。

【原因分析】违反《建筑地基处理技术规范》JGJ 79—2012 第 6.1.2 条和重庆市《建筑地基处理技术规范》DBJ 50/T—229—2015 第 6.1.1 条关于强夯法地基处理填土要求的规定。

【处理措施】《强夯地基处理技术规程》CECS279—2010 第 4.6.1 条规定，人工填土强夯地基的填料选择应满足以下要求：

① 级配良好的粗粒料。

② 性能稳定的工业废料、建筑垃圾。

③ 以粉质黏土、粉土作为填料时，其最优含水量可采用重型击实试验确定。

④ 潮湿多雨地区的填土地基不宜采用成分单一的粉质黏土、粉土作填料，应掺入不少于 30%

的粗骨料，即土石比不宜大于 7∶3。

　　⑤ 不得使用淤泥、耕土、冻土、强膨胀岩土及有机质含量大于 5% 的土。

　　⑥ 大块石填土材料最大粒径不应大于 800mm。

　　⑦ 泥岩、页岩、板岩等易软化、泥化岩石可作为地下水以上部位填土地基的材料。在气候湿润、雨量丰富的地区，适用于排水条件良好的高填土地带。

　　⑧ 砂岩、泥岩等易风化岩作为填土材料，应考虑地基发生渗透变形和渗透破坏的可能性，并制定相应的控制标准和措施。

问题 22：强夯法处理地基设计中满夯参数设定不合理。

　　【原因分析】违反《建筑地基处理技术规范》JGJ 79—2012 第 6.3.3 条和重庆市《建筑地基处理技术规范》DBJ 50/T—229—2015 第 6.2.5 条关于满夯参数的规定。

　　【处理措施】满夯能级应根据点夯后地表扰动层的厚度确定，满夯可一遍或隔行分两遍完成，夯击时点与点之间宜搭接 1/4 锤径。满夯的击数可根据地基承载力特征值的设计要求确定，当地基承载力特征值在 150～250kPa 时，满夯击数不宜低于 3～5 击。

　　当地基土扰动层厚度在 1～3m 时，满夯能级可取 1000～2000kN·m。满夯能级也可根据点夯的能级确定，当主夯能级大于等于 6000kN·m 时可取 2000kN·m；当主夯能级在 4000～6000kN·m 时，可取 1500kN·m；当主夯能级小于等于 3000kN·m 时，可取 1000kN·m。

　　满夯的击数直接决定了地基持力层的强度与承载力，击数过少，则持力层的强度和承载力很难提高。

　　满夯夯印搭接 1/4 锤径有两方面意义，一是现场直观观察就可以监控满夯的施工质量，保证满夯的加固效果；二是夯印搭接范围不宜过大，搭接范围增大会导致夯锤落地不稳，产生夯锤落点偏移，加固效果反而降低。

问题 23：建筑场地存在较大高差时，强夯法处理地基的施工顺序及相关措施不明确。

　　【原因分析】未考虑不同标高位置强夯对于地基的相互振动影响，造成强夯效果下降，之后因高差而放坡的位置，会造成强夯无法在坡面进行，存在地基处理死角。

　　【处理措施】为避免放坡平场存在高差位置，应采取超填超夯的方式进行，并且尽量避免在存在高差的位置摆放建筑基础，如图 25-6。

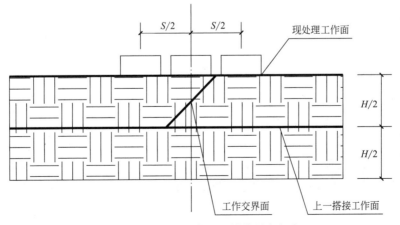

图 25-6　存在高差位置的搭接强夯方式

S—夯点间距；H—单层填筑高度

考虑不同标高位置强夯的相互影响及其他方面，强夯顺序应优先考虑从场地四周到场地中间，从标高低的位置到标高高的位置。

问题 24：强夯置换法中置换材料的选择指标不明确。

【原因分析】违反《建筑地基处理技术规范》JGJ 79—2012 第 6.3.5 条和重庆市《建筑地基处理技术规范》DBJ 50/T—229—2015 第 7.2.1 条关于强夯置换法中置换材料选择的规定。

【处理措施】墩体材料可采用级配良好的块石、碎石、矿渣、工业废渣、建筑垃圾等坚硬粗颗粒材料，且粒径大于 300mm 的颗粒含量不宜超过 30%。

问题 25：强夯后未对扰动层进行处理或者处理不正确。

【原因分析】强夯点夯夯坑底标高以上部分因强夯影响较少而造成指标不稳定，不能直接用于持力层，需要进行处理。

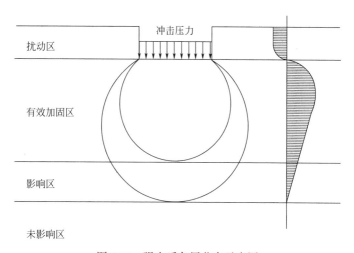

图 25-7　强夯后各层分布示意图

【处理措施】处理方式分为两种：①通过满夯处理点夯扰动层；②通过挖除或者机械碾压处理满夯扰动层。强夯后各层分布示意图如图 25-7 所示。

问题 26：未明确强夯处理的范围、加固深度。

【原因分析】违反《建筑地基处理技术规范》JGJ 79—2012 第 6.3.3 条关于强夯处理范围、加固深度的规定。

【处理措施】由于基础的应力扩散作用和抗震设防需要，强夯处理范围应大于建筑物基础范围，每边超出基础外缘的宽度宜为基底下设计处理深度的 1/2～2/3，且不应小于 3m；对可液化地基，基础边缘的处理宽度，不应小于 5m，对湿陷性黄土地基，应符合现行国家标准《湿陷性黄土地区建筑范围》GB 50025—2018 的有关规定。

强夯的有效加固深度，应根据现场试夯或地区经验确定，在缺少试验资料或经验时，可按《建筑地基处理技术规范》JGJ 79—2012 表 6.3.3-1 进行预估。若对有效加固深度以下的影响深度加以利用时，应明确影响深度的大小及指标要求。同时，有效加固深度及影响深度的大小及指标需通过试验性强夯验证。

问题 27：未提出挖填交界面过渡段地基处理技术措施。

【原因分析】因填方区地基处理与挖方区非地基处理过渡位置土体力学性质不一致，设计应采用有效措施来避免不均匀沉降及稳定性问题。

【处理措施】地基处理工程项目应尽量避免建筑基础同时位于填方区及挖方区的情况，若无法避免时应按照《建筑地基基础设计规范》GB 50007—2011 第 6.2.2 条要求进行变形验算和地基整体稳定性验算。同时根据《建筑地基基础设计规范》GB 50007—2011 第 6.2 条要求制定相应的措施来避免不均匀沉降及稳定性问题。

25.3.3　注浆加固

问题 28：建筑场地注浆加固法地基处理选择不合理。

【原因分析】违反《建筑地基处理技术规范》JGJ 79—2012 第 8.1.1 条和重庆市《建筑地基处理技术规范》DBJ 50/T—229—2015 第 8.1.1 条关于注浆加固地基方案选择的规定。

【处理措施】不同的岩土体采用注浆加固法的处理效果存在较大差异：

第一，建议从场地土类别，可灌孔隙率等参数选择，静压注浆法适用于砂土、粉土、黏性土和人工填土等既有建筑和新建建筑的地基处理，也可用于处理规模不大的、封闭的土洞或溶洞。

第二，根据注浆目的、地层类型及可注性进行选择，并考虑所采用的注浆设备、注浆工艺和注浆材料。

① 采用注浆法加固地基时应以水泥浆为主要注浆材料。加固土洞、溶洞、松散杂填土、碎块石回填土等空隙较大地层时，可在水泥浆中掺入粉煤灰、中粗砂、黏土等材料。

② 根据工程的不同需求，可在水泥浆液中加入不同种类的外掺剂，以改善浆液性能，满足工程的特定要求。外掺剂的掺入量应根据试验而定，不宜大于水泥量的 5%。

③ 水泥为主剂的浆液水灰比宜为 0.5～2.0，常用的水灰比为 1.0，对于重要工程或大型工程，宜先进行室内浆液配比实验，主要考察指标为浆液的可注性、结石率、结石体强度、析水率等。

第三，注浆材料可选用水泥浆液、硅化浆液和碱液等固化剂。《建筑地基处理技术规范》JGJ 79—2012 第 8.2.1 条规定：对软弱地基土处理，可选用以水泥为主剂的浆液及水泥和水玻璃组成的双液型混合浆液；对有地下水流动的软弱地基，不应采用单液水泥浆液；对于高填方、孔隙率较大的场地，慎用静压注浆法。

问题 29：注浆加固压力和收孔条件的设计错误。

【原因分析】违反《建筑地基处理技术规范》JGJ 79—2012 第 8.2.1 条和重庆市《建筑地基处理技术规范》DBJ 50/T—229—2015 第 8.2.1 条关于注浆压力及收孔条件的规定。

【处理措施】注浆压力应综合考虑覆盖土压、浆液种类、地质条件等因素，并通过试验综合确定。劈裂注浆的注浆压力，在砂土中，宜为 0.2～0.5MPa；在黏性土中，宜为 0.2～0.3MPa。对于压密注浆，当采用水泥砂浆浆液时，坍落度宜为 25～75mm，注浆压力宜为 1.0～7.0MPa。当采用水泥水玻璃双液快凝浆液时，注浆压力不应大于 1.0MPa。

注浆泵宜根据注浆材料选择，以水泥为主剂时宜选择柱塞式或活塞式注浆泵，掺加惰性材料时宜选择螺杆式注浆泵。注浆泵最大工作压力不应小于 1.5MPa。注浆时应控制压力，使浆液均匀上冒，直至泛出孔口为止。

注浆结束标准应根据注浆压力、注浆量、注浆孔单位吸浆量或注浆时间达到设计要求综合确定。收孔条件通常以在设计注浆压力下不吸浆或吸浆量小于一定值后达到注浆结束要求，一般吸浆量控制在 1～2L/min。注浆压力大时取大值，注浆压力小时取小值。

25.3.4　旋喷桩复合地基

问题 30：旋喷桩复合地基处理地基中单桩承载力发挥系数和桩间土承载力发挥系数的选择错误。

【原因分析】违反《建筑地基处理技术规范》JGJ 79—2012 第 7.1.5 条关于单桩承载力发挥系数和桩间土承载力发挥系数的选择的规定。

【处理措施】复合地基承载力的计算表达式对不同的增强体大致可分为两种：散体材料桩复合地基和有粘结强度的增强体复合地基。对有粘结强度的增强体复合地基，规范增加了增强体单桩承载力发挥系数和桩间土承载力发挥系数，增强体单桩承载力发挥系数为 0.7～0.9，而地基土承载力发挥系数为 1.0～1.1。

问题 31：旋喷桩复合地基未设置褥垫层或设置厚度不合理。

【原因分析】违反《建筑地基处理技术规范》JGJ 79—2012 第 7.4.6 条及重庆市《建筑地基处理技术规范》DBJ 50/T—229—2015 第 10.2.7 条关于旋喷桩复合地基设置褥垫层的规定。

【处理措施】旋喷桩复合地基宜在基础和桩顶之间设置褥垫层。褥垫层厚度宜为 150～300mm，褥垫层材料可选用中砂、粗砂和级配砂石等，褥垫层最大粒径不宜大于 20mm。褥垫层的夯填度不应大于 0.9。

褥垫层在复合地基中具有如下作用：

① 保证桩、土共同承担荷载，为高压旋喷法形成复合地基的重要条件。

② 通过改变褥垫厚度，调整桩竖向荷载的分担，通常褥垫越薄，桩承担的荷载占总荷载的百分比越高，反之亦然。

③ 减少基础底面的应力集中。

④ 调整桩、土水平荷载的分担，褥垫层越厚，土分担的水平荷载占总荷载的百分比越大，桩分担的水平荷载占总荷载的百分比越小。

25.3.5　CFG 桩

问题 32：CFG 成桩材料、桩型和成桩工艺选择存在问题。

【原因分析】对当地材料供应、预制桩供应条件不清楚，对地质条件和建设条件适宜采用的施工工艺不清楚。

【处理措施】根据当地材料供应情况选用适宜的成桩材料，重庆地区一般多采用素混凝土桩；根据地质条件和建设条件选择适当的成桩工艺，对重庆地区常见的大粒径填土地基，应采用旋挖或回旋钻成孔灌注工艺；对周边噪声污染要求严格，无大粒径的土层，宜采用长螺旋灌注成桩工艺；对环境要求低，桩距较大，具备挤土成孔条件的桩，可采用振动沉管灌注成桩。

问题 33：未按变形控制要求确定 CFG 桩长和桩距。

【原因分析】未对地基沉降进行验算，或地基沉降不满足相关规范要求。

【处理措施】CFG 桩应选择承载力和压缩模量相对较高的土层作为桩端持力层。按承载力确定桩长和桩距后，还应根据《建筑地基处理技术规范》JGJ 79—2012 第 7.1.7 条～第 7.1.8 条，以及《建筑地基基础设计规范》GB 50007—2011 和《公路路基设计规范》JTG D30—2015 等规范的要求进行基础沉降验算。

问题 34：CFG 桩复合地基设计计算时，单桩承载力发挥系数 λ、桩间土承载力发挥系数 β、桩端端阻力发挥系数 α 等经验参数取值存在问题。

【原因分析】缺少地区经验，上述经验参数取值不合理或不准确。

【处理措施】无地区经验时，通过现场试验确定单桩承载力和复合地基承载力，从而确定上述经验参数取值。试验应根据建筑《地基处理技术规范》JGJ 79—2012 附录 B、C 的要求进行。

问题 35：CFG 桩处理地基及边坡稳定计算中桩身抗剪强度取值不当。

【原因分析】地基及边坡稳定计算时，CFG 桩部分按桩身材料抗剪强度取值，未考虑桩身断裂的不利状况。

【处理措施】对桩身易断裂的 CFG 桩，根据《建筑地基处理技术规范》JGJ 79—2012 第 3.0.7 条规定，胶结材料桩可按桩体断裂后滑动面材料的摩擦性能确定，该条条文说明中建议 CFG 桩按 0.55 的材料间摩擦系数折算内摩擦角取 29°。对配筋灌注桩、PHC 桩桩网复合地基，有成熟经验时可参照相关规范进行计算。

25.4 其他问题及防治措施

25.4.1 地基承载力及变形控制

问题 36：经地基处理后的地基承载力特征值不符合深宽修正原则。

【原因分析】违反《建筑地基处理技术规范》JGJ 79—2012 第 3.0.4 条和《建筑地基基础设计规范》GB 50007—2011 第 5.2.4 条关于地基承载力特征值深宽修正的规定。

【处理措施】当按地基承载力确定基础底面积及埋深而对地基承载力特征值进行修正时，应包括基础宽度修正系数（η_b）和埋置深度修正系数（η_d）。凡是处理后的地基均不进行宽度修正，即宽度修正系数（η_b）应取零。经处理后的地基深度修正原则如下：

① 当基础宽度大于 3m 或埋置深度大于 0.5m，且从载荷试验或其他原位测试、经验值等方法确定了地基承载力特征值时才进行修正。

② 当地基承载能力特征值是按深层平板载荷试验确定时，不进行深度修正，即深度修正系数（η_d）应取 0。

③ 大面积压实填土地基，对于压实系数大于 0.95、粘粒含量 $\rho_c \geqslant 10\%$ 的粉土，深度修正系数（η_d）取 1.5。

④ 大面积压实填土地基，当最大干密度大于 2.1t/m³ 的级配砂石时，深度修正系数（η_d）取 2.0。

⑤ 其他处理地基，深度修正系数（η_d）取 1.0。

问题 37：经处理后的地基受力层范围内，未对存在的软弱下卧层进行地基承载力验算。

【原因分析】违反《建筑地基处理技术规范》JGJ 79—2012 第 3.0.5 条和《建筑地基基础设计规范》GB 50007—2011 第 5.2.7 条关于地基处理后软弱下卧层验算的规定。

【处理措施】经处理后的地基，当在受力层范围内仍存在软弱下卧层时，应进行软弱下卧层地基承载力验算。处理地基的软弱下卧层验算，对压实、夯实、注浆加固地基及散体材料增强体复合地基等应按扩散角，并按《建筑地基基础设计规范》GB 50007—2011 中第 5.2.7 条等进行验算；对有粘结强度的增强体复合地基，按其荷载传递特性可采用实体深基础法验算。

问题 38：未对处理后的地基进行必要的变形验算。

【原因分析】违反《建筑地基处理技术规范》JGJ 79—2012 第 3.0.5 条和《建筑地基基础设计规范》GB 50007—2011 第 5.3 节关于处理后地基变形验算的规定。

【处理措施】处理地基作为建（构）筑物的持力层时应进行地基变形验算。其地基变形计算值不应大于地基变形允许值和上部建（构）筑物的变形控制要求，并按《建筑地基基础设计规范》GB 50007—2011 中第 5.3 节等进行变形验算。其中，刚度差异较大的整体大面积基础的地基处理，宜考虑上部结构、基础和地基共同作用进行变形验算。

问题 39：未对处理后的地基进行必要的稳定性验算。

【原因分析】违反《建筑地基处理技术规范》JGJ 79—2012 第 3.0.5 条、第 6.2.1 条和《建筑地基基础设计规范》GB 50007—2011 第 5.4 节、第 6.4.1 条等关于处理后地基稳定性验算的规定。

【处理措施】作为建设场地，处理后的地基必须满足稳定性要求。当上部建（构）筑物承受较大水平荷载时，可采用圆弧滑动面法并按《建筑地基基础设计规范》GB 50007—2011 中第 5.4.1 条进行地基稳定性验算；当上部建（构）筑物位于斜坡上时，可按《建筑地基基础设计规范》GB 50007—2011 中第 5.4.2 条进行地基稳定性验算；当处理后地基可能形成滑坡时，应结合边坡挡墙设计采取综合整治措施，并进行必要的稳定性验算。

25.4.2 监测与检测

问题 40：地基处理后地基均匀性评价指标要求不明确。

【原因分析】违反《建筑地基处理技术规范》JGJ 79—2012 第 3.0.9 条关于地基均匀性评价指标的规定，对处理范围和有效加固深度内的处理土层未提出地基均匀性评价要求。均匀性较差的处理地基可能导致部分处理范围地基承载力、压缩模量等指标不满足设计要求，造成局部破坏或上部结构的不均匀沉降及倾斜。

【处理措施】应根据不同的土层和不同的地基处理方法，采用不同的检测方法和评价指标来检测处理地基的均匀性。检测时，应根据场地复杂程度和上部建（构）筑物的重要性，采用不同的检测布点密度。对压实地基，通过检测施工过程中的干密度和含水量，以及各检测点的压实系数，来检测地基处理的均匀性；检测应分层进行，通过各层指标对比，确定压实地基的竖向均匀性；当有成熟经验时，可采用动力触探、静力触探或标准贯入试验进行压实地基均匀性检验。对夯实地基，可采用动力触探、静力触探、标准贯入试验结合室内土工试验，检测处理地基的均匀性及有效加固深度。对注浆加固地基，可采用轻型动力触探、静力触探、标准贯入试验或面波等方法检测处理地基的均匀性。上部结构荷载差异较大，不同区域有不同的处理评价要求时，应分区检测其均匀性。

问题 41：强夯施工对周边建（构）筑物振动影响的监测要求或监测指标不明确，或检测方法不合理。

【原因分析】违反《建筑地基处理技术规范》JGJ 79—2012 第 6.3.10 条和重庆市《建筑地基处

理技术规范》DBJ 50/T—229—2015 第 6.3.6 条关于强夯振动监测的规定。

【处理措施】强夯施工区域的周边有建（构）筑物时，应控制强夯对邻近建（构）筑物的不利影响，采取隔振防振措施，并对强夯传至邻近建（构）筑物上的振动进行监测。无特殊要求时，传至建（构）筑物上的振动控制标准可参考爆破振动安全允许标准。

问题 42：地基处理后的检测目的不明确或者检测指标要求不准确。

【原因分析】对地基处理目标、需要解决的地基问题和对应的控制指标认识不清晰。

【处理措施】《建筑地基处理技术规范》JGJ 79—2012 第 3.0.9 条要求对处理后的地基进行承载力、变形、均匀性及复合地基增强体成桩质量和承载力进行评价。应针对地基处理的目标和需要解决的问题，确定对应的处理控制指标，针对控制指标进行检测。例如，对以解决地基承载力为主要目标的换填垫层法，应对处理后的地基承载力检测提出要求；对有沉降变形控制要求的，应对处理后地基的压缩模量检测提出要求。同时还应通过检测不同换填深度和不同平面位置的压实系数、干密度、填料成分等，评价地基处理的均匀性。

问题 43：强夯法地基处理后有效加固深度的检测方法及指标要求不明确或检测方法不合理。

【原因分析】违反《建筑地基处理技术规范》JGJ 79—2012 第 3.0.9 条、第 6.3.14 条关于强夯有效加固深度检测的规定。

【处理措施】应根据《建筑地基处理技术规范》JGJ 79—2012 第 6.3.14 条、《强夯地基处理技术规程》CECS279 第 6.1.3 条的相关规定，根据地基处理的目的和处理土层的物理力学特性，提出适当的控制指标要求。有效加固深度可采用动力触探、静力触探或标准贯入试验进行检测。有成熟经验时，可结合瑞雷波等物探方法对强夯处理深度进行检测和对比验证。

问题 44：处理地基检测时间的要求未明确，或给出的检测时间不当。

【原因分析】强夯、强夯置换、挤土处理等因超孔隙水压力消散等因素，需要一定的休止期。复合地基增强体达到设计强度需要一定的龄期，在休止期和龄期满足后方可进行处理效果检测。

【处理措施】设计应根据处理休止期和龄期的要求和《建筑地基处理技术规范》JGJ 79—2012 的相关规定，对不同的地基处理方式，不同的土层采用不同的检测时间。强夯处理检测的间隔时间，对碎石土和砂土宜为 7～14d，对粉土和黏性土宜为 14～28d，强夯置换处理检测间隔时间宜为 28d；碎石桩检测的间隔时间，对粉质黏土地基不宜少于 21d，对粉土地基不宜少于 14d，对砂土和杂填土地基不宜少于 7d；水泥土桩、旋喷桩、CFG 桩及以水泥为主剂的注浆处理地基检测时间宜为施工结束 28d 后。

25.4.3 施工工艺及质量控制

问题 45：换填垫层法的施工质量检验方法不当。

【原因分析】违反《建筑地基处理技术规范》JGJ 79—2012 第 4.4 条和重庆市《建筑地基处理技术规范》DBJ 50/T—229—2015 第 4.4 条关于换填垫层施工质量检验的规定。

【处理措施】对粉质黏土、灰土、砂石、粉煤灰垫层的施工质量，可选用环刀取样、静力触探、轻型动力触探或标准贯入试验等方法进行检验；对碎石、矿渣垫层的施工质量，可采用重型动力触探试验等进行检验。压实系数可采用灌砂法、灌水法或其他方法进行检验。

换填垫层的施工质量检验应分层进行，并应在分层的压实系数符合设计要求后铺填上层。

垫层施工质量检验点的数量因各地土质条件、工程规模、类型和使用条件不同而不同。

问题46：土工合成材料的施工工艺不明确。

【原因分析】违反《建筑地基处理技术规范》JGJ 79—2012第4.3.9条和重庆市《建筑地基处理技术规范》DBJ 50/T—229—2015第4.3.7条关于土工合成材施工工艺的规定。

图25-8　重庆某工程土工格栅铺设照片

【处理措施】土工合成材料施工（图25-8）应符合下列要求：

① 下铺地基土层顶面应平整，且不得直接铺设在碎石、卵石等坚硬的下承层上，宜在土工合成材料和碎石之间铺设不小于5cm厚的保护层（砂垫层除外），防止土工合成材料被刺穿、顶破。

② 铺设两层及以上土工合成材料时，上、下层接缝应交替错开，错开距离不宜小于0.5m。土工合成材料的搭接长度对于土工格栅不宜小于1个方格，对土工带不宜小于30cm，且应满足连接强度要求。

③ 土工合成材料铺设顺序应先纵向后横向，且应把土工合成材料张拉平整、绷紧、严禁有皱褶。

④ 土工合成材料的连接宜采用搭接法、缝接法或胶结法，接缝强度不应低于原材料抗拉强度，端部应采用有效方法固定，防止筋材拉出。

⑤ 应避免土工复合筋材暴晒或裸露，阳光暴晒时间不应大于8h。筋材铺好后，应尽快回填。同时在填土前应检查筋材是否有损伤，如孔洞、撕裂等情况，如有损伤应及时补救。

⑥ 填土应从中心向外侧对称进行，同时铺筑厚度不得过高，防止局部下陷。

⑦ 在填土压实过程中，施工机械应沿单方向进行，不得回折，施工机械形成的车辙不得超过70～80mm。

⑧ 严禁碾压或运输设备直接在土工合成材料上碾压或行走，垫层的压实作业宜用平碾，不得用振动碾压。

问题47：强夯试夯区的试夯结果要求不明确。

【原因分析】违反《建筑地基处理技术规范》JGJ 79—2012第6.3.1条关于试夯区结果要求的

规定。

【处理措施】试夯区的施工完成后，试夯报告应提供以下成果：

① 夯锤直径、夯锤静接地压力和单击夯击能。

② 夯点的最佳夯击次数和收锤标准。

③ 强夯后的有效加固深度和影响深度。

④ 试夯区沉降量。

⑤ 地基承载力、变形模量、干密度（或大容重）、波速及置换墩深度等质量检验指标。

⑥ 通过现场施工情况和检测结果，确定强夯参数是否合理，评定场地采用强夯或强夯置换的可行性和适用性。

问题 48：强夯夯锤质量、形状，接地静压不明确。

【原因分析】违反《建筑地基处理技术规范》JGJ 79—2012 第 6.3.4 条和重庆市《建筑地基处理技术规范》DBJ 50/T—229—2015 第 6.2.2 条关于强夯夯锤质量、形状及接地静压的规定。

图 25-9　夯锤照片

【处理措施】强夯夯锤质量宜为 10～60t，其底面形式宜采用圆形（图 25-9），锤底面积宜按土的性质确定，锤底静接地压力值宜为 25～80kPa。单击夯击能高时，取高值，单击夯击能低时，取低值，对于细颗粒土宜取低值。锤的底面宜对称设置若干个上下贯通的排气孔，孔径宜为 300～400mm。

问题 49：强夯收锤标准不明确或不满足规范要求。

【原因分析】违反《建筑地基处理技术规范》JGJ 79—2012 第 6.3.3 条和重庆市《建筑地基处理技术规范》DBJ 50/T—229—2015 第 6.2.4 条关于强夯收锤标准的规定。

【处理措施】收锤标准应通过试验确定，并应同时满足下列条件：

① 初步设计、欠缺试验资料或工程经验时，可根据下表（表 25-4）预估，当单击能大于 12000kN·m 时，应通过试验确定。

第 4 部分　岩土工程

强夯法最后两击平均夯沉量 表 25-4

单击夯击能 E（kN·m）	最后两击平均夯沉量不大于（mm）
$E<4000$	50
$4000{\leqslant}E<6000$	100
$6000{\leqslant}E<8000$	150
$8000{\leqslant}E<12000$	200
$12000{\leqslant}E<16000$	$200{\sim}300$
$16000{\leqslant}E<20000$	$300{\sim}350$

② 夯坑周围地面不应发生过大的隆起。

③ 不因夯坑过深发生提锤困难。

问题 50：夯坑的填筑方式不明确。

【原因分析】违反《建筑地基处理技术规范》JGJ 79—2012 第 6.3.5 条和重庆市《建筑地基处理技术规范》DBJ 50/T—229—2015 第 7.2.1 条关于夯坑的填筑方式的规定。

【处理措施】夯坑一般在无法满足收锤标准、夯坑周围地面发生过大的隆起、因夯坑过深发生提锤困难和强夯置换施工时，存在往夯坑里填筑材料的情况。填筑一般采用挖机或推土机进行施工，填筑材料宜采用级配良好的块石、碎石、矿渣、建筑垃圾等坚硬粗颗粒材料，粒径大于 300mm 的颗粒含量不宜超过全重的 30%。

问题 51：强夯场地施工期间排水措施不明确。

【原因分析】违反《强夯地基处理技术规程》CECS 279—2010 第 5.5.3 条关于强夯场地施工期间排水的规定。

【处理措施】除挤淤类型的置换施工外，强夯一般为干作业施工，施工与竣工后的场地均应设置良好的排水系统，防止场地被雨水浸泡，应符合以下规定：

① 当天然地面坡度大于 20% 时，应采取防止填土可能沿坡面滑动的措施，并应避免雨水沿斜坡排泄。当填土阻碍原地表水畅通排泄时，应根据地形修筑雨水截水沟或设置其他排水措施。

② 在夯区周围根据地形情况开挖截水沟或砌筑围堰，保证外围水不流入夯区内，在夯区内，规划排水沟和集水井。夯坑内有积水时，可采用小水泵和软管及时将水抽排在夯区外。

③ 当天打完的夯坑应及时回填，并整平压实。

④ 如遇暴雨，夯坑积水，必须将水排除后，挖净坑底淤土，使其晾干或填入干土后方可继续夯击施工。

⑤ 当场地表土软弱或地下水位较高，夯坑底积水影响施工时，宜采用人工降低地下水位或铺填一定厚度的砂石材料等措施。

25.4.4 地基处理工程计算书及设计图纸深度

问题 52：复合地基承载力计算错误。

【原因分析】违反《建筑地基处理技术规范》JGJ 79—2012 第 7.1.5 条、第 7.1.6 条关于复合地基承载力计算的规定。

【处理措施】复合地基承载力的计算表达式对不同的增强体大致可分为两种：散体材料桩复合地基和有粘结强度增强体复合地基。对有粘结强度增强体的复合地基，规范增加了增强体单桩承载力发挥系数和桩间土承载力发挥系数，增强体单桩承载力发挥系数为 0.7～0.9，而地基土承载力发挥系数为 1.0～1.1。工程在大部分情况下采用初步设计的估算值进行施工，并要求施工结束后达到设计要求，设计人员的地区工程经验非常重要。首先，复合地基承载力设计中增强体单桩承载力发挥和桩间土承载力发挥与桩、土相对刚度有关，相同褥垫层厚度条件下，相对刚度差值越大，刚度大的增强体在加荷初始发挥较小，后期发挥较大；其次，由于采用勘察报告提供的参数，其对单桩承载力和天然地基承载力在相同变形条件下的富余程度不同，使得复合地基工作时增强体单桩承载力发挥和桩间土承载力发挥存在不同的情况。当提供的单桩承载力和天然地基承载力存在较大的富余值时，增强体单桩承载力发挥系数和桩间土承载力发挥系数均可达到 1.0，同时复合地基承载力载荷试验检验结果也能满足设计要求。另外，复合地基承载力载荷试验时的短期荷载作用，应考虑长期荷载作用的影响。所以，没有充分的地区经验时，应通过试验确定设计参数。

问题 53：复合地基桩土应力比取值依据不充分。

【原因分析】违反《建筑地基处理技术规范》JGJ 79—2012 第 7.1.5 条关于复合地基桩土应力比取值的规定。

【处理措施】桩土应力比一般是指桩顶的平均应力与桩间土表面平均应力的比值，一定的荷载水平可以分解为桩体承担荷载和桩间土承担荷载两部分，桩顶、桩间土表面平均应力是有明确界限的。桩土应力比是复合地基优化设计的重要内容，优化是指设计的复合地基，既安全可靠，满足使用要求，又节省投资等。要做到这些，就必须从工程实际出发，把地基可以利用的潜力发挥到适当的程度，使桩土合理分担上部结构传来的荷载。建筑荷载通过刚性基础传递到复合地基上，在满足沉降协调条件下，桩土应力比受到诸多因素及条件的影响和制约，如模量比、应力应变水平。

对散体材料桩复合地基计算时桩土应力比 n 应按试验取值或按地区经验取值。但应指出，由于地基土的固结条件不同，在长期荷载作用下的桩土应力比与试验条件时的结果有一定差异，设计时应充分考虑。

问题 54：强夯剖面图中缺平场标高、夯后标高、建筑持力层标高的标注。

【原因分析】强夯施工图的标高表示会影响强夯加固质量，不明确的标高标识或不标注标高可能会造成强夯后二次平场，减少强夯有效加固深度。

【处理措施】在强夯剖面图中明确标注平场标高、夯后标高、建筑持力层标高。如图 25-10 所示。

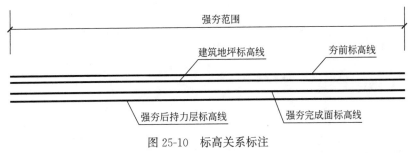

图 25-10 标高关系标注

问题 55：复合地基增强体布置平面图中缺增强体定位方法。

【原因分析】施工图中未体现复合地基增强体布置的定位方法，造成现场施工定位混乱，建筑外延范围不足，引起安全隐患。

【处理措施】采用平面定位坐标与增强体布置大样相结合的方式进行定位。布置大样图如图 25-11 所示，图中 d 为加强体间距。

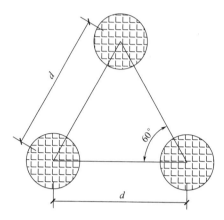

图 25-11　平面布置示意图

25.4.5　场地排水

问题 56：设计图件缺地基处理后的场地截排水设计。

【原因分析】违反地基处理方案对场地截排水的设计要求。

【处理措施】应按总图及规划进行场地地面截排水设计；当场外水可能进入场内时须有截水（洪）措施；场地内应有排除雨水至城市排水系统的措施；结合边坡挡墙的地基处理，应结合边坡挡墙方案进行截排水组织设计；地基处理方案对处理后场地防排水有特殊要求时，需有相应设计图。

问题 57：设计说明中未针对地基处理方案提出场地截排水要求。

【原因分析】违反地基处理方案、施工安全和地基处理后场地设计要求。

【处理措施】针对具体的地基处理方案，涉及地基处理施工过程中的截水（洪）、防水（雨）、排（降）水措施和施工安全，以及处理后地基的临时保护（防排水），设计说明中需明确交代，并强调施工组织设计；涉及地基处理后场地截排水要求，设计说明中需有明确的专业设计。

参考文献

[1] 刘国斌，王卫东.基坑工程手册 [M].北京：中国建筑工业出版社，2009.

[2] 黄求顺，张四平.边坡工程 [M].重庆：重庆大学出版社，2003.

[3] 郑颖人，陈祖煜.边坡与滑坡工程治理 [M].第二版.北京：人民交通出版社，2010.

[4] 重庆市设计院，中国建筑技术集团有限公司.建筑边坡工程技术规范：GB 50330—2013 [S].北京：中国建筑工业出版社，2013.

[5] 中国建筑科学研究院.建筑基坑支护技术规程：JCJ 120—2012 [S] 北京：中国建筑工业出版社，2012.

[6] 中国建筑科学研究院.建筑地基处理技术规范：JGJ 79—2012 [S] 北京：中国建筑工业出版社，2012.

[7] 建设部综合勘察研究设计院.岩土工程勘察规范：GB 50021—2001（2009 年版）[S] 北京：中国建筑工业出版社，2009.

[8] 中国建筑科学研究院.建筑地基基础设计规范：GB 50007—2011 [S] 北京：中国建筑工业出版社，2011.

[9] 中冶建筑研究总院有限公司.岩土锚杆与喷射混凝土支护工程技术规范：GB 50086—2015 [S] 北京：中国计划出版社，2015.

[10] 重庆一建建设集团有限公司，重庆市设计院.建筑边坡工程鉴定与加固技术规范：GB 50843—2013 [S] 北京：中国建筑工业出版社，2012.

[11] 上海市基础工程集团有限公司，苏州嘉盛建设工程有限公司.建筑地基基础工程施工质量验收规范：GB 50202—2018 [S] 北京：中国建筑工业出版社，2018.

[12] 中铁二院工程集团有限责任公司.铁路路基支挡结构设计规范：TB 10025—2019 [S] 北京：中国铁道出版社，2009.

[13] 中交第二公路勘察设计研究院有限公司.公路路基设计规范：JTG D30—2015 [S] 北京：人民交通出版社，2015.

[14] 中冶赛迪工程技术股份有限公司，重庆市设计院，重庆市土木建筑学会.建筑地基基础设计规范：DBJ 50—047—2016 [S] 重庆：重庆市城乡建设委员会，2016.

第 4 部分　岩土工程